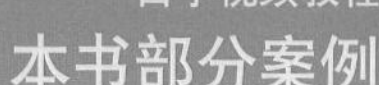

本书部分案例

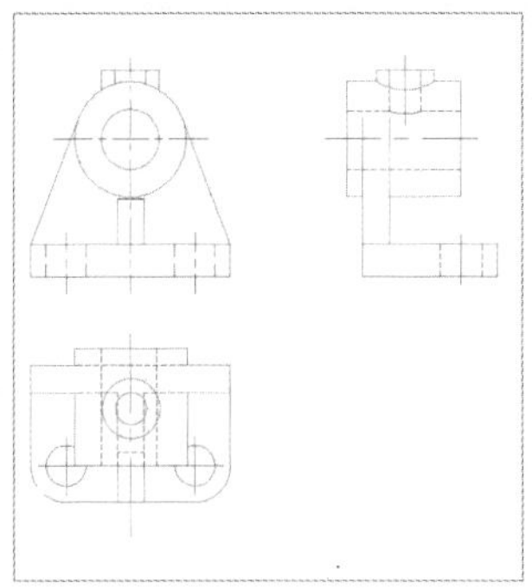
轴承座

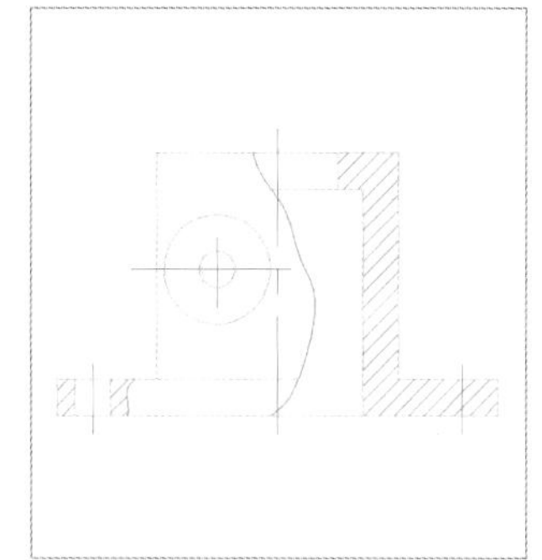
底座

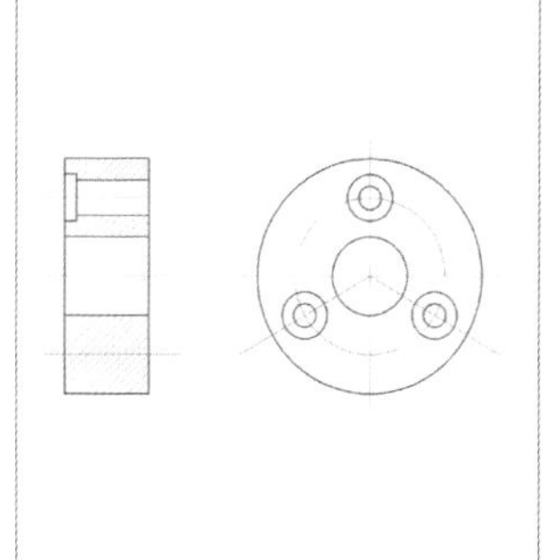
轴承端盖

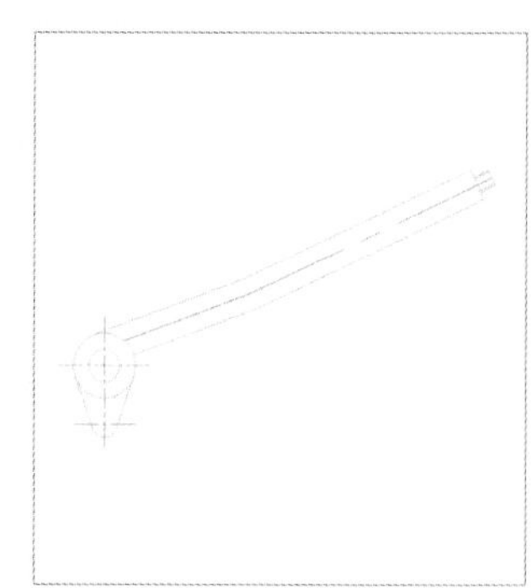
手把

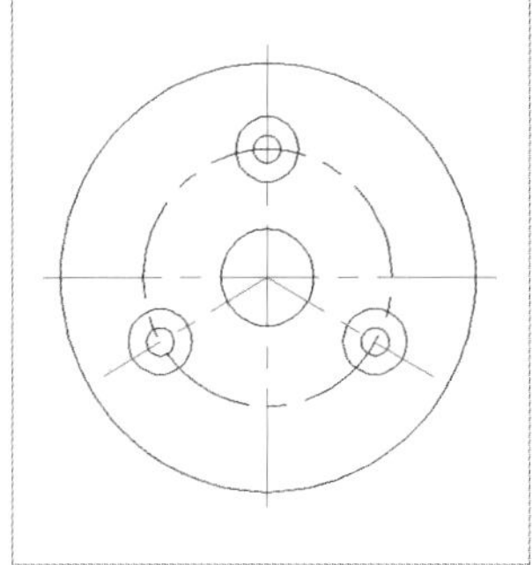
连接盘

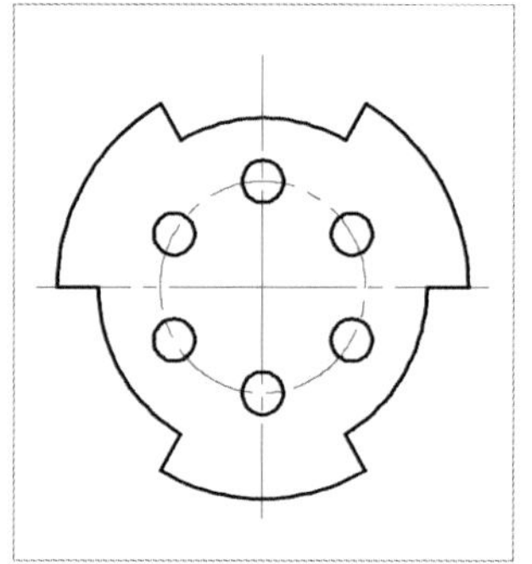
均步结构图形

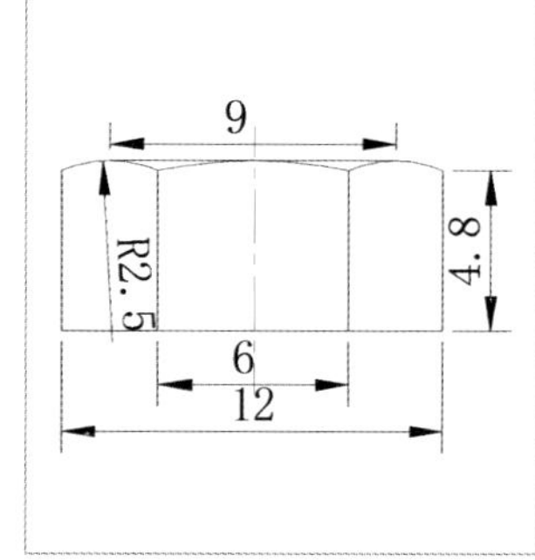

螺母块

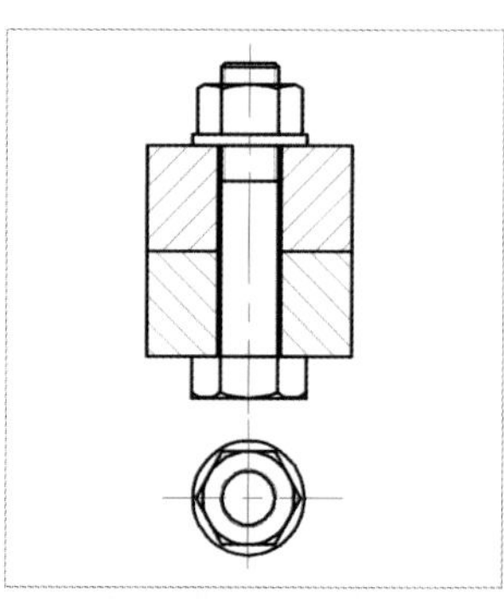
螺纹连接杆

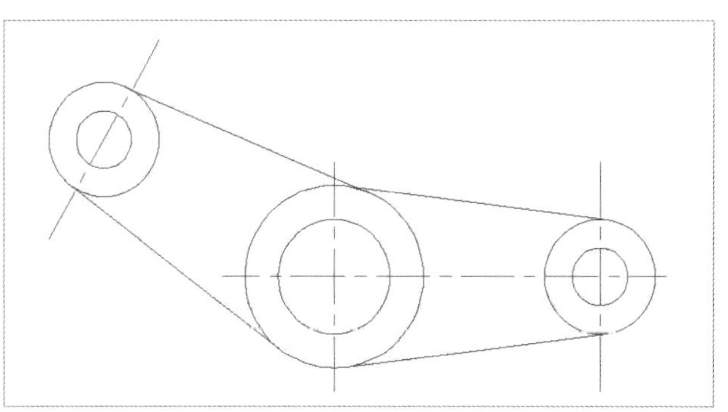
曲柄

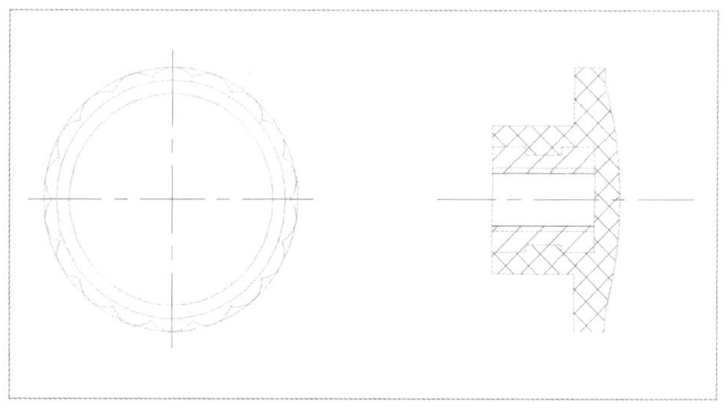
旋钮

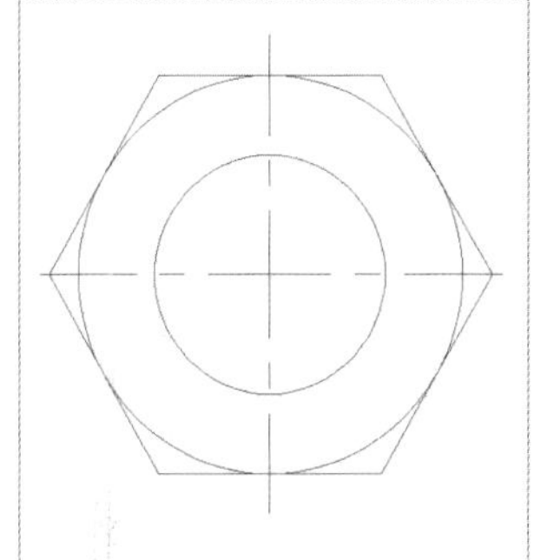
螺母

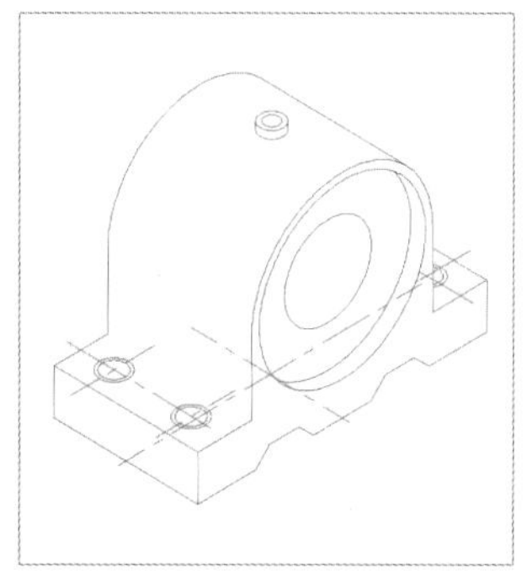
轴承座正等侧视图

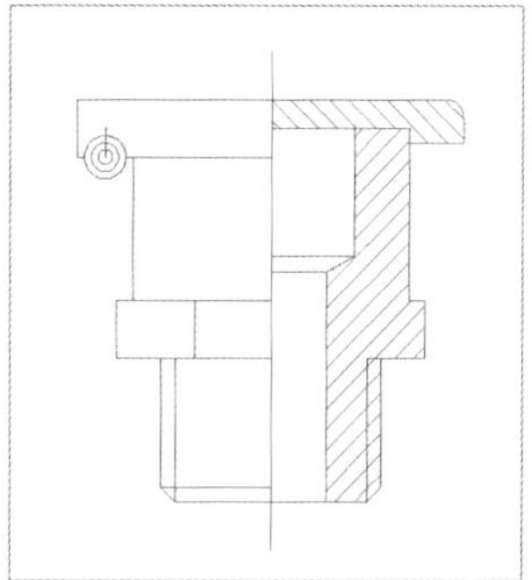
油杯

棘轮

双头螺柱三维设计

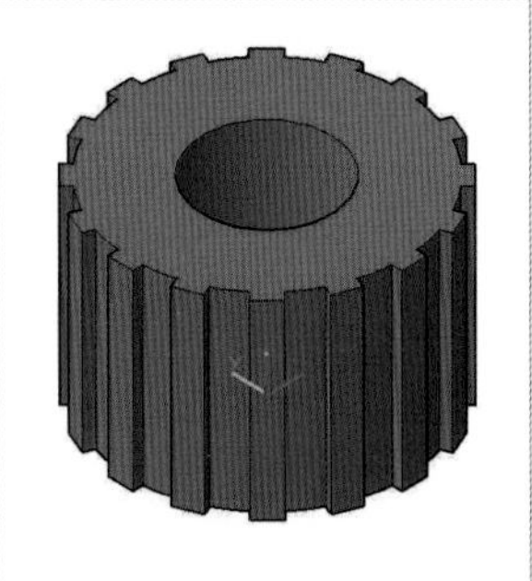
Z2

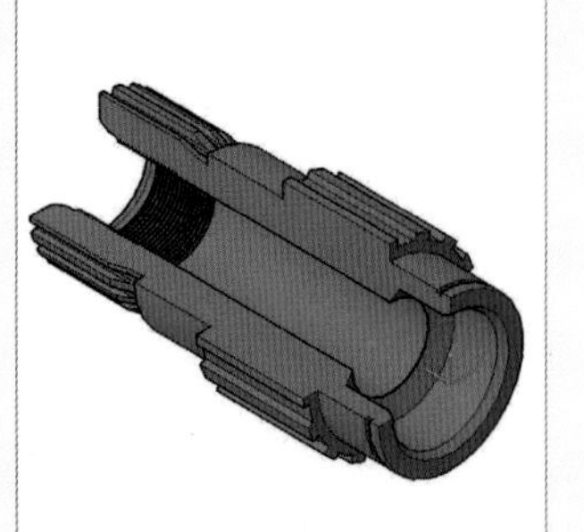
锥齿轮轴三维设计

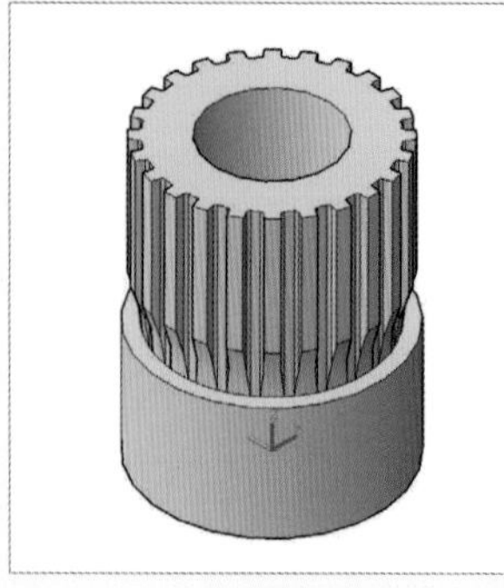
Z3

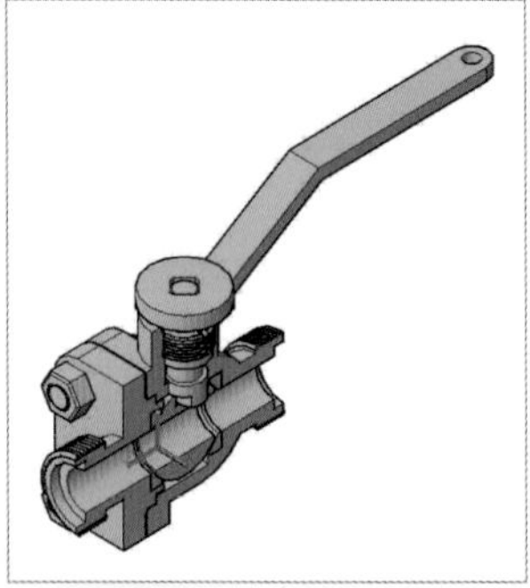
二分之一的剖视图

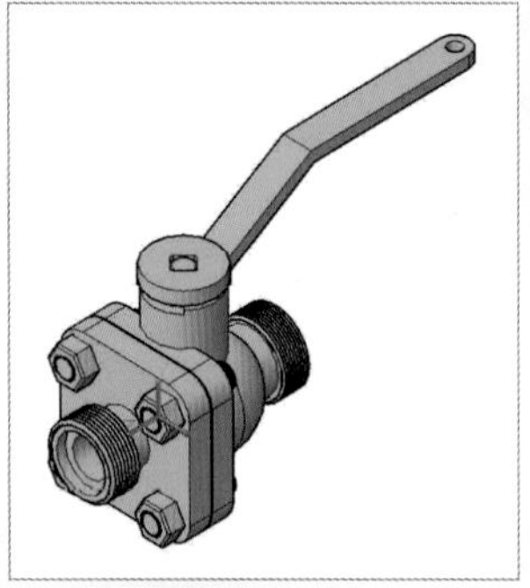
球阀装配三维设计

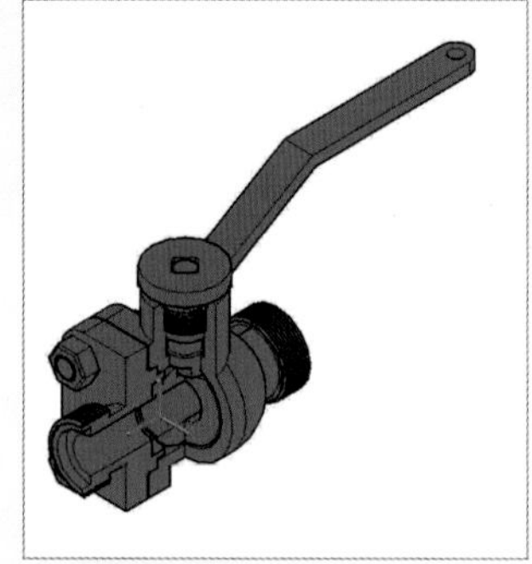
四分之一的剖视图

球阀

Z4

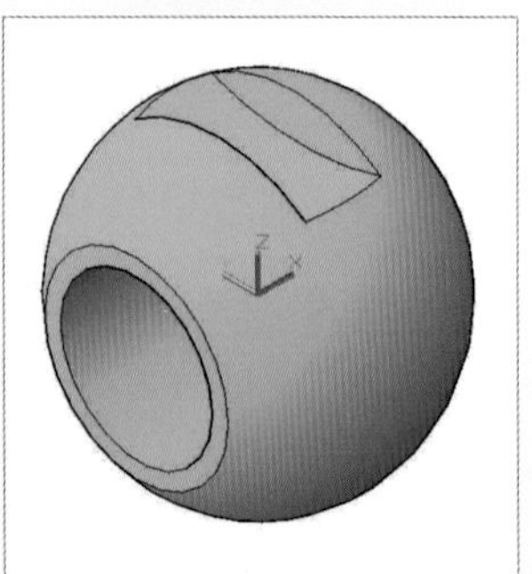
阀芯三维设计

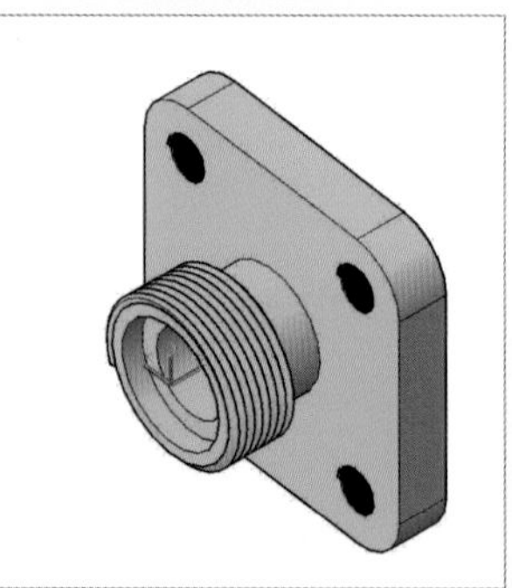
阀盖三维设计

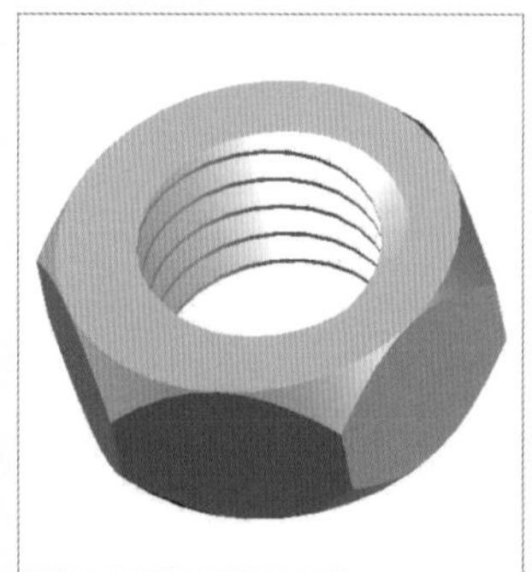
六角螺母

轴承三维设计

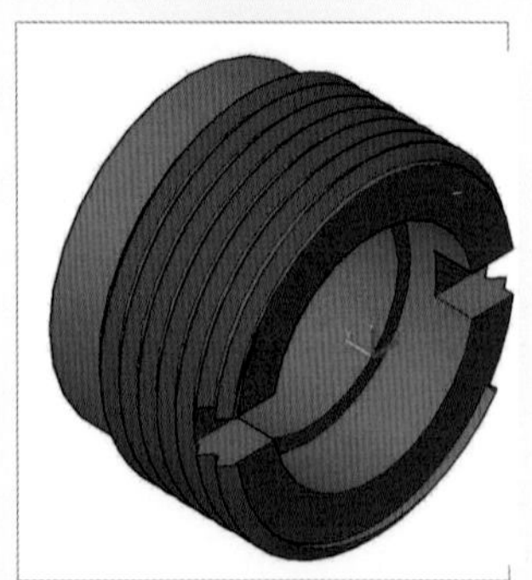
压紧套三维设计

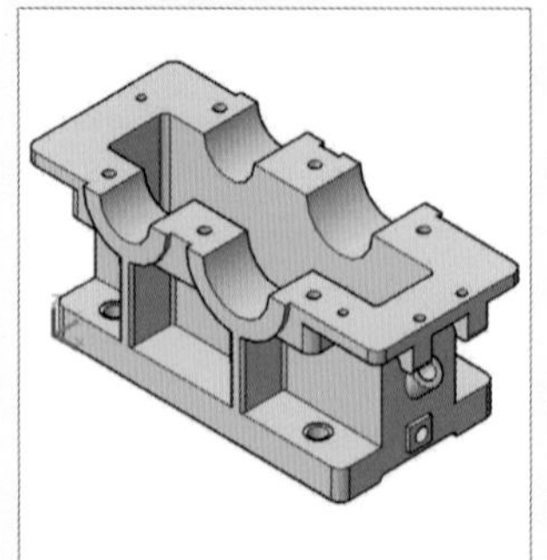
减速器箱体立体图

减速器箱盖立体图

本书部分案例

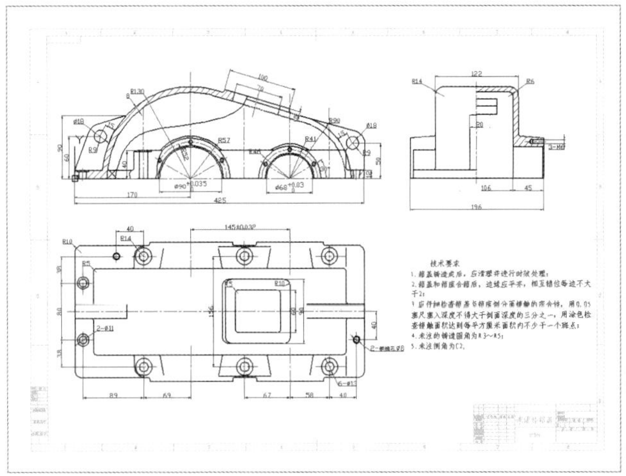

减速器箱盖

技术要求
1. 箱体铸造成后，应清理并进行时效处理；
2. 箱盖和箱体合箱后，边缘应平齐，相互错位每边不大于2；
3. 检查与箱盖结合面的密合性，用0.05的塞尺塞入深度不得大于剖面深度的三分之一。用涂色检查接触面积达到每平方厘米面积内不少于一个斑点；
4. 未注铸造圆角为R3~R5；
5. 未注倒角为C2；
6. 箱体不得漏油。

减速器箱体

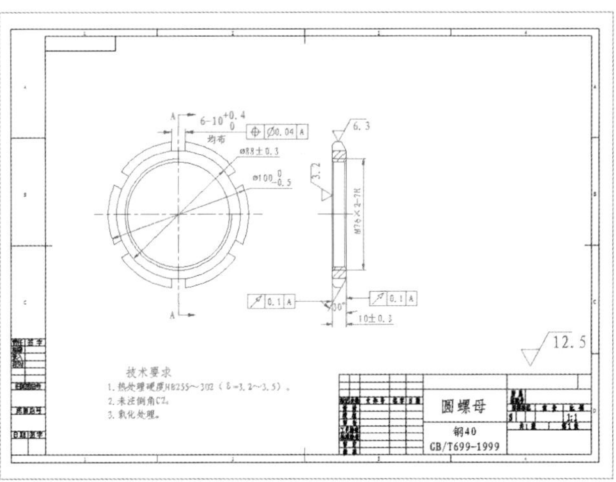

圆螺母

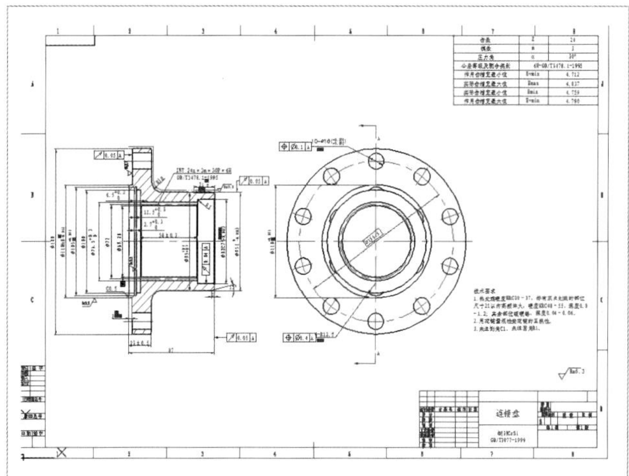

连接盘设计

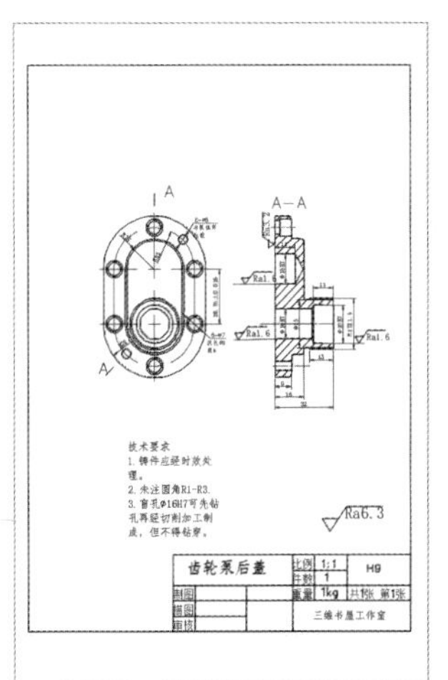

齿轮泵后盖设计

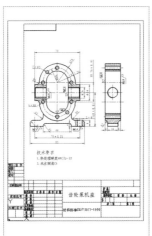

齿轮泵基座设计

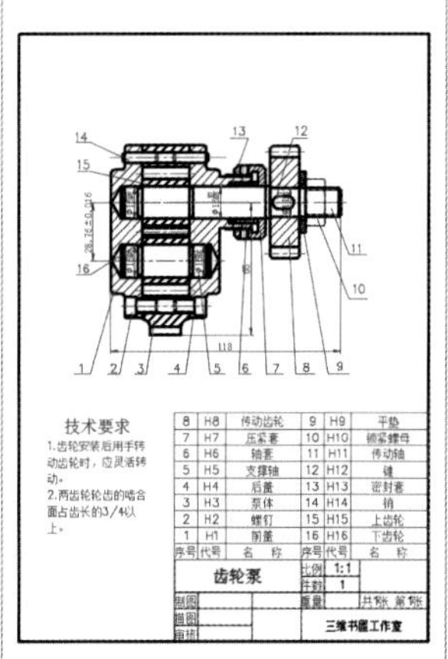

齿轮装配图

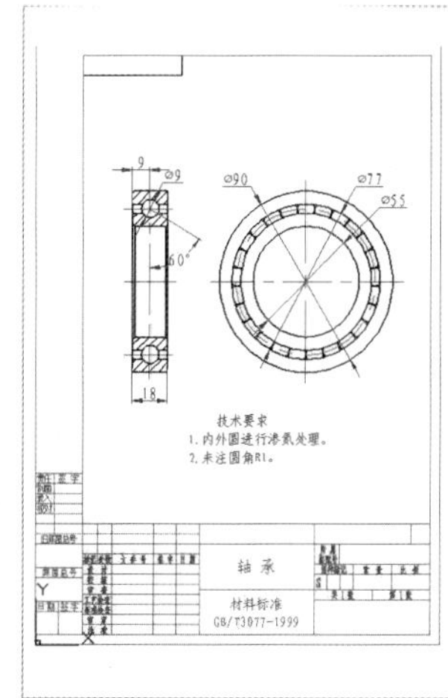

轴承设计

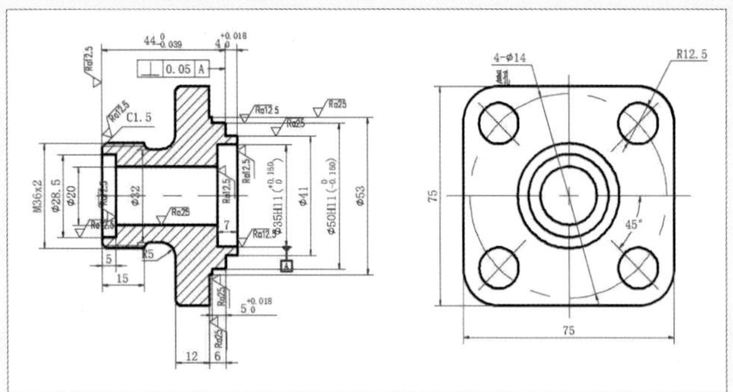

阀盖

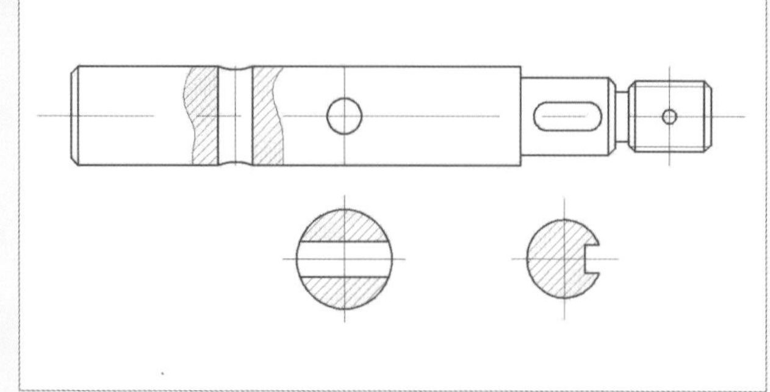

泵轴

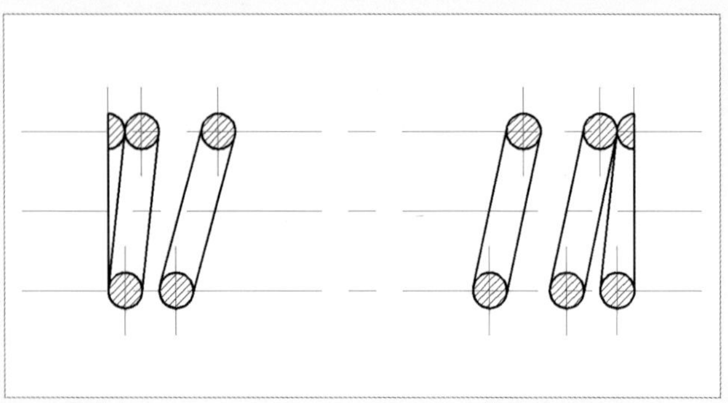

弹簧

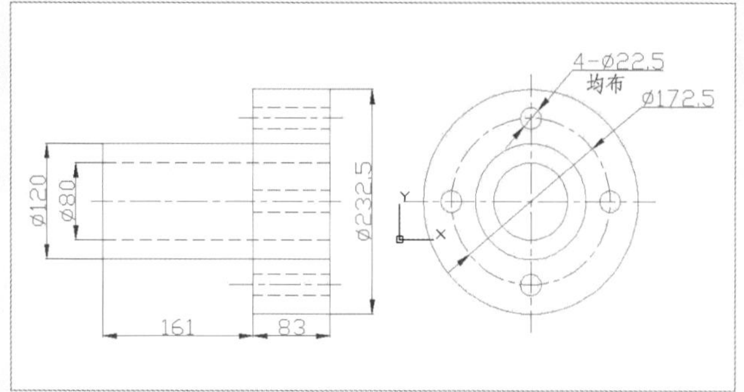

标注盘件尺寸

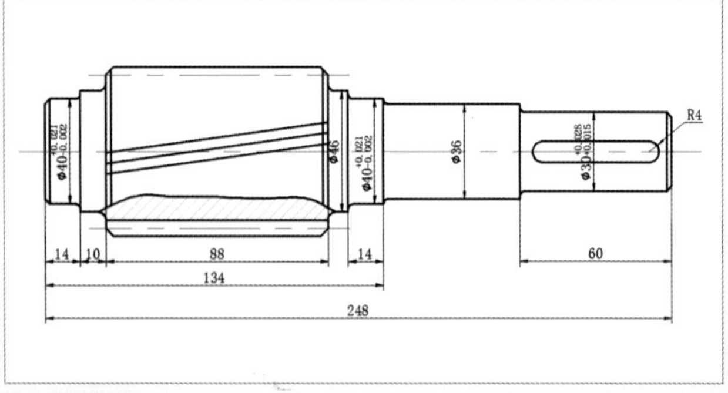

齿轮轴

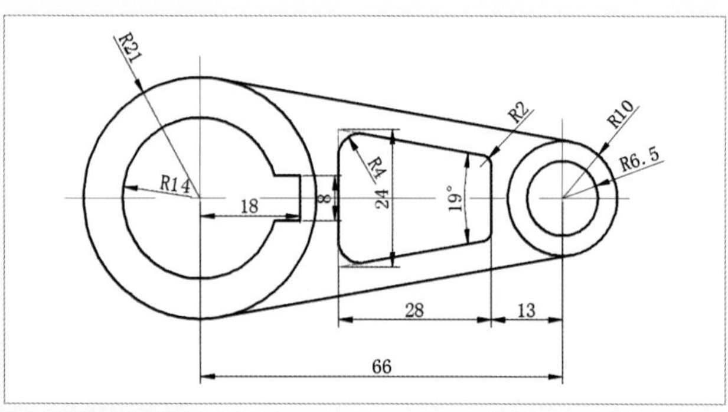

连接杆设计

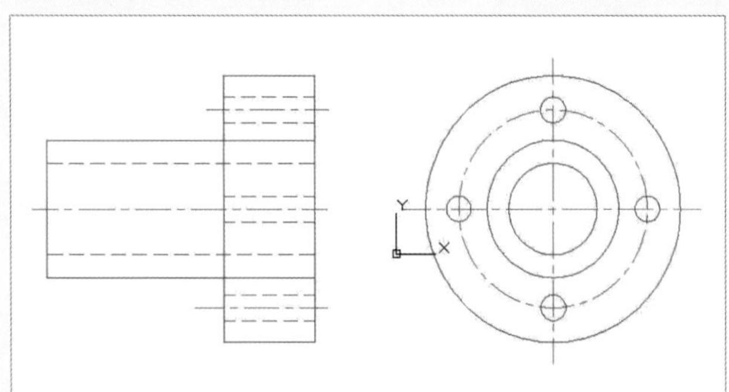

盘件

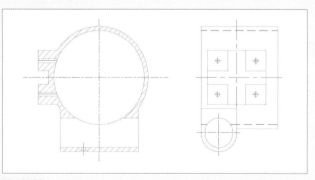

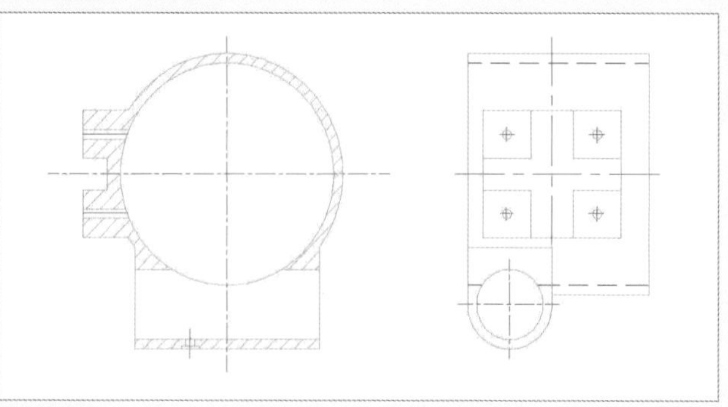

架体

CAD/CAM/CAE 自学视频教程

AutoCAD 中文版机械设计
自学视频教程

CAD/CAM/CAE 技术联盟　编著

清华大学出版社
北　京

内 容 简 介

本书运用大量实例、案例讲述了AutoCAD机械绘图的应用方法和技巧。全书分为设计基础篇、典型机械零件二维设计篇、典型机械零件三维造型篇。其中，设计基础篇包括国家标准《机械制图》的基本规定、AutoCAD入门、二维绘图命令、二维编辑命令；典型机械零件二维设计篇包括机械图形尺寸标注方法、通用标准件设计、螺纹零件设计、盘盖类零件设计、轴系零件设计、叉架类零件设计、箱体类零件设计、球阀二维设计；典型机械零件三维造型篇包括三维图形基础知识、螺纹类零件三维设计、盘盖类零件三维设计、轴系零件三维设计、叉架类零件三维设计、箱体类零件三维设计、球阀三维造型设计。另附一章线上学习内容，为机械图形二维表达方法，供有兴趣的读者扩展学习。

本书资源包配备了极为丰富的学习资源，包括**配套自学视频、应用技巧大全、疑难问题汇总、经典练习题、常用图块集、全套工程图纸案例及配套视频、快捷命令速查手册、快捷键速查手册、常用工具按钮速查手册等。**

本书定位于AutoCAD机械设计从入门到精通层次，可以作为机械设计初学者的入门教程，也可以作为机械工程技术人员的参考工具书。

图书在版编目（CIP）数据

AutoCAD中文版机械设计自学视频教程 / CAD/CAM/CAE技术联盟编著. —北京：清华大学出版社，2019
CAD/CAM/CAE自学视频教程
ISBN 978-7-302-52327-7

Ⅰ. ①A…　Ⅱ. ①C…　Ⅲ. ①机械设计－计算机辅助设计－AutoCAD软件－教材　Ⅳ. ①TH122

中国版本图书馆CIP数据核字（2019）第029087号

责任编辑： 贾小红
封面设计： 李志伟
版式设计： 文森时代
责任校对： 马军令
责任印制： 宋　林

出版发行： 清华大学出版社
网　　址：http://www.tup.com.cn，http://www.wqbook.com
地　　址：北京清华大学学研大厦A座　　邮　　编：100084
社 总 机：010-62770175　　邮　　购：010-62786544
投稿与读者服务：010-62776969，c-service@tup.tsinghua.edu.cn
质量反馈：010-62772015，zhiliang@tup.tsinghua.edu.cn
印 刷 者：北京富博印刷有限公司
装 订 者：北京市密云县京文制本装订厂
经　　销：全国新华书店
开　　本：203mm×260mm　　印　　张：34.25　　插　　页：2　　字　　数：1105千字
版　　次：2019年12月第1版　　印　　次：2019年12月第1次印刷
定　　价：79.80元

产品编号：078597-01

前　言

Preface

AutoCAD 是世界范围内最早开发、也是用户群最庞大的 CAD 软件之一。经过多年的发展，其功能不断完善，现已覆盖机械、建筑、服装、电子、气象、地理等各个学科，在全球建立了广泛而巩固的用户网络。目前，在全国范围内虽然出现了许多其他的 CAD 软件，但是 AutoCAD 毕竟历经了长期的市场考验，以其开放性的平台和简单易行的操作方法，早已被工程设计人员认可。

一、本书的编写目的和特色

鉴于 AutoCAD 强大的功能和深厚的工程应用底蕴，我们力图开发一套全方位介绍 AutoCAD 在各个工程行业应用实际情况的书籍。就每本书而言，我们不求事无巨细地将 AutoCAD 知识点全面讲解清楚，而是针对本专业或本行业需要，将 AutoCAD 大体知识脉络作为线索，以实例作为“抓手”，帮助读者掌握利用 AutoCAD 进行本行业工程设计的基本技能和技巧。

具体而言，本书具有一些相对明显的特色。

☑ **经验、技巧、注意事项较多，注重图书的实用性，同时让学习者少走弯路**

本书是作者总结多年的设计经验以及教学的心得体会的结晶，历时多年精心编著而成，力求全面细致地展现出 AutoCAD 在机械设计应用领域中的各种功能和相应的使用方法。

☑ **实例、案例、实践练习丰富，通过大量实践达到高效学习之目的**

本书引用的实例都来自机械设计工程实践，结构典型、实用。这些实例经过作者精心提炼和改编，不仅保证了读者能够学好知识点，更重要的是能够帮助读者掌握实际的操作技能。

☑ **实例典型，同时理论联系实际，达到快速学习之目的**

本书从全面提升机械设计与 AutoCAD 应用能力的角度出发，结合具体的案例来讲解 AutoCAD 绘图基础知识、机械设计基础技能、二维工程设计、三维工程设计等知识。本书不仅有透彻的讲解，还有非常典型的工程实例。通过实例演练，读者能够找到一条学习 AutoCAD 机械设计的捷径。

☑ **精选综合实例、大型案例，为成为机械设计工程师打下坚实基础**

本书结合典型的机械设计实例详细讲解 AutoCAD 机械设计知识要点，让读者在学习案例的过程中潜移默化地掌握 AutoCAD 软件的操作技巧，同时培养读者的工程设计实践能力。

二、本书的配套资源

在时间就是财富、效率就是竞争力的今天，谁能够快速学习，谁就能增强竞争力、掌握主动权。为了方便读者朋友快速、高效、轻松地学习本书，我们在配套资源包中提供了极为丰富的学习资源，期望读者朋友在最短的时间内学会并精通这门技术。

Note

1．本书配套自学视频：全书实例配套多媒体视频演示，读者可以先看视频演示，听老师讲解，然后再跟着书中实例操作，可以大大提高学习效率。

2．AutoCAD应用技巧大全：汇集了AutoCAD绘图的各类技巧，对提高作图效率很有帮助。

3．AutoCAD疑难问题汇总：疑难解答的汇总，对入门者来讲非常有用，可以扫除学习障碍，让读者少走弯路。

4．AutoCAD经典练习题：额外精选了不同类型的练习题，读者只要认真练习，到一定程度就可以实现从量变到质变的飞跃。

5．AutoCAD常用图块集：在实际工作中，积累大量的图块可以拿来就用，或者略加修改就可以用，对于提高作图效率极为重要。

6．AutoCAD全套工程图纸案例及配套视频：大型图纸案例及学习视频，可以让读者朋友看到实际工作中的整个流程。

7．AutoCAD快捷命令速查手册：汇集了AutoCAD常用快捷命令，熟记可以提高作图效率。

8．AutoCAD快捷键速查手册：汇集了AutoCAD常用快捷键，绘图高手通常会直接用快捷键。

9．AutoCAD常用工具按钮速查手册：AutoCAD速查工具按钮，也是提高作图效率的方法之一。

三、关于本书的服务

1．"AutoCAD 2018简体中文版"安装软件的获取

按照本书上的实例进行操作练习，以及使用AutoCAD 2018进行绘图，需要事先在计算机上安装AutoCAD 2018软件。"AutoCAD 2018简体中文版"安装软件可以登录http://www.autodesk.com.cn联系购买正版软件，或者使用其试用版。另外，也可在当地电脑城、软件经销商处购买。

2．关于本书的技术问题或有关本书信息的发布

读者朋友遇到有关本书的技术问题，可以扫描封底"文泉云盘"二维码查看是否已发布相关勘误/解疑文档，如果没有，可在下方寻找作者联系方式，或单击"读者反馈"留下问题，我们会及时回复。

3．关于手机在线学习与实例视频

扫描书后刮刮卡二维码，即可绑定书中二维码的读取权限，再扫描书中二维码，便可在手机中观看对应教学视频。充分利用碎片化时间，随时随地提升。需要强调的是，书中给出的是实例的重点步骤，实例详细操作过程还得通过视频来仔细领会。

四、关于作者

本书由CAD/CAM/CAE技术联盟组织编写。CAD/CAM/CAE技术联盟是一个集CAD/CAM/

CAE 技术研讨、工程开发、培训咨询和图书创作等于一体的工程技术人员协作联盟，包含 20 多位专职和众多兼职 CAD/CAM/CAE 工程技术专家。

CAD/CAM/CAE 技术联盟负责人由 Autodesk 中国认证考试中心首席专家担任，全面负责 Autodesk 中国官方认证考试大纲制定、题库建设、技术咨询和师资力量培训工作，成员精通 Autodesk 系列软件。其创作的很多教材成为国内具有引导性的旗帜作品，在国内相关专业方向图书创作领域举足轻重。

五、致谢

在本书的写作过程中，策划编辑贾小红女士和柴东先生给予了我们很大的帮助和支持，提出了很多中肯的建议，在此表示感谢。同时，还要感谢清华大学出版社的所有编审人员为本书的出版所付出的辛勤劳动。本书的成功出版是大家共同努力的结果，谢谢所有支持的老师。

编　者

目 录

Contents

第 1 篇 设计基础篇

Note

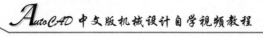

第 2 篇　典型机械零件二维设计篇

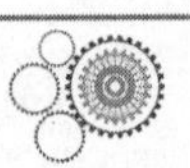
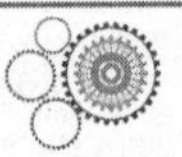

Note

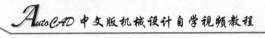

第 3 篇 典型机械零件三维造型篇

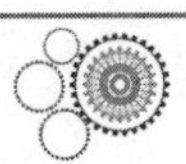

Note

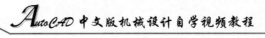

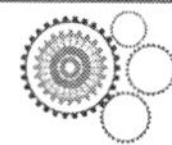

AutoCAD 扩展学习内容

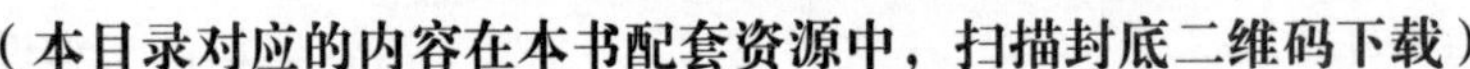

（本目录对应的内容在本书配套资源中，扫描封底二维码下载）

Note

AutoCAD 疑难问题汇总（配套资源中）

（本目录对应的内容在本书配套资源中，扫描封底二维码下载）

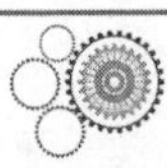
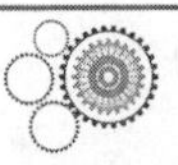

Note

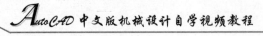

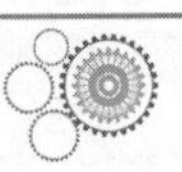
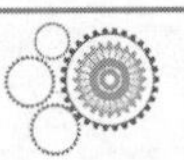

Note

AutoCAD 应用技巧大全（配套资源中）

（本目录对应的内容在本书配套资源中，扫描封底二维码下载）

Note

Note

▶▶第 1 篇

设计基础篇

主要介绍 AutoCAD 必要的基本操作方法和技巧。

- ⏭ 国家标准《机械制图》的基本规定
- ⏭ AutoCAD 2018 入门
- ⏭ 二维绘图命令
- ⏭ 二维编辑命令

国家标准《机械制图》的基本规定

本章学习要点和目标任务：

☑ 图纸幅面及格式

☑ 标题栏

☑ 比例

☑ 字体

☑ 图线形式及应用

☑ 剖面符号

☑ 尺寸注法

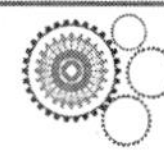

Note

1.1　图纸幅面及格式

为了加强我国与世界各国的技术交流，依据国际标准化组织 ISO 制定的国际标准，制定了我国国家标准《机械制图》，并在 1993 年以来相继发布了“图纸幅面和格式”“比例”“字体”“投影法”“表面粗糙度符号”“代号及其注法”等多项新标准，从 1994 年 7 月 1 日开始实施，陆续进行了修订更新，最新一次修订是在 2008 年。

国家标准，简称国标，代号为“GB”，斜杠后的字母为标准类型，其后的数字为标准号，由顺序号和发布的年代号组成，如表示比例的标准代号为 GB/T 14690—1993。

图纸幅面及其格式在 GB/T 14689—2008 中进行了详细规定，现进行简要介绍。

1.1.1　图纸幅面

图幅代号分为 A0、A1、A2、A3 和 A4 5 种，必要时可按规定加长幅面，如图 1-1 所示。

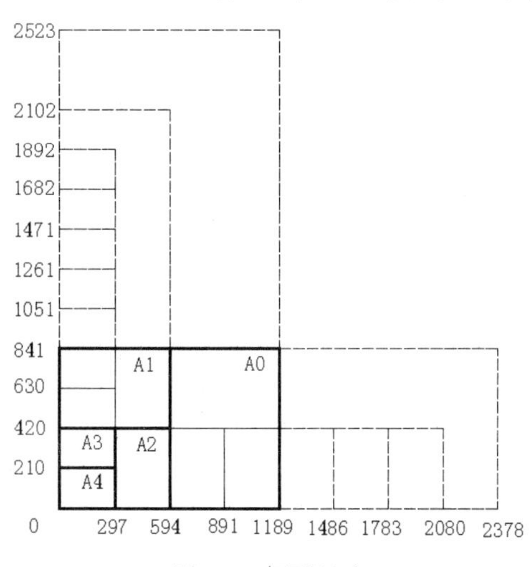

图 1-1　幅面尺寸

1.1.2　图框格式

绘图时应优先采用表 1-1 规定的基本幅面。在图纸中必须用粗实线画出图框，其格式分为不留装订边（如图 1-2 所示）和留装订边（如图 1-3 所示）两种，尺寸如表 1-1 所示。注意，同一产品的图样只能采用同一种格式。

表 1-1　图纸幅面

幅 面 代 号	A0	A1	A2	A3	A4
幅面尺寸　B×L	841×1189	594×841	420×594	297×420	210×297
e	20		10		
c	10			5	
a	25				

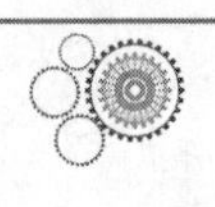

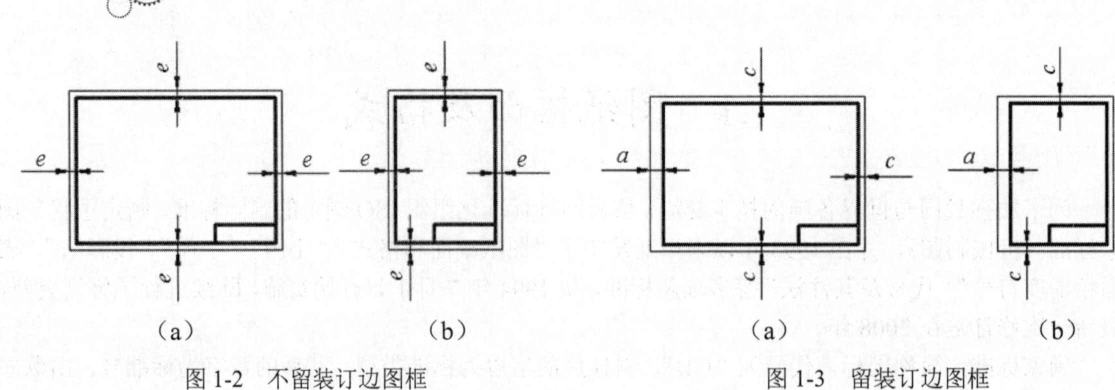

图 1-2　不留装订边图框　　　　图 1-3　留装订边图框

1.2　标　题　栏

国标《技术制图　标题栏》规定每张图纸上都必须画出标题栏，标题栏的位置位于图纸的右下角，与看图方向一致。

标题栏的格式和尺寸由 GB/T 10609.1—2008 规定，装配图中的明细栏由 GB/T 10609.2—2009 规定，如图 1-4 所示。

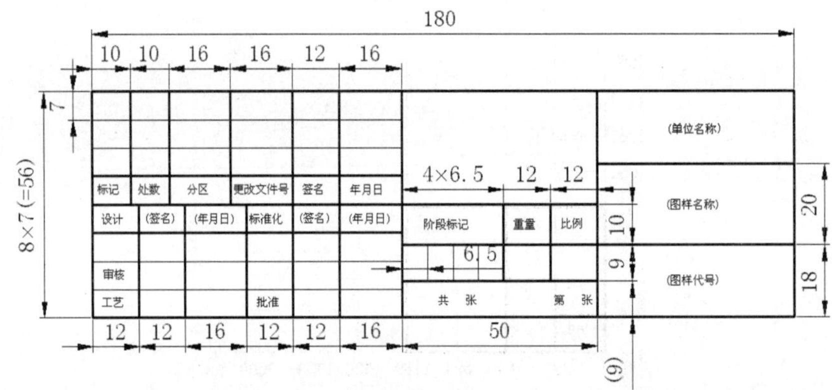

图 1-4　标题栏的格式与尺寸

在学习过程中，有时为了方便，对零件图标题栏和装配图标题栏、明细栏内容进行了简化，使用如图 1-5 所示的格式。

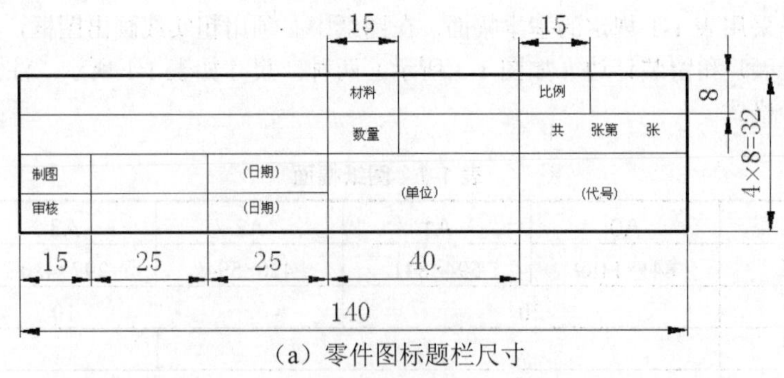

（a）零件图标题栏尺寸

图 1-5　简化标题栏尺寸

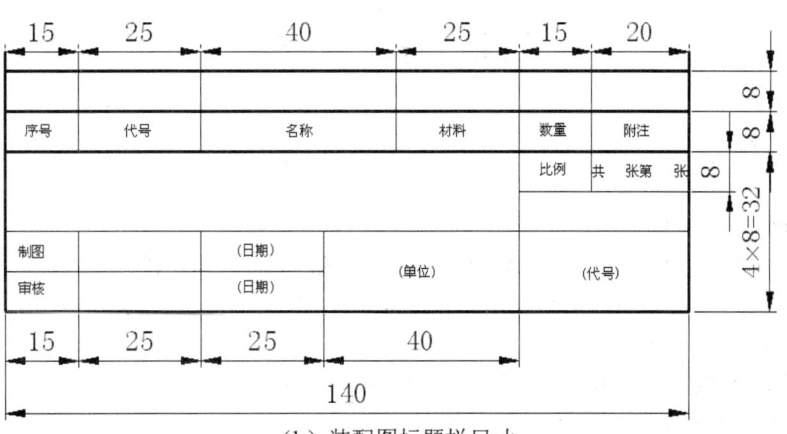

（b）装配图标题栏尺寸

图 1-5　简化标题栏尺寸（续）

1.3 比　　例

比例为图样中图形与其实物相应要素的线性尺寸之比，分为原值比例、放大比例和缩小比例 3 种。

按比例绘制图形时，应符合表 1-2 的规定，选取适当的比例。必要时也允许选取表 1-3 规定（GB/T 14690—1993）的比例。

表 1-2　标准比例系列

种　类	比　例					
原值比例	1∶1					
放大比例	5∶1	2∶1	5×10^n∶1	2×10^n∶1	1×10^n∶1	
缩小比例	1∶2	1∶5	1∶10	1∶2×10^n	1∶5×10^n	1∶1×10^n

注：n 为正整数。

表 1-3　可用比例系列

种　类	比　例				
放大比例	4∶1	2.5∶1	4×10^n∶1	2.5×10^n∶1	
缩小比例	1∶1.5 1∶1.5×10^n	1∶2.3 1∶2.5×10^n	1∶3 1∶3×10^n	1∶4 1∶4×10^n	1∶6 1∶6×10^n

提示

（1）比例一般标注在标题栏中，必要时可在视图名称的下方或右侧标出。

（2）不论采用哪种比例绘制图形，尺寸数值按原值注出。

Note

1.4 字　　体

1.4.1 一般规定

按 GB/T 14691—1993、GB/T 14665—2012 规定，对字体有以下要求：

（1）图样中书写字体必须做到字体工整、笔画清楚、间隔均匀、排列整齐。

（2）汉字应写成长仿宋体，并应采用国家正式公布推行的简化字。汉字的高度不应小于 3.5mm，其字宽一般为 $h/\sqrt{2}$（h 表示字高）。

（3）字号即字体的高度，其公称尺寸系列为 1.8mm、2.5mm、3.5mm、5mm、7mm、10mm、14mm、20mm。如需书写更大的字，其字高应按 $\sqrt{2}$ 的比率递增。

（4）字母和数字分为 A 型和 B 型。A 型字体的笔画宽度 d 为字高 h 的 1/14；B 型字体对应为 1/10。在同一图样中只允许使用一种类型。

（5）字母和数字可写成斜体或直体。斜体字字头向右倾斜，与水平基准线成 75°角。

1.4.2 字体示例

以下为字体示例。

1．汉字——长仿宋体

字体工整 笔画清楚 间隔均匀 排列整齐

（10 号字）

横平竖直　注意起落　结构均匀　填满方格

（7 号字）

技术制图　机械电子　汽车航空　船舶土木　建筑矿山　井坑港口　纺织服装

（5 号字）

螺纹齿轮　端子接线　飞行指导　驾驶舱位　挖填施工　饮水通风　闸阀坝　棉麻化纤

（3.5 号字）

2．拉丁字母

ABCDEFGHIJKLMNOP　　*abcdefghijklmnop*

（A 型大写斜体）　　（A 型小写斜体）

3．希腊字母

ΑΒΓΔΕΖΗΘΙΚΛΜΝΞΟΠ　　*ΑΒΓΕΖΗΘΙΚ*

（B 型大写斜体）　　（A 型大写斜体）

αβγδεζηθικ

（A 型小写直体）

4．阿拉伯数字

1234567890　　1234567890

（斜体）　　（直体）

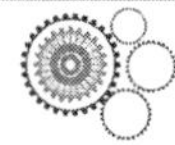

1.4.3 图样中的书写规定

以下为图样中的书写规定：

（1）用作指数、分数、极限偏差、注脚等的数字及字母，一般应采用小一号字体。

（2）图样中的数字符号、物理量符号、计量单位符号以及其他符号、代号应分别符合有关规定。

1.5 图线形式及应用

图线的相关使用规则在 GB/T 4457.4—2002 中进行了详细规定，现进行简要介绍。

1.5.1 图线宽度

国标规定了各种图线的名称、形式、宽度以及在图上的一般应用，如表 1-4 及图 1-6 所示。图线分粗、细两种，粗线的宽度 b 应按图的大小和复杂程度，在 0.5～2mm 选择。

图线宽度的推荐系列为 0.18mm、0.25mm、0.35mm、0.5mm、0.7mm、1mm、1.4mm、2mm。

表 1-4 图线形式

图线名称	线型	线宽	主要用途
粗实线		b	可见轮廓线、可见过渡线
细实线		约 b/2	尺寸线、尺寸延伸线、剖面线、引出线、弯折线、牙底线、齿根线、辅助线等
细点画线		约 b/2	轴线、对称中心线、齿轮节线等
虚线		约 b/2	不可见轮廓线、不可见过渡线
波浪线		约 b/2	断裂处的边界线、剖视与视图的分界线
双折线		约 b/2	断裂处的边界线
粗点画线		b	有特殊要求的线或面的表示线
双点画线		约 b/2	相邻辅助零件的轮廓线、极限位置的轮廓线、假想投影的轮廓线

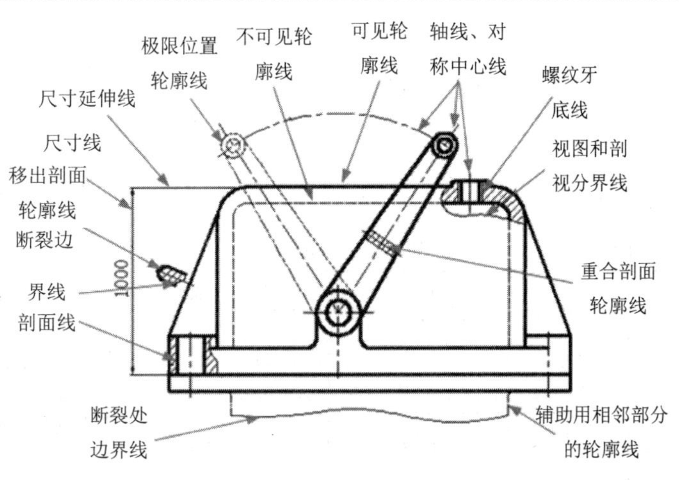

图 1-6 图线用途示例

Note

1.5.2 图线画法

（1）在同一图样中，同类图线的宽度应基本一致。虚线、点画线及双点画线的线段和间隔应各自大致相等。

（2）两条平行线（包括剖面线）之间的距离应不小于粗实线的两倍宽度，其最小距离不得小于 0.7mm。

（3）绘制圆的对称中心线时，圆心应为直线的交点。点画线和双点画线的首末两端应是线段而不是短画线。建议中心线超出轮廓线 2～5mm，如图 1-7 所示。

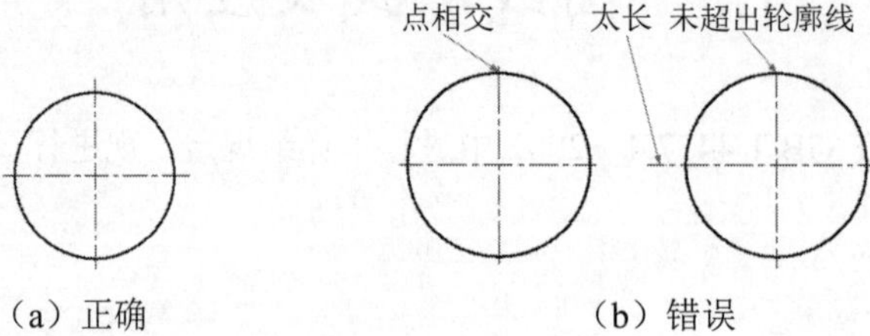

图 1-7　点画线画法

（4）在较小的图形上画点画线或双点画线有困难时，可用细实线代替。为保证图形清晰，各种图线相交、相连时的习惯画法如图 1-8 所示。

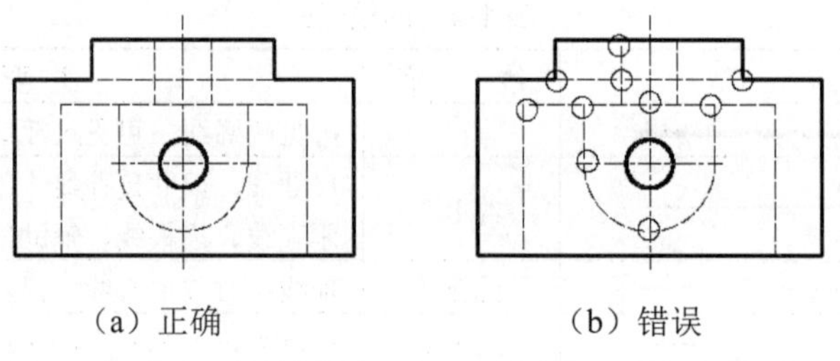

图 1-8　图线画法

点画线、虚线与粗实线相交，以及点画线、虚线彼此相交时，均应交于点画线或虚线的线段处。虚线与粗实线相连时，应留间隙；虚直线与虚半圆弧相切时，在虚直线处留间隙，而虚半圆弧画到对称中心线为止。

（5）由于图样复制中所存在的困难，应尽量避免采用 0.18mm 的线宽。

1.6 剖面符号

在剖视和剖面图中，应采用 GB/T 4457.5—2013 规定的剖面符号，如表 1-5 所示。

表 1-5　剖面符号

名　　称	剖 面 符 号	名　　称	剖 面 符 号
金属材料（已有规定剖面符号者除外）		纤维材料	
绕圈绕组元件		基础周围的泥土	

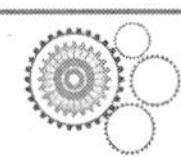

续表

名　　称	剖 面 符 号	名　　称	剖 面 符 号
转子、电枢、变压器和电抗器等叠钢片		混凝土	
非金属材料（已有规定剖面符号者除外）		钢筋混凝土	
型砂、填砂、粉末冶金、砂轮、陶瓷刀片、硬质合金刀片等		砖	
玻璃及供观察用的其他透明材料		格网（筛网、过滤网等）	
木材　纵剖面		液体	
木材　横剖面			

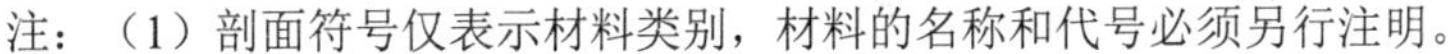

注：（1）剖面符号仅表示材料类别，材料的名称和代号必须另行注明。
（2）叠钢片的剖面线方向，应与束装中叠钢片的方向一致。
（3）液面用细实线绘制。

1.7　尺 寸 注 法

在图样中，除需表达零件的结构形状之外，还需标注尺寸以确定零件的大小。GB/T 4458.4—2003 对尺寸标注的基本方法做了一系列规定，必须严格遵守。

1.7.1　基本规定

以下为 GB/T 4458.4—2003 的基本规定。

（1）图样中的尺寸以毫米为单位时，不需注明计量单位代号或名称。若采用其他单位，则必须标注相应计量单位或名称，如 35°30′。

（2）图样上所注的尺寸数值是零件的真实大小，与图形大小及绘图的准确度无关。

（3）零件的每一个尺寸在图样中一般只标注一次。

（4）图样中标注的尺寸是该零件最后完工时的尺寸，否则应另加说明。

1.7.2　尺寸要素

一个完整的尺寸包含下列 5 个尺寸要素。

（1）尺寸延伸线。尺寸延伸线用细实线绘制，如图 1-9（a）所示。尺寸延伸线一般是图形轮廓线、轴线或对称中心线的延伸线，超出箭头约 2～3mm。也可直接用轮廓线、轴线或对称中心线作为尺寸延伸线。

尺寸延伸线一般与尺寸线垂直，必要时允许倾斜。

Note

（2）尺寸线。尺寸线用细实线绘制，如图 1-9（a）所示。尺寸线必须单独画出，不能用图中任何其他图线代替，也不能与图线或其延长线重合，如图 1-9（b）所示中尺寸 3 和 8 的尺寸线，并应尽量避免尺寸线之间及尺寸线与尺寸延伸线之间相交。

标注线性尺寸时，尺寸线必须与所标注的线段平行，相同方向的各尺寸线间距要均匀，间隔应大于 5mm。

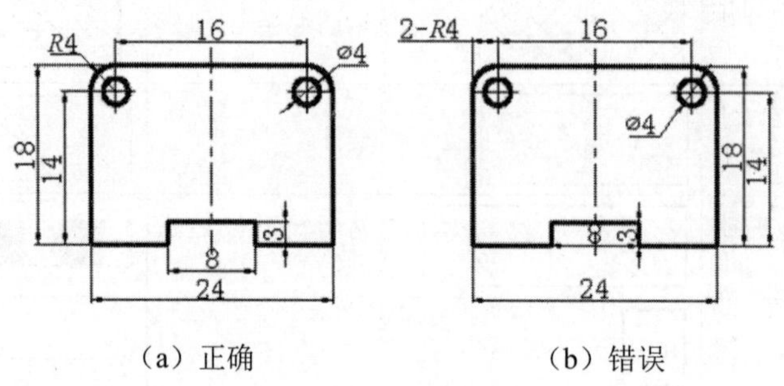

（a）正确　　（b）错误

图 1-9　尺寸标注

（3）尺寸线终端。尺寸线终端有两种形式——箭头或细斜线，如图 1-10 所示。

（a）　　（b）

图 1-10　尺寸线终端

箭头适用于各种类型的图形。箭头尖端与尺寸延伸线必须接触，但不得超出尺寸延伸线中间，也不得有间隙，如图 1-11 所示。

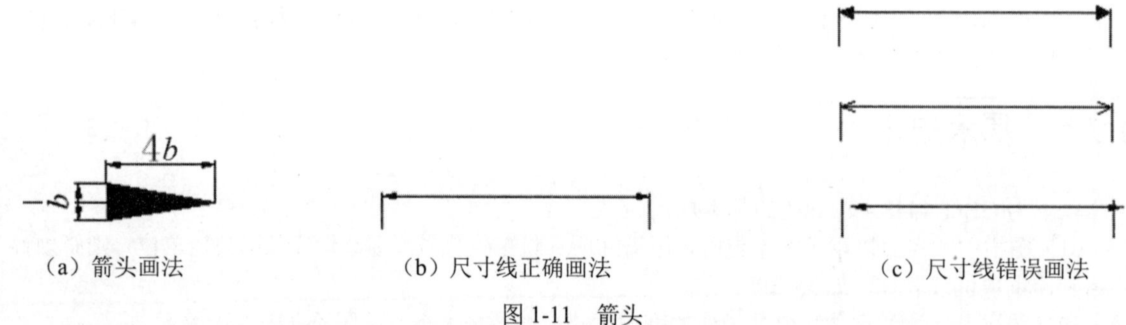

（a）箭头画法　　（b）尺寸线正确画法　　（c）尺寸线错误画法

图 1-11　箭头

细斜线的方向和画法如图 1-10（b）所示。当尺寸线终端采用斜线形式时，尺寸线与尺寸延伸线必须相互垂直，并且同一图样中只能采用一种尺寸线终端形式。

当采用箭头作为尺寸线终端时，位置若不够，允许用圆点或细斜线代替箭头。

（4）尺寸数字。线性尺寸的数字一般注写在尺寸线上方或尺寸线中断处。在同一图样中尺寸数字大小一致，空间不够时可引出标注。

线性尺寸数字方向按图 1-12（a）所示方向进行注写，并尽可能避免在图示 30° 范围内标注尺寸。当无法避免时，可按图 1-12（b）所示标注。

（5）符号。图中用以下符号区分不同类型的尺寸。

☑　*Ø*：直径。

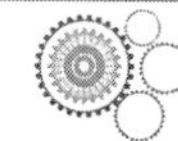

- ☑ *R*：半径。
- ☑ *S*：球面。
- ☑ *δ*：板状零件厚度。
- ☑ □：正方形。
- ☑ ∠：斜度。
- ☑ ◁：锥度。
- ☑ ±：正负偏差。
- ☑ ×：参数分隔符，如 M10×1、槽宽×槽深等。
- ☑ - ：连字符，如 4-Ø10、M10×1-6H 等。

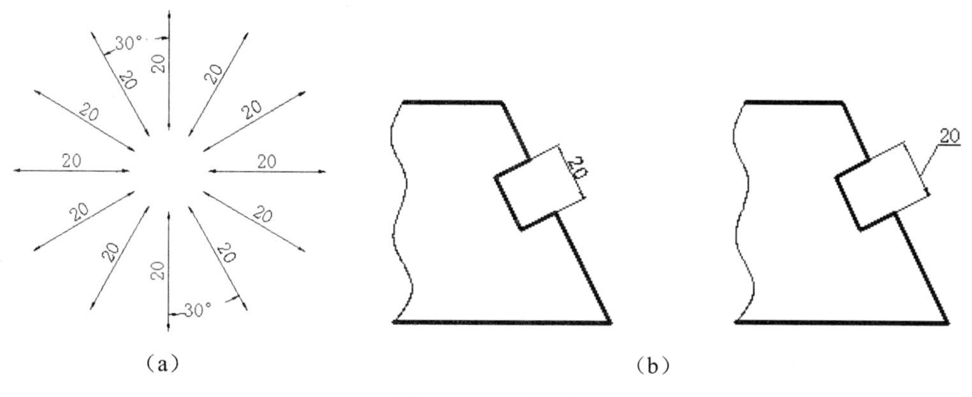

图 1-12　尺寸数字

1.7.3　标注示例

表 1-6 列出了国标所规定尺寸标注的一些示例。

表 1-6　尺寸注法示例

标 注 内 容	图　　例	说　　明
角度		（1）角度尺寸线沿径向引出； （2）角度尺寸线画成圆弧，圆心是该角顶点； （3）角度尺寸数字一律按水平方向书写
圆的直径		（1）直径尺寸应在尺寸数字前加注符号“Ø”； （2）尺寸线应通过圆心，尺寸线终端画成箭头； （3）整圆或大于半圆按直径标注

Note

续表

标注内容	图　例	说　明
大圆弧	R60 SR64	当圆弧半径过大，在图纸范围内无法标出圆心位置时，按左边形式标注；若不需标出圆心位置按右边形式标注
圆弧半径	R18 R13 R12 R10	（1）半径尺寸数字前加注符号“*R*”； （2）半径尺寸必须注在投影为圆弧的图形处，且尺寸线应通过圆心； （3）半圆或小于半圆的圆弧标注半径尺寸
狭小部位	3 2 3　5　4　3 323　3　2　4 R5　R5　R5　R5 R3　R2　R4　R3 Ø10　Ø10　Ø10 Ø5　Ø5　Ø5	在没有足够位置画箭头或注写数字时，可按此形式标注

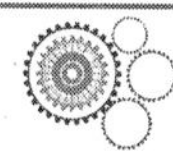

续表

标注内容	图例	说明
对称机件		当对称机件的图形只画出一半或略大于一半时，尺寸线应略超过对称中心线或断裂处的边界线，并在尺寸线一端画出箭头
正方形结构		表面为正方形结构尺寸时，可在正方形边长尺寸数字前加注符号“□”，或用 14×14 代替□14
板状零件		标注板状零件厚度时，可在尺寸数字前加注符号“δ”
光滑过渡处		(1)在光滑过渡处标注尺寸时，须用实线将轮廓线延长，从交点处引出尺寸延伸线； (2)当尺寸延伸线过于靠近轮廓线时，允许倾斜画出
弦长和弧长	 (1)　(2)	(1) 标注弧长时，应在尺寸数字上方加符号“⌒”； (2) 弦长及弧的尺寸延伸线应平行该弦的垂直平分线，当弧长较大时，可沿径向引出

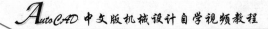

Note

续表

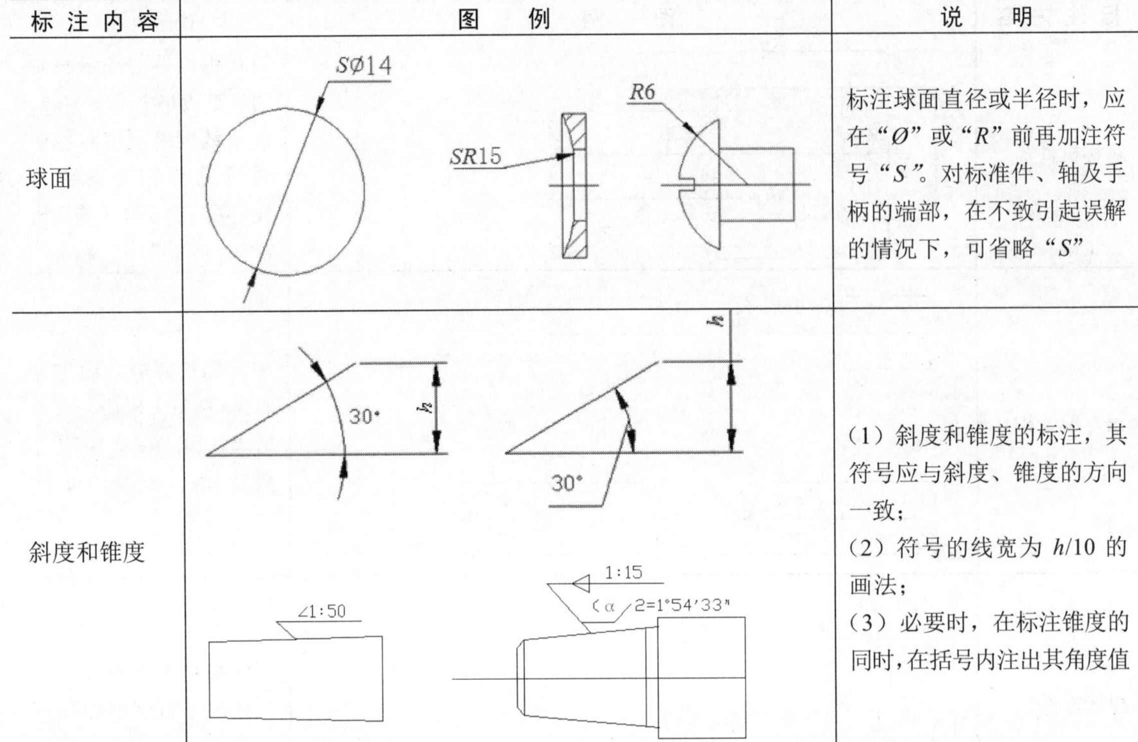

标注内容	图例	说明
球面	SØ14 SR15 R6	标注球面直径或半径时，应在“Ø”或“R”前再加注符号“S”。对标准件、轴及手柄的端部，在不致引起误解的情况下，可省略“S”
斜度和锥度	30° h 30° h h ∠1:50 1:15 (α/2=1°54′33″)	（1）斜度和锥度的标注，其符号应与斜度、锥度的方向一致； （2）符号的线宽为 h/10 的画法； （3）必要时，在标注锥度的同时，在括号内注出其角度值

第2章

AutoCAD 2018 入门

本章学习要点和目标任务：

☑ 操作界面

☑ 设置绘图环境

☑ 文件管理

☑ 基本输入操作

☑ 图层设置

☑ 绘图辅助工具

☑ 文字样式与表格样式

☑ 快速绘图工具

☑ 综合实战——绘制 A3 图纸样板图形

本章将开始循序渐进地学习 AutoCAD 2018 绘图的有关基本知识。了解如何设置图形的系统参数、样板图，熟悉建立新的图形文件、打开已有文件的方法等，为后面进入系统学习准备必要的前提知识。

2.1 操作界面

Note

AutoCAD 的操作界面是 AutoCAD 显示、编辑图形的区域。启动 AutoCAD 2018 后的默认界面如图 2-1 所示，这个界面是 AutoCAD 2009 以后出现的新界面风格。为了便于学习和使用，我们采用“草图与注释”的界面进行介绍。

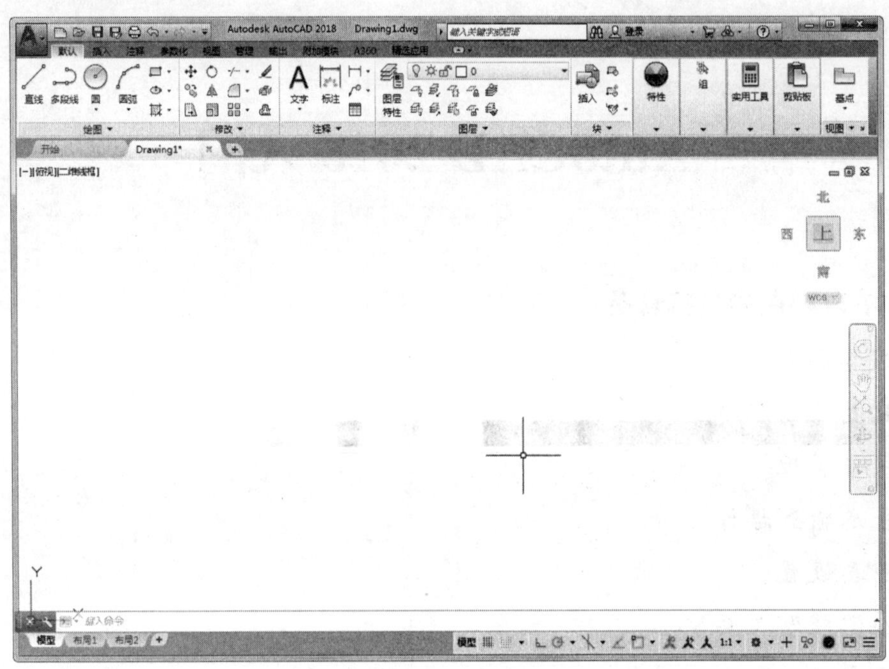

图 2-1 默认界面

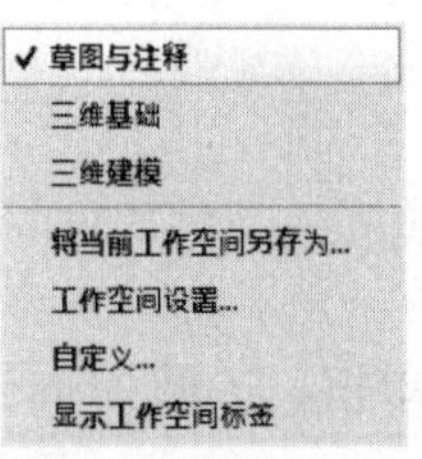

图 2-2 工作空间转换

具体的转换方法是：单击界面右下角的“切换工作空间”按钮，打开“工作空间”选择菜单，从中选择“草图与注释”选项，如图 2-2 所示，系统转换到“草图与注释”界面，如图 2-3 所示。

一个完整的“草图与注释”操作界面包括标题栏、功能区、绘图区、十字光标、坐标系图标、命令行窗口、状态栏、布局标签和快速访问工具栏等。

2.1.1 标题栏

在 AutoCAD 2018 绘图窗口的最上端是标题栏，其中显示了系统当前正在运行的应用程序（AutoCAD 2018 和用户正在使用的图形文件）。第一次启动 AutoCAD 时，标题栏中将显示 AutoCAD 2018 在启动时自动创建并打开的图形文件的名字 Drawing1.dwg，如图 2-3 所示。

2.1.2 绘图区

绘图区是指在标题栏下方的大片空白区域，绘图区是用户使用 AutoCAD 绘制图形的区域，用户

完成一幅设计图形的主要工作都是在绘图区中完成的。

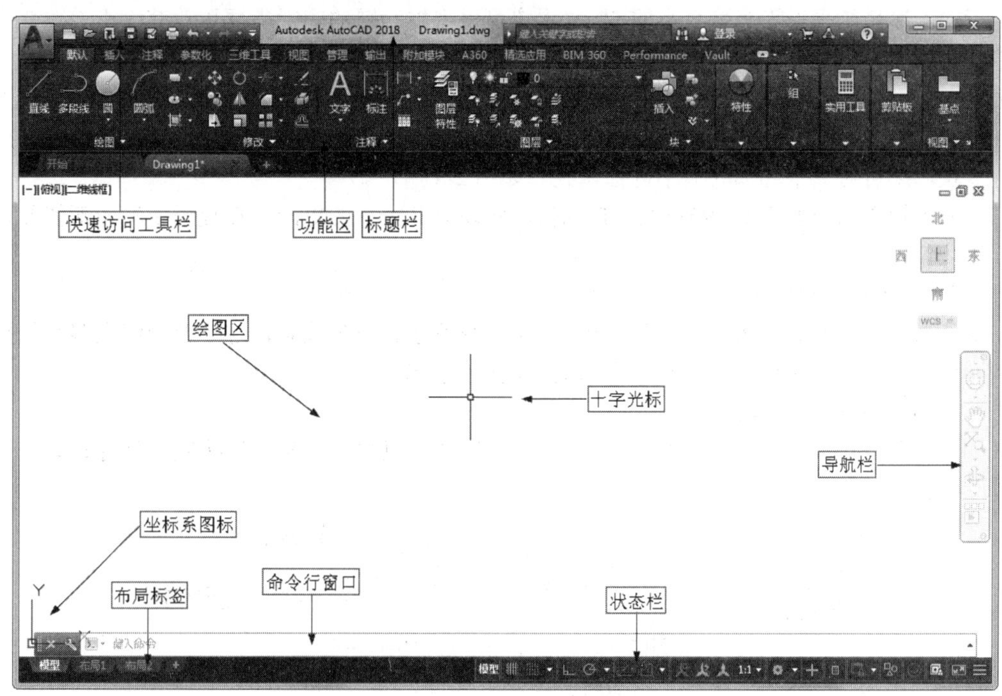

图 2-3　AutoCAD 2018 中文版操作界面

在绘图区中还有一个作用类似光标的十字线，其交点反映了光标在当前坐标系中的位置。在 AutoCAD 中将该十字线称为光标，AutoCAD 通过光标显示当前点的位置。十字线与当前用户坐标系的 X 轴、Y 轴平行，十字线的长度系统预设为屏幕大小的 5%，如图 2-4 所示。

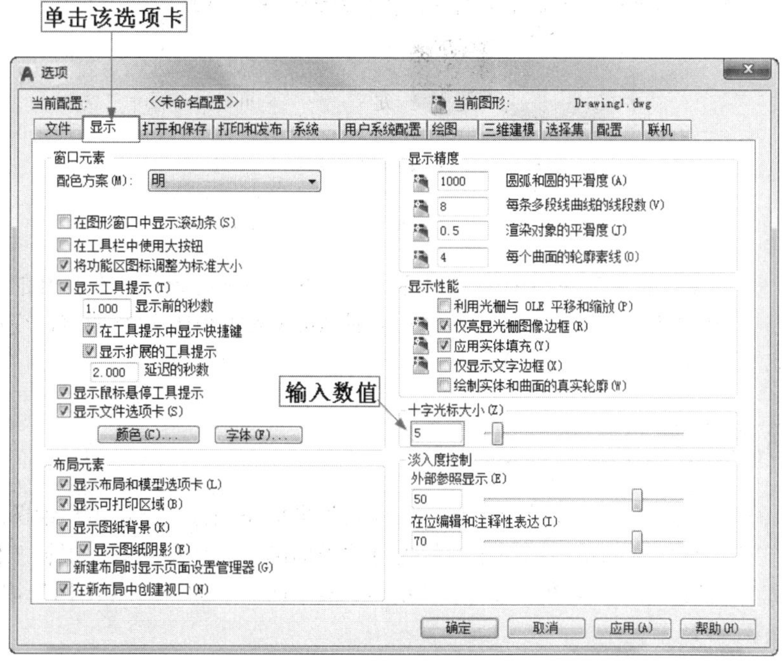

图 2-4　“选项”对话框中的“显示”选项卡

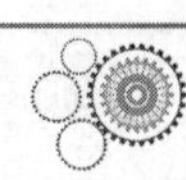

1．修改图形窗口中十字光标的大小

光标的长度系统预设为屏幕大小的 5%，用户可以根据绘图的实际需要更改其大小。改变光标大小的方法有如下两种：

Note

☑ 在绘图窗口中选择“工具”菜单中的“选项”命令，屏幕上将弹出“选项”对话框。选择“显示”选项卡，在“十字光标大小”选项组的编辑框中直接输入数值，或者拖动编辑框后的滑块，即可对十字光标的大小进行调整，如图 2-4 所示。

☑ 通过设置系统变量 CURSORSIZE 的值，实现对其大小的更改。在提示下输入新值即可，默认值为 5%。

2．修改绘图窗口的颜色

在默认情况下，AutoCAD 2018 的绘图窗口是黑色背景、白色线条，这不符合绝大多数用户的习惯，因而修改绘图窗口颜色是大多数用户都需要进行的操作。

修改绘图窗口颜色的步骤如下：

（1）在图 2-4 所示的选项卡中单击“窗口元素”选项组中的“颜色”按钮，将打开如图 2-5 所示的“图形窗口颜色”对话框。

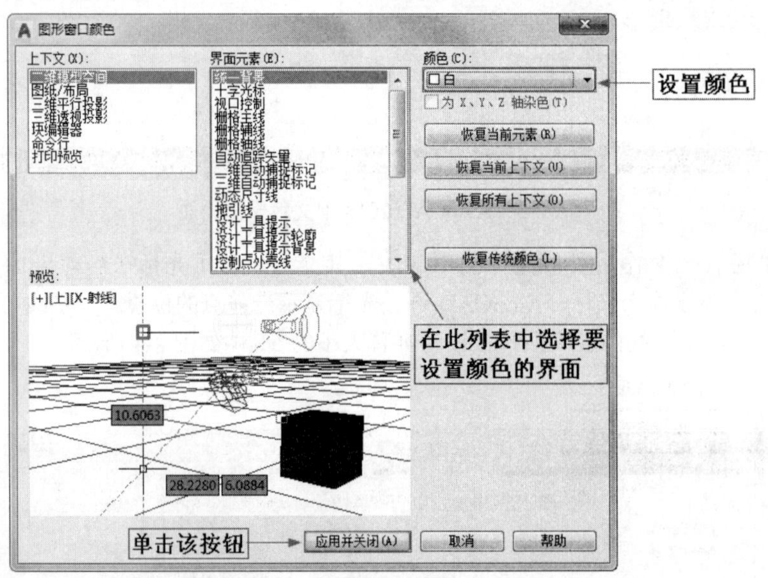

图 2-5 “图形窗口颜色”对话框

（2）单击“图形窗口颜色”对话框中“颜色”字样下边的下拉箭头，在打开的下拉列表中选择需要的窗口颜色，然后单击“应用并关闭”按钮，此时 AutoCAD 2018 的绘图窗口变成了所选的背景色，通常按视觉习惯选择白色为窗口颜色。

2.1.3 坐标系图标

在绘图区域的左下角，有一个箭头指向图标，称之为坐标系图标，表示用户绘图时正在使用的坐标系形式，如图 2-3 所示。坐标系图标的作用是为点的坐标确定一个参照系。根据工作需要，用户可以选择将其关闭。方法是单击“视图”选项卡“视口工具”面板中的“UCS 图标”按钮，将其以灰色状态显示，如图 2-6 所示。

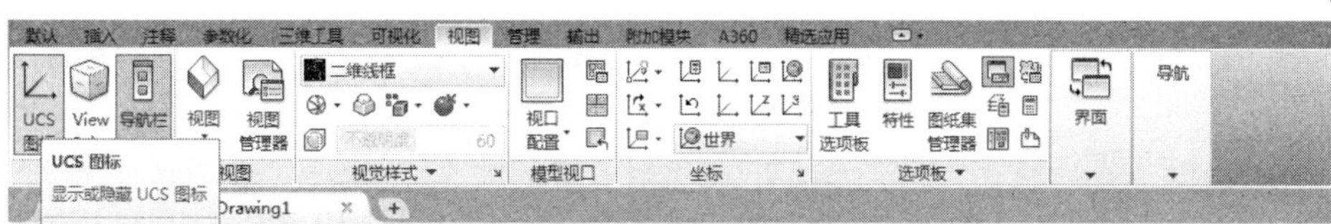

图 2-6 “视图”选项卡

Note

2.1.4 菜单栏

AutoCAD 2018 版的菜单栏处于隐藏状态，可以在 AutoCAD 快速访问工具栏处调出菜单栏，如图 2-7 所示，调出后的菜单栏如图 2-8 所示。

图 2-7 调出菜单栏

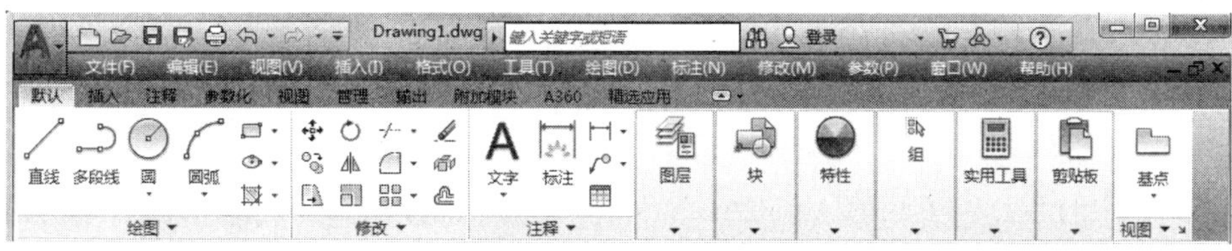

图 2-8 菜单栏显示界面

在 AutoCAD 2018 标题栏的下方，是 AutoCAD 2018 的菜单栏。同其他 Windows 程序一样，AutoCAD 2018 的菜单也是下拉形式的，并且菜单包含子菜单。AutoCAD 2018 的菜单栏中包含 12 个菜单：“文件”“编辑”“视图”“插入”“格式”“工具”“绘图”“标注”“修改”“参数”“窗口”和“帮助”。这些菜单几乎包含了 AutoCAD 2018 的所有绘图命令，后面的章节将围绕这些菜单展开讲述，具体内容在此从略。

一般来讲，AutoCAD 2018 下拉菜单中的命令有以下 3 种。

☑ 带有小三角形的菜单命令：这种类型的命令后面带有子菜单。例如，选择菜单栏中的“绘图”菜单，

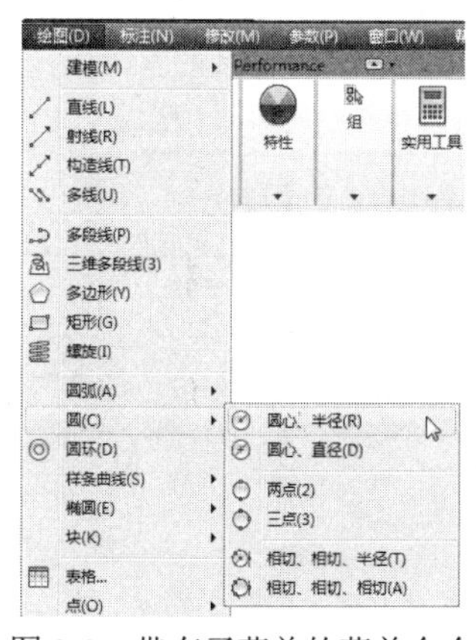

图 2-9 带有子菜单的菜单命令

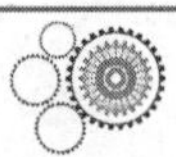

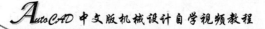

指向其下拉菜单中的“圆”命令，屏幕上就会进一步下拉出“圆”子菜单所包含的命令，如图 2-9 所示。

☑ 打开对话框的菜单命令：这种类型的命令后面带有省略号。例如，选择菜单栏中的“格式”菜单，选择其下拉菜单中的“表格样式(B)...”命令，如图 2-10 所示。屏幕上就会打开对应的“表格样式”对话框，如图 2-11 所示。

☑ 直接操作的菜单命令：这种类型的命令将直接进行相应的绘图或其他操作。例如，选择“视图”菜单中的“重画”命令，系统将直接对屏幕图形进行重画，如图 2-12 所示。

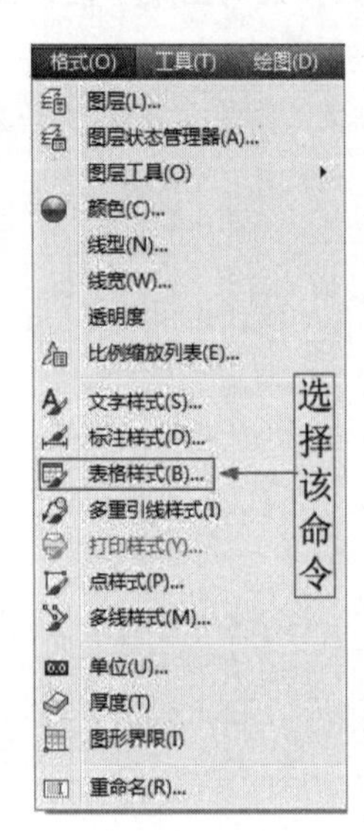

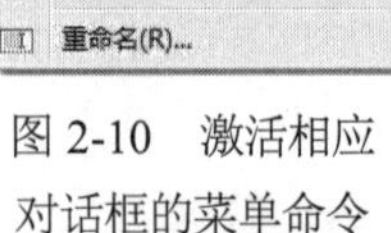
图 2-10 激活相应对话框的菜单命令

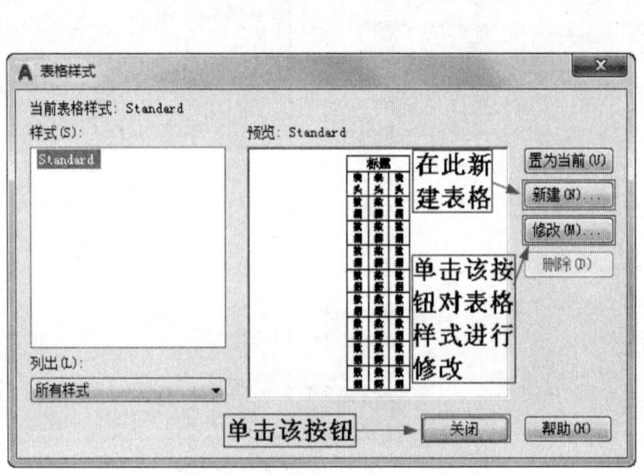

图 2-11 “表格样式”对话框

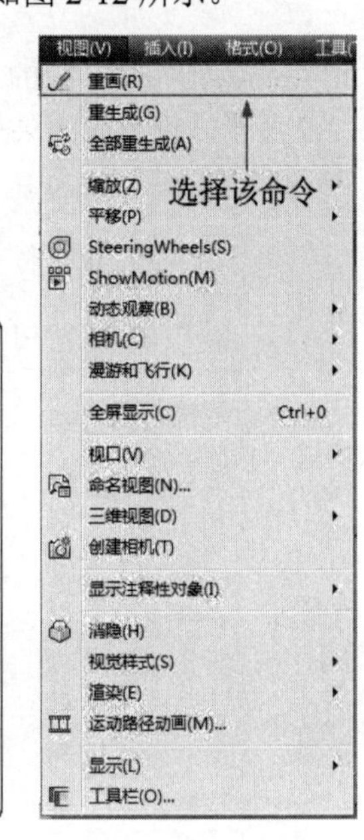

图 2-12 直接执行菜单命令

2.1.5 工具栏

选择菜单栏中的“工具/工具栏/AutoCAD”命令，调出所需要的工具栏，把光标移动到某个图标，稍停片刻即在该图标一侧显示相应的工具提示。此时，单击功能区中的图标也可以启动相应命令。

在默认情况下，可以见到绘图区顶部的“标准”工具栏、“样式”工具栏、“特性”工具栏，以及“图层”工具栏（如图 2-13 所示）和位于绘图区左侧的“绘图”工具栏，右侧的“修改”工具栏和“绘图次序”工具栏（如图 2-14 所示）。

图 2-13 “标准”“样式”“特性”和“图层”工具栏

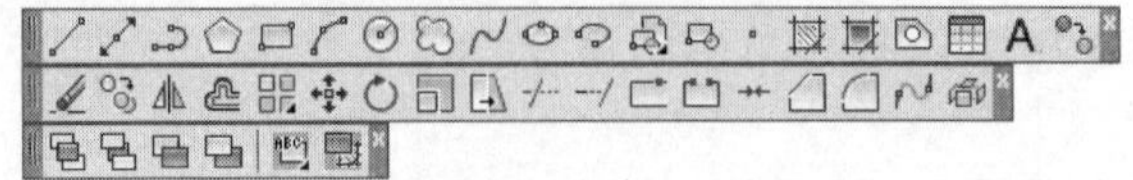
图 2-14 “绘图”“修改”和“绘图次序”工具栏

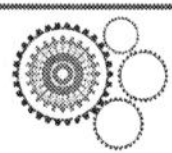

将光标放在任一工具栏上并右击，系统会自动打开单独的工具栏标签，如图 2-15 所示。单击某一个未在界面显示的工具栏名，系统自动在界面打开该工具栏；反之，关闭工具栏。

工具栏可以在绘图区“浮动”（如图 2-16 所示），可以拖动“浮动”工具栏到图形区边界，使其变为“固定”工具栏，此时该工具栏标题被隐藏。也可以把“固定”工具栏拖出，使其成为“浮动”工具栏。

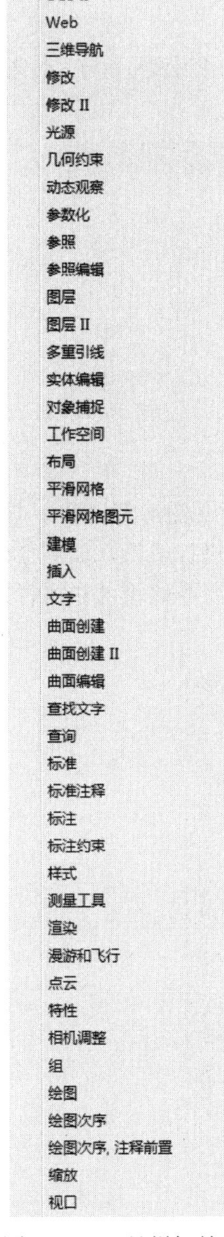

图 2-15　工具栏标签

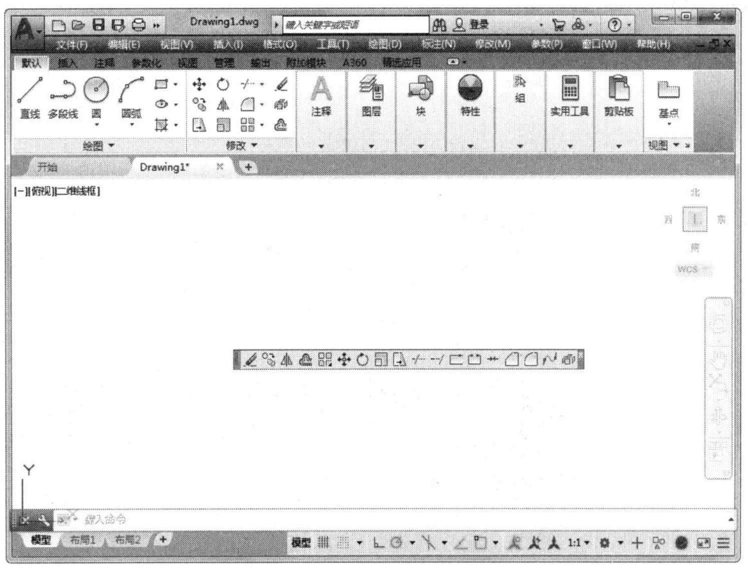

图 2-16　“浮动”工具栏

在有些图标的右下角带有一个小三角，单击鼠标左键会打开相应的工具栏（如图 2-17 所示），按

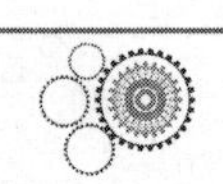

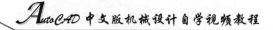

住鼠标左键，将光标移动到某一图标上并释放鼠标，该图标就变为当前图标。单击当前图标，即可执行相应的命令。

Note

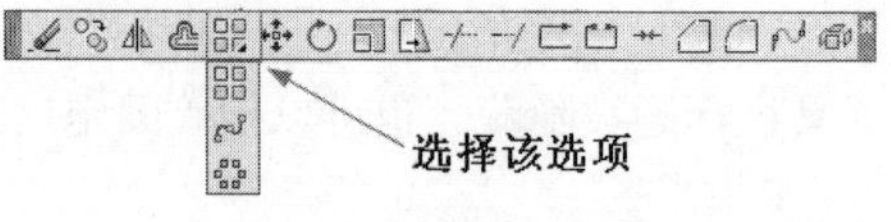

图 2-17　打开工具栏

2.1.6　命令行窗口

命令行窗口是输入命令名和显示命令提示的区域，默认的命令行窗口位于绘图区下方，是若干文本行，如图 2-18 所示。

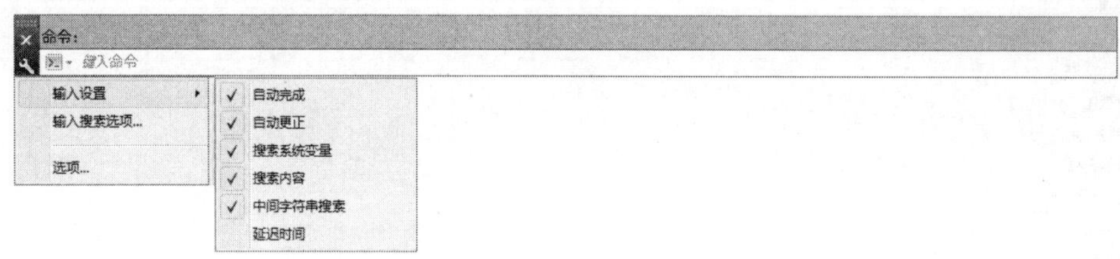

图 2-18　命令行窗口

对于命令行窗口，有以下几点需要说明：

（1）移动拆分条，可以扩大与缩小命令行窗口。

（2）可以拖动命令行窗口，布置在屏幕上的其他位置。默认情况下布置在图形窗口的下方。

（3）对当前命令行窗口中输入的内容，可以按 F2 键用文本编辑的方法进行编辑，如图 2-19 所示。AutoCAD 文本窗口和命令行窗口相似，它可以显示当前 AutoCAD 进程中命令的输入和执行过程，在执行 AutoCAD 某些命令时，它会自动切换到文本窗口，列出有关信息。

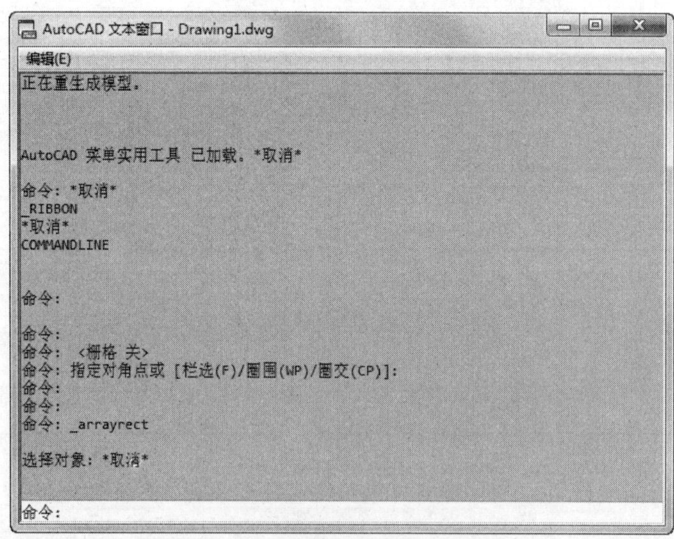

图 2-19　文本窗口

（4）AutoCAD 通过命令行窗口显示各种信息，包括出错信息，因此，用户要时刻关注在命令行窗口中出现的信息。

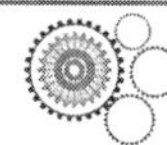

2.1.7 布局标签

AutoCAD 2018 系统默认设定一个模型空间布局标签和“布局 1”“布局 2”两个图纸空间布局标签。在这里有两个概念需要解释一下。

1．布局

布局是系统为绘图设置的一种环境，包括图纸大小、尺寸单位、角度设定、数值精确度等，在系统预设的 3 个标签中，这些环境变量都按默认设置。用户可以根据实际需要改变这些变量的值。例如，默认的尺寸单位是国际单位制的毫米，如果绘制的图形单位是英制的英寸，就可以改变尺寸单位环境变量的设置。用户也可以根据需要设置符合自己要求的新标签。

2．模型

AutoCAD 的空间分模型空间和图纸空间。模型空间是我们通常绘图的环境，而在图纸空间中用户可以创建“浮动视口”区域，以不同视图显示所绘图形。用户可以在图纸空间中调整浮动视口并决定所包含视图的缩放比例。如果选择图纸空间，则可打印多个视图，用户可以打印任意布局的视图。

AutoCAD 2018 系统默认打开模型空间，用户可以单击鼠标切换到需要的布局。

2.1.8 状态栏

状态栏位于屏幕的底部，最左端显示绘图区中光标定位点的坐标 x、y、z，往右侧依次有“模型空间”“栅格”“捕捉模式”“推断约束”“动态输入”“正交模式”“极轴追踪”“等轴测草图”“对象捕捉追踪”“二维对象捕捉”“线宽”“透明度”“选择循环”“三维对象捕捉”“动态 UCS”“选择过滤”“小控件”“注释可见性”“自动缩放”“注释比例”“切换工作空间”“注释监视器”“单位”“快捷特性”“锁定用户界面”“隔离对象”“硬件加速”“全屏显示”和“自定义”共 29 个功能按钮。使用鼠标左键单击这些开关按钮，可以实现这些功能的开与关。

通常情况下，状态栏不会显示所有工具，可以通过状态栏上最右侧的“自定义”按钮，从“自定义”菜单中选中或取消要显示的工具。状态栏上显示的工具可能会发生变化，具体取决于当前的工作空间，以及当前显示的是“模型”选项卡还是“布局”选项卡。下面对部分经常用到的状态栏上的按钮做个简单介绍，如图 2-20 所示。

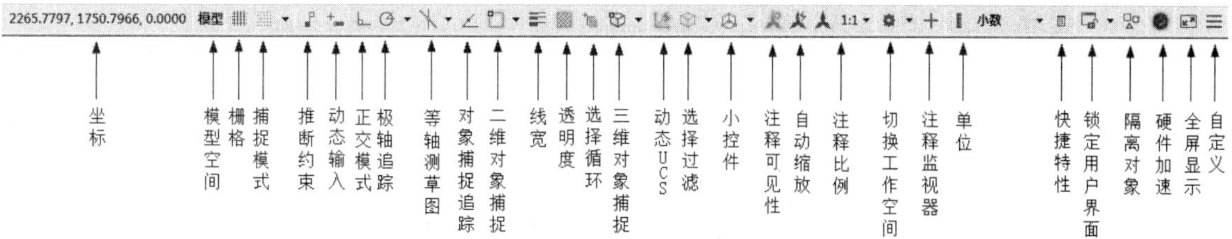

图 2-20 状态栏

（1）模型或图纸空间：在模型空间与图纸空间之间进行转换。

（2）栅格：栅格是覆盖用户坐标系（UCS）的整个 XY 平面的直线或点的矩形图案。使用栅格类似于在图形下放置一张坐标纸。利用栅格可以对齐对象并直观显示对象之间的距离。

（3）捕捉模式：对象捕捉对于在对象上指定精确位置非常重要。不论何时提示输入点，都可以指定对象捕捉。默认情况下，当光标移到对象的对象捕捉位置时，将显示标记和工具提示。

（4）正交模式：将光标限制在水平或垂直方向上移动，以便精确地创建和修改对象。当创建或移动对象时，可以使用“正交”模式将光标限制在相对于用户坐标系（UCS）的水平或垂直方向上。

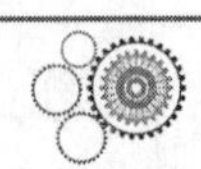

Note

（5）极轴追踪：使用极轴追踪，光标将按指定角度进行移动。创建或修改对象时，可以使用“极轴追踪”来显示由指定的极轴角度所定义的临时对齐路径。

（6）等轴测草图：通过设定“等轴测捕捉/栅格”，可以很容易地沿 3 个等轴测平面之一对齐对象。尽管等轴测图形看似三维图形，但它实际上是二维表示。因此，不能期望提取三维距离和面积、从不同视点显示对象或自动消除隐藏线。

（7）对象捕捉追踪：使用对象捕捉追踪，可以沿着基于对象捕捉点的对齐路径进行追踪。已获取的点将显示一个小加号（+），一次最多可以获取 7 个追踪点。获取点后，当在绘图路径上移动光标时，将显示相对于获取点的水平、垂直或极轴对齐路径。例如，可以基于对象端点、中点或对象的交点，沿着某个路径选择一点。

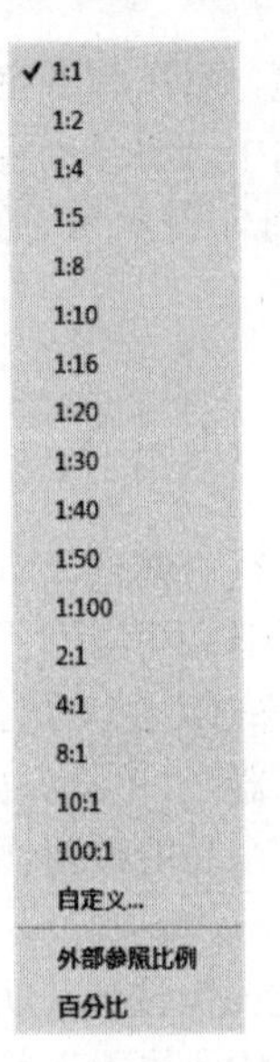

图 2-21　注释比例列表

（8）二维对象捕捉：使用执行对象捕捉设置（也称为对象捕捉），可以在对象上的精确位置指定捕捉点。选择多个选项后，将应用选定的捕捉模式，以返回距离靶框中心最近的点。按 Tab 键以在这些选项之间循环。

（9）注释可见性：当图标亮显时表示显示所有比例的注释性对象；当图标变暗时表示仅显示当前比例的注释性对象。

（10）注释比例：注释比例更改时，自动将比例添加到注释对象。

（11）当前视图的注释比例：单击注释比例右下角小三角符号弹出注释比例列表，如图 2-21 所示，可以根据需要选择适当的注释比例。

（12）切换工作空间：进行工作空间转换。

（13）注释监视器：打开仅用于所有事件或模型文档事件的注释监视器。

（14）隔离对象：当选择隔离对象时，在当前视图中显示选定对象，所有其他对象都暂时隐藏；当选择隐藏对象时，在当前视图中暂时隐藏选定对象，所有其他对象都可见。

（15）硬件加速：设定图形卡的驱动程序以及设置硬件加速的选项。

（16）全屏显示：该选项可以清除 Windows 窗口中的标题栏、功能区和选项板等界面元素，使 AutoCAD 的绘图窗口全屏显示，如图 2-22 所示。

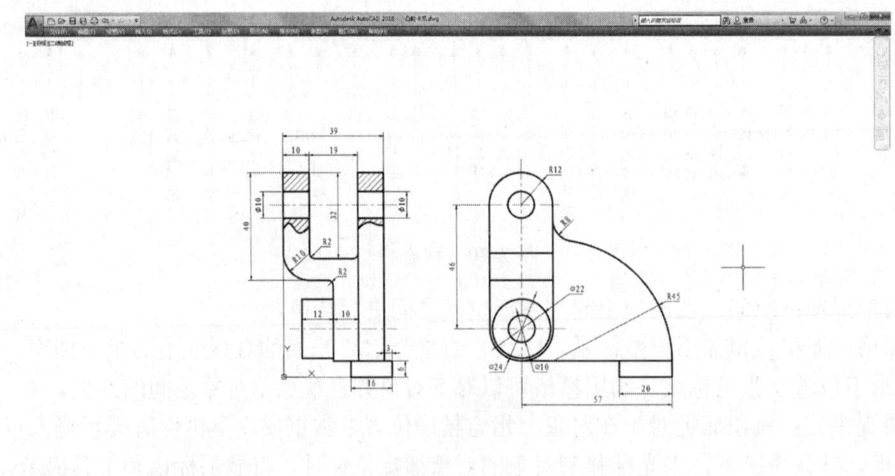

图 2-22　全屏显示

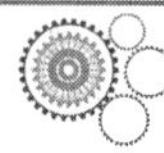

2.1.9　滚动条

在 AutoCAD 2018 的绘图窗口中，窗口的下方和右侧还提供了用来浏览图形的水平和竖直方向的滚动条。在滚动条中单击或拖动滚动条中的滚动块，用户可以在绘图窗口中按水平或竖直两个方向浏览图形。

Note

2.1.10　快速访问工具栏和交互信息工具栏

1．快速访问工具栏

该工具栏包括“新建”“打开”“保存”“另存为”“打印”“放弃”和“重做”等几个最常用的工具。用户也可以单击此工具栏后面的下拉按钮，设置需要的常用工具。

2．交互信息工具栏

该工具栏包括“搜索”“Autodesk A360”“Autodesk App Store”“保持连接”和“帮助”等几个常用的数据交互访问工具。

2.1.11　功能区

通常功能区包括“默认”“插入”“注释”“参数化”“三维工具”“可视化”“视图”“管理”“输出”“附加模块”“A360”“精选应用”12 个功能区。每个功能区集成了相关的操作工具，方便用户使用。用户可以单击功能区选项卡后面的按钮，控制功能的展开与收缩。

打开或关闭功能区的调用有以下两种方法：

☑　在命令行中输入“RIBBON”或“RIBBONCLOSE”命令。

☑　选择菜单栏中的“工具/选项板/功能区”命令。

2.2　设置绘图环境

2.2.1　绘图单位设置

绘图单位就是在使用 AutoCAD 2018 绘图时采用的单位。一般情况下，绘图单位都采用样板文件的默认设置，用户也可根据需要重设绘图单位。设置绘图单位的命令主要有以下两种调用方法：

☑　在命令行中输入“DDUNITS”或“UNITS”命令。

☑　选择菜单栏中的“格式/单位”命令。

执行上述命令后，系统打开“图形单位”对话框，如图 2-23 所示。

该对话框用于定义单位和角度格式。对话框中的各参数含义如下。

☑　“长度”与“角度”选项组：指定测量的长度与角度，以及当前单位及当前单位的精度。

☑　“用于缩放插入内容的单位”下拉列表框：控制使用工具选项板（如 DesignCenter 或 i-drop）拖入当前图形的块的测量单位。如果块或图形创建时使用的单位与该选项指定的单位不同，则在插入这些块或图形时，将对其按比例缩放。插入比例是源块或图形使用的单位与目标图形使用的单位之比。如果插入块时不按指定单位缩放，请选择“无单位”。

☑　输出样例：显示用当前单位和角度设置的例子。

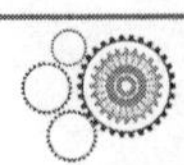

- ☑ “用于指定光源强度的单位”下拉列表框：控制当前图形中光度控制光源的强度测量单位。
- ☑ “方向”按钮：单击该按钮，系统显示“方向控制”对话框，如图 2-24 所示。可以在该对话框中进行方向控制设置。

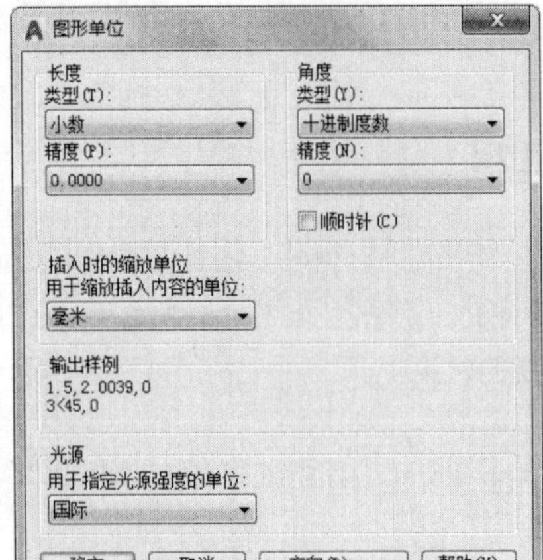

图 2-23 “图形单位”对话框

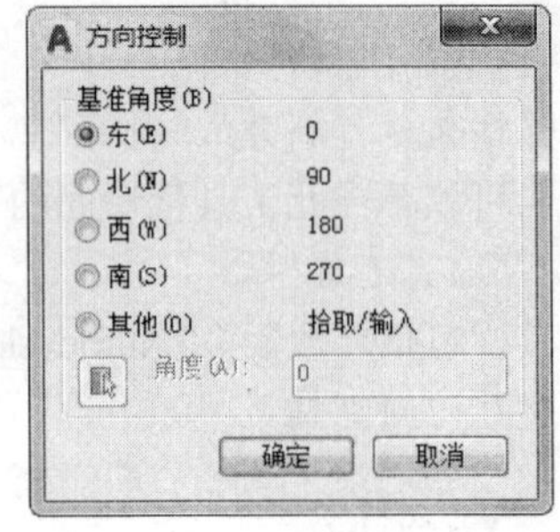

图 2-24 “方向控制”对话框

2.2.2 图形边界设置

在绘制图形前可根据图纸的规格设置绘图范围，即图形界限，一般图形界限应大于或等于选择的图纸尺寸。执行图形界限命令主要有以下两种调用方法：

- ☑ 在命令行中输入“LIMITS”命令。
- ☑ 选择菜单栏中的“格式/图形界限”命令。

执行上述命令后，根据系统提示输入图形边界左下角的坐标后按 Enter 键，输入图形边界右上角的坐标后按 Enter 键。执行该命令时，命令行提示中各选项的含义如下。

- ☑ 开(ON)：使绘图边界有效。系统在绘图边界以外拾取的点视为无效。
- ☑ 关(OFF)：使绘图边界无效。用户可以在绘图边界以外拾取点或实体。
- ☑ 动态输入角点坐标：它可以直接在屏幕上输入角点坐标，输入了横坐标值后，按下“,”键，接着输入纵坐标值，如图 2-25 所示。也可以在光标位置直接单击确定角点位置。

图 2-25 动态输入

2.3 文件管理

本节将介绍有关文件管理的一些基本操作方法，包括新建文件、打开已有文件、保存文件、删除文件等，这些都是进行 AutoCAD 2018 操作最基础的知识。

另外，本节也将介绍安全口令和数字签名等涉及文件管理操作的知识，请读者注意体会。

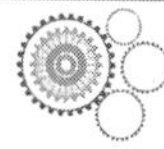

Note

2.3.1　新建文件

新建图形文件命令的调用方法有以下 3 种：

☑　在命令行中输入“NEW”或“QNEW”命令。

☑　选择菜单栏中的“文件/新建”命令或选择主菜单中的“新建”命令。

☑　单击快速访问工具栏中的“新建”按钮□。

执行上述命令后，系统打开如图 2-26 所示的“选择样板”对话框，在“文件类型”下拉列表框中有 3 种格式的图形样板，分别是后缀为.dwt、.dwg 和.dws 的文件。

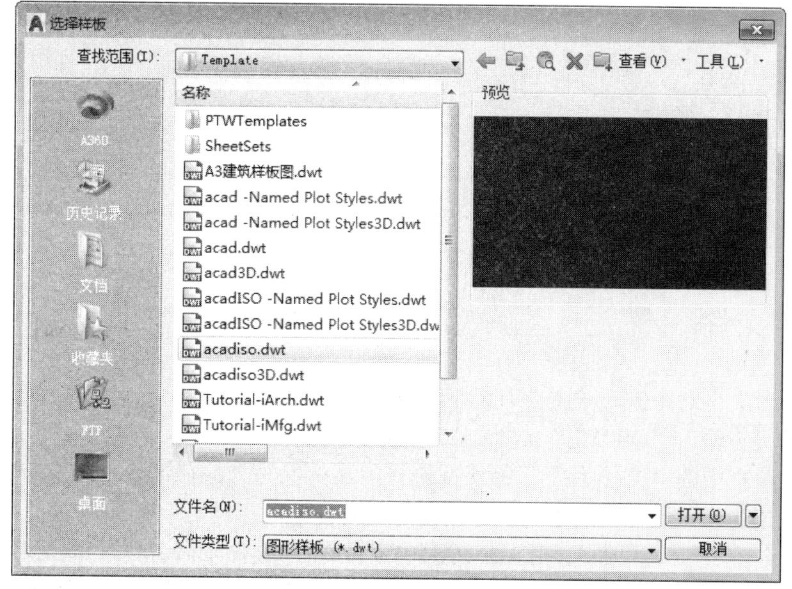

图 2-26　“选择样板”对话框

在每种图形样板文件中，系统根据绘图任务的要求进行统一的图形设置，如绘图单位类型和精度要求、绘图界限、捕捉、网格与正交设置、图层、图框和标题栏、尺寸及文本格式、线型和线宽等。

使用图形样板文件绘图的优点在于，在完成绘图任务时，不但可以保持图形设置的一致性，而且可以大大提高工作效率。用户也可以根据自己的需要设置新的样板文件。

一般情况下，.dwt 文件是标准的样板文件，通常将一些规定的标准性样板文件设置成.dwt 文件，.dwg 文件是普通的样板文件，而.dws 文件是包含标准图层、标注样式、线型和文字样式的样板文件。

2.3.2　打开文件

打开图形文件的命令主要有以下 4 种调用方法：

☑　在命令行中输入“OPEN”命令。

☑　选择菜单栏中的“文件/打开”命令。

☑　单击快速访问工具栏中的“打开”按钮。

☑　按 Ctrl+O 快捷键打开。

执行上述命令后，打开“选择文件”对话框（如图 2-27 所示），在“文件类型”下拉列表框中用户可选择.dwg 文件、.dwt 文件、.dxf 文件和.dws 文件。.dxf 文件是用文本形式存储的图形文件，能够被其他程序读取，许多第三方应用软件都支持.dxf 格式。

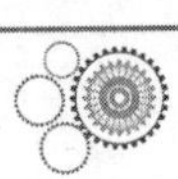
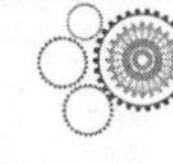

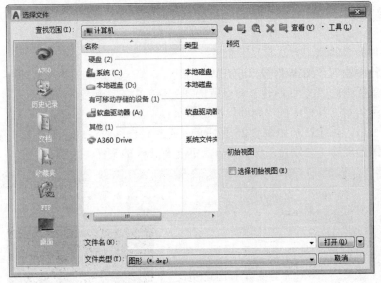

Note

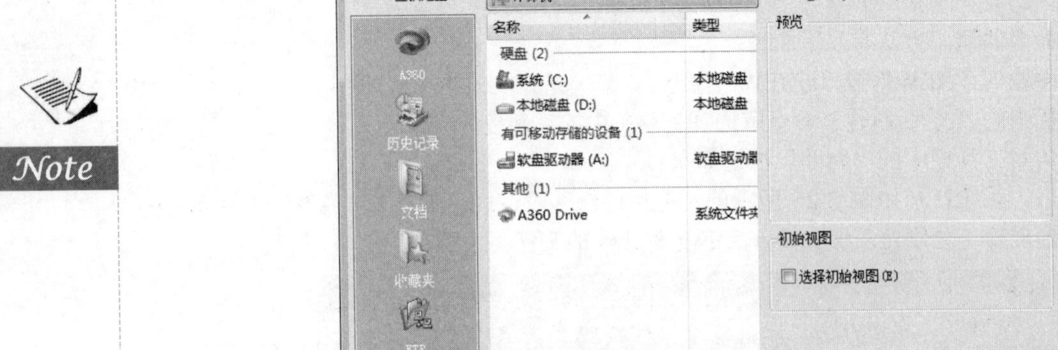

图 2-27 “选择文件”对话框

2.3.3 保存文件

调用保存图形文件命令的方法主要有以下 3 种：

☑ 在命令行中输入“QSAVE”或“SAVE”命令。

☑ 选择菜单栏中的“文件/保存”命令或选择主菜单中的“保存”命令。

☑ 单击快速访问工具栏中的“保存”按钮，或者单击“标准”工具栏中的“保存”按钮。

执行上述命令后，若文件已命名，则 AutoCAD 自动保存；若文件未命名（即为默认名 Drawing1.dwg），则系统打开“图形另存为”对话框（如图 2-28 所示），用户可以命名保存。在“保存于”下拉列表框中可以指定保存文件的路径，在“文件类型”下拉列表框中可以指定保存文件的类型。

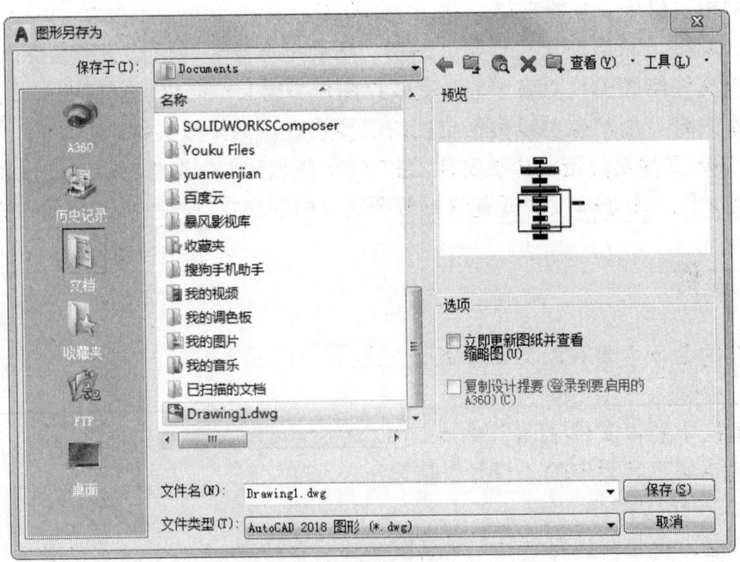

图 2-28 “图形另存为”对话框

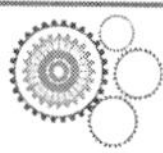

为了防止因意外操作或计算机系统故障导致正在绘制的图形文件丢失，可以对当前图形文件设置自动保存，具体步骤如下：

（1）利用系统变量 SAVEFILEPATH 设置所有“自动保存”文件的位置，如 C:\HU\。

（2）利用系统变量 SAVEFILE 存储“自动保存”文件名。该系统变量存储的文件是只读文件，用户可以从中查询自动保存的文件名。

（3）利用系统变量 SAVETIME 指定在使用“自动保存”时多长时间保存一次图形。

2.3.4 另存为

在打开已有图形进行修改后，可用另存为命令对其进行改名存储。调用另存图形文件命令的方法主要有如下 3 种：

☑ 在命令行中输入“SAVEAS”命令。

☑ 选择菜单栏中的“文件/另存为”命令，或者选择主菜单中的“另存为”命令。

☑ 单击快速访问工具栏中的“另存为”按钮。

执行上述命令后，打开“图形另存为”对话框（如图 2-28 所示），AutoCAD 另存当前图形，并将其更名。

2.3.5 退出

图形绘制完毕后，想退出 AutoCAD，可用退出命令。调用退出命令的方法主要有以下 3 种：

☑ 在命令行中输入“QUIT”或“EXIT”命令。

☑ 选择菜单栏中的“文件/退出”命令，或者选择主菜单中的“关闭”命令。

☑ 单击 AutoCAD 操作界面右上角的“关闭”按钮。

执行上述命令后，若用户对图形所做的修改尚未保存，则会出现如图 2-29 所示的系统警告对话框。单击“是”按钮，系统将保存文件然后退出；单击“否”按钮系统将不保存文件。若用户对图形所做的修改已经保存，则直接退出。

2.3.6 图形修复

调用“图形修复”命令的方法主要有以下两种：

☑ 在命令行中输入“DRAWINGRECOVERY”命令。

☑ 选择菜单栏中的“文件/图形实用程序/图形修复管理器”命令。

执行上述命令后，系统打开“图形修复管理器”选项板，如图 2-30 所示，打开“备份文件”列表中的文件，可以重新保存，从而进行修复。

图 2-29　系统警告对话框

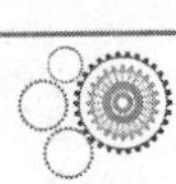
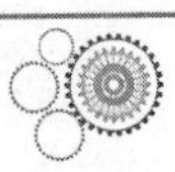

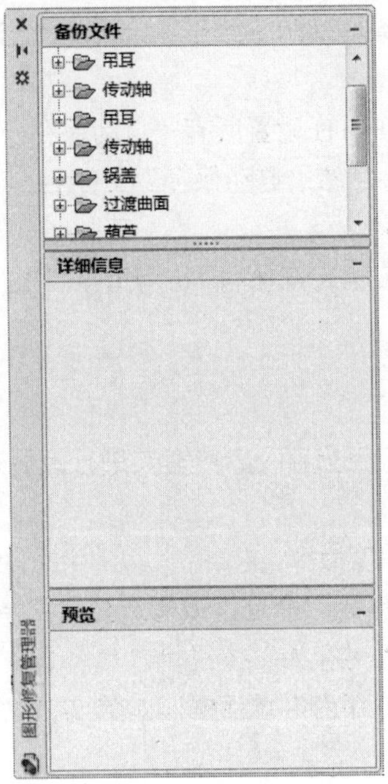

Note

图 2-30 “图形修复管理器”选项板

2.4 基本输入操作

AutoCAD 有一些基本的输入操作方法，这些基本方法是进行 AutoCAD 绘图的必备知识基础，也是深入学习 AutoCAD 功能的前提。

2.4.1 命令输入方式

AutoCAD 交互绘图必须输入必要的指令和参数。有多种 AutoCAD 命令输入方式，以画直线为例。

1．在命令行窗口输入命令名

命令字符可不区分大小写，例如，命令：LINE↙。执行命令时，在命令行提示中经常会出现命令选项。如输入绘制直线命令“LINE”后，在命令行的提示下在屏幕上指定一点或输入一个点的坐标，当命令行提示“指定下一点或[放弃(U)]:”时，选项中不带括号的提示为默认选项，因此，可以直接输入直线段的起点坐标或在屏幕上指定一点；如果要选择其他选项，则应该首先输入该选项的标识字符，如“放弃”选项的标识字符“U”，然后按系统提示输入数据即可。在命令选项的后面有时还带有尖括号，尖括号内的数值为默认数值。

2．在命令行窗口输入命令缩写字

如 L（Line）、C（Circle）、A（Arc）、Z（Zoom）、R（Redraw）、M（More）、CO（Copy）、PL（Pline）、E（Erase）等。

3．选取“绘图”菜单中的“直线”选项

选取该选项后，在状态栏中可以看到对应的命令说明及命令名。

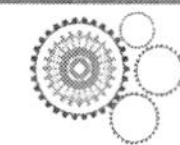

4．单击工具栏中的对应图标

单击该图标后，在状态栏中也可以看到对应的命令说明及命令名。

5．在命令行打开右键快捷菜单

如果在前面刚使用过要输入的命令，可以在命令行打开右键快捷菜单，在“最近使用的命令”子菜单中选择需要的命令，如图 2-31 所示。“最近使用的命令”子菜单中存储最近使用的 6 个命令，如果经常重复使用某个 6 次操作以内的命令，这种方法就比较简捷。

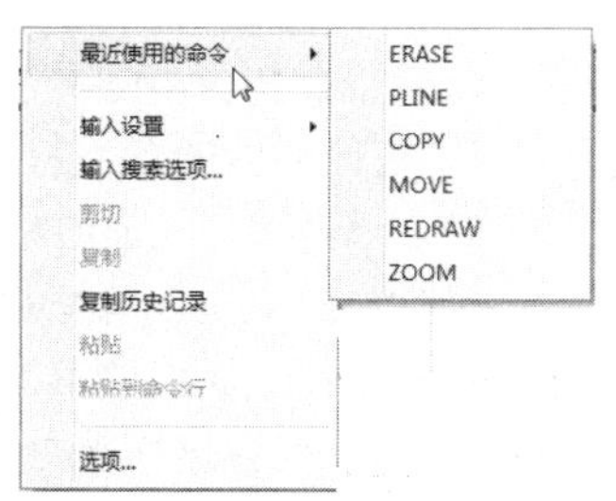

图 2-31　命令行右键快捷菜单

6．在绘图区右击

如果用户要重复使用上次使用的命令，可以直接在绘图区右击，系统立即重复执行上次使用的命令，这种方法适用于重复执行某个命令。

2.4.2 命令的重复、撤销、重做

1．命令的重复

在命令行窗口中按 Enter 键可重复调用上一个命令，不管上一个命令是完成了还是被取消了。

2．命令的撤销

在命令执行的任何时刻都可以取消或终止命令的执行。执行该命令时，调用方法有以下 4 种。

- ☑ 在命令行中输入“UNDO”命令。
- ☑ 选择菜单栏中的“编辑/放弃”命令。
- ☑ 单击快速访问工具栏中的“放弃”按钮或单击“标准”工具栏中的“放弃”按钮。
- ☑ 按快捷键 Esc。

3．命令的重做

已被撤销的命令还可以恢复重做。执行该命令时，调用方法有以下 3 种：

- ☑ 在命令行中输入“REDO”命令。
- ☑ 选择菜单栏中的“编辑/重做”命令。
- ☑ 单击快速访问工具栏中的“重做”按钮或单击“标准”工具栏中的“重做”按钮。

该命令可以一次执行多重放弃和重做操作。单击 UNDO 或 REDO 列表箭头，可以选择要放弃或重做的操作，如图 2-32 所示。

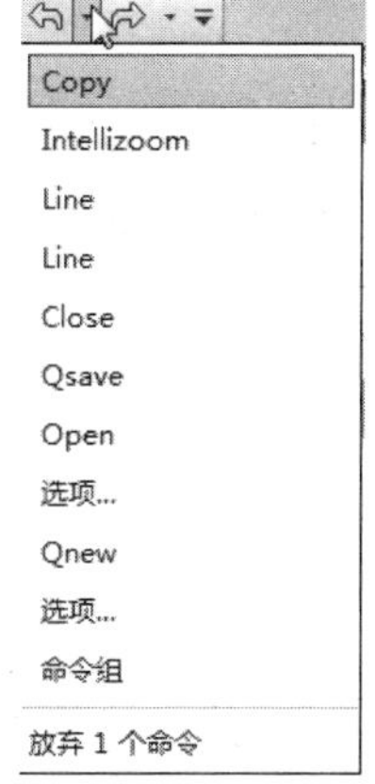

图 2-32　多重放弃或重做

2.4.3 命令执行方式

有的命令有两种执行方式，通过对话框或命令行输入命令。如指定使用命令行窗口方式，可以在命令名前加短画线来表示，如“-LAYER”表示用命令行方式执行“图层”命令，而如果在命令行输入“LAYER”，系统则会自动打开“图层”对话框。

另外，有些命令同时存在命令行、菜单、工具栏和功能区 4 种执行方式，这时如果选择菜单、工具栏或功能区方式，命令行会显示该命令，并在前面加“_”下画线，如通过菜单、工具栏或功能区方式执行“直线”命令时，命令行会显示“_line”，命令的执行过程和结果与命令行方式相同。

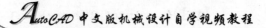

2.4.4 按键定义

在 AutoCAD 2018 中，除了可以通过在命令行窗口输入命令、单击工具栏图标或选择菜单项来完成之外，还可以使用键盘上的功能键或快捷键。通过这些功能键或快捷键，可以快速实现指定功能，如按 F1 键，系统调用 AutoCAD 帮助对话框。

系统使用 AutoCAD 传统标准（Windows 之前）或 Microsoft Windows 标准解释快捷键。有些功能键或快捷键在 AutoCAD 的菜单中已经指出，如“粘贴”的快捷键为“Ctrl+V”，只要用户在使用的过程中多加留意，就会熟练掌握。快捷键的定义见菜单命令后面的说明，如“粘贴(P)　Ctrl+V”。

2.4.5 透明命令

在 AutoCAD 2018 中，有些命令不仅可以直接在命令行中使用，而且还可以在其他命令的执行过程中插入并执行，该命令执行完毕后，系统继续执行原命令，这种命令称为透明命令。透明命令一般多为修改图形设置或打开辅助绘图工具的命令。

在 2.4.3 节中讲述的 4 种命令的执行方式同样适用于透明命令的执行。如执行“圆弧”命令时，在命令行提示“指定圆弧的起点或[圆心(C)]:”时输入“ZOOM”命令，则透明使用缩放命令，按 Esc 键退出该命令，则恢复执行 ARC 命令。

2.4.6 坐标系统与数据的输入方法

1．坐标系

AutoCAD 采用两种坐标系：世界坐标系（WCS）与用户坐标系（UCS）。用户刚进入 AutoCAD 时的坐标系统就是世界坐标系，是固定的坐标系统。世界坐标系也是坐标系统中的基准，绘制图形时多数情况下都是在这个坐标系统下进行的。调用用户坐标系命令的方法有以下 4 种：

☑ 在命令行中输入“UCS”命令。
☑ 选择菜单栏中的“工具/UCS”命令。
☑ 单击 UCS 工具栏中的 UCS 按钮。
☑ 单击“视图”选项卡“视口工具”面板中的“UCS 图标”按钮。

AutoCAD 有两种视图显示方式：模型空间和图纸空间。模型空间是指单一视图显示法，我们通常使用的都是这种显示方式；图纸空间是指在绘图区域创建图形的多视图，用户可以对其中每一个视图进行单独操作。在默认情况下，当前 UCS 与 WCS 重合。图 2-33（a）所示为模型空间下的 UCS 坐标系图标，通常放在绘图区左下角处；也可以指定它放在当前 UCS 的实际坐标原点位置，如图 2-33（b）所示。图 2-33（c）所示为图纸空间下的坐标系图标。

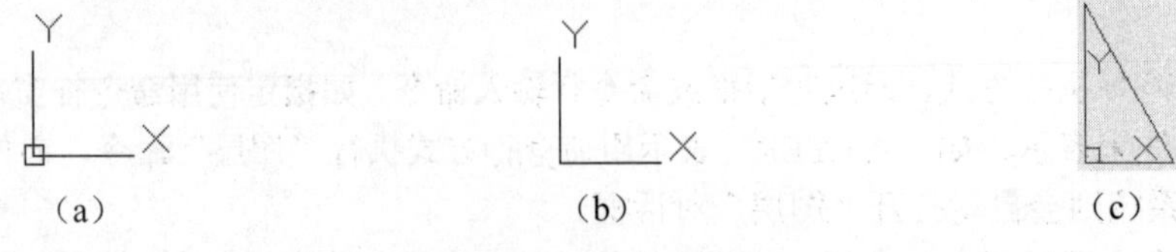

图 2-33　坐标系图标

2．数据输入方法

在 AutoCAD 2018 中，点的坐标可以用直角坐标、极坐标、球面坐标和柱面坐标表示，每一种坐

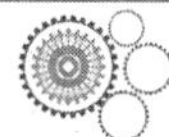

标又分别具有两种坐标输入方式：绝对坐标和相对坐标。其中，直角坐标和极坐标最为常用，下面主要介绍一下它们的输入。

（1）直角坐标法：用点的 X、Y 坐标值表示的坐标。

例如，在命令行中输入点的坐标提示下，输入“15,18”，则表示输入了一个 X、Y 的坐标值分别为 15、18 的点，此为绝对坐标输入方式，表示该点的坐标是相对于当前坐标原点的坐标值，如图 2-34（a）所示。如果输入“@10,20”，则为相对坐标输入方式，表示该点的坐标是相对于前一点的坐标值，如图 2-34（b）所示。

（2）极坐标法：用长度和角度表示的坐标，只能用来表示二维点的坐标。

在绝对坐标输入方式下表示为“长度<角度”，如“25<50”，其中长度为该点到坐标原点的距离，角度为该点至原点的连线与 X 轴正向的夹角，如图 2-34（c）所示。

在相对坐标输入方式下表示为“@长度<角度”，如“@25<45”，其中长度为该点到前一点的距离，角度为该点至前一点的连线与 X 轴正向的夹角，如图 2-34（d）所示。

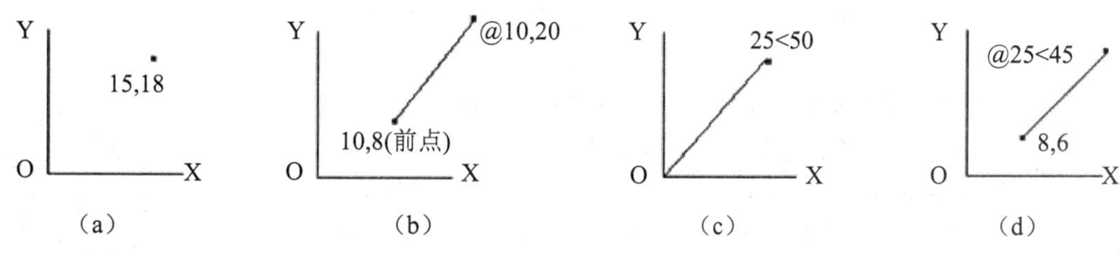

图 2-34　数据输入方法

3．动态数据输入

单击状态栏上的 DYN 按钮，系统打开动态输入功能，可以在屏幕上动态输入某些参数数据。例如，绘制直线时，在光标附近会动态显示“指定第一点”，以及后面的坐标框，当前显示的是光标所在位置，可以输入数据，两个数据之间以逗号隔开，如图 2-35 所示。指定第一点后，系统动态显示直线的角度，同时要求输入线段长度值，如图 2-36 所示，其输入效果与“@长度<角度”方式相同。

下面分别讲述点与距离值的输入方法。

（1）点的输入。

在绘图过程中，常需要输入点的位置，AutoCAD 提供了以下几种输入点的方式。

☑ 用键盘直接在命令行窗口中输入点的坐标：直角坐标有两种输入方式，即 X,Y（点的绝对坐标值，如 100,50）和@X,Y（相对于上一点的相对坐标值，如@50,-30）。坐标值均相对于当前的用户坐标系。

☑ 极坐标的输入方式：长度<角度，长度为点到坐标原点的距离，角度为原点至该点连线与 X 轴的正向夹角，如 20<45，或@长度<角度（相对于上一点的相对极坐标，如@50<-30）。

☑ 用鼠标等定标设备移动光标，单击鼠标左键在屏幕上直接取点。

☑ 用目标捕捉方式捕捉屏幕上已有图形的特殊点，如端点、中点、中心点、插入点、交点、切点、垂足点等。

☑ 直接距离输入：先用光标拖拉出橡筋线确定方向，然后用键盘输入距离，这样有利于准确控制对象的长度等参数。如要绘制一条 10mm 长的线段，在命令行中输入“LINE”命令，这时在屏幕上移动鼠标指明线段的方向，但不要单击确认，如图 2-37 所示，然后在命令行中输入“10”，这样就在指定方向上准确地绘制了长度为 10mm 的线段。

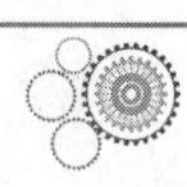
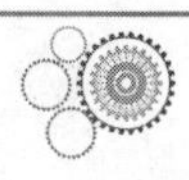

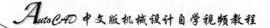

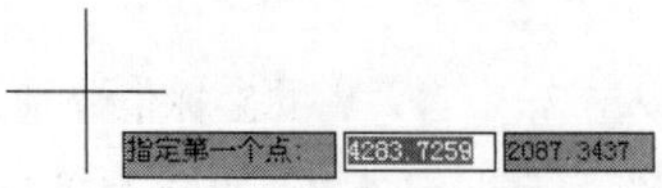

Note

图 2-35 动态输入坐标值

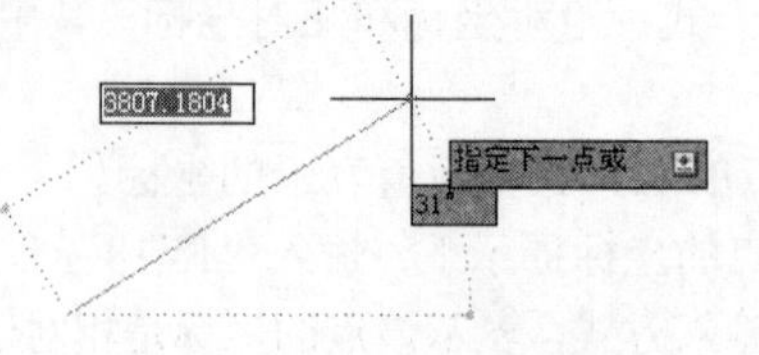

图 2-36 动态输入长度值

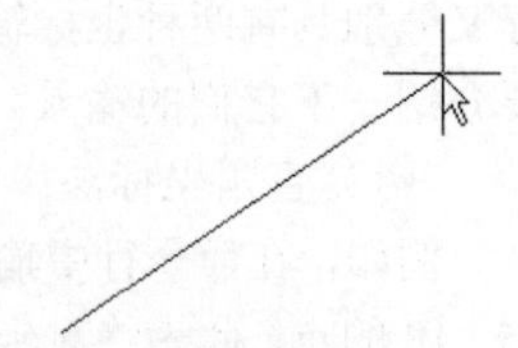

图 2-37 绘制直线

（2）距离值的输入。

在 AutoCAD 命令中，有时需要提供高度、宽度、半径、长度等距离值。AutoCAD 提供了两种输入距离值的方式：一种是用键盘在命令行窗口中直接输入数值；另一种是在屏幕上拾取两点，以两点的距离值定出所需数值。

2.5 图层设置

AutoCAD 中的图层就如同在手工绘图中使用的重叠透明图纸，如图 2-38 所示，可以使用图层来组织不同类型的信息。在 AutoCAD 中，图形的每个对象都位于一个图层上，所有图形对象都具有图层、颜色、线型和线宽这 4 个基本属性。在绘制时，图形对象将创建在当前图层上。每个 CAD 文档中图层的数量是不受限制的，每个图层都有自己的名称。

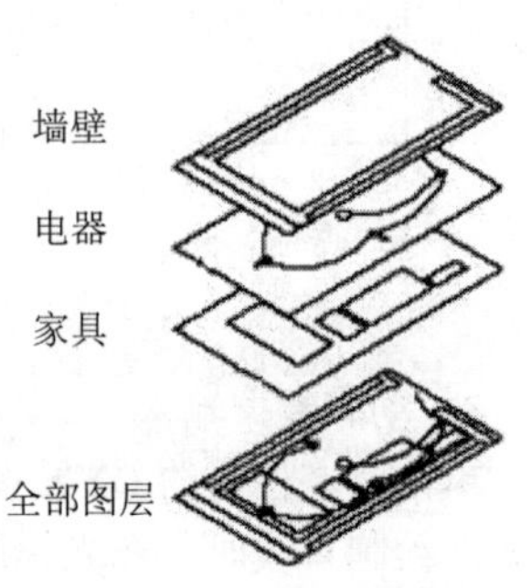

图 2-38 图层示意图

2.5.1 建立新图层

新建的 CAD 文档只能自动创建一个名为 0 的特殊图层。默认情况下，图层 0 将被指定使用 7 号颜色、Continuous 线型、“默认”线宽，以及 NORMAL 打印样式。不能删除或重命名图层 0。通过创建新的图层，可以将类型相似的对象指定给同一个图层使其相关联。例如，可以将构造线、文字、标注和标题栏置于不同的图层上，并为这些图层指定通用特性。通过将对象分类放到各自的图层中，可以快速有效地控制对象的显示，以及对其进行更改。执行新建图层命令的调用方法主要有以下 4 种：

☑ 在命令行中输入“LAYER”命令。

☑ 选择菜单栏中的“格式/图层”命令。

☑ 单击“图层”工具栏中的“图层特性管理器”按钮，如图 2-39 所示。

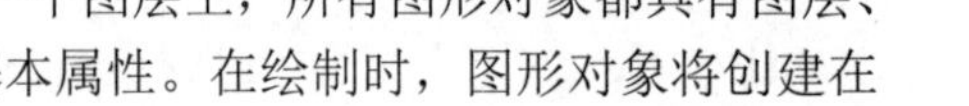

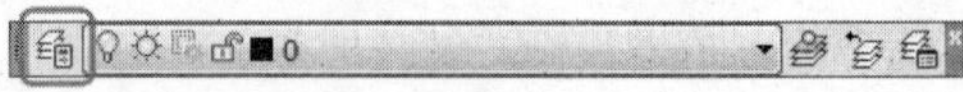

图 2-39 “图层”工具栏

☑ 单击“默认”选项卡“图层”面板中的“图层特性”按钮。

执行上述命令后，系统打开“图层特性管理器”选项板，如图 2-40 所示。

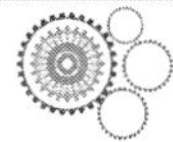

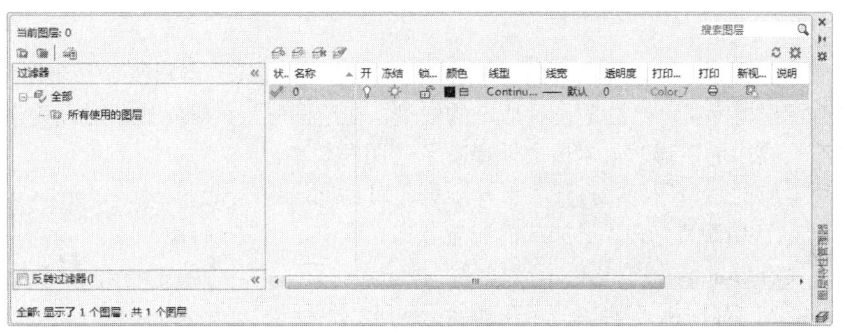

图 2-40　“图层特性管理器”选项板

单击“图层特性管理器”选项板中的“新建图层”按钮，建立新图层，默认的图层名为“图层1”。可以根据绘图需要更改图层名，如改为实体层、中心线层或标准层等。

在一个图形中可以创建的图层数，以及在每个图层中可以创建的对象数实际上是无限的。图层最长可使用 255 个字符的字母数字命名。图层特性管理器按名称的字母顺序排列图层。

提示

如果要建立不止一个图层，无须重复单击“新建”按钮。更有效的方法是：在建立一个新的图层“图层 1”后，改变图层名，在其后输入一个逗号“,”，这样就会又自动建立一个新图层，改变图层名，再输入一个逗号，又一个新的图层建立了，依次建立各个图层。也可以按两次 Enter 键，建立另一个新的图层。图层的名称也可以更改，直接双击图层名称，输入新的名称即可。

在每个图层属性设置中，包括图层名称、关闭/打开图层、冻结/解冻图层、锁定/解锁图层、图层线条颜色、图层线条线型、图层线条宽度、图层打印样式，以及图层是否打印 9 个参数。下面将分别讲述如何设置这些图层参数。

1．设置图层线条颜色

在工程制图中，整个图形包含多种不同功能的图形对象，如实体、剖面线与尺寸标注等，为了便于直观地区分它们，有必要针对不同的图形对象使用不同的颜色，如实体层使用白色、剖面线层使用青色等。

要改变图层的颜色时，单击图层所对应的颜色图标打开“选择颜色”对话框，如图 2-41 所示。它是一个标准的颜色设置对话框，可以使用“索引颜色”“真彩色”和“配色系统”3 个选项卡来选择颜色。系统显示的 RGB 颜色，即 Red（红）、Green（绿）和 Blue（蓝）3 种颜色。

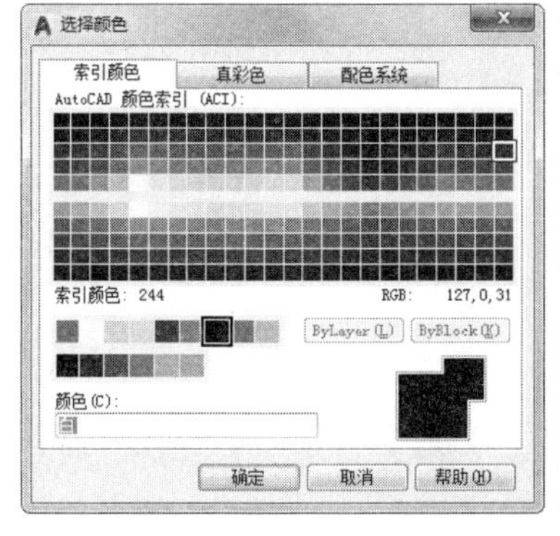

（a）

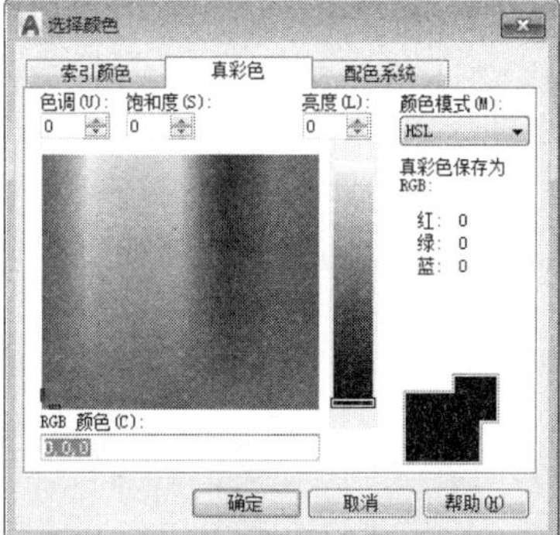

（b）

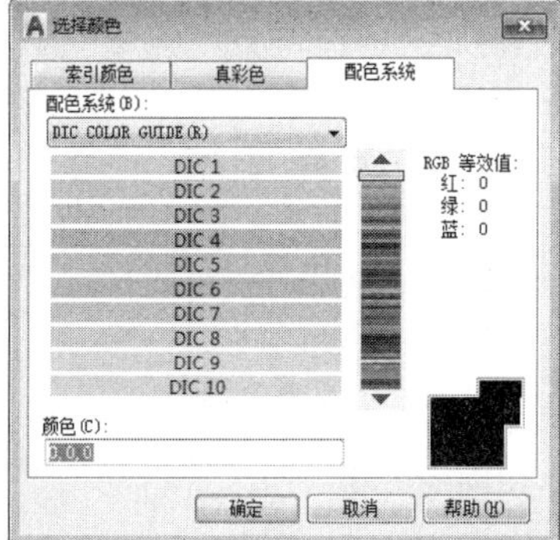

（c）

图 2-41　“选择颜色”对话框

Note

2．设置图层线型

线型是指作为图形基本元素的线条的组成和显示方式，如实线、点画线等。在许多绘图工作中，常常以线型划分图层，为某一个图层设置适合的线型。在绘图时，只需将该图层设为当前工作层，即可绘制出符合线型要求的图形对象，极大地提高了绘图的效率。

单击图层所对应的线型图标，打开“选择线型”对话框，如图 2-42 所示。默认情况下，在“已加载的线型”列表框中，系统中只添加了 Continuous 线型。单击“加载”按钮，打开“加载或重载线型”对话框，如图 2-43 所示，可以看到 AutoCAD 还提供了许多其他的线型，选择所需线型，单击“确定”按钮，即可把该线型加载到“已加载的线型”列表框中，可以按住 Ctrl 键选择多种线型同时加载。

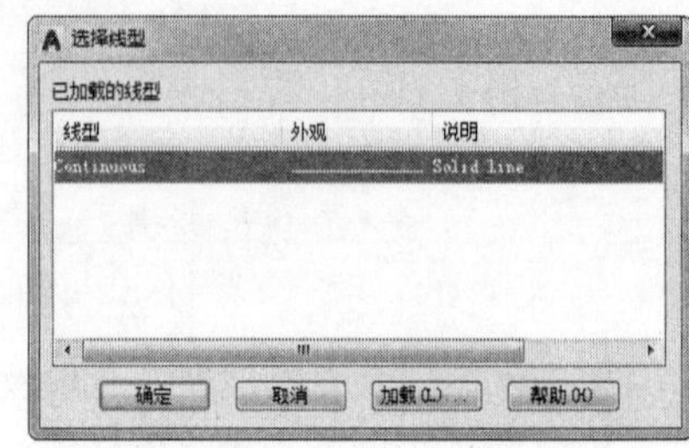

图 2-42 “选择线型”对话框

3．设置图层线宽

线宽设置顾名思义就是改变线条的宽度。用不同宽度的线条表现图形对象的类型，也可以提高图形的表达能力和可读性，如绘制外螺纹时，大径使用粗实线，小径使用细实线。

单击图层所对应的线宽图标打开“线宽”对话框，如图 2-44 所示。选择一个线宽，单击“确定”按钮完成对图层线宽的设置。

图层线宽的默认值为 0.25mm。在状态栏为“模型”状态时，显示的线宽同计算机的像素有关。线宽为零时，显示为一个像素的线宽。单击状态栏中的“线宽”按钮，屏幕上显示的图形线宽与实际线宽成比例，如图 2-45 所示，但线宽不随着图形的放大和缩小而变化。当“线宽”功能关闭时，不显示图形的线宽，图形的线宽均为默认宽度值显示。可以在“线宽”对话框中选择需要的线宽。

图 2-43 “加载或重载线型”对话框

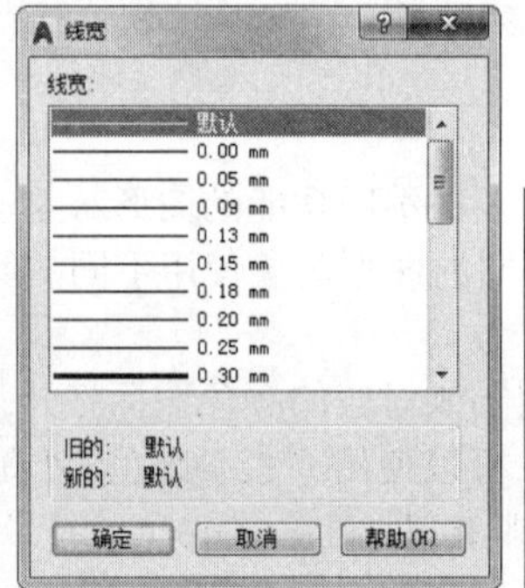

图 2-44 “线宽”对话框

图 2-45 线宽显示效果

2.5.2 设置图层

除了上面讲述的通过图层管理器设置图层的方法外，还有其他几种简便的方法可以设置图层的颜色、线宽、线型等参数。

1．直接设置图层

可以直接通过命令行或菜单设置图层的颜色、线宽、线型。执行颜色命令，主要有以下 3 种调用方法：

☑ 在命令行中输入“COLOR”命令。

☑ 选择菜单栏中的“格式/颜色”命令。

☑　单击“默认”选项卡，选择“特性”面板中的“更多颜色”按钮。

执行上述命令后，系统打开“选择颜色”对话框，如图 2-41 所示。

执行线型命令，主要有以下 3 种调用方法：

☑　在命令行中输入“LINETYPE”命令。

☑　选择菜单栏中的“格式/线型”命令。

☑　单击“默认”选项卡下“特性”面板中的“其他”按钮。

执行上述命令后，系统打开“线型管理器”对话框，如图 2-46 所示。该对话框的使用方法与图 2-42 所示的“选择线型”对话框类似。

执行线宽命令，主要有以下 3 种调用方法：

☑　在命令行中输入“LINEWEIGHT”或“LWEIGHT”命令。

☑　选择菜单栏中的“格式/线宽”命令。

☑　单击“默认”选项卡下“特性”面板中的“线宽设置”按钮。

执行上述命令后，系统打开“线宽设置”对话框，如图 2-47 所示。该对话框的使用方法与图 2-44 所示的“线宽”对话框类似。

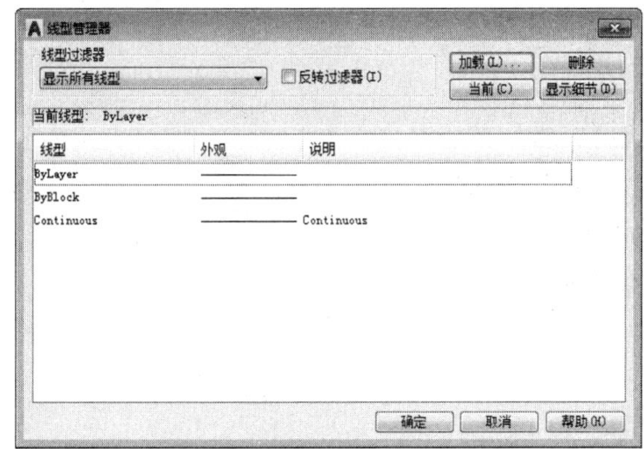

图 2-46　“线型管理器”对话框

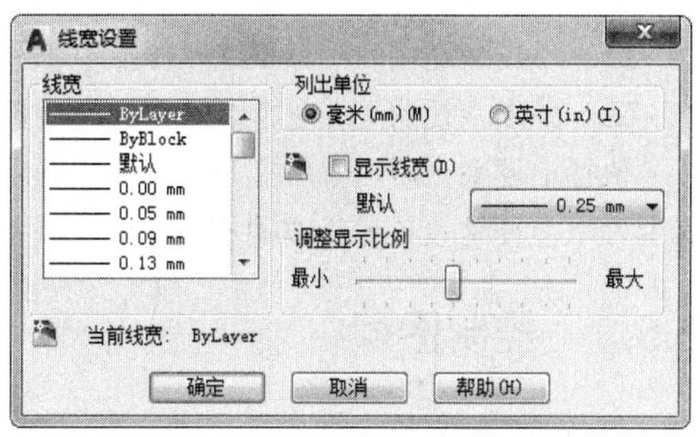

图 2-47　“线宽设置”对话框

2．利用“特性”工具栏设置图层

AutoCAD 提供了一个“特性”工具栏，如图 2-48 所示。用户能够控制和使用工具栏上的“特性”工具栏快速查看和改变所选对象的图层、颜色、线型和线宽等特性。“特性”工具栏上的图层颜色、线型、线宽和打印样式的控制增强了查看和编辑对象属性的命令。在绘图屏幕上选择任何对象都将在工具栏上自动显示它所在图层、颜色、线型等属性。

也可以在“特性”工具栏的“对象颜色”“线型”“线宽”和“打印样式”下拉列表框中选择需要的参数值。如果在“颜色”下拉列表框中选择“更多颜色”选项，如图 2-49 所示，系统就会打开“选择颜色”对话框，如图 2-41 所示；同样，如果在“线型”下拉列表框中选择“其他”选项，如图 2-50 所示，系统就会打开“线型管理器”对话框，如图 2-46 所示。

图 2-48　“特性”工具栏

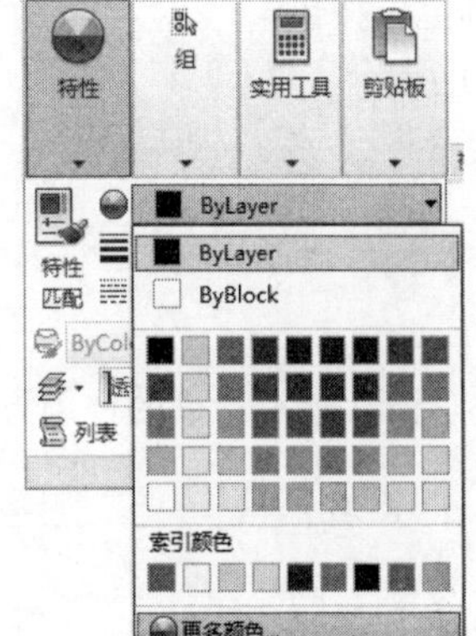

图 2-49 “更多颜色”选项

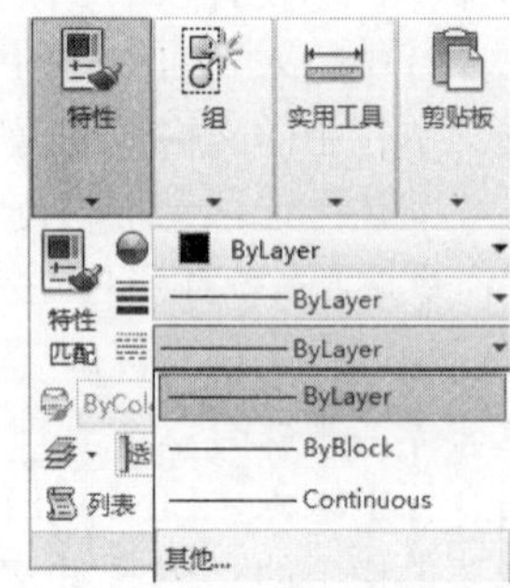

图 2-50 “其他”选项

3．用“特性”选项板设置图层

执行“特性”命令，主要有以下 4 种调用方法：

☑ 在命令行中输入“DDMODIFY”或“PROPERTIES”命令。

☑ 选择菜单栏中的“修改/特性”命令。

☑ 单击快速访问工具栏或“标准”工具栏中的“特性”按钮。

☑ 单击“视图”选项卡“选项板”面板中的“特性”按钮。

执行上述命令后，系统打开“特性”选项板，如图 2-51 所示。在其中可以方便地设置或修改颜色、图层、线型、线宽等属性。

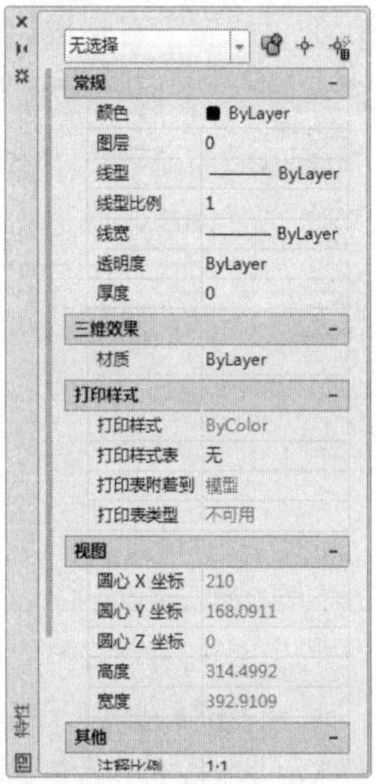

图 2-51 “特性”选项板

2.5.3 控制图层

1．切换当前图层

不同的图形对象需要绘制在不同的图层中。在绘制前，需要将工作图层切换到所需的图层。打开“图层特性管理器”选项板，选择图层，单击“置为当前”按钮完成设置。

2．删除图层

在“图层特性管理器”选项板的图层列表框中选择要删除的图层，单击“删除图层”按钮，即可删除该图层。从图形文件定义中不能删除选定的图层，只能删除未参照的图层。参照图层包括图层 0 及 DEFPOINTS、包含对象（包括块定义中的对象）的图层、当前图层和依赖外部参照的图层。不包含对象（包括块定义中的对象）的图层、非当前图层和不依赖外部参照的图层都可以被删除。

3．关闭/打开图层

在“图层特性管理器”选项板中单击图标，可以控制图层的可见性。图层打开时，图标小灯泡呈鲜艳的颜色，该图层上的图形可以显示在屏幕上或绘制在绘图仪上。当单击该属性图标后，图标小灯泡呈灰暗色时，该图层上的图形不显示在屏幕上，而且不能被打印输出，但仍然作为图形的一部分保留在文件中。

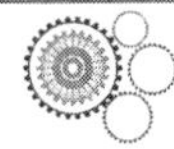

4．冻结/解冻图层

在“图层特性管理器”选项板中单击☼图标，可以冻结图层或将图层解冻。图标呈雪花灰暗色时，该图层是冻结状态；图标呈太阳鲜艳色时，该图层是解冻状态。冻结图层上的对象不能显示，也不能打印，同时也不能编辑修改该图层上的图形对象。在冻结了图层后，该图层上的对象不影响其他图层上对象的显示和打印。例如，在使用 HIDE 命令消隐时，被冻结图层上的对象不影响其他对象。

Note

5．锁定/解锁图层

在“图层特性管理器”选项板中单击图标，可以锁定图层或将图层解锁。锁定图层后，该图层上的图形依然显示在屏幕上并可打印输出，也可以在该图层上绘制新的图形对象，但用户不能对该图层上的图形进行编辑修改操作。可以对当前层进行锁定，也可以对锁定图层上的图形进行查询和对象捕捉命令。锁定图层可以防止对图形的意外修改。

6．打印样式

在 AutoCAD 2018 中，可以使用一个称为“打印样式”的新的对象特性。打印样式控制对象的打印特性，包括颜色、抖动、灰度、笔号、虚拟笔、淡显、线型、线宽、线条端点样式、线条连接样式和填充样式。使用打印样式给用户提供了很大的灵活性，因为用户可以设置打印样式来替代其他对象特性，也可以按用户需要关闭这些替代设置。

7．打印/不打印

在“图层特性管理器”选项板中单击图标，可以设定打印时该图层是否打印，以在保证图形显示可见不变的条件下控制图形的打印特征。打印功能只对可见的图层起作用，对于已经被冻结或被关闭的图层不起作用。

8．冻结新视口

控制在当前视口中图层的冻结和解冻。不解冻图形中设置为“关”或“冻结”的图层在模型空间视口不可用。

2.6 绘图辅助工具

要快速顺利地完成图形绘制工作，有时要借助一些辅助工具，如用于准确确定绘制位置的精确定位工具和调整图形显示范围与方式的显示工具等。下面简要介绍这两种非常重要的辅助绘图工具。

2.6.1 精确定位工具

在绘制图形时，可以使用直角坐标和极坐标精确定位点，但是有些点（如端点、中心点等）的坐标我们是不知道的，要想精确指定这些点是很难的，有时甚至是不可能的。AutoCAD 提供了辅助定位工具，使用这类工具可以很容易地在屏幕中捕捉到这些点，进行精确绘图。

1．栅格

AutoCAD 的栅格由有规则的点的矩阵组成，延伸到指定为图形界限的整个区域。使用栅格与在坐标纸上绘图是十分相似的，利用栅格可以对齐对象并直观显示对象之间的距离。如果放大或缩小图形，可能需要调整栅格间距，使其更适合新的比例。虽然栅格在屏幕上是可见的，但它并不是图形对象，因此，它不会被打印成图形的一部分，也不会影响在何处绘图。

可以单击状态栏上的“栅格”按钮或按 F7 键打开或关闭栅格。启用栅格并设置栅格在 X 轴方向和 Y 轴方向上的间距的方法如下：

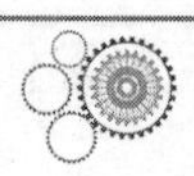

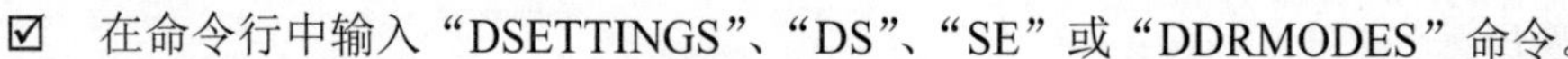

Note

☑ 在命令行中输入“DSETTINGS”、“DS”、“SE”或“DDRMODES”命令。

☑ 选择菜单栏中的“工具/绘图设置”命令。

☑ 右击“栅格”按钮，在弹出的快捷菜单中选择“设置”命令。

执行上述命令，系统打开“草图设置”对话框，如图 2-52 所示。

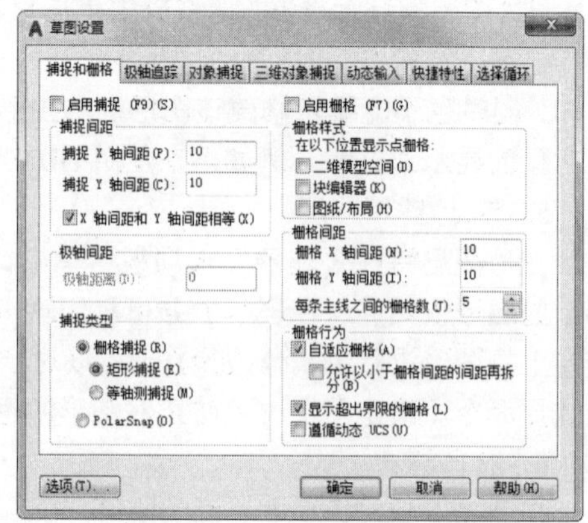

图 2-52 “草图设置”对话框

如果需要显示栅格，选中“启用栅格”复选框。在“栅格 X 轴间距”文本框中输入栅格点之间的水平距离，单位为毫米。如果使用相同的间距设置垂直和水平分布的栅格点，则按 Tab 键；否则，在“栅格 Y 轴间距”文本框中输入栅格点之间的垂直距离。

用户可改变栅格与图形界限的相对位置。默认情况下，栅格以图形界限的左下角为起点，沿着与坐标轴平行的方向填充整个由图形界限所确定的区域。

提示

如果栅格的间距设置得太小，当进行“打开栅格”操作时，AutoCAD 将在文本窗口中显示“栅格太密，无法显示”的信息，而不在屏幕上显示栅格点。或者使用“缩放”命令时，将图形缩放很小，也会出现同样提示，不显示栅格。

捕捉可以使用户直接使用鼠标快速地定位目标点。捕捉模式有几种不同的形式：栅格捕捉、对象捕捉、极轴捕捉和自动捕捉。

另外，可以使用 GRID 命令通过命令行方式设置栅格，功能与“草图设置”对话框类似，不再讲述。

2．捕捉

捕捉是指 AutoCAD 可以生成一个隐含分布于屏幕上的栅格。这种栅格能够捕捉光标，使光标只能落到其中的一个栅格点上。捕捉可分为“矩形捕捉”和“等轴测捕捉”两种类型。默认设置为“矩形捕捉”，即捕捉点的阵列类似于栅格，如图 2-53 所示，用户可以指定捕捉模式在 X 轴方向和 Y 轴方向上的间距，也可改变捕捉模式与图形界限的相对位置。与栅格的不同之处在于：捕捉间距的值必须为正实数；另外，捕捉模式不受图形界限的约束。“等轴测捕捉”表示捕捉模式为等轴测模式，此模式是绘制正等轴测图时的工作环境，如图 2-54 所示。在“等轴测捕捉”模式下，栅格和光标十字线呈绘制等轴测图时的特定角度。

在绘制图 2-53 和图 2-54 中的图形时，输入参数点时光标只能落在栅格点上。两种捕捉模式的切换方法为：打开“草图设置”对话框，进入“捕捉和栅格”选项卡，在“捕捉类型”选项组中，通过选中相应的单选按钮可以切换“矩形捕捉”模式与“等轴测捕捉”模式。

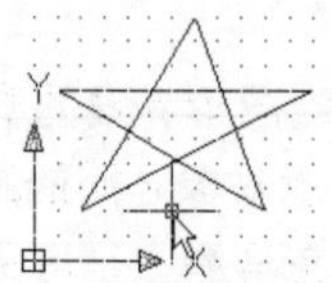

图 2-53 “矩形捕捉”实例

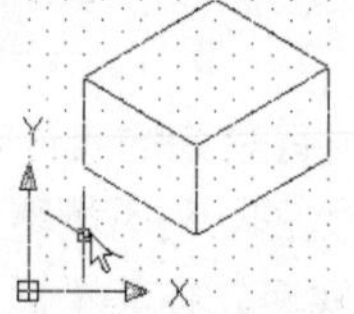

图 2-54 “等轴测捕捉”实例

3．极轴捕捉

极轴捕捉是在创建或修改对象时，按事先给定的角度增量和距离增量来追踪特征点，即捕捉相对

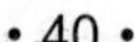

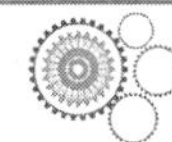

于初始点，且满足指定极轴距离和极轴角的目标点。

极轴追踪设置主要是设置追踪的距离增量和角度增量，以及与之相关联的捕捉模式。这些设置可以通过“草图设置”对话框的“捕捉和栅格”和“极轴追踪”选项卡来实现，如图 2-55 和图 2-56 所示。

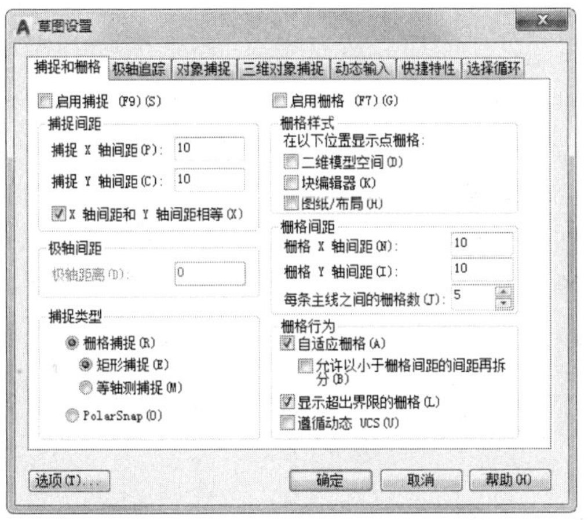

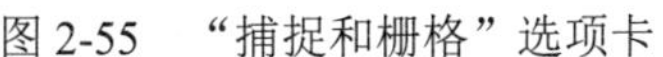
图 2-55 “捕捉和栅格”选项卡

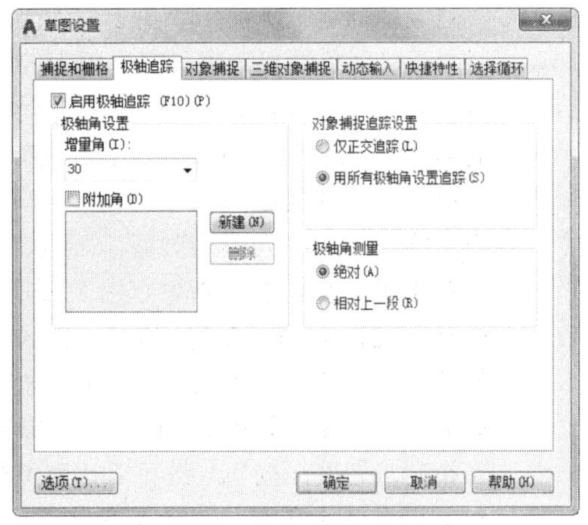

图 2-56 “极轴追踪”选项卡

（1）设置极轴间距。

如图 2-55 所示，在“草图设置”对话框的“捕捉和栅格”选项卡中，可以设置极轴间距，单位为毫米。绘图时，光标将按指定的极轴间距增量进行移动。

（2）设置极轴角度。

如图 2-56 所示，在“草图设置”对话框的“极轴追踪”选项卡中，可以设置极轴角增量角度。可以使用“增量角”下拉列表框中的 90、45、30、22.5、18、15、10 和 5 的极轴角增量，也可以直接输入指定其他任意角度。光标移动时，如果接近极轴角，将显示对齐路径和工具栏提示。例如，图 2-57 所示为当极轴角增量设置为 30，光标移动 90 时显示的对齐路径。

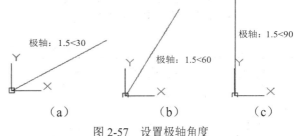

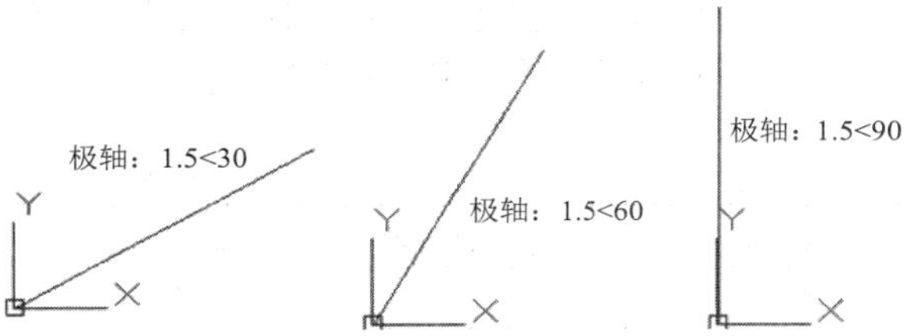

极轴：1.5<30
Y
X
（a）
极轴：1.5<60
Y
X
（b）
极轴：1.5<90
Y
X
（c）

图 2-57 设置极轴角度

“附加角”用于设置极轴追踪时是否采用附加角度追踪。选中“附加角”复选框，通过“新建”按钮或“删除”按钮来增加、删除附加角度值。

（3）对象捕捉追踪设置。

用于设置对象捕捉追踪的模式。如果选中“仅正交追踪”单选按钮，则当采用追踪功能时，系统仅在水平和垂直方向上显示追踪数据；如果选中“用所有极轴角设置追踪”单选按钮，则当采用追踪功能时，系统不仅可以在水平和垂直方向上显示追踪数据，还可以在设置的极轴追踪角度与附加角度所确定的一系列方向上显示追踪数据。

（4）极轴角测量。

用于设置极轴角的角度测量采用的参考基准，“绝对”则是相对水平方向逆时针测量，“相对上一段”则是以上一段对象为基准进行测量。

4．对象捕捉

AutoCAD 给所有的图形对象都定义了特征点。对象捕捉则是指在绘图过程中通过捕捉这些特征点，迅速准确地将新的图形对象定位在现有对象的确切位置，如圆的圆心、线段中点或两个对象的交

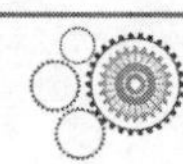

点等。在 AutoCAD 2018 中，可以通过单击状态栏中的“对象捕捉”按钮，或者在“草图设置”对话框的“对象捕捉”选项卡中选中“启用对象捕捉”复选框，来完成启用对象捕捉功能。在绘图过程中，对象捕捉功能的调用可以通过以下方式完成。

☑ “对象捕捉”工具栏（如图 2-58 所示）：在绘图过程中，当系统提示需要指定点位置时，可以单击“对象捕捉”工具栏中相应的特征点按钮，再把光标移动到要捕捉的对象上的特征点附近，AutoCAD 会自动提示并捕捉到这些特征点。例如，如果需要用直线连接一系列圆的圆心，可以将“圆心”设置为对象捕捉特征点。如果有两个可能的捕捉点落在选择区域，AutoCAD 将捕捉离光标中心最近的符合条件的点。还有可能指定点时需要检查哪一个对象捕捉有效，如在指定位置有多个对象符合捕捉条件，在指定点之前，按 Tab 键可以捕捉所有可能的点。

图 2-58　“对象捕捉”工具栏

☑ 对象捕捉快捷菜单：在需要指定点位置时，还可以按住 Ctrl 键或 Shift 键并右击，弹出对象捕捉快捷菜单，如图 2-59 所示。从该菜单中一样可以选择某一种特征点执行对象捕捉，把光标移动到要捕捉对象上的特征点附近，即可捕捉到这些特征点。

☑ 使用命令行：当需要指定点位置时，在命令行中输入相应特征点的关键词，把光标移动到要捕捉对象上的特征点附近，即可捕捉到这些特征点。对象捕捉模式及其关键字如表 2-1 所示。

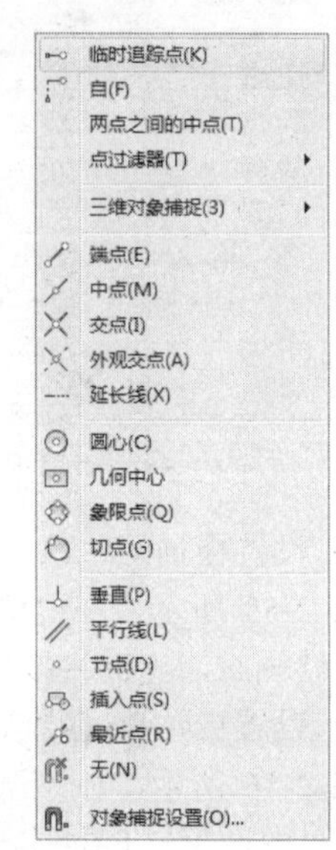

图 2-59　对象捕捉快捷菜单

表 2-1　对象捕捉模式

模　式	关　键　字	模　式	关　键　字	模　式	关　键　字
临时追踪点	TT	捕捉自	FROM	端点	END
中点	MID	交点	INT	外观交点	APP
延长线	EXT	圆心	CEN	象限点	QUA
切点	TAN	垂足	PER	平行线	PAR
节点	NOD	最近点	NEA	无捕捉	NON

提示

对象捕捉不可单独使用，必须配合其他绘图命令一起使用。仅当 AutoCAD 提示输入点时，对象捕捉才生效。如果试图在命令提示下使用对象捕捉，AutoCAD 将显示错误信息。

对象捕捉只影响屏幕上可见的对象，包括锁定图层、布局视口边界和多段线上的对象。不能捕捉不可见的对象，如未显示的对象、关闭或冻结图层上的对象或虚线的空白部分。

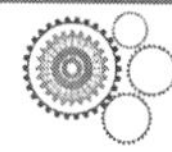

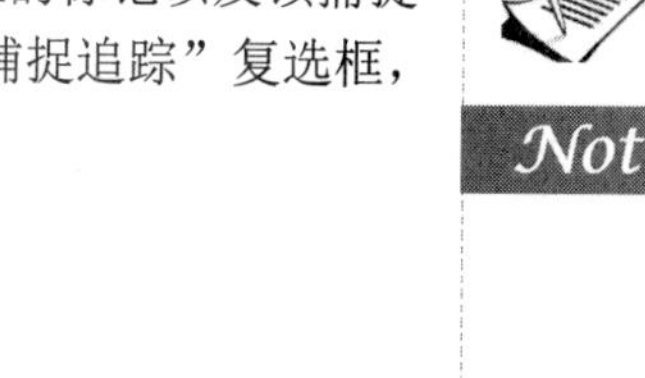

5．自动对象捕捉

在绘制图形的过程中，使用对象捕捉的频率非常高，如果每次在捕捉时都要先选择捕捉模式，将使工作效率大大降低。出于此种考虑，AutoCAD 提供了自动对象捕捉模式。如果启用自动捕捉功能，当光标距指定的捕捉点较近时，系统会自动精确地捕捉这些特征点，并显示出相应的标记以及该捕捉的提示。打开“草图设置”对话框，进入“对象捕捉”选项卡，选中“启用对象捕捉追踪”复选框，可以调用自动捕捉，如图 2-60 所示。

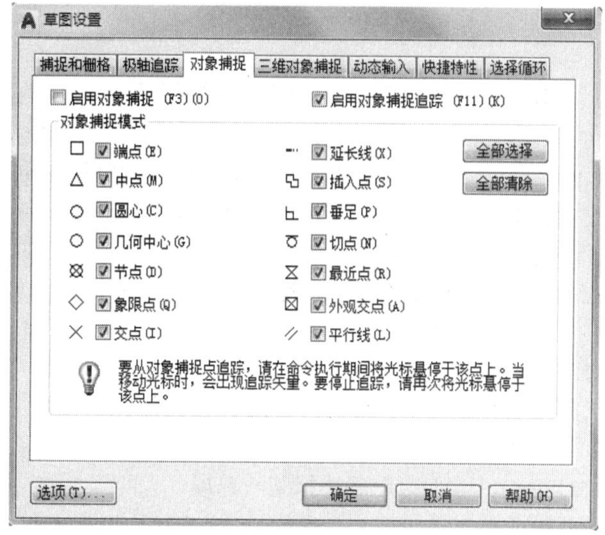

图 2-60　“对象捕捉”选项卡

提示

我们可以设置自己经常要用的捕捉方式。一旦设置了运行捕捉方式后，在每次运行时，所设定的目标捕捉方式就会被激活，而不是仅对一次选择有效，当同时使用多种方式时，系统将捕捉距光标最近同时又是满足多种目标捕捉方式之一的点。当光标距要获取的点非常近时，按下 Shift 键将暂时不获取对象。

6．正交绘图

正交绘图模式，即在命令的执行过程中，光标只能沿 X 轴或 Y 轴移动。所有绘制的线段和构造线都将平行于 X 轴或 Y 轴，因此，它们相互垂直相交，即正交。使用正交绘图，对于绘制水平和垂直线非常有用，特别是当绘制构造线时经常使用。而且当捕捉模式为等轴测模式时，它还迫使直线平行于 3 个等轴测中的一个。

设置正交绘图可以直接单击状态栏中的“正交”按钮，或者按 F8 键，相应地会在文本窗口中显示开/关提示信息。也可以在命令行中输入“ORTHO”命令，执行开启或关闭正交绘图。

提示

“正交”模式将光标限制在水平或垂直（正交）轴上。因为不能同时打开“正交”模式和极轴追踪，所以“正交”模式打开时，AutoCAD 会关闭极轴追踪。如果再次打开极轴追踪，AutoCAD 将关闭“正交”模式。

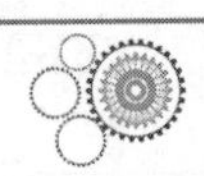

2.6.2 图形显示工具

对于一个较为复杂的图形来说，在观察整幅图形时，往往无法对其局部细节进行查看和操作，而当在屏幕上显示一个细部时又看不到其他部分，为解决这类问题，AutoCAD 提供了缩放、平移、视图、鸟瞰视图和视口命令等一系列图形显示控制命令，可以用来任意地放大、缩小或移动屏幕上的图形显示，或者同时从不同的角度、不同的部位来显示图形。AutoCAD 还提供了重画和重新生成命令来刷新屏幕、重新生成图形。

1．图形缩放

图形缩放命令类似于照相机的镜头，可以放大或缩小屏幕所显示的范围，只改变视图的比例，但是对象的实际尺寸并不发生变化。当放大图形一部分的显示尺寸时，可以更清楚地查看这个区域的细节；相反，如果缩小图形的显示尺寸，则可以查看更大的区域，如整体浏览。

图形缩放功能在绘制大幅面机械图，尤其是装配图时非常有用，是使用频率最高的命令之一。这个命令可以透明地使用，也就是说，该命令可以在其他命令执行时运行。用户完成涉及透明命令的过程时，AutoCAD 会自动返回到在用户调用透明命令前正在运行的命令。执行图形缩放命令的方法有以下 3 种：

☑ 在命令行中输入“ZOOM”命令。

☑ 选择菜单栏中的“视图/缩放”命令。

☑ 单击“缩放”工具栏中的“缩放”按钮，如图 2-61 所示。

图 2-61 “缩放”工具栏

执行上述命令后，在系统提示“[全部(A)/中心点(C)/动态(D)/范围(E)/上一个(P)/比例(S)/窗口(W)] <实时>:”后选择某一选项。

此时，命令行提示中各选项的含义如下。

☑ 实时：这是“缩放”命令的默认操作，即在输入“ZOOM”命令后，直接按 Enter 键，将自动调用实时缩放操作。实时缩放就是可以通过上下移动鼠标交替进行放大和缩小。在使用实时缩放时，系统会显示一个“+”号或“-”号。当缩放比例接近极限时，AutoCAD 将不再与光标一起显示“+”号或“-”号。需要从实时缩放操作中退出时，可按 Enter 键、Esc 键或从菜单中选择“退出”命令退出。

☑ 全部(A)：执行 ZOOM 命令后，在提示文字后输入“A”，即可执行“全部(A)”缩放操作。不论图形有多大，该操作都将显示图形的边界或范围，即使对象不包括在边界以内，它们也将被显示。因此，使用“全部(A)”缩放选项，可查看当前视口中的整个图形。

☑ 中心点(C)：通过确定一个中心点，该选项可以定义一个新的显示窗口。操作过程中需要指定中心点以及输入比例或高度。默认新的中心点就是视图的中心点，默认的输入高度就是当前视图的高度，直接按 Enter 键后，图形将不会被放大。输入比例，则数值越大，图形放大倍数也将越大。也可以在数值后面紧跟一个 X，如 3X，表示在放大时不是按照绝对值变化，而是按相对于当前视图的相对值缩放。

☑ 动态(D)：通过操作一个表示视口的视图框，可以确定所需显示的区域。选择该选项，在绘图窗口中出现一个小的视图框，左右拖动鼠标可以改变该视图框的大小，定形后释放鼠标，再拖动鼠标移动视图框，确定图形中的放大位置，系统将清除当前视口并显示一个特定的视图选择屏幕。这个特定屏幕，由有关当前视图及有效视图的信息所构成。

☑ 范围(E)：可以使图形缩放至整个显示范围。图形的范围由图形所在的区域构成，剩余的空白区域将被忽略。应用这个选项，图形中所有的对象都尽可能地被放大。

☑ 上一个(P)：在绘制一幅复杂的图形时，有时需要放大图形的一部分以进行细节的编辑。当编辑完成后，有时希望回到前一幅视图。这种操作可以选择“上一个(P)”选项来实现。当

前视口由“缩放”命令的各种选项或“移动”视图、视图恢复、平行投影或透视命令引起的任何变化，系统都将进行保存。每一个视口最多可以保存 10 幅视图。连续使用“上一个(P)”选项可以恢复前 10 幅视图。

- ☑ 比例(S)：提供了 3 种使用方法。在提示信息下，直接输入比例系数，AutoCAD 将按照此比例因子放大或缩小图形的尺寸。如果在比例系数后面加“X”，则表示相对于当前视图计算的比例因子。使用比例因子的第三种方法就是相对于图形空间，例如，可以在图纸空间阵列布排或打印出模型的不同视图。为了使每一张视图都与图纸空间单位成比例，可以使用“比例(S)”选项，每一个视图可以有单独的比例。
- ☑ 窗口(W)：最常用的选项。通过确定一个矩形窗口的两个对角来指定所需缩放的区域，对角点可以由鼠标指定，也可以输入坐标确定。指定窗口的中心点将成为新的显示屏幕的中心点。窗口中的区域将被放大或缩小。调用 ZOOM 命令时，可以在没有选择任何选项的情况下，利用鼠标在绘图窗口中直接指定缩放窗口的两个对角点。

提示

这里提到的诸如放大、缩小或移动等操作，仅是对图形在屏幕上的显示进行控制，图形本身并没有任何改变。

2．图形平移

当图形幅面大于当前视口时，如使用图形“缩放”命令将图形放大，如果需要在当前视口之外观察或绘制一个特定区域，可以使用图形“平移”命令来实现。“平移”命令能将在当前视口以外的图形的一部分移动进来查看或编辑，但不会改变图形的缩放比例。

执行图形平移的调用方法有以下 5 种：

- ☑ 在命令行中输入“PAN”命令。
- ☑ 选择菜单栏中的“视图/平移/实时”命令。
- ☑ 单击“标准”工具栏中的“实时平移”按钮✋。
- ☑ 在绘图窗口中右击，在弹出的快捷菜单中选择“平移”命令。
- ☑ 单击“视图”选项卡，选择“导航”面板中的“平移”按钮✋。

激活“平移”命令之后，光标将变成一只“小手”，可以在绘图窗口中任意移动，表示当前正处于平移模式。拖动鼠标将光标锁定在当前位置，即“小手”已经抓住图形，然后拖动图形使其移动到所需位置，释放鼠标将停止平移图形，可以反复按下鼠标左键，拖动、松开，将图形平移到其他位置。

平移命令预先定义了一些不同的菜单选项与按钮，它们可用于在特定方向上平移图形，在激活平移命令后，这些选项可以从菜单栏“视图/平移/*”中调用。

- ☑ 实时：这是平移命令中最常用的选项，也是默认选项，前面提到的平移操作都是指实时平移，通过鼠标的拖动来实现任意方向上的平移。
- ☑ 点：该选项要求确定位移量，这就需要确定图形移动的方向和距离。可以通过输入点的坐标或用鼠标指定点的坐标来确定位移。
- ☑ 左：该选项移动图形使屏幕左部的图形进入显示窗口。
- ☑ 右：该选项移动图形使屏幕右部的图形进入显示窗口。
- ☑ 上：该选项向底部平移图形后，使屏幕顶部的图形进入显示窗口。
- ☑ 下：该选项向顶部平移图形后，使屏幕底部的图形进入显示窗口。

2.7 文字样式与表格样式

Note

文字和标注是 AutoCAD 图形中非常重要的一部分内容。在进行各种设计时，不但要绘制图形，而且还需要标注一些文字，如技术要求、注释说明等，更重要的是必须标注尺寸、粗糙度以及表面形位公差等。AutoCAD 提供了多种文字样式与标注样式，能满足用户的多种需要。

2.7.1 设置文字样式

设置文字样式主要包括文字字体、字号、角度、方向和其他文字特征。AutoCAD 图形中的所有文字都具有与之相关联的文字样式。在图形中输入文字时，AutoCAD 使用当前的文字样式。如果要使用其他文字样式来创建文字，可以将其他文字样式置于当前。AutoCAD 默认的是标准文字样式。执行文字样式命令主要有以下 4 种方法：

☑ 在命令行中输入“STYLE”或“DDSTYLE”命令。
☑ 选择菜单栏中的“格式/文字样式”命令。
☑ 单击“文字”工具栏中的“文字样式”按钮A̲。
☑ 单击“默认”选项卡“注释”面板中的“管理文字样式”按钮。

执行上述命令后，AutoCAD 打开“文字样式”对话框，如图 2-62 所示。

2.7.2 设置表格样式

执行表格样式命令，主要有以下 4 种方法：

☑ 在命令行中输入“TABLESTYLE”命令。
☑ 选择菜单栏中的“格式/表格样式”命令。
☑ 单击“样式”工具栏中的“表格样式管理器”按钮。
☑ 单击“默认”选项卡“注释”面板中的“表格样式”按钮。

执行上述命令后，AutoCAD 打开“表格样式”对话框，如图 2-63 所示。

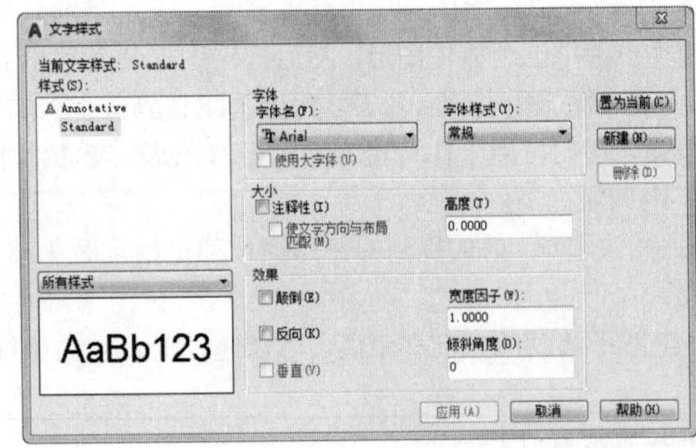

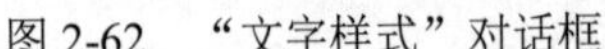
图 2-62 “文字样式”对话框

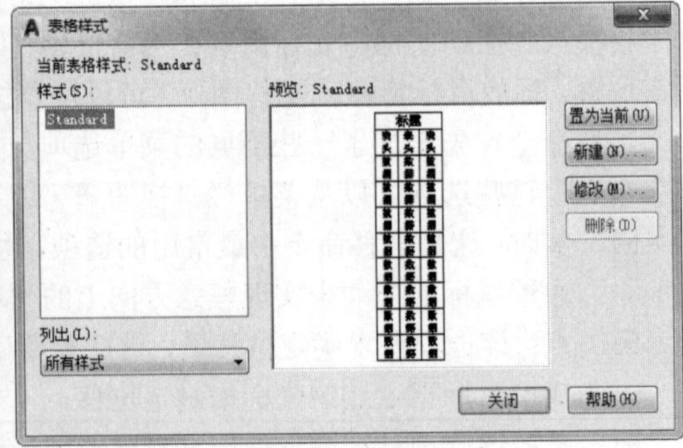

图 2-63 “表格样式”对话框

2.8 快速绘图工具

为了提高系统整体的图形设计效率，CAD 提供了图块、设计中心以及工具选项板等快速绘图工具。

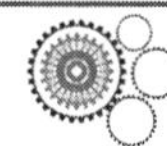

2.8.1 图块操作

1．图块定义

在使用图块时，首先要定义图块，图块的定义方法有以下 4 种：

☑ 在命令行中输入“BLOCK”命令。

☑ 选择菜单栏中的“绘图/块/创建”命令。

☑ 单击“绘图”工具栏中的“创建块”按钮。

☑ 单击“插入”选项卡，选择“块定义”面板中的“创建块”按钮。

执行上述命令，系统打开如图 2-64 所示的“块定义”对话框，利用该对话框指定定义对象和基点以及其他参数，可定义图块并命名。

2．图块保存

图块的保存方法有以下两种：

☑ 在命令行中输入“WBLOCK”命令。

☑ 单击“插入”选项卡，选择“块定义”面板中的“写块”按钮。

执行上述命令，系统打开如图 2-65 所示的“写块”对话框。利用该对话框可把图形对象保存为图块或把图块转换成图形文件。

图 2-64　“块定义”对话框

图 2-65　“写块”对话框

3．图块插入

执行块插入命令，主要有以下 4 种调用方法：

☑ 在命令行中输入“INSERT”命令。

☑ 选择菜单栏中的“插入/块”命令。

☑ 单击“插入”工具栏中的“插入块”按钮。

☑ 单击“插入”选项卡“块”面板中的“插入”按钮。

> **提示**
>
> 以 BLOCK 命令定义的图块只能插入当前图形。以 WBLOCK 保存的图块则既可以插入当前图形，也可以插入其他图形。

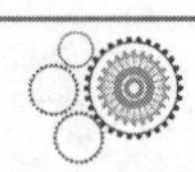

执行上述命令，系统打开“插入”对话框，如图 2-66 所示。利用此对话框设置插入点位置、插入比例以及旋转角度，可以指定要插入的图块及插入位置。

2.8.2 图块的属性

Note

1．属性定义

在使用图块属性前，要对其属性进行定义，定义属性的调用方法有以下 3 种：

☑ 在命令行中输入“ATTDEF”命令。

☑ 选择菜单栏中的“绘图/块/定义属性”命令。

☑ 单击“默认”选项卡“块”面板中的“定义属性”按钮。

执行上述命令后，系统打开“属性定义”对话框，如图 2-67 所示。

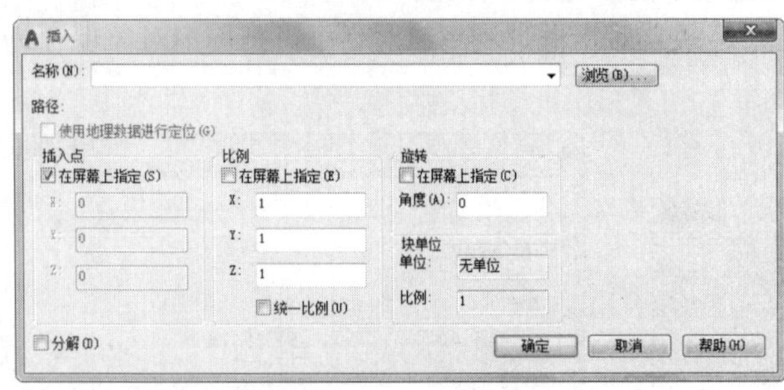

图 2-66 “插入”对话框

图 2-67 “属性定义”对话框

该对话框中主要选项组的含义如下：

☑ “模式”选项组。

- “不可见”复选框：选中该复选框，属性为不可见显示方式，即插入图块并输入属性值后，属性值在图中并不显示出来。
- “固定”复选框：选中该复选框，属性值为常量，即属性值在属性定义时给定，在插入图块时，AutoCAD 不再提示输入属性值。
- “验证”复选框：选中该复选框，当插入图块时，AutoCAD 重新显示属性值让用户验证该值是否正确。
- “预设”复选框：选中该复选框，当插入图块时，AutoCAD 自动把事先设置好的默认值赋予属性，而不再提示输入属性值。
- “锁定位置”复选框：锁定块参照中属性的位置。解锁后，属性可以相对于使用夹点编辑的块的其他部分移动，并且可以调整多行文字属性的大小。
- “多行”复选框：指定属性值可以包含多行文字。选中该复选框后，可以指定属性的边界宽度。

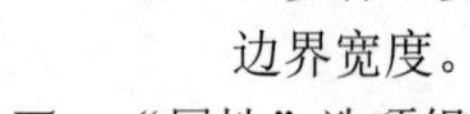

☑ “属性”选项组。

- “标记”文本框：输入属性标签。属性标签可由除空格和感叹号以外的所有字符组成。AutoCAD 自动把小写字母改为大写字母。
- “提示”文本框：输入属性提示。属性提示是插入图块时 AutoCAD 要求输入属性值的

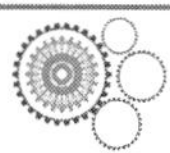

提示。如果不在该文本框内输入文本，则以属性标签作为提示。如果在“模式”选项组中选中“固定”复选框，即设置属性为常量，则不需要设置属性提示。

- “默认”文本框：设置默认的属性值。可把使用次数较多的属性值作为默认值，也可不设默认值。

2．修改属性定义

在定义图块之前，可以对属性的定义加以修改，不仅可以修改属性标签，还可以修改属性提示和属性默认值。这时就需要用到文字编辑命令，该命令的调用方法有以下两种：

☑ 在命令行中输入“DDEDIT”命令。

☑ 选择菜单栏中的“修改/对象/文字/编辑”命令。

执行上述命令后，根据系统提示选择要修改的属性定义，AutoCAD 打开“编辑属性定义”对话框，如图 2-68 所示，可以在该对话框中修改属性定义。

3．图块属性编辑

图块属性编辑命令的调用方法有以下 4 种：

☑ 在命令行中输入“EATTEDIT”命令。

☑ 选择菜单栏中的“修改/对象/属性/单个”命令。

☑ 单击“修改 II”工具栏中的“编辑属性”按钮。

☑ 单击“默认”选项卡“块”面板中的“编辑属性”按钮。

执行上述命令后，在系统提示下选择块后，系统打开“增强属性编辑器”对话框，如图 2-69 所示。在该对话框中不仅可以编辑属性值，还可以编辑属性的文字选项和图层、线型、颜色等特性值。

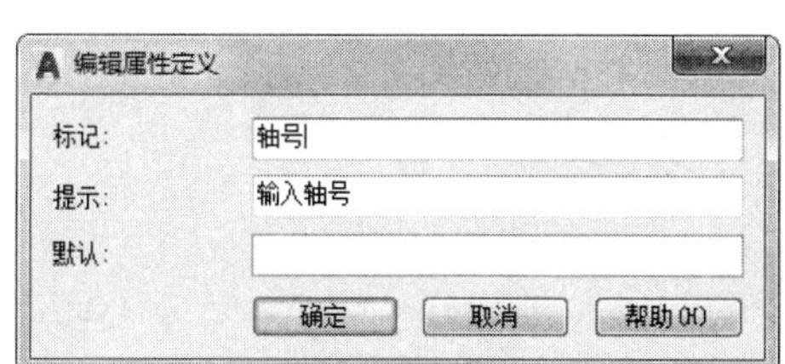

图 2-68 “编辑属性定义”对话框

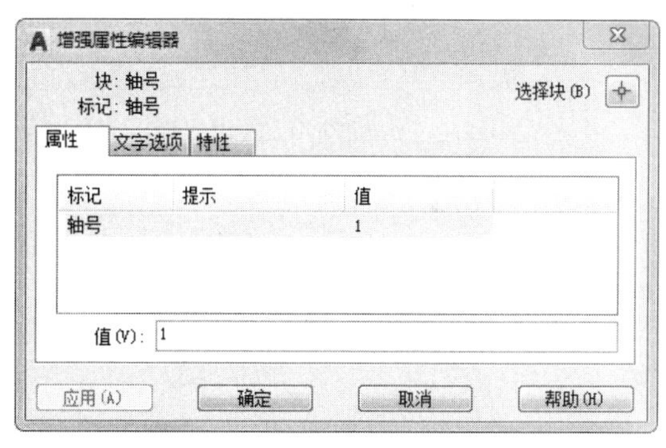

图 2-69 “增强属性编辑器”对话框

2.8.3 设计中心

1．启动设计中心

设计中心的启动方式非常简单，启动设计中心的方法有以下 5 种：

☑ 在命令行中输入“ADCENTER”命令。

☑ 选择菜单栏中的“工具/选项板/设计中心”命令。

☑ 单击“标准”工具栏中的“设计中心”按钮。

☑ 利用快捷键 Ctrl+2。

☑ 单击“视图”选项卡“选项板”面板中的“设计中心”按钮。

执行上述命令，系统打开设计中心。第一次启动设计中心时，它默认打开的选项卡为“文件夹”。内容显示区采用大图标显示，左边的资源管理器采用 tree view 显示方式显示系统的树形结构，浏览资源的同时在内容显示区显示所浏览资源的有关细目或内容，如图 2-70 所示，也可以搜索资源，方法与 Windows 资源管理器类似。

2．利用设计中心插入图形

设计中心一个最大的优点是可以将系统文件夹中的 DWG 图形当成图块插入当前图形。

（1）从查找结果列表框中选择要插入的对象，双击对象，弹出“插入”对话框，如图 2-71 所示。

（2）右击并从弹出的快捷菜单中选择“平移”“缩放”等命令，如图 2-72 所示。

（3）在相应的命令行提示下输入比例和旋转角度等数值。

被选择的对象将根据指定的参数插入图形。

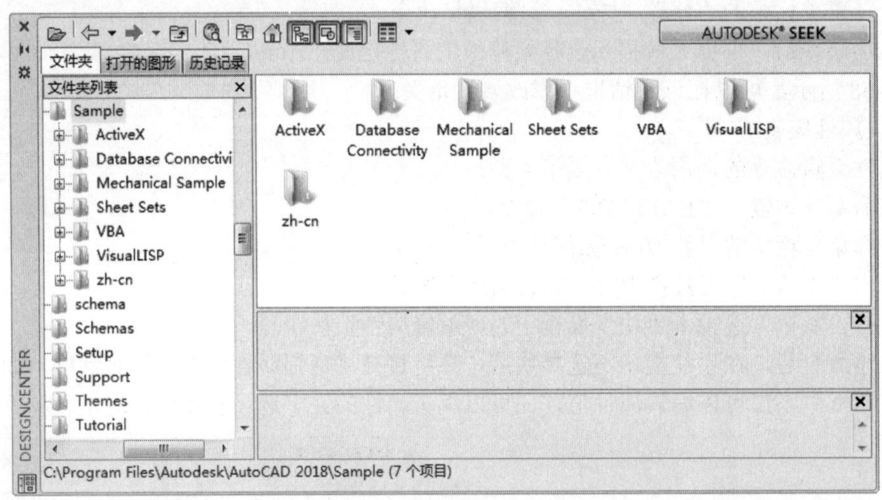

图 2-70　AutoCAD 2018 设计中心的资源管理器和内容显示区

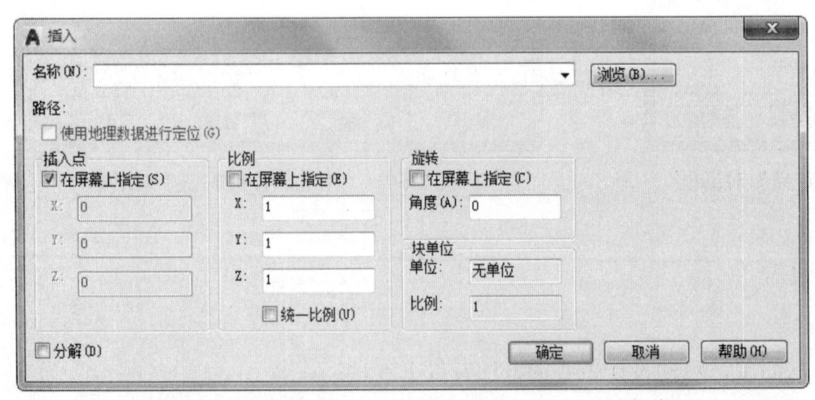

图 2-71　“插入”对话框

图 2-72　快捷菜单

2.8.4　工具选项板

1．打开工具选项板

打开工具选项板的方法主要有以下 5 种：

☑　在命令行中输入“TOOLPALETTES”命令。

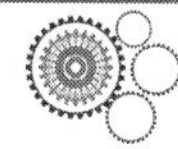

☑ 选择菜单栏中的“工具/选项板/工具选项板窗口”命令。

☑ 单击“标准”工具栏中的“工具选项板”按钮▦。

☑ 利用快捷键 Ctrl+3。

☑ 单击“视图”选项卡“选项板”面板中的“工具选项板”按钮▦。

执行上述命令，系统自动打开工具选项板窗口，如图 2-73 所示。该工具选项板上有系统预设置的 3 个选项卡。可以单击鼠标右键，在系统打开的快捷菜单中选择“新建选项板”命令，如图 2-74 所示。系统新建一个空白选项卡，可以命名该选项卡，如图 2-75 所示。

2．将设计中心的内容添加到工具选项板

在 Designcenter 文件夹上单击鼠标右键，在打开的快捷菜单中选择“创建块的工具选项板”命令，如图 2-76 所示。设计中心存储的图元将出现在工具选项板中新建的 Designcenter 选项卡上，如图 2-77 所示。这样就可以将设计中心与工具选项板结合起来，建立一个快捷方便的工具选项板。

3．利用工具选项板绘图

只需要将工具选项板中的图形单元拖动到当前图形，该图形单元就以图块的形式插入当前图形。如图 2-78 所示的是将工具选项板中“机械”选项卡中的“滚珠轴承”图形单元拖动到当前图形并填充绘制的滚珠轴承图。

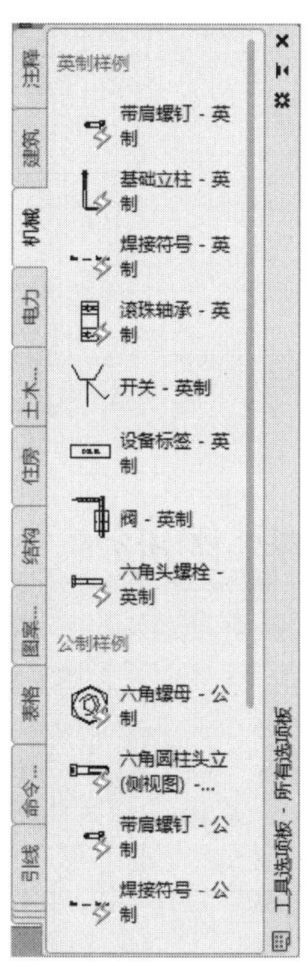

图 2-73 工具选项板窗口

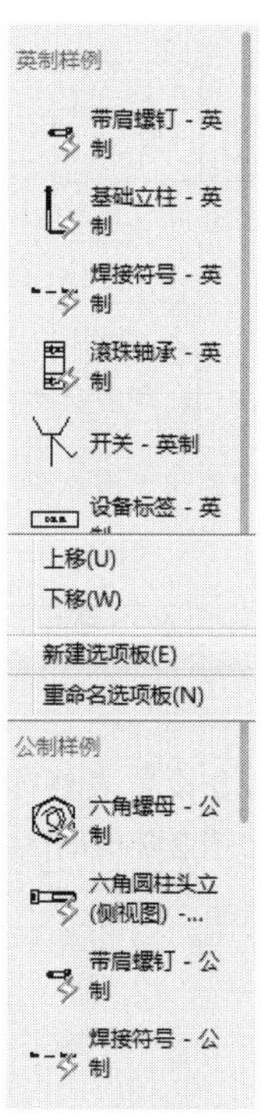

图 2-74 快捷菜单

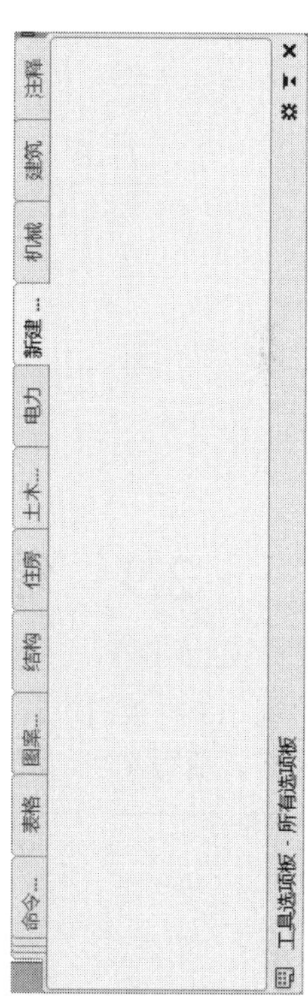

图 2-75 新建选项板

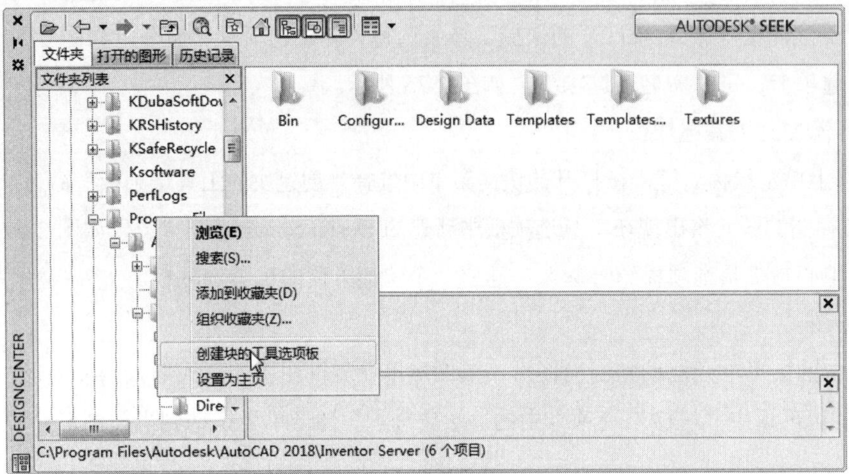

图 2-76 快捷菜单

图 2-77 创建工具选项板

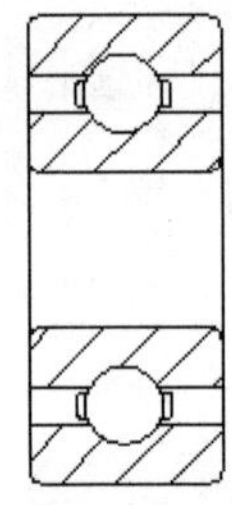

图 2-78 滚珠轴承

2.9 综合实战——绘制 A3 图纸样板图形

绘制 A3 样板图。首先利用表格样式命令设置表格样式，然后利用 table 命令插入表格，最后合并单元格、填写文字。流程图的绘制流程如图 2-79 所示。

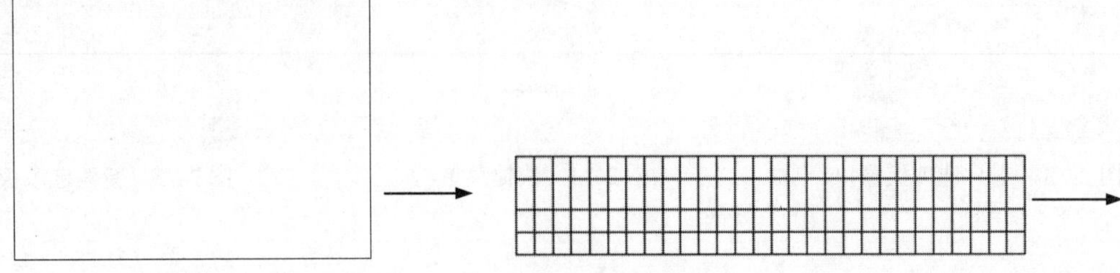

图 2-79 绘制 A3 样板流程图

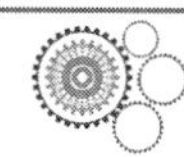

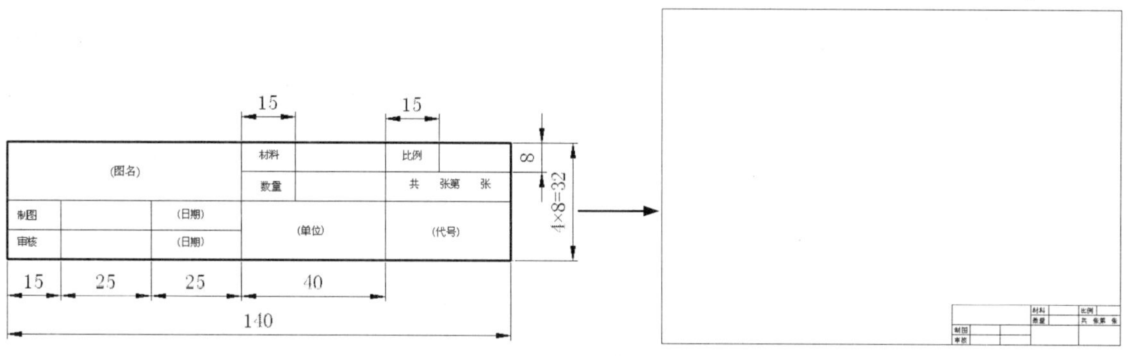

图 2-79　绘制 A3 样板流程图（续）

操作步骤如下。

1．绘制图框

单击“默认”选项卡下“绘图”面板中的“矩形”按钮，绘制两角点坐标为（25,10）和（410,287）的矩形，如图 2-80 所示。

2．绘制标题栏

标题栏结构如图 2-81 所示，由于分隔线并不整齐，可以先绘制一个 28×4（每个单元格的尺寸是 5×8）的标准表格，然后在此基础上编辑合并单元格，形成图 2-81 所示的形式。

图 2-80　绘制矩形

(图名)			材料		比例	
			数量		共　张第　张	
制图		(日期)	(单位)		(代号)	
审核		(日期)				

15　25　25　40　140　15　15　8　4×8=32

图 2-81　标题栏示意图

提示

《国家标准》规定 A3 图纸的幅面大小是 420mm×297mm，这里留出了带装订边的图框到纸面边界的距离。

（1）单击“默认”选项卡下“注释”面板中的“表格样式”按钮，打开“表格样式”对话框，如图 2-82 所示。

（2）单击“修改”按钮，系统打开“修改表格样式”对话框，在“单元样式”下拉列表框中选择“数据”选项，在下面的“文字”选项卡中将“文字高度”设置为 3，如图 2-83 所示。再打开“常规”选项卡，将“页边距”选项组中的“水平”和“垂直”都设置为 1，如图 2-84 所示。按照上述步骤设置“标题”和“表头”选项：“文字”选项卡中将“文字高度”都设置为 3；其他为默认值。

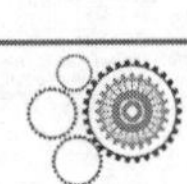
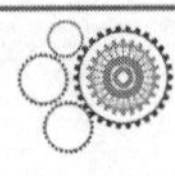

Note

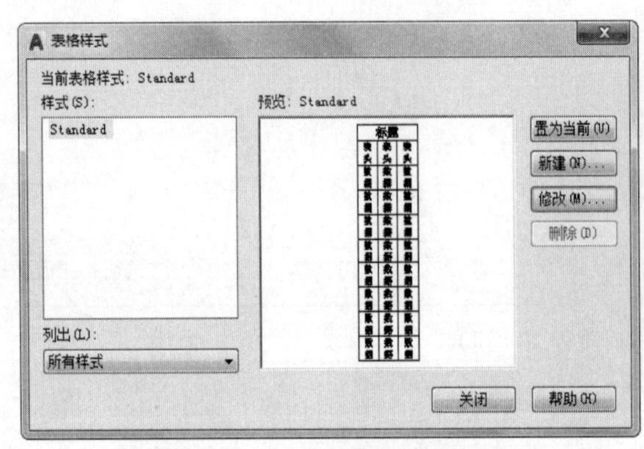

图 2-82 “表格样式”对话框

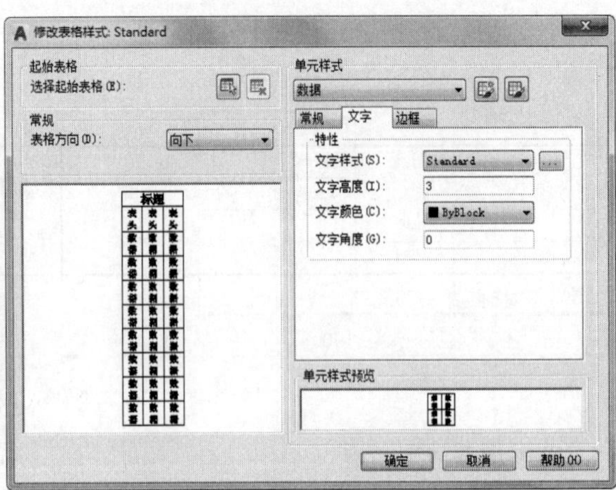

图 2-83 “修改表格样式”对话框

（3）系统回到“表格样式”对话框，单击“关闭”按钮退出。

（4）单击“默认”选项卡下“注释”面板中的“表格”按钮，系统打开“插入表格”对话框，在“列和行设置”选项组中将“列数”设置为 28，将“列宽”设置为 5，将“数据行数”设置为 2（加上标题行和表头行共 4 行），将“行高”设置为 1 行；在“设置单元样式”选项组中将“第一行单元样式”“第二行单元样式”和“所有其他行单元样式”都设置为“数据”，如图 2-85 所示。

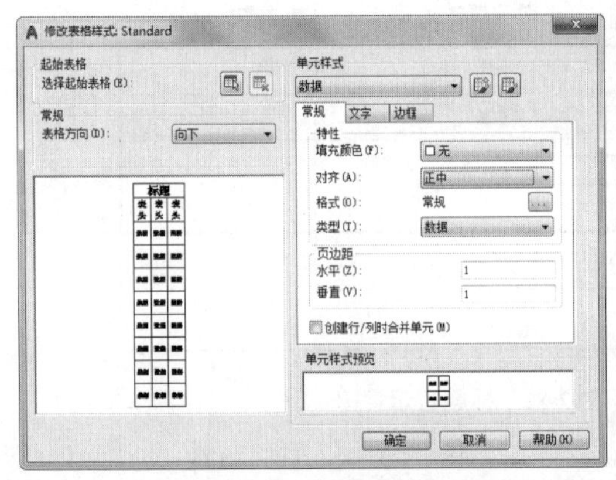

图 2-84 设置“常规”选项卡

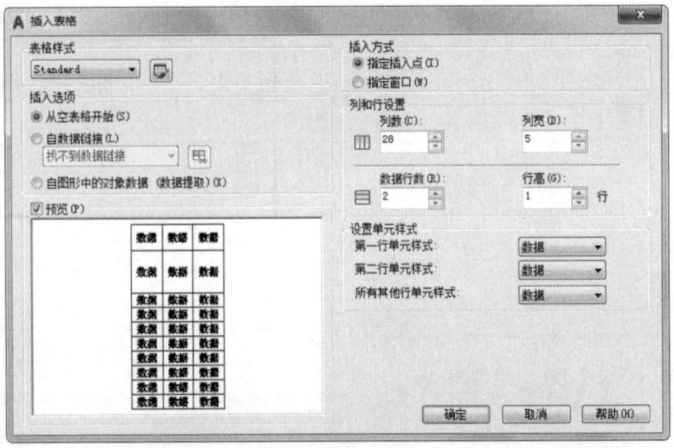

图 2-85 “插入表格”对话框

（5）在图框线右下角附近指定表格位置，系统生成表格，如图 2-86 所示。

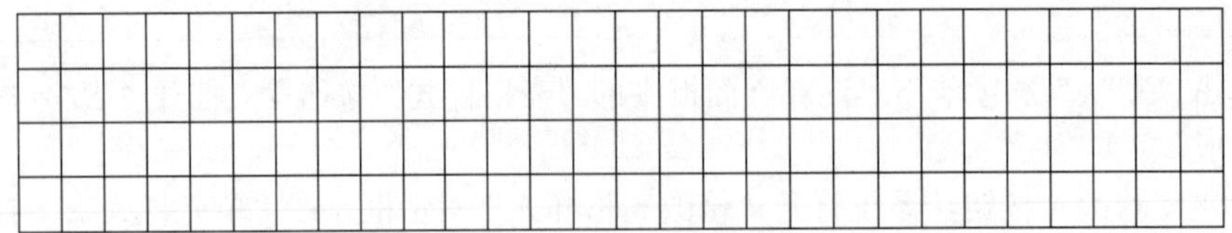

图 2-86 表格

（6）单击表格的一个单元格，系统显示其编辑夹点，单击鼠标右键，在打开的快捷菜单中选择“特性”命令，如图 2-87 所示。系统打开“特性”选项板，将“单元高度”改为 8，如图 2-88 所示。这样跟此单元格相同高度的单元格的高度就统一改为 8，如图 2-89 所示。

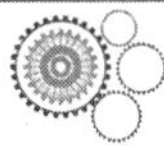

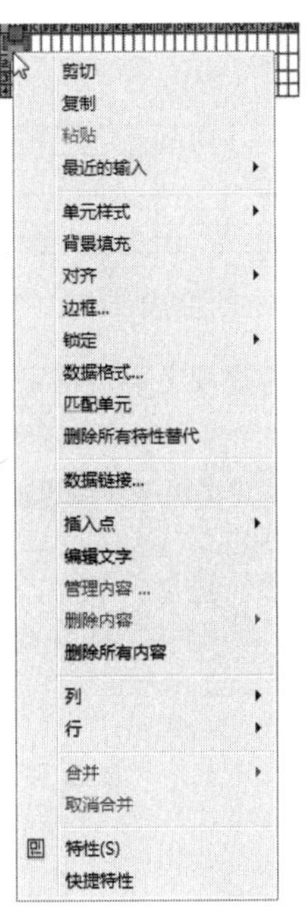

图 2-87 快捷菜单

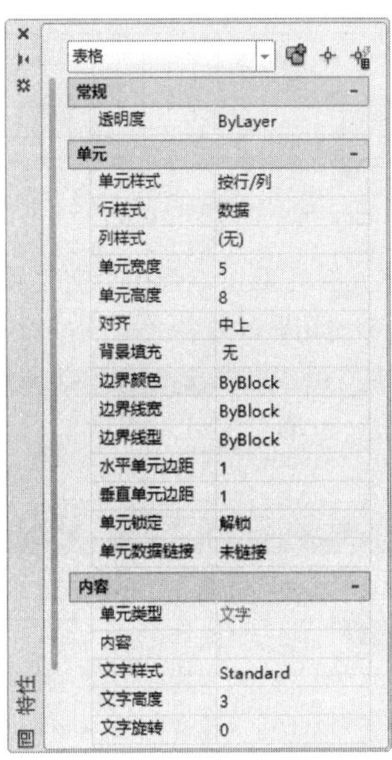

图 2-88 “特性”选项板

（7）选择 A1 单元格，按住 Shift 键，同时选择 M2 单元格并右击，在打开的快捷菜单中选择“合并/全部”命令，如图 2-90 所示，这些单元格完成合并的效果如图 2-91 所示。

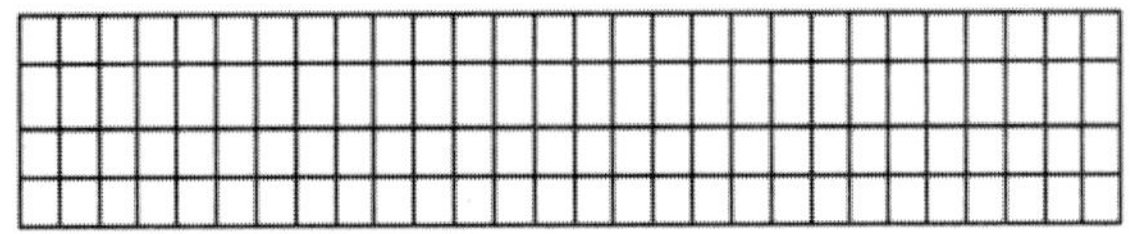

图 2-89 修改表格高度

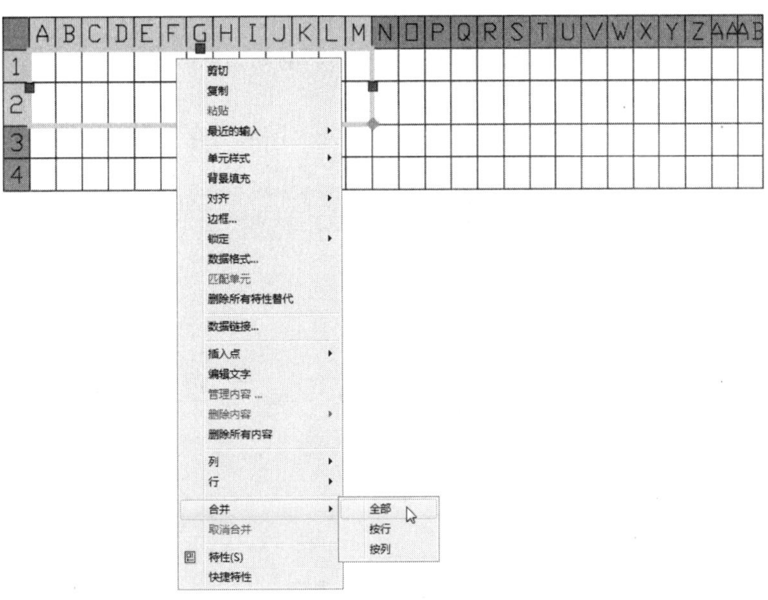

图 2-90 快捷菜单

Note

使用同样的方法合并其他单元格，结果如图 2-92 所示。

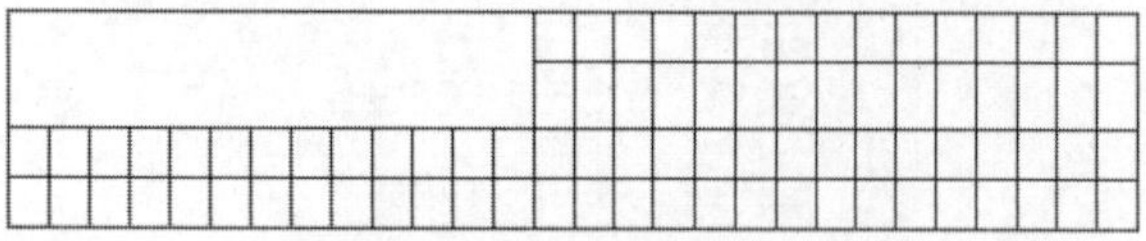

图 2-91　合并单元格

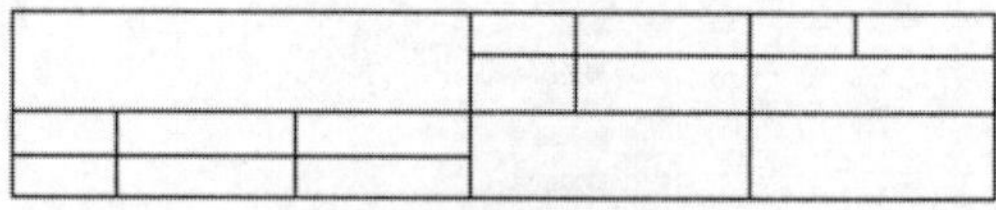

图 2-92　完成表格绘制

（8）在单元格内双击，弹出“文字编辑器”功能区，在单元格中输入文字，将字体设置为宋体，文字高度改为 3，如图 2-93 所示。

图 2-93　输入文字

使用同样的方法输入其他单元格文字，结果如图 2-94 所示。

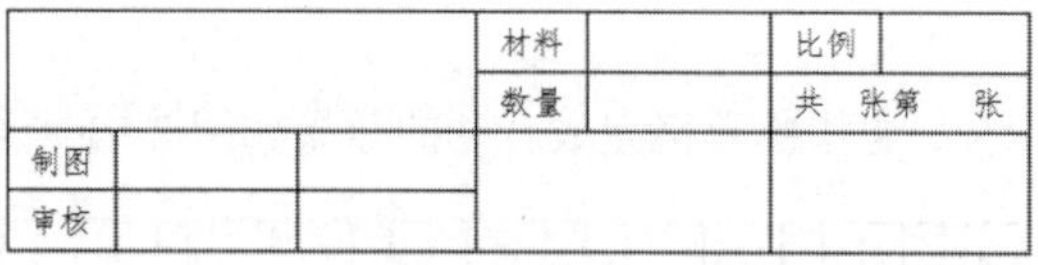

			材料		比例	
			数量		共　张第　张	
制图						
审核						

图 2-94　完成标题栏文字输入

3．移动标题栏

刚生成的标题栏因为无法准确确定与图框的相对位置，需要移动。这里先调用一个目前还没有讲述的命令“移动”。单击“默认”选项卡下“修改”面板中的“移动”按钮✥，在命令行提示下选择上面绘制的表格，并捕捉表格的右下角点为基点，将其移动到图框的右下角点，结果如图 2-95 所示。

4．保存样板图

单击快速访问工具栏中的“另存为”按钮，打开“图形另存为”对话框，将图形保存为 dwt 格式文件即可，如图 2-96 所示。

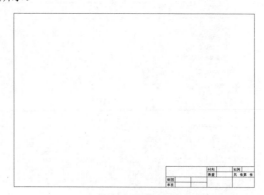

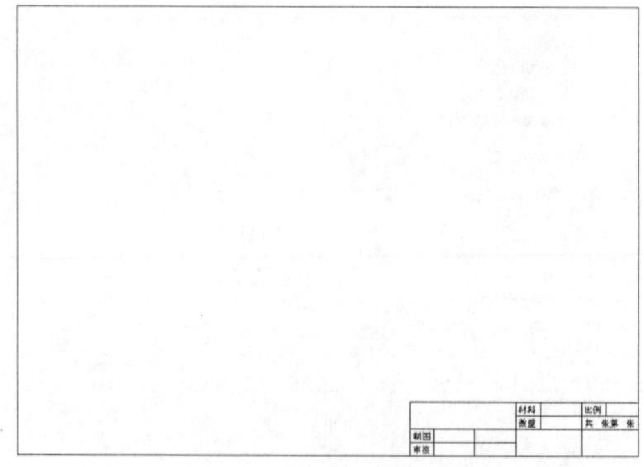

图 2-95　移动表格

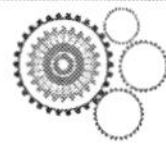

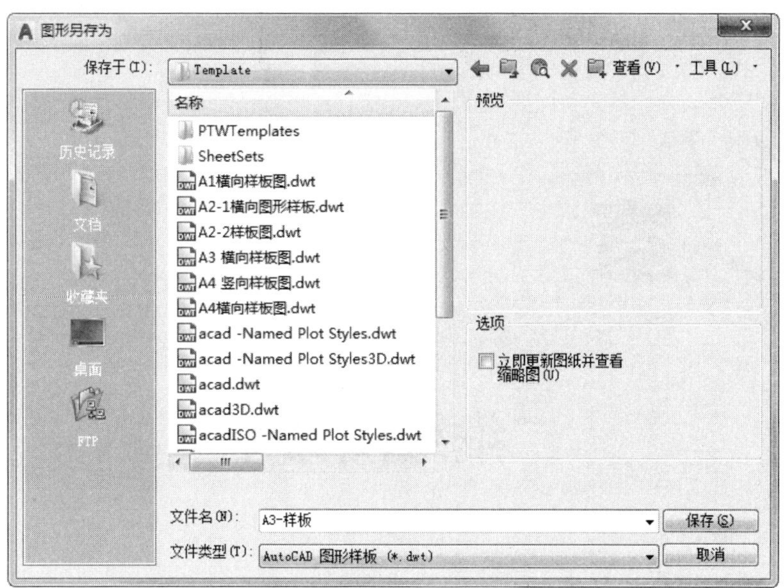

图 2-96 “图形另存为”对话框

2.10 实战演练

【实战演练 1】显示图形文件。

操作提示：

（1）单击快速访问工具栏中的“打开”按钮，打开“选择文件”对话框。

（2）打开一个图形文件。

（3）对其进行实时缩放、局部放大等显示操作。

【实战演练 2】定义“螺母”图块。

操作提示：

（1）如图 2-97 所示，利用“块定义”对话框适当设置定义块。

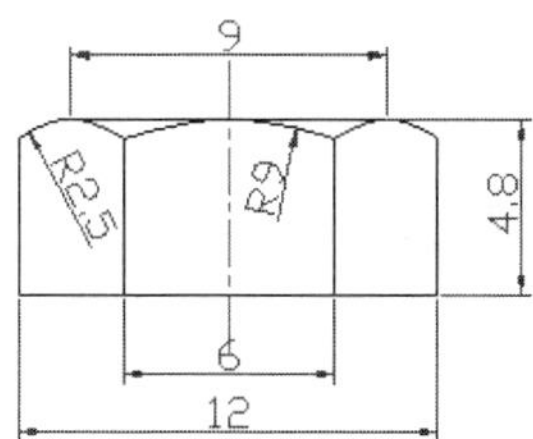

图 2-97 定义图块

（2）利用 WBLOCK 命令进行适当设置，保存块。

第3章

二维绘图命令

本章学习要点和目标任务：

- ☑ 直线类
- ☑ 圆类图形
- ☑ 平面图形
- ☑ 点
- ☑ 多段线
- ☑ 样条曲线
- ☑ 图案填充

二维图形是指在二维平面空间绘制的图形，主要由一些图形元素组成，如点、直线、圆弧、圆、椭圆、矩形、多边形、多段线、样条曲线等几何元素。AutoCAD提供了大量的绘图工具，可以帮助用户完成二维图形的绘制。本章主要内容包括直线、圆和圆弧、椭圆和椭圆弧、平面图形、点、多段线、样条曲线和图案填充等。

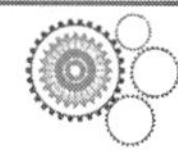

3.1　直　线　类

直线类命令包括直线、射线和构造线等命令，这几个命令是 AutoCAD 中最简单的绘图命令。

3.1.1　直线段

执行直线命令，主要有以下 4 种调用方法：

☑ 在命令行中输入“LINE”或“L”命令。

☑ 选择菜单栏中的“绘图/直线”命令。

☑ 单击“绘图”工具栏中的“直线”按钮。

☑ 单击“默认”选项卡“绘图”面板中的“直线”按钮。

执行上述命令后，根据系统提示输入直线段的起点，用鼠标指定点或给定点的坐标。再输入直线段的端点，也可以用鼠标指定一定角度后，直接输入直线的长度。在命令行提示下输入一直线段的端点。输入选项“U”表示放弃前面的输入；按 Enter 键，结束命令。在命令行提示下输入下一直线段的端点，或者输入选项“C”使图形闭合，结束命令。使用直线命令绘制直线时，命令行提示中各选项的含义如下：

☑ 若采用按 Enter 键响应“指定第一点”提示，系统会把上次绘制图线的终点作为本次图线的起始点。若上次操作为绘制圆弧，按 Enter 键响应后绘出通过圆弧终点并与该圆弧相切的直线段，该线段的长度为光标在绘图区指定的一点与切点之间线段的距离。

☑ 在“指定下一点”提示下，用户可以指定多个端点，从而绘出多条直线段。但每一段直线是一个独立的对象，可以进行单独编辑操作。

☑ 绘制两条以上直线段后，若采用输入选项“C”响应“指定下一点”提示，系统会自动连接起始点和最后一个端点，从而绘出封闭的图形。

☑ 若采用输入选项“U”响应提示，则删除最近一次绘制的直线段。

☑ 若设置正交方式（单击状态栏中的“正交模式”按钮），只能绘制水平线段或垂直线段。

☑ 若设置动态数据输入方式（单击状态栏中的“动态输入”按钮），则可以动态输入坐标或长度值，效果与非动态数据输入方式类似。除了特别需要，以后不再强调，而只按非动态数据输入方式输入相关数据。

3.1.2　实战——表面结构图形符号

在机械新标准中，将旧版本的粗糙度符号更名为表面结构的图形符号。本实例主要绘制表面结构基本图形符号的完整图形，此种符号标注的图纸允许任何工艺加工。在报告和文本中可用 APA 表示。其中，在机械图纸中常采用简化画法，即去除图中直线 3-4。表面结构图形符号可以利用直线命令，通过在命令行中输入坐标点以确定直线位置。其绘制流程图如图 3-1 所示。

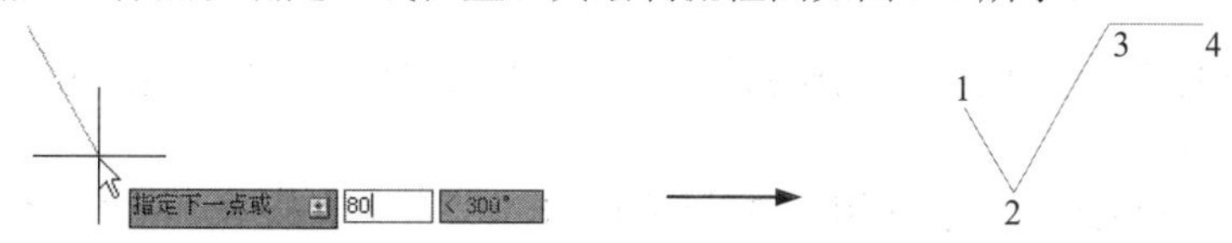

图 3-1　利用表面结构图形符号绘制流程图

Note

操作步骤如下：

（1）单击“默认”选项卡“绘图”面板中的“直线”按钮，绘制表面结构图形符号。

（2）在命令行提示“指定第一个点:”后输入“150,240”（1点）。

（3）在命令行提示“指定下一点或[放弃(U)]:”后输入“@80<-60”（2点），也可以单击状态栏上的“动态输入”按钮，在鼠标位置为300°时，动态输入“80”，如图3-2所示。

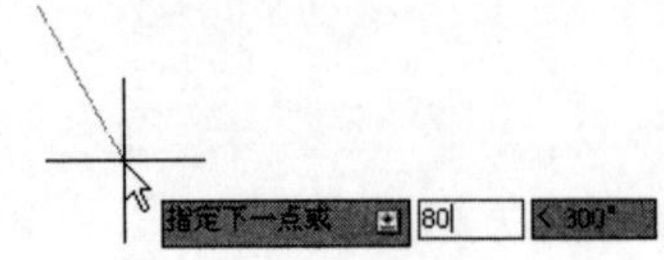

图3-2　动态输入

（4）在命令行提示“指定下一点或[放弃(U)]:”后输入“@160<60”（3点）。

（5）在命令行提示“指定下一点或[闭合(C)/放弃(U)]:”后按Enter键结束“直线”命令。

（6）重复执行“直线”命令。

（7）在命令行提示“指定第一个点：”后按Enter键（以上次命令的最后一点即3点为起点）。

（8）在命令行提示“指定下一点或[放弃(U)]:”后输入“@80,0”（4点）。

（9）在命令行提示“指定下一点或[放弃(U)]:”后按Enter键结束“直线”命令。

3.1.3　构造线

执行构造线命令，主要有以下4种调用方法：

☑　在命令行中输入“XLINE”或“XL”命令。

☑　选择菜单栏中的“绘图/构造线”命令。

☑　单击“绘图”工具栏中的“构造线”按钮。

☑　单击“默认”选项卡下“绘图”面板中的“构造线”按钮。

执行上述命令后，根据系统提示指定起点和通过点，绘制一条双向无限长直线。在命令行提示“指定通过点:”后继续指定点，继续绘制直线，如图3-3（a）所示。此时，命令行提示中各选项的含义如下：

☑　执行选项中有“指定点”“水平”“垂直”“角度”“二等分”和“偏移”6种方式绘制构造线，如图3-3所示。

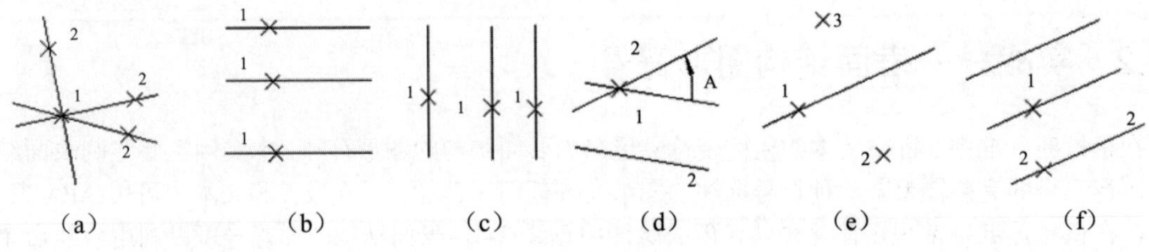

图3-3　构造线

☑　这种线模拟手工作图中的辅助作图线。用特殊的线型显示，在绘图输出时可不作输出。常用于辅助作图。

应用构造线作为辅助线绘制机械图中的三视图是构造线最主要的用途，构造线的应用保证了三视图之间“主俯视图长对正、主左视图高平齐、俯左视图宽相等”的对应关系。如图3-4所示为应用构

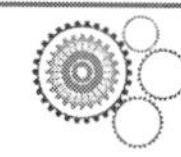

造线作为辅助线绘制机械图中三视图的绘图示例。图中红色线为构造线，黑色线为三视图轮廓线。

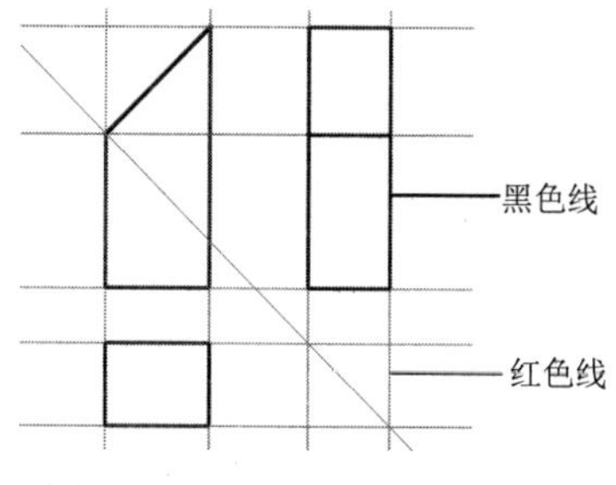

图 3-4　构造线辅助绘制三视图

3.2　圆 类 图 形

圆类命令主要包括“圆”“圆弧”“椭圆”“椭圆弧”以及“圆环”等命令，这几个命令是 AutoCAD 中最简单的圆类命令。

3.2.1　绘制圆

圆命令的调用方法主要有以下 4 种：

☑　在命令行中输入“CIRCLE”或“C”命令。

☑　选择菜单栏中的“绘图/圆/圆心、半径”命令。

☑　单击“绘图”工具栏中的“圆”按钮。

☑　单击“默认”选项卡下“绘图”面板中的“圆心、半径”按钮。

执行上述命令后，根据系统提示指定圆心，直接输入半径数值或用鼠标指定半径长度即可。此时，命令行提示中各选项的含义如下。

☑　三点(3P)：用指定圆周上三点的方法画圆。

☑　两点(2P)：按指定直径的两端点的方法画圆。

☑　切点、切点、半径(T)：按先指定两个相切对象、后给出半径的方法画圆。

☑　相切、相切、相切：“绘图/圆”菜单中多了一种“相切、相切、相切”的方法，当选择此方法时，根据系统提示依次选择要相切的 3 个图形。

3.2.2　实战——定距环

定距环是机械零件中的一种典型的辅助轴向定位零件，绘制比较简单。它成管状，前视图呈圆环状，利用“圆”命令绘制；俯视图成矩形状，利用“直线”命令绘制；中心线利用“直线”命令绘制。定距环的绘制流程图如图 3-5 所示。

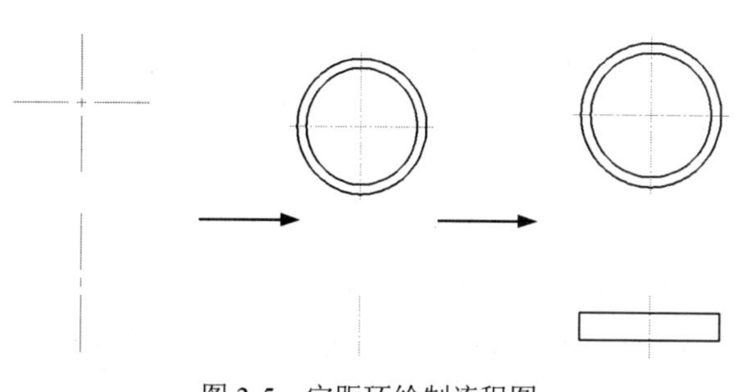

图 3-5　定距环绘制流程图

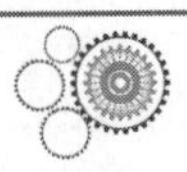

操作步骤如下：

1．设置图层

Note

（1）在命令行中输入“LAYER”命令，或者单击“默认”选项卡“图层”面板中的“图层特性”按钮，或者单击“图层”工具栏中的“图层特性管理器”按钮，打开“图层特性管理器”选项板，如图 3-6 所示。

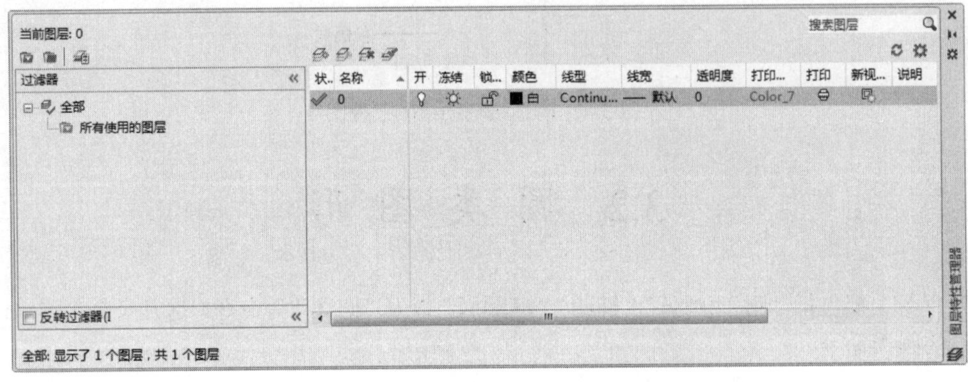

图 3-6　“图层特性管理器”选项板

（2）单击“新建图层”按钮，创建一个新的图层，把该图层的名字由默认的“图层 1”改为“中心线”，如图 3-7 所示。

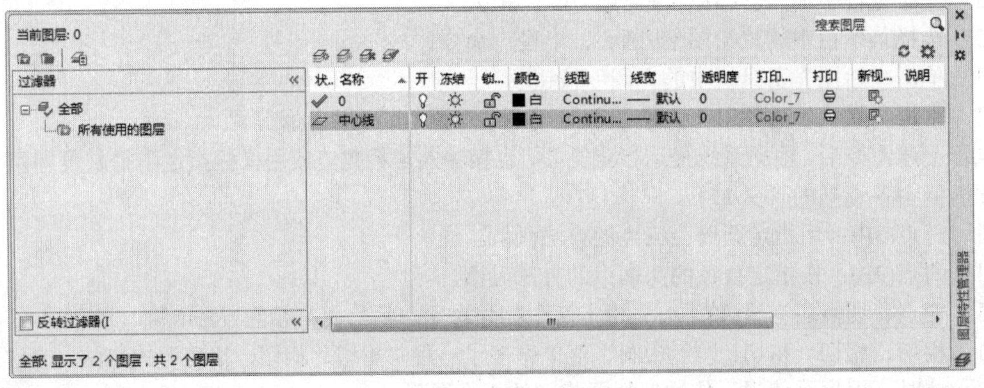

图 3-7　更改图层名

（3）单击“中心线”图层对应的“颜色”选项，打开“选择颜色”对话框，选择红色为该图层颜色，如图 3-8 所示。单击“确定”按钮以返回“图层特性管理器”选项板。

（4）单击“中心线”图层对应的“线型”选项，打开“选择线型”对话框，如图 3-9 所示。

（5）在“选择线型”对话框中单击“加载”按钮，系统打开“加载或重载线型”对话框，选择 CENTER 线型，如图 3-10 所示，单击“确定”按钮以退出。在“选择线型”对话框中选择 CENTER（点画线）为该层线型，单击“确定”按钮以返回“图层特性管理器”选项板。

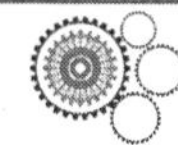

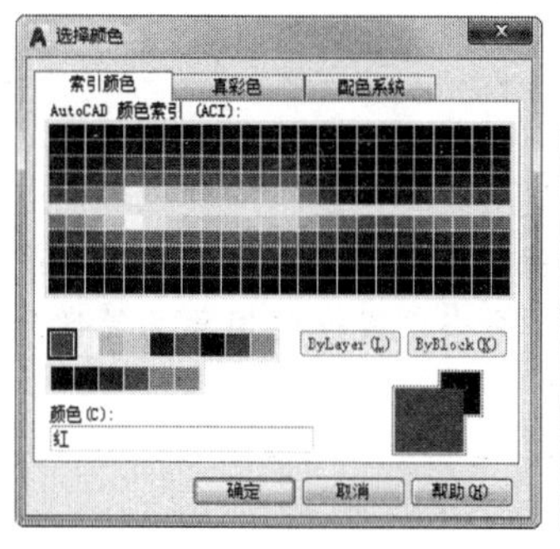

图 3-8　选择颜色

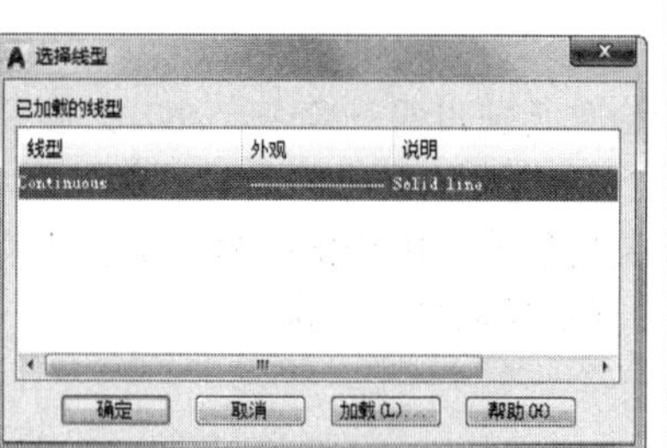

图 3-9　“选择线型”对话框

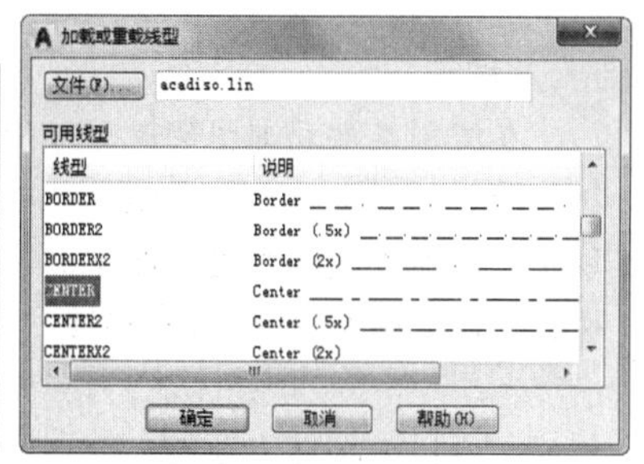

图 3-10　加载新线型

（6）单击“中心线”图层对应的“线宽”选项，打开“线宽”对话框，选择 0.15mm 线宽，如图 3-11 所示，单击“确定”按钮以退出。

（7）采用相同的方法再建立另一个新图层，命名为“轮廓线”。“轮廓线”图层的颜色设置为白色，线型为 Continuous（实线），线宽为 0.30mm，并且让两个图层均处于打开、解冻和解锁状态，各项设置如图 3-12 所示。

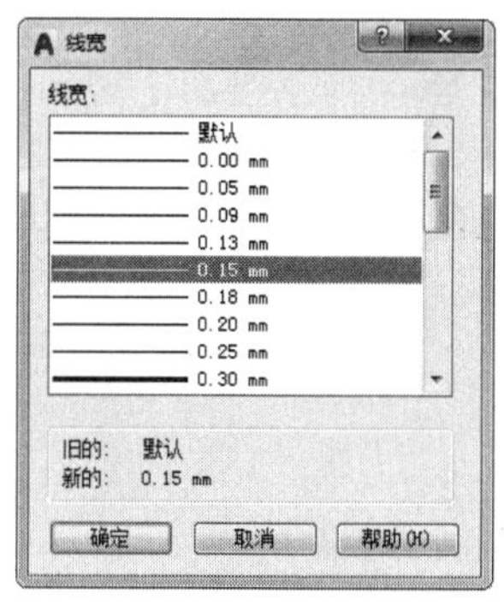

图 3-11　选择线宽

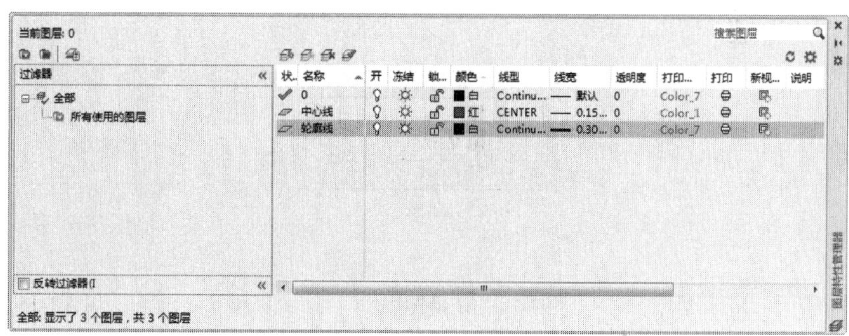

图 3-12　设置图层

（8）选择“中心线”图层，单击“置为当前”按钮，将其设置为当前图层，然后确认关闭“图层特性管理器”选项板。

2．绘制中心线

（1）绘制中心线。单击“默认”选项卡“绘图”面板中的“直线”按钮，或者单击“绘图”工具栏中的“直线”按钮，或者在命令行中输入“LINE”命令后按 Enter 键，在命令行提示下输入两点坐标（150,92）和（150,120）绘制中心线。

（2）使用同样的方法绘制另两条中心线{（100,200），（200,200）}和{（150,150），（150,250）}。

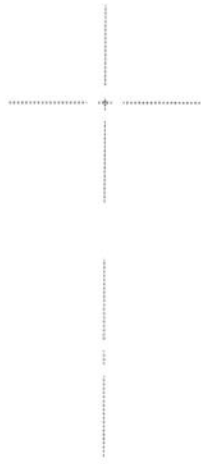

得到的效果如图 3-13 所示。

图 3-13　绘制中心线

提示

在命令行中输入坐标时，请检查此时的输入法是否为英文输入。如果是中文输入法，如输入“150，20”，则由于逗号“，”的原因，系统会认定该坐标输入无效。这时，只需将输入法改为英文即可。

Note

提示

在绘制某些局部图形时，可能会重复使用同一命令，此时若重复使用菜单命令、工具栏命令或命令行命令，效率很低。AutoCAD 2018 提供了快速重复前一命令的方法：在绘图窗口中的非选中图形对象上单击鼠标右键，在弹出的快捷菜单中选择第一项“重复某某”命令，或者使用更为简便的做法，直接按 Enter 键或空格键，即可重复调用某一命令。

3．绘制定距环主视图

（1）切换图层。单击“图层”工具栏中的下拉按钮▼，弹出下拉列表，如图 3-14 所示。在其中选择“轮廓线”图层，单击鼠标左键即可。

（2）绘制主视图。单击“默认”选项卡下“绘图”面板中的“圆心、半径”按钮，或者单击“绘图”工具栏中的“圆”按钮，以点（150,200）为圆心，绘制半径为 27.5mm 的圆。

使用同样的方法绘制另一个圆：圆心点（150,200），半径为 32mm。得到的效果如图 3-15 所示。

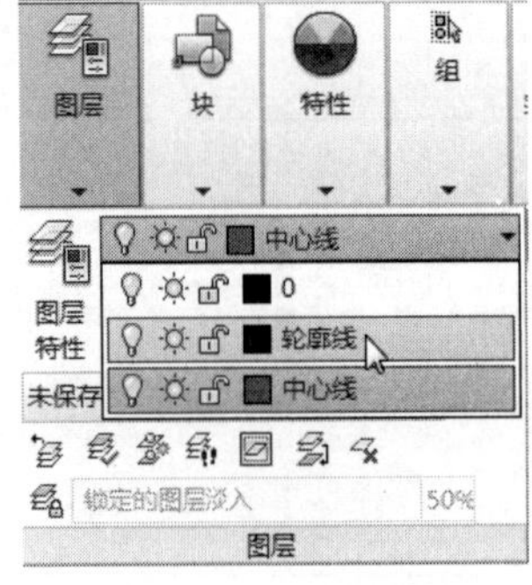

图 3-14　切换图层

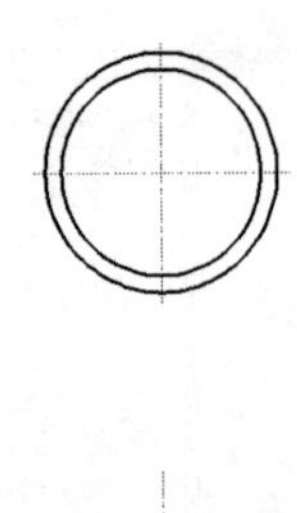
图 3-15　绘制主视图

提示

对于圆心点的选择，除了直接输入圆心点坐标（150,200）之外，还可以利用圆心点与中心线的对应关系，利用对象捕捉的方法选择。单击状态栏中的“对象捕捉”按钮，如图 3-16 所示。命令行中会提示“命令:<对象捕捉开>”。

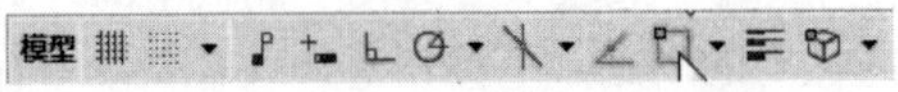

图 3-16　使用“对象捕捉”功能

提示

重复绘制圆的操作时，当命令行提示“指定圆的圆心或[三点(3P)/两点(2P)/切点、切点、半径(T)]:”时，移动鼠标到中心线交叉点附近，系统会自动在中心线交叉点显示黄色小三角形，此时表明系统已经捕捉到该点，单击鼠标确认，命令行会继续提示“指定圆的半径或[直径(D)]:”，输入圆的半径值，按 Enter 键完成圆的绘制。

4．绘制定距环俯视图

单击“默认”选项卡下“绘图”面板中的“直线”按钮，或者单击“绘图”工具栏中的“直线”

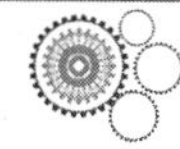

按钮，或者在命令行中输入“LINE”命令后按 Enter 键，在命令行提示下依次输入以下点坐标（118,100）、（118,112）、（182,112）、（182,100）后，输入“C”即可，结果如图 3-17 所示。

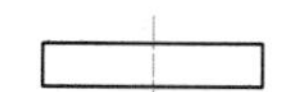

图 3-17　绘制俯视图

3.2.3　绘制圆弧

执行圆弧命令，主要有以下 4 种调用方法：

☑　在命令行中输入“ARC”或“A”命令。

☑　选择菜单栏中的“绘图/圆弧”命令。

☑　单击“绘图”工具栏中的“圆弧”按钮。

☑　单击“默认”选项卡下“绘图”面板中的“圆弧”按钮。

执行上述命令后，根据系统提示指定圆弧的起点、第二点和端点。用命令行方式绘制圆弧时，可以根据系统提示单击不同的选项，具体功能和单击菜单栏中的“绘图/圆弧”子菜单提供的 11 种方式相似。这 11 种方式绘制的圆弧如图 3-18 所示。

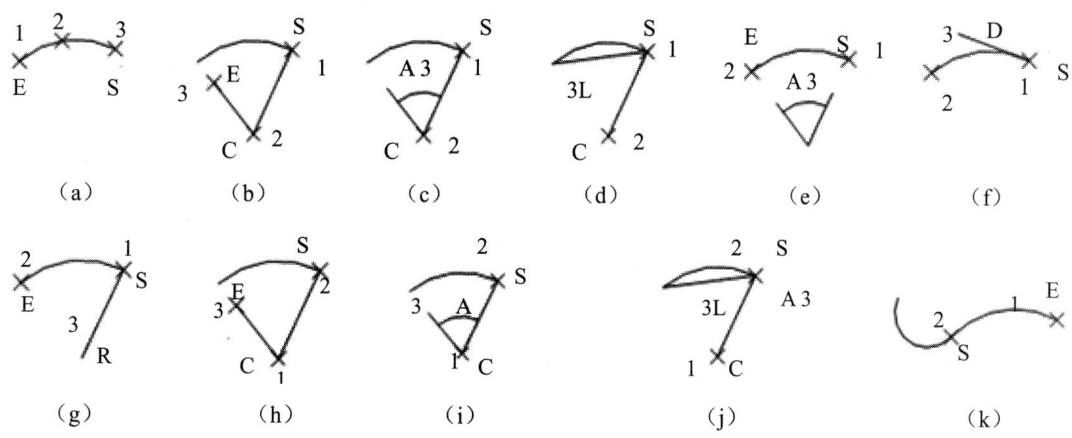

图 3-18　11 种圆弧绘制方法

需要强调的是“继续”方式，选择该方式时绘制的圆弧与上一线段或圆弧相切，继续画圆弧段，因而提供端点即可。

3.2.4　实战——销

本实例利用直线和圆弧命令绘制销的平面图形，其绘制流程图如图 3-19 所示。由于图形中出现了两种不同的线型，因此需要设置图层来管理线型。

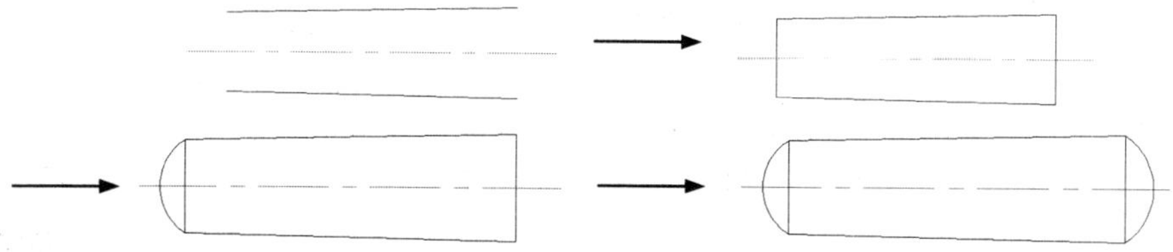

图 3-19　销的平面图形绘制流程图

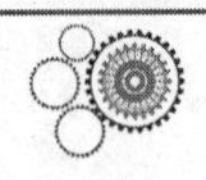

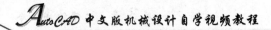

操作步骤如下：

1．设置图层

单击“默认”选项卡下“图层”面板中的“图层特性”按钮，打开“图层特性管理器”选项板。新建“中心线”和“轮廓线”两个图层，如图 3-20 所示。

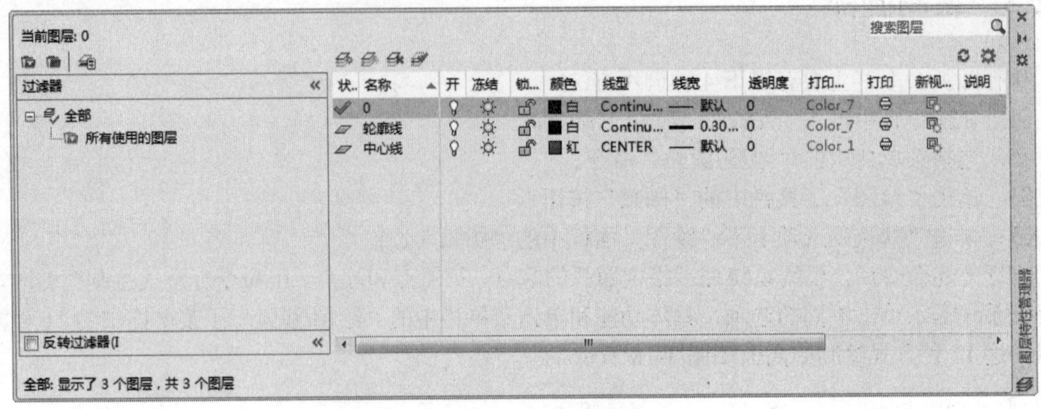

图 3-20　图层设置

2．绘制中心线

将当前图层设置为“中心线”图层，单击“默认”选项卡下“绘图”面板中的“直线”按钮，绘制中心线，端点坐标值为{（100,100），（138,100）}，结果如图 3-21 所示。

3．绘制侧面斜线

（1）将当前图层转换为“轮廓线”图层，单击“默认”选项卡下“绘图”面板中的“直线”按钮。在命令行提示下依次输入（104,104）和（@30<1.146）两点坐标绘制直线。同理，输入（104,96）和（@30<-1.146）两点坐标绘制直线。绘制的效果如图 3-21 所示。

（2）单击“默认”选项卡下“绘图”面板中的“直线”按钮，分别连接两条斜线的两个端点，结果如图 3-22 所示。

图 3-21　绘制斜线　　　　图 3-22　连接端点

提示

绘制直线，一般情况下都是采用笛卡儿坐标系下输入直线两端点的直角坐标来完成的。例如，执行“直线”命令时，根据系统提示指定所绘直线段的起始端点的坐标 x1，y1 后，指定所绘直线段的另一端点坐标 x2，y2，再按空格键或 Enter 键结束本次操作。

但是对于绘制与水平线倾斜某一特定角度的直线时，直线端点的笛卡儿坐标往往不能精确算出，此时需要使用极坐标模式，即输入相对于第一端点的水平倾角和直线长度，“@直线长度<倾角”，如图 3-23 所示。

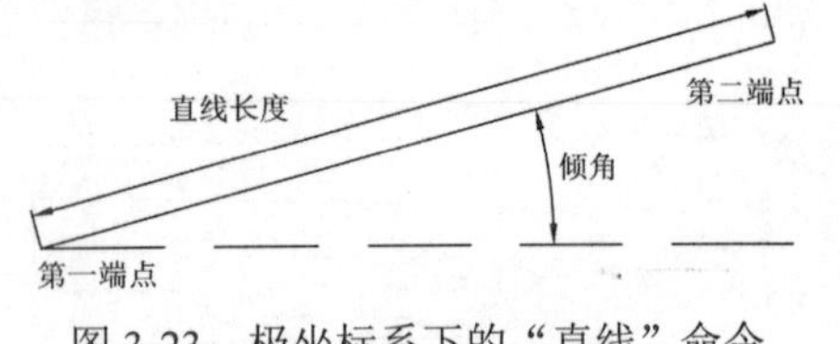

图 3-23　极坐标系下的“直线”命令

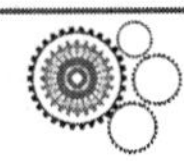

4．绘制圆弧顶

（1）单击“默认”选项卡下“绘图”面板中的“圆弧”按钮。

（2）在命令行提示“指定圆弧的起点或[圆心(C)]:”后捕捉左上斜线端点。

（3）在命令行提示“指定圆弧的第二个点或[圆心(C)/端点(E)]:”后在中心线上适当位置捕捉一点，如图 3-24 所示。

（4）在命令行提示“指定圆弧的端点:”后捕捉左下斜线端点，结果如图 3-25 所示。

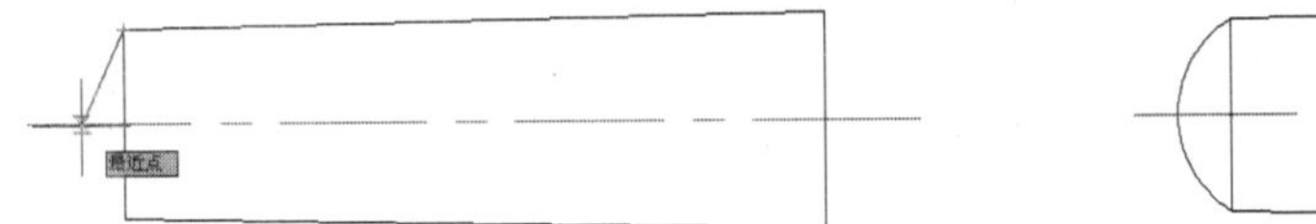

图 3-24　指定第二点

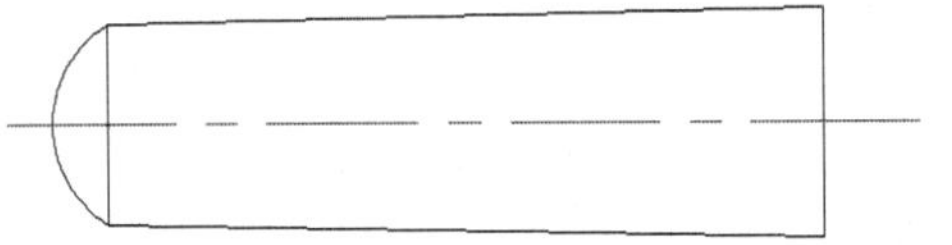

图 3-25　圆弧顶绘制结果

（5）重复“圆弧”命令。

（6）在命令行提示“指定圆弧的起点或[圆心(C)]:”后捕捉右下斜线端点。

（7）在命令行提示“指定圆弧的第二个点或[圆心(C)/端点(E)]:”后输入“E”。

（8）在命令行提示“指定圆弧的端点:”后捕捉右上斜线端点。

（9）在命令行提示“指定圆弧的圆心或[角度(A)/方向(D)/半径(R)]:”后输入“A”。

（10）在命令行提示“指定包含角:”后适当拖动鼠标，利用拖动线的角度指定包含角，如图 3-26 所示。

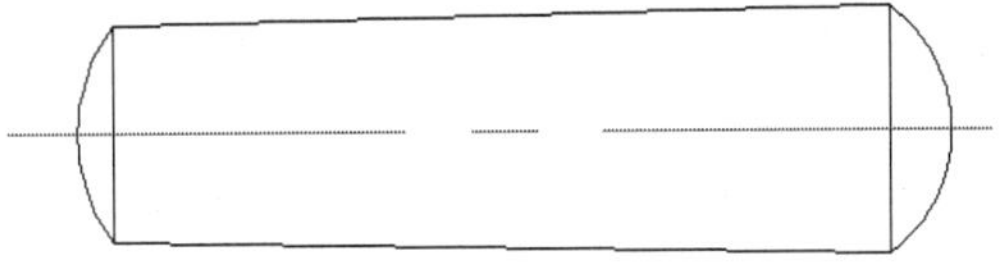

图 3-26　指定包含角

最终结果如图 3-19 所示。

提示

系统默认圆弧的绘制方向为逆时针，即指定两点后，圆弧从第一点沿逆时针方向伸展到第二点，所以在指定端点时，一定要注意点的位置顺序，否则绘制不出预想中的圆弧。定位销有圆锥形和圆柱形两种结构。为保证重复拆装时定位销与销孔的紧密性和便于定位销拆卸，应采用圆锥销。一般取定位销直径 d=(0.7～0.8)d2，d2 为箱盖箱座联接凸缘螺栓直径，其长度应大于上下箱联接凸缘的总厚度，并且装配成上、下两头均有一定长度的外伸量，以便装拆，如图 3-27 所示。

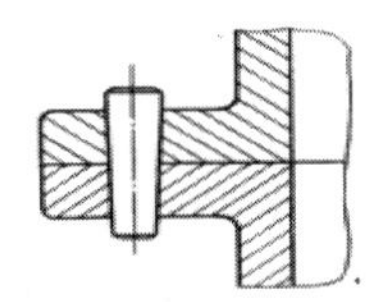

图 3-27　定位销

3.2.5　绘制圆环

执行圆环命令，主要有以下 3 种调用方法：

☑　在命令行中输入“DONUT”命令。

☑　选择菜单栏中的“绘图/圆环”命令。

☑　单击“默认”选项卡“绘图”面板中的“圆环”按钮。

执行上述命令后，指定圆环内径和外径，再指定圆环的中心点。在命令行提示“指定圆环的中心点或<退出>:”后继续指定圆环的中心点，则继续绘制相同内外径的圆环。按 Enter 键、空格键或右击，结束命令。若指定内径为零，则画出实心填充圆。用命令 FILL 可以控制圆环是否填充。根据系统提示选择“开”表示填充，选择“关”表示不填充。

Note

3.2.6 绘制椭圆与椭圆弧

执行椭圆/椭圆弧命令，主要有以下 4 种调用方法：

☑ 在命令行中输入“ELLIPSE”或“EL”命令。

☑ 选择菜单栏中的“绘图/椭圆”命令下的子命令。

☑ 单击“绘图”工具栏中的“椭圆”按钮或“椭圆弧”按钮。

☑ 单击“默认”选项卡下“绘图”面板中的“椭圆”按钮或“椭圆弧”按钮。

执行上述命令后，根据系统提示指定轴端点 1 和轴端点 2，在命令行提示“指定另一条半轴长度或[旋转(R)]:”后按 Enter 键。使用椭圆命令时，命令行提示中各选项的含义如下。

☑ 指定椭圆的轴端点：根据两个端点，定义椭圆的第一条轴。第一条轴的角度确定了整个椭圆的角度。第一条轴既可定义为椭圆的长轴，也可定义为椭圆的短轴。

☑ 旋转(R)：通过绕第一条轴旋转圆来创建椭圆。相当于将一个圆绕椭圆轴翻转一个角度后的投影视图。

☑ 中心点(C)：通过指定的中心点创建椭圆。

☑ 椭圆弧(A)：该选项用于创建一段椭圆弧。与工具栏中的“绘制/椭圆弧”功能相同。其中，第一条轴的角度确定了椭圆弧的角度。第一条轴既可定义为椭圆弧长轴，也可定义为椭圆弧短轴。其中各选项的含义如下。

- 角度：指定椭圆弧端点的两种方式之一，光标与椭圆中心点连线的夹角为椭圆弧端点位置的角度。
- 参数(P)：指定椭圆弧端点的另一种方式，该方式同样是指定椭圆弧端点的角度，通过以下矢量参数方程式创建椭圆弧：$p(u) = c + a\times\cos(u) + b\times\sin(u)$。其中，c 是椭圆的中心点，a 和 b 分别是椭圆的长轴和短轴，u 为光标与椭圆中心点连线的夹角。
- 包含角度(I)：定义从起始角度开始的包含角度。

3.3 平面图形

3.3.1 绘制矩形

执行矩形命令，主要有以下 4 种调用方法：

☑ 在命令行中输入“RECTANG”或“REC”命令。

☑ 选择菜单栏中的“绘图/矩形”命令。

☑ 单击“绘图”工具栏中的“矩形”按钮。

☑ 单击“默认”选项卡下“绘图”面板中的“矩形”按钮。

执行上述命令后，根据系统提示指定角点，指定另一角点，绘制矩形。在执行矩形命令时，命令行提示中各选项的含义如下。

☑ 第一个角点：通过指定两个角点来确定矩形，如图 3-28（a）所示。

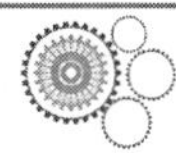

☑　倒角(C)：指定倒角距离，绘制带倒角的矩形，如图3-28（b）所示。每一个角点的逆时针和顺时针方向的倒角可以相同，也可以不同。其中，第一个倒角距离是指角点逆时针方向的倒角距离，第二个倒角距离是指角点顺时针方向的倒角距离。

☑　标高(E)：指定矩形标高（Z坐标），即把矩形画在标高为Z且和XOY坐标面平行的平面上，并作为后续矩形的标高值。

☑　圆角(F)：指定圆角半径，绘制带圆角的矩形，如图3-28（c）所示。

☑　厚度(T)：指定矩形的厚度，如图3-28（d）所示。

☑　宽度(W)：指定线宽，如图3-28（e）所示。

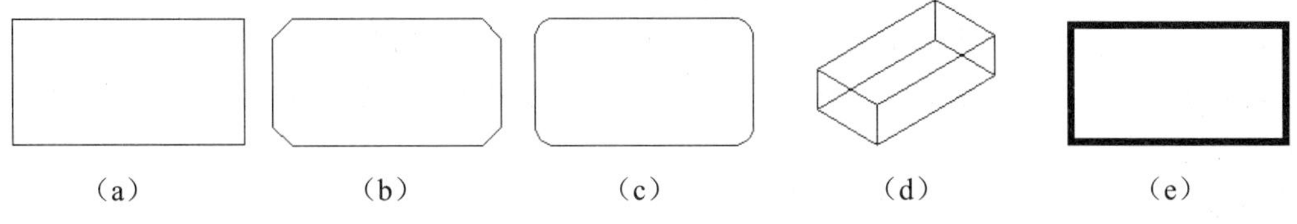

（a）　（b）　（c）　（d）　（e）

图3-28　绘制矩形

☑　尺寸(D)：使用长和宽创建矩形。第二个指定点将矩形定位于与第一角点相关的4个位置之一。

☑　面积(A)：通过指定面积和长或宽来创建矩形。选择该选项，在系统提示下输入面积值，按Enter键或输入“W”，指定长度或宽度。指定长度或宽度后，系统自动计算出另一个维度后绘制出矩形。如果矩形被倒角或圆角，则在长度或宽度计算中会考虑此设置，如图3-29所示。

☑　旋转(R)：旋转所绘制矩形的角度。选择该选项，在系统提示下指定旋转角度，指定另一个角点或选择其他选项，指定旋转角度后，系统按指定旋转角度创建矩形，如图3-30所示。

图3-29　按面积绘制矩形

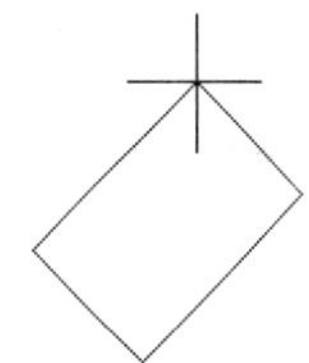

图3-30　按指定旋转角度创建矩形

3.3.2　实战——螺杆头部

根据投影关系，利用矩形、构造线、直线和倒角命令，绘制螺杆三视图，其流程如图3-31所示。

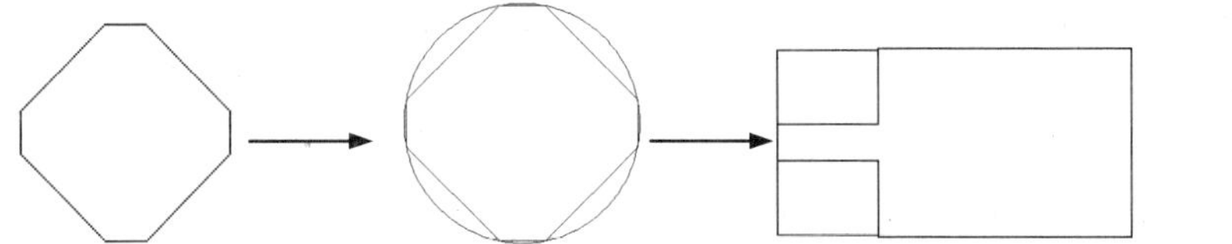

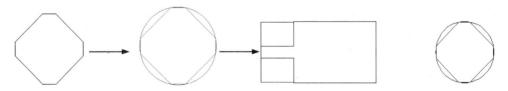

图3-31　螺杆头部绘制流程图

操作步骤如下：

1．绘制左视图正方形

（1）单击“默认”选项卡下“绘图”面板中的“矩形”按钮□。

（2）在命令行提示“指定第一个角点或[倒角(C)/标高(E)/圆角(F)/厚度(T)/宽度(W)]:”后输入“C”。

（3）在命令行提示“指定矩形的第一个倒角距离<0.0000>:”后输入“5”。

（4）在命令行提示“指定矩形的第二个倒角距离<5.0000>:”后按 Enter 键。

（5）在命令行提示“指定第一个角点或[倒角(C)/标高(E)/圆角(F)/厚度(T)/宽度(W)]:”后在绘图区拾取一点。

（6）在命令行提示“指定另一个角点或[面积(A)/尺寸(D)/旋转(R)]:”后输入“R”。

（7）在命令行提示“指定旋转角度或[拾取点(P)] <45>:”后输入“45”。

（8）在命令行提示“指定另一个角点或[面积(A)/尺寸(D)/旋转(R)]:”后输入“D”。

（9）在命令行提示“指定矩形的长度<60.0000>:”后输入“30”。

（10）在命令行提示“指定矩形的宽度<30.0000>:”后输入“30”，结果如图 3-32 所示。

（11）在命令行提示“指定另一个角点或[倒角(C)/标高(E)/圆角(F)/厚度(T)/宽度(W)]:”后在绘图区拾取另一点，确定矩形的具体位置。

2．绘制左视图圆

单击“默认”选项卡下“绘图”面板中的“圆”按钮，拾取如图 3-33 所示的中点绘制外接圆，结果如图 3-34 所示。

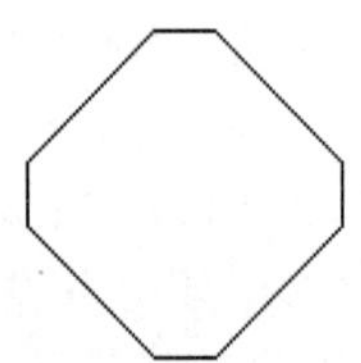

图 3-32　绘制左视图正方向

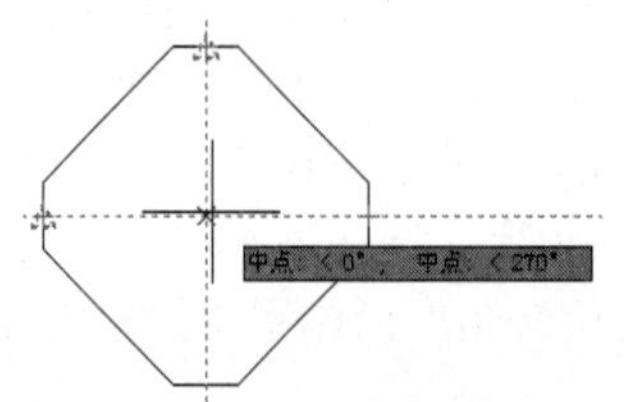

图 3-33　拾取中心点

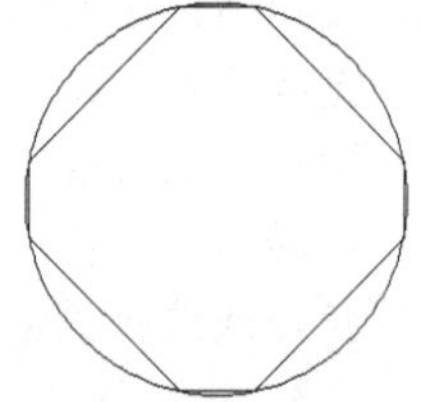

图 3-34　绘制左视图圆

3．绘制水平构造线

（1）单击“默认”选项卡下“绘图”面板中的“构造线”按钮，绘制构造线。

（2）在命令行提示“指定点或[水平(H)/垂直(V)/角度(A)/二等分(B)/偏移(O)]:”后指定左视图上端水平线上的一点。

（3）在命令行提示“指定通过点:”后指定水平线上的另一点，绘制构造线 2。

（4）同理，分别绘制其他 5 条构造线，如图 3-35 所示。

4．绘制主视图上半部分轮廓

（1）单击“默认”选项卡下“绘图”面板中的“直线”按钮，绘制主视图。

（2）在命令行提示“指定第一个点:”后在最下端的构造线 6 上拾取一点。

（3）在命令行提示“指定下一点或[放弃(U)]:”后在最上端的构造线 1 上拾取正交点。

（4）在命令行提示“指定下一点或[放弃(U)]:”后输入“@-40,0”。

（5）在命令行提示“指定下一点或[闭合(C)/放弃(U)]:”后拾取构造线 2 上的正交点。

（6）在命令行提示“指定下一点或[闭合(C)/放弃(U)]:”后输入“@-20,0”。

（7）在命令行提示“指定下一点或[闭合(C)/放弃(U)]:”后拾取构造线 3 上的正交点。

（8）在命令行提示“指定下一点或[闭合(C)/放弃(U)]:”后输入“@20,0”。

（9）在命令行提示“指定下一点或[闭合(C)/放弃(U)]:”后拾取构造线 2 上的正交点。

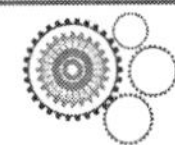

结果如图 3-36 所示。

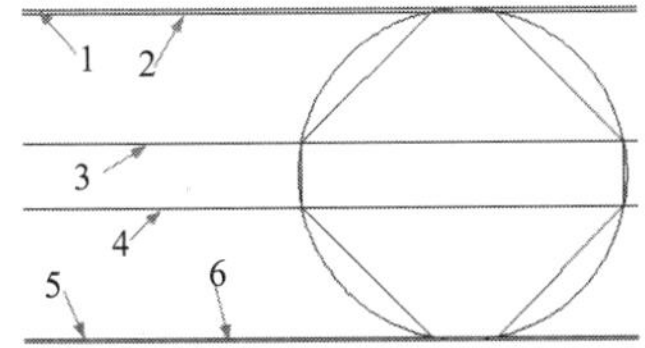

图 3-35　绘制 6 条水平构造线

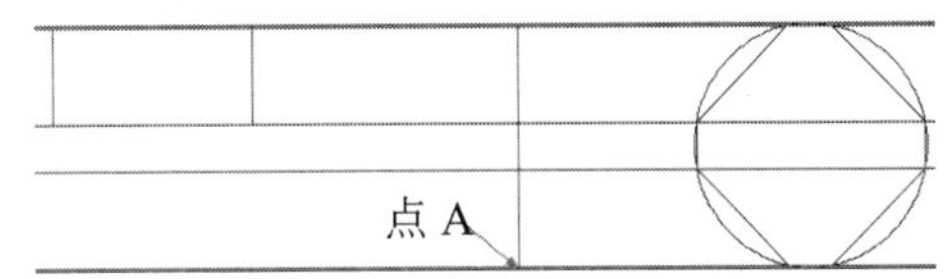

图 3-36　绘制主视图上半部分

5．绘制主视图下半部分轮廓

（1）单击“默认”选项卡下“绘图”面板中的“直线”按钮，绘制主视图。

（2）在命令行提示“指定第一个点:”后拾取图 3-36 所示的点 A，即垂直线与构造线 6 的交点。

（3）在命令行提示“指定下一点或[放弃(U)]:”后输入“@-40,0”。

（4）在命令行提示“指定下一点或[放弃(U)]:”后拾取构造线 5 上的正交点。

（5）在命令行提示“指定下一点或[闭合(C)/放弃(U)]:”后输入“@-20,0”。

（6）在命令行提示“指定下一点或[闭合(C)/放弃(U)]:”后拾取构造线 4 上的正交点。

（7）在命令行提示“指定下一点或[闭合(C)/放弃(U)]:”后输入“@20,0”。

（8）在命令行提示“指定下一点或[闭合(C)/放弃(U)]:”后拾取构造线 5 上的正交点。

（9）删除绘制的 6 条构造线，结果如图 3-37 所示。

（10）单击“默认”选项卡下“绘图”面板中的“直线”按钮，连接图 3-37 所示的点 B 和点 C，结果如图 3-38 所示。

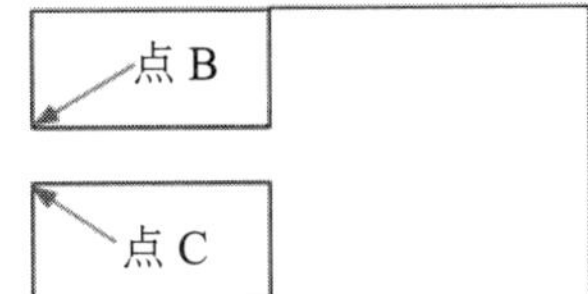

图 3-37　绘制主视图轮廓

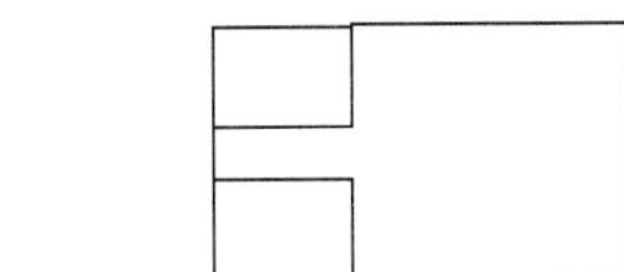

图 3-38　绘制连接线

3.3.3　绘制正多边形

执行正多边形命令，主要有以下 4 种调用方法：

☑ 在命令行中输入“POLYGON”或“POL”命令。

☑ 选择菜单栏中的“绘图/多边形”命令。

☑ 单击“绘图”工具栏中的“多边形”按钮。

☑ 单击“默认”选项卡“绘图”面板中的“多边形”按钮。

执行上述命令后，根据系统提示指定多边形的边数和中心点，之后指定是内接于圆或外切于圆，并输入外接圆或内切圆的半径。在执行正多边形命令的过程中，命令行提示中各选项的含义如下。

☑ 边(E)：选择该选项，则只要指定多边形的一条边，系统就会按逆时针方向创建该正多边形，如图 3-39（a）所示。

☑ 内接于圆(I)：选择该选项，绘制的多边形内接于圆，如图 3-39（b）所示。

☑ 外切于圆(C)：选择该选项，绘制的多边形外切于圆，如图 3-39（c）所示。

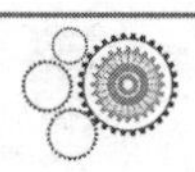
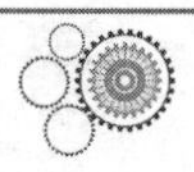

1 2 （a）

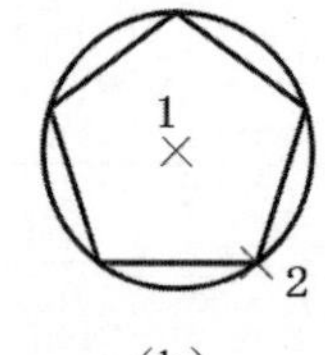

（b）

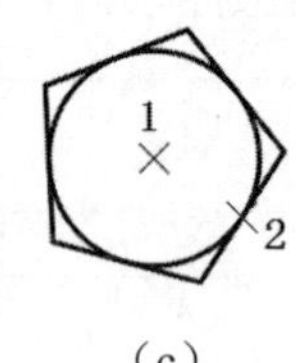

（c）

图 3-39　绘制正多边形

Note

视频讲解

3.3.4　实战——螺母

本实例绘制的螺母主视图主要利用多边形、圆、直线命令，其绘制流程如图 3-40 所示。

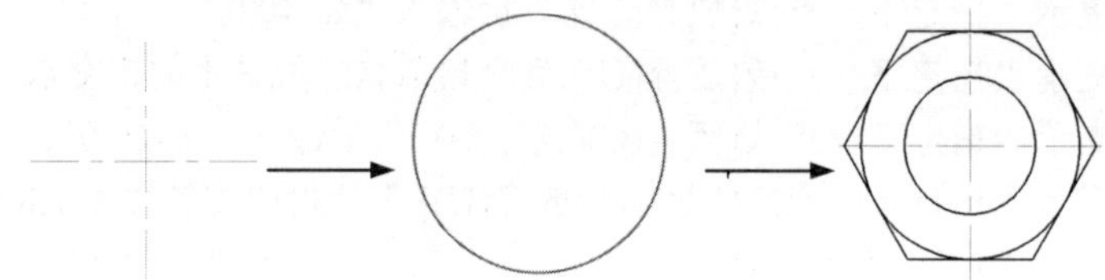

图 3-40　螺母绘制流程图

操作步骤如下：

1．设置图层

单击“默认”选项卡下“图层”面板中的“图层特性”按钮，打开“图层特性管理器”选项板。新建“轮廓线”和“中心线”两个图层，如图 3-41 所示。

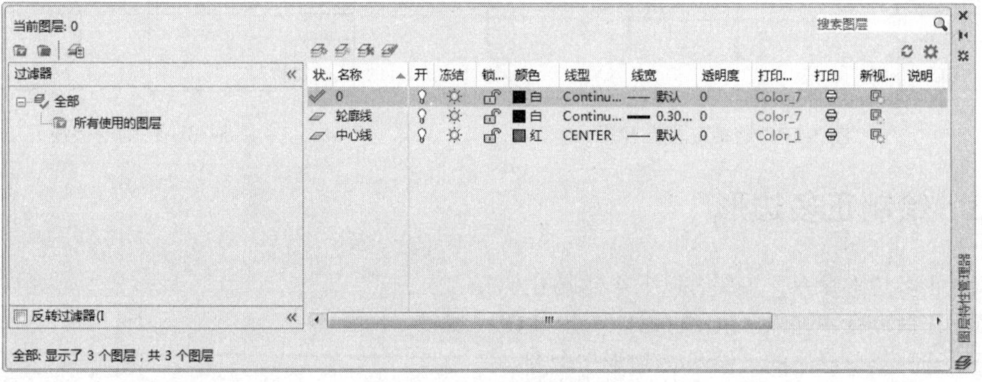

图 3-41　图层设置

2．绘制中心线

将当前图层设置为“中心线”图层，单击“默认”选项卡下“绘图”面板中的“直线”按钮，绘制中心线，端点坐标值为{（90,150），（210,150）}和{（150,90），（150,210）}，结果如图 3-42 所示。

3．绘制螺母轮廓

将当前图层设置为“轮廓线”图层。

（1）单击“默认”选项卡下“绘图”面板中的“圆”按钮，以（150,150）为圆心绘制半径为 50 的圆，结果如图 3-43 所示。

（2）单击“默认”选项卡下“绘图”面板中的“多边形”按钮，绘制正六边形。

（3）在命令行提示“输入侧面数[4]:”后输入正多边形的边数 6。

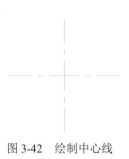

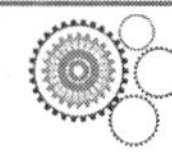

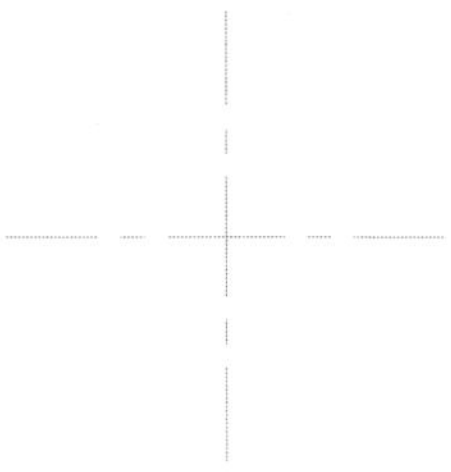

图 3-42　绘制中心线

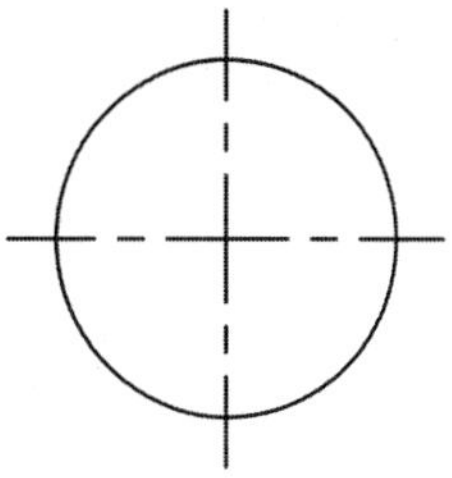

图 3-43　绘制圆

（4）在命令行提示“指定正多边形的中心点或[边(E)]:”后输入“150,150”。

（5）在命令行提示“输入选项[内接于圆(I)/外切于圆(C)] <I>:”后输入“C”。

（6）在命令行提示“指定圆的半径:”后输入“50”，结果如图 3-44 所示。

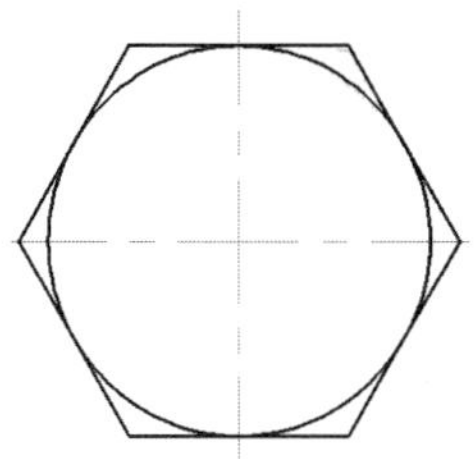

图 3-44　绘制正六边形

（7）以（150,150）为中心，以 30 为半径绘制另一个圆，结果如图 3-40 所示。

3.4　点

点在 AutoCAD 中有多种不同的表示方式，可以根据需要进行设置，也可以设置等分点和测量点。

3.4.1　绘制单点或多点

绘制单点首先需要执行单点或多点命令，该命令主要有以下 4 种调用方法：

☑　在命令行中输入“POINT”或“PO”命令。

☑　选择菜单栏中的“绘图/点/单点或多点”命令。

☑　单击“绘图”工具栏中的“点”按钮。

☑　单击“默认”选项卡下“绘图”面板中的“点”按钮。

执行上述命令后，根据系统提示指定点所在的位置。执行该命令时，有关说明如下：

☑　通过菜单方法操作时（如图 3-45 所示），“单点”选项表示只输入一个点，“多点”选项表示可输入多个点。

☑　可以打开状态栏中的“对象捕捉”开关设置点捕捉模式，帮助用户拾取点。

☑　点在图形中的表示样式共有 20 种。可通过 DDPTYPE 命令或单击“默认”选项卡下“实用工具”面板中的“点样式”按钮，弹出“点样式”对话框来设置，如图 3-46 所示。

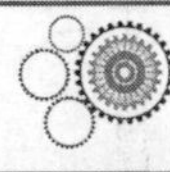

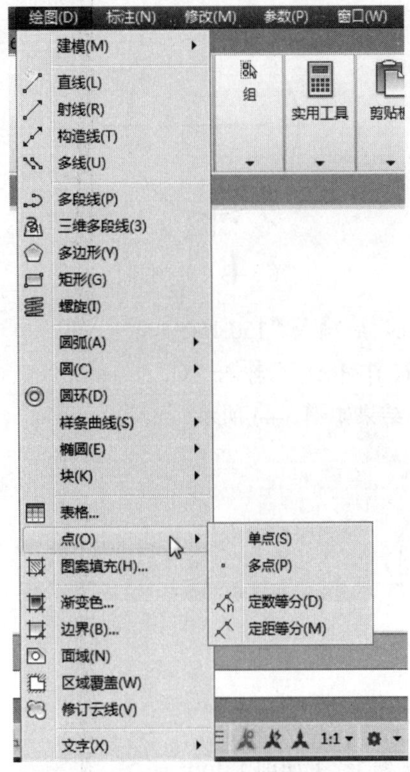

图 3-45　“点”子菜单

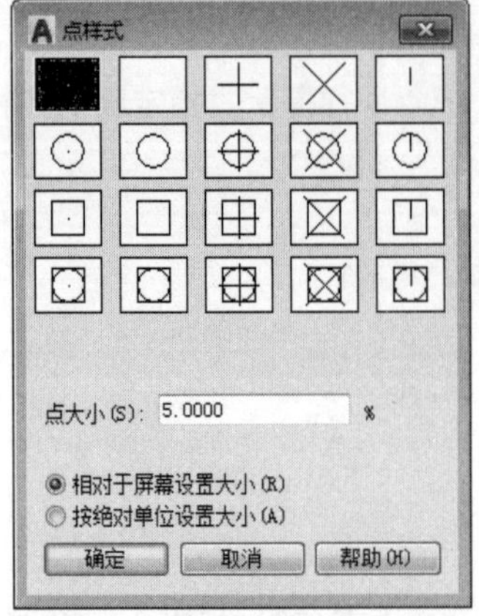

图 3-46　“点样式”对话框

3.4.2　等分点

执行等分点命令的调用方法主要有以下 3 种：

☑ 在命令行中输入“DIVIDE”命令。

☑ 选择菜单栏中的“绘图/点/定数等分”命令。

☑ 单击“默认”选项卡“绘图”面板中的“定数等分”按钮。

执行上述命令后，根据系统提示选择要设置测量点的实体，并指定分段长度，如图 3-47（a）所示。执行该命令时，各参数的含义如下：

☑ 等分数范围为 2～32767。

☑ 在等分点处，按当前点样式设置画出等分点。

☑ 在第二提示行选择“块(B)”选项时，表示在等分点处插入指定的块（BLOCK）。

3.4.3　定距等分点

执行定距等分点命令的调用方法主要有以下 3 种：

☑ 在命令行中输入“MEASURE”命令。

☑ 选择菜单栏中的“绘图/点/定距等分”命令。

☑ 单击“默认”选项卡下“绘图”面板中的“定距等分”按钮。

执行上述命令后，根据系统提示选择要设置测量点的实体，并指定分段长度，如图 3-47（b）所示。执行该命令时，各参数的含义如下：

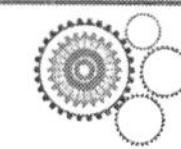

- ☑ 设置的起点一般是指指定线的绘制起点。
- ☑ 在第二提示行选择“块(B)”选项时，表示在测量点处插入指定的块，后续操作与 3.4.2 节等分点类似。
- ☑ 在等分点处，按当前点样式设置画出等分点。
- ☑ 最后一个测量段的长度不一定等于指定分段长度。

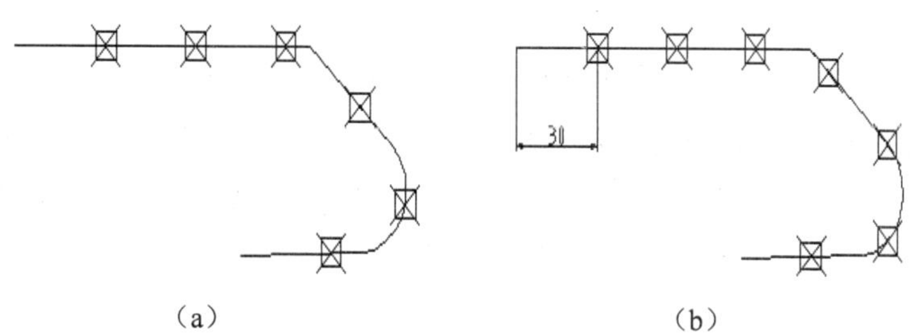

图 3-47　画出等分点和定距等分点

3.4.4　实战——棘轮

本实例主要利用圆、定数等分和直线命令绘制棘轮，其流程图如图 3-48 所示。

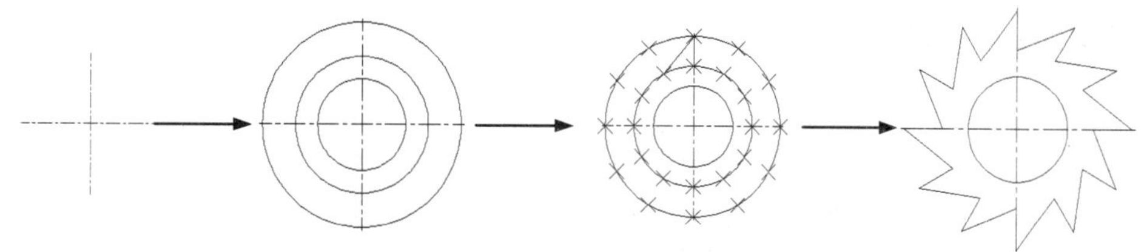

图 3-48　棘轮绘制流程图

操作步骤如下：

（1）单击“默认”选项卡下“图层”面板中的“图层特性”按钮，打开“图层特性管理器”选项板，新建“中心线”图层，设置线型为 CENTER，其他采用默认。将“中心线”图层设置为当前图层。

（2）单击“默认”选项卡下“绘图”面板中的“直线”按钮，绘制两条长度均为 185 的正交的中心线，结果如图 3-49 所示。

（3）绘制同心圆。将当前图层设置为“0”图层。单击“默认”选项卡下“绘图”面板中的“圆”按钮，绘制 3 个半径分别为 90、60、40 的同心圆，如图 3-50 所示。

（4）设置点样式。单击“默认”选项卡下“实用工具”面板中的“点样式”按钮，在打开的“点样式”对话框中选择⊠样式。

（5）等分圆。单击“默认”选项卡下“绘图”面板中的“定数等分”按钮，在命令行提示下选取 R90 圆，输入线段数目为 12。同理，等分 R60 圆，结果如图 3-51 所示。

（6）连接等分点。单击“默认”选项卡下“绘图”面板中的“直线”按钮，连接 3 个等分点，如图 3-52 所示。

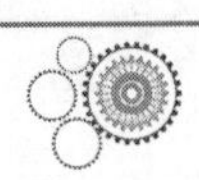
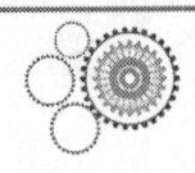

图 3-49　绘制中心线

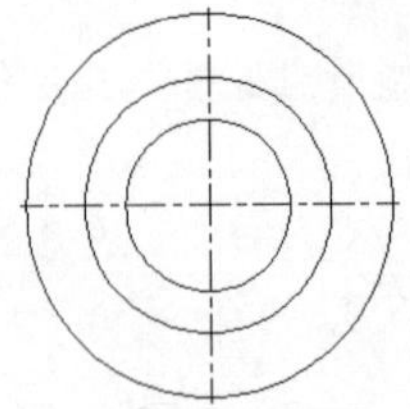

图 3-50　绘制同心圆

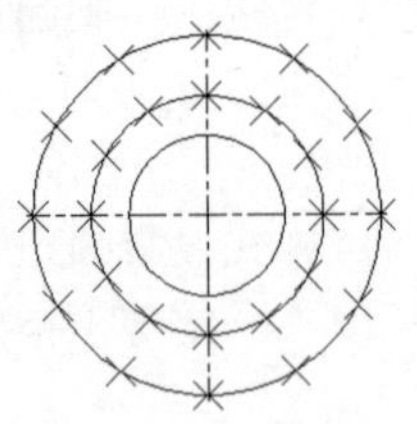

图 3-51　等分圆周

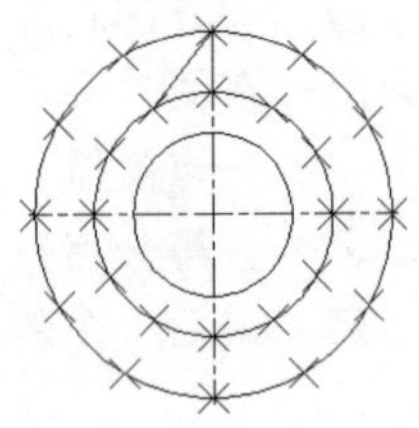

图 3-52　棘轮轮齿

（7）绘制其余轮廓。用相同方法连接其他点，用鼠标选择圆及圆弧，按 Delete 键删除。

（8）设置点样式。单击“默认”选项卡下“实用工具”面板中的“点样式”按钮，在打开的“点样式”对话框中选择“空白”样式，结果如图 3-48 所示。

3.5　多　段　线

多段线是一种由线段和圆弧组合而成的、线宽不同的多线，这种线由于其组合形式的多样和线宽的不同，弥补了直线或圆弧功能的不足，适合绘制各种复杂的图形轮廓，因而得到了广泛应用。

3.5.1　绘制多段线

执行多段线命令，主要有以下 4 种调用方法：

☑　在命令行中输入“PLINE”或“PL”命令。

☑　选择菜单栏中的“绘图/多段线”命令。

☑　单击“绘图”工具栏中的“多段线”按钮。

☑　单击“默认”选项卡下“绘图”面板中的“多段线”按钮。

执行上述命令后，根据系统提示指定多段线的起点和下一个点。此时，命令行提示中各选项的含义如下。

☑　圆弧：将绘制直线的方式转变为绘制圆弧的方式，这种绘制圆弧的方法与用 ARC 命令绘制圆弧的方法类似。

☑　半宽：用于指定多段线的半宽值，AutoCAD 将提示输入多段线的起点半宽值与终点半宽值。

☑　长度：定义下一条多段线的长度，AutoCAD 将按照上一条直线的方向绘制这一条多段线。如果上一段是圆弧，则将绘制与此圆弧相切的直线。

☑　宽度：设置多段线的宽度值。

3.5.2　编辑多段线

执行编辑多段线命令，主要有以下 5 种调用方法：

☑　在命令行中输入“PEDIT”命令（缩写名为 PE）。

☑　选择菜单栏中的“修改/对象/多段线”命令。

☑　单击“修改 II”工具栏中的“编辑多段线”按钮。

☑　选择要编辑的多段线，在绘图区右击，从打开的快捷菜单中选择“多段线编辑”命令。

☑　单击“默认”选项卡下“修改”面板中的“编辑多段线”按钮。

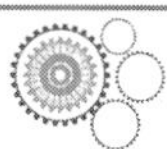

执行上述命令后，根据系统提示选择一条要编辑的多段线，并根据需要输入其中的选项，此时，命令行提示中各选项的含义如下。

☑ 合并(J)：以选中的多段线为主体，合并其他直线段、圆弧或多段线，使其成为一条多段线。能合并的条件是各段线的端点首尾相连，如图 3-53 所示。

☑ 宽度(W)：修改整条多段线的线宽，使其具有同一线宽，如图 3-54 所示。

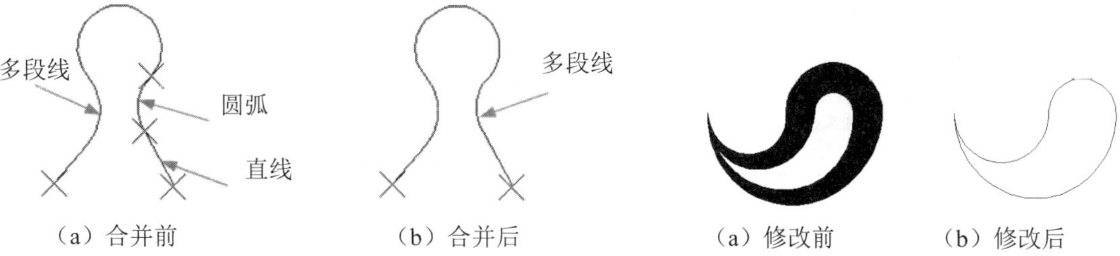

（a）合并前　（b）合并后

图 3-53　合并多段线

（a）修改前　（b）修改后

图 3-54　修改整条多段线的线宽

☑ 编辑顶点(E)：选择该选项后，在多段线起点处出现一个斜的十字叉“×”，它为当前顶点的标记，并在命令行出现进行后续操作的提示“[下一个(N)/上一个(P)/打断(B)/插入(I)/移动(M)/重生成(R)/拉直(S)/切向(T)/宽度(W)/退出(X)] <N>:”，这些选项允许用户进行移动、插入顶点和修改任意两点间的线的线宽等操作。

☑ 拟合(F)：从指定的多段线生成由光滑圆弧连接而成的圆弧拟合曲线，该曲线经过多段线的各顶点，如图 3-55 所示。

☑ 样条曲线(S)：以指定的多段线的各顶点作为控制点生成 B 样条曲线，如图 3-56 所示。

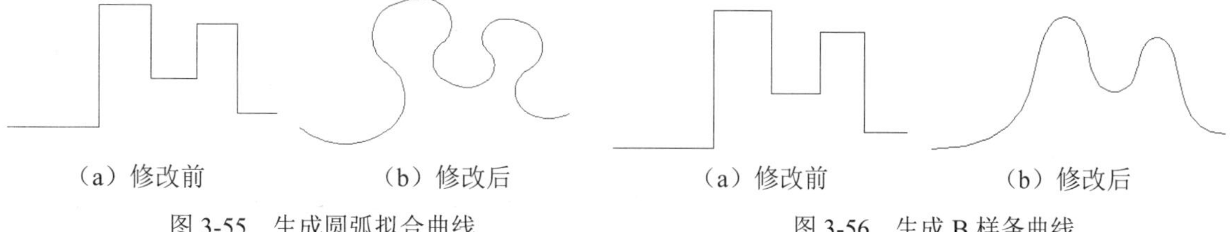

（a）修改前　（b）修改后

图 3-55　生成圆弧拟合曲线

（a）修改前　（b）修改后

图 3-56　生成 B 样条曲线

☑ 非曲线化(D)：用直线代替指定的多段线中的圆弧。对于选择“拟合(F)”或“样条曲线(S)”选项后生成的圆弧拟合曲线或样条曲线，删去其生成曲线时新插入的顶点，则恢复成由直线段组成的多段线。

☑ 线型生成(L)：当多段线的线型为点画线时，控制多段线的线型生成方式开关。选择此选项，在系统提示下选择多段线线型生成选项，选择 ON 时，将在每个顶点处允许以短画线开始或结束生成线型；选择 OFF 时，将在每个顶点处允许以长画线开始或结束生成线型。“线型生成”不能用于包含带变宽的线段的多段线，如图 3-57 所示。

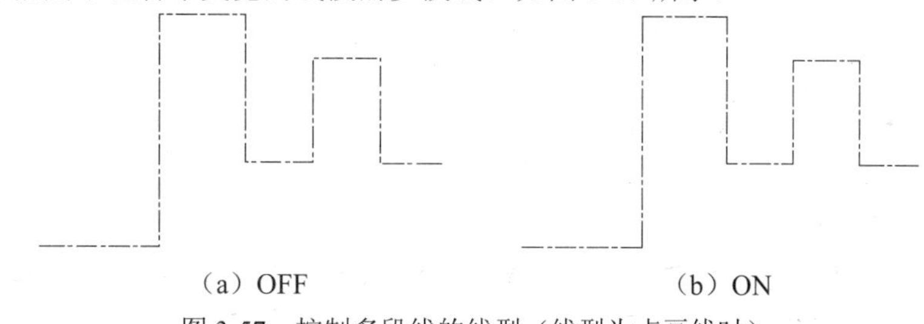

（a）OFF　（b）ON

图 3-57　控制多段线的线型（线型为点画线时）

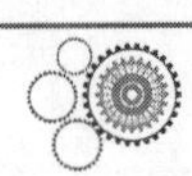

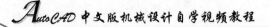

Note

视频讲解

☑ 反转(R)：反转多段线顶点的顺序。使用该选项可反转使用包含文字线型的对象的方向，例如，根据多段线的创建方向，线型中的文字可能会倒置显示。

3.5.3 实战——泵轴

本实例绘制的轴主要由直线、圆及圆弧组成，因此，可以用直线、多段线、圆及圆弧命令结合对象捕捉功能来完成绘制。其绘制流程如图 3-58 所示。

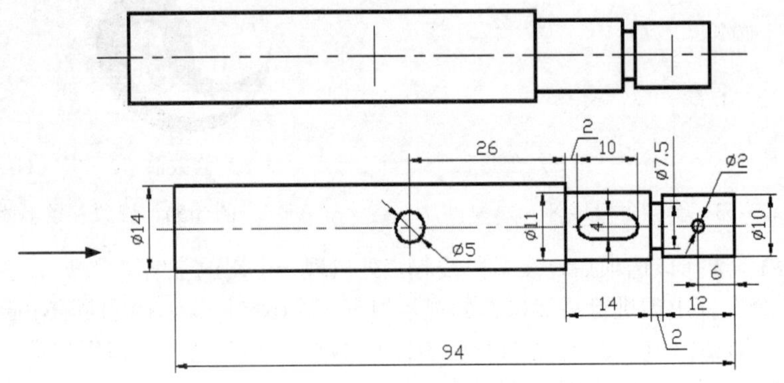

图 3-58　泵轴绘制流程图

操作步骤如下：

1．图层设置

单击"默认"选项卡下"图层"面板中的"图层特性"按钮，打开"图层特性管理器"选项板，新建两个图层。

（1）"轮廓线"图层，线宽属性为 0.3mm，其余属性默认。

（2）"中心线"图层，颜色设为红色，线型加载为 CENTER，其余属性默认。

2．绘制泵轴的中心线

将当前图层设置为"中心线"图层。单击"默认"选项卡下"绘图"面板中的"直线"按钮，在命令行提示下绘制泵轴中心线{（65,130），（170,130）}，Φ5 孔中心线{（110,135），（110,125）}，Φ2 孔中心线{（158,133），（158,127）}。

3．绘制泵轴的外轮廓线

（1）将当前图层设置为"轮廓线"图层。

（2）绘制左端 Φ14 轴段。单击"默认"选项卡下"绘图"面板中的"矩形"按钮，在命令行提示下分别输入两角点坐标（70,123）和（@66,14）。绘制左端 Φ14 轴段。

（3）绘制 Φ11 轴段。单击"默认"选项卡下"绘图"面板中的"直线"按钮，利用"捕捉自"功能捕捉 Φ14 轴段右端与水平中心线的交点，在命令行提示下输入偏移量（@0,5.5），之后依次输入（@14,0）、（@0,-11）、（@-14,0）坐标点。Φ11 轴段绘制完毕。

（4）重复"直线"命令。利用"捕捉自"功能捕捉 Φ11 轴段右端与水平中心线的交点，在命令行提示下输入偏移量（@0,3.75），并输入下一点坐标（@2,0）。

（5）重复"直线"命令。利用"捕捉自"功能捕捉 Φ11 轴段右端与水平中心线的交点，在命令行提示下输入偏移量（@0,-3.75），并输入下一点坐标（@2,0）。

（6）绘制左端 Φ10 轴段。单击"默认"选项卡下"绘图"面板中的"矩形"按钮，在命令行提示下分别输入两角点坐标（152,125）和（@12,10）。绘制结果如图 3-59 所示。

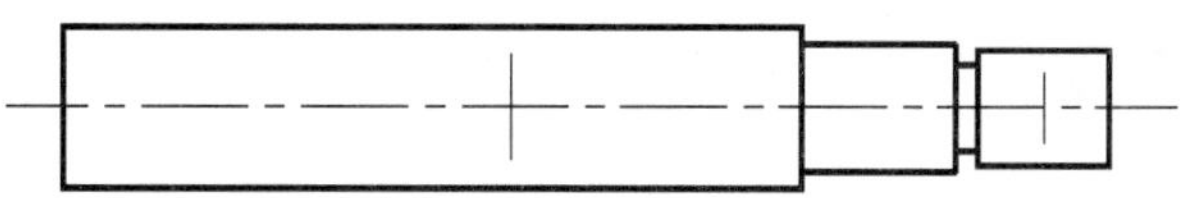

图 3-59　轴的外轮廓线

4．绘制轴的孔及键槽

（1）单击“默认”选项卡下“绘图”面板中的“圆”按钮，以 Φ5 孔中心线交点为圆心绘制直径为 5 的小圆。

（2）重复“圆”命令，以 Φ2 孔中心线交点为圆心绘制直径为 2 的小圆。

（3）单击“默认”选项卡下“绘图”面板中的“多段线”按钮，绘制泵轴的键槽。

（4）在命令行提示“指定起点:”后输入“140,132”。

（5）在命令行提示“指定下一个点或[圆弧(A)/半宽(H)/长度(L)/放弃(U)/宽度(W)]:”后输入“@6,0”。

（6）在命令行提示“指定下一点或[圆弧(A)/闭合(C)/半宽(H)/长度(L)/放弃(U)/宽度(W)]:”后输入“A”，绘制圆弧。

（7）在命令行提示“指定圆弧的端点或[角度(A)/圆心(CE)/闭合(CL)/方向(D)/半宽(H)/直线(L)/半径(R)/第二个点(S)/放弃(U)/宽度(W)]:”后输入“@0,-4”。

（8）在命令行提示“指定圆弧的端点或[角度(A)/圆心(CE)/闭合(CL)/方向(D)/半宽(H)/直线(L)/半径(R)/第二个点(S)/放弃(U)/宽度(W)]:”后输入“L”。

（9）在命令行提示“指定下一点或[圆弧(A)/闭合(C)/半宽(H)/长度(L)/放弃(U)/宽度(W)]:”后输入“@-6,0”。

（10）在命令行提示“指定下一点或[圆弧(A)/闭合(C)/半宽(H)/长度(L)/放弃(U)/宽度(W)]:”后输入“A”。

（11）在命令行提示“指定圆弧的端点或[角度(A)/圆心(CE)/闭合(CL)/方向(D)/半宽(H)/直线(L)/半径(R)/第二个点(S)/放弃(U)/宽度(W)]:”后捕捉上部直线段的左端点，绘制左端的圆弧。

（12）在命令行提示“指定圆弧的端点或[角度(A)/圆心(CE)/闭合(CL)/方向(D)/半宽(H)/直线(L)/半径(R)/第二个点(S)/放弃(U)/宽度(W)]:”后按 Enter 键。最终绘制的结果如图 3-58 所示。

3.6　样条曲线

AutoCAD 2018 使用一种称为非一致有理 B 样条（NURBS）曲线的特殊样条曲线类型。NURBS 曲线在控制点之间产生一条光滑的样条曲线，如图 3-60 所示。样条曲线可用于创建形状不规则的曲线，例如，为地理信息系统（GIS）应用或汽车设计绘制轮廓线。

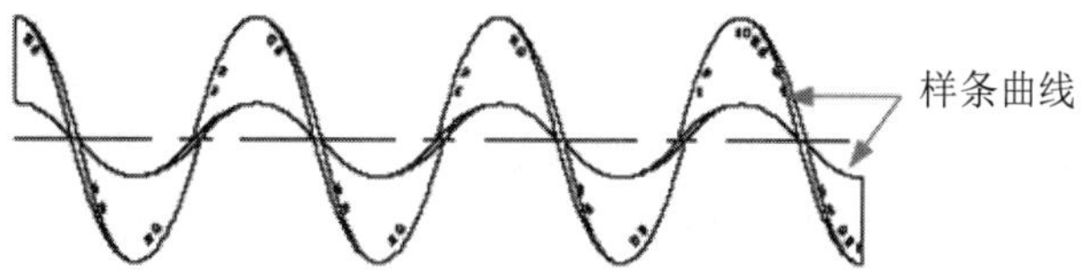

图 3-60　样条曲线

3.6.1 绘制样条曲线

执行样条曲线命令的调用方法主要有以下 3 种：

☑ 在命令行中输入“SPLINE”命令。

☑ 选择菜单栏中的“绘图/样条曲线”命令。

☑ 单击“绘图”工具栏中的“样条曲线”按钮。

执行上述命令后，根据系统提示指定一点或选择“对象(O)”选项。在命令行提示下指定一点。执行样条曲线命令后，系统将提示指定样条曲线的点，在绘图区依次指定所需位置的点即可创建出样条曲线。绘制样条曲线的过程中各选项的含义如下。

☑ 方式(M)：控制使用拟合点或控制点来创建样条曲线，选项会因选择使用拟合点创建样条曲线或使用控制点创建样条曲线而异。

- 拟合(F)：通过指定拟合点来绘制样条曲线。更改“方式”，将更新 SPLMETHOD 系统变量。
- 控制点(CV)：通过指定控制点来绘制样条曲线。如果要创建与三维 NURBS 曲面配合使用的几何图形，此方法为首选方法。更改“方式”，将更新 SPLMETHOD 系统变量。

☑ 节点(K)：指定节点参数化，它会影响曲线在通过拟合点时的形状（SPLKNOTS 系统变量）。

- 弦：使用代表编辑点在曲线上位置的十进制数点进行编号。
- 平方根：根据连续节点间弦长的平方根对编辑点进行编号。
- 统一：使用连续的整数对编辑点进行编号。

☑ 对象(O)：将二维或三维的二次或三次样条曲线拟合多段线转换为等价的样条曲线，然后根据 DELOBJ 系统变量的设置删除该多段线。

☑ 起点切向(T)：定义样条曲线的第一点和最后一点的切向。如果在样条曲线的两端都指定切向，可以输入一个点或使用“切点”和“垂足”对象捕捉模式，使样条曲线与已有的对象相切或垂直。如果按 Enter 键，AutoCAD 将计算默认切向。

☑ 公差(L)：指定距样条曲线必须经过的指定拟合点的距离。公差应用于除起点和端点外的所有拟合点。

☑ 端点相切(T)：停止基于切向创建曲线，可通过指定拟合点继续创建样条曲线，选择“端点相切”选项后，将提示指定最后一个输入拟合点的最后一个切点。

☑ 放弃(U)：删除最后一个指定点。

☑ 闭合(C)：通过将最后一个点定义为与第一个点重合并使其在连接处相切，闭合样条曲线。可指定一点来定义切向矢量，或者使用“切点”和“垂足”对象捕捉模式使样条曲线与现有对象相切或垂直。

3.6.2 编辑样条曲线

执行编辑样条曲线命令，主要有以下 5 种调用方法：

☑ 在命令行中输入“SPLINEDIT”命令。

☑ 选择菜单栏中的“修改/对象/样条曲线”命令。

☑ 选择要编辑的样条曲线，在绘图区右击，从打开的快捷菜单中选择“编辑样条曲线”命令。

☑ 单击“修改 II”工具栏中的“编辑样条曲线”按钮。

☑ 单击“默认”选项卡下“修改”面板中的“编辑样条曲线”按钮。

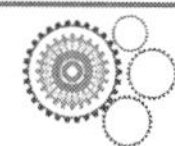

执行上述命令后，根据系统提示选择要编辑的样条曲线。若选择的样条曲线是用 SPLINE 命令创建的，其近似点以夹点的颜色显示出来；若选择的样条曲线是用 PLINE 命令创建的，其控制点以夹点的颜色显示出来。此时，命令行提示中各选项的含义如下。

☑ 拟合数据(F)：编辑近似数据。选择该选项后，创建该样条曲线时指定的各点将以小方格的形式显示出来。

☑ 移动顶点(M)：移动样条曲线上的当前点。

☑ 精度(R)：调整样条曲线的定义精度。

☑ 反转(E)：翻转样条曲线的方向。该项操作主要用于应用程序。

Note

视频讲解

3.6.3　实战——螺钉旋具

本实例利用矩形、直线、样条曲线和多段线命令绘制螺钉旋具平面图，其绘制流程如图 3-61 所示。

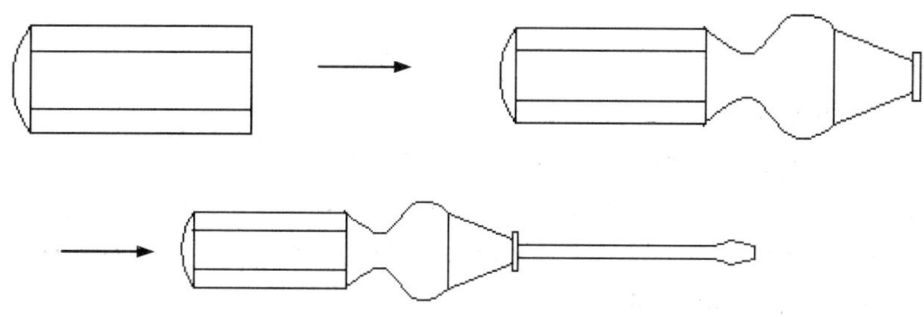

图 3-61　螺钉旋具绘制流程图

操作步骤如下：

1．绘制螺钉旋具左部把手

（1）单击“默认”选项卡下“绘图”面板中的“矩形”按钮，指定两个角点坐标为（45,180）和（170,120），绘制矩形。

（2）单击 “默认”选项卡下“绘图”面板中的“直线”按钮，绘制两条直线，端点坐标分别是{（45,166），（@125<0）}和{（45,134），（@125<0）}。

（3）单击 “默认”选项卡下“绘图”面板中的“圆弧”按钮，绘制圆弧，圆弧的 3 个端点坐标分别为（45,180）、（35,150）和（45,120）。绘制的图形如图 3-62 所示。

2．画螺钉旋具的中间部分

（1）单击“绘图”工具栏中的“样条曲线”按钮，绘制样条曲线。

（2）在命令行提示“指定第一个点或[方式(M)/节点(K)/对象(O)]:”后输入“170,180”，给出样条曲线第一点的坐标值。

（3）在命令行提示“输入下一个点或[起点切向(T)/公差(L)]:”后输入“192,165”，给出样条曲线第二点的坐标值。

（4）在命令行提示“输入下一个点或[端点相切(T)/公差(L)/放弃(U)]:”后输入“225,187”，给出样条曲线第三点的坐标值。

（5）在命令行提示“输入下一个点或[端点相切(T)/公差(L)/放弃(U)/闭合(C)]:”后输入“255,180”，给出样条曲线第四点的坐标值。

（6）在命令行提示“输入下一个点或[端点相切(T)/公差(L)/放弃(U)/闭合(C)]:”后按 Enter 键。

（7）重复“样条曲线”命令。

（8）在命令行提示“指定第一个点或[方式(M)/节点(K)/对象(O)]:”后输入“170,120”。

（9）在命令行提示“输入下一个点或[起点切向(T)/公差(L)]:”后输入“192,135”。

（10）在命令行提示“输入下一个点或[端点相切(T)/公差(L)/放弃(U)]:”后输入“225,113”。

（11）在命令行提示“输入下一个点或[端点相切(T)/公差(L)/放弃(U)/闭合(C)]:”后输入“255,120”。

（12）在命令行提示“输入下一个点或[端点相切(T)/公差(L)/放弃(U)/闭合(C)]:”后按 Enter 键。

（13）单击“默认”选项卡下“绘图”面板中的“直线”按钮，绘制连续线段，端点坐标分别是（255, 180）、(308,160)、(@5<90)、(@5<0)、(@30<-90)、(@5<-180)、(@5<90)、(255,120)、(255,180)。单击“默认”选项卡下“绘图”面板中的“直线”按钮绘制另一线段，端点坐标分别是（308,160)、(@20<−90)。绘制完此步后的图形如图 3-63 所示。

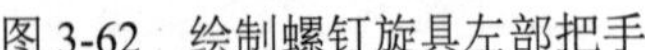

图 3-62　绘制螺钉旋具左部把手

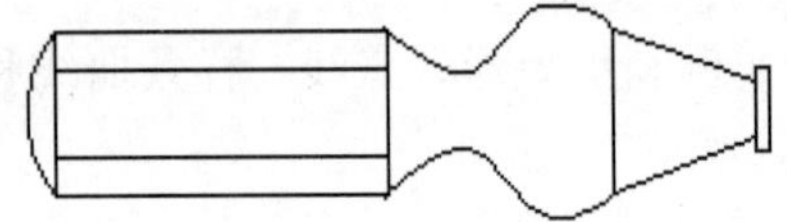

图 3-63　绘制完螺钉旋具中间部分后的图形

3．绘制螺钉旋具的右部

（1）单击“默认”选项卡下“绘图”面板中的“多段线”按钮，绘制螺钉旋具的右部。

（2）在命令行提示“指定起点:”后输入“313,155”，给出多段线起点的坐标值。

（3）在命令行提示“指定下一个点或[圆弧(A)/闭合(C)/半宽(H)/长度(L)/放弃(U)/宽度(W)]:”后输入“@162<0”，用相对极坐标给出多段线下一点的坐标值。

（4）在命令行提示“指定下一点或[圆弧(A)/闭合(C)/半宽(H)/长度(L)/放弃(U)/宽度(W)]:”后输入“A”，转为画圆弧的方式。

（5）在命令行提示“指定圆弧的端点或[角度(A)/圆心(CE)/闭合(CL)/方向(D)/半宽(H)/直线(L)/半径(R)/第二点(S)/放弃(U)/宽度(W)]:”后输入“490,160”，给出圆弧的端点坐标值。

（6）在命令行提示“指定圆弧的端点或[角度(A)/圆心(CE)/闭合(CL)/方向(D)/半宽(H)/直线(L)/半径(R)/第二点(S)/放弃(U)/宽度(W)]:”后按 Enter 键退出。

（7）重复“多段线”命令。

（8）在命令行提示“指定起点:”后输入“313,145”。

（9）在命令行提示“指定下一个点或[圆弧(A)/闭合(C)/半宽(H)/长度(L)/放弃(U)/宽度(W)]:”后输入“@162<0”。

（10）在命令行提示“指定下一点或[圆弧(A)/闭合(C)/半宽(H)/长度(L)/放弃(U)/宽度(W)]:”后输入“A”。

（11）在命令行提示“指定圆弧的端点或[角度(A)/圆心(CE)/闭合(CL)/方向(D)/半宽(H)/直线(L)/半径(R)/第二点(S)/放弃(U)/宽度(W)]:”后输入“490,140”。

（12）在命令行提示“指定圆弧的端点或[角度(A)/圆心(CE)/闭合(CL)/方向(D)/半宽(H)/直线(L)/半径(R)/第二点(S)/放弃(U)/宽度(W)]:”后输入“L”，转为直线方式。

（13）在命令行提示“指定下一点或[圆弧(A)/闭合(C)/半宽(H)/长度(L)/放弃(U)/宽度(W)]:”后输入“510,145”。

（14）在命令行提示“指定下一点或[圆弧(A)/闭合(C)/半宽(H)/长度(L)/放弃(U)/宽度(W)]:”后输入“@10<90”。

（15）在命令行提示“指定下一点或[圆弧(A)/闭合(C)/半宽(H)/长度(L)/放弃(U)/宽度(W)]:”后输

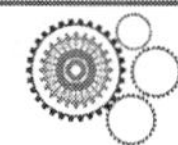

入“490,160”。

（16）在命令行提示“指定下一点或[圆弧(A)/闭合(C)/半宽(H)/长度(L)/放弃(U)/宽度(W)]:”后按 Enter 键，结果如图 3-61 所示。

Note

3.7　图案填充

当用户需要用一个重复的图案（pattern）填充某个区域时，可以使用 BHATCH 命令建立一个相关联的填充阴影对象，即所谓的图案填充。

3.7.1　基本概念

1．图案边界

当进行图案填充时，首先要确定图案填充的边界。定义边界的对象只能是直线、双向射线、单向射线、多段线、样条曲线、圆弧、圆、椭圆、椭圆弧、面域等对象或用这些对象定义的块，而且作为边界的对象，在当前屏幕上必须全部可见。

2．孤岛

在进行图案填充时，我们把位于总填充域内的封闭区域称为孤岛，如图 3-64 所示。在用 BHATCH 命令进行图案填充时，AutoCAD 允许用户以拾取点的方式确定填充边界，即在希望填充的区域内任意拾取一点，AutoCAD 会自动确定出填充边界，同时也确定该边界内的孤岛。如果用户是以点取对象的方式确定填充边界的，则必须确切地点取这些孤岛。

3．填充方式

在进行图案填充时，需要控制填充的范围，AutoCAD 系统为用户设置了以下 3 种填充方式，实现对填充范围的控制。

- ☑ 普通方式：如图 3-65（a）所示，该方式从边界开始，从每条填充线或每个剖面符号的两端向里画，遇到内部对象与之相交时，填充线或剖面符号断开，直到遇到下一次相交时再继续画。采用这种方式时，要避免填充线或剖面符号与内部对象的相交次数为奇数。该方式为系统内部的默认方式。
- ☑ 最外层方式：如图 3-65（b）所示，该方式从边界开始，向里画剖面符号，只要在边界内部与对象相交，则剖面符号由此断开而不再继续画。
- ☑ 忽略方式：如图 3-65（c）所示，该方式忽略边界内部的对象，所有内部结构都被剖面符号覆盖。

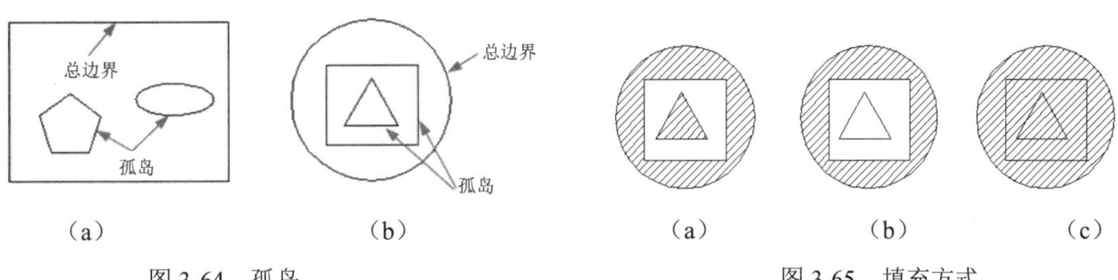

图 3-64　孤岛

图 3-65　填充方式

3.7.2 图案填充的操作

Note

"图案填充"命令的调用方法主要有以下 4 种：

☑ 在命令行中输入"BHATCH"命令。

☑ 选择菜单栏中的"绘图/图案填充"命令。

☑ 单击"绘图"工具栏中的"图案填充"按钮。

☑ 单击"默认"选项卡下"绘图"面板中的"图案填充"按钮。

执行上述命令后，系统打开如图 3-66 所示的"图案填充创建"选项卡，各选项面板和按钮的含义如下。

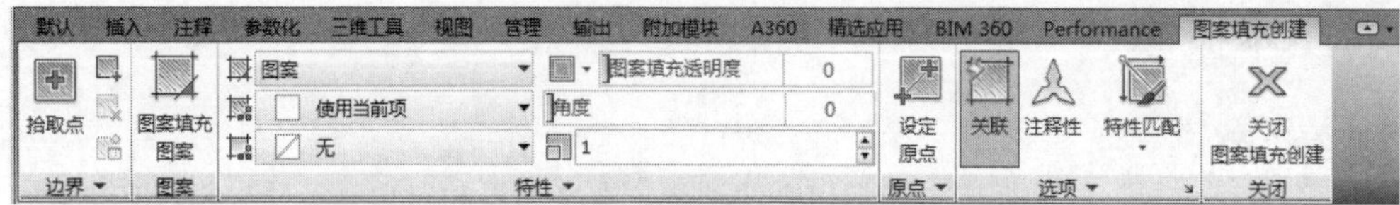

图 3-66 "图案填充创建"选项卡

1. "边界"面板

☑ 拾取点：通过选择由一个或多个对象形成的封闭区域内的点，确定图案填充边界，如图 3-67 所示。指定内部点时，可以随时在绘图区域中单击鼠标右键以显示包含多个选项的快捷菜单。

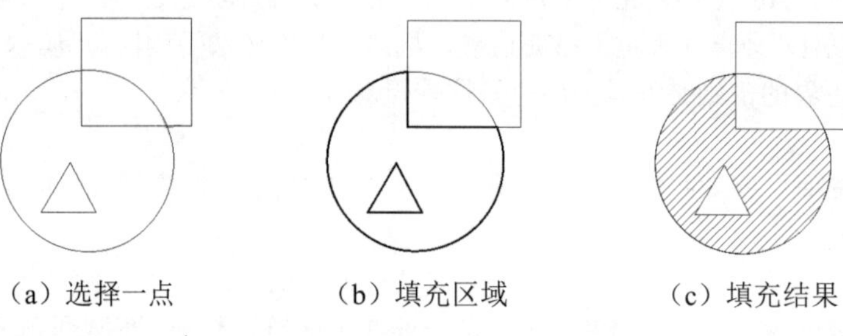

(a) 选择一点　　(b) 填充区域　　(c) 填充结果

图 3-67 边界确定

☑ 选择边界对象：指定基于选定对象的图案填充边界。使用该选项时，不会自动检测内部对象，必须选择选定边界内的对象，以按照当前孤岛检测样式填充这些对象，如图 3-68 所示。

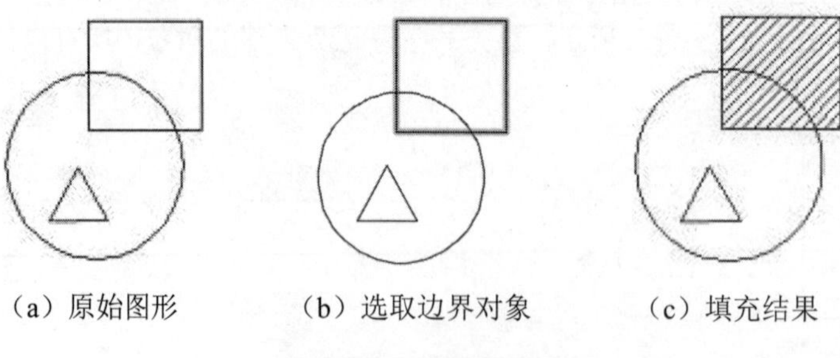

(a) 原始图形　　(b) 选取边界对象　　(c) 填充结果

图 3-68 选取边界对象

☑ 删除边界对象：从边界定义中删除之前添加的任何对象，如图 3-69 所示。

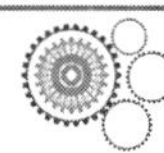

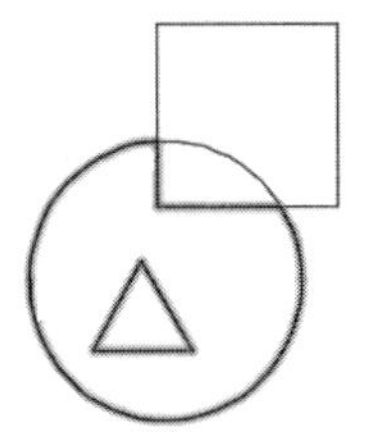

（a）选取边界对象

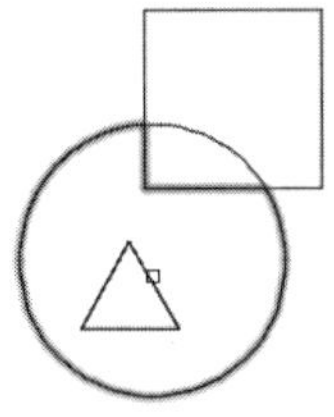

（b）删除边界

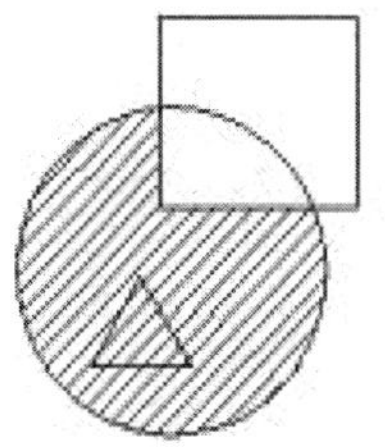

（c）填充结果

图 3-69　删除“岛”后的边界

☑ 重新创建边界：围绕选定的图案填充或填充对象创建多段线或面域，并使其与图案填充对象相关联（可选）。

☑ 显示边界对象：选择构成选定关联图案填充对象的边界的对象，使用显示的夹点可修改图案填充边界。

☑ 保留边界对象：指定如何处理图案填充边界对象。该选项包括以下 4 个选项。

- 不保留边界：不创建独立的图案填充边界对象（仅在图案填充创建期间可用）。
- 保留边界-多段线：创建封闭图案填充对象的多段线（仅在图案填充创建期间可用）。
- 保留边界-面域：创建封闭图案填充对象的面域对象（仅在图案填充创建期间可用）。
- 选择新边界集：指定对象的有限集（称为边界集），以便通过创建图案填充时的拾取点进行计算。

2.“图案”面板

显示所有预定义和自定义图案的预览图像。

3.“特性”面板

☑ 图案填充类型：指定使用纯色、渐变色、图案或用户定义的填充。

☑ 图案填充颜色：替代实体填充和填充图案的当前颜色。

☑ 背景色：指定填充图案背景的颜色。

☑ 图案填充透明度：设定新图案填充或填充的透明度，替代当前对象的透明度。

☑ 图案填充角度：指定图案填充或填充的角度。

☑ 填充图案比例：放大或缩小预定义或自定义填充图案。

☑ 相对图纸空间：相对于图纸空间单位缩放填充图案（仅在布局中可用）。使用此选项，可以很容易地做到以适于布局的比例显示填充图案。

☑ 双向：将绘制第二组直线，与原始直线成 90°角，从而构成交叉线（仅当“图案填充类型”设定为“用户定义”时可用）。

☑ ISO 笔宽：基于选定的笔宽缩放 ISO 图案（仅对于预定义的 ISO 图案可用）。

4.“原点”面板

☑ 设定原点：直接指定新的图案填充原点。

☑ 左下：将图案填充原点设定在图案填充边界矩形范围的左下角。

☑ 右下：将图案填充原点设定在图案填充边界矩形范围的右下角。

☑ 左上：将图案填充原点设定在图案填充边界矩形范围的左上角。

☑ 右上：将图案填充原点设定在图案填充边界矩形范围的右上角。

☑ 中心：将图案填充原点设定在图案填充边界矩形范围的中心。

☑ 使用当前原点：将图案填充原点设定在 HPORIGIN 系统变量中存储的默认位置。

Note

☑ 存储为默认原点：将新图案填充原点的值存储在 HPORIGIN 系统变量中。

5.“选项”面板

☑ 关联：指定图案填充或填充为关联图案填充。关联的图案填充或填充在用户修改其边界对象时将会更新。

☑ 注释性：指定图案填充为注释性。此特性会自动完成缩放注释过程，从而使注释能够以正确的大小在图纸上打印或显示。

☑ 特性匹配。

  - 使用当前原点：使用选定图案填充对象（除图案填充原点外）设定图案填充的特性。
  - 使用源图案填充的原点：使用选定图案填充对象（包括图案填充原点）设定图案填充的特性。

☑ 允许的间隙：设定将对象用作图案填充边界时可以忽略的最大间隙。默认值为 0，此值表示指定对象为必须封闭区域而没有间隙。

☑ 创建独立的图案填充：控制当指定了几个单独的闭合边界时，创建单个图案填充对象或创建多个图案填充对象。

☑ 孤岛检测。

  - 普通孤岛检测：从外部边界向内填充。如果遇到内部孤岛，填充将关闭，直到遇到孤岛中的另一个孤岛。
  - 外部孤岛检测：从外部边界向内填充。此选项仅填充指定的区域，不会影响内部孤岛。
  - 忽略孤岛检测：忽略所有内部的对象，填充图案时将通过这些对象。

☑ 绘图次序：为图案填充或填充指定绘图次序。该选项包括不更改、后置、前置、置于边界之后和置于边界之前。

6.“关闭”面板

关闭“图案填充创建”：退出 HATCH 并关闭上下文选项卡，也可以按 Enter 键或 Esc 键退出 HATCH。

3.7.3 渐变色的操作

“渐变色”命令的调用方法主要有以下 4 种：

☑ 在命令行中输入“GRADIENT”命令。

☑ 选择菜单栏中的“绘图/渐变色”命令。

☑ 单击“绘图”工具栏中的“渐变色”按钮。

☑ 单击“默认”选项卡下“绘图”面板中的“图案填充”按钮。

执行上述命令后，系统打开图 3-70 所示的“图案填充创建”选项卡，各选项面板中的按钮含义与图案填充的类似，这里不再赘述。

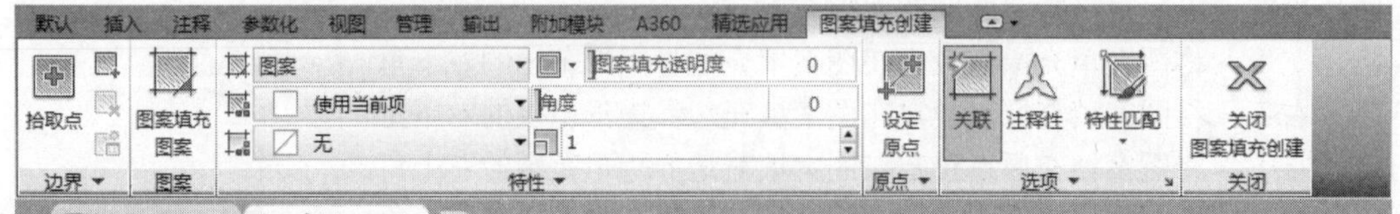

图 3-70 “图案填充创建”选项卡

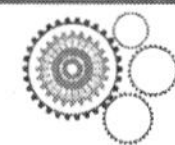

3.7.4　边界的操作

“边界”命令的调用方法主要有以下 3 种：

☑　在命令行中输入“BOUNDARY”命令。

☑　选择菜单栏中的“绘图/边界”命令。

☑　单击“默认”选项卡下“绘图”面板中的“边界”按钮。

执行上述命令后系统打开图 3-71 所示的“边界创建”对话框，各选项含义如下。

☑　拾取点：根据围绕指定点构成封闭区域的现有对象来确定边界。

☑　孤岛检测：控制 BOUNDARY 命令是否检测内部闭合边界，该边界称为孤岛。

☑　对象类型：控制新边界对象的类型。BOUNDARY 将边界作为面域或多段线对象创建。

☑　边界集：定义通过指定点定义边界时，BOUNDARY 要分析的对象集。

图 3-71　“边界创建”对话框

3.7.5　编辑填充的图案

利用 HATCHEDIT 命令，编辑已经填充的图案。在对图形对象以图案进行填充后，还可以对填充图案进行编辑操作，如更改填充图案的类型、比例等。编辑图案填充命令的调用方法主要有以下 4 种：

☑　在命令行中输入“HATCHEDIT”命令。

☑　选择菜单栏中的“修改/对象/图案填充”命令。

☑　单击“修改 II”工具栏中的“编辑图案填充”按钮。

☑　单击“默认”选项卡下“修改”面板中的“编辑图案填充”按钮。

执行上述命令后，根据系统提示选取关联填充物体后，系统弹出如图 3-72 所示的“图案填充编辑器”选项卡。

在图 3-72 中，只有正常显示的选项，才可以对其进行操作。该选项卡中各项的含义与图 3-66 所示的“图案填充创建”选项卡中各项的含义相同。利用该选项卡，可以对已填充的图案进行一系列的编辑修改。

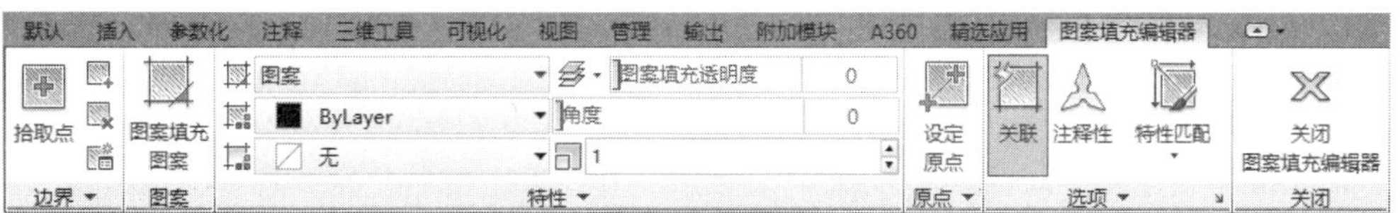

图 3-72　“图案填充编辑器”选项卡

3.7.6 实战——滚花零件

本实例利用直线和圆弧命令绘制零件轮廓，并利用图案填充命令填充零件，如图 3-73 所示。

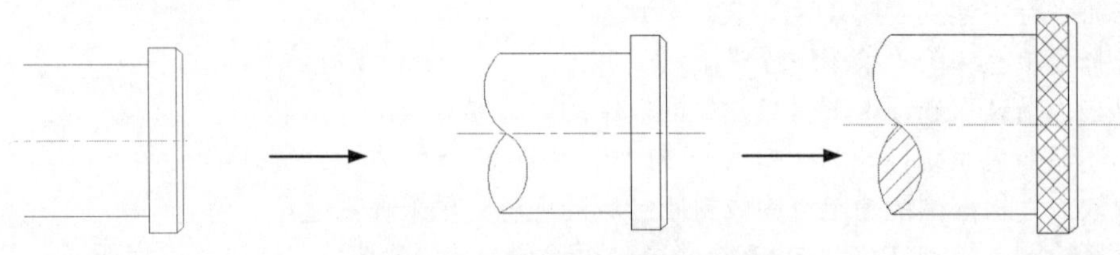

图 3-73 滚花零件绘制流程图

操作步骤如下：

1．设置图层

单击“默认”选项卡下“图层”面板中的“图层特性”按钮，打开“图层特性管理器”选项板。新建“中心线”“轮廓线”和“细实线”3 个图层，如图 3-74 所示。

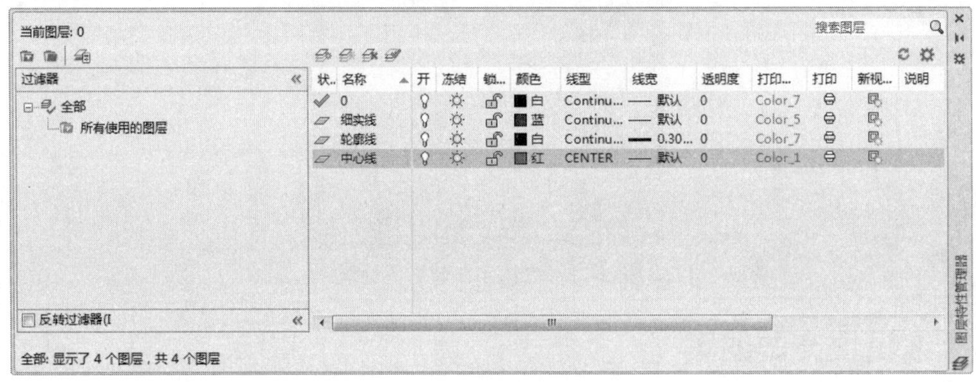

图 3-74 图层设置

2．绘制中心线

将当前图层设置为“中心线”图层，单击“默认”选项卡下“绘图”面板中的“直线”按钮，绘制水平中心线，结果如图 3-75 所示。

3．绘制图形

（1）将当前图层设置为“轮廓线”图层，单击“默认”选项卡下“绘图”面板中的“矩形”按钮和“直线”按钮，绘制零件主体部分，如图 3-76 所示。

（2）将当前图层设置为“细实线”图层，单击“默认”选项卡下“绘图”面板中的“样条曲线”按钮，绘制零件断裂部分示意线，如图 3-77 所示。

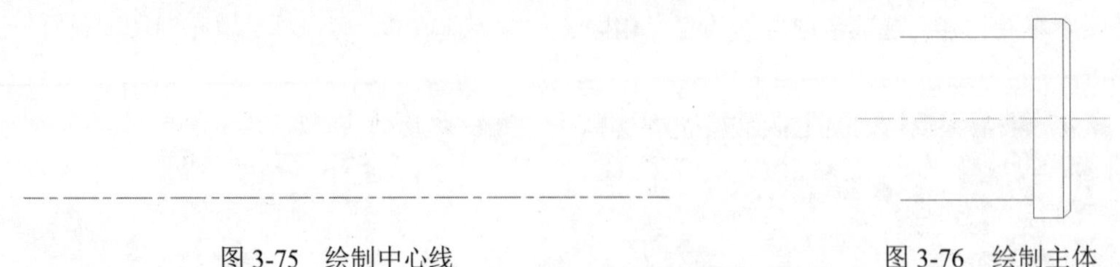

图 3-75 绘制中心线

图 3-76 绘制主体

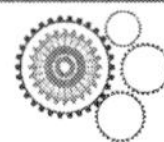

Note

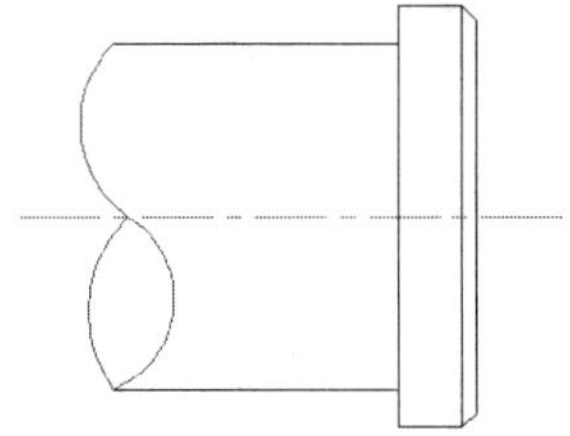

图 3-77　绘制断裂线

（3）填充断面。单击“默认”选项卡下“绘图”面板中的“图案填充”按钮，系统弹出“图案填充创建”选项卡，在“图案填充类型”下拉列表框中选择“角度和比例”选项，设置“角度”为 45°，“间距”为 8，如图 3-78 所示。

图 3-78　图案填充设置

单击“添加：拾取点”按钮，系统切换到绘图平面，拾取如图 3-79 所示区域位置内部的点为填充对象。填充结果如图 3-80 所示。单击“关闭”面板中的“关闭”按钮，关闭选项卡。

（4）绘制滚花表面。重新输入图案填充命令，弹出“图案填充创建”选项卡，在“图案填充类型”下拉列表框中选择“用户定义”选项，“角度”设置为 45°，“间距”设置为 8，单击“特性”面板中的“交叉线”按钮。单击“添加：选择对象”按钮，系统切换到绘图平面，选择边界对象，如图 3-81 所示。单击“关闭”按钮，退出选项卡，最终绘制的图形如图 3-82 所示。

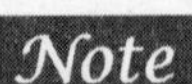
Note

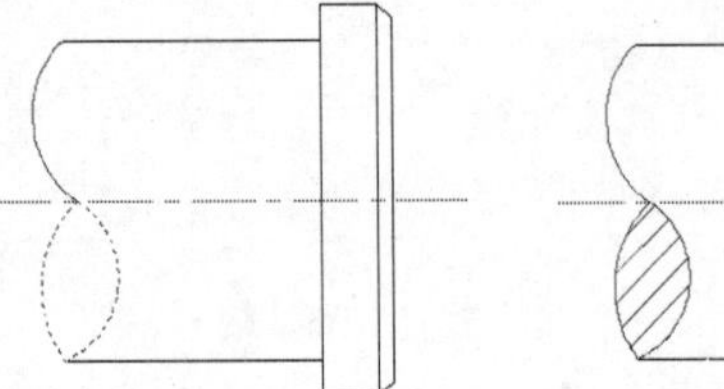
图 3-79　拾取点

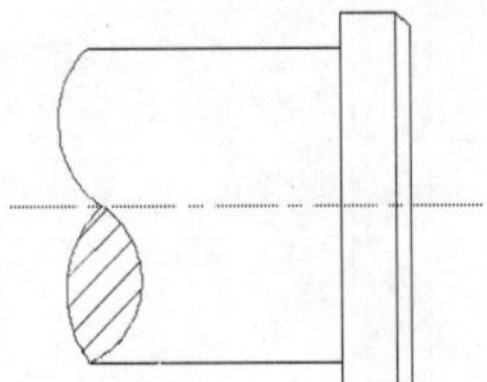
图 3-80　填充结果

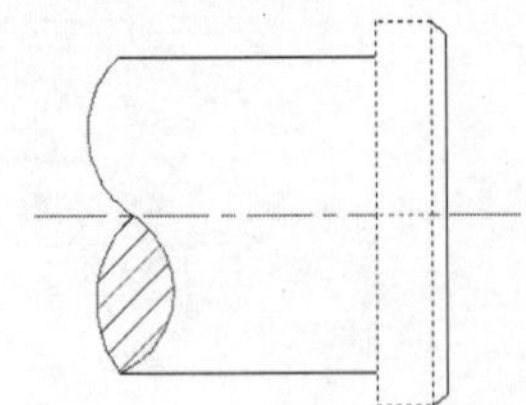
图 3-81　选择边界对象

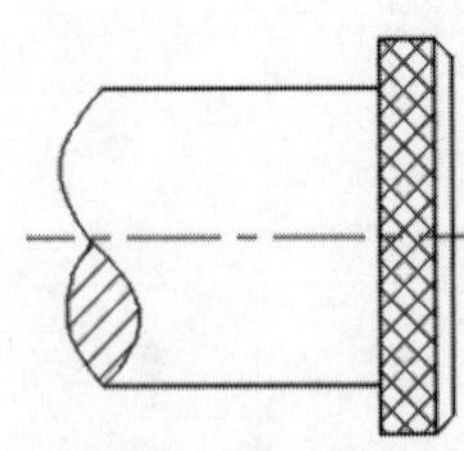
图 3-82　最终结果

3.8　实 战 演 练

【实战演练 1】绘制嵌套圆图形。

操作提示：

（1）如图 3-83 所示，以“圆心、半径”的方法绘制两个小圆。

（2）以“相切、相切、半径”的方法绘制中间与两个小圆均相切的大圆。

（3）执行“绘图/圆/相切、相切、相切”菜单命令，以已经绘制的 3 个圆为相切对象，绘制最外面的大圆。

【实战演练 2】绘制简单物体的三视图。

操作提示：

（1）如图 3-84 所示，利用“直线”命令绘制主视图。

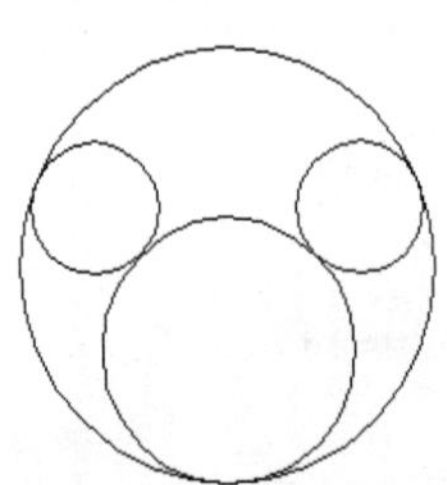
图 3-83　绘制圆形

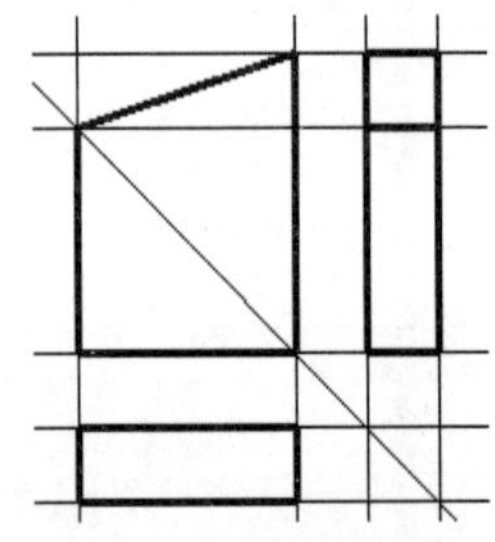
图 3-84　绘制三视图

（2）利用“构造线”命令绘制竖直构造线。

（3）利用“矩形”命令绘制俯视图。

（4）利用“构造线”命令绘制竖直、水平以及 45°构造线。

（5）利用“矩形”和“直线”命令绘制左视图。

二维编辑命令

本章学习要点和目标任务:

- ☑ 选择对象
- ☑ 删除及恢复类命令
- ☑ 对象编辑
- ☑ 复制类命令
- ☑ 改变位置类命令
- ☑ 改变几何特性类命令
- ☑ 面域

二维图形的编辑操作配合绘图命令的使用可以进一步完成复杂图形对象的绘制工作，并可使用户合理安排和组织图形，保证绘图准确，减少重复。因此，对编辑命令的熟练掌握和使用有助于提高设计和绘图的效率。本章主要内容包括选择对象、删除及恢复类命令、复制类命令、改变位置类命令、改变几何特性命令和对象编辑等。

4.1 选择对象

Note

AutoCAD 2018 提供以下两种编辑图形的途径：

☑ 先执行编辑命令，然后选择要编辑的对象。

☑ 先选择要编辑的对象，然后执行编辑命令。

这两种途径的执行效果是相同的，但选择对象是进行编辑的前提。AutoCAD 2018 提供了多种对象选择方法，如点取方法、用选择窗口选择对象、用选择线选择对象、用对话框选择对象等。AutoCAD 可以把选择的多个对象组成整体，如选择集和对象组，然后进行整体编辑与修改。

4.1.1 构造选择集

选择集可以仅由一个图形对象构成，也可以是一个复杂的对象组，如位于某一特定层上的具有某种特定颜色的一组对象。选择集的构造可以在调用编辑命令之前或之后进行。

AutoCAD 提供了以下几种方法来构造选择集：

☑ 先选择一个编辑命令，然后选择对象，按 Enter 键结束操作。

☑ 使用 SELECT 命令。

☑ 用点取设备选择对象，然后调用编辑命令。

☑ 定义对象组。

无论使用哪种方法，AutoCAD 2018 都将提示用户选择对象，并且光标的形状由十字光标变为拾取框。

下面结合 SELECT 命令说明选择对象的方法：

SELECT 命令可以单独使用，即在命令行中输入“SELECT”命令后按 Enter 键，也可以在执行其他编辑命令时被自动调用。此时，屏幕出现提示：“选择对象:”等待用户以某种方式选择对象作为回答。AutoCAD 提供多种选择方式，可以输入“?”查看这些选择方式。选择该选项后，出现以“需要点或窗口(W)/上一个(L)/窗交(C)/框选(BOX)/全部(ALL)/栏选(F)/圈围(WP)/圈交(CP)/编组(G)/添加(A)/删除(R)/多个(M)/上一个(P)/放弃(U)/自动(AU)/单选(SI)/子对象(SU)/对象(O)”提示选择对象。其中，主要选项的含义如下。

☑ 点：该选项表示直接通过点取的方式选择对象。用鼠标或键盘移动拾取框，使其框住要选取的对象并单击，就会选中该对象并以高亮度显示。

☑ 窗口(W)：用由两个对角顶点确定的矩形窗口选取位于其范围内部的所有图形，与边界相交的对象不会被选中。在指定对角顶点时应该按照从左向右的顺序，如图 4-1 所示。

☑ 上一个(L)：在“选择对象:”提示下输入“L”后按 Enter 键，系统会自动选取最后绘出的一个对象。

☑ 窗交(C)：该方式与上述“窗口”方式类似，区别在于它不但选中矩形窗口内部的对象，也选中与矩形窗口边界相交的对象。选择的对象如图 4-2 所示。

☑ 框选(BOX)：使用该选项时，系统根据用户在屏幕上给出的两个对角点的位置而自动引用“窗口”或“窗交”方式。若从左向右指定对角点，则为“窗口”方式；反之，则为“窗交”方式。

☑ 全部(ALL)：选取图面上的所有对象。

☑ 栏选(F)：用户临时绘制一些直线，这些直线不必构成封闭图形，凡是与这些直线相交的对象均被选中。执行结果如图 4-3 所示。

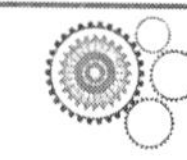

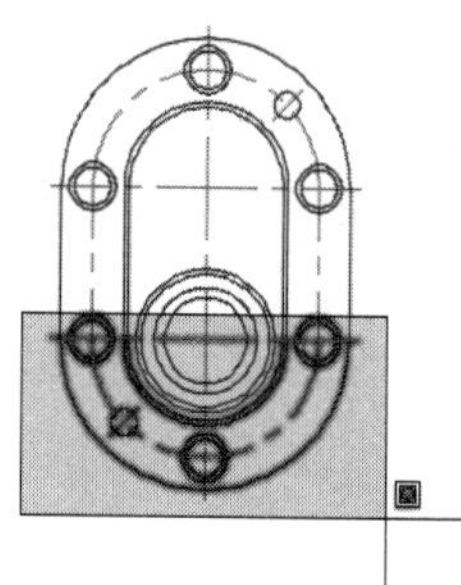

（a）图中下部方框为选择框

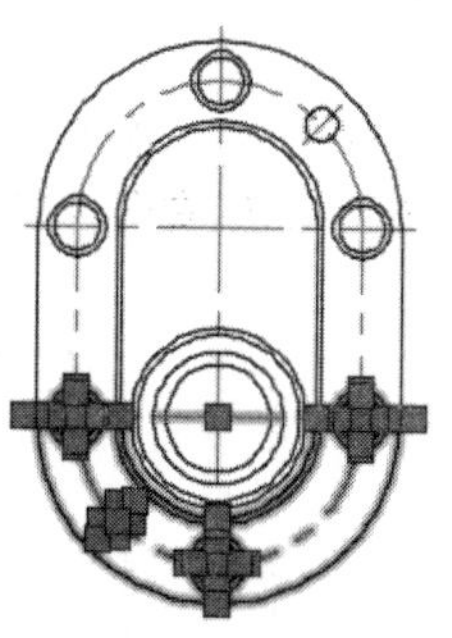

（b）选择后的图形

图 4-1　“窗口”对象选择方式

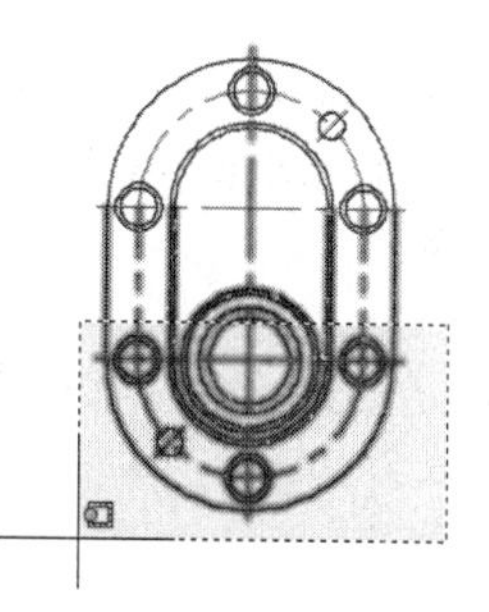

（a）图中下部虚线框为选择框

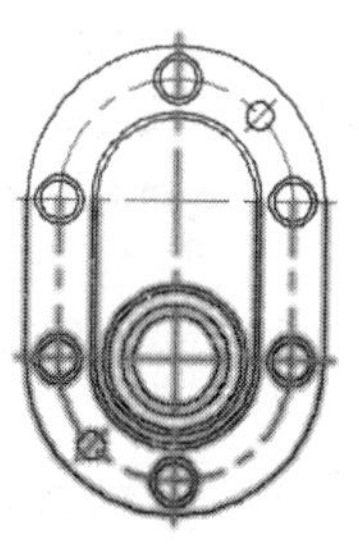

（b）选择后的图形

图 4-2　“窗交”对象选择方式

- ☑ 圈围(WP)：使用一个不规则的多边形来选择对象。根据提示，用户顺次输入构成多边形的所有顶点的坐标，最后按 Enter 键，作出空回答结束操作，系统将自动连接第一个顶点到最后一个顶点的各个顶点，形成封闭的多边形。凡是被多边形围住的对象均被选中（不包括边界）。执行结果如图 4-4 所示。

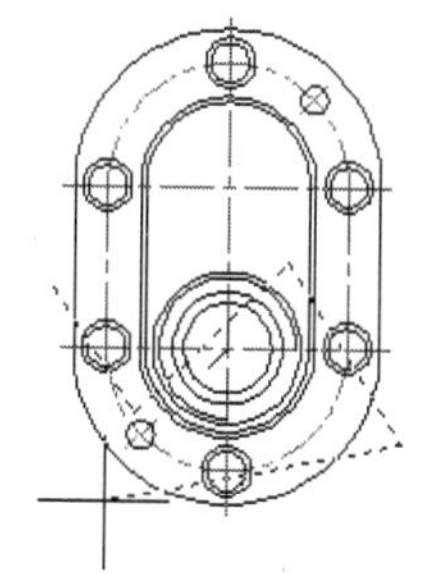

（a）图中虚线为选择栏

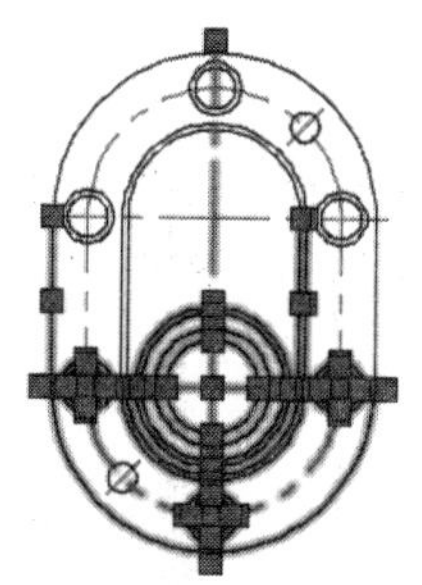

（b）选择后的图形

图 4-3　“栏选”对象选择方式

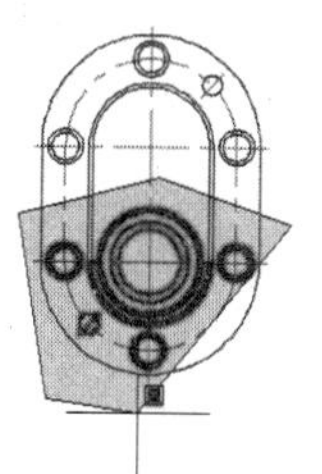

（a）图中十字线所拉出多边形为选择框

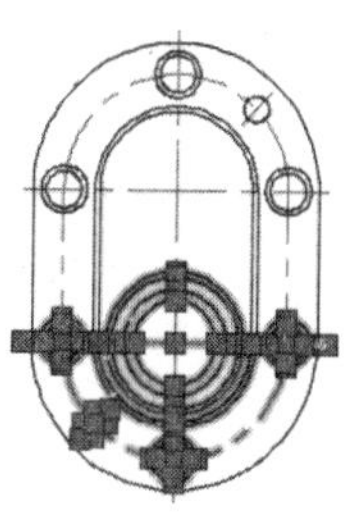

（b）选择后的图形

图 4-4　“圈围”对象选择方式

- ☑ 圈交(CP)：类似于“圈围”方式，在“选择对象:”提示后输入“CP”，后续操作与“圈围”方式相同。区别在于与多边形边界相交的对象也被选中。
- ☑ 编组(G)：使用预先定义的对象组作为选择集。事先将若干个对象组成对象组，用组名引用。
- ☑ 添加(A)：添加下一个对象到选择集。也可用于从移走模式（Remove）到选择模式的切换。
- ☑ 删除(R)：按住 Shift 键选择对象，可以从当前选择集中移走该对象。对象由高亮度显示状态变为正常显示状态。
- ☑ 多个(M)：指定多个点，不高亮度显示对象。这种方法可以加快在复杂图形上的选择对象过程。若两个对象交叉，两次指定交叉点，则可以选中这两个对象。
- ☑ 上一个(P)：用关键字 P 回应“选择对象:”的提示，则把上次编辑命令中的最后一次构造的选择集或最后一次使用 Select（DDSELECT）命令预置的选择集作为当前选择集。这种方法适用于对同一选择集进行多种编辑操作的情况。
- ☑ 放弃(U)：用于取消加入选择集的对象。
- ☑ 自动(AU)：选择结果视用户在屏幕上的选择操作而定。如果选中单个对象，则该对象为自动选择的结果；如果选择点落在对象内部或外部的空白处，系统会提示：“指定对角点:”，此时，系统会采取一种窗口的选择方式。对象被选中后，变为虚线形式，并以高亮度显示。

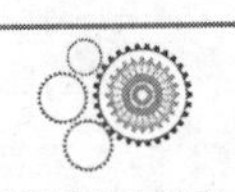

Note

提示

若矩形框从左向右定义，即第一个选择的对角点为左侧的对角点，矩形框内部的对象被选中，框外部的及与矩形框边界相交的对象不会被选中。若矩形框从右向左定义，矩形框内部及与矩形框边界相交的对象都会被选中。

☑ 单选(SI)：选择指定的第一个对象或对象集，而不继续提示进行下一步的选择。

4.1.2 快速选择

有时用户需要选择具有某些共同属性的对象来构造选择集，如选择具有相同颜色、线型或线宽的对象。用户当然可以使用前面介绍的方法来选择这些对象，但如果要选择的对象数量较多且分布在较复杂的图形中，则会导致很大的工作量。AutoCAD 2018 提供了 QSELECT 命令来解决这个问题。调用 QSELECT 命令后，打开“快速选择”对话框，利用该对话框可以根据用户指定的过滤标准快速创建选择集。“快速选择”对话框如图 4-5 所示。

该命令主要有以下 4 种调用方法：

☑ 在命令行中输入“QSELECT”命令。

☑ 选择菜单栏中的“工具/快速选择”命令。

☑ 在绘图区右击，从打开的快捷菜单中选择“快速选择”命令（如图 4-6 所示）或在“选项板”功能区中单击“默认”选项卡下“特性”面板中的右下角按钮，在打开的“特性”选项板中快速选择，如图 4-7 所示。

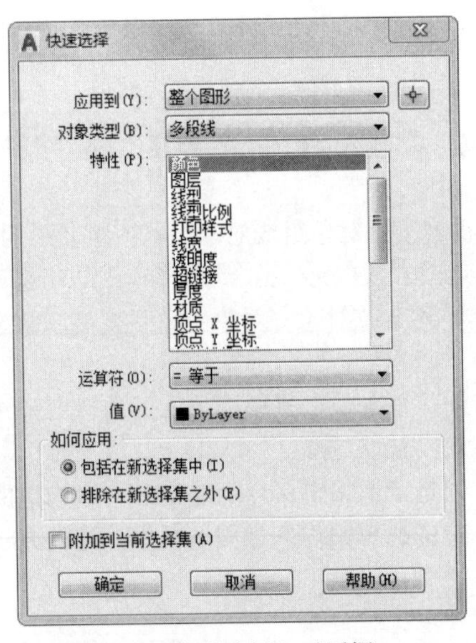

图 4-5 “快速选择”对话框

图 4-6 快捷菜单

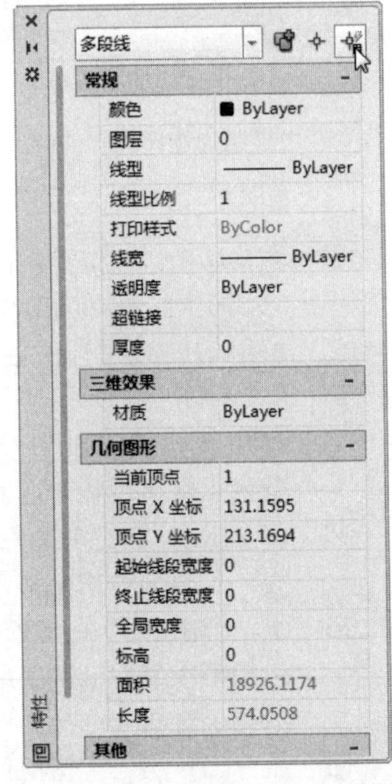

图 4-7 “特性”选项板中的快速选择

☑ 选择“默认”选项卡下“实用工具”面板中的“快速选择”命令。

执行上述命令后，系统打开“快速选择”对话框。在该对话框中，可以选择符合条件的对象或对象组。

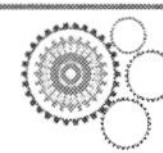

4.2 删除及恢复类命令

这一类命令主要用于删除图形的某部分或对已被删除的部分进行恢复，包括删除、回退、重做、清除等命令。

4.2.1 删除命令

如果所绘制的图形不符合要求或绘错了，则可以使用删除命令 ERASE 把它删除。删除命令的调用方法主要有以下 5 种：

☑ 在命令行中输入“ERASE”命令。

☑ 选择菜单栏中的“修改/删除”命令。

☑ 在快捷菜单中选择“删除”命令。

☑ 单击“修改”工具栏中的“删除”按钮。

☑ 单击“默认”选项卡下“修改”面板中的“删除”按钮。

执行上述命令后，可以先选择对象，然后调用删除命令；也可以先调用删除命令，然后再选择对象。选择对象时，可以使用前面介绍的各种对象选择的方法。

当选择多个对象时，多个对象都被删除；若选择的对象属于某个对象组，则该对象组的所有对象都被删除。

4.2.2 恢复命令

若误删除了图形，则可以使用恢复命令 OOPS 来进行恢复。恢复命令的调用方法主要有以下 4 种：

☑ 在命令行中输入“OOPS”或“U”命令。

☑ 单击“标准”工具栏中的“放弃”按钮。

☑ 利用快捷键 Ctrl+Z。

☑ 单击快速访问工具栏中的“放弃”按钮。

执行上述命令后，即可恢复误删除的图形。

4.2.3 清除命令

此命令与删除命令的功能完全相同。清除命令的调用方法主要有以下两种：

☑ 选择菜单栏中的“修改/清除”命令。

☑ 利用快捷键 Delete。

执行上述命令后，在系统提示下选择要清除的对象，按 Enter 键执行清除命令。

4.3 对象编辑

在对图形进行编辑时，还可以对图形对象本身的某些特性进行编辑，从而方便地进行图形绘制。

Note

4.3.1 钳夹功能

利用钳夹功能可以快速、方便地编辑对象。AutoCAD 在图形对象上定义了一些特殊点，称为夹点，利用夹点可以灵活地控制对象，如图 4-8 所示。

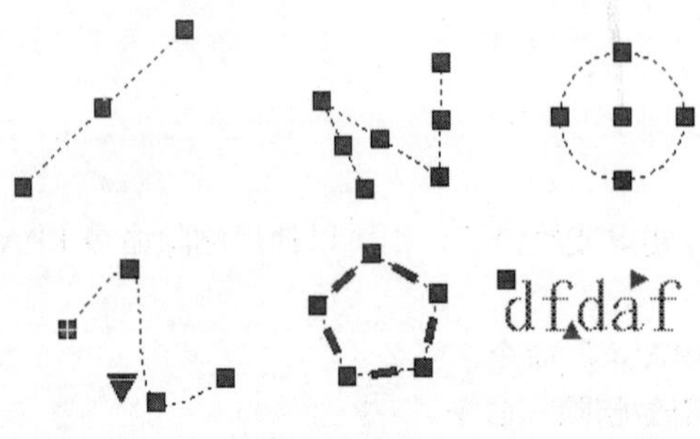

图 4-8　夹点

要使用钳夹功能编辑对象，必须先打开钳夹功能，打开方法是：选择菜单栏中的“工具/选项”命令或右击，在弹出的快捷菜单中选择“选项”命令，弹出“选项”对话框。

在“选项”对话框的“选择集”选项卡中，选中“显示夹点”复选框。在该选项卡中，还可以设置代表夹点的小方格的尺寸和颜色。也可以通过 GRIPS 系统变量来控制是否打开钳夹功能，1 代表打开，0 代表关闭。打开了钳夹功能后，应该在编辑对象之前先选择对象。夹点表示了对象的控制位置。

使用夹点编辑对象，要选择一个夹点作为基点，称为基准夹点。然后选择一种编辑操作：删除、移动、复制选择、旋转和缩放。可以用空格键、Enter 键或键盘上的快捷键循环选择这些功能。

下面仅就其中的拉伸对象操作为例进行讲述，其他操作类似。

（1）在图形上拾取一个夹点，该夹点改变颜色，此点为夹点编辑的基准夹点。这时系统提示指定拉伸点或输入选项。

（2）在上述拉伸编辑提示下，输入“缩放”命令或右击，在弹出的快捷菜单中选择“缩放”命令，系统就会转换为“缩放”操作，其他操作类似。

4.3.2 修改对象属性

修改对象属性操作需要利用特性命令，执行特性命令，主要有以下 4 种方法：

☑ 在命令行中输入“DDMODIFY”或“PROPERTIES”命令。

☑ 选择菜单栏中的“修改/特性”命令。

☑ 单击“标准”工具栏中的“特性”按钮。

☑ 单击“视图”选项卡下“选项板”面板中的“特性”按钮。

执行上述命令后，AutoCAD 打开“特性”选项板，如图 4-9 所示。利用它可以方便地设置或修改对象的各种属性。

不同的对象属性种类和值不同，修改属性值，对象改变为新的属性。

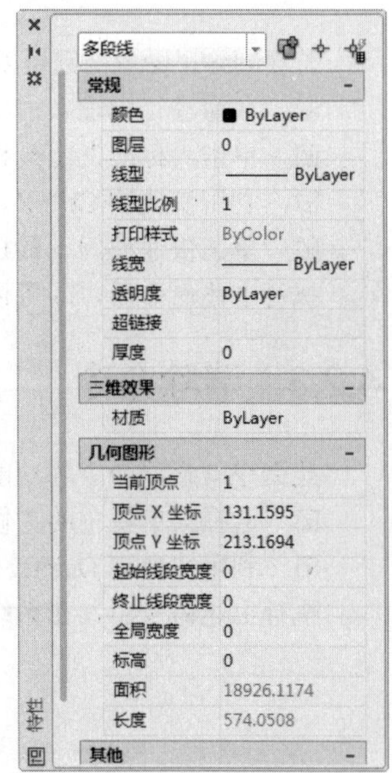

图 4-9　“特性”选项板

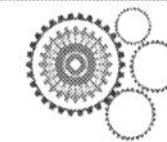

4.3.3 特性匹配

利用特性匹配功能可以将目标对象的属性与源对象的属性进行匹配，使二者相同。利用特性匹配功能可以方便、快捷地修改对象属性，并保持不同对象的属性相同。执行特性匹配命令，主要有以下 3 种方法：

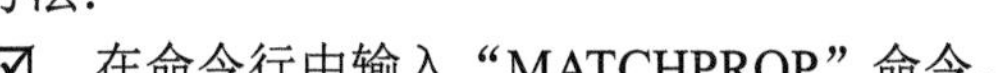

☑ 在命令行中输入“MATCHPROP”命令。

☑ 选择菜单栏中的“修改/特性匹配”命令。

☑ 单击“默认”选项卡“特性”面板中的“特性匹配”按钮。

执行上述命令后，根据系统提示选择源对象，如图 4-10（a）所示，选择目标对象，如图 4-10（b）所示，结果如图 4-10（c）所示。

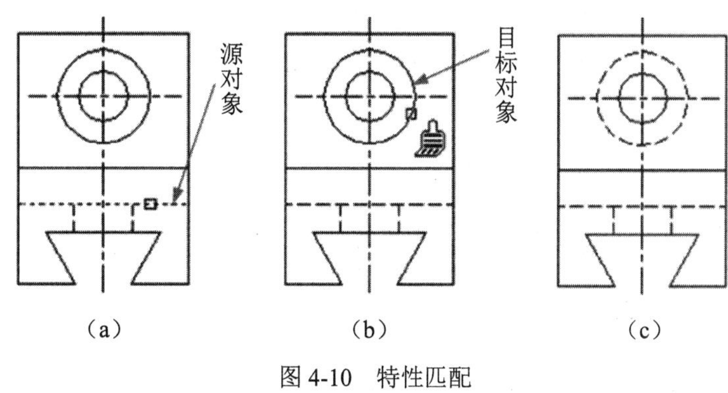

图 4-10 特性匹配

4.4 复制类命令

本节详细介绍 AutoCAD 2018 的复制类命令。利用此类命令，可以方便地编辑绘制图形。

4.4.1 偏移命令

偏移对象是指保持选择的对象的形状、在不同的位置以不同的尺寸大小新建的对象。偏移命令的调用方法主要有以下 4 种：

☑ 在命令行中输入“OFFSET”命令。

☑ 选择菜单栏中的“修改/偏移”命令。

☑ 单击“修改”工具栏中的“偏移”按钮。

☑ 单击“默认”选项卡下“修改”面板中的“偏移”按钮。

执行上述命令后，将提示指定偏移距离或选择选项，选择要偏移的对象并指定偏移方向。使用偏移命令绘制构造线时，命令行提示中各选项的含义如下。

☑ 指定偏移距离：输入一个距离值或按 Enter 键，使用当前的距离值，系统把该距离值作为偏移距离，如图 4-11 所示。

☑ 通过(T)：指定偏移的通过点。选择该选项并选择要偏移的对象后按 Enter 键，并指定偏移对象的一个通过点。操作完毕后系统根据指定的通过点绘出偏移对象，如图 4-12 所示。

☑ 删除(E)：偏移后，将源对象删除。

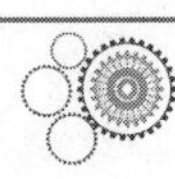
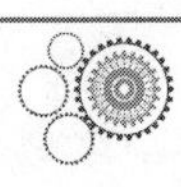

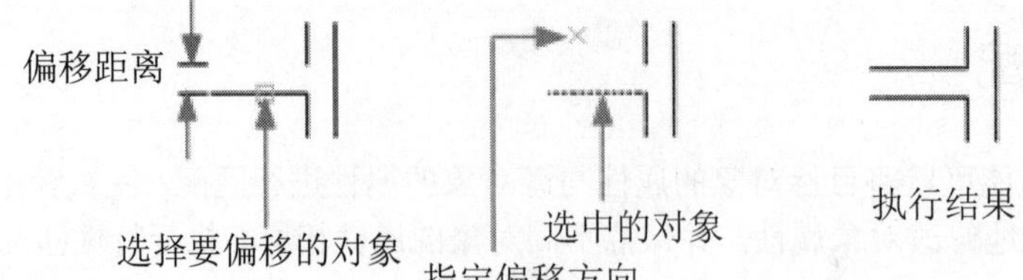

图 4-11　指定偏移对象的距离

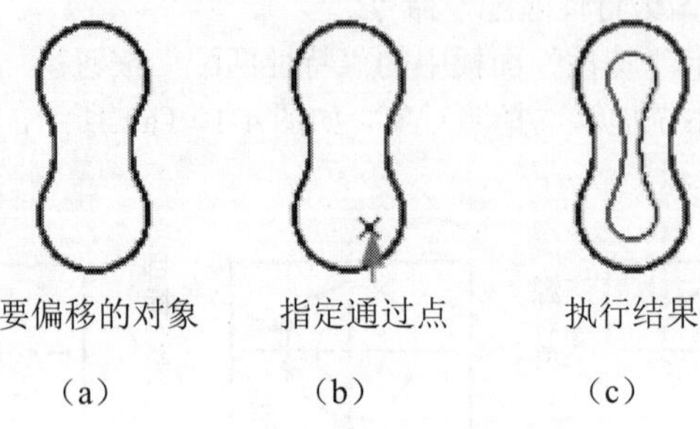

图 4-12　指定偏移对象的通过点

☑　图层(L)：确定将偏移对象创建在当前图层上还是源对象所在的图层上。

视频讲解

4.4.2　实战——挡圈

本实例主要利用偏移命令绘制挡圈，其绘制流程如图 4-13 所示。

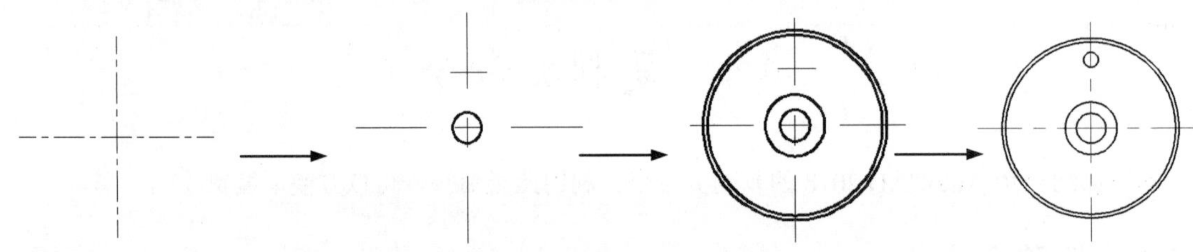

图 4-13　挡圈绘制流程图

操作步骤如下：

1．设置图层

单击“默认”选项卡下“图层”面板中的“图层特性”按钮或单击“图层”工具栏中的“图层特性管理器”按钮，打开“图层特性管理器”选项板，设置两个图层。

（1）“粗实线”图层：线宽为 0.3mm，其余属性默认。

（2）“中心线”图层：线型为 CENTER，其余属性默认。

2．绘制中心线

（1）设置“中心线”图层为当前图层。

（2）单击“默认”选项卡下“绘图”面板中的“直线”按钮，绘制长度为 124 的两条垂直正交的中心线，如图 4-14 所示。

（3）单击“默认”选项卡下“修改”面板中的“偏移”按钮，将绘制的水平中心线向上偏移 30，结果如图 4-15 所示。

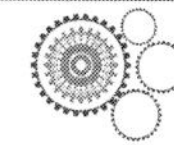

3．绘制挡圈内孔

（1）设置“粗实线”图层为当前图层。

（2）单击“默认”选项卡下“绘图”面板中的“圆”按钮，以中心线的交点为圆心，绘制半径为 8 的圆，如图 4-16 所示。

（3）单击“默认”选项卡下“修改”面板中的“偏移”按钮，偏移绘制的圆。

（4）在命令行提示“指定偏移距离或[通过(T)/删除(E)/图层(L)] <通过>:”后输入“6”。

（5）在命令行提示“选择要偏移的对象，或[退出(E)/放弃(U)] <退出>:”后拾取第（2）步绘制的圆。

（6）在命令行提示“指定要偏移的那一侧上的点，或[退出(E)/多个(M)/放弃(U)] <退出>:”后指定圆外侧。

（7）在命令行提示“选择要偏移的对象，或[退出(E)/放弃(U)] <退出>:”后按 Enter 键退出。

（8）同理，再将初始绘制的半径为 8 的圆向外分别偏移 38 和 40，结果如图 4-17 所示。

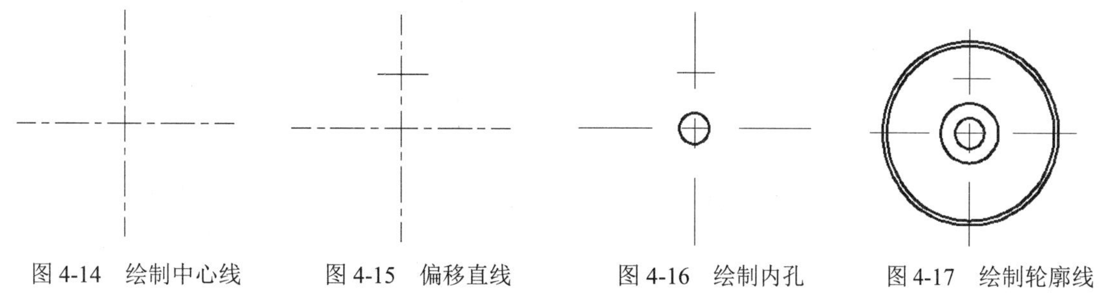

图 4-14　绘制中心线　　图 4-15　偏移直线　　图 4-16　绘制内孔　　图 4-17　绘制轮廓线

4．绘制小孔

单击“默认”选项卡下“绘图”面板中的“圆”按钮，半径为 4，最终结果如图 4-13 所示。

4.4.3　复制命令

执行复制命令，主要有以下 5 种调用方法：

☑ 在命令行中输入“COPY”命令。
☑ 选择菜单栏中的“修改/复制”命令。
☑ 单击“修改”工具栏中的“复制”按钮。
☑ 选择要复制的对象，在绘图区右击，从打开的快捷菜单中选择“复制选择”命令。
☑ 单击“默认”选项卡下“修改”面板中的“复制”按钮。

执行上述命令，将提示选择要复制的对象。按 Enter 键结束选择操作。在命令行提示“指定基点或[位移(D)/模式(O)] <位移> :”后指定基点或位移。使用“复制”命令时，命令行提示中各选项的含义如下。

☑ 指定基点：指定一个坐标点后，AutoCAD 2018 把该点作为复制对象的基点，并提示“指定第二个点或选择其他选项，指定第二个点”后，系统将根据这两点确定的位移矢量把选择的对象复制到第二点。如果此时直接按 Enter 键，即选择默认的“用第一点作位移”，则第一个点被当作相对于 x、y、z 的位移。例如，如果指定基点为（2,3）并在下一个提示下按 Enter 键，则该对象从它当前的位置开始，在 x 方向上移动 2 个单位、在 y 方向上移动 3 个单位。复制完成后，根据提示指定第二个点或输入选项。这时，可以不断指定新的第二点，从而实现多重复制。
☑ 位移(D)：直接输入位移值，表示以选择对象时的拾取点为基准，以拾取点坐标为移动方向，纵横比移动指定位移后所确定的点为基点。例如，选择对象时的拾取点坐标为（2,3），输入位移为5，则表示以（2,3）点为基准，沿纵横比为3：2的方向移动5个单位所确定的点为基点。

☑ 模式(O)：控制是否自动重复该命令。确定复制模式是单个还是多个。

Note

视频讲解

4.4.4 实战——弹簧

弹簧作为机械设计中的常见零件，其样式及画法多种多样。本实例绘制的弹簧主要利用圆和直线命令绘制单个部分，并利用4.4.3节介绍的复制命令简化绘制弹簧。其绘制流程如图4-18所示。

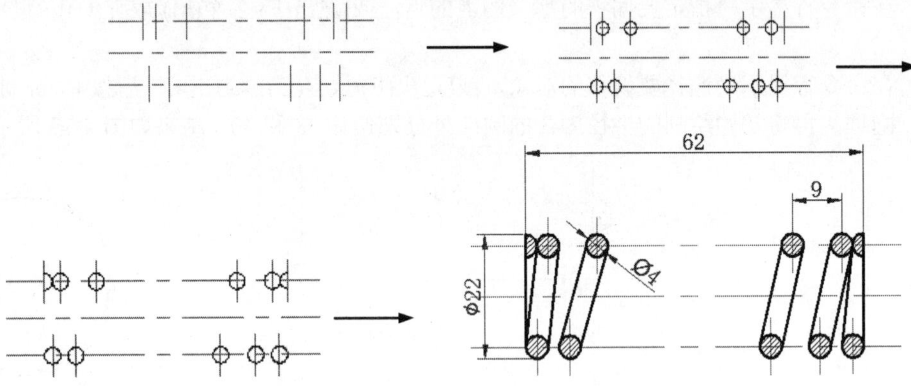

图4-18 弹簧绘制流程图

操作步骤如下：

1．创建图层

单击“默认”选项卡下“图层”面板中的“图层特性”按钮或单击“图层”工具栏中的“图层特性管理器”按钮，打开“图层特性管理器”选项板，设置3个图层。

（1）“中心线”图层：颜色为红色，线型为CENTER，线宽为0.15mm，颜色为红色。

（2）“粗实线”图层：颜色为白色，线型为Continuous，线宽为0.30mm。

（3）“细实线”图层：颜色为白色，线型为Continuous，线宽为0.15mm。

2．绘制中心线

（1）将“中心线”图层设置为当前图层。

（2）单击“默认”选项卡下“绘图”面板中的“直线”按钮，以坐标点{（150,150），（230,150）}、{（160,164），（160,154）}和{（162,146），（162,136）}绘制中心线，修改线型比例为0.5，结果如图4-19所示。

3．偏移中心线

单击“默认”选项卡下“修改”面板中的“偏移”按钮，分别将图4-19中绘制的水平中心线向上、下两侧偏移，偏移距离为9；将竖直中心线A向右偏移，偏移距离分别为4、9、36、9和4；将竖直中心线B向右偏移，偏移距离分别为6、37、9和6，结果如图4-20所示。

4．绘制圆

将“粗实线”图层设置为当前图层。

单击“默认”选项卡下“绘图”面板中的“圆”按钮，以最上端水平中心线与左边第2根竖直中心线交点为圆心，绘制半径为2的圆，结果如图4-21所示。

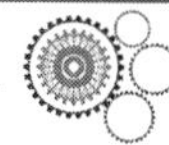

图 4-19　绘制中心线　　　　图 4-20　偏移中心线

5．复制圆

（1）单击“默认”选项卡下“修改”面板中的“复制”按钮。

（2）在命令行提示“选择对象:”后选择刚绘制的圆。

（3）单击鼠标右键，在命令行提示“指定基点或[位移(D)/模式(O)] <位移>:”后选择圆心。

（4）在命令行提示“指定第二个点或[阵列(A)] <使用第一个点作为位移>:”后分别选择竖直中心线与水平中心线的交点。

（5）复制其他圆，结果如图 4-22 所示。

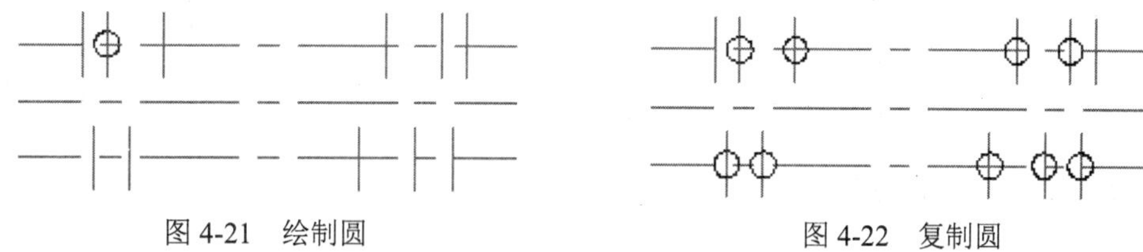

图 4-21　绘制圆　　　　图 4-22　复制圆

6．绘制圆弧

（1）单击“默认”选项卡下“绘图”面板中的“圆弧”按钮。

（2）在命令行提示“指定圆弧的起点或[圆心(C)]:”后输入“C”。

（3）在命令行提示“指定圆弧的圆心:”后指定最左边竖直中心线与最上水平中心线交点。

（4）在命令行提示“指定圆弧的起点:”后输入“@0,−2”。

（5）在命令行提示“指定圆弧的端点或[角度(A)/弦长(L)]:”后输入“@0,4”。

（6）重复“圆弧”命令。

（7）在命令行提示“指定圆弧的起点或[圆心(C)]:”后输入“C”。

（8）在命令行提示“指定圆弧的圆心:”后指定最右边竖直中心线与最上水平中心线交点。

（9）在命令行提示“指定圆弧的起点:”后输入“@0,2”。

（10）在命令行提示“指定圆弧的端点或[角度(A)/弦长(L)]:”后输入“@0,−4”，结果如图 4-23 所示。

7．绘制连接线

单击“默认”选项卡下“绘图“面板中的“直线”按钮，绘制连接线，结果如图 4-24 所示。

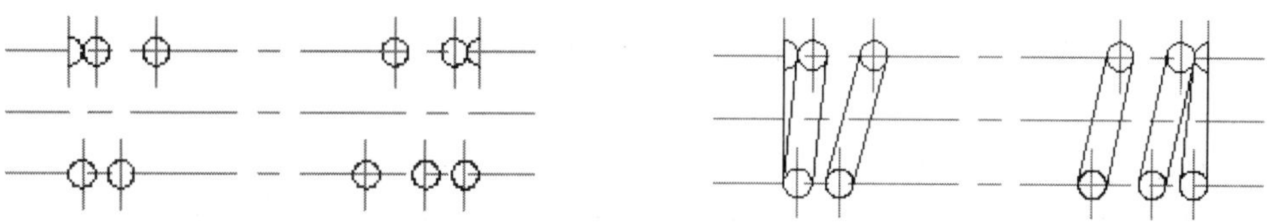

图 4-23　绘制圆弧　　　　图 4-24　绘制连接线

8．绘制剖面线

将“细实线”图层设置为当前图层。

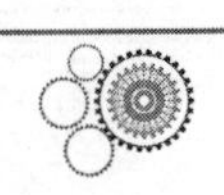

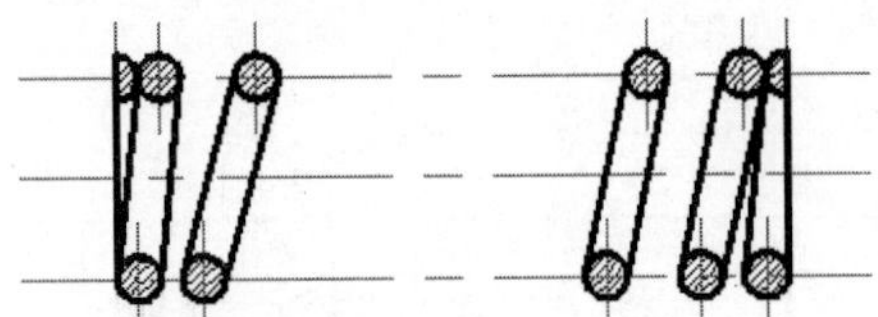

图 4-25　弹簧图案填充

单击“默认”选项卡下“绘图”面板中的“图案填充”按钮，设置填充图案为“ANSI31”，角度为 0°，比例为 0.2，打开状态栏上的“线宽”按钮，在弹簧中单击以填充图案，结果如图 4-25 所示。

Note

4.4.5　镜像命令

镜像对象是指把选择的对象以一条镜像线为对称轴进行镜像后的对象。镜像操作完成后，可以保留源对象也可以将其删除。执行镜像命令，主要有以下 4 种方法：

☑　在命令行中输入“MIRROR”命令。

☑　选择菜单栏中的“修改/镜像”命令。

☑　单击“修改”工具栏中的“镜像”按钮。

☑　单击“默认”选项卡下“修改”面板中的“镜像”按钮。

执行上述命令后，系统提示选择要镜像的对象，并指定镜像线的第一个点和第二个点，确定是否删除源对象。这两点确定一条镜像线，被选择的对象以该线为对称轴进行镜像。包含该线的镜像平面与用户坐标系统的 XY 平面垂直，即镜像操作工作在与用户坐标系统的 XY 平面平行的平面上。

视频讲解

4.4.6　实战——阀杆

本实例绘制的阀杆主要利用直线命令绘制一侧轮廓，然后利用镜像命令向下镜像轮廓，最后填充图形。其绘制流程如图 4-26 所示。

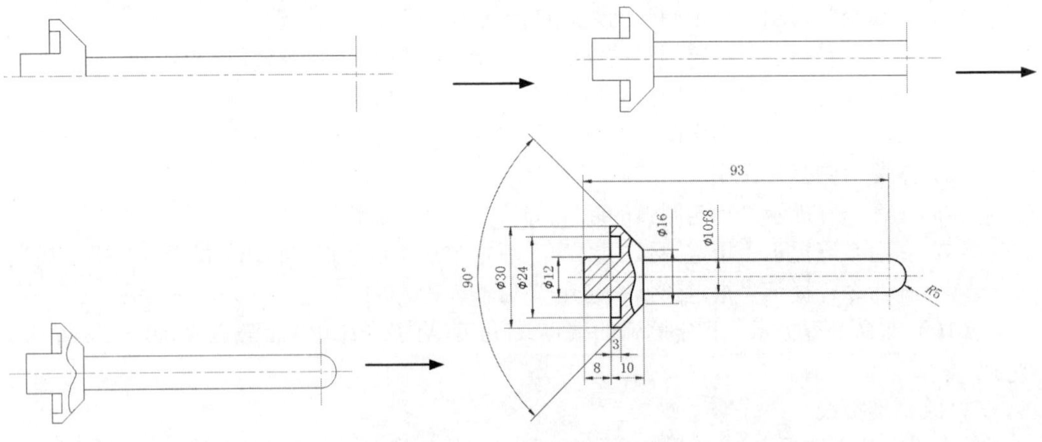

图 4-26　阀杆绘制流程图

操作步骤如下：

1. 创建图层

单击“默认”选项卡下“图层”面板中的“图层特性”按钮，打开“图层特性管理器”选项板，设置 3 个图层。

（1）“中心线”图层：颜色为红色，线型为 CENTER，线宽为 0.15mm。

（2）“粗实线”图层：颜色为白色，线型为 Continuous，线宽为 0.30mm。

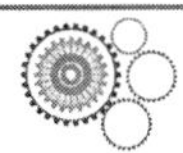

（3）“细实线”图层：颜色为白色，线型为 Continuous，线宽为 0.15mm。

2．绘制中心线

将“中心线”图层设置为当前图层。

单击“默认”选项卡下“绘图”面板中的“直线”按钮，以坐标点{（125,150），（233,150）}和{（223,160），（223,140）}绘制中心线，结果如图 4-27 所示。

3．绘制直线

（1）将“粗实线”图层设置为当前图层。

（2）单击“默认”选项卡下“绘图”面板中的“直线”按钮，按下列坐标点{（130,150），（130,156），（138,156），（138,165），（141,165），（148,158），（148,150）}、{（148,155），（223,155）}、{（138,156），（141,156），（141,162），（138,162）}依次绘制线段，结果如图 4-28 所示。

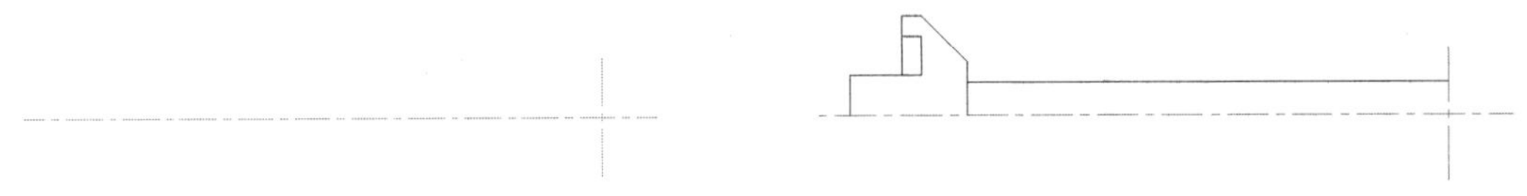

图 4-27　绘制中心线　　　　图 4-28　绘制直线

4．镜像处理

（1）单击“默认”选项卡下“修改”面板中的“镜像”按钮，以水平中心线为轴镜像。

（2）在命令行提示“选择对象:”后选择刚绘制的实线。

（3）单击鼠标右键，在命令行提示“指定镜像线的第一点:”后在水平中心线上选取一点。

（4）在命令行提示“指定镜像线的第二点:”后在水平中心线上选取另一点。

（5）在命令行提示“要删除源对象吗？[是(Y)/否(N)] <否>:”后按 Enter 键，结果如图 4-29 所示。

5．绘制圆弧

单击“默认”选项卡下“绘图”面板中的“圆弧”按钮，以中心线交点为圆心，以上下水平实线最右端两个端点为圆弧两个端点绘制圆弧，结果如图 4-30 所示。

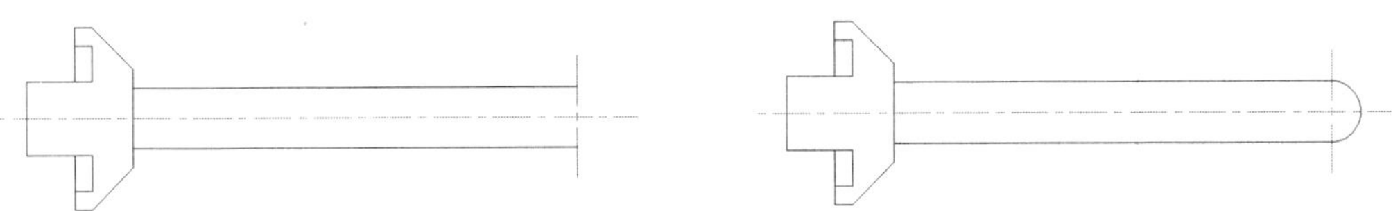

图 4-29　镜像处理　　　　图 4-30　绘制圆弧

6．绘制局部剖切线

将“细实线”图层设置为当前图层，单击“绘图”工具栏中的“样条曲线”按钮，绘制局部剖切线，结果如图 4-31 所示。

7．绘制剖面线

单击“默认”选项卡下“绘图”面板中的“图案填充”按钮，设置填充图案为 ANSI31，角度为 0°，比例为 1，打开状态栏上的“线宽”按钮，结果如图 4-32 所示。

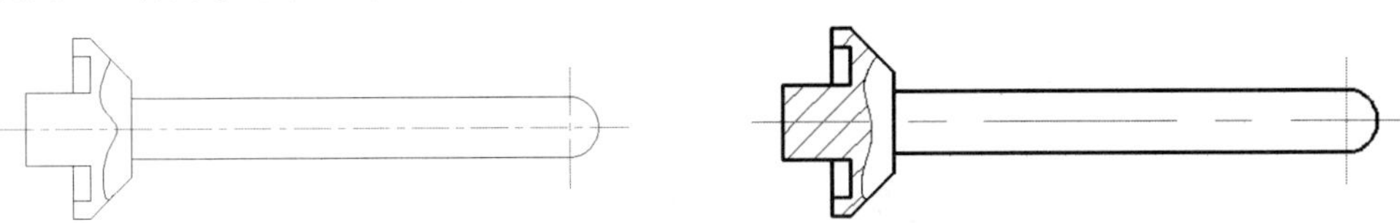

图 4-31　绘制局部剖切线　　　　图 4-32　阀杆图案填充

4.4.7 阵列命令

阵列是指多重复制选择对象，并把这些副本按矩形或环形排列。把副本按矩形排列称为建立矩形阵列，按环形排列称为建立极阵列。建立极阵列时，应该控制复制对象的次数和对象是否被旋转；建立矩形阵列时，应该控制行和列的数量，以及对象副本之间的距离。

用阵列命令可以建立矩形阵列、极阵列（环形）和旋转的矩形阵列。

执行阵列命令，主要有以下 3 种方法：

☑ 在命令行中输入“ARRAY”命令。

☑ 选择菜单栏中的“修改/阵列/矩形阵列”、“路径阵列”或“环形阵列”命令。

☑ 单击“默认”选项卡下“修改”面板中的“矩形阵列”按钮、“路径阵列”按钮或“环形阵列”按钮。

执行阵列命令后，根据系统提示选择对象，按 Enter 键结束选择后输入阵列类型。在命令行提示下选择路径曲线或输入行列数。在执行阵列命令的过程中，命令行提示中各主要选项的含义如下。

☑ 方向(O)：控制选定对象是否将相对于路径的起始方向重定向（旋转），然后再移动到路径的起点。

☑ 表达式(E)：使用数学公式或方程式获取值。

☑ 基点(B)：指定阵列的基点。

☑ 关键点(K)：对于关联阵列，在源对象上指定有效的约束点（或关键点）以用作基点。如果编辑生成阵列的源对象，阵列的基点保持与源对象的关键点重合。

☑ 定数等分(D)：根据整个路径长度平均定数等分项目。

☑ 全部(T)：指定第一个和最后一个项目之间的总距离。

☑ 关联(AS)：指定是否在阵列中创建项目作为关联阵列对象，或者作为独立对象。

☑ 项目(I)：编辑阵列中的项目数。

☑ 行数(R)：指定阵列中的行数和行间距，以及它们之间的增量标高。

☑ 层级(L)：指定阵列中的层数和层间距。

☑ 对齐项目(A)：指定是否对齐每个项目以与路径的方向相切。对齐相对于第一个项目的方向（“方向(O)”选项）。

☑ Z 方向(Z)：控制是否保持项目的原始 Z 方向或沿三维路径自然倾斜项目。

☑ 退出(X)：退出命令。

视频讲解

4.4.8 实战——连接盘

本实例主要利用圆和环形阵列命令绘制连接盘，其绘制流程如图 4-33 所示。

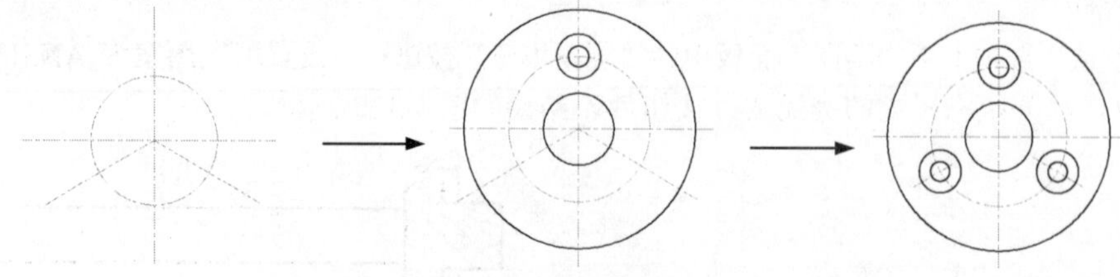

图 4-33 连接盘绘制流程图

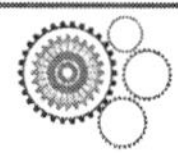

操作步骤如下：

1．创建图层

单击“默认”选项卡下“图层”面板中的“图层特性”按钮，打开“图层特性管理器”选项板，新建3个图层。

（1）“粗实线”图层：线宽为0.30mm，其余属性默认。

（2）“细实线”图层：线宽为0.15mm，其余属性默认。

（3）“中心线”图层：线宽为0.15mm，颜色为红色，线型为CENTER，其余属性默认。

2．绘制中心线

（1）将线宽显示打开。将当前图层设置为“中心线”图层。

（2）单击“默认”选项卡下“绘图“面板中的“直线”按钮和“圆”按钮，并结合“正交”、“对象捕捉”和“对象追踪”等工具选取适当尺寸绘制如图4-34所示的中心线。

3．绘制轮廓线

（1）将当前图层设置为“粗实线”图层。

（2）单击“默认”选项卡下“绘图”面板中的“圆”按钮，并结合“对象捕捉”工具选取适当尺寸绘制如图4-35所示的圆。

4．阵列圆

（1）单击“默认”选项卡下“修改”面板中的“环形阵列”按钮，选择两个同心的小圆为阵列对象，右击捕捉中心线圆的圆心的阵列中心。

（2）在命令行提示“选择对象:”后选择两个同心圆中的小圆为阵列对象。

（3）在命令行提示“指定阵列的中心点或[基点(B)/旋转轴(A)]:”后捕捉中心线圆的圆心的阵列中心。

（4）在命令行提示“选择夹点以编辑阵列或[关联(AS)/基点(B)/项目(I)/项目间角度(A)/填充角度(F)/行(ROW)/层(L)/旋转项目(ROT)/退出(X)] <退出>:”后输入“I”。

（5）在命令行提示“输入阵列中的项目数或[表达式(E)] <6>:”后输入“3”，阵列结果如图4-36所示。

5．细化图形

利用钳夹功能，将中心线缩短，如图4-37所示，最终结果如图4-33所示。

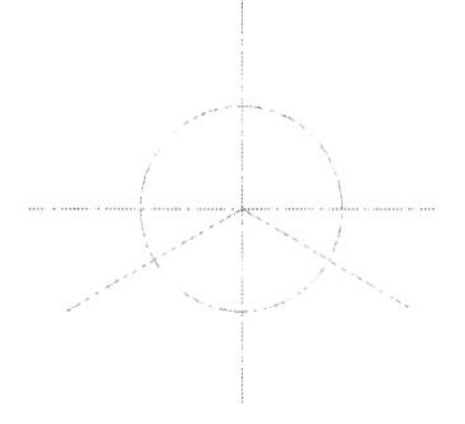

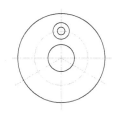

图4-34　绘制中心线

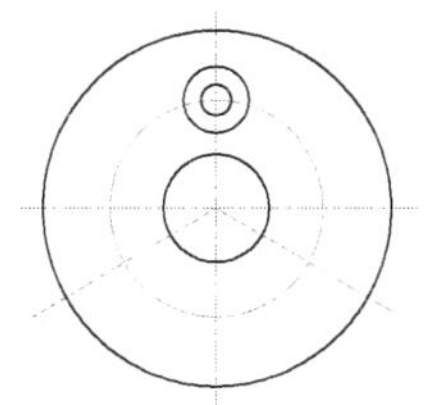

图4-35　绘制轮廓线

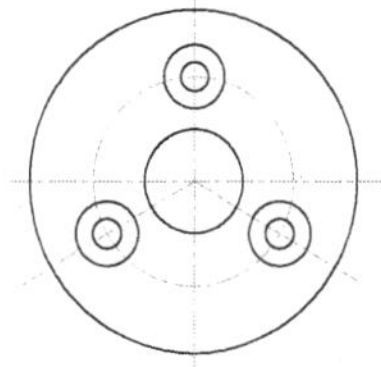

图4-36　阵列结果

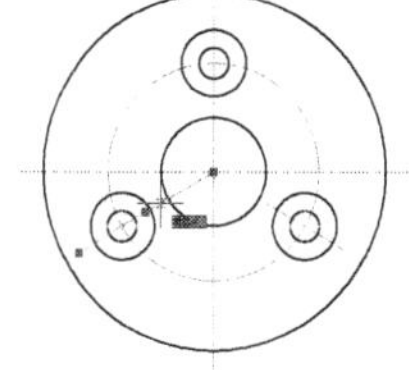

图4-37　钳夹功能编辑

4.5　改变位置类命令

这一类编辑命令的功能是按照指定要求改变当前图形或图形的某部分的位置，主要包括移动、旋转和缩放等命令。

Note

4.5.1 移动命令

利用移动命令可以将图形从当前位置移动到新位置，该命令主要有以下 5 种调用方法：

☑ 在命令行中输入“MOVE”命令。

☑ 选择菜单栏中的“修改/移动”命令。

☑ 单击“修改”工具栏中的“移动”按钮。

☑ 单击“默认”选项卡下“修改”面板中的“移动”按钮。

☑ 选择要复制的对象，在绘图区右击，从打开的快捷菜单中选择“移动”命令。

执行上述命令后，根据系统提示选择对象，按 Enter 键结束选择。在命令行提示下指定基点或移至点，并指定第二个点或位移量。命令的选项功能与“复制”命令类似。

4.5.2 旋转命令

利用旋转命令可以将图形围绕指定的点进行旋转，该命令主要有以下 5 种调用方法：

☑ 在命令行中输入“ROTATE”命令。

☑ 选择菜单栏中的“修改/旋转”命令。

☑ 单击“修改”工具栏中的“旋转”按钮。

☑ 在快捷菜单中选择“旋转”命令。

☑ 单击“默认”选项卡下“修改”面板中的“旋转”按钮。

执行上述命令后，根据系统提示选择要旋转的对象，并指定旋转的基点和旋转角度。在执行旋转命令的过程中，命令行提示中各主要选项的含义如下。

☑ 复制(C)：选择该选项，旋转对象的同时保留源对象，如图 4-38 所示。

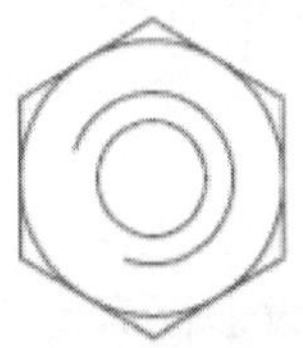

（a）旋转前

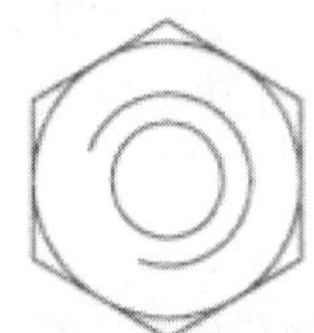

（b）旋转后

图 4-38 复制旋转

☑ 参照(R)：采用参考方式旋转对象时，根据系统提示指定要参考的角度和旋转后的角度值，操作完毕后，对象被旋转至指定的角度位置。

提示

可以用拖动鼠标的方法旋转对象。选择对象并指定基点后，从基点到当前光标位置会出现一条连线，鼠标选择的对象会动态地随着该连线与水平方向的夹角的变化而旋转，按 Enter 键，确认旋转操作，如图 4-39 所示。

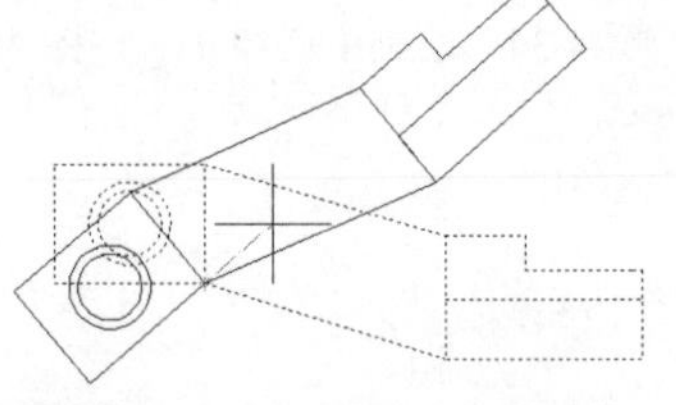

图 4-39 拖动鼠标旋转对象

操作完毕后，对象被旋转至指定的角度位置。

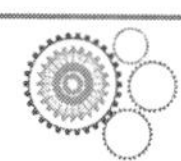

4.5.3　缩放命令

使用缩放命令可以改变实体的尺寸大小，在执行缩放的过程中，用户需要指定缩放比例。执行缩放命令，主要有以下 5 种调用方法：

☑ 在命令行中输入“SCALE”或“SC”命令。
☑ 选择菜单栏中的“修改/缩放”命令。
☑ 单击“修改”工具栏中的“缩放”按钮。
☑ 选择要缩放的对象，在绘图区右击，从打开的快捷菜单中选择“缩放”命令。
☑ 单击“默认”选项卡下“修改”面板中的“缩放”按钮。

执行上述命令后，根据系统提示选择要缩放的对象，指定缩放操作的基点，指定比例因子或选项。在执行缩放命令的过程中，命令行提示中各主要选项的含义如下。

☑ 参照(R)：采用参考方向缩放对象时，根据系统提示输入参考长度值并指定新长度值。若新长度值大于参考长度值，则放大对象；否则，缩小对象。操作完毕后，系统以指定的基点按指定的比例因子缩放对象。如果选择“点(P)”选项，则指定两点来定义新的长度。
☑ 指定比例因子：选择对象并指定基点后，从基点到当前光标位置会出现一条线段，线段的长度即为比例大小。鼠标选择的对象会动态地随着该连线长度的变化而缩放，按 Enter 键，确认缩放操作。
☑ 复制(C)：选择“复制(C)”选项时，可以复制缩放对象，即缩放对象时保留源对象，如图 4-40 所示。

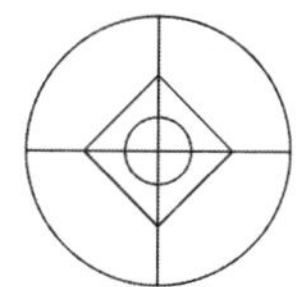

（a）缩放前

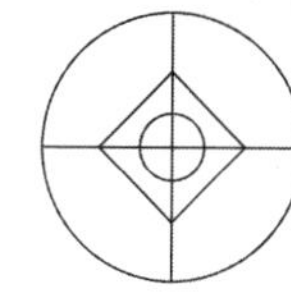

（b）缩放后

图 4-40　复制缩放

4.5.4　实战——曲柄

本实例主要利用旋转命令绘制曲柄，其绘制流程如图 4-41 所示。

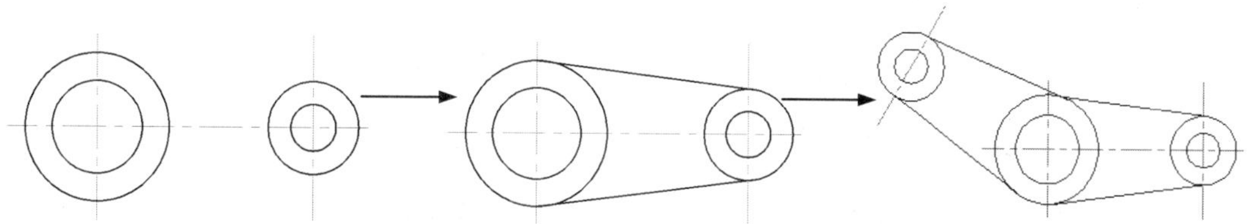

图 4-41　曲柄绘制流程图

操作步骤如下：

1．设置图层

单击“默认”选项卡下“图层”面板中的“图层特性”按钮，弹出“图层特性管理器”选项板，设置两个图层。

（1）“中心线”图层：线型为 CENTER，颜色为红色，线宽为 0.15mm，其余属性默认。

（2）“粗实线”图层：线型为Continuous，颜色为白色，线宽为0.30mm，其余属性默认。

2．绘制中心线

（1）将“中心线”图层设置为当前图层。单击“默认”选项卡下“绘图”面板中的“直线”按钮，坐标分别为{（100,100），（180,100）}和{（120,120），（120,80）}，设置“线型比例”为0.3，结果如图4-42所示。

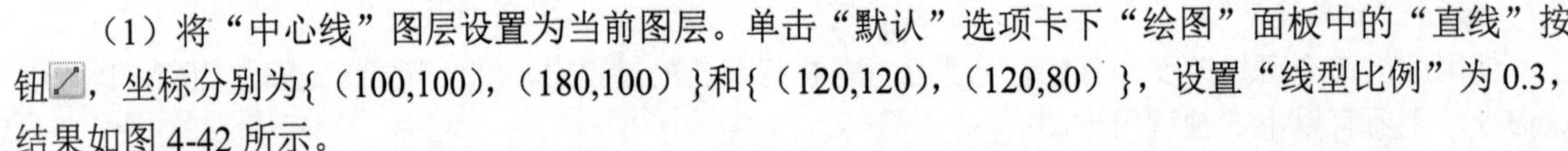

Note

（2）单击“默认”选项卡下“修改”面板中的“偏移”按钮，绘制另一条中心线，偏移距离为48，结果如图4-43所示。

3．绘制轴孔

转换到“粗实线”图层。单击“默认”选项卡下“绘图”面板中的“圆”按钮，以水平中心线与左边竖直中心线交点为圆心，以32和20为直径绘制同心圆，以水平中心线与右边竖直中心线交点为圆心，以20和10为直径绘制同心圆，单击“线宽”按钮显示线宽，结果如图4-44所示。

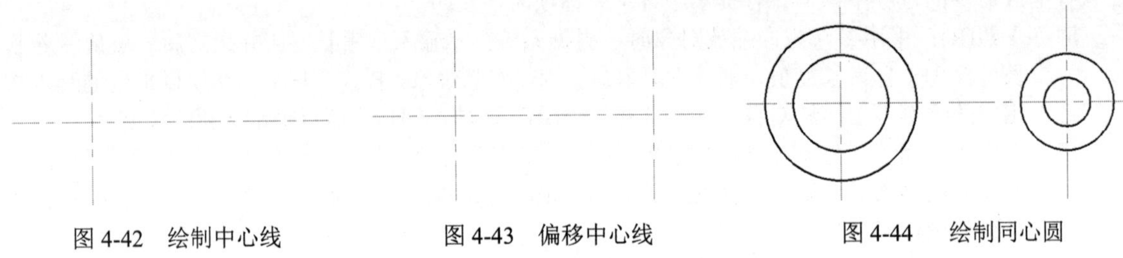

图4-42　绘制中心线　　图4-43　偏移中心线　　图4-44　绘制同心圆

4．绘制连接板

单击“默认”选项卡下“绘图”面板中的“直线”按钮，分别捕捉左右外圆的切点为端点，绘制上下两条连接线，结果如图4-45所示。

提示：

按住Shift键并右击，在弹出的快捷菜单中选择“切点”命令，就可以在视图区快速捕捉切点。

5．旋转轴孔及连接板

（1）单击“默认”选项卡下“修改”面板中的“旋转”按钮，将所绘制的图形进行复制旋转。

（2）在命令行提示“选择对象：”后选择图形中要旋转的部分，如图4-46所示。

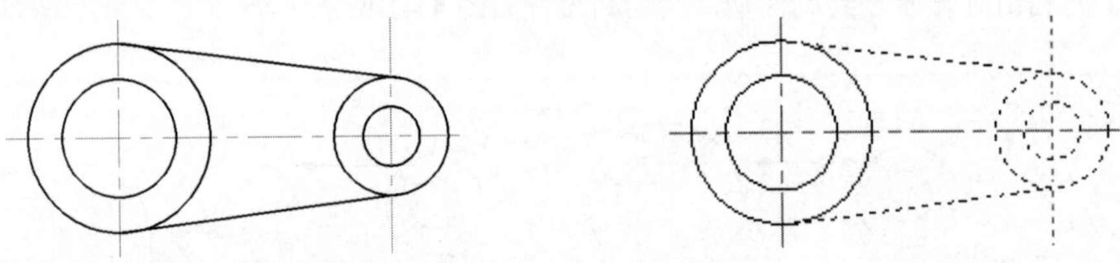

图4-45　绘制连接板　　图4-46　选择复制对象

（3）单击鼠标右键，在命令行提示“指定基点:”后捕捉左边中心线的交点。

（4）在命令行提示“指定旋转角度，或[复制(C)/参照(R)] <0>:”后输入C。

（5）在命令行提示“指定旋转角度，或[复制(C)/参照(R)] <0>:”后输入“150”，最终结果如图4-41所示。

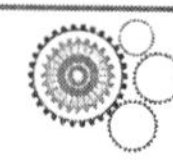

4.6　改变几何特性类命令

这一类编辑命令在对指定对象进行编辑后，使编辑对象的几何特性发生改变，包括倒角、圆角、打断、剪切、延伸、拉长、拉伸等命令。

4.6.1　打断命令

执行打断命令，主要有以下 4 种调用方法：

☑ 在命令行中输入“BREAK”命令。

☑ 选择菜单栏中的“修改/打断”命令。

☑ 单击“修改”工具栏中的“打断”按钮。

☑ 单击“默认”选项卡下“修改”面板中的“打断”按钮。

执行上述命令后，根据系统提示选择要打断的对象，并指定第二个打断点或输入“F”。如果选择“第一点(F)”，AutoCAD 2018 将丢弃前面的第一个选择点，重新提示用户指定两个断开点。

4.6.2　打断于点

打断于点是指在对象上指定一点，从而把对象在此点拆分成两部分。此命令与打断命令类似。执行打断于点命令的方法如下：

☑ 单击“默认”选项卡下“修改”面板中的“打断于点”按钮。

执行上述命令后，根据系统提示选择要打断的对象，在命令行提示“指定第二个打断点或[第一点(F)]: _f”后指定断点，则图形由此断开。

4.6.3　圆角命令

圆角是指用指定的半径决定的一段平滑的圆弧连接两个对象。系统规定圆角可以连接一对直线段、非圆弧的多段线段、样条曲线、双向无限长线、射线、圆、圆弧和椭圆。圆角可以在任何时刻连接非圆弧多段线的每个节点。

执行圆角命令，主要有以下 4 种调用方法：

☑ 在命令行中输入“FILLET”命令。

☑ 选择菜单栏中的“修改/圆角”命令。

☑ 单击“修改”工具栏中的“圆角”按钮。

☑ 单击“默认”选项卡下“修改”面板中的“圆角”按钮。

执行上述命令后，根据系统提示选择第一个对象或其他选项，再选择第二个对象。使用圆角命令对图形对象进行圆角时，命令行提示中主要选项的含义如下。

☑ 多段线(P)：在一条二维多段线的两段直线段的节点处插入圆滑的弧。选择多段线后，系统会根据指定的圆弧的半径把多段线各顶点用圆滑的弧连接起来。

☑ 修剪(T)：决定在圆角连接两条边时是否修剪这两条边，如图 4-47 所示。

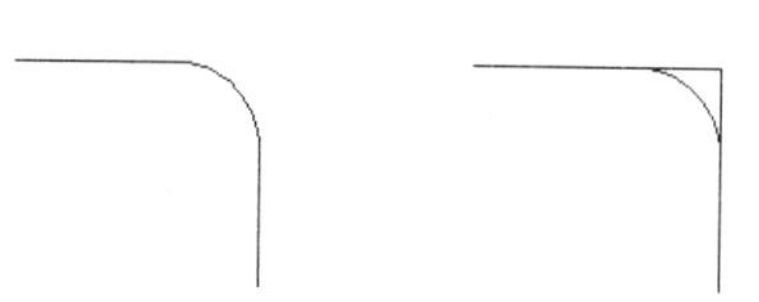

（a）修剪方式　　（b）不修剪方式

图 4-47　圆角连接

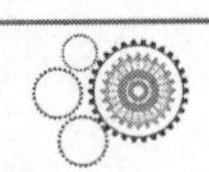

☑ 多个(M)：可以同时对多个对象进行圆角编辑，而不必重新起用命令。

提示

按住 Shift 键并选择两条直线，可以快速创建零距离倒角或零半径圆角。

Note

4.6.4 倒角命令

倒角是指用斜线连接两个不平行的线型对象。可以用斜线连接直线段、双向无限长线、射线和多段线。执行倒角命令，主要有以下 4 种调用方法：

☑ 在命令行中输入“CHAMFER”命令。

☑ 选择菜单栏中的“修改/倒角”命令。

☑ 单击“修改”工具栏中的“倒角”按钮。

☑ 单击“默认”选项卡下“修改”面板中的“倒角”按钮。

执行上述命令后，根据系统提示选择第一条直线或其他选项，再选择第二条直线。执行倒角命令对图形进行倒角处理时，命令行提示中各选项的含义如下。

☑ 距离(D)：选择倒角的两个斜线距离。斜线距离是指从被连接的对象与斜线的交点到被连接的两对象的可能的交点之间的距离，如图 4-48 所示。这两个斜线距离可以相同也可以不相同，若二者均为 0，则系统不绘制连接的斜线，而是把两个对象延伸至相交，并修剪超出的部分。

☑ 角度(A)：选择第一条直线的斜线距离和角度。采用这种方法斜线连接对象时，需要输入两个参数：斜线与一个对象的斜线距离和斜线与该对象的夹角，如图 4-49 所示。

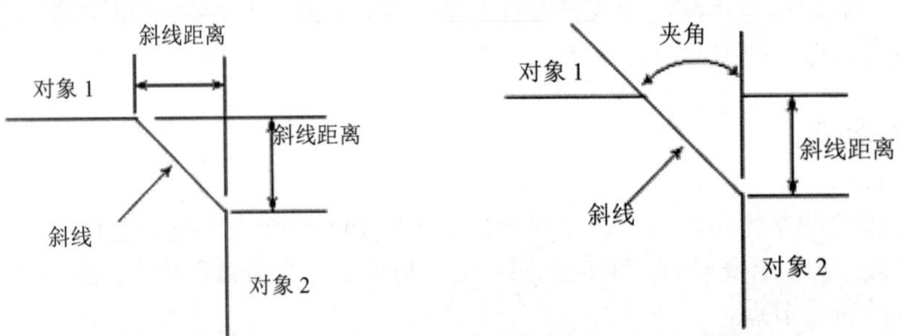

图 4-48　斜线距离　　图 4-49　斜线距离与夹角

☑ 多段线(P)：对多段线的各个交叉点进行倒角编辑。为了得到最好的连接效果，一般设置斜线是相等的值。系统根据指定的斜线距离把多段线的每个交叉点都作斜线连接，连接的斜线成为多段线新添加的构成部分，如图 4-50 所示。

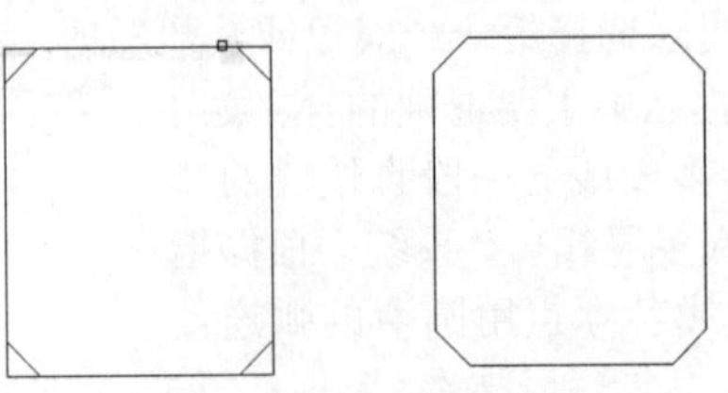

（a）选择多段线　　（b）倒角结果

图 4-50　斜线连接多段线

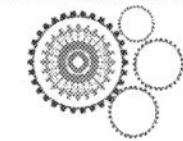

☑ 修剪(T)：与圆角连接命令 FILLET 相同，该选项决定连接对象后是否剪切源对象。
☑ 方式(M)：决定采用“距离”方式还是“角度”方式来倒角。
☑ 多个(U)：同时对多个对象进行倒角编辑。

提示

有时用户在执行圆角和倒角命令时，发现命令不执行或执行后没什么变化，那是因为系统默认圆角半径和斜线距离均为 0。如果不事先设定圆角半径或斜线距离，系统就以默认值执行命令，所以看起来好像没有执行命令。

视频讲解

4.6.5　实战——圆头平键

圆头平键也是一种通用机械零件。它的形状类似两头倒圆角的长方体，主视图成拉长的运动场跑道形状，利用矩形命令和倒圆角命令绘制；俯视图呈矩形状，利用矩形命令和倒直角命令绘制。绘制流程如图 4-51 所示。

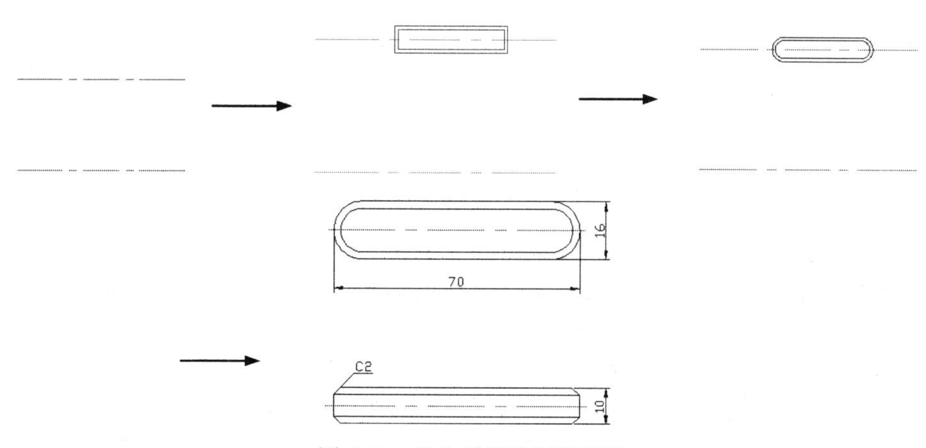

图 4-51　圆头平键绘制流程图

操作步骤如下：

1．设置图层

单击“默认”选项卡下“图层”面板中的“图层特性”按钮，打开“图层特性管理器”选项板。新建“中心线”“轮廓线”和“细实线”3 个图层，如图 4-52 所示。

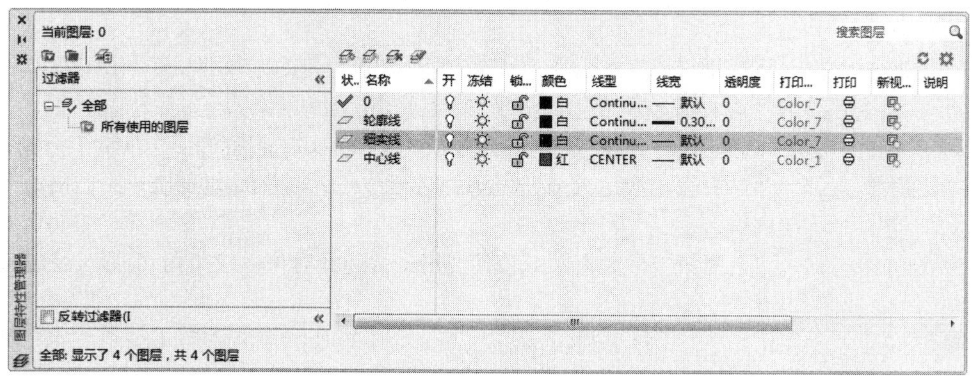

图 4-52　图层设置

Note

2．绘制中心线

（1）切换图层。将“中心线”图层设置为当前图层。

（2）绘制中心线。单击“默认”选项卡下“绘图“面板中的“直线”按钮，指定两个端点坐标分别为（100,200）和（250,200），得到的效果如图4-53所示。

（3）偏移直线。对于第二条中心线{（100,120），（250,120）}，既可以再次使用“直线”命令进行绘制，还可以使用“偏移”命令。单击“默认”选项卡下“修改”面板中的“偏移”按钮或单击“修改”工具栏中的“偏移”按钮，或者在命令行中输入“OFFSET”命令后按Enter键，选择第一条中心线，将其向下偏移80，得到的效果如图4-54所示。

3．绘制平键主视图轮廓

（1）切换图层。将当前图层从“中心线”图层切换到“轮廓线”图层。

（2）绘制轮廓线。单击“默认”选项卡下“绘图”面板中的“矩形”按钮，采用指定矩形两个角点模式绘制两个矩形，角点坐标分别为（150,192）和（220,208），以及（152,194）和（218,206），绘制出两个矩形，效果如图4-55所示。

图4-53　绘制中心线 　　图4-54　绘制偏移中心线 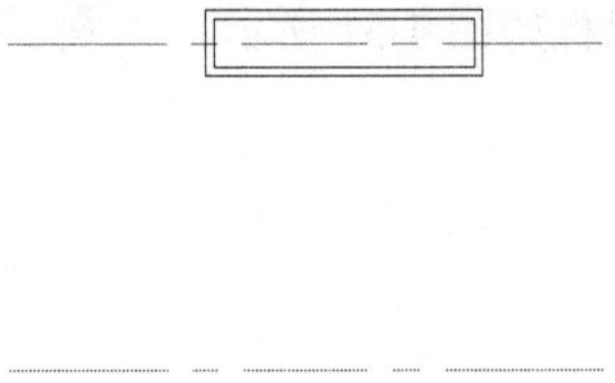　　图4-55　平键主视图

（3）缩放视图。单击“视图”选项卡下“导航”面板中的“实时”按钮，此时光标变为放大镜形状，可以通过单击并按住鼠标左键的同时向上拖动鼠标放大图形，向下拖动鼠标缩小图形。直至调整到键的轮廓图大小合适，按Enter键结束缩放。

（4）平移视图。单击“视图”选项卡下“导航”面板中的“平移”按钮，此时光标变为小手形状，拖动鼠标将光标锁定在当前位置，即“小手”已经抓住图形，然后拖动图形使其移动到所需位置，释放鼠标将停止平移图形。可以反复按下鼠标左键，拖动、松开，将图形平移到其他位置。按Enter键结束平移。

4．图形倒圆角

（1）单击“默认”选项卡下“修改”面板中的“圆角”按钮，或者单击“修改”工具栏中的“圆角”按钮，或者在命令行中输入“FILLET”命令后按Enter键。

（2）在命令行提示“选择第一个对象或[放弃(U)/多段线(P)/半径(R)/修剪(T)/多个(M)]:R 指定圆角半径 <0.0000>:”后输入“8”。

（3）在命令行提示“选择第一个对象或[放弃(U)/多段线(P)/半径(R)/修剪(T)/多个(M)]:”后输入“T”。

（4）在命令行提示“输入修剪模式选项[修剪(T)/不修剪(N)] <不修剪>:”后输入“T”。

（5）在命令行提示“选择第一个对象或[放弃(U)/多段线(P)/半径(R)/修剪(T)/多个(M)]:”后输入“M”。

（6）在命令行提示“选择第一个对象或[放弃(U)/多段线(P)/半径(R)/修剪(T)/多个(M)]:”后选择矩形边1。

（7）在命令行提示“选择第二个对象，或按住Shift键选择对象以应用角点或[半径(R)]:”后选择矩形边2。

（8）重复上述步骤，其中，大矩形圆角半径为8mm，小矩形圆角半径为6mm。将两个矩形的8个直角倒成圆角，如图4-56所示。

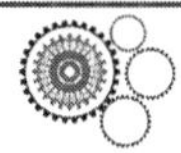

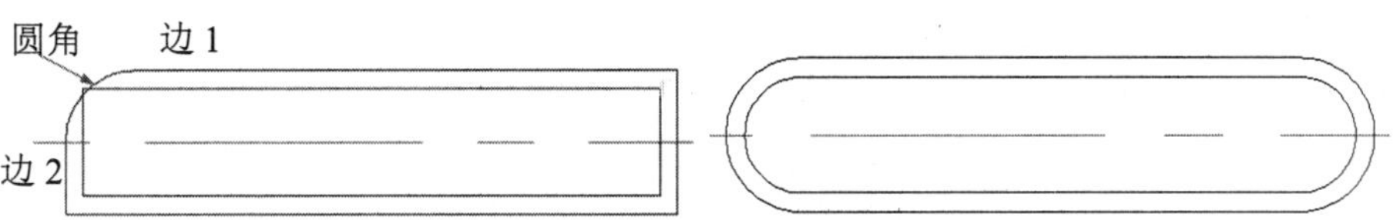

图 4-56　倒圆角

（9）查看主视图。再次缩放视图，此处与前面缩放命令选项不同，单击“视图”选项卡下“导航”面板中的“全部”按钮，可直接缩放到全局视图，如图 4-57 所示。

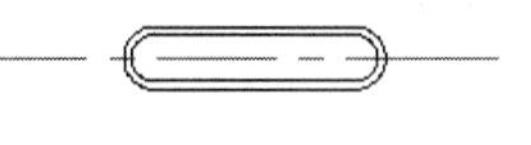

图 4-57　全局视图

5．绘制平键俯视图轮廓线

单击“默认”选项卡下“绘图”面板中的“矩形”按钮，采用指定矩形两个角点模式，角点坐标分别为（150,115）和（220,125），绘制结果如图 4-58 所示。

6．创建倒角

（1）矩形倒直角。单击“默认”选项卡下“修改”面板中的“倒角”按钮，为矩形四角点倒斜角。

（2）在命令行提示“选择第一条直线或[放弃(U)/多段线(P)/距离(D)/角度(A)/修剪(T)/方式(E)/多个(M)]:”后输入“D”。

（3）在命令行提示“指定第一个倒角距离:”后输入“2”。

（4）在命令行提示“指定第二个倒角距离:”后输入“2”。

（5）在命令行提示“选择第一条直线或[放弃(U)/多段线(P)/距离(D)/角度(A)/修剪(T)/方式(E)/多个(M)]:”后选择矩形的一个边。

（6）在命令行提示“选择第二条直线，或按住 Shift 键选择直线以应用角点或[距离(D)/角度(A)/方法(M)]:”后选择矩形相邻的另一个边。

（7）重复上述倒直角操作，直至矩形的 4 个顶角都被倒直角。倒直角后的效果如图 4-59 所示。

（8）绘制直线。单击“默认”选项卡下“绘图“面板中的“直线”按钮，绘制直线{（150,117），（220,117）}和直线{（150,123），（220,123）}。平键俯视图如图 4-60 所示。

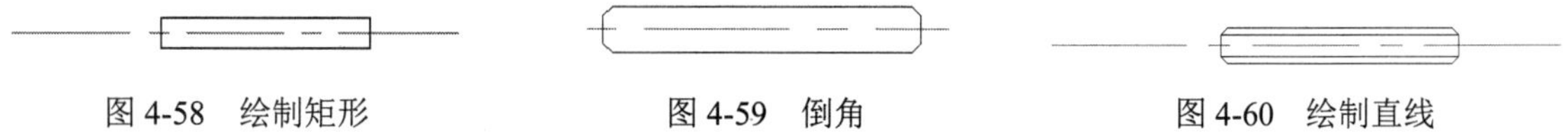

图 4-58　绘制矩形　　图 4-59　倒角　　图 4-60　绘制直线

（9）修剪中心线。单击“默认”选项卡下“修改”面板中的“打断”按钮，删掉过长的中心线，最终结果如图 4-51 所示。

4.6.6　拉伸命令

拉伸对象是指拖拉选择的对象，且形状发生改变后的对象。拉伸对象时，应指定拉伸的基点和移置点。利用一些辅助工具如捕捉、钳夹功能及相对坐标等可以提高拉伸的精度，如图 4-61 所示。执行拉伸命令，主要有以下 4 种调用方法：

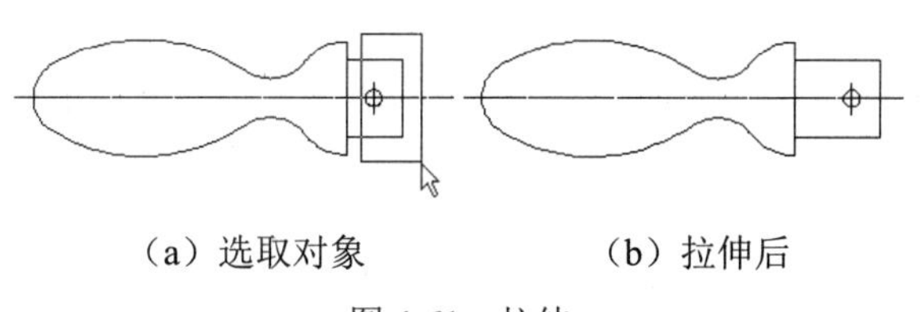

（a）选取对象　　（b）拉伸后

图 4-61　拉伸

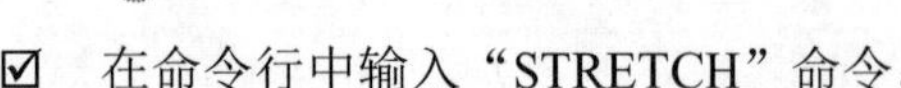

☑ 在命令行中输入“STRETCH”命令。

☑ 选择菜单栏中的“修改/拉伸”命令。

☑ 单击“修改”工具栏中的“拉伸”按钮。

☑ 单击“默认”选项卡下“修改”面板中的“拉伸”按钮。

Note

执行上述命令后，根据系统提示输入“C”，采用交叉窗口的方式选择要拉伸的对象，指定拉伸的基点和第二点。

此时，若指定第二个点，系统将根据这两点决定的矢量拉伸对象。若直接按 Enter 键，系统会把第一个点作为 X 轴和 Y 轴的分量值。

STRETCH 仅移动位于交叉选择内的顶点和端点，不更改那些位于交叉选择外的顶点和端点。部分包含在交叉选择窗口内的对象将被拉伸。

提示

执行 STRETCH 命令时，必须采用交叉窗口或交叉多边形方式选择对象。用交叉窗口选择拉伸对象时，落在交叉窗口内的端点被拉伸，落在外部的端点保持不动。

视频讲解

4.6.7 实战——螺栓

本实例主要利用拉伸命令拉伸图形，绘制螺栓零件图。其绘制流程如图 4-62 所示。

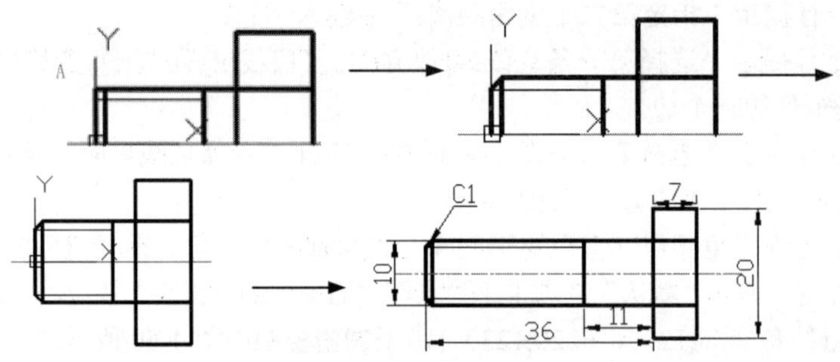

图 4-62　螺栓绘制流程图

操作步骤如下：

1．图层设置

单击“默认”选项卡下“图层”面板中的“图层特性”按钮，新建 3 个图层。

（1）“粗实线”图层：线宽为 0.3mm，其余属性默认。

（2）“细实线”图层：线宽为 0.15mm，其余属性默认。

（3）“中心线”图层：线宽为 0.15mm，线型为 CENTER，颜色设为红色，其余属性默认。

2．绘制中心线

（1）将“中心线”图层设置为当前图层。

（2）单击“默认”选项卡下“绘图“面板中的“直线”按钮，绘制坐标点为{（-5,0），（@30,0）}的中心线。

3．绘制初步轮廓线

（1）将“粗实线”图层设置为当前图层。

（2）单击“默认”选项卡下“绘图“面板中的“直线”按钮，绘制 4 条线段或连续线段，端

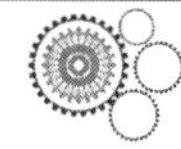

点坐标分别为{（0,0），（@0,5），（@20,0）}、{（20,0），（@0,10），（@-7,0），（@0,-10）}、{（10,0），（@0,5）}和{（1,0），（@0,5）}。

4．绘制螺纹牙底线

（1）将“细实线”图层设置为当前图层。

（2）单击“默认”选项卡下“绘图“面板中的“直线”按钮，绘制线段，端点坐标为{（0,4），（@10, 0）}，打开“线宽”，绘制如图 4-63 所示的轮廓线图。

5．倒角处理

单击“默认”选项卡下“修改”面板中的“倒角”按钮，倒角距离为 1，对图 4-63 中 A 点处的两条直线进行倒角处理，结果如图 4-64 所示。

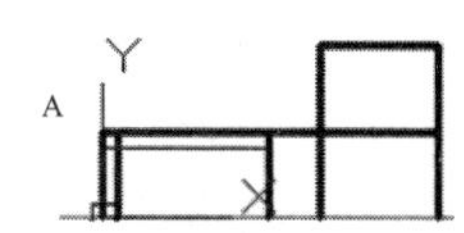

图 4-63　绘制轮廓线图

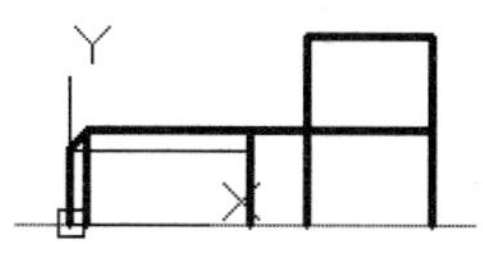

图 4-64　倒角处理

6．镜像处理

单击“默认”选项卡下“修改”面板中的“镜像”按钮，对所有绘制的对象进行镜像，镜像轴为螺栓的中心线，结果如图 4-65 所示。

7．拉伸处理

（1）单击“默认”选项卡下“修改”面板中的“拉伸”按钮，拉伸第 6 步绘制的图形。

（2）在命令行提示“选择对象:”后选择如图 4-66 所示的虚线框所显示的范围。

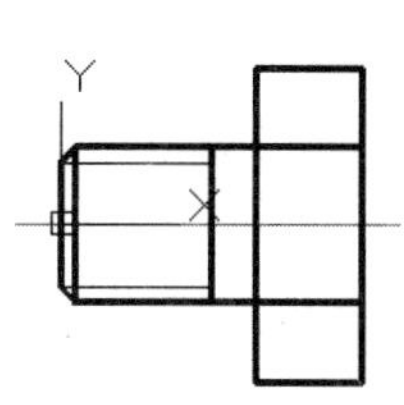

图 4-65　镜像处理

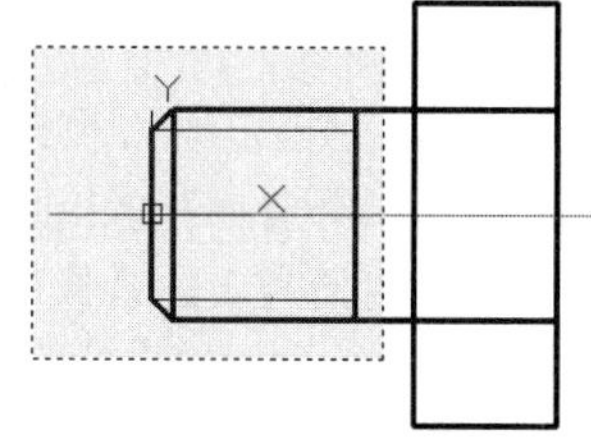

图 4-66　拉伸操作

（3）单击鼠标右键，结束“选择对象”命令；在命令行提示“指定基点或[位移(D)] <位移>:”后指定图中任意一点。

（4）在命令行提示“指定第二个点或<使用第一个点作为位移>:”后输入“@-8,0”，绘制结果如图 4-67 所示。

（5）按空格键继续执行“拉伸”命令。

（6）在命令行提示“选择对象:”后选择如图 4-68 所示的虚线框所显示的范围。

（7）单击鼠标右键，结束“选择对象”命令；在命令行提示“指定基点或[位移(D)] <位移>:”后指定图中任意一点。

（8）在命令行提示“指定第二个点或<使用第一个点作为位移>:”后输入“@-15,0”，绘制结果如图 4-69 所示。

8．保存文件

在命令行中输入“QSAVE”命令，或者单击快速访问工具栏中的“保存”按钮，最后得到如图 4-62 所示的零件图。

Note

图 4-67　拉伸图形

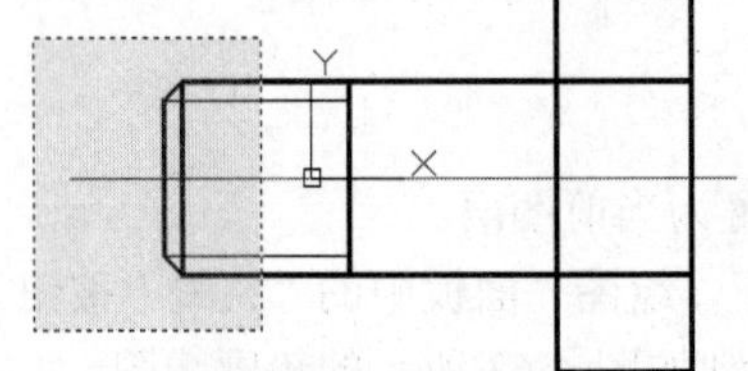

图 4-68　拉伸操作

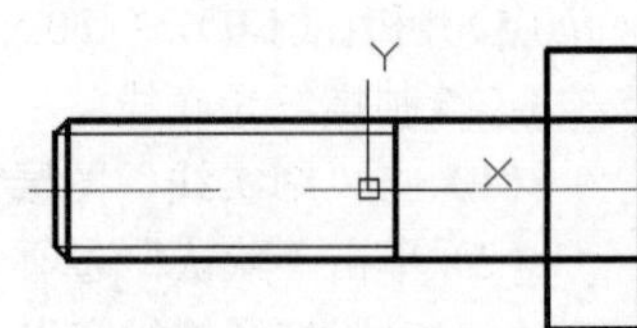

图 4-69　拉伸螺栓

提示

通过选择“修改/拉伸”命令，可以选择拉伸的对象和拉伸的两个角点。AutoCAD 可拉伸与选择窗口相交的圆弧、椭圆弧、直线、多段线线段、二维实体、射线、宽线和样条曲线。STRETCH 移动窗口内的端点，而不改变窗口外的端点。STRETCH 还移动窗口内的宽线和二维实体的顶点，而不改变窗口外的宽线和二维实体的顶点。多段线的每一段都被当作简单的直线或圆弧分开处理。

4.6.8　拉长命令

拉长命令是指拖拉选择的对象至某点或拉长一定长度。执行拉长命令，主要有以下 3 种方法：

☑　在命令行中输入“LENGTHEN”或“LEN”命令。

☑　选择菜单栏中的“修改/拉长”命令。

☑　单击“默认”选项卡下“修改”面板中的“拉长”按钮。

执行上述命令后，根据系统提示选择对象。使用拉长命令对图形对象进行拉长时，命令行提示中主要选项的含义如下。

☑　增量(DE)：用指定增加量的方法改变对象的长度或角度。

☑　百分数(P)：用指定占总长度的百分比的方法改变圆弧或直线段的长度。

☑　全部(T)：用指定新的总长度或总角度值的方法来改变对象的长度或角度。

☑　动态(DY)：打开动态拖拉模式。在这种模式下，可以使用拖拉鼠标的方法来动态地改变对象的长度或角度。

4.6.9　修剪命令

使用修剪命令可以将超出修剪边界的线条进行修剪，被修剪的对象可以是直线、多段线、圆弧、样条曲线、构造线等。执行修剪命令，主要有以下 4 种方法：

☑　在命令行中输入“TRIM”命令。

☑　选择菜单栏中的“修改/修剪”命令。

☑　单击“修改”工具栏中的“修剪”按钮。

☑　单击“默认”选项卡下“修改”面板中的“修剪”按钮。

执行上述命令后，根据系统提示选择剪切边，选择一个或多个对象并按 Enter 键，或者按 Enter 键选择所有显示的对象。按 Enter 键结束对象选择。使用修剪命令对图形对象进行修剪时，命令行提示中主要选项的含义如下。

☑　在选择对象时，如果按住 Shift 键，系统就自动将“修剪”命令转换成“延伸”命令。

☑　选择“边”选项时，可以选择对象的修剪方式。

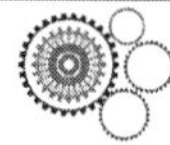

☆ 延伸(E)：延伸边界进行修剪。在此方式下，如果剪切边没有与要修剪的对象相交，系统会延伸剪切边直至与对象相交，然后再修剪，如图 4-70 所示。

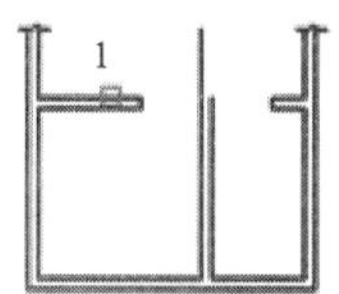

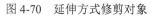

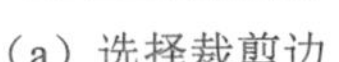
（a）选择裁剪边

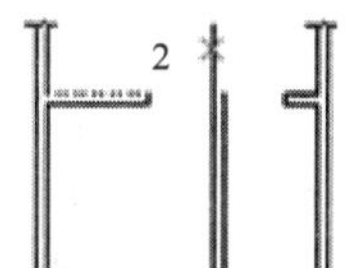

（b）选择要修剪的对象

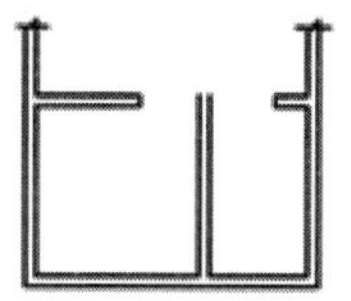
（c）修剪后的结果

图 4-70　延伸方式修剪对象

☆ 不延伸(N)：不延伸边界修剪对象。只修剪与剪切边相交的对象。

☑ 选择“栏选(F)”选项时，系统以栏选的方式选择被修剪对象，如图 4-71 所示。

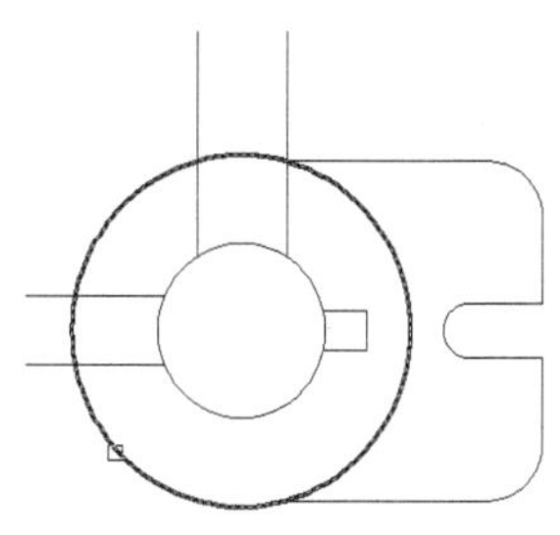
（a）选定剪切边

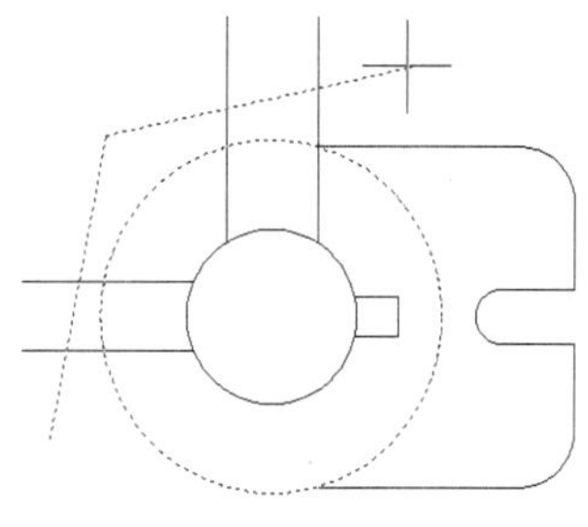
（b）使用栏选选定要修剪的对象

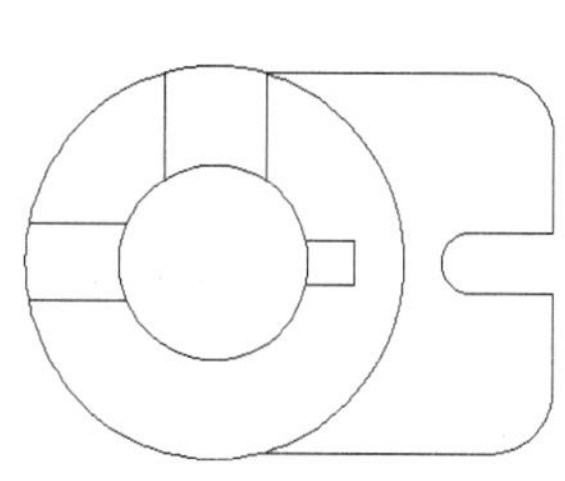
（c）结果

图 4-71　栏选修剪对象

☑ 选择“窗交(C)”选项时，系统以栏选的方式选择被修剪对象，如图 4-72 所示。被选择的对象可以互为边界和被修剪对象，此时系统会在选择的对象中自动判断边界，如图 4-72 所示。

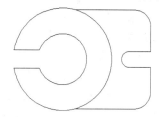

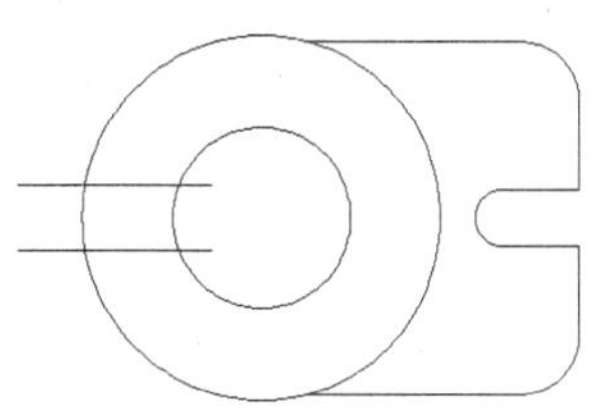
（a）使用窗交选择选定的边

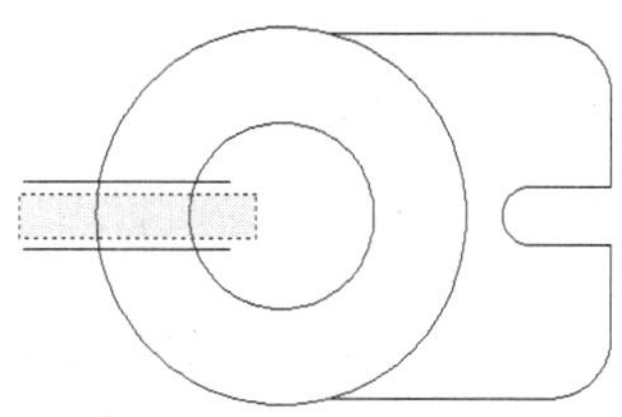
（b）选定要修剪的对象

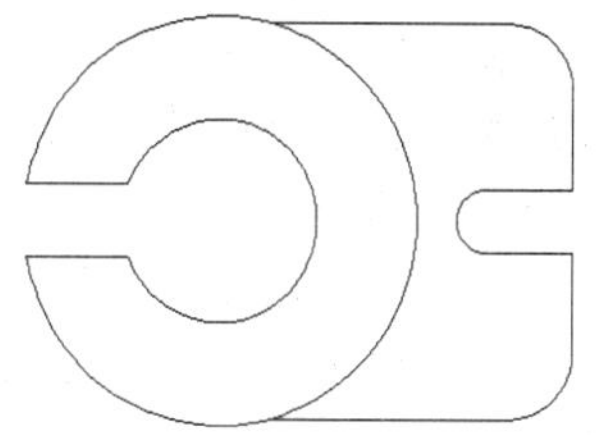
（c）结果

图 4-72　窗交选择修剪对象

4.6.10　实战——旋钮

本实例绘制旋钮。根据图形的特点，采用圆和环形阵列等命令绘制主视图，利用镜像和图案填充命令完成左视图。其流程图绘制如图 4-73 所示。

操作步骤如下：

1．设置图层

单击“默认”选项卡下“图层”面板中的“图层特性”按钮，新建 3 个图层。

（1）“轮廓线”图层：线宽属性为 0.3mm，其余属性默认。

（2）“中心线”图层：颜色设为红色，线型加载为 CENTER，其余属性默认。

Note

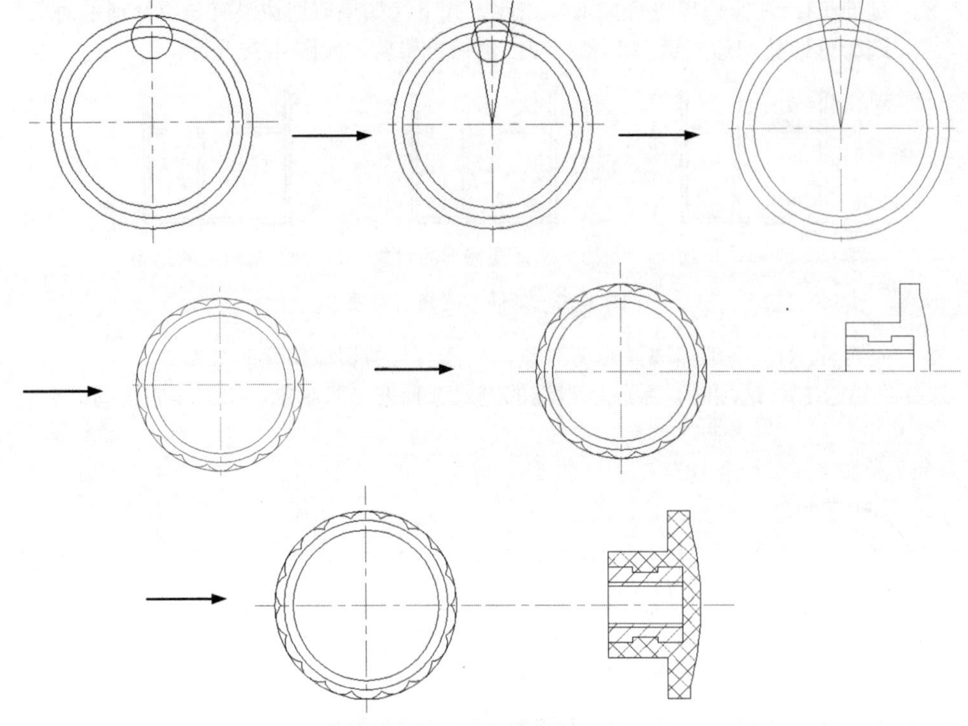

图 4-73　旋钮绘制流程图

（3）“细实线”图层：颜色设为蓝色，其余属性默认。

2．绘制中心线

（1）将“中心线”图层设置为当前图层。

（2）单击“默认”选项卡下“绘图“面板中的“直线”按钮，绘制适当长度且相互垂直的中心线，并设置线型比例为 0.4，结果如图 4-74 所示。

3．绘制圆

（1）将“轮廓线”图层设置为当前图层。

（2）单击“默认”选项卡下“绘图”面板中的“圆”按钮，以两中心线的交点为圆心，分别绘制半径为 20、22.5 和 25 的同心圆，再以半径为 20 的圆和竖直中心线的交点为圆心，绘制半径为 5 的圆，结果如图 4-75 所示。

4．绘制辅助直线

单击“默认”选项卡下“绘图“面板中的“直线”按钮，起点为两中心线的交点，终点坐标分别为（@30<80）和（@30<100），结果如图 4-76 所示。

5．修剪处理

（1）单击“默认”选项卡下“修改”面板中的“修剪”按钮，修剪相关图线。

（2）在命令行提示“选择对象或<全部选择>:”后选择如图 4-76 中所示的两条斜线并右击。

（3）在命令行提示“选择要修剪的对象，或按住 Shift 键选择要延伸的对象，或[栏选(F)/窗交(C)/投影(P)/边(E)/删除(R)/放弃(U)]:”后选择圆在左边斜线外的部分。

（4）在命令行提示“选择要修剪的对象，或按住 Shift 键选择要延伸的对象，或[栏选(F)/窗交(C)/投影(P)/边(E)/删除(R)/放弃(U)]:”后选择圆两斜线之间下面的部分。

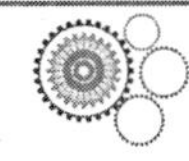

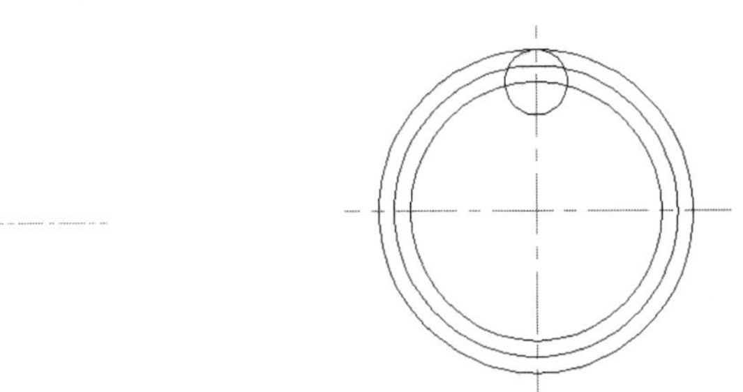

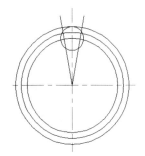

图 4-74　绘制中心线　　图 4-75　绘制圆　　图 4-76　绘制辅助直线

（5）在命令行提示“选择要修剪的对象，或按住 Shift 键选择要延伸的对象，或[栏选(F)/窗交(C)/投影(P)/边(E)/删除(R)/放弃(U)]:”后选择圆在右边斜线外的部分。

（6）在命令行提示“选择要修剪的对象，或按住 Shift 键选择要延伸的对象，或[栏选(F)/窗交(C)/投影(P)/边(E)/删除(R)/放弃(U)]:”后按 Enter 键，结果如图 4-77 所示。

6．删除线段

单击“默认”选项卡下“修改”面板中的“删除”按钮，删除辅助直线，结果如图 4-78 所示。

7．阵列处理

单击“默认”选项卡下“修改”面板中的“环形阵列”按钮，采用环形阵列，项目个数为 18，以两中心线的交点为阵列中心点阵列修剪后的圆弧，结果如图 4-79 所示。

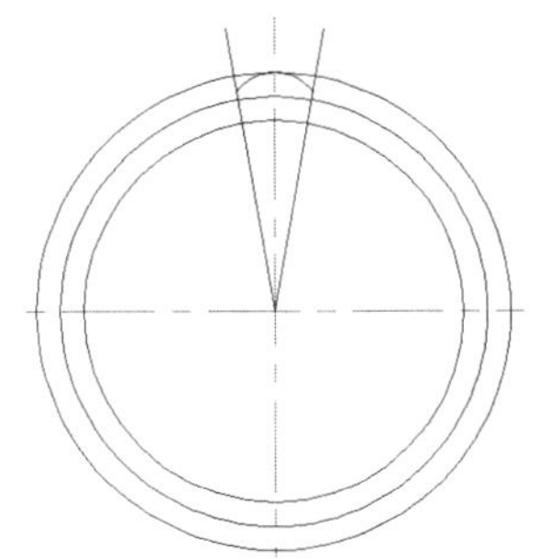

图 4-77　修剪处理

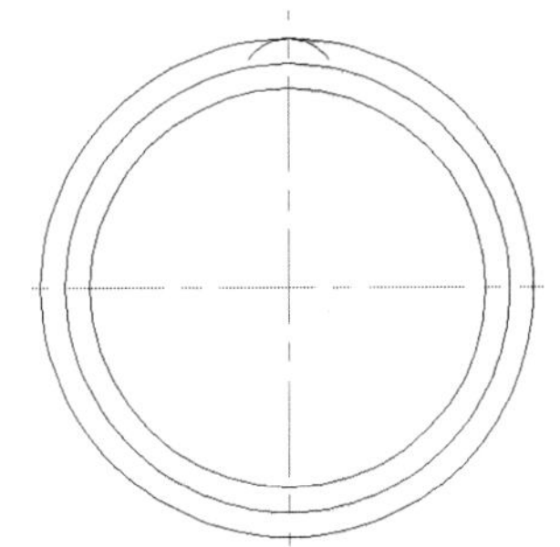

图 4-78　删除结果

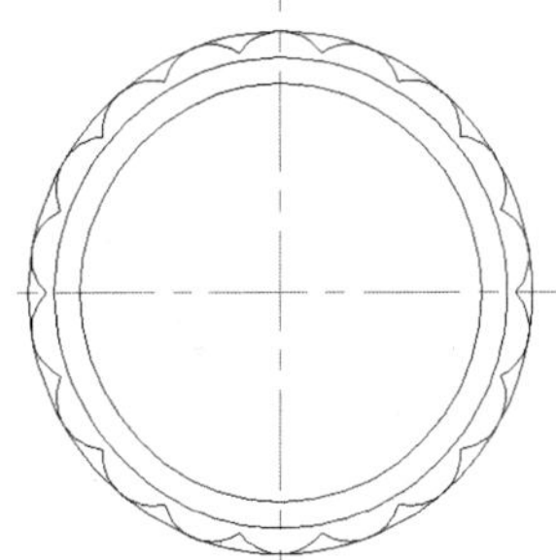

图 4-79　阵列处理

8．绘制直线

（1）转换到“中心线”图层。

（2）单击“默认”选项卡下“绘图“面板中的“直线”按钮，绘制线段 1 和线段 2。其中，线段 1 与左边的中心线同水平位置。结果如图 4-80 所示。

9．偏移处理

（1）单击“默认”选项卡下“修改”面板中的“偏移”按钮，将线段 1 分别向上偏移 5、6、8.5、10、14 和 25，将线段 2 分别向右偏移 6.5、13.5、16、20、22 和 25。

（2）选取偏移后的直线，将其所在层分别修改为“轮廓线”和“细实线”图层。其中，离基准点画线最近的线为细实线。打开“线宽”，结果如图 4-81 所示。

10．修剪处理

单击“默认”选项卡下“修改”面板中的“修剪”按钮，将多余的线段进行修剪，关闭“线宽”，结果如图 4-82 所示。

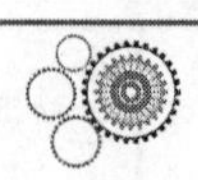

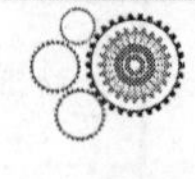

Note

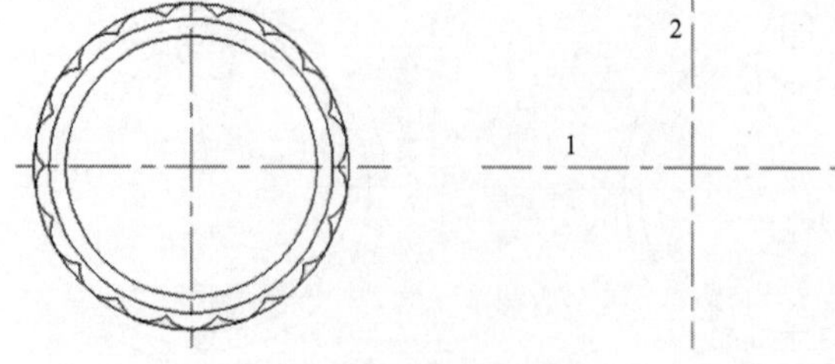

图 4-80　绘制直线

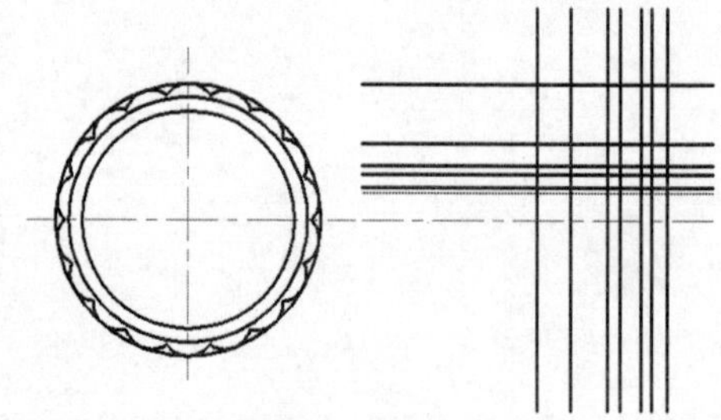

图 4-81　偏移处理

11．绘制圆

（1）将“轮廓线”图层设置为当前图层。单击“默认”选项卡下“绘图”面板中的“圆”按钮。

（2）在命令行提示“指定圆的圆心或[三点(3p)/两点(2p)/切点、切点、半径(t)]:”后从“对象捕捉”工具栏中单击“自”按钮，选择右边竖直直线与水平中心线的交点。

（3）在命令行提示下输入偏移量“@-80,0”。

（4）在命令行提示“指定圆的半径或[直径(d)]:”后输入“80”，结果如图 4-83 所示。

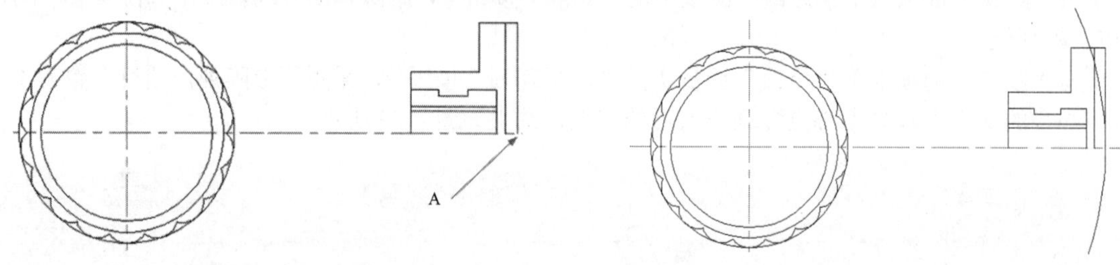

图 4-82　修剪处理

图 4-83　绘制圆

12．修剪处理

单击“默认”选项卡下“修改”面板中的“修剪”按钮，将多余的线段进行修剪，结果如图 4-84 所示。

13．删除多余线段

单击“默认”选项卡下“修改”面板中的“删除”按钮，将多余线段进行删除，结果如图 4-85 所示。

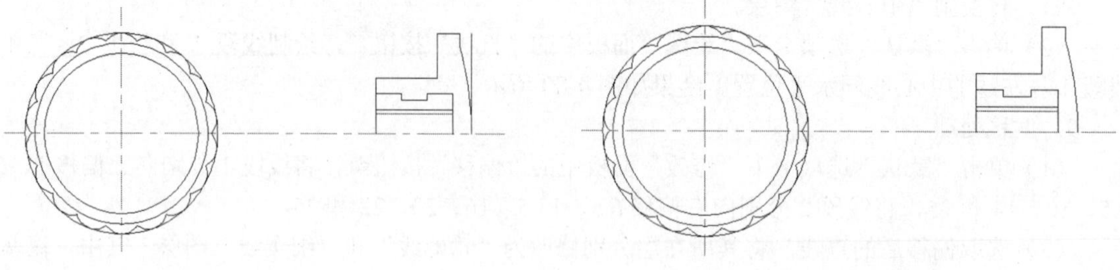

图 4-84　修剪处理

图 4-85　删除结果

14．镜像处理

单击“默认”选项卡下“修改”面板中的“镜像”按钮，以水平中心线为镜像线镜像左视图，结果如图 4-86 所示。

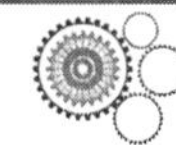

15．绘制剖面线

（1）将“细实线”图层设置为当前图层。

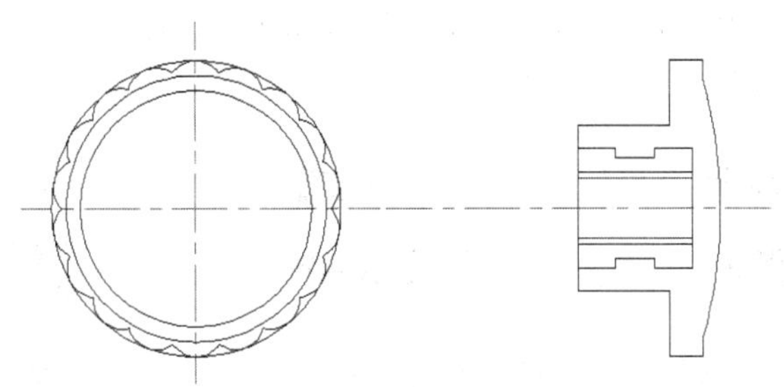

图 4-86　镜像处理

（2）单击“默认”选项卡下“绘图”面板中的“图案填充”按钮，弹出“图案填充创建”选项卡，如图 4-87 所示。

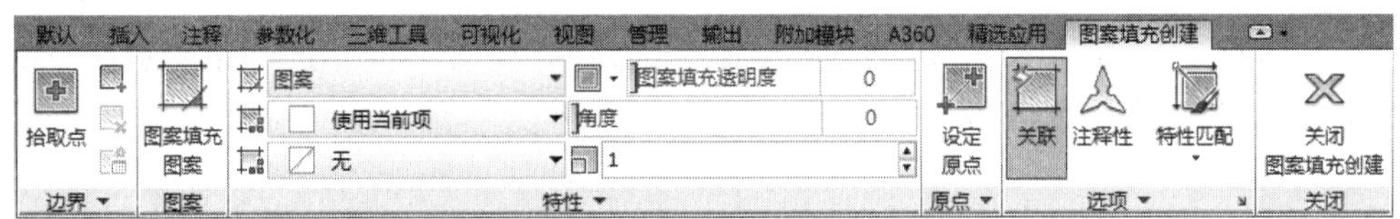

图 4-87　“图案填充创建”选项卡

（3）在“图案”面板中单击“图案填充图案”按钮，弹出“填充图案”对话框。在对话框中选择 ANSI37 填充图案，回到“图案填充创建”选项卡。单击“边界”面板中的“拾取点”按钮，在所需填充区域中拾取任意一个点，重复拾取直至所有填充区域都被虚线框所包围，按 Enter 键结束拾取，回到“图案填充创建”选项卡，单击“关闭”按钮，完成图案填充操作。重复操作填充 ANSI31 填充图案，即完成剖面线的绘制。

（4）完成旋钮的绘制工作，结果如图 4-73 所示。

4.6.11　延伸命令

延伸对象是指延伸对象直至另一个对象的边界线，如图 4-88 所示。执行延伸命令，主要有以下 4 种方法：

- ☑ 在命令行中输入“EXTEND”命令。
- ☑ 选择菜单栏中的“修改/延伸”命令。
- ☑ 单击“修改”工具栏中的“延伸”按钮。
- ☑ 单击“默认”选项卡下“修改”面板中的“延伸”按钮。

（a）选择边界

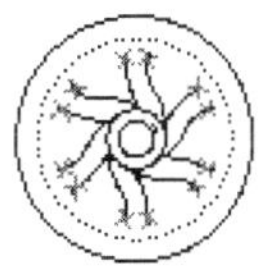

（b）选择要延伸的对象

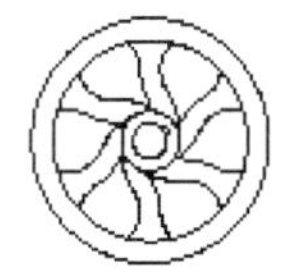

（c）执行结果

图 4-88　延伸对象（1）

执行上述命令后，根据系统提示选择边界的边，选择边界对象。此时，可以选择对象来定义边界。若直接按 Enter 键，则选择所有对象作为可能的边界对象。

系统规定可以用作边界对象的对象有直线段、射线、双向无限长线、圆弧、圆、椭圆、二维或三维多段线、样条曲线、文本、浮动的视口或区域。如果选择二维多段线作为边界对象，系统会忽略其宽度而把对象延伸至多段线的中心线上。

选择边界对象后，系统继续提示选择要延伸对象，此时可继续选择或按 Enter 键结束。如果要延

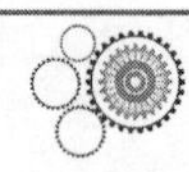

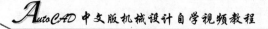

Note

伸的对象是适配样条多段线，则延伸后会在多段线的控制框上增加新节点。如果要延伸的对象是锥形的多段线，系统会修正延伸端的宽度，使多段线从起始端平滑地延伸至新的终止端。如果延伸操作导致新终止端的宽度为负值，则取宽度值为 0，如图 4-89 所示。选择对象时，如果按住 Shift 键，系统就自动将“延伸”命令转换成“修剪”命令。

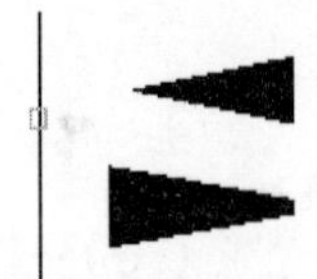

（a）选择边界对象

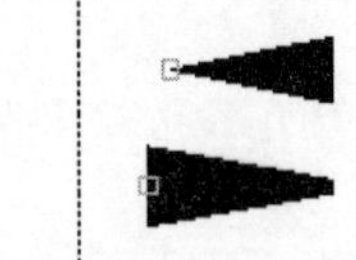

（b）选择要延伸的多段线

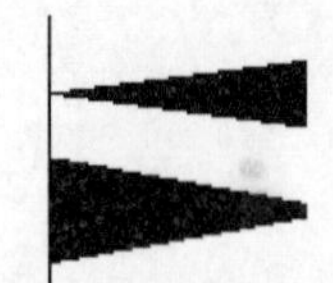

（c）延伸后的结果

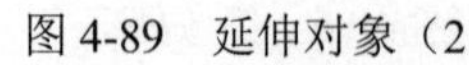

图 4-89　延伸对象（2）

视频讲解

4.6.12　实战——手把

本实例绘制手把主视图，主要利用直线和圆命令绘制基本轮廓，并利用延伸和修剪命令编辑图形细节部分。其流程图绘制如图 4-90 所示。

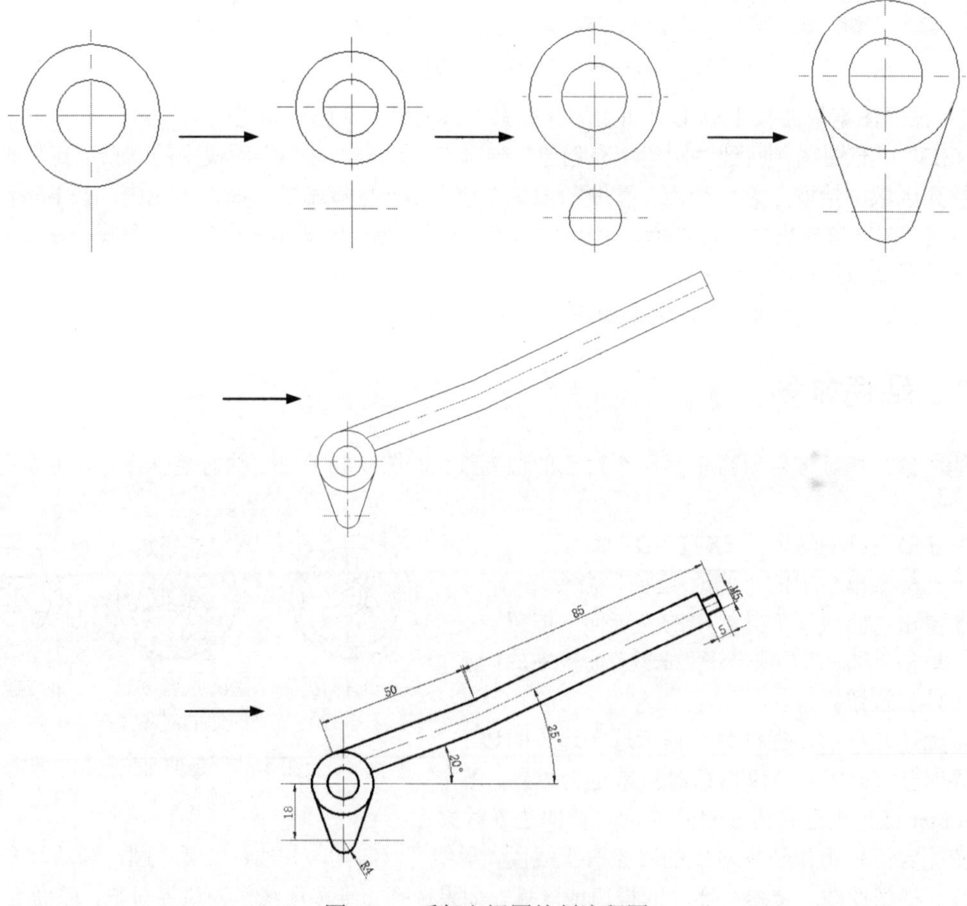

图 4-90　手把主视图绘制流程图

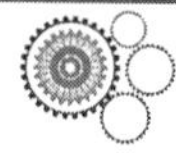

操作步骤如下：

1．创建图层

单击“默认”选项卡下“图层”面板中的“图层特性”按钮，打开“图层特性管理器”选项板，设置 3 个图层。

（1）“中心线”图层：颜色为红色，线型为 CENTER，线宽为 0.15mm。

（2）“粗实线”图层：颜色为白色，线型为 Continuous，线宽为 0.30mm。

（3）“细实线”图层：颜色为白色，线型为 Continuous，线宽为 0.15mm。

2．绘制中心线

（1）将“中心线”图层设置为当前图层。

（2）单击“默认”选项卡下“绘图“面板中的“直线”按钮，以坐标点{（85,100），（115,100）}、{（100,115），（100,80）}绘制中心线，结果如图 4-91 所示。

3．绘制圆

（1）将“粗实线”图层设置为当前图层。

（2）单击“默认”选项卡下“绘图”面板中的“圆”按钮，以中心线交点为圆心，以 10 和 5 为半径绘制圆，结果如图 4-92 所示。

4．偏移中心线

单击“默认”选项卡下“修改”面板中的“偏移”按钮，将水平中心线向下偏移，偏移量为 18，结果如图 4-93 所示。

5．拉伸中心线

（1）单击“默认”选项卡下“修改”面板中的“拉长”按钮，拉长竖直中心线。

（2）在命令行提示“选择对象或[增量(DE)/百分数(P)/全部(T)/动态(DY)]:”后输入“DE”。

（3）在命令行提示“输入长度增量或[角度(A)] <5.0000>:”后输入“5”。

（4）在命令行提示“选择要修改的对象或[放弃(U)]:”后选取竖直中心线下端。

（5）在命令行提示“选择要修改的对象或[放弃(U)]:”后按 Enter 键。

（6）将偏移的水平线左右两端各缩短 5，结果如图 4-94 所示。

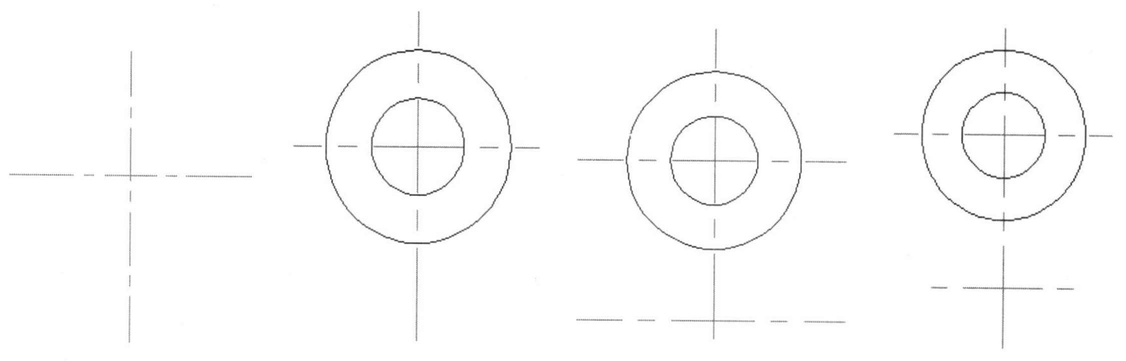

图 4-91　绘制中心线　　图 4-92　绘制圆　　图 4-93　偏移中心线　　图 4-94　拉长中心线

6．绘制圆

单击“默认”选项卡下“绘图”面板中的“圆”按钮，以中心线交点为圆心，绘制半径为 4 的圆，结果如图 4-95 所示。

7．绘制直线

首先在状态栏中选取“对象捕捉”并右击，在打开的快捷菜单中选取设置选项，系统弹出“草图

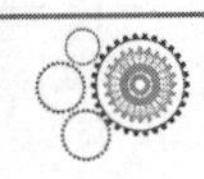

设置”对话框，选中“切点”复选框，如图 4-96 所示，单击“确定”按钮完成设置。再单击“默认”选项卡下“绘图”面板中的“直线”按钮，按住 Shift 键，同时单击鼠标右键，在弹出的快捷菜单中选择“切点”命令，绘制与圆相切的直线，结果如图 4-97 所示。

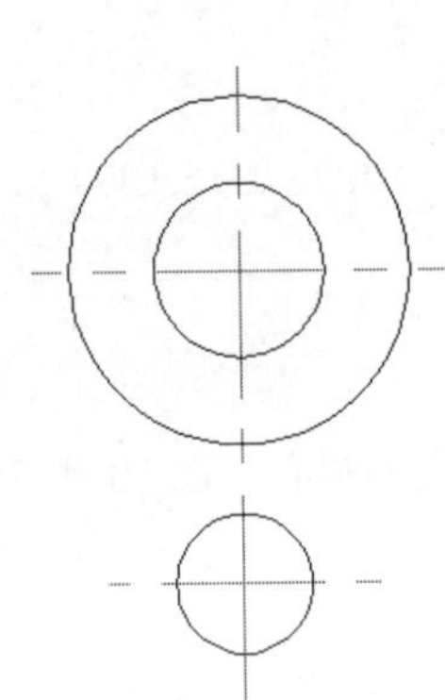

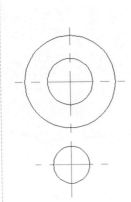

图 4-95　绘制圆

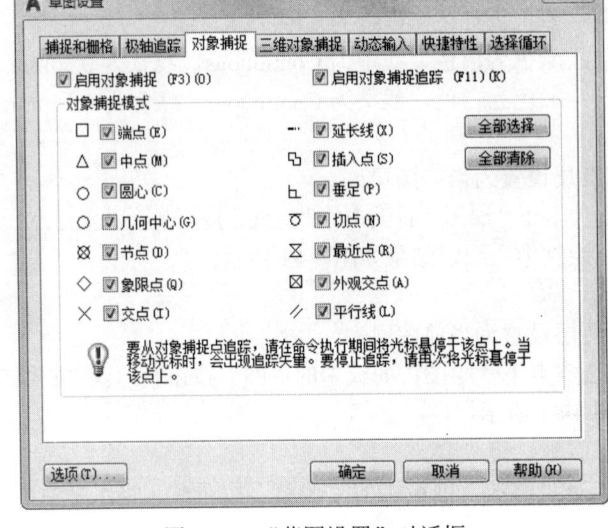

图 4-96　“草图设置”对话框

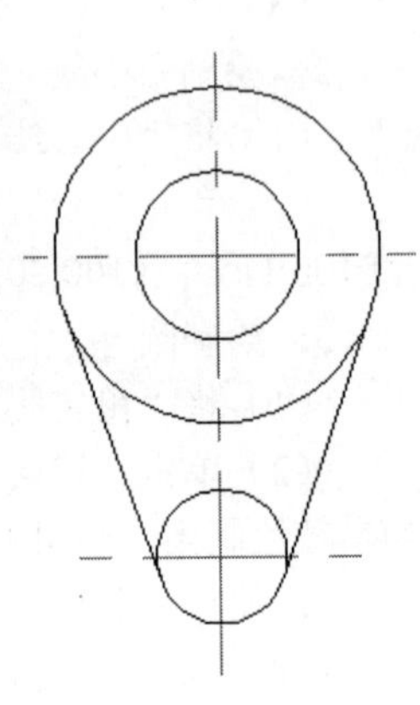

图 4-97　绘制切线

8．剪切图形

单击“默认”选项卡下“修改”面板中的“修剪”按钮，剪切图形，结果如图 4-98 所示。

9．绘制直线

（1）在状态栏中选取“捕捉设置”并单击鼠标，系统弹出“草图设置”对话框，设置“增量角”为 20，如图 4-99 所示，单击“确定”按钮完成设置。

（2）单击“默认”选项卡下“绘图”面板中的“直线”按钮，以中心线交点为起点绘制夹角为 20°、长度为 50 的直线，结果如图 4-100 所示。

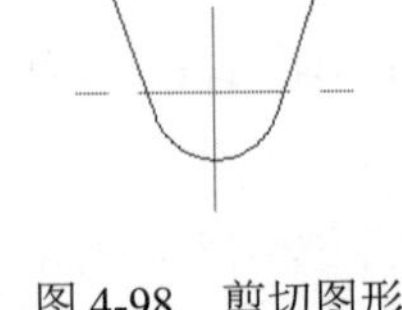

图 4-98　剪切图形

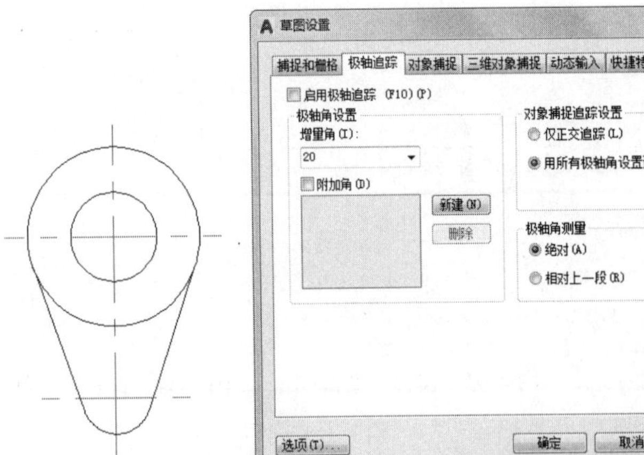

图 4-99　“草图设置”对话框

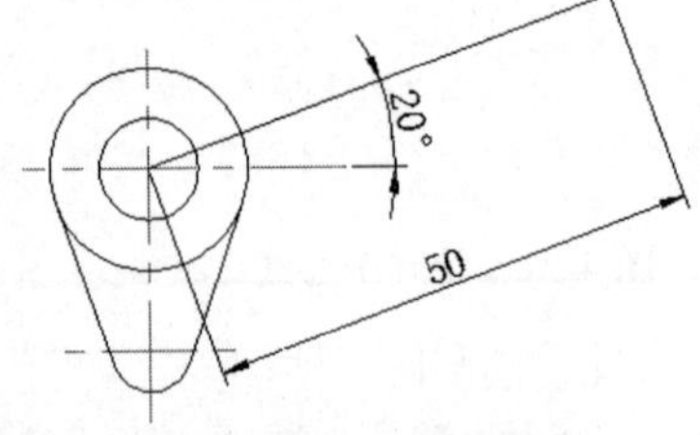

图 4-100　绘制线

10．偏移并剪切图形

单击“默认”选项卡下“修改”面板中的“偏移”按钮，将直线向上偏移，偏移距离分别为 5

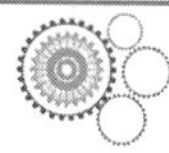

和 10，将偏移距离为 5 的线修改图层为“中心线”；单击“默认”选项卡下“修改”面板中的“修剪”按钮，剪切图形，结果如图 4-101 所示。

11．绘制直线

（1）在状态栏中选取“捕捉设置”并单击鼠标左键，系统弹出“草图设置”对话框，设置“增量角”为 25，如图 4-102 所示，单击“确定”按钮完成设置。

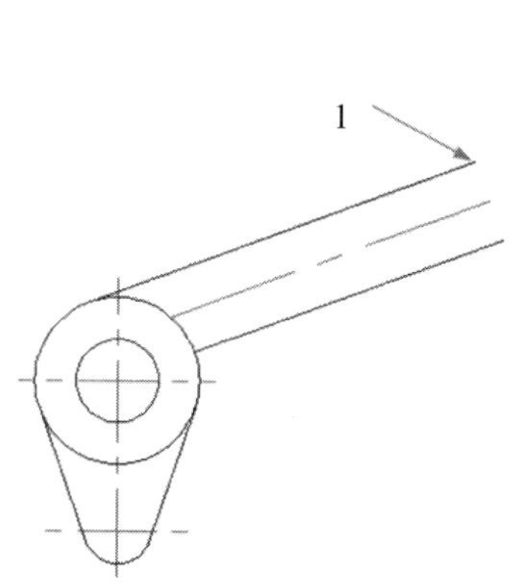

图 4-101　偏移剪切图形

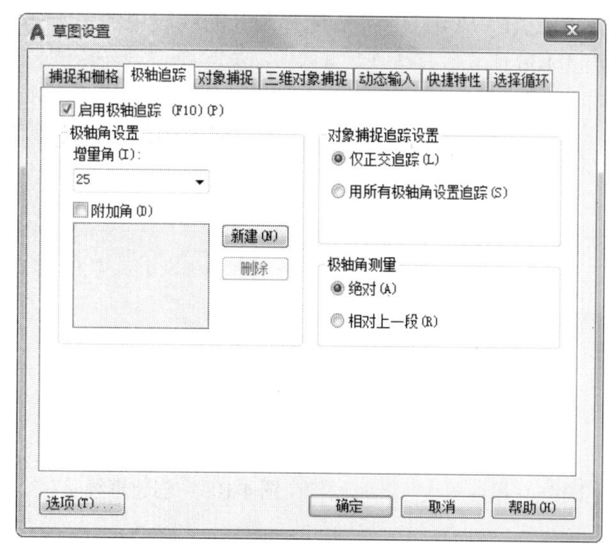

图 4-102　“草图设置”对话框

（2）单击“默认”选项卡下“绘图”面板中的“直线”按钮，以图 4-101 中的线段端点 1 为起点绘制夹角为 25°、长度为 85 的直线，结果如图 4-103 所示。

12．创建直线

单击“默认”选项卡下“修改”面板中的“偏移”按钮，将第 11 步绘制的直线向下偏移，偏移距离分别为 5 和 10，并将中间的直线修改图层为“中心线”，结果如图 4-104 所示。

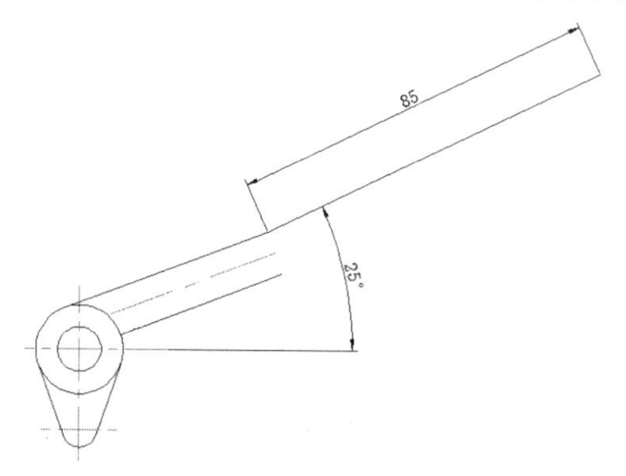

图 4-103　绘制线

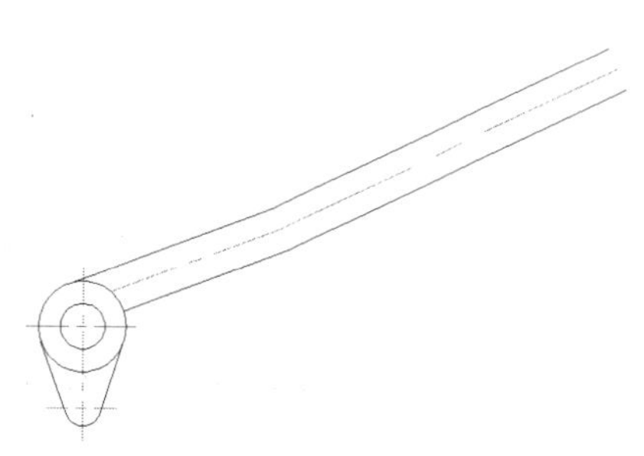

图 4-104　偏移直线

13．放大视图

利用缩放工具将刚偏移的线段局部放大，如图 4-105 所示，可以发现：线段没有连接。

14．延伸直线

（1）单击“默认”选项卡下“修改”面板中的“延伸”按钮，将线段连接。

（2）在命令行提示“选择对象或<全部选择>:”后选择断开的线段中的一条。

（3）在命令行提示“选择对象:”后选择断开的线段中的另一条。

（4）在命令行提示“选择要延伸的对象，或按住 Shift 键选择要修剪的对象，或[栏选(F)/窗交(C)/投影(P)/边(E)/放弃(U)]:”后选择断开的线段中的另一条。

Note

（5）在命令行提示“选择要延伸的对象，或按住 Shift 键选择要修剪的对象，或[栏选(F)/窗交(C)/投影(P)/边(E)/放弃(U)]:”后选择断开的线段中的另一条。用同样的方法连接另两条断开的线段，结果如图 4-106 所示。

15．连接端点

单击“默认”选项卡下“绘图”面板中的“直线”按钮，连接线段端点，结果如图 4-107 所示。

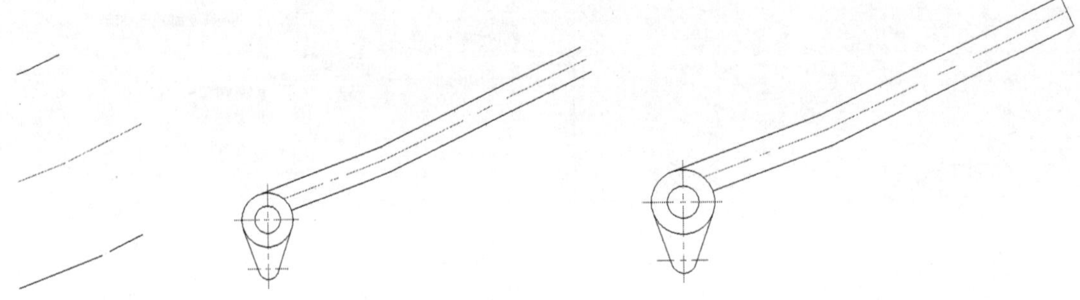

图 4-105　局部放大　　图 4-106　创建直线　　图 4-107　连接端点

16．偏移线段

单击“默认”选项卡下“修改”面板中的“偏移”按钮，将连接的线段向左偏移，距离为 5；再将中心线向两侧偏移，距离分别为 2 和 2.5，将偏移距离为 2 的线段修改图层为“细实线”，将偏移距离为 2.5 的线段修改图层为“粗实线”，结果如图 4-108 所示。

17．剪切直线

单击“默认”选项卡下“修改”面板中的“修剪”按钮，剪切图形，结果如图 4-109 所示。图形的最终结果如图 4-90 所示。

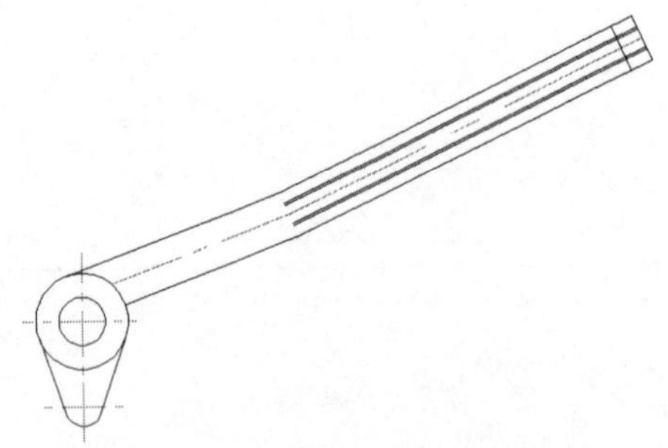

图 4-108　偏移线段　　图 4-109　剪切图形

4.6.13　分解命令

执行分解命令，主要有以下 4 种方法：

☑ 在命令行中输入“EXPLODE”命令。

☑ 选择菜单栏中的“修改/分解”命令。

☑ 单击“修改”工具栏中的“分解”按钮。

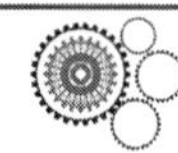

☑ 单击“默认”选项卡下“修改”面板中的“分解”按钮。

执行上述命令后，根据系统提示选择要分解的对象。选择一个对象后，该对象会被分解。系统将继续提示该行信息，允许分解多个对象。选择的对象不同，分解的结果就不同。下面列出了几种对象的分解结果。

☑ 二维和优化多段线：放弃所有关联的宽度或切线信息。对于宽多段线，将沿多段线中心放置结果直线和圆弧。

☑ 三维多段线：分解成直线段。为三维多段线指定的线型将应用到每一个得到的线段。

☑ 三维实体：将平整面分解成面域。将非平整面分解成曲面。

☑ 注释性对象：分解一个包含属性的块将删除属性值并重显示属性定义。无法分解使用 MINSERT 命令和外部参照插入的块及其依赖块。

☑ 体：分解成一个单一表面的体（非平面表面）、面域或曲线。

☑ 圆：如果位于非一致比例的块内，则分解为椭圆。

☑ 引线：根据引线的不同，可分解成直线、样条曲线、实体（箭头）、块插入（箭头、注释块）、多行文字或公差对象。

4.6.14 合并命令

可以将直线、圆弧、椭圆弧和样条曲线等独立的对象合并为一个对象，如图 4-110 所示。执行合并命令，主要有以下 4 种方法：

☑ 在命令行中输入“JOIN”命令。

☑ 选择菜单栏中的“修改/合并”命令。

☑ 单击“修改”工具栏中的“合并”按钮 ⁺⁺。

☑ 单击“默认”选项卡下“修改”面板中的“合并”按钮。

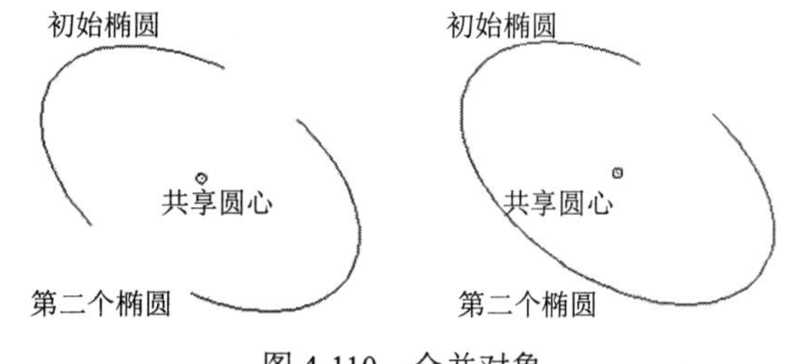

图 4-110 合并对象

执行上述命令后，根据系统提示选择一个对象，选择要合并到源的另一个对象，合并完成。

4.7 面 域

面域是具有边界的平面区域，内部可以包含孔。用户可以将由某些对象围成的封闭区域转变为面域，这些封闭区域可以是圆、椭圆、封闭二维多段线、封闭样条曲线等，也可以是由圆弧、直线、二维多段线和样条曲线等构成的封闭区域。

4.7.1 创建面域

执行面域命令，主要有以下 4 种方法：

☑ 在命令行中输入“REGION”命令。

☑ 选择菜单栏中的“绘图/面域”命令。

☑ 单击“绘图”工具栏中的“面域”按钮。

☑ 单击“默认”选项卡下“绘图”面板中的“面域”按钮。

执行上述命令后，根据系统提示选择对象，系统自动将所选择的对象转换成面域。

Note

4.7.2 面域的布尔运算

布尔运算是数学中的一种逻辑运算，用在AutoCAD绘图中，能够极大地提高绘图效率。布尔运算包括并集、交集和差集3种，操作方法类似。

执行布尔运算命令，主要有以下3种方法：

☑ 在命令行中输入“UNION（并集）或INTERSECT（交集）或SUBTRACT（差集）”命令。

☑ 选择菜单栏中的“修改/实体编辑/并集（交集、差集）”命令。

☑ 单击“实体编辑”工具栏中的“并集”按钮（“交集”按钮、“差集”按钮）。

执行“并集（交集）”命令后，根据系统提示选择对象，系统对所选择的面域做并集（交集）计算。

执行“差集”命令后，根据系统提示选择差集运算的主体对象，右击后选择差集运算的参照体对象。系统对所选择的面域做差集计算。运算逻辑是主体对象减去与参照体对象重叠的部分。布尔运算的结果如图4-111所示。

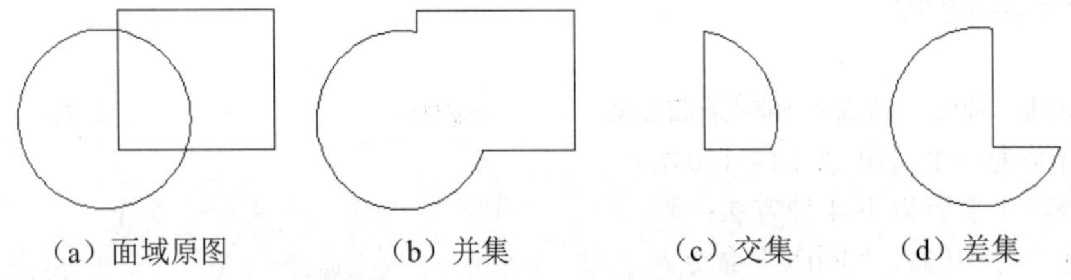

（a）面域原图　（b）并集　（c）交集　（d）差集

图4-111　布尔运算的结果

提示

布尔运算的对象只包括实体和共面面域，对于普通的线条对象无法使用布尔运算。

视频讲解

4.7.3 实战——法兰盘

本实例主要利用并集命令合并绘制完成的法兰盘图形轮廓。其绘制流程如图4-112所示。

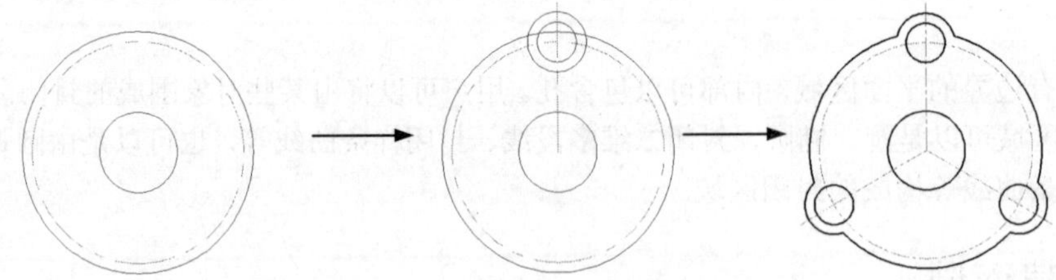

图4-112　法兰盘绘制流程

操作步骤如下：

1．创建图层

单击“默认”选项卡下“图层”面板中的“图层特性”按钮，打开“图层特性管理器”选项板，设置两个图层。

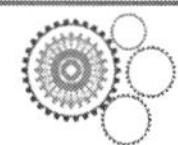

（1）“中心线”图层：颜色为红色，线型为 CENTER，线宽为 0.15mm。

（2）“粗实线”图层：颜色为白色，线型为 Continuous，线宽为 0.30mm。

2．绘制圆

将“粗实线”图层设置为当前图层。单击“默认”选项卡下“绘图”面板中的“圆”按钮，指定半径分别为 60、20 和 55，绘制同心圆，将半径为 55 的圆设置为“中心线”图层，结果如图 4-113 所示。

3．绘制直线

将“中心线”图层设置为当前图层。单击“默认”选项卡下“绘图”面板中的“直线”按钮，指定起点坐标为大圆的圆心，终点坐标为（@0,75），绘制中心线，结果如图 4-114 所示。

4．绘制小圆

将“粗实线”图层设置为当前图层。单击“默认”选项卡下“绘图”面板中的“圆”按钮，捕捉定位圆和中心线的交点为圆心，绘制半径分别为 15 和 10 的圆，结果如图 4-115 所示。

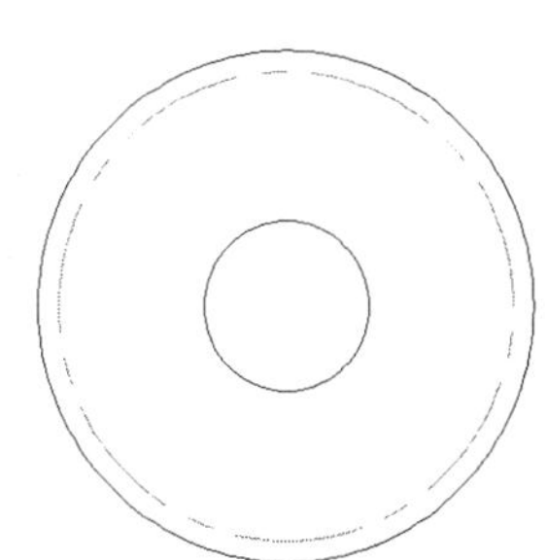

图 4-113 绘制圆后的图形

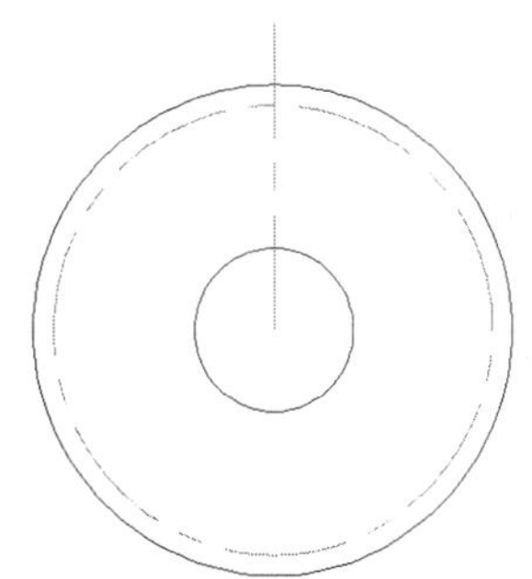

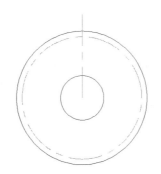

图 4-114 绘制中心线后的图形

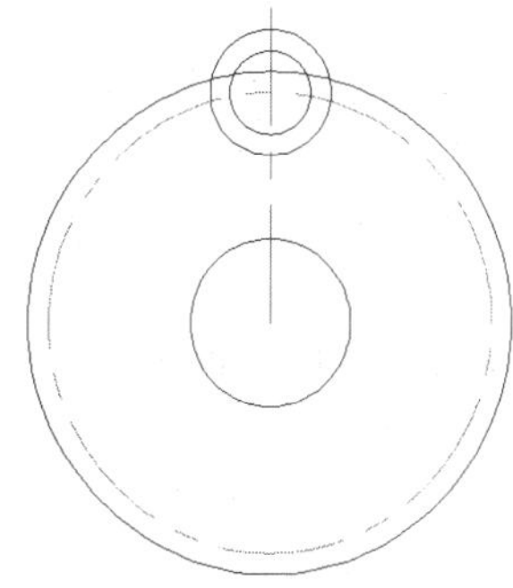

图 4-115 绘制圆后的图形

5．创建环形阵列

（1）单击“默认”选项卡下“修改”面板中的“环形阵列”按钮，或者单击“修改”工具栏中的“环形阵列”按钮。

（2）在命令行提示“选择对象:”后选择图中边缘的两个圆和中心线。

（3）在命令行提示“指定阵列的中心点或[基点(B)/旋转轴(A)]:”后用鼠标拾取图中大圆的中心点。

（4）在命令行提示“选择夹点以编辑阵列或[关联(AS)/基点(B)/项目(I)/项目间角度(A)/填充角度(F)/行(ROW)/层(L)/旋转项目(ROT)/退出(X)] <退出>:”后输入“AS”。

（5）在命令行提示“创建关联阵列[是(Y)/否(N)] <否>:”后按 Enter 键。

（6）在命令行提示“选择夹点以编辑阵列或[关联(AS)/基点(B)/项目(I)/项目间角度(A)/填充角度(F)/行(ROW)/层(L)/旋转项目(ROT)/退出(X)] <退出>:”后输入“I”。

（7）在命令行提示“输入阵列中的项目数或[表达式(E)] <6>:”后输入“3”。

（8）在命令行提示“选择夹点以编辑阵列或[关联(AS)/基点(B)/项目(I)/项目间角度(A)/填充角度(F)/行(ROW)/层(L)/旋转项目(ROT)/退出(X)] <退出>:”后按 Enter 键，结果如图 4-116 所示。

（9）单击“默认”选项卡下“修改”面板中的“修剪”按钮，修剪图形，结果如图 4-117 所示。

6．创建面域

单击“默认”选项卡下“绘图”面板中的“面域”按钮，对图 4-116 所示中的圆 A、B、C 和 D 进行面域处理。

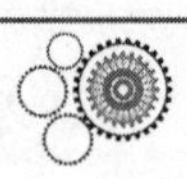

Note

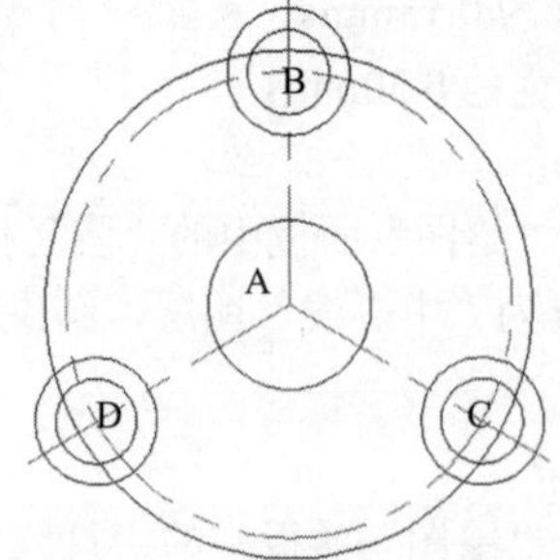

图 4-116　阵列后的图形

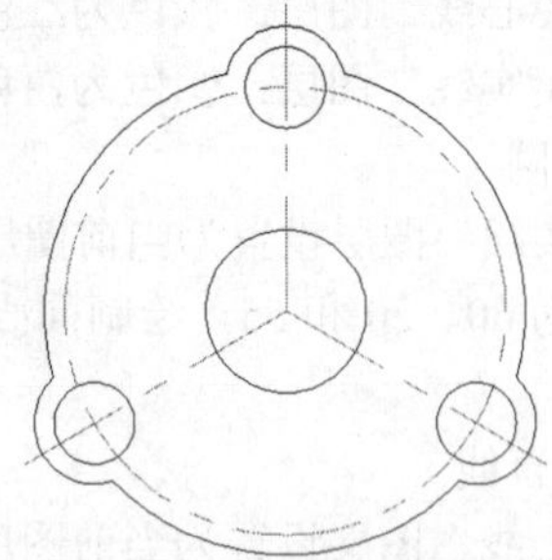

图 4-117　修剪后的图形

4.8　实 战 演 练

【实战演练 1】绘制均布结构图形。

1．目的要求

本实例设计的图形是一个常见的机械零件，如图 4-118 所示。在绘制的过程中，除了要用到“直线”和“圆”等基本绘图命令外，还要用到“剪切”和“阵列”编辑命令。通过本实例，读者可以熟练掌握“剪切”和“阵列”编辑命令的用法。

2．操作提示

（1）设置新图层。

（2）绘制中心线和基本轮廓。

（3）进行阵列编辑。

（4）进行剪切编辑。

【实战演练 2】利用布尔运算绘制如图 4-119 所示的三角铁。

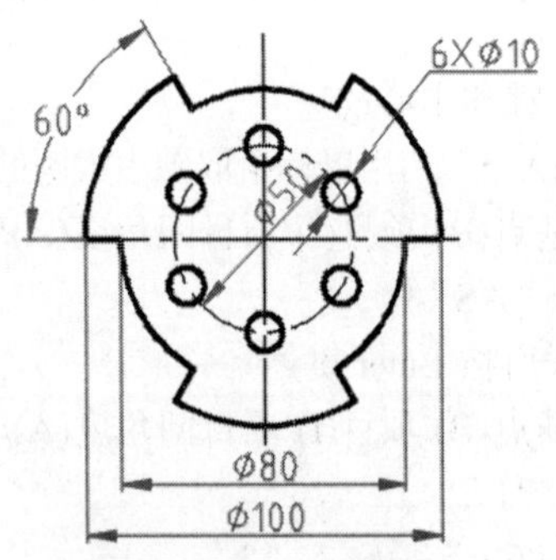

图 4-118　均布结构图形

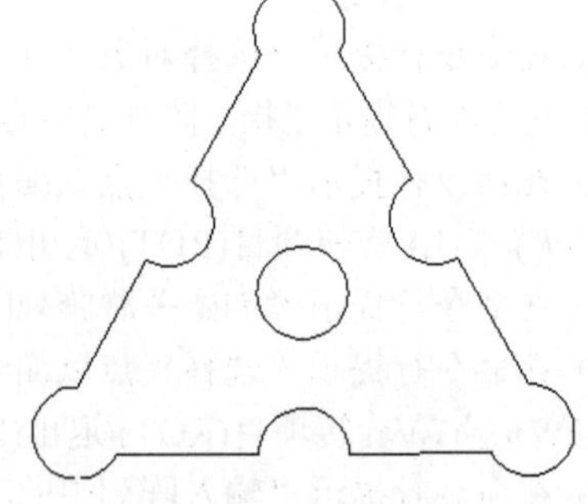

图 4-119　三角铁

1．目的要求

本实例所绘制的图形如果仅利用简单的二维绘制命令进行绘制，将非常复杂；利用面域相关命令绘制，则可以变得简单。本实例要求读者掌握面域相关命令。

2．操作提示

（1）利用“正多边形”和“圆”命令绘制初步轮廓。

（2）利用“面域”命令将三角形及其边上的 6 个圆转换成面域。

（3）利用“并集”命令，将正三角形分别与 3 个角上的圆进行并集处理。

（4）利用“差集”命令，以三角形为主体对象，以 3 个边中间位置的圆为参照体，进行差集处理。

▶▶第 2 篇

典型机械零件二维设计篇

- 机械图形尺寸标注方法
- 通用标准件设计
- 螺纹零件设计
- 盘盖类零件设计
- 轴系零件设计
- 叉架类零件设计
- 箱体类零件设计
- 球阀二维设计

第5章

机械图形尺寸标注方法

本章学习要点和目标任务：

☑ 尺寸样式

☑ 标注尺寸

☑ 引线标注

☑ 形位公差

尺寸标注是绘图设计过程中相当重要的一个环节。因为图形的主要作用是表达物体的形状，而物体各部分的真实大小和各部分之间的位置只能通过尺寸标注来表示。因此，没有正确的尺寸标注，绘制出的图纸对于加工制造就没有什么意义。AutoCAD 提供了方便、准确的尺寸标注功能，本章将具体讲解。

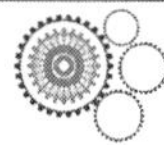

Note

5.1　尺 寸 样 式

组成尺寸标注的尺寸线、尺寸延伸线、尺寸文本和尺寸箭头可以采用多种形式。尺寸标注以什么形态出现，取决于当前所采用的尺寸标注样式。标注样式决定尺寸标注的形式，包括尺寸线、尺寸延伸线、尺寸箭头和中心标记的形式、尺寸文本的位置、特性等。在 AutoCAD 2018 中，用户可以利用“标注样式管理器”对话框方便地设置自己需要的尺寸标注样式。

5.1.1　新建或修改尺寸样式

在进行尺寸标注前，先要创建尺寸标注的样式。如果用户不创建尺寸样式而直接进行标注，系统使用默认名称为 Standard 的样式。如果用户认为使用的标注样式某些设置不合适，也可以修改标注样式。

执行该命令主要有以下 4 种调用方法：

☑　在命令行中输入“DIMSTYLE”命令。

☑　选择菜单栏中的“格式/标注样式”或“标注/标注样式”命令。

☑　单击“标注”工具栏中的“标注样式”按钮。

☑　单击“默认”选项卡下“注释”面板中的“标注样式”按钮。

执行上述操作后，系统打开“标注样式管理器”对话框，如图 5-1 所示。利用该对话框可方便直观地定制和浏览尺寸标注样式，包括创建新的标注样式、修改已存在的标注样式、设置当前尺寸标注样式、样式重命名，以及删除已有标注样式等。该对话框中各按钮的含义如下。

☑　“置为当前”按钮：单击该按钮，将在“样式”列表框中选择的样式设置为当前标注样式。

☑　“新建”按钮：创建新的尺寸标注样式。单击该按钮，系统打开“创建新标注样式”对话框，如图 5-2 所示，利用该对话框可创建一个新的尺寸标注样式，其中各项的功能说明如下。

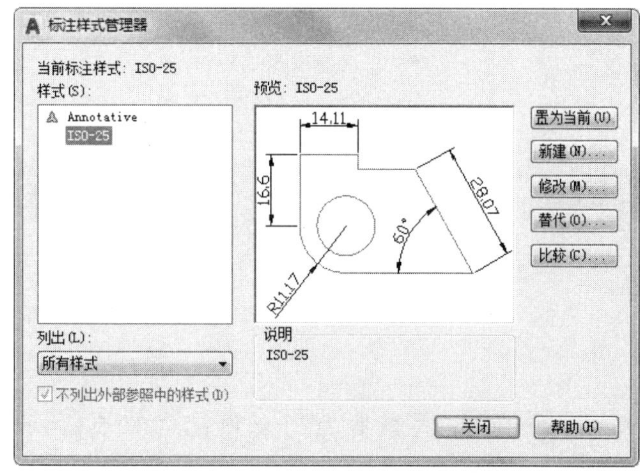

图 5-1　“标注样式管理器”对话框

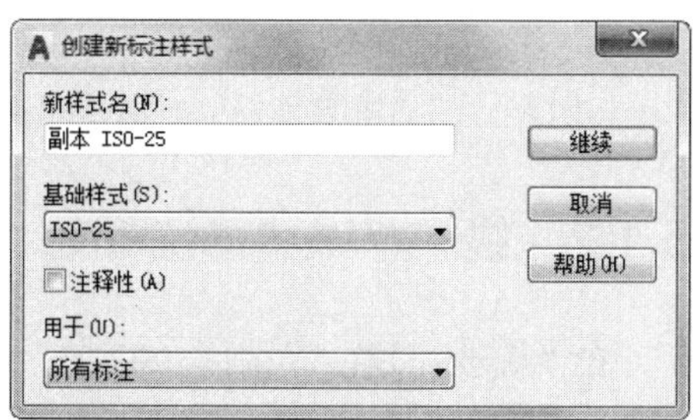

图 5-2　“创建新标注样式”对话框

➯　“新样式名”文本框：为新的尺寸标注样式命名。

➯　“基础样式”下拉列表框：选择创建新样式所基于的标注样式。单击该下拉列表框，打开当前已有的样式列表，从中选择一个作为定义新样式的基础，新的样式是在所选样式的基础上修改一些特性得到的。

- “用于”下拉列表框：指定新样式应用的尺寸类型。单击该下拉列表框，打开尺寸类型列表。如果新建样式应用于所有尺寸，则选择“所有标注”选项；如果新建样式只应用于特定的尺寸标注（如只在标注直径时使用此样式），则选择相应的尺寸类型。
- “继续”按钮：各选项设置好以后，单击“继续”按钮，系统打开“新建标注样式：副本 ISO-25”对话框，如图 5-3 所示，利用该对话框可对新标注样式的各项特性进行设置。

Note

☑ “修改”按钮：修改一个已存在的尺寸标注样式。单击该按钮，系统打开“修改标注样式”对话框，该对话框中的各选项与“新建标注样式：副本 ISO-25”对话框中的完全相同，可以对已有标注样式进行修改。

☑ “替代”按钮：设置临时覆盖尺寸标注样式。单击该按钮，系统打开“替代当前样式”对话框，该对话框中的各选项与“新建标注样式：副本 ISO-25”对话框中的完全相同，用户可改变选项的设置。以覆盖原来的设置。但这种修改只对指定的尺寸标注起作用，而不影响当前其他尺寸变量的设置。

☑ “比较”按钮：比较两个尺寸标注样式在参数上的区别，或者浏览一个尺寸标注样式的参数设置。单击该按钮，系统打开“比较标注样式”对话框，如图 5-4 所示。可以将比较结果复制到剪贴板上，然后再粘贴到其他的 Windows 应用软件。

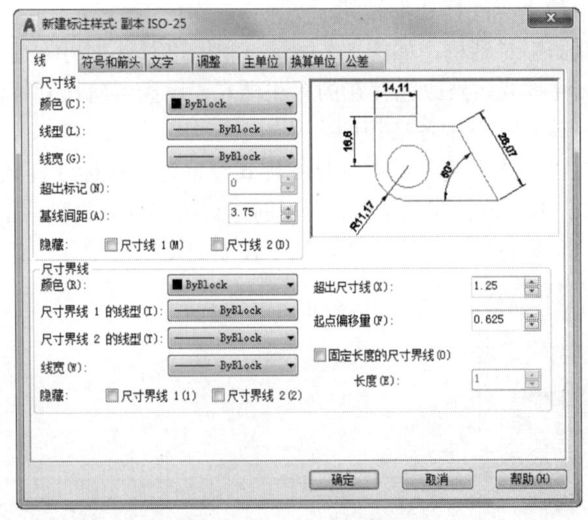

图 5-3 “新建标注样式：副本 ISO-25”对话框

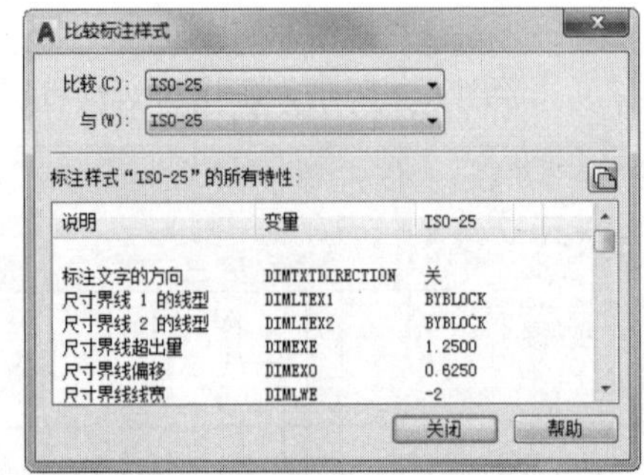

图 5-4 “比较标注样式”对话框

5.1.2 线

在“新建标注样式：副本 ISO-25”对话框中，第一个选项卡就是“线”选项卡，如图 5-3 所示。该选项卡用于设置尺寸线、尺寸延伸线的形式和特性。

1．“尺寸线”选项组

设置尺寸线的特性。其中各选项的含义如下：

☑ “颜色”下拉列表框：设置尺寸线的颜色。可直接输入颜色名字，也可从下拉列表中选择。如果选择“选择颜色”选项，系统打开“选择颜色”对话框供用户选择其他颜色。

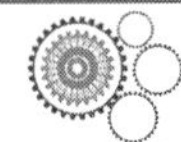

☑ “线型”下拉列表框：设置尺寸线的线型，该下拉列表中列出了各种线型和名字。

☑ “线宽”下拉列表框：设置尺寸线的线宽，该下拉列表中列出了各种线宽的名字和宽度。

☑ “超出标记”微调框：当尺寸箭头设置为短斜线、短波浪线等，或者尺寸线上无箭头时，可利用此微调框设置尺寸线超出尺寸界线的距离。

☑ “基线间距”微调框：设置以基线方式标注尺寸时，相邻两尺寸线之间的距离。

☑ “隐藏”复选框组：确定是否隐藏尺寸线及相应的箭头。选中“尺寸线 1”复选框表示隐藏第一段尺寸线，选中“尺寸线 2”复选框表示隐藏第二段尺寸线。

2．“尺寸界线”选项组

该选项组用于确定尺寸界线的形式，其中各选项的含义如下。

☑ “颜色”下拉列表框：设置尺寸界线的颜色。

☑ “尺寸界线 1 的线型”下拉列表框：设置尺寸界线 1 的线型。

☑ “尺寸界线 2 的线型”下拉列表框：设置尺寸界线 2 的线型。

☑ “线宽”下拉列表框：设置尺寸界线的线宽。

☑ “超出尺寸线”微调框：确定尺寸界线超出尺寸线的距离。

☑ “起点偏移量”微调框：确定尺寸界线的实际起始点相对于指定的尺寸界线的起始点的偏移量。

☑ “隐藏”复选框组：确定是否隐藏尺寸界线。选中“尺寸界线 1”复选框表示隐藏第一段尺寸界线，选中“尺寸界线 2”复选框表示隐藏第二段尺寸界线。

3．尺寸样式显示框

在“新建标注样式”对话框的右上方是一个尺寸样式显示框，该框以样例的形式显示用户设置的尺寸样式。

5.1.3 符号和箭头

在“新建标注样式”对话框中，第二个选项卡是“符号和箭头”选项卡，如图 5-5 所示。该选项卡用于设置箭头、圆心标记、弧长符号和半径折弯标注的形式和特性，下面对选项卡中的各选项分别说明如下。

1．“箭头”选项组

用于设置尺寸箭头的形式。AutoCAD 提供了多种箭头形状，列在“第一个”和“第二个”下拉列表框中。另外，还允许采用用户自定义的箭头形状。两个尺寸箭头可以采用相同的形式，也可以采用不同的形式。

☑ “第一个”下拉列表框：用于设置第一个尺寸箭头的形式。单击该下拉列表框打开各种箭头形式，其中列出了各类箭头的形状及名称。一旦选择了第一个箭头的类型，第二个箭头则自动与其匹配，要想第二个箭头采取不同的形状，可在“第二个”下拉列表框中设定。如果在列表框中选择了“用户箭头”选项，则打开如图 5-6 所示的“选择自定义箭头块”对话框，可以事先将自定义的箭头存成一个图块，在该对话框中输入该图块名即可。

☑ “第二个”下拉列表框：用于设置第二个尺寸箭头的形式，可与第一个箭头形式不同。

☑ “引线”下拉列表框：确定引线箭头的形式，与“第一个”下拉列表框设置类似。

☑ “箭头大小”微调框：用于设置尺寸箭头的大小。

2．“圆心标记”选项组

用于设置半径标注、直径标注和中心标注中的中心标记和中心线形式。其中各选项的含义如下。

☑ “无”单选按钮：选中该单选按钮，既不产生中心标记，也不产生中心线。

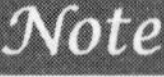

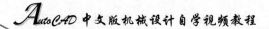

☑ “标记”单选按钮：选中该单选按钮，中心标记为一个点记号。

☑ “直线”单选按钮：选中该单选按钮，中心标记采用中心线的形式。

☑ “大小”微调框：用于设置中心标记和中心线的大小和粗细。

图 5-5 “符号和箭头”选项卡

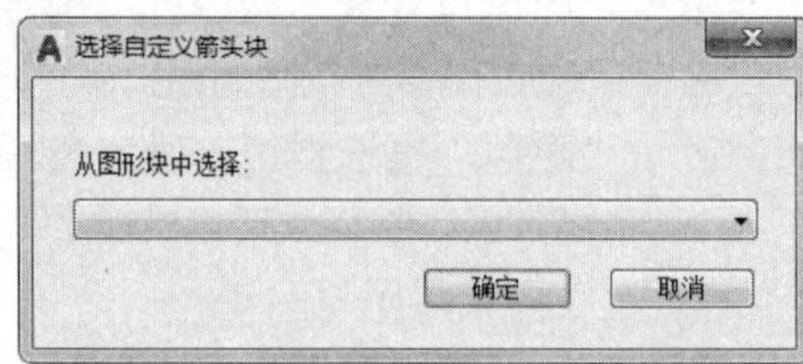

图 5-6 “选择自定义箭头块”对话框

3.“折断标注”选项组

用于控制折断标注的间距宽度。

4.“弧长符号”选项组

用于控制弧长标注中圆弧符号的显示，对其中的 3 个单选按钮介绍如下。

☑ “标注文字的前缀”单选按钮：选中该单选按钮，将弧长符号放在标注文字的左侧，如图 5-7（a）所示。

☑ “标注文字的上方”单选按钮：选中该单选按钮，将弧长符号放在标注文字的上方，如图 5-7（b）所示。

☑ “无”单选按钮：选中该单选按钮，不显示弧长符号，如图 5-7（c）所示。

5.“半径折弯标注”选项组

用于控制折弯（Z 字形）半径标注的显示。折弯半径标注通常在中心点位于页面外部时创建。在“折弯角度”文本框中可以输入连接半径标注的尺寸延伸线和尺寸线的横向直线角度，如图 5-8 所示。

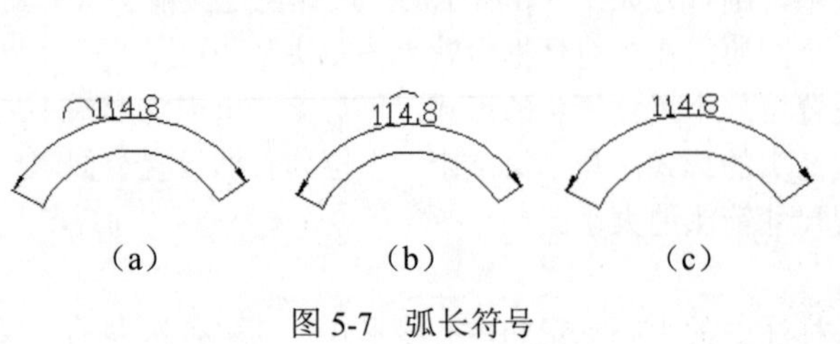

图 5-7 弧长符号

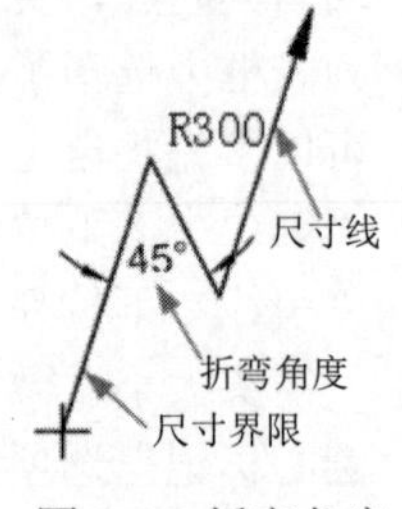

图 5-8 折弯角度

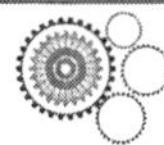

6．“线性折弯标注”选项组

用于控制折弯线性标注的显示。当标注不能精确表示实际尺寸时，常将折弯线添加到线性标注中。通常，实际尺寸比所需值小。

5.1.4　文字

在“新建标注样式”对话框中，第 3 个选项卡是“文字”选项卡，如图 5-9 所示。该选项卡用于设置尺寸文本文字的形式、布置、对齐方式等，下面对选项卡中的各选项分别说明如下。

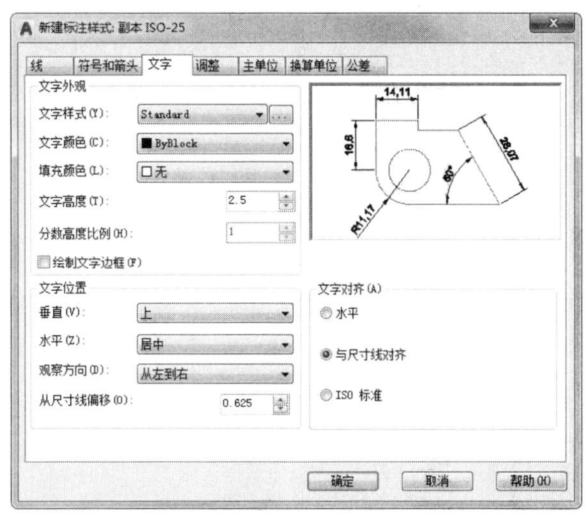

图 5-9　“文字”选项卡

1．“文字外观”选项组

☑　“文字样式”下拉列表框：用于选择当前尺寸文本采用的文字样式。单击该下拉列表框，可以从中选择一种文字样式，也可以单击右侧的...按钮打开“文字样式”对话框，以创建新的文字样式或对文字样式进行修改。

☑　“文字颜色”下拉列表框：用于设置尺寸文本的颜色，其操作方法与设置尺寸线颜色的方法相同。

☑　“填充颜色”下拉列表框：用于设置标注中文字背景的颜色。如果选择“选择颜色”选项，系统打开“选择颜色”对话框，可以从 23 种 AutoCAD 索引（ACI）颜色、真彩色和配色系统颜色中选择颜色。

☑　“文字高度”微调框：用于设置尺寸文本的字高。如果选用的文本样式中已设置了具体的字高（不是 0），则此处的设置无效；如果文本样式中设置的字高为 0，才以此处设置为准。

☑　“分数高度比例”微调框：用于确定尺寸文本的比例系数。

☑　“绘制文字边框”复选框：选中该复选框，AutoCAD 在尺寸文本的周围加上边框。

2．“文字位置”选项组

☑　“垂直”下拉列表框：用于确定尺寸文本相对于尺寸线在垂直方向的对齐方式。单击该下拉列表框，可从中选择的对齐方式有以下 5 种。

- 居中：将尺寸文本放在尺寸线的中间。
- 上：将尺寸文本放在尺寸线的上方。
- 外部：将尺寸文本放在远离第一条尺寸延伸线起点的位置，即和所标注的对象分列于尺寸线的两侧。

- 下：将尺寸文本放在尺寸线的下方。
- JIS：使尺寸文本的放置符合 JIS（日本工业标准）规则。

其中 4 种文本布置方式效果如图 5-10 所示。

☑ “水平”下拉列表框：用于确定尺寸文本相对于尺寸线和尺寸延伸线在水平方向的对齐方式。单击该下拉列表框，可从中选择的对齐方式有 5 种：居中、第一条尺寸界线、第二条尺寸界线、第一条尺寸界线上方、第二条尺寸界线上方，如图 5-11 所示。

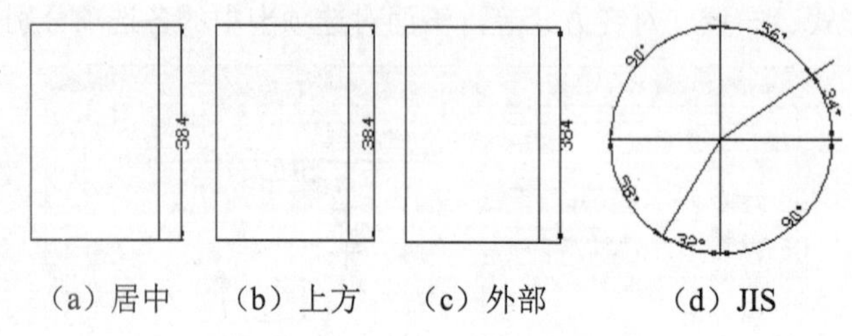

（a）居中　（b）上方　（c）外部　（d）JIS

图 5-10　尺寸文本在垂直方向的放置

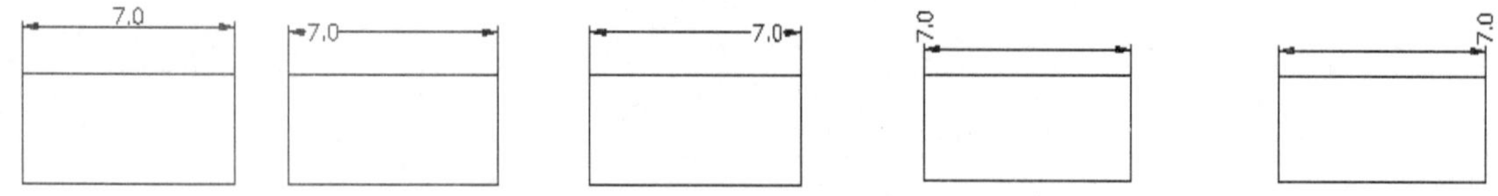

（a）居中　（b）第一条尺寸界线　（c）第二条尺寸界线　（d）第一条尺寸界线上方　（e）第二条尺寸界线上方

图 5-11　尺寸文本在水平方向的放置

☑ “观察方向”下拉列表框：用于控制标注文字的观察方向（可用 DIMTXTDIRECTION 系统变量设置）。“观察方向”包括以下两个选项。

- 从左到右：按从左到右阅读的方式放置文字。
- 从右到左：按从右到左阅读的方式放置文字。

☑ “从尺寸线偏移”微调框：当尺寸文本放在断开的尺寸线中间时，此微调框用来设置尺寸文本与尺寸线之间的距离。

3．“文字对齐”选项组

用于控制尺寸文本的排列方向。

☑ “水平”单选按钮：选中该单选按钮，尺寸文本沿水平方向放置。不论标注什么方向的尺寸，尺寸文本总保持水平。

☑ “与尺寸线对齐”单选按钮：选中该单选按钮，尺寸文本沿尺寸线方向放置。

☑ “ISO 标准”单选按钮：选中该单选按钮，当尺寸文本在尺寸延伸线之间时，沿尺寸线方向放置；在尺寸延伸线之外时，沿水平方向放置。

5.1.5　调整

在“新建标注样式”对话框中，第 4 个选项卡是“调整”选项卡，如图 5-12 所示。该选项卡根据两条尺寸延伸线之间的空间，设置将尺寸文本、尺寸箭头放置在两尺寸延伸线内还是外。如果空间允许，AutoCAD 总是把尺寸文本和箭头放置在尺寸延伸线内；如果空间不够，则根据本选项卡的各

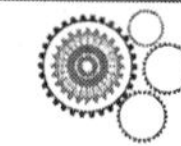

项设置进行放置。下面对选项卡中的各选项分别进行说明。

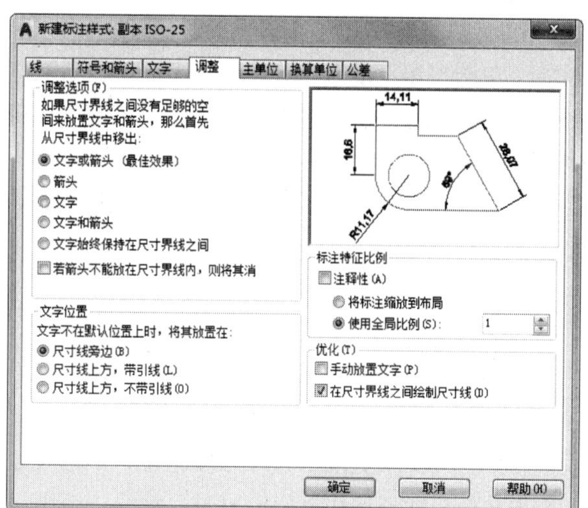

图 5-12　“调整”选项卡

1．“调整选项”选项组

☑ “文字或箭头（最佳效果）”单选按钮：选中该单选按钮，如果空间允许，把尺寸文本和箭头都放置在两尺寸延伸线之间；如果两尺寸延伸线之间只够放置尺寸文本，则把尺寸文本放置在尺寸延伸线之间，而把箭头放置在尺寸延伸线之外；如果只够放置箭头，则把箭头放在里面，把尺寸文本放在外面；如果两尺寸延伸线之间既放不下文本，也放不下箭头，则把二者均放在外面。

☑ “箭头”单选按钮：选中该单选按钮，如果空间允许，把尺寸文本和箭头都放置在两尺寸延伸线之间；如果空间只够放置箭头，则把箭头放在尺寸延伸线之间，把文本放在外面；如果尺寸延伸线之间的空间放不下箭头，则把箭头和文本均放在外面。

☑ “文字”单选按钮：选中该单选按钮，如果空间允许，把尺寸文本和箭头都放置在两尺寸延伸线之间；否则把文本放在尺寸延伸线之间，把箭头放在外面；如果尺寸延伸线之间放不下尺寸文本，则把文本和箭头都放在外面。

☑ “文字和箭头”单选按钮：选中该单选按钮，如果空间允许，把尺寸文本和箭头都放置在两尺寸延伸线之间；否则把文本和箭头都放在尺寸延伸线外面。

☑ “文字始终保持在尺寸界线之间”单选按钮：选中该单选按钮，AutoCAD 总是把尺寸文本放在两条尺寸延伸线之间。

☑ “若箭头不能放在尺寸界线内，则将其消除”复选框：选中该复选框，延伸线之间的空间不够时省略尺寸箭头。

2．“文字位置”选项组

用于设置尺寸文本的位置，其中 3 个单选按钮的含义如下。

☑ “尺寸线旁边”单选按钮：选中该单选按钮，把尺寸文本放在尺寸线的旁边，如图 5-13（a）所示。

☑ “尺寸线上方，带引线”单选按钮：选中该单选按钮，把尺寸文本放在尺寸线的上方，并用引线与尺寸线相连，如图 5-13（b）所示。

☑ “尺寸线上方，不带引线”单选按钮：选中该单选按

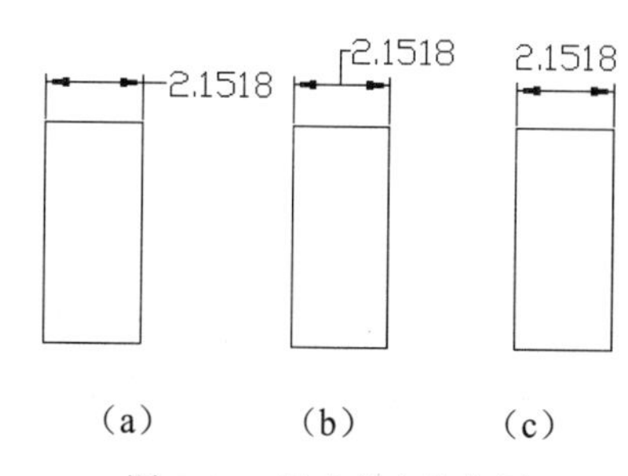

图 5-13　尺寸文本的位置

Note

钮，把尺寸文本放在尺寸线的上方，中间无引线，如图 5-13（c）所示。

3．“标注特征比例”选项组

☑ “将标注缩放到布局”单选按钮：根据当前模型空间视口和图纸空间之间的比例，确定比例因子。当在图纸空间而不是模型空间视口中工作时，或者当 TILEMODE 被设置为 1 时，将使用默认的比例因子 1.0。

☑ “使用全局比例”单选按钮：确定尺寸的整体比例系数。其后面的“比例值”微调框可以用来选择需要的比例。

4．“优化”选项组

用于设置附加的尺寸文本布置选项，包含以下两个选项。

☑ “手动放置文字”复选框：选中该复选框，标注尺寸时由用户确定尺寸文本的放置位置，忽略前面的对齐设置。

☑ “在尺寸界线之间绘制尺寸线”复选框：选中该复选框，不论尺寸文本在尺寸延伸线里面还是外面，AutoCAD 均在两尺寸延伸线之间绘出一尺寸线；否则，当尺寸延伸线内放不下尺寸文本而将其放在外面时，尺寸延伸线之间无尺寸线。

5.1.6 主单位

在“新建标注样式”对话框中，第 5 个选项卡是“主单位”选项卡，如图 5-14 所示。该选项卡用来设置尺寸标注的主单位和精度，以及为尺寸文本添加固定的前缀或后缀，下面对选项卡中的各选项分别说明如下。

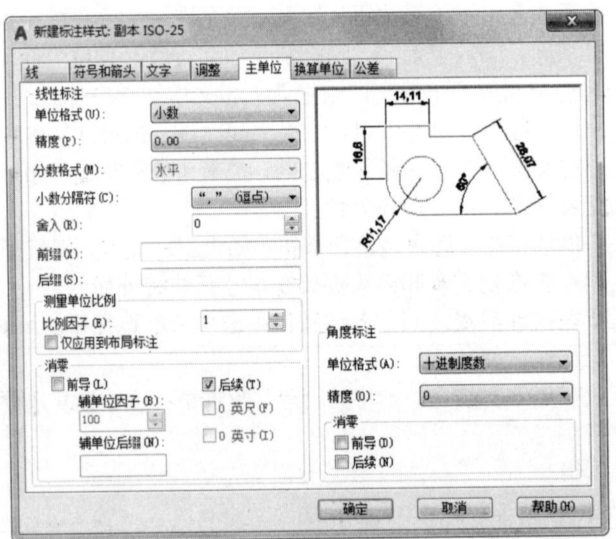

图 5-14 “主单位”选项卡

1．“线性标注”选项组

用来设置标注长度型尺寸时采用的单位和精度。

☑ “单位格式”下拉列表框：用于确定标注尺寸时使用的单位制（角度型尺寸除外）。在其下拉列表框中，AutoCAD 2018 提供了“科学”“小数”“工程”“建筑”“分数”和“Windows

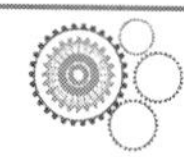

桌面”6 种单位制，可根据需要进行选择。

☑ “精度”下拉列表框：用于确定标注尺寸时的精度，也就是精确到小数点后几位。

☑ “分数格式”下拉列表框：用于设置分数的形式。AutoCAD 2018 提供了“水平”“对角”和“非堆叠”3 种形式供用户选用。

☑ “小数分隔符”下拉列表框：用于确定十进制（Decimal）单位的分隔符。AutoCAD 2018 提供了句点（.）、逗点（,）和空格 3 种形式。

☑ “舍入”微调框：用于设置除角度之外的尺寸测量圆整规则。在其中输入一个值，如果输入“1”，则所有测量值均为整数。

☑ “前缀”文本框：为尺寸标注设置固定前缀。可以输入文本，也可以利用控制符产生特殊字符，这些文本将被加在所有尺寸文本之前。

☑ “后缀”文本框：为尺寸标注设置固定后缀。

2.“测量单位比例”选项组

用于确定 AutoCAD 自动测量尺寸时的比例因子。其中，“比例因子”微调框用来设置除角度之外所有尺寸测量的比例因子。例如，用户确定“比例因子”为 2，AutoCAD 则把实际测量为 1 的尺寸标注为 2。如果选中“仅应用到布局标注”复选框，则设置的比例因子只适用于布局标注。

3.“消零”选项组

用于设置是否省略标注尺寸时的 0。

☑ “前导”复选框：选中该复选框，省略尺寸值处于高位的 0。例如，0.50000 标注为.50000。

☑ “后续”复选框：选中该复选框，省略尺寸值小数点后末尾的 0。例如，9.5000 标注为 9.5，而 30.0000 则标注为 30。

☑ “0 英尺”复选框：选中该复选框，采用“工程”和“建筑”单位制时，如果尺寸值小于 1 尺时，省略尺。例如，0'-6 1/2" 标注为 6 1/2"。

☑ “0 英寸”复选框：选中该复选框，采用“工程”和“建筑”单位制时，如果尺寸值是整数尺时，省略寸。例如，1'-0"标注为 1'。

4.“角度标注”选项组

用于设置标注角度时采用的角度单位。

☑ “单位格式”下拉列表框：用于设置角度单位制。AutoCAD 2018 提供了“十进制度数”“度/分/秒”“百分度”和“弧度”4 种角度单位。

☑ “精度”下拉列表框：用于设置角度型尺寸标注的精度。

5.“消零”选项组

用于设置是否省略标注角度时的 0。

5.1.7 换算单位

在“新建标注样式”对话框中，第 6 个选项卡是“换算单位”选项卡，如图 5-15 所示，该选项卡用于对替换单位进行设置，下面对选项卡中的各选项分别进行说明。

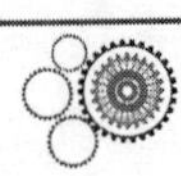
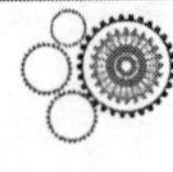

Note

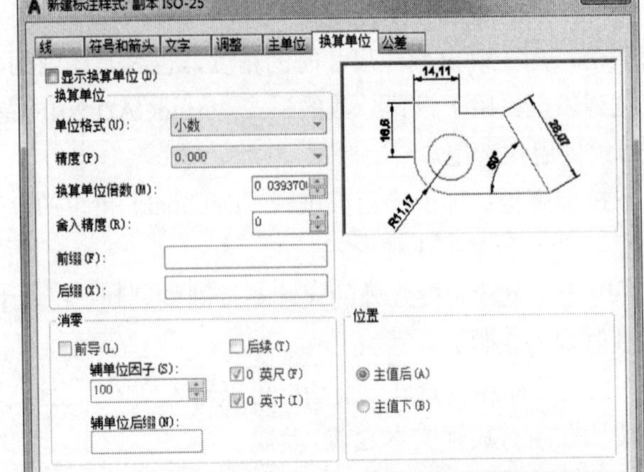

图 5-15 “换算单位”选项卡

1.“显示换算单位”复选框

选中该复选框，则替换单位的尺寸值也同时显示在尺寸文本上。

2.“换算单位”选项组

用于设置替换单位，其中各选项的含义如下。

☑ “单位格式”下拉列表框：用于选择替换单位采用的单位制。

☑ “精度”下拉列表框：用于设置替换单位的精度。

☑ “换算单位倍数”微调框：用于指定主单位和替换单位的转换因子。

☑ “舍入精度”微调框：用于设定替换单位的圆整规则。

☑ “前缀”文本框：用于设置替换单位文本的固定前缀。

☑ “后缀”文本框：用于设置替换单位文本的固定后缀。

3.“消零”选项组

☑ “前导”复选框：选中该复选框，不输出所有十进制标注中的前导 0。例如，0.5000 标注为.5000。

☑ “辅单位因子”微调框：将辅单位的数量设置为一个单位。它用于在距离小于一个单位时，以辅单位为单位计算标注距离。例如，如果后缀为 m 而辅单位后缀以 cm 显示，则输入“100”。

☑ “辅单位后缀”文本框：用于设置标注值辅单位中包含的后缀。可以输入文字或使用控制代码显示特殊符号。例如，输入“cm”可将.96m 显示为 96cm。

☑ “后续”复选框：选中该复选框，不输出所有十进制标注的后续零。例如，12.5000 标注为 12.5，30.0000 标注为 30。

☑ “0 英尺”复选框：选中该复选框，如果长度小于 1 英尺，则消除“英尺-英寸”标注中的英尺部分。例如，0'-6 1/2"标注为 6 1/2"。

☑ “0 英寸”复选框：选中该复选框，如果长度为整英尺数，则消除“英尺-英寸”标注中的英寸部分。例如，1'-0"标注为 1'。

4.“位置”选项组

用于设置替换单位尺寸标注的位置。

☑ “主值后”单选按钮：选中该单选按钮，把替换单位尺寸标注放在主单位标注的后面。

☑ “主值下”单选按钮：选中该单选按钮，把替换单位尺寸标注放在主单位标注的下面。

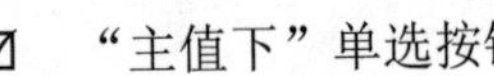

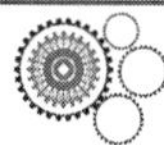

5.1.8　公差

在“新建标注样式”对话框中，第 7 个选项卡是“公差”选项卡，如图 5-16 所示。该选项卡用于确定标注公差的方式，下面对选项卡中的各选项分别进行说明。

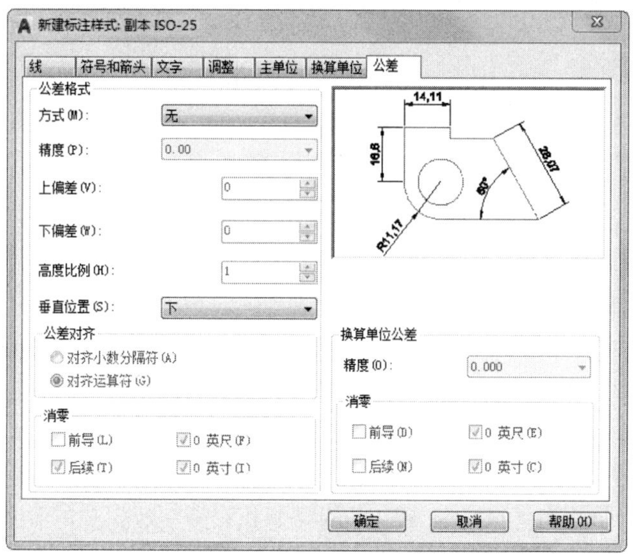

图 5-16　“公差”选项卡

1.“公差格式”选项组

用于设置公差的标注方式。

☑　“方式”下拉列表框：用于设置公差标注的方式。AutoCAD 提供了 5 种标注公差的方式，分别是“无”“对称”“极限偏差”“极限尺寸”和“基本尺寸”，其中，“无”表示不标注公差，其余 4 种标注情况如图 5-17 所示。

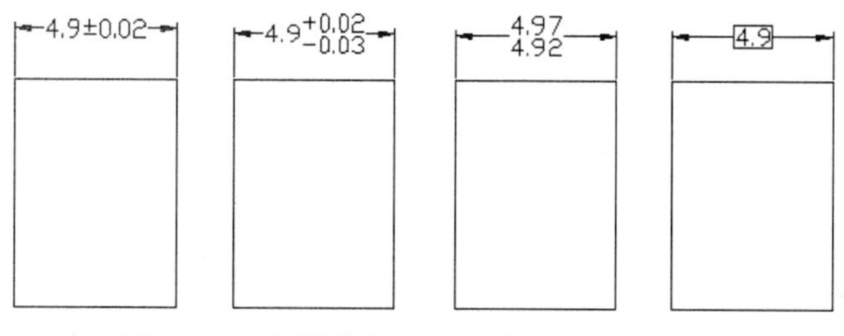

（a）对称　（b）极限偏差　（c）极限尺寸　（d）基本尺寸

图 5-17　公差标注的形式

☑　“精度”下拉列表框：用于确定公差标注的精度。

☑　“上偏差”微调框：用于设置尺寸的上偏差。

☑　“下偏差”微调框：用于设置尺寸的下偏差。

☑　“高度比例”微调框：用于设置公差文本的高度比例，即公差文本的高度与一般尺寸文本的高度之比。

☑　“垂直位置”下拉列表框：用于控制“对称”和“极限偏差”形式公差标注的文本对齐方式，如图 5-18 所示。

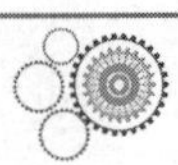
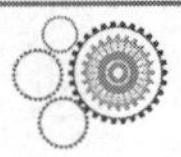

☆ 上：公差文本的顶部与一般尺寸文本的顶部对齐。

☆ 中：公差文本的中线与一般尺寸文本的中线对齐。

☆ 下：公差文本的底线与一般尺寸文本的底线对齐。

Note

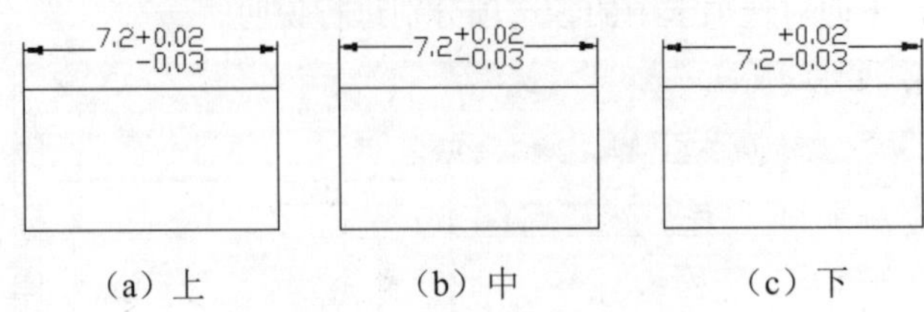

（a）上　　（b）中　　（c）下

图 5-18　公差文本的对齐方式

2．“公差对齐”选项组

用于在堆叠时，控制上偏差值和下偏差值的对齐。

☑ “对齐小数分隔符”单选按钮：选中该单选按钮，通过值的小数分割符堆叠值。

☑ “对齐运算符”单选按钮：选中该单选按钮，通过值的运算符堆叠值。

3．“消零”选项组

用于控制是否禁止输出前导 0 和后续 0，以及 0 英尺和 0 英寸部分（可用 DIMTZIN 系统变量设置）。消零设置也会影响由 AutoLISP rtos 和 angtos 函数执行的实数到字符串的转换。

☑ “前导”复选框：选中该复选框，不输出所有十进制公差标注中的前导 0。例如，0.5000 标注为.5000。

☑ “后续”复选框：选中该复选框，不输出所有十进制公差标注的后续 0。例如，12.5000 标注为 12.5，30.0000 标注为 30。

☑ “0 英尺”复选框：选中该复选框，如果长度小于 1 英尺，则消除“英尺-英寸”标注中的英尺部分。例如，0'-6 1/2"标注为 6 1/2"。

☑ “0 英寸”复选框：选中该复选框，如果长度为整英尺数，则消除“英尺-英寸”标注中的英寸部分。例如，1'-0"标注为 1'。

4．“换算单位公差”选项组

用于对形位公差标注的替换单位进行设置，各项的设置方法与上面相同。

5.2 标注尺寸

正确地进行尺寸标注是设计绘图工作中非常重要的一个环节，AutoCAD 2018 提供了方便快捷的尺寸标注方法，可通过执行命令实现，也可利用菜单或工具按钮实现。本节重点介绍如何对各种类型的尺寸进行标注。

5.2.1 长度型尺寸标注

长度型尺寸是最简单的一种尺寸，执行该命令主要有以下 4 种调用方法：

☑ 在命令行中输入“DIMLINEAR（缩写名 DIMLIN）”命令。

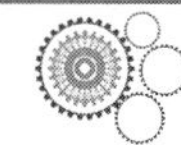

☑　选择菜单栏中的“标注/线性”命令。

☑　单击“标注”工具栏中的“线性”按钮⊢⊣。

☑　单击“注释”选项卡下“标注”面板中的“线型”按钮⊢⊣。

执行上述命令后，根据系统提示直接按 Enter 键选择要标注的对象或确定尺寸界线的起始点，按 Enter 键并选择要标注的对象或指定两条尺寸界线的起始点后，命令行提示中各选项的含义如下。

☑　指定尺寸线位置：用于确定尺寸线的位置。用户可移动鼠标选择合适的尺寸线位置，然后按 Enter 键或单击，AutoCAD 则自动测量要标注线段的长度并标注出相应的尺寸。

☑　多行文字(M)：用多行文本编辑器确定尺寸文本。

☑　文字(T)：用于在命令行提示下输入或编辑尺寸文本。选择该选项后，根据系统提示输入标注线段的长度，直接按 Enter 键即可采用此长度值，也可输入其他数值代替默认值。当尺寸文本中包含默认值时，可使用尖括号“<>”表示默认值。

☑　角度(A)：用于确定尺寸文本的倾斜角度。

☑　水平(H)：水平标注尺寸，不论标注什么方向的线段，尺寸线总保持水平放置。

☑　垂直(V)：垂直标注尺寸，不论标注什么方向的线段，尺寸线总保持垂直放置。

☑　旋转(R)：输入尺寸线旋转的角度值，旋转标注尺寸。

提示

线性标注有水平、垂直或对齐放置。使用对齐标注时，尺寸线将平行于两尺寸延伸线原点之间的直线（想象或实际）。基线（或平行）和连续（或链）标注是一系列基于线性标注的连续标注，连续标注是首尾相连的多个标注。在创建基线或连续标注之前，必须创建线性、对齐或角度标注。可从当前任务最近创建的标注中以增量方式创建基线标注。

5.2.2　实战——标注胶垫尺寸

视频讲解

本实例首先用标注样式命令 DIMSTYLE 创建用于线性尺寸的标注样式，然后利用线性尺寸标注命令 DIMLINEAR，完成胶垫图形的尺寸标注。其标注流程如图 5-19 所示。

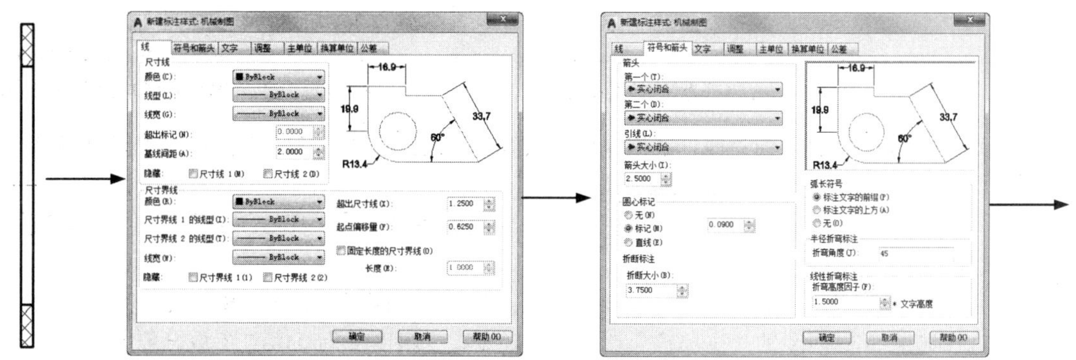

图 5-19　胶垫尺寸标注流程图

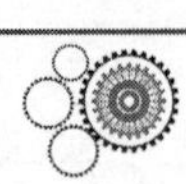
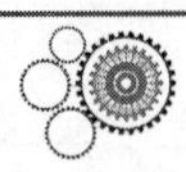

Note

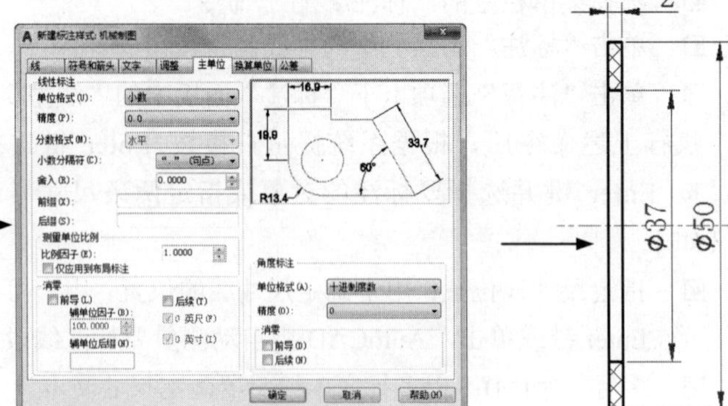

图 5-19　胶垫尺寸标注流程图（续）

操作步骤如下：

1．设置标注样式

（1）打开光盘源文件中的“胶垫”文件，将“尺寸标注”图层设置为当前图层。

（2）单击“注释”选项卡下“标注”面板中的“管理标注样式”按钮，系统弹出如图 5-20 所示的“标注样式管理器”对话框。单击“新建”按钮，在弹出的“创建新标注样式”对话框中设置“新样式名”为“机械制图”，如图 5-21 所示。单击“继续”按钮，系统弹出“新建标注样式：机械制图”对话框。

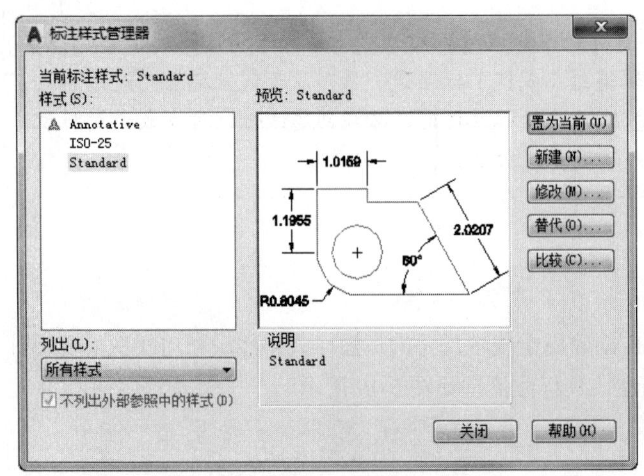
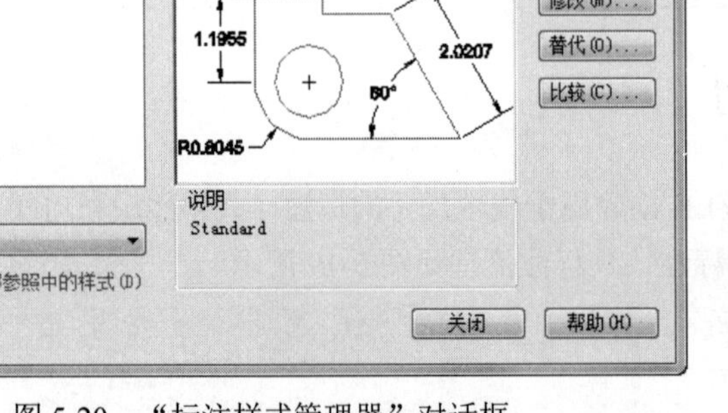

图 5-20　“标注样式管理器”对话框

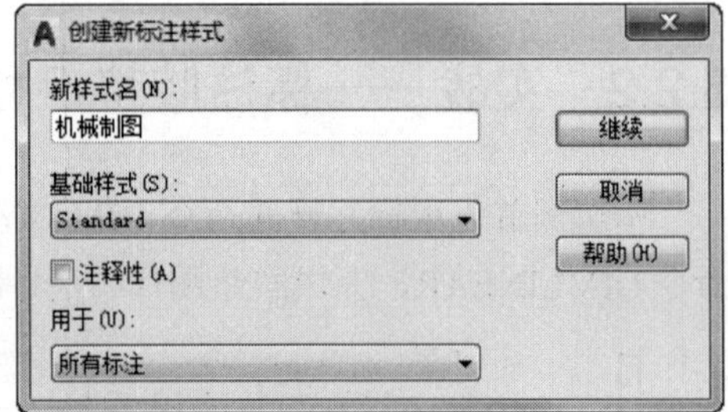

图 5-21　“创建新标注样式”对话框

（3）在如图 5-22 所示的“线”选项卡中，设置“基线间距”为 2，“超出尺寸线”为 1.25，“起点偏移量”为 0.625，其他设置保持默认。

（4）在如图 5-23 所示的“符号和箭头”选项卡中，设置箭头为“实心闭合”，“箭头大小”为 2.5，其他设置保持默认。

（5）在如图 5-24 所示的“文字”选项卡中，设置“文字高度”为 3，其他设置保持默认。

（6）在如图 5-25 所示的“主单位”选项卡中，设置“精度”为 0.0，“小数分隔符”为句点，其他设置保持默认。

（7）完成后单击“确定”按钮退出。在“标注样式管理器”对话框中将“机械制图”样式设置为当前样式，单击“关闭”按钮退出。

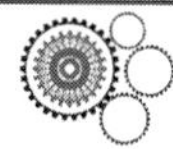

2．标注尺寸

（1）单击“注释”选项卡下“标注”面板中的“线性”按钮，对图形进行尺寸标注。

（2）在命令行提示“指定第一个尺寸界线原点或<选择对象>:”后指定第一条尺寸边界线位置。

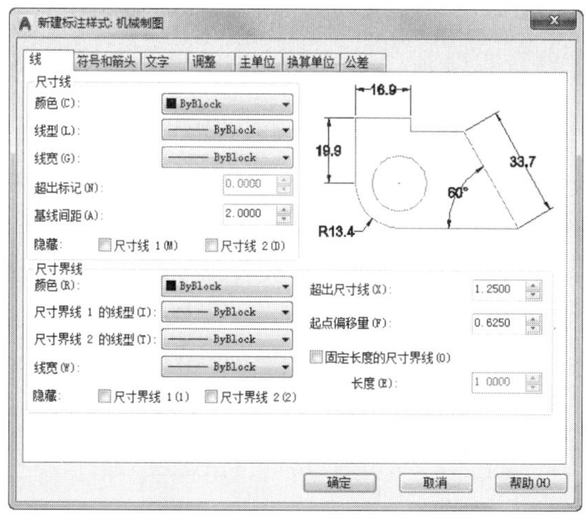

图 5-22　设置“线”选项卡

图 5-23　设置“符号和箭头”选项卡

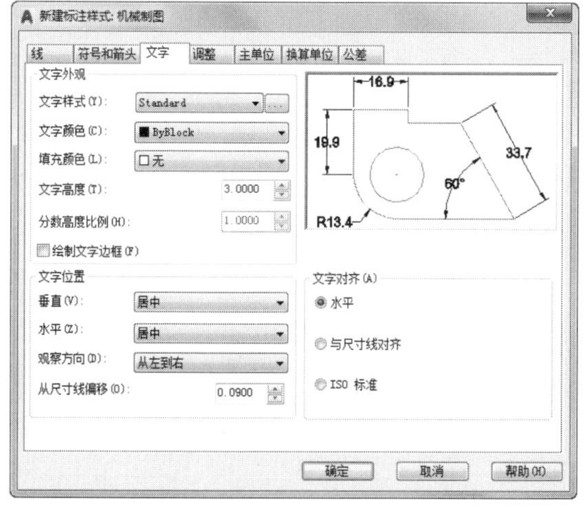

图 5-24　设置“文字”选项卡

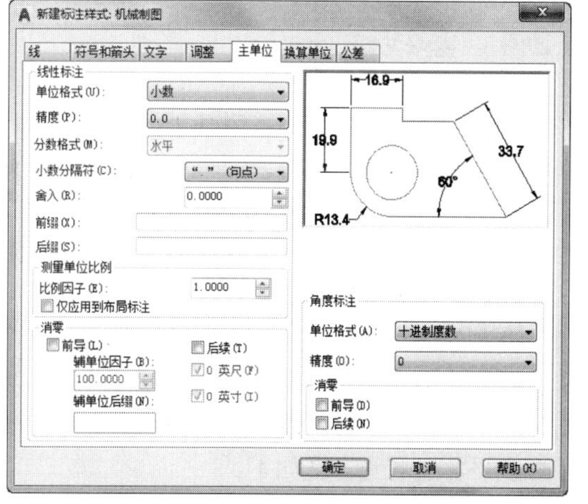

图 5-25　设置“主单位”选项卡

（3）在命令行提示“指定第二条尺寸界线原点:”后指定第二条尺寸边界线位置，标注厚度尺寸“2”。

（4）重复“线性”命令。

（5）在命令行提示“指定第一个尺寸界线原点或<选择对象>:”后指定第一条尺寸边界线位置。

（6）在命令行提示“指定第二条尺寸界线原点:”后指定第二条尺寸边界线位置。

（7）在命令行提示“指定尺寸线位置或[多行文字(M)/文字(T)/角度(A)/水平(H)/垂直(V)/旋转(R)]:”后输入“T”。

（8）在命令行提示“输入标注文字<37>:”后输入“%%c37”，标注直径尺寸“Φ37”。

（9）同理，标注直径尺寸“Φ50”，结果如图 5-19 所示。

5.2.3 坐标尺寸标注

Note

坐标尺寸标注命令的调用方法主要有以下 4 种：

☑ 在命令行中输入“DIMORDINATE”命令。

☑ 选择菜单栏中的“标注/坐标”命令。

☑ 单击“标注”工具栏中的“坐标”按钮。

☑ 单击“注释”选项卡下“标注”面板中的“坐标”按钮。

执行上述命令后，根据系统提示点取或捕捉要标注坐标的点，AutoCAD 把这个点作为指引线的起点，并根据提示指定引线端点或选择其他选项。执行该命令时，命令行提示中各选项的含义如下。

☑ 指定引线端点：确定另外一点，根据这两点之间的坐标差决定是生成 X 坐标尺寸还是 Y 坐标尺寸。如果这两点的 Y 坐标之差比较大，则生成 X 坐标尺寸；反之，生成 Y 坐标尺寸。

☑ X 基准(X)：生成该点的 X 坐标。

☑ Y 基准(Y)：生成该点的 Y 坐标。

☑ 多行文字(M)：显示在位文字编辑器，可用它来编辑标注文字。添加前缀或后缀，请在生成的测量值前后输入前缀或后缀。

☑ 文字(T)：在命令行提示下，自定义标注文字，生成的标注测量值显示在尖括号（< >）中。

☑ 角度(A)：修改标注文字的角度。

5.2.4 基线标注

基线标注用于产生一系列基于同一尺寸延伸线的尺寸标注，适用于长度尺寸、角度和坐标标注。在使用基线标注方式之前，应该先标注出一个相关的尺寸作为基线标准。

基线标注命令的调用方法主要有以下 4 种：

☑ 在命令行中输入“DIMBASELINE”命令。

☑ 选择菜单栏中的“标注/基线”命令。

☑ 单击“标注”工具栏中的“基线标注”按钮。

☑ 单击“注释”选项卡下“标注”面板中的“基线”按钮。

执行上述命令后，根据系统提示指定第二条尺寸界线原点或选择其他选项。执行该命令时，命令行提示中各选项的含义如下。

☑ 指定第二条尺寸界线原点：直接确定另一个尺寸的第二条尺寸界线的起点，AutoCAD 以上次标注的尺寸为基准标注，标注出相应尺寸。

☑ <选择>：在上述提示下直接按 Enter 键，在命令行提示下选择作为基准的尺寸标注。

5.2.5 连续标注

连续标注又称尺寸链标注，用于产生一系列连续的尺寸标注，后一个尺寸标注均把前一个标注的第二条尺寸延伸线作为它的第一条尺寸延伸线，适用于长度型尺寸、角度型和坐标标注。在使用连续标注方式之前，应该先标注出一个相关的尺寸。

连续标注命令的调用方法主要有以下 4 种：

☑ 在命令行中输入“DIMCONTINUE”命令。

☑ 选择菜单栏中的“标注/连续”命令。

☑　单击“标注”工具栏中的“连续”按钮。

☑　单击“注释”选项卡下“标注”面板中的“连续”按钮。

执行上述命令后，根据系统提示拾取相关尺寸，在命令行提示下指定第二条尺寸界线原点或选择其他选项。

5.2.6　实战——标注支座尺寸

视频讲解

本实例标注支座尺寸，首先应用图层命令设置图层，用于尺寸标注；然后利用文字样式命令创建文字样式，用标注样式命令创建用于线性尺寸的标注样式；最后利用线性尺寸标注命令、基线标注命令及连续标注命令，完成轴承座图形的尺寸标注。其标注流程图如图 5-26 所示。

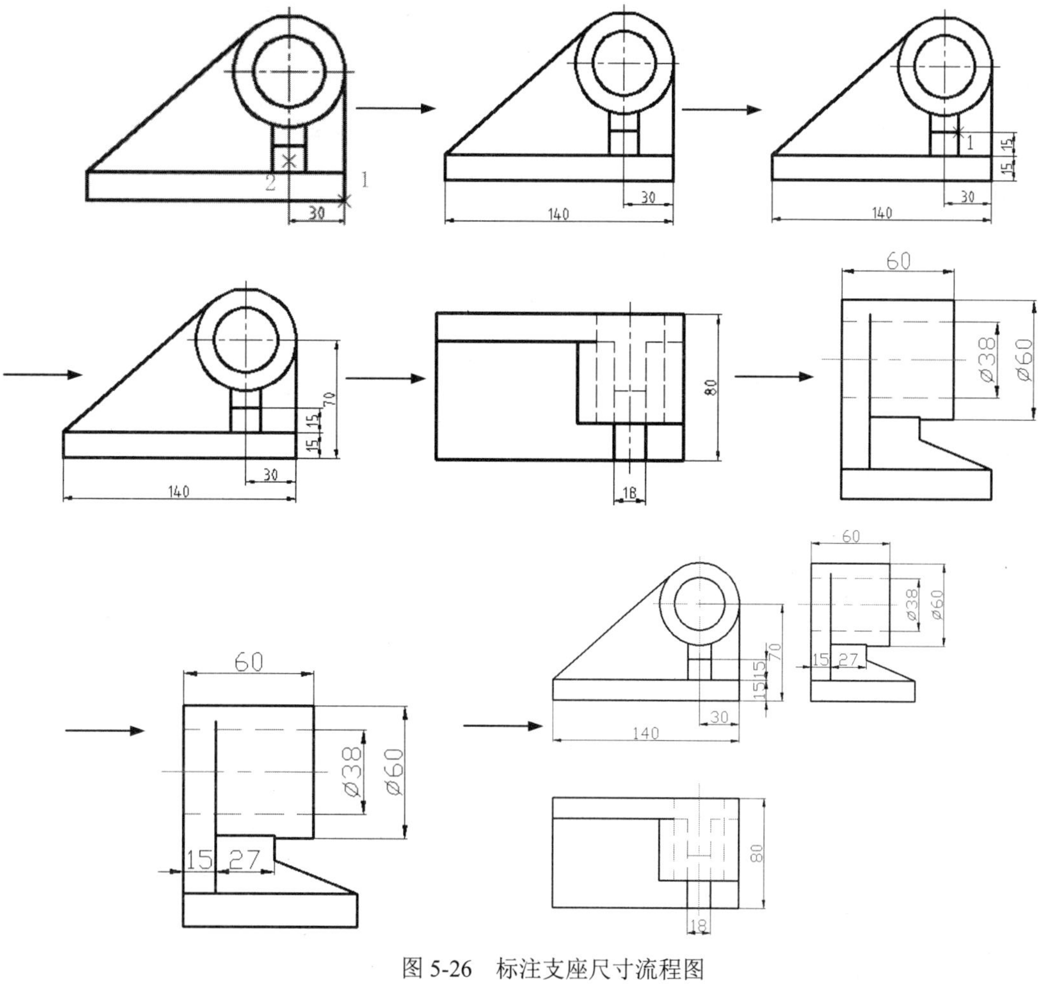

图 5-26　标注支座尺寸流程图

操作步骤如下：

1．打开保存的图形文件“支座.dwg”

单击快速访问工具栏中的“打开”按钮，在打开的“选择文件”对话框中，选取第 5 章中的“支座.dwg”文件，单击“确定”按钮，则该图形显示在绘图窗口中，如图 5-27 所示。将图形另存为“标注支座尺寸”。

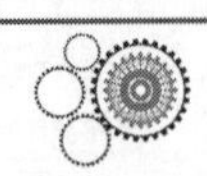

2．设置图层

单击“默认”选项卡下“图层”面板中的“图层特性”按钮，打开“图层特性管理器”选项板。创建一个新图层“bz”，线宽为0.15mm，其他设置不变，用于标注尺寸，并将其设置为当前图层。

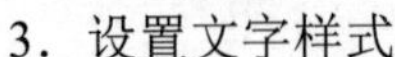

3．设置文字样式

Note

单击“默认”选项卡下“注释”面板中的“文字样式”按钮，打开“文字样式”对话框，创建一个新的文字样式“SZ”，设置字体为仿宋体，将新建标注样式置为当前。

4．设置尺寸标注样式

（1）单击“默认”选项卡下“注释”面板中的“标注样式”按钮，设置标注样式。在打开的“标注样式管理器”对话框中单击“新建”按钮，创建新的标注样式“机械制图”，用于标注机械图样中的线性尺寸。

（2）单击“继续”按钮，对打开的“新建标注样式：机械制图”对话框中的各个选项卡进行设置。其中，“线”选项卡的设置如图5-28所示，在其他选项卡中设置字高为8，箭头为6，从尺寸线偏移设置为1.5。

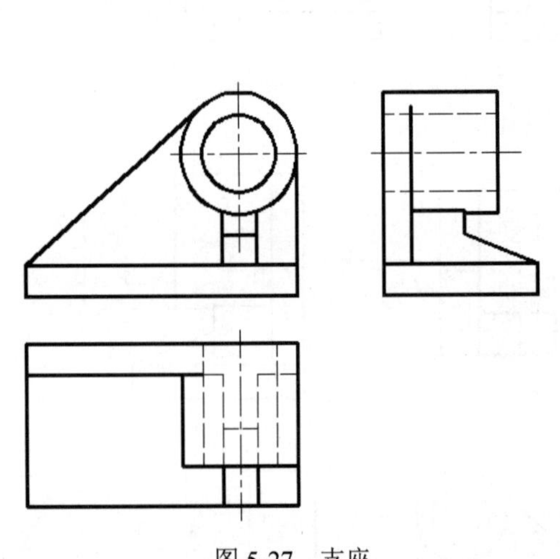

图5-27　支座

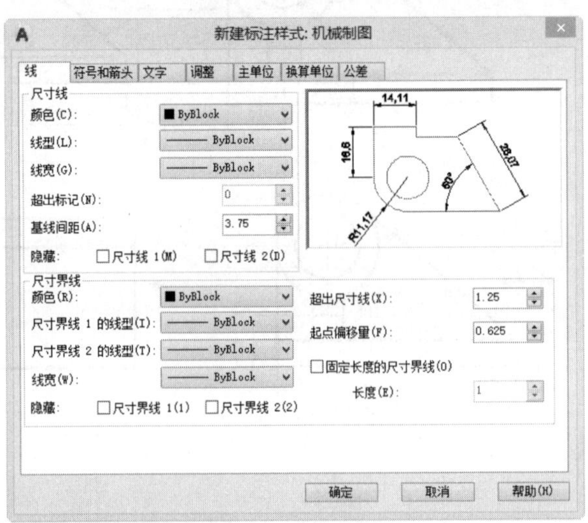

图5-28　“线”选项卡

（3）在“标注样式管理器”对话框中选取“机械图样”标注样式，单击“置为当前”按钮，将其设置为当前标注样式。

5．标注支座主视图中的水平尺寸

（1）单击“注释”选项卡下“标注”面板中的“线性”按钮，标注线性尺寸。

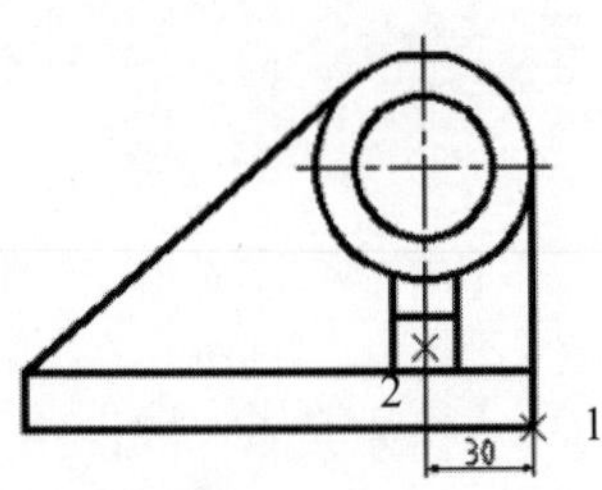

图5-29　标注线性尺寸“30”

（2）在命令行提示“指定第一条延伸线原点或<选择对象>:”后打开对象捕捉功能，捕捉主视图底板右下角点1，如图5-29所示。

（3）在命令行提示“指定第二条延伸线原点:”后捕捉竖直中心线下端点2，如图5-29所示。标注尺寸30。

（4）单击“注释”选项卡下“标注”面板中的“基线”按钮，进行基线标注。

（5）在命令行提示“指定第二条延伸线原点或[放弃(U)/选择(S)]<选择>:”后捕捉主视图底板左下角点，标注尺寸140，结果如图5-30所示。

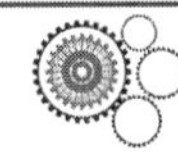

6．标注支座主视图中的竖直尺寸

（1）单击“注释”选项卡下“标注”面板中的“线性”按钮，捕捉主视图底板右下角点和右上角点，标注线性尺寸 15。

（2）单击“注释”选项卡下“标注”面板中的“连续”按钮，捕捉交点 1，如图 5-31 所示。

（3）单击“注释”选项卡下“标注”面板中的“基线”按钮，选取下部尺寸“15”的下边尺寸线，捕捉主视图的圆心，标注基线尺寸 70，结果如图 5-32 所示。

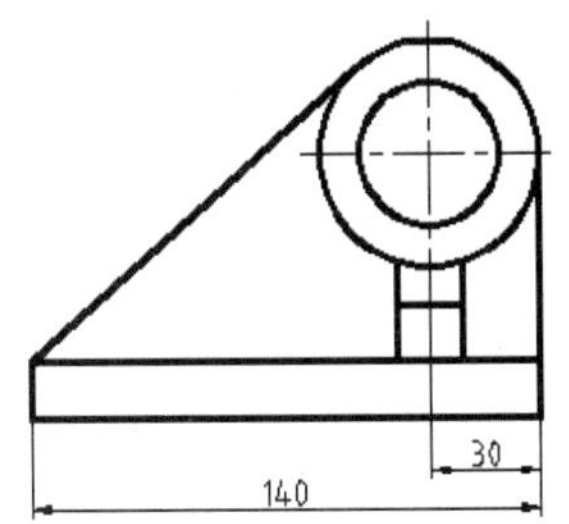

图 5-30　基线标注“140”

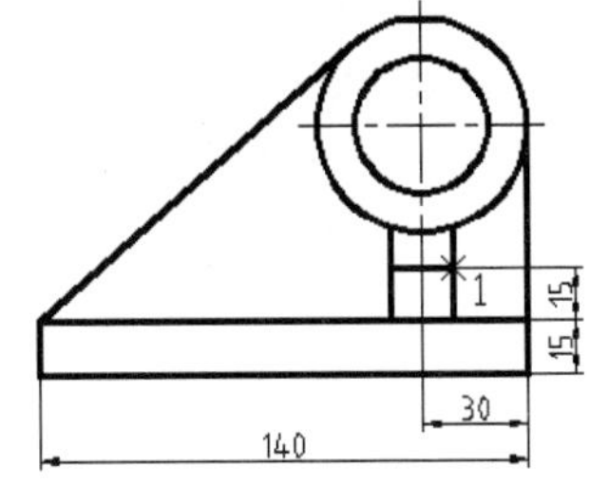

图 5-31　连续标注“15”

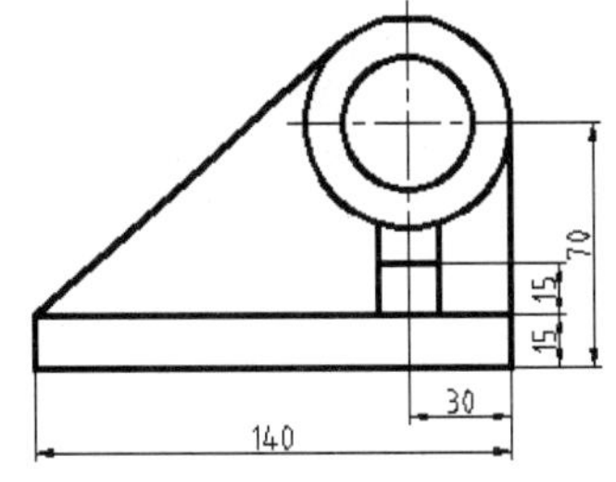

图 5-32　主视图中的尺寸

7．标注支座俯视图及左视图中的线性尺寸

（1）单击“注释”选项卡下“标注”面板中的“线性”按钮，分别标注俯视图中的水平及竖直线性尺寸，如图 5-33 所示。

（2）单击“注释”选项卡下“标注”面板中的“线性”按钮，分别标注左视图中的水平及竖直线性尺寸，如图 5-34 所示。

8．标注支座左视图中的连续尺寸

单击“注释”选项卡下“标注”面板中的“线性”按钮和“连续”按钮，分别标注左视图中的连续尺寸，结果如图 5-35 所示。

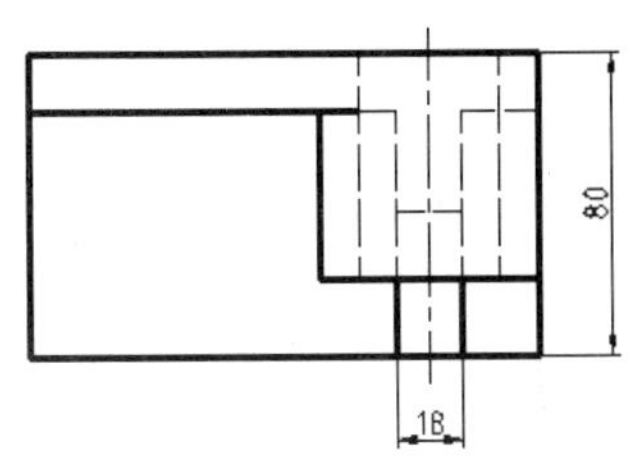

图 5-33　俯视图中的尺寸

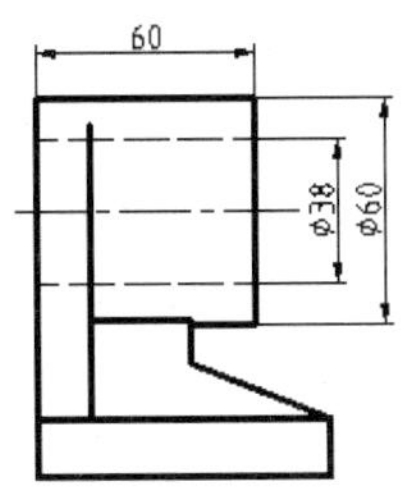

图 5-34　左视图中的线性尺寸

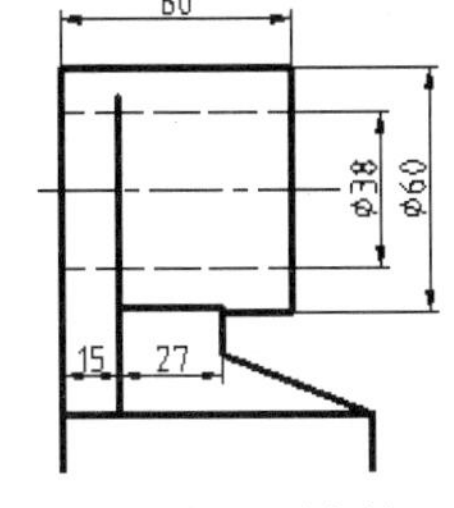

图 5-35　左视图中的尺寸

最终的标注结果如图 5-26 所示。

5.2.7　弧长标注

弧长标注命令的调用方法主要有以下 4 种：

☑　在命令行中输入“DIMARC”命令。

☑　选择菜单栏中的“标注/弧长”命令。

☑　单击“标注”工具栏中的“弧长”按钮。

☑　单击“注释”选项卡下“标注”面板中的“弧长”按钮。

执行上述命令后，根据系统提示选择要标注的弧线段或多段线弧线段，在命令行提示下指定弧长

Note

标注位置或选择其他选项。命令行提示中各选项的含义如下。

- ☑ 弧长标注位置：指定尺寸线的位置并确定延伸线的方向。
- ☑ 多行文字(M)：显示在位文字编辑器，可用它来编辑标注文字。要添加前缀或后缀，请在生成的测量值前后输入前缀或后缀。用控制代码和 Unicode 字符串来输入特殊字符或符号。
- ☑ 文字(T)：自定义标注文字，生成的标注测量值显示在尖括号（<>）中。
- ☑ 角度(A)：修改标注文字的角度。
- ☑ 部分(P)：缩短弧标注的长度，如图 5-36 所示。
- ☑ 引线(L)：添加引线对象，仅当圆弧（或弧线段）大于 90° 时才会显示此选项。引线是按径向绘制的，指向所标注圆弧的圆心，如图 5-37 所示。

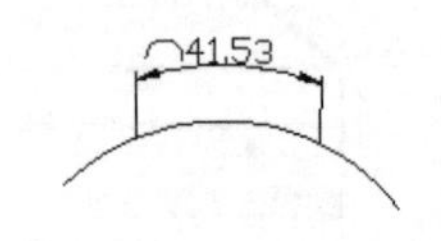

图 5-36　部分圆弧标注

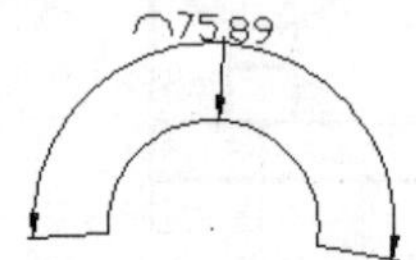

图 5-37　引线标注圆弧

5.2.8　直径标注

直径标注命令的调用方法主要有以下 4 种：

- ☑ 在命令行中输入“DIMDIAMETER”命令。
- ☑ 选择菜单栏中的“标注/直径”命令。
- ☑ 单击“标注”工具栏中的“直径”按钮。
- ☑ 单击“注释”选项卡下“标注”面板中的“直径”按钮。

执行上述命令后，根据系统提示选择要标注直径的圆或圆弧，并在命令行提示下确定尺寸线的位置或选择“多行文字(M)”“文字(T)”或“角度(A)”选项来输入、编辑尺寸文本或确定尺寸文本的倾斜角度，也可以直接确定尺寸线的位置，标注出指定圆或圆弧的直径。

- ☑ 尺寸线位置：确定尺寸线的角度和标注文字的位置。如果未将标注放置在圆弧上而导致标注指向圆弧外，则 AutoCAD 会自动绘制圆弧延伸线。
- ☑ 多行文字(M)：显示在位文字编辑器，可用它来编辑标注文字。要添加前缀或后缀，请在生成的测量值前后输入前缀或后缀。用控制代码和 Unicode 字符串来输入特殊字符或符号。
- ☑ 文字(T)：自定义标注文字，生成的标注测量值显示在尖括号（<>）中。
- ☑ 角度(A)：修改标注文字的角度。

5.2.9　半径标注

半径标注命令的调用方法主要有以下 4 种：

- ☑ 在命令行中输入“DIMRADIUS”命令。
- ☑ 选择菜单栏中的“标注/半径标注”命令。
- ☑ 单击“标注”工具栏中的“半径”按钮。
- ☑ 单击“注释”选项卡下“标注”面板中的“半径”按钮。

执行上述命令后，根据系统提示选择要标注半径的圆或圆弧，并在命令行提示下确定尺寸线的位置或选择“多行文字(M)”“文字(T)”或“角度(A)”选项来输入、编辑尺寸文本或确定尺寸文本的倾

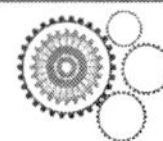

斜角度，也可以直接确定尺寸线的位置，标注出指定圆或圆弧的半径。

5.2.10　折弯标注

折弯标注命令的调用方法主要有以下 4 种：

☑　在命令行中输入“DIMJOGGED”命令。

☑　选择菜单栏中的“标注/折弯”命令。

☑　单击“标注”工具栏中的“折弯”按钮。

☑　单击“注释”选项卡下“标注”面板中的“已折弯”按钮。

执行上述命令后，根据系统提示选择圆弧或圆，并指定图示中心位置和尺寸线位置或选择“多行文字(M)/文字(T)/角度(A)”等其他选项，完成之后指定折弯位置，如图 5-38 所示。

图 5-38　折弯标注

5.2.11　实战——标注盘件尺寸

视频讲解

标注盘件尺寸，在该图中有 3 种尺寸标注类型：线性尺寸标注，如“Φ120”、“Φ80”和“Φ232.5”，用线性尺寸标注命令 DIMLINEAR 标注；直径标注，如“Φ172.5”和“4-Φ22.5”，用直径标注命令 DIMDIAMETER 标注，用单行文字命令 TEXT 注写“均布”；连续标注，如“161”和“83”，用连续标注命令 DIMCONTINUE 标注。其标注流程如图 5-39 所示。

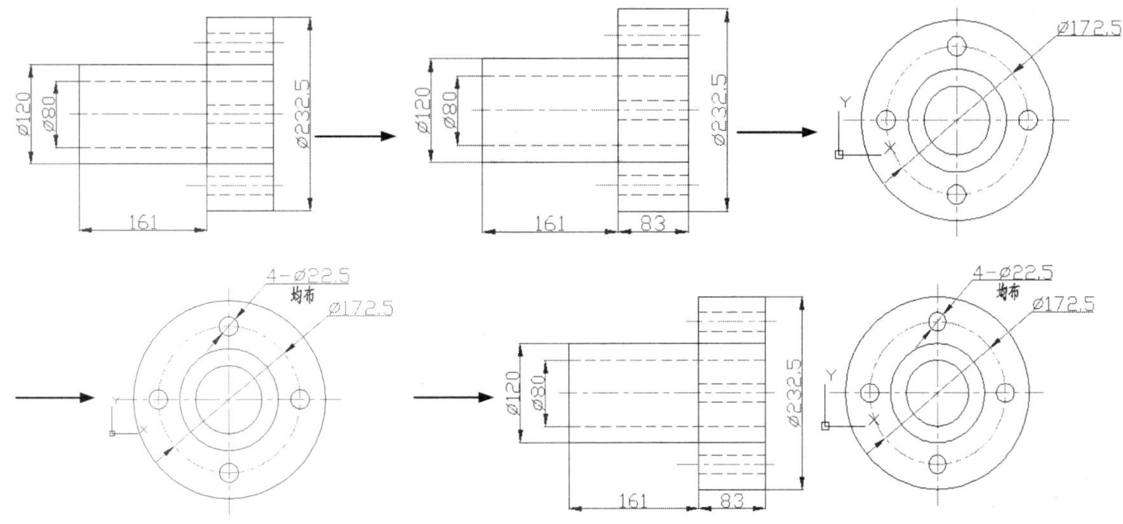

图 5-39　标注盘件尺寸流程图

操作步骤如下：

1．打开图形文件“盘件.dwg”

打开已有图形文件命令。单击快速访问工具栏中的“打开”按钮，打开“选择文件”对话框，从中选择源文件第 5 章中的“盘件.dwg”文件，单击“打开”按钮或双击该文件名，即可将该文件打开。将其另存为“标注盘件尺寸”。

2．新建图层

（1）单击“默认”选项卡下“图层”面板中的“图层特性”按钮，打开“图层特性管理器”选

项板，建立一个新图层：CHC 图层，颜色为蓝色，线性为 Continuous，线宽为默认值，并将其设置为当前图层。

（2）单击“默认”选项卡下“注释”面板中的“标注样式”按钮，打开“标注样式管理器”对话框，如图 5-40 所示；单击“新建”按钮打开“创建新标注样式”对话框，在“用于”下拉列表框中选择“直径标注”选项，如图 5-41 所示；单击“继续”按钮打开“新建标注样式”对话框，按照图 5-42 所示进行设置，然后单击“确定”按钮，返回“标注样式管理器”对话框，在“样式”列表框中选择“ISO-25：直径”样式，单击“关闭”按钮后，即将当前标注样式设置为“ISO-25：直径”。

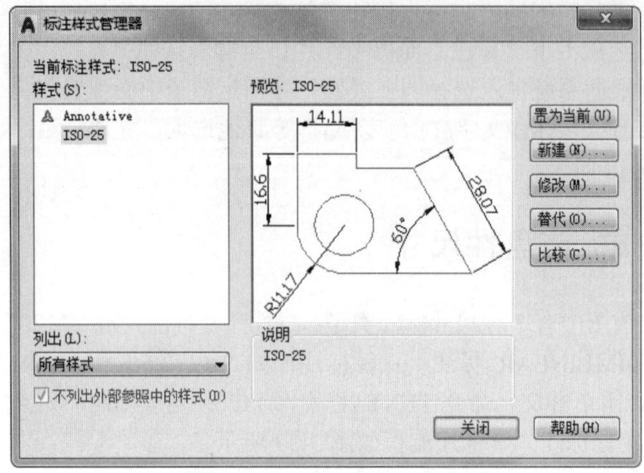

图 5-40　“标注样式管理器”对话框

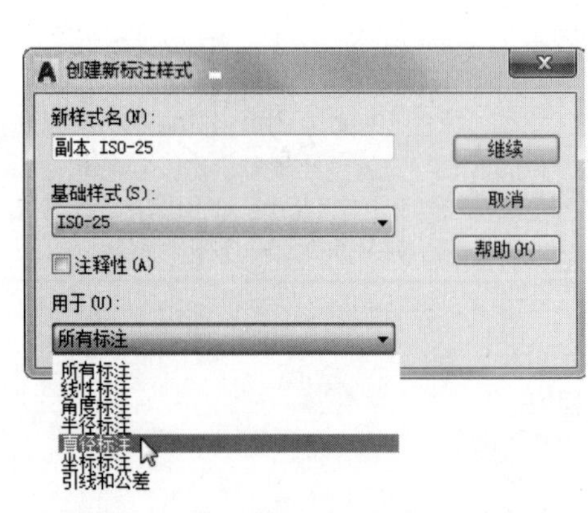

图 5-41　“创建新标注样式”对话框

图 5-42　标注样式的设置

3．标注尺寸

（1）单击“注释”选项卡下“标注”面板中的“线性”按钮，捕捉标注为“Φ80”的长度的一个端点，作为第一条尺寸界线的起点；捕捉标注为“Φ80”的长度的另一个端点，作为第二条尺寸界线的起点进行线性标注。使用同样的方法标注线性尺寸 Φ120、Φ232.5 和 161，结果如图 5-43 所示。

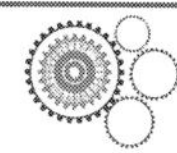

（2）单击“注释”选项卡下“标注”面板中的“连续”按钮，选择尺寸标注“161”作为基准，捕捉标注为“83”的边的左端点，标出尺寸“83”，结果如图 5-44 所示。

（3）单击“注释”选项卡下“标注”面板中的“直径”按钮，选择标注为“Φ172.5”的圆进行直径标注，结果如图 5-45 所示。

4．标注替代

（1）将标注样式“ISO-25”设置为当前样式，单击“标注样式管理器”对话框中的“替代”按钮，如图 5-46 所示。系统打开“替代当前样式”对话框，在“文字”选项卡中设置“文字位置”选项组中的“垂直”为“上”，“文字对齐”选项组为“水平”，如图 5-47 所示，并将样式替代置为当前。

用 DIMDIAMETER 命令标注直径尺寸，用单行文字命令 TEXT 注写“均布”两字。

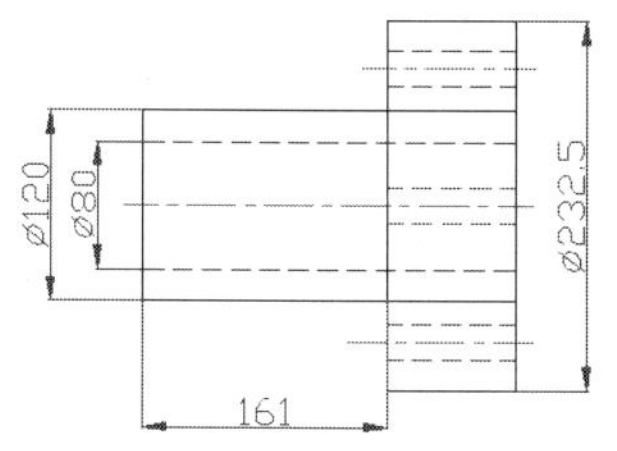

图 5-43　标注线性尺寸

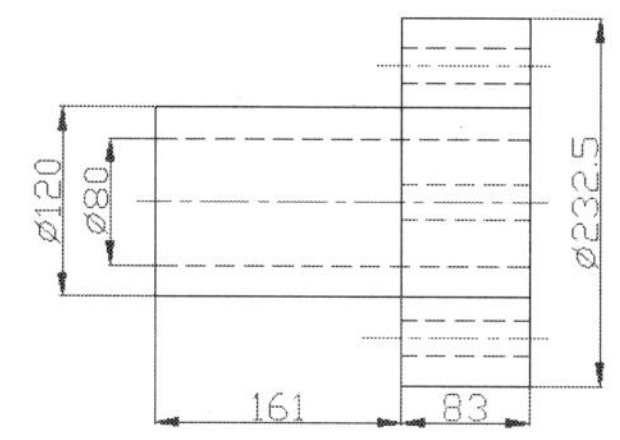

图 5-44　标注连续尺寸

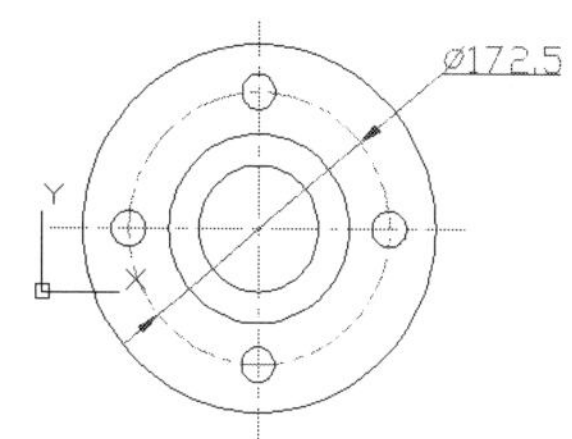

图 5-45　标注直径尺寸

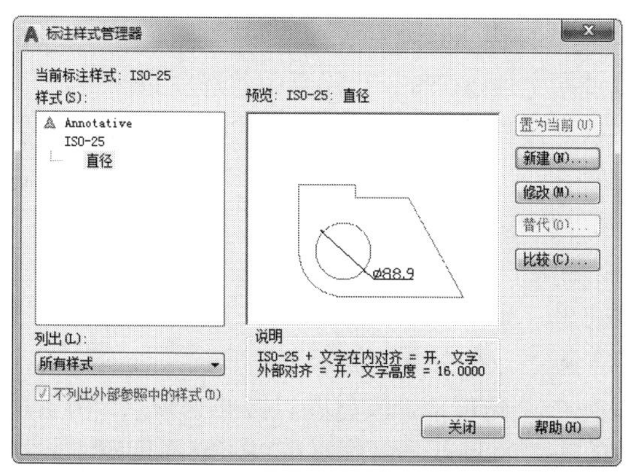

图 5-46　“标注样式管理器”对话框

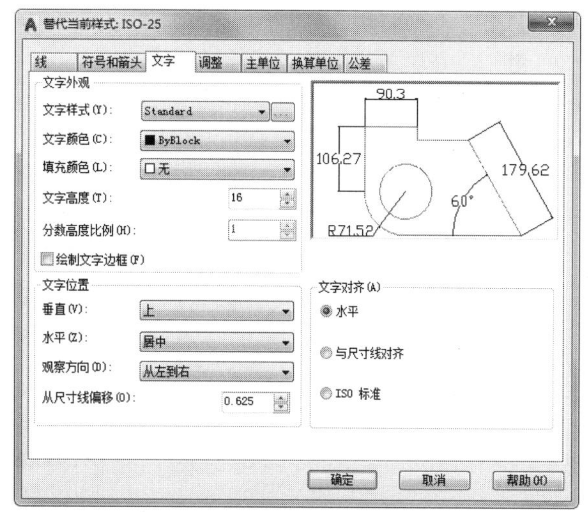

图 5-47　“替代当前样式：ISO-25”对话框中的“文字”选项卡

（2）单击“注释”选项卡下“标注”面板中的“直径”按钮，选择标注为“4-Φ22.5”的圆进行直径标注。

（3）单击“注释”选项卡下“文字”面板中的“管理文字样式”按钮，打开“文字样式”对话框，如图 5-48 所示，单击“新建”按钮将打开“新建文字样式”对话框，如图 5-49 所示，单击“确定”按钮回到“文字样式”对话框，从“字体名”下拉列表框中选择“仿宋”，单击“关闭”按钮，则建立了一个新的文字标注样式“样式 1”。

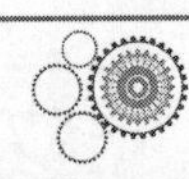
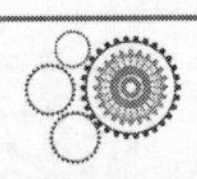

Note

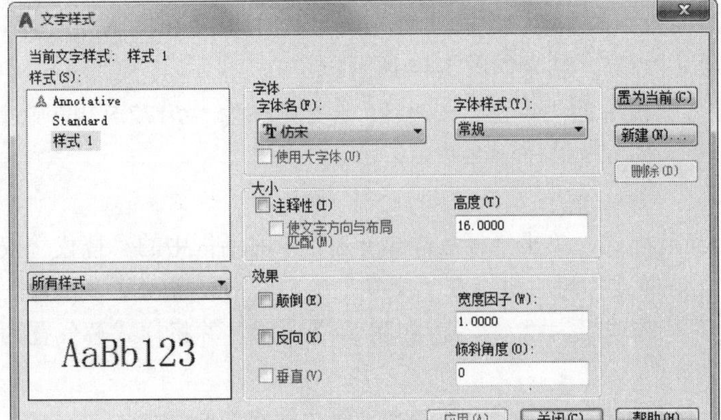

图 5-48 “文字样式”对话框

图 5-49 “新建文字样式”对话框

（4）单击“注释”选项卡下“文字”面板中的“单行文字”按钮A，输入文字“均布”，结果如图 5-39 所示。

5.2.12 角度型尺寸标注

角度标注命令的调用方法主要有以下 4 种：

☑ 在命令行中输入“DIMANGULAR”命令。

☑ 选择菜单栏中的“标注/角度”命令。

☑ 单击“标注”工具栏中的“角度”按钮△。

☑ 单击“注释”选项卡下“标注”面板中的“角度”按钮△。

执行上述命令后，根据系统提示选择圆弧、圆、直线或指定顶点。命令行提示中各选项的含义如下。

☑ 选择圆弧：用于标注圆弧的中心角。当用户选取一段圆弧后，根据系统提示确定尺寸线的位置或选择“多行文字(M)”“文字(T)”“角度(A)”或“象限点(Q)”选项，通过多行文本编辑器或命令行来输入或定制尺寸文本，以及指定尺寸文本的倾斜角度。

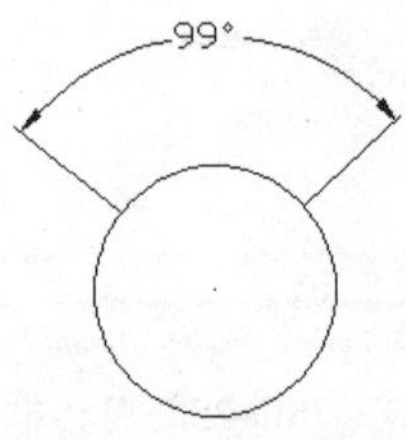

图 5-50 标注角度

☑ 选择一个圆：标注圆上某段弧的中心角。当用户点取圆上一点选择该圆后，根据系统提示选取第二点，该点可在圆上，也可不在圆上。在命令行提示下确定尺寸线的位置，AutoCAD 标出一个角度值，该角度以圆心为顶点，两条尺寸界线通过所选取的两点，第二点可以不必在圆周上。用户还可以选择“多行文字(M)”“文字(T)”“角度(A)”或“象限点(Q)”选项编辑尺寸文本和指定尺寸文本的倾斜角度，如图 5-50 所示。

☑ 选择一条直线：标注两条直线间的夹角。当用户选取一条直线后，根据系统提示选取另一条直线，在命令行提示下确定尺寸线的位置，AutoCAD 标出这两条直线之间的夹角。该角以两条直线的交点为顶点，以两条直线为尺寸界线，所标注角度取决于尺寸线的位置，如图 5-51 所示。用户还可以利用“多行文字(M)”“文字(T)”“角度(A)”或“象限点(Q)”选项编辑尺寸文本和指定尺寸文本的倾斜角度。

☑ <指定顶点>：直接按 Enter 键执行该选项，根据系统提示指定顶点，指定输入角的第一个端点，指定输入角的第二个端点，在命令行提示下给定尺寸线的位置，AutoCAD 根据给定的

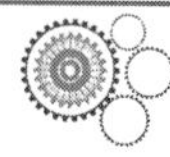

三点标注出角度，如图 5-52 所示。另外，用户还可以用“多行文字(M)”“文字(T)”“角度(A)”或“象限点(Q)”选项编辑尺寸文本和指定尺寸文本的倾斜角度。

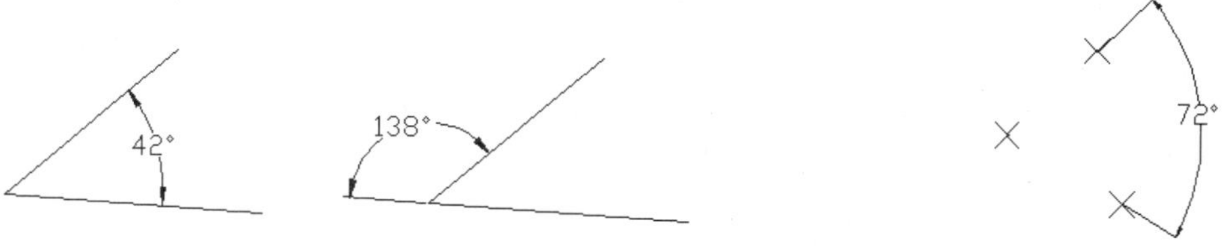

图 5-51 用 DIMANGULAR 命令标注两直线的夹角 图 5-52 用 DIMANGULAR 命令标注三点确定的角度

提示

角度标注可以测量指定的象限点，该象限点是在直线或圆弧的端点、圆心或两个顶点之间对角度进行标注时形成的。创建角度标注时，可以测量 4 个可能的角度。指定象限点使用户可以确保标注正确的角度。指定象限点后，在放置角度标注时，用户可以将标注文字放置在标注的尺寸延伸线之外，尺寸线将自动延长。

5.2.13 实战——标注挂轮架尺寸

视频讲解

本实例挂轮架图形中共有 5 种尺寸标注类型：线性尺寸，如“Φ14”，用线性标注命令 DIMLINEAR 标注；连续尺寸，如“3-”“35”“50”，用连续标注命令 DIMCONTINUE 标注；直径尺寸，如“Φ40”，用直径标注命令 DIMDIAMETER 标注；角度尺寸，如“3-° ”，用角度标注命令 DIMANGULAR 标注；半径尺寸，如“*R*8”“*R*14”“*R*10”等，用半径标注命令 DIMRADIUS 标注。其标注流程图如图 5-53 所示。

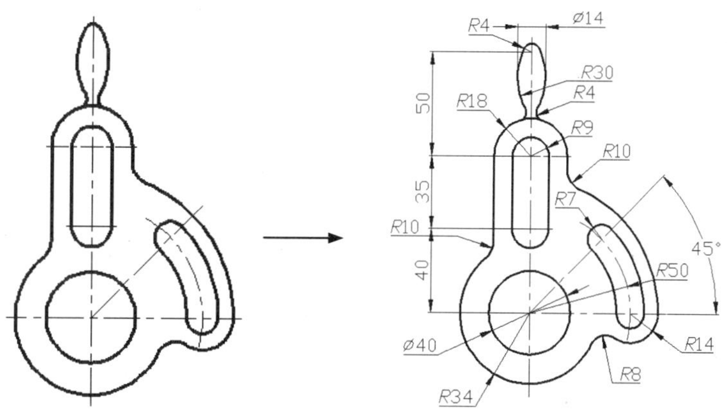

图 5-53 标注挂轮架尺寸流程图

操作步骤如下：

1．打开图形文件“挂轮架.dwg”

打开已有图形文件命令。单击快速访问工具栏中的“打开”按钮打开“选择文件”对话框，从中选择源文件第 6 章保存的“挂轮架.dwg”文件，单击“打开”按钮或双击该文件名，即可将该文件打开。将其另存为“标注挂轮架尺寸”。

2．创建尺寸标注图层，设置尺寸标注样式

（1）单击“默认”选项卡下“图层”面板中的“图层特性”按钮，打开“图层特性管理器”选项板，创建一个新图层“BZ”，并将其设置为当前图层。

Note

（2）单击“默认”选项卡下“注释”面板中的“标注样式”按钮，打开“标注样式管理器”对话框，分别设置“机械制图”标注样式，并在此基础上设置“直径”标注样式、“半径”标注样式及“角度”标注样式，其中“半径”标注样式与“直径”标注样式设置一样，将其用于半径标注。

3．标注挂轮架中的半径尺寸、连续尺寸及线性尺寸

（1）单击“注释”选项卡下“标注”面板中的“半径”按钮，标注半径尺寸“*R*8”。

（2）单击“注释”选项卡下“标注”面板中的“线性”按钮，标注图中的线性尺寸“*Φ*14”。同理，标注图中的线性尺寸。

（3）单击“注释”选项卡下“标注”面板中的“连续”按钮，选择线性尺寸“40”作为基准标注，标注图中的连续尺寸“35”和“50”。

4．标注直径尺寸及角度尺寸

（1）单击“注释”选项卡下“标注”面板中的“直径”按钮，标注图中的直径尺寸“*Φ*40”。

（2）单击“注释”选项卡下“标注“面板中的“角度”按钮，标注图中的角度尺寸“45°”。

① 在命令行提示“选择圆弧、圆、直线或<指定顶点>:”后选择标注为“45°”角的一条边。

② 在命令行提示“选择第二条直线:”后选择标注为“45°”角的另一条边。

③ 在命令行提示“指定标注弧线位置或[多行文字(M)/文字(T)/角度(A)/象限点(Q)]:”后指定尺寸线位置。

（3）标注其他尺寸，结果如图 5-53 所示。

5.2.14　对齐标注

对齐标注就是让标注的尺寸线与图形轮廓平行对齐，用于标注那些倾斜或不规则的轮廓。对齐标注命令的调用方法主要有以下 4 种：

- ☑ 在命令行中输入“DIMALIGNED”命令。
- ☑ 选择菜单栏中的“标注/对齐”命令。
- ☑ 单击“标注”工具栏中的“对齐”按钮。
- ☑ 单击“注释”选项卡下“标注”面板中的“已对齐”按钮。

执行上述命令后，根据系统提示选择对象。这种命令标注的尺寸线与所标注轮廓线平行，标注的是起始点到终点之间的距离尺寸。

5.2.15　圆心标记

圆心标记是指标注出圆心所在的位置。圆心标记标注命令的调用方法主要有以下 4 种：

- ☑ 在命令行中输入“DIMCENTER”命令。
- ☑ 选择菜单栏中的“标注/圆心标记”命令。
- ☑ 单击“标注”工具栏中的“圆心标记”按钮。
- ☑ 单击“注释”选项卡下“标注”面板中的“圆心标记”按钮。

执行上述命令后，根据系统提示选择要标注中心或中心线的圆或圆弧。

5.2.16　实战——标注叉形片尺寸

由图 5-54 可知，挂轮架图形中共有 5 种尺寸标注类型：线性尺寸，如“Φ60”，用线性标注命令 DIMLINEAR 标注；对齐尺寸，如“36”“15”，用对齐标注命令 DIMALIGNED 标注；直径尺寸，如“Φ35”，用直径标注命令 DIMDIAMETER 标注；角度尺寸，如“3-°　”，用角度标注命令 DIMANGULAR 标注；半径尺寸，如“*R*13”，用半径标注命令 DIMRADIUS 标注。其标注流程如图 5-54 所示。

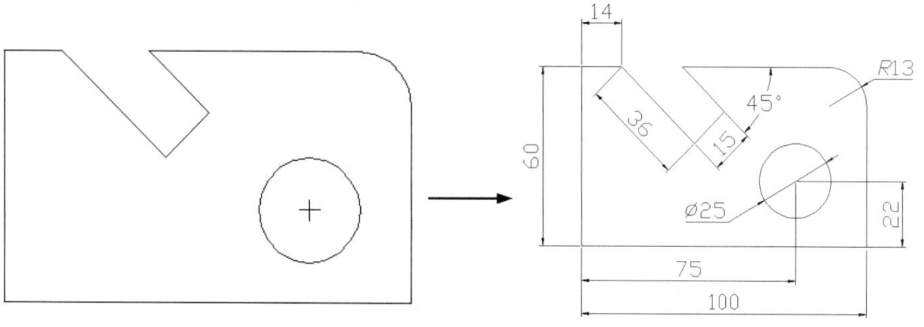

图 5-54　标注叉形片尺寸流程图

操作步骤如下：

1．绘制图形

利用学过的绘图命令与编辑命令绘制图形，绘制结果如图 5-55 所示。

2．创建图层

单击“默认”选项卡下“图层”面板中的“图层特性”按钮，系统打开“图层特性管理器”选项板，单击“新建图层”按钮，创建一个新图层“CHC”，颜色为绿色，线型为 Continuous，线宽为默认值，并将其设置为当前图层。

3．设置标注样式

由于系统的标注样式有些不符合要求，因此，根据图 5-56 所示的尺寸设置标注样式，进行角度、直径、半径标注样式的设置。

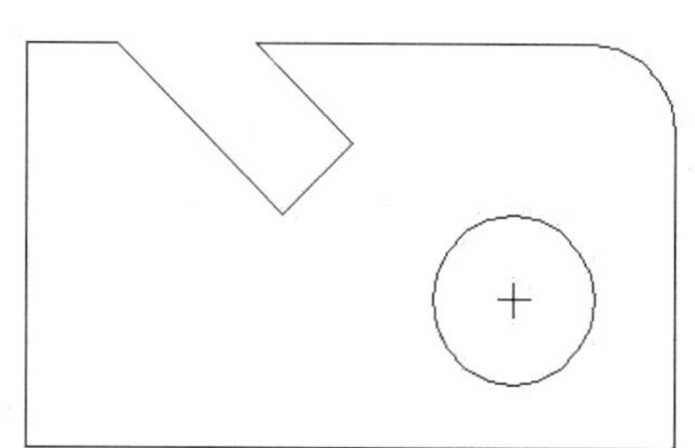

图 5-55　绘制图形

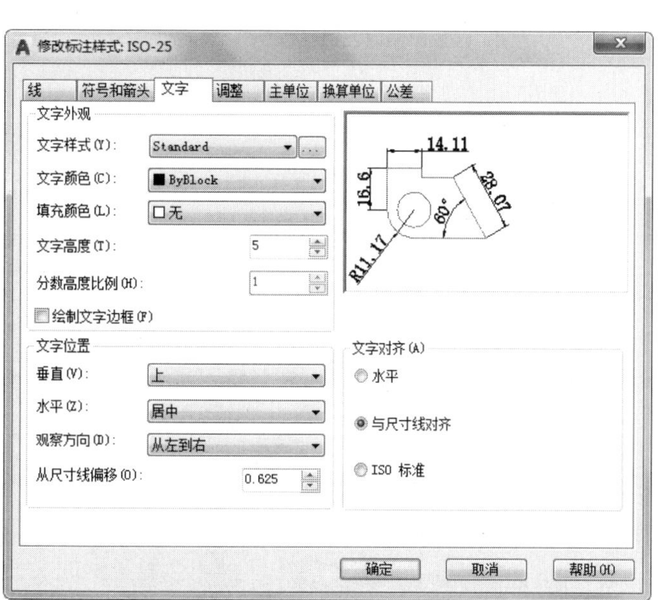

图 5-56　“修改标注样式：ISO-25”对话框

（1）单击“默认”选项卡下“注释”面板中的“标注样式”按钮，系统打开“标注样式管理器”对话框，单击“修改”按钮打开“修改标注样式”对话框，选择“文字”选项卡，设置如图 5-56 所示。单击“确定”按钮，返回“标注样式管理器”对话框。

（2）单击“新建”按钮打开“创建新标注样式”对话框，如图 5-57 所示。在“用于”下拉列表框中选择“角度标注”选项，然后单击“继续”按钮打开“新建标注样式”对话框。选择“线”选项卡，进行如图 5-58 所示设置，在“文字”选项卡中设置文字对齐方式为“水平”，设置完成后，单击“确定”按钮返回“标注样式管理器”对话框。

（3）方法同（2），新建“半径”标注样式，如图 5-59 所示，新建“直径”标注样式，如图 5-60 所示。

4．标注线性尺寸

（1）标注线性尺寸“60”和“14”。单击“注释”选项卡下“标注”面板中的“线性”按钮，标注线性尺寸“60”和“14”。

（2）添加圆心标记。单击“注释”选项卡下“中心线”面板中的“圆心标记”按钮，选择圆弧或圆: 选择 Φ25 圆，添加该圆的圆心符号。

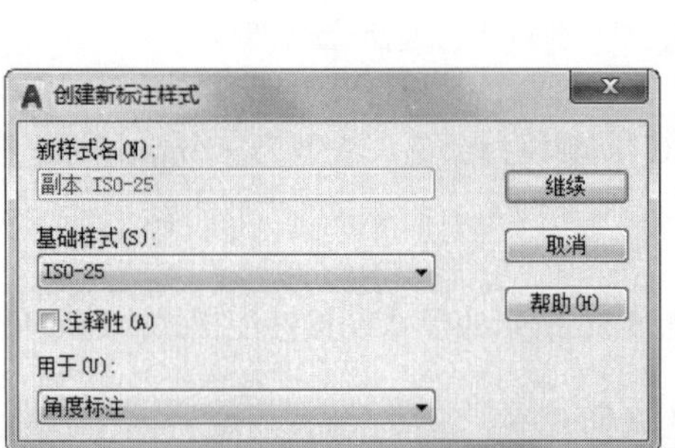

图 5-57　“创建新标注样式”对话框

图 5-58　“角度”标注样式

图 5-59　“半径”标注样式

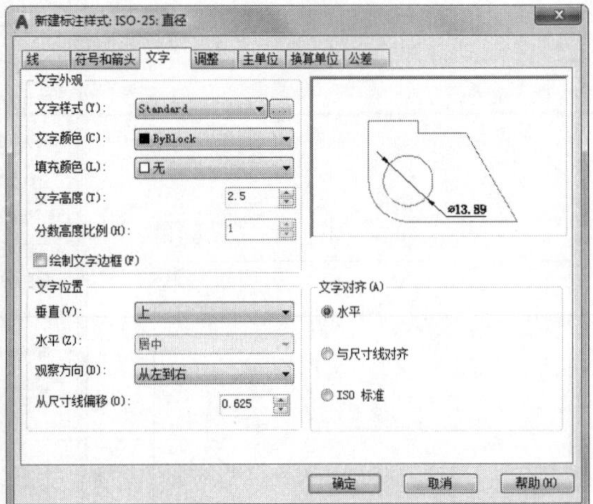

图 5-60　“直径”标注样式

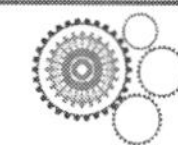

（3）标注线性尺寸“75”和“22”。单击“注释”选项卡下“标注”面板中的“线性”按钮，标注线性尺寸 75 和 22。

（4）标注线性尺寸“100”。单击“注释”选项卡下“标注”面板中的“基线”按钮，选择尺寸标注“75”为基准标注，捕捉标注为“100”底边的左端点。

（5）标注对齐尺寸“36”和“15”。单击“注释”选项卡下“标注”面板中的“已对齐”按钮，捕捉标注为“36”的斜边的一个端点，捕捉标注为“36”的斜边的另一个端点，采用相同的方法标注对齐尺寸“15”。

5．标注其他尺寸

（1）标注 Φ25 圆。单击“注释”选项卡下“标注”面板中的“直径”按钮，标注 Φ25 圆。

（2）标注 R13 圆弧。单击“注释”选项卡下“标注”面板中的“半径”按钮，标注 R13 圆弧。

（3）标注 45°角。单击“注释”选项卡下“标注”面板中的“角度”按钮，标注 45°角。

最终标注结果如图 5-54 所示。

5.2.17　快速尺寸标注

快速尺寸标注命令 QDIM 使用户可以交互、动态、自动化地进行尺寸标注。利用 QDIM 命令可以同时选择多个圆或圆弧标注直径或半径，也可以同时选择多个对象进行基线标注和连续标注，选择一次即可完成多个标注，既节省时间，又可提高工作效率。快速尺寸标注命令的调用方法主要有以下 4 种：

- ☑ 在命令行中输入“QDIM”命令。
- ☑ 选择菜单栏中的“标注/快速标注”命令。
- ☑ 单击“标注”工具栏中的“快速标注”按钮。
- ☑ 单击“注释”选项卡下“标注”面板中的“快速标注”按钮。

执行上述命令后，根据系统提示选择要标注尺寸的多个对象后按 Enter 键，并指定尺寸线位置或选择其他选项。执行该命令时，命令行提示中各选项的含义如下。

- ☑ 指定尺寸线位置：直接确定尺寸线的位置，系统在该位置按默认的尺寸标注类型标注出相应的尺寸。
- ☑ 连续(C)：产生一系列连续标注的尺寸。在命令行中输入“C”，AutoCAD 系统提示用户选择要进行标注的对象，选择完成后按 Enter 键返回上面的提示，给定尺寸线位置，则完成连续尺寸标注。
- ☑ 并列(S)：产生一系列交错的尺寸标注，如图 5-61 所示。
- ☑ 基线(B)：产生一系列基线标注尺寸。后面的“坐标(O)”“半径(R)”“直径(D)”含义与此类同。
- ☑ 基准点(P)：为基线标注和连续标注指定一个新的基准点。
- ☑ 编辑(E)：对多个尺寸标注进行编辑。AutoCAD 允许对已存在的尺寸标注添加或移去尺寸点。选择该选项，根据系统提示确定要移去的点之后按 Enter 键，AutoCAD 对尺寸标注进行更新。如图 5-62 所示为图 5-61 中删除中间标注点后的尺寸标注。
- ☑ 设置(T)：为指定延伸线原点设置默认对象捕捉。

Note

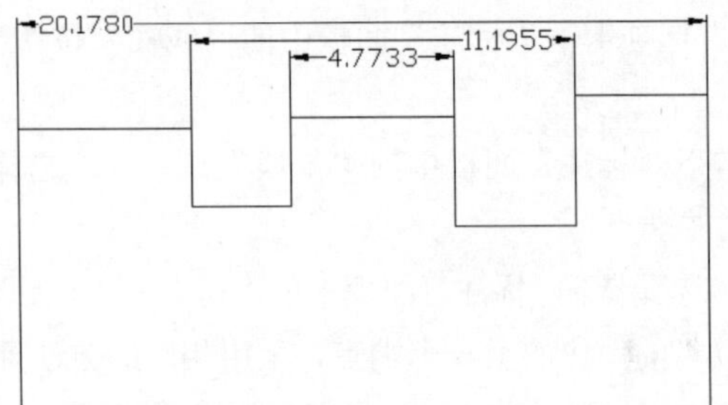

图 5-61　交错尺寸标注

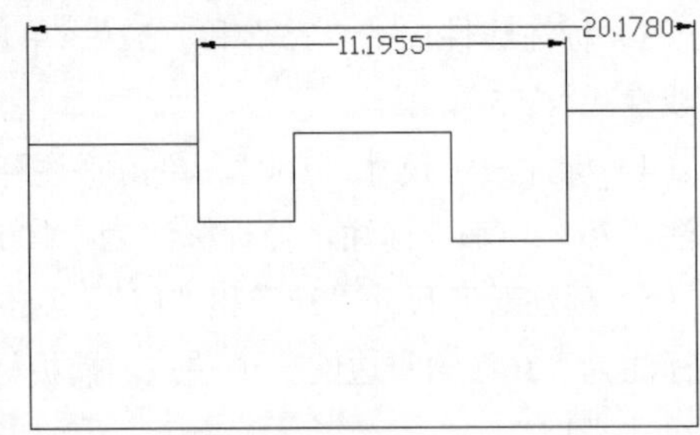

图 5-62　删除中间标注点后的尺寸标注

5.2.18　等距标注

等距标注命令的调用方法主要有以下 4 种：

☑　在命令行中输入“DIMSPACE”命令。
☑　选择菜单栏中的“标注/等距标注”命令。
☑　单击“标注”工具栏中的“等距标注”按钮。
☑　单击“注释”选项卡下“标注”面板中的“调整间距”按钮。

执行上述命令后，根据系统提示选择平行线性标注或角度标注，在命令行提示下选择平行线性标注或角度标注以从基准标注均匀隔开，并按 Enter 键，选择完毕后，指定间距或按 Enter 键。执行该命令时，命令行提示中各选项的含义如下。

☑　输入值：指定从基准标注均匀隔开选定标注的间距值。
☑　自动(A)：基于在选定基准标注的标注样式中指定的文字高度自动计算间距。所得的间距值是标注文字高度的两倍。

5.2.19　折断标注

当圆弧半径过大在图纸范围内无法标出圆心位置时，可以采用折断标注。折断标注命令的调用方法主要有以下 4 种：

☑　在命令行中输入“DIMBREAK”命令。
☑　选择菜单栏中的“标注/标注打断”命令。
☑　单击“标注”工具栏中的“折断标注”按钮。
☑　单击“注释”选项卡下“标注”面板中的“折弯标注”按钮。

执行上述命令后，根据系统提示选择标注，或输入“M”并按 Enter 键，在命令行提示下选择与标注相交或与选定标注的尺寸界线相交的对象和要折断标注的对象。执行该命令时，命令行提示中各选项的含义如下。

☑　多个(M)：指定要向其中添加打断或要从中删除打断的多个标注。
☑　自动(A)：自动将折断标注放置在与选定标注相交的对象的所有交点处。修改标注或相交对象时，会自动更新使用此选项创建的所有折断标注。
☑　删除(R)：从选定的标注中删除所有折断标注。
☑　手动(M)：手动放置折断标注。为打断位置指定标注或尺寸界线上的两点。如果修改标注或相交对象，则不会更新使用此选项创建的任何折断标注。使用该选项一次仅可以放置一个手动折断标注。

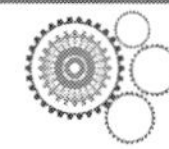

5.3 引 线 标 注

AutoCAD 提供了引线标注功能，利用该功能不仅可以标注特定的尺寸，如圆角、倒角等，还可以实现在图中添加多行旁注、说明。在引线标注中指引线可以是折线，也可以是曲线，指引线端部可以有箭头，也可以没有箭头。

5.3.1 利用 LEADER 命令进行引线标注

利用 LEADER 命令可以创建灵活多样的引线标注形式，可根据需要把指引线设置为折线或曲线。指引线可带箭头，也可不带箭头。注释文本可以是多行文本，也可以是形位公差，可以从图形其他部位复制，也可以是一个图块。

引线标注命令的调用方法有以下 1 种：

☑ 在命令行中输入“LEADER”命令。

执行上述命令后，根据系统提示输入指引线的起始点和另一点，在命令行提示下继续指定下一点或选择其他选项。执行该命令时，命令行提示中各选项的含义如下。

（1）指定下一点：直接输入一点，AutoCAD 根据前面的点画出折线作为指引线。

（2）<注释>：输入注释文本，为默认项。在上面提示下直接按 Enter 键，则命令行提示中各选项的含义如下。

☑ 输入注释文本：在此提示下输入第一行文本后按 Enter 键，用户可继续输入第二行文本，如此反复执行，直到输入全部注释文本，然后在此提示下直接按 Enter 键，AutoCAD 会在指引线终端标注出所输入的多行文本，并结束 LEADER 命令。

☑ <选项>：直接按 Enter 键，则命令行提示中各选项的含义如下。

  - 公差(T)：标注形位公差。
  - 副本(C)：把已由 LEADER 命令创建的注释复制到当前指引线的末端。执行该选项，在命令行提示下选择要复制的对象。在此提示下选取一个已创建的注释文本，则 AutoCAD 把它复制到当前指引线的末端。
  - 块(B)：插入块，把已经定义好的图块插入指引线末端。执行该选项，系统提示“输入块名或[?]:”。在此提示下输入一个已定义好的图块名，AutoCAD 把该图块插入指引线的末端或输入“?”列出当前已有图块，用户可从中选择。

☑ 无(N)：不进行注释，没有注释文本。

☑ <多行文字>：用多行文本编辑器标注注释文本并定制文本格式，为默认选项。

（3）格式(F)：确定指引线的形式。根据命令行提示选择指引线形式，或者直接按 Enter 键回到上一级提示。选择该选项时，命令行提示中各选项的含义如下。

☑ 样条曲线(S)：设置指引线为样条曲线。

☑ 直线(ST)：设置指引线为折线。

☑ 箭头(A)：在指引线的起始位置画箭头。

☑ 无(N)：在指引线的起始位置不画箭头。

☑ <退出>：此项为默认选项，选取该项退出“格式”选项返回“指定下一点或[注释(A)/格式(F)/放弃(U)] <注释>:”提示，并且指引线形式按默认方式设置。

Note

5.3.2　利用 QLEADER 命令进行引线标注

利用 QLEADER 命令可快速生成指引线及注释，而且可以通过命令行优化对话框进行用户自定义，由此可以消除不必要的命令行提示，获得较高的工作效率。

快速引线标注命令的调用方法有以下 1 种：

☑　在命令行中输入“QLEADER”命令。

执行上述命令后，根据系统提示指定第一个引线点或选择其他选项。此时，命令行提示中各选项的含义如下。

☑　指定第一个引线点：根据系统提示指定指引线的第二点和第三点。AutoCAD 提示用户输入的点的数目由“引线设置”对话框确定。输入完指引线的点后输入多行文本的宽度和注释文字的第一行或其他选项。此时，命令行提示中各选项的含义如下。

- 输入注释文字的第一行：在命令行中输入第一行文本。在系统继续提示下输入另一行文本或按 Enter 键。
- <多行文字(M)>：打开多行文字编辑器，输入编辑多行文字。输入全部注释文本后，在此提示下直接按 Enter 键，AutoCAD 结束 QLEADER 命令并把多行文本标注在指引线的末端附近。

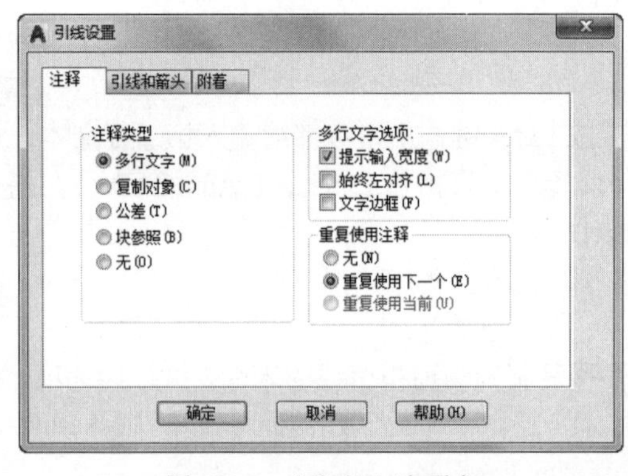

图 5-63　“注释”选项卡

☑　<设置>：在上面提示下直接按 Enter 键或输入“S”，AutoCAD 打开“引线设置”对话框，允许对引线标注进行设置。该对话框包括“注释”“引线和箭头”“附着”3 个选项卡，对话框中各选项卡的含义如下。

- “注释”选项卡（如图 5-63 所示）：用于设置引线标注中注释文本的类型、多行文本的格式，并确定注释文本是否多次使用。
- “引线和箭头”选项卡（如图 5-64 所示）：用来设置引线标注中指引线和箭头的形式。其中，“点数”选项组设置执行 QLEADER 命令时 AutoCAD 提示用户输入的点的数目。例如，设置点数为 3，执行 QLEADER 命令时当用户在提示下指定 3 个点后，AutoCAD 自动提示用户输入注释文本。注意设置的点数要比用户希望的指引线的段数多 1。可利用微调框进行设置，如果选中“无限制”复选框，AutoCAD 会一直提示用户输入点直到连续按 Enter 键两次为止。“角度约束”选项组设置第一段和第二段指引线的角度约束。
- “附着”选项卡（如图 5-65 所示）：设置注释文本和指引线的相对位置。如果最后一段指引线指向右边，AutoCAD 自动把注释文本放在右侧；如果最后一段指引线指向左边，AutoCAD 自动把注释文本放在左侧。利用本页左侧和右侧的单选按钮分别设置位于左侧和右侧的注释文本与最后一段指引线的相对位置，二者可相同也可不相同。

图 5-64　“引线和箭头”选项卡

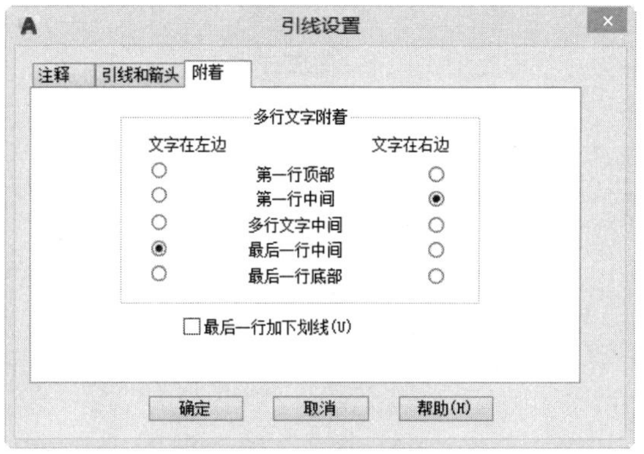

图 5-65　“附着”选项卡

Note

视频讲解

5.3.3　实战——标注齿轮轴套尺寸

本实例标注齿轮轴套尺寸，在该图形中除了前面介绍过的线性尺寸及直径尺寸外，还有半径尺寸“*R*1”、引线标注“*C*1”，以及带有尺寸偏差的尺寸。其标注流程如图 5-66 所示。

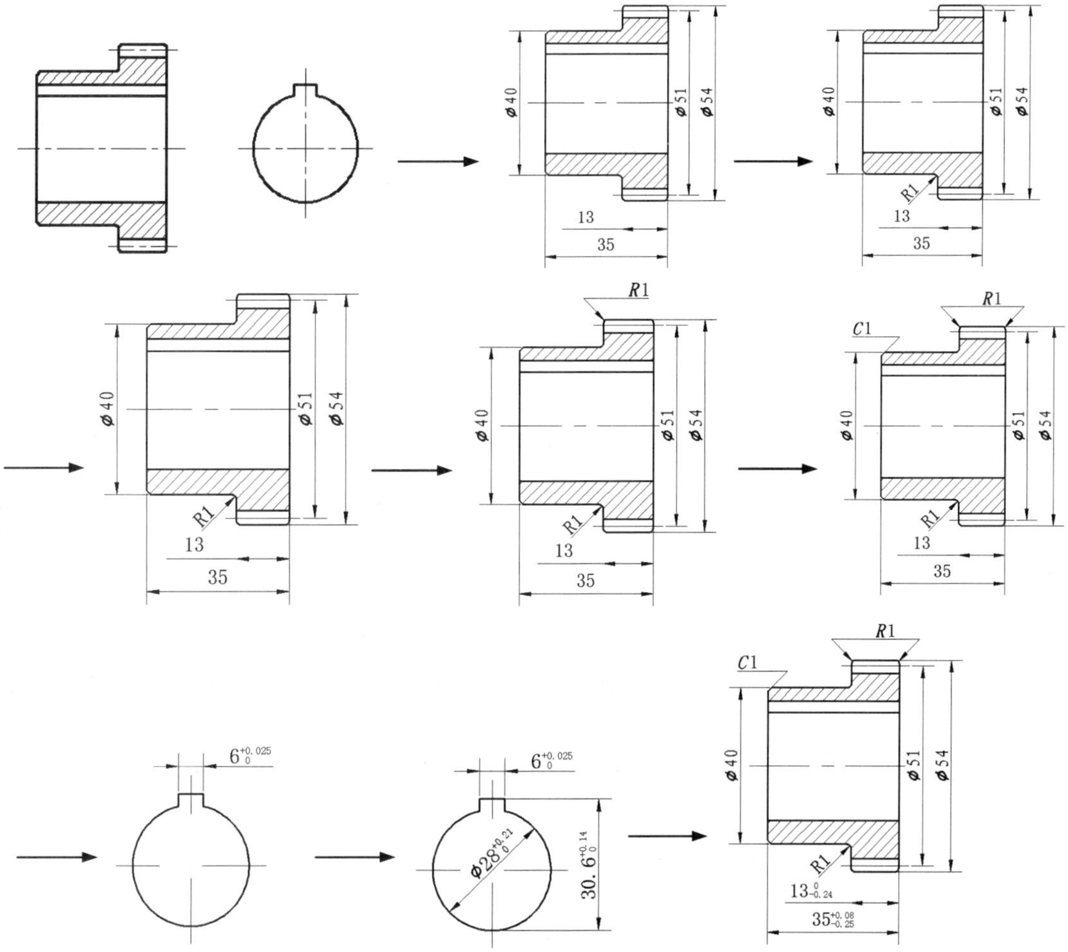

图 5-66　标注齿轮轴套尺寸流程图

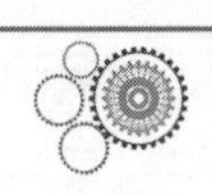

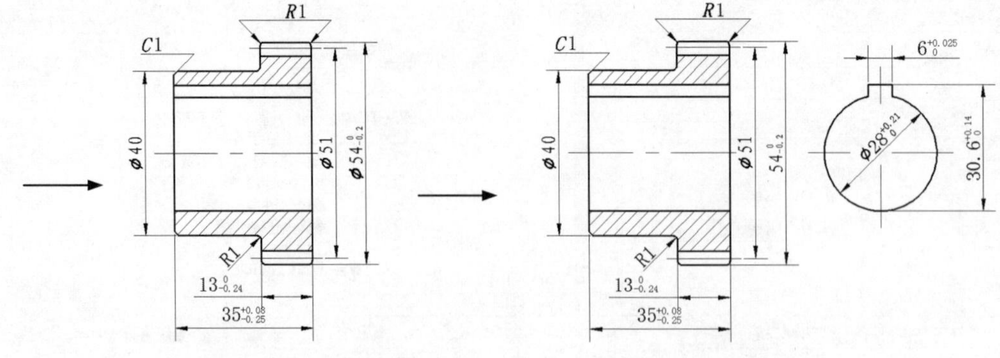

图 5-66　标注齿轮轴套尺寸流程图（续）

操作步骤如下：

1．打开保存的图形文件“齿轮轴套.dwg”

单击快速访问工具栏中的“打开”按钮，在打开的“选择文件”对话框中选取前面保存的图形文件“齿轮轴套.dwg”，单击“确定”按钮，显示图形如图 5-67 所示。

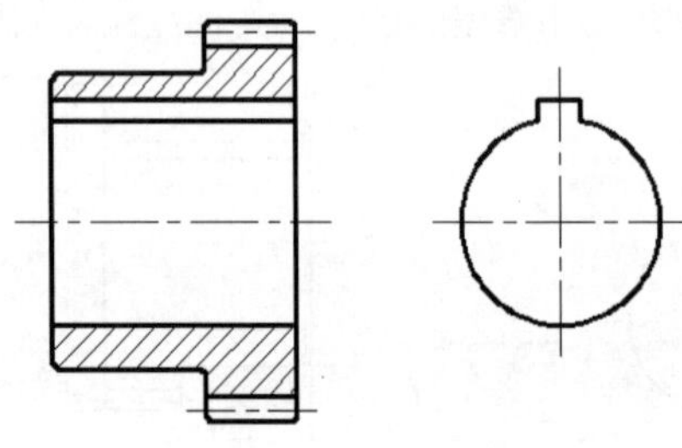

图 5-67　齿轮轴套

2．设置图层

单击“默认”选项卡下“图层”面板中的“图层特性”按钮，打开“图层特性管理器”选项板。方法同前，创建一个新图层“bz”，线宽为 0.15mm，其他设置不变，用于标注尺寸，并将其设置为当前图层。

3．设置文字样式

单击“默认”选项卡下“注释”面板中的“文字样式”按钮，打开“文字样式”对话框，设置字体为仿宋体，创建一个新的文字样式“SZ”，并置为当前图层。

4．设置尺寸标注样式

（1）单击“默认”选项卡下“注释”面板中的“标注样式”按钮，设置标注样式。方法同前，在弹出的“标注样式管理器”对话框中单击“新建”按钮，创建新的标注样式“机械制图”，用于标注机械图样中的线性尺寸。

（2）单击“继续”按钮，对打开的“新建标注样式：机械制图”对话框的各个选项卡进行设置，设置均同前例。

（3）方法同前，选取“机械制图”样式，单击“新建”按钮，基于“机械制图”创建分别用于“半径标注”及“直径标注”的标注样式。其中，“直径标注”样式的“调整”选项卡设置如图 5-68 所示，“半径标注”样式的“调整”选项卡设置如图 5-69 所示，其他选项卡均不变。

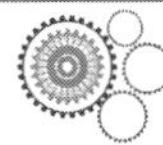

在“标注样式管理器”对话框中选取“机械制图”标注样式，单击“置为当前”按钮，将其设置为当前标注样式。

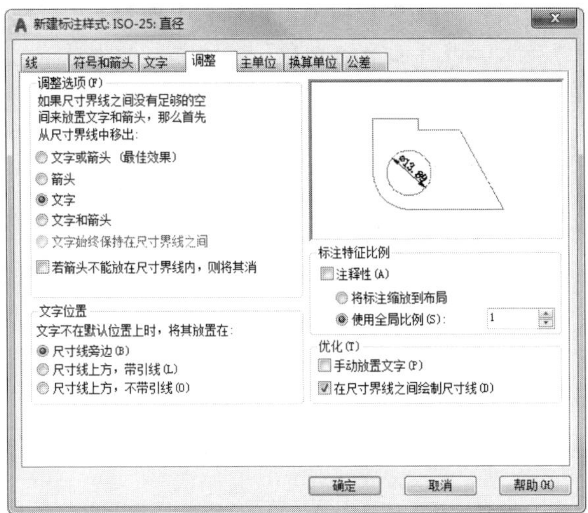

图 5-68　直径标注的“调整”选项卡

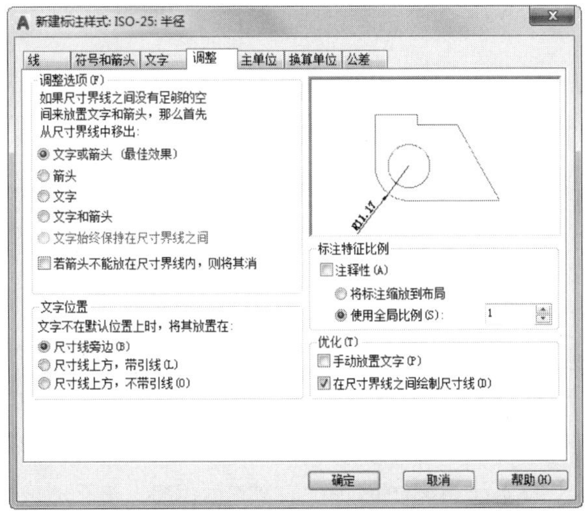

图 5-69　半径标注的“调整”选项卡

5．标注齿轮轴套主视图中的线性及基线尺寸

（1）单击“注释”选项卡下“标注”面板中的“线性”按钮，标注齿轮轴套主视图中的线性尺寸“Φ40”“Φ51”及“Φ54”。

（2）单击“注释”选项卡下“标注”面板中的“线性”按钮，标注齿轮轴套主视图中的线性尺寸“13”；单击“注释”选项卡下“标注”面板中的“基线”按钮，标注基线尺寸“35”，结果如图 5-70 所示。

6．标注齿轮轴套主视图中的半径尺寸

单击“注释”选项卡下“标注”面板中的“半径”按钮，标注齿轮轴套主视图中的圆角，结果如图 5-71 所示。

Note

7．用引线标注齿轮轴套主视图上部的圆角半径

（1）在命令行中输入“LEADER”命令。

（2）在命令行提示“指定引线起点:”后捕捉齿轮轴套主视图上部圆角上一点。

（3）在命令行提示“指定下一点:”后拖动鼠标，在适当位置处单击。

（4）在命令行提示“指定下一点或[注释(A)/格式(F)/放弃(U)] <注释>:”后打开正交功能，向右拖动鼠标，在适当位置处单击。

（5）在命令行提示“指定下一点或[注释(A)/格式(F)/放弃(U)] <注释>:”后按 Enter 键。

（6）在命令行提示“输入注释文字的第一行或<选项>:”后输入“*R*1”，按 Enter 键。

（7）在命令行提示“输入注释文字的下一行:”后按 Enter 键，结果如图 5-72 所示。

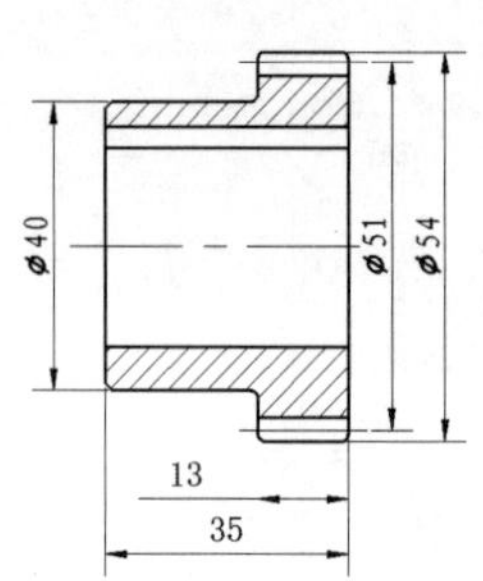

图 5-70　标注线性及基线尺寸

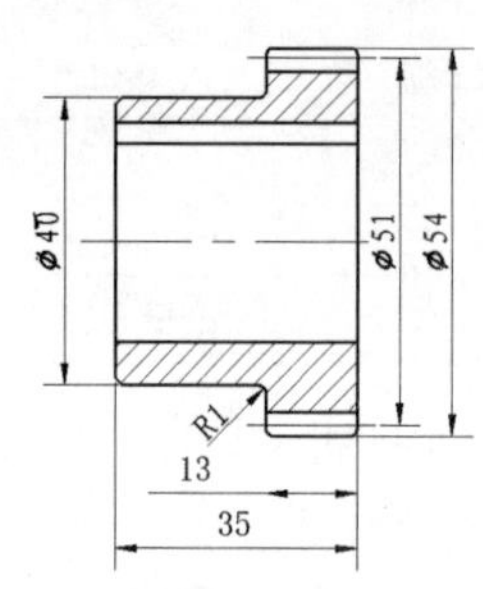

图 5-71　标注半径尺寸“*R*1”

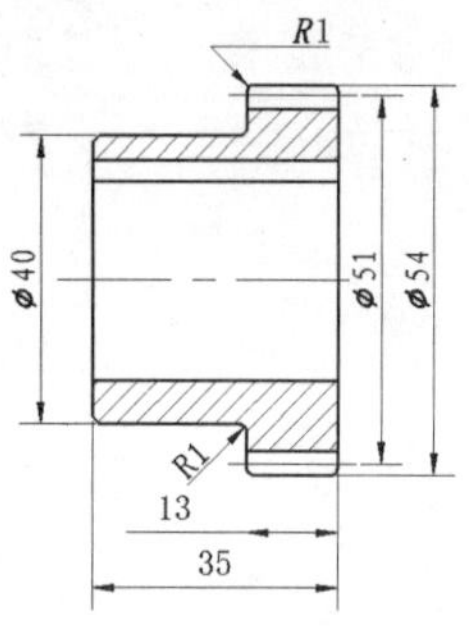

图 5-72　引线标注“*R*1”

（8）重复引线标注。

（9）在命令行提示“指定引线起点:”后捕捉齿轮轴套主视图上部右端圆角上一点。

（10）在命令行提示“指定下一点:”后利用对象追踪功能，捕捉上一个引线标注的端点，拖动鼠标，在适当位置处单击。

（11）在命令行提示“指定下一点或[注释(A)/格式(F)/放弃(U)]<注释>:”后捕捉上一个引线标注的端点。

（12）在命令行提示“指定下一点或[注释(A)/格式(F)/放弃(U)]<注释>:”后按 Enter 键。

（13）在命令行提示“输入注释文字的第一行或<选项>:”后按 Enter 键。

（14）在命令行提示“输入注释选项[公差(T)/副本(C)/块(B)/无(N)/多行文字(M)] <多行文字>:”后输入“N”，无注释的引线标注，结果如图 5-73 所示。

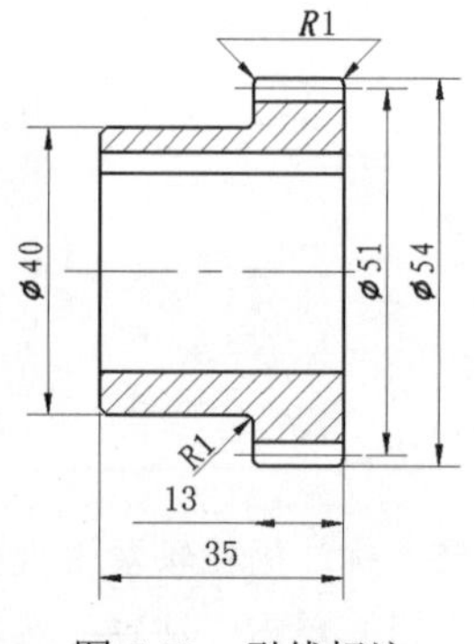

图 5-73　引线标注

8．用引线标注齿轮轴套主视图的倒角

（1）在命令行中输入“QLEADER”命令。

（2）在命令行提示“指定第一个引线点或[设置(s)] <设置>:”后按 Enter 键，打开“引线设置”对话框，如图 5-74 和图 5-75 所示，分别设置其选项卡，设置完成后，单击“确定”按钮。

（3）在命令行提示“指定第一个引线点或[设置(S)] <设置>:”后捕捉齿轮轴套主视图中上端倒角的端点。

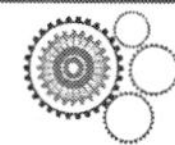

图 5-74　“引线设置”对话框

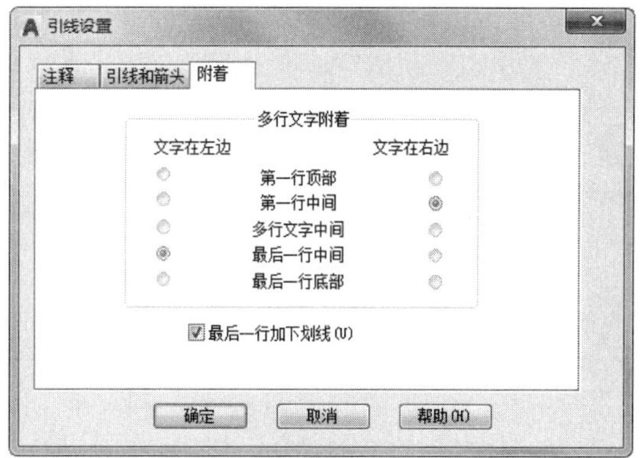

图 5-75　“附着”选项卡

（4）在命令行提示“指定下一点:”后拖动鼠标，在适当位置处单击。

（5）在命令行提示“指定下一点:”后拖动鼠标，在适当位置处单击。

（6）在命令行提示“指定文字宽度<0>:”后按 Enter 键。

（7）在命令行提示“输入注释文字的第一行<多行文字(M)>: ”后输入“*C*1”。

（8）在命令行提示“输入注释文字的下一行:”后按 Enter 键，结果如图 5-76 所示。

9．标注齿轮轴套局部视图中的尺寸

（1）单击“注释”选项卡“标注”面板中的“线性”按钮，标注线性尺寸“6”。

（2）在命令行提示“指定第一条延伸线原点或<选择对象>:”后按 Enter 键。

（3）在命令行提示“选择标注对象:”后选取齿轮轴套局部视图上端水平线。

（4）在命令行提示“指定尺寸线位置或[多行文字(M)/文字(T)/角度(A)/水平(H)/垂直(V)/旋转(R)]:”后输入“T”。

（5）在命令行提示“输入标注文字 <6>:”后输入“6\H0.7X;\S+0.025^ 0”。

（6）在命令行提示“指定尺寸线位置或[多行文字(M)/文字(T)/角度(A)/水平(H)/垂直(V)/旋转(R)]:”后拖动鼠标，在适当位置处单击，结果如图 5-77 所示。

（7）方法同前，标注线性尺寸“30.6”，上偏差为“+0.14”，下偏差为“0”。

（8）方法同前，单击“注释”选项卡下“标注”面板中的“直径”按钮，输入标注文字为“%%c28\H0.7X;\S+0.21^ 0”，结果如图 5-78 所示。

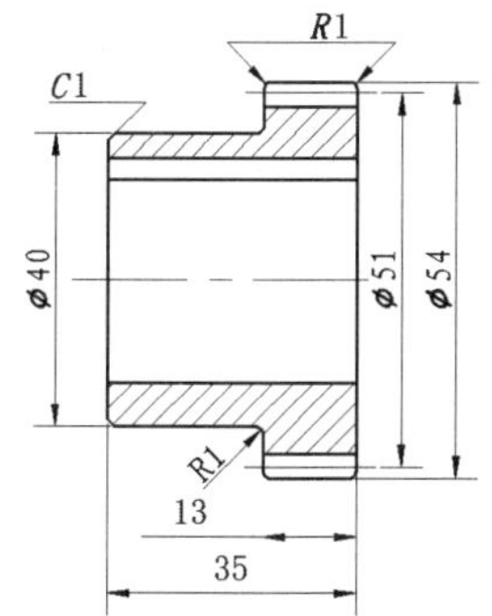

图 5-76　引线标注倒角尺寸

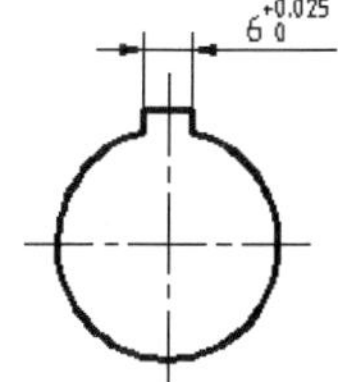

图 5-77　标注尺寸偏差

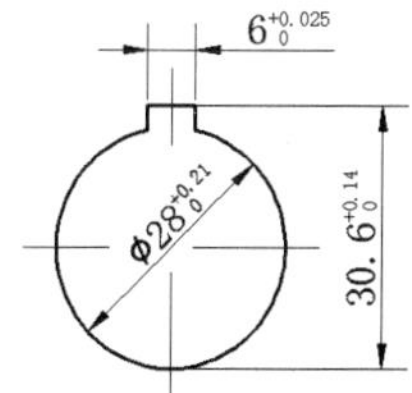

图 5-78　局部视图中的尺寸

Note

10．修改齿轮轴套主视图中的线性尺寸，为其添加尺寸偏差

（1）单击“默认”选项卡下“注释”面板中的“标注样式”按钮，用于修改线性尺寸“13”及“35”，在打开的“标注样式管理器”的样式列表中选择“机械制图”样式，单击“替代”按钮，如图 5-79 所示。系统打开“替代当前样式”对话框，选择“主单位”选项卡，将“线性标注”选项组中的“精度”设置为 0.00，如图 5-80 所示；选择“公差”选项卡，在“公差格式”选项组中将“方式”设置为“极限偏差”，设置“上偏差”为 0，“下偏差”为 0.24，“高度比例”为 0.7，如图 5-81 所示，设置完成后单击“确定”按钮。

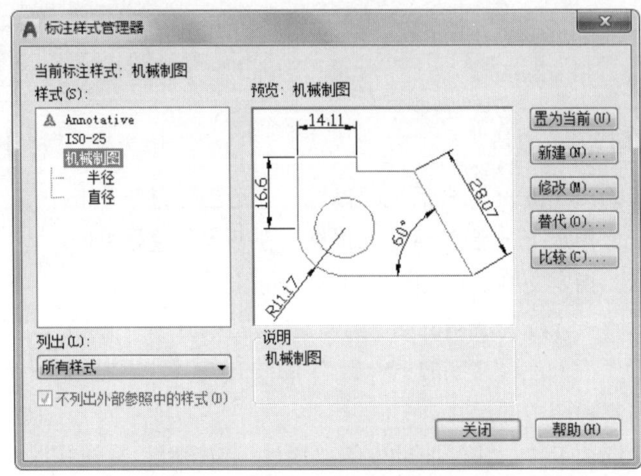

图 5-79　替代“机械制图”标注样式

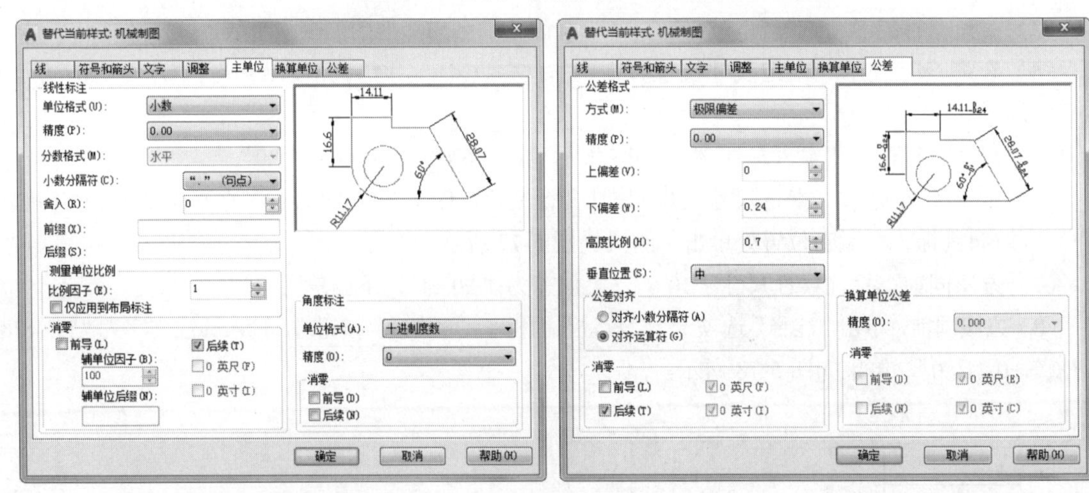

图 5-80　“主单位”选项卡　　图 5-81　“公差”选项卡

（2）单击“注释”选项卡下“标注”面板中的“标注更新”按钮，选取线性尺寸“13”，即可为该尺寸添加尺寸偏差。

（3）方法同前，继续设置替代样式。设置“公差”选项卡中的“上偏差”为 0.08，“下偏差”为 0.25。单击“注释”选项卡下“标注”面板中的“标注更新”按钮，选取线性尺寸“35”，即可为该尺寸添加尺寸偏差，结果如图 5-82 所示。

11．修改齿轮轴套主视图中的线性尺寸“Φ54”，并为其添加尺寸偏差（如图 5-83 所示）

（1）单击“标注”工具栏中的“编辑标注”按钮。

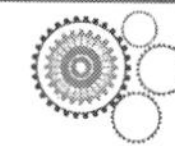

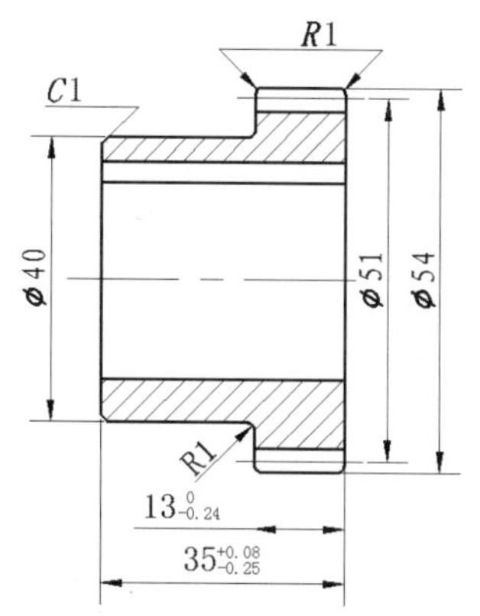

图 5-82　修改线性尺寸“13”及“35”

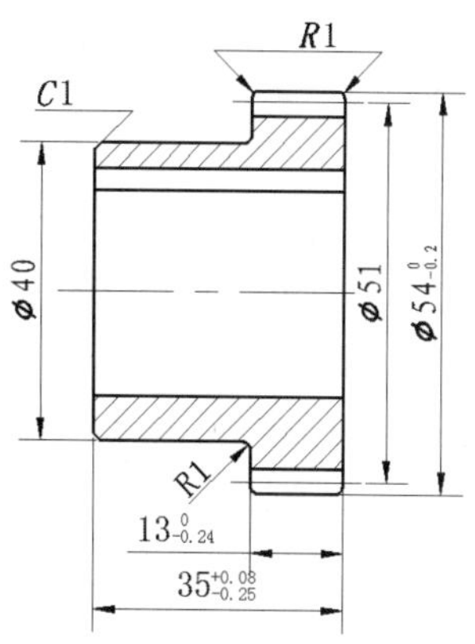

图 5-83　修改尺寸“Φ54”

（2）在命令行提示“输入标注编辑类型[默认(H)/新建(N)/旋转(R)/倾斜(O)] <默认>:”后输入“N”，打开“文字编辑器”选项卡，设置如图 5-84 所示。

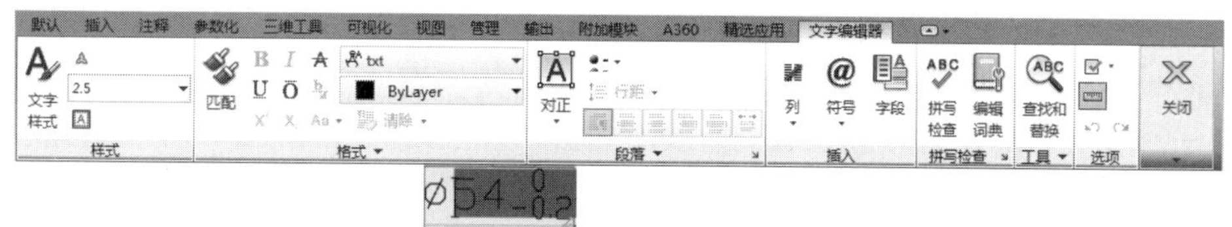

图 5-84　编辑标注

（3）单击“确定”按钮后选取要修改的标注“Φ54”，结果如图 5-66 所示。

5.4　形 位 公 差

5.4.1　形位公差标注

为方便机械设计工作，AutoCAD 提供了标注形位公差的功能。形位公差的标注形式如图 5-85 所示，包括指引线、公差符号、公差值和其附加符号以及基准代号。

形位公差标注命令的调用方法主要有以下 4 种：

☑ 在命令行中输入“TOLERANCE”命令。
☑ 选择菜单栏中的“标注/公差”命令。
☑ 单击“标注”工具栏中的“公差”按钮。
☑ 单击“注释”选项卡下“标注”面板中的“公差”按钮。

执行上述操作后，系统打开如图 5-86 所示的“形位公差”对话框，可通过该对话框对形位公差标注进行设置。该对话框中各选项的含义如下。

☑ 符号：用于设定或改变公差代号。单击下面的黑块，系统打开如图 5-87 所示的“特征符号”对话框，可从中选择需要的公差代号。
☑ 公差 1/2：用于产生第一、第二个公差的公差值及附加符号。白色文本框左侧的黑块控制是否在公差值之前加一个直径符号，单击它，则出现一个直径符号，再单击则又消失。白色文本框用于确定公差值，在其中输入一个具体数值。右侧黑块用于插入“包容条件”符号，

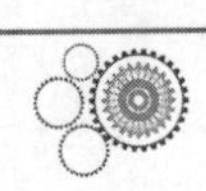

单击它，系统打开如图 5-88 所示的“附加符号”对话框，用户可从中选择所需符号。

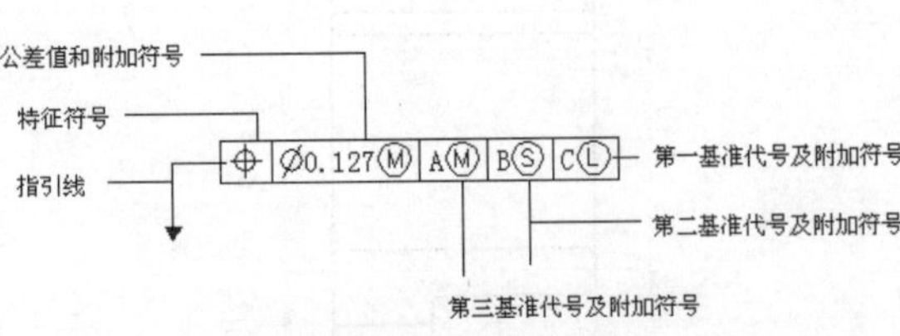

图 5-85　形位公差标注形成

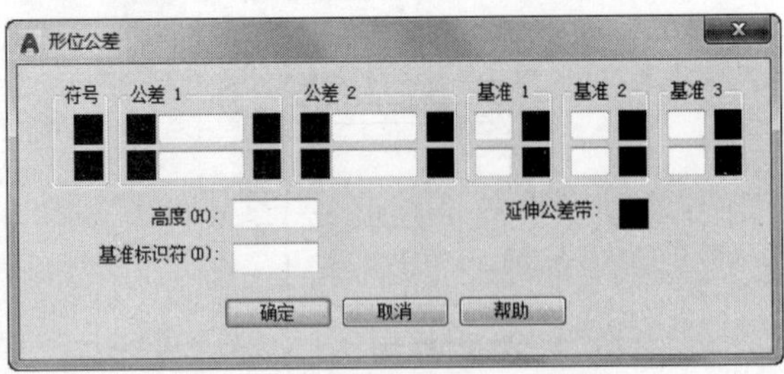

图 5-86　“形位公差”对话框

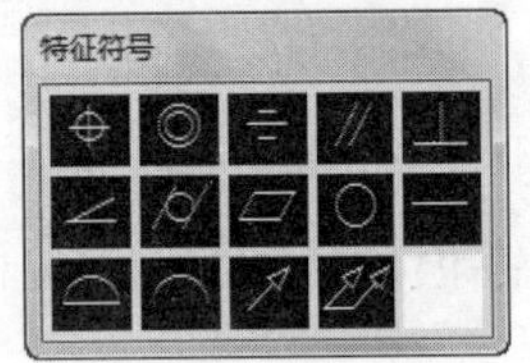

图 5-87　“特征符号”对话框

图 5-88　“附加符号”对话框

☑ 基准 1/2/3：用于确定第一、第二、第三个基准代号及材料状态符号，在白色文本框中输入一个基准代号。单击其右侧的黑块，系统打开“包容条件”列表框，可从中选择适当的“包容条件”符号。

☑ “高度”文本框：用于确定标注复合形位公差的高度。

☑ 延伸公差带：单击此黑块，在复合公差带后面加一个复合公差符号，如图 5-89（d）所示。其他形位公差标注如图 5-89 所示。

☑ “基准标识符”文本框：用于产生一个标识符号，用一个字母表示。

提示

在“形位公差”对话框中有两行可以同时对形位公差进行设置，可实现复合形位公差的标注。如果两行中输入的公差代号相同，则得到如图 5-89（e）所示的形式。

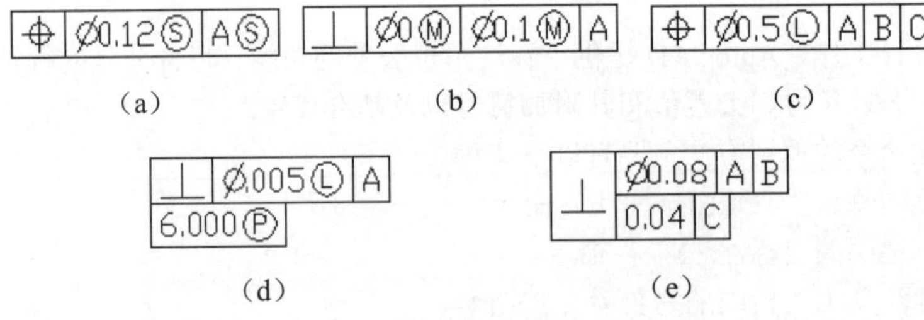

图 5-89　形位公差标注举例

5.4.2　实战——标注曲柄尺寸

本实例标注曲柄尺寸，主要讲解尺寸标注的综合用法。机械图中的尺寸标注包括线性尺寸标注、角度标注、引线标注、粗糙度标注等。该图形中除了前面介绍过的尺寸标注之外，又增加了对齐尺寸“48”的标注。通过本实例的学习，不但可以进一步巩固在前面使用过的标注命令及表面粗糙度、形位公差的标注方法，同时还将掌握对齐标注命令，标注流程如图 5-90 所示。

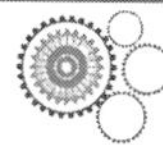

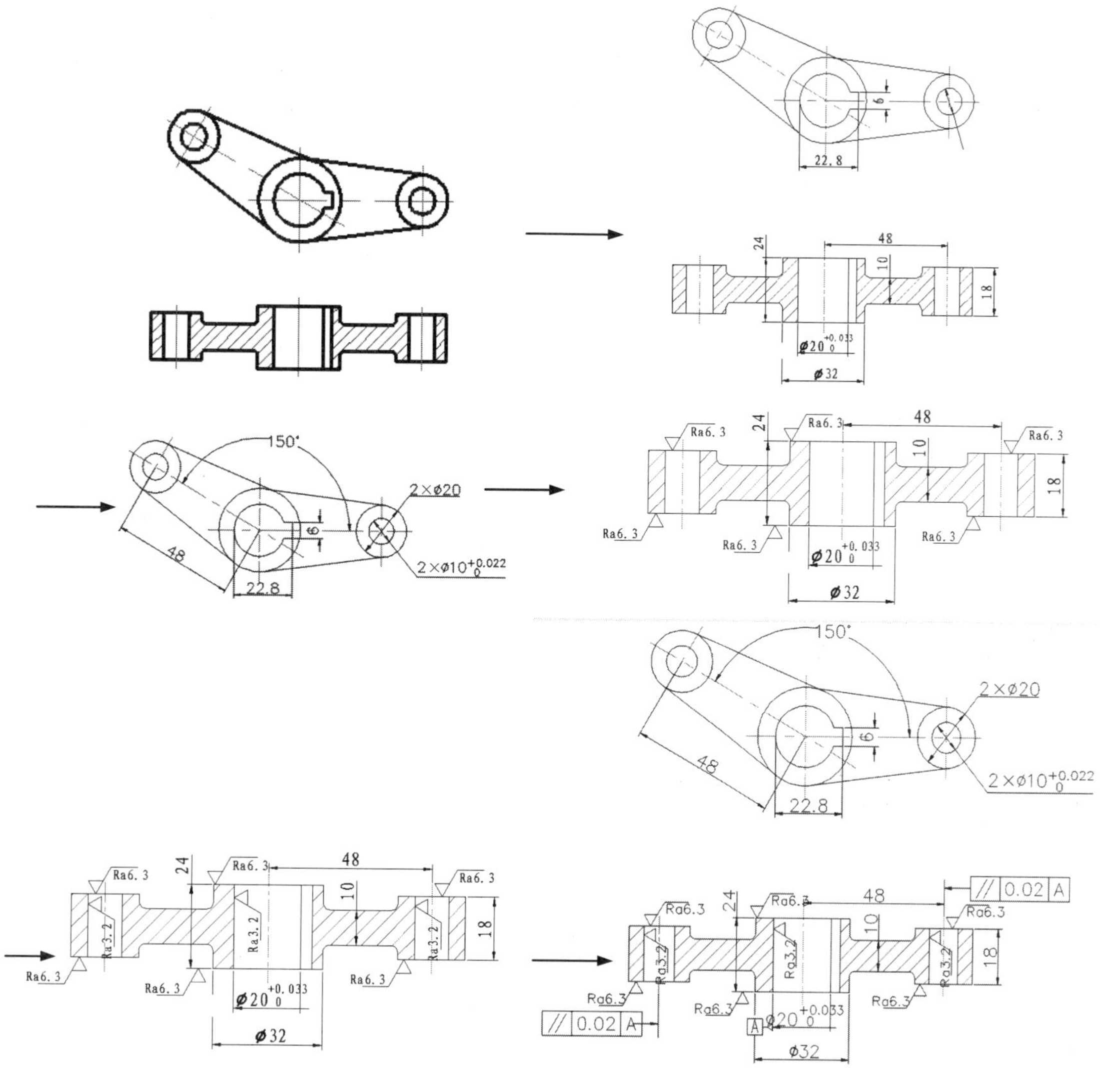

图 5-90　标注曲柄尺寸流程图

操作步骤如下：

（1）打开保存的图形文件“曲柄.dwg”。单击快速访问工具栏中的“打开”按钮，在弹出的“选择文件”对话框中，选取源文件第 5 章中保存的图形文件“曲柄.dwg”，单击“确定”按钮，则该图形显示在绘图窗口中，如图 5-91 所示。

（2）创建一个新图层“bz”，用于尺寸标注。

① 单击“默认”选项卡下“图层”面板中的“图层特性”按钮，打开“图层特性管理器”选项板。

② 方法同前，创建一个新图层“bz”，线宽为 0.15mm，其他设置不变，用于标注尺寸，并将其设置为当前图层。

（3）设置文字样式“SZ”，单击“默认”选项卡下“注释”面板中的“文字样式”按钮，打开“文字样式”对话框，设置字体样式为仿宋体，单击“置为当前”按钮。

Note

（4）设置尺寸标注样式。

① 单击“默认”选项卡下“注释”面板中的“标注样式”按钮，设置标注样式。方法同前，在打开的“标注样式管理器”对话框中单击“新建”按钮，创建新的标注样式“机械制图”，用于标注图样中的线性尺寸。

② 单击“继续”按钮，在打开的“新建标注样式：机械制图”对话框的各个选项卡中进行设置，如图 5-92、图 5-93、图 5-94 所示。设置完成后，单击“确定”按钮。选取“机械制图”，单击“新建”按钮，分别设置直径及角度标注样式。

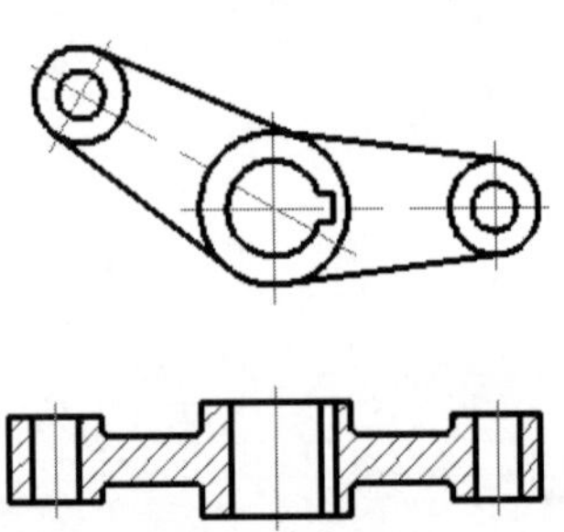

图 5-91　曲柄

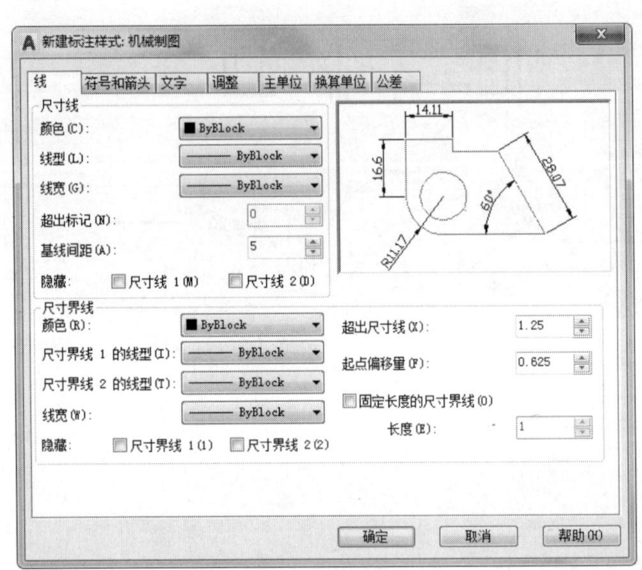

图 5-92　“线”选项卡

图 5-93　“文字”选项卡

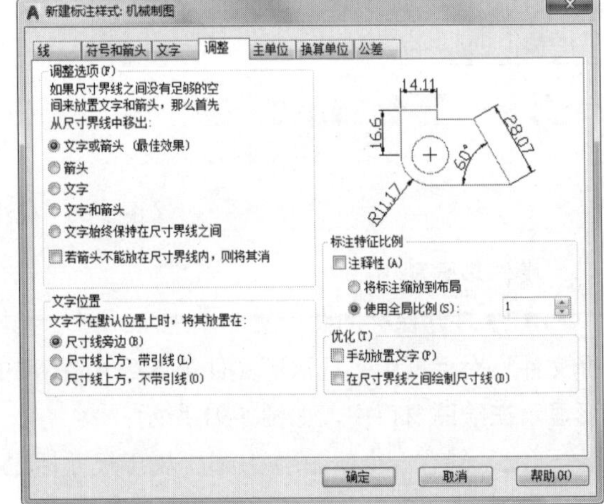

图 5-94　“调整”选项卡

③ 在直径标注样式的“调整”选项卡的“优化”选项组中选中“手动放置文字”复选框，在“文字”选项卡的“文字对齐”选项组中选中“ISO 标准”单选按钮，在角度标注样式的“文字”选项卡的“文字对齐”选项组中选中“水平”单选按钮，其他选项卡的设置均不变。

④ 在“标注样式管理器”对话框中选中“机械制图”标注样式，单击“置为当前”按钮，将其设置为当前标注样式。

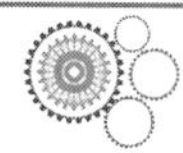

（5）标注曲柄视图中的线性尺寸。

① 单击“注释”选项卡下“标注”面板中的“线性”按钮，方法同前，从上至下，依次标注曲柄主视图及俯视图中的线性尺寸“6”“22.8”“24”“48”“18”“10”“Φ20”和“Φ32”。

② 在标注尺寸“Φ20”时，需要输入“%%c20\H0.7X;\S+0.033^0;}”。

③ 单击“标注”工具栏中的“编辑标注文字”按钮，选取曲柄俯视图中的线性尺寸“24”。

④ 单击“标注”工具栏中的“编辑标注文字”按钮，选取俯视图中的线性尺寸“10、Φ20”，将其文字拖动到适当位置，结果如图 5-95 所示。

⑤ 单击“默认”选项卡“注释”面板中的“标注样式”按钮，在打开的“标注样式管理器”的样式列表中选择“机械制图”，单击“替代”按钮。

⑥ 系统打开“替代当前样式”对话框，方法同前，选择“线”选项卡，如图 5-96 所示，在“隐藏”复选框组中选中“尺寸线 2（D）”复选框；在“符号和箭头”选项卡中，将“第二个”设置为“无”。

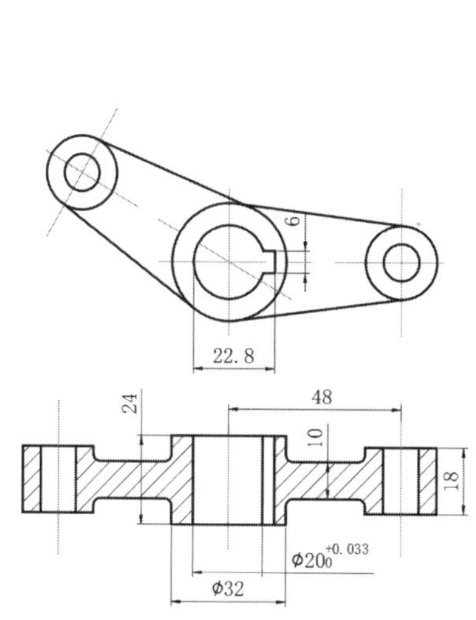

图 5-95　标注线性尺寸

图 5-96　替代样式

⑦ 单击“注释”选项卡下“标注”面板中的“标注更新”按钮，选取俯视图中的线性尺寸“Φ20”，更新该尺寸样式。

⑧ 单击“标注”工具栏中的“编辑标注文字”按钮，选取更新的线性尺寸，将其文字拖动到适当位置，结果如图 5-97 所示。

⑨ 将“机械制图”标注样式置为当前。单击“注释”选项卡下“标注”面板中的“已对齐”按钮，标注对齐尺寸“48”，结果如图 5-98 所示。

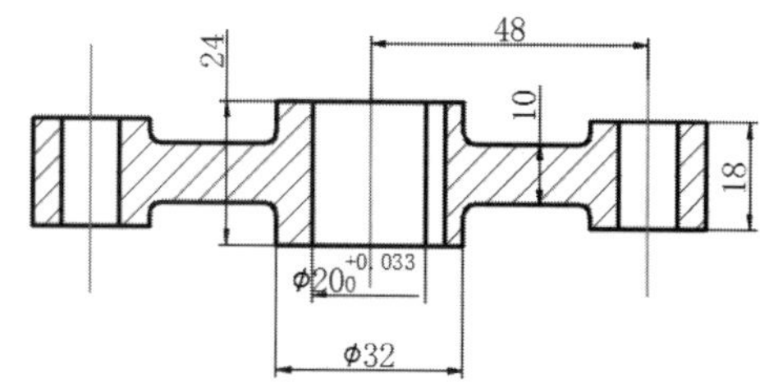

图 5-97　编辑俯视图中的线性尺寸

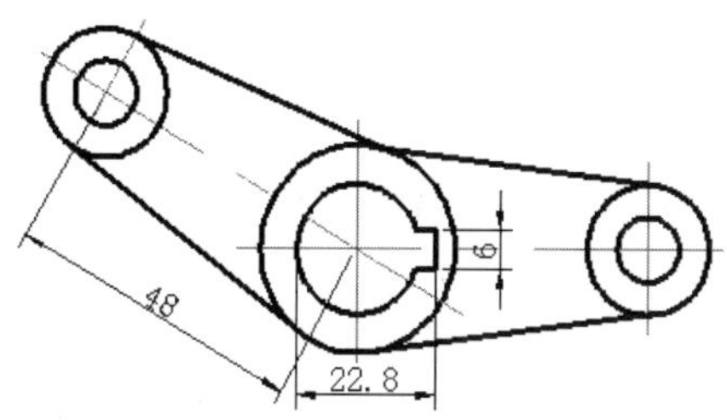

图 5-98　标注主视图对齐尺寸

Note

（6）标注曲柄主视图中的角度尺寸等。

① 单击“注释”选项卡下“标注”面板中的“角度”按钮，标注角度尺寸“150°”。

② 单击“注释”选项卡下“标注”面板中的“直径标注”按钮，标注曲柄水平臂中的直径尺寸“2×Φ10”及“2×Φ20”。在标注尺寸“2×Φ20”时，需要输入标注文字“2×<>”；同理，标注尺寸“2×Φ10”。

③ 单击“默认”选项卡下“注释”面板中的“标注样式”按钮，在打开的“标注样式管理器”的样式列表中选择“机械制图”，单击“替代”按钮。

④ 系统打开“替代当前样式”对话框，方法同前，选择“主单位”选项卡，将“线性标注”选项组中的“精度”设置为 0.000；选择“公差”选项卡，在“公差格式”选项组中将“方式”设置为“极限偏差”，设置“上偏差”为 0.022，“下偏差”为 0，“高度比例”为 0.7，设置完成后单击“确定”按钮。

⑤ 单击“注释”选项卡下“标注”面板中的“标注更新”按钮，选取直径尺寸“2×Φ10”，即可为该尺寸添加尺寸偏差，结果如图 5-99 所示。

（7）标注曲柄俯视图中的表面粗糙度。

① 创建表面粗糙度符号块。

☑ 绘制表面粗糙度符号，如图 5-100 所示。

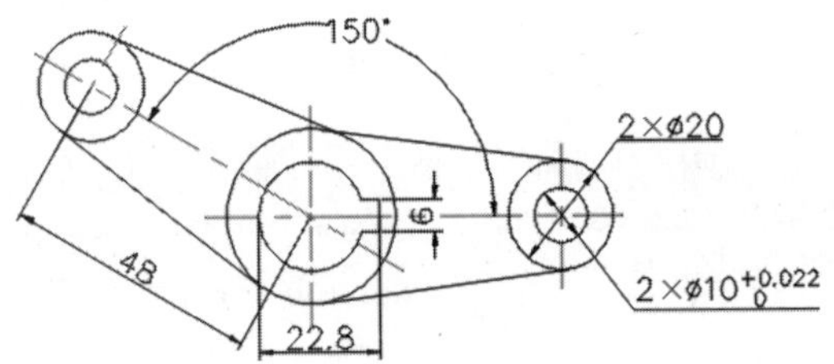

图 5-99 标注角度及直径尺寸

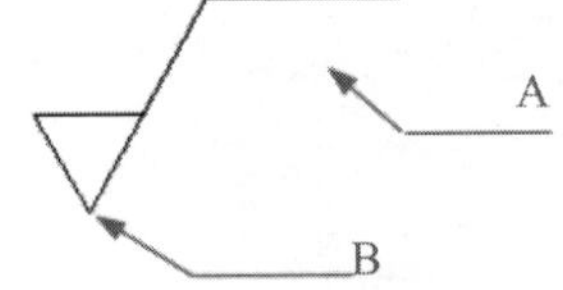

图 5-100 绘制的表面粗糙度符号

☑ 设置粗糙度值的文字样式。单击“默认”选项卡下“注释”面板中的“文字样式”按钮，打开“文字样式”对话框，在其中设置标注的粗糙度值的文字样式，如图 5-101 所示。

☑ 设置块属性。在命令行中输入“DDATTDEF”命令，执行后，打开“属性定义”对话框，如图 5-102 所示，按照图中所示进行设置。

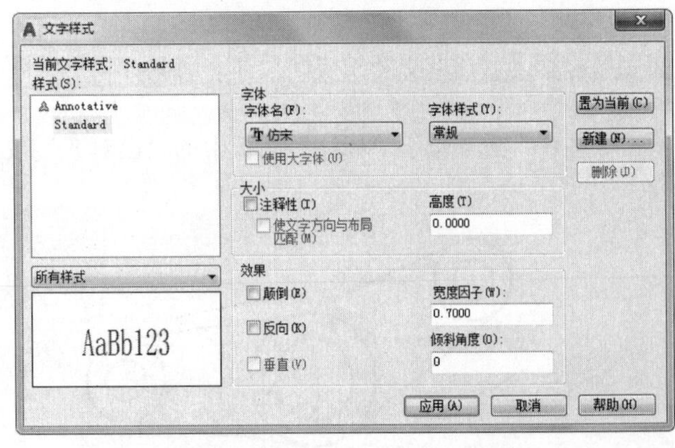

图 5-101 “文字样式”对话框

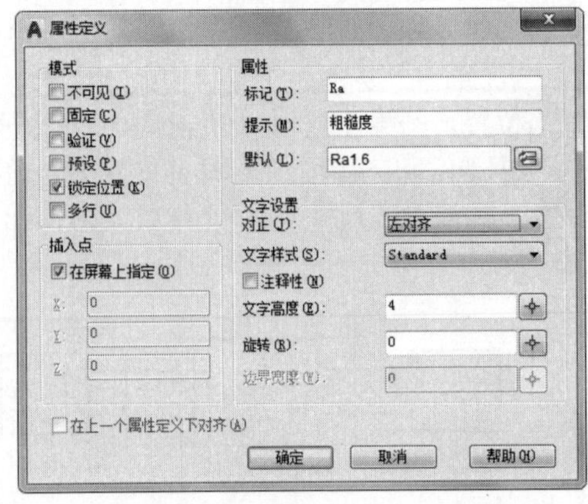

图 5-102 “属性定义”对话框

填写完毕后，单击“确定”按钮，此时返回绘图区域，用鼠标拾取图 5-100 中的点 A，完成属性

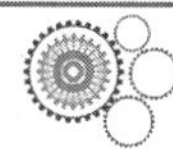

设置。

☑ 创建粗糙度符号块。单击“插入”选项卡下“块定义”面板中的“创建块”按钮，AutoCAD 打开“块定义”对话框，按照图中所示进行填写和设置，如图 5-103 所示。

填写完毕后，单击“拾取点”按钮，此时返回绘图区域，用鼠标拾取图 5-100 中的点 B，此时返回“块定义”对话框，然后单击“选择对象”按钮，选择图 5-100 所示的图形，此时返回“块定义”对话框，最后单击“确定”按钮，弹出“编辑属性”对话框，单击“确定”按钮完成块定义。

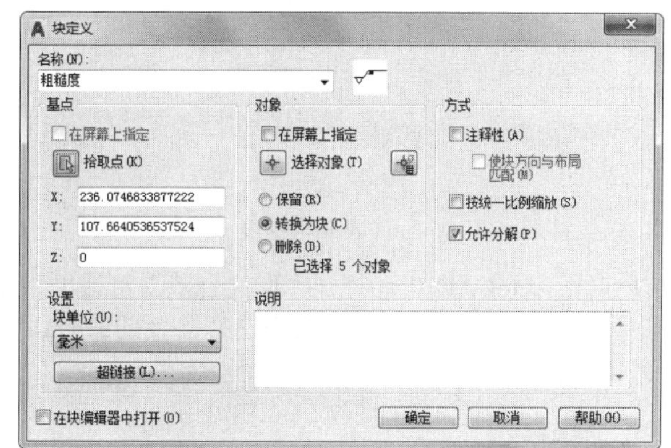

图 5-103 “块定义”对话框

② 插入表面粗糙度符号。单击“插入”选项卡下“块”面板中的“插入”按钮，打开“插入”对话框，在“名称”下拉列表框中选择“粗糙度”选项，如图 5-104 所示。

单击“确定”按钮，捕捉曲柄俯视图中的左臂上线的最近点，设置旋转角度为 0°，输入表面粗糙度的值 Ra6.3。

单击“默认”选项卡“修改”面板中的“复制”按钮，选取标注的表面粗糙度，将其复制到俯视图右边需要标注的地方，结果如图 5-105 所示。

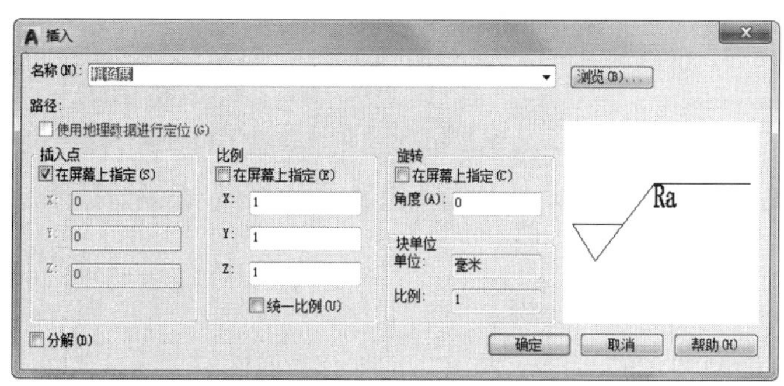

图 5-104 “插入”对话框

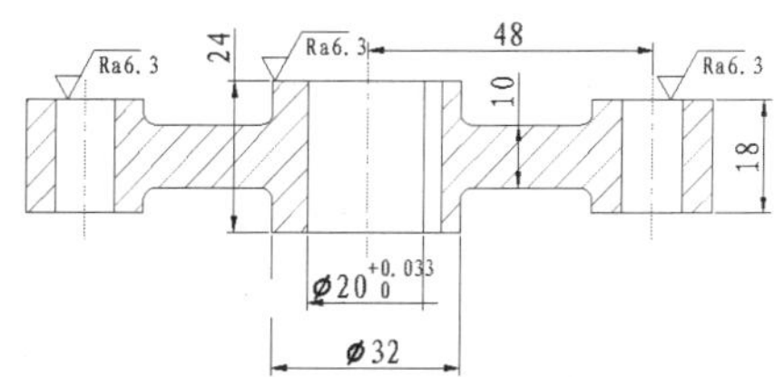

图 5-105 标注表面粗糙度

单击“插入”选项卡下“块”面板中的“插入”按钮，选取插入的表面粗糙度图块，设置旋转角度为 180°，捕捉曲柄俯视图中的左臂下线的最近点，输入表面粗糙度的值 Ra6.3，并将插入的图块进行分解。

双击表面粗糙度的值 Ra6.3，打开“增强属性编辑器”对话框，选择“文字选项”选项卡，设置文字旋转角度为 0°，对正为右上。

单击“默认”选项卡下“修改”面板中的“复制”按钮，选取镜像后的表面粗糙度，将其复制到俯视图下部需要标注的地方，结果如图 5-106 所示。

单击“插入”选项卡下“块”面板中的“插入”按钮，打开“插入”对话框，插入“粗糙度”图块。重复“插入”命令，标注曲柄俯视图中的其他表面粗糙度，结果如图 5-107 所示。

（8）标注曲柄俯视图中的形位公差。在标注表面及形位公差之前，首先需要设置引线的样式，然后标注表面及形位公差，在命令行中输入“QLEADER”命令，根据系统提示输入“S”后按 Enter 键。打开如图 5-108 所示的“引线设置”对话框，在其中选择公差一项，即把引线设置为公差类型。

设置完毕后，单击“确定”按钮返回命令行，根据系统提示用鼠标指定引线的第一个点、第二个点和第三个点。

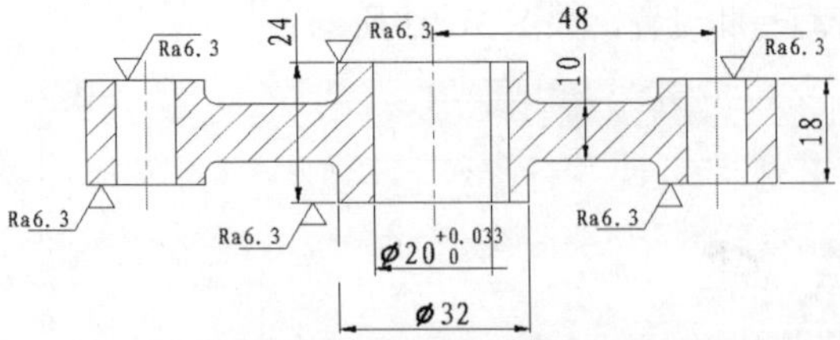

图 5-106　标注表面粗糙度

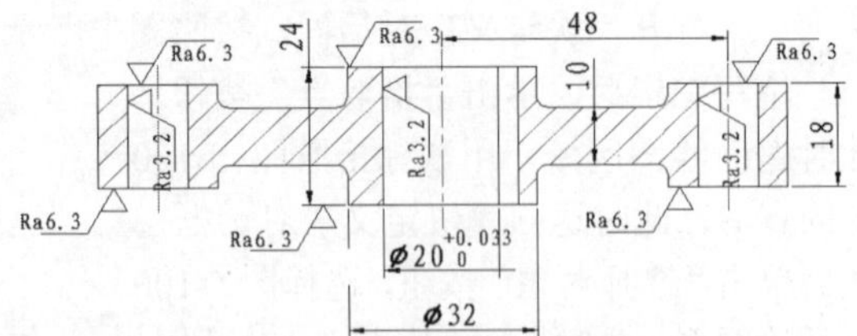

图 5-107　标注其他表面粗糙度

此时，AutoCAD 自动打开“形位公差”对话框，如图 5-109 所示。单击“符号”黑框，打开“特征符号”对话框，用户可以在其中选择需要的符号，如图 5-110 所示。

图 5-108　“引线设置”对话框

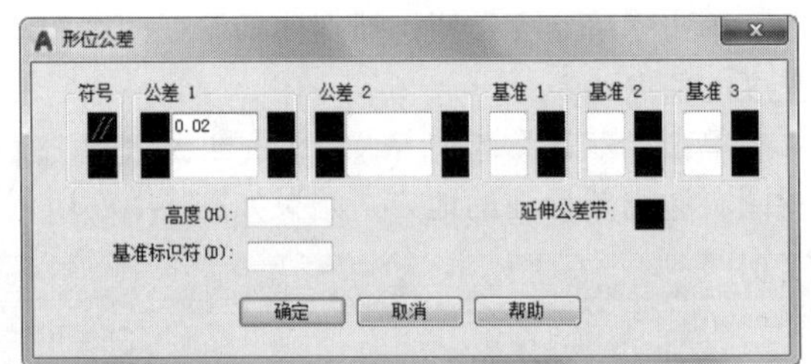

图 5-109　“形位公差”对话框

① 填写完“形位公差”对话框后，单击“确定”按钮，返回绘图区域，完成形位公差的标注。

② 方法同前，标注俯视图左边的形位公差。

③ 创建基准符号块。

☑ 绘制基准符号，如图 5-111 所示。

☑ 设置块属性。在命令行中输入“DDATTDEF”命令，执行后，打开“属性定义”对话框，如图 5-112 所示，按照图中所示进行填写和设置。

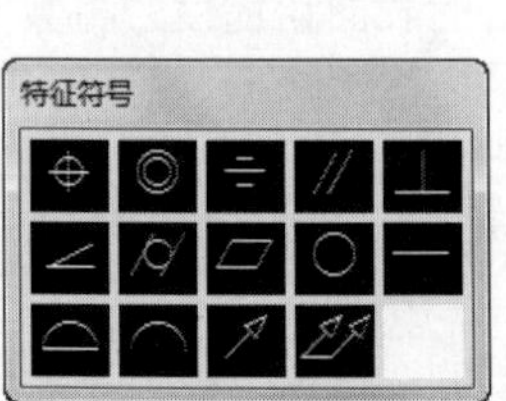

图 5-110　“特征符号”对话框

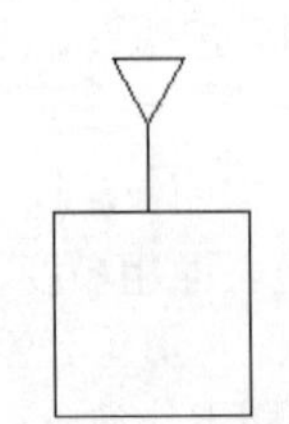

图 5-111　绘制的基准符号

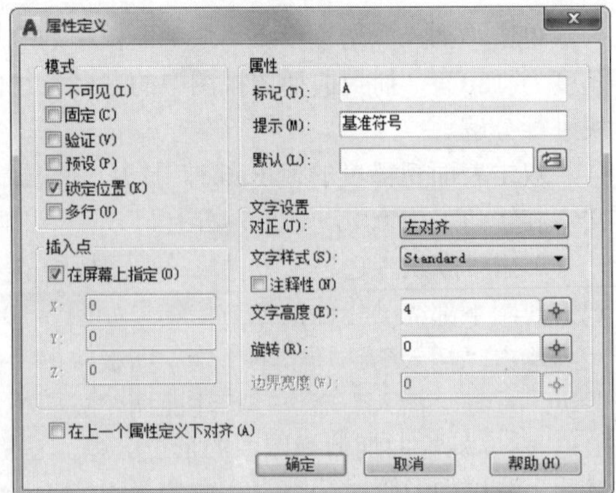

图 5-112　“属性定义”对话框

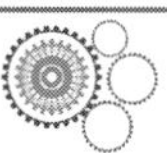

填写完毕后，单击“确定”按钮，此时返回绘图区域，用鼠标拾取图 5-111 中矩形内的一点。

☑ 创建基准符号块。单击“插入”选项卡下“块定义”面板中的“创建块”按钮，打开“块定义”对话框，按照图中所示进行设置，如图 5-113 所示。

填写完毕后，单击“拾取点”按钮，此时返回绘图区域，用鼠标拾取图 5-111 中水平直线的中点，此时返回“块定义”对话框，然后单击“选择对象”按钮，选择图 5-111 所示的图形，此时返回“块定义”对话框，最后单击“确定”按钮，打开“编辑属性”对话框，输入基准符号字母 A，完成块定义。

④ 插入基准符号。单击“插入”选项卡下“块”面板中的“插入”按钮，打开“插入”对话框，在“名称”下拉列表框中选择“基准符号”，设置旋转角度为“-90°”，如图 5-114 所示。单击“确定”按钮，在尺寸“Φ20”左边尺寸界线的左部适当位置拾取一点。

⑤ 右击选取“基准符号”图块，在打开的如图 5-115 所示的快捷菜单中选择“编辑属性”命令，打开“增强属性编辑器”对话框，选择“文字选项”选项卡，如图 5-116 所示。

图 5-113 “块定义”对话框

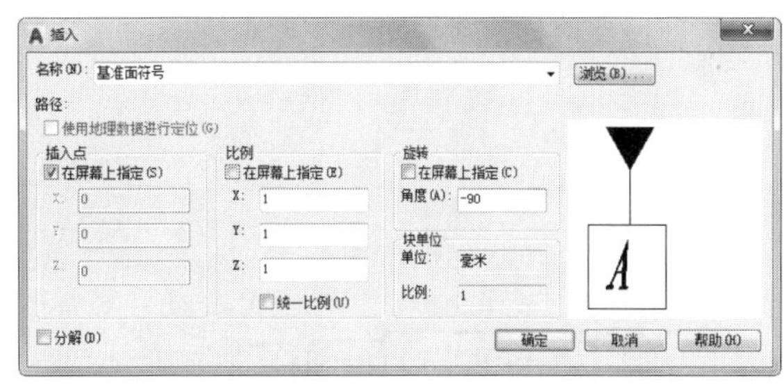

图 5-114 “插入”对话框

图 5-115 快捷菜单

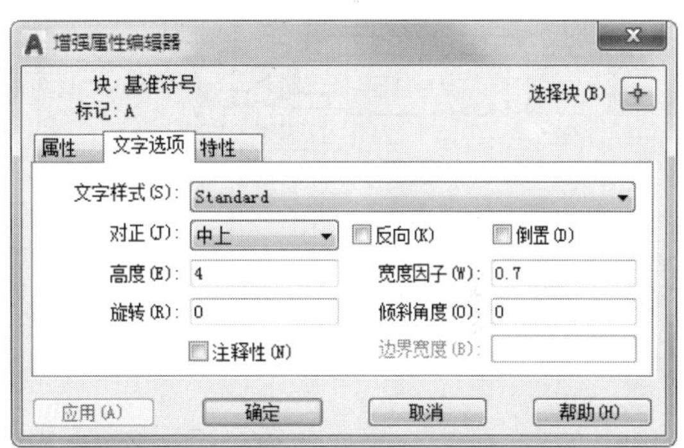

图 5-116 “增强属性编辑器”对话框

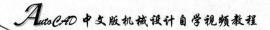

Note

⑥ 将旋转角度修改为 0°，结果如图 5-117 所示。

最终的标注结果如图 5-90 所示。

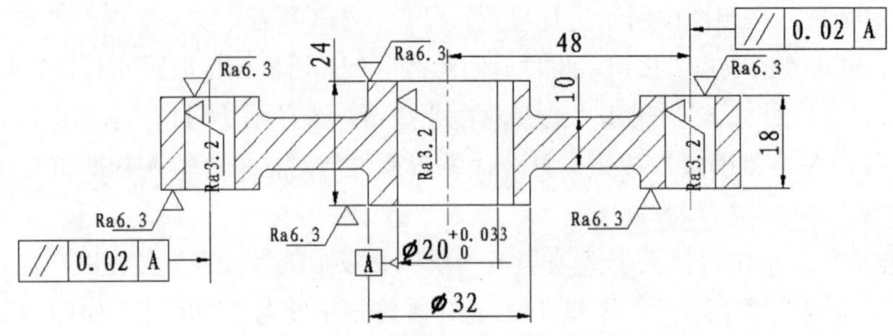

图 5-117　标注俯视图中的形位公差

视频讲解

5.4.3　实战——标注泵轴尺寸

本实例标注泵轴尺寸，着重介绍编辑标注文字位置命令的使用，以及表面粗糙度的标注方法，同时，对尺寸偏差的标注进行进一步的巩固练习。标注流程如图 5-118 所示。

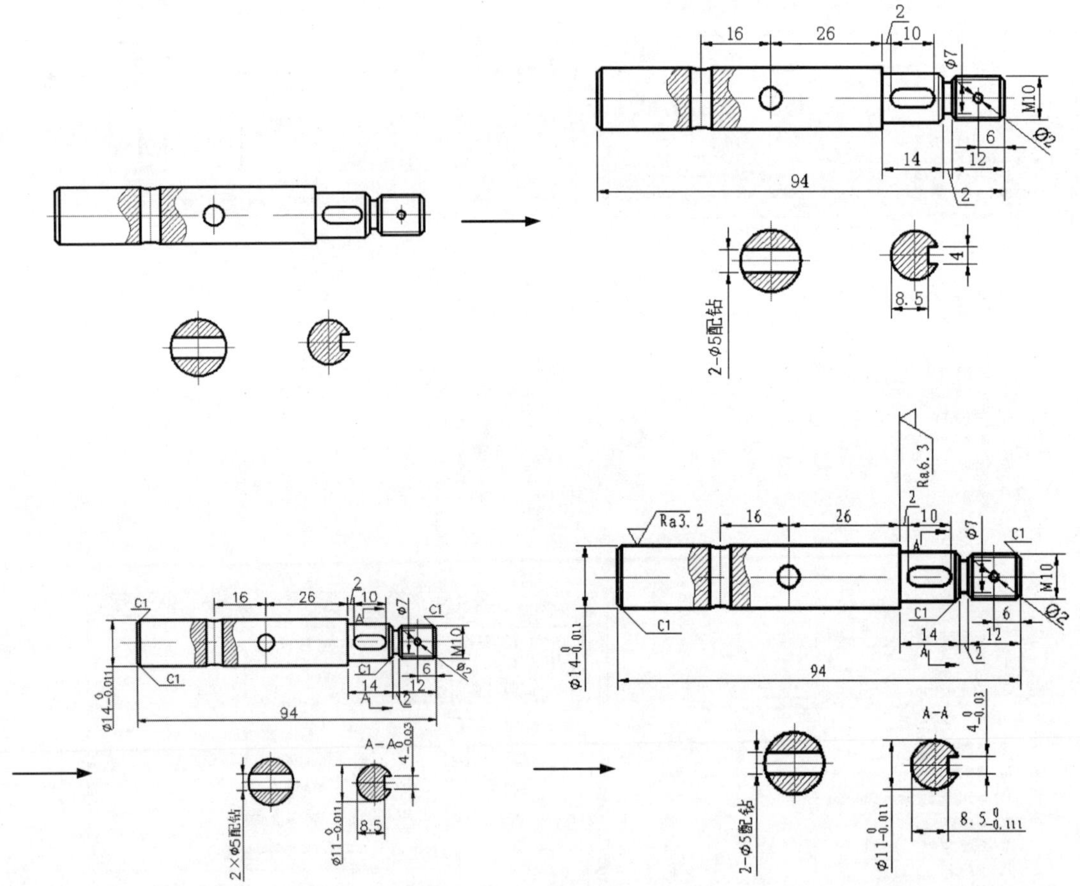

图 5-118　标注泵轴尺寸流程图

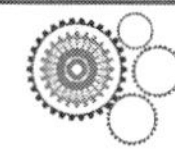

操作步骤如下：

1．标注前准备

（1）打开保存的图形文件“泵轴.dwg”，单击快速访问工具栏中的“打开”按钮，在打开的“选择文件”对话框中，选取源文件第 5 章中保存的图形文件“泵轴.dwg”，单击“确定”按钮，则该图形显示在绘图窗口中，如图 5-119 所示。

（2）单击“默认”选项卡下“图层”面板中的“图层特性”按钮，打开“图层特性管理器”选项板。方法同前，创建一个新图层“BZ”，线宽为 0.15mm，其他设置不变，用于标注尺寸，并将其设置为当前图层。

（3）单击“默认”选项卡下“注释”面板中的“文字样式”按钮，弹出“文字样式”对话框，方法同前，创建一个新的文字样式“SZ”。

（4）单击“默认”选项卡下“注释”面板中的“标注样式”按钮，设置标注样式。方法同前，在打开的“标注样式管理器”对话框中单击“新建”按钮，创建新的标注样式“机械制图”，用于标注图样中的尺寸。

（5）单击“继续”按钮，在打开的“新建标注样式：机械制图”对话框的各个选项卡中进行设置，如图 5-120、图 5-121、图 5-122 所示，不再设置其他标注样式。

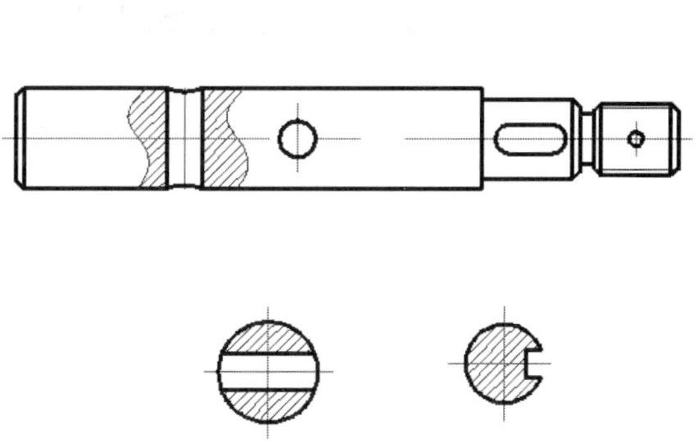

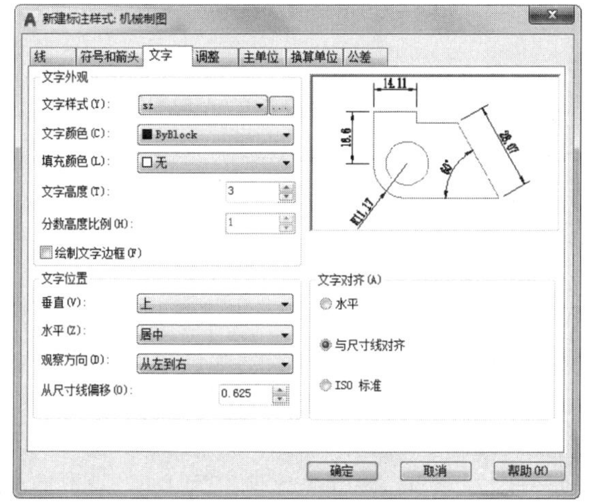

图 5-119　泵轴

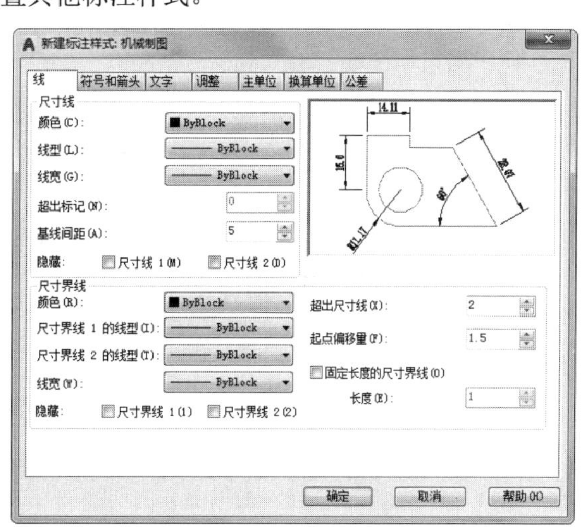

图 5-120　“线”选项卡

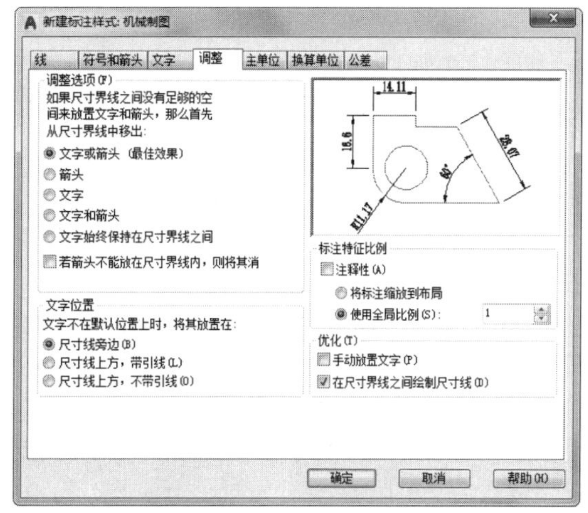

图 5-121　“文字”选项卡

图 5-122　“调整”选项卡

Note

（6）在“标注样式管理器”对话框中选取“机械制图”标注样式，单击“置为当前”按钮，将其设置为当前标注样式。

2．标注基本尺寸

（1）标注泵轴视图中的基本尺寸，单击“注释”选项卡下“标注”面板中的“线性”按钮，方法同前，标注泵轴主视图中的线性尺寸“M10”“Φ7”及“6”。

（2）单击“注释”选项卡下“标注”面板中的“基线”按钮，方法同前，以尺寸“6”的右端尺寸线为基线，进行基线标注，标注尺寸“12”及“94”。

（3）单击“注释”选项卡下“标注”面板中的“连续”按钮，选取尺寸“12”的左端尺寸线，标注连续尺寸“2”及“14”。

（4）单击“注释”选项卡下“标注”面板中的“线性”按钮，标注泵轴主视图中的线性尺寸“16”。

（5）单击“注释”选项卡下“标注”面板中的“连续”按钮，标注连续尺寸“26”“2”及“10”。

（6）单击“注释”选项卡下“标注”面板中的“直径”按钮，标注泵轴主视图中的直径尺寸“Φ2”。

（7）单击“注释”选项卡下“标注”面板中的“线性”按钮，标注泵轴剖面图中的线性尺寸“2×Φ5配钻”。

（8）单击“注释”选项卡“标注”面板中的“线性”按钮，标注泵轴剖面图中的线性尺寸“8.5”和“4”，结果如图 5-123 所示。

（9）修改泵轴视图中的基本尺寸。单击“标注”工具栏中的“编辑标注文字”按钮，选择主视图中的尺寸“2”，拖动鼠标，在适当位置处单击鼠标，确定新的标注文字位置，结果如图 5-124 所示。

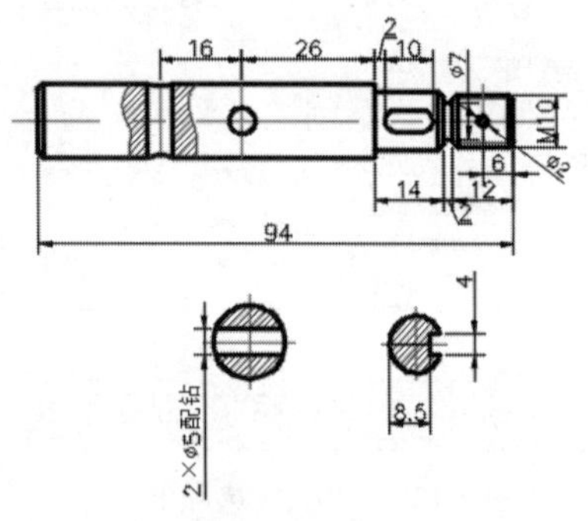

图 5-123　基本尺寸

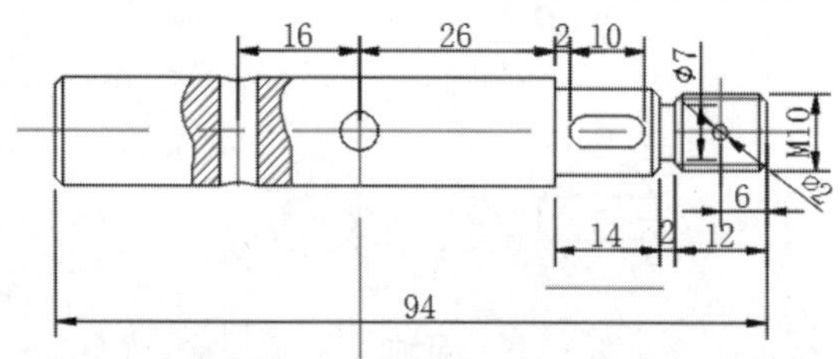

图 5-124　修改视图中的标注文字位置

3．标注偏差尺寸

（1）用重新输入标注文字的方法，单击“注释”选项卡下“标注”面板中的“线性”按钮，捕捉泵轴主视图左轴段的左上角点和左下角点，输入标注文字“%%C14\H0.7X;\S 0^-0.011”，标注泵轴视图中带尺寸偏差的线性尺寸。

（2）标注泵轴剖面图中的尺寸“Φ11”，输入标注文字“%%C11\H0.7X;\S 0^-0.011”，结果如图 5-125 所示。

（3）用标注替代的方法为泵轴剖面图中的线性尺寸添加尺寸偏差，单击“默认”选项卡下“注释”面板中的“标注样式”按钮，在打开的“标注样式管理器”的样式列表中选择“机械制图”，单击“替代”按钮。系统打开“替代当前样式”对话框，方法同前，选择“主单位”选项卡，将“线性标注”选项组中的“精度”设置为 0.000；选择“公差”选项卡，在“公差格式”选项组中将“方式”设置为“极限偏差”，设置“上偏差”为 0，“下偏差”为 0.111，“高度比例”为 0.7，设置完成后单击“确定”按钮。

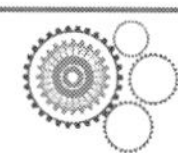

（4）单击“注释”选项卡下“标注”面板中的“更新”按钮，选取剖面图中的线性尺寸“8.5”，即可为该尺寸添加尺寸偏差。

Note

（5）继续设置替代样式。设置“公差”选项卡中的“上偏差”为 0，“下偏差”为 0.030。单击“注释”选项卡下“标注”面板中的“更新”按钮，选取线性尺寸“4”，即可为该尺寸添加尺寸偏差，结果如图 5-126 所示。

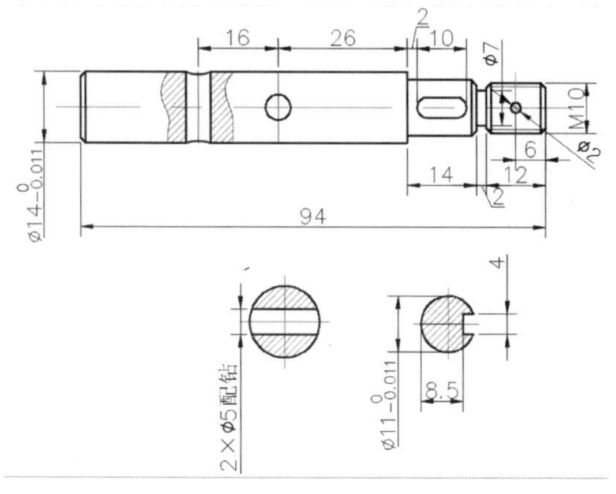

图 5-125　标注尺寸“Φ14”及“Φ11”

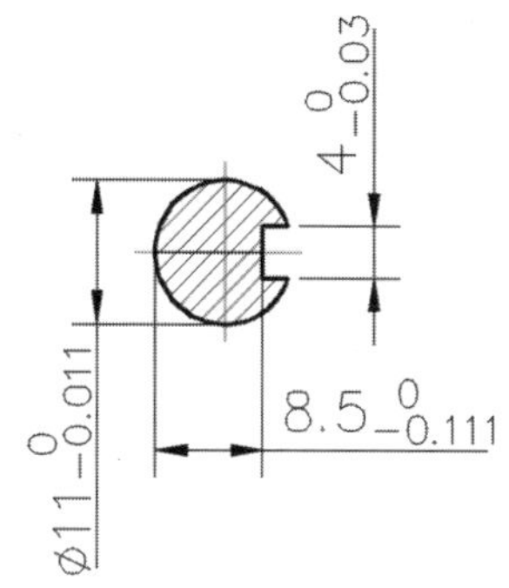

图 5-126　替代剖面图中的线性尺寸

4．标注倒角尺寸

（1）在命令行中输入“QLEADER”命令，在“注释”选项卡中选择注释类型为“无”，在“引线和箭头”选项卡中设置箭头为“无”。根据系统提示指定引出线的第一点、第二点和第三点。

（2）单击“注释”选项卡下“文字”面板中的“多行文字”按钮，创建倒角尺寸 *C*1。

（3）同理，标注其他倒角尺寸。

5．标注泵轴主视图中的表面粗糙度

（1）单击“插入”选项卡下“块”面板中的“插入”按钮，打开“插入”对话框，如图 5-127 所示，单击“浏览”按钮，选取前面保存的块图形文件“粗糙度”。选中“统一比例”复选框，设置缩放比例为 1，单击“确定”按钮。捕捉 Φ14 尺寸上端尺寸界线的最近点作为插入点，输入表面粗糙度的值为 Ra3.2，如图 5-128 所示。

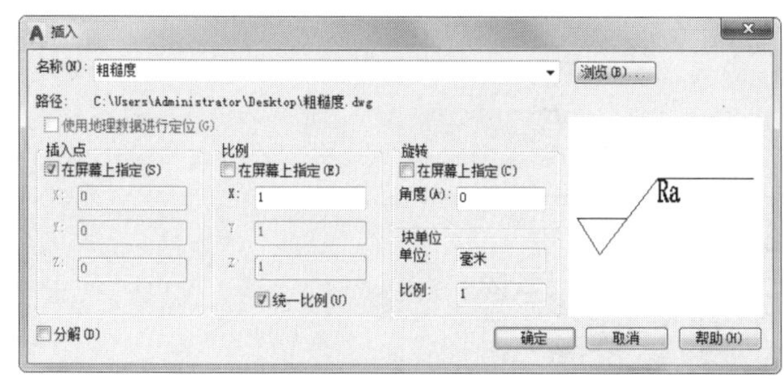

图 5-127　插入“粗糙度”图块

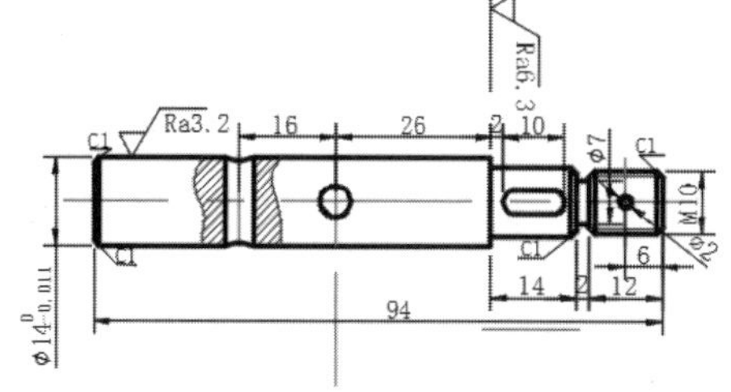

图 5-128　标注表面粗糙度

（2）单击“默认”选项卡下“绘图”面板中的“直线”按钮，捕捉尺寸“26”右端尺寸界线的上端点，绘制竖直线。

（3）单击“插入”选项卡下“块”面板中的“插入”按钮，插入“粗糙度”图块，设置同前，此时，输入属性值为 Ra6.3，结果如图 5-128 所示。

Note

（4）单击“默认”选项卡下“注释”面板中的“多重引线样式”按钮，弹出“多重引线样式管理器”对话框，单击“修改”按钮弹出“修改多重引线样式”对话框，选择“引线格式”选项卡，设置箭头大小为 3；选择“引线结构”选项卡，设置“最大引线点数”为 3，“第一段角度”为 0，“第二段角度”为 90；选择“内容”选项卡，设置文字样式为 SZ，文字高度为 3，引线连接选择“水平连接”，连接位置-左选择“最后一行底部”，连接位置-右选择“最后一行中间”，取消选中“将引线延伸至文字”复选框。

6．标注泵轴剖面图的剖切符号及名称

（1）单击“注释”选项卡下“引线”面板中的“多重引线”按钮，用多重引线标注命令，从右向左绘制剖切符号中的箭头及符号 A。

（2）在命令行中输入“TEXT”，或者选择菜单栏中的“绘图/文字/单行文字”命令，在适当位置处单击一点，输入文字“A-A”，结果如图 5-118 所示。

知识总结与补充

公差的术语及表示：

（1）基本尺寸——由设计确定的尺寸。

（2）实际尺寸——通过测量所得的尺寸。

（3）极限尺寸——允许实际尺寸变化的两个界限值，分为最大极限尺寸和最小极限尺寸。

（4）尺寸偏差（简称偏差）——某一尺寸减其基本尺寸所得的代数差，偏差可以为正、负或零。

☑　上偏差：最大极限尺寸减其基本尺寸所得的代数差。

☑　下偏差：最小极限尺寸减其基本尺寸所得的代数差。

上偏差和下偏差统称为极限偏差。

（5）尺寸公差=最大极限尺寸-最小极限尺寸=上偏差-下偏差。

（6）公差带：表示公差大小和相对零线位置的一个区域。

以孔 Φ30F8 为例：基本尺寸为 Φ30，基本偏差代号为 F，标准公差等级为 IT8。

从机械制图标准中可查得标准公差值为 33 微米（即 0.033mm），可查得该孔的下偏差为 0.020mm，上偏差为 0.053mm，如图 5-129 所示。

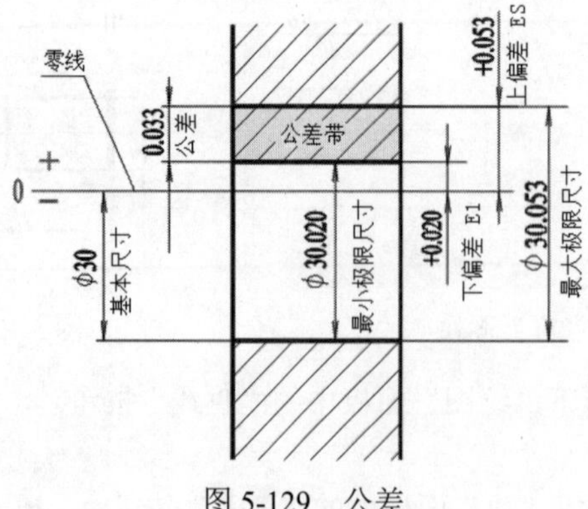

图 5-129　公差

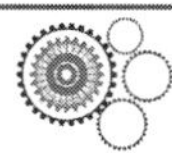

5.5　实 战 演 练

【实战演练 1】标注垫片尺寸。

标注垫片尺寸，如图 5-130 所示。

【实战演练 2】标注轴尺寸。

标注轴尺寸，如图 5-131 所示。

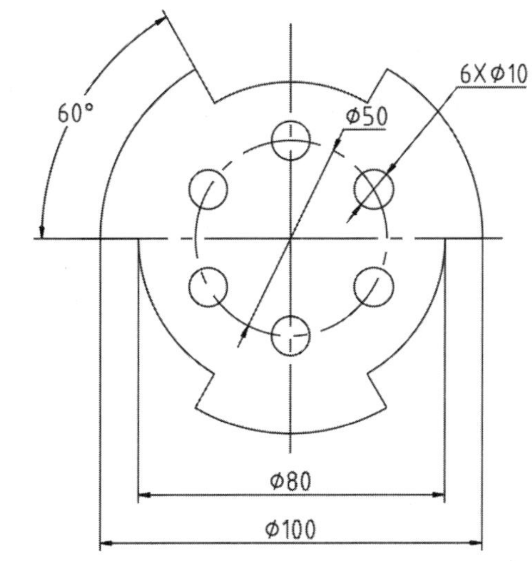

图 5-130　垫片尺寸标注

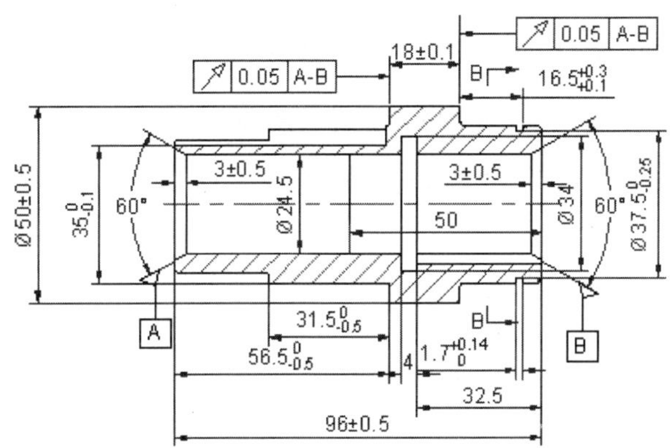

图 5-131　轴的尺寸标注

第6章 通用标准件设计

本章学习要点和目标任务：

☑ 止动垫圈设计

☑ 键的设计

☑ 隔套与挡圈设计

通用标准件是机械工程和机械设计中常用的零件，它们在结构要素、尺寸方面已标准化。

在绘制这些通用标准件时，可以通过查看《机械设计手册》等相关资料来确定它们的尺寸。本章将介绍它们的绘制方法。本章所介绍的零件图是在实际工程中设计的，在此与大家共享，希望通过本章的学习，读者可以掌握通用标准件的绘制方法和步骤。

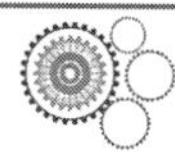

6.1　止动垫圈设计

垫圈按其用途可分为衬垫、防松和特殊 3 种类型。一般垫圈用于增加支撑面，能遮盖较大孔眼及防止损伤零件表面。圆形小垫圈一般用于金属零件，圆形大垫圈一般用于非金属零件。本节以绘制非标准件止动垫圈为例，说明垫圈系列零件的设计方法和步骤。在绘制垫圈之前，首先应该对垫圈进行系统分析。根据国家标准需要确定零件图的图幅，零件图中要表示的内容，零件各部分的线型、线宽、公差、公差标注样式及粗糙度等。另外，还需要确定用几个视图才能清楚地表达该零件。

根据国家标准和工程分析，一个主视图就可以将该零件表达清楚。为了将图形表达得更加清楚，选择绘图比例为 1∶1，图幅为 A3。图 6-1 所示为止动垫圈零件图，下面将介绍止动垫圈零件图的绘制方法和步骤。

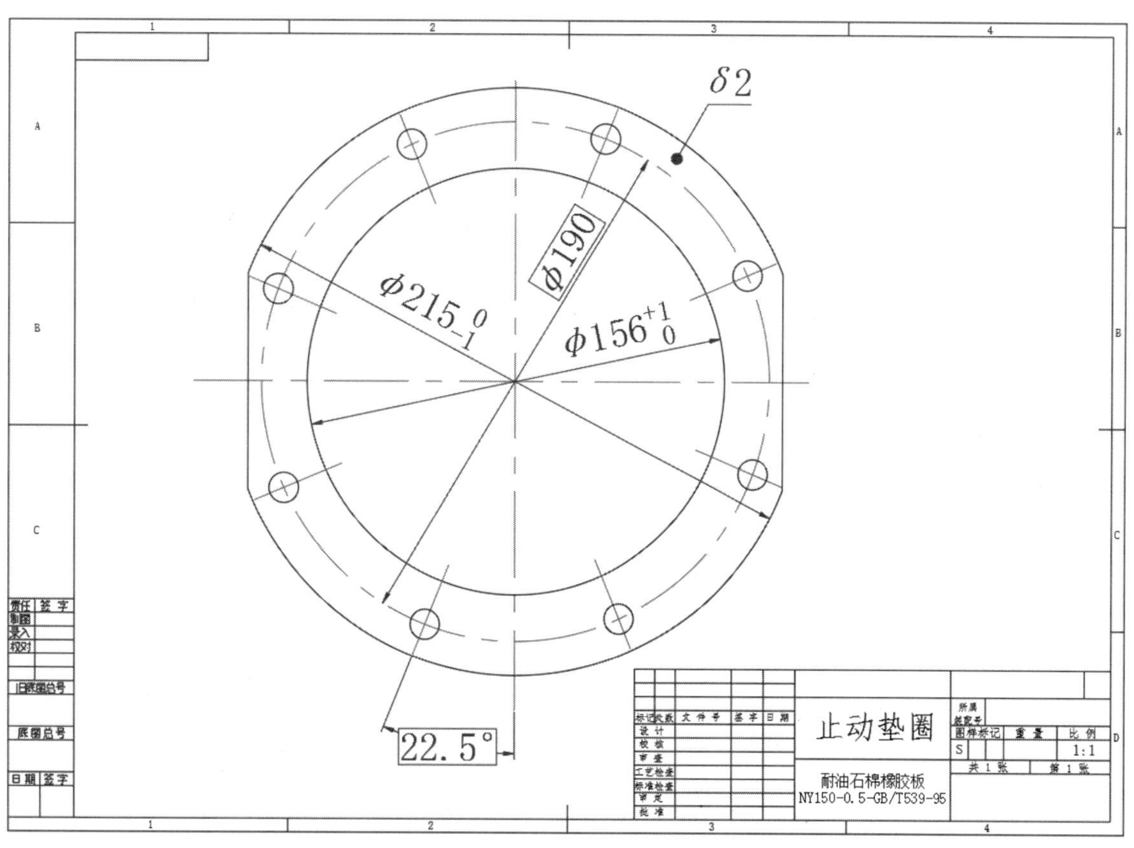

图 6-1　止动垫圈设计

6.1.1　调入样板图

操作步骤如下：

单击快速访问工具栏中的“新建”按钮，打开“选择样板”对话框，如图 6-2 所示，用户可以在该对话框中选择需要的样板图。

Note

图 6-2　“选择样板”对话框

在“选择样板”对话框中选择用户已经绘制好的“A3 横向样板图”，然后单击“打开”按钮，则会返回绘图区域，同时选择的样板图也会出现在绘图区域内，如图 6-3 所示。其中，样板图左下端点坐标为（0,0）。

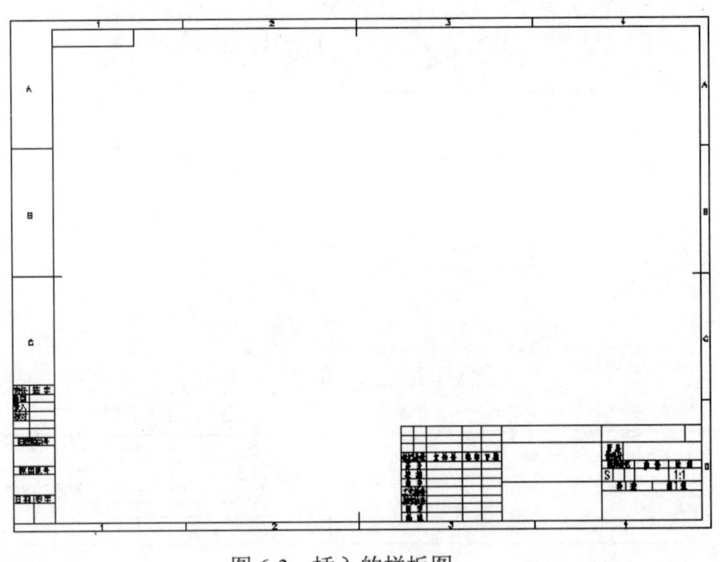

图 6-3　插入的样板图

6.1.2　设置图层与标注样式

操作步骤如下：

1．设置图层

单击“默认”选项卡下“图层”面板中的“图层特性”按钮，打开“图层特性管理器”选项板，用户可以参照前面介绍的命令在其中创建需要的图层，如图 6-4 所示为创建好的图层。

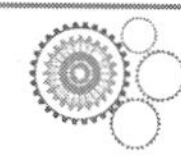

2．设置标注样式

单击“默认”选项卡下“注释”面板中的“标注样式”按钮，打开“标注样式管理器”对话框，在该对话框中新建标注样式，包括直径、角度和引线的标注样式，如图 6-5 所示。用户可以单击“修改”按钮，打开“修改标注样式”对话框，如图 6-6 所示。用户可以在其中设置需要的标注样式。本例使用标准的标注样式。

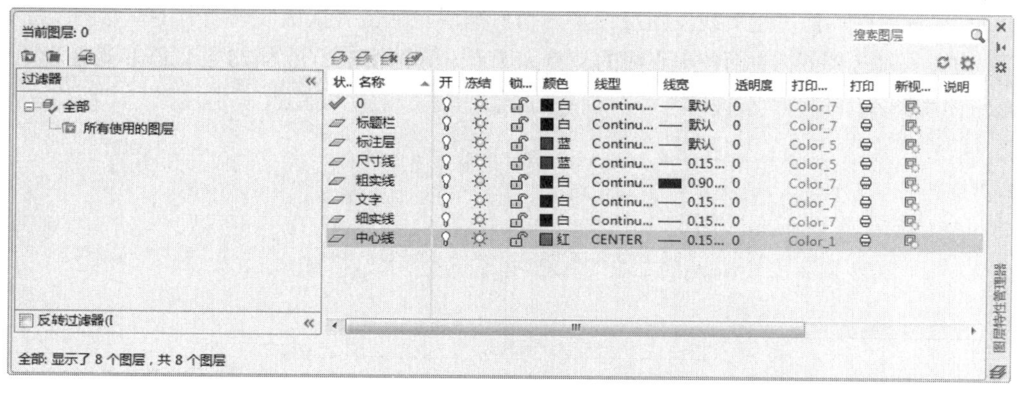

图 6-4　创建好的图层

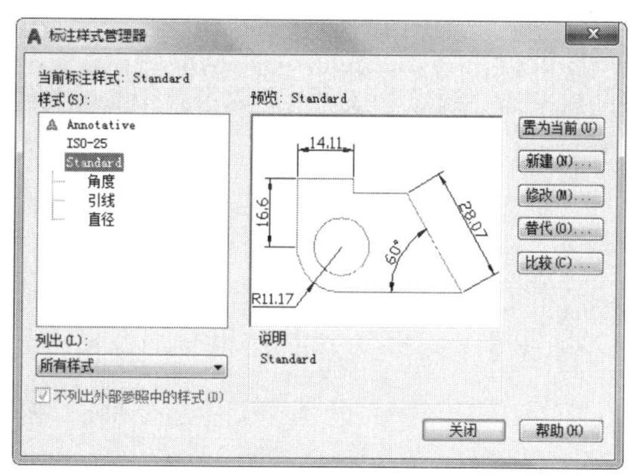

图 6-5　“标注样式管理器”对话框

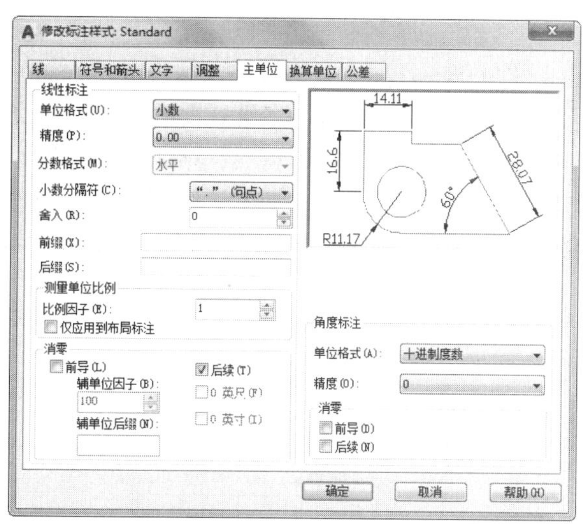

图 6-6　“修改标注样式”对话框

6.1.3　绘制止动垫圈

该零件图由一个主视图来描述，主要由中心线和圆形轮廓线构成。

操作步骤如下：

1．绘制中心线

将“中心线”图层设置为当前图层。根据止动垫圈的尺寸，绘制连接盘中心线的长度约为 230。单击“默认”选项卡下“绘图”面板中的“直线”按钮，以点坐标{（70,165），（@230,0）}为端点绘制一条水平中心线。重复“直线”命令，以{（190,45），（@0,230）}为端点绘制一条竖直中心线，结果如图 6-7 所示。

2．绘制止动垫圈零件图的轮廓线

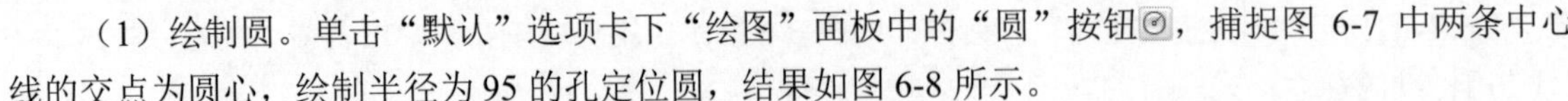

根据分析可知，该零件图的轮廓线主要由圆组成。在绘制主视图轮廓线的过程中需要用到“圆”“直线”“修剪”和“镜像”等命令。

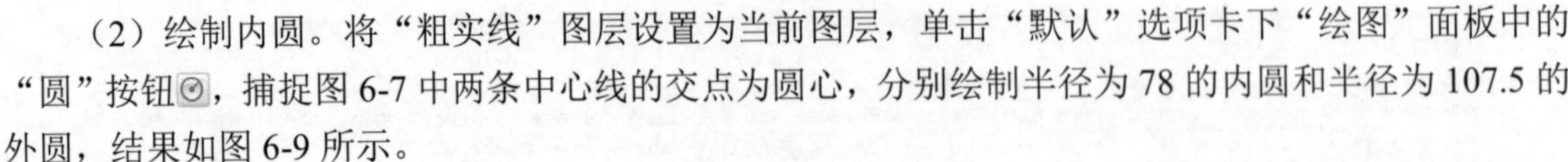

（1）绘制圆。单击“默认”选项卡下“绘图”面板中的“圆”按钮，捕捉图 6-7 中两条中心线的交点为圆心，绘制半径为 95 的孔定位圆，结果如图 6-8 所示。

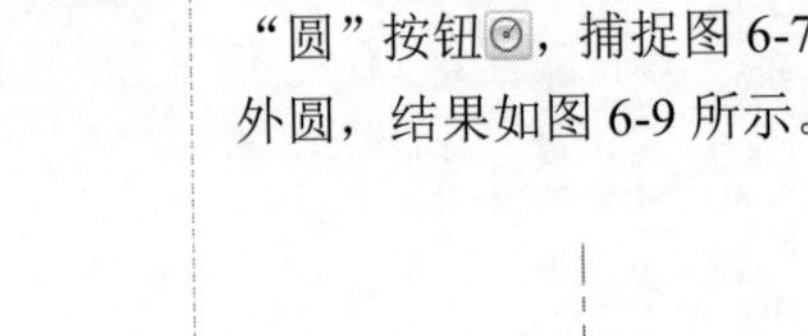

（2）绘制内圆。将“粗实线”图层设置为当前图层，单击“默认”选项卡下“绘图”面板中的“圆”按钮，捕捉图 6-7 中两条中心线的交点为圆心，分别绘制半径为 78 的内圆和半径为 107.5 的外圆，结果如图 6-9 所示。

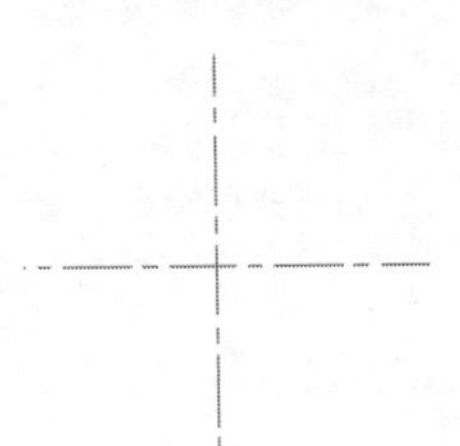

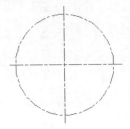

图 6-7　绘制的中心线

图 6-8　绘制定位圆后的图形

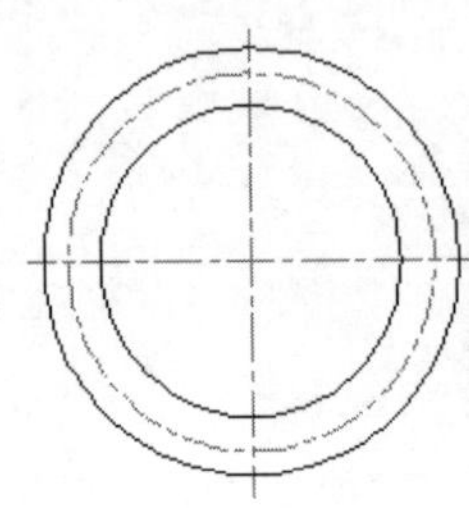

图 6-9　绘制圆后的图形

（3）绘制直线。单击“默认”选项卡下“绘图”面板中的“直线”按钮，以（90,165）为起点，绘制直线 1，使其与圆相交。修剪掉多余部分，结果如图 6-10 所示。

（4）延伸直线。单击“默认”选项卡下“修改”面板中的“延伸”按钮，拾取圆作为延伸边界，将直线 1 向下延伸使其下端与圆相交，结果如图 6-11 所示。

（5）镜像直线。单击“默认”选项卡下“修改”面板中的“镜像”按钮，以竖直中心线为镜像线，将图 6-11 中的直线 1 进行镜像，结果如图 6-12 所示。

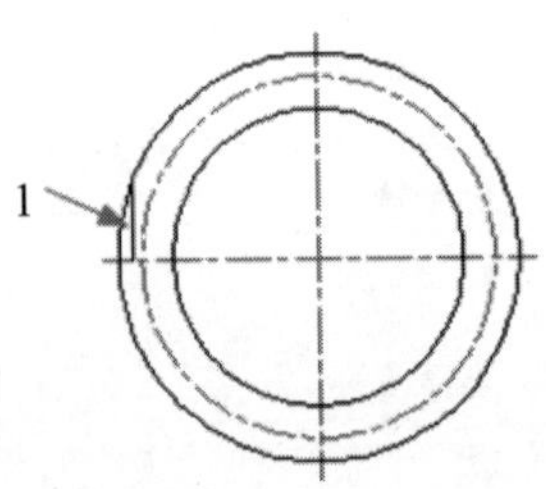

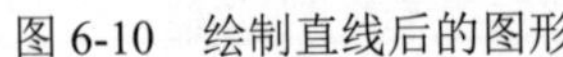

图 6-10　绘制直线后的图形

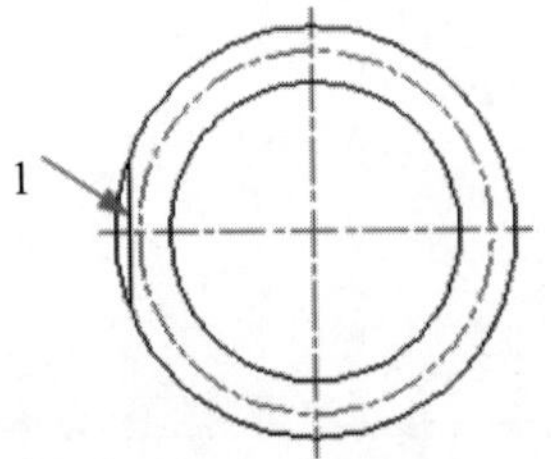

图 6-11　延伸直线后的图形

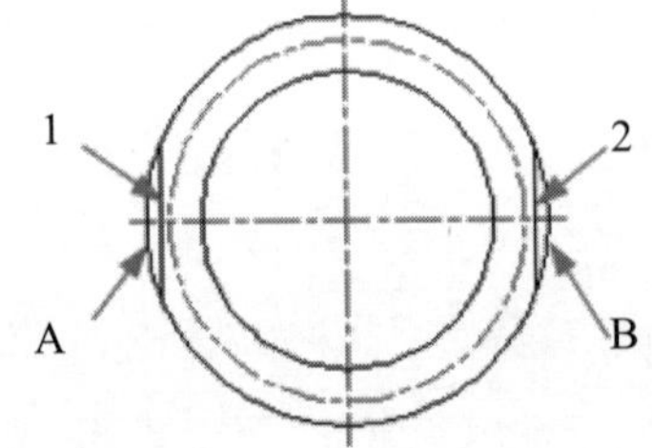

图 6-12　镜像直线后的图形

（6）修剪圆弧。单击“默认”选项卡下“修改”面板中的“修剪”按钮，依次选择图 6-12 中的直线 1 和直线 2 为剪切边，对图 6-12 中的圆弧 A 和圆弧 B 进行修剪，结果如图 6-13 所示。

（7）将“中心线”图层设置为当前图层，绘制中心线。单击“默认”选项卡下“绘图”面板中的“直线”按钮，以坐标点{（160,230），（@35<112.5）}绘制中心线。

（8）将“粗实线”图层设置为当前图层，绘制圆。单击“默认”选项卡下“绘图”面板中的“圆”按钮，以第（7）步绘制的中心线和定位圆线的交点为圆心，绘制半径为 5.5 的圆，结果如图 6-14 所示。

（9）阵列圆孔。单击“默认”选项卡下“修改”面板中的“环形阵列”按钮，选择小圆和中心线作为阵列对象，以大圆的圆心为阵列中心点，设置阵列项目为 8，结果如图 6-15 所示。

Note

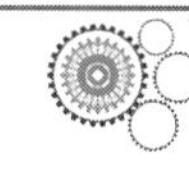

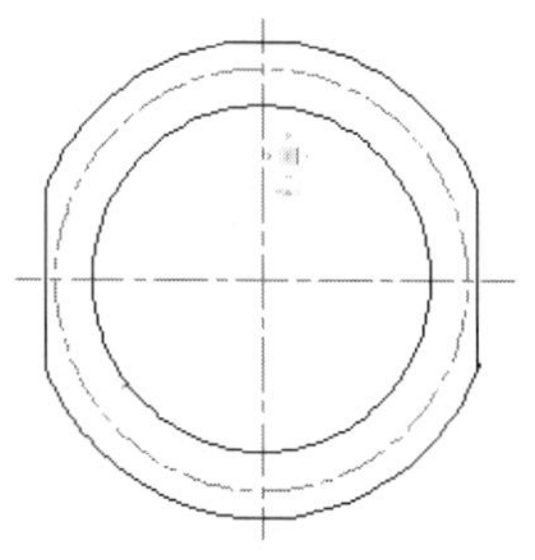

图 6-13　修剪圆弧后的图形

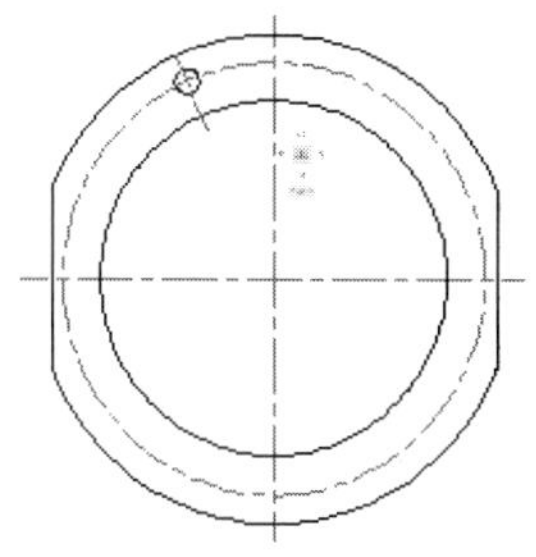

图 6-14　绘制圆孔后的图形

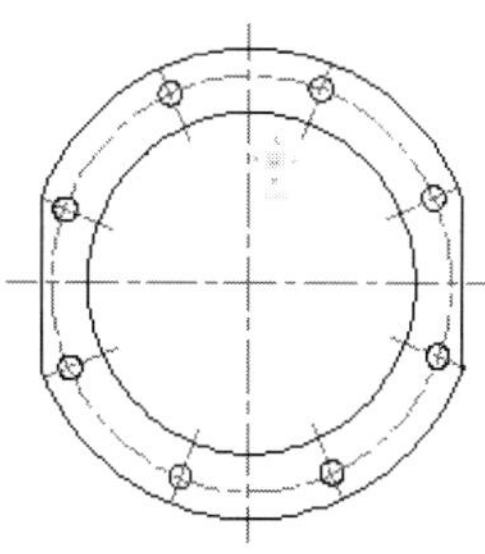

图 6-15　阵列后的图形

6.1.4　标注止动垫圈

在图形绘制完成后，要对图形进行标注，该零件图的标注包括线性标注、引线标注、直径标注、形位公差标注和填写技术要求等。下面将着重介绍引线标注和角度标注方式。

操作步骤如下：

1．引线标注方式

（1）把“尺寸线”图层设置为当前图层，在命令行中输入“QLEADER”命令。

（2）在命令行提示“指定第一个引线点或[设置(S)] <设置>:”后输入“S”，按 Enter 键。打开如图 6-16 所示的“引线设置”对话框，在其中的“引线和箭头”选项卡的“箭头”选项组中选择“点”选项，然后单击“确定”按钮。

（3）在命令行提示“指定第一个引线点或[设置(S)] <设置>:”后用鼠标在标注的位置指定一点。

（4）在命令行提示“指定下一点:”后用鼠标在标注的位置指定第二点。

（5）在命令行提示“指定下一点:”后用鼠标在标注的位置指定第三点。

（6）在命令行提示“指定文字宽度<5>:”后按 Enter 键。

（7）在命令行提示“输入注释文字的第一行<多行文字(M)>:”后输入“δ2”。

（8）单击“默认”选项卡下“修改”面板中的“分解”按钮，将绘制的引线标注进行分解。图 6-17 为使用该标注方式标注的结果。

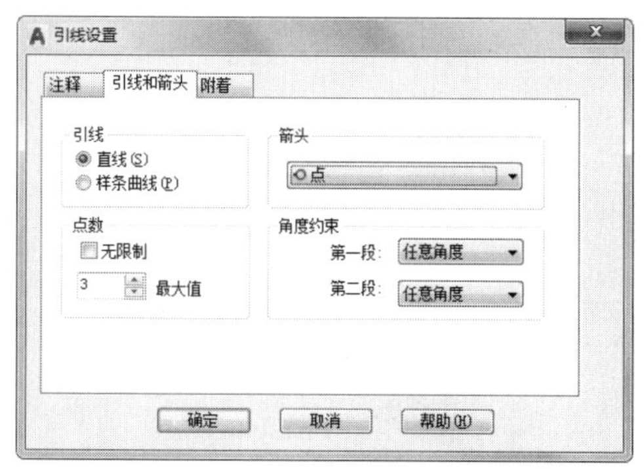

图 6-16　“引线设置”对话框

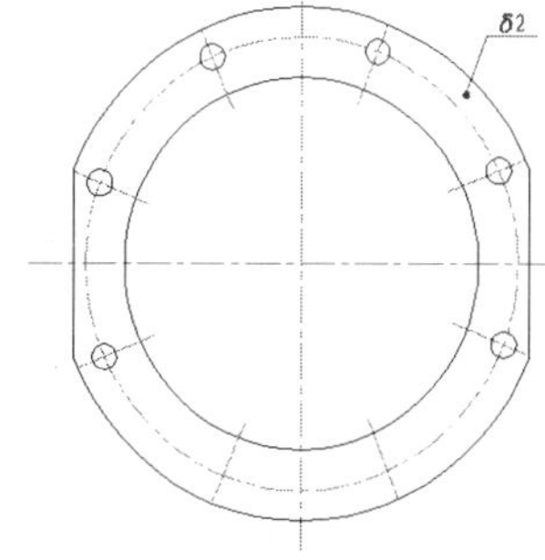

图 6-17　引线标注的结果

2．角度标注方式

标注角度尺寸“22.5°”，由于本例中的角度为参考尺寸，需要加注方框，因此在标注前需要设置标注样式。

（1）将“标注层”图层设置为当前图层，然后单击“默认”选项卡下“注释”面板中的“标注样式”按钮，打开“标注样式管理器”对话框，如图 6-18 所示，在其中的“样式”栏中选择“角度”，然后单击“修改”按钮，打开“修改标注样式”对话框，在“文字”选项卡中选中“绘制文字边框”复选框，如图 6-19 所示。

（2）单击“注释”选项卡下“标注”面板中的“角度”按钮△，标注角度尺寸“22.5°”，结果如图 6-20 所示。

Note

3．其他标注

除了上面介绍的标注外，本例还需要标注直径、表面及形位公差。在 AutoCAD 中通过修改标注样式可以方便地标注多种类型的尺寸，标注的外观由当前尺寸标注样式控制，如果尺寸外观看起来不符合用户的要求，则可以通过调整标注样式进行修改，这里不再详细介绍，可以参照其他实例中相应的介绍，图 6-21 所示为标注完整的图形。

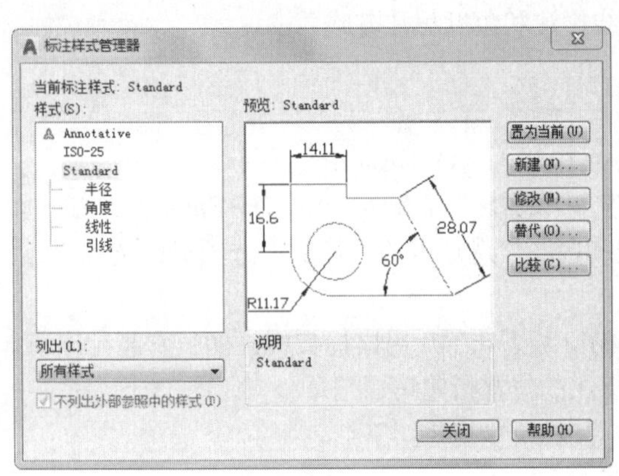

图 6-18　“标注样式管理器”对话框

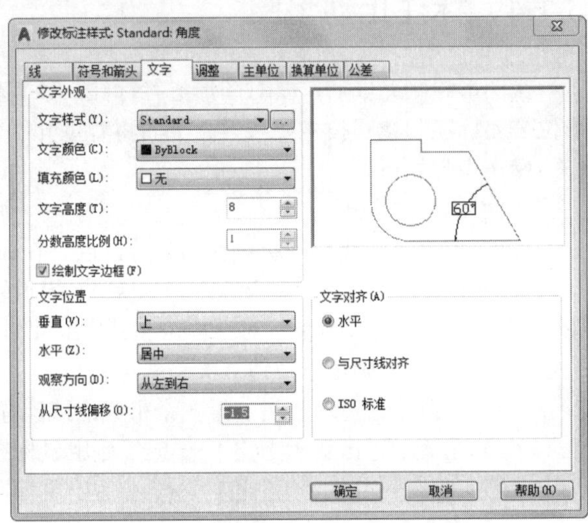

图 6-19　“修改标注样式”对话框

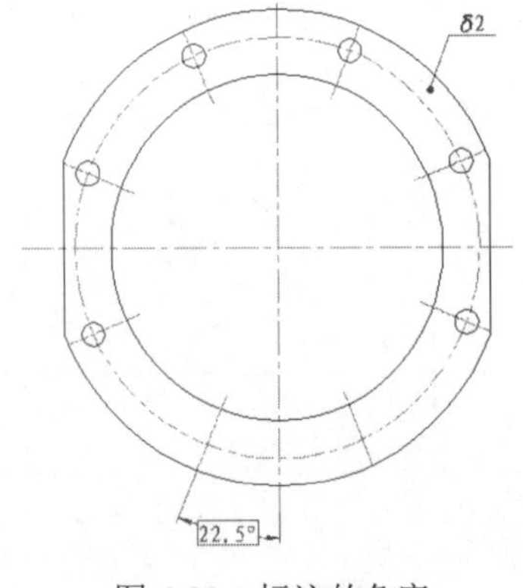

图 6-20　标注的角度

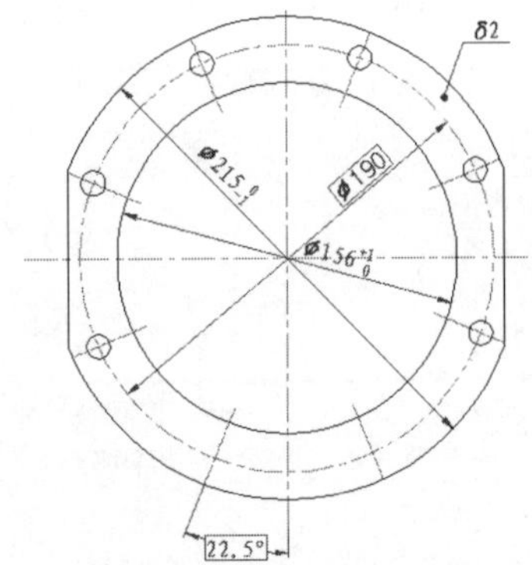

图 6-21　标注后的图形

6.1.5　填写标题栏

标题栏是反映图形属性的一个重要信息来源，用户可以在其中查找零部件的材料、设计者以及修改等信息。其填写与标注文字的过程相似，这里不再讲述，图 6-22 所示为填写好的标题栏。

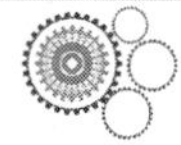

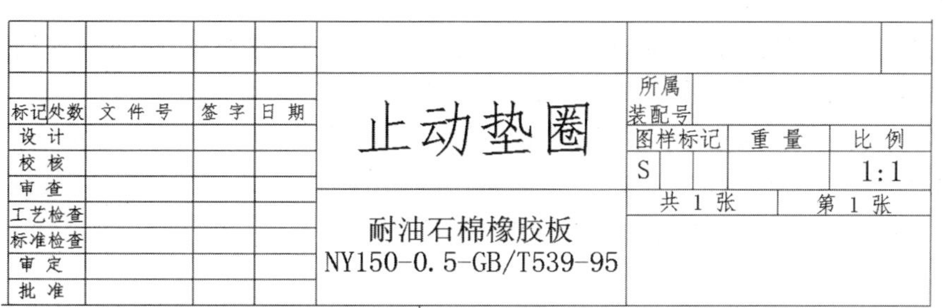

标记 处数 文件号 签字 日期
设计
校核
审查
工艺检查
标准检查
审定
批准
止动垫圈
耐油石棉橡胶板
NY150-0.5-GB/T539-95
所属装配号
图样标记 重量 比例
S
1:1
共 1 张 第 1 张

图 6-22　填写好的标题栏

6.1.6　平垫、弹垫、密封垫等类似零件绘制

平垫、弹垫、密封垫等通用零件也是机械工程中常用的零件，其绘制方式比较简单，可以参考止动垫圈的绘制。图 6-23 是一种垫圈的尺寸图，其他类型的垫圈可以参考机械设计手册相应的介绍。

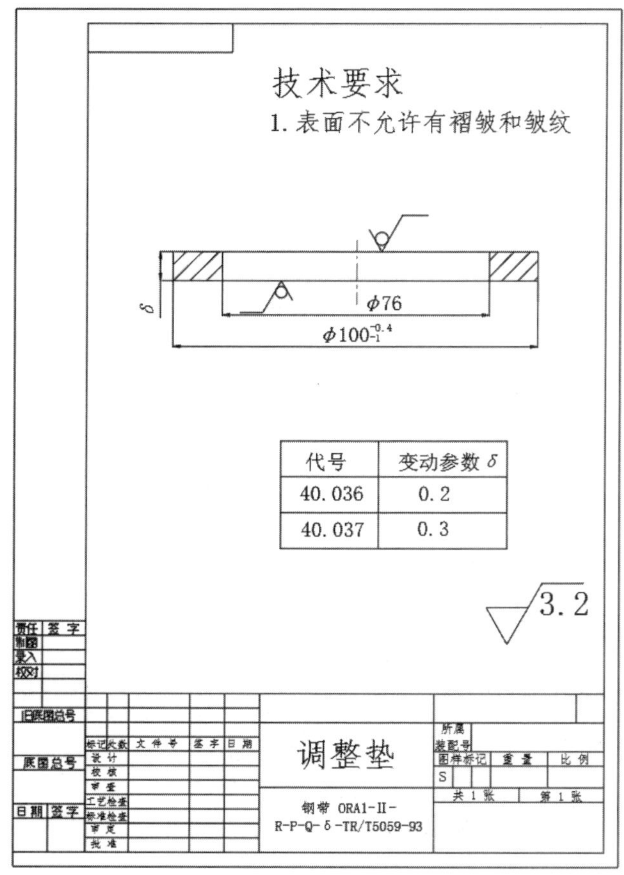

图 6-23　调整垫零件图

6.2　键的设计

视频讲解

键是传递较大扭矩的连接零件。机械工程中常用的键有平键、半月键和花键 3 种类型。平键制造

简单，拆装方便；半月键除保持平键的优点外，还能自动适应键槽的斜度，但是半月键的键槽较深，不宜用于传递较大的扭矩；花键通常用于传递较大的扭矩，但是其加工的精度比较高。

本节以绘制圆头普通平键为例，说明键零件的设计方法和步骤。在绘制平键之前，首先应该对平键进行系统分析。根据国家标准需要确定平键零件图的图幅、零件图中要表示的内容、零件各部分的线型、线宽、公差及公差标注样式以及粗糙度等，另外还需要确定用几幅视图才能清楚地表达该零件。

根据国家标准和工程分析，需要一幅完整的三视图才能将该零件表达清楚完整。为了将图形表达得更加清楚，选择绘图的比例为 1∶1，图幅为 A4。图 6-24 是要绘制的圆头普通平键零件图，下面将介绍圆头普通平键零件图的绘制方法和步骤。

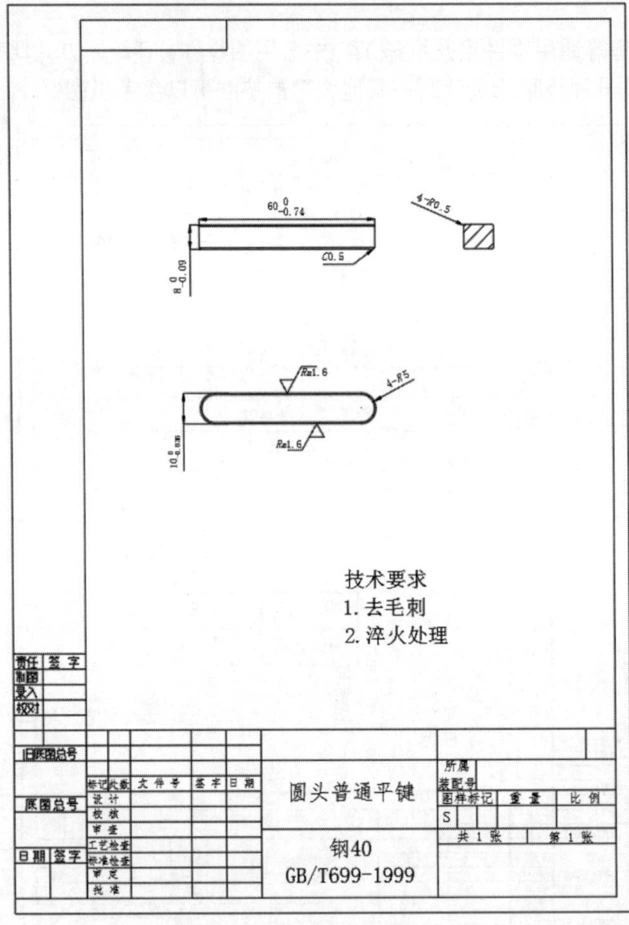

图 6-24　圆头普通平键零件图

6.2.1　调入样板图

操作步骤如下：

单击快速访问工具栏中的“新建”按钮，打开“选择样板”对话框，如图 6-25 所示，用户可以在该对话框中选择需要的样板图。

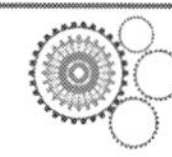

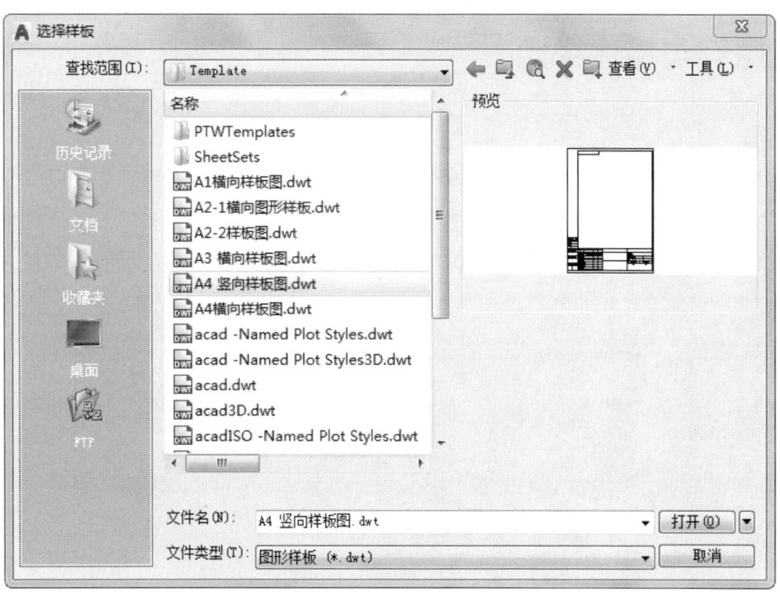

图 6-25　“选择样板”对话框

在“选择样板”对话框中选择用户已经绘制好的样板图后，单击“打开”按钮，则会返回绘图区域，同时选择的样板图也会出现在绘图区域内，如图 6-26 所示。其中，样板图左下端点的坐标为(0,0)。

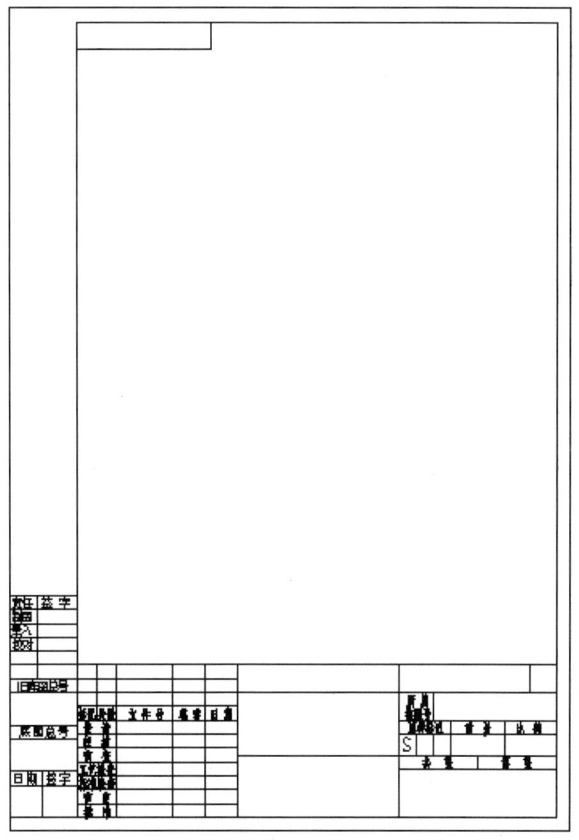

图 6-26　选择的样板图

6.2.2 设置图层与标注样式

操作步骤如下：

1．设置图层

单击“默认”选项卡下“图层”面板中的“图层特性”按钮，打开“图层特性管理器”选项板，用户可以参照前面介绍的命令，在其中创建需要的图层，如图 6-27 所示为创建好的图层。

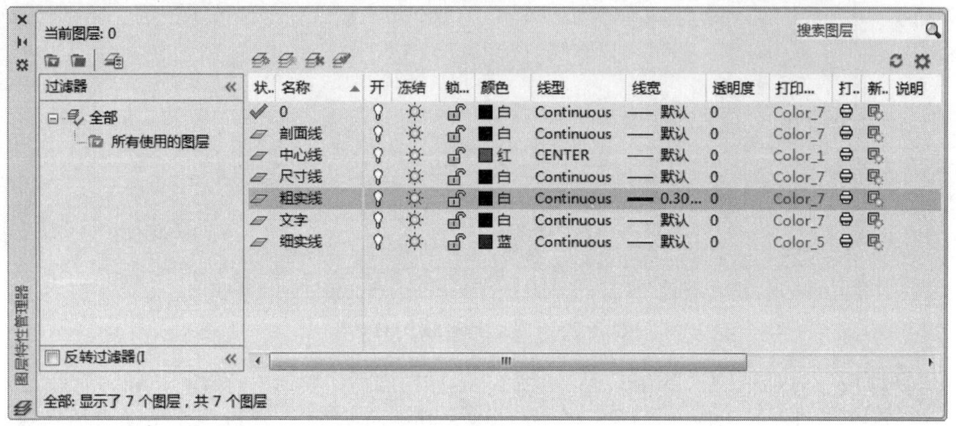

图 6-27　创建好的图层

2．设置标注样式

单击“默认”选项卡下“注释”面板中的“标注样式”按钮，打开“标注样式管理器”对话框，如图 6-28 所示。用户可以单击“修改”按钮打开“修改标注样式：Standard”对话框，如图 6-29 所示，用户可以在其中设置需要的标注样式。本例使用标准的标注样式。

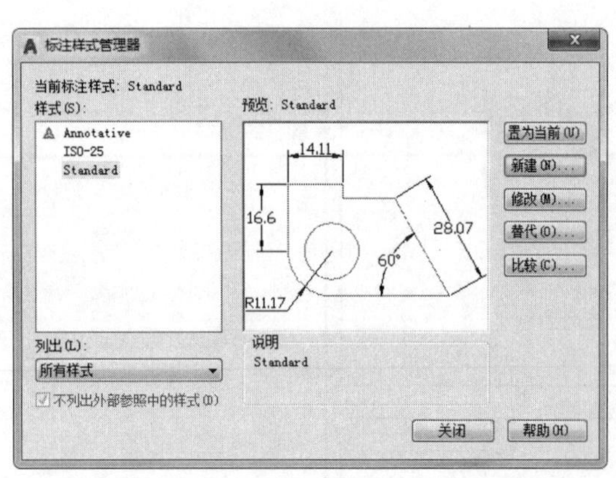

图 6-28　“标注样式管理器”对话框

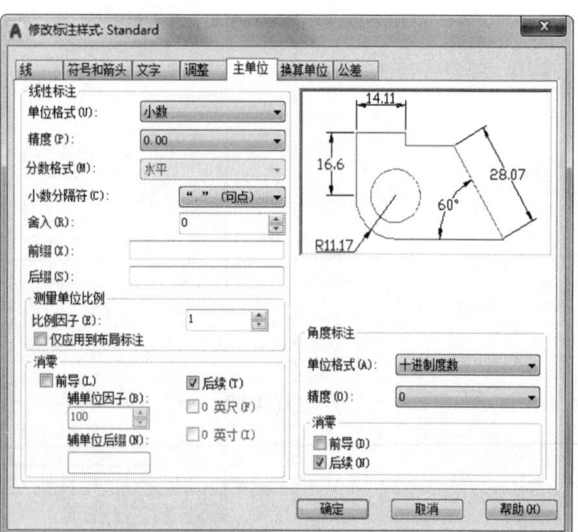

图 6-29　“修改标注样式：Standard”对话框

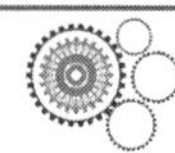

Note

6.2.3　绘制键图形

操作步骤如下：

1．绘制主视图

主视图主要由线性轮廓构成，该视图的绘制全部在“粗实线”图层完成。以下为绘制主视图的方法和步骤：

（1）绘制直线（绘制外形轮廓线）。单击“默认”选项卡下“绘图”面板中的“直线”按钮，分别以坐标点（65,225）、（@0,−8）、（@60,0）、（@0,8）、*C* 绘制外形轮廓线，结果如图 6-30 所示。

（2）倒角处理。单击“默认”选项卡下“修改”面板中的“倒角”按钮，对图 6-30 中的线段 1 和线段 2 进行倒角处理，倒角距离为 0.5。依次使用该命令，对轮廓线的其余 3 个角进行倒角操作，结果如图 6-31 所示。

（3）绘制直线。单击“默认”选项卡下“绘图”面板中的“直线”按钮，在倒角处绘制直线，端点分别为 A、B、C 和 D，结果如图 6-32 所示。

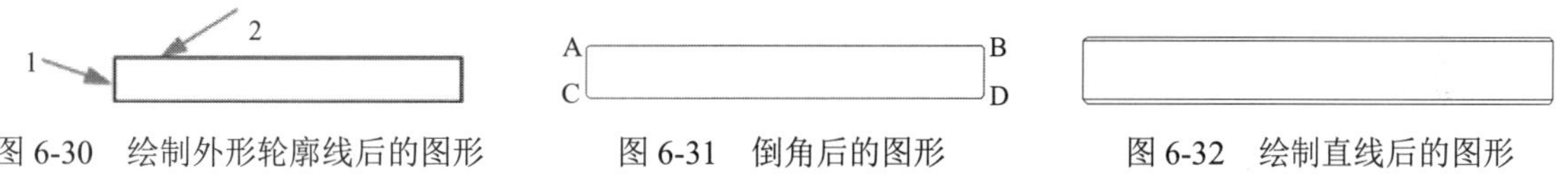

图 6-30　绘制外形轮廓线后的图形　　图 6-31　倒角后的图形　　图 6-32　绘制直线后的图形

2．绘制俯视图

俯视图主要由线性轮廓和圆弧线构成，其中圆弧线可以通过“圆角”命令实现。该视图的绘制全部在“粗实线”图层完成，以下为绘制俯视图的方法和步骤。

（1）绘制直线（绘制外形轮廓线）。单击“默认”选项卡“绘图”面板中的“直线”按钮，分别绘制坐标点为（65,170）、（@0,-10）、（@60,0）、（@0,10）、*C* 的外形轮廓线，结果如图 6-33 所示。

（2）圆角处理。单击“默认”选项卡下“修改”面板中的“圆角”按钮，对图 6-33 中的线段 1 和线段 2 进行圆角处理，圆角半径为 5，依次使用该命令对轮廓线的其余 3 个角进行圆角操作，结果如图 6-34 所示。

（3）偏移对象。单击“默认”选项卡下“修改”面板中的“偏移”按钮，分别将图 6-34 中的直线 1、直线 2、圆弧 a、圆弧 b、圆弧 c、圆弧 d 向内偏移 0.5，结果如图 6-35 所示。

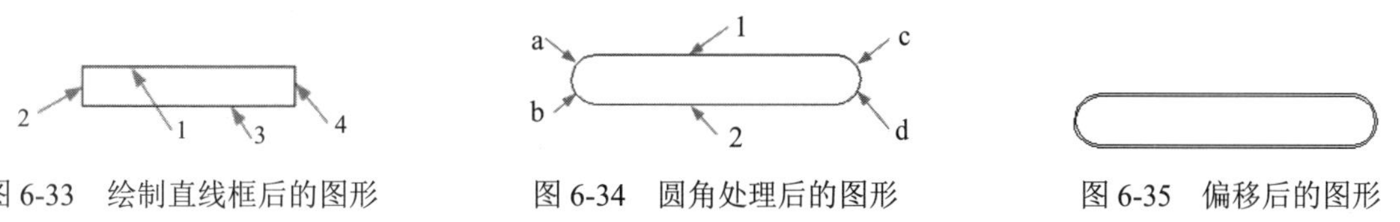

图 6-33　绘制直线框后的图形　　图 6-34　圆角处理后的图形　　图 6-35　偏移后的图形

3．绘制左视图

左视图主要由线性轮廓线、圆弧和剖面线构成，其中，圆弧线可以通过“圆角”命令实现。以下为绘制左视图的方法和步骤。

（1）将“粗实线”图层设置为当前图层，绘制直线（外形轮廓线）。单击“默认”选项卡下“绘图”面板中的“直线”按钮，分别绘制坐标点为（155,225）、（@0,-8）、（@10, 0）、（@0,8）、*C* 的外形轮廓线，结果如图 6-36 所示。

（2）圆角处理。单击“默认”选项卡下“修改”面板中的“圆角”按钮，对图 6-36 中的线段

1 和线段 2 进行圆角处理，圆角半径为 0.5，依次使用该命令对轮廓线的其余 3 个角进行圆角操作，结果如图 6-37 所示。

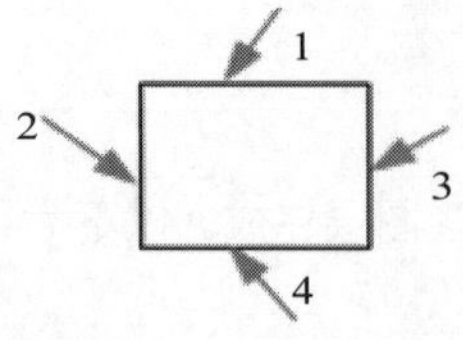

图 6-36　绘制外形轮廓线后的图形

图 6-37　圆角处理后的图形

（3）填充剖面线。由于左视图为全剖视图，因而需要在该视图上绘制剖面线。将“剖面线”图层设置为当前图层，以下为绘制剖面线的过程。

单击“默认”选项卡下“绘图”面板中的“图案填充”按钮，打开“图案填充创建”选项卡，然后单击“选项”面板中的“图案填充设置”按钮，弹出“图案填充和渐变色”对话框，在该对话框中选择所需要的剖面线样式，并设置剖面线的旋转角度和显示比例，图 6-38 为设置完毕的“图案填充和渐变色”对话框。设置好剖面线的类型后，单击“添加拾取点”按钮，返回绘图区域，用鼠标在图中所需添加剖面线的区域内拾取任意一点，选择完毕后按 Enter 键返回“图案填充和渐变色”对话框，然后单击“确定”按钮返回绘图区域，剖面线绘制完毕。

图 6-38　设置好的“图案填充和渐变色”对话框

如果填充后用户感觉不满意，可以单击“默认”选项卡下“修改”面板中的“编辑图案填充”按钮，拾取图形中的剖面线，系统会打开“图案填充编辑”对话框，如图 6-39 所示。用户可以在其中重新设定填充的样式，设置好以后，单击“确定”按钮，则剖面线会以刚刚设置好的参数显示，重复此过程，直到满意为止。图 6-40 所示为绘制剖面线后的图形。

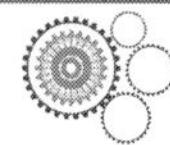

图 6-39　“图案填充编辑”对话框

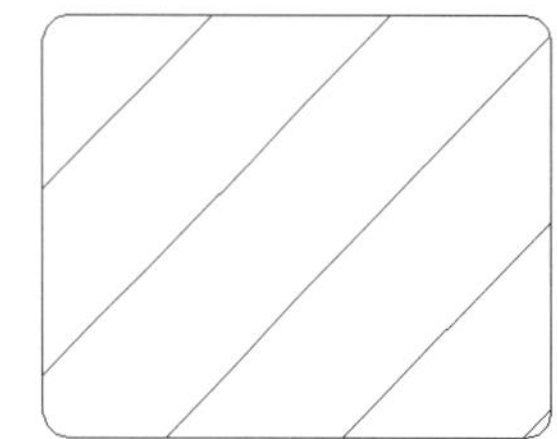

图 6-40　绘制剖面线的左视图

6.2.4　标注键

在图形绘制完成后，要对图形进行标注。该零件图的标注包括线性标注、半径标注，以及粗糙度和填写技术要求等，下面将分别进行介绍。

操作步骤如下：

1．标注线性尺寸

（1）将“尺寸线”图层设置为当前图层，然后单击“默认”选项卡下“注释”面板中的“标注样式”按钮，打开“标注样式管理器”对话框，如图 6-41 所示。单击“替代”按钮打开“替代当前样式”对话框，在“公差”选项卡的“方式”下拉列表框中选择“极限偏差”选项，在“上偏差”微调框中输入“0”，在“下偏差”微调框中输入“0.74”，如图 6-42 所示。

（2）单击“注释”选项卡下“标注”面板中的“线性”按钮，标注图中 $60^{0}_{-0.74}$ 的尺寸，结果如图 6-43 所示。在标注完 $60^{0}_{-0.74}$ 尺寸后，需要再标注 $8^{0}_{-0.090}$，此时不能在“标注样式管理器”对话框中直接修改标注样式，否则在同一标注样式下所做的标注都将改变，此时需要新建标注样式。

（3）单击“默认”选项卡下“注释”面板中的“标注样式”按钮，打开“标注样式管理器”对话框，然后单击“新建”按钮打开“创建新标注样式”对话框，在“新样式名”文本框中输入新的样式名称，如图 6-44 所示；然后单击“继续”按钮打开“新建标注样式”对话框，在“公差”选项卡的“方式”下拉列表框中选择“极限偏差”选项，在“上偏差”微调框中输入“0”，在“下偏差”微调框中输入“0.09”，如图 6-45 所示；然后单击“确定”按钮返回“标注样式管理器”对话框，此时新建立的标注样式出现在“样式”栏中，如图 6-46 所示。

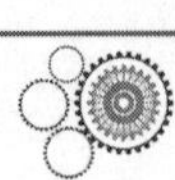
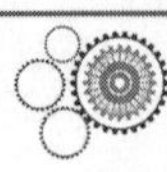

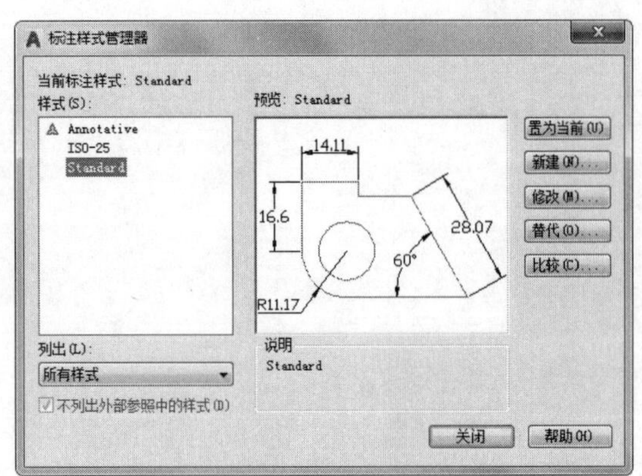

图 6-41 “标注样式管理器”对话框

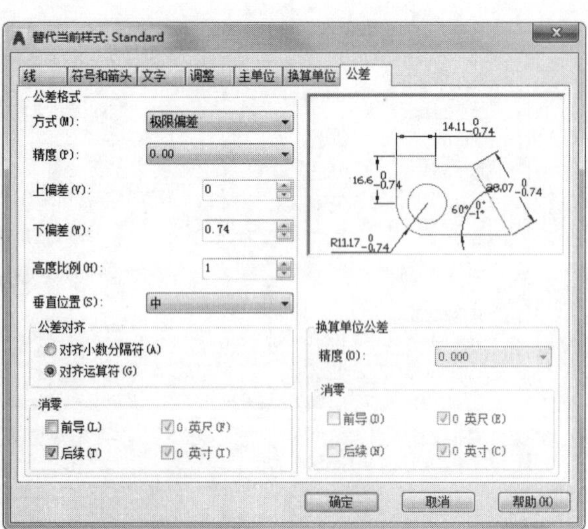

图 6-42 “公差”选项卡

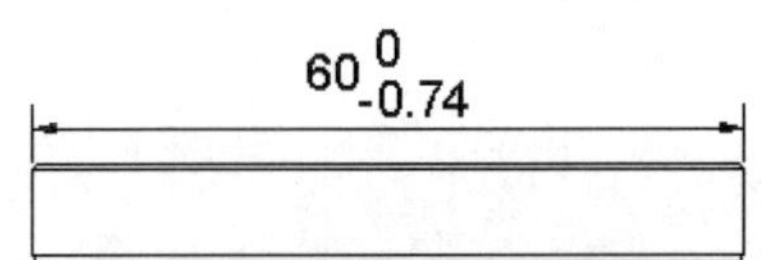

图 6-43 标注的线性尺寸

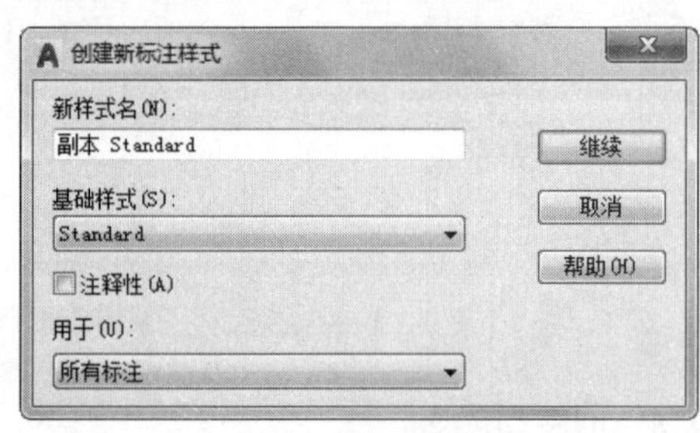

图 6-44 “创建新标注样式”对话框

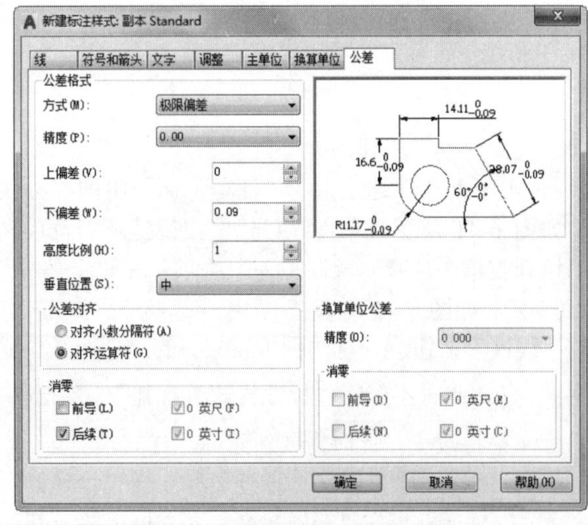

图 6-45 “新建标注样式”对话框

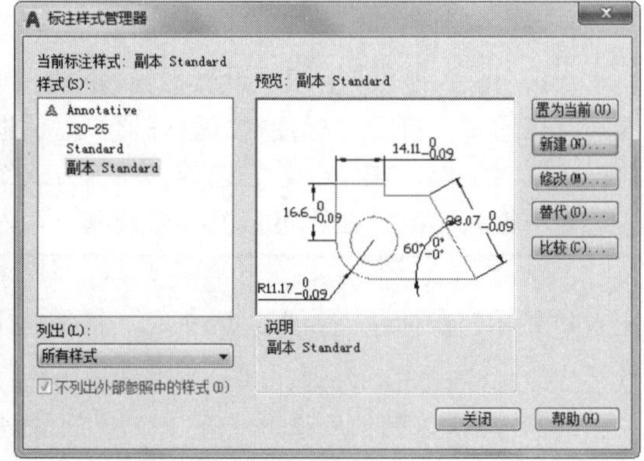

图 6-46 “标注样式管理器”对话框

（4）在“标注样式管理器”对话框中选择新建立的标注样式，即“副本 Standard”，然后单击“置为当前”按钮，则当前的标注样式为新设置的标注样式。单击“注释”选项卡下“标注”面板中的“线性”按钮，标注图中 $8^{0}_{-0.090}$ 的尺寸。

（5）将 Standard 样式置为当前，标注其他线性尺寸，结果如图 6-47 所示。

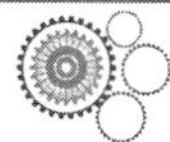

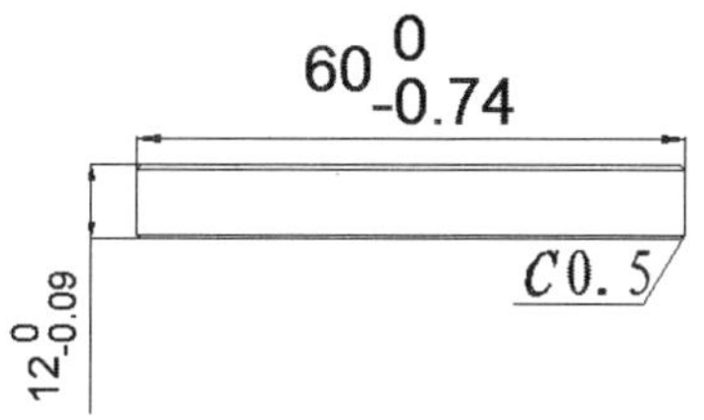

图 6-47　标注的线性尺寸

2．标注半径

（1）将“尺寸线”图层设置为当前图层。单击“注释”选项卡下“标注”面板中的“半径”按钮。

（2）在命令行提示“选择圆弧或圆:”后选择图中要标注的圆弧。

（3）在命令行提示“指定尺寸线位置或[多行文字(M)/文字(T)/角度(A)]:”后输入“M”。

（4）打开如图 6-48 所示的选项卡和尺寸字符。在其中输入“4-”，然后单击“确定”按钮，结果如图 6-49 所示。

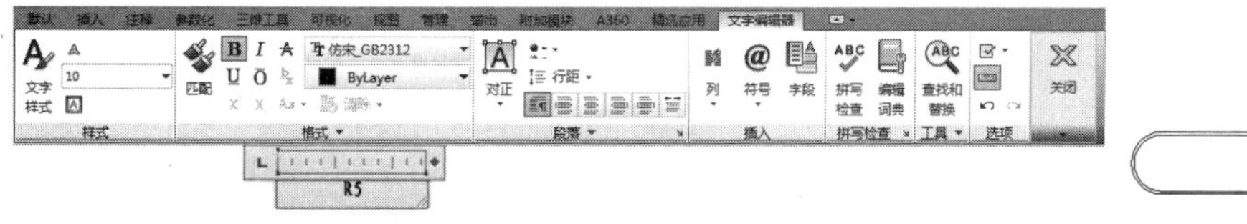

图 6-48　“文字编辑器”选项卡

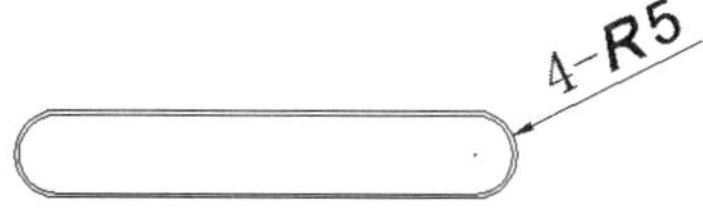

图 6-49　标注的半径尺寸

（5）同理，标注左视图圆弧尺寸。

3．标注表面粗糙度

在标注表面粗糙度之前，应该创建粗糙度符号块，这里不再讲述，可以参考前面标注表面粗糙度相应的介绍。

创建好粗糙度符号块后，使用块方式进行标注。首先将“尺寸线”图层设置为当前图层，然后单击“插入”选项卡下“块”面板中的“插入”按钮，打开“插入”对话框，在“名称”下拉列表框中选择“粗糙度”选项，如图 6-50 所示。

单击“确定”按钮，用鼠标指定在图中要插入的点，图 6-51 为使用该命令方式插入粗糙度符号。

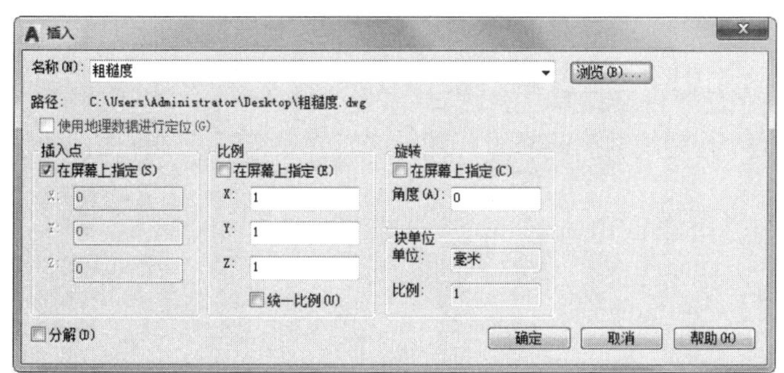

图 6-50　“插入”对话框

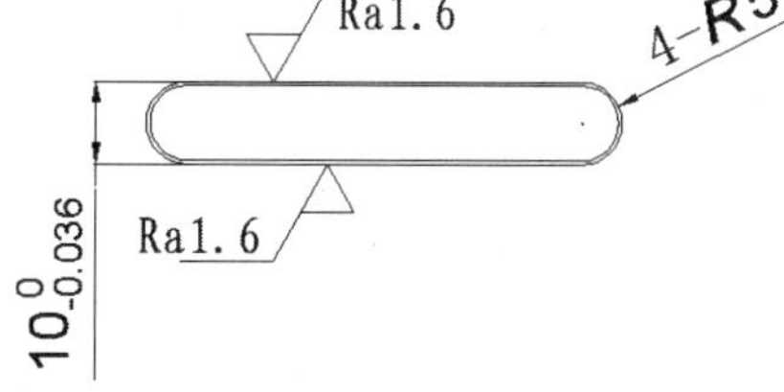

图 6-51　标注的表面粗糙度

4．填写技术要求

首先将文字图层设置为当前图层，单击“默认”选项卡下“注释”面板中的“多行文字”按钮A，指定输入文字的对角点，此时 AutoCAD 会打开“文字编辑器”选项卡，在其中设置需要的样式、字体和高度，然后输入技术要求的内容，如图 6-52 所示。

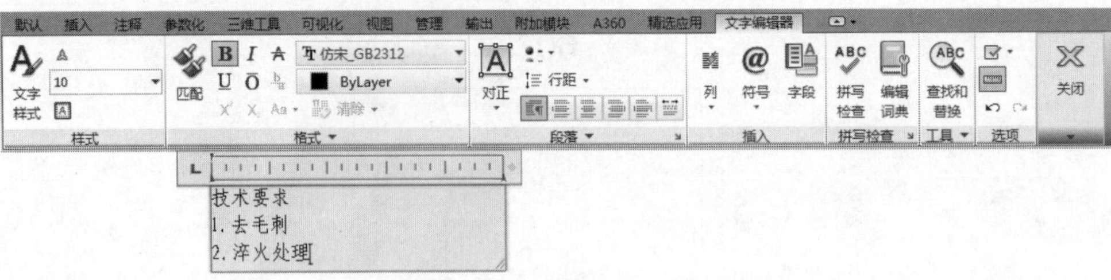

图 6-52 “文字编辑器”选项卡

Note

6.2.5 填写标题栏

标题栏是反映图形属性的一个重要信息来源，用户可以在其中查找零部件的材料、设计者以及修改等信息，其填写与标注文字的过程相似。图 6-53 所示为填写好的标题栏。

						所属装配号		
标记	处数	文件号	签字	日期	圆头普通平键			
设计						图样标记	重量	比例
校核						S		
审查						共 1 张		第 1 张
工艺检查					钢40 GB/T699-1999			
标准检查								
审定								
批准								

图 6-53 填写好的标题栏

视频讲解

6.3 隔套与挡圈设计

隔套是机械工程中常用的零件，本节主要说明隔套零件的设计方法和步骤。在绘制隔套之前，首先应该对隔套进行系统分析。根据国家标准需要确定隔套零件图的图幅，零件图中要表示的内容，零件各部分的线型、线宽、公差、公差标注样式以及粗糙度等。另外，还需要确定用几个视图才能清楚地表达该零件。

根据国家标准和工程分析，只需要主视图就可以将该零件表达清楚。为了将图形表达得更加清楚，选择绘图的比例为 1∶1，图幅为 A4。图 6-54 为要绘制的隔套零件图，下面将介绍隔套零件图的绘制方法和步骤。

6.3.1 调入样板图

操作步骤如下：

单击快速访问工具栏中的“新建”按钮，打开“选择样板”对话框，如图 6-55 所示，用户可以在该对话框中选择需要的样板图。

在“选择样板”对话框中选择用户已经绘制好的样板图后，单击“打开”按钮，则会返回绘图区域，同时选择的样板图也会出现在绘图区域，如图 6-56 所示。其中，样板图左下端点坐标为（0,0）。

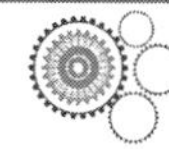

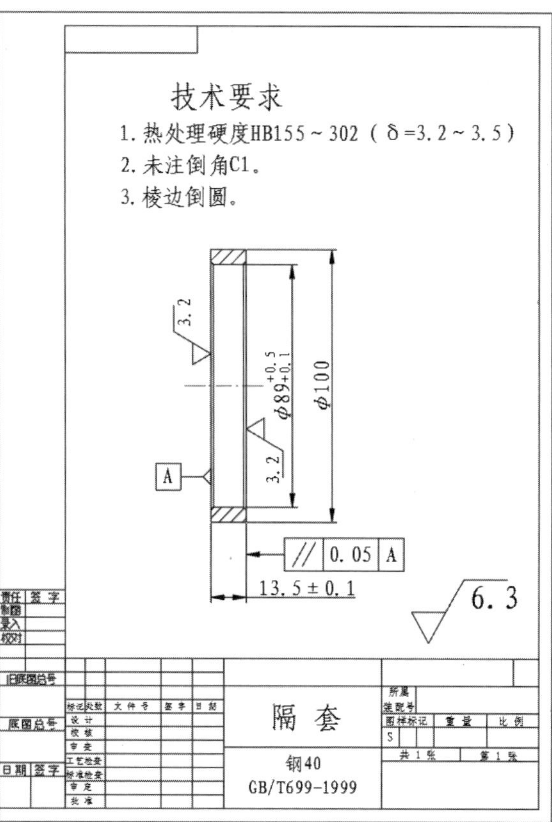

图 6-54　隔套零件图

图 6-55　“选择样板”对话框

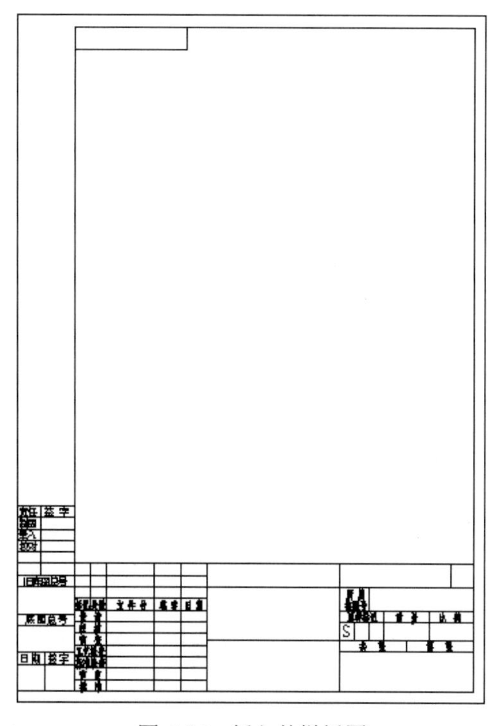

图 6-56　插入的样板图

6.3.2 设置图层与标注样式

Note

操作步骤如下：

1．设置图层

单击“默认”选项卡下“图层”面板中的“图层特性”按钮，打开“图层特性管理器”选项板，用户可以参照前面介绍的命令，在其中创建需要的图层，如图 6-57 所示为创建好的图层。

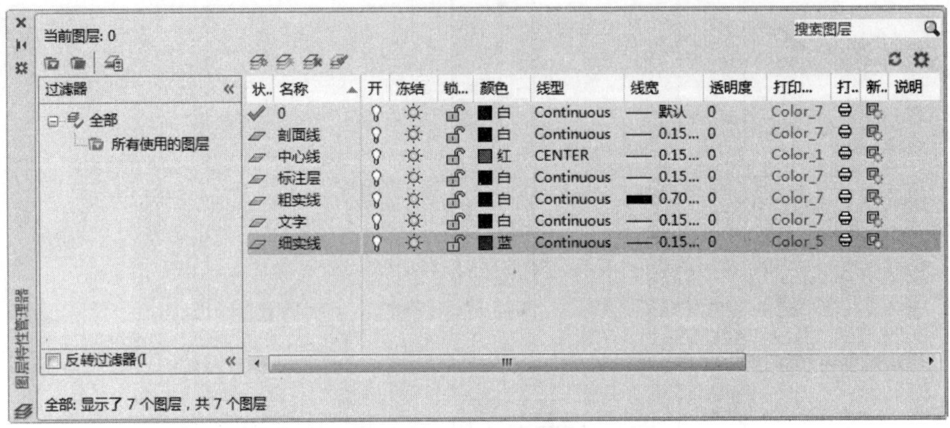

图 6-57　创建好的图层

2．设置标注样式

单击“默认”选项卡下“注释”面板中的“标注样式”按钮，打开“标注样式管理器”对话框，如图 6-58 所示，在该对话框中显示当前的标注样式，包括半径、角度、线性和引线的标注样式。用户可以单击“修改”按钮，打开“修改标注样式”对话框，如图 6-59 所示，可以在其中设置需要的标注样式。本例使用标准的标注样式。

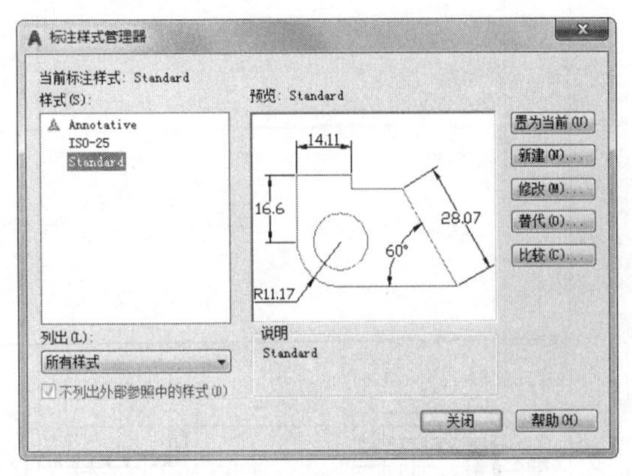

图 6-58　“标注样式管理器”对话框

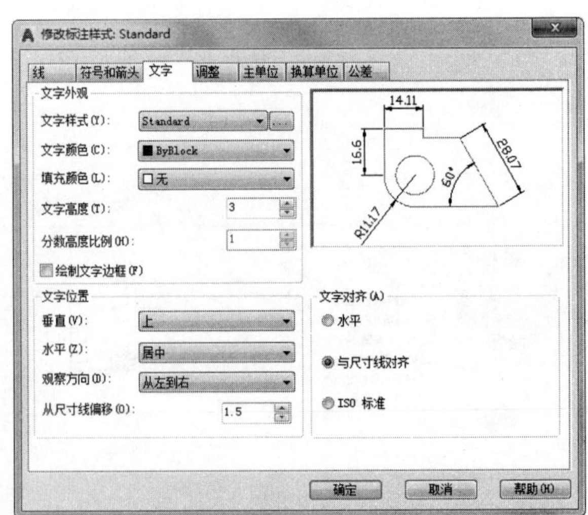

图 6-59　“修改标注样式”对话框

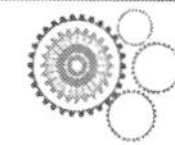

6.3.3　绘制隔套图形

隔套图形用一个主视图来描述，主要由线性轮廓构成。

操作步骤如下：

1．将“中心线”图层设置为当前图层，绘制中心线

单击“默认”选项卡下“绘图”面板中的“直线”按钮，绘制坐标点为{（70,160），（@30,0）}的中心线。

2．绘制轮廓线

（1）将“粗实线”图层设置为当前图层，绘制直线。单击“默认”选项卡下“绘图”面板中的“直线”按钮，绘制坐标点为{（80,110），（@0,100），（@13.5,0），（@0,-100），C}、{（80,204.5），（@13.5,0）}和{（80,115.5），（@13.5,0）}的直线，结果如图 6-60 所示。

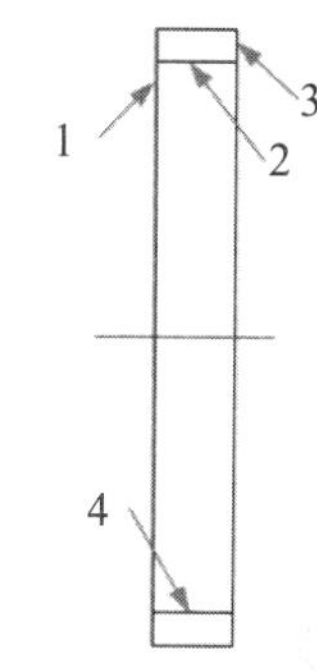

图 6-60　绘制直线后的图形

（2）倒角处理。单击“默认”选项卡下“修改”面板中的“倒角”按钮，将修剪模式设置为“不修剪”，对图 6-60 中的线段 1 和线段 2 进行倒角处理，倒角距离为 1。重复“倒角”命令，对图 6-60 中的线段 2 和线段 3 进行倒角操作，结果如图 6-61 所示。

（3）修剪直线。单击“默认”选项卡下“修改”面板中的“修剪”按钮，将图 6-61 中的直线进行修剪。

（4）绘制直线。单击“默认”选项卡下“绘图”面板中的“直线”按钮，绘制倒角连接线，结果如图 6-62 所示。

3．填充剖面线

由于主视图为剖视图，因此需要在该视图中绘制剖面线。将“剖面线”图层设置为当前图层，以下为绘制剖面线的过程。

单击“默认”选项卡下“绘图”面板中的“图案填充”按钮，打开“图案填充创建”选项卡，然后单击“选项”面板中的“图案填充设置”按钮，弹出“图案填充和渐变色”对话框。在该对话框中选择所需要的剖面线样式，并设置剖面线的旋转角度和显示比例，图 6-63 为设置完毕的“图案填充和渐变色”对话框。设置好剖面线的类型后，单击“添加:拾取点”按钮，返回绘图区域，用鼠标在图中所需添加剖面线的区域内拾取任意一点，选择完毕后按 Enter 键返回“图案填充和渐变色”对话框，然后单击“确定”按钮返回绘图区域，剖面线绘制完毕。

图 6-61　倒角后的图形　　图 6-62　绘制直线后的图形

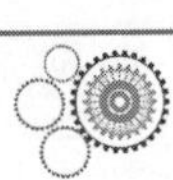
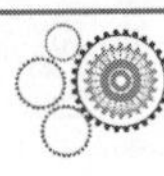

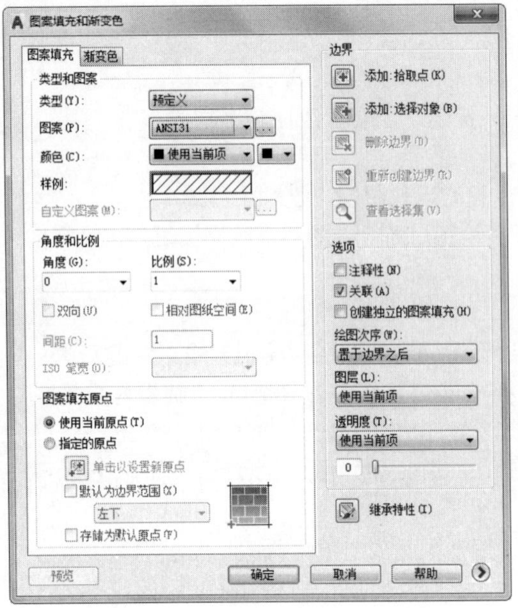

图 6-63 “图案填充和渐变色”对话框

如果填充后用户感觉不满意，可以单击“默认”选项卡下“修改”面板中的“编辑图案填充”按钮，选取绘制好的剖面线，打开“图案填充编辑”对话框，如图 6-64 所示。用户可以在其中重新设定填充的样式，设置好以后，单击“确定”按钮，剖面线则会以刚刚设置好的参数显示，重复此过程，直到满意为止。图 6-65 所示为绘制剖面线后的图形。

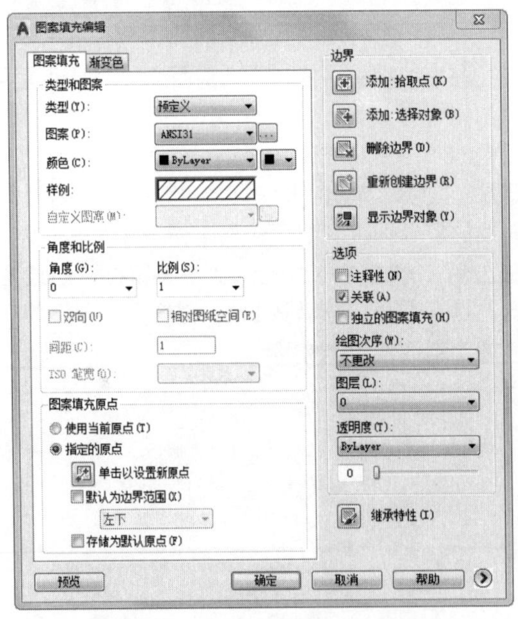

图 6-64 “图案填充编辑”对话框

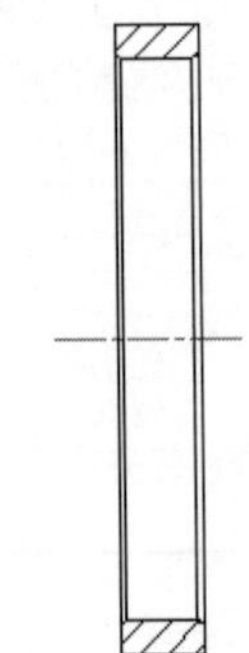

图 6-65 绘制的图形

6.3.4 标注隔套

在图形绘制完成后，要对图形进行标注。该零件图的标注包括线性标注、基准符号，以及粗糙度

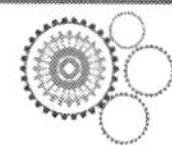

和填写技术要求等。

操作步骤如下：

1．标注线性尺寸

首先将“标注层”图层设置为当前图层，然后单击“默认”选项卡下“注释”面板中的“标注样式”按钮，打开“标注样式管理器”对话框，如图 6-66 所示，然后单击“修改”按钮，打开“修改标注样式”对话框，在“公差”选项卡的“方式”下拉列表框中选择“对称”选项，在“上偏差”微调框中输入“0.1”，如图 6-67 所示。

按照上述设置好以后，单击“注释”选项卡下“标注”面板中的“线性”按钮，标注图中“13.5±0.1”的尺寸，结果如图 6-68 所示。

2．标注基准符号

标注如图 6-69 所示的基准符号。在标注基准符号之前，首先应该创建基准符号块，这里不再讲述。

创建好基准符号块后，使用块方式进行标注。首先将“标注层”图层设置为当前图层，然后单击“插入”选项卡下“绘图”面板中的“插入”按钮，打开“插入”对话框，在“名称”下拉列表框中选择“基准符号”图块，如图 6-70 所示。用鼠标指定在图中要插入的点。

3．其他标注

除了上面介绍的标注之外，本例还需要标注带符号的线性尺寸、粗糙度，以及标注表面形位公差等，图 6-71 为标注好的图形。

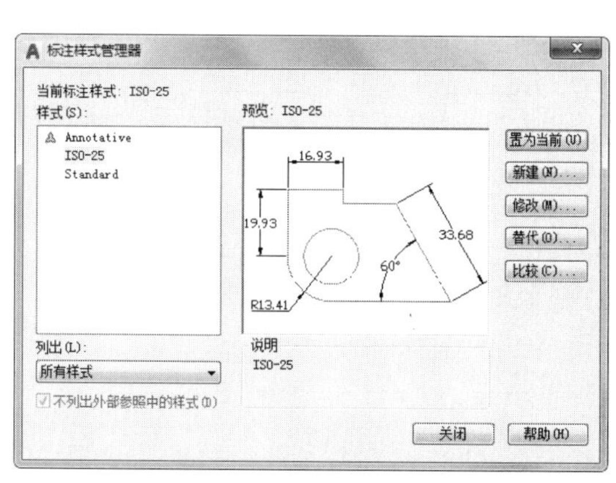

图 6-66　“标注样式管理器”对话框

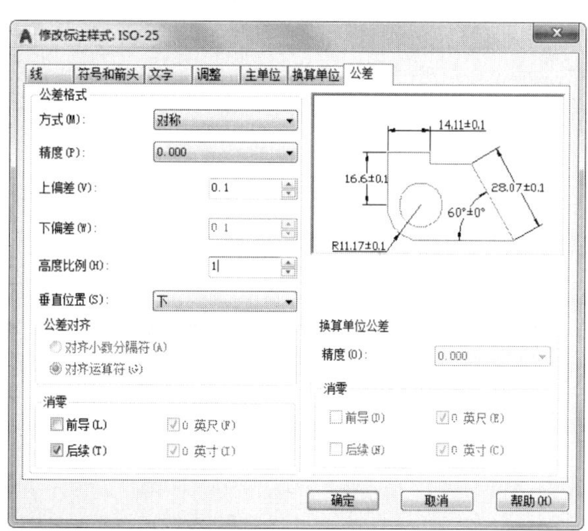

图 6-67　“公差”选项卡

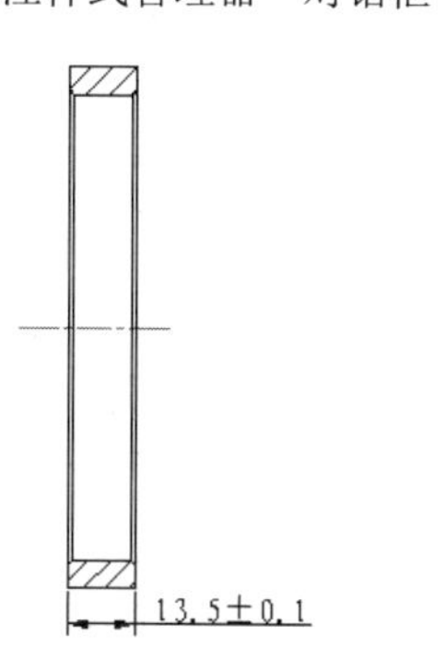

图 6-68　标注的线性尺寸

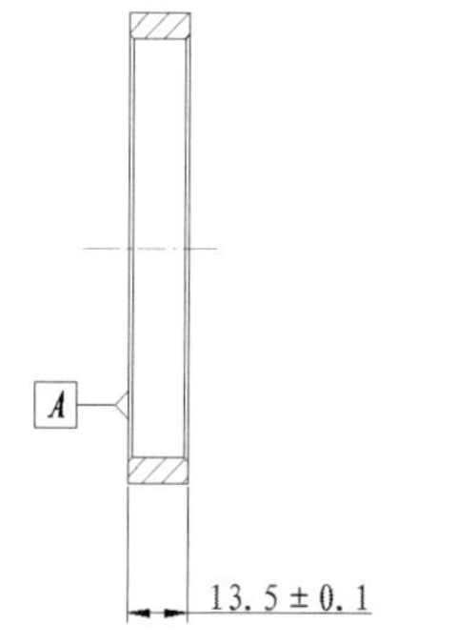

图 6-69　插入的基准符号

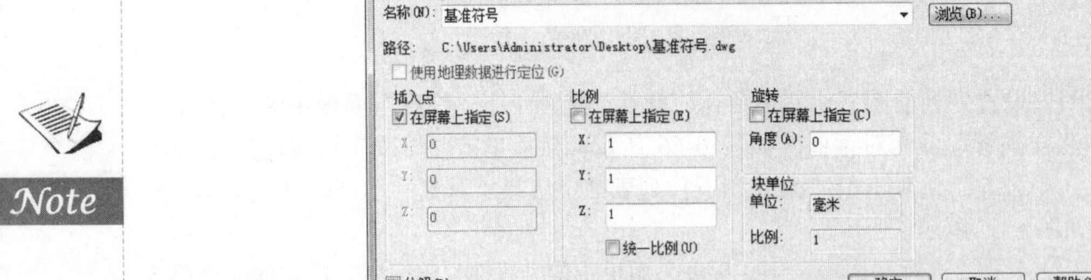

图 6-70 “插入”对话框

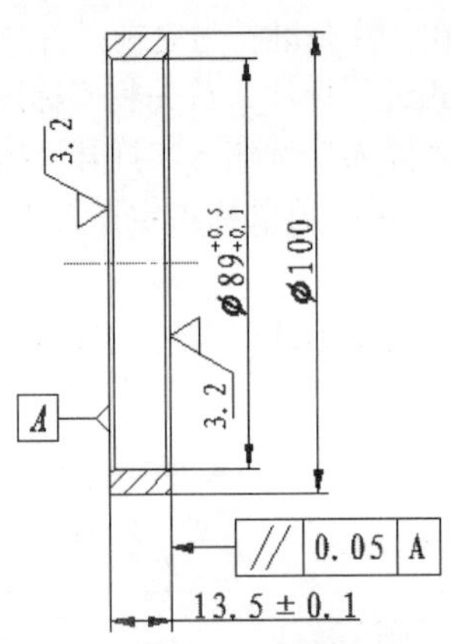

图 6-71 标注好的图形

6.3.5 填写标题栏

标题栏是反映图形属性的一个重要信息来源，用户可以在其中查找零部件的材料、设计者以及修改等信息，其填写与标注文字的过程相似。图 6-72 所示为填写好的标题栏。

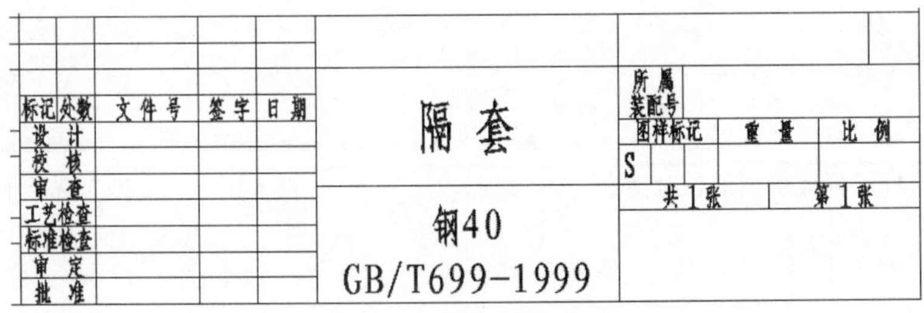

图 6-72 填写好的标题栏

6.3.6 挡圈设计

挡圈是机械工程中常用的零件之一，它的作用是定位、缩紧和止退。挡圈作为缩紧使用时，可防止轴向移动。钢丝挡圈供零件定位使用，同时也可以承受一定的轴向力。轴用和孔用弹簧型挡圈卡在轴槽中，供轴承装入后止退使用。图 6-73 给出了一种弹性挡圈零件图，其他类型的挡圈可以参考机械设计手册相应的介绍。

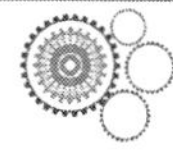

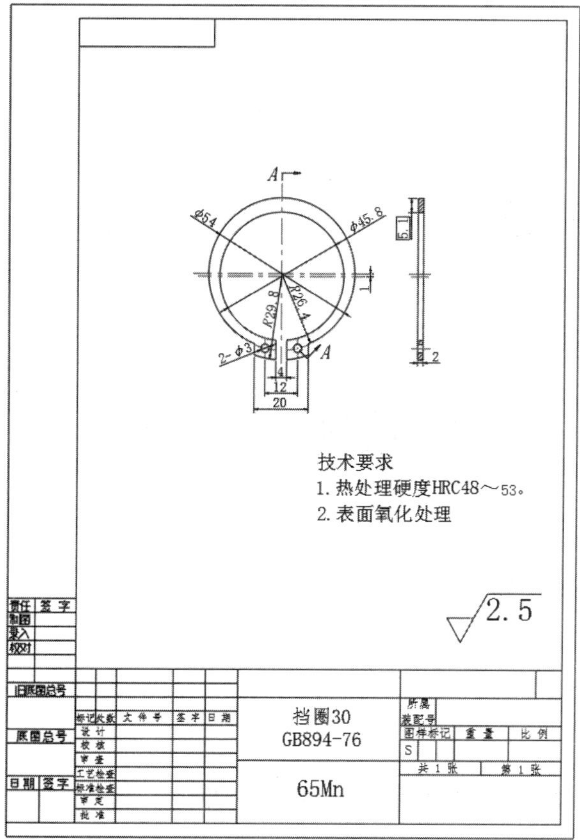

图 6-73　弹性挡圈零件图

6.4　实战演练

【实战演练 1】圆头平键设计。

圆头平键设计如图 6-74 所示。

【实战演练 2】挡圈设计。

挡圈设计如图 6-75 所示。

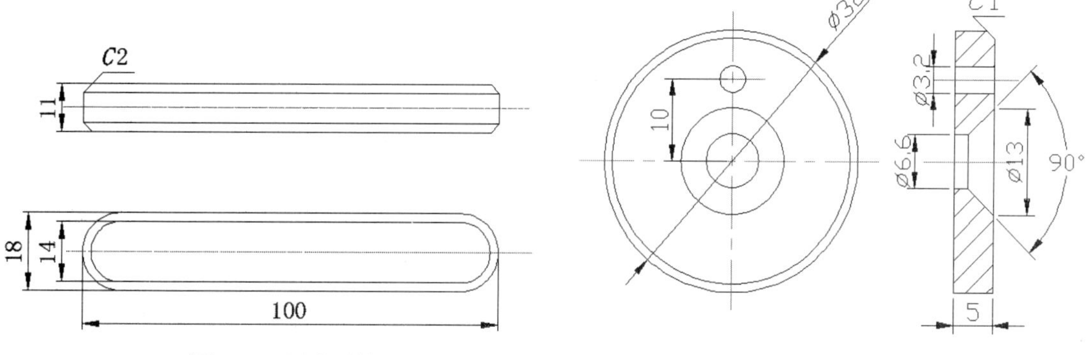

图 6-74　圆头平键　　　　图 6-75　挡圈

第7章

螺纹零件设计

本章学习要点和目标任务：

☑ 圆螺母设计

☑ 空心螺栓设计

螺母与螺栓是机械设计中常用的螺纹类零部件，标准的螺母与螺栓一般在零部件图中并不绘制出来，而一些非标准的螺母与螺栓则需要绘制零件图，而且在机械设计中非标准的螺母与螺栓是经常用到的，因而该零件的设计在机械设计中占有很重要的地位。本章将介绍它们的绘制方法，本章的螺母与螺栓设计是笔者在实际工程中总结出的，在此与大家共享，希望通过本章的学习，大家可以掌握非标准的螺纹零件设计方法和步骤。

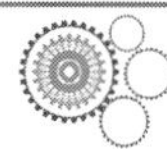

视频讲解

7.1　圆螺母设计

本节以绘制非标准件圆螺母为例，说明螺母设计的方法和步骤。在绘制圆螺母之前，首先应该对圆螺母进行系统分析。根据国家标准需要确定零件图的图幅，零件图中要表示的内容，零件各部分的线型、线宽、公差、公差标注样式以及粗糙度等；另外，还需要确定用几幅视图才能清楚地表示该零件。

根据国家标准和工程分析，要将圆螺母表达清楚完整，需要一幅主视图及一幅左视图。为了将图形表达得更加清楚，选择绘图的比例为 1∶1，图幅为 A3 横向；另外，还需要填写标题栏和技术要求等。图 7-1 是要绘制的圆螺母零件图，下面将介绍圆螺母零件图的绘制方法和步骤。

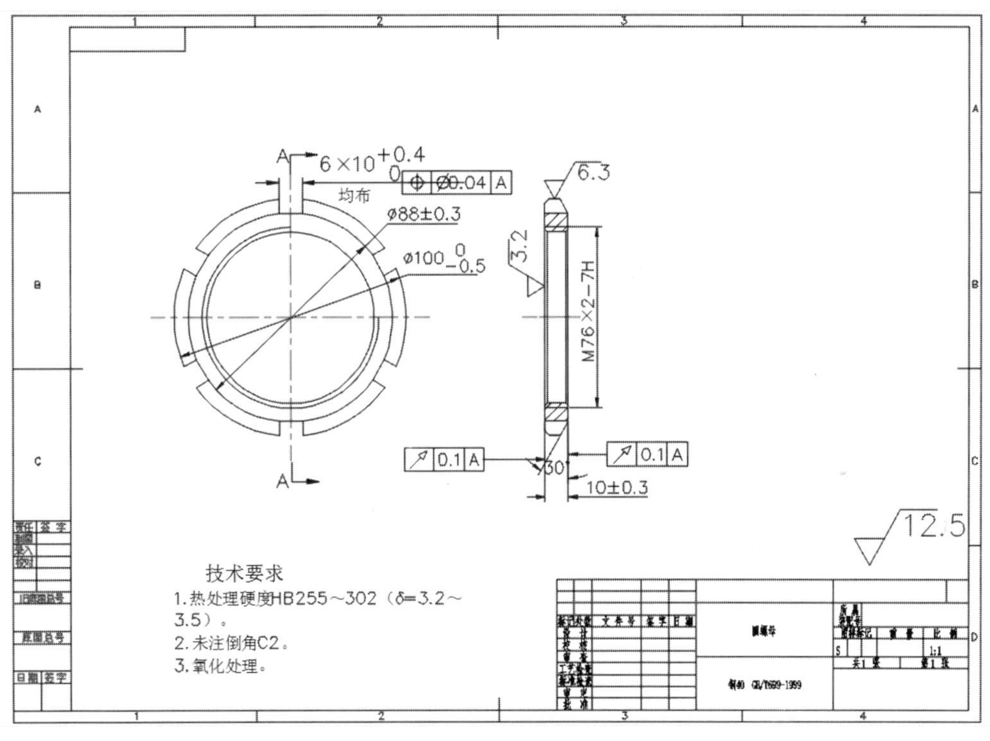

图 7-1　圆螺母零件图

7.1.1　调入样板图

操作步骤如下：

在命令行中输入“NEW”命令或单击快速访问工具栏中的“新建”按钮，打开“选择样板”对话框，如图 7-2 所示，用户在该对话框中选择需要的样板图。

在“选择样板”对话框中选择用户已经绘制好的样板图后，单击“打开”按钮，则会返回绘图区域，同时选择的样板图也会出现在绘图区域内，如图 7-3 所示。其中，样板图左下端点坐标为（0,0）。

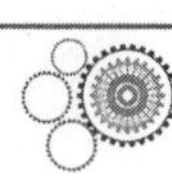
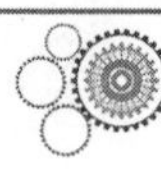

图 7-2 “选择样板”对话框

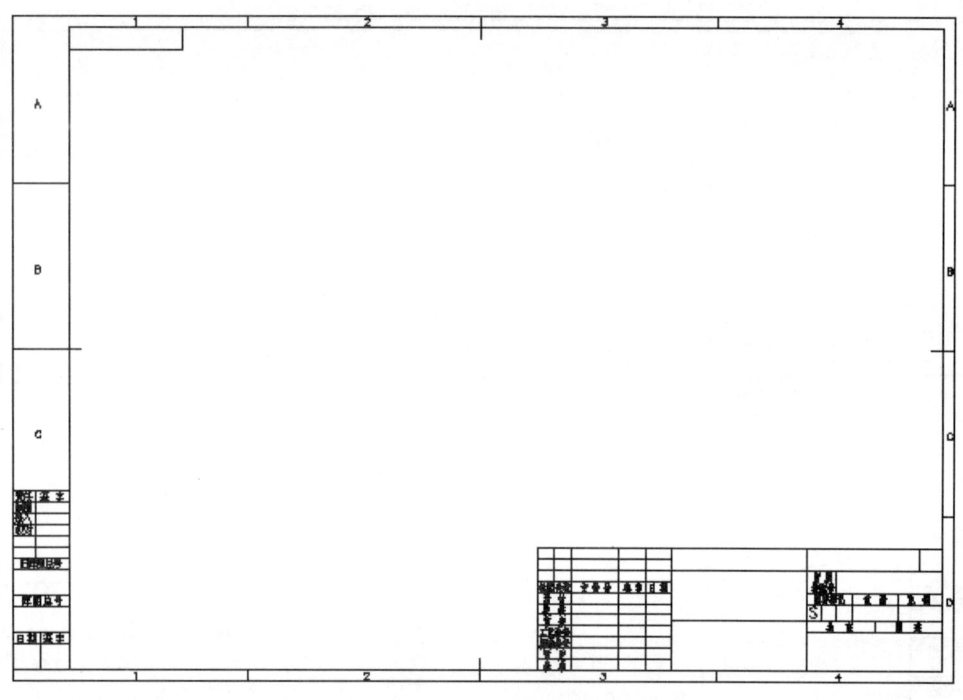

图 7-3 插入的样板图

7.1.2 设置图层与标注样式

操作步骤如下：

1．设置图层

根据机械制图国家标准中螺纹的画法，我们知道螺纹的牙顶用粗实线绘制，牙底用细实线绘制，同时螺杆的倒角或圆角部分也应该画出。在垂直于螺纹轴线的投影面视图中，表示牙底的细实线圆只需要绘制约 3/4 圈，此时轴或孔上的倒角可以省略不画。另外，在垂直于螺纹轴线的投影面视图中，需要表示部分螺纹时，螺纹的牙底线也应该适当地空出一段距离。

根据以上分析，设置需要用到的图层。单击“默认”选项卡下“图层”面板中的“图层特性”按钮，打开“图层特性管理器”选项板，用户可以参照前面介绍的命令，在其中创建需要的图层，如图 7-4 所示为创建好的图层。

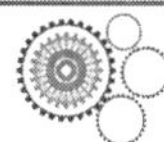

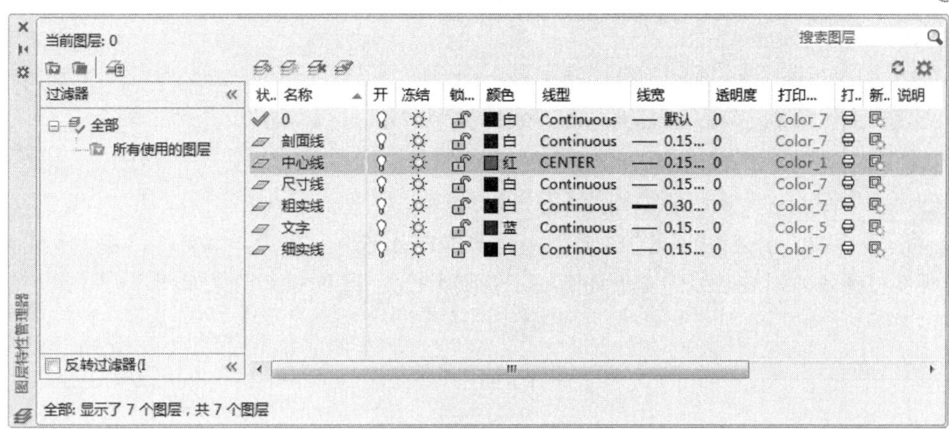

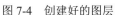

图 7-4　创建好的图层

2．设置标注样式

单击“默认”选项卡下“注释”面板中的“标注样式”按钮，打开“标注样式管理器”对话框，如图 7-5 所示。在该对话框中显示当前的标注样式，包括半径、角度、线性和引线的标注样式，用户可以单击“修改”按钮打开“修改标注样式”对话框，如图 7-6 所示，用户可以在其中设置需要的标注样式。本例使用标准的标注样式。

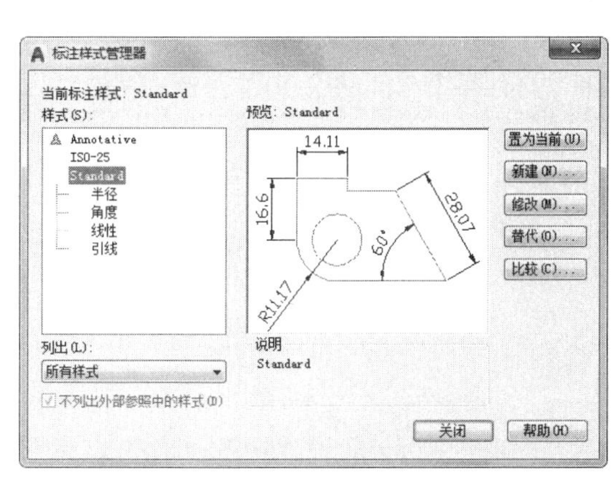

图 7-5　“标注样式管理器”对话框

图 7-6　“修改标注样式”对话框

7.1.3　绘制主视图

主视图主要由圆形轮廓线构成，以下为绘制主视图的方法和步骤。

操作步骤如下：

1．绘制中心线

将“中心线”图层设置为当前图层。根据圆螺母的尺寸，单击“默认”选项卡下“绘图”面板中的“直线”按钮，绘制相互垂直的两条中心线，坐标点分别为{（60,170），（@120,0）}和{（120,110），（@0,120）}，结果如图 7-7 所示。

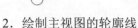

Note

2．绘制主视图的轮廓线

根据分析可以知道，该主视图的轮廓线主要由圆组成，另外还有螺纹线。在绘制主视图轮廓线的过程中，需要用到“直线”“圆”“修剪”和“镜像”等命令。

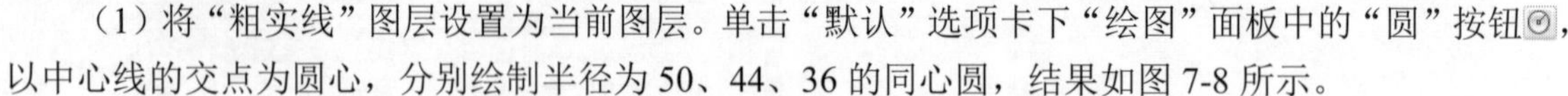
（1）将“粗实线”图层设置为当前图层。单击“默认”选项卡下“绘图”面板中的“圆”按钮，以中心线的交点为圆心，分别绘制半径为 50、44、36 的同心圆，结果如图 7-8 所示。

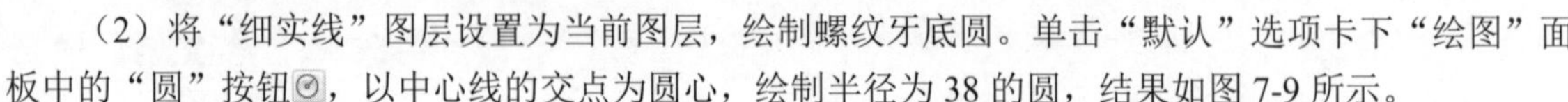
（2）将“细实线”图层设置为当前图层，绘制螺纹牙底圆。单击“默认”选项卡下“绘图”面板中的“圆”按钮，以中心线的交点为圆心，绘制半径为 38 的圆，结果如图 7-9 所示。

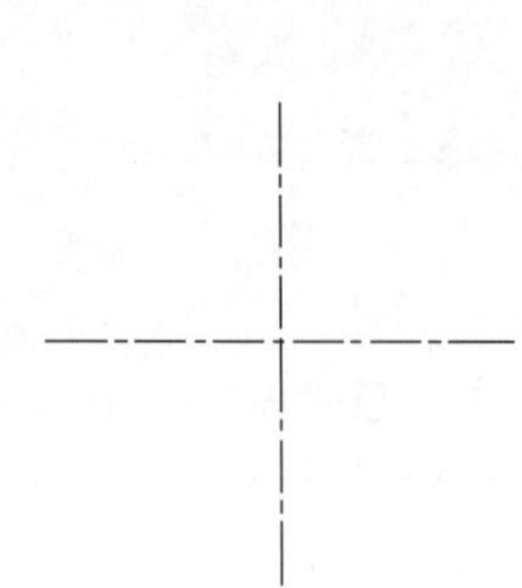
图 7-7　绘制的中心线

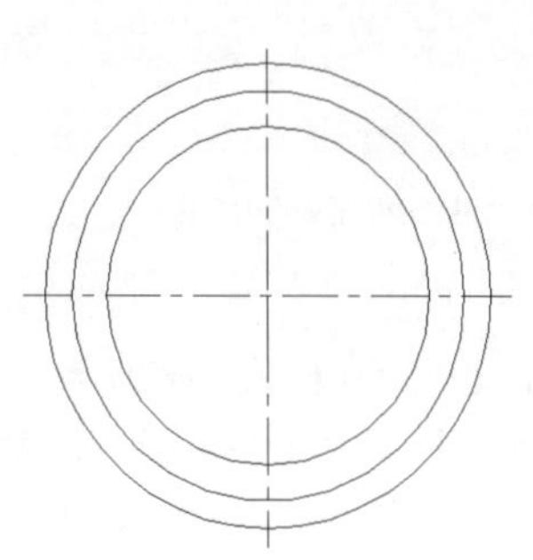
图 7-8　绘制的圆轮廓和牙顶圆

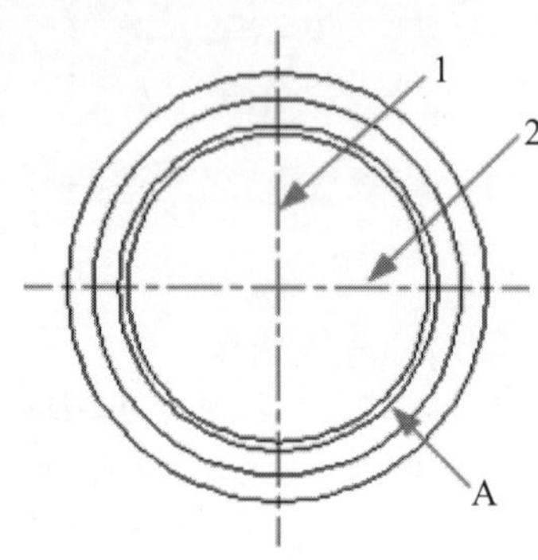

图 7-9　绘制螺纹牙底圆后的图形

（3）修剪螺纹牙底圆。单击“默认”选项卡下“修改”面板中的“修剪”按钮，以图 7-9 中的中心线 1 和中心线 2 为剪切边，对图 7-9 中的圆 A 进行修剪，结果如图 7-10 所示。

（4）将“粗实线”图层设置为当前图层，绘制直线（绘制圆螺母边缘的缺口）。单击“默认”选项卡下“绘图”面板中的“直线”按钮，以（125,170）为起点，绘制与图 7-10 中外圆相交的直线，结果如图 7-11 所示。

（5）镜像第（4）步绘制的直线。单击“默认”选项卡下“修改”面板中的“镜像”按钮，以竖直中心线为镜像线，对图 7-12 中的直线 1 进行镜像，结果如图 7-12 所示。

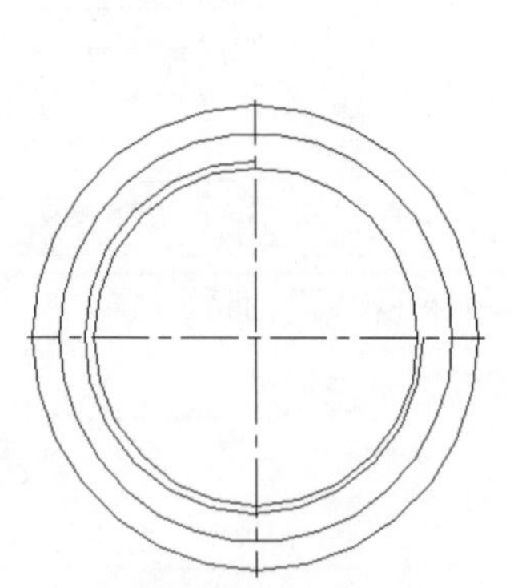
图 7-10　修剪螺纹牙底圆后的图形

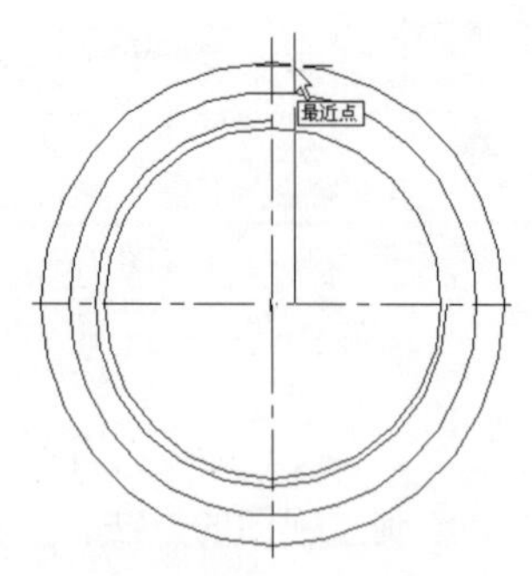

图 7-11　绘制直线后的图形

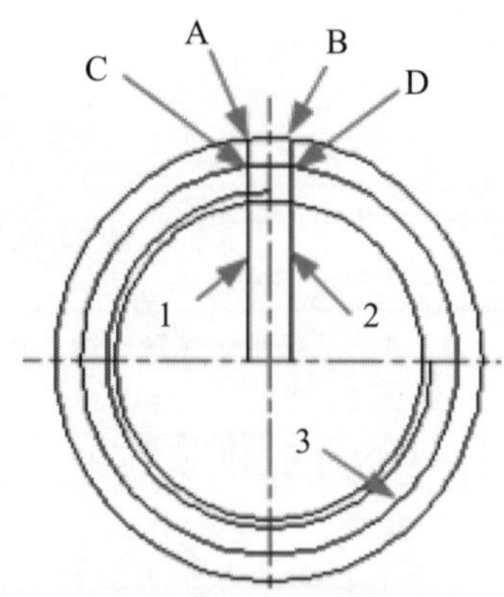

图 7-12　镜像直线后的图形

（6）修剪圆弧。单击“默认”选项卡下“修改”面板中的“修剪”按钮，以图 7-12 中的直线 1 和直线 2 为剪切边，对图 7-12 中的圆弧 AB 和圆弧 CD 进行修剪，结果如图 7-13 所示。

（7）将“粗实线”图层设置为当前图层，绘制直线。单击“默认”选项卡下“绘图”面板中的“直线”按钮，在对象捕捉模式下连接图 7-13 中的点 C、D，结果如图 7-14 所示。

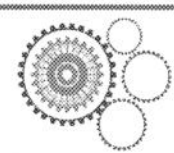

（8）修剪直线。单击“默认”选项卡下“修改”面板中的“修剪”按钮，修剪相关图线，结果如图 7-15 所示。

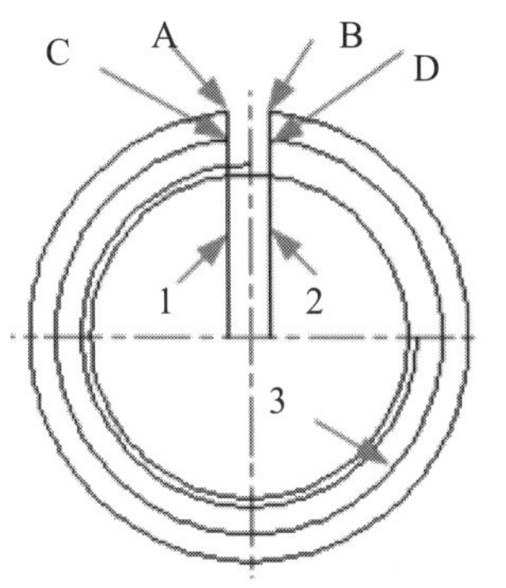

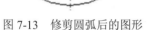

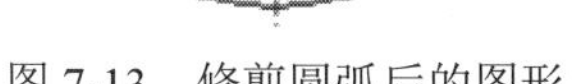
图 7-13　修剪圆弧后的图形

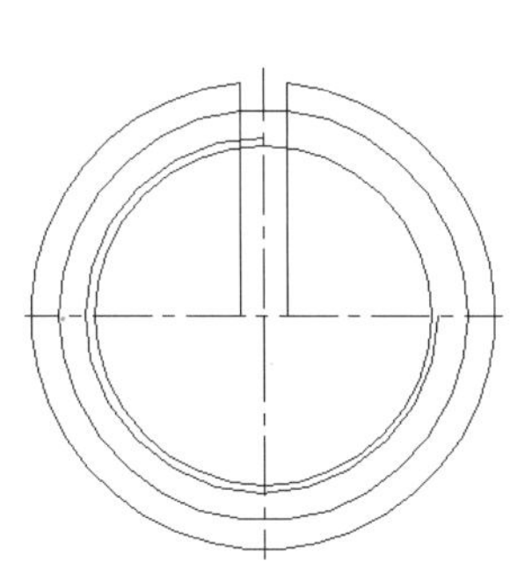
图 7-14　绘制直线后的图形

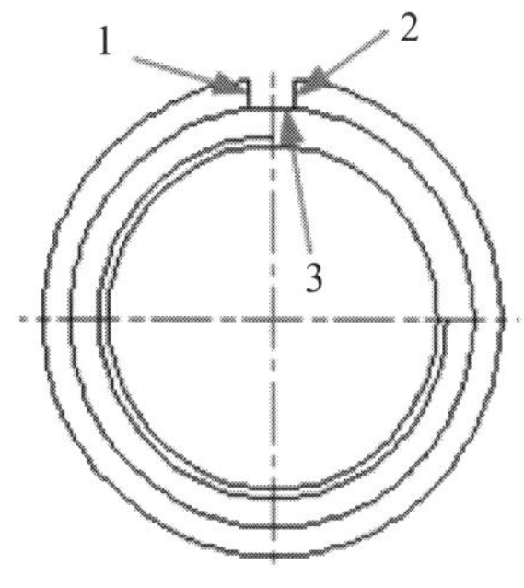

图 7-15　修剪后的图形

（9）阵列圆螺母边缘的缺口。单击“默认”选项卡下“修改”面板中的“环形阵列”按钮，使用窗口选择方式选择图 7-15 中的标号为 1、2 和 3 的三条直线，用鼠标点取图 7-15 中的两条中心线的交点作为阵列中心点，设置阵列数目为 6，结果如图 7-16 所示。

（10）修剪圆弧。单击“默认”选项卡下“修改”面板中的“修剪”按钮，以图 7-16 中的直线 1 和直线 2 为剪切边，对图 7-16 中的圆弧 A、B 进行修剪，结果如图 7-17 所示。依次使用该命令修剪阵列的圆螺母边缘缺口处，结果如图 7-18 所示。

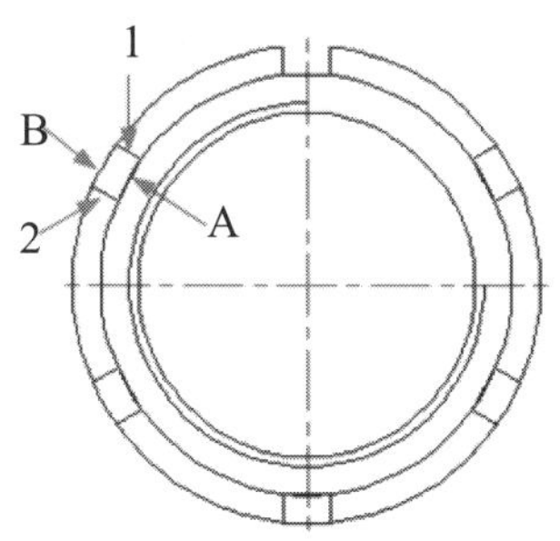

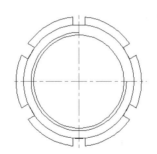

图 7-16　阵列后的图形

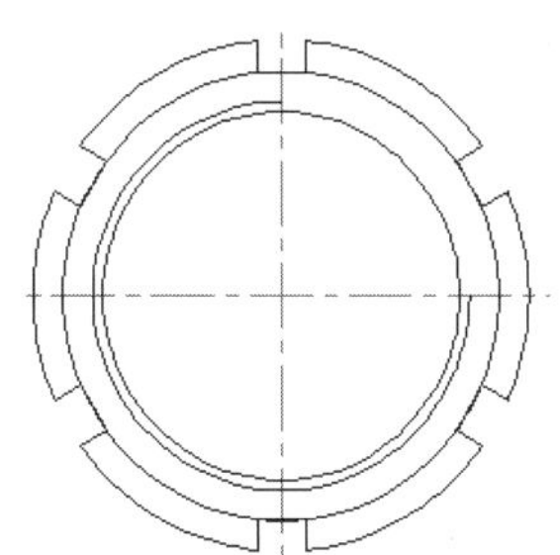
图 7-17　修剪圆弧后的图形

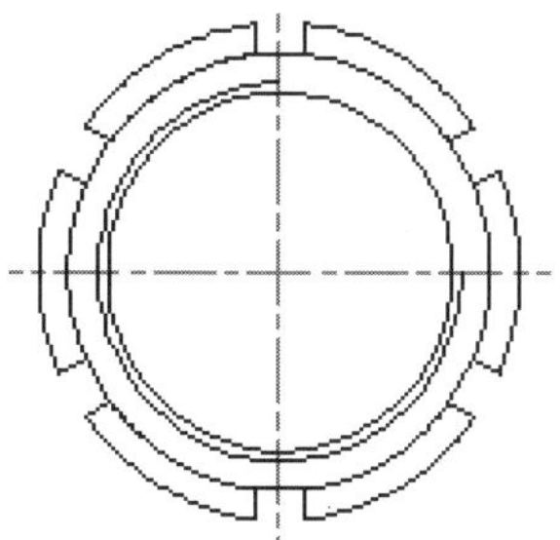
图 7-18　修剪后的图形

7.1.4　绘制左视图

在绘制左视图前，首先应该分析一下该部分的结构，该部分主要由直线组成，可以通过制作辅助线方便进行绘制。本部分用到的命令有直线、倒角和剖面线等。

操作步骤如下：

1．绘制中心线和辅助线

（1）将“中心线”图层设置为当前图层。单击“默认”选项卡下“绘图”面板中的“直线”按钮，以坐标点{（220,170），（245,170）}绘制中心线。

（2）将“粗实线”图层设置为当前图层，单击“默认”选项卡下“绘图”面板中的“直线”按钮，在对象捕捉模式下用鼠标拾取图 7-19 中的点 A，绘制到坐标点（@125,0）的辅助线，使用该命令依次绘制其他直线，结果如图 7-19 所示。

2．绘制左视图的轮廓线

（1）单击“默认”选项卡下“绘图”面板中的“直线”按钮，在命令行提示下输入第一点的坐标（230,170），在对象捕捉模式下用鼠标拾取与直线 1 的垂足；重复“直线”命令，在命令行提示下

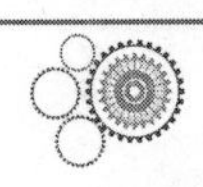

Note

输入下一点的坐标（240,170），在对象捕捉模式下用鼠标拾取与中心线的垂足，结果如图 7-20 所示。

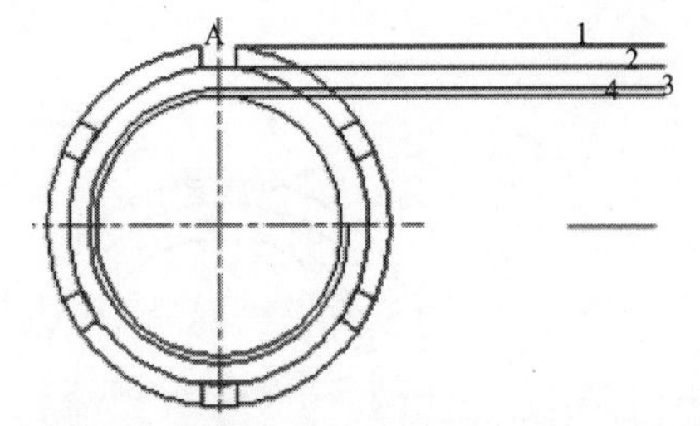

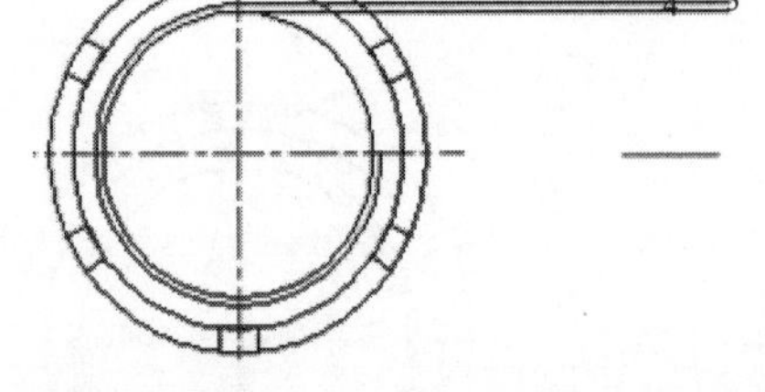

图 7-19　绘制中心线和辅助线后的图形　　图 7-20　绘制直线后的图形

（2）单击“默认”选项卡下“修改”面板中的“偏移”按钮，将图 7-20 所绘制的两条直线分别向内偏移，距离为 1，结果如图 7-21 所示。

（3）修剪直线。单击“默认”选项卡下“修改”面板中的“修剪”按钮，修剪直线 1、2、3 和 4，结果如图 7-22 所示。

（4）绘制倒角线。单击“默认”选项卡下“绘图”面板中的“直线”按钮，在对象捕捉模式下用鼠标拾取图 7-23 中的点 A，绘制到坐标点（@10<45）的倒角线，结果如图 7-23 所示。

（5）修剪倒角线。单击“默认”选项卡下“修改”面板中的“修剪”按钮，对绘制的倒角线进行修剪，结果如图 7-24 所示。

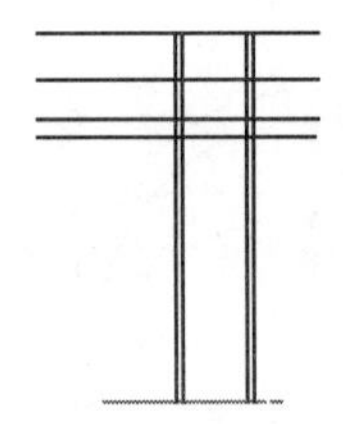

图 7-21　偏移直线

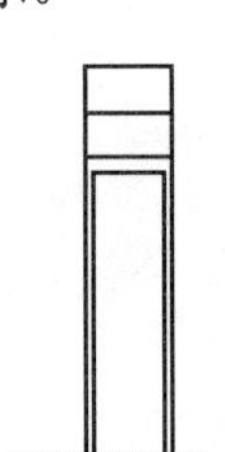

图 7-22　删除辅助线后的图形

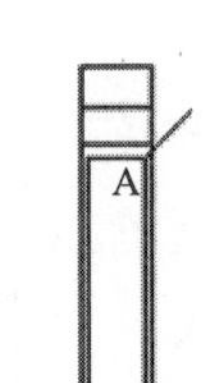

图 7-23　绘制倒角线后的图形

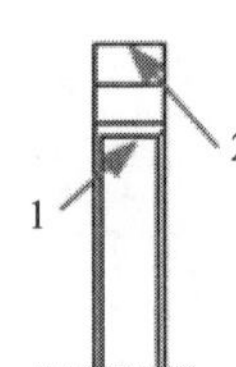

图 7-24　修剪后的图形

（6）镜像修剪后的倒角线。单击“默认”选项卡下“修改”面板中的“镜像”按钮，用鼠标选择修剪后的倒角线，在对象捕捉模式下用鼠标拾取图 7-24 中直线 1 的中点和直线 2 的中点作为镜像线，结果如图 7-25 所示。

（7）倒角处理。单击“默认”选项卡下“修改”面板中的“倒角”按钮，对图 7-25 中的直线 1 和直线 3 进行倒角，倒角距离为 2。对图 7-25 中的直线 2 和直线 3 进行倒角，采用“角度”方式，倒角长度为 6，角度为 30，结果如图 7-26 所示。

（8）镜像图形。单击“默认”选项卡下“修改”面板中的“镜像”按钮，以左视图中心线为镜像线镜像图 7-26 中的所有图形，结果如图 7-27 所示。

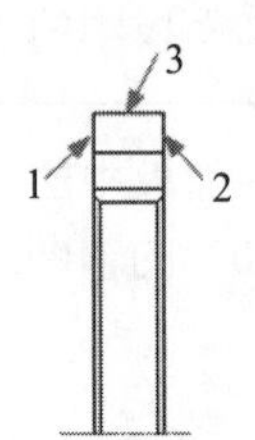

图 7-25　镜像倒角线后的图形

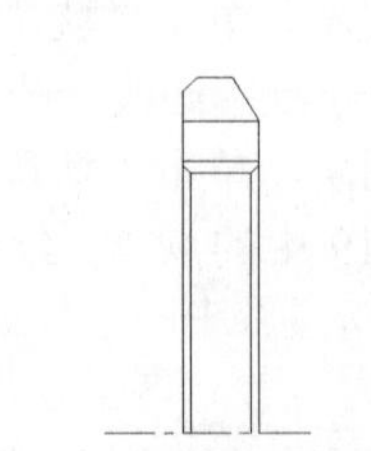

图 7-26　倒角后的图形

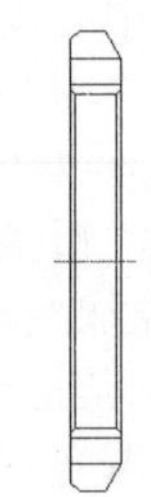

图 7-27　镜像后的图形

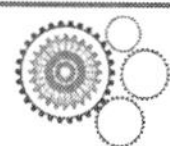

3．填充剖面线

由于左视图为剖视图，因而需要在该视图上绘制剖面线。将“剖面线”图层设置为当前图层，以下为绘制剖面线的过程。

单击“默认”选项卡下“绘图”面板中的“图案填充”按钮，打开“图案填充创建”选项卡，然后单击“选项”面板中的“图案填充设置”按钮，弹出“图案填充和渐变色”对话框，在该对话框中选择所需要的剖面线样式，并设置剖面线的旋转角度和显示比例，图 7-28 为设置完毕的“图案填充和渐变色”对话框。设置好剖面线的类型后，单击“添加:拾取点”按钮，返回绘图区域，用鼠标在图中所需添加剖面线的区域内拾取任意一点，选择完毕后按 Enter 键，返回“图案填充和渐变色”对话框，然后单击“确定”按钮，返回绘图区域，剖面线绘制完毕。

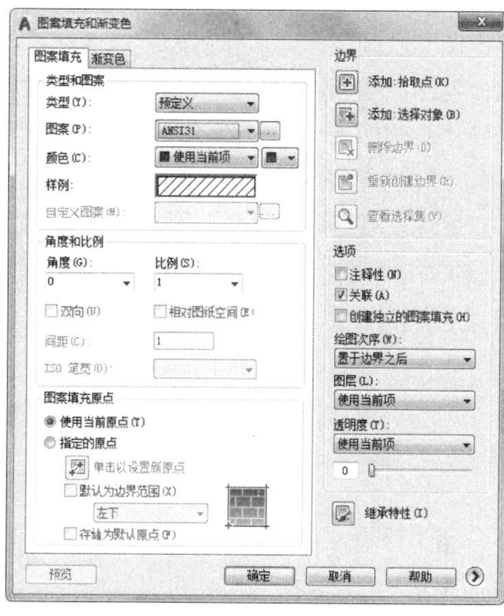

图 7-28　“图案填充和渐变色”对话框

如果填充后用户感觉不满意，可以单击“默认”选项卡下“修改”面板中的“编辑图案填充”按钮，选择绘制的剖面线，打开“图案填充编辑”对话框，如图 7-29 所示。用户可以在其中重新设定填充的样式，设置好以后单击“确定”按钮，则剖面线会以刚刚设置好的参数显示，重复此过程，直到满意为止。图 7-30 为绘制剖面线后的图形。

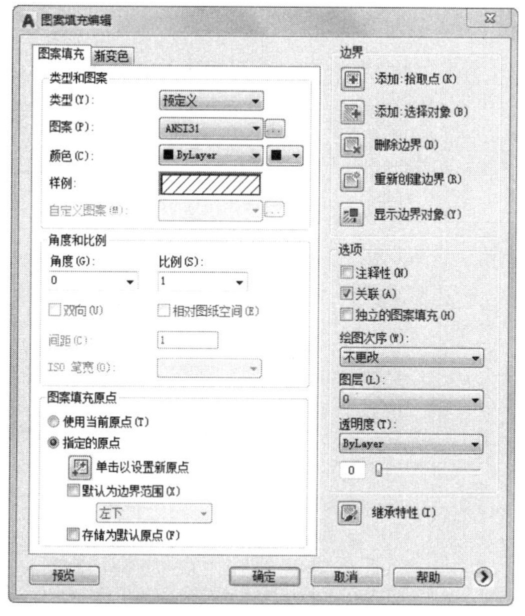

图 7-29　“图案填充编辑”对话框

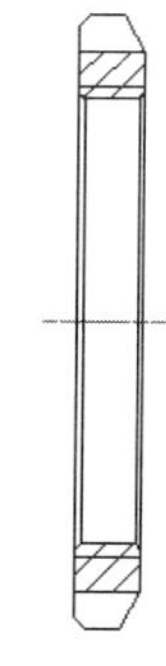

图 7-30　绘制剖面线

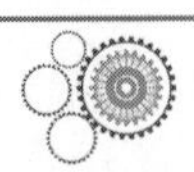

7.1.5 标注螺母

Note

在图形绘制完成后，要对图形进行标注，该零件图的标注包括线性标注、引线标注、螺纹标注、形位公差标注和填写技术要求等。下面将着重介绍线性标注和螺纹标注方式。

操作步骤如下：

1．线性标注方式

以标注左视图中的线性尺寸“$6\text{-}10^{+0.4}_{0}$”为例，说明线性尺寸的标注方式。

首先将“尺寸线”图层设置为当前图层，然后单击“默认”选项卡下“注释”面板中的“标注样式”按钮，打开“标注样式管理器”对话框，如图 7-31 所示。在其中的“样式”栏中选择 Standard，然后单击“替代”按钮，打开“替代当前样式”对话框，在“主单位”选项卡的“精度”下拉列表框中选择 0.00，如图 7-32 所示。在“公差”选项卡的“方式”下拉列表框中选择“极限偏差”选项，在“上偏差”微调框中输入“0.4”，在“下偏差”微调框中输入“0”，如图 7-33 所示。

按照上述对话框设置好以后，单击“标注”工具栏中的“线性”按钮，标注图中的$6\text{-}10^{+0.4}_{0}$尺寸，结果如图 7-34 所示。

2．螺纹标注方式

该标注方式有两种方法：一种是使用“标注样式管理器”对话框；另一种为使用命令标注。使用“标注样式管理器”对话框标注如上所述，在“主单位”选项卡的“前缀”文本框中输入“M”，在“后缀”文本框中输入“×2—7H”；在“公差”选项卡的“方式”下拉列表框中选择“无”选项。设置好以后再进行标注。该标注方式可以参照本节的线性标注方式。

命令标注是指在命令行中直接输入命令，而不采用“标注样式管理器”对话框进行设置，该种标注方式比较简单，但是需要灵活运用。单击“注释”选项卡下“标注”面板中的“线性”按钮，在命令行提示下选择要标注尺寸的第一界限点、第二界限点，并输入“M”后按 Enter 键。

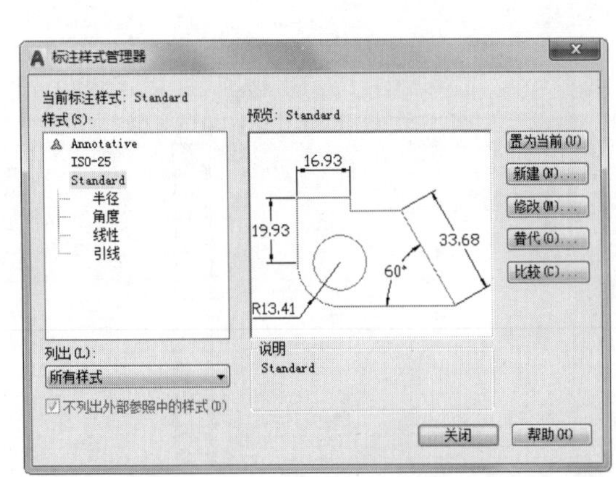

图 7-31 “标注样式管理器”对话框

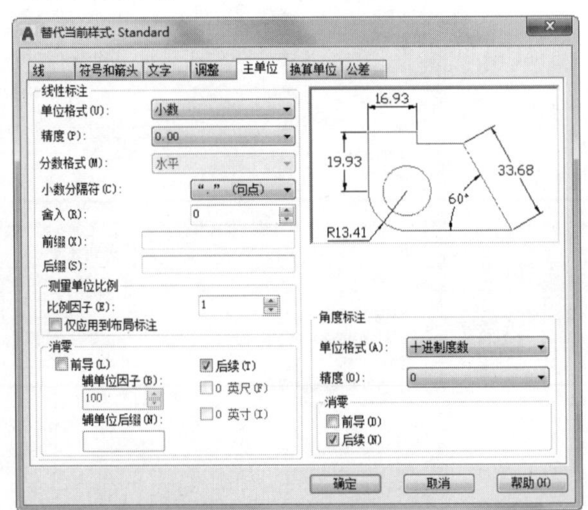

图 7-32 “主单位”选项卡

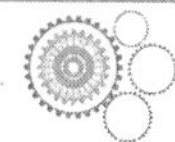

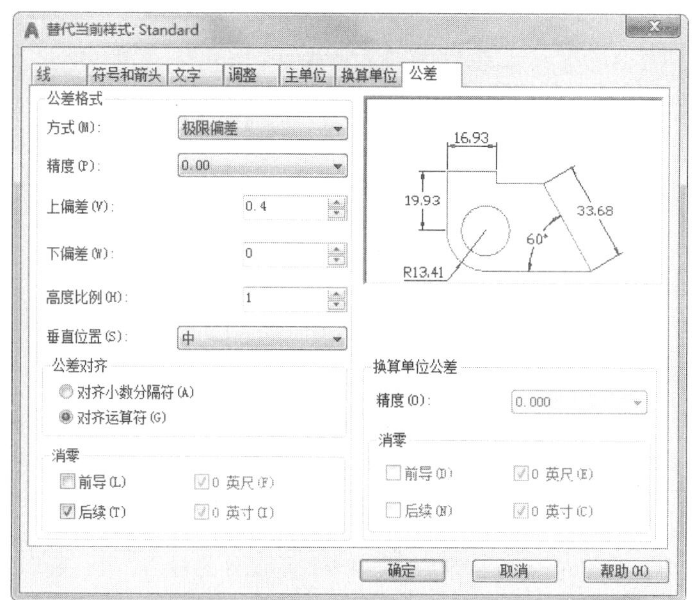

图 7-33　“公差”选项卡

图 7-34　标注的线性尺寸

执行命令后，打开如图 7-35 所示的“文字编辑器”选项卡，删除其中的尺寸，然后设置输入的字体，在其中输入要标注的内容，如图 7-36 所示。

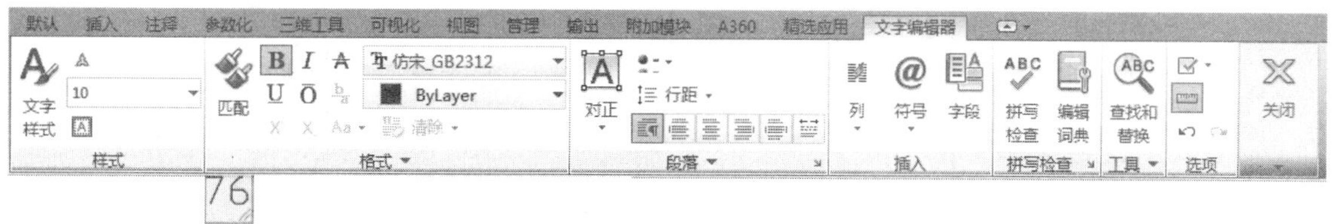

图 7-35　“文字编辑器”选项卡

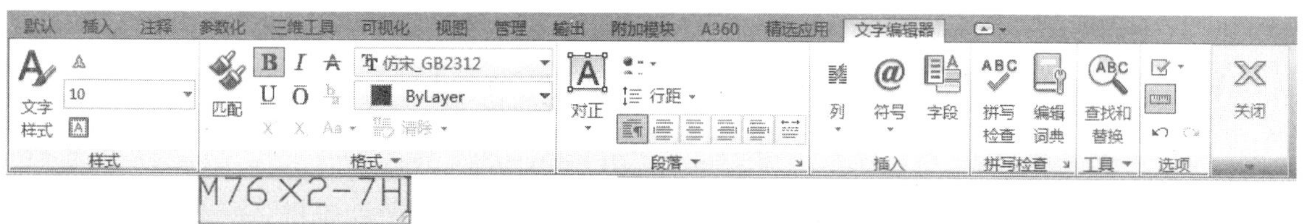

图 7-36　输入内容

设置好以后，单击“关闭”按钮，结果如图 7-37 所示。

3．其他标注

除了上面介绍的标注外，本例还需要标注线性、直径、角度等，以及标注表面及形位公差。在 AutoCAD 中可以方便地标注多种类型的尺寸，标注的外观由当前尺寸标注样式控制，如果尺寸外观不符合用户的要求，则可以通过调整标注样式进行修改，这里不再详细介绍，可以参照其他实例中相应的介绍。图 7-38 为标注后的零件图。

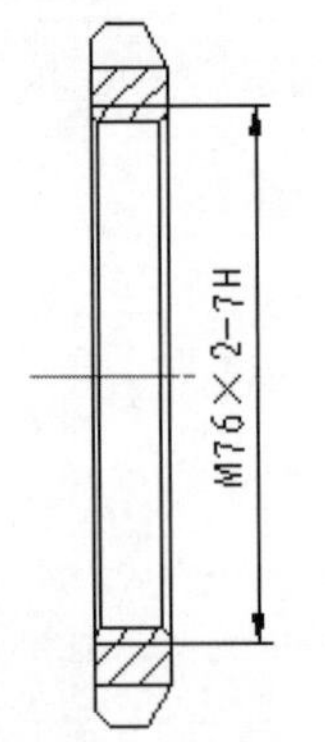

图 7-37　标注的螺纹尺寸

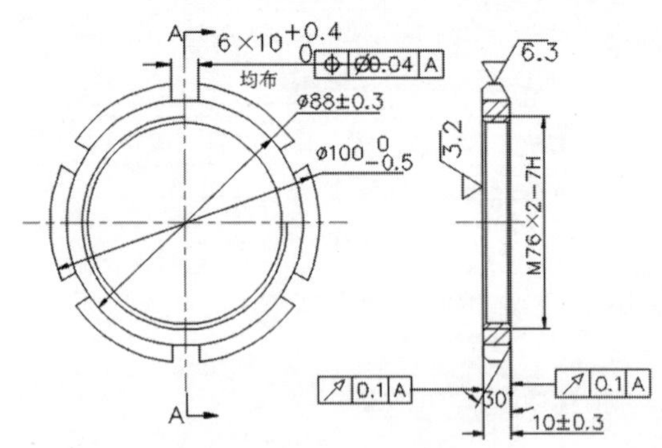

图 7-38　标注后的零件图

7.1.6　填写标题栏

标题栏是反映图形属性的一个重要信息来源，用户可以在其中查找零部件的材料、设计者以及修改等信息，其填写与标注文字的过程相似，这里不再讲述，可以参照其他实例中相应的介绍。图 7-39 为填写好的标题栏。

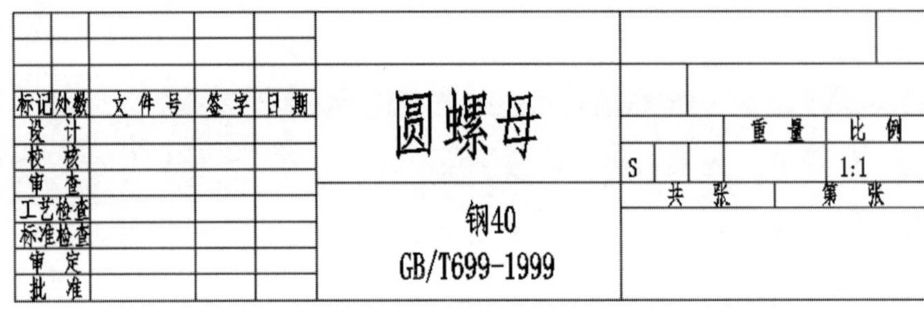

图 7-39　填写好的标题栏

7.2　空心螺栓设计

本节以绘制非标准件空心螺栓为例，说明螺栓设计的方法和步骤。在绘制空心螺栓之前，首先应该对空心螺栓进行系统分析。根据国家标准需要确定螺栓零件图的图幅，零件图中要表示的内容，零件各部分的线型、线宽、公差、公差标注样式以及粗糙度等；另外，还需要确定用几个视图才能清楚地表达该零件。

根据国家标准和工程分析，要将齿轮表达清楚，需要一个主视图及一个左视图。为了将图形表达得更加清楚，选择绘图的比例为 1∶1，图幅为 A4；另外，还需要填写技术要求等。图 7-40 为要绘制的空心螺栓零件图，下面将介绍空心零件图的绘制方法和步骤。

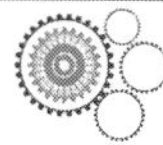

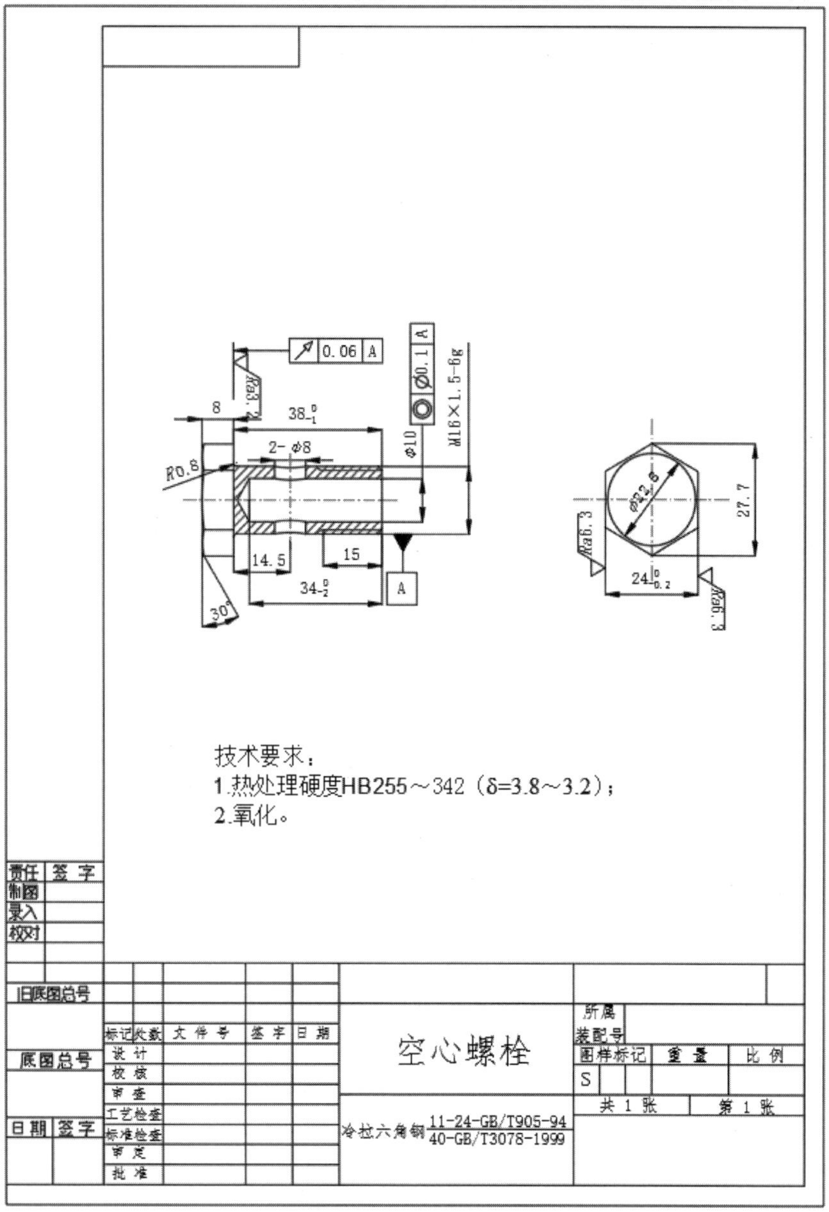

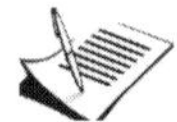

0.06 A
0.1 A
M16×1.5-6g
Ra3.2
8
38
2-φ8
R0.8
φ10
14.5
15
34
30°
A
φ22.6
27.7
Ra6.3
24
技术要求：
1.热处理硬度HB255～342（δ=3.8～3.2）；
2.氧化。
空心螺栓
冷拉六角钢 11-24-GB/T905-94
40-GB/T3078-1999
共 1 张
第 1 张

图 7-40　空心螺栓零件图

7.2.1　调入样板图

操作步骤如下：

单击快速访问工具栏中的“新建”按钮，打开“选择样板”对话框，如图 7-41 所示，用户在该对话框中选择需要的样板图。

在“选择样板”对话框中选择用户已经绘制好的样板图后，单击“打开”按钮，则返回绘图区域，同时选择的样板图也会出现在绘图区域内，如图 7-42 所示。其中，样板图左下端点坐标为（0,0）。

Note

图 7-41 “选择样板”对话框

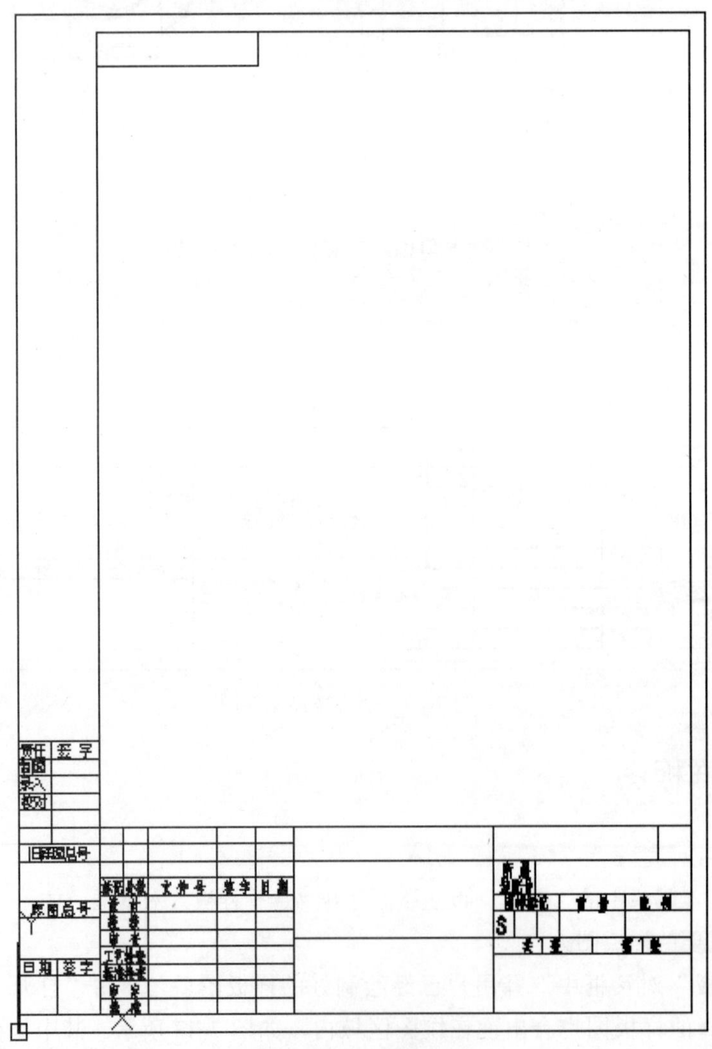

图 7-42 插入的样板图

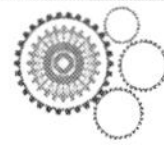

Note

7.2.2　设置图层与标注样式

操作步骤如下：

1．设置图层

根据机械制图国家标准中螺纹的画法，我们知道螺纹的牙顶用粗实线绘制，牙底用细实线绘制，同时螺杆的倒角或圆角部分也应该画出。在垂直于螺纹轴线的投影面视图中，表示牙底的细实线圆只需要绘制约 3/4 圈，此时轴或孔上的倒角可以省略不画。另外，在垂直于螺纹轴线的投影面视图中，需要表示部分螺纹时，螺纹的牙底线也应该适当地空出一段距离。根据以上分析，在绘制空心螺栓时，设置需要用到的图层。单击“默认”选项卡下“图层”面板中的“图层特性”按钮，打开“图层特性管理器”选项板，用户可以参照前面介绍的命令在其中创建需要的图层，如图 7-43 所示为创建好的图层。

2．设置标注样式

单击“默认”选项卡下“注释”面板中的“标注样式”按钮，打开“标注样式管理器”对话框，如图 7-44 所示，在该对话框中显示当前的标注样式，包括半径、角度、引线和直径的标注样式，用户可以单击“修改”按钮，打开“修改标注样式”对话框，如图 7-45 所示，用户可以在其中设置需要的标注样式。本例使用标准的标注样式。

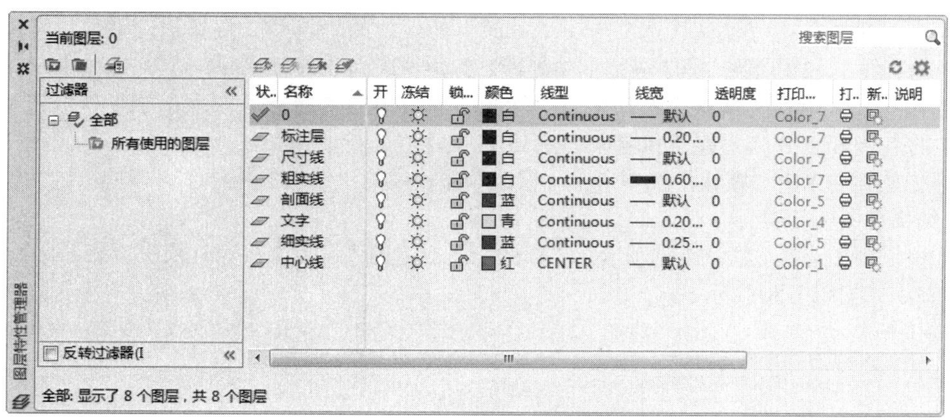

图 7-43　创建好的图层

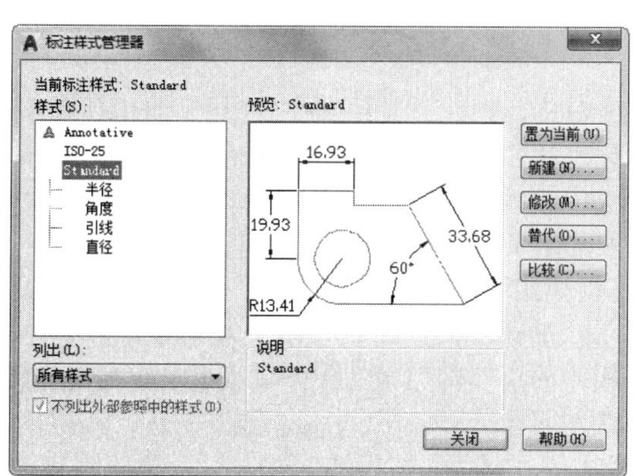

图 7-44　“标注样式管理器”对话框

图 7-45　“修改标注样式”对话框

7.2.3 绘制主视图

主视图主要由线性轮廓构成，以下为绘制主视图的方法和步骤：

1．绘制中心线

将“中心线”图层设置为当前图层。根据空心螺栓的尺寸，绘制空心螺栓水平中心线的长度约为55，竖直中心线的长度约为25。单击“默认”选项卡下“绘图”面板中的“直线”按钮，分别以坐标点{（45,174.65），（@55,0）}、{（72.5,162.5），（@0,25）}绘制直线，结果如图7-46所示。

图7-46 绘制的中心线

2．绘制主视图的轮廓线

根据分析可以知道，该主视图的轮廓线主要由直线组成，另外还有螺纹线。在绘制主视图轮廓线的过程中，需要用到“直线”“圆弧”“倒角”和“镜像”等命令。

（1）绘制螺栓顶部轮廓线。

① 将“粗实线”图层设置为当前图层，绘制直线。单击“默认”选项卡下“绘图”面板中的“直线”按钮，分别以坐标点{（50,160.8），（@0,27.7），（@8,0），（@0,-27.7）C}、{（58,167.3），（@-7.5,0）}、{（58,182），（@-7.5,0）}绘制直线，结果如图7-47所示。

② 倒角处理。单击“默认”选项卡下“修改”面板中的“倒角”按钮，采用角度方式，对图7-48中的直线1、2和直线2、3进行倒角处理，倒角长度为0.5，角度为60，结果如图7-48所示。

③ 绘制圆弧。单击“默认”选项卡下“绘图”面板中的“起点，端点，半径”按钮，拾取图7-49中的点A和点B作为起点和端点，以13.21为半径，绘制圆弧。

④ 镜像圆弧。单击“默认”选项卡下“修改”面板中的“镜像”按钮，以中心线为镜像线镜像圆弧，结果如图7-49所示。

⑤ 绘制圆弧。选择“默认”选项卡下“绘图”面板中的“三点”命令，依次拾取B、D、C三点绘制圆弧，结果如图7-50所示。

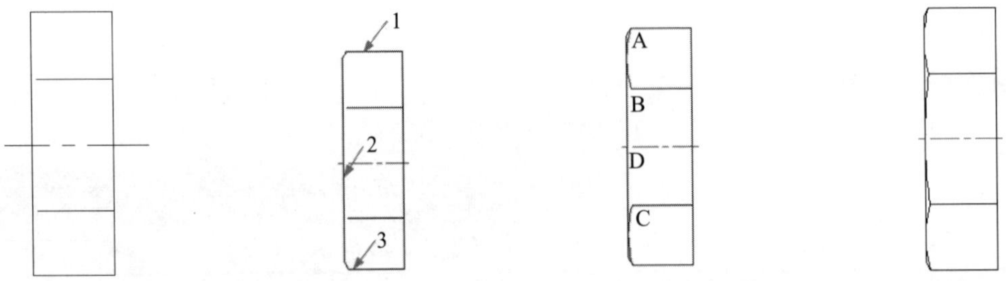

图7-47 绘制直线后的图形　图7-48 倒角后的图形　图7-49 镜像后的图形　图7-50 绘制圆弧后的图形

（2）绘制螺栓的螺柱部分。由于该部分关于中心线对称，因此只需绘制中心线一边的图形，然后使用“镜像”命令，即可快速产生螺柱部分完整的图形。以下为绘制螺柱部分的步骤：

① 绘制直线。单击“默认”选项卡下“绘图”面板中的“直线”按钮，在命令行提示下依次输入（58,183）、（@38,0），在对象捕捉模式下用鼠标拾取与水平中心线垂直的点。重复“直线”命令，在命令行提示下依次输入（96,180）、（62,180），在对象捕捉模式下用鼠标拾取与水平中心线垂直的点。重复“直线”命令，在命令行提示下依次输入（62,180）、（@8<240），结果如图7-51所示。

② 修剪直线。单击“默认”选项卡下“修改”面板中的“修剪”按钮，以水平中心线为剪切边，对图7-51中的直线1进行修剪处理，结果如图7-52所示。

③ 倒角处理。单击“默认”选项卡下“修改”面板中的“倒角”按钮，对图7-53中的直线1、2进行倒角处理，倒角距离为1，结果如图7-53所示。

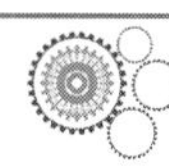

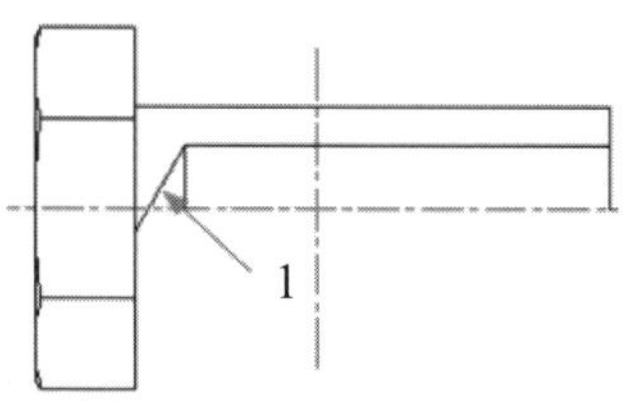

图 7-51　绘制直线后的图形

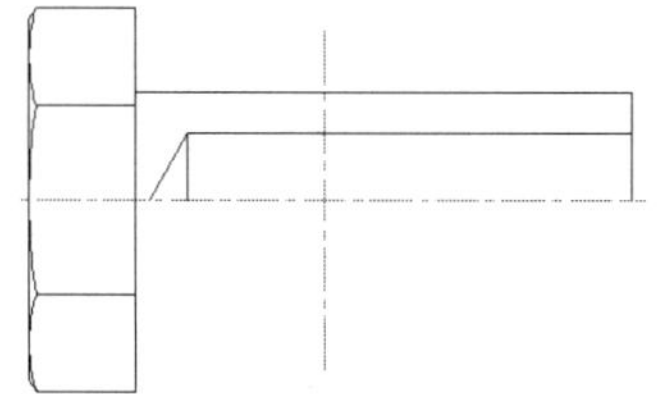

图 7-52　修剪直线后的图形

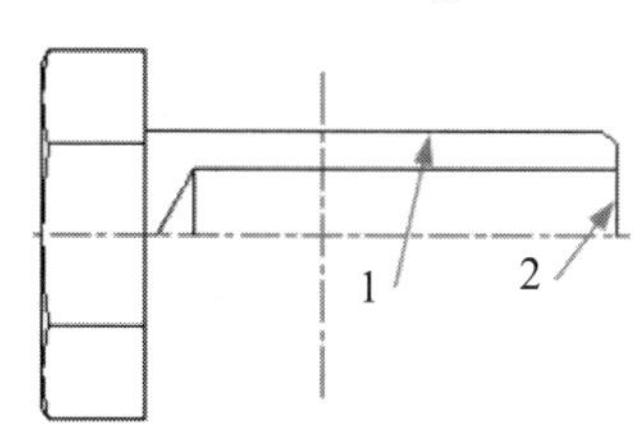

图 7-53　倒角后的图形

④ 绘制直线。单击“默认”选项卡下“绘图”面板中的“直线”按钮，在命令行提示下输入指定第一点坐标(68.5,180)，在对象捕捉模式下用鼠标拾取与图 7-53 中直线 1 垂直的点并绘制直线 3；重复“直线”命令，在命令行提示下输入指定第一点坐标（76.5,180），在对象捕捉模式下用鼠标拾取与图 7-53 中直线 1 垂直的点并绘制直线 4，结果如图 7-54 所示。

⑤ 修剪直线。单击“默认”选项卡下“修改”面板中的“修剪”按钮，修剪相关图线，结果如图 7-55 所示。

⑥ 绘制孔与螺栓柱相交的圆弧。单击“默认”选项卡下“绘图”面板中的“圆心，起点，端点”按钮，以（72.5,205）为圆心，以图 7-55 中的点 A 和点 B 为起点和端点绘制圆弧。

⑦ 复制步骤⑥绘制的圆弧。单击“默认”选项卡下“修改”面板中的“复制”按钮，将步骤⑥绘制的圆弧以图 7-55 中的点 A 为基点复制到点 C 处，结果如图 7-56 所示。

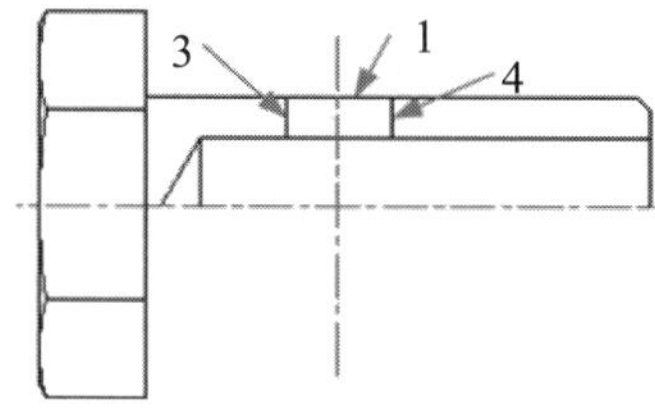

图 7-54　绘制孔直线后的图形

图 7-55　修剪后的图形

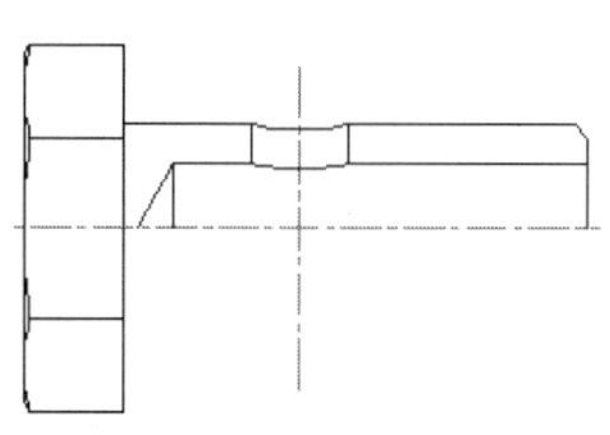

图 7-56　绘制相交圆弧后的图形

⑧ 圆角处理。单击“默认”选项卡下“修改”面板中的“圆角”按钮，对图 7-57 中的直线 1 和直线 2 进行圆角处理，圆角半径为 0.8，圆角方式设置为“不修剪”，结果如图 7-57 所示。

⑨ 修剪直线。单击“默认”选项卡下“修改”面板中的“修剪”按钮，修剪图 7-57 中的直线 2，结果如图 7-58 所示。

⑩ 将“细实线”图层设置为当前图层，绘制多段线（绘制螺纹牙底）。单击“默认”选项卡下“绘图”面板中的“多段线”按钮，在命令行提示下依次输入（96,182）、（@-15,0）、A 和(@2<150)，按 Enter 键，结果如图 7-59 所示。

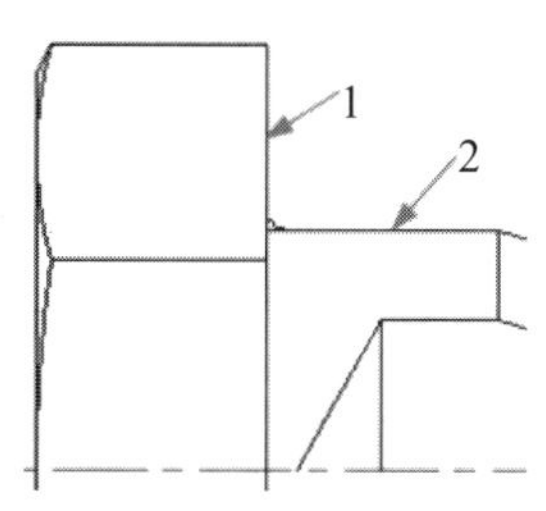

图 7-57　倒圆角后的图形

⑪ 镜像绘制螺柱部分。单击“默认”选项卡下“修改”面板中的“镜像”按钮，以水平中心线为镜像线镜像绘制螺柱部分，结果如图 7-60 所示。

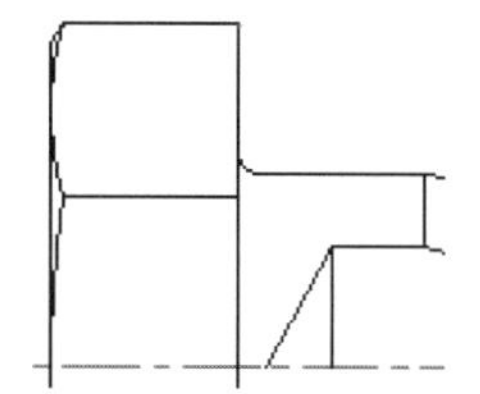

图 7-58　绘制直线后的图形

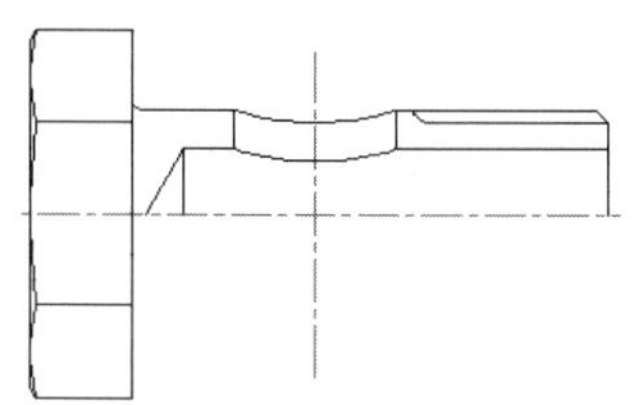

图 7-59　绘制螺纹牙底后的图形

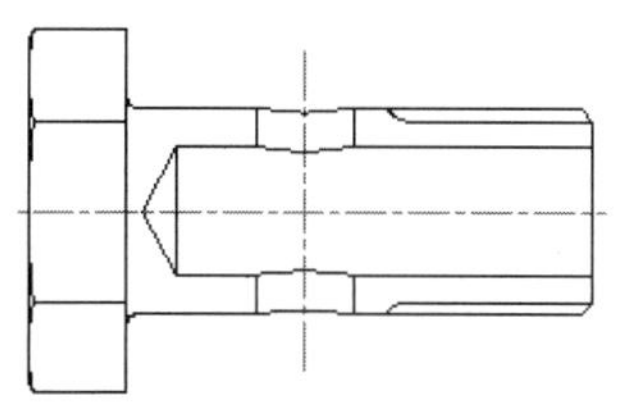

图 7-60　镜像后的图形

3．绘制剖面线

本例中空心螺栓的螺柱部分需要用剖视图来表达，将“剖面线”图层设置为当前图层，以下为绘制剖面线的过程。

单击“默认”选项卡下“绘图”面板中的“图案填充”按钮，系统弹出“图案填充创建”选项卡，单击“选项”面板中的“图案填充设置”按钮，打开“图案填充和渐变色”对话框，在该对话框中选择所需要的剖面线样式，并设置剖面线的旋转角度和显示比例，图 7-61 所示为设置完毕的“图案填充和渐变色”对话框。设置好剖面线的类型后，单击“添加:拾取点”按钮，返回绘图区域，用鼠标在图中所需添加剖面线的区域内拾取任意一点，选择完毕后，单击“图案填充创建”选项卡中的“关闭”按钮，完成填充。

如果填充的效果用户感觉不满意，可以单击“默认”选项卡下“修改”面板中的“编辑图案填充”按钮，选择绘制的剖面线，系统会打开“图案填充编辑”对话框，如图 7-62 所示。用户可以在其中重新设置填充的样式，设置好以后，单击“确定”按钮，剖面线则会以刚刚设置好的参数显示，重复此过程，直到满意为止。图 7-63 为绘制剖面线后的图形。

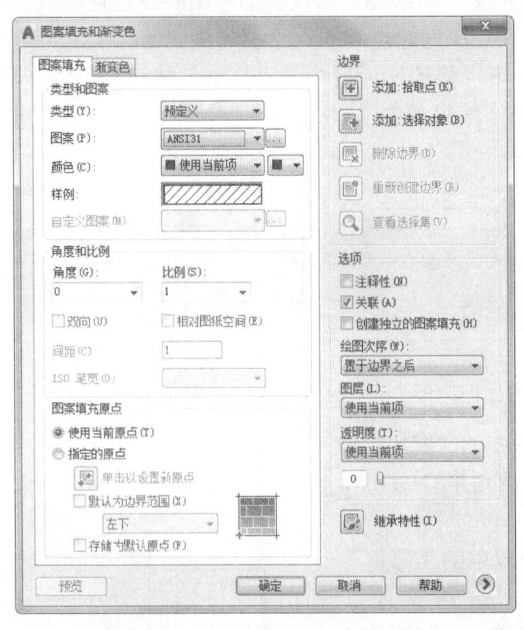

图 7-61　设置好的“图案填充和渐变色”对话框

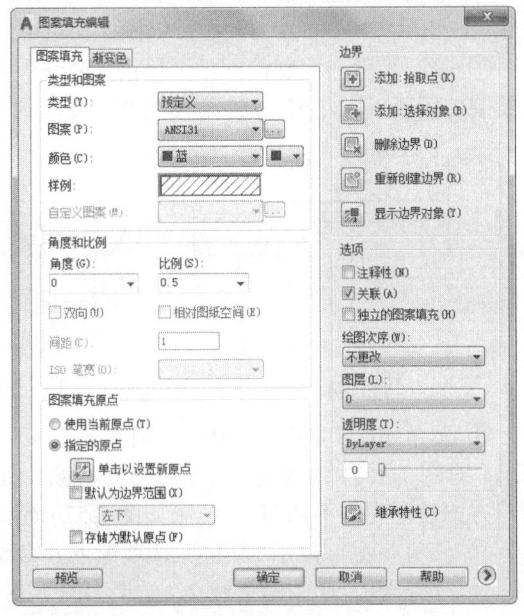

图 7-62　“图案填充编辑”对话框

4．绘制左视图

（1）将“中心线”图层设置为当前图层，单击“默认”选项卡下“绘图”面板中的“直线”按钮，分别以坐标点{（145,175），（185,175）}、{（165,155），（165,195）}绘制中心线，结果如图 7-64 所示。

（2）将“粗实线”图层设置为当前图层，绘制六边形。单击“默认”选项卡下“绘图”面板中的“多边形”按钮。

（3）在命令行提示“输入边的数目<4>:”后输入“6”。

（4）在命令行提示“指定正多边形的中心点或[边(E)]:”后在对象捕捉模式下用鼠标拾取图 7-64 中两条中心线的交点。

（5）在命令行提示“输入选项[内接于圆(I)/外切于圆(C)] <C>:”后输入“I”。

（6）在命令行提示“指定圆的半径:”后输入（@13.85<90）。

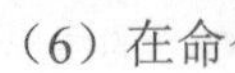

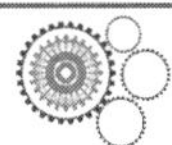

（7）绘制圆形。单击“默认”选项卡下“绘图”面板中的“圆”按钮，以图 7-64 中两条中心线的交点为圆心，绘制半径为 11.4 的圆，结果如图 7-65 所示。

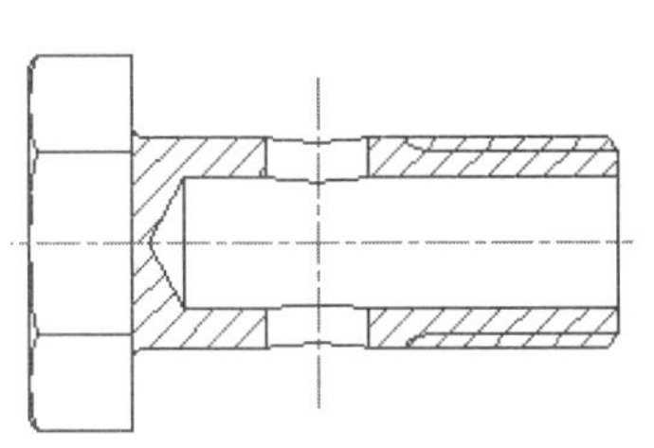

图 7-63　绘制剖面线的主视图

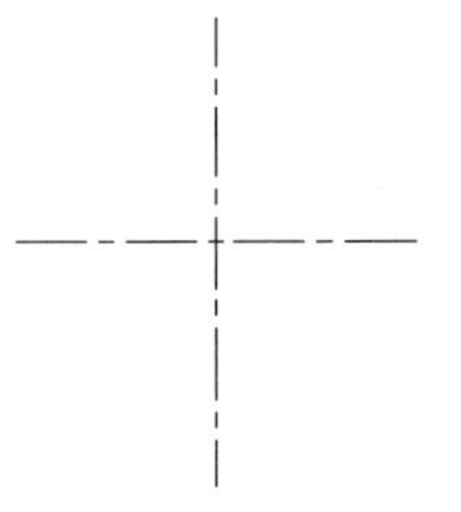

图 7-64　绘制的中心线

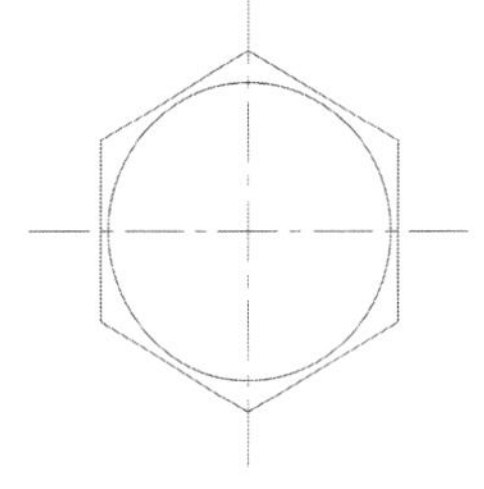

图 7-65　绘制六边形后的图形

7.2.4　标注螺栓

在图形绘制完成后，还要对图形进行标注，该零件图的标注包括长度标注、角度标注、半径标注、直径标注、形位公差标注、螺纹标注和填写技术要求等。下面将介绍该零件图中一些典型的标注，在标注前要将“尺寸线”图层设置为当前图层。

操作步骤如下：

1．标注基准符号

单击“插入”选项卡下“块”面板中的“插入”按钮，打开“插入”对话框，在“名称”下拉列表框中选择“基准符号”选项，如图 7-66 所示。在命令行提示下用鼠标指定在图中要插入的点，并设置旋转、比例等，结果如图 7-67 所示。

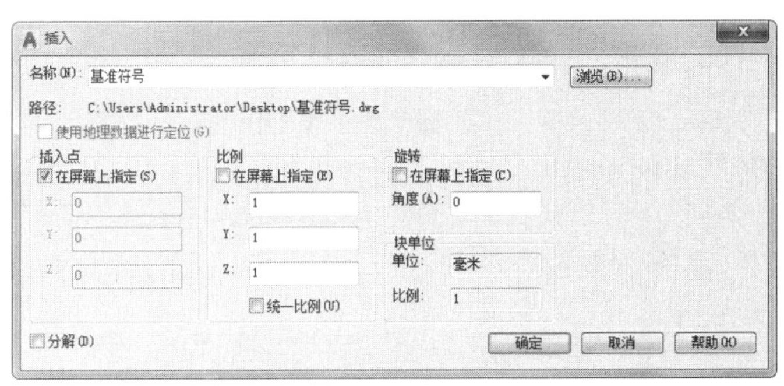

图 7-66　“插入”对话框

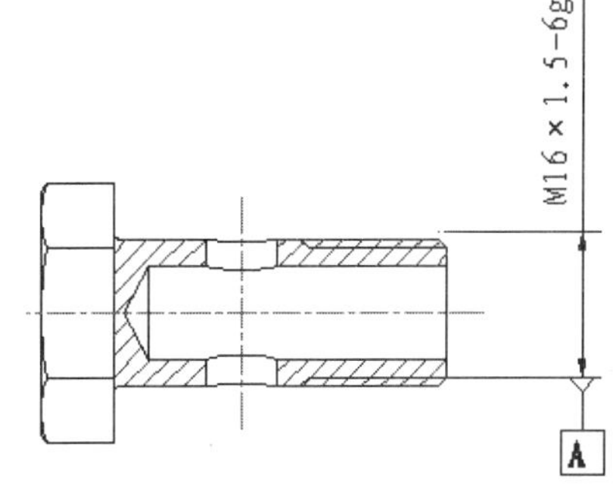

图 7-67　插入的基准符号

2．标注形位公差

本例为在标注 $\Phi10$ 以后，再标注同轴度的标注方式。单击“注释”选项卡下“标注”面板中的“公差”按钮，打开“形位公差”对话框，然后单击“符号”按钮，打开“特征符号”对话框，用户可以在其中选择需要的符号，如图 7-68 所示。单击“公差 1”黑框，则在黑框处显示符号 Φ，然后在“公差 1”白框处输入“0.1”，在“基准 1”处输入“A”，图 7-69 所示为填写好的“形位公差”对话框。填写完“形位公差”对话框后，单击“确定”按钮，此时命令行提示“输入公差位置:”，在图形中选择要标注的位置，结果如图 7-70 所示。

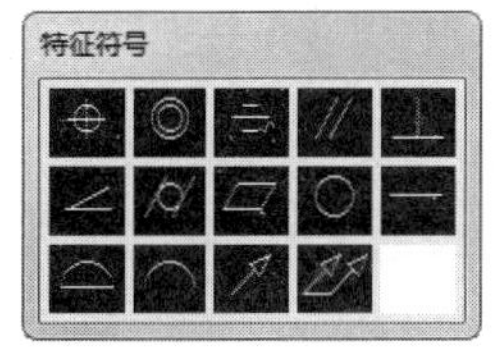

图 7-68　“特征符号”对话框

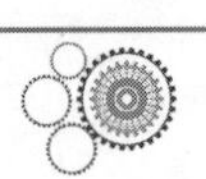
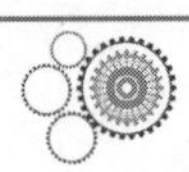

Note

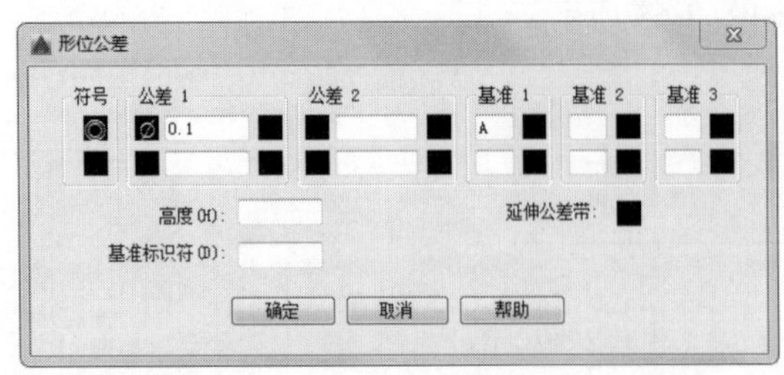

图 7-69　填写好的“形位公差”对话框

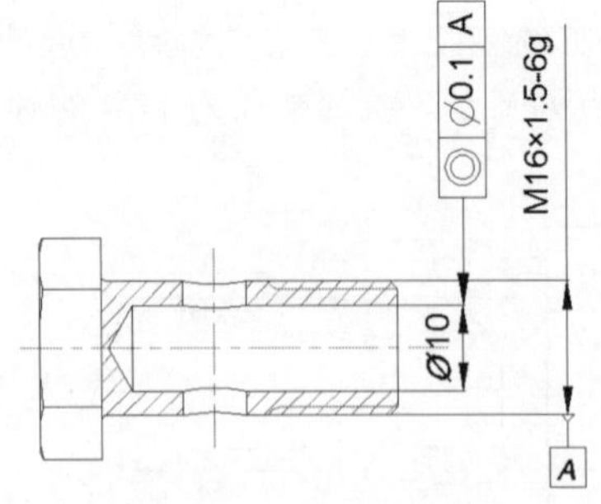

图 7-70　标注的形位公差

3．其他标注

除了上面介绍的标注外，本例还需要标注线性、半径、直径、角度，以及表面形位公差。在 AutoCAD 中可以方便地标注多种类型的尺寸，标注的外观由当前尺寸标注样式控制，如果尺寸外观不符合用户的要求，则可以通过调整标注样式进行修改，这里不再详细介绍，可以参照其他实例中相应的介绍。

7.2.5　填写标题栏

标题栏是反映图形属性的一个重要信息来源，用户可以在其中查找零部件的材料、设计者以及修改等信息，其填写与标注文字的过程相似，这里不再讲述，可以参照其他实例中相应的介绍，图 7-71 为填写好的标题栏。

标记	处数	文件号	签字	日期	空心螺栓	所属装配号		
设计						图样标记	重量	比例
校核						S		
审查						共 1 张		第 1 张
工艺检查					冷拉六角钢 $\frac{11\text{-}24\text{-GB/T905-94}}{40\text{-GB/T3078-1999}}$			
标准检查								
审定								
批准								

图 7-71　填写好的标题栏

7.3　实 战 演 练

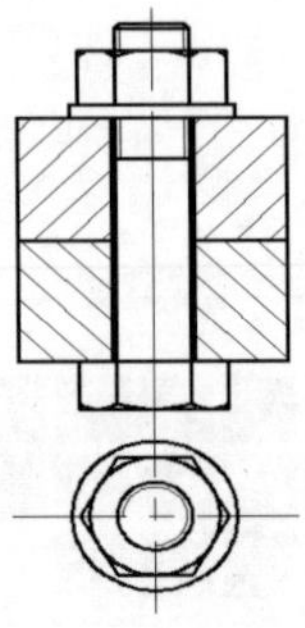

【实战演练 1】螺纹连接件设计。

如图 7-72 所示，尺寸适当选取。

【实战演练 2】螺杆设计。

如图 7-73 所示，尺寸适当选取。

图 7-72　螺纹连接件

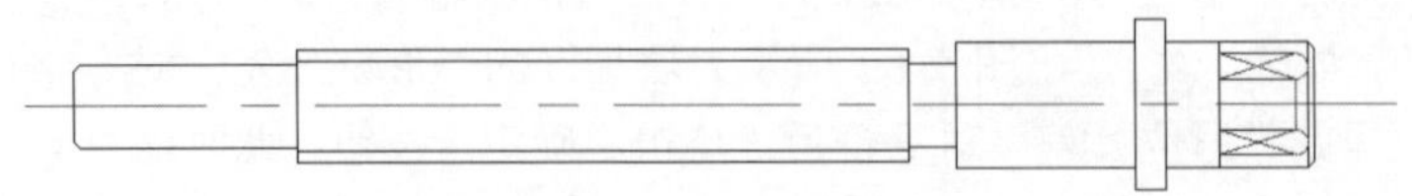

图 7-73　螺杆

盘盖类零件设计

本章学习要点和目标任务：

☑ 连接盘设计

☑ 端盖设计

连接盘与端盖是机械设计中常用的盘盖类零件，因而该部件的设计在机械设计中占有很重要的地位。

本章将介绍它们的绘制方法，本章的连接盘设计是笔者在实际工程中设计得比较复杂的例子，在此处与大家共享，希望通过本章的学习，读者可以掌握盘盖类零件的设计方法和步骤。

8.1 连接盘设计

在绘制连接盘之前，首先应该对连接盘进行系统分析。根据国家标准，需要确定零件图的图幅，零件图中要表示的内容，零件各部分的线型、线宽、公差、公差标注样式以及粗糙度等。另外，还需要确定用几个视图才能清楚地表达该零件。

Note

视频讲解

根据国家标准和工程分析，要将齿轮表达清楚，需要一个主视剖视图以及一个左图。为了将图形表达得更加清楚，选择绘图比例为 1∶1，图幅为 A2。另外，还需要在图形中绘制连接盘内部齿轮的齿轮参数表以及技术要求等。图 8-1 是要绘制的连接盘零件图，下面将介绍连接盘零件图的绘制方法和步骤。

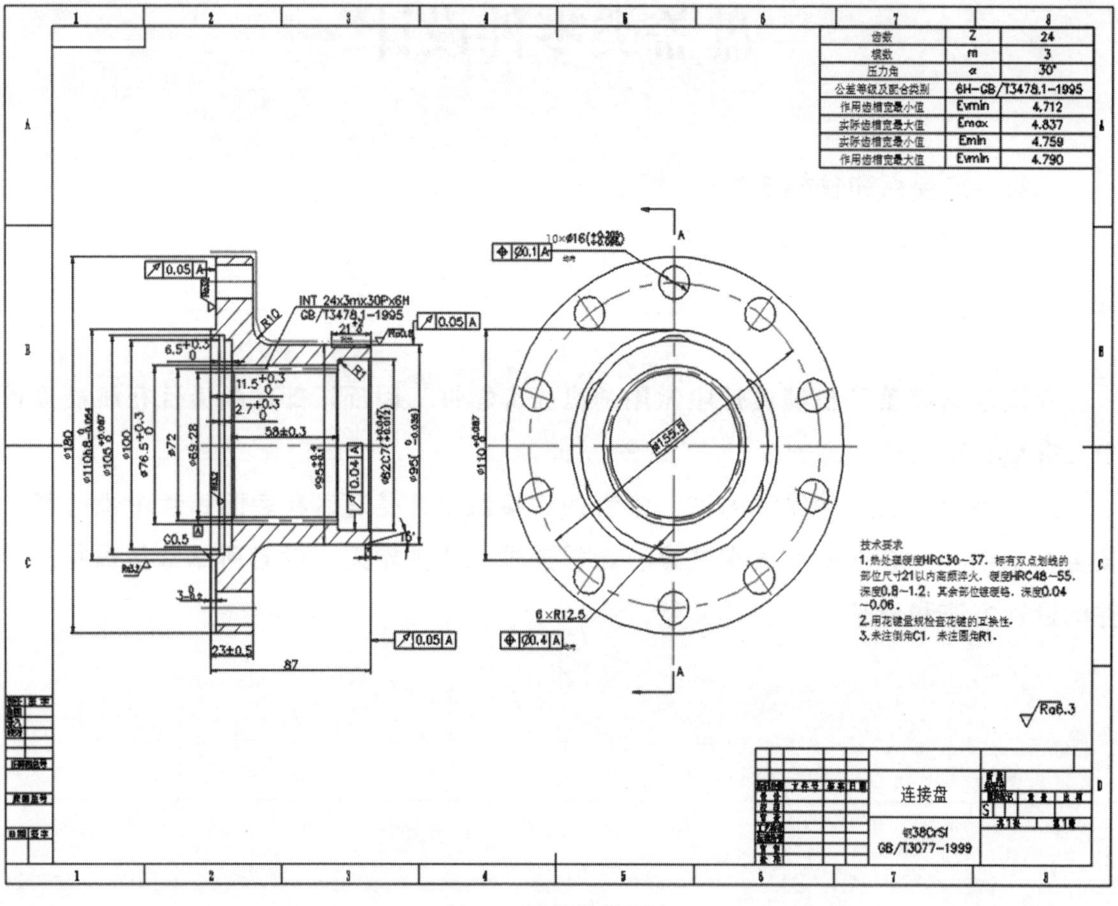

齿数	Z	24
模数	m	3
压力角	α	30°
公差等级及配合类别	6H-GB/T3478.1-1995	
作用齿槽宽最小值	Evmin	4.712
实际齿槽宽最大值	Emax	4.837
实际齿槽宽最小值	Emin	4.759
作用齿槽宽最大值	Evmin	4.790

图 8-1 连接盘零件图

8.1.1 调入样板图

操作步骤如下：

单击快速访问工具栏中的“新建”按钮，打开“选择样板”对话框，如图 8-2 所示，用户可以在该对话框中选择需要的样板图。

在“选择样板”对话框中选择已经绘制好的样板图后，单击“打开”按钮，则返回绘图区域。同时，选择的样板图也会出现在绘图区域内，如图 8-3 所示。其中，样板图左下端点坐标为（0,0）。

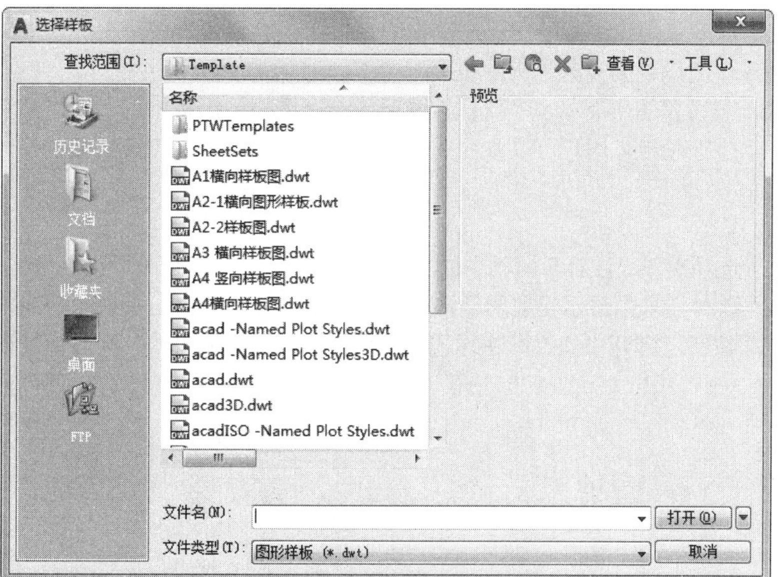

图 8-2　“选择样板”对话框

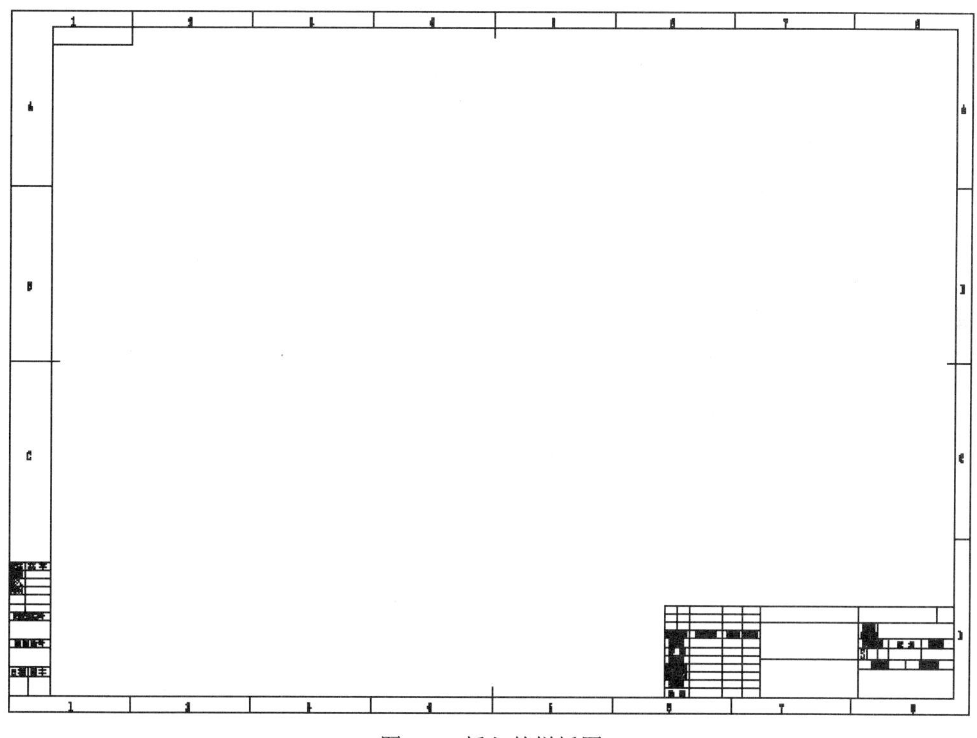

图 8-3　插入的样板图

8.1.2　设置图层与标注样式

操作步骤如下：

1．设置图层

根据机械制图国家标准，我们知道连接盘的外形轮廓用粗实线绘制，填充线用细实线绘制，中心线用点画线绘制，分度线用点画线绘制；在剖视图中，齿根线和齿顶线用粗实线绘制。另外，在图中还用到了双点画线，用以说明高频淬火的位置。

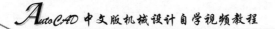

Note

根据以上分析来设置图层。单击“默认”选项卡下“图层”面板中的“图层特性”按钮，打开“图层特性管理器”选项板，用户可以参照前面介绍的命令，在其中创建需要的图层，如图8-4所示为创建好的图层。

2．设置标注样式

单击“默认”选项卡下“注释”面板中的“标注样式”按钮，打开“标注样式管理器”对话框，如图8-5所示，在该对话框中显示当前的标注样式，包括直径、角度、线性和引线的标注样式，用户可以单击“修改”按钮，打开“修改标注样式”对话框，如图8-6所示，用户可以在其中设置需要的标注样式。

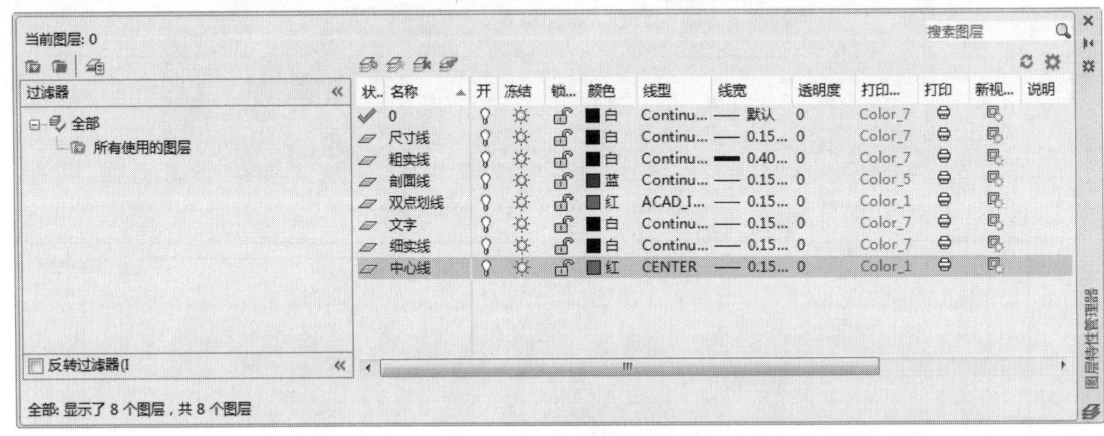

图8-4　创建好的图层

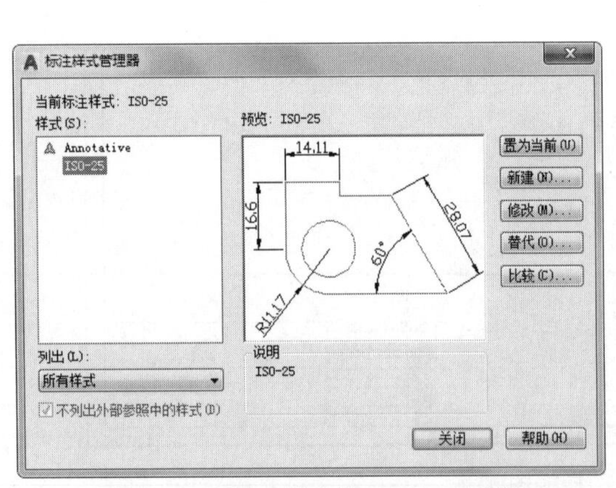

图8-5　“标注样式管理器”对话框

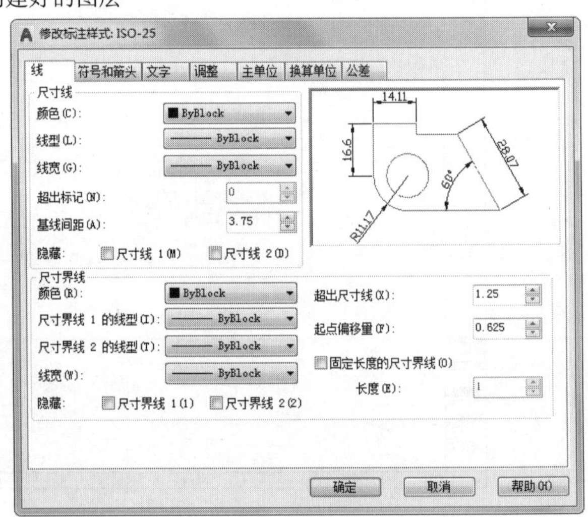

图8-6　“修改标注样式”对话框

8.1.3　绘制主视图

主视图为全剖视图，由于其关于中心线对称分布，因此只需绘制中心线一边的图形，另一边的图形使用“镜像”命令镜像即可。

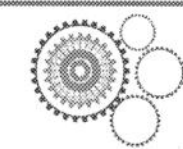

操作步骤如下：

1．绘制中心线和齿部分度线

将“中心线”图层设置为当前图层。根据连接盘的尺寸，绘制连接盘中心线的长度为 100，连接盘端部孔中心线的长度为 30，两线的间距为 77.75，齿部分度线的长度为 58。

单击“默认”选项卡下“绘图”面板中的“直线”按钮，分别以坐标点{（160,160），（@100,0）}、{（160,82.25），（@30,0）}、{（176.5,124），（@58,0）}绘制中心线，结果如图 8-7 所示。

2．绘制主视图的轮廓线

根据分析可知，该主视图的轮廓线主要由直线组成，另外还有齿部的轮廓线。由于连接盘零件具有对称性，因此先绘制主视图轮廓线的一半，然后使用“镜像”命令绘制完整的轮廓线。在绘制主视图轮廓线的过程中，需要用到“直线”“倒角”“圆角”等命令。

（1）绘制外轮廓线。将“粗实线”图层设置为当前图层，单击“默认”选项卡下“绘图”面板中的“直线”按钮，以坐标点（252,119）、（@0,-6.5）、（@-64,0）、（@0,-42.5）、（@-20,0）、（@0,35）、（@-3,0）、（@0,5）、（@5,0）、（@0,-2.5）、（@2.7,0）、（@0,2.5）、（@3.8,0）、（@0,15.36）、（@58,0）、（@0,-6.36）、（@17.5,0）绘制外轮廓线，结果如图 8-8 所示。

（2）绘制齿部齿根线。单击“默认”选项卡下“绘图”面板中的“直线”按钮，以坐标点{（176.5,121.75），（@58,0）}绘制齿部齿根线，结果如图 8-9 所示。

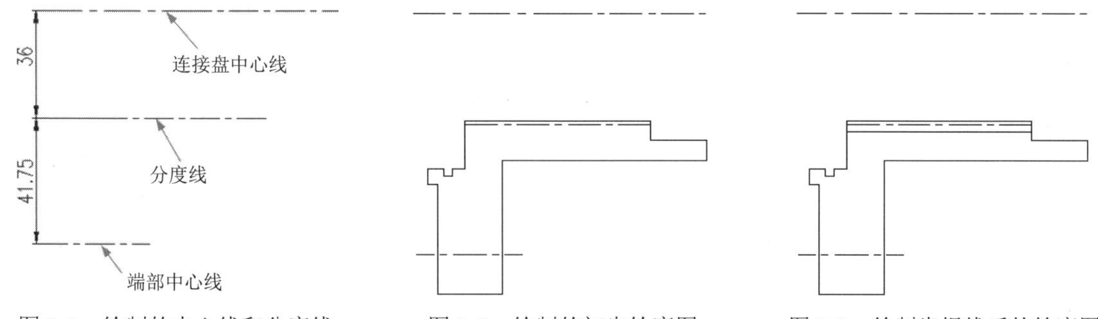

图 8-7　绘制的中心线和分度线　　图 8-8　绘制的初步轮廓图　　图 8-9　绘制齿根线后的轮廓图

（3）绘制连接盘端部孔。单击“默认”选项卡下“绘图”面板中的“直线”按钮，以坐标点{（168,90.25）、（@20,0）}绘制连接盘端部孔，结果如图 8-10 所示。

（4）镜像第（3）步绘制的直线。单击“默认”选项卡下“修改”面板中的“镜像”按钮，以端部中心线为镜像线，镜像图 8-10 中的直线 1，结果如图 8-11 所示。

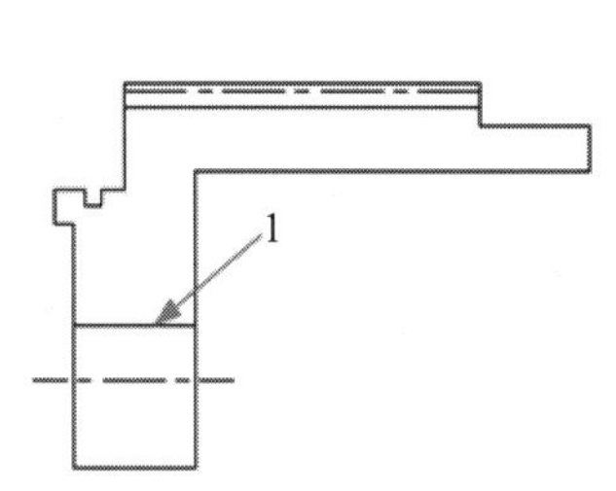

图 8-10　绘制端部孔一直线后轮廓线

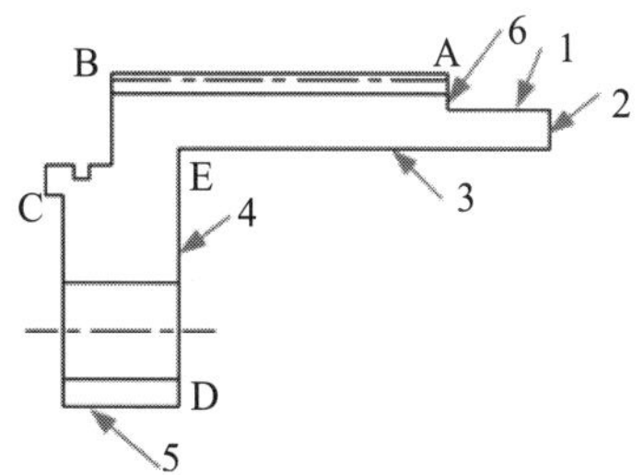

图 8-11　绘制端部孔后的轮廓线

（5）绘制倒角。单击“默认”选项卡下“修改”面板中的“倒角”按钮，对图 8-11 中的直线 1、直线 2 进行倒角处理，倒角距离为 1。重复此命令，依次对图 8-11 中的 A、B、C、D 处进行倒角。

Note

其中，A、B、D 三处的倒角距离为 1，C 处的倒角距离为 0.5。直线 2 和 3 之间的倒角采用角度方式，倒角长度为 3，角度为 15，结果如图 8-12 所示。

（6）圆角处理。单击“默认”选项卡下“修改”面板中的“圆角”按钮，对图 8-11 中的直线 3、直线 4 进行圆角处理，圆角半径为 10。重复此命令，对图 8-11 中的直线 1、直线 6 进行圆角处理，圆角半径为 1，结果如图 8-13 所示。

（7）绘制左端倒角线。单击“默认”选项卡下“绘图”面板中的“直线”按钮，分别以坐标点{（252, 118），（252,160）}和{（251,119），（@41<90）}绘制直线，结果如图 8-14 所示。

也可以使用对象捕捉模式来绘制倒角线，以下使用对象捕捉模式绘制倒角线。

单击“默认”选项卡下“绘图”面板中的“直线”按钮，在对象捕捉模式下用鼠标选择图 8-15 中的点 A，绘制到中心线交点的直线，结果如图 8-15 所示。

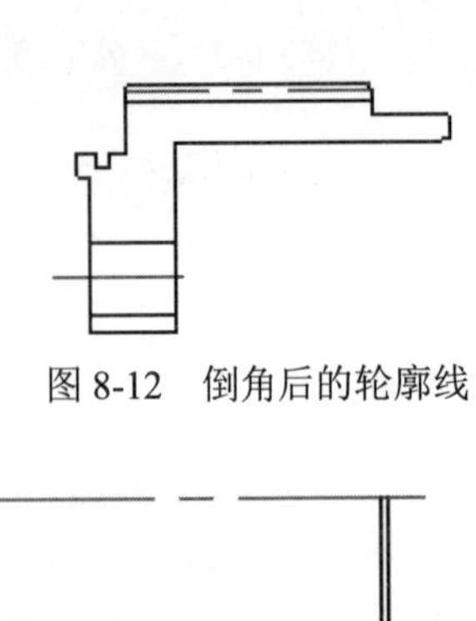

图 8-12　倒角后的轮廓线

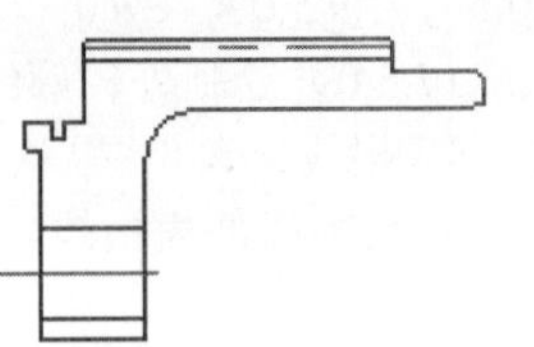

图 8-13　圆角后的轮廓线

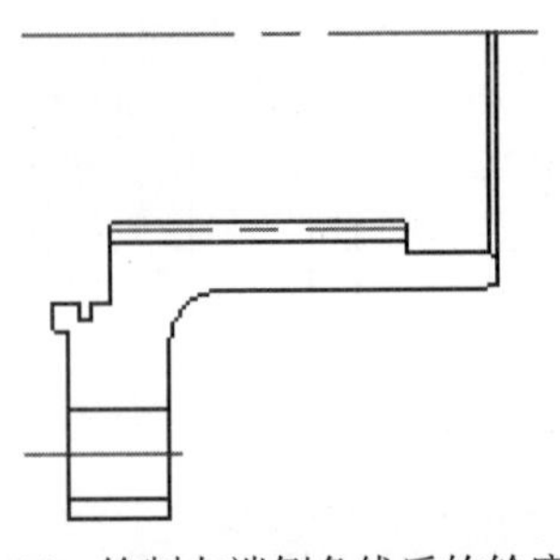

图 8-14　绘制左端倒角线后的轮廓线

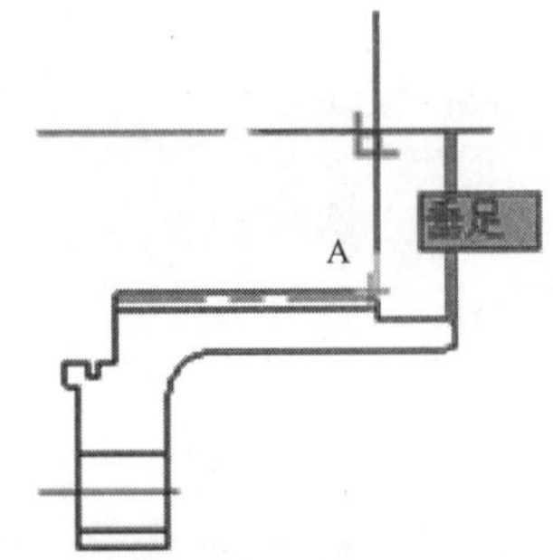

图 8-15　使用对象捕捉模式绘制的倒角线

使用对象捕捉模式来绘制倒角线以及其他直线段，结果如图 8-16 所示。

（8）镜像图形。绘制好连接盘下半部分轮廓线后，用户再使用“镜像”命令，即可快速产生连接盘的零件图。单击“默认”选项卡下“修改”面板中的“镜像”按钮，以水平中心线为镜像线，镜像图 8-16 所示的全部图形，结果如图 8-17 所示。

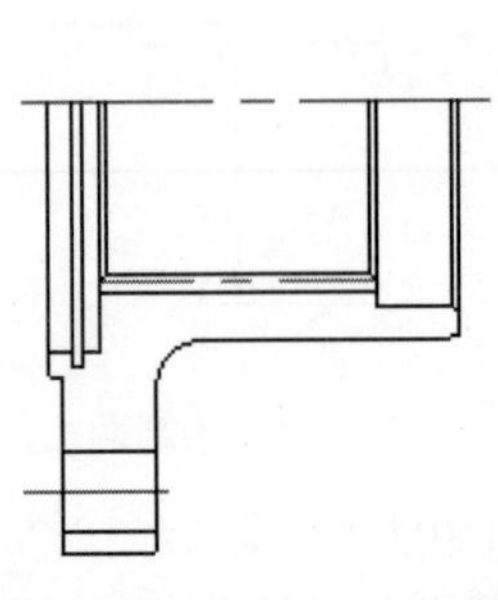

图 8-16　绘制的中心线一边的轮廓线

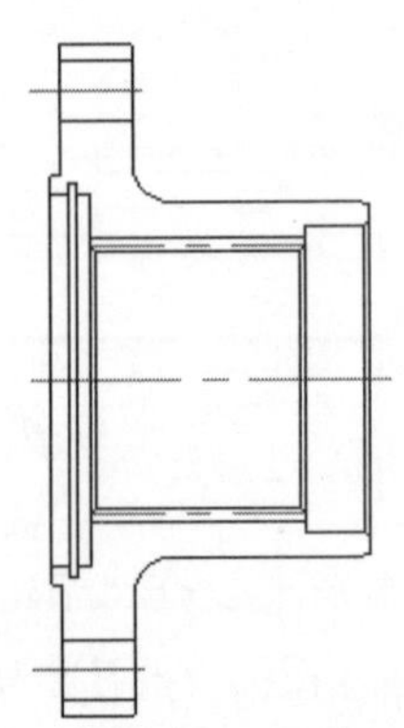

图 8-17　镜像后的连接盘轮廓线

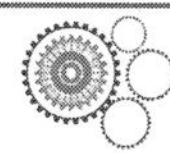

Note

3．填充剖面线

由于主视图为全剖视图，因而需要在该视图上绘制剖面线。将“剖面线”图层设置为当前图层，以下为绘制剖面线的过程。

单击“默认”选项卡下“绘图”面板中的“图案填充”按钮，打开“图案填充创建”选项卡，单击“选项”面板中的“图案填充设置”按钮，弹出“图案填充和渐变色”对话框，在该对话框中选择所需要的剖面线样式，并设置剖面线的旋转角度和显示比例，图 8-18 为设置完毕的“图案填充和渐变色”对话框。设置好剖面线的类型后，单击“添加:拾取点”按钮返回绘图区域，用鼠标在图中所需添加剖面线的区域内拾取任意一点，选择完毕后按 Enter 键，返回“图案填充创建”选项卡，然后单击“关闭”按钮，返回绘图区域，剖面线绘制完毕。

如果填充后用户感觉不满意，可以单击“默认”选项卡下“修改”面板中的“编辑图案填充”按钮，选择绘制的剖面线，系统会打开“图案填充编辑”对话框，如图 8-19 所示。用户可以在其中重新设置填充的样式，设置好以后，单击“确定”按钮，则剖面线会以刚刚设置好的参数显示，重复此过程，直到满意为止。图 8-20 为绘制剖面线后的图形。

图 8-18　设置好的“图案填充和渐变色”对话框

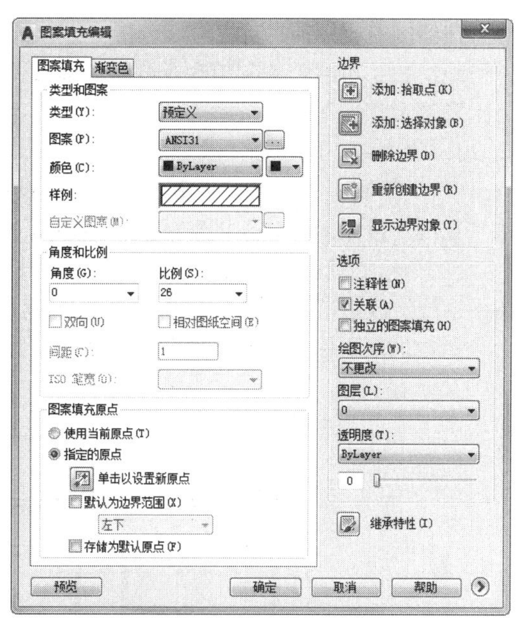

图 8-19　“图案填充编辑”对话框

4．绘制高频淬火位置线

在本例中，高频淬火位置线用双点画线来绘制，将“双点画线”图层设置为当前图层。

（1）绘制直线。单击“默认”选项卡下“绘图”面板中的“直线”按钮，以坐标点（165,252.5）、（@25,0）、（@0,−43）、（@65,0）绘制直线，结果如图 8-21 所示。

（2）圆角处理。单击“默认”选项卡下“修改”面板中的“圆角”按钮，对图 8-21 中的直线 1、直线 2 进行圆角处理，圆角半径为 1。重复“圆角”命令，对图 8-21 中的直线 2、直线 3 进行圆角处理，圆角半径为 10，结果如图 8-22 所示。

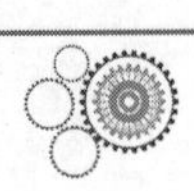
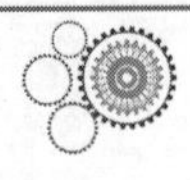

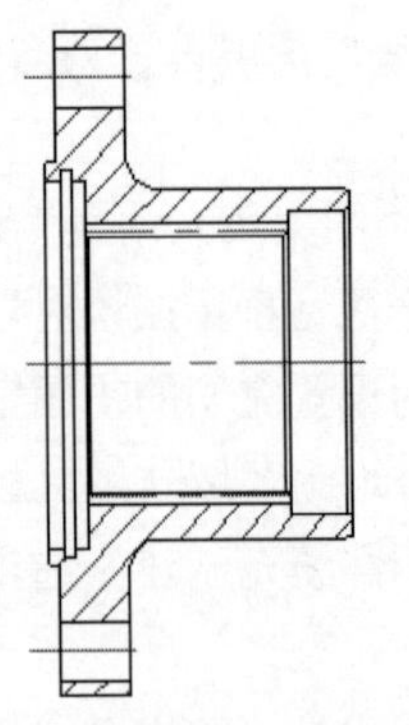
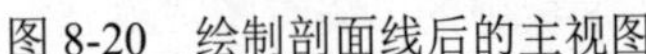

图 8-20　绘制剖面线后的主视图

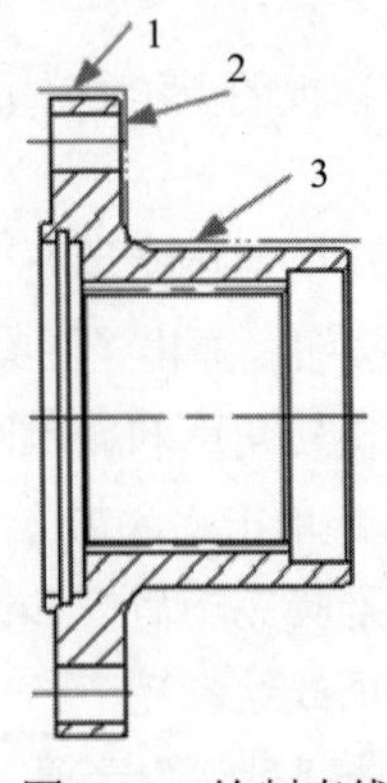

图 8-21　绘制直线

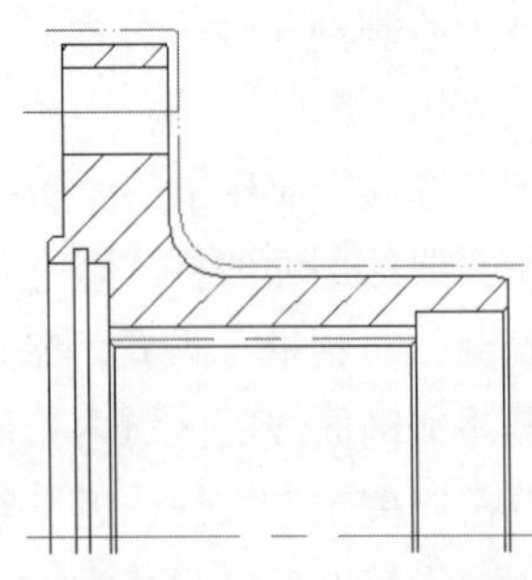

图 8-22　圆角后的轮廓线

8.1.4　绘制左视图

在绘制左视图前，首先应该分析一下该部分的结构，该部分主要由圆组成，可以通过作辅助线而方便地绘制。本部分用到的命令有圆、圆弧、直线等。

操作步骤如下：

1．绘制中心线和辅助线

（1）绘制中心线。将“中心线”图层设置为当前图层，单击“默认”选项卡下“绘图”面板中的“直线”按钮，分别以坐标点{（315,160），（512,160）}和{（415,55），（415,255）}绘制直线。

（2）绘制辅助线。将“细实线”图层设置为当前图层，单击“默认”选项卡下“绘图”面板中的“直线”按钮，以图 8-23 中的点 A 为起点，以坐标点（@245,0）为终点绘制直线，重复“直线”命令，由上至下依次绘制其他 7 条辅助线，结果如图 8-23 所示。

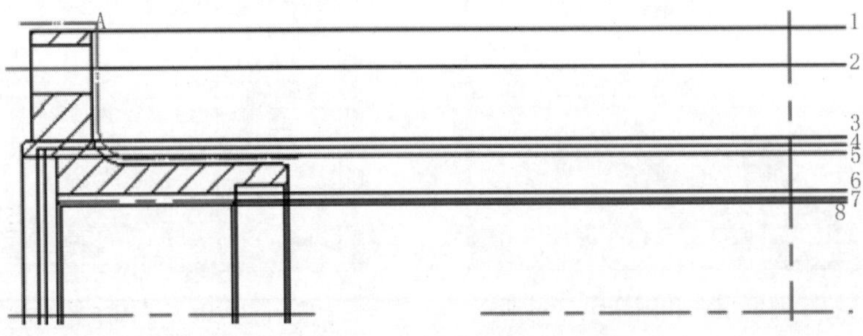

图 8-23　绘制中心线和辅助线后的图形

2．绘制左视图的轮廓线

（1）绘制分度圆和端部孔定位圆。将“中心线”图层设置为当前图层，单击“默认”选项卡下“绘图”面板中的“圆”按钮，分别以图 8-23 中左视图两条中心线的交点为圆心，在对象捕捉模式下，用鼠标拾取图 8-23 中辅助线 7 与竖直中心线的交点和辅助线 2 与竖直中心线的交点绘制两个同心圆。

（2）绘制齿顶圆和齿根圆。将“粗实线”图层设置为当前图层。单击“默认”选项卡下“绘图”面板中的“圆”按钮，分别以图 8-23 中左视图两条中心线的交点为圆心，在对象捕捉模式下，用鼠标拾取图 8-23 中辅助线 8 与竖直中心线的交点和辅助线 6 与竖直中心线的交点绘制两个同心圆。

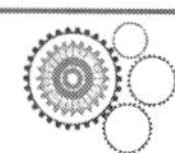

重复“圆”命令，依次绘制其他圆，结果如图 8-24 所示。

（3）绘制连接盘端部孔。单击“默认”选项卡下“绘图”面板中的“圆”按钮，以图 8-23 中辅助线 2 与竖直中心线的交点为圆心，绘制半径为 8 的圆。

（4）绘制连接盘端部孔中心线。将“中心线”图层设置为当前图层，单击“默认”选项卡下“绘图”面板中的“直线”按钮，以坐标点{（415,228），（@0,20）}绘制中心线，结果如图 8-25 所示。

（5）阵列连接盘端部孔和中心线。单击“默认”选项卡下“修改”面板中的“环形阵列”按钮，拾取小圆和绘制的中心线，用鼠标点取图 8-25 中的中心点，设置阵列项目为 10，单击“确定”按钮，结果如图 8-26 所示。

（6）绘制劣弧线。将“粗实线”图层设置为当前图层，单击“默认”选项卡下“绘图”面板中的“圆”按钮，以坐标点（415,200）为圆心绘制半径为 12.5 的圆，结果如图 8-27 所示。

（7）修剪圆弧。单击“默认”选项卡下“修改”面板中的“修剪”按钮，以图 8-27 中的圆 A 为剪切边，对图 8-27 中的圆 1 进行修剪，结果如图 8-28 所示。

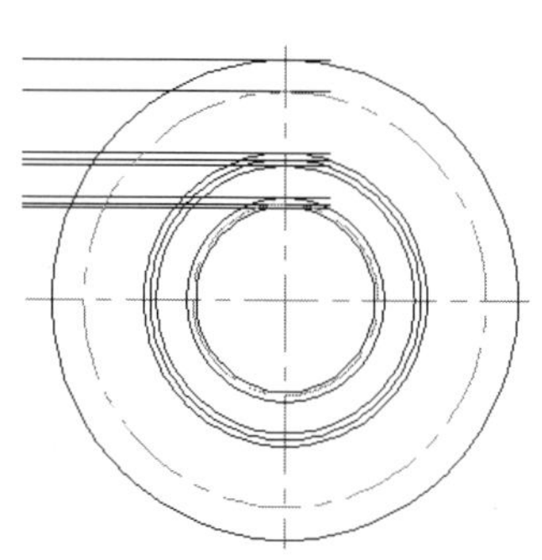

图 8-24　绘制圆后的图形

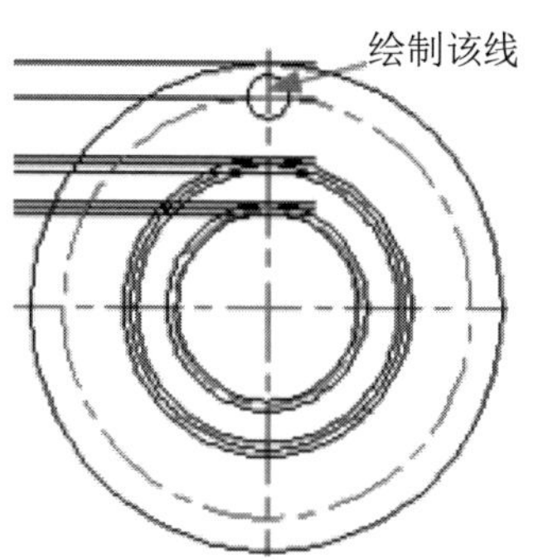

图 8-25　绘制端部孔后的图形

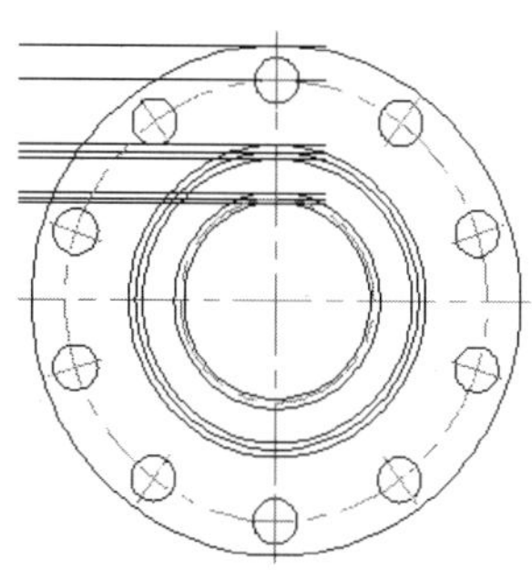

图 8-26　阵列后的图形

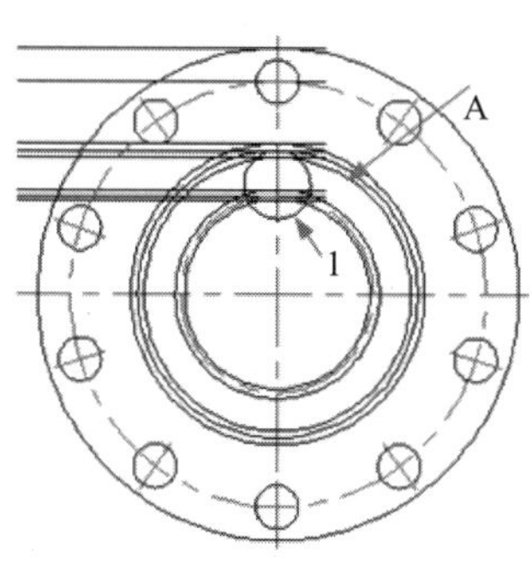

图 8-27　绘制圆后的图形

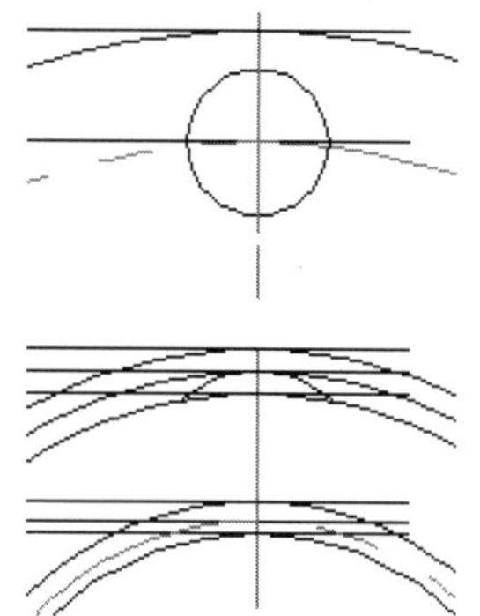

图 8-28　修剪后的图形

（8）阵列修剪后的劣弧。单击“默认”选项卡下“修改”面板中的“环形阵列”按钮，使用窗口选择方式选择修剪后的劣弧，用鼠标点取图 8-25 中的中心点，设置阵列项目数为 6，结果如图 8-29 所示。

（9）删除所用的辅助线和圆。单击“默认”选项卡下“修改”面板中的“删除”按钮，结果如图 8-30 所示。

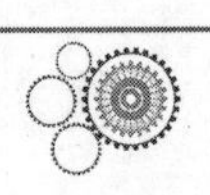

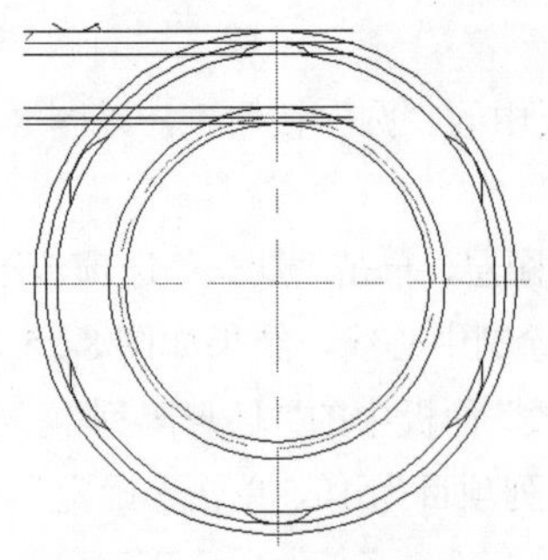

图 8-29　阵列后的图形

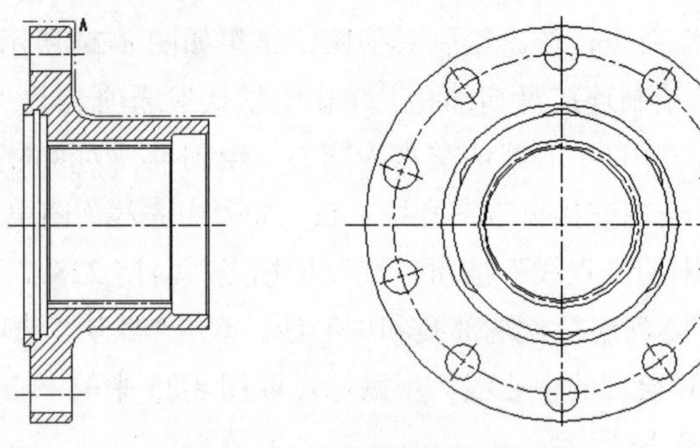

图 8-30　删除辅助线后的图形

8.1.5　标注连接盘

在图形绘制完成后，还要对图形进行标注，该零件图的标注包括齿轮参数表格的创建与填写、长度标注、角度标注、形位公差标注、参考尺寸标注、齿轮参数表格的创建与填写和填写技术要求等。下面将介绍直线处标注直径以及参考尺寸的标注方法。

操作步骤如下：

1．标注直径

线性处直径的标注主要有两种，一种为带有公差的标注，另一种为不含公差的标注。下面将分别进行介绍。

（1）以标注“$\phi 76.5^{+0.3}_{0}$”为例说明线性处带有公差的直径标注方法。

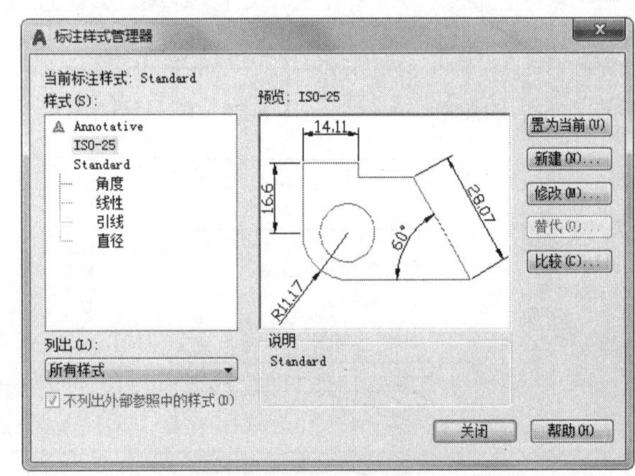

图 8-31　“标注样式管理器”对话框

首先将“尺寸线”图层设置为当前图层，单击“默认”选项卡下“注释”面板中的“标注样式”按钮，打开“标注样式管理器”对话框，如图 8-31 所示，在其中的“样式”栏中选择“线性”选项，然后单击“修改”按钮，打开“修改标注样式：Standard：线性”对话框。在“主单位”选项卡的“前缀”文本框中输入“%%c”，该符号在 AutoCAD 中表示为直径，如图 8-32 所示；在“公差”选项卡的“方式”下拉列表框中选择“极限偏差”选项，在“上偏差”微调框中输入“0.3”，在“下偏差”微调框中输入“0”，如图 8-33 所示。

按照上述设置好以后，单击“注释”选项卡下“标注”面板中的“线性”按钮，标注图中$\phi 76.5^{+0.3}_{0}$的尺寸，同理，标注其他尺寸，结果如图 8-34 所示。

（2）以标注“Φ72”为例说明线性处不带公差的直径标注方法。

该标注有两种方法，一种是使用“标注样式管理器”对话框，另一种为使用命令标注。使用“标注样式管理器”对话框标注如上所述，在“主单位”选项卡的“前缀”文本框中输入“%%c”，在“公差”选项卡的“方式”下拉列表框中选择“无”选项，设置好以后再进行标注。下面说明使用命令标注该尺寸。

①单击“注释”选项卡下“标注”面板中的“线性”按钮。

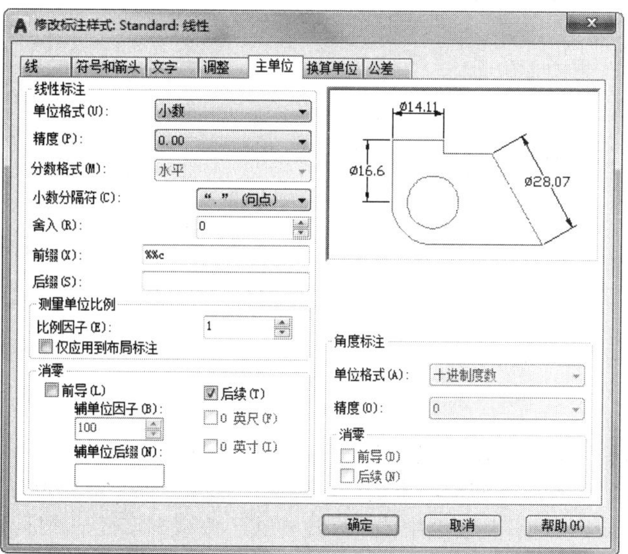

图 8-32　“修改标注样式”对话框

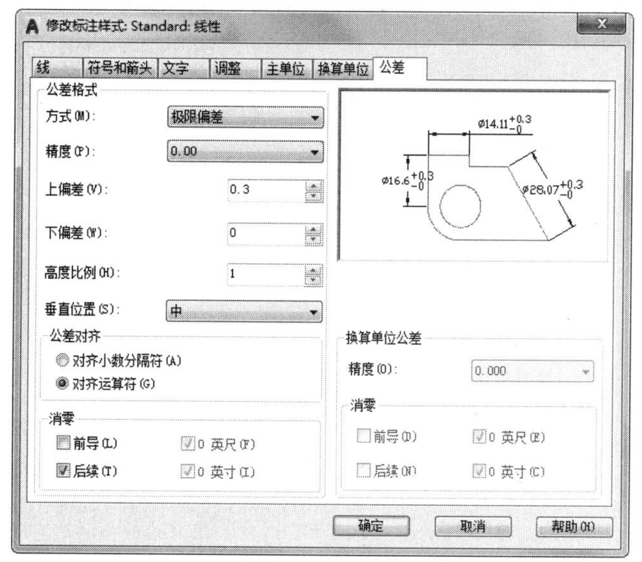

图 8-33　“公差”选项卡

②在命令行提示“指定第一条延伸线原点或<选择对象>:”后选择要标注尺寸的第一界限点。

③在命令行提示“指定第二条延伸线原点:”后选择要标注尺寸的第二界限点。

④在命令行提示“指定尺寸线位置或[多行文字(M)/文字(T)/角度(A)/水平(H)/垂直(V)/旋转(R)]:”后输入“T”。

⑤在命令行提示“输入标注文字<72>:”后输入“%%C72”。

⑥在命令行提示“指定尺寸线位置或[多行文字(M)/文字(T)/角度(A)/水平(H)/垂直(V)/旋转(R)]:”后用鼠标指定标注的位置，结果如图 8-35 所示。

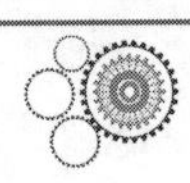

Note

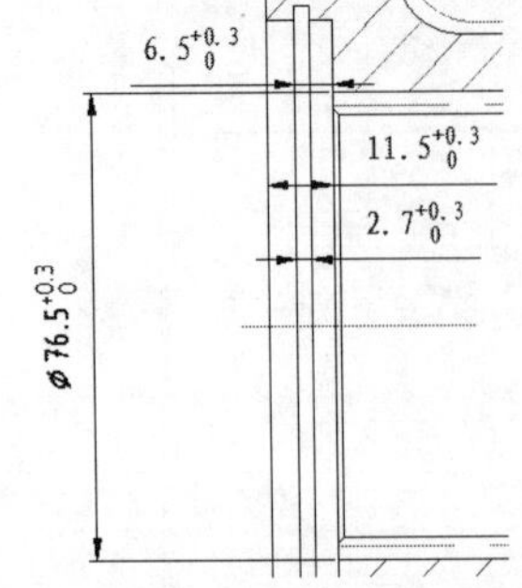

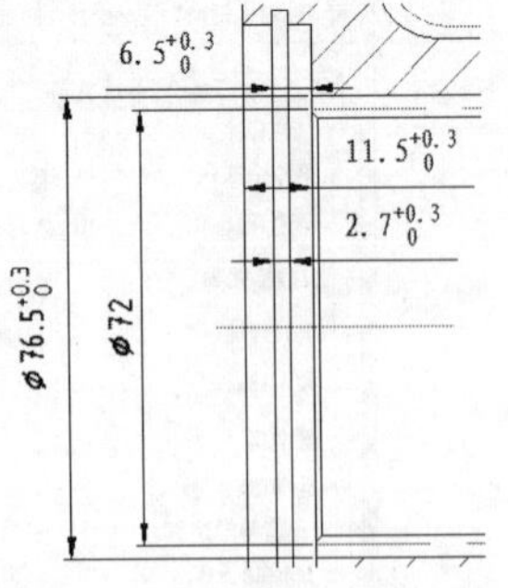

图 8-34　标注公差为 0.3 的尺寸　　图 8-35　标注的线性 Φ72 尺寸

2．标注参考尺寸

参考尺寸指的是在零件加工中作为参考的尺寸，并不是要保证的尺寸，该尺寸与其他尺寸的区别是加外框线。下面将介绍参考尺寸的标注方法，以标注左视图中的 155.5 为例。

单击“默认”选项卡下“注释”面板中的“标注样式”按钮，打开“标注样式管理器”对话框。在其中的“样式”栏中选择“直径”选项，然后单击“修改”按钮，打开“修改标注样式：Standard：直径”对话框。选择“文字”选项卡，然后选中“绘制文字边框”复选框，如图 8-36 所示。图 8-37 所示为使用该命令标注的尺寸。

图 8-36　“文字”选项卡

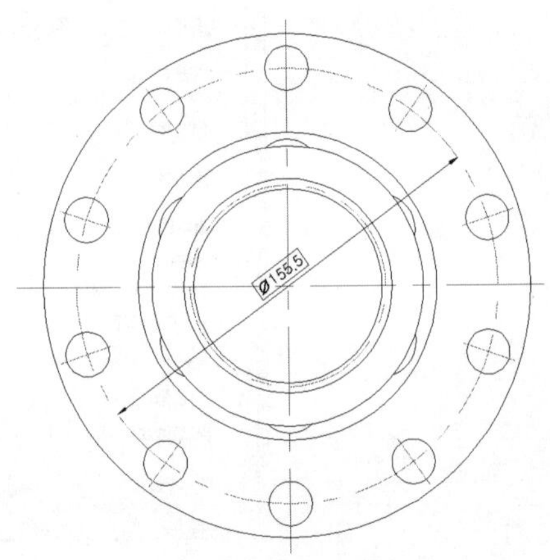

图 8-37　标注的尺寸

3．其他标注

除了上面介绍的标注外，本例还需要标注线性、半径、直径、角度，以及创建与填写齿轮参数表格和标注表面及形位公差。在 AutoCAD 中可以方便地标注多种类型的尺寸，标注的外观由当前尺寸标注样式控制，如果尺寸外观不符合用户的要求，则可以通过调整标注样式进行修改，这里不再详细介绍，可以参照其他实例中相应的介绍。

8.1.6　填写标题栏

标题栏是反映图形属性的一个重要信息来源，用户可以在其中查找零部件的材料、设计者以及修改等信息，其填写与标注文字的过程相似，这里不再讲述，可以参照其他实例中相应的介绍。图 8-1

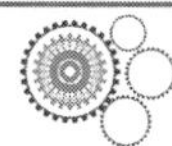

为绘制完整的齿轮零件设计图。

8.2　端盖设计

在绘制端盖之前，首先应该对端盖进行系统分析。根据国家标准，需要确定零件图的图幅，零件图中要表示的内容，零件各部分的线型、线宽、公差、公差标注样式以及粗糙度等。另外，还需要确定用几个视图才能清楚地表达该零件。

根据国家标准和工程分析，要将端盖表达清楚，需要一个主视剖视图和一个左视图。为了将图形表达得更加清楚，选择绘图的比例为 1∶1，图幅为 A2。图 8-38 是要绘制的端盖零件图，下面将介绍端盖零件图的绘制方法和步骤。

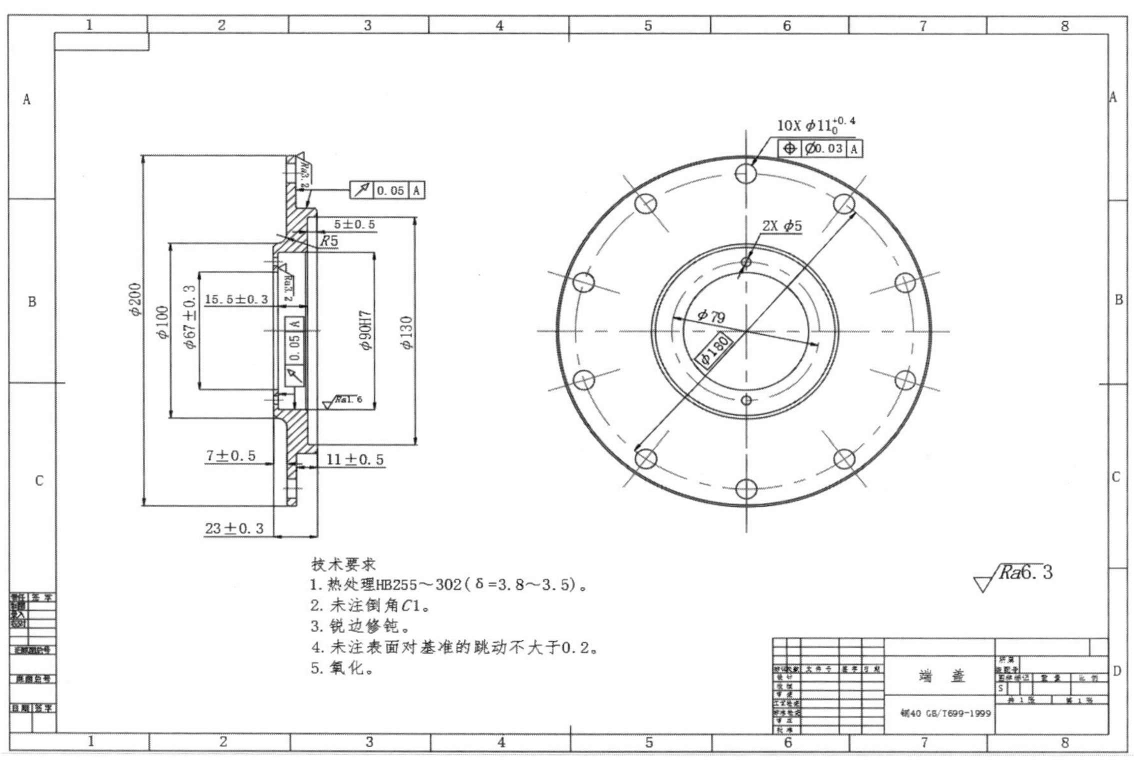

图 8-38　端盖零件图

8.2.1　调入样板图

操作步骤如下：

单击快速访问工具栏中的“新建”按钮，打开“选择样板”对话框，如图 8-39 所示，用户可以在该对话框中选择需要的样板图。

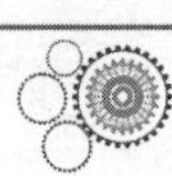

Note

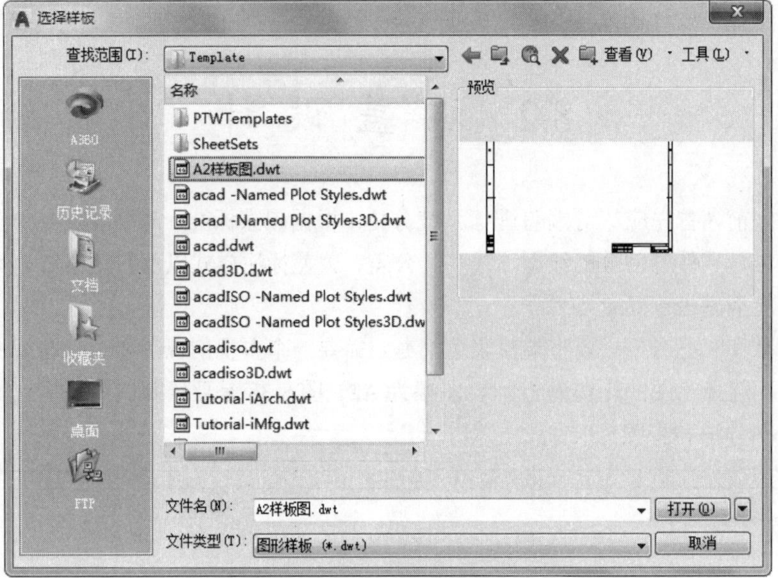

图 8-39 “选择样板”对话框

在“选择样板”对话框中选择已经绘制好的样板图后，单击“打开”按钮，则会返回绘图区域。同时，选择的样板图也会出现在绘图区域内，如图 8-40 所示。其中，样板图左下端点坐标为（0,0）。

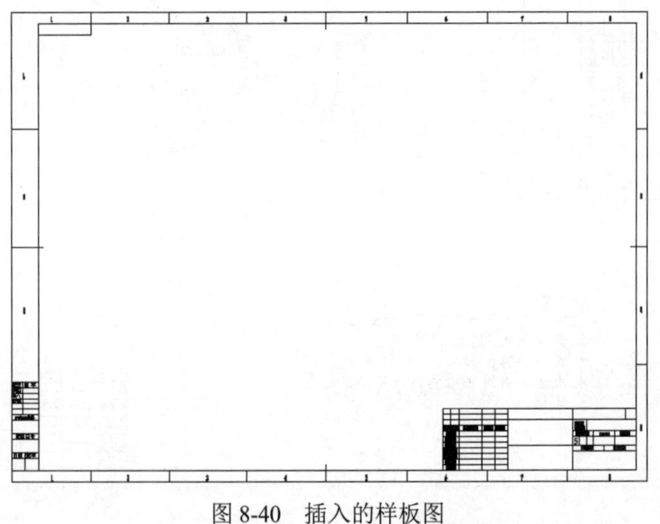

图 8-40 插入的样板图

8.2.2 设置图层与标注样式

操作步骤如下：

1．设置图层

根据机械制图国家标准，我们知道端盖的外形轮廓用粗实线绘制，填充线用细实线绘制，中心线用点画线绘制。

根据以上分析来设置图层。单击“默认”选项卡下“图层”面板中的“图层特性”按钮，打开“图层特性管理器”选项板，用户可以参照前面介绍的命令在其中创建需要的图层，如图 8-41 所示为创建好的图层。

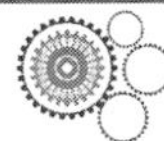

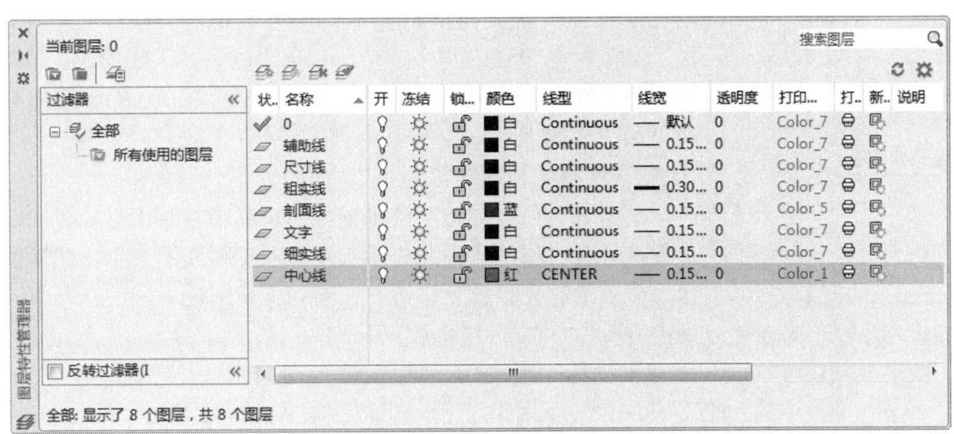

图 8-41　创建好的图层

2．设置标注样式

单击“默认”选项卡下“注释”面板中的“标注样式”按钮，打开“标注样式管理器”对话框，如图 8-42 所示。在该对话框中显示当前的标注样式，包括直径、角度、线性和引线的标注样式，用户可以单击“修改”按钮打开“修改标注样式：ISO-25”对话框，如图 8-43 所示，用户可以在其中设置需要的标注样式。本例使用标准的标注样式。

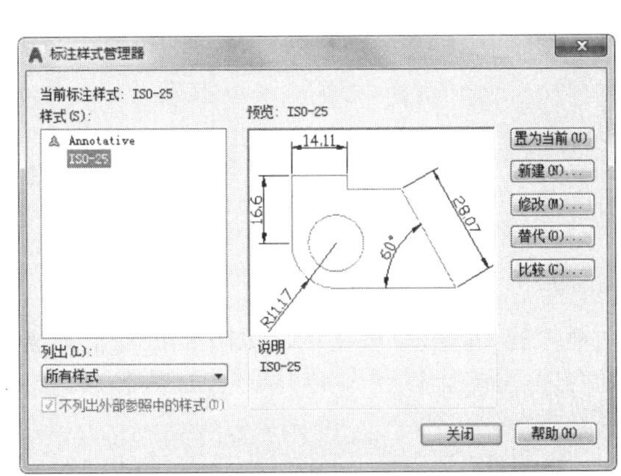

图 8-42　“标注样式管理器”对话框

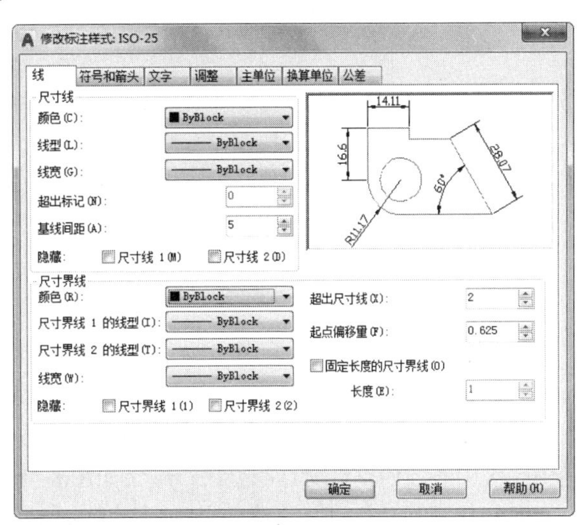

图 8-43　“修改标注样式”对话框

8.2.3　绘制主视图

主视图为全剖视图，由于其关于中心线对称分布，因此只需绘制中心线一边的图形，另一边的图形使用“镜像”命令镜像即可。

操作步骤如下：

1．绘制端盖中心线和孔中心线

将“中心线”图层设置为当前图层。根据端盖的尺寸，绘制端盖中心线的长度为 30，孔中心线

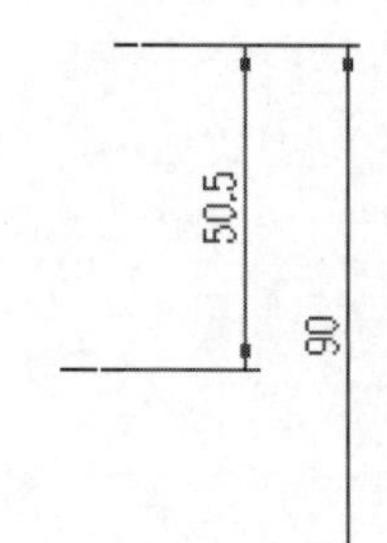

图 8-44　绘制的中心线

的长度为 10，线间间距如图 8-44 所示。单击“默认”选项卡下“绘图”面板中的“直线”按钮，分别以坐标点{（135,240），(@30,0）}、{（135,279.5），(@10,0）}、{（145,330），(@10,0）}绘制中心线，结果如图 8-44 所示。

2．绘制主视图的轮廓线

根据分析可以知道，该主视图的轮廓线主要由直线组成，由于端盖零件具有对称性，因此先绘制主视图轮廓线的一半，然后使用“镜像”命令绘制完整的轮廓线。在绘制主视图轮廓线的过程中，需要用到“直线”“倒角”“圆角”等命令。

（1）绘制直线。将“粗实线”图层设置为当前图层，单击“默认”选项卡下“绘图”面板中的“直线”按钮。在命令行提示下依次输入（140,240）、(@0,50）、(@7,0）、(@0,50）、(@5,0）、(@0,−30）、(@11,0）后在对象捕捉模式下用鼠标拾取端盖中心线的垂直交点，结果如图 8-45 所示。

单击“默认”选项卡下“绘图”面板中的“直线”按钮，在命令行提示下依次输入（163,305）、(@−5,0）、(@0,−20）、(@−15.5, 0）后在对象捕捉模式下用鼠标拾取端盖中心线的垂直交点，结果如图 8-46 所示。

（2）倒角处理。单击“默认”选项卡下“修改”面板中的“倒角”按钮，对图 8-46 中的直线 1、直线 2 进行倒角处理，倒角距离为 1，结果如图 8-47 所示。

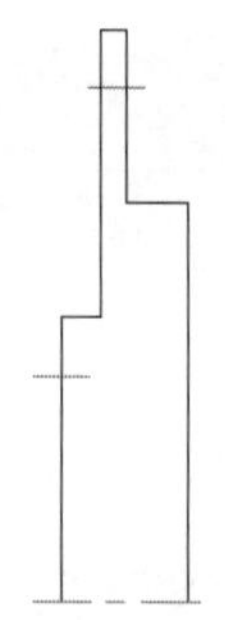

图 8-45　绘制直线后的图形（1）

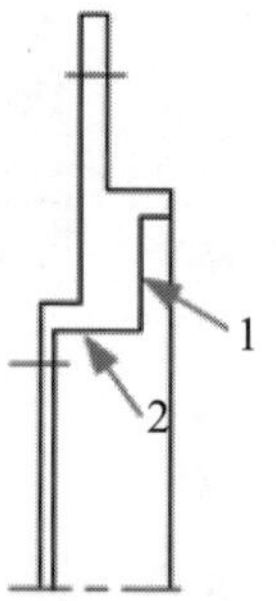

图 8-46　绘制直线后的图形（2）

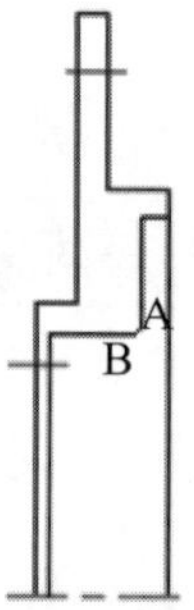

图 8-47　倒角后的图形

（3）绘制直线。单击“默认”选项卡下“绘图”面板中的“直线”按钮，以图 8-47 中的点 A 为起点，绘制到端盖中心线的垂直交点的直线。重复“直线”命令，以图 8-47 中的点 B 为起点，绘制到端盖中心线的垂直交点的直线，结果如图 8-48 所示。

（4）绘制孔直线。单击“默认”选项卡下“绘图”面板中的“直线”按钮，分别以坐标点{（140,282），(@2.5,0）}、{（147,335.5），(@5,0）}绘制直线，结果如图 8-49 所示。

（5）镜像直线。单击“默认”选项卡下“修改”面板中的“镜像”按钮，以中心线 a 为镜像线，镜像直线 A；重复“镜像”命令，以中心线 b 为镜像线，镜像直线 B，结果如图 8-50 所示。

（6）偏移直线。单击“默认”选项卡下“修改”面板中的“偏移”按钮，选择水平中心线，将其向上偏移 33.5，将偏移后的直线进行修剪并放置在“粗实线”图层，结果如图 8-51 所示。

（7）倒角处理。单击“默认”选项卡下“修改”面板中的“倒角”按钮，对图 8-50 中的直线 A、直线 B 进行倒角处理，倒角距离为 2，结果如图 8-52 所示。重复“倒角”命令，依次绘制图 8-52 中 a 处和 b 处的倒角，相应的尺寸为 C1，结果如图 8-53 所示。

（8）圆角处理。单击“默认”选项卡下“修改”面板中的“圆角”按钮，对图 8-53 中的直线 1、直线 2 进行圆角处理，圆角半径为 5。重复“圆角”命令，对图 8-53 中的直线 3、直线 4 进行圆

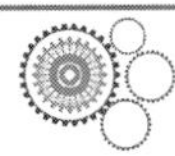

角处理，圆角半径为 1，结果如图 8-54 所示。重复“圆角”命令，依次绘制图 8-54 中 a 处和 b 处的圆角，圆角半径为 1，结果如图 8-55 所示。

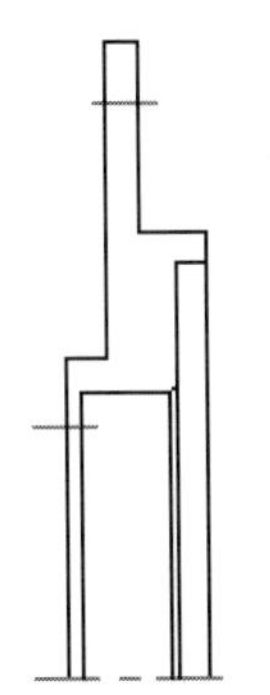

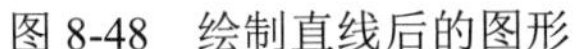
图 8-48　绘制直线后的图形

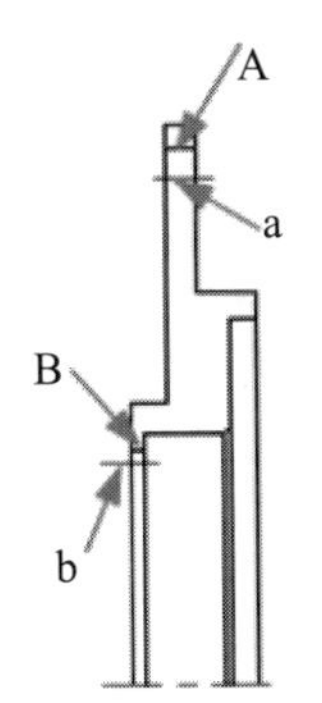

图 8-49　绘制孔直线后的图形

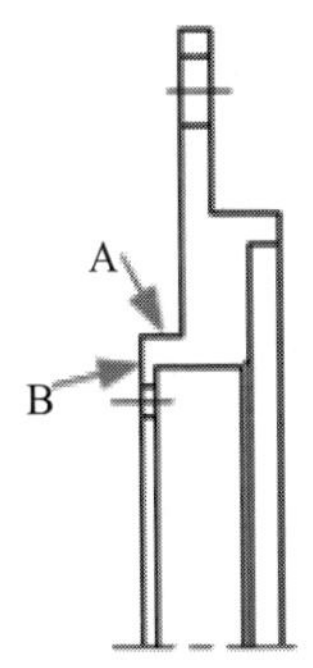

图 8-50　镜像孔直线后的图形

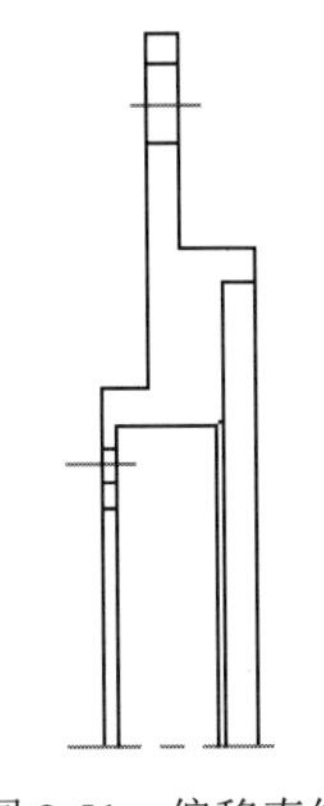
图 8-51　偏移直线

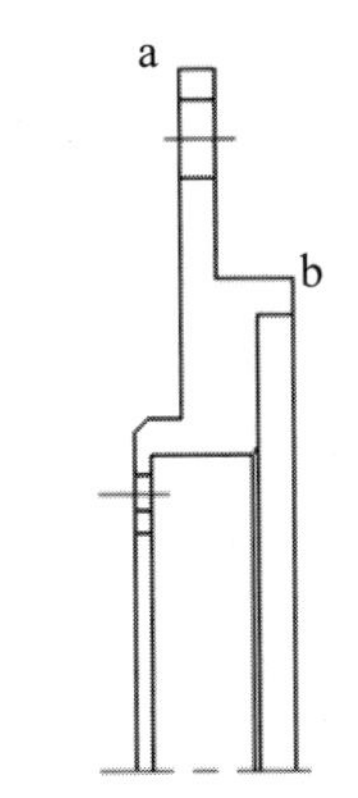

图 8-52　倒角后的图形（1）

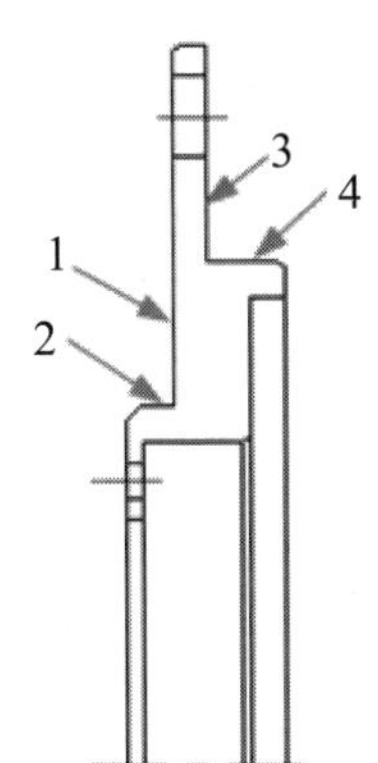

图 8-53　倒角后的图形（2）

（9）镜像图形。绘制好端盖上半部分轮廓线后，单击“默认”选项卡“修改”面板中的“镜像”按钮，以水平中心线为镜像线，镜像图 8-55 所示的全部图形，结果如图 8-56 所示。

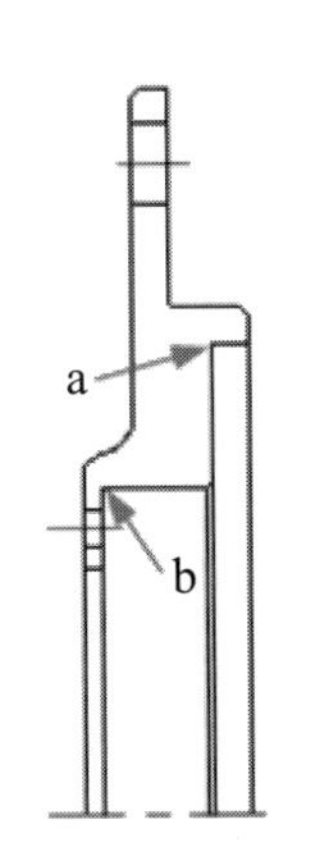

图 8-54　圆角后的图形（1）

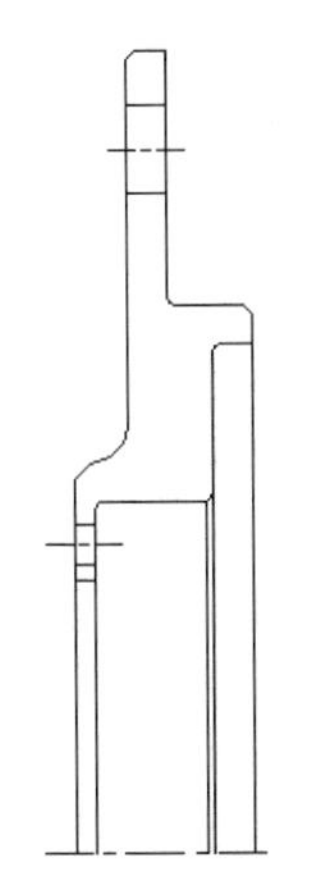
图 8-55　圆角后的图形（2）

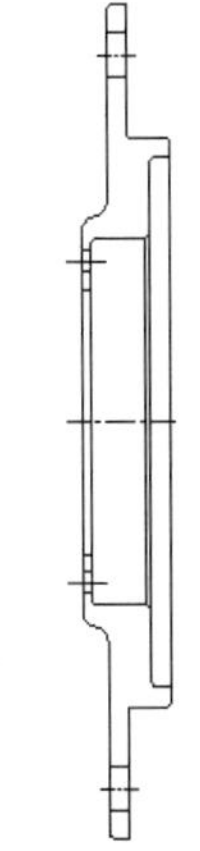
图 8-56　镜像后的端盖轮廓线

3．填充剖面线

由于主视图为全剖视图，因而需要在该视图上绘制剖面线。将“剖面线”图层设置为当前图层，以下为绘制剖面线的过程。

单击“默认”选项卡下“绘图”面板中的“图案填充”按钮，打开“图案填充创建”选项卡，然后单击“选项”面板中的“图案填充设置”按钮，弹出“图案填充和渐变色”对话框，在该对话框中选择所需要的剖面线样式，并设置剖面线的旋转角度和显示比例，图 8-57 为设置完毕的“图案填充和渐变色”对话框。设置好剖面线的类型后，单击“添加:拾取点”按钮返回绘图区域，用鼠标在图中所需添加剖面线的区域内拾取任意一点，选择完毕后按 Enter 键返回“图案填充创建”选项卡，然后单击“关闭”按钮返回绘图区域，剖面线绘制完毕。

图 8-57　设置好的“图案填充和渐变色”对话框

如果填充后用户感觉不满意，可以单击“默认”选项卡下“修改”面板中的“编辑图案填充”按钮，选择绘制的剖面线，系统会打开“图案填充编辑”对话框，如图 8-58 所示。用户可以在其中重新设置填充的样式，设置好以后单击“确定”按钮，剖面线则会以刚刚设置好的参数显示，重复此过程，直到满意为止。图 8-59 为绘制剖面线后的图形。

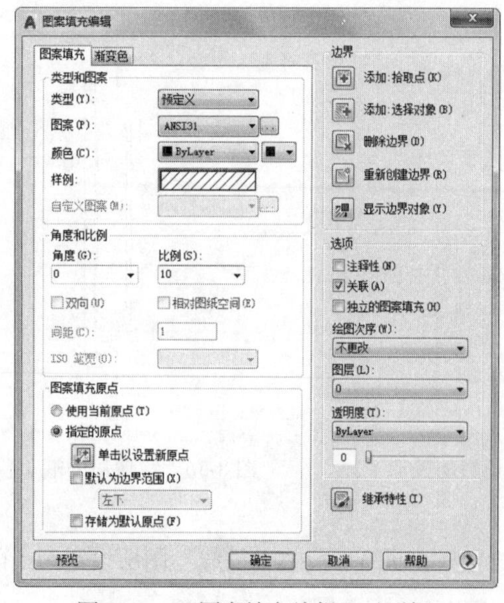

图 8-58　“图案填充编辑”对话框

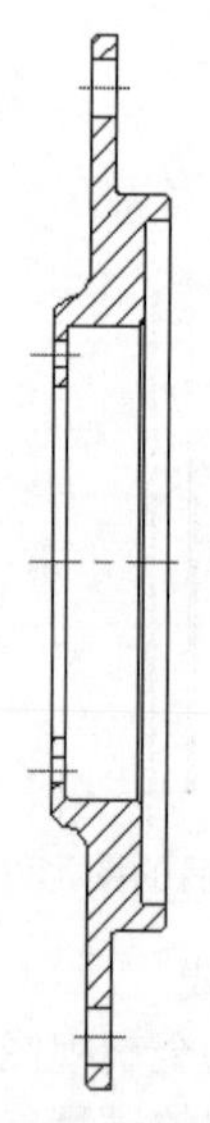

图 8-59　绘制剖面线的主视图

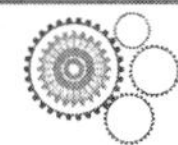

8.2.4　绘制左视图

在绘制左视图前，首先应该分析一下该部分的结构，该部分主要由圆组成，可以通过制作辅助线来方便地进行绘制，本部分用到的命令有圆和直线等。

操作步骤如下：

1．绘制中心线和辅助线

（1）绘制中心线。将“中心线”图层设置为当前图层，单击“默认”选项卡下“绘图”面板中的“直线”按钮，分别以坐标点{（280,240），（@220,0）}、{（390,125），（@0,230）}绘制中心线。

（2）绘制辅助线。将“辅助线”图层设置为当前图层，单击“默认”选项卡下“绘图”面板中的“直线”按钮，以图 8-60 中的点 A 为起点、坐标点（@260, 0）为端点绘制辅助线，重复“直线”命令，依次绘制其他辅助线，结果如图 8-60 所示。

2．绘制左视图的轮廓线

（1）绘制轮廓圆。将“粗实线”图层设置为当前图层，单击“默认”选项卡下“绘图”面板中的“圆”按钮，以图 8-60 中右边两条中心线的交点为圆心，以图 8-60 中辅助线 7 与竖直中心线的交点为半径绘制圆，由于该视图由多个圆轮廓线组成，在绘制完成上一圆轮廓线后，重复“圆”命令依次绘制其他圆轮廓线。

（2）绘制定位圆。将“中心线”图层设置为当前图层，单击“默认”选项卡下“绘图”面板中的“圆”按钮，以图 8-60 中右边两条中心线的交点为圆心，以图 8-60 中辅助线 8 与竖直中心线的交点为半径绘制圆，重复“圆”命令依次绘制其他定位圆，结果如图 8-61 所示。

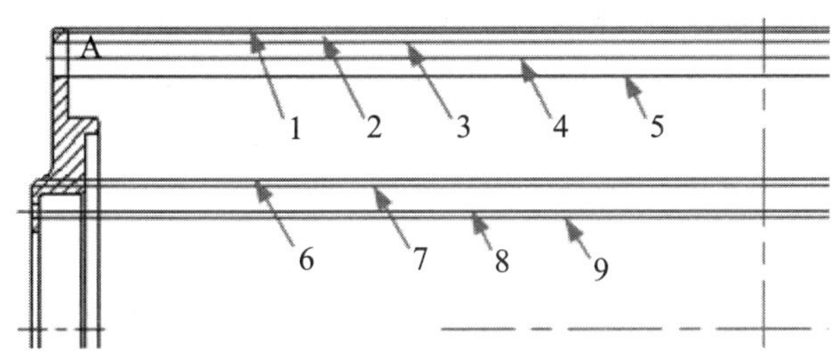

图 8-60　绘制中心线和辅助线后的图形

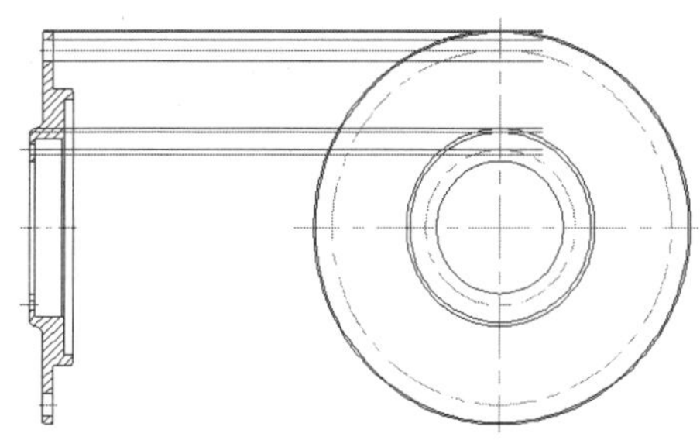

图 8-61　绘制的轮廓圆和定位圆

（3）绘制中部圆孔。将“粗实线”图层设置为当前图层，单击“默认”选项卡下“绘图”面板中的“圆”按钮，以图 8-60 中竖直中心线与辅助线 8 的交点为圆心，以图 8-60 中竖直中心线与辅助线 9 的交点为半径绘制圆，然后单击“默认”选项卡下“修改”面板中的“镜像”按钮，以左视图水平中心线为镜像线，镜像第（2）步绘制的圆，结果如图 8-62 所示。

（4）绘制端部圆孔。单击“默认”选项卡下“绘图”面板中的“圆”按钮，以图 8-60 中竖直中心线与辅助线 4 的交点为圆心，以图 8-60 中竖直中心线与辅助线 3 的交点为半径绘制圆。

（5）绘制中心线。将“中心线”图层设置为当前图层，单击“默认”选项卡下“绘图”面板中的“直线”按钮，分别以坐标点{（390,310），（@0,40）}绘制中心线，结果如图 8-63 所示。

（6）阵列第（4）和第（5）步绘制的圆和直线。单击“默认”选项卡下“修改”面板中的“环形阵列”按钮，选择第（4）步绘制的圆和第（5）步绘制的中心线，用鼠标点取大圆圆心作为阵列中心点，设置阵列数目为 10，结果如图 8-64 所示。

（7）删除所用的辅助线。单击“默认”选项卡下“修改”面板中的“删除”按钮，删除图 8-64 中所示的 9 条辅助线，结果如图 8-65 所示。

Note

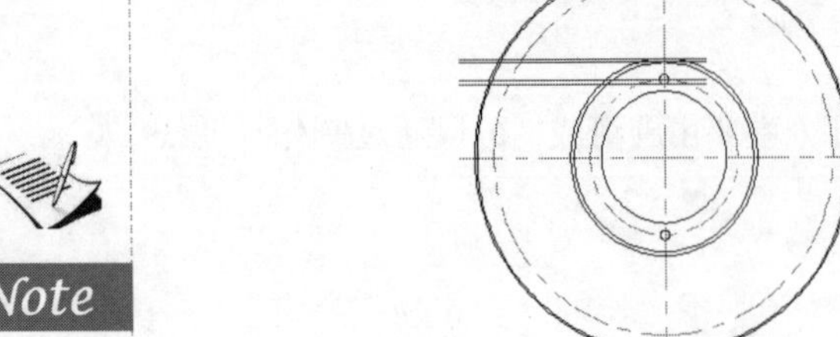

图 8-62　绘制中部圆孔后的图形

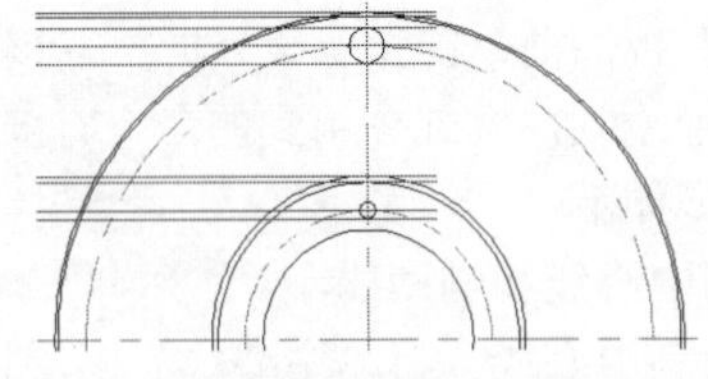

图 8-63　绘制端部单圆孔后的图形

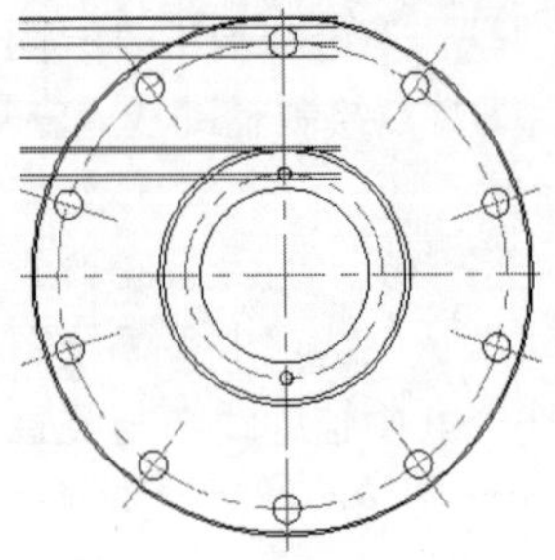

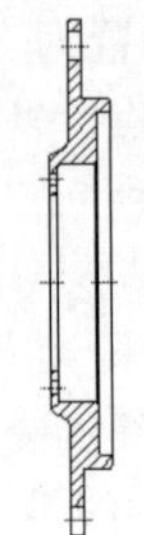

图 8-64　阵列后的图形

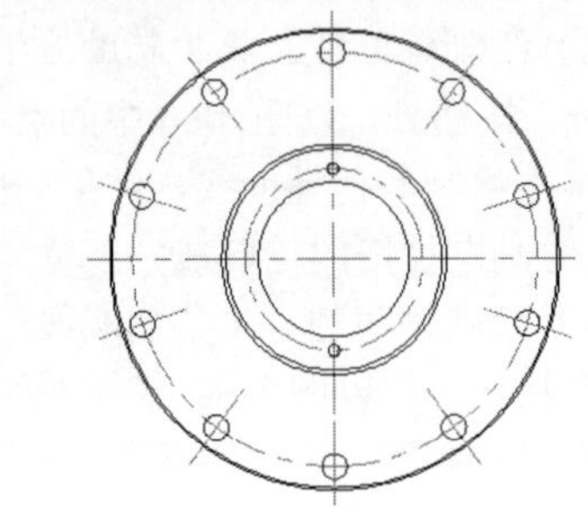

图 8-65　删除辅助线后的图形

8.2.5　标注端盖

在图形绘制完成后，还要对图形进行标注，该零件图的标注包括线性标注、引线标注、形位公差标注、参考尺寸标注和填写技术要求等。下面将着重介绍混合标注方式，如图 8-66 所示，以及带基孔配合标注，如图 8-67 所示。

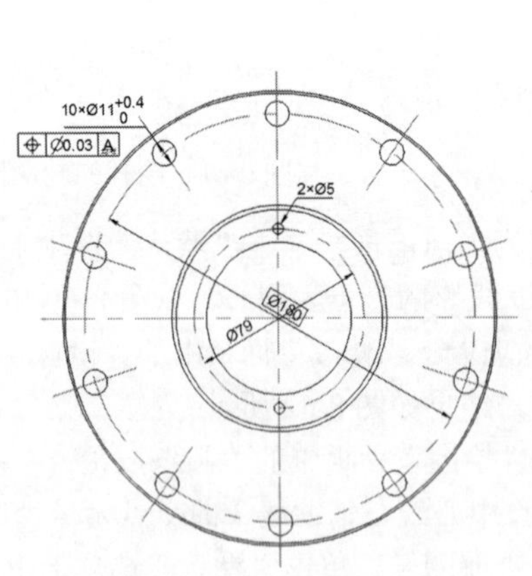

图 8-66　标注的混合尺寸

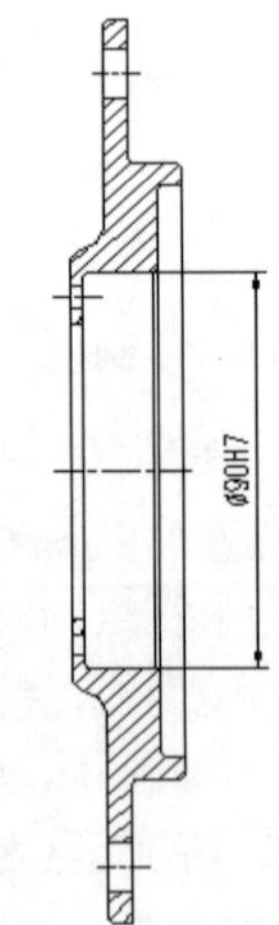

图 8-67　基孔配合标注

操作步骤如下：

1. 混合标注方式

（1）标注直径。首先将“尺寸线”图层设置为当前图层，单击“默认”选项卡下“注释”面板中的“标注样式”按钮，打开“标注样式管理器”对话框，如图 8-68 所示，然后选择“直径”选项，再单击“修改”按钮，打开“修改标注样式：直径”对话框。在“主单位”选项卡的“前缀”文

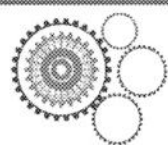

本框中输入“10×%%c”，如图 8-69 所示；在“公差”选项卡的“方式”下拉列表框中选择“极限偏差”选项，在“上偏差”微调框中输入“0.4”，在“下偏差”微调框中输入“0”，如图 8-70 所示。

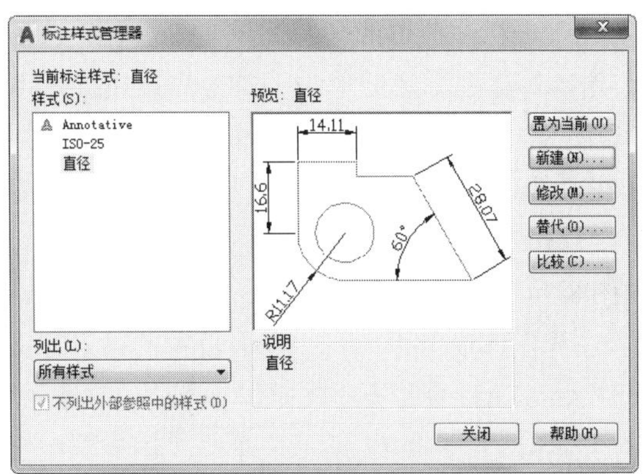

图 8-68 “标注样式管理器”对话框

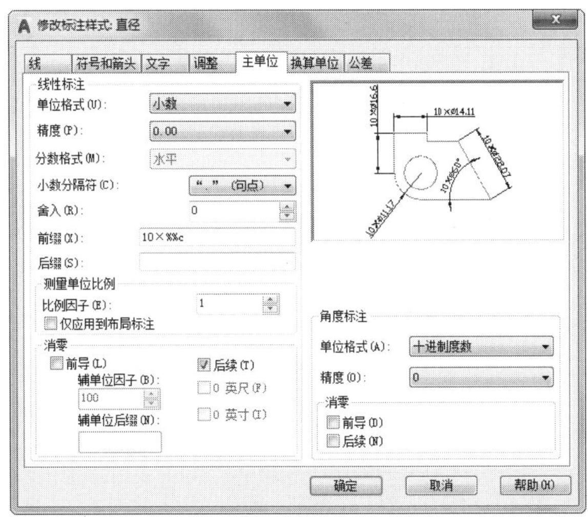

图 8-69 “修改标注样式”对话框

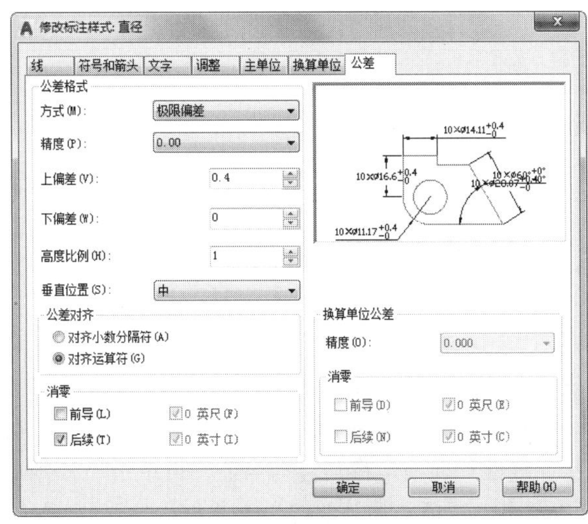

图 8-70 “公差”选项卡

按照上述设置好以后，单击“注释”选项卡下“标注”面板中的“直径”按钮⊘，标注图中 $10\times\Phi11^{+0.4}_{0}$ 的尺寸，结果如图 8-71 所示。

（2）标注形位公差。标注上一标注位置的公差。单击“注释”选项卡下“标注”面板中的“公差”按钮，打开“形位公差”对话框，然后单击“符号”按钮打开“特征符号”对话框，用户可以在其中选择需要的符号，如图 8-72 所示。单击“公差 1”黑框，则在黑框处显示符号 Φ，然后在“公差 1”白框处输入“0.03”，在“基准 1”处输入“A”，图 8-73 为填写好的“形位公差”对话框。填写完“形位公差”对话框后，单击“确定”按钮，此时在命令行提示“输入公差位置:”下在图形中选择要标注的位置，结果如图 8-74 所示。

（3）标注文字。单击“注释”选项卡下“文字”面板中的“多行文字”按钮A，在系统提示下指定输入文字的对角点，此时 AutoCAD 会打开“文字编辑器”选项卡，用户在其中设置需要的样式、字体和高度，然后输入文字的内容，如图 8-75 所示。单击“确定”按钮，则输入的内容会出现在绘图区域中，然后单击“默认”选项卡下“修改”面板中的“移动”按钮，把其移动到相应的位置，结果如图 8-66 所示。

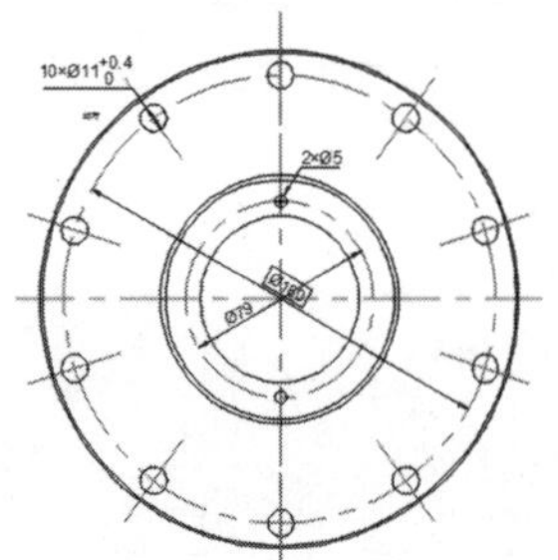

图 8-71　标注的直径

图 8-72　“特征符号”对话框

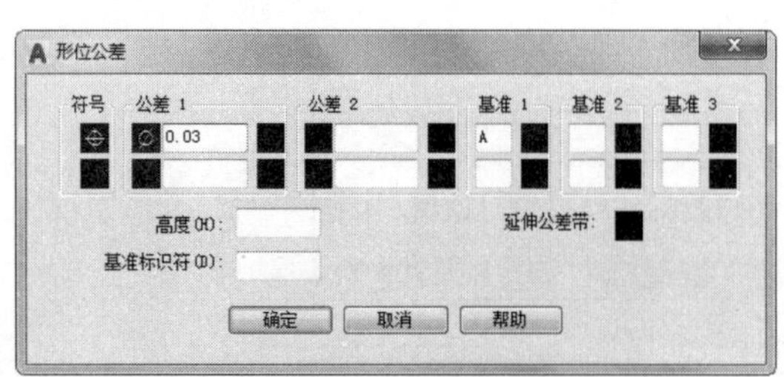

图 8-73　填写好的“形位公差”对话框

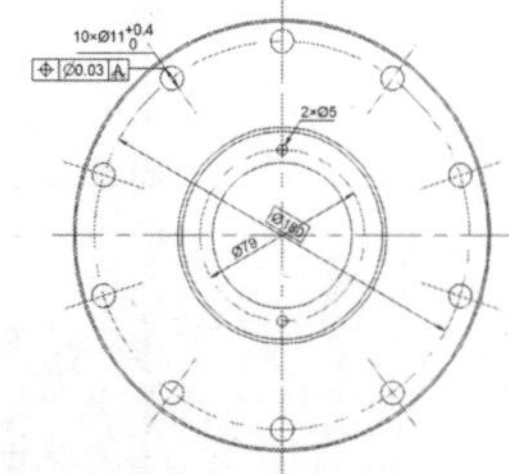

图 8-74　标注的形位公差

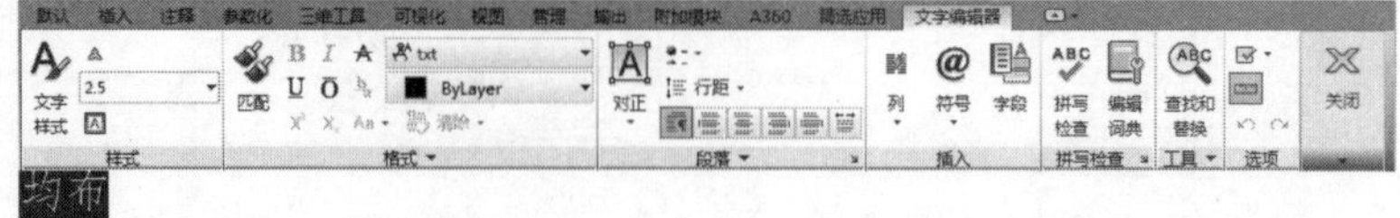

图 8-75　“文字编辑器”选项卡

2．带基孔配合的标注

单击“默认”选项卡下“注释”面板中的“标注样式”按钮，打开“标注样式管理器”对话框，如图 8-76 所示，然后选择“线性”选项，将其置为当前，再单击“替代”按钮，打开“替代当前样式：线性”对话框。在“主单位”选项卡的“前缀”文本框中输入“%%c”，在“后缀”文本框中输

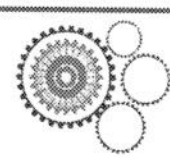

入“H7”，如图 8-77 所示。在“公差”选项卡的“方式”下拉列表框中选择“无”选项。

设置好以后再进行标注。单击“注释”选项卡下“标注”面板中的“线性”按钮，在命令行提示下选择要标注尺寸的第一界限点和第二界限点，用鼠标指定标注的位置，结果如图 8-77 所示。

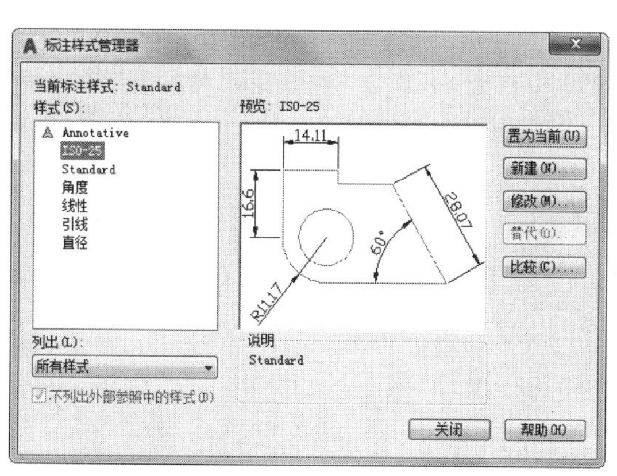

图 8-76　“标注样式管理器”对话框

图 8-77　“主单位”选项卡

3．其他标注

除了上面介绍的标注外，本例还需要标注其他尺寸。在 AutoCAD 中可以方便地标注多种类型的尺寸，标注的外观由当前尺寸标注样式控制。如果尺寸外观不符合用户的要求，则可以通过调整标注样式进行修改，这里不再详细介绍，可以参照其他实例中相应的介绍。

8.2.6　填写标题栏

标题栏是反映图形属性的一个重要信息来源，用户可以在其中查找零部件的材料、设计者以及修改等信息，其填写与标注文字的过程相似，这里不再讲述，可以参照其他实例中相应的介绍，图 8-78 为填写好的标题栏。

标记	处数	文件号	签字	日期	端　盖	所属装配号		
设计						图样标记	重量	比例
校核						S		
审查						共 1 张		第 1 张
工艺检查					钢40 GB/T699-1999			
标准检查								
审定								
批准								

图 8-78　填写好的标题栏

8.3 实战演练

Note

【实战演练 1】齿轮泵前盖设计。

齿轮泵前盖设计如图 8-79 所示。

【实战演练 2】阀盖设计。

阀盖设计如图 8-80 所示。

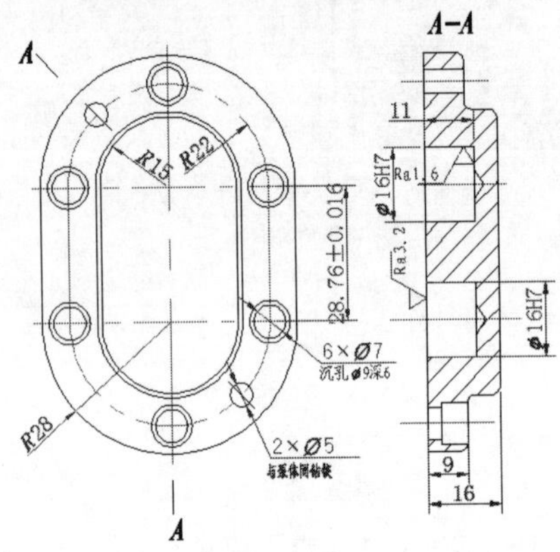

图 8-79 齿轮泵前盖

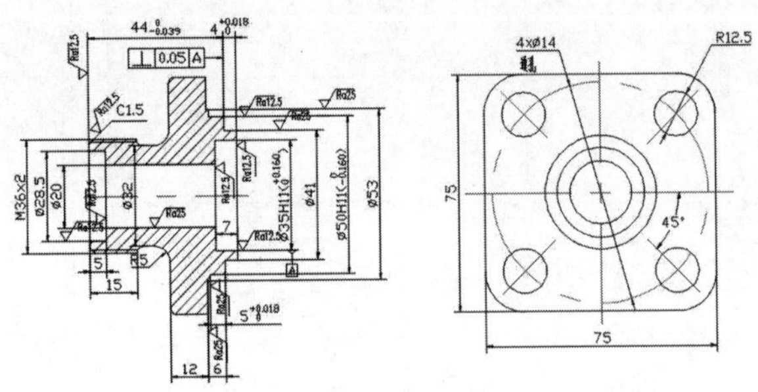

图 8-80 阀盖

第9章 轴系零件设计

本章学习要点和目标任务：

☑ 轴承设计

☑ 齿轮设计

☑ 锥齿轮轴设计

☑ 轴承座设计

轴是机器中的重要零件之一，用来支持旋转的机械零件，如齿轮、带轮等。根据所承受外部载荷的不同，轴可以分为转轴、传动轴和心轴 3 种。按其不同的结构形式，又可以把常见的轴类零件分为同截面轴、阶梯轴和空心轴等，如下图所示。

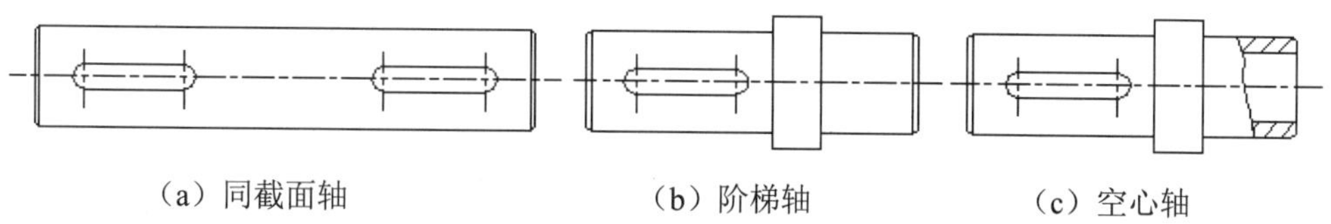

（a）同截面轴　　（b）阶梯轴　　（c）空心轴

与轴一起组成轴系零件进行力与力矩传递工作的零件还有轴套、轴承、齿轮等。这些零件通常称为轴系零件，与轴共同组成回转运动部件，在回转机械中非常常见，也非常重要。本章重点介绍轴系零件的设计思路和基本方法。

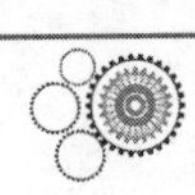

9.1 轴承设计

Note

视频讲解

轴承是一种支撑旋转轴的组件，这里所说的轴承主要指滚动轴承，由于它具有摩擦力小、结构紧凑等优点，被广泛地采用。滚动轴承的种类很多，如深沟球轴承、推力球轴承、圆锥滚子轴承等。各种轴承的结构大体相同，一般是由外圈、内圈、滚动体组成，有的还有保持架。

轴承零件的绘制过程分为两个阶段，先绘制主视图，然后完成剖面左视图的绘制。再次使用了多视图互相投影对应关系绘制图形的方法，绘制的轴承如图 9-1 所示。

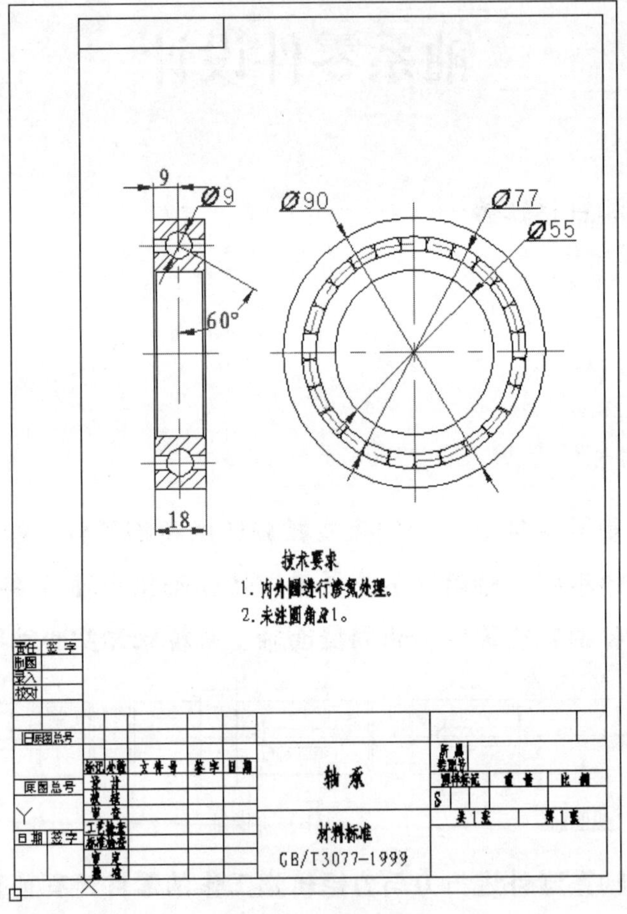

图 9-1　轴承零件图

9.1.1　配置绘图环境

操作步骤如下：

（1）单击快速访问工具栏中的“新建”按钮，打开“选择样板”对话框，在该对话框中选择 A4 竖向样板图。其中，样板图左下端点坐标为（0,0）。

（2）单击“默认”选项卡下“图层”面板中的“图层特性”按钮，打开“图层特性管理器”选项板，创建 6 个图层，如图 9-2 所示为创建好的图层。

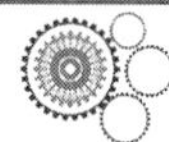

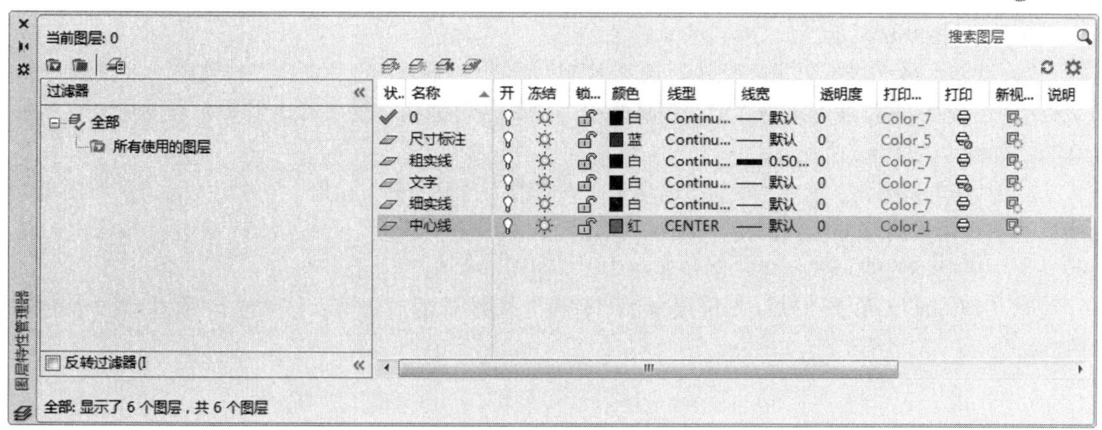

图 9-2　创建好的图层

9.1.2　绘制轴承主视图

操作步骤如下：

（1）绘制中心线。将“中心线”图层设置为当前图层，单击“默认”选项卡下“绘图”面板中的“直线”按钮，绘制直线端点坐标为{（40,180），(200,180)}，如图 9-3 所示。

提示

在输入点坐标时，既可以输入该点的绝对坐标，也可以输入其相对上一点的相对坐标，如“@△x,△y,△z”。而且在很多时候某些点的绝对坐标不可能精确得到，此时使用相对坐标将为绘图带来很大方便。

（2）缩放和平移视图。利用“缩放”和“平移”命令将视图调整到易于观察的程度。

（3）绘制轮廓线。将“粗实线”图层设置为当前图层，单击“绘图”工具栏中的“直线”按钮，分别以坐标点（50,180）、(50,225）、(@18,0）、(@0,−45）绘制外形轮廓线。

绘制结果如图 9-4 所示。

（4）偏移直线。单击“默认”选项卡下“修改”面板中的“偏移”按钮，偏移直线，偏移尺寸如图 9-5 所示，将偏移后的直线放置在“中心线”图层，如图 9-5 所示。

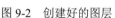

图 9-3　绘制中心线

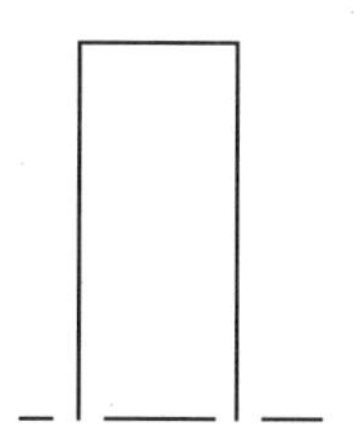

图 9-4　绘制轮廓线

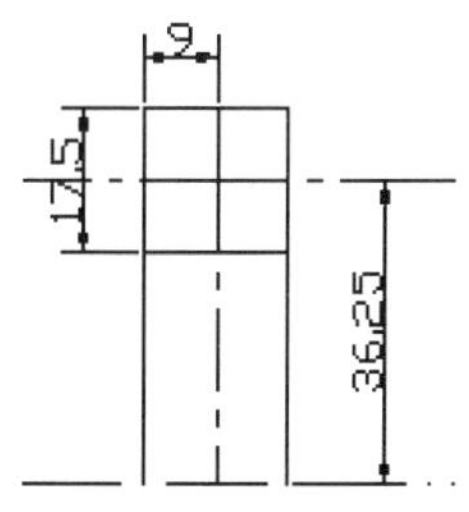

图 9-5　绘制偏移直线和更改图层属性

（5）绘制滚珠。单击“默认”选项卡下“绘图”面板中的“圆”按钮，绘制圆，圆心为（59,216.25），半径为 4.5mm，如图 9-6 所示。

（6）绘制斜线。单击“默认”选项卡下“绘图”面板中的“直线”按钮，采用极坐标下直线长度、角度模式。直线起点为圆心点，直线长度为 30，角度为−30°，即“指定下一点或[放弃(U)]:

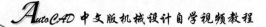

@30<-30"，如图 9-6 所示。

（7）绘制水平直线。单击"默认"选项卡下"绘图"面板中的"直线"按钮，通过圆与斜线的交点绘制一条水平直线；单击"默认"选项卡下"修改"面板中的"修剪"按钮，对水平直线进行修剪，如图 9-7 所示。

Note

（8）倒直角和圆角。单击"默认"选项卡下"修改"面板中的"圆角"按钮，圆角半径为 1mm，对外侧两个直角采用修剪模式圆角；单击"默认"选项卡下"修改"面板中的"倒角"按钮，对内侧两个直角采用不修剪模式倒角，倒角距离为 1，如图 9-8（a）所示。

（9）图形修剪。单击"默认"选项卡下"修改"面板中的"修剪"按钮，对内侧两个倒角进行修剪，如图 9-8（b）所示。

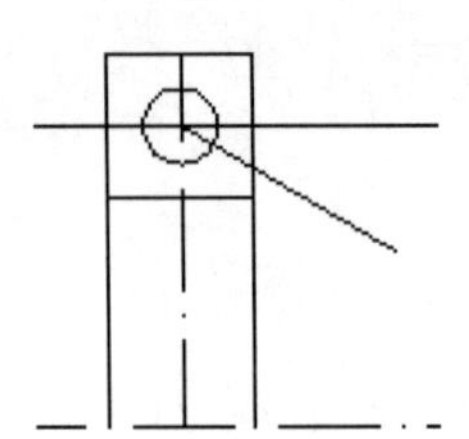

图 9-6　绘制圆与斜线

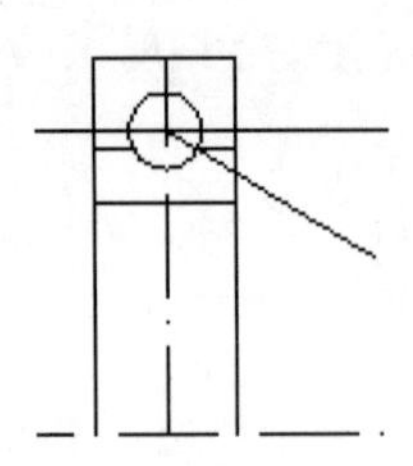

图 9-7　绘制通过定点的直线并进行修剪

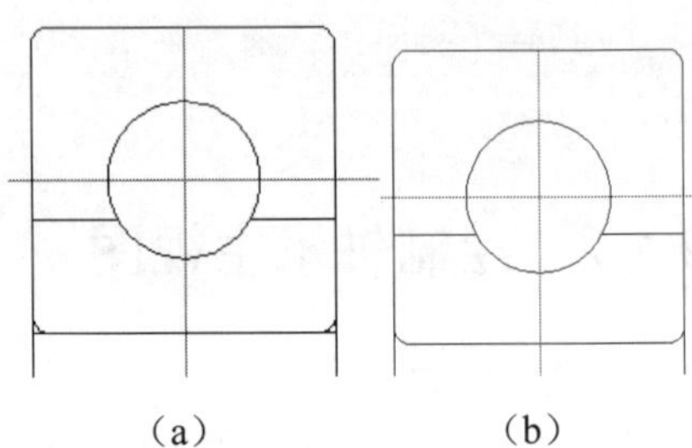

图 9-8　倒圆角

（10）镜像图形。单击"默认"选项卡下"修改"面板中的"镜像"按钮，进行两次镜像，先镜像第（7）步绘制的水平线，再镜像上半个轴承，结果如图 9-9 所示。

（11）补充轮廓线。删除绘制的斜线，单击"默认"选项卡下"绘图"面板中的"直线"按钮，绘制左右轮廓线直线，如图 9-10 所示。

（12）绘制剖面线。单击"默认"选项卡下"绘图"面板中的"图案填充"按钮，完成主视图绘制，如图 9-11 所示。

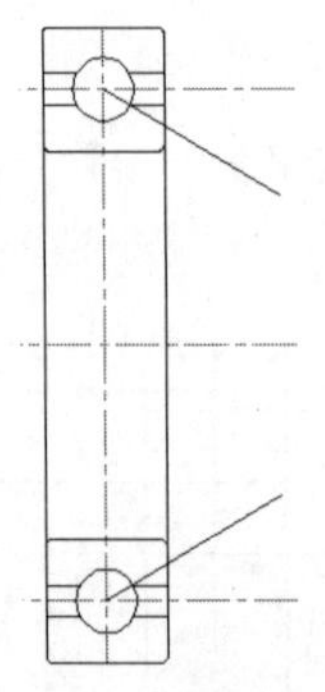

图 9-9　镜像图形

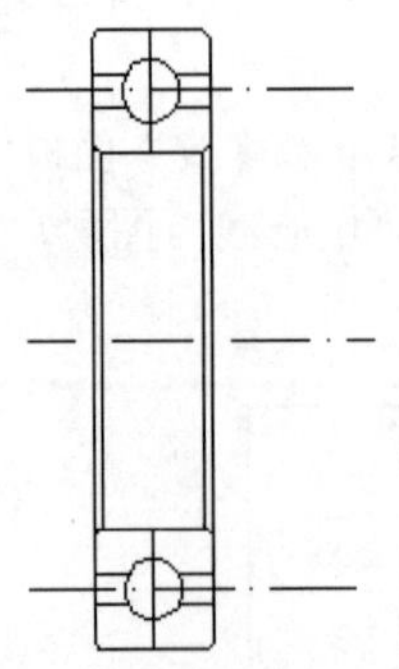

图 9-10　绘制直线

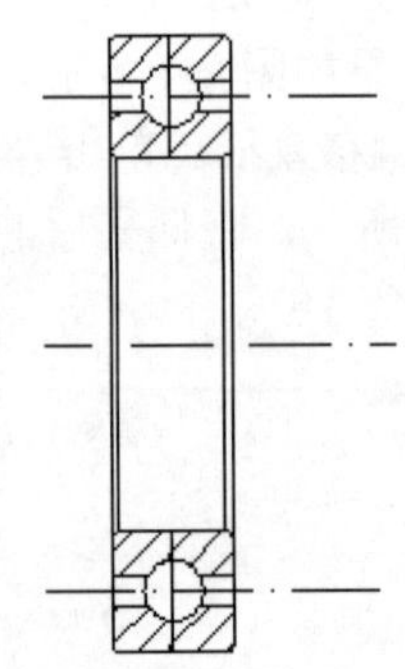

图 9-11　轴承主视图

9.1.3　绘制轴承左视图

操作步骤如下：

（1）绘制左视图定位中心线。将"中心线"图层设置为当前图层，单击"默认"选项卡下"绘图"面板中的"直线"按钮，绘制直线{（140,130），（140,230）}。同理，绘制其他两条水平中心

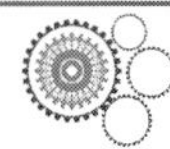

线，结果如图 9-12 所示。

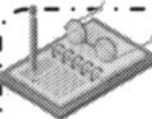

提示

轴承左视图主要由同心圆和一系列滚珠圆组成。左视图是在主剖视图的基础上生成的，因而需要借助主视图的位置信息进行绘制，即从主视图引出相应的辅助线，然后进行必要的修剪和添加。

（2）绘制辅助水平线。将“粗实线”图层设置为当前图层，单击“默认”选项卡下“绘图”面板中的“直线”按钮，捕捉特征点，利用“正交”功能从主视图引出 4 条水平直线，如图 9-13 所示。

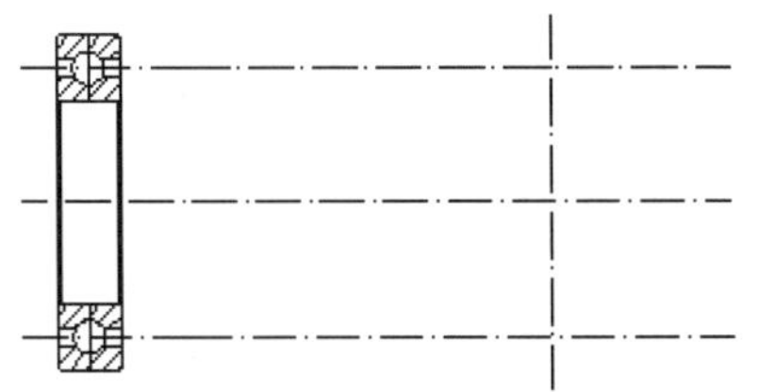

图 9-12　绘制左视图定位中心线

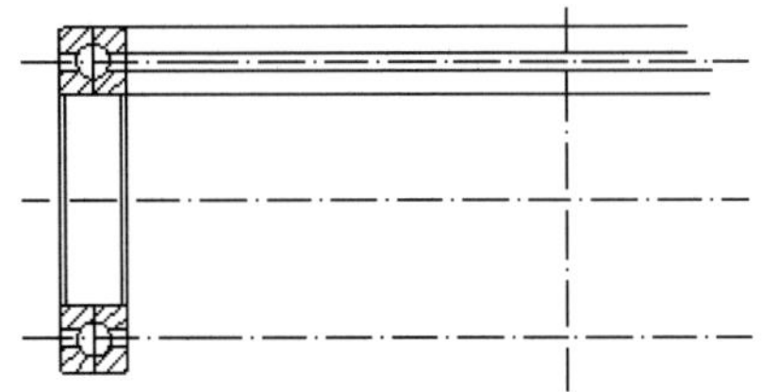

图 9-13　绘制辅助直线

（3）绘制 5 个圆。单击“默认”选项卡下“绘图”面板中的“圆”按钮，圆心为（140,180），依次捕捉辅助线与中心线的交点，注意中间的圆，更改其图层属性为“中心线”图层，删除辅助直线，如图 9-14 所示。

（4）绘制滚珠。单击“默认”选项卡下“绘图”面板中的“圆”按钮，圆心为中心线与圆弧中心线的交点，半径为 4.5mm，并进行修剪，如图 9-15 所示。

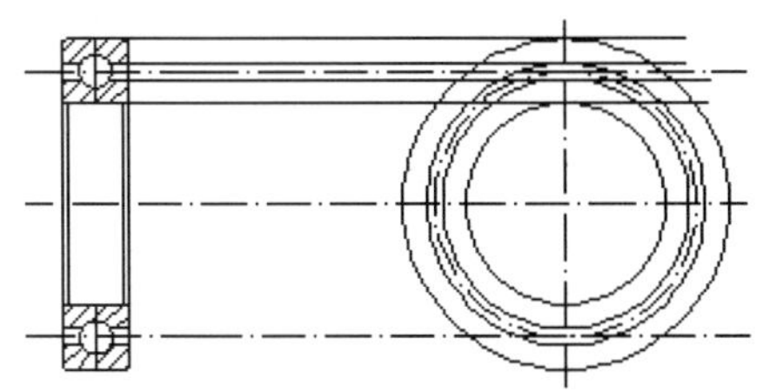

图 9-14　绘制左视图轮廓圆

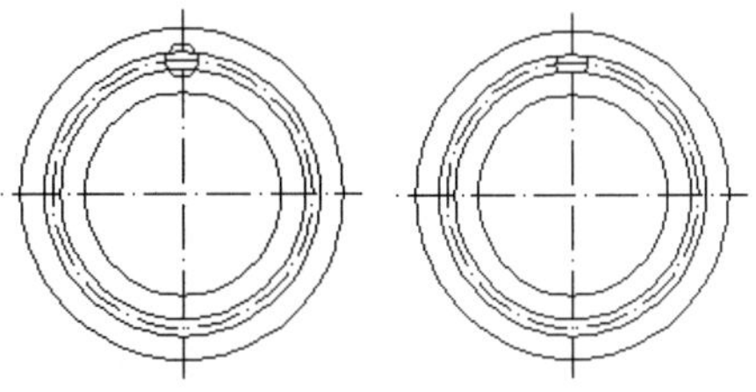

图 9-15　绘制左视图中的滚珠

（5）环形阵列。单击“默认”选项卡下“修改”面板中的“环形阵列”按钮，选取图 9-15 中所绘制的滚珠轮廓线为阵列对象，以中心线交点为阵列中心，设置阵列数目为 25，结果如图 9-16 所示。

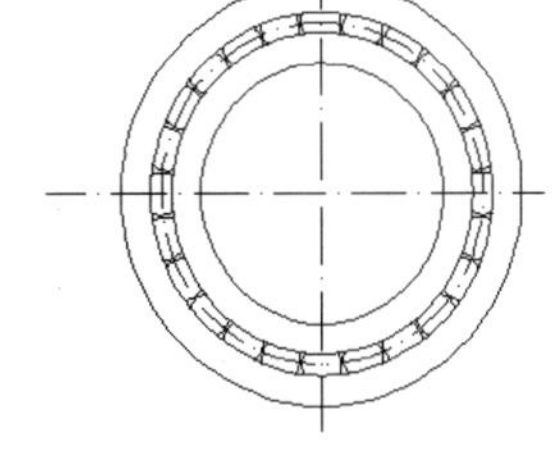

图 9-16　轴承左视图

9.1.4　标注轴承

操作步骤如下：

1．主视图标注

（1）切换图层。将“尺寸标注”图层设置为当前图层。

（2）设置标注样式。单击“默认”选项卡下“注释”面板中的“标注样式”按钮，在打开的“标注样式管理器”对话框中将“机械制图”设置为当前使用的标注样式。

（3）标注轴承宽度和圆环宽度。单击“注释”选项卡下“标注”面板中的“线性”按钮，标注轴承宽度为 18mm，如图 9-17 所示。

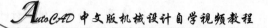

（4）标注滚珠直径。单击“默认”选项卡下“绘图”面板中的“圆”按钮⊙，标注滚珠直径为 Φ9mm，如图 9-17 所示。

（5）标注角度。单击“注释”选项卡下“标注”面板中的“角度”按钮△，标注角度为 60°。单击“默认”选项卡下“修改”面板中的“打断”按钮▭，删掉过长的中心线，如图 9-17 所示。

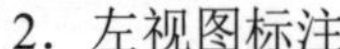
Note

2．左视图标注

单击“注释”选项卡下“标注”面板中的“直径”按钮⊘，标注直径 Φ55、Φ77 和 Φ90，如图 9-17 所示。

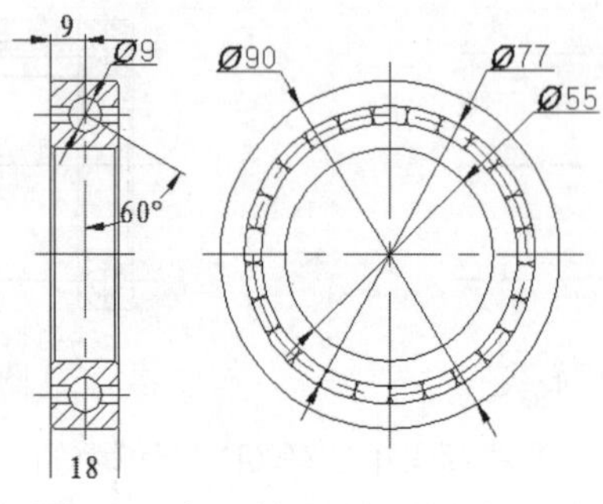

图 9-17　标注轴承主视图及左视图

提示

按照机械制图国家标准，角度尺寸的尺寸数字要求水平放置，所以此处在标注角度尺寸时，要设置替代标注样式，将其中的“文字”选项卡中的“文字对齐”设置成“ISO 标准”，如图 9-18 所示。

图 9-18　“替代当前样式”对话框

9.1.5　填写技术要求和标题栏

将“文字”图层设置为当前图层，在空白处创建技术要求，在标题栏中填写“轴承”文本框。轴承的最终效果如图 9-1 所示。

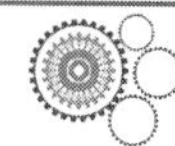

9.2　齿轮设计

齿轮与锥齿轮轴是机械设计中常用的零部件，几乎所有传动装置中都会用到该零件，因而该零件设计在机械设计中占有很重要的地位。

在绘制齿轮之前，首先应该对齿轮进行系统分析。根据国家标准，需要确定零件图的图幅，零件图中要表示的内容，零件各部分的线型、线宽、公差、公差标注样式，以及粗糙度等。另外，还需要确定用几幅视图才能清楚地表示该零件。

根据国家标准和工程分析，要将齿轮表示清楚，需要一幅主视图以及两幅局部视图。为了将图形表示得更加清楚，我们选择绘图的比例为 1∶1，图幅为 A2 横向。另外，还需要在图形中绘制齿轮参数表、技术要求等。图 9-19 是要绘制的齿轮零件图，下面将分别介绍齿轮零件图的绘制方法和步骤。

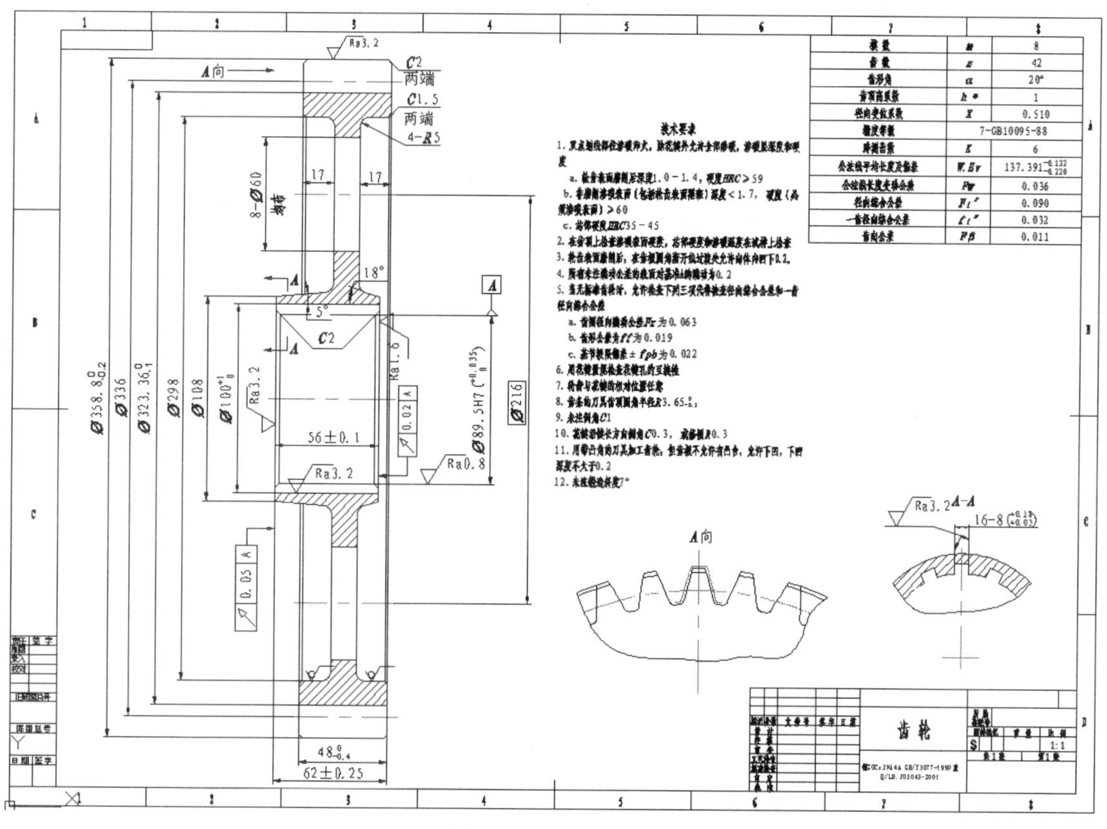

图 9-19　齿轮零件图

9.2.1　调入样板图

操作步骤如下：

单击快速访问工具栏中的“新建”按钮打开“选择样板”对话框，如图 9-20 所示，用户可以在该对话框中选择需要的样板图。

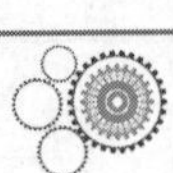

Note

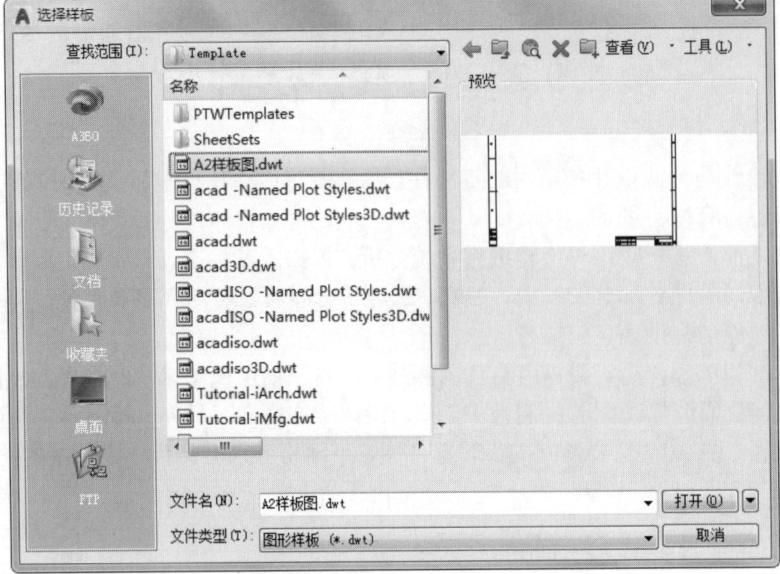

图 9-20 “选择样板”对话框

在“选择样板”对话框中选择用户已经绘制好的样板图后，单击“打开”按钮返回绘图区域。同时，选择的样板图也会出现在绘图区域内，如图 9-21 所示。其中，样板图左下端点坐标为（0,0）。

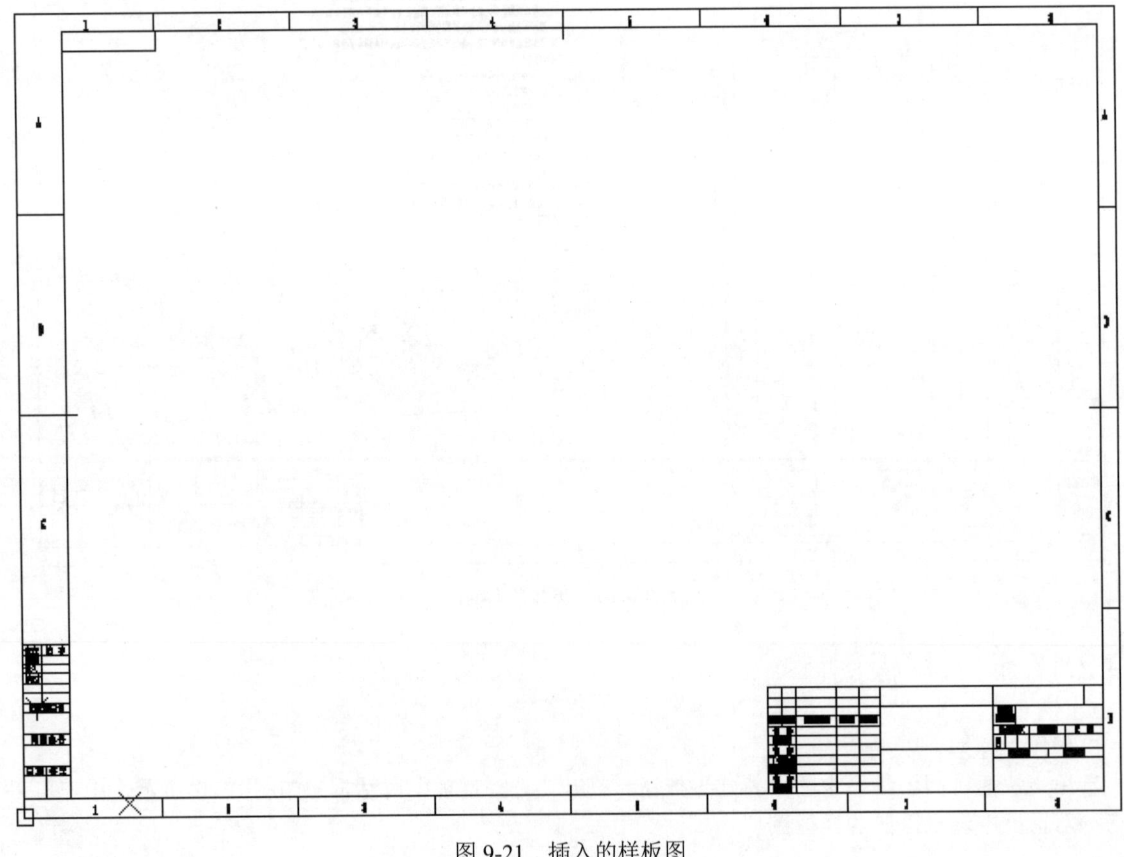

图 9-21 插入的样板图

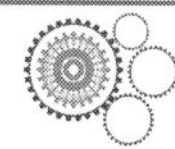

9.2.2　设置图层与标注样式

操作步骤如下：

1．设置图层

根据机械制图国家标准中的齿轮画法，我们知道齿顶圆和齿顶线需要用粗实线绘制，分度圆和分度线需要用点画线绘制，齿根圆和齿根线需要用细实线绘制；而在剖视图中，齿根线需要用粗实线绘制。其中，在主视图中齿根圆和齿根线可以省略不画。

根据以上分析来设置图层。在命令行中输入“LAYER”命令或单击“默认”选项卡下“图层”面板中的“图层特性”按钮，打开“图层特性管理器”选项板，用户可以参照前面介绍的命令在其中创建需要的图层，如图 9-22 所示为创建好的图层。

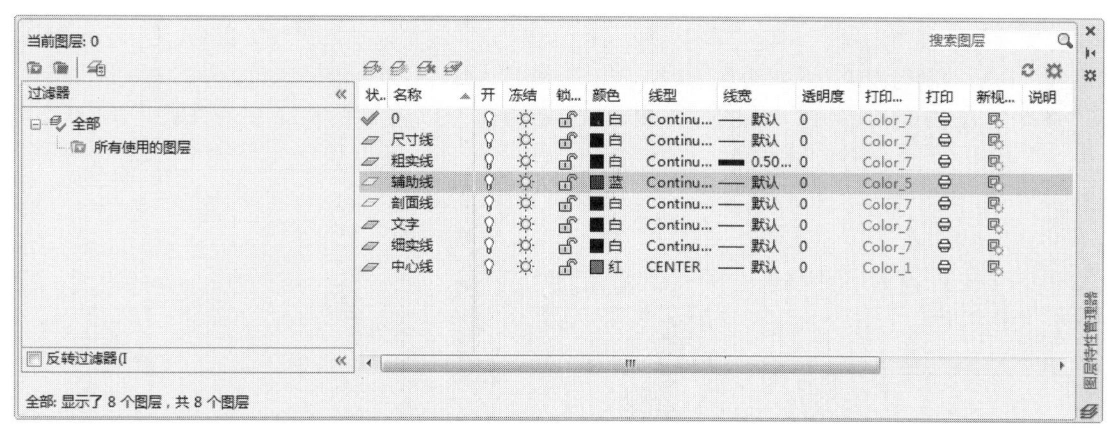

图 9-22　创建好的图层

2．设置标注样式

单击“默认”选项卡下“注释”面板中的“标注样式”按钮，打开“标注样式管理器”对话框，如图 9-23 所示，在该对话框中显示当前的标注样式，包括直径、角度、线性和引线的标注样式，用户可以单击“修改”按钮，打开“修改标注样式：ISO-25”对话框，如图 9-24 所示，用户可以在其中设置需要的标注样式。

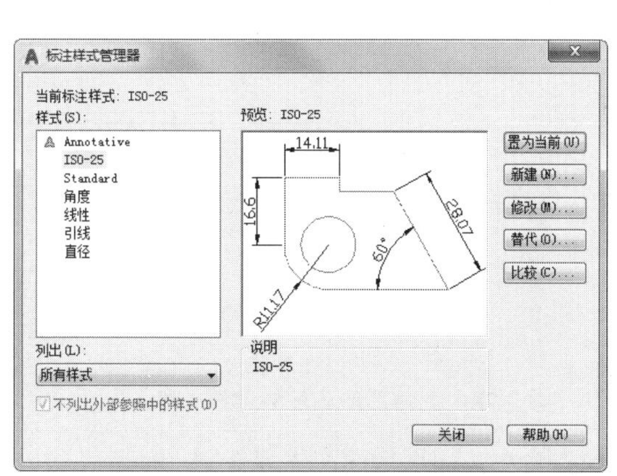

图 9-23　“标注样式管理器”对话框

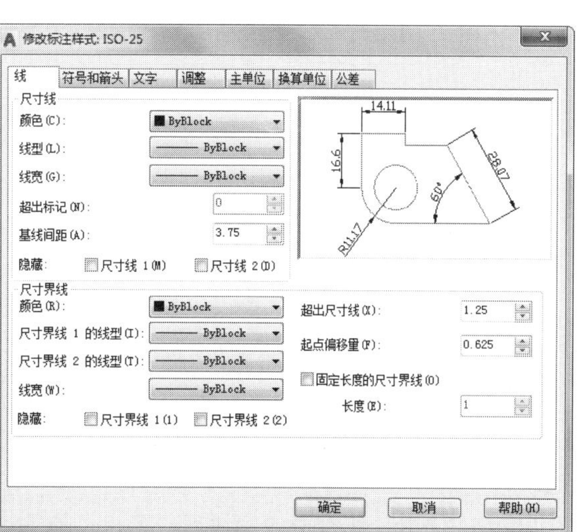

图 9-24　“修改标注样式”对话框

Note

9.2.3 绘制主视图

操作步骤如下：

1．绘制中心线以及分度圆线

将“中心线”图层设置为当前图层。根据齿轮的尺寸，单击“默认”选项卡下“绘图”面板中的“直线”按钮，以端点（135,216）、（@80,0）绘制中心线，以端点（155,384）、（@50,0）绘制分度线，结果如图 9-25 所示。

2．绘制主视图的轮廓线

将“粗实线”图层设置为当前图层。主视图的轮廓线主要由直线组成，根据分析可知，由于主视图具有对称性，因此先绘制齿轮轮廓线的一半，然后使用“镜像”命令绘制完整的齿轮轮廓线。在绘制主视图的轮廓线的过程中，需要用到直线、剪切、倒角、圆角以及平行线等命令。图 9-26 为使用“直线”命令绘制的齿轮上半部分轮廓线，然后再使用“圆角”命令绘制圆角。单击“默认”选项卡下“修改”面板中的“圆角”按钮，设置圆角半径为 5，分别拾取图 9-26 中的直线 1 和直线 2。

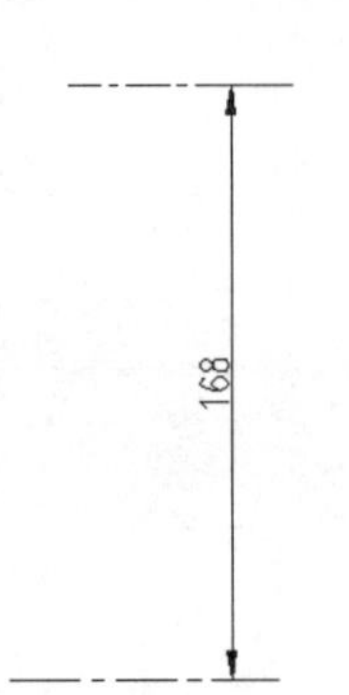

图 9-25　绘制的中心线和分度圆线

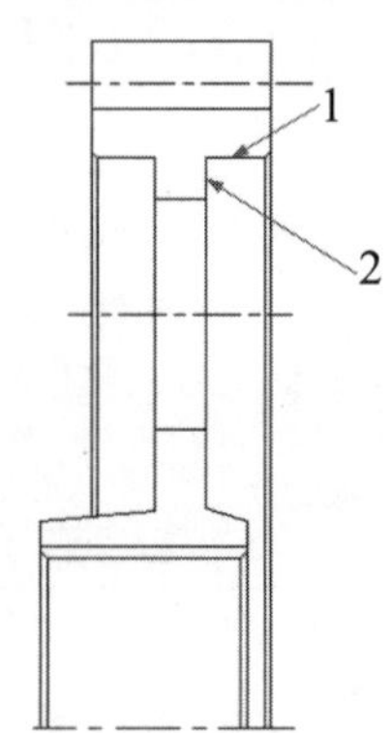

图 9-26　齿轮上半部分轮廓线

依次对图中的 4 个部分绘制圆角，图 9-27 为绘制圆角后的齿轮上半部分轮廓线。绘制完圆角后，下一步就要对齿部进行倒角，单击“默认”选项卡下“修改”面板中的“倒角”按钮，倒角距离为 2，图 9-28 为倒角后的齿轮上半部分轮廓线。

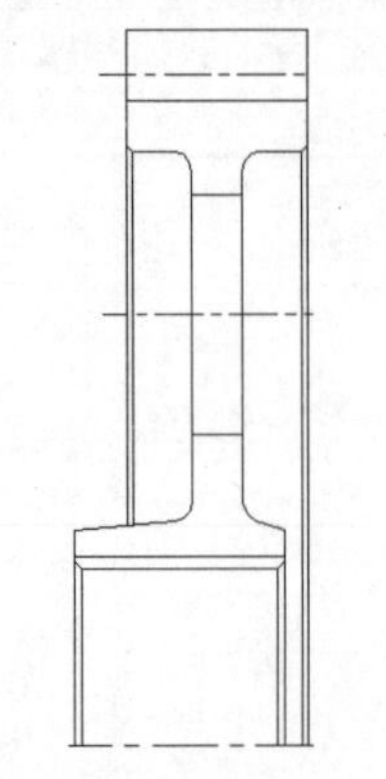

图 9-27　圆角后轮廓线

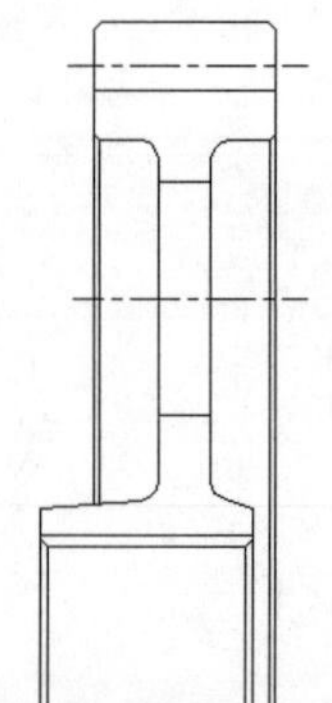

图 9-28　倒角后的齿轮轮廓线

绘制好齿轮上半部分轮廓线后，用户再使用“镜像”命令，即可快速产生零件图。单击“默认”选项卡下“修改”面板中的“镜像”按钮，以水平中心线为镜像线，镜像图 9-28 所示的全部图形，

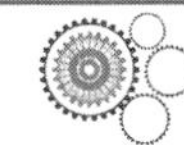

结果如图 9-29 所示。

3．绘制剖面线

由于主视图为全剖视图，因而需要在该视图上绘制剖面线。将“剖面线”图层设置为当前图层，以下为绘制剖面线的过程。

单击“默认”选项卡下“绘图”面板中的“图案填充”按钮，打开“图案填充创建”选项卡，然后单击“选项”面板中的“图案填充设置”按钮，弹出“图案填充和渐变色”对话框，在该对话框中选择所需要的剖面线样式，并设置剖面线的旋转角度和显示比例，图 9-30 所示为设置完毕的“图案填充和渐变色”对话框。设置好剖面线的类型后，单击“添加:拾取点”按钮，返回绘图区域，用鼠标在图中所需添加剖面线的区域内拾取任意一点，选择完毕后，返回“图案填充创建”选项卡，然后单击“关闭”按钮，剖面线绘制完毕。

如果填充后用户感觉不满意，单击“默认”选项卡下“修改”面板中的“编辑图案填充”按钮，选择绘制的剖面线，系统会打开“图案填充编辑”对话框，用户可以在其中重新设定填充的样式，直到满意为止。图 9-31 所示为绘制剖面线后的图形。

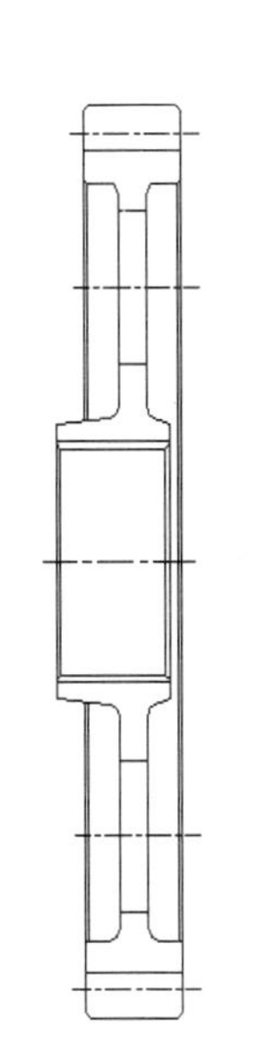

图 9-29　镜像后的齿轮轮廓线

图 9-30　“图案填充和渐变色”对话框

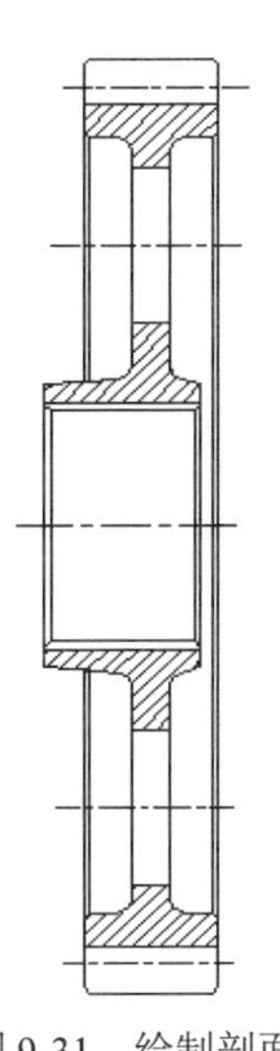

图 9-31　绘制剖面线的主视图

（1）绘制齿部视图。首先将“中心线”图层设置为当前图层，根据主视图投影，绘制齿轮分度圆线和中心线，然后将“粗实线”图层设置为当前图层，根据主视图投影绘制齿部的外形轮廓，将中心线分别向两侧偏移 3.3、6.78 和 8.7。利用三点圆弧命令绘制轮齿部分，再将绘制的轮齿进行环形阵列，阵列数目为 42，最后将“细实线”图层设置为当前图层，利用“样条曲线”命令绘制局部视图的边界线，图形绘制完毕后删除偏移的辅助线，并对图形进行修剪，结果如图 9-32 所示。

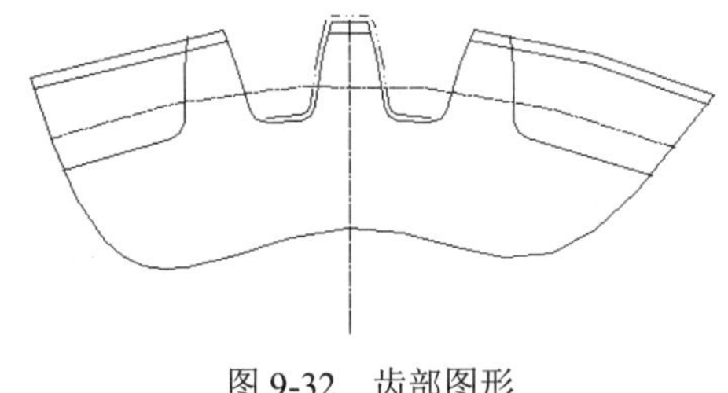

图 9-32　齿部图形

（2）绘制花键键槽局部剖视图。由于花键键槽均匀分布在轴孔处，因而只需要一幅局部剖视图

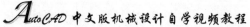

Note

即可表示清楚该部分。用户首先在“中心线”图层绘制键槽的中心线，然后在“粗实线”图层绘制键槽的轮廓部分，然后在“细实线”图层绘制局部视图的边界线，最后在“剖面线”图层填充视图。该部分用到的命令有“圆弧”“直线”“样条曲线”等。

① 绘制中心线。将“中心线”图层设置为当前图层，单击“默认”选项卡下“绘图”面板中的“直线”按钮，以坐标点{（506,117），（@20,0）}、{（516,100），（@0,75）}绘制直线。

② 绘制中心孔的内径和外径。将“粗实线”图层设置为当前图层，单击“默认”选项卡下“绘图”面板中的“圆”按钮，分别以中心线的交点为圆心，绘制半径分别为 44.75 和 50 的圆。

③ 绘制键槽。单击“默认”选项卡下“绘图”面板中的“直线”按钮，以坐标点{（520,117），（@0,47.825），（@-8,0），（@0,-47.825）}绘制直线，结果如图 9-33 所示。

④ 修剪图形。单击“默认”选项卡下“修改”面板中的“修剪”按钮，以图 9-33 中的圆 A 为剪切边，对图 9-33 中的直线 1、直线 2 进行修剪处理，结果如图 9-34 所示。

⑤ 阵列键槽。单击“默认”选项卡下“修改”面板中的“环形阵列”按钮，选择图 9-34 中绘制的键槽，用鼠标点取图 9-34 中的中心点，设置阵列数目为 2，项目间角度为 22.5°，结果如图 9-35 所示。

⑥ 镜像键槽。单击“默认”选项卡下“修改”面板中的“镜像”按钮，以竖直中心线为镜像线，镜像图 9-35 中圆 A 中的对象，结果如图 9-36 所示。

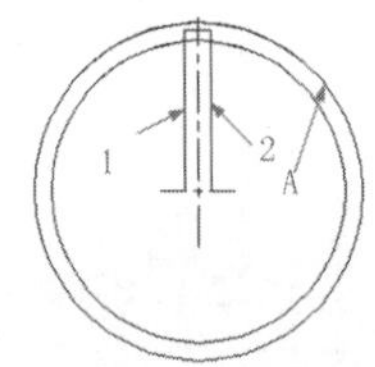

图 9-33 绘制圆后的图形形状

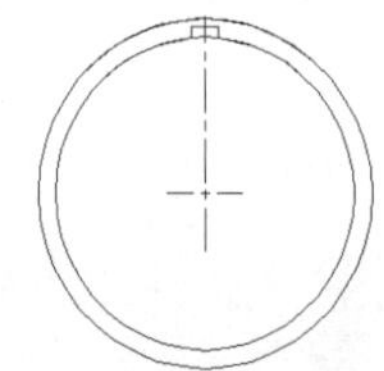
图 9-34 修剪后的图形形状

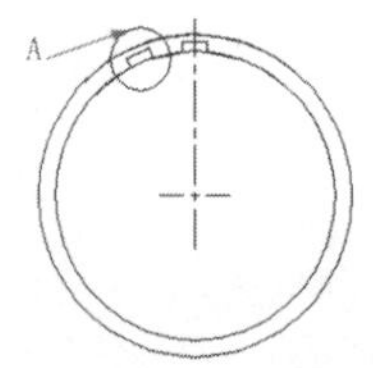

图 9-35 阵列后的图形

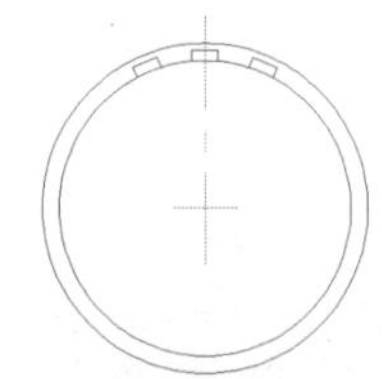
图 9-36 镜像后的图形

⑦ 绘制样条曲线。将“细实线”图层设置为当前图层，绘制样条曲线，即局部剖视图的界线。使用命令“SPLINE”绘制如图 9-37 所示的样条曲线。

绘制完样条曲线后，再使用“修剪”命令修剪该图形，命令执行过程参照上面的介绍，修剪结果如图 9-38 所示。

⑧ 填充剖面线。将“剖面线”图层设置为当前图层，命令执行过程参照以前的介绍，填充后的图形如图 9-39 所示。

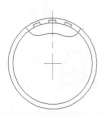

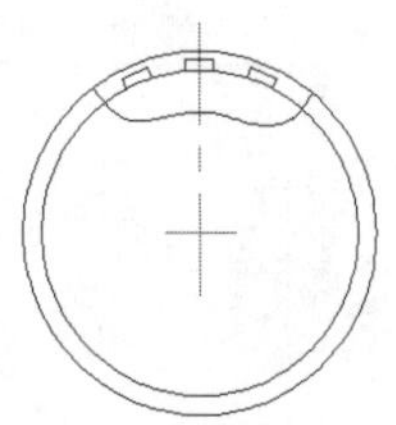
图 9-37 绘制样条曲线后的图形

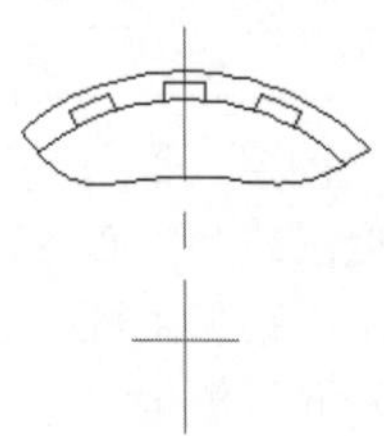
图 9-38 修剪后的图形

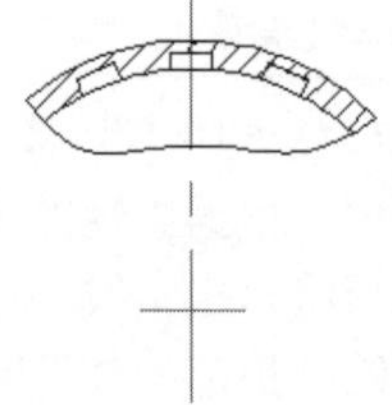
图 9-39 花键键槽局部剖视

9.2.4 标注齿轮

在图形绘制完成后，还要对图形进行标注，本节将介绍齿轮参数表格的创建与填写、长度标注、角度标注、形位公差标注和填写技术要求等。

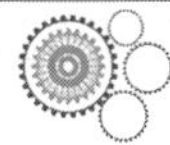

操作步骤如下：

1．创建与填写齿轮参数表格

（1）创建齿轮参数表格。单击“默认”选项卡下“注释”面板中的“表格”按钮，绘制如图 9-40 所示的齿轮参数表格。然后使用“MOVE”命令把填写好的齿轮参数表格作为一个整体移动到图形的右上角处，也可以把齿轮参数表格作为一个块插入图形。

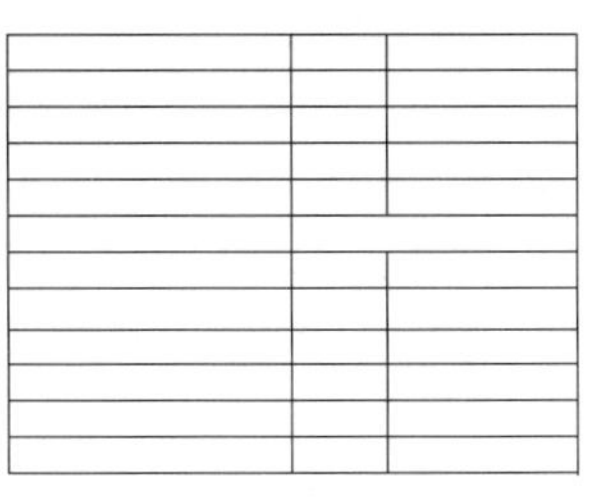

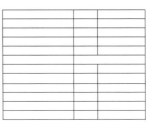

图 9-40　创建的齿轮参数表格

（2）填写齿轮参数表格。在填写齿轮参数表格前，需要设置填写的文字样式，单击“默认”选项卡下“注释”面板中的“文字样式”按钮，打开“文字样式”对话框，按照图 9-41 所示设置文字样式。

设置好文字样式后，在参数表格中相应的位置双击填写齿轮的参数，结果如图 9-42 所示，并将齿轮参数表放置在“文字”图层。图 9-43 所示为填写齿轮参数表格后的整个图形。

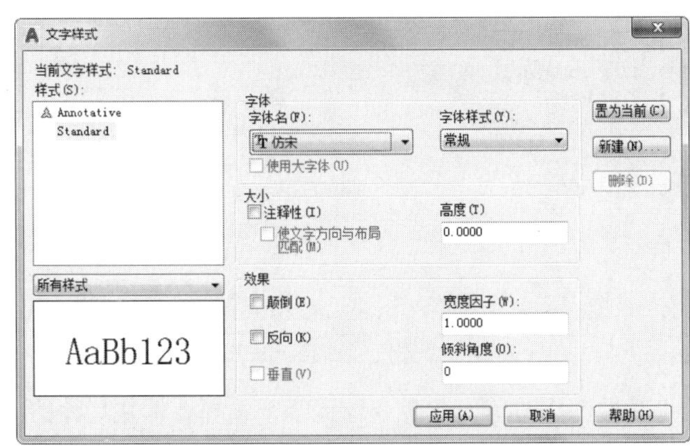

图 9-41　设置好的“文字样式”对话框

模数	m	8
齿数	z	42
齿形角	α	20°
齿顶高系数	h^*	1
径向变位系数	X	0.510
精度等级	7-GB10095-88	
跨测齿数	K	6
公法线平均长度及偏差	$W.E_W$	$137.391_{-0.220}^{-0.132}$
公法线长度变动公差	F_W	0.036
径向综合公差	F_i''	0.090
一齿径向综合公差	f_i''	0.032
齿向公差	$F\beta$	0.011

图 9-42　填写好的齿轮参数表格

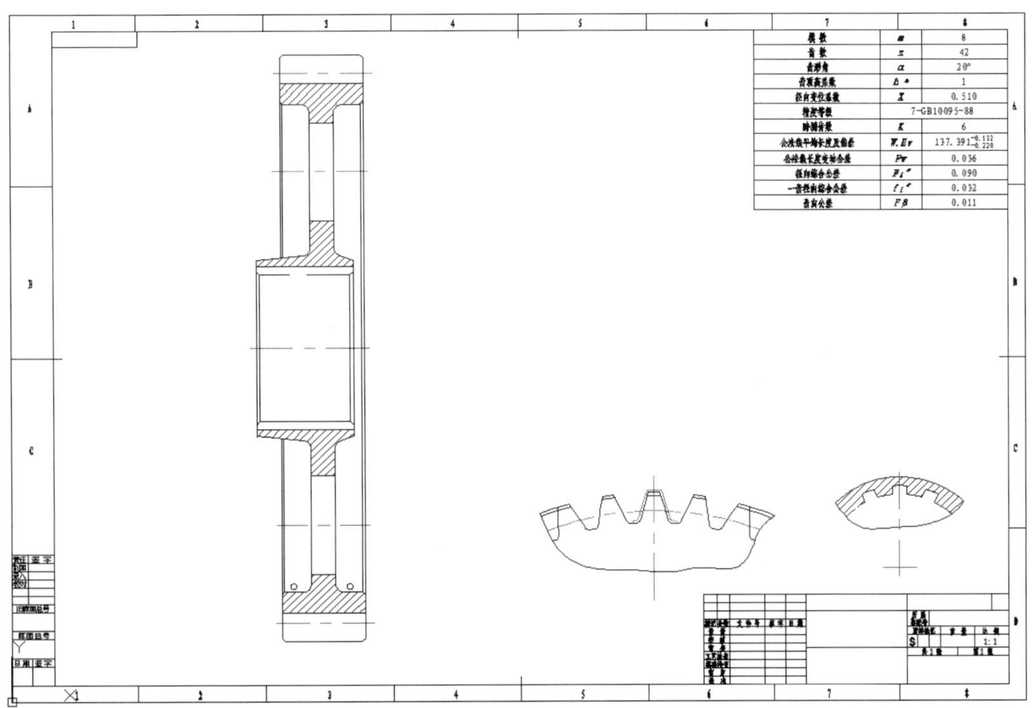

图 9-43　填写齿轮参数表格后的图形

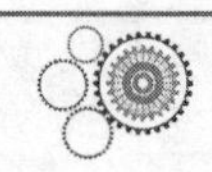

2．标注长度尺寸

以标注“Φ100”为例说明在该图中标注长度尺寸的方法。首先将“尺寸线”图层设置为当前图层，单击“默认”选项卡下“注释”面板中的“标注样式”按钮，打开“标注样式管理器”对话框，如图 9-44 所示。然后单击“替代”按钮，打开“替代当前样式：ISO-25”对话框，如图 9-45 所示，在该对话框中可以修改标注样式的直线、箭头、文字以及位置等参数。

Note

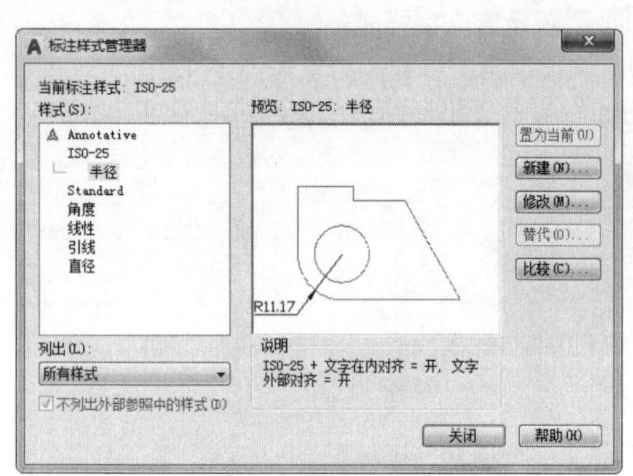

图 9-44　“标注样式管理器”对话框

图 9-45　“替代当前样式：ISO-25”对话框

单击“注释”选项卡下“标注”面板中的“线性”按钮，在命令行提示下选择要标注尺寸的第一界限点和第二界限点，用鼠标指定标注的位置，结果如图 9-46 所示。

3．标注角度尺寸

以标注“5°”为例说明标注该图的角度尺寸，用户在“标注样式管理器”对话框中设置角度的标注样式，并设置角度的精度。设置好以后，单击“注释”选项卡下“标注”面板中的“角度”按钮，再进行角度标注，结果如图 9-47 所示。

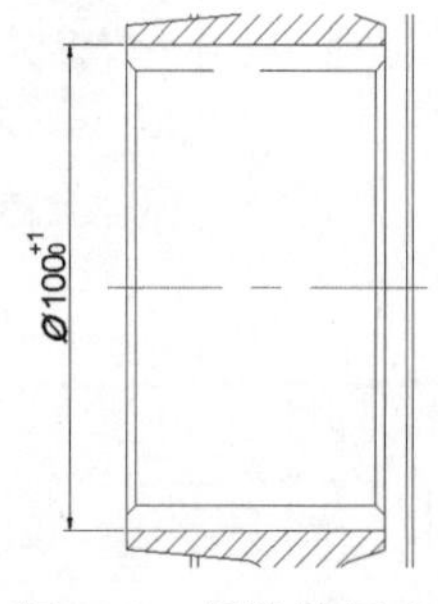

图 9-46　标注的尺寸

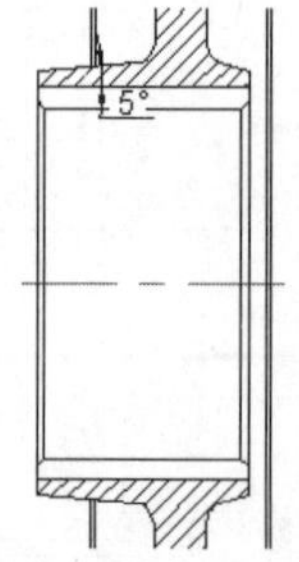

图 9-47　标注的角度

4．标注表面及形位公差

在标注表面及形位公差之前，首先需要设置引线的样式，然后标注表面及形位公差。

（1）在命令行中输入“QLEADER”命令，在命令行提示“指定第一个引线点或[设置(S)] <设置>:”后输入“S”。选择该选项后，打开如图 9-48 所示的“引线设置”对话框，在其中选中“公差”单选按钮，即把引线设置为公差类型。设置完毕后，单击“确定”按钮，返回命令行。

（2）在命令行提示“指定第一个引线点或[设置(S)] <设置>:”后用鼠标指定引线的第一个点。

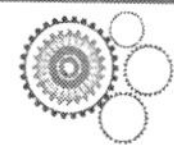

（3）在命令行提示“指定下一点:”后用鼠标指定引线的第二个点。

（4）在命令行提示“指定下一点:”后用鼠标指定引线的第三个点。

（5）此时，AutoCAD 自动打开“形位公差”对话框，如图 9-49 所示，单击“符号”黑框，打开“特征符号”对话框，用户可以在其中选择需要的符号，如图 9-50 所示。

填写完“形位公差”对话框后，单击“确定”按钮，则返回绘图区域，完成形位公差的标注，结果如图 9-51 所示。

同理，标注其他尺寸。

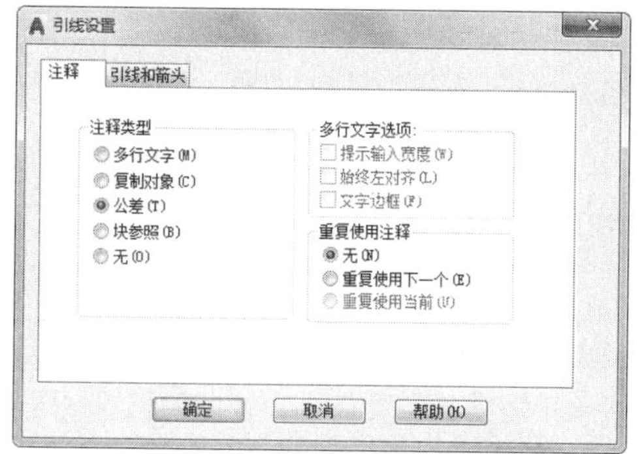

图 9-48 “引线设置”对话框

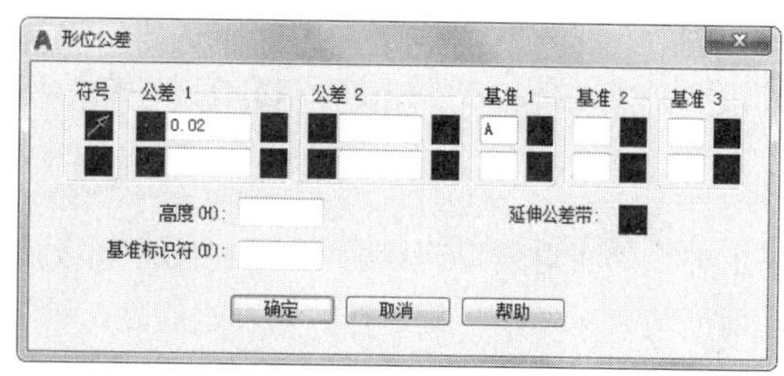

图 9-49 “形位公差”对话框

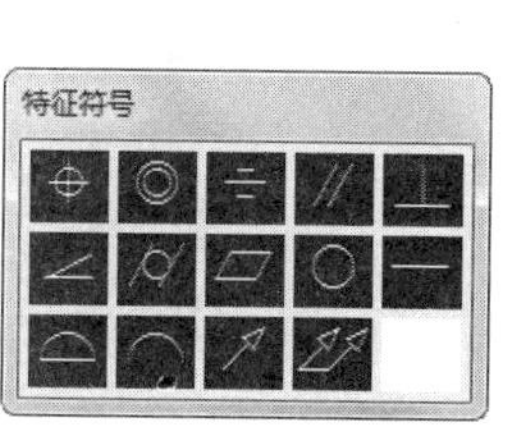

图 9-50 “特征符号”对话框

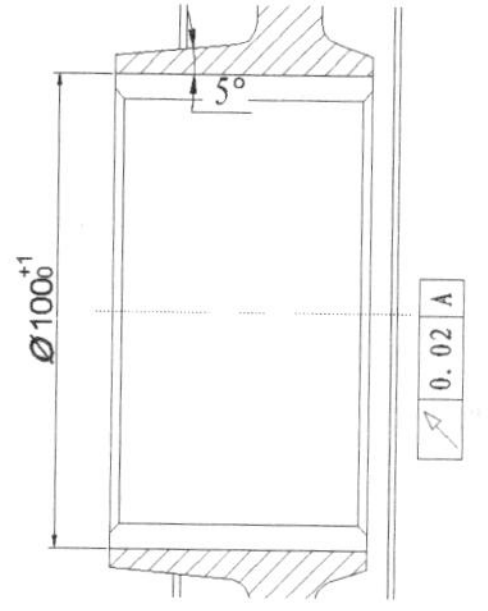

图 9-51 形位公差的标注

5．标注文字

此处主要指的是技术要求的标注，设置“文字”图层为当前图层，单击“注释”选项卡“文字”面板中的“多行文字”按钮A，指定输入文字的对角点。

此时 AutoCAD 会打开“文字编辑器”选项卡，如图 9-52 所示，用户在其中设置需要的样式、字体和高度，然后输入文字的内容。此部分不再讲述，用户可以参照前面的介绍。

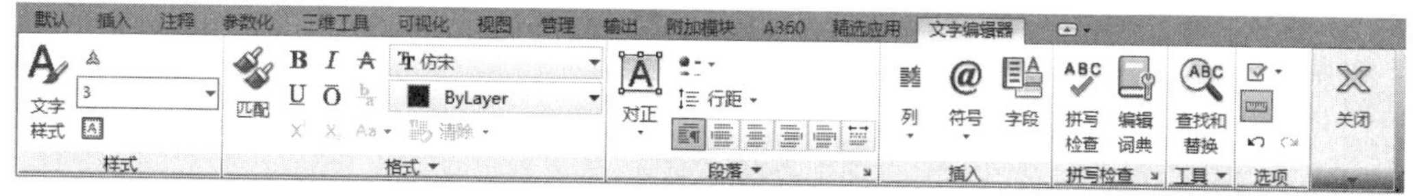

图 9-52 “文字编辑器”选项卡

9.2.5 填写标题栏

标题栏是反映图形属性的一个重要信息来源，用户可以在其中查找零部件的材料、设计者以及修

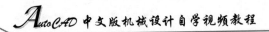

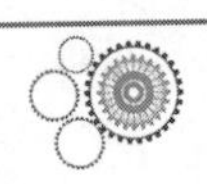

改信息等。其填写与标注文字的过程相似，这里不再讲述。图 9-53 为填写后的标题栏。

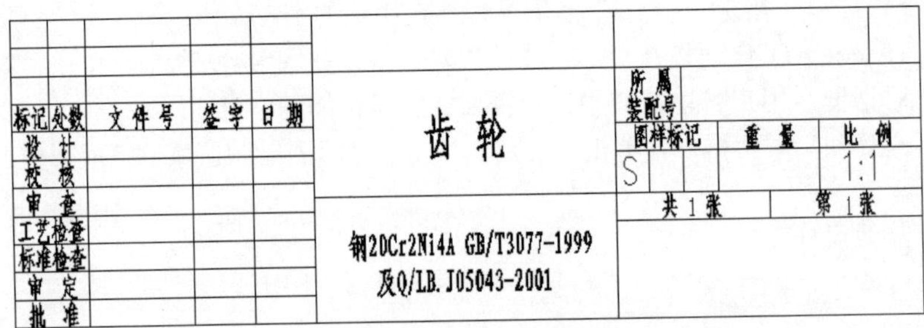

标记	处数	文件号	签字	日期	齿轮	所属装配号		
设计						图样标记	重量	比例
校核						S		1:1
审查						共 1 张		第 1 张
工艺检查					钢20Cr2Ni4A GB/T3077-1999 及Q/LB.J05043-2001			
标准检查								
审定								
批准								

图 9-53　填写后的标题栏

9.3　锥齿轮轴设计

轴类零件相对来说比较简单，主要由一系列的同轴回转体构成，其上分布着孔和键槽等结构。

根据国家标准和工程分析，要表达清楚，通常将轴线水平放置的位置作为主视图的位置，用来表现其主要结构。对于其局部细节，如键槽部分，通常用局部视图、局部放大视图和剖面图来表现。选择绘图的比例为 1∶1，图幅为 A2。另外，还需要在图形中绘制齿轮参数表、技术要求等。图 9-54 是要绘制的锥齿轮轴零件图，下面将分别介绍锥齿轮轴零件图的绘制方法和步骤。

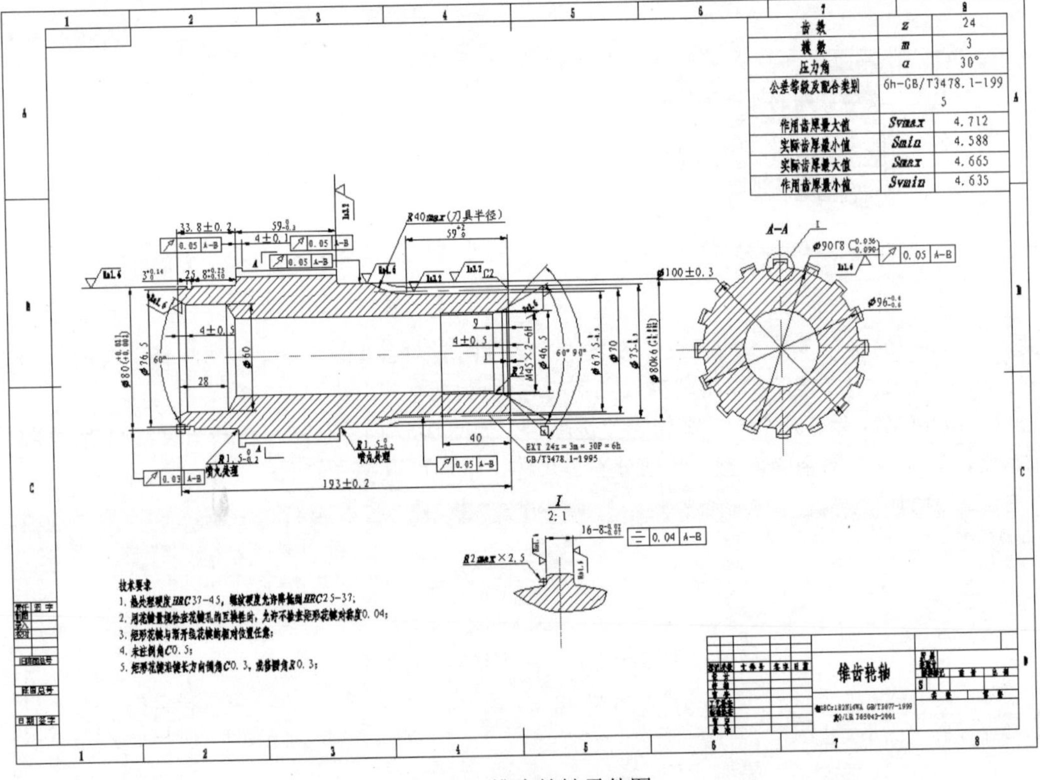

图 9-54　锥齿轮轴零件图

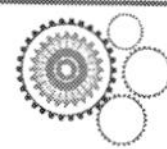

9.3.1 调入样板图

操作步骤如下：

单击快速访问工具栏中的“新建”按钮，打开“选择样板”对话框，如图 9-55 所示，用户可以在该对话框中选择需要的样板图。

在“选择样板”对话框中选择用户已经绘制好的样板图后，单击“打开”按钮，则返回绘图区域。同时，选择的样板图也会出现在绘图区域内，如图 9-56 所示。其中，样板图左下端点坐标为（0,0）。

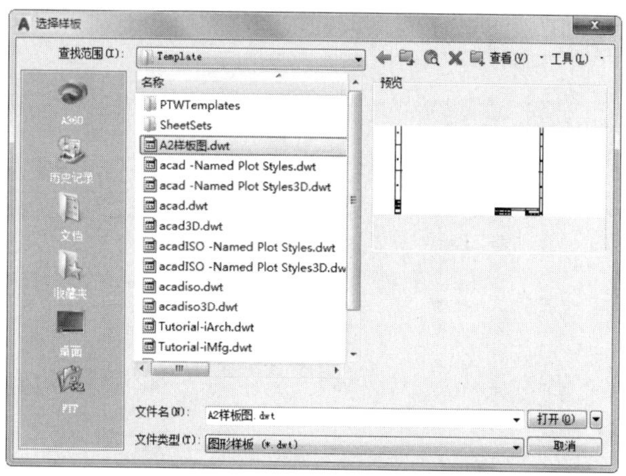

图 9-55 “选择样板”对话框

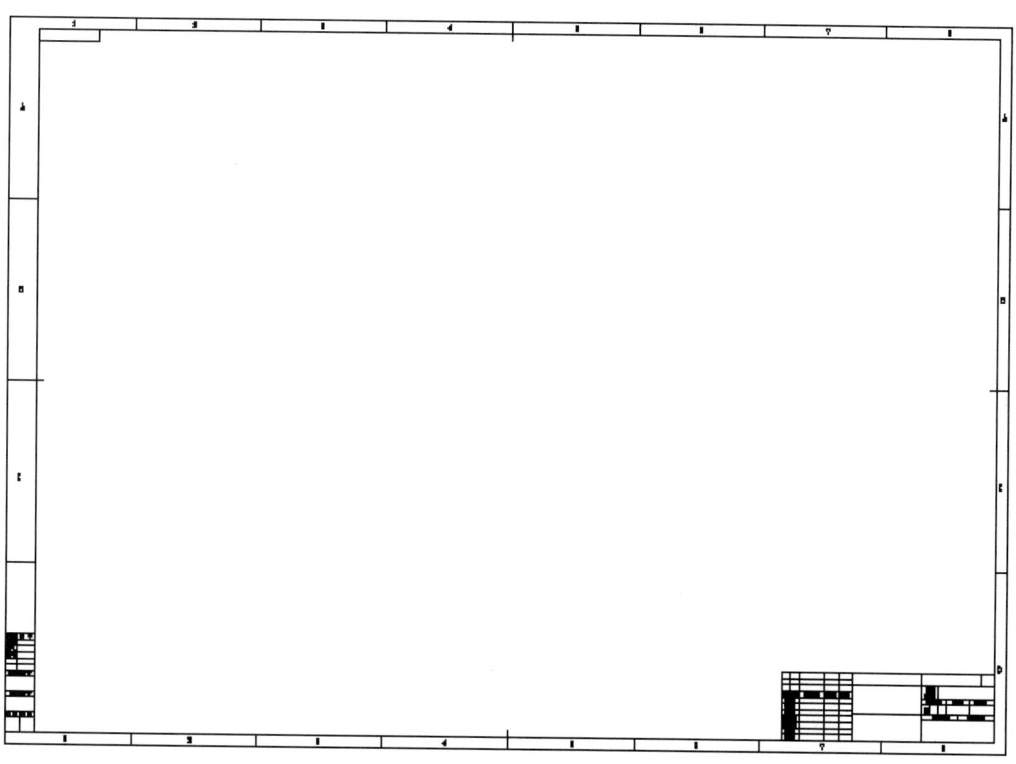

图 9-56 插入的样板图

9.3.2 设置图层与标注样式

操作步骤如下：

1．设置图层

根据机械制图国家标准中的锥齿轮轴的画法，我们知道锥齿轮轴轮廓线需要用粗实线绘制，中心线需要用点画线绘制，而在剖视图中，还有剖面线图层等。

根据以上分析来设置图层。单击“默认”选项卡下“图层”面板中的“图层特性”按钮，打开“图层特性管理器”选项板，用户可以参照前面介绍的命令在其中创建需要的图层，如图 9-57 所示为创建好的图层。

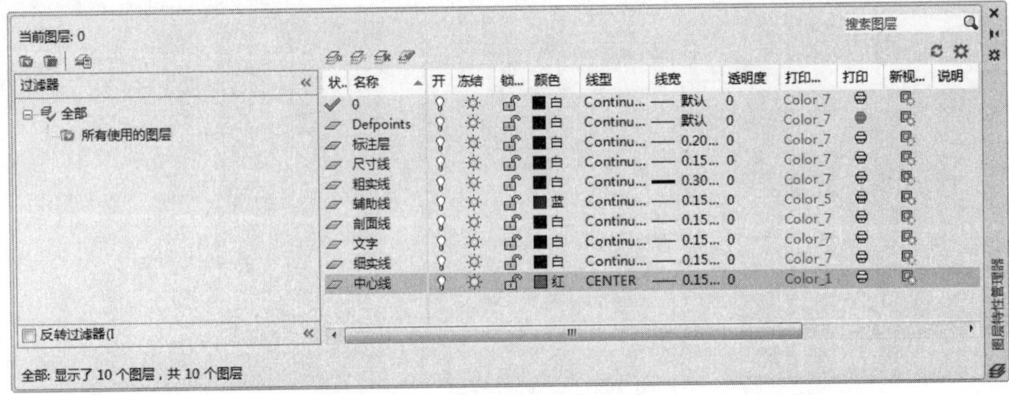

图 9-57　创建好的图层

2．设置标注样式

单击“默认”选项卡下“注释”面板中的“标注样式”按钮，打开“标注样式管理器”对话框，如图 9-58 所示。在该对话框中显示当前的标注样式，包括半径、角度、线性和引线，如果对当前的标注样式不满意，可以修改当前的标注样式。单击“修改”按钮，打开“修改标注样式：ISO-25”对话框，如图 9-59 所示，用户可以在其中设置需要的标注样式。

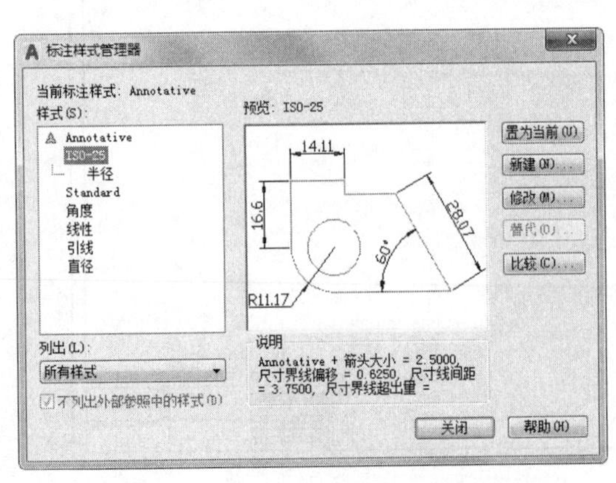

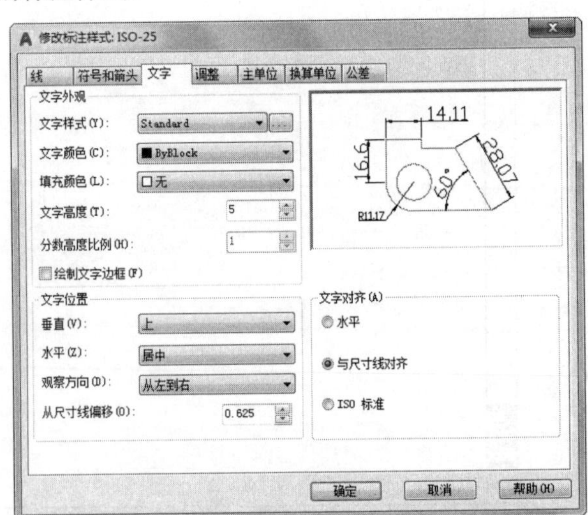

图 9-58　“标注样式管理器”对话框　　　图 9-59　“修改标注样式：ISO-25”对话框

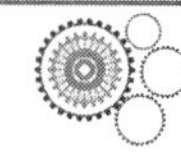

9.3.3　绘制主视图

操作步骤如下：

1．绘制中心线

将“中心线”图层设置为当前图层，单击“默认”选项卡下“绘图”面板中的“直线”按钮，以坐标点{（160,225），（300,225）}绘制中心线。

2．绘制主视图的轮廓线

根据分析可知，由于为二级传动机构，该锥齿轮轴上有齿牙分布，因此该零件图比单一的齿轮轴相对要复杂一些。

该主视图的轮廓线主要由直线组成，另外还有齿轮的外形轮廓线，由于轴零件具有对称性，因此先绘制锥齿轮轴轮廓线的一半，然后使用“镜像”命令绘制完整的锥齿轮轴的轮廓线。在绘制主视图的轮廓线的过程中，需要用到“直线”“圆角”“偏移”等命令。

（1）将“粗实线”图层设置为当前图层，单击“默认”选项卡下“绘图”面板中的“直线”按钮绘制外轮廓线，在命令行提示下依次输入坐标（170,225）、（@0,40）、（@5,0）、（@0,−1.75）、（@3,0）、（@0, 1.75）、（@25.8,0）、（@0,5）、（@59,0）、（@0,−5）、（@20,0），结果如图 9-60 所示。

重复“直线”命令。首先在命令行提示下用鼠标拾取图 9-60 中的点 A，然后依次输入坐标（@0,5）、（@4,0）、（@0,−2）、（@55,0），最后在命令行提示“指定下一点或[放弃(U)]:”时用鼠标拾取图 9-60 中的点 B，结果如图 9-61 所示。

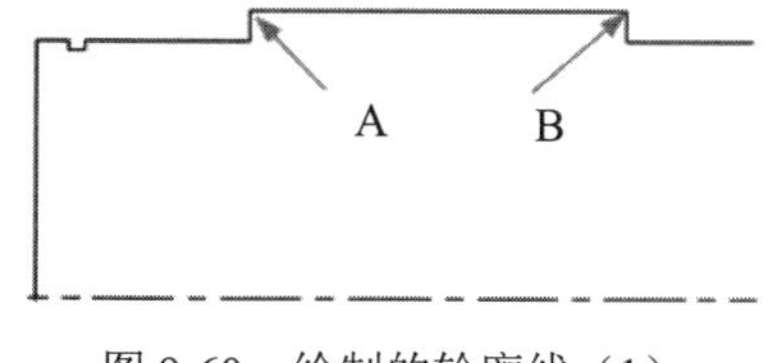

图 9-60　绘制的轮廓线（1）

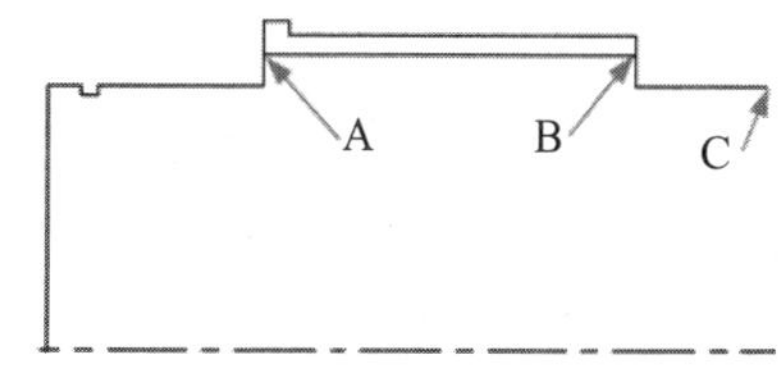

图 9-61　绘制的轮廓线（2）

重复“直线”命令，在命令行提示下依次输入坐标（363,225）、（@0,33.75）、（@−59,0）并绘制直线。

（2）选择“默认”选项卡下“绘图”面板中的“起点，端点，半径”命令，在命令行提示下用鼠标拾取图 9-61 中的点 C 和第（1）步绘制直线的最后一点，分别作为起点和端点，绘制半径为 40 的圆弧，结果如图 9-62 所示。

（3）单击“默认”选项卡下“绘图”面板中的“直线”按钮，以坐标点{（174,225），（@0,30），（@10<150）}绘制左端第一处倒角线，然后使用“修剪”命令修改图形，结果如图 9-63 所示。

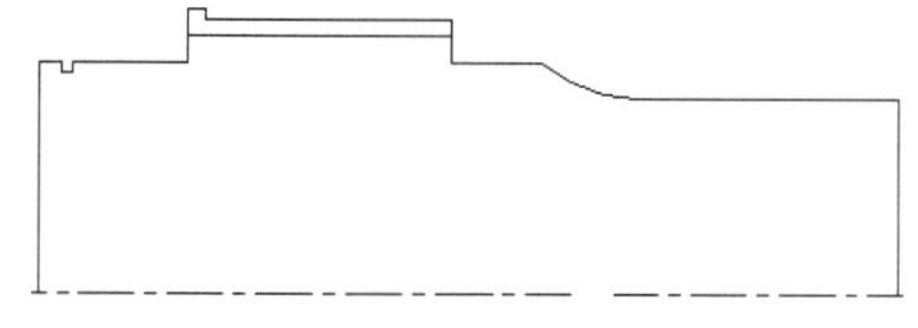

图 9-62　绘制圆弧后的轮廓线

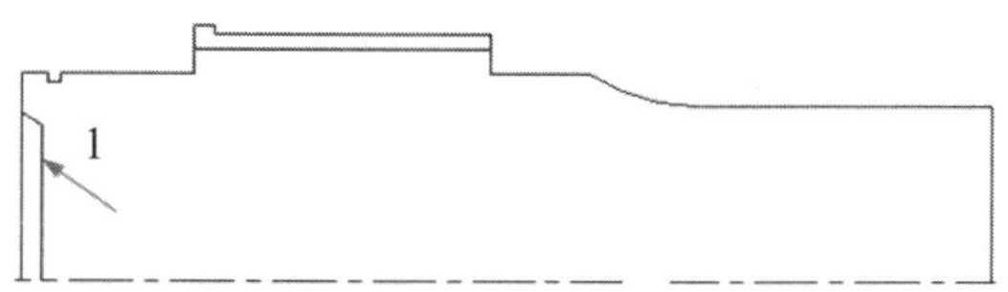

图 9-63　绘制左端第一处倒角后的图形

（4）偏移直线。单击“默认”选项卡下“修改”面板中的“偏移”按钮，将图 9-63 中的直线 1 向右偏移 24。

（5）单击“默认”选项卡下“绘图”面板中的“直线”按钮，以坐标点{（203,225），（@0,21.5），（198,255），（174,255）}绘制左端第二处倒角线，并汇总两倒角间的连接线，结果如图 9-64 所示。

Note

（6）单击“默认”选项卡下“修改”面板中的“偏移”按钮，将锥齿轮右端的直线分别向左偏移1、4和9；将水平中心线向上偏移23.25，并将偏移后的中心线放置在“粗实线”图层，结果如图9-65 所示。

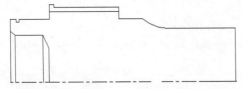

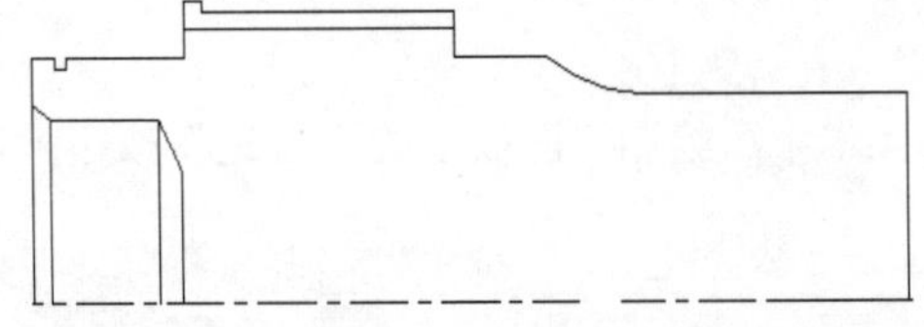
图9-64　绘制左端第二处倒角后的图形

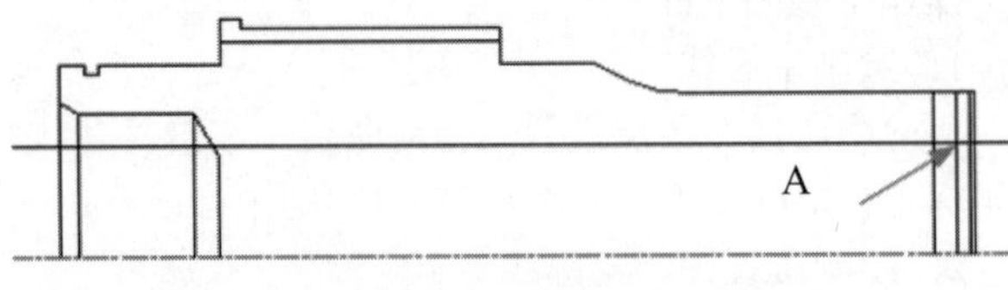

图9-65　偏移直线

（7）单击“默认”选项卡下“修改”面板中的“旋转”按钮，将第（6）步偏移后的水平线以A点为基点旋转30°，修剪后的结果如图9-66 所示。

（8）单击“默认”选项卡下“绘图”面板中的“直线”按钮，分别以图9-66中的点A和点B为起点绘制两条水平线，结果如图9-67 所示。

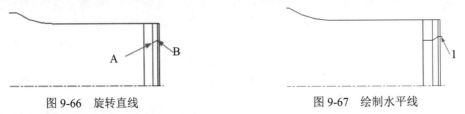

图9-66　旋转直线

图9-67　绘制水平线

（9）单击“默认”选项卡下“修改”面板中的“旋转”按钮，将图9-67中的水平线1以B点为基点旋转45°，修剪后的结果如图9-68 所示。

（10）单击“默认”选项卡下“修改”面板中的“圆角”按钮，将图9-68中的直线2和直线3进行圆角处理，圆角半径为2，修剪后的结果如图9-69 所示。

（11）单击“默认”选项卡下“绘图”面板中的“直线”按钮，用鼠标捕捉图9-70 中的点A为起点，端点为（@153,0）绘制锥齿轮轴孔内连接线，并对直线进行修剪，结果如图9-71 所示。

（12）将“细实线”图层设置为当前图层，单击“默认”选项卡下“绘图”面板中的“直线”按钮，以坐标点{（323,225），（@0,22.5），（@33,0）}绘制内部螺纹线，修剪后的结果如图9-72 所示。

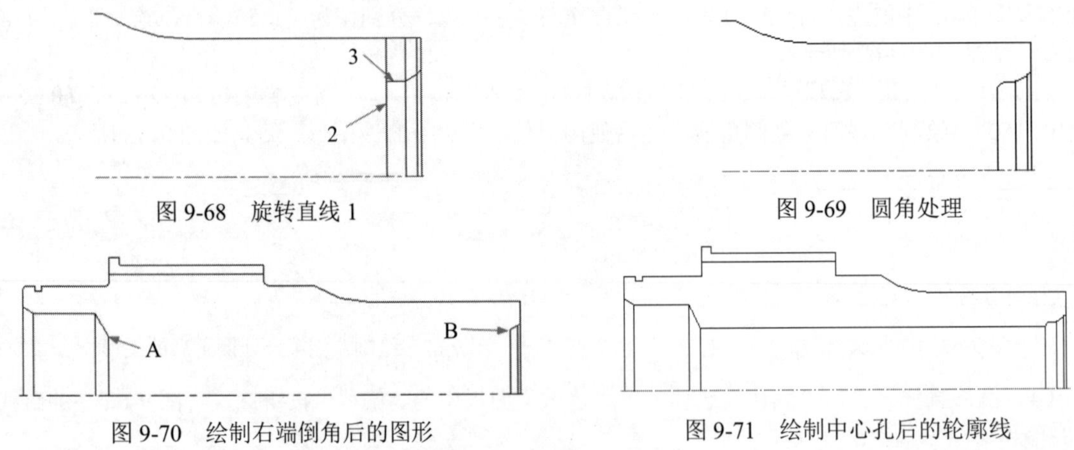

图9-68　旋转直线1

图9-69　圆角处理

图9-70　绘制右端倒角后的图形

图9-71　绘制中心孔后的轮廓线

（13）将“中心线”图层设置为当前图层，单击“默认”选项卡下“绘图”面板中的“直线”按钮，以坐标点{（285,261），（@80,0）}绘制二级齿轮廓线。

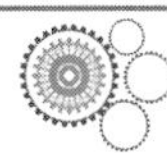

（14）偏移直线。单击“默认”选项卡下“修改”面板中的“偏移”按钮，将图 9-72 的直线 1、弧线 2 向上偏移 3.75，结果如图 9-73 所示。

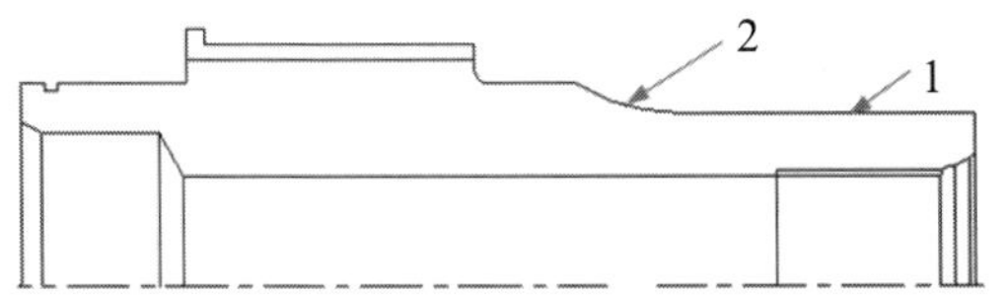

图 9-72　绘制内部螺纹线后的轮廓线

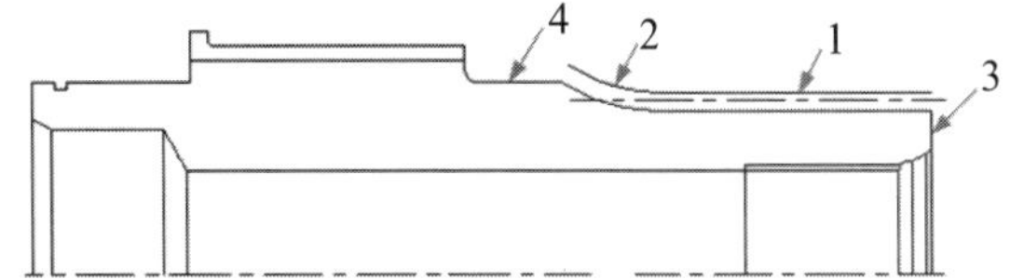

图 9-73　偏移后的轮廓线

（15）延伸直线。单击“默认”选项卡下“修改”面板中的“延伸”按钮，将图 9-73 中的直线 3 延伸到直线 1 上，将图 9-73 中的直线 4 延伸到弧线 2 上，结果如图 9-74 所示。

（16）修剪对象。单击“默认”选项卡下“修改”面板中的“修剪”按钮，以图 9-74 中的直线 2 为剪切边，对弧线 1 处进行修剪，结果如图 9-75 所示。

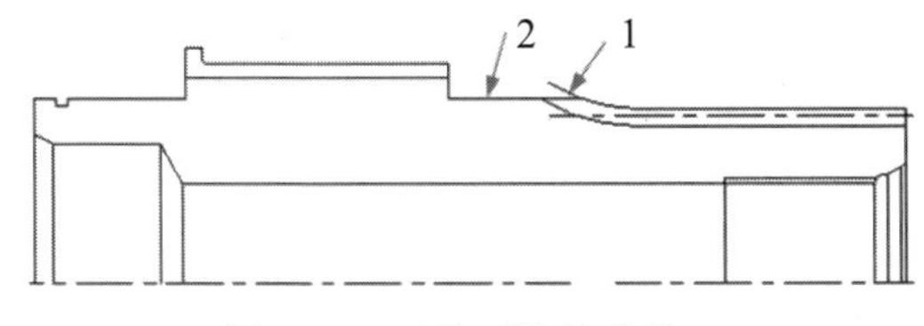

图 9-74　延伸后的轮廓线

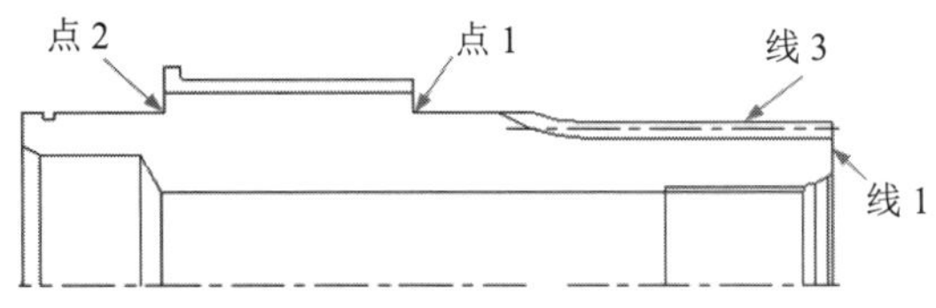

图 9-75　修剪后的轮廓线

按照设计要求对图 9-75 中的直线 1 和直线 3 进行 C2 的倒角，对点 1 和点 2 分别进行半径为 1.5 的圆角，结果如图 9-76 所示。

（17）镜像图形。单击“默认”选项卡下“修改”面板中的“镜像”按钮，以水平中心线为镜像线对图 9-76 的全部图形进行镜像，结果如图 9-77 所示。

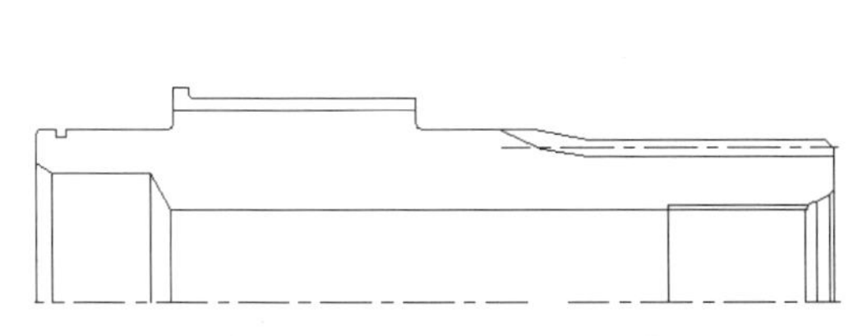

图 9-76　倒角及圆角后的轮廓线

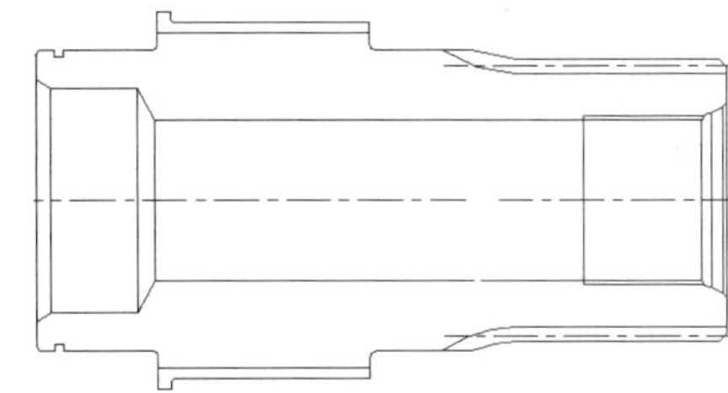

图 9-77　镜像后的锥齿轮轴轮廓线

3．填充剖面线

由于主视图为全剖视图，因而需要在该视图上绘制剖面线。将“剖面线”图层设置为当前图层，以下为绘制剖面线的过程。

单击“默认”选项卡下“绘图”面板中的“图案填充”按钮，打开“图案填充创建”选项卡，单击“选项”面板中的“图案填充设置”按钮，弹出“图案填充和渐变色”对话框，在该对话框中选择所需要的剖面线样式，并设置剖面线的旋转角度和显示比例，图 9-78 所示为设置完毕的“图案填充和渐变色”对话框。设置好剖面线的类型后，单击“添加:拾取点”按钮返回绘图区域，用鼠标在图中所需添加剖面线的区域内拾取任意一点，选择完毕后，返回“图案填充创建”选项卡，然后单击“关闭”按钮，剖面线绘制完毕。

如果填充后用户感觉不满意，单击“默认”选项卡下“修改”面板中的“编辑图案填充”按钮，选择绘制的剖面线，系统会弹出“图案填充编辑”对话框，如图 9-79 所示。用户可以在其中重新设

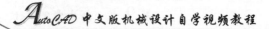

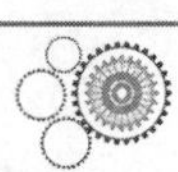

定填充的样式，设置好以后，单击“确定”按钮，剖面线则会以刚刚设置好的参数显示，重复此过程，直到满意为止。图 9-80 为绘制剖面线后的图形。

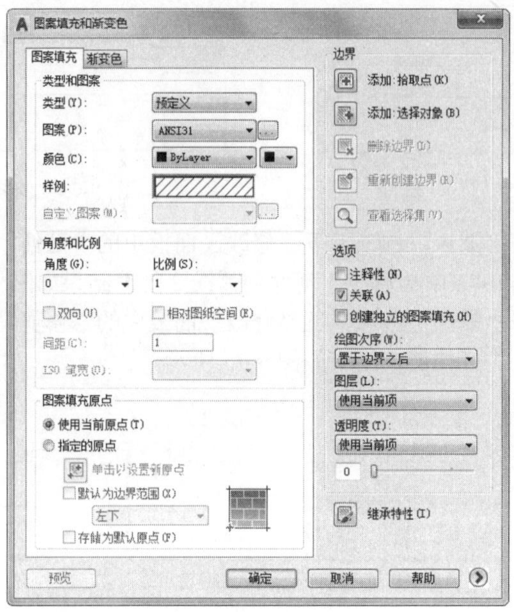

图 9-78 “图案填充和渐变色”对话框

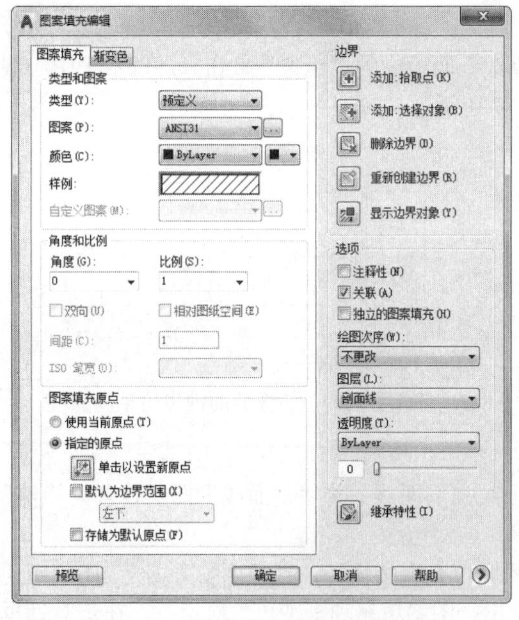

图 9-79 “图案填充编辑”对话框

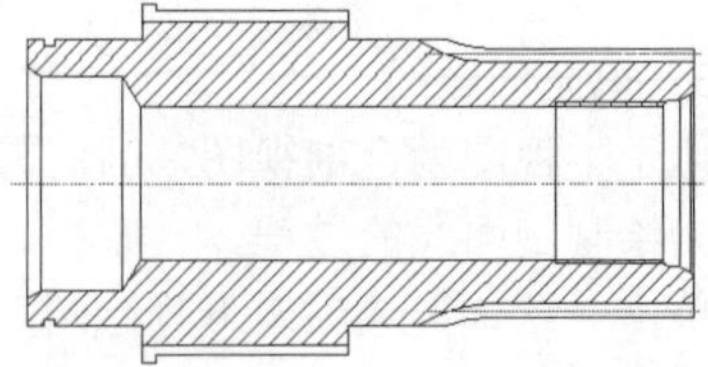

图 9-80 绘制剖面线的主视图

9.3.4 绘制左视图及局部放大视图

在绘制局部视图前，首先应该分析一下哪些部分需要用局部视图来表示。对于该锥齿轮轴图形，需要绘制左视图，即键部剖视图，以查看配合关系，另外还要绘制出单键局部放大视图，以满足加工需要。

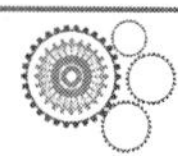

操作步骤如下：

1．绘制左视图

（1）将“中心线”图层设置为当前图层，单击“默认”选项卡下“绘图”面板中的“直线”按钮，以坐标点{（390,225），（@120,0）}绘制水平中心线，以坐标点{（450,165），（@ 0,120）}绘制垂直中心线，结果如图 9-81 所示。

（2）绘制轮廓线。

①将“粗实线”图层设置为当前图层，单击“默认”选项卡下“绘图”面板中的“圆”按钮，以图 9-82 中两条中心线的交点为圆心，绘制半径分别为 21.5、45、48、50 的同心圆，结果如图 9-82 所示。

②偏移对象。单击“默认”选项卡下“修改”面板中的“偏移”按钮，将竖直中心线分别向两侧偏移 4，并将偏移后的直线放置在“粗实线”图层。

③修剪对象。单击“默认”选项卡下“修改”面板中的“修剪”按钮，修剪多余的线段，结果如图 9-83 所示。

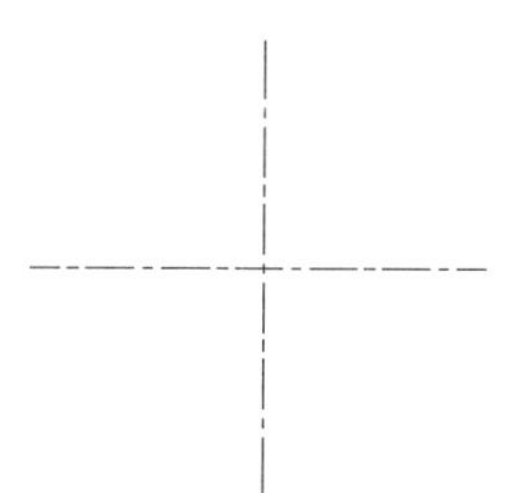

图 9-81　绘制的中心线

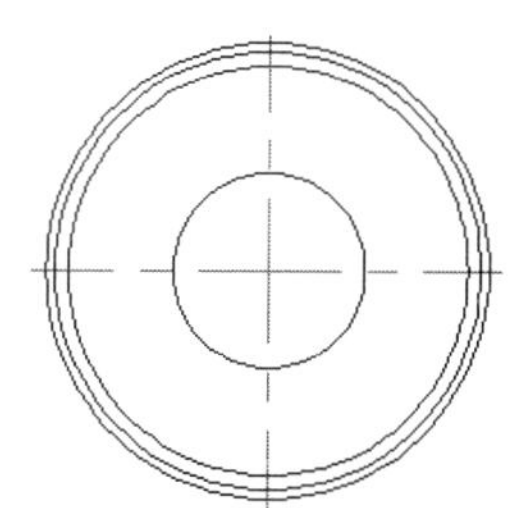

图 9-82　未修剪的外形轮廓线

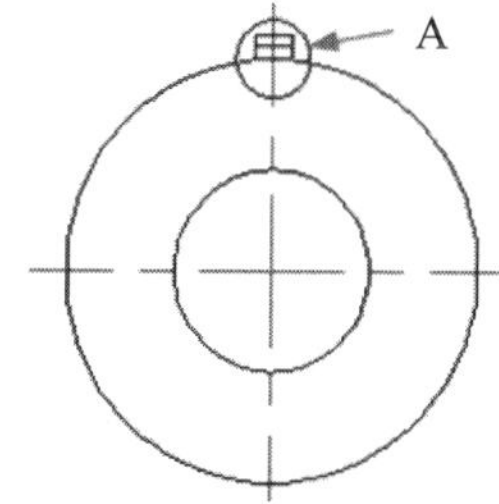

图 9-83　剪切后的外形轮廓线

④阵列键槽。单击“默认”选项卡下“修改”面板中的“环形阵列”按钮，选择图 9-83 中的圆 A 中所有的对象，用鼠标点取图 9-83 中的两条中心线的交点，设置阵列项目为 16，结果如图 9-84 所示。

⑤修剪对象。单击“默认”选项卡下“修改”面板中的“修剪”按钮，以图 9-84 中的直线 1 和直线 2 为剪切边，对图 9-84 中的圆弧段 A 进行修剪，结果如图 9-85 所示。重复“修剪”命令，依次修剪图 9-85 中相应的圆弧，结果如图 9-86 所示。

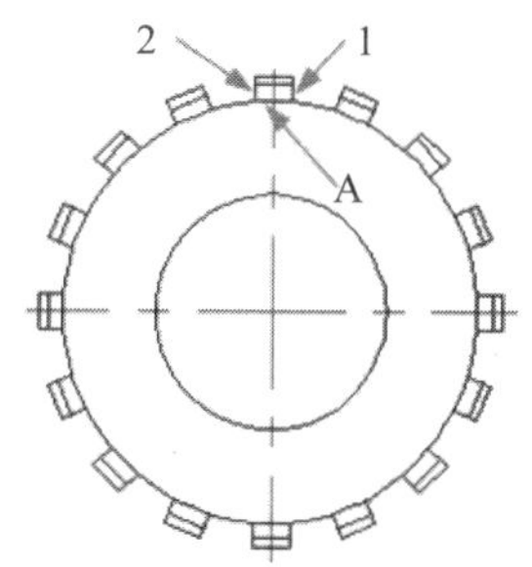

图 9-84　阵列后的外形轮廓线

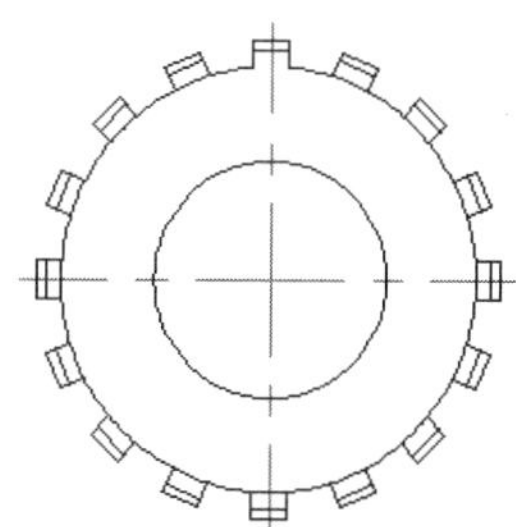

图 9-85　修剪后的外形轮廓线

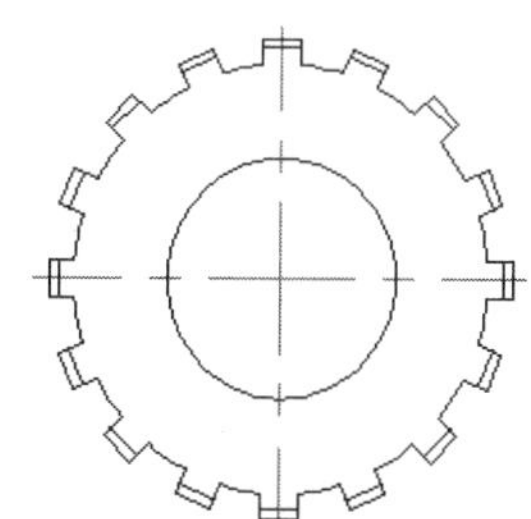

图 9-86　完全修剪后的外形轮廓线

（3）填充剖面线。将“剖面线”图层设置为当前图层，填充剖面线，图 9-87 所示为填充好的“图案填充和渐变色”对话框，命令执行过程参照上面的介绍，填充后的图形如图 9-88 所示。

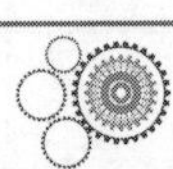
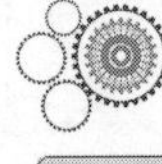

Note

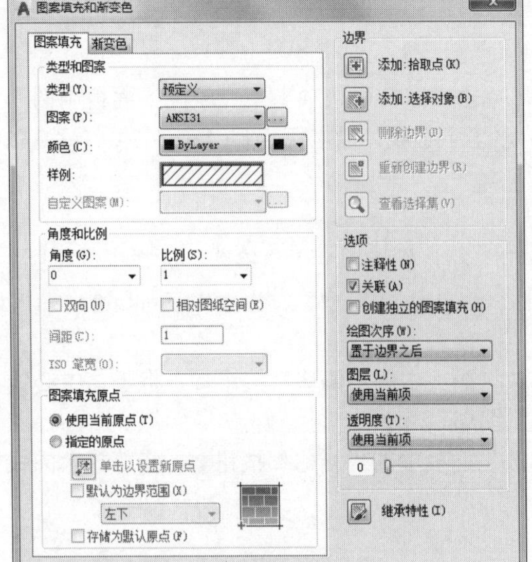
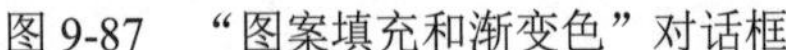

图 9-87 “图案填充和渐变色”对话框

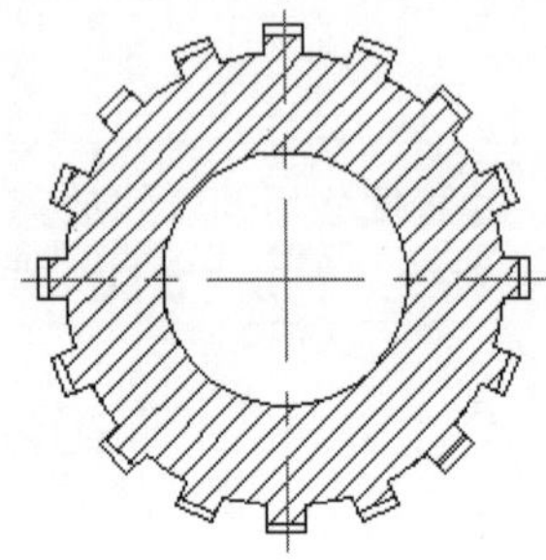

图 9-88 填充后的左视图

2．绘制局部放大视图

由于键部在主视图和左视图中的技术要求没有表示清楚，而且不便于标注尺寸，因而需要对单键进行局部放大，本例采用比例为 2∶1 的剖视图来表示。以下为绘制局部放大视图的命令序列。

（1）将“中心线”图层设置为当前图层，单击“默认”选项卡下“绘图”面板中的“直线”按钮，以坐标点{（320,60），（@0,50）}绘制竖直中心线。

复制要放大的局部视图。单击“默认”选项卡下“修改”面板中的“复制”按钮，在命令行提示下用窗选方式选择图 9-88 最上端的键部和两边的圆弧，将其由基点（450,275）复制到第二点（320,105）。

（2）放大局部视图。单击“默认”选项卡下“修改”面板中的“缩放”按钮，用窗选方式选择复制过来的局部视图，以点（320,105）为基点，对图形进行 2 倍放大，结果如图 9-89 所示。

（3）修剪对象。单击“默认”选项卡下“修改”面板中的“修剪”按钮，以图 9-89 中的直线 4 为剪切边，对图 9-89 中的直线 1、直线 3 进行修剪。

（4）删除对象。将图 9-89 中的直线 2 删除，结果如图 9-90 所示。

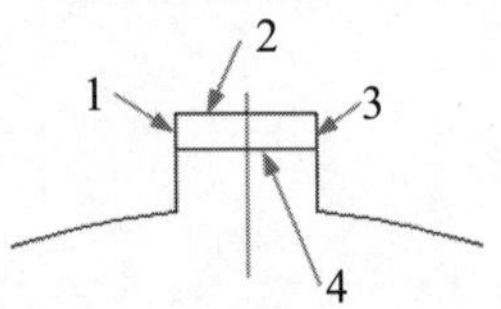

图 9-89 放大后的局部视图

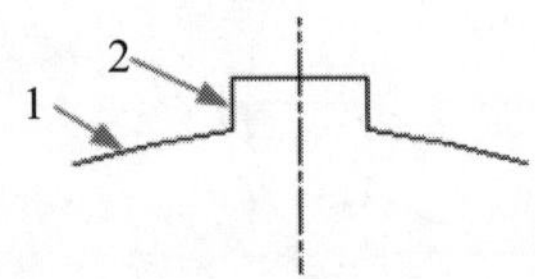

图 9-90 修剪、删除后的局部视图

（5）倒圆角。单击“默认”选项卡下“修改”面板中的“圆角”按钮，对图 9-90 中的直线 2、圆弧 1 进行倒圆角操作，圆角半径为 2。重复“圆角”命令，对右边的对象进行圆角处理，结果如图 9-91 所示。

（6）绘制样条曲线。将“细实线”图层设置为当前图层，单击“默认”选项卡下“绘图”面板中的“样条曲线拟合”按钮，绘制样条曲线，即局部剖视图的界线，如图 9-92 所示。

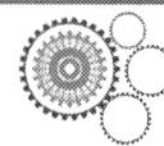

Note

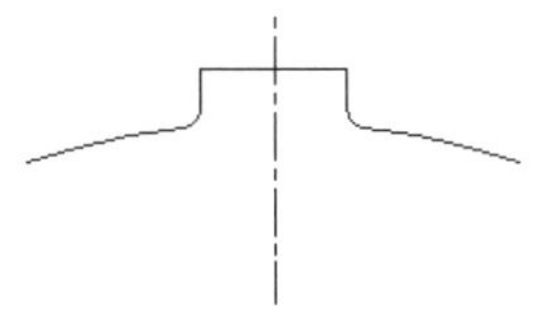

图 9-91　圆角操作后的局部视图

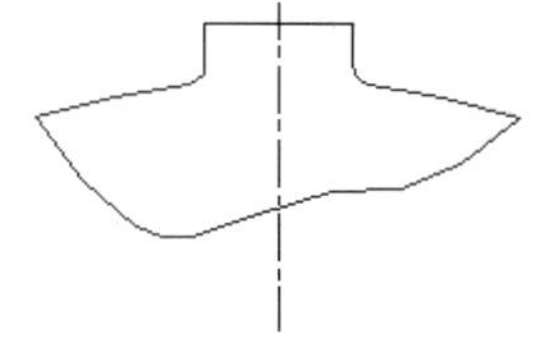

图 9-92　绘制样条曲线后的局部视图

（7）填充剖面线。将“剖面线”图层设置为当前图层，单击“默认”选项卡下“绘图”面板中的“图案填充”按钮，填充剖面线，图 9-93 所示为填充好的“图案填充和渐变色”对话框，命令执行过程可参照上面的介绍，填充后的图形如图 9-94 所示。

图 9-93　“图案填充和渐变色”对话框

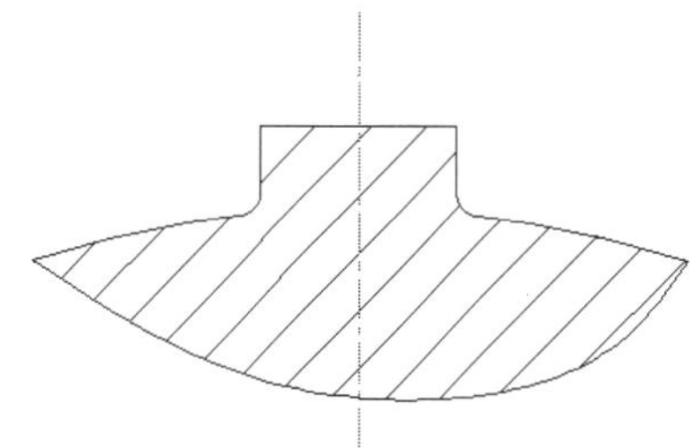

图 9-94　填充后的局部剖视图

9.3.5　标注锥齿轮轴

在图形绘制完成后，还要对图形进行标注，该零件图的标注包括齿轮参数表格的创建与填写、长度标注、角度标注、形位公差标注和填写技术要求等。下面将介绍轴零件图中一些典型的标注。

操作步骤如下：

1．标注倒角

（1）设置引线标注样式。由于倒角引线端部没有箭头，因此在标注倒角时，首先应修改标注样式。单击“默认”选项卡下“注释”面板中的“标注样式”按钮，打开“标注样式管理器”对话框，如图 9-95 所示。在“样式”栏中选择“引线”选项，然后单击“修改”按钮，打开“修改标注样式”对话框，在该对话框中可以修改标注样式的直线、箭头、文字以及位置等参数，此时选择“符号和箭头”选项卡，用来设置引线的样式，设置“箭头”选项组中的“引线”为“无”，如图 9-96 所示。

（2）标注倒角。以标注锥齿轮轴右端“C2”倒角为例说明倒角的标注。

在命令行中输入“LEADER”命令，用鼠标拾取图 9-97 中的点 1、点 2 和点 3，绘制引线后连续按 Enter 键两次，此时 AutoCAD 打开“文字编辑器”选项卡，在其中按照要求设置好文字的格式，

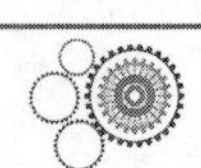

Note

并输入文字内容，如图 9-98 所示，然后单击“确定”按钮，结果如图 9-97 所示。

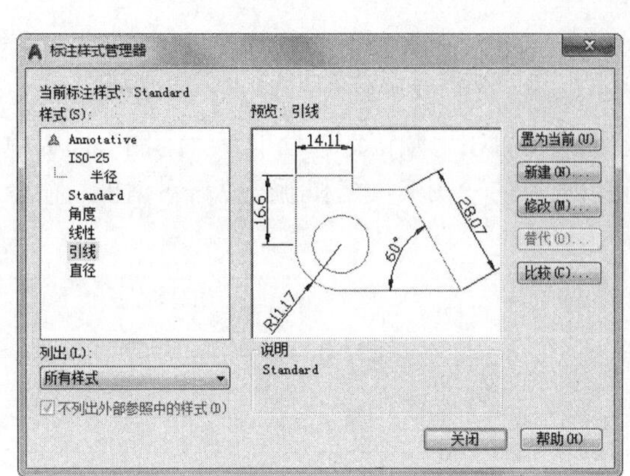

图 9-95 “标注样式管理器”对话框

图 9-96 设置“修改标注样式”对话框

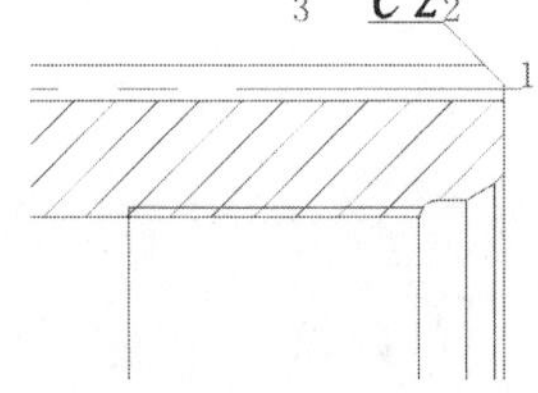

图 9-97 标注的倒角

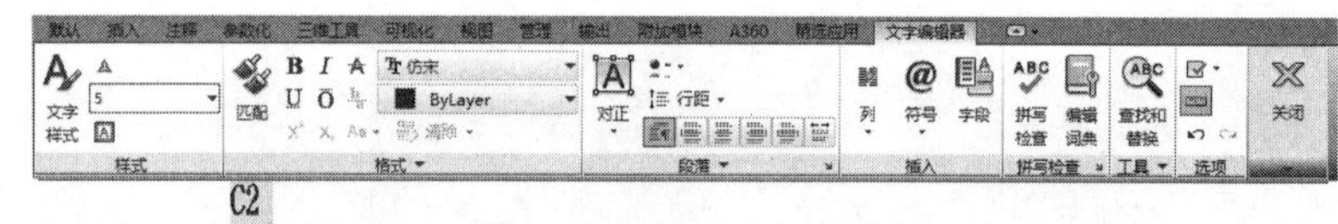

图 9-98 “文字编辑器”选项卡

按照前面讲述的方法标注其他尺寸。

2．标注表面粗糙度

单击“插入”选项卡下“块”面板中的“插入”按钮，打开“插入”对话框，在“名称”下拉列表框中选择“粗糙度”选项，如图 9-99 所示。

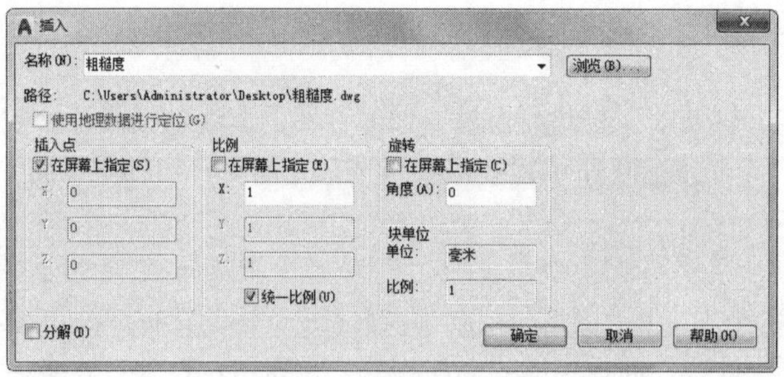

图 9-99 “插入”对话框

单击“确定”按钮，此时用鼠标指定在图中要插入的点，输入粗糙度数值。图 9-100 所示为使用该命令方式插入粗糙度的符号。

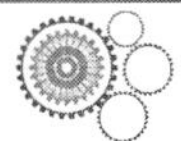

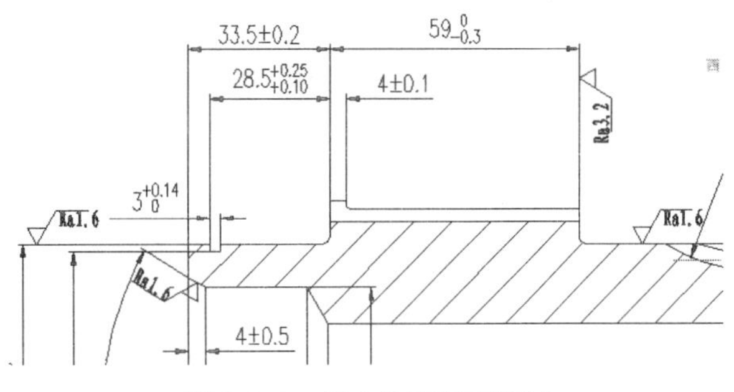

图 9-100　插入的粗糙度符号

3．标注文字

将"文字"图层设置为当前图层，单击"注释"选项卡下"文字"面板中的"多行文字"按钮A，在命令行提示下指定输入文字的对角点，此时 AutoCAD 会打开"文字编辑器"选项卡，在其中设置需要的样式、字体和高度，然后输入技术要求的内容，如图 9-101 所示。

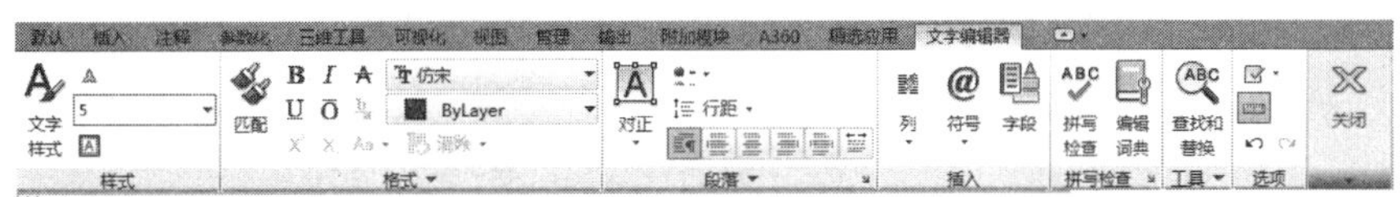

技术要求

1. 热处理硬度*HRC*37-45，螺纹硬度允许降低到*HRC*25-37;

2. 用花键量规检查花键孔的互换性时，允许不检查矩形花键对称度0.04;

3. 矩形花键与渐开线花键的相对位置任意;

4. 未注倒角*C*0.5;

5. 矩形花键沿键长方向倒角*C*0.3，或修圆角*R*0.3;

图 9-101　"文字编辑器"选项卡

4．其他标注

除了上面介绍的标注外，本例还需要标注线性、半径、直径、角度等，以及创建与填写齿轮参数表格和标注表面及形位公差。在 AutoCAD 中可以方便地标注多种类型的尺寸，标注的外观由当前尺寸标注样式控制，如果尺寸外观看起来不符合用户的要求，则可以通过调整标注样式进行修改，这里不再详细介绍，可以参照其他实例中相应的介绍。

9.3.6　填写标题栏

标题栏是反映图形属性的一个重要信息来源，用户可以在其中查找零部件的材料、设计者以及修改信息等。其填写与标注文字的过程相似，这里不再讲述，图 9-102 为填写好的标题栏。

标记	处数	文件号	签字	日期	锥齿轮轴	所属装配号		
设计						图样标记	重量	比例
校核						S		1:1
审查						共 1 张		第 1 张
工艺检查					钢18Cr2Ni4WA GB/T3077-1999 及Q/LB.J05043-2001			
标准检查								
审定								
批准								

图 9-102　填写好的标题栏

Note

视频讲解

9.4 轴承座设计

本节以笔者在实际工程中绘制的轴承座为例，说明绘制轴承座的方法和步骤。在绘制轴承座之前，首先应该对轴承座进行系统分析。根据国家标准需要确定零件图的图幅，零件图中要表示的内容，零件各部分的线型、线宽、公差、公差标注样式以及粗糙度等。另外，还需要确定用几个视图才能清楚地表达该零件。

根据国家标准和工程分析，要将轴承座表达清楚，需要一个主视图、一个左视图和一个局部放大视图。为了将图形表达得更加清楚，我们选择绘图的比例为 1∶1，图幅为 A2，另外还需要填写技术要求等。图 9-103 是要绘制的轴承座零件图，下面将介绍轴承座零件图的绘制方法和步骤。

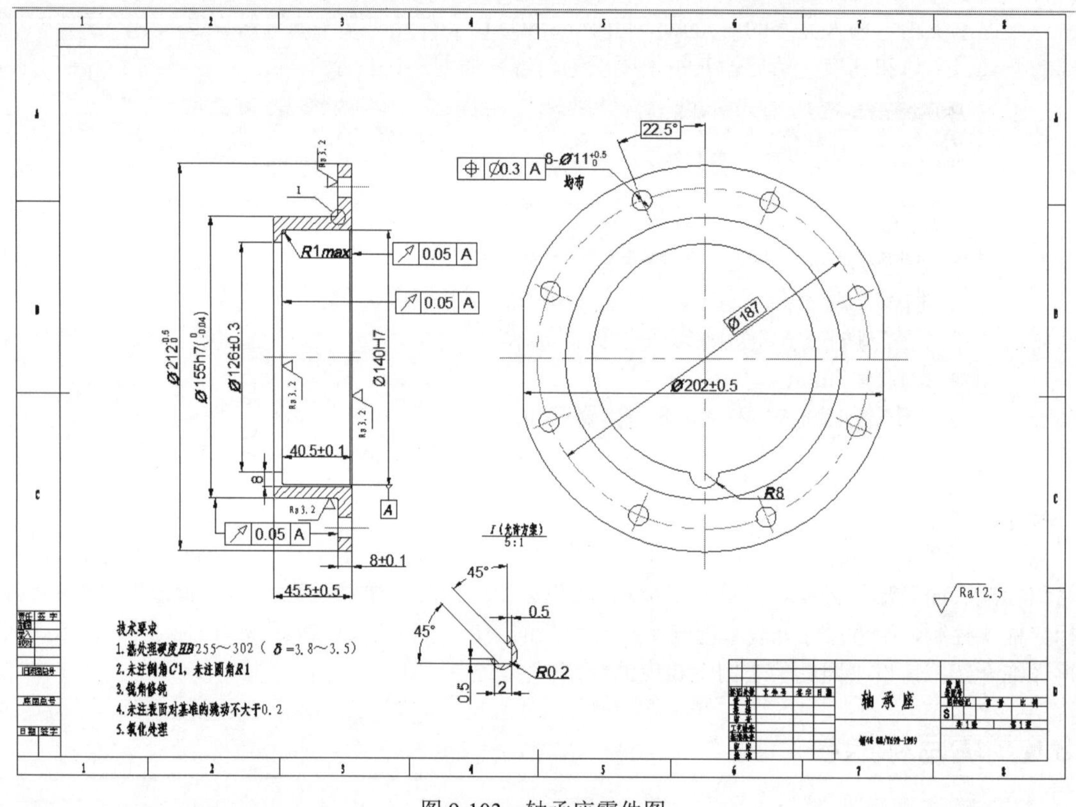

图 9-103　轴承座零件图

9.4.1　调入样板图

操作步骤如下：

单击快速访问工具栏中的“新建”按钮，打开“选择样板”对话框，如图 9-104 所示，用户可以在该对话框中选择需要的样板图。

在“选择样板”对话框中选择用户已经绘制好的样板图后，单击“打开”按钮，则返回绘图区域，同时选择的样板图也会出现在绘图区域内，如图 9-105 所示。其中，样板图左下端点坐标为（0,0）。

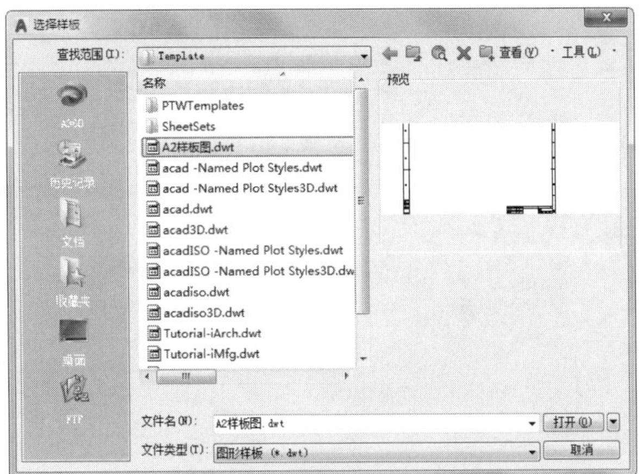

图 9-104　“选择样板”对话框

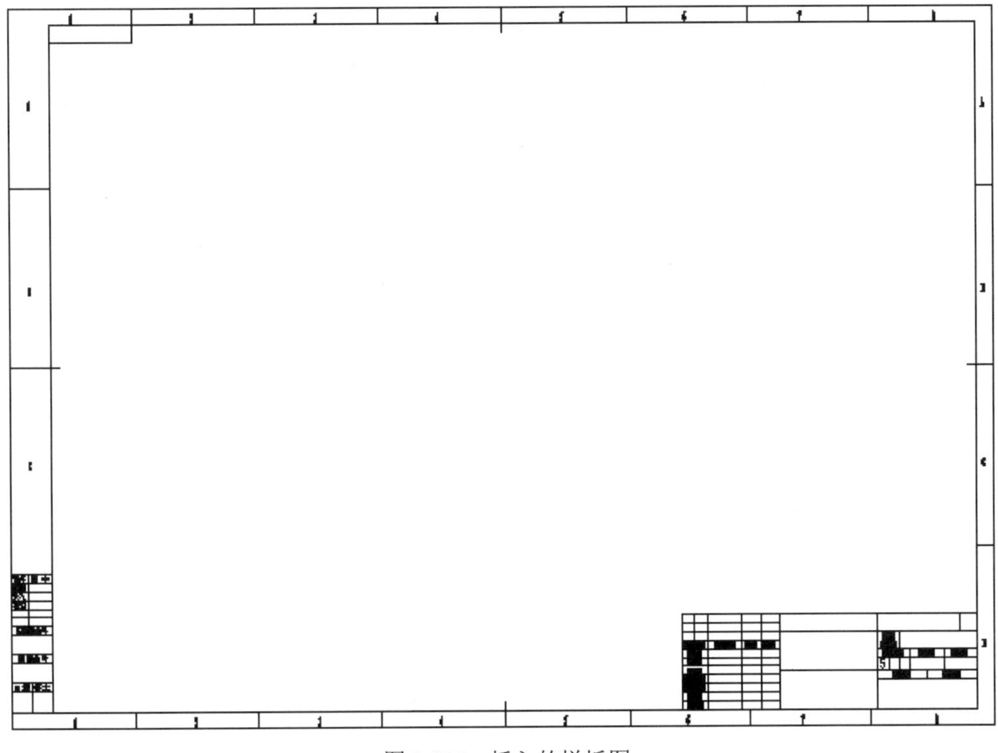

图 9-105　插入的样板图

9.4.2　设置图层与标注样式

操作步骤如下：

1．设置图层

根据国家标准和工程分析，在该零件图中主要用到粗实线、细实线、中心线和剖面线等。我们需要设置用到的图层，单击“默认”选项卡下“图层”面板中的“图层特性”按钮，打开“图层特性管理器”选项板，用户可以参照前面介绍的命令，在其中创建需要的图层，如图 9-106 所示为创建好的图层。

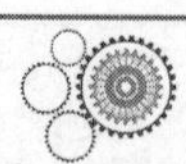

Note

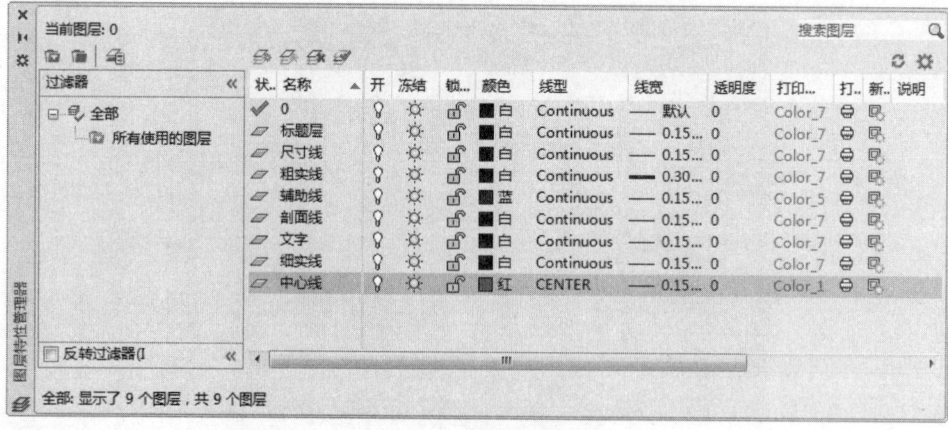

图 9-106　创建好的图层

2．设置标注样式

单击“默认”选项卡下“注释”面板中的“标注样式”按钮，打开“标注样式管理器”对话框，如图 9-107 所示，在该对话框中显示当前的标注样式，包括半径、角度、线性和引线的标注样式。单击“修改”按钮，打开“修改标注样式”对话框，如图 9-108 所示，可以在其中设置需要的标注样式。

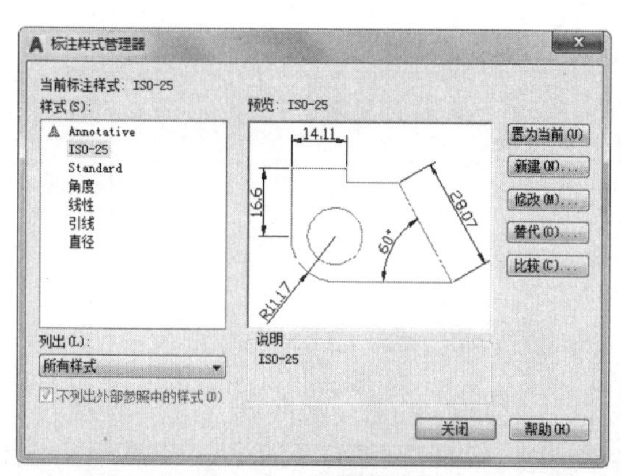

图 9-107　“标注样式管理器”对话框

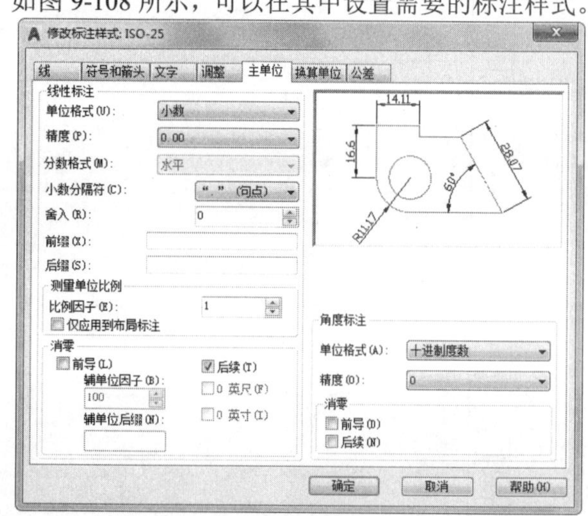

图 9-108　“修改标注样式”对话框

9.4.3　绘制主视图

主视图主要由直线和剖面线构成，而且主视图为准对称图形，我们可以先绘制中心线一侧的图形，然后使用镜像命令得到完整的视图，最后再修改镜像后的视图。

操作步骤如下：

1．绘制中心线

将“中心线”图层设置为当前图层。根据轴承座的尺寸，单击“默认”选项卡下“绘图”面板中的“直线”按钮，以坐标点{（140,230），（@55,0）}、{（175,323.5），（@25, 0）}绘制两条中心线，结果如图 9-109 所示。

2．绘制主视图轮廓线

根据分析可知，该主视图的轮廓线主要由直线组成，另外还需要填充剖面线。在绘制主视图轮廓

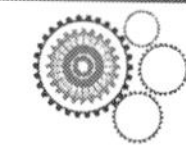

线的过程中，需要用到“直线”“圆角”“倒角”“剖面线”等命令。

（1）将“粗实线”图层设置为当前图层，单击“默认”选项卡下“绘图”面板中的“直线”按钮，坐标点依次为（145,230）、（@0,77.5）、（@37.5,0）、（@0,28.5）和（@8,0），在对象捕捉模式下选择与中心线的垂直交点，绘制外轮廓线，结果如图 9-110 所示。

（2）单击“默认”选项卡下“绘图”面板中的“直线”按钮，以坐标点{（150,230），（@0,70），（@40.5,0）}绘制内轮廓线，结果如图 9-111 所示。

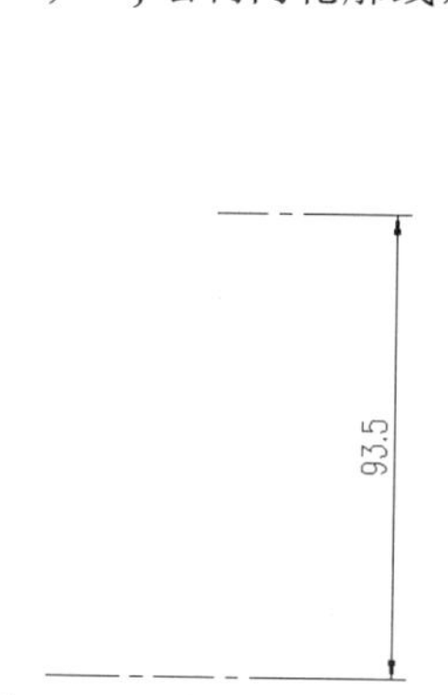

图 9-109　绘制的中心线

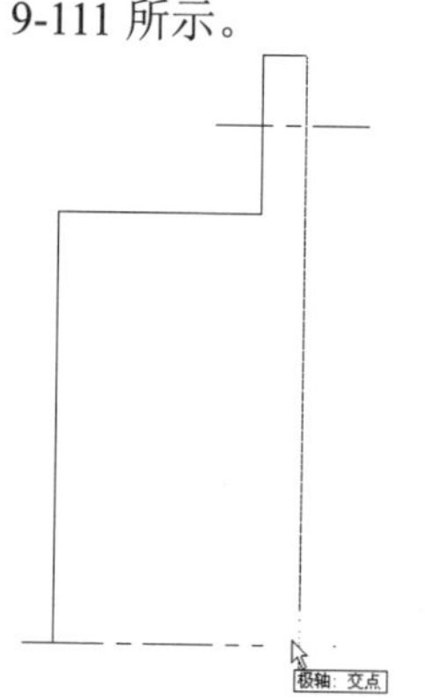

图 9-110　绘制直线后的图形

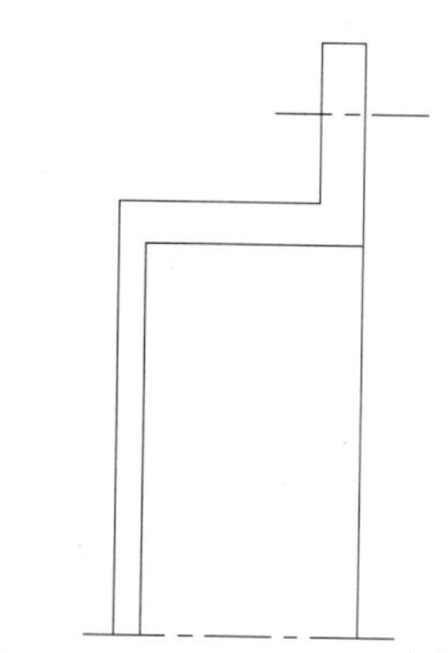

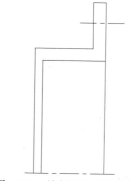

图 9-111　绘制内轮廓线后的图形

（3）单击“默认”选项卡下“绘图”面板中的“直线”按钮，以坐标点{（145,293），（@5,0）}、{（182.5,318），（@8,0）}、{（182.5,329），（@8,0）}绘制孔外形线，结果如图 9-112 所示。

（4）绘制倒角。单击“默认”选项卡下“修改”面板中的“倒角”按钮，对图 9-112 中的直线 1、直线 2 进行倒角，倒角距离为 1，结果如图 9-113 所示。

（5）单击“默认”选项卡下“绘图”面板中的“直线”按钮，以图 9-113 中的点 a 为起点，绘制到中心线的垂直交点的直线，同理绘制另一条直线，结果如图 9-114 所示。

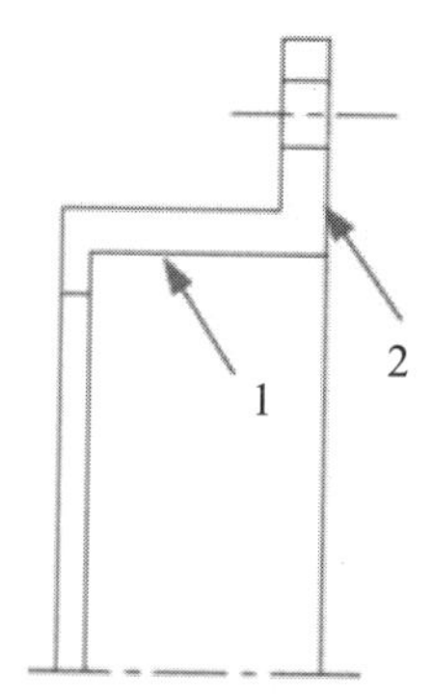

图 9-112　绘制孔外形线后的图形

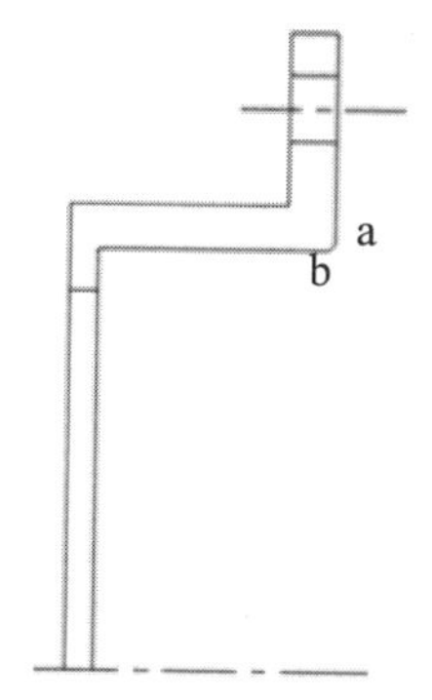

图 9-113　倒角后的图形

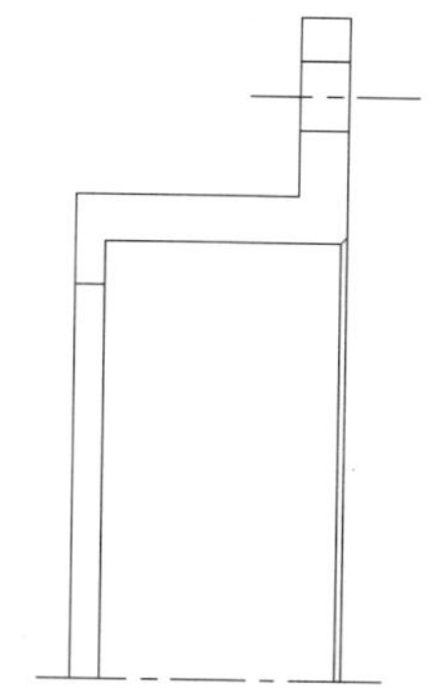

图 9-114　绘制直线后的图形

（6）倒角。单击“默认”选项卡下“修改”面板中的“倒角”按钮，对图 9-115 中的直线 1、直线 2 进行倒角，倒角距离为 1，结果如图 9-115 所示。

（7）圆角。单击“默认”选项卡下“修改”面板中的“圆角”按钮，分别对图 9-116 中的直线 1、直线 2 和直线 3、直线 4 进行倒圆角，圆角半径为 1，结果如图 9-116 所示。

（8）镜像。单击“默认”选项卡下“修改”面板中的“镜像”按钮，以水平中心线为镜像轴，对图 9-116 所绘制的图形进行镜像，结果如图 9-117 所示。

（9）单击“默认”选项卡下“绘图”面板中的“直线”按钮，以坐标点（145,159）、（@45.5,0）绘制注油槽线，结果如图 9-118 所示。

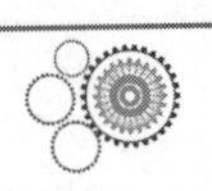
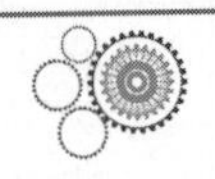

Note

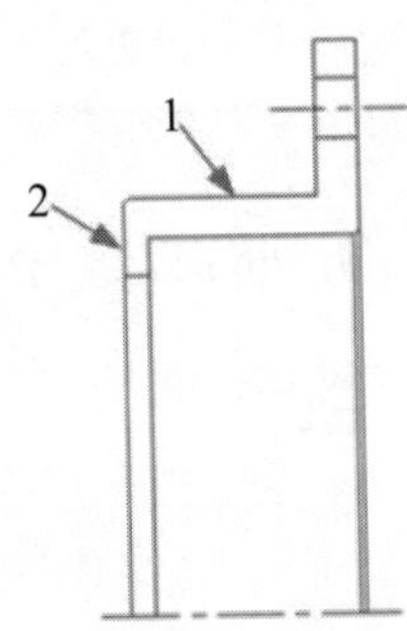

图 9-115　倒角后的图形

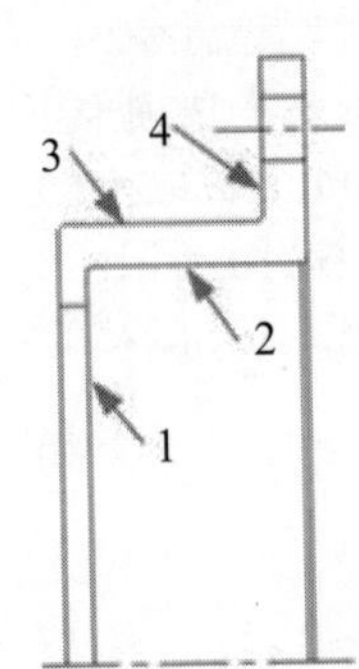

图 9-116　圆角后的图形

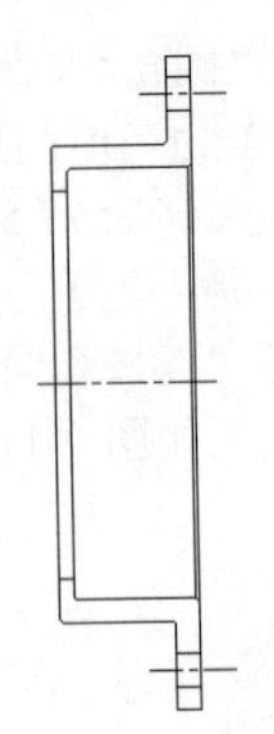

图 9-117　镜像后的图形

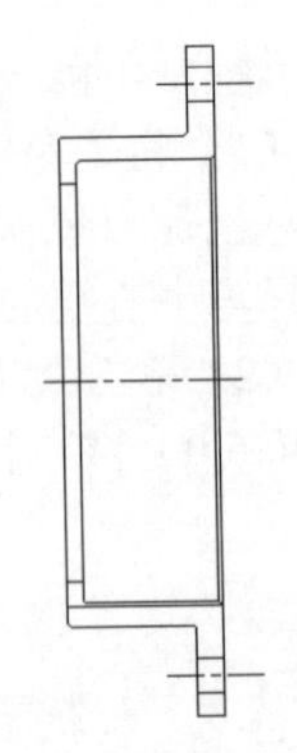

图 9-118　绘制注油槽线

3．绘制剖面线

由于主视图为剖视图，因而需要在该视图上绘制剖面线。将“剖面线”图层设置为当前图层，以下为绘制剖面线的过程。

单击“默认”选项卡下“绘图”面板中的“图案填充”按钮，打开“图案填充创建”选项卡，单击“选项”面板中的“图案填充设置”按钮，弹出“图案填充和渐变色”对话框，在该对话框中选择所需要的剖面线样式，并设置剖面线的旋转角度和显示比例，图 9-119 所示为设置完毕的“图案填充和渐变色”对话框。设置好剖面线的类型后，单击“添加:拾取点”按钮，返回绘图区域，用鼠标在图中所需添加剖面线的区域内拾取任意一点，选择完毕后返回“图案填充创建”选项卡，然后单击“关闭”按钮，剖面线绘制完毕。

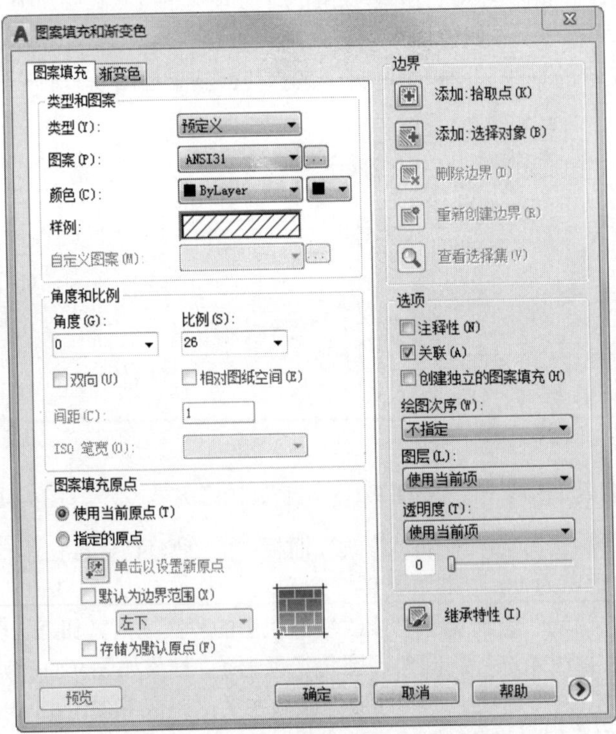

图 9-119　“图案填充和渐变色”对话框

如果填充后用户感觉不满意，单击“默认”选项卡下“修改”面板中的“编辑图案填充”按钮，

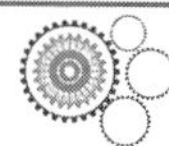

选择绘制的剖面线，系统会打开“图案填充编辑”对话框，如图 9-120 所示。用户可以在其中重新设定填充的样式，设置好以后，单击“确定”按钮，剖面线则会以刚刚设置好的参数显示，重复此过程，直到满意为止。图 9-121 为绘制剖面线后的主视图。

图 9-120　“图案填充编辑”对话框

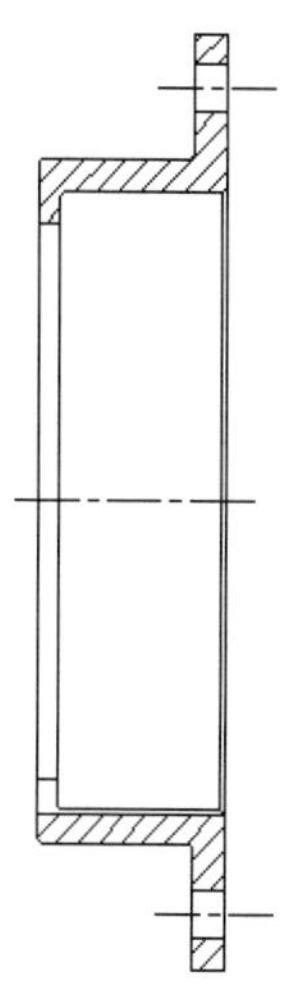

图 9-121　填充剖面线后的主视图

9.4.4　绘制左视图

在绘制左视图前，首先应该分析一下该部分的结构组成，该部分主要由直线、圆弧和圆组成，可以通过做辅助线，从而方便地绘制。该部分用到的命令有直线、圆和阵列等。

操作步骤如下：

1．绘制中心线和辅助线

（1）将“中心线”图层设置为当前图层，单击“默认”选项卡下“绘图”面板中的“直线”按钮，以坐标点{（275,230），（505,230）}绘制水平中心线，以坐标点{（390,115），（390,345）}绘制垂直中心线，结果如图 9-122 所示。

（2）将“辅助线”图层设置为当前图层，单击“默认”选项卡下“绘图”面板中的“直线”按钮，绘制辅助线。

（3）在命令行提示“指定第一个点:”后在对象捕捉模式下用鼠标拾取图 9-123 中的点 A。

（4）在命令行提示“指定下一点或[放弃(U)]:”后输入“@230,0”。

（5）重复“直线”命令。

（6）在命令行提示“指定第一个点:”后在对象捕捉模式下用鼠标拾取图 9-123 中的点 B。

（7）在命令行提示“指定下一点或[放弃(U)]:”后输入“@220,0”。

（8）重复“直线”命令。

（9）在命令行提示“指定第一个点:”后在对象捕捉模式下用鼠标拾取图 9-123 中的点 C。

（10）在命令行提示“指定下一点或[放弃(U)]:”后输入“@270,0”。

（11）重复“直线”命令。

（12）在命令行提示“指定第一个点:”后在对象捕捉模式下用鼠标拾取图 9-123 中的点 D。

（13）在命令行提示“指定下一点或[放弃(U)]:”后输入“@265,0”。

（14）重复“直线”命令。

（15）在命令行提示“指定第一个点:”后在对象捕捉模式下用鼠标拾取图 9-123 中的点 E。

（16）在命令行提示“指定下一点或[放弃(U)]:”后输入“@225,0”，结果如图 9-123 所示。

Note

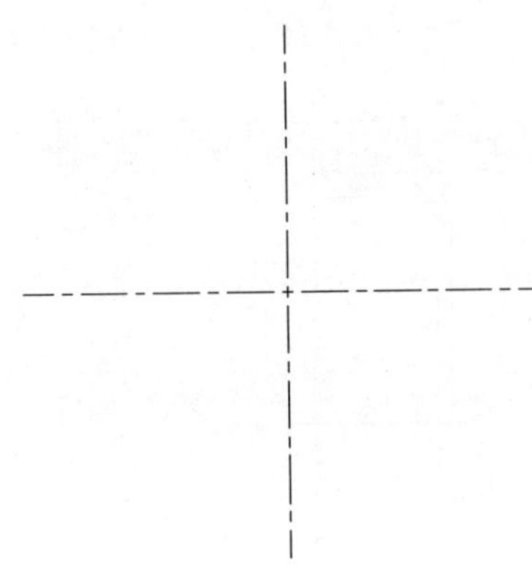

图 9-122　绘制的中心线

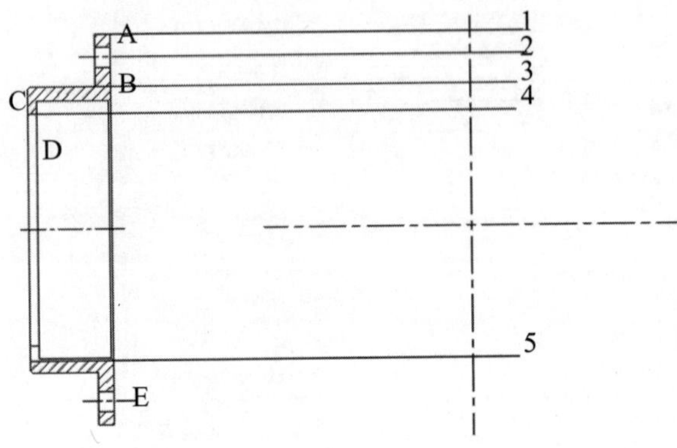

图 9-123　绘制辅助线后的图形

2．绘制左视图的轮廓线

（1）将“粗实线”图层设置为当前图层，单击“默认”选项卡下“绘图”面板中的“圆”按钮，以左视图两中心线的交点为圆心，分别以左视图竖直中心线与辅助线 1、辅助线 3、辅助线 4 的交点为半径绘制圆。

（2）将“中心线”图层设置为当前图层，单击“默认”选项卡下“绘图”面板中的“圆”按钮，以左视图两中心线的交点为圆心，以左视图竖直中心线与辅助线 2 的交点为半径绘制圆，结果如图 9-124 所示。

（3）将“粗实线”图层设置为当前图层，单击“默认”选项卡下“绘图”面板中的“直线”按钮，以坐标点{（289,230），（@0,50）}绘制直线，结果如图 9-125 所示。

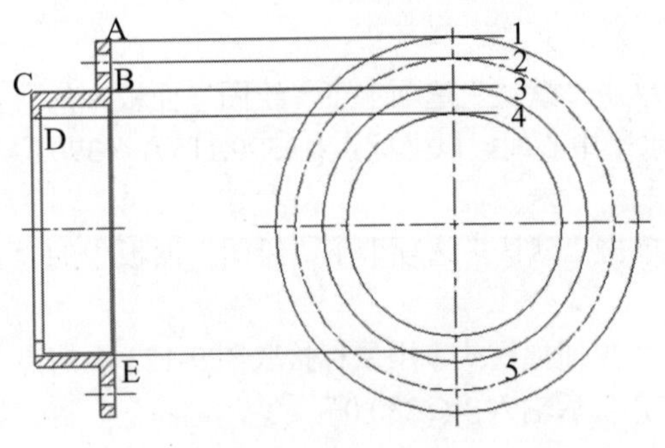

图 9-124　绘制圆后的图形

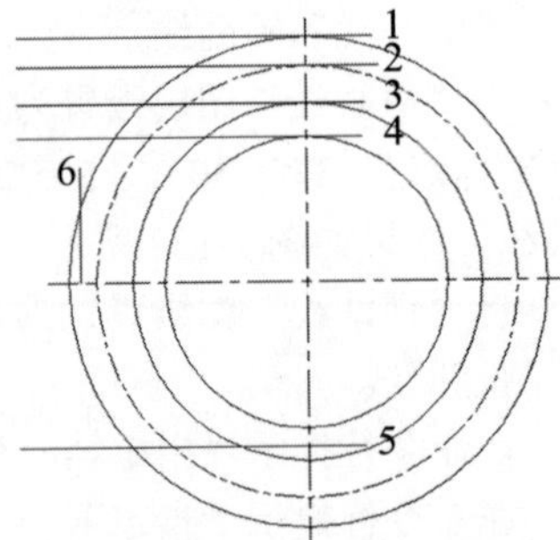

图 9-125　绘制直线后的图形

（4）修剪直线。单击“默认”选项卡下“修改”面板中的“修剪”按钮，以左视图中与辅助线 1 相交的圆为剪切边，对图 9-125 中的直线 6 处进行修剪，结果如图 9-126 所示。

（5）镜像直线。单击“默认”选项卡下“修改”面板中的“镜像”按钮，以水平中心线为镜像轴，对图 9-126 中修剪后的直线 6 进行镜像，然后以竖直中心线为镜像轴，对图 9-126 中修剪后的直线 6 进行镜像，结果如图 9-127 所示。

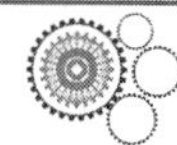

（6）修剪圆弧。单击“默认”选项卡下“修改”面板中的“修剪”按钮，以图 9-127 中的直线 6 为剪切边，对图 9-127 中的圆弧 a 处进行修剪，同理对图 9-127 中的圆弧 b 处进行修剪，结果如图 9-128 所示。

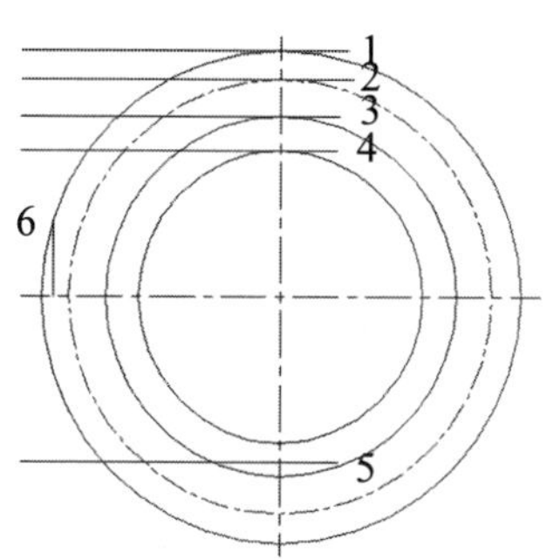

图 9-126　修剪直线后的图形

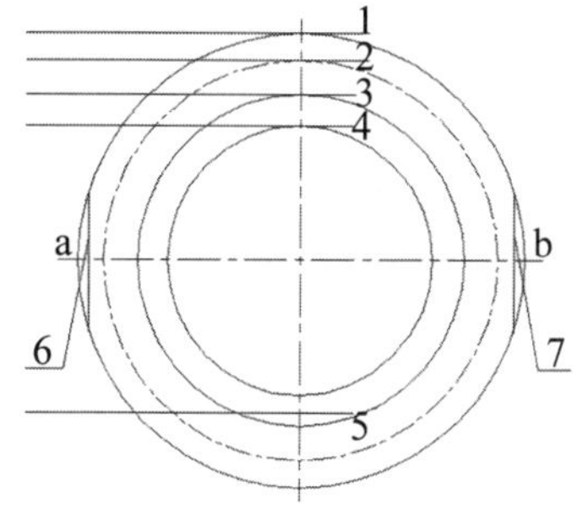

图 9-127　镜像后的图形

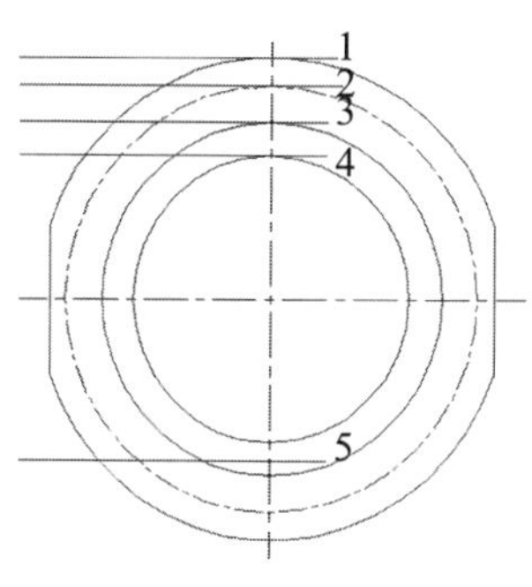

图 9-128　修剪后的图形

3．绘制左视图的注油槽

（1）将“粗实线”图层设置为当前图层，单击“默认”选项卡下“绘图”面板中的“圆”按钮，以图 9-129 中的点 A 为圆心，用鼠标捕捉图 9-129 中的点 B 绘制圆，结果如图 9-129 所示。

（2）修剪对象。单击“默认”选项卡下“修改”面板中的“修剪”按钮，修剪图形，结果如图 9-130 所示。

（3）删除辅助线。删除图 9-130 中所示的 5 条辅助线，结果如图 9-131 所示。

4．绘制边缘孔

（1）将“中心线”图层设置为当前图层，单击“默认”选项卡下“绘图”面板中的“直线”按钮，以坐标点{（360,305），（@22<112.5）}绘制边缘孔中心线。

（2）将“粗实线”图层设置为当前图层，单击“默认”选项卡下“绘图”面板中的“圆”按钮，以第（1）步绘制的中心线和以辅助线 2 基准绘制的圆的交点为圆心，绘制直径为 11 的圆，结果如图 9-132 所示。

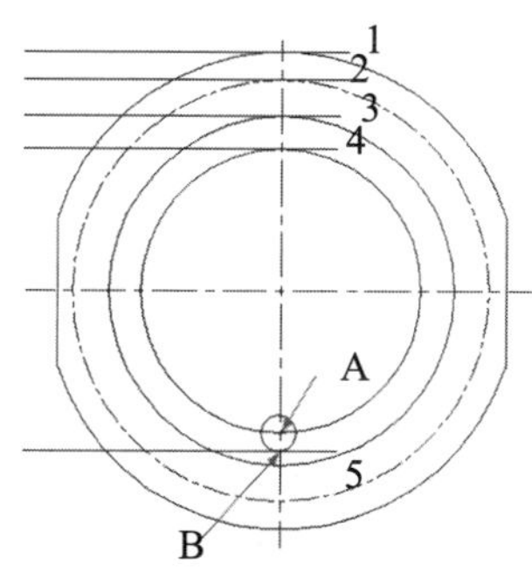

图 9-129　绘制圆后的图形

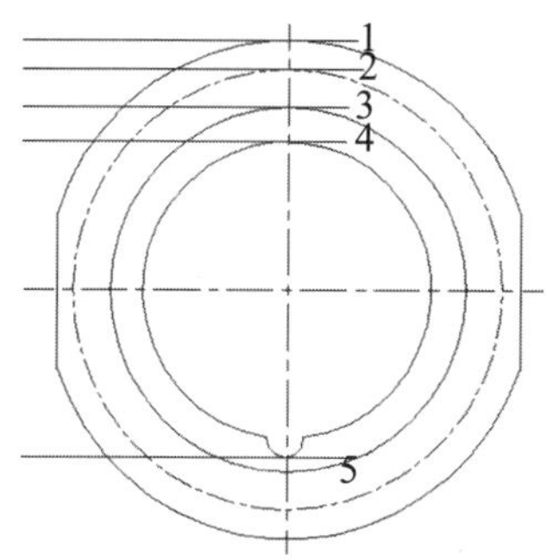

图 9-130　修剪后的图形

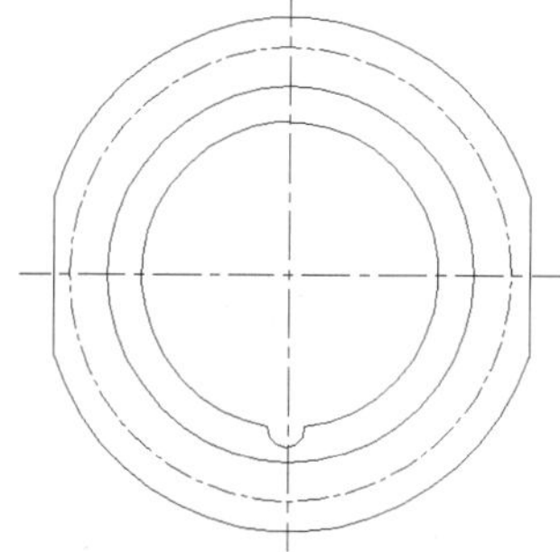

图 9-131　删除辅助线后的图形

提示

在修剪直线时，由于直线 6 和直线 7 是由两条直线段形成的，因此要分别选择，否则不能修剪。

（3）绘制轴承座端部其他的孔和中心线。单击“默认”选项卡下“修改”面板中的“环形阵列”按钮，使用窗口选择方式选择图 9-132 中绘制的中心线和圆孔，用鼠标选取左视图中两中心线的交点，设置阵列数目为 8，结果如图 9-133 所示。

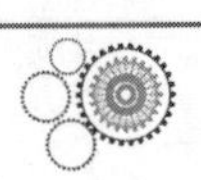
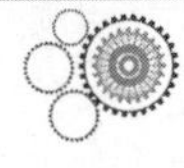

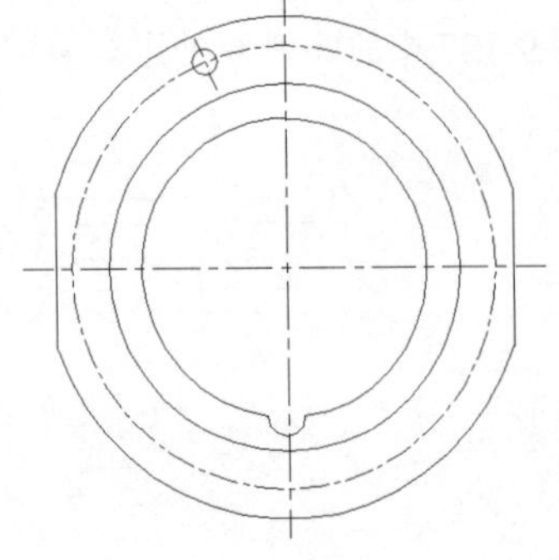

图 9-132　绘制单个边缘孔后的图形

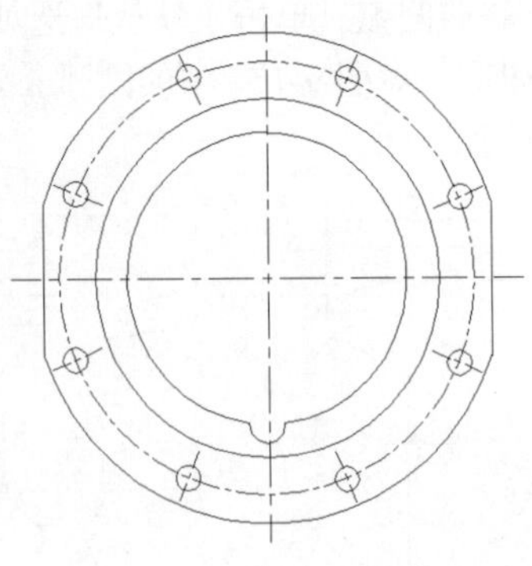

图 9-133　阵列后的图形

9.4.5　绘制局部视图

在本例中，需要绘制轴承座主体和端部连接位置的局部放大视图，具体位置见图 9-103。

操作步骤如下：

1．绘制局部视图的轮廓线

（1）将“粗实线”图层设置为当前图层，单击“默认”选项卡下“绘图”面板中的“直线”按钮，以坐标点（270,65）、（272,65）、（274.5,62.5）、（282,62.5）、（282,70）、（279.5,72.5）、（279.5,78）绘制直线。

（2）单击“绘图”工具栏中的“样条曲线”按钮，绘制多段线。

（3）在命令行提示“指定第一个点或[方式(M)/节点(K)/对象(O)]:”后输入“270,65”。

（4）在命令行提示“输入下一个点或[起点切向(T)/公差(L)]:”后输入“273,60”。

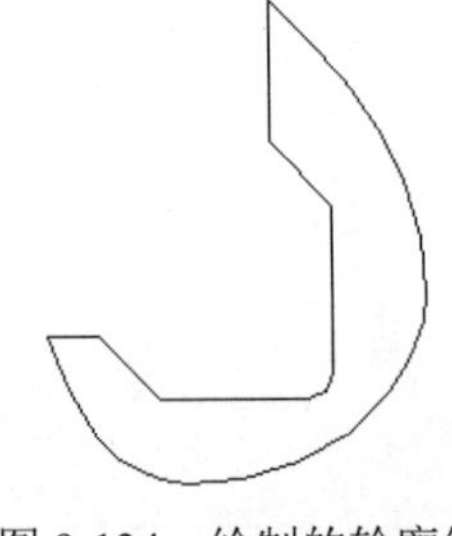

图 9-134　绘制的轮廓线

（5）在命令行提示“输入下一个点或[端点相切(T)/公差(L)/放弃(U)]:”后输入“280,60”。

（6）在命令行提示“输入下一个点或[端点相切(T)/公差(L)/放弃(U)/闭合(C)]:”后输入“285,65”。

（7）在命令行提示“输入下一个点或[端点相切(T)/公差(L)/放弃(U)/闭合(C)]:”后输入“282,75”。

（8）在命令行提示“输入下一个点或[端点相切(T)/公差(L)/放弃(U)/闭合(C)]:”后输入“279.5,78”。按 Enter 键后的结果如图 9-134 所示。

2．填充剖面线

绘制完轮廓线后，需要对该视图进行填充。首先将“剖面线”图层设置为当前图层，然后单击“默认”选项卡下“绘图”面板中的“图案填充”按钮，打开“图案填充创建”选项卡，单击“选项”面板中的“图案填充设置”按钮，弹出“图案填充和渐变色”对话框，在该对话框中选择所需要的剖面线样式，并设置剖面线的旋转角度和显示比例，图 9-135 所示为设置完毕的“图案填充和渐变色”对话框。设置好剖面线的类型后，单击“添加:拾取点”按钮，则返回绘图区域，用鼠标在图中所需添加剖面线的区域内拾取任意一点，选择完毕后，返回“图案填充创建”选项卡，然后单击“关闭”按钮，剖面线绘制完毕。

如果用户对填充的效果感觉不满意，单击“默认”选项卡下“修改”面板中的“编辑图案填充”按钮，选择绘制的剖面线，系统会打开“图案填充编辑”对话框，如图 9-136 所示。用户可以在其中重新设定填充的样式，设置好以后，单击“确定”按钮，则剖面线会以刚刚设置好的参数显示，重复

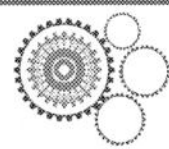

此过程，直到满意为止。图 9-137 所示为填充剖面线后的图形。

图 9-135　“图案填充和渐变色”对话框

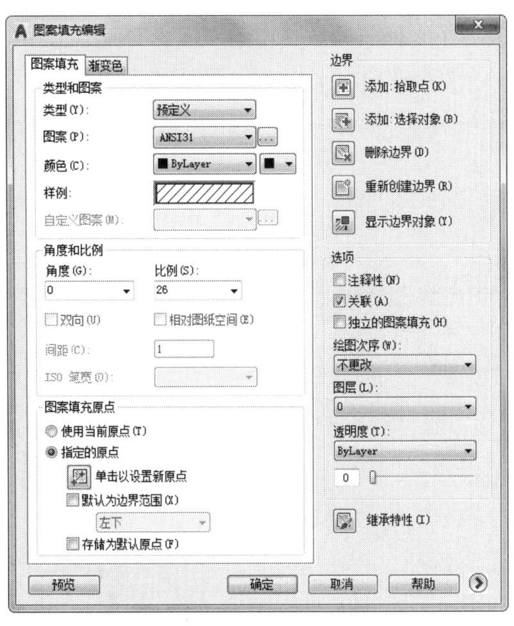

图 9-136　“图案填充编辑”对话框

3．注释文字

因为该视图为局部放大视图，所以应该添加必要的文字说明，该视图的注释文字主要在标注线图层完成。首先使用“直线”命令绘制一条直线，然后填写文字注释。直线上方的文字样式设置为：样式为“TXT”，对正方式为“正中”，字高为“5”，旋转角度为“0”，宽度比例为“0.7”，输入的文字内容为“I（允许方案）”。直线下方的文字样式设置为：样式为 STANDARD，对正方式为“正中”，字高为“5”，旋转角度为“0”，宽度比例为“0.7”，输入的文字内容为“5∶1”。将创建好的文字放置在“文字”图层，结果如图 9-138 所示。

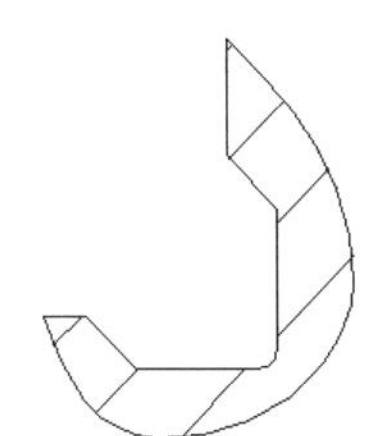

图 9-137　填充剖面线后的视图

I（允许方案）
5:1

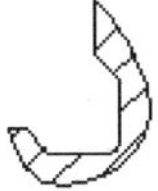

图 9-138　注释文字后的局部视图

9.4.6　标注轴承座

操作步骤如下：

1．带公差的线性标注

以标注“202±0.5”为例说明带有公差的线性标注方法。首先将“尺寸线”图层设置为当前图层，

然后单击“默认”选项卡下“注释”面板中的“标注样式”按钮，打开“标注样式管理器”对话框，如图 9-139 所示，在其中的“样式”栏中选择“线性”选项，然后单击“修改”按钮，打开“修改标注样式”对话框。在“公差”选项卡的“方式”下拉列表框中选择“对称”选项，在“上偏差”微调框中输入“0.5”，如图 9-140 所示。设置好以后，单击“确定”按钮，然后进行标注。

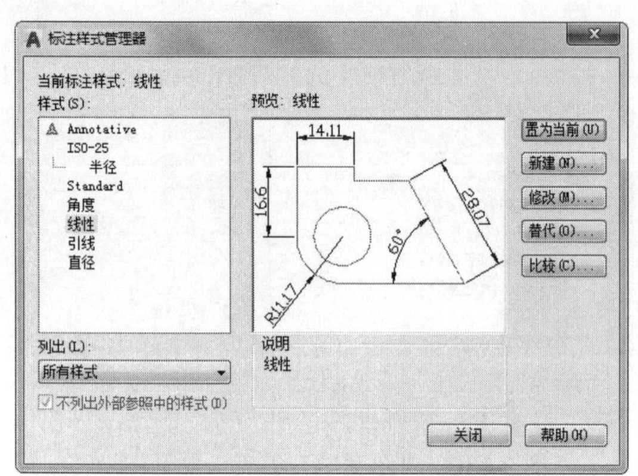

图 9-139 “标注样式管理器”对话框

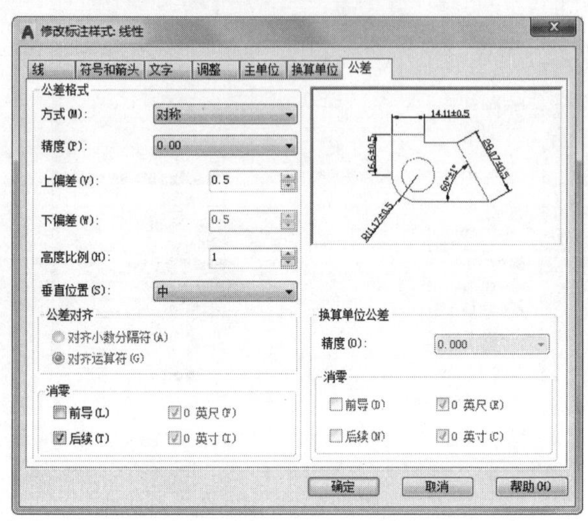

图 9-140 “公差”选项卡

按照上述设置好以后，单击“注释”选项卡下“标注”面板中的“线性”按钮，标注图中的“202±0.5”尺寸，结果如图 9-141 所示。

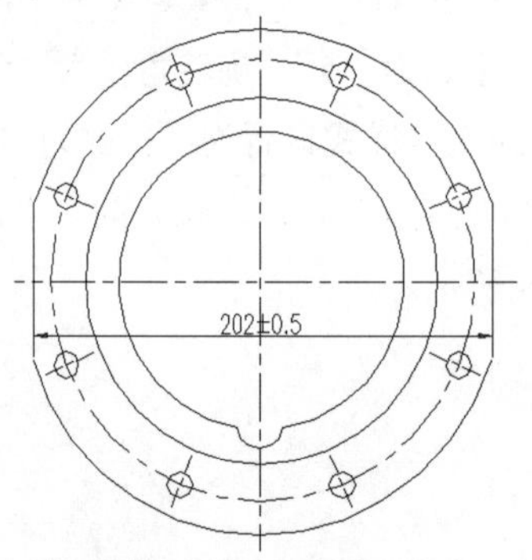

图 9-141 标注的线性尺寸

2．隐藏公差的线性标注

首先将“尺寸线”图层设置为当前图层，然后单击“默认”选项卡下“注释”面板中的“标注样式”按钮，打开“标注样式管理器”对话框，如图 9-139 所示，在其中的“样式”栏中选择“线性”选项，然后单击“替代”按钮，打开“替代当前样式”对话框。在“主单位”选项卡的“前缀”微调框中输入“%%c”，在“后缀”微调框中输入“H7”，如图 9-142 所示；选择“公差”选项卡，将公差“方式”设置为“无”，设置好以后，单击“确定”按钮。

按照上述设置好以后，单击“注释”选项卡下“标注”面板中的“线性”按钮，标注图中的“Φ140H7”尺寸，结果如图 9-143 所示。

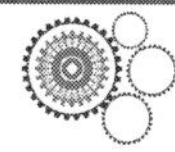

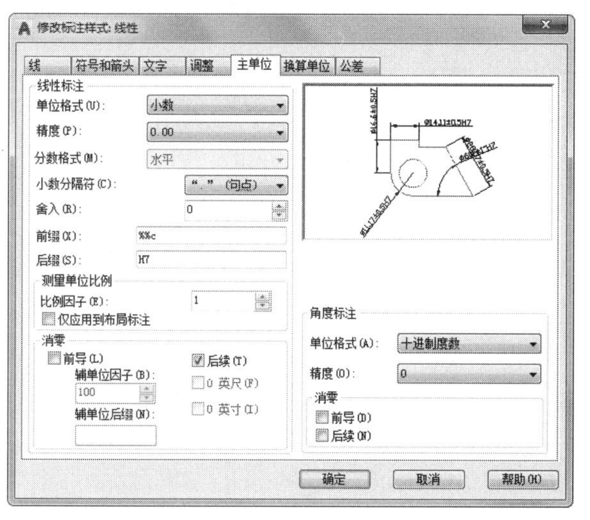

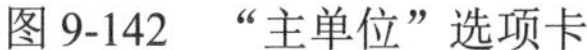
图 9-142　“主单位”选项卡

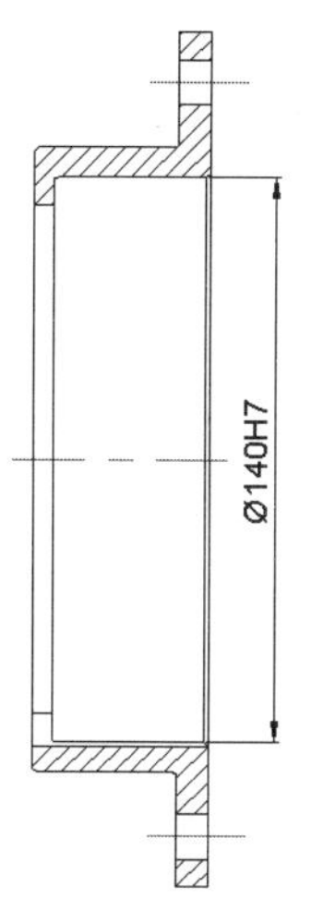

图 9-143　标注的线性尺寸

9.4.7　填写标题栏

标题栏是反映图形属性的一个重要信息来源，零件图的很多信息都反映在标题栏中，例如零部件的材料、设计者以及修改信息等。其填写与标注文字的过程相似，这里不再讲述，可以参照其他实例中相应的介绍。图 9-144 所示为绘制好的轴承座标题栏。

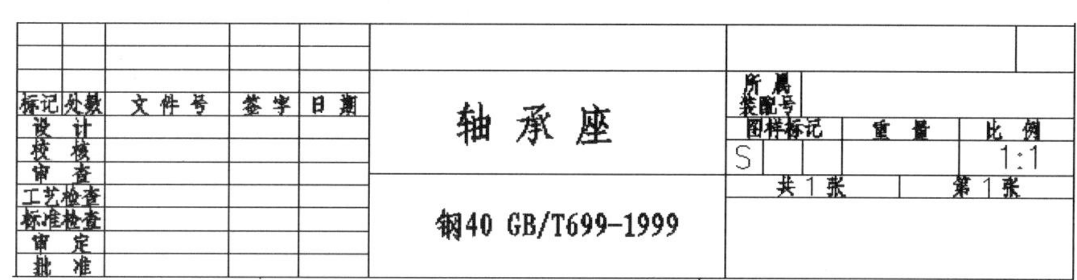

标记	处数	文件号	签字	日期	轴承座	所属装配号		
设计						图样标记	重量	比例
校核						S		1:1
审查						共 1 张		第 1 张
工艺检查					钢40 GB/T699-1999			
标准检查								
审定								
批准								

图 9-144　轴承座标题栏

9.5　实 战 演 练

【实战演练 1】齿轮轴设计。

齿轮轴设计如图 9-145 所示。

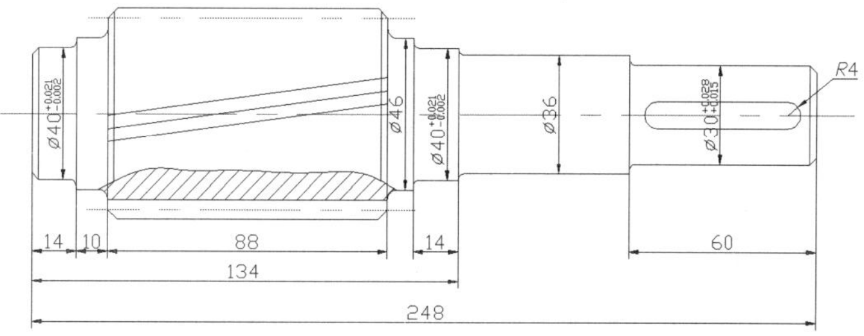

图 9-145　齿轮轴

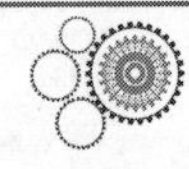

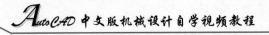

【实战演练 2】蜗轮设计。

蜗轮设计如图 9-146 所示。

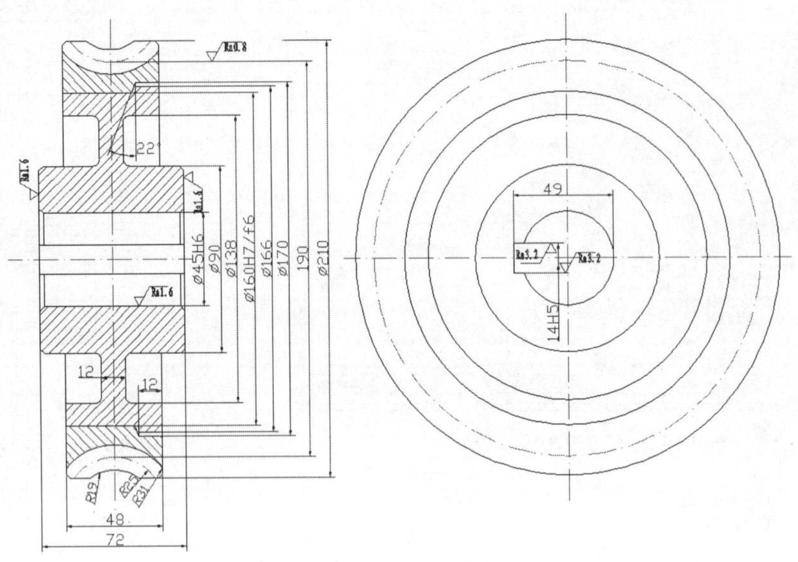

图 9-146　蜗轮

叉架类零件设计

本章学习要点和目标任务：

☑ 齿轮泵机座设计

☑ 拨叉设计

叉架类零件也是机械设计中一类典型的零件。这类零件的特点是根据零件所应用场合的不同，其结构变化千差万别，往往由于其特殊的应用特点导致结构比较复杂，构造不太规范，因此，此类零件在绘制时，一定要选择好视图的方向、种类和不同视图的搭配，做到既简洁又完整地表示零件结构形状。

在本章中，选取齿轮泵机座与拨叉进行实例讲解。希望读者在学习本章后，能掌握快速绘图的基本操作步骤，并能熟练绘制叉架类零件。

10.1 齿轮泵机座设计

Note

视频讲解

齿轮泵机座（如图 10-1 所示）的绘制可以说是系统使用 AutoCAD 2018 二维绘图功能的综合实例。依次绘制齿轮泵机座主视图、剖视图，充分利用多视图投影对应关系，绘制辅助定位直线。在本例中局部剖视图在齿轮泵机座的绘制过程中也得到了充分应用。

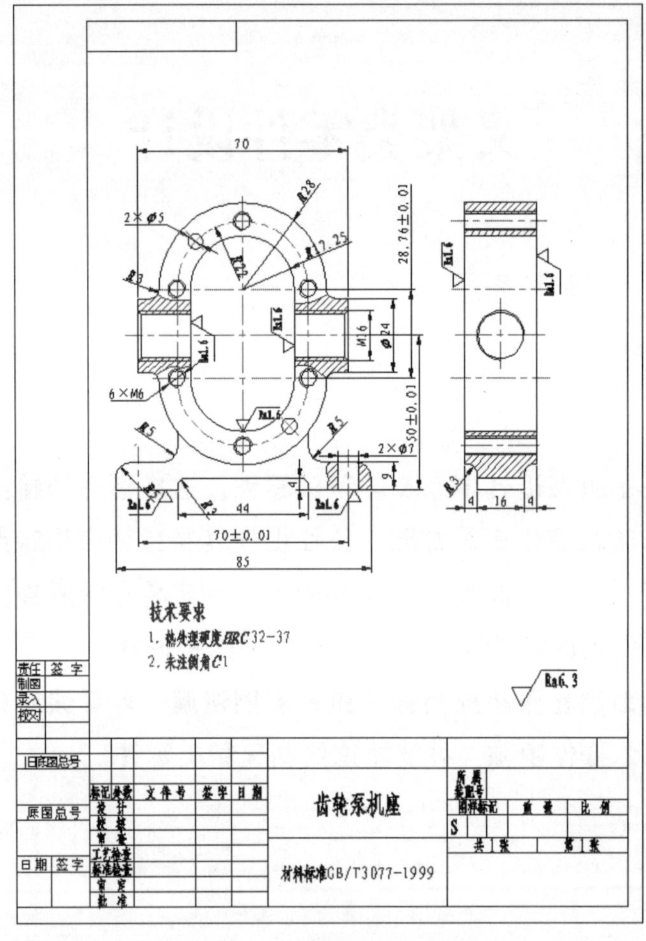

图 10-1 齿轮泵机座零件图

10.1.1 配置绘图环境

操作步骤如下：

单击快速访问工具栏中的“新建”按钮，打开“选择样板”对话框，选择 A4 样板图.dwt，将其文件命名为“齿轮泵机座设计.dwg”并另保存。

单击“默认”选项卡下“图层”面板中的“图层特性”按钮，在弹出的“图层特性管理器”选项板中创建“中心线”“实体”“尺寸标注”和“标题栏”4 个图层。其中，“中心线”图层的线型为 CENTER，其他图层为 Continuous。

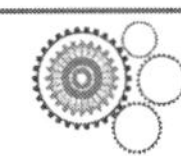

10.1.2　绘制齿轮泵机座主视图

操作步骤如下：

（1）将“中心线”图层设置为当前图层，单击“默认”选项卡下“绘图”面板中的“直线”按钮，绘制 3 条水平直线，坐标点分别为{(47,205)，(107,205)}、{(40,190)，(114,190)}、{(47,176.24)，(107,176.24)}；绘制一条竖直直线，坐标点为{（77,235），（77,146.24）}，如图 10-2 所示。

（2）将“实体”图层设置为当前图层，绘制圆，单击“默认”选项卡下“绘图”面板中的“圆”按钮，分别以上下两条中心线和竖直中心线的交点为圆心，分别绘制半径为 17.25mm、22mm 和 28mm 的圆，并将半径为 22mm 的圆设置为“中心线”图层，结果如图 10-3 所示。

（3）绘制直线。单击“默认”选项卡下“绘图”面板中的“直线”按钮，绘制圆的切线，再单击“默认”选项卡下“修改”面板中的“修剪”按钮，对图形进行修剪，结果如图 10-4 所示。注意，在中间绘制中心线圆时，有一个图层切换过程。

（4）绘制销孔和螺栓孔。单击“默认”选项卡下“绘图”面板中的“圆”按钮，绘制销孔和螺栓孔，结果如图 10-5 所示。注意，螺纹大径用细实线绘制。

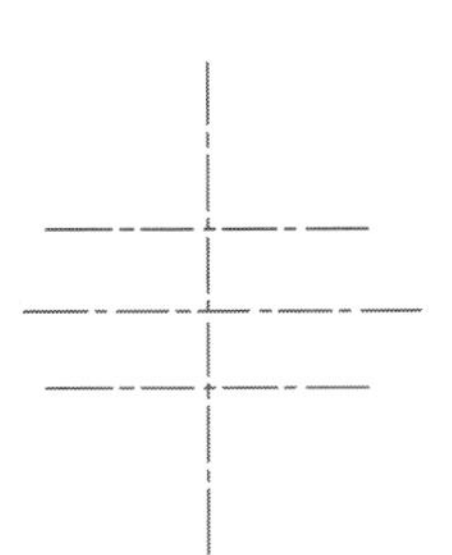

图 10-2　绘制中心线

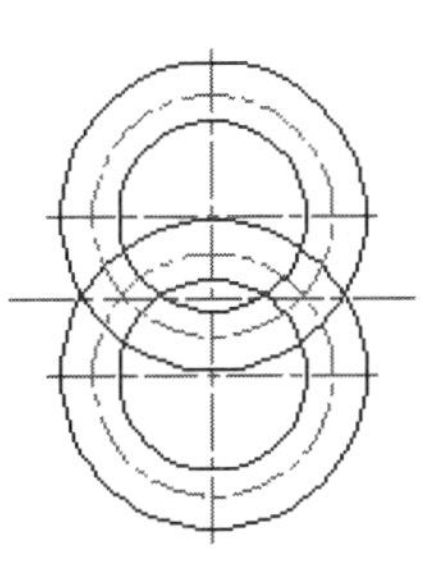

图 10-3　绘制圆

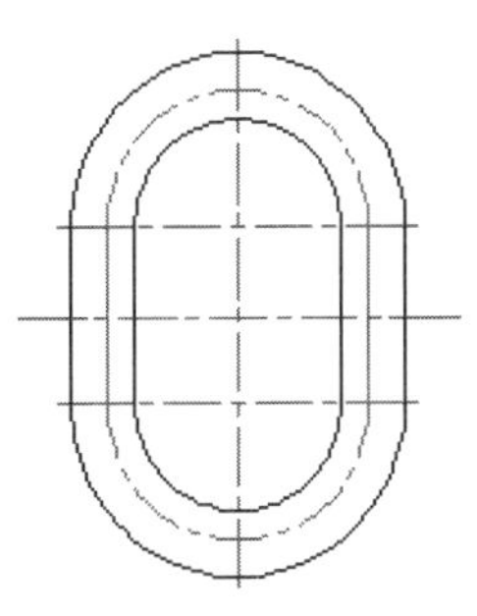

图 10-4　绘制直线

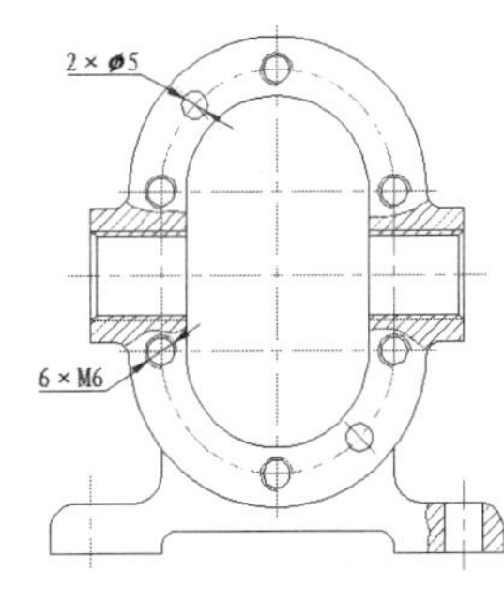

图 10-5　绘制销孔和螺栓孔

（5）绘制底座。单击“默认”选项卡下“修改”面板中的“偏移”按钮，将中间的水平中心线向下分别偏移 41mm、46mm 和 50mm，将竖直中心线向两侧分别偏移 22mm 和 42.5mm，并调整直线的长度，将偏移后的直线设置为“实体”图层，单击“默认”选项卡下“修改”面板中的“修剪”按钮，对图形进行修剪，单击“默认”选项卡下“修改”面板中的“圆角”按钮，进行圆角处理，绘制结果如图 10-6 所示。

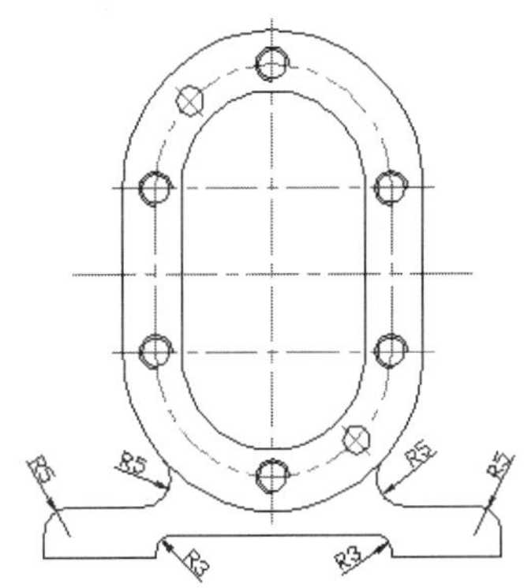

图 10-6　绘制底座图

（6）绘制底座螺栓孔。单击“默认”选项卡下“修改”面板中的“偏移”按钮，中心线左右偏移量均为 35mm，右侧偏移后的中心线再分别向两侧偏移 3.5mm，并将偏移后的直线放置在“实体”图层。切换到“细实线”图层；单击“默认”选项卡下“绘图”面板中的“样条曲线拟合”按钮，在底座上绘制曲线构成剖切平面界线。单击“默认”选项卡下“绘图”面板中的“图案填充”按钮，绘制剖面线，结果如图 10-7 所示。

（7）绘制进出油管。单击“默认”选项卡下“修改”面板中的“偏移”按钮，将竖直中心线分别向两侧偏移 34mm 和 35mm，将中间的水平中心线分别向两侧偏移 7mm、8mm 和 12mm，将偏移 8mm 后的直线改为“细实线”图层，将偏移后的其他直线改为“实体”图层，并在“实体”图层绘制倒角斜线。单击“默认”选项卡下“修改”面板中的“修剪”按钮，对图形进行修剪，结果如图 10-8 所示。

（8）细化进出油管。单击“默认”选项卡下“修改”面板中的“圆角”按钮，进行圆角处理，圆角半径为 3mm；单击“默认”选项卡下“绘图”面板中的“样条曲线拟合”按钮，再绘制曲线构成剖切平面；单击“默认”选项卡下“绘图”面板中的“图案填充”按钮，绘制剖面线，完成主视图的绘制，结果如图 10-9 所示。

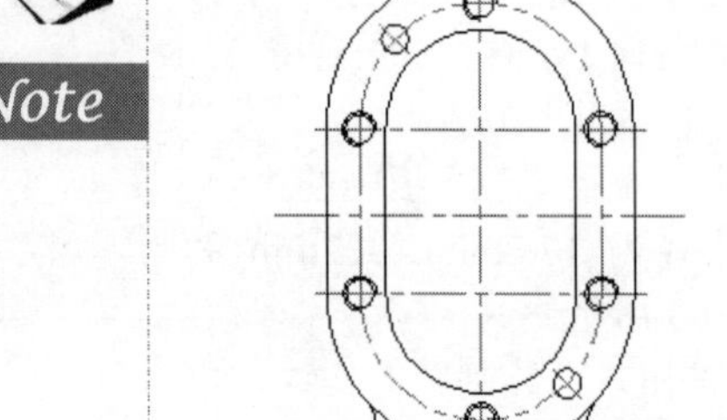

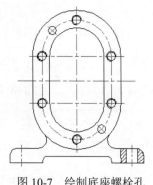

图 10-7　绘制底座螺栓孔

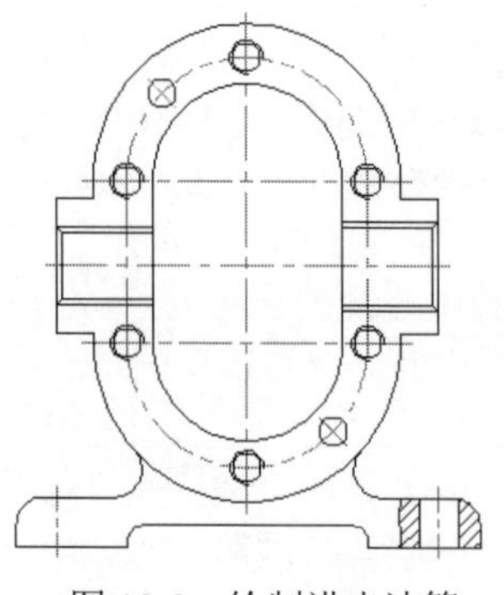

图 10-8　绘制进出油管

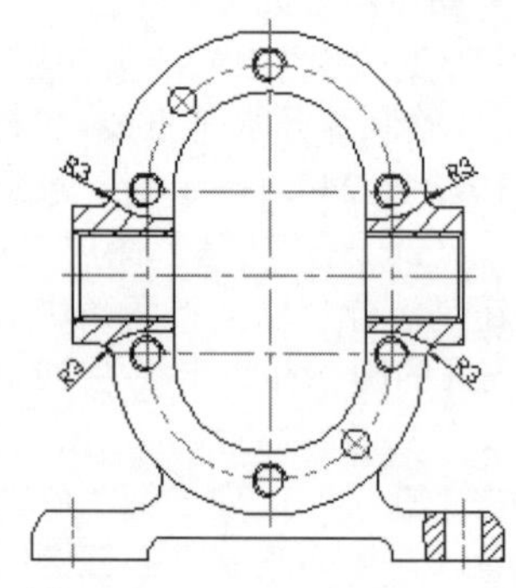

图 10-9　细化进出油管

10.1.3　绘制齿轮泵机座剖视图

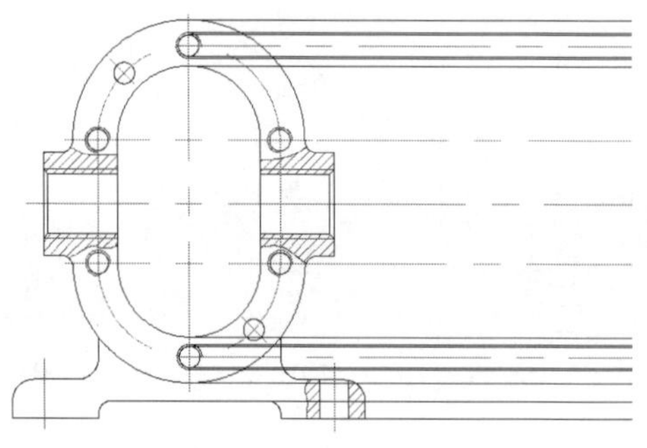

图 10-10　绘制定位直线

操作步骤如下：

（1）绘制定位直线。单击“默认”选项卡下“绘图”面板中的“直线”按钮，以主视图中特征点为起点，利用“对象捕捉”和“正交”功能绘制水平定位线，结果如图 10-10 所示。

（2）绘制剖视图轮廓线。单击“默认”选项卡下“绘图”面板中的“直线”按钮，绘制一条竖直直线{（175,235），（175,140）}；单击“默认”选项卡下“修改”面板中的“偏移”按钮，将竖直直线向左分别偏移 4mm、20mm、24mm 和 12mm；单击“默认”选项卡下“绘图”面板中的“圆”按钮，绘制直径分别为 15mm 和 16mm 的圆，其中，15mm 圆在“实体”图层，16mm 圆在“细实线”图层；单击“默认”选项卡下“修改”面板中的“修剪”按钮，对图形多余图线进行修剪，结果如图 10-11 所示。

（3）图形倒圆角。单击“默认”选项卡下“修改”面板中的“圆角”按钮，采用修剪、半径模式，对剖视图进行倒圆角操作，圆角半径为 3mm，结果如图 10-12 所示。

（4）绘制剖面线。单击“默认”选项卡下“绘图”面板中的“图案填充”按钮，切换到“细实线”图层，绘制剖面线，结果如图 10-13 所示。

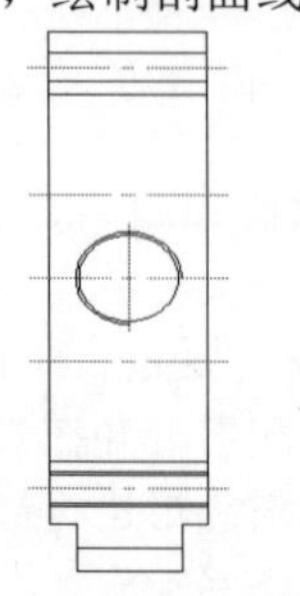

图 10-11　绘制剖视图轮廓线

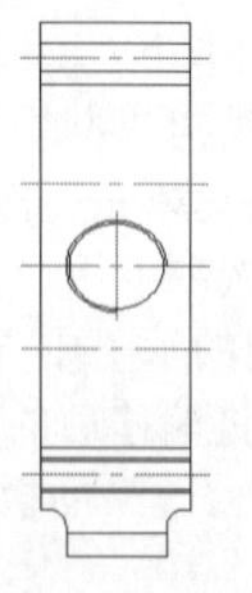

图 10-12　绘制圆角

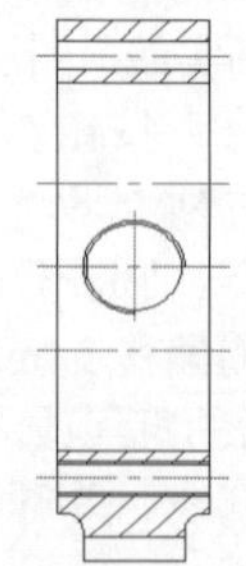

图 10-13　绘制剖面线

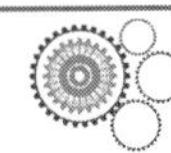

10.1.4　标注齿轮泵机座

操作步骤如下：

1．尺寸标注

（1）切换图层。将“尺寸标注”图层设置为当前图层。单击“默认”选项卡下“注释”面板中的“标注样式”按钮，新建“机械制图标注”样式，并将其设置为当前使用的标注样式。

（2）主视图尺寸标注。单击“注释”选项卡下“标注”面板中的“线性”按钮、“半径”按钮和“直径”按钮，对视图进行尺寸标注。其中，标注尺寸公差时要替代标注样式，结果如图 10-14 所示。

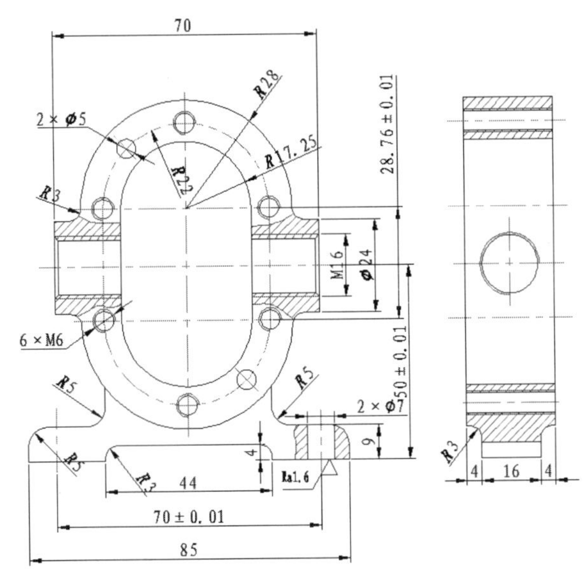

图 10-14　视图尺寸标注

2．表面粗糙度与剖切符号标注

按照以前学过的方法标注表面粗糙度和剖切符号。

10.1.5　填写标题栏

按照前面学过的方法填写技术要求与标题栏。将“标题栏”图层设置为当前图层，在标题栏中填写“齿轮泵机座”。齿轮泵机座设计的最终效果如图 10-1 所示。

10.2　拨叉设计

拨叉是一种典型的叉架类零件，常用于车辆变速箱、车床以及很多其他机械和工业设备，由于使用场合的差异其具体结构有所不同，但总体结构比较复杂，如图 10-15 所示为本例绘制的拨叉。由于结构比较复杂，因此需要合理选择视图。

根据国家标准和工程分析，利用左视图表达其主要结构形状，利用主视图表达拨叉的截面结构。另外，为了准确表达拨叉肋板，需绘制一个剖面图。选择绘图比例为 1∶1，图幅为 A2。

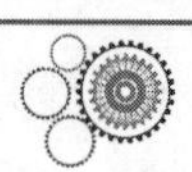

Note

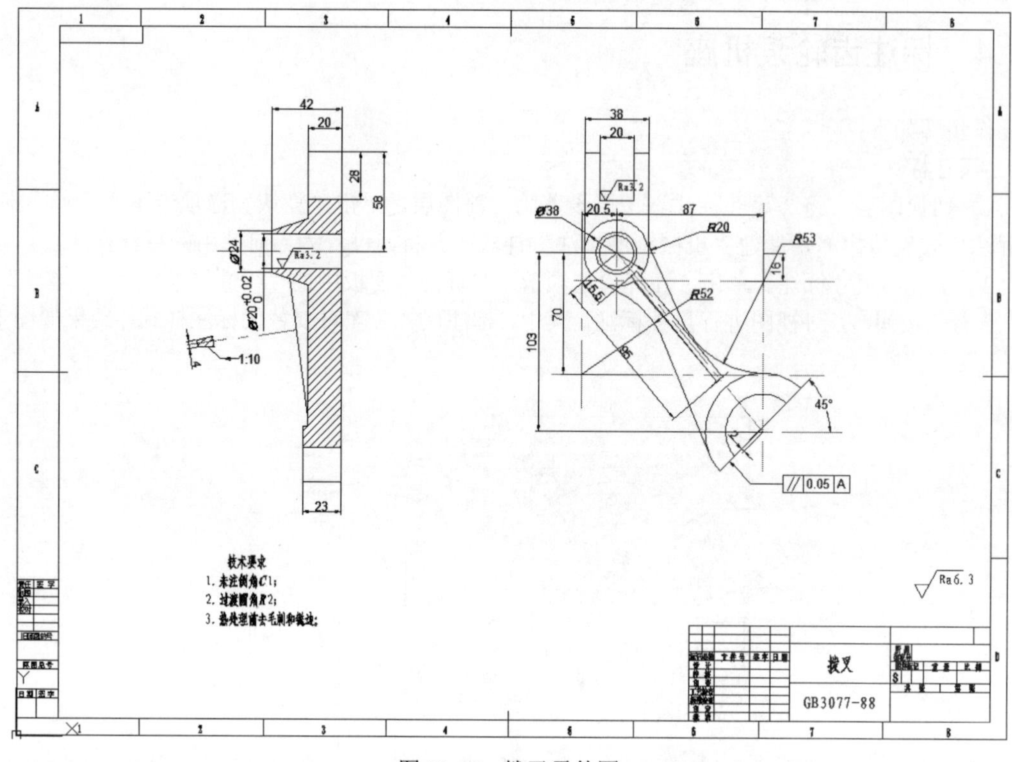

图 10-15　拨叉零件图

10.2.1　配置绘图环境

操作步骤如下：

单击快速访问工具栏中的“新建”按钮，打开“选择样板”对话框，如图 10-16 所示，用户可以在该对话框中选择 A2 横向样板图。

图 10-16　“选择样板”对话框

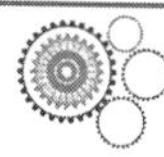

在“选择样板”对话框中选择用户已经绘制好的样板图后，单击“打开”按钮，则返回绘图区域。同时，选择的样板图也会出现在绘图区域内，如图 10-17 所示。其中，样板图左下端点坐标为（0,0）。

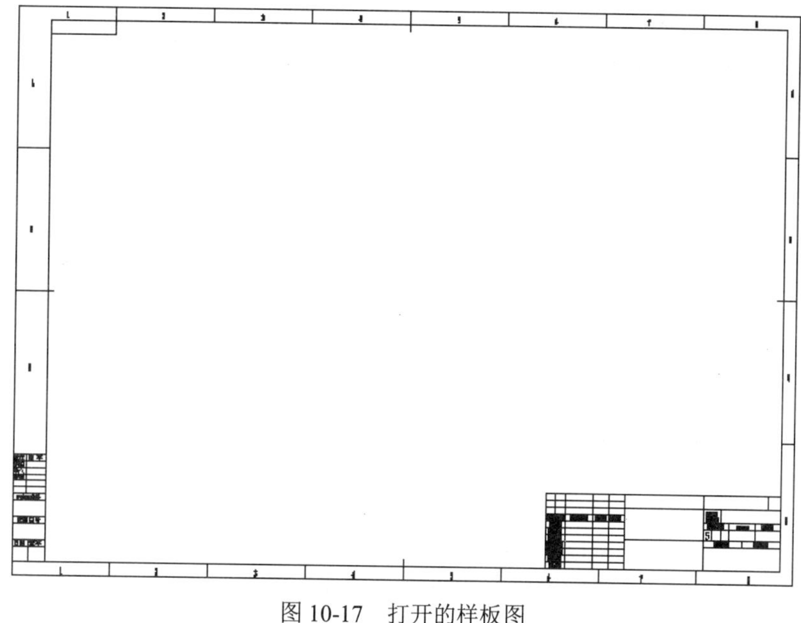

图 10-17　打开的样板图

10.2.2　绘制中心线

操作步骤如下：

（1）初步绘制。将“中心线”图层设置为当前图层。单击“默认”选项卡下“绘图”面板中的“直线”按钮，绘制 4 条水平中心线和竖直中心线，坐标分别为{(120,280)，(215,280)}、{(195,360)，(195,100)}、{(270,280)，(540,280)}和{(360,360)，(360,100)}，结果如图 10-18 所示。

（2）偏移处理。单击“默认”选项卡下“修改”面板中的“偏移”按钮，将线段 1 向右偏移 87，向左偏移 20.5，再将线段 2 分别向下偏移 16、70、103，如图 10-19 所示。

图 10-18　绘制辅助直线

图 10-19　偏移处理

10.2.3　绘制左视图

操作步骤如下：

1．绘制左视图的大概轮廓

（1）绘制圆。将“粗实线”图层设置为当前图层。单击“默认”选项卡下“绘图”面板中的“圆”按钮，以图 10-19 中的点 3 为圆心分别绘制半径为 10、12、19 的圆，再以点 4 为圆心分别绘制半

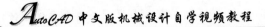

Note

径为 22、34 的圆，如图 10-20 所示。

（2）偏移处理。单击“默认”选项卡下“修改”面板中的“偏移”按钮，将图 10-19 中的线段 3 向两侧分别偏移 19、10，将线段 4 分别向上偏移 30、58。选取偏移后的直线，将其所在层修改为“粗实线”图层，如图 10-21 所示。

（3）修剪处理。单击“默认”选项卡下“修改”面板中的“修剪”按钮，修剪相关线段，如图 10-22 所示。

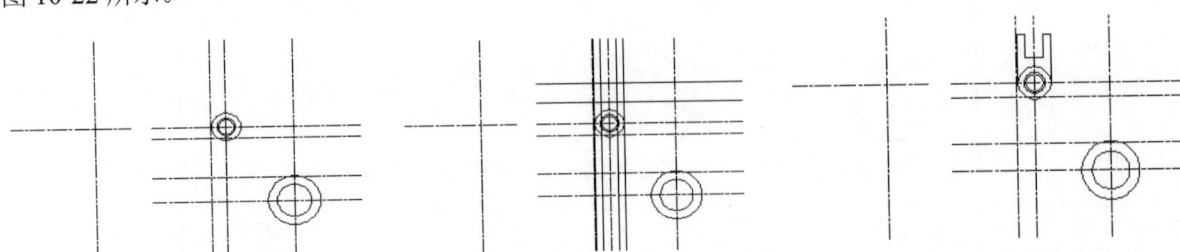

图 10-20　绘制圆　　图 10-21　偏移处理　　图 10-22　修剪处理

（4）绘制辅助直线并偏移。

① 单击“默认”选项卡下“绘图”面板中的“构造线”按钮。

② 在命令行提示“指定点或[水平(H)/垂直(V)/角度(A)/二等分(B)/偏移(O)]:”后输入“A”。

③ 在命令行提示“输入构造线的角度(0)或[参照(R)]:”后输入“45”。

④ 在命令行提示“指定通过点:”后指定右下同心圆圆心点 4。

（5）单击“默认”选项卡下“修改”面板中的“偏移”按钮，将绘制的构造线向上偏移 2，如图 10-23 所示。

（6）修剪处理。单击“默认”选项卡下“修改”面板中的“修剪”按钮，将多余的线段进行修剪，如图 10-24 所示。

（7）绘制圆。单击“默认”选项卡下“绘图”面板中的“圆”按钮，以点 5 为圆心绘制半径为 53 的圆，以点 6 为圆心绘制半径为 52 的圆，如图 10-25 所示。

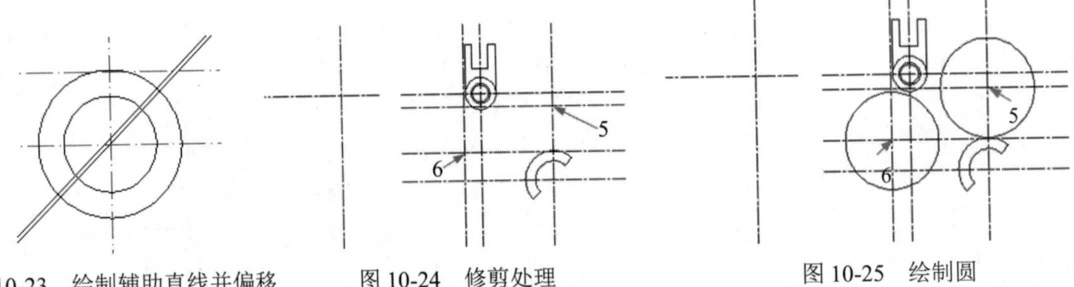

图 10-23　绘制辅助直线并偏移　　图 10-24　修剪处理　　图 10-25　绘制圆

（8）绘制直线。单击“默认”选项卡下“绘图”面板中的“直线”按钮，利用“对象捕捉”工具栏中的“切点”命令，绘制半径分别为 19 和 52 的圆的切线。重复“直线”命令绘制另外两条与相关圆相切的直线，如图 10-26 所示。

2．细节处理

（1）修剪处理。单击“默认”选项卡下“修改”面板中的“修剪”按钮，将多余的线段进行修剪，如图 10-27 所示。

（2）绘制圆。单击“默认”选项卡下“绘图”面板中的“圆”按钮。

① 在命令行提示“指定圆的圆心或[三点(3P)/两点(2P)/相切、相切、半径(T)]:”后输入 “T”。

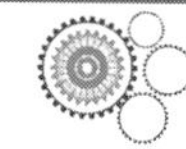

② 在命令行提示“指定对象与圆的第一个切点:”后选取线段 7。

③ 在命令行提示“指定对象与圆的第二个切点:”后选取线段 8。

④ 在命令行提示“指定圆的半径<52.0000>:”后输入“20”，如图 10-28 所示。

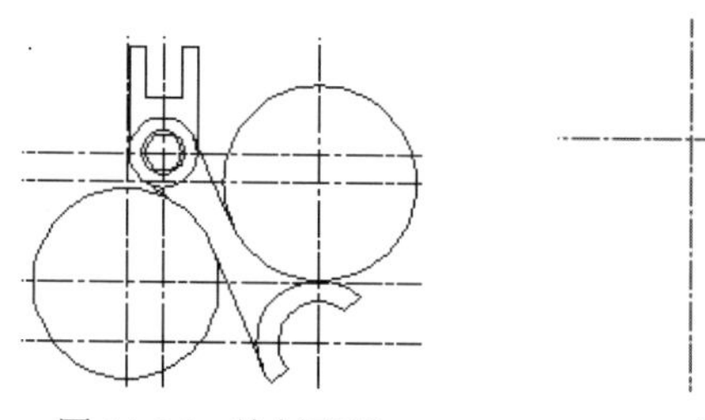

图 10-26　绘制直线

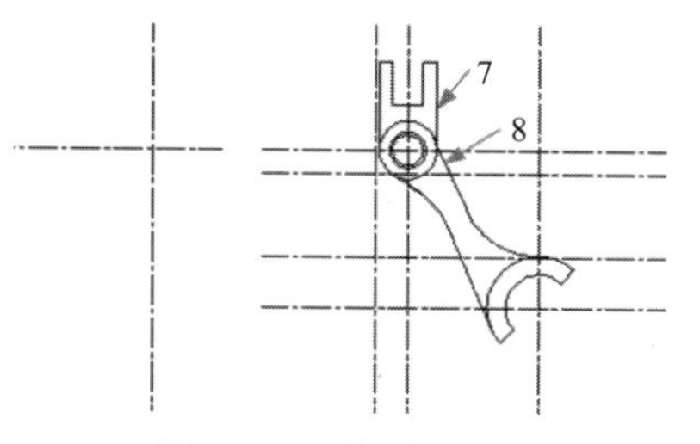

图 10-27　修剪处理

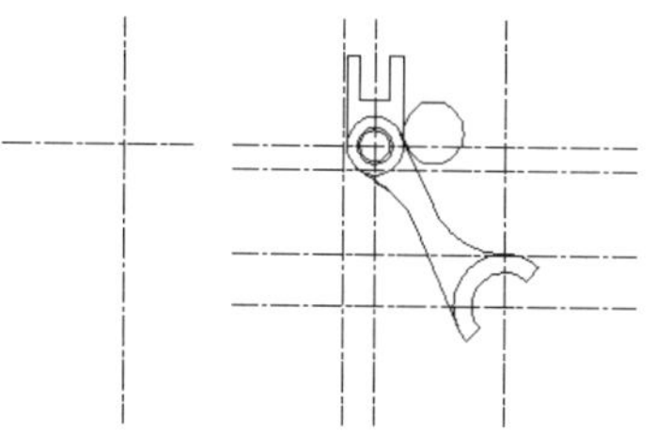

图 10-28　绘制圆

（3）修剪处理。单击“默认”选项卡下“修改”面板中的“删除”按钮，将多余的线段进行修剪，如图 10-29 所示。

（4）绘制斜轴线。将“中心线”图层设置为当前图层。单击“默认”选项卡下“绘图”面板中的“直线”按钮，捕捉左上角同心圆圆心和右下角同心圆弧圆心，绘制连线，如图 10-30 所示。

（5）偏移斜轴线。单击“默认”选项卡下“修改”面板中的“偏移”按钮，将绘制的斜轴线向上偏移 2，选取偏移后的斜线，将其更改为“粗实线”图层。

（6）绘制辅助线圆。单击“默认”选项卡下“绘图”面板中的“圆”按钮，以左上同心圆圆心为圆心，绘制一个半径为 15.5 的辅助线圆，如图 10-31 所示。

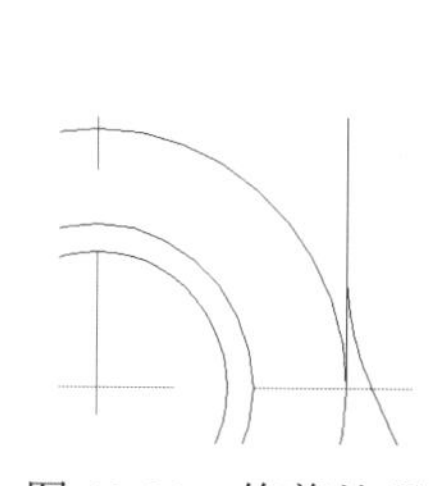

图 10-29　修剪处理

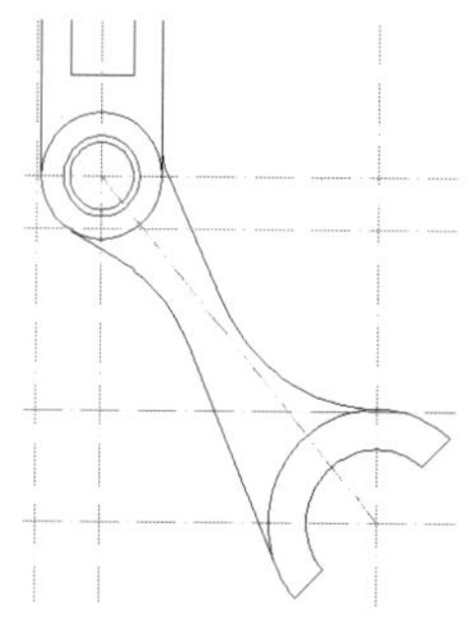

图 10-30　绘制斜轴线

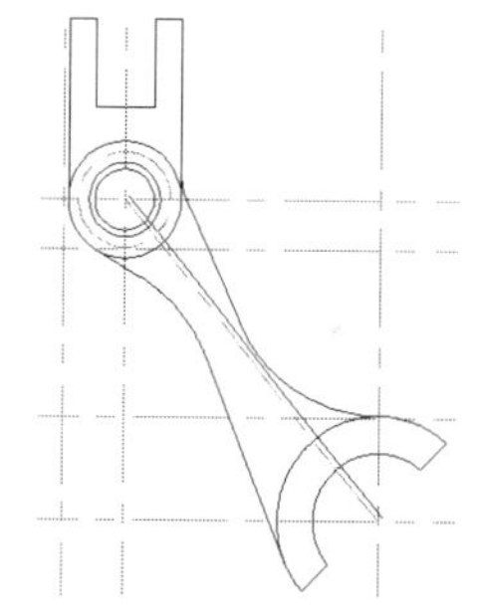

图 10-31　绘制辅助线圆

（7）绘制垂线。单击“默认”选项卡下“绘图”面板中的“直线”按钮，捕捉刚绘制的辅助线圆与斜轴线的交点为起点，捕捉偏移后的斜线上的垂足为终点绘制垂线，如图 10-32 所示。

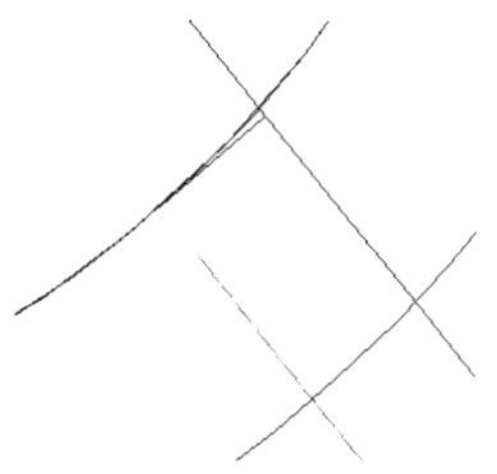

图 10-32　绘制垂线

（8）修剪斜线。删除刚绘制的辅助线圆，单击“默认”选项卡下“修改”面板中的“修剪”按钮，以绘制的垂线为剪切边，修剪偏移的斜线，如图 10-33 所示。

（9）绘制另一端垂线并修剪。单击“默认”选项卡下“绘图”面板中的“圆”按钮，以左上同心圆圆心为圆心，以 95 为半径绘制一个辅助线圆，参照第（5）～（7）步绘制另一端垂线并修剪，如图 10-34 所示。

（10）拉长垂线。单击“默认”选项卡下“修改”面板中的“缩放”按钮，选择第（7）步绘制的垂线，捕捉垂线与斜轴交点，输入比例因子 3，结果如图 10-35 所示。

（11）圆角处理。单击“默认”选项卡下“修改”面板中的“圆角”按钮，采用不修剪模式，用鼠标选取刚拉长的垂线右上部和偏移的斜线，创建半径为 2 的圆角，结果如图 10-36 所示。

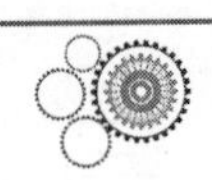
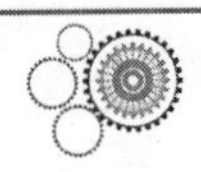

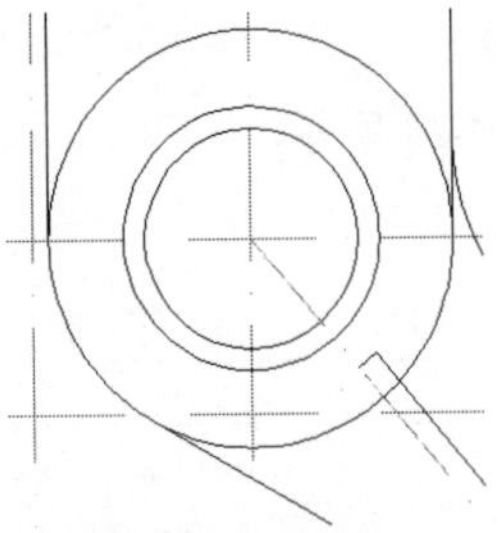

Note

图 10-33 修剪斜线

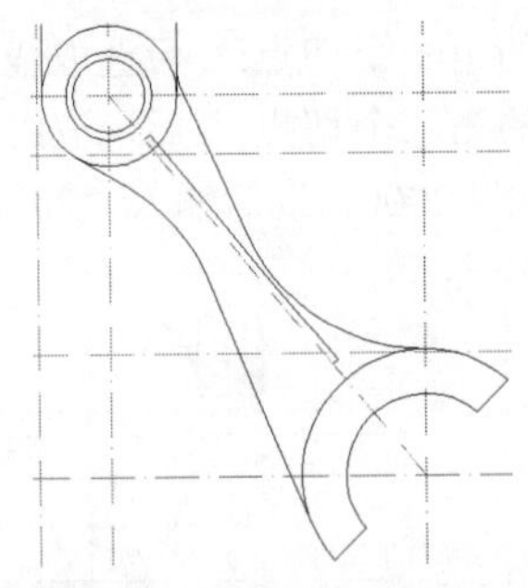

图 10-34 绘制另一端垂线

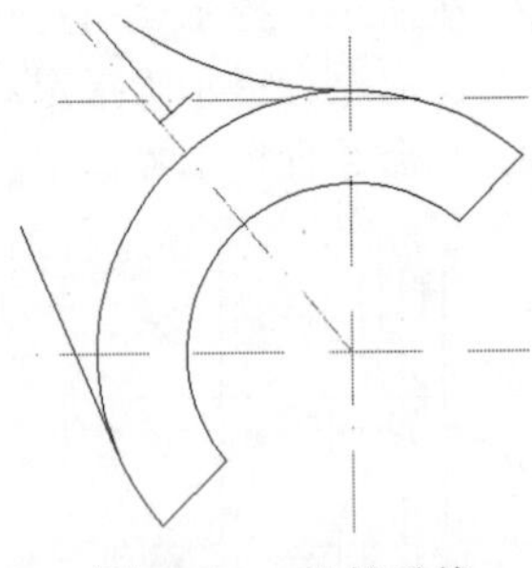

图 10-35 拉长垂线

（12）修剪处理。单击“默认”选项卡下“修改”面板中的“修剪”按钮，以圆角形成的圆弧为剪切边，修剪相关图线，结果如图 10-37 所示。

（13）打断垂线。单击“默认”选项卡下“修改”面板中的“打断”按钮。选取垂线上靠近圆弧适当位置一点，顺垂线延伸方向向右上选取垂线外一点，结果如图 10-38 所示。

图 10-36 圆角处理

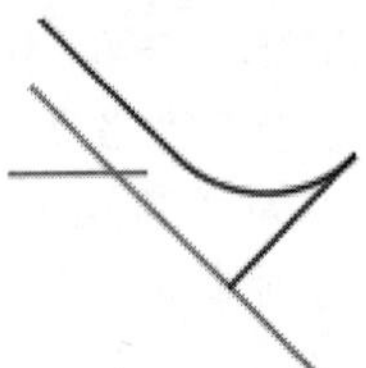

图 10-37 修剪处理

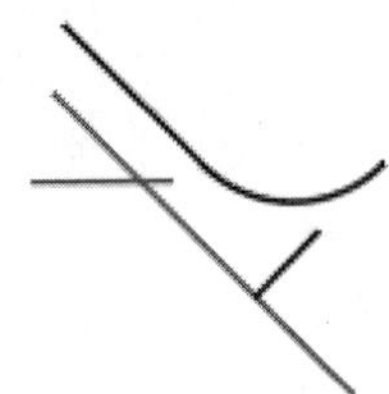

图 10-38 打断垂线

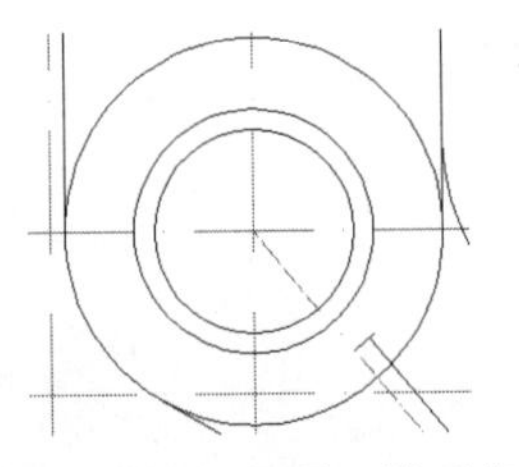

图 10-39 拉长另一端垂线

（14）拉长另一端垂线。单击“默认”选项卡下“修改”面板中的“缩放”按钮，捕捉垂线与斜轴交点为基点，将左上边垂线拉长 1.25 倍，结果如图 10-39 所示。

（15）绘制斜线。单击“默认”选项卡下“绘图”面板中的“直线”按钮，以捕捉刚拉长的垂线右上端点为起点，捕捉偏移斜线上圆角起点为终点绘制斜线，结果如图 10-40 所示。

（16）圆角处理。单击“默认”选项卡下“修改”面板中的“圆角”按钮，采用修剪模式，以 2 为半径，将刚绘制的斜线与同心圆最外层圆进行圆角处理，结果如图 10-41 所示。

提示

在机械制图中，一般不允许出现图线不闭合的情形。如果图线不闭合，一般情况下表明图形绘制错误，但本例图 10-39 所示的图线不闭合情形除外，这种情形表示轮廓线自然过渡。

（17）镜像处理。单击“默认”选项卡下“修改”面板中的“镜像”按钮，选择图 10-42 所示的亮显图形对象，以斜轴为轴线进行镜像处理，结果如图 10-43 所示。

（18）修剪处理。单击“默认”选项卡下“修改”面板中的“修剪”按钮，以镜像后两圆角形成的圆弧为剪切边，修剪同心圆最外层圆，结果如图 10-44 所示。

完成后的左视图如图 10-45 所示。

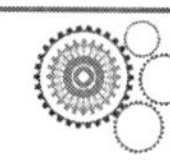
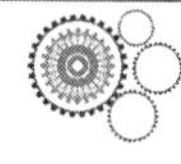

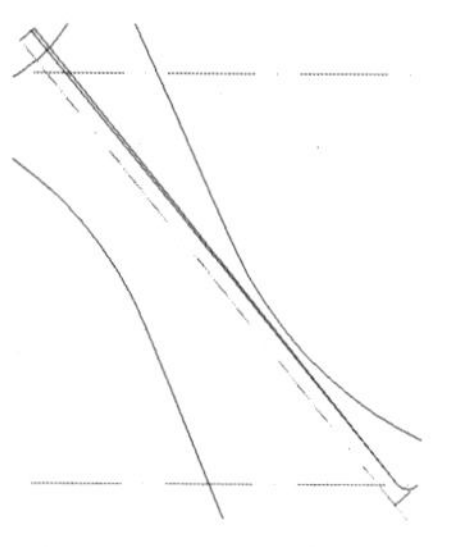
图 10-40　绘制斜线

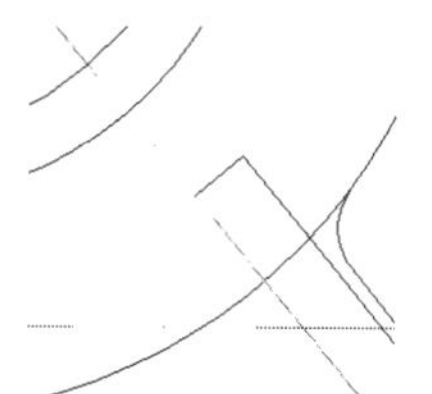
图 10-41　圆角处理

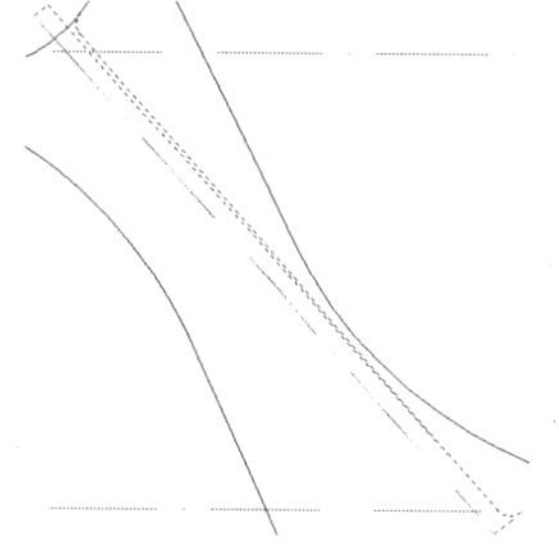
图 10-42　选择对象

图 10-43　镜像结果

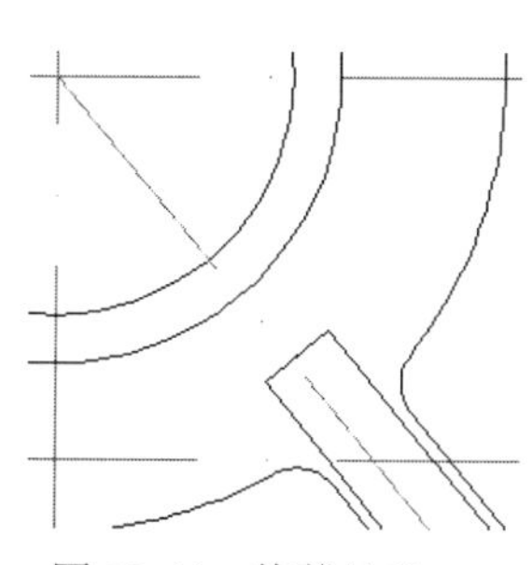
图 10-44　修剪处理

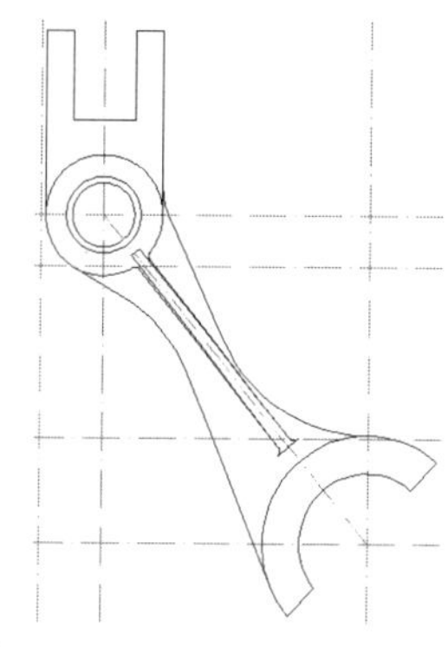
图 10-45　完成的左视图

10.2.4　绘制主视图

操作步骤如下：

（1）偏移直线。单击“默认”选项卡下“修改”面板中的“偏移”按钮，将左侧主视图的竖直中心线向左偏移 42 和 20。选取偏移后的直线以及竖直中心线本身，将其更改为“粗实线”图层，结果如图 10-46 所示。

（2）绘制辅助直线。单击“默认”选项卡下“绘图”面板中的“直线”按钮，将左视图上右下角圆弧端点连接起来，结果如图 10-47 所示。

（3）绘制辅助线。单击“默认”选项卡下“绘图”面板中的“圆”按钮，以左视图上同心圆圆心为圆心，捕捉点 8、点 9、点 10 及右下角两圆弧与斜轴的交点为圆弧上一点绘制 5 个辅助线圆，然后单击“默认”选项卡下“绘图”面板中的“直线”按钮，捕捉这一系列同心圆与其竖直中心线的交点，以及左视图上拨叉缺口处两角点为起点，向左绘制水平辅助线，结果如图 10-48 所示。

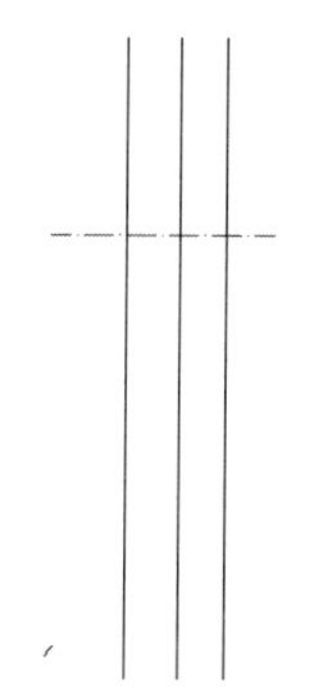
图 10-46　偏移直线

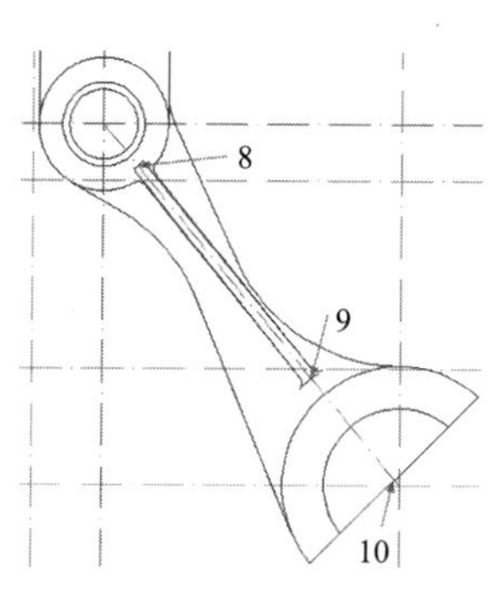

图 10-47　绘制辅助直线

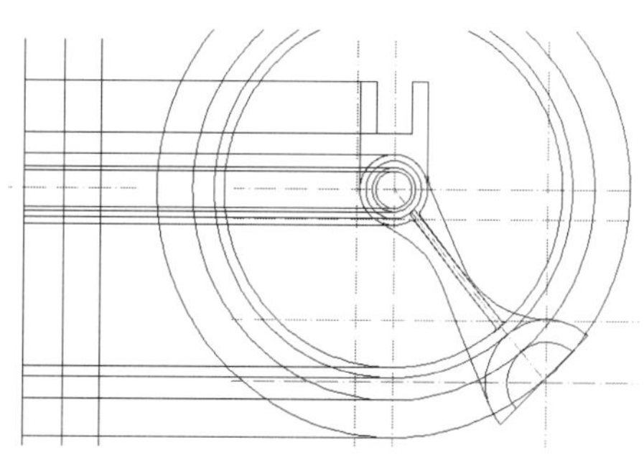
图 10-48　绘制辅助线

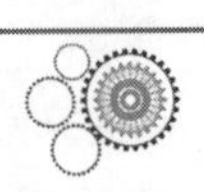

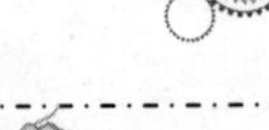

Note

提示

之所以要绘制一系列的同心辅助线圆，是因为主视图为旋转剖视图。按旋转剖视图的绘图原理，主视图使图线与左视图上假想旋转到垂直位置的图线保持“高平齐”的尺寸对应关系。

（4）修剪图线。单击“默认”选项卡下“修改”面板中的“修剪”按钮，修剪相关图线，结果如图 10-49 所示。

（5）绘制斜线。单击“默认”选项卡下“绘图”面板中的“直线”按钮，分别捕捉点 12、点 13 以及点 14、点 15 绘制两条斜线，结果如图 10-50 所示。

（6）修剪图线。单击“默认”选项卡下“修改”面板中的“修剪”按钮，修剪相关图线，并删除多余的辅助水平线，结果如图 10-51 所示。

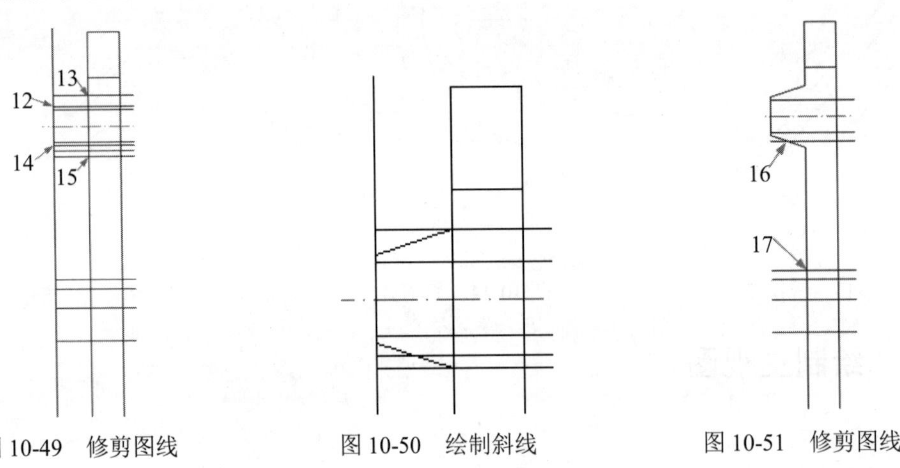

图 10-49　修剪图线　　图 10-50　绘制斜线　　图 10-51　修剪图线

（7）绘制肋板线。单击“默认”选项卡下“绘图”面板中的“直线”按钮，捕捉点 16 和点 17 绘制肋板线，结果如图 10-52 所示。

（8）偏移直线。单击“默认”选项卡下“修改”面板中的“偏移”按钮，将主视图的左下边竖直线向左偏移 3，结果如图 10-53 所示。

（9）修剪图线。单击“默认”选项卡下“修改”面板中的“修剪”按钮，修剪相关图线，结果如图 10-54 所示。

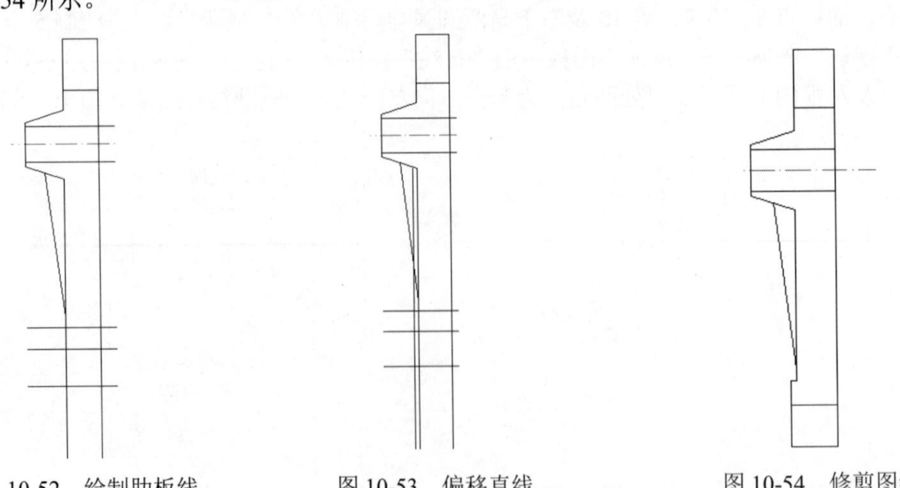

图 10-52　绘制肋板线　　图 10-53　偏移直线　　图 10-54　修剪图线

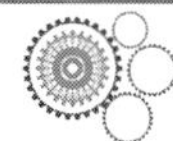

（10）图案填充。首先将“剖面”图层设置为当前图层。单击“默认”选项卡下“绘图”面板中的“图案填充”按钮▦，系统打开“图案填充创建”选项卡，然后单击“选项”面板中的“图案填充设置”按钮，弹出“图案填充和渐变色”对话框，如图 10-55 所示。

Note

单击“图案”选项右侧的…按钮，打开“填充图案选项板”对话框，如图 10-56 所示。在 ANSI 选项卡中选择 ANSI31 图案，单击“确定”按钮，回到“图案填充和渐变色”对话框，将“角度”设置为 0，“比例”设置为 1，其他为默认值。单击“添加：选择对象”按钮，暂时回到绘图窗口中进行选择。选择主视图上相关区域，按 Enter 键回到“图案填充创建”选项卡，单击“关闭”按钮，完成剖面线的绘制，如图 10-57 所示。

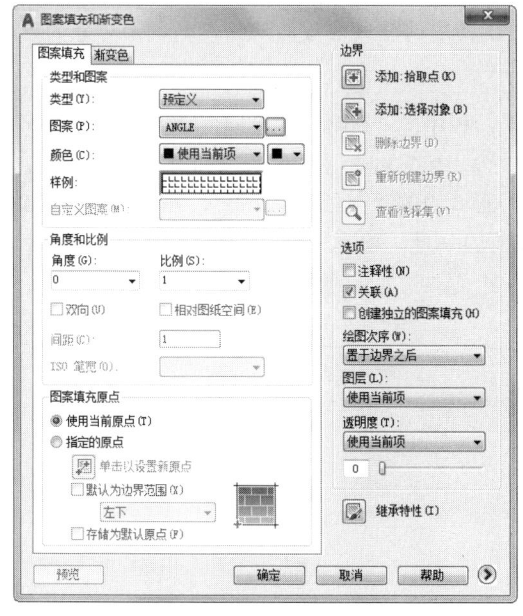

图 10-55　“图案填充和渐变色”对话框

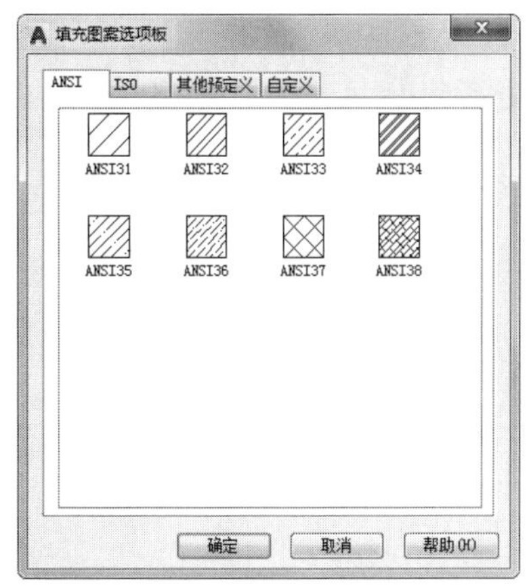

图 10-56　“填充图案选项板”对话框

完成主视图绘制后的图形如图 10-58 所示。

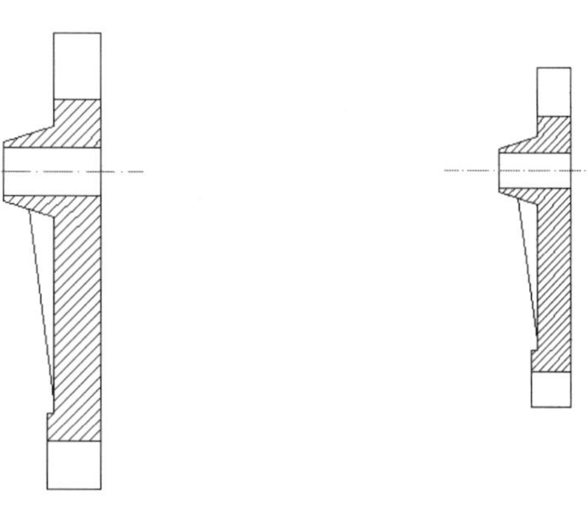

图 10-57　图案填充结果

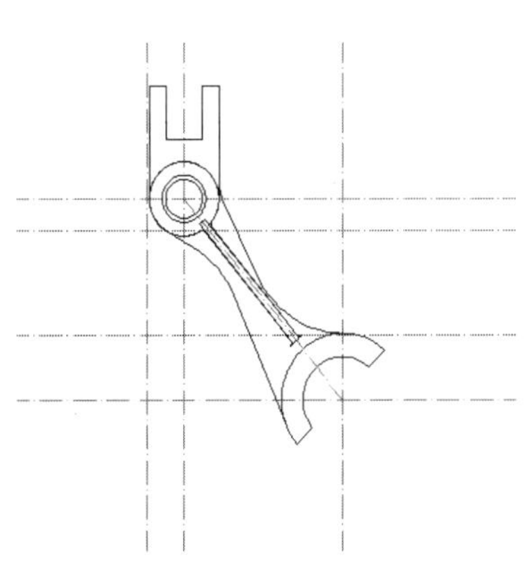

图 10-58　主视图绘制结果

10.2.5　绘制剖面图

Note

操作步骤如下：

（1）转换图层。将“中心线”图层设置为当前图层。

（2）绘制剖面图轴线。单击“默认”选项卡下“绘图”面板中的“直线”按钮，在主视图肋板图线左边适当位置指定一点为直线起点，捕捉肋板斜线上的垂足为终点绘制剖面图轴线，结果如图 10-59 所示。

> **提示**
>
> 机械制图一般规定在图形轮廓外绘制剖面图时，剖面图的轴线应该与所绘制的剖面对象的主轮廓线垂直。

（3）偏移轴线。单击“默认”选项卡下“修改”面板中的“偏移”按钮，将剖面图轴线分别向上、向下偏移 2。选择偏移后的图线，将其图层更改为“粗实线”图层，结果如图 10-60 所示。

（4）绘制垂线。单击“默认”选项卡下“绘图”面板中的“直线”按钮，在偏移后的斜线上适当位置指定一点，捕捉对应的偏移后的另一条斜线上的垂足，绘制垂线，结果如图 10-61 所示。

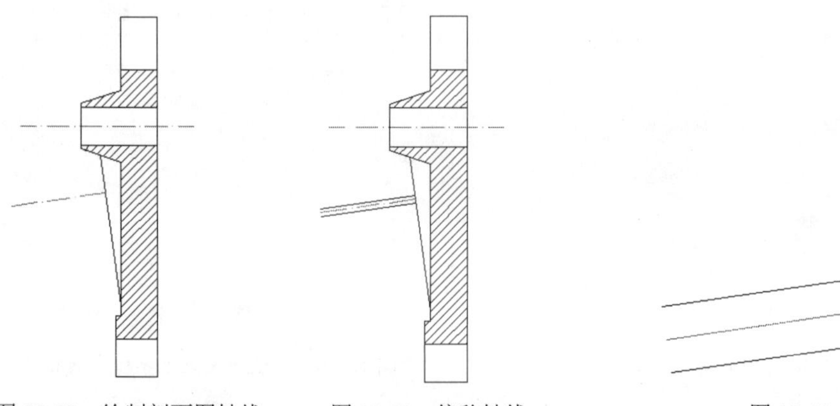

图 10-59　绘制剖面图轴线　　图 10-60　偏移轴线　　图 10-61　绘制垂线

（5）拉长垂线。单击“默认”选项卡下“修改”面板中的“缩放”按钮，捕捉垂线与下边斜线的交点为基点，将垂线拉长 1.25 倍，结果如图 10-62 所示。

（6）偏移垂线。单击“默认”选项卡下“修改”面板中的“偏移”按钮，将拉长后的垂线向右偏移 10，结果如图 10-63 所示。

（7）绘制斜线。单击“默认”选项卡下“绘图”面板中的“直线”按钮，捕捉点 18、点 19 为端点绘制斜线，结果如图 10-64 所示。

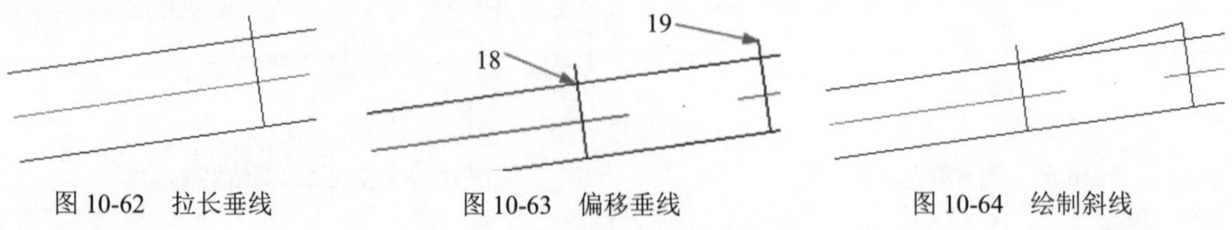

图 10-62　拉长垂线　　图 10-63　偏移垂线　　图 10-64　绘制斜线

（8）修剪图线。单击“默认”选项卡下“修改”面板中的“修剪”按钮，修剪相关图线，结果如图 10-65 所示。

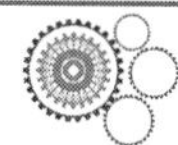

（9）镜像处理。单击“默认”选项卡下“修改”面板中的“镜像”按钮，选择图 10-65 所示的斜实线，以剖面轴为轴线进行镜像处理，结果如图 10-66 所示。

（10）绘制断面线，单击“默认”选项卡下“绘图”面板中的“样条曲线拟合”按钮，捕捉斜实线端点，绘制断面线，结果如图 10-67 所示。

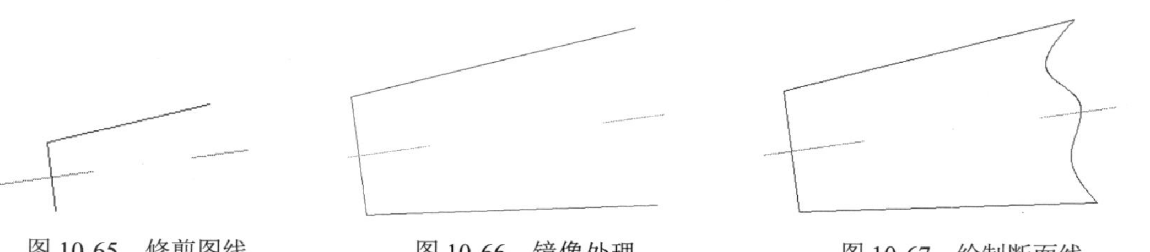

图 10-65　修剪图线　　图 10-66　镜像处理　　图 10-67　绘制断面线

（11）图案填充。将“剖面”图层设置为当前图层，单击“默认”选项卡下“绘图”面板中的“图案填充”按钮，设置图案样式，选择所绘制的剖面区域进行填充，结果如图 10-68 所示。

绘制完毕的整个图形如图 10-69 所示。

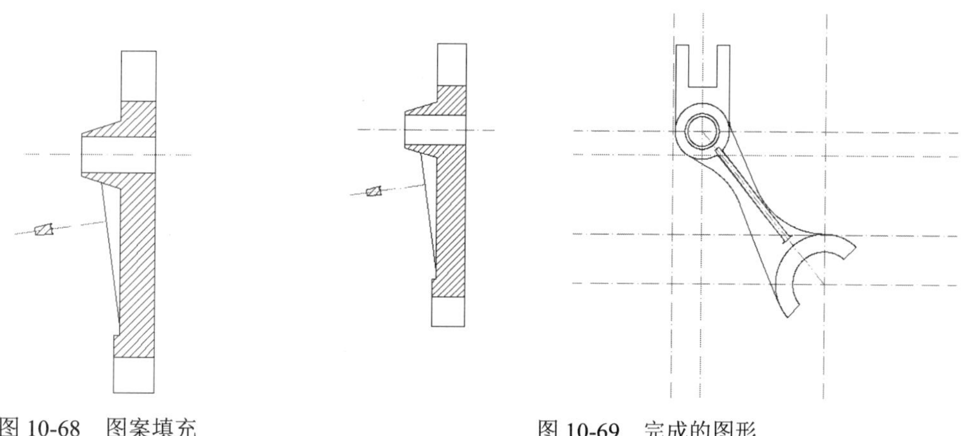

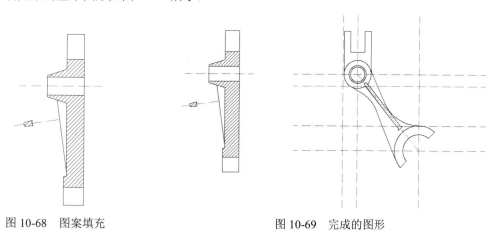

图 10-68　图案填充　　图 10-69　完成的图形

10.2.6　标注拨叉

在前面绘制拨叉的过程中可以看出，拨叉的结构很不规则，因而其尺寸标注比较麻烦，主要是要准确完整地给出各圆弧结构的定位尺寸。初学者标注时容易丢失其中个别定位尺寸。其他标注，如粗糙度、公差、技术要求则与其他机械零件相似。

提示

尺寸一般分为定形尺寸和定位尺寸两种。确定图形形状和大小的尺寸称为定形尺寸，如直线的长度、圆的半径和直径等。确定各图形基础间相对位置的尺寸称为定位尺寸，如直线的起点位置、圆心位置等。一般情况下，每个图形元素包含一个定形尺寸和两个定位尺寸。

操作步骤如下：

1．标注不带公差的线性尺寸

（1）切换图层。将“尺寸线”图层设置为当前图层。

（2）标注线性尺寸。这里的线性尺寸包括定形尺寸和定位尺寸。由前面的绘图过程可知，左视图上的圆弧定位尺寸都可以用线性尺寸表示。

Note

（3）单击“注释”选项卡下“标注”面板中的“线性”按钮，标注一系列线性尺寸，结果如图 10-70 所示。

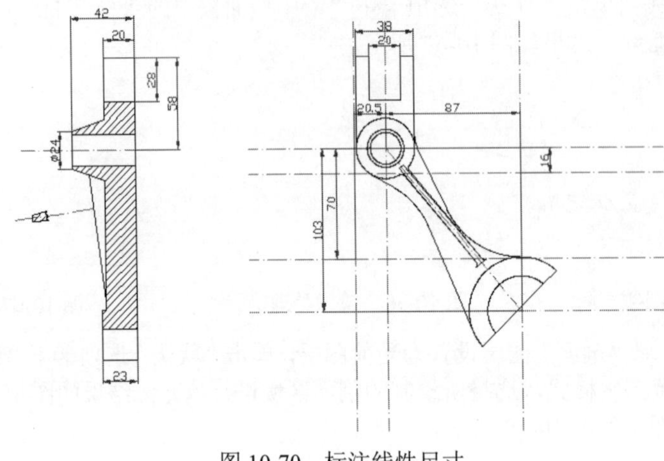

图 10-70　标注线性尺寸

2．标注对齐尺寸

（1）对齐标注。单击“默认”选项卡下“标注”面板中的“已对齐”按钮，标注相关对齐尺寸，结果如图 10-71 所示。

提示

对齐尺寸标注主要用来标注那些不处于规则位置的重要定位和定形尺寸。

3．标注半径尺寸、直径尺寸和角度尺寸

（1）新建尺寸样式。单击“默认”选项卡下“注释”面板中的“标注样式”按钮，系统打开“标注样式管理器”对话框，单击“新建”按钮，打开“创建新标注样式”对话框，在“用于”下拉列表框中选择“半径标注”选项，如图 10-72 所示。单击“继续”按钮，系统打开“新建标注样式”对话框，在“文字”选项卡的“文字对齐”选项组中选中“水平”单选按钮，如图 10-73 所示。单击“确定”按钮，返回“标注样式管理器”对话框，可以看到新建的标注样式，如图 10-74 所示，单击“确定”按钮退出。

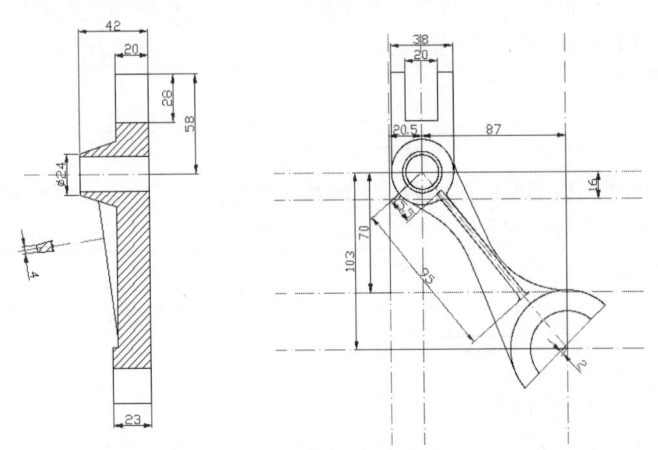

图 10-71　标注对齐尺寸

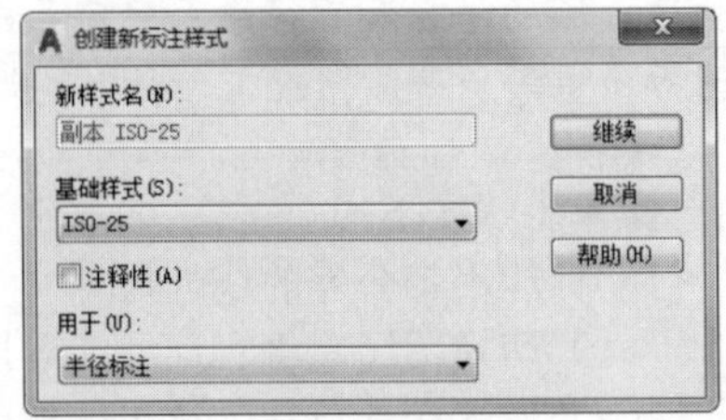

图 10-72　“创建新标注样式”对话框

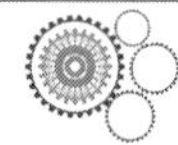

图 10-73　“新建标注样式”对话框

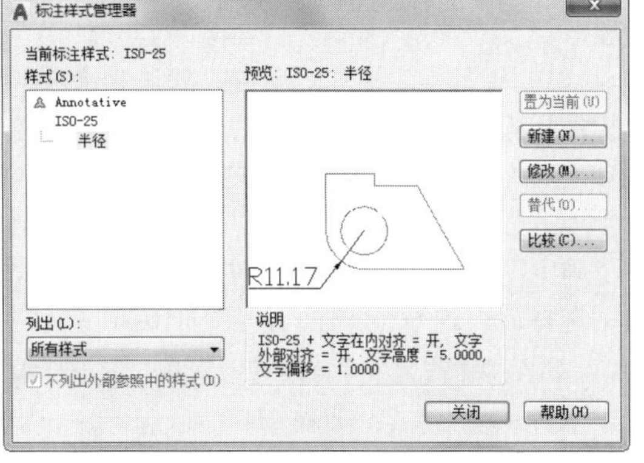

图 10-74　“标注样式管理器”对话框

> **提示**
>
> 这种新建的用于某一类尺寸的标注样式只对该类尺寸有效，这样可以针对不同的尺寸要求设置尺寸样式。例如，国家标准规定角度的尺寸数字必须水平，这样可以单独设置用于角度标注的标注样式。

（2）标注半径尺寸。单击“注释”选项卡下“标注”面板中的“半径”按钮，标注一系列半径尺寸。

（3）标注直径尺寸。单击“默认”选项卡下“注释”面板中的“标注样式”按钮，设置直径标注样式，在“新建标注样式”对话框的“文字”选项卡的“文字对齐”选项组中选中“ISO 标准”单选按钮。方法与第（1）步类似。单击“注释”选项卡下“标注”面板中的“直径”按钮，标注一系列直径尺寸，结果如图 10-75 所示。

（4）标注角度尺寸。单击“默认”选项卡下“注释”面板中的“标注样式”按钮，修改角度标注样式，在“修改标注样式”对话框的“文字”选项卡下的“文字对齐”选项组中选中“水平”单选按钮，方法与第（1）步类似。单击“注释”选项卡下“标注”面板中的“角度”按钮，标注角度尺寸，结果如图 10-76 所示。

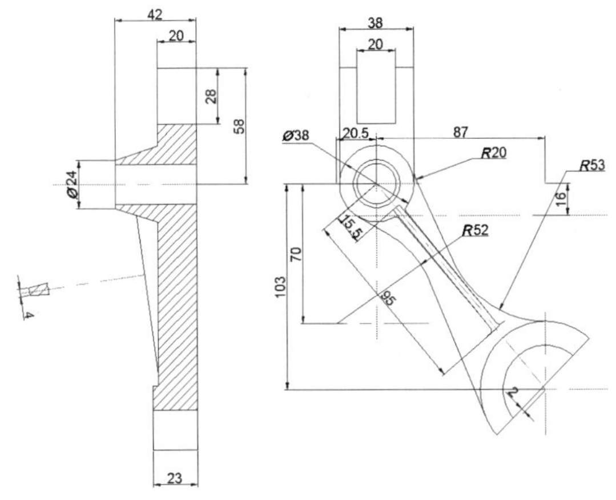

图 10-75　标注半径尺寸、直径尺寸

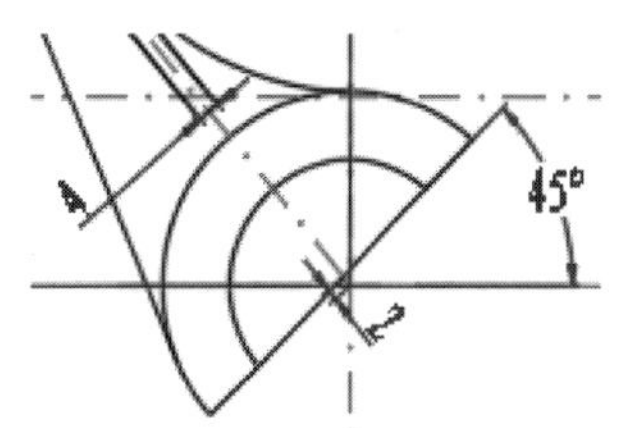

图 10-76　标注角度尺寸

Note

4．标注公差尺寸

拨叉属于一般精密零件，除了轴孔内径由于要与轴配合对公差有要求外，其他尺寸没有严格的公差要求。

（1）替代标注样式。单击“默认”选项卡下“注释”面板中的“标注样式”按钮，系统打开“标注样式管理器”对话框，单击“替代”按钮，打开“替代当前样式：ISO-25”对话框，在“公差”选项卡的“公差格式”选项组的“方式”下拉列表框中选择“极限偏差”选项，设置“精度”为0.00，“上偏差”为0.021，“下偏差”为0，“高度比例”为1，“垂直位置”为“中”，如图10-77所示。单击“确定”按钮，回到“标注样式管理器”对话框，可以看到替代标注样式出现在样式列表中，系统自动选择该样式为当前样式，如图10-78所示，单击“确定”按钮退出。

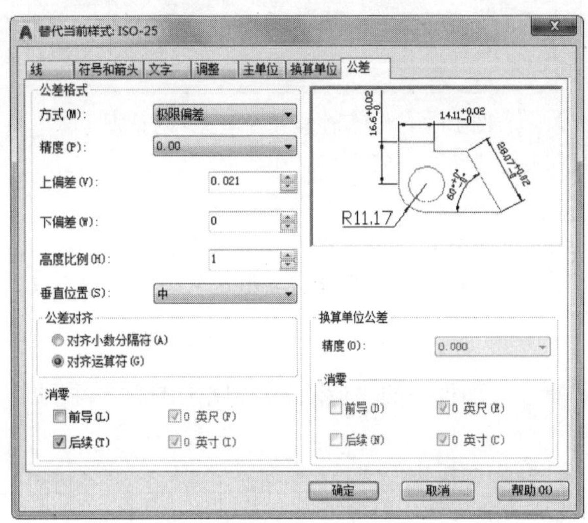

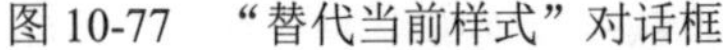
图10-77 “替代当前样式”对话框

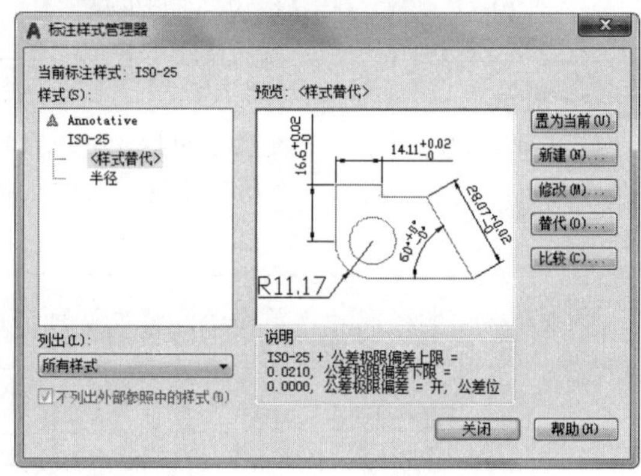

图10-78 “标注样式管理器”对话框

提示

公差的数值不能随意设定。国家标准对公差带及公差数值都有严格的规定，在选择设置公差数值时，应查阅相关标准，首先确定尺寸公差带。一般情况下，选择H系列公差带，H系列公差带有一个明显的标志，对孔而言，其下偏差为0，称为基孔制；对轴而言，其上偏差为0，称为基轴制。

（2）标注公差尺寸。单击“注释”选项卡下“标注”面板中的“线性”按钮，标注拨叉内孔，结果如图10-79所示。

5．标注肋板锥度

（1）引线标注。在命令行中输入“QLEADER”命令，继续输入“S”命令，打开“引线设置”对话框，进行如图10-80～图10-82所示的设置，单击“确定”按钮。设置文字宽度为5，输入注释文字1∶10，结果如图10-83所示。

（2）分解锥度标注。单击“默认”选项卡下“修改”面板中的“分解”按钮，选择锥度数值，锥度数值就分解成单独的文字。

（3）调整锥度数值位置。单击“默认”选项卡下“修改”面板中的“移动”按钮，将锥度数值移动到水平引线上方。

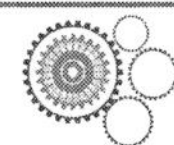

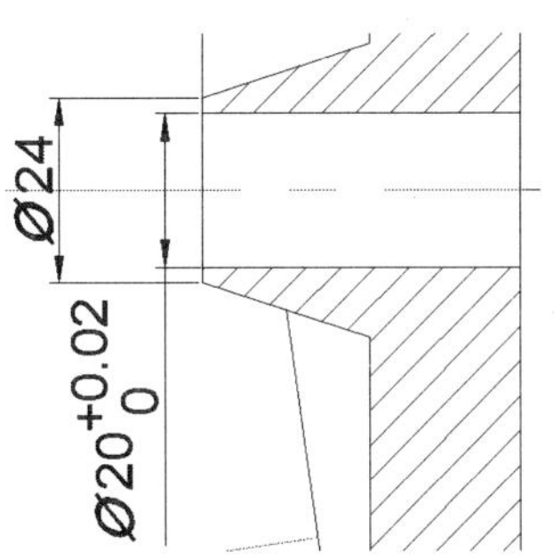

图 10-79　标注公差尺寸

图 10-80　“注释”选项卡

图 10-81　“引线和箭头”选项卡

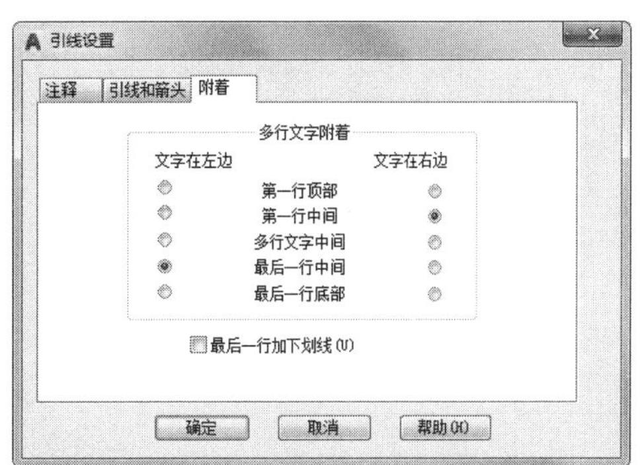

图 10-82　“附着”选项卡

（4）绘制锥度符号。调用“直线”“镜像”等命令在水平引线上绘制锥度符号，完成锥度标注，结果如图 10-84 所示。

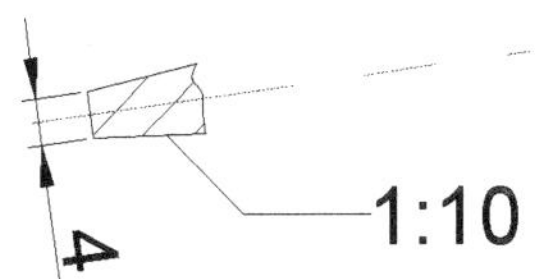

图 10-83　引线标注

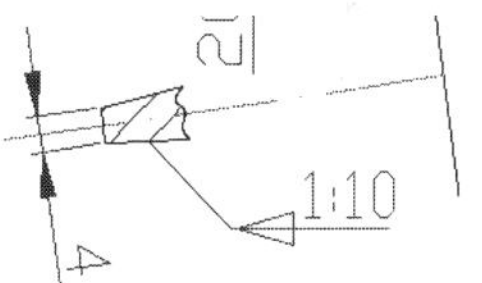

图 10-84　完成锥度标注

提示

按国家标准规定，锥度数值应该位于引线上方。

6．粗糙度标注

参照前面讲述的方法标注拨叉的粗糙度，结果如图 10-85 所示。

7．标注形位公差

参照前面讲述的方法标注拨叉的形位公差，结果如图 10-86 所示。

8．修剪中心线

单击“默认”选项卡下“修改”面板中的“打断”按钮，修剪过长的中心线，结果如图 10-87 所示。

9．标注技术要求

单击“注释”选项卡下“文字”面板中的“多行文字”按钮A，标注技术要求，结果如图 10-88 所示。

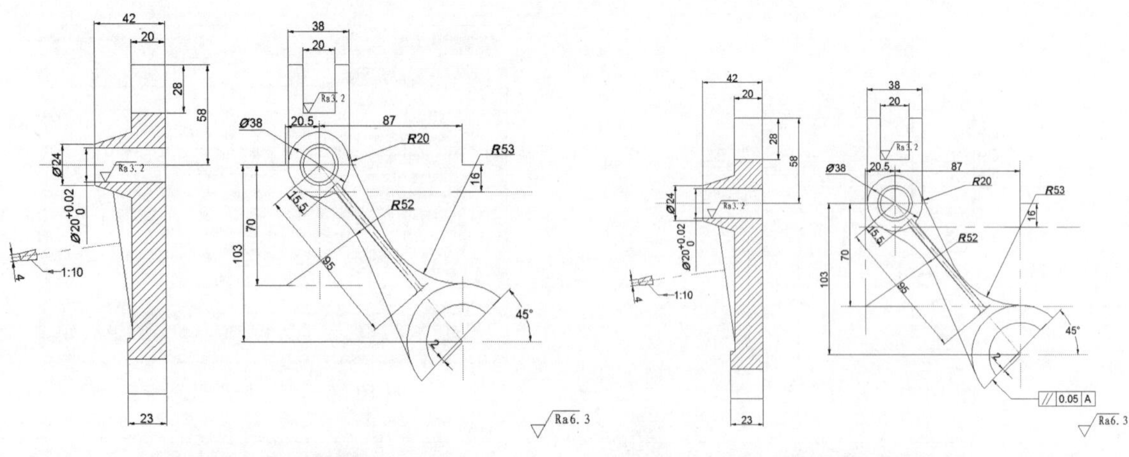

图 10-85　标注粗糙度　　　　图 10-86　标注形位公差

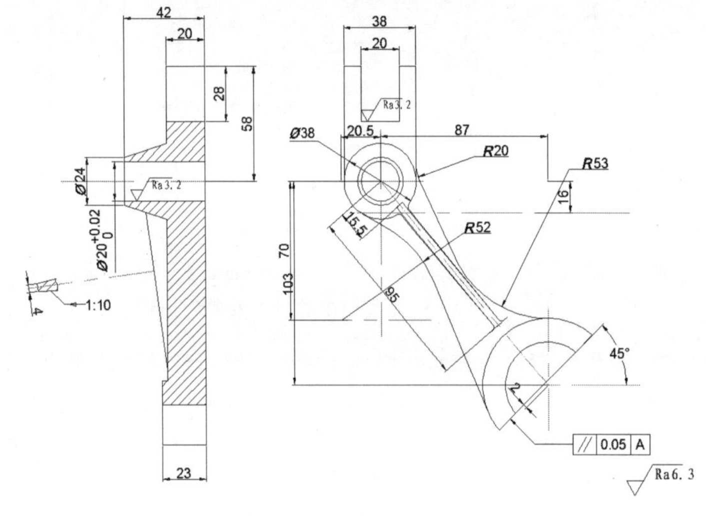

图 10-87　修剪中心线

技术要求

1. 未注倒角$C1$；
2. 过渡圆角$R2$；
3. 热处理前去毛刺和锐边。

图 10-88　标注技术要求

10.2.7　填写标题栏

单击“注释”选项卡下“文字”面板中的“多行文字”按钮A，填写标题栏，结果如图 10-89 所示。

标记	处数	文件号	签字	日期	拨叉	所属装配号		
设计						图样标记	重量	比例
校核						S		
审查						共 张		第 张
工艺检查					GB3077-88			
标准检查								
审定								
批准								

图 10-89　填写标题栏

最终完成的拨叉零件图如图 10-15 所示。

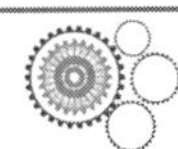

10.3 实战演练

【实战演练 1】齿轮泵后盖设计。

尺寸如图 10-90 所示。

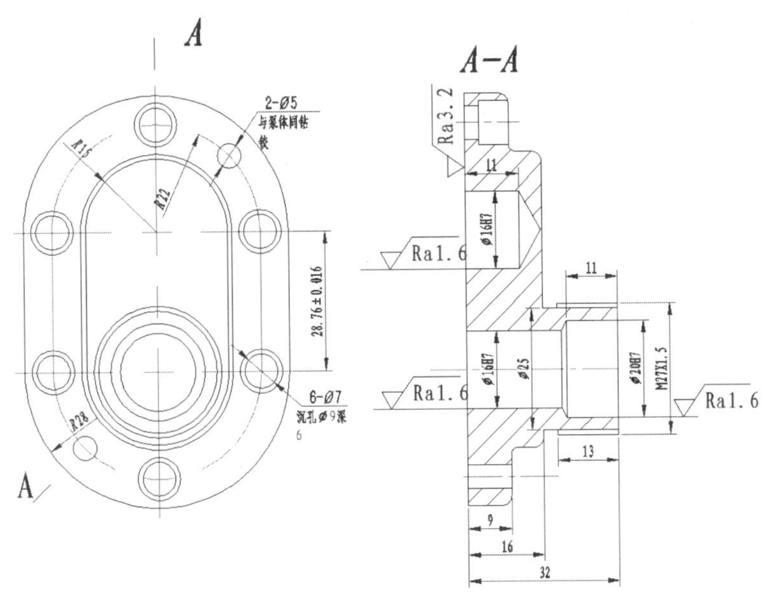

图 10-90　齿轮泵后盖

【实战演练 2】连接杆设计。

如图 10-91 所示，尺寸适当选取。

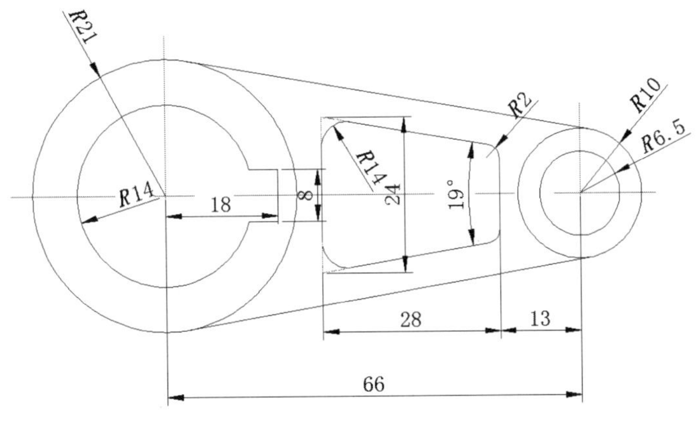

图 10-91　连接杆

第11章

箱体类零件设计

本章学习要点和目标任务：

☑ 减速器箱盖设计

☑ 减速器箱体设计

箱体类零件一般为框架或壳体结构，由于需要设计和表达的内容相对较多，这类零件一般属于机械零件中最复杂的零件。

本章将详细讲解二维机械零件设计中比较经典的实例——箱体类零件设计，绘图环境的设置、文字和尺寸标注样式的设置都得到了充分应用，是系统使用 AutoCAD 2018 二维绘图功能的综合实例。

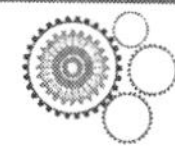

11.1　减速器箱盖设计

减速器箱盖的绘制过程是使用 AutoCAD 2018 二维设计功能的综合实例。绘制的减速器箱盖如图 11-1 所示。依次绘制减速器箱盖主视图、附视图和左视图，最后标注各个视图。

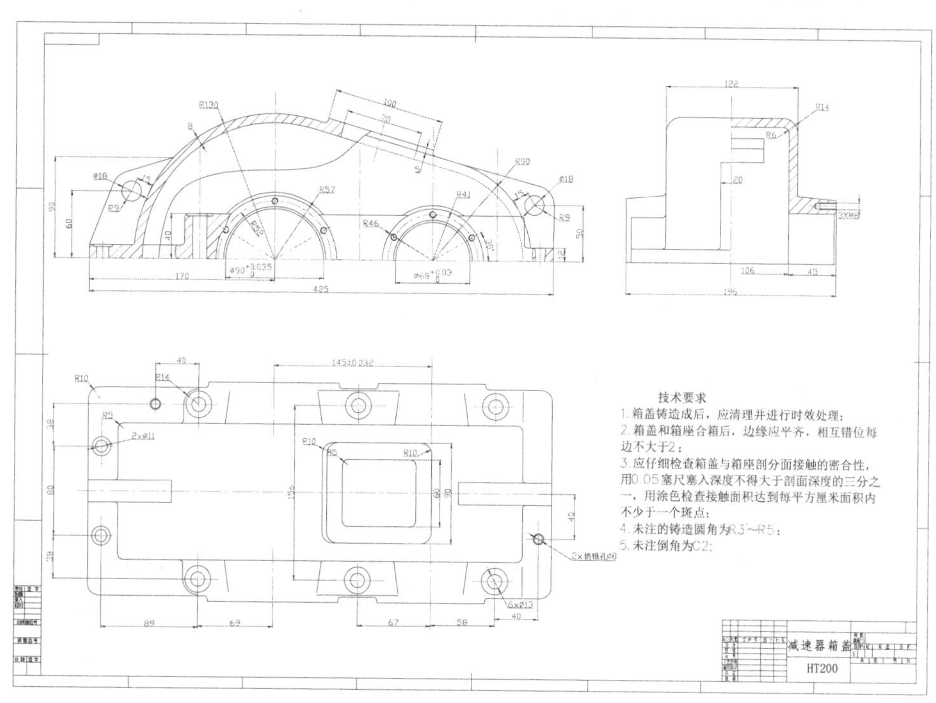

图 11-1　减速器箱盖

11.1.1　配置绘图环境

操作步骤如下：

1．建立新文件

（1）建立新文件。启动 AutoCAD 2018 应用程序，单击快速访问工具栏中的“新建”按钮打开“选择样板”对话框，单击“打开”按钮右侧的下拉按钮，以“无样板打开-公制（M）”方式建立新文件，将新文件命名为“减速器箱盖.dwg”并保存。

（2）创建新图层。单击“默认”选项卡下“图层”面板中的“图层特性”按钮，打开“图层特性管理器”选项板，新建并设置每一个图层，如图 11-2 所示。

2．设置文字和尺寸标注样式

（1）设置文字标注样式。单击“默认”选项卡下“注释”面板中的“文字样式”按钮，打开“文字样式”对话框。创建“技术要求”文字样式，在“字体名”下拉列表框中选择“仿宋”，“字体样式”设置为“常规”，在“高度”文本框中输入“5.0000”。设置完成后，单击“应用”按钮，完成“技术要求”文字标注格式的设置。

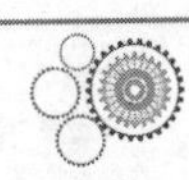

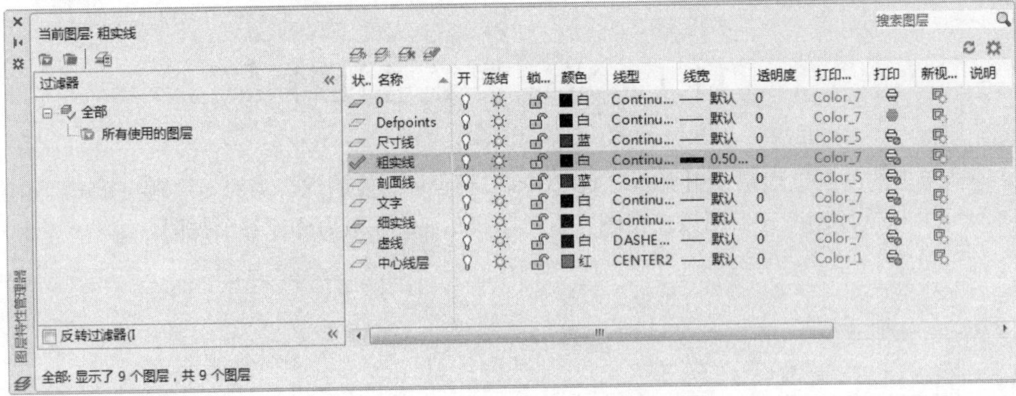

图 11-2 “图层特性管理器”选项板

（2）创建新标注样式。单击“默认”选项卡下“注释”面板中的“标注样式”按钮，打开“标注样式管理器”对话框，创建“机械制图标注”样式，各属性与前面章节设置相同，并将其设置为当前使用的标注样式。

11.1.2 绘制箱盖主视图

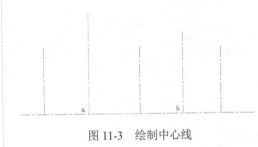

操作步骤如下：

1．绘制中心线

（1）切换图层。将“中心线”图层设置为当前图层。

（2）绘制中心线。单击“默认”选项卡下“绘图”面板中的“直线”按钮，绘制一条水平直线{（0,0），（425,0）}，绘制 5 条竖直直线{（170,0），（170,150）}、{（315,0），（315,120）}、{（101,0），（101,100）}、{（248,0），（248,100）}和{（373,0），（373,100）}，如图 11-3 所示。

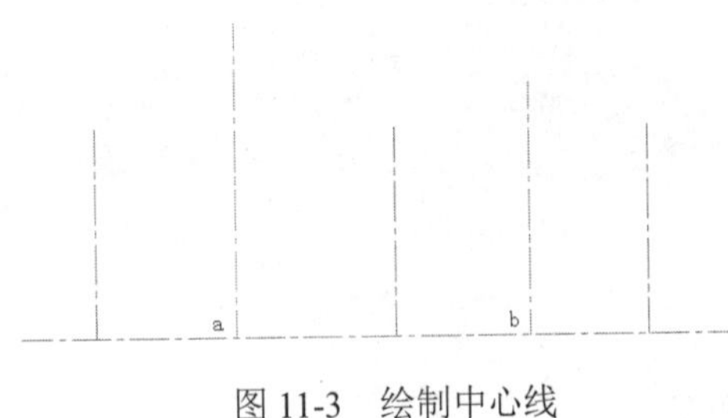

图 11-3 绘制中心线

2．绘制主视图外轮廓

（1）切换图层。将“粗实线”图层设置为当前图层。

（2）绘制圆。单击“默认”选项卡下“绘图”面板中的“圆”按钮，以 a 点为圆心，绘制半径分别为 130、60、57、47 和 45 的圆，重复单击“默认”选项卡下“绘图”面板中的“圆”按钮，以 b 点为圆心，绘制半径分别为 90、49、46、36 和 34 的圆，结果如图 11-4 所示。

（3）绘制直线。单击“默认”选项卡下“绘图”面板中的“直线”按钮，绘制两个大圆的切线，如图 11-5 所示。

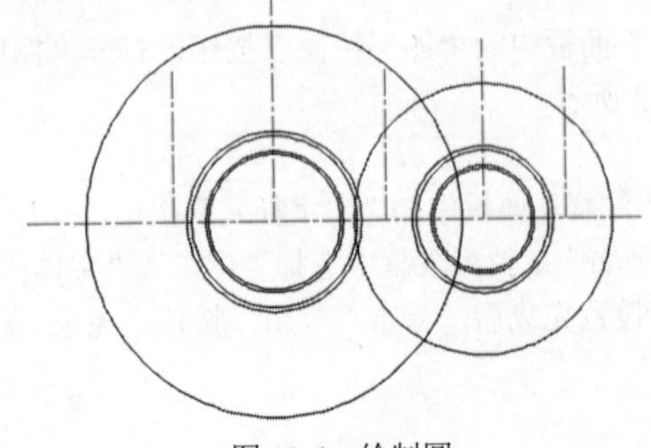

图 11-4 绘制圆

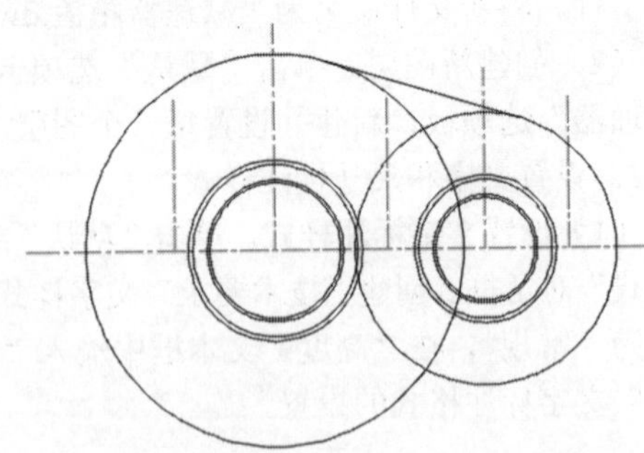

图 11-5 绘制切线

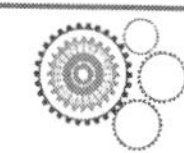

Note

（4）修剪图形。单击“默认”选项卡下“修改”面板中的“修剪”按钮，修剪视图中多余的线段，结果如图 11-6 所示。

（5）偏移直线。单击“默认”选项卡下“修改”面板中的“偏移”按钮，将水平中心线分别向上偏移 12、38 和 40，将最左边的竖直中心线分别向左偏移 14，然后向两边偏移 6.5 和 12，将最右边的竖直中心线向右偏移 25，并将偏移后的线段切换到“粗实线”图层，结果如图 11-7 所示。

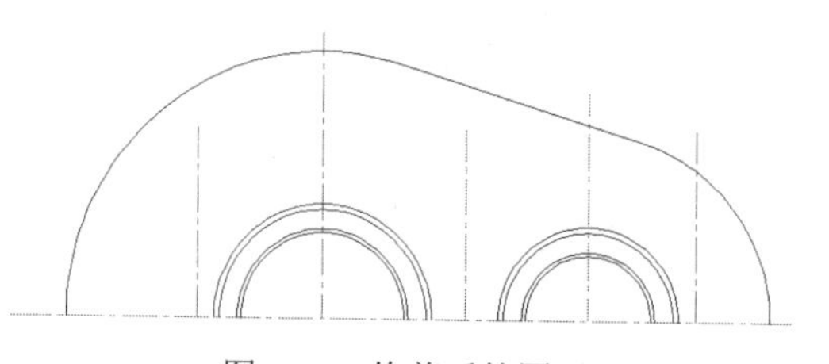

图 11-6　修剪后的图形

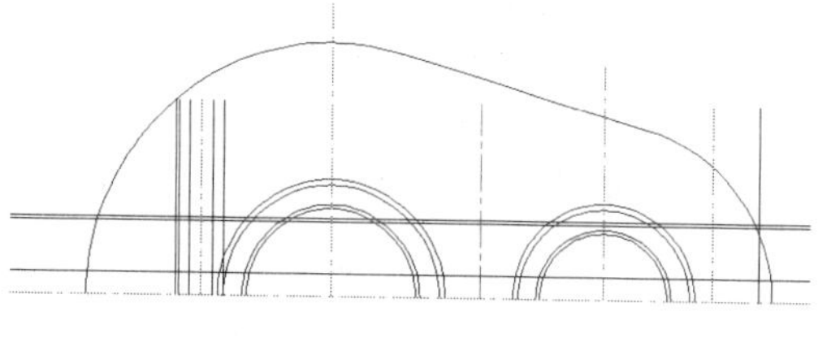

图 11-7　偏移结果

（6）修剪图形。单击“默认”选项卡下“修改”面板中的“修剪”按钮，修剪视图中多余的线段，结果如图 11-8 所示。

（7）绘制直线。单击“默认”选项卡下“绘图”面板中的“直线”按钮，连接两端，结果如图 11-9 所示。

图 11-8　修剪后的图形

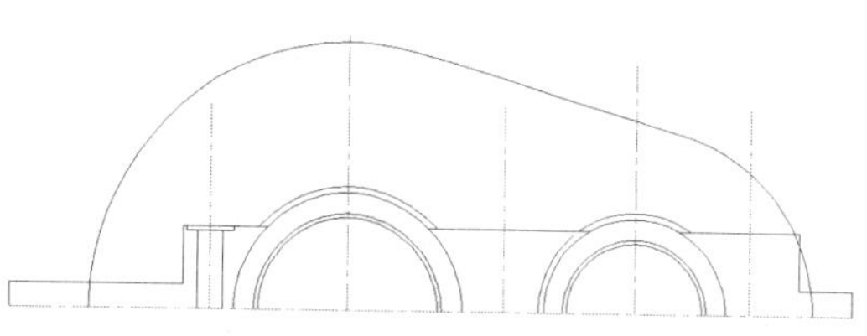

图 11-9　绘制直线

（8）偏移直线。单击“默认”选项卡下“修改”面板中的“偏移”按钮，将最左端的直线向右偏移，偏移距离为 12。重复“偏移”命令，将偏移后的直线向两边偏移，偏移距离分别为 5.5 和 8.5；重复“偏移”命令，将直线 1 向下偏移，偏移距离为 2。

同理，单击“默认”选项卡下“修改”面板中的“偏移”按钮，将最右端直线向左偏移，偏移距离为 12；重复“偏移”命令，将偏移后的直线向两边偏移，偏移距离分别为 4 和 5，结果如图 11-10 所示。

（9）绘制斜线。单击“默认”选项卡下“绘图”面板中的“直线”按钮，连接右端偏移后的直线端点。

（10）修剪处理。单击“默认”选项卡下“修改”面板中的“修剪”按钮和“删除”按钮，修剪和删除多余的线段，将中心线切换到“中心线”图层，结果如图 11-11 所示。

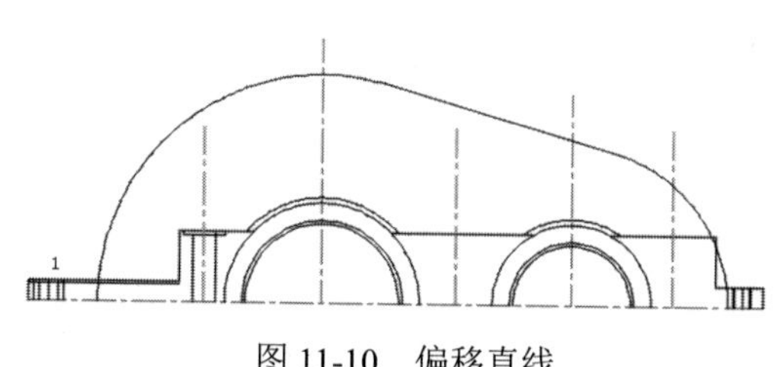

图 11-10　偏移直线

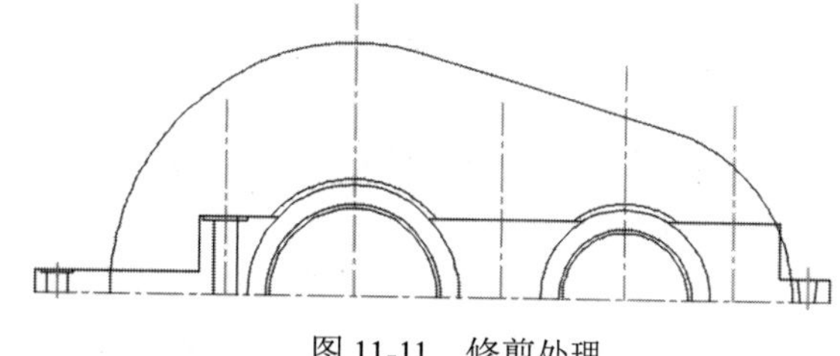

图 11-11　修剪处理

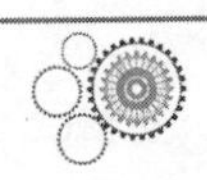

Note

3．绘制透视盖

（1）绘制中心线。将“中心线”图层设置为当前图层，单击“默认”选项卡下“绘图”面板中的“直线”按钮，绘制坐标为{（260,87），（@40<74）}的中心线。

（2）偏移直线。单击“默认”选项卡下“修改”面板中的“偏移”按钮，将第（1）步绘制的中心线向两边偏移，偏移距离分别为 50 和 35。重复“偏移”命令，将箱盖轮廓线向内偏移，偏移距离为 8，再将轮廓线向外偏移，偏移距离为 5，并将偏移后的中心线切换到“粗实线”图层。

（3）绘制样条曲线。将“细实线”图层设置为当前图层。单击“绘图”工具栏中的“样条曲线”按钮，绘制样条曲线。

（4）修剪处理。单击“默认”选项卡下“修改”面板中的“修剪”按钮，修剪多余的线段，运用“打断”命令，将不可见部分线段打断，并将不可见部分线段切换到“虚线”图层，结果如图 11-12 所示。

4．绘制左吊耳

（1）偏移处理。将“粗实线”图层设置为当前图层，单击“默认”选项卡下“修改”面板中的“偏移”按钮，将水平中心线向上偏移 60 和 90；重复“偏移”命令，将外轮廓线向外偏移 15。

（2）绘制圆。单击“默认”选项卡下“绘图”面板中的“圆”按钮，以偏移后的外轮廓线和偏移 60 的水平直线交点为圆心，绘制半径分别为 9 和 18 的两个圆。

（3）绘制直线。单击“默认”选项卡下“绘图”面板中的“直线”按钮，以左上端点为起点绘制与 *R*18 圆相切的直线；重复“直线”命令，以 *R*18 圆的切点为起点，以偏移 90 的直线与外轮廓线交点为端点绘制直线。

（4）修剪图形。单击“默认”选项卡下“修改”面板中的“修剪”按钮和“删除”按钮，修剪和删除多余的线段，结果如图 11-13 所示。

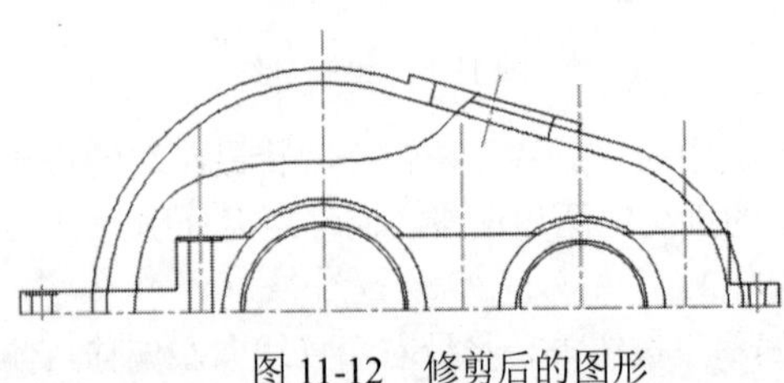

图 11-12　修剪后的图形

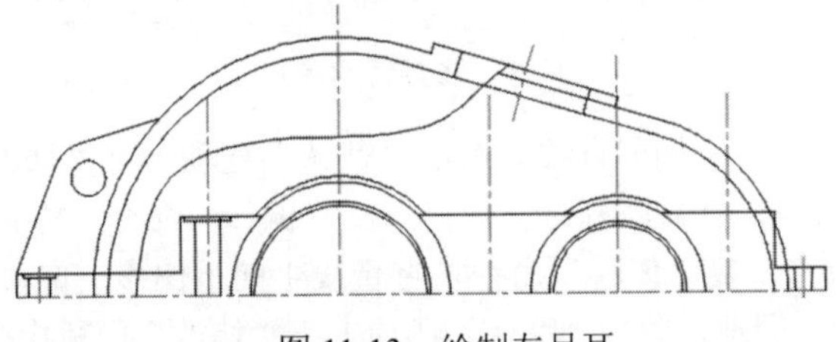

图 11-13　绘制左吊耳

5．绘制右吊耳

（1）偏移处理。单击“默认”选项卡下“修改”面板中的“偏移”按钮，将水平中心线向上偏移 50；重复“偏移”命令，将外轮廓线向外偏移 15。

（2）绘制圆。单击“默认”选项卡下“绘图”面板中的“圆”按钮，以偏移后的外轮廓线和偏移 50 的水平直线交点为圆心，绘制半径分别为 9 和 18 的两个圆。

（3）绘制直线。单击“默认”选项卡下“绘图”面板中的“直线”按钮，以右上端点为起点绘制与 R18 圆相切的直线；重复“直线”命令，以外轮廓圆弧线端点为起点绘制与 *R*18 圆相切的直线。

（4）修剪图形。单击“默认”选项卡下“修改”面板中的“修剪”按钮和“删除”按钮，修剪和删除多余的线段，结果如图 11-14 所示。

6．绘制端盖安装孔

（1）绘制直线。将“中心线”图层设置为当前图层。单击“默认”选项卡下“绘图”面板中的“直线”按钮，以坐标点{（170,0），（@60<30）}绘制中心线；重复“直线”命令，以坐标点{（315,0），（@50<30）}绘制中心线。

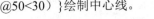

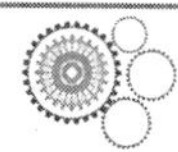

（2）绘制中心圆。单击“默认”选项卡下“绘图”面板中的“圆”按钮，分别以（170,0）、（315,0）为圆心，绘制半径分别为 52 和 41 的圆。

（3）绘制圆。将“粗实线”图层设置为当前图层，单击“默认”选项卡下“绘图”面板中的“圆”按钮，分别以第（2）步绘制的中心圆和直线交点为圆心，绘制半径分别为 2.5 和 3 的圆。

（4）阵列圆。单击“默认”选项卡下“修改”面板中的“环形阵列”按钮，将第（3）步绘制的圆和中心线绕圆心阵列，阵列个数为 3，项目间角度为 60°，并将半径为 3 的圆放置在“细实线”图层。

（5）修剪处理。单击“默认”选项卡下“修改”面板中的“修剪”按钮，修剪多余的线段，结果如图 11-15 所示。

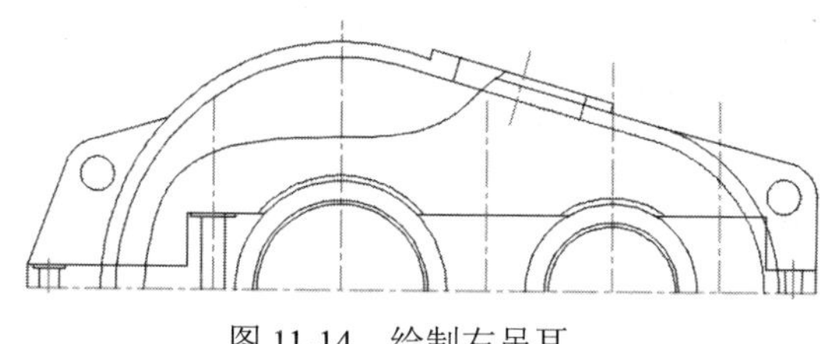

图 11-14　绘制右吊耳

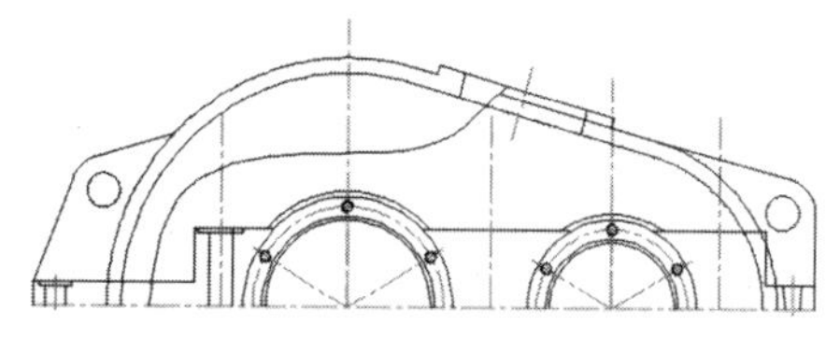

图 11-15　绘制端盖安装孔

7. 细节处理

（1）绘制样条曲线。将“细实线”图层设置为当前图层。单击“绘图”工具栏中的“样条曲线”按钮，绘制样条曲线。

（2）修剪曲线。单击“默认”选项卡下“修改”面板中的“修剪”按钮，修剪多余的线段。

（3）圆角处理。单击“默认”选项卡下“修改”面板中的“圆角”按钮，对图形进行圆角处理，设置圆角半径为 3。

（4）图案填充。将“剖面线”图层设置为当前图层，单击“默认”选项卡下“绘图”面板中的“图案填充”按钮，打开“图案填充创建”选项卡，选择 ANSI31 案例，设置比例为 2。

（5）绘制直线。将“粗实线”图层设置为当前图层，单击“默认”选项卡下“绘图”面板中的“直线”按钮，绘制箱盖主视图底面直线，结果如图 11-16 所示。

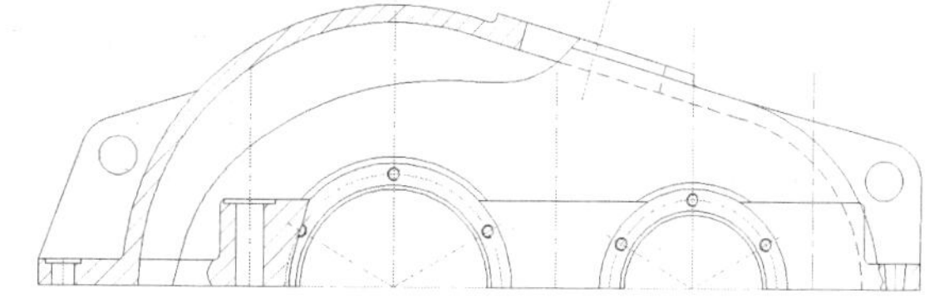

图 11-16　细节处理

11.1.3　绘制箱盖俯视图

操作步骤如下。

1. 绘制中心线

（1）在状态栏中单击“对象捕捉追踪”按钮，打开对象捕捉追踪功能，将“中心线”图层设置为当前图层。

（2）绘制中心线。单击“默认”选项卡下“绘图”面板中的“直线”按钮，绘制水平中心线和竖直中心线，如图 11-17 所示。

（3）偏移处理。单击“默认”选项卡下“修改”面板中的“偏移”按钮，将水平中心线向上偏移，偏移距离分别为 78 和 40。重复“偏移”命令，将第一条竖直中心线向右偏移，偏移距离为 49，结果如图 11-18 所示。

Note

图 11-17　绘制中心线

图 11-18　偏移中心线

2．绘制俯视图外轮廓

（1）偏移处理。单击“默认”选项卡下“修改”面板中的“偏移”按钮，将水平中心线向上偏移，偏移距离分别为 61、93 和 98，将偏移后的直线切换到“粗实线”图层。

（2）绘制直线。将“粗实线”图层设置为当前图层，单击“默认”选项卡下“绘图”面板中的“直线”按钮，分别连接两端直线端点，结果如图 11-19 所示。

（3）偏移处理。单击“默认”选项卡下“修改”面板中的“偏移”按钮，将第（2）步绘制的直线分别向内偏移，偏移距离为 27，结果如图 11-20 所示。

图 11-19　绘制直线

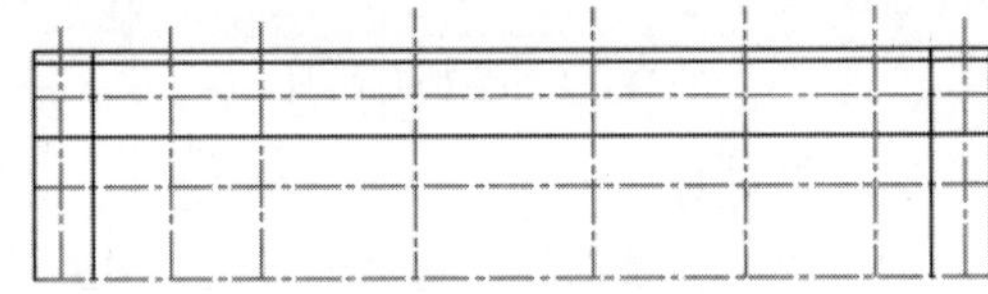

图 11-20　偏移处理

（4）修剪处理。单击“默认”选项卡下“修改”面板中的“修剪”按钮，修剪多余的线段，结果如图 11-21 所示。

（5）绘制圆。单击“默认”选项卡下“绘图”面板中的“圆”按钮，以 a 点为圆心，绘制半径分别为 8.5 和 5.5 的圆。重复“圆”命令，以 b 点为圆心，绘制半径分别为 4 和 5 的同心圆。重复“圆”命令，以 c 点为圆心，绘制半径分别为 14、12 和 6.5 的圆。

（6）复制圆。单击“默认”选项卡下“修改”面板中的“复制”按钮，将 c 点处的 12 和 6.5 两个同心圆复制到 d 和 e 点处，单击“默认”选项卡下“绘图”面板中的“圆”按钮，以 e 点为圆心绘制半径为 25 的圆，结果如图 11-22 所示。

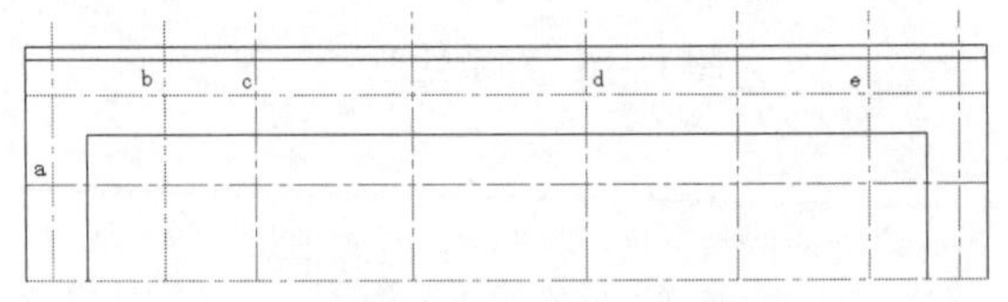

图 11-21　修剪处理

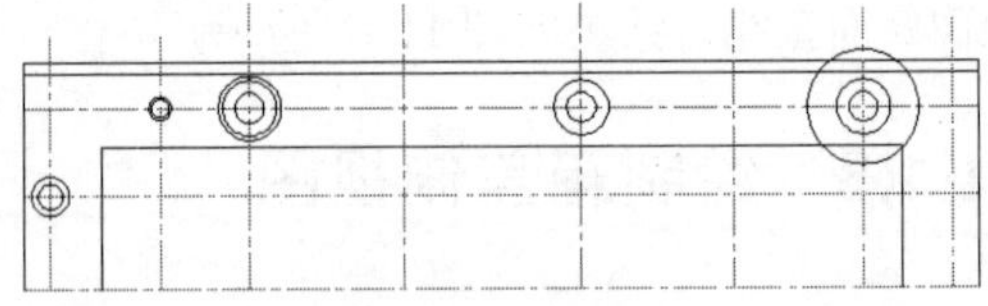

图 11-22　绘制圆

（7）绘制圆。单击“默认”选项卡下“绘图”面板中的“圆”按钮，以图 11-3 中的 a、b 两点为圆心，绘制半径分别为 60、49 的圆。

（8）绘制直线。采用对象追踪功能，单击“默认”选项卡下“绘图”面板中的“直线”按钮，对应主视图在适当位置绘制直线。

（9）修剪图形。单击“默认”选项卡下“修改”面板中的“修剪”按钮和“删除”按钮，修剪和删除多余的线段。

（10）圆角处理。单击“默认”选项卡下“修改”面板中的“圆角”按钮，对俯视图进行倒圆角处理，圆角半径分别为 10、5 和 3，结果如图 11-23 所示。

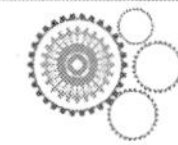

(11) 绘制直线。采用对象追踪功能，单击“默认”选项卡下“绘图”面板中的“直线”按钮，对应主视图在适当位置绘制直线。

(12) 镜像直线。单击“默认”选项卡下“修改”面板中的“镜像”按钮，对第（11）步绘制的斜线进行镜像。

(13) 修剪图形。单击“默认”选项卡下“修改”面板中的“修剪”按钮和“删除”按钮，修剪和删除多余的线段。

(14) 圆角处理。单击“默认”选项卡下“修改”面板中的“圆角”按钮，进行倒圆角，圆角半径为 3，并修剪多余的线段。

(15) 绘制直线。单击“默认”选项卡下“绘图”面板中的“直线”按钮，绘制直线如图 11-24 所示。

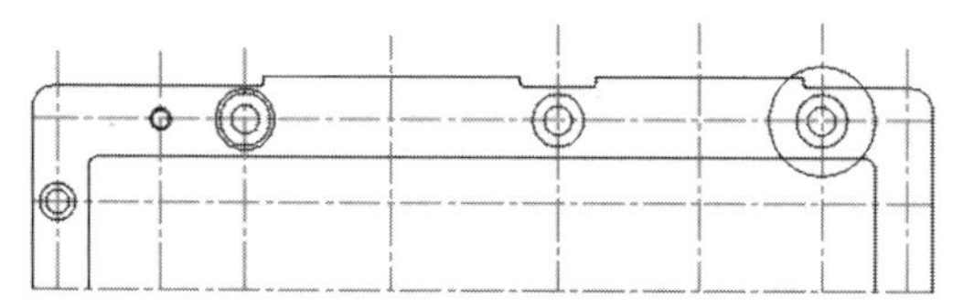

图 11-23　修剪和圆角处理

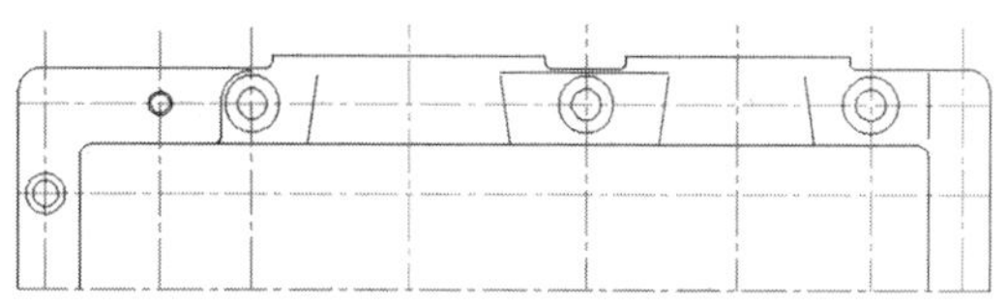

图 11-24　绘制直线

3．绘制透视盖

(1) 修剪图形。单击“默认”选项卡下“修改”面板中的“打断”按钮，对中心线进行打断。单击“默认”选项卡下“修改”面板中的“删除”按钮，删除多余的线段。单击“默认”选项卡下“修改”面板中的“拉长”按钮，拉长水平中心线。

(2) 偏移处理。单击“默认”选项卡下“修改”面板中的“偏移”按钮，将第一条水平中心线向上偏移，偏移距离分别为 30 和 45，并将偏移后的直线切换为“粗实线”图层。

(3) 绘制直线。采用对象捕捉追踪功能，单击“默认”选项卡下“绘图”面板中的“直线”按钮，对应主视图中的透视盖图形绘制直线。

(4) 修剪图形。单击“默认”选项卡下“修改”面板中的“修剪”按钮和“删除”按钮，修剪和删除多余的线段。

(5) 圆角处理。单击“默认”选项卡下“修改”面板中的“圆角”按钮，对透视孔进行倒圆角处理，圆角半径分别为 5 和 10，结果如图 11-25 所示。

4．绘制吊耳

(1) 偏移处理。单击“默认”选项卡下“修改”面板中的“偏移”按钮，将第一条水平中心线向上偏移，偏移距离为 10，并将偏移后的直线切换为“粗实线”图层。

(2) 绘制直线。采用对象捕捉追踪功能，对应主视图中的吊耳图形绘制直线。

(3) 修剪图形。单击“默认”选项卡下“修改”面板中的“修剪”按钮和“删除”按钮，修剪和删除多余的线段。

(4) 圆角处理，单击“默认”选项卡下“修改”面板中的“圆角”按钮，对吊耳进行倒圆角处理，圆角半径为 3。

(5) 继续修剪。单击“默认”选项卡下“修改”面板中的“修剪”按钮，修剪多余的线段，如图 11-26 所示。

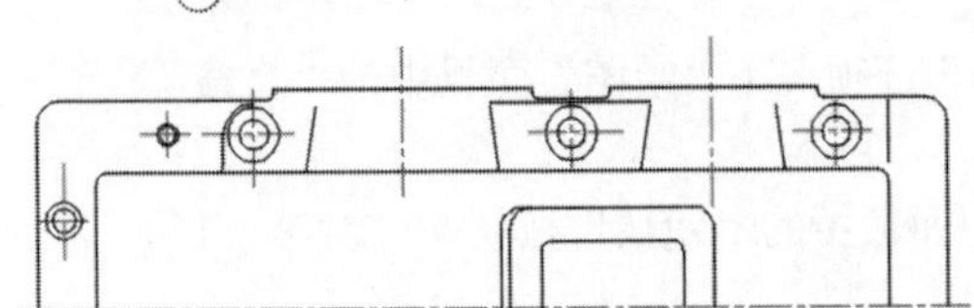

图 11-25 绘制透视盖

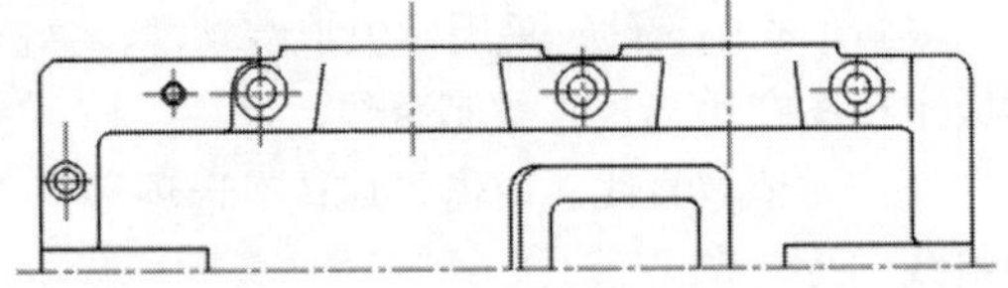

图 11-26 绘制吊耳

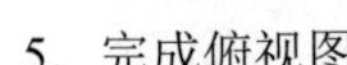

Note

5．完成俯视图

（1）镜像处理。单击“默认”选项卡下“修改”面板中的“镜像”按钮，将俯视图沿第一条水平中心线进行镜像，结果如图 11-27 所示。

（2）偏移处理。单击“默认”选项卡下“修改”面板中的“偏移”按钮，将第一条水平中心线向下偏移，偏移距离为 40，继续将最右边的竖直中心线向右偏移，偏移距离为 40，并重新编辑中心线。

（3）移动圆。单击“默认”选项卡下“修改”面板中的“移动”按钮，将图 11-21b 点处的两个同心圆移动到 f 点处，结果如图 11-28 所示。

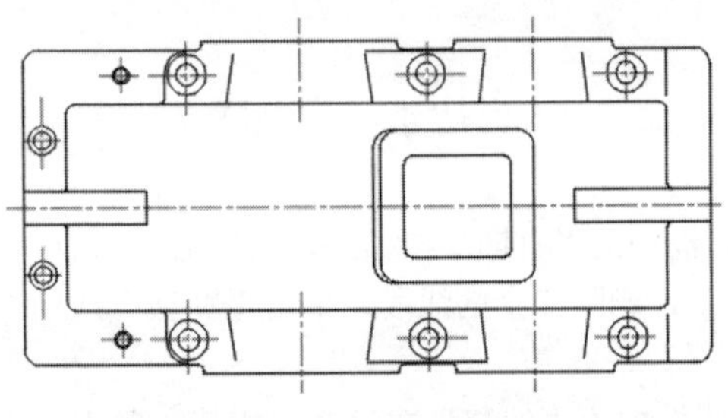

图 11-27 镜像图形

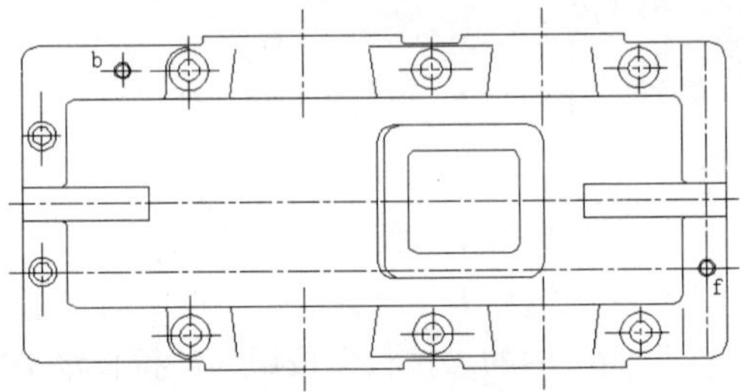

图 11-28 移动图形

（4）删除中心线，结果如图 11-29 所示。

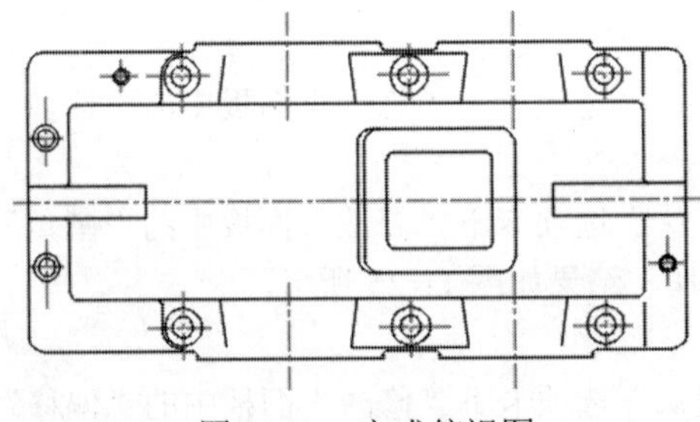

图 11-29 完成俯视图

11.1.4 绘制箱盖左视图

操作步骤如下：

1．绘制左视图外轮廓

（1）绘制中心线。将“中心线”图层设置为当前图层，单击“默认”选项卡下“绘图”面板中的“直线”按钮，绘制一条竖直中心线。

（2）绘制直线。将“粗实线”图层设置为当前图层。采用对象追踪功能，单击“默认”选项卡下“绘图”面板中的“直线”按钮，绘制一条水平直线。

（3）偏移处理。单击“默认”选项卡下“修改”面板中的“偏移”按钮，将水平直线向上偏

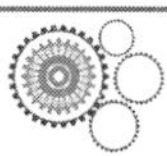

移，偏移距离分别为 12、40、57、60、90 和 130。重复“偏移”命令，将竖直中心线向左偏移，偏移距离分别为 10、61、93 和 98，将偏移后的直线切换到“粗实线”图层，结果如图 11-30 所示。

（4）绘制直线。单击“默认”选项卡下“绘图”面板中的“直线”按钮，连接图 11-30 中的 1、2 两点。

（5）修剪图形。单击“默认”选项卡下“修改”面板中的“修剪”按钮和“删除”按钮，修剪图形中多余的线段，结果如图 11-31 所示。

2．绘制剖视图

（1）镜像处理。单击“默认”选项卡下“修改”面板中的“镜像”按钮，将左视图中的左半部分沿竖直中心线进行镜像，结果如图 11-32 所示。

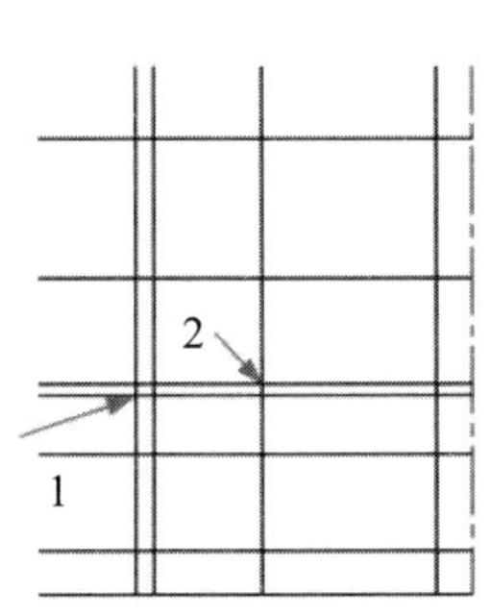

图 11-30　偏移直线

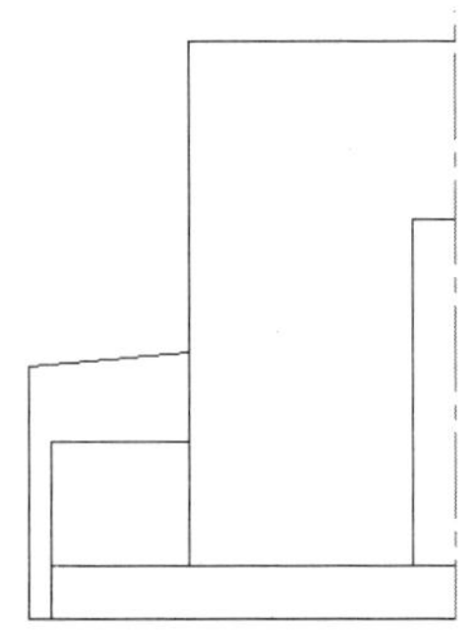

图 11-31　修剪后的图形

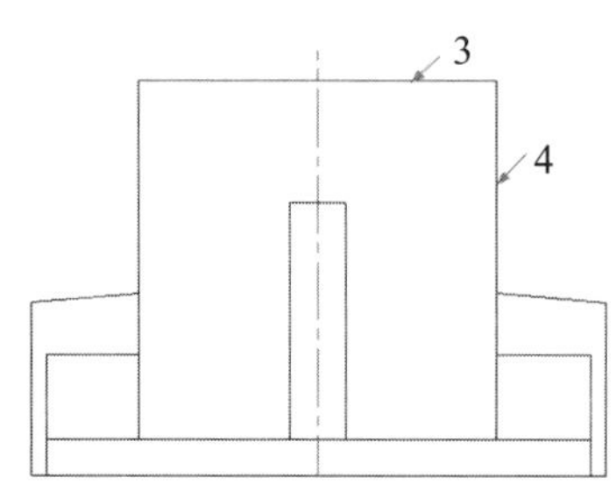

图 11-32　镜像图形

（2）偏移处理。单击“默认”选项卡下“修改”面板中的“偏移”按钮，将直线 3 和直线 4 向内偏移，偏移距离为 8；重复“偏移”命令，将最下边的水平直线向上偏移 45。

（3）修剪图形。单击“默认”选项卡下“修改”面板中的“修剪”按钮和“删除”按钮，修剪和删除多余的线段，结果如图 11-33 所示。

（4）绘制端盖安装孔。单击“默认”选项卡下“修改”面板中的“偏移”按钮，将最下边的水平线向上偏移，偏移距离为 52，将偏移后的直线切换到“中心线”图层。重复“偏移”命令，将偏移后的中心线向两边偏移，偏移距离分别为 2.5 和 3；重复“偏移”命令，将最右端的竖直直线向左偏移，偏移距离分别为 16 和 20，将偏移距离为 2.5 的直线切换到“粗实线”图层，将偏移距离为 3 的直线切换到“细实线”图层。单击“默认”选项卡下“修改”面板中的“修剪”按钮和“删除”按钮，修剪多余的线段，结果如图 11-34 所示。

（5）绘制直线。单击“默认”选项卡下“绘图”面板中的“直线”按钮，绘制直线。单击“默认”选项卡下“修改”面板中的“修剪”按钮，修剪多余的直线。绘制完成的端盖安装孔如图 11-35 所示。

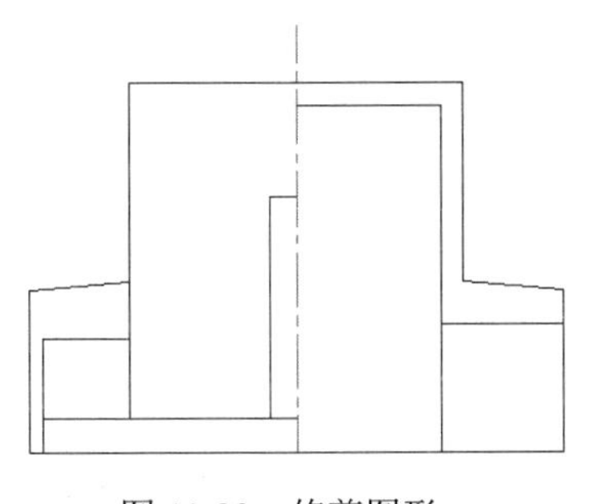

图 11-33　修剪图形

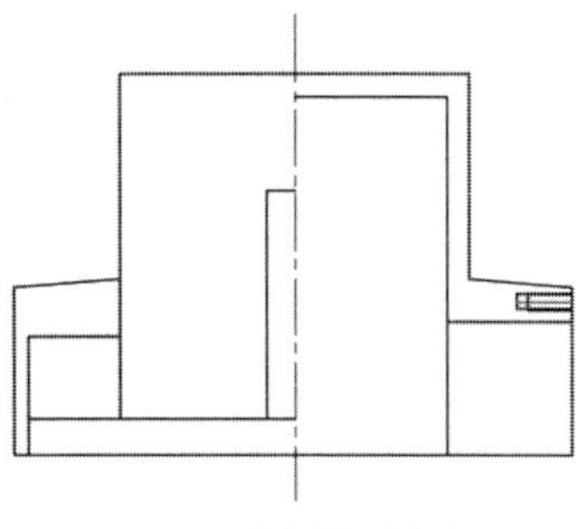

图 11-34　绘制端盖安装孔

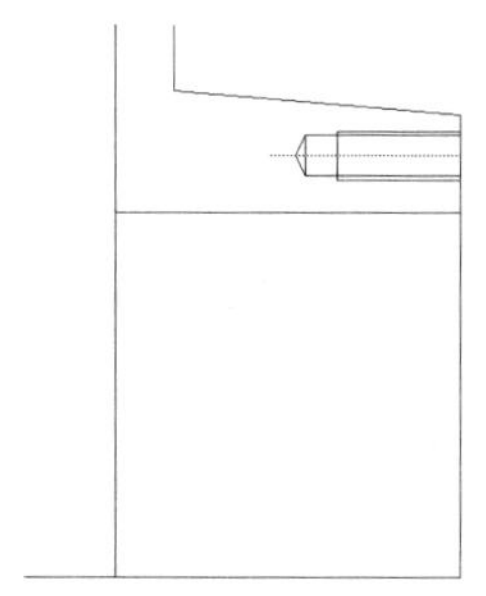

图 11-35　端盖安装孔效果

Note

（6）绘制透视孔。单击“默认”选项卡下“修改”面板中的“偏移”按钮，将竖直中心线向右偏移，偏移距离为 30，将偏移后的直线切换到“粗实线”图层。单击“默认”选项卡下“绘图”面板中的“直线”按钮，采用对象捕捉追踪功能，捕捉主视图中透视孔上的点，绘制水平直线。单击“默认”选项卡下“修改”面板中的“修剪”按钮和“删除”按钮，修剪多余的线段，结果如图 11-36 所示。

3．细节处理

（1）圆角处理。单击“默认”选项卡下“修改”面板中的“圆角”按钮，对左视图进行圆角处理，半径分别为 14、6 和 3。

（2）倒角处理。单击“默认”选项卡下“修改”面板中的“倒角”按钮，对右边轴孔进行倒角处理，倒角距离为 2，调用“直线”命令，连接倒角后的孔，结果如图 11-37 所示。

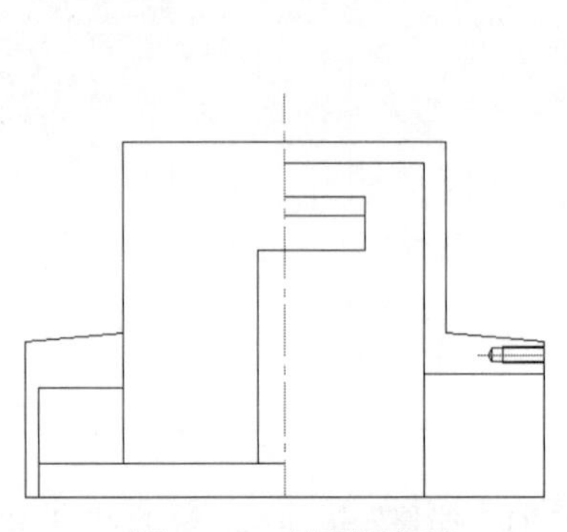
图 11-36　绘制透视孔

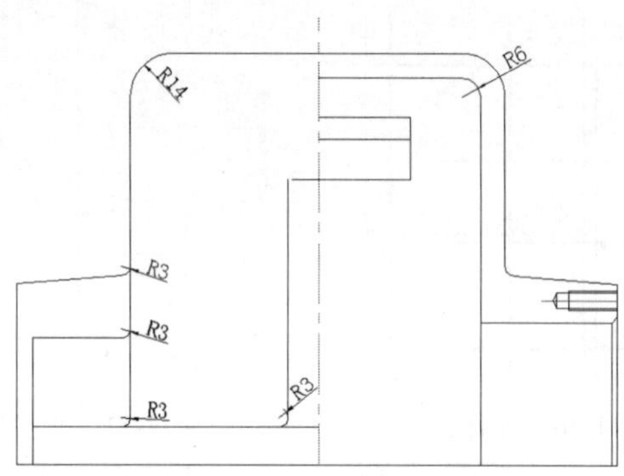

图 11-37　圆角和倒角处理

（3）填充图案。将“剖面线”图层设置为当前图层，单击“默认”选项卡下“绘图”面板中的“图案填充”按钮，打开“图案填充和渐变色”对话框，选择 ANSI31 案例，设置比例为 2，填充图形，结果如图 11-38 所示。

箱盖绘制完成，如图 11-39 所示。

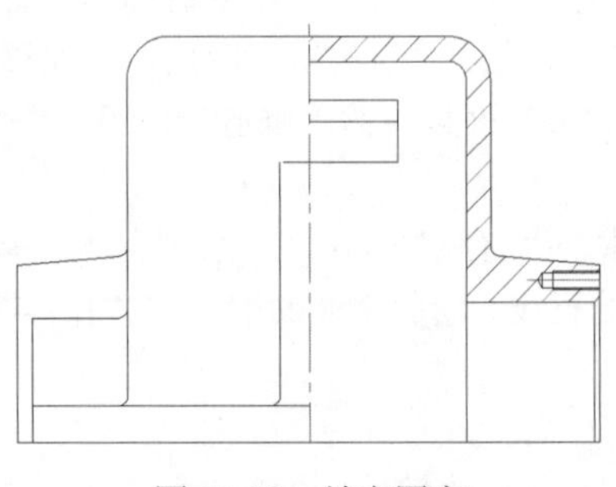
图 11-38　填充图案

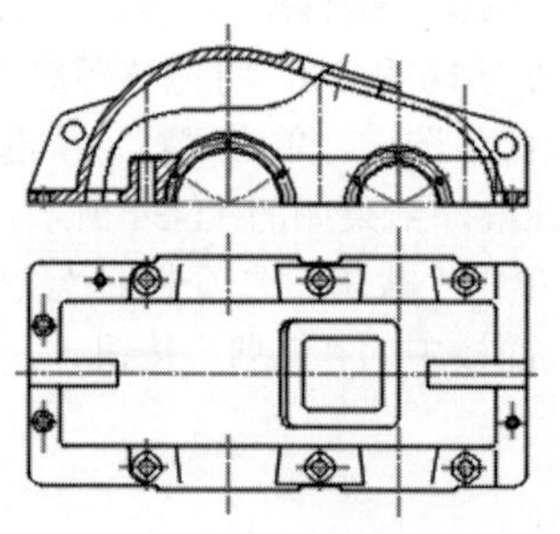
图 11-39　箱盖

11.1.5　标注箱盖

操作步骤如下：

1．俯视图尺寸标注

（1）切换图层。将“尺寸线”图层设置为当前图层。单击“默认”选项卡下“注释”面板中的“标注样式”按钮，将“机械制图标注”样式设置为当前使用的标注样式。

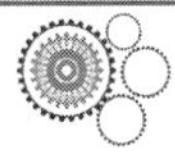

（2）修改标注样式。单击“默认”选项卡下“注释”面板中的“标注样式”按钮，打开“标注样式管理器”对话框，选中“机械制图标注”样式，然后单击“修改”按钮，弹出“修改标注样式（机械制图标注）”对话框。打开“文字”选项卡，选择“ISO 标准”，单击“确定”按钮完成修改。

（3）俯视图无公差尺寸标注。单击“注释”选项卡下“标注”面板中的“线性”按钮、“半径”按钮和“直径”按钮，对俯视图进行尺寸标注，结果如图 11-40 所示。

（4）俯视图公差尺寸标注。单击“默认”选项卡下“注释”面板中的“标注样式”按钮，打开“标注样式管理器”对话框，建立一个名为“副本机械制图标注（带公差）”的样式，“基础样式”为“机械制图标注”。在“新建标注样式”对话框中设置“公差”选项卡，并将“副本机械制图样式（带公差）”的样式设置为当前使用的标注样式。

（5）主视图带公差尺寸标注。单击“注释”选项卡下“标注”面板中的“线性”按钮，对俯视图进行带公差尺寸标注，结果如图 11-41 所示。

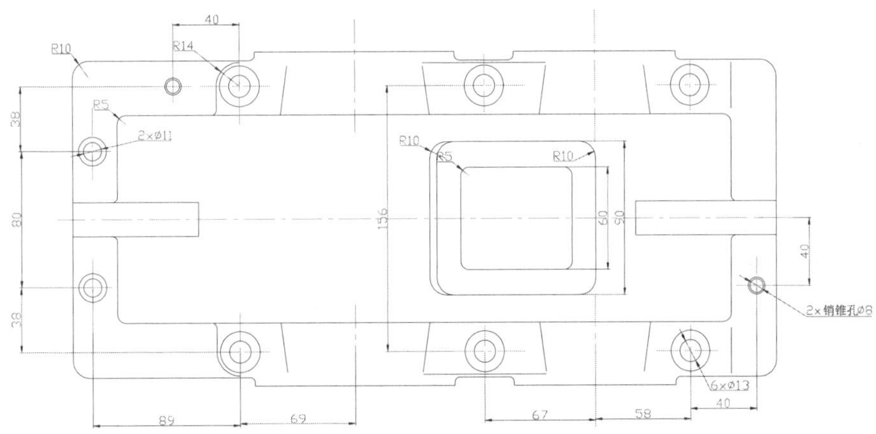

图 11-40 无公差尺寸标注

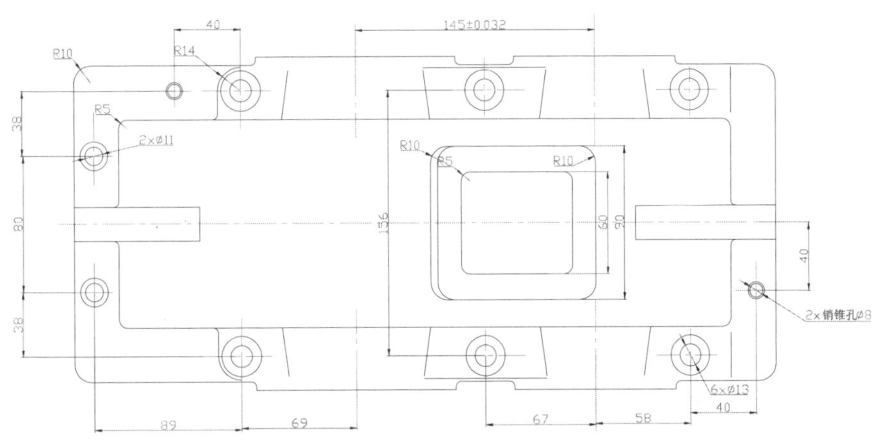

图 11-41 带公差尺寸标注

2．主视图尺寸标注

（1）主视图无公差尺寸标注。切换到“机械制图标注”标注样式，单击“注释”选项卡下“标注”面板中的“线性”按钮、“对齐”按钮，“半径”按钮和“直径”按钮，对主视图进行无公差尺寸标注，结果如图 11-42 所示。

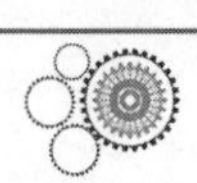
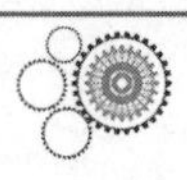

Note

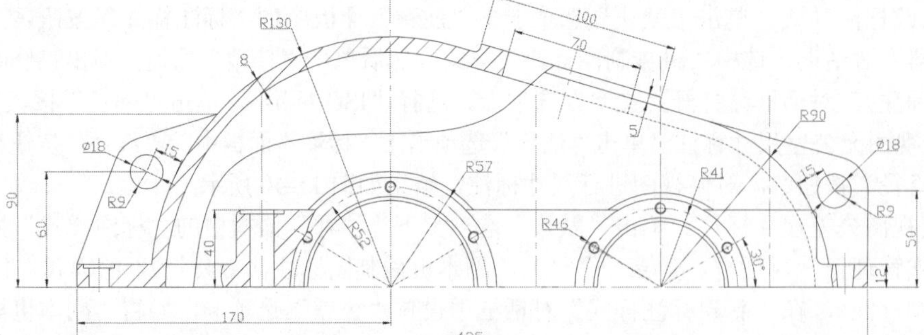

图 11-42 主视图无公差尺寸标注

（2）修改带公差标注样式。单击“默认”选项卡下“注释”面板中的“标注样式”按钮，打开“标注样式管理器”对话框，选中“副本机械制图标注（带公差）”样式，单击“替代”按钮，打开“替代当前样式：副本 机械制图标注（带公差）”对话框，设置“公差”选项卡，并把“副本机械制图样式（带公差）”的样式设置为当前使用的标注样式。

（3）主视图带公差尺寸标注。单击“注释”选项卡下“标注”面板中的“线性”按钮，对主视图进行带公差尺寸标注。使用前面章节所述的带公差尺寸标注的方法，进行公差编辑修改，结果如图 11-43 所示。

3．侧视图尺寸标注

（1）切换当前标注样式。将“机械制图标注”样式设置为当前使用的标注样式。

（2）侧视图无公差尺寸标注。单击“注释”选项卡下“标注”面板中的“线性”按钮和“直径”按钮，对侧视图进行无公差尺寸标注，结果如图 11-44 所示。

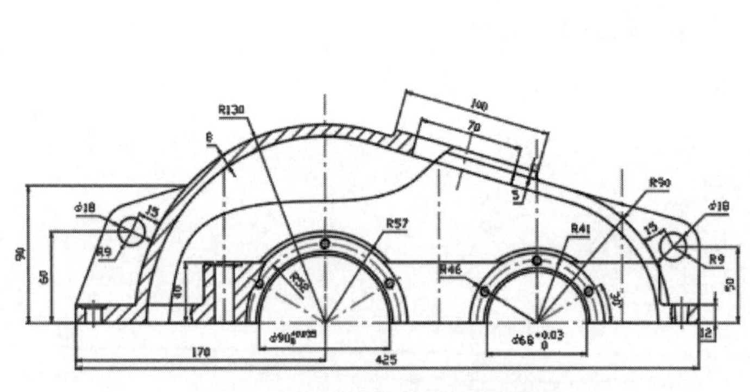

图 11-43 主视图带公差尺寸标注

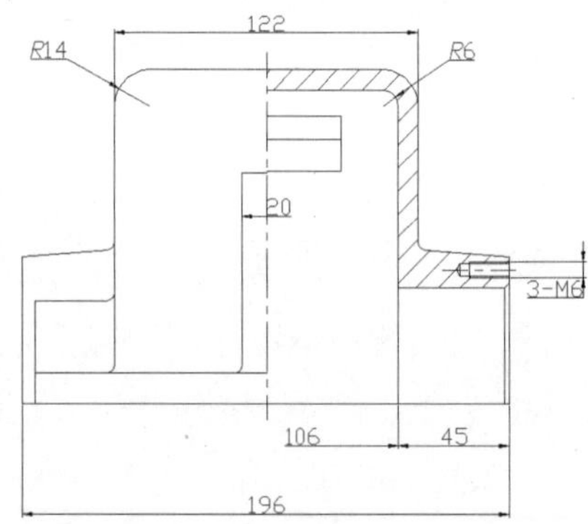

图 11-44 侧视图尺寸标注

4．标注技术要求

（1）设置文字标注格式。单击“默认”选项卡下“注释”面板中的“文字样式”按钮，打开“文字样式”对话框，在“样式名”下拉列表框中选择“技术要求”，输入高度为 8，单击“应用”按钮，将其设置为当前使用的文字样式。

（2）文字标注。单击“注释”选项卡下“文字”面板中的“多行文字”按钮A，打开“文字编辑器”选项卡，在其中填写技术要求，如图 11-45 所示。

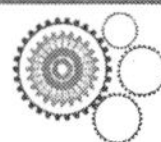

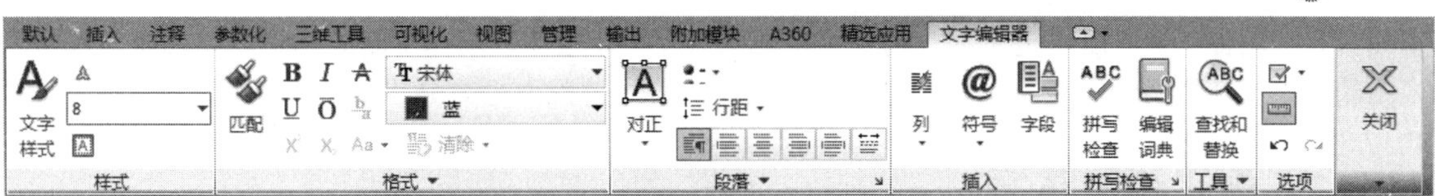

技术要求
1. 箱盖铸造成后，应清理并进行时效处理；
2. 箱盖和箱座合箱后，边缘应平齐，相互错位每边不大于2；
3. 应仔细检查箱盖与箱座剖分面接触的密合性，用0.05塞尺塞入深度不得大于剖面深度的三分之一，用涂色检查接触面积达到每平方厘米面积内不少于一个斑点；
4. 未注的铸造圆角为R3~R5；
5. 未注倒角为C2;

图 11-45　标注技术要求

11.1.6　填写标题栏

将已经绘制好的 A1 横向样板图图框复制到当前图形中，并调整到适当位置。

将“标题栏”图层设置为当前图层，在标题栏中填写“减速器箱盖”。减速器箱盖设计的最终效果如图 11-1 所示。

11.2　减速器箱体设计

减速器箱体的绘制过程是使用 AutoCAD 2018 二维绘图功能的综合实例。绘制的减速器箱体如图 11-46 所示。

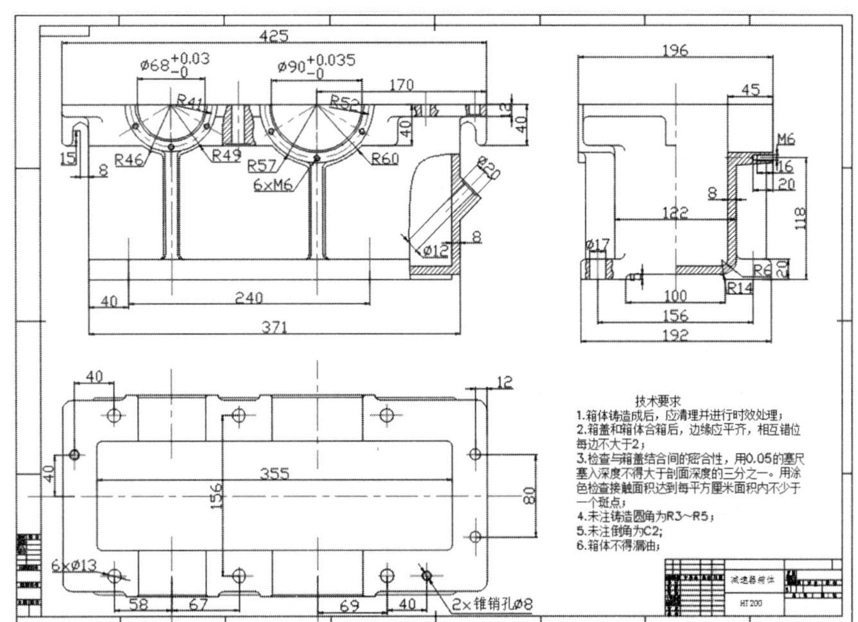

图 11-46　减速器箱体

依次绘制减速器箱体的俯视图、主视图和侧视图，充分利用多视图投影对应关系，绘制辅助定位直线。对于箱体本身，从上至下划分为 3 个组成部分，箱体顶面、箱体中间膛体和箱体底座，每一个视图的绘制也将围绕这 3 个部分分别进行。在箱体的绘制过程中也充分应用了局部剖视图。

11.2.1　配置绘图环境

操作步骤如下：

1．建立新文件

（1）建立新文件。启动 AutoCAD 2018 应用程序，单击快速访问工具栏中的“新建”按钮，打开“选择样板”对话框，单击“打开”按钮右侧的下拉按钮，以“无样板打开-公制（M）”方式建立新文件，将新文件命名为“减速器箱体.dwg”并保存。

（2）设置图形界限。输入“LIMITS”命令，使用 A1 图纸，设置两角点坐标分别为（0,0）和（841, 594）。

（3）创建新图层。单击“默认”选项卡下“图层”面板中的“图层特性”按钮，打开“图层特性管理器”选项板，新建并设置每一个图层，如图 11-47 所示。

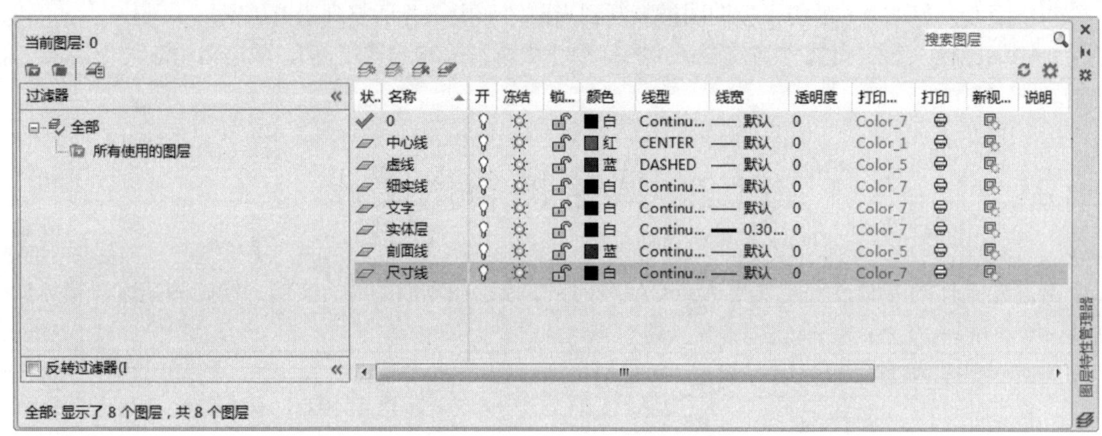

图 11-47　“图层特性管理器”选项板

2．设置文字和尺寸标注样式

（1）设置文字标注样式。单击“默认”选项卡下“注释”面板中的“文字样式”按钮，打开“文字样式”对话框。创建“技术要求”文字样式，在“字体名”下拉列表框中选择“仿宋”，“字体样式”设置为“常规”，在“高度”文本框中输入“6.0000”。设置完成后，单击“应用”按钮，完成“技术要求”文字标注格式的设置。

（2）创建新标注样式。单击“默认”选项卡下“注释”面板中的“标注样式”按钮，打开“标注样式管理器”对话框，创建“机械制图标注”样式，各属性与前面章节设置相同，并将其设置为当前使用的标注样式。

11.2.2　绘制减速器箱体

操作步骤如下：

1．绘制中心线

（1）切换图层。将“中心线”图层设置为当前图层。

（2）绘制中心线。单击“默认”选项卡下“绘图”面板中的“直线”按钮，绘制 3 条水平直线{（50,150），（500, 150）}、{（50,360），（800,360）}和{（50,530），（800,530）}，绘制 5 条竖直直线

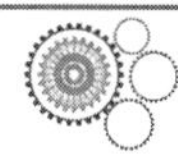

{（65,50），（65,550）}、{（490,50），（490,550）}、{（582,350），（582,550）}、{（680,350），（680,550）}和{（778,350），（778,550）}，如图11-48所示。

提示

按照传统的机械三视图的绘制方法，应该首先绘制主视图，再利用主视图的图形特征来绘制其他视图和局部剖视图。而对于减速器箱体的绘制，将采用先绘制构形相对简单且又能表达减速器箱体与传动轴、齿轮等安装关系的俯视图，再利用俯视图来绘制其他视图。

2．绘制减速器箱体俯视图

（1）切换图层。将当前图层从“中心线”图层切换到“实体层”图层。

（2）绘制矩形。单击“默认”选项卡下“绘图”面板中的“矩形”按钮，利用给定矩形的两个角点的方法分别绘制矩形1{（65,52），（490,248）}、矩形2{（100,97），（455,203）}、矩形3{（92,54），（463,246）}、矩形4{（92,89），（463,211）}。矩形1和矩形2构成箱体顶面轮廓线，矩形3表示箱体底座轮廓线，矩形4表示箱体中间膛轮廓线，如图11-49所示。

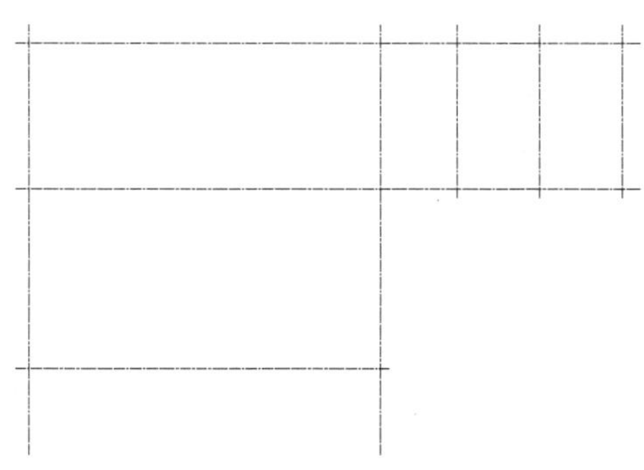

图11-48 绘制中心线

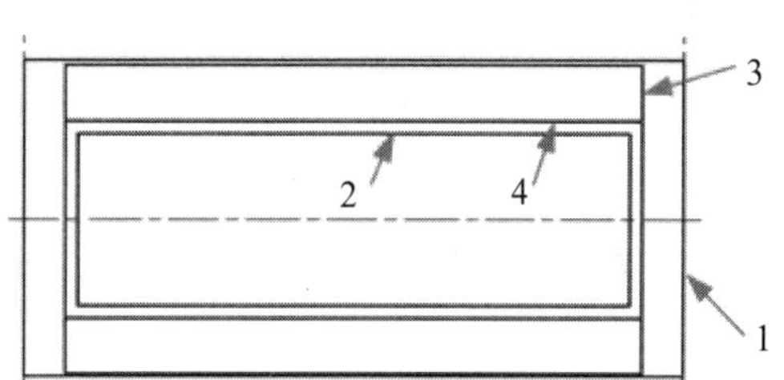

图11-49 绘制矩形

（3）更改图形对象的颜色。选择矩形3，单击“默认”选项卡下“特性”面板中的“更多颜色”按钮，打开“选择颜色”对话框，如图11-50所示，在其中选择“蓝”并赋予矩形3。使用同样的方法更改矩形4的线条颜色，颜色为红色。

提示

对于同一图层中的图形对象，既可以使用该图层的颜色，也可以通过重新选择颜色的方法更改其线条颜色。这种方法仅更改个别图形对象的线条颜色，并不会影响到图层的线条颜色设置。对于矩形3和矩形4暂时不编辑的图形对象，使用这种方法，可以防止被意外编辑。

（4）绘制轴孔。绘制轴孔中心线，单击“默认”选项卡下“修改”面板中的“偏移”按钮，从左向右偏移量依次为110mm和255mm，绘制轴孔；重复“偏移”命令，左轴孔直径为68mm，右轴孔直径为90mm，将偏移后的孔放置在“实体”图层，经过修剪，修剪后的结果如图11-51所示。

（5）细化顶面轮廓线。将矩形1进行分解，单击“默认”选项卡下“修改”面板中的“偏移”按钮，并将上边和下边向内偏移5mm，将直径为68和90的孔分别向外侧偏移12mm，绘制结果如图11-52所示。

（6）顶面轮廓线倒圆角。单击“默认”选项卡下“修改”面板中的“圆角”按钮，将偏移量为5mm的直线与矩形1的两条竖直线形成的4个直角的圆角半径设为10mm，然后进行修剪，删除多余的线段。继续倒圆角，圆角半径为5mm。单击“删除”按钮，删除多余的线段。

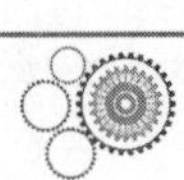

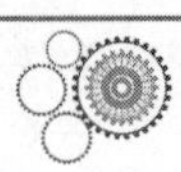

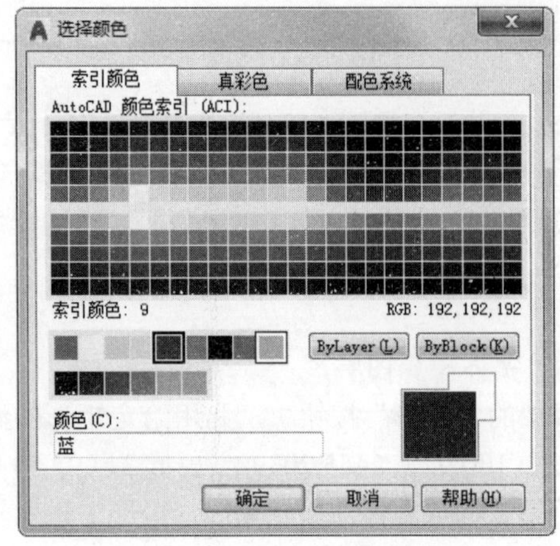

图 11-50　更改对象颜色

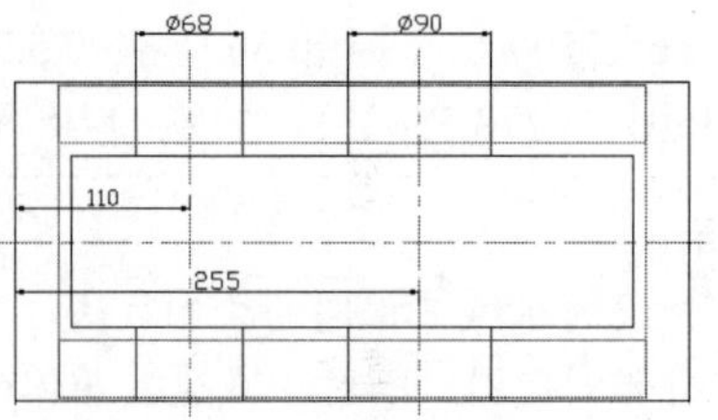

图 11-51　绘制轴孔

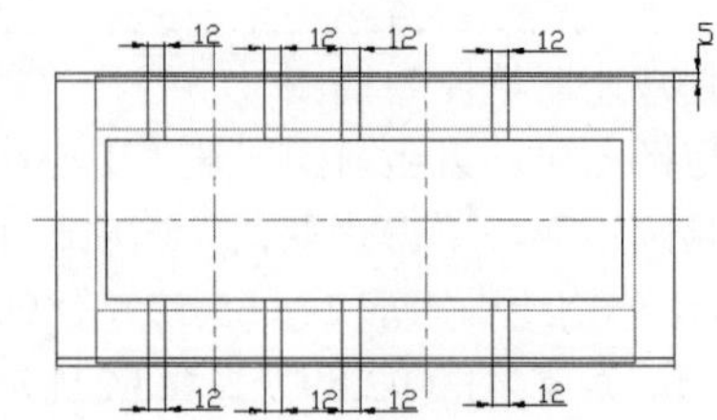

图 11-52　绘制偏移直线

（7）细化轴孔。单击“默认”选项卡下“修改”面板中的“倒角”按钮，对轴孔进行倒角，倒角距离为 C2，修剪后的结果如图 11-53 所示。

（8）绘制螺栓孔和销孔中心线。单击“默认”选项卡下“修改”面板中的“偏移”按钮，竖直偏移量和水平偏移量如图上标注，绘制修剪后结果如图 11-54 所示。

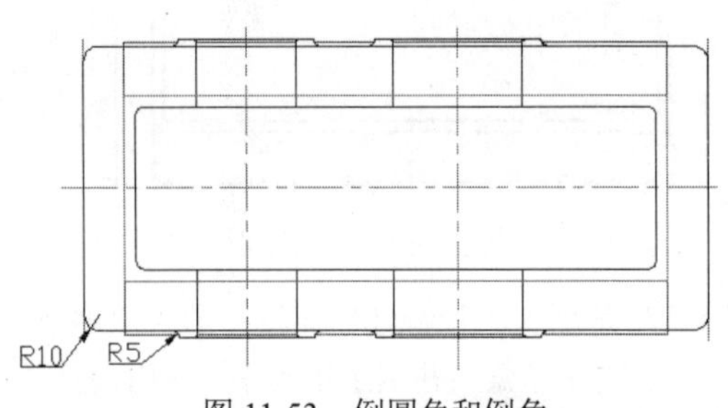

图 11-53　倒圆角和倒角

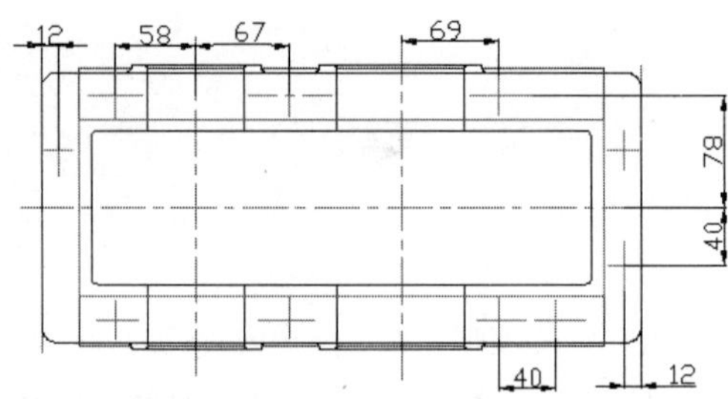

图 11-54　绘制螺栓孔和销孔中心线

（9）绘制螺栓孔和销孔。螺栓孔上下为 $\Phi13$ 的通孔，右侧为 $\Phi11$ 的通孔，销孔由 $\Phi10$ 和 $\Phi8$ 两个投影圆组成。单击“默认”选项卡下“绘图”面板中的“圆”按钮，以中心线交点为圆心分别绘制，绘制结果如图 11-55 所示。

（10）箱体底座轮廓线（矩形 3）倒圆角。单击“默认”选项卡下“修改”面板中的“圆角”按钮，对底座轮廓线（矩形 3）倒圆角，半径为 10mm。对矩形 2 倒圆角，半径为 5mm。进行修剪，完成减速器箱体俯视图的绘制，结果如图 11-56 所示。

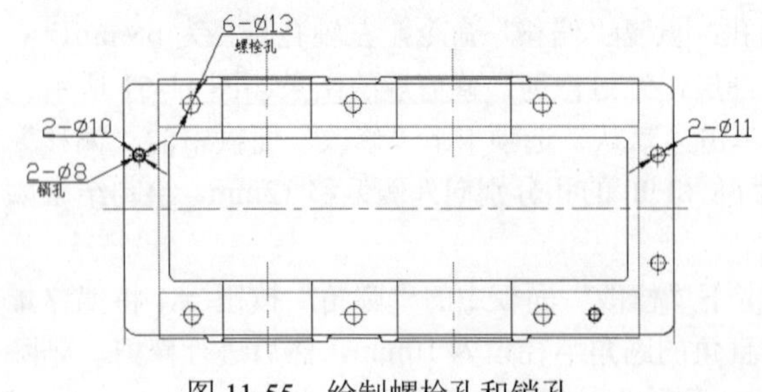

图 11-55　绘制螺栓孔和销孔

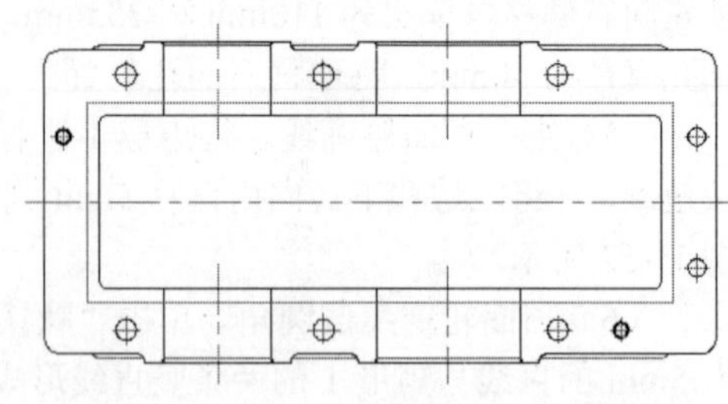

图 11-56　减速器箱体俯视图

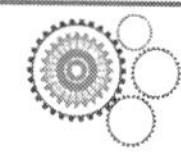

3．绘制减速器箱体主视图

（1）绘制箱体主视图定位线。单击“默认”选项卡下“绘图”面板中的“直线”按钮，利用“对象捕捉”和“正交”功能从俯视图绘制投影定位线，单击“默认”选项卡下“修改”面板中的“偏移”按钮，将上面的中心线向下偏移 12mm，将下面的中心线向上偏移 20mm，结果如图 11-57 所示。

（2）绘制主视图轮廓线。单击“默认”选项卡下“修改”面板中的“修剪”按钮，对主视图进行修剪，形成箱体顶面、箱体中间膛和箱体底座的轮廓线，并将所有轮廓线放置在“实体层”图层，结果如图 11-58 所示。

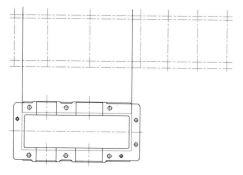

图 11-57　绘制箱体主视图定位线

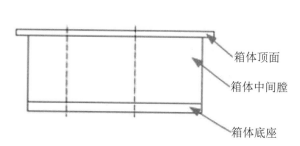

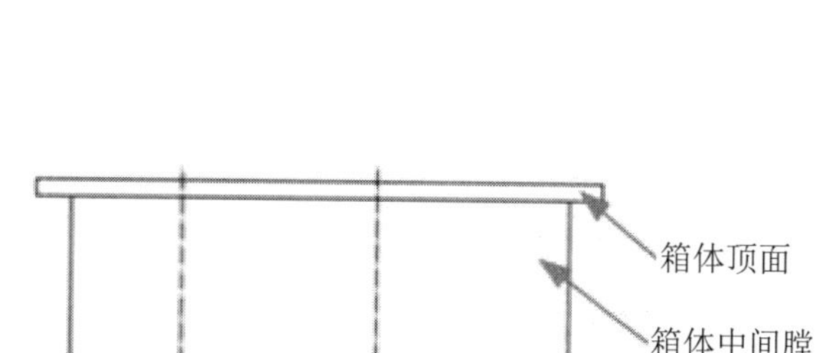

图 11-58　绘制主视图轮廓线

（3）绘制轴孔和端盖安装面。单击“默认”选项卡下“绘图”面板中的“圆”按钮，以两条竖直中心线与顶面线交点为圆心，分别绘制左侧一组同心圆：Φ68、Φ72、Φ92 和 Φ98；右侧一组同心圆：Φ90、Φ94、Φ114 和 Φ120，并进行修剪，结果如图 11-59 所示。

（4）绘制偏移直线。单击“默认”选项卡下“修改”面板中的“偏移”按钮，将顶面向下偏移 40mm，并进行修剪，补全左右轮廓线，结果如图 11-60 所示。

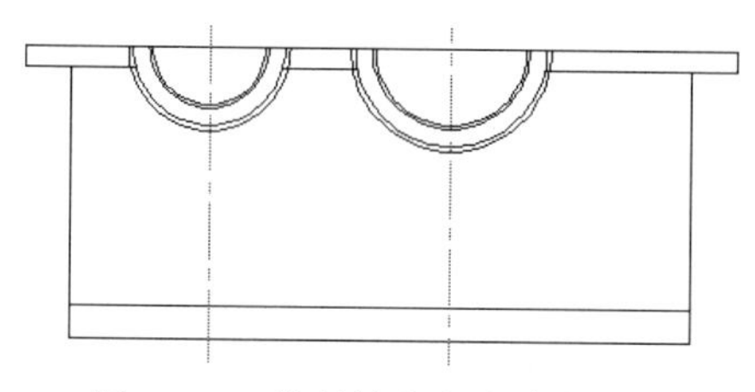

图 11-59　绘制轴孔和端盖安装面

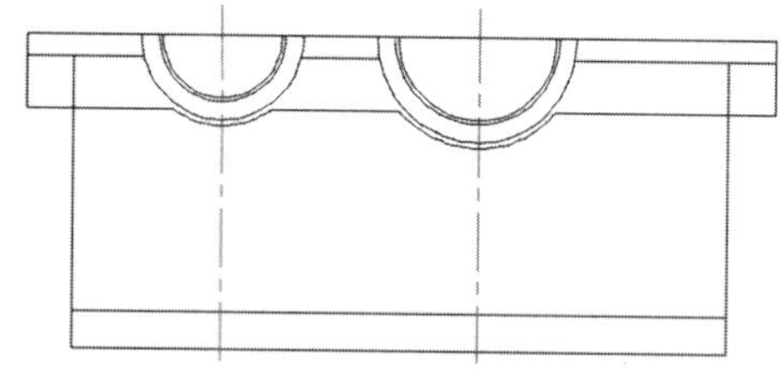

图 11-60　绘制偏移直线

提示

在补全左右轮廓线后，可以调用“直线”命令，也可以利用夹点编辑，还可以调用“延伸”命令进行绘制。“延伸”命令的使用方法如图 11-61 所示。

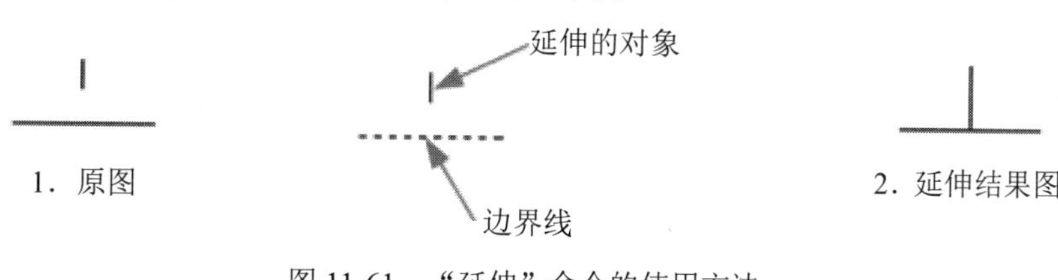

图 11-61　“延伸”命令的使用方法

Note

（5）绘制左右耳片。单击“默认”选项卡下“修改”面板中的“偏移”按钮和“倒圆角”按钮，单击“默认”选项卡下“绘图”面板中的“圆”按钮和“直线”按钮，进行修剪和删除，耳片半径为 8mm，深度为 15mm，圆角半径为 5，结果如图 11-62 所示。

（6）绘制左右肋板。单击“默认”选项卡下“修改”面板中的“偏移”按钮，绘制偏移直线，肋板宽度为 12mm，与箱体中间膛的相交宽度为 16mm。对图形进行修剪，结果如图 11-63 所示。

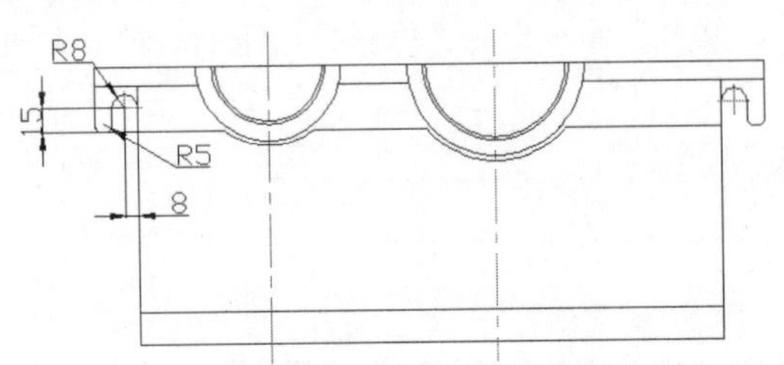

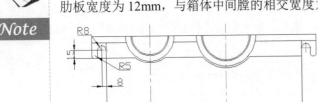

图 11-62　绘制左右耳片

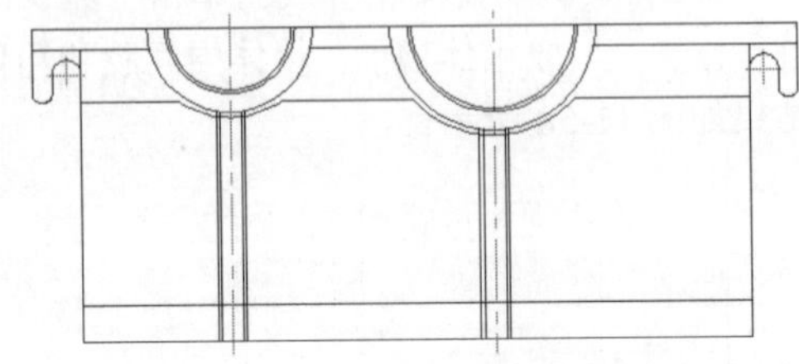

图 11-63　绘制左右肋板

（7）图形倒圆角。单击“默认”选项卡下“修改”面板中的“圆角”按钮，采用不修剪、半径模式，对主视图进行倒圆角操作，箱体的铸造圆角半径为 5mm。倒角后再对图形进行修剪，结果如图 11-64 所示。

（8）绘制直线。利用“直线”“偏移”“倒圆角”命令绘制图形，修剪结果如图 11-65 所示。

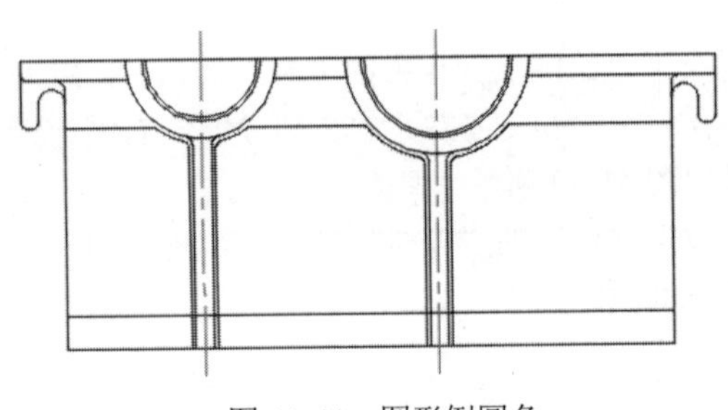

图 11-64　图形倒圆角

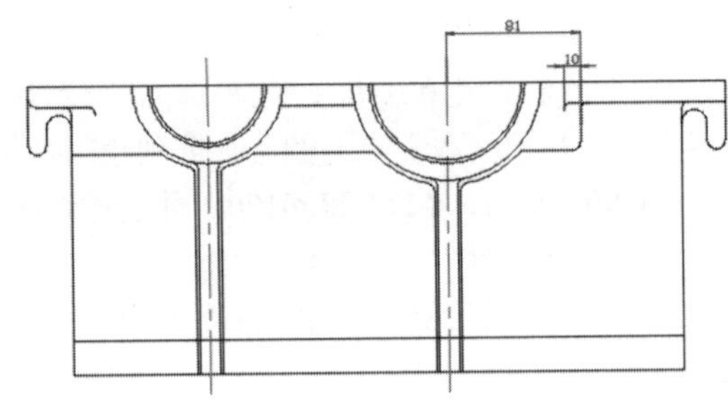

图 11-65　图形倒圆角

（9）绘制样条曲线。根据俯视图的投影关系，绘制中心线。将“细实线”图层设置为当前图层，单击“绘图”工具栏中的“样条曲线”按钮，在两个端盖安装面之间绘制曲线构成剖切平面，修剪后的结果如图 11-66 所示。

（10）绘制螺栓通孔。在剖切平面里，利用与俯视图的联系，利用“偏移”“修剪”“删除”和“样条曲线”命令，绘制螺栓通孔 $\Phi13\times38$mm 和安装沉孔 $\Phi24\times2$mm。单击“默认”选项卡下“绘图”面板中的“图案填充”按钮，切换到“剖面线”图层，绘制剖面线。用同样的方法，绘制销通孔 $\Phi10\times12$mm、螺栓通孔 $\Phi11\times10$mm 和安装沉孔 $\Phi15\times2$mm，结果如图 11-67 所示。

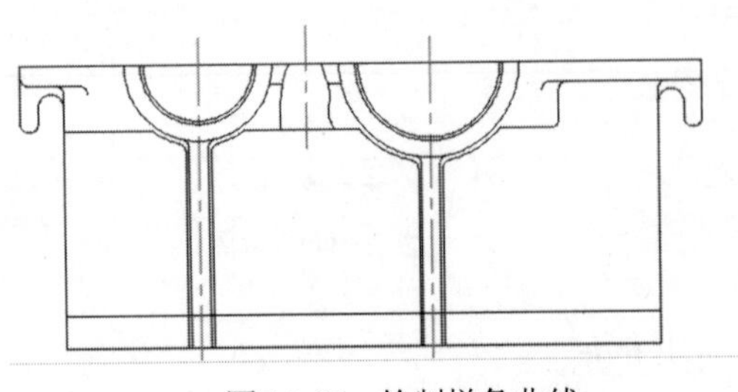

图 11-66　绘制样条曲线

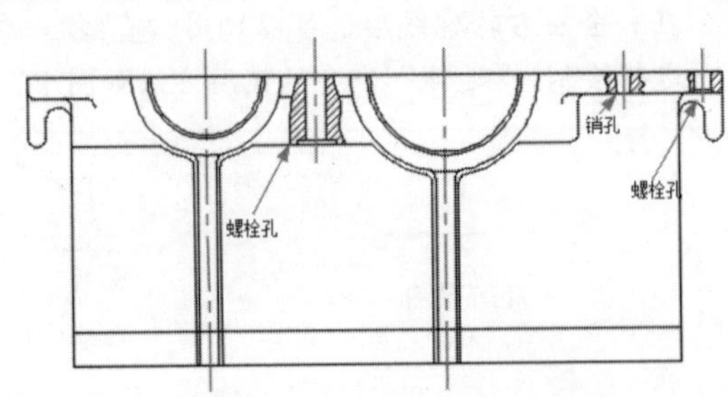

图 11-67　绘制螺栓通孔

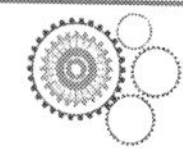

Note

（11）绘制油标尺安装孔轮廓线。

① 将“实体层”图层切换到当前图层，单击“默认”选项卡下“修改”面板中的“偏移”按钮，箱底线段向上偏移量为 100mm。

② 单击“默认”选项卡下“绘图”面板中的“直线”按钮，以偏移线与箱体右侧线的交点为起点绘制直线。

③ 在命令行提示“指定第一个点:”后利用“对象捕捉”功能捕捉偏移线与箱体右侧线交点。

④ 在命令行提示“指定下一点或[放弃(U)]:”后输入“@30<-45”。

⑤ 在命令行提示“指定下一点或[放弃(U)]:”后输入“@30<-135”。绘制结果如图 11-68 所示。

（12）绘制样条曲线和偏移直线。删除辅助线。将“细实线”图层作为当前图层，单击“绘图”工具栏中的“样条曲线”按钮，绘制油标尺安装孔剖面界线；单击“默认”选项卡下“修改”面板中的“偏移”按钮，进行偏移，水平向左偏移，偏移量为 8mm，以最底座线段为对象，向上偏移量依次为 5mm 和 13mm，结果如图 11-69 所示。单击“默认”选项卡下“修改”面板中的“修剪”按钮进行修剪，完成箱体内壁轮廓线的绘制，如图 11-70 所示。

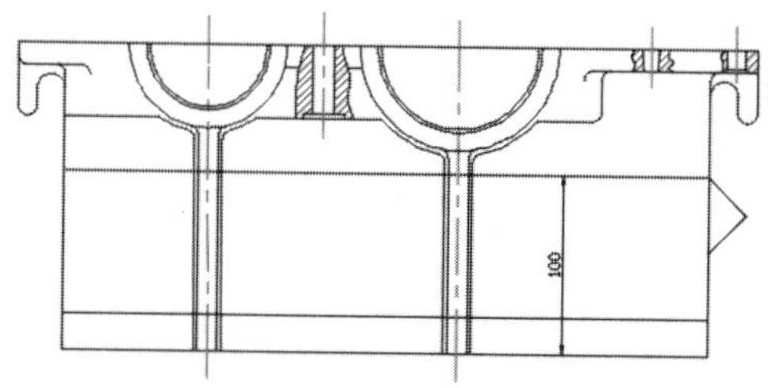

图 11-68 绘制油标尺安装孔轮廓线

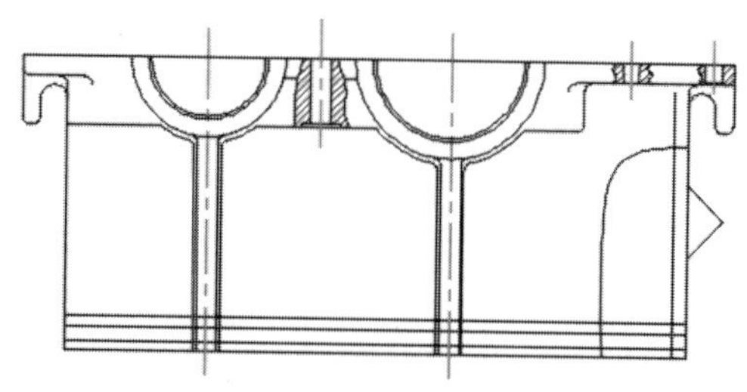

图 11-69 绘制样条曲线和偏移直线

（13）绘制油标尺安装孔。单击“默认”选项卡下“绘图”面板中的“直线”按钮和“默认”选项卡下“修改”面板中的“偏移”按钮，孔径为 $\varPhi$12，安装沉孔 $\varPhi$20×1.5mm，并进行编辑，结果如图 11-71 所示。

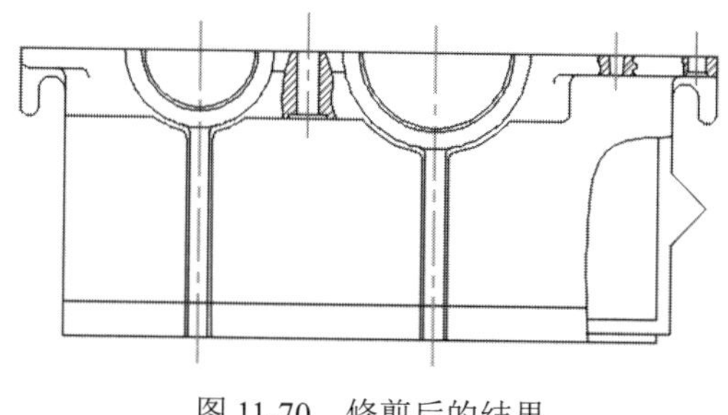

图 11-70 修剪后的结果

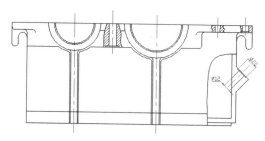

图 11-71 绘制油标尺安装孔

（14）绘制剖面线。单击“绘图”工具栏中的“图案填充”按钮，将“剖面线”图层设置为当前图层，绘制剖面线，结果如图 11-72 所示。

（15）绘制端盖安装孔。将“中心线”图层设置为当前图层，单击“默认”选项卡下“绘图”面板中的“直线”按钮，分别以 a、b 为起点，绘制端点为（@60<-30）的直线。单击“默认”选项卡下“绘图”面板中的“圆”按钮，以 a 点为圆心绘制半径为 41 的圆，再以 b 点为圆心绘制半径为 52mm 的圆；重复“圆”命令，切换到“实体层”图层，以中心线和中心圆的交点为圆心，绘制半径分别为 2.5mm 和 3mm 的圆，并对绘制的圆进行修剪和删除。单击“默认”选项卡下“修改”面板中的“环

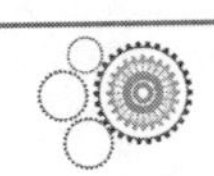

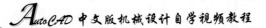

形阵列”按钮，将绘制的同心圆进行环形阵列，阵列个数为3，项目间角度为60°，填充角度为-120°，结果如图11-73所示。

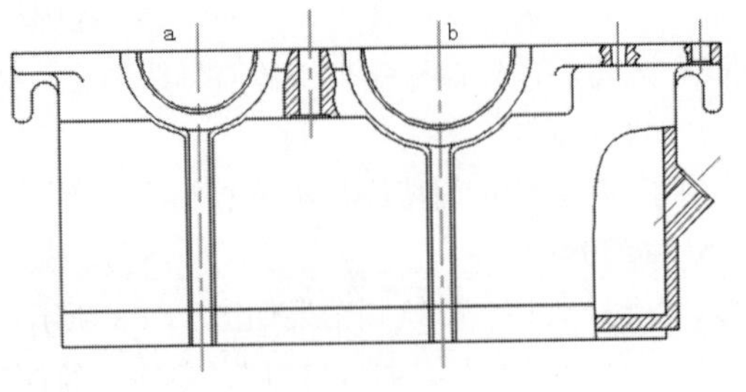

图11-72　绘制剖面线

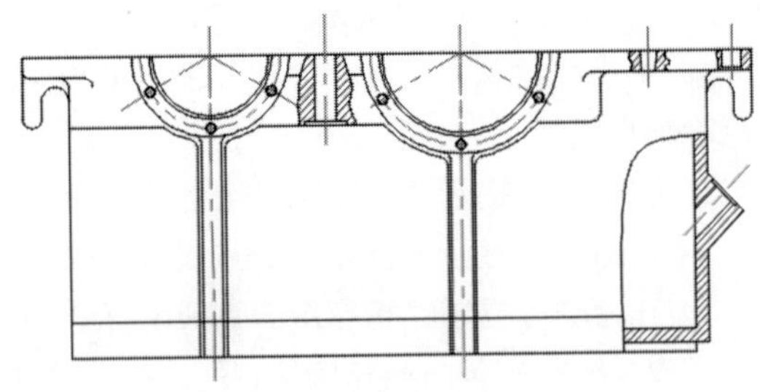

图11-73　绘制端盖安装

（16）修改主视图。单击“默认”选项卡下“修改”面板中的“圆角”按钮，给主视图绘制圆角，圆角半径为5mm。修剪结果如图11-74所示。

4．绘制减速器箱体侧视图

（1）绘制箱体侧视图定位线。单击“默认”选项卡下“修改”面板中的“偏移”按钮，将对称中心线向左右各偏移61mm和96mm，将所有轮廓线均放置在“实体层”图层，结果如图11-75所示。

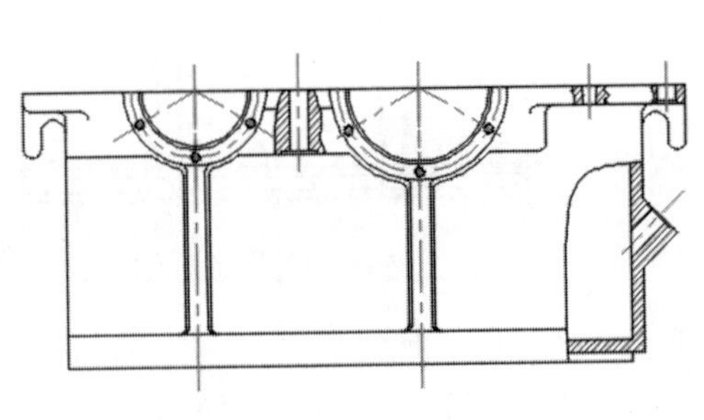

图11-74　修剪结果

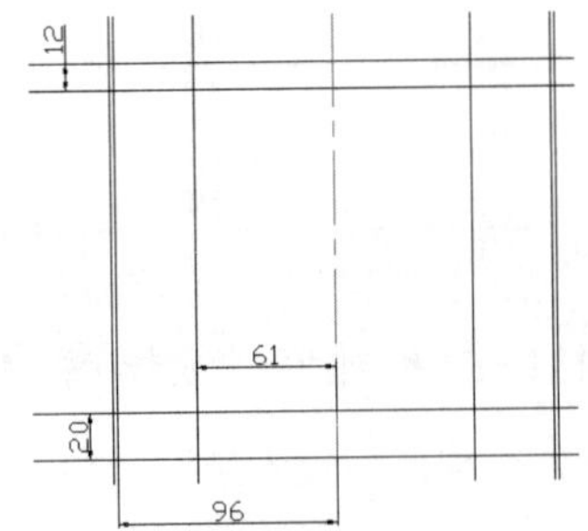

图11-75　绘制箱体侧视图定位线

（2）绘制侧视图轮廓线。单击“默认”选项卡下“修改”面板中的“修剪”按钮，对图形进行修剪，形成箱体顶面、箱体中间膛和箱体底座的轮廓线，如图11-76所示。

（3）绘制顶面水平定位线。将“实体层”图层设置为当前图层。单击“默认”选项卡下“绘图”面板中的“直线”按钮，以主视图中特征点为起点，利用“正交”功能绘制水平定位线，结果如图11-77所示。

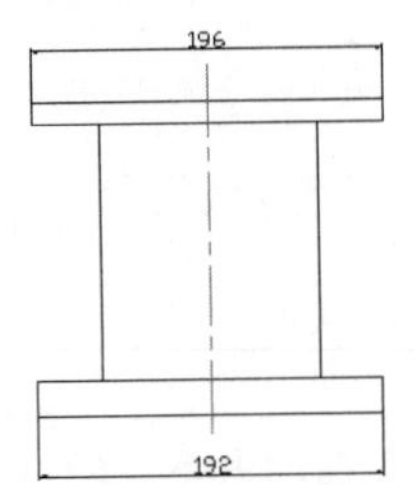

图11-76　绘制侧视图轮廓线

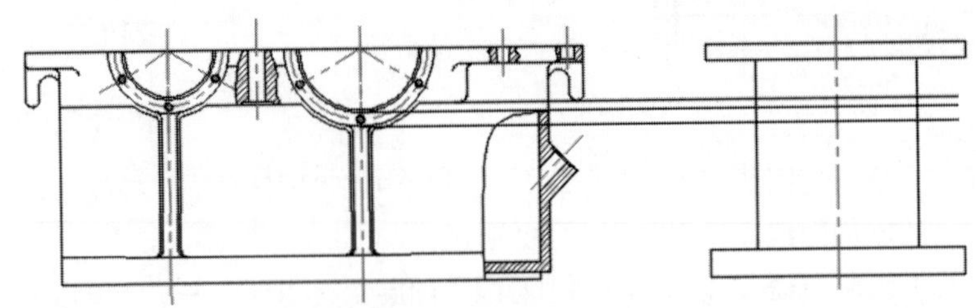

图11-77　绘制顶面水平定位线

（4）绘制顶面竖直定位线。单击“默认”选项卡下“修改”面板中的“延伸”按钮，将左右两侧轮廓线延伸；单击“默认”选项卡下“修改”面板中的“偏移”按钮，偏移量为5mm，结果如图11-78所示。

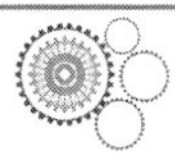

（5）图形修剪。单击“默认”选项卡下“修改”面板中的“修剪”按钮和“删除”按钮，修剪图形，结果如图 11-79 所示。

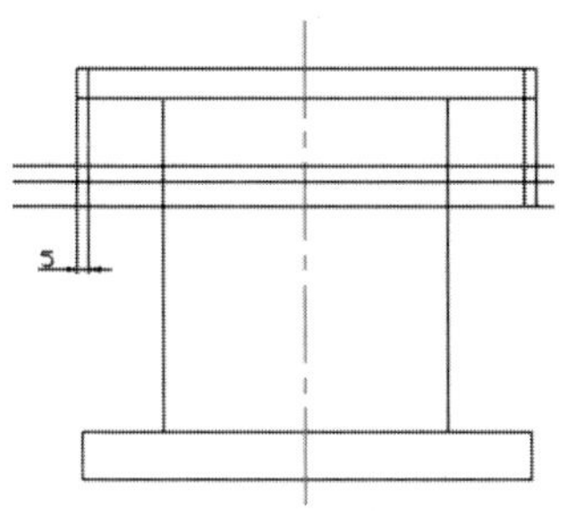

图 11-78　绘制顶面竖直定位线

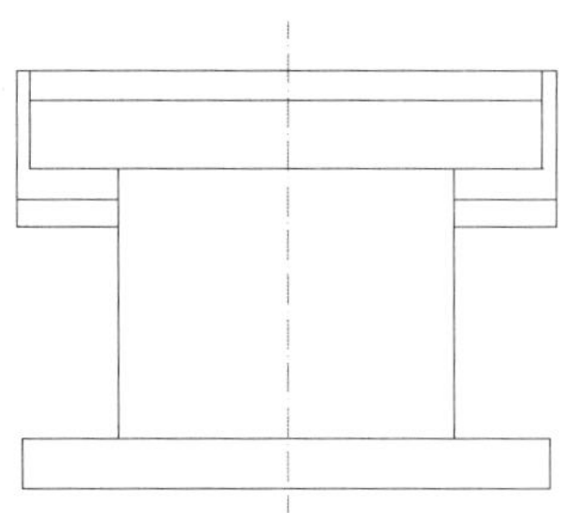

图 11-79　图形修剪

（6）绘制肋板。单击“默认”选项卡下“修改”面板中的“偏移”按钮，偏移量为 5mm，然后修剪，结果如图 11-80 所示。

（7）倒圆角。单击“默认”选项卡下“修改”面板中的“圆角”按钮，圆角半径为 5mm，然后修剪，结果如图 11-81 所示。

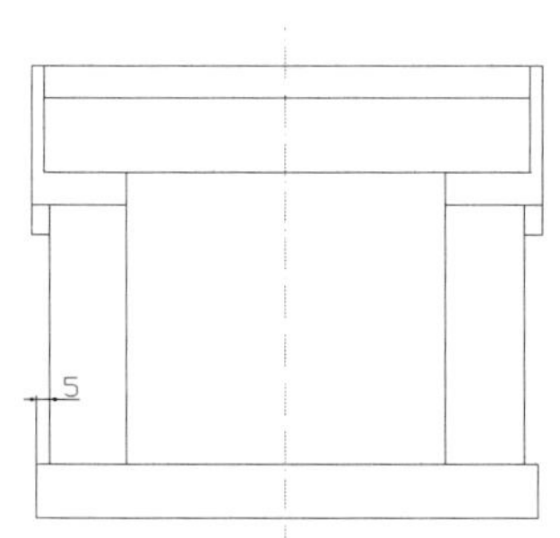

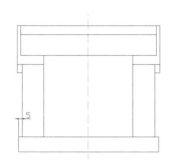

图 11-80　绘制肋板

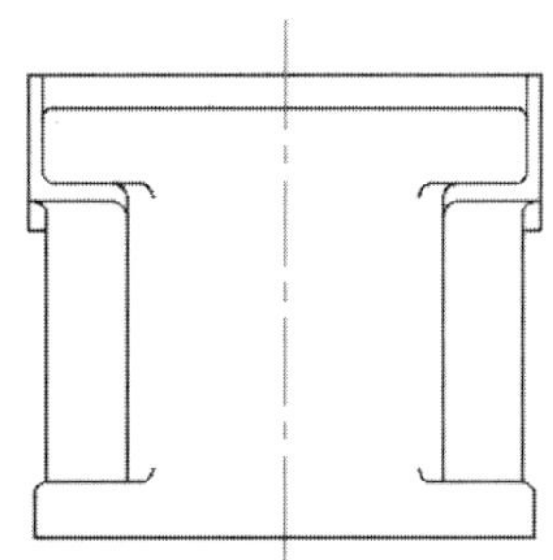

图 11-81　图形倒圆角

（8）绘制底座。单击“默认”选项卡下“修改”面板中的“偏移”按钮，中心线左右偏移量均为 50mm，将偏移的中心线放置到“实体层”图层，底面线向上偏移量为 5mm；单击“默认”选项卡下“修改”面板中的“修剪”按钮，删除没用的曲线，再单击“默认”选项卡下“修改”面板中的“圆角”按钮，圆角半径为 5mm，结果如图 11-82 所示。

（9）绘制底座螺栓通孔。绘制方法与主视图中螺栓通孔的绘制方法相同，绘制定位中心线、剖切线、螺栓通孔、剖切线，并利用“直线”、“圆角”、“修剪”和“图案填充”等命令绘制中间耳钩图形，结果如图 11-83 所示。

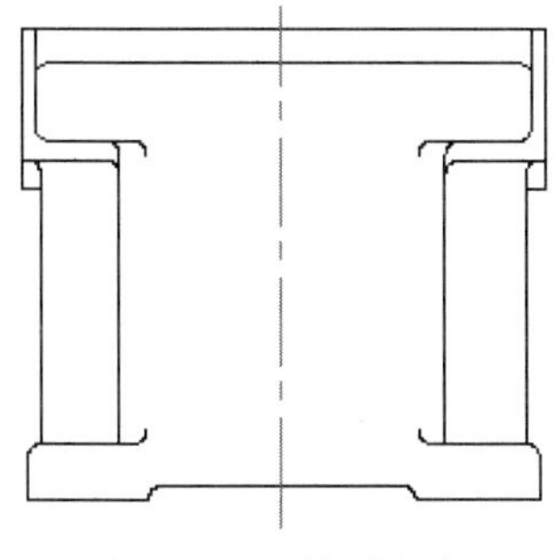

图 11-82　绘制底座

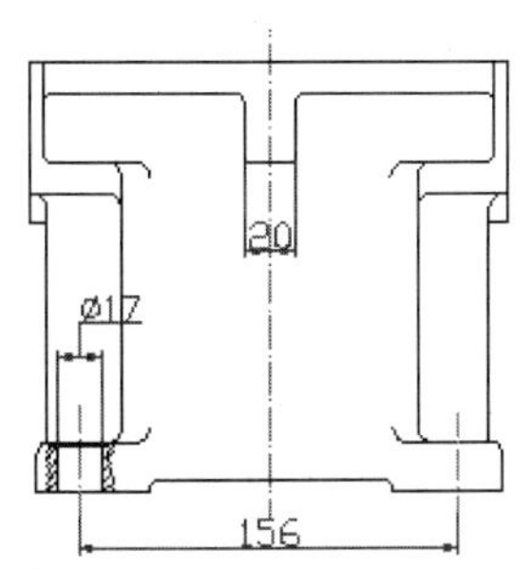

图 11-83　绘制底座螺栓通孔

Note

（10）绘制剖视图。单击“默认”选项卡下“修改”面板中的“删除”按钮，删除左视图右半部分多余的线段；单击“默认”选项卡下“修改”面板中的“偏移”按钮，将竖直中心线向右偏移53，将下边的线向上偏移8mm，利用“修剪”“延伸”和“圆角”命令，圆角半径从大到小依次为14mm、6mm和5mm，整理图形如图11-84所示。

（11）绘制螺纹孔。利用“直线”“偏移”和“修剪”命令，绘制螺纹孔，将底面直线向上偏移118mm，再将偏移后的直线分别向两侧偏移2.5mm和3mm，并将偏移118mm后的直线放置在“中心线”图层，最右侧直线向左偏移16mm和20mm；再利用“直线”命令绘制120°顶角，修剪结果如图11-85所示。

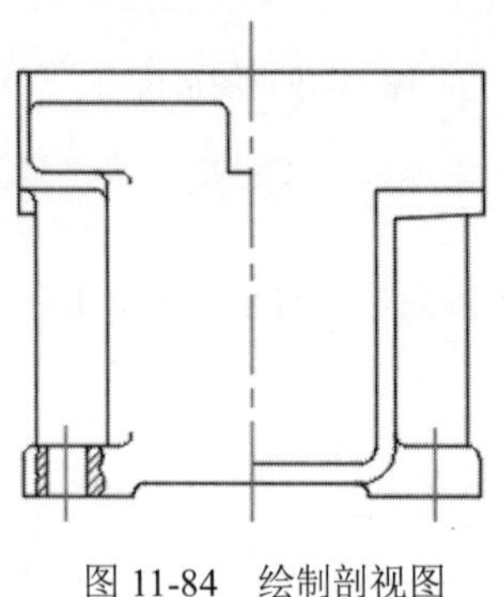

图11-84　绘制剖视图

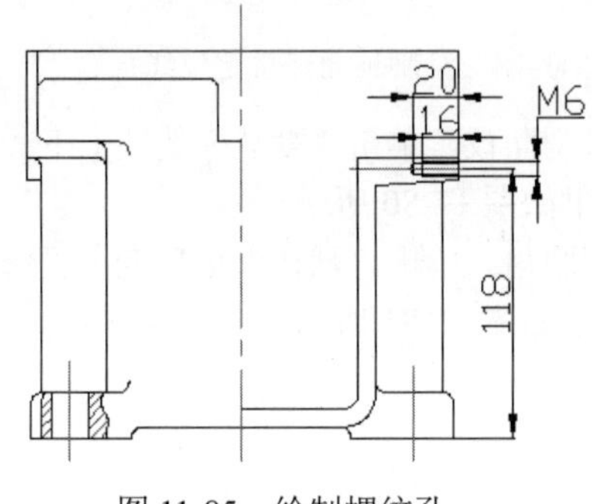

图11-85　绘制螺纹孔

（12）填充图案。单击“默认”选项卡下“绘图”面板中的“图案填充”按钮，对剖视图填充图案，结果如图11-86所示。

（13）修剪俯视图。单击“默认”选项卡下“修改”面板中的“删除”按钮，删除俯视图中的箱体中间膛轮廓线（矩形4），最终完成减速器箱体的设计，如图11-87所示。

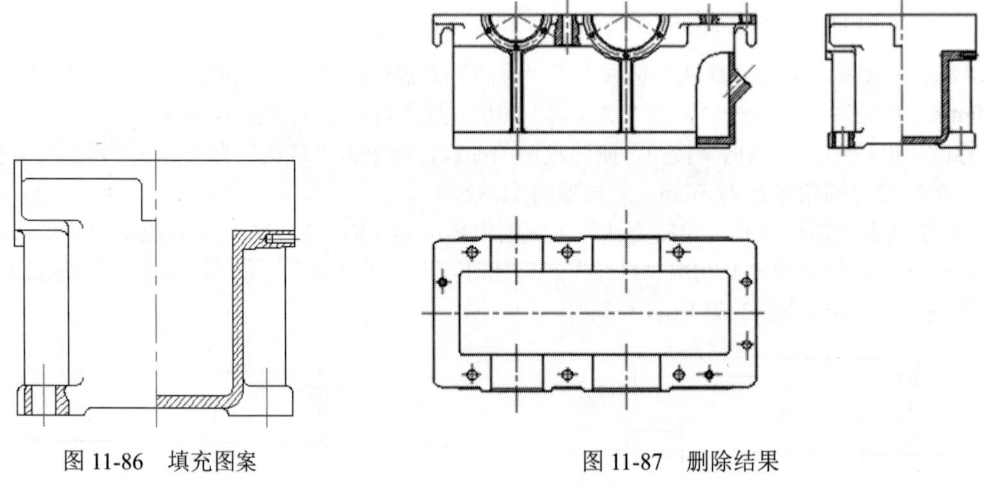

图11-86　填充图案　　图11-87　删除结果

5．添加主视图底部的安装螺栓孔的定位中心线

利用“偏移”和“修剪”命令绘制定位中心线，结果如图11-88所示。

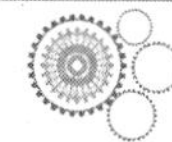

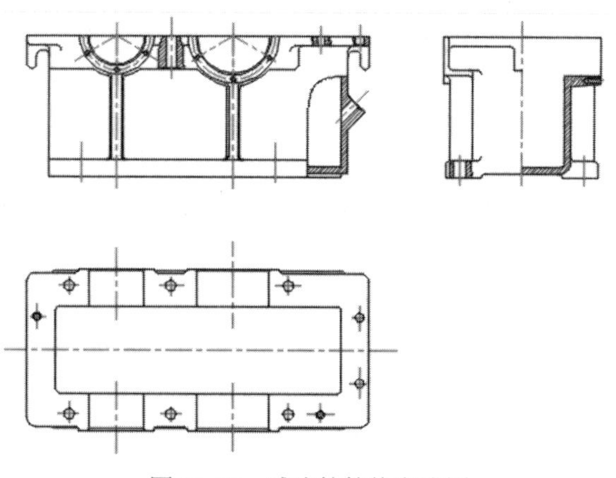

图 11-88　减速箱箱体完成图

11.2.3　标注减速器箱体

操作步骤如下：

1．俯视图尺寸标注

（1）切换图层。将“尺寸线”图层设置为当前图层。单击“默认”选项卡下“注释”面板中的“标注样式”按钮，在打开的对话框中选择“文字”选项卡，修改字高为 10，将“机械制图标注”样式设置为当前使用的标注样式。

（2）俯视图尺寸标注。单击“注释”选项卡下“标注”面板中的“线性”按钮、“半径”按钮和“直径”按钮，对俯视图进行尺寸标注，结果如图 11-89 所示。

2．主视图尺寸标注

（1）主视图无公差尺寸标注。单击“注释”选项卡下“标注”面板中的“线性”按钮、“半径”按钮和“直径”按钮，对主视图进行无公差尺寸标注，结果如图 11-90 所示。

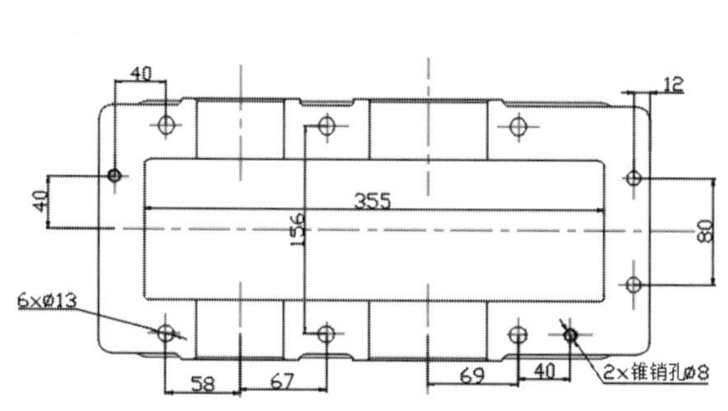

图 11-89　俯视图尺寸标注

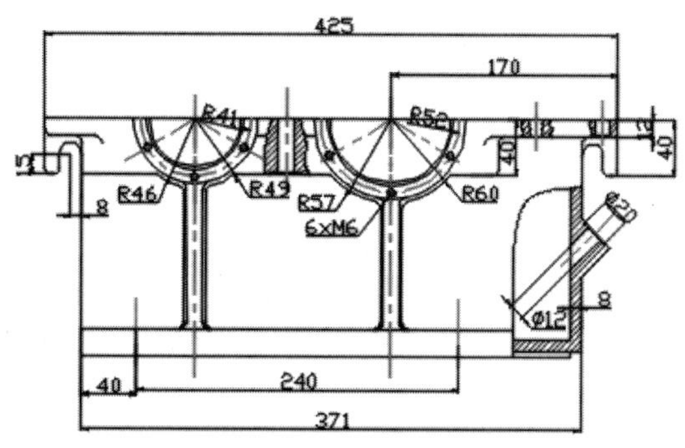

图 11-90　主视图无公差尺寸标注

（2）新建带公差标注样式。单击“默认”选项卡下“注释”面板中的“标注样式”按钮，打开“标注样式管理器”对话框，建立一个名为“副本机械制图标注（带公差）”的样式，“基础样式”为“机械制图样式”。在“新建标注样式”对话框中选择“公差”选项卡，并把“副本机械制图样式（带公差）”的样式设置为当前使用的标注样式。

（3）主视图带公差尺寸标注。单击“注释”选项卡下“标注”面板中的“线性”按钮，对主视图进行带公差尺寸标注。使用如前面章节所述的带公差尺寸标注的方法，进行公差编辑修改，结果

Note

如图 11-91 所示。

3．侧视图尺寸标注

（1）切换当前标注样式。将“机械制图样式”设置为当前使用的标注样式。

（2）侧视图无公差尺寸标注。单击“注释”选项卡下“标注”面板中的“线性”按钮、“半径”按钮和“直径”按钮，对侧视图进行无公差尺寸标注，结果如图 11-92 所示。

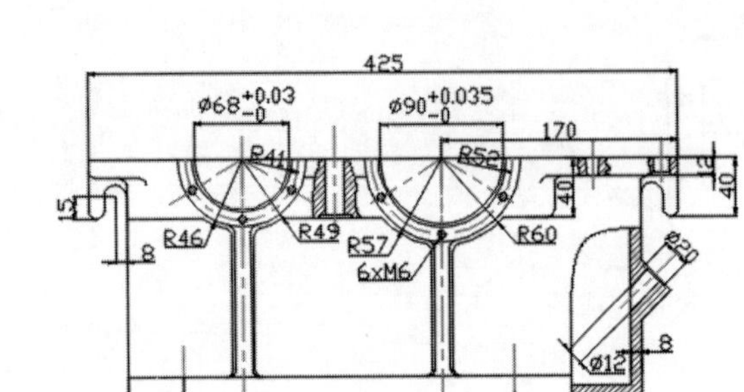

图 11-91　主视图带公差尺寸标注

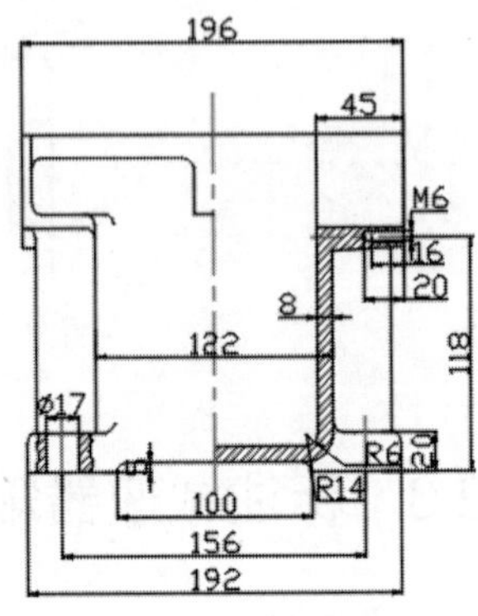

图 11-92　侧视图尺寸标注

4．标注技术要求

（1）设置文字标注格式。单击“默认”选项卡下“注释”面板中的“文字样式”按钮，打开“文字样式”对话框，在“样式名”下拉列表框中选择“技术要求”，单击“应用”按钮，将其设置为当前使用的文字样式。

（2）文字标注。从“文字”图层切换到当前图层，单击“注释”选项卡下“绘图”面板中的“多行文字”按钮A，打开“文字编辑器”选项卡，在其中填写技术要求，如图 11-93 所示。

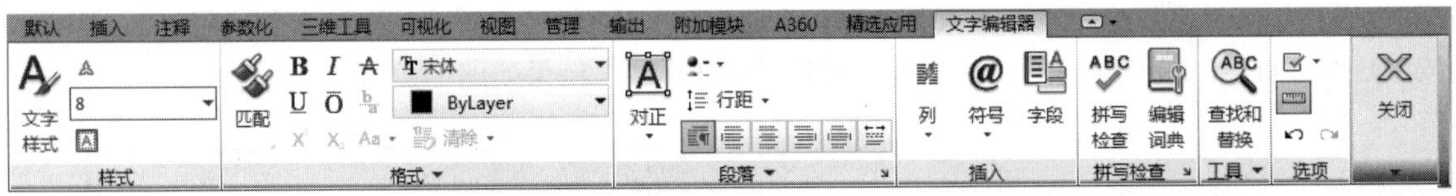

技术要求

1. 箱体铸造成后，应清理并进行时效处理；

2. 箱盖和箱体合箱后，边缘应平齐，相互错
位每边不大于2；

3. 检查与箱盖结合间的密合性，用0.05的塞
尺塞入深度不得大于剖
面深度的三分之一。用涂色检查接触面积达到
每平方厘米面积内不少于一个斑点；

4. 未注铸造圆角为R3～R5；

5. 未注倒角为C2；

6. 箱体不得漏油；

图 11-93　标注技术要求

11.2.4　填写标题栏

调入 A1 横向样板图，新建“标题栏”图层，并将其设置为当前图层，在标题栏中填写“减速器箱体”，减速器箱体设计的最终效果如图 11-46 所示。

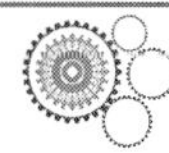

11.3 实战演练

【实战演练 1】齿轮泵装配图。

如图 11-94 所示，适当选取尺寸。

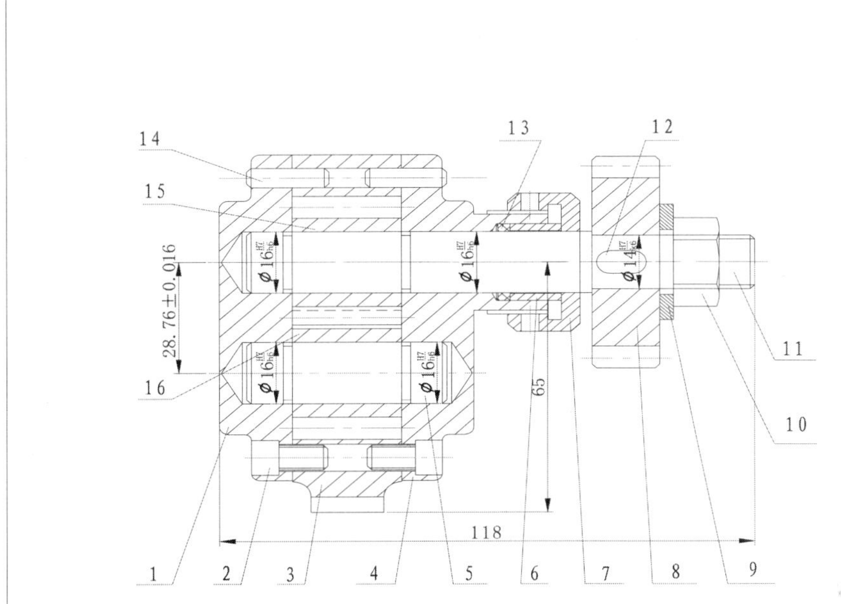

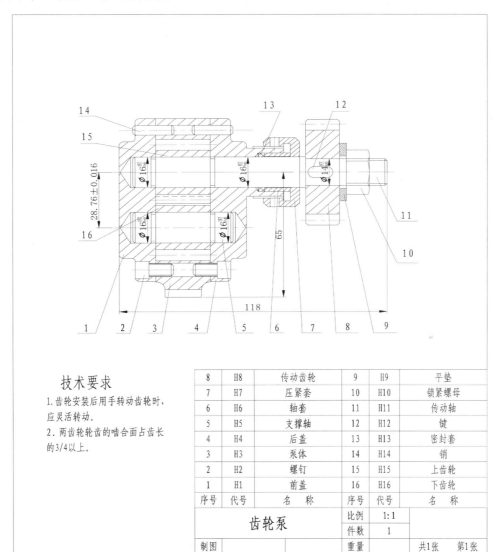

技术要求

1. 齿轮安装后用手转动齿轮时，应灵活转动。

2. 两齿轮轮齿的啮合面占齿长的3/4以上。

8	H8	传动齿轮	9	H9	平垫
7	H7	压紧套	10	H10	锁紧螺母
6	H6	轴套	11	H11	传动轴
5	H5	支撑轴	12	H12	键
4	H4	后盖	13	H13	密封套
3	H3	泵体	14	H14	销
2	H2	螺钉	15	H15	上齿轮
1	H1	前盖	16	H16	下齿轮
序号	代号	名　称	序号	代号	名　称

齿轮泵			比例	1:1	
			件数	1	
制图			重量		共1张　第1张
描图			三维书屋工作室		
审核					

图 11-94　齿轮泵装配图

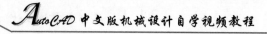

【实战演练 2】绘制减速箱装配图。

如图 11-95 所示，适当选取尺寸。

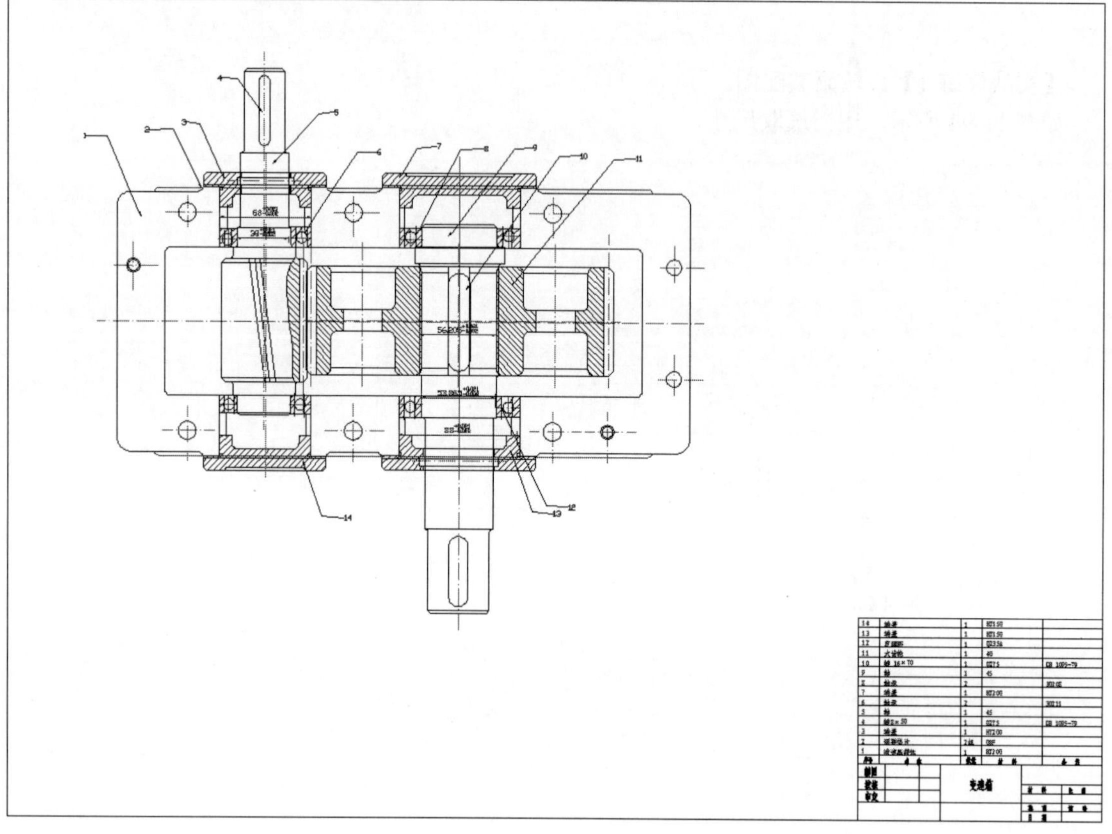

图 11-95 减速箱装配图

第12章

球阀二维设计

本章学习要点和目标任务：

☑ 零件图简介

☑ 零件图绘制的一般过程

☑ 阀盖设计

☑ 阀体设计

☑ 装配图简介

☑ 装配图的一般绘制过程与方法

☑ 球阀装配平面图

本章通过球阀的零件图和装配图的绘制，介绍利用 AutoCAD 绘制完整零件图和装配图的基础知识，以及绘制方法和技巧。在机械设计工程实践过程中，掌握开展具体设计的思路和基本方法。

12.1 零件图简介

Note

12.1.1 零件图的内容

零件图是反映设计者意图及生产部门组织生产的重要技术文件，因而它不仅应将零件的材料和内、外结构形状及大小表示清楚，而且还要对零件的加工、检验、测量提供必要的技术要求。一幅完整的零件图应包含下列内容。

（1）一组视图：包括视图、剖视图、剖面图、局部放大图等，用以完整、清晰地表示出零件的内、外形状和结构。

（2）完整的尺寸：零件图中应正确、完整、清晰、合理地标注出，用以确定零件各部分的结构形状和相对位置，制造零件所需的全部尺寸。

（3）技术要求：用以说明零件在制造和检验时应达到的技术要求，如表面粗糙度、尺寸公差、形状和位置公差，以及表面处理和材料热处理等。

（4）标题栏：位于零件图的右下角，用以填写零件的名称、材料、比例、数量、图号，以及设计、制图、校核人员签名等。

12.1.2 零件图的分类

在绘制零件图时，应对零件进行形状结构分析，根据零件的结构特点、用途及主要加工方法，确定零件图的表达方案，选择主视图、视图数量和各视图的表达方法。在机械生产中根据零件的结构形状，大致可以将零件分为以下 4 类：

（1）轴套类零件——轴、衬套等零件。

（2）盘盖类零件——端盖、阀盖、齿轮等零件。

（3）叉架类零件——拨叉、连杆、支座等零件。

（4）箱体类零件——阀体、泵体、减速器箱体等零件。

另外，还有一些常用零件或标准零件，如键、销、垫片、螺栓、螺母、齿轮、轴承、弹簧等，其结构或参数已经标准化，在设计时，应注意参照有关标准。

12.2 零件图绘制的一般过程

在使用计算机绘图时，除了要遵守机械制图国家标准外，应尽可能地发挥计算机共享资源的优势。以下是零件图的一般绘制过程及绘图过程中需要注意的问题。

（1）在绘制零件图之前，应根据图纸幅面大小和版式的不同，分别建立符合机械制图国家标准的若干机械图样模板。模板中包括图纸幅面、图层、使用文字的一般样式、尺寸标注的一般样式等，这样在绘制零件图时，就可以直接调用建立好的模板进行绘图，这样有利于提高工作效率。

（2）使用绘图命令和编辑命令完成图形的绘制。在绘制过程中，应根据结构的对称性、重复性等特征，灵活运用镜像、阵列、多重复制等编辑操作，避免不必要的重复劳动，提高绘图效率。

（3）进行尺寸标注。将标注内容分类，可以首先标注线性尺寸、角度尺寸、直径及半径尺寸等，

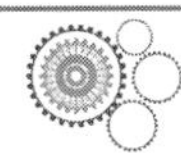

这些操作比较简单，然后标注带有尺寸公差的尺寸，最后再标注形位公差及表面粗糙度。

（4）由于 AutoCAD 没有提供表面粗糙度符号，而且关于形位公差的标注也存在着一些不足，如符号不全和代号不一致等，因此，可以通过建立外部块、外部参照的方式积累成为用户自定义和使用的图形库，或者开发进行表面粗糙度和形位公差标注的应用程序，以达到标注这些技术要求的目的。

（5）填写标题栏，并保存图形文件。

Note

视频讲解

12.3 阀盖设计

阀盖的绘制过程可以说是机械制图中比较常见的例子。本例主要利用二维绘图和二维编辑命令对绘图环境及文字、尺寸标注样式的设置进行讲解，是使用 AutoCAD 2018 二维绘图功能的综合实例。首先设置阀盖的绘图环境，然后依次绘制阀盖的中心线、主视图、辅助线和左视图，最后标注阀盖的尺寸和粗糙度等，阀盖零件如图 12-1 所示。

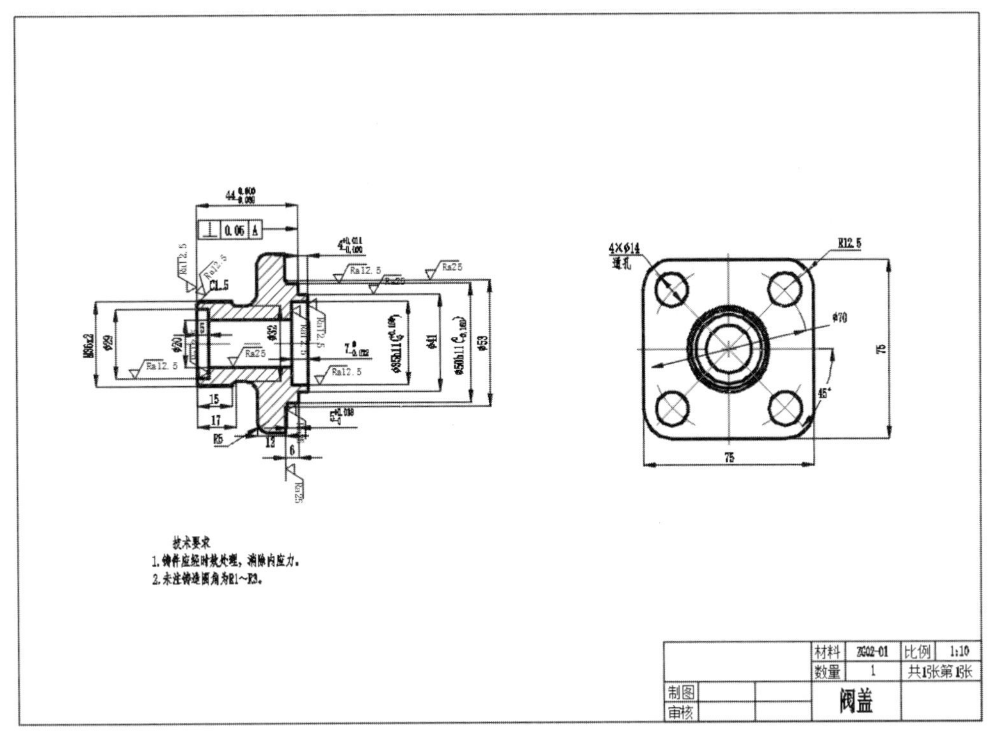

图 12-1　阀盖零件图

12.3.1 配置绘图环境

操作步骤如下：

（1）建立新文件。启动 AutoCAD 2018 应用程序，单击快速访问工具栏中的“新建”按钮，打开“选择样板”对话框，选择已有的样板图建立新文件，本例选择 A3 样板图。

（2）开启线宽。单击状态栏中的“线宽”按钮，使“线宽”按钮处于“明亮”状态。在绘制图形时显示线宽。

Note

（3）创建新图层。单击“默认”选项卡下“图层”面板中的“图层特性”按钮，打开“图层特性管理器”选项板，新建并设置每一个图层，如图 12-2 所示。

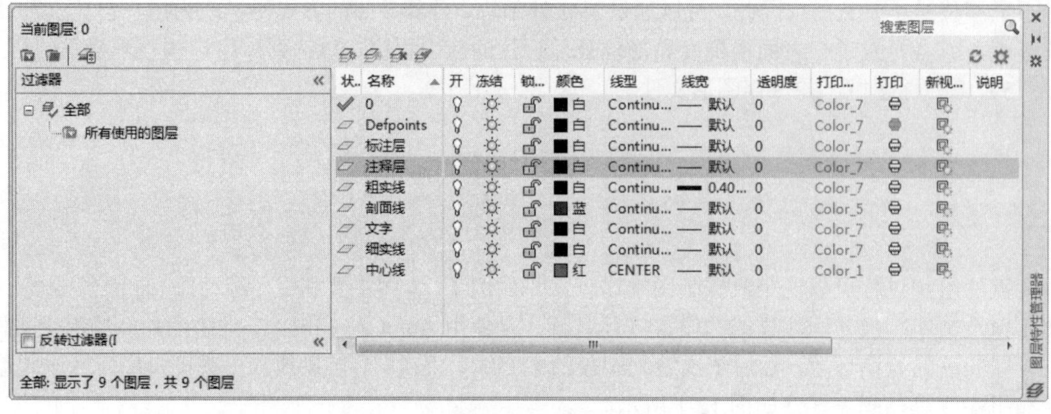

图 12-2 “图层特性管理器”选项板

12.3.2 绘制视图

操作步骤如下：

1．绘制中心线

（1）切换图层。将“中心线”图层设置为当前图层。

（2）绘制中心线。单击“默认”选项卡下“绘图”面板中的“直线”按钮，在绘图区任意指定一点，输入下一点坐标（@80,0），绘制水平中心线。重复“直线”命令，利用“对象捕捉”工具栏中的“捕捉自”按钮，捕捉中心线的中点作为基点，指定偏移量为（@0,40），输入下一点坐标（@0,-80）。

（3）绘制圆。单击“默认”选项卡下“绘图”面板中的“圆”按钮，捕捉中心线的交点，绘制 Φ70 圆；单击“默认”选项卡下“绘图”面板中的“直线”按钮，从中心线的交点到坐标点（@45<45）绘制直线，结果如图 12-3 所示。

2．绘制主视图

（1）绘制阀盖左视图外轮廓线。将“粗实线”图层设置为当前图层，单击“默认”选项卡下“绘图”面板中的“多边形”按钮，设置边数为 4，捕捉中心线的交点为正多边形的中心点，设置外切圆的半径为 37.5mm。

（2）单击“默认”选项卡下“修改”面板中的“圆角”按钮，对正方形进行倒圆角操作，圆角半径为 12.5mm。单击“默认”选项卡下“绘图”面板中的“圆”按钮，捕捉中心线的交点，分别绘制 Φ36、Φ33、Φ29 及 Φ20 圆；捕捉中心线圆与倾斜中心线的交点，绘制 Φ14 圆。单击“默认”选项卡下“修改”面板中的“环形阵列”按钮，选择刚刚绘制的 Φ14 圆及倾斜中心线，将其进行环形阵列，填充角度为 360°，数目为 4，捕捉 Φ36 圆的圆心为阵列中心。对中心线圆进行修剪，再单击“默认”选项卡下“修改”面板中的“拉长”按钮，对中心线的长度进行适当调整，结果如图 12-4 所示。

（3）绘制螺纹小径圆。将“细实线”图层设置为当前图层，单击“默认”选项卡下“绘图”面板中的“圆”按钮，捕捉 Φ36 圆的圆心，绘制 Φ34 圆。单击“默认”选项卡下“修改”面板中的“修剪”按钮，对细实线的螺纹小径圆进行修剪，结果如图 12-5 所示。

3．绘制主视图

（1）将“粗实线”图层设置为当前图层，单击状态栏中的“正交模式”按钮和“对象捕捉追

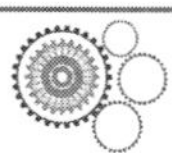

踪”按钮，打开正交功能和对象捕捉追踪功能。单击“默认”选项卡下“绘图”面板中的“直线”按钮，捕捉左视图水平中心线的端点，如图 12-6 所示，向左拖动鼠标，此时出现一条虚线，在适当位置处单击，确定起点。

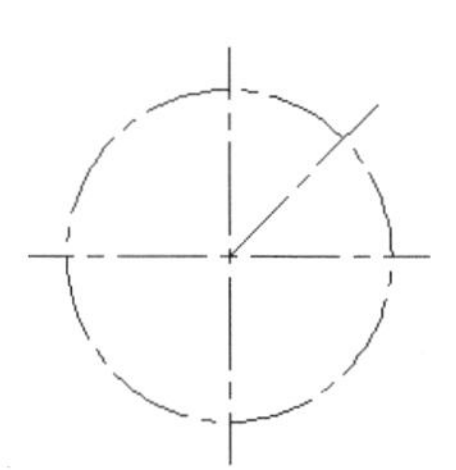

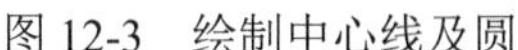

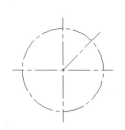

图 12-3　绘制中心线及圆

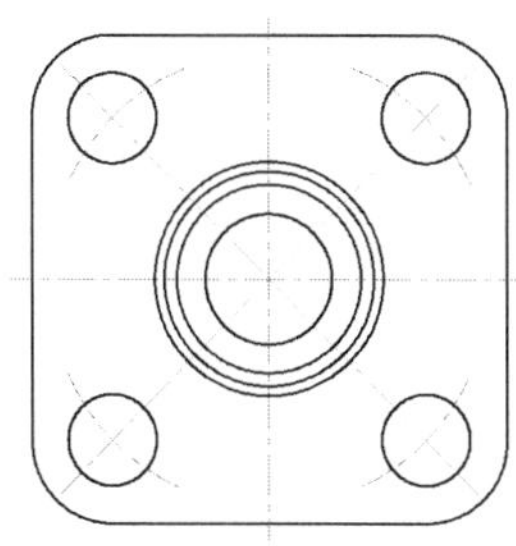

图 12-4　绘制外轮廓线

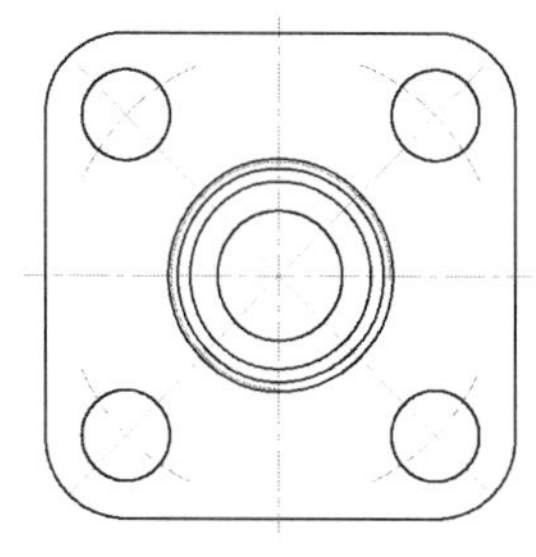

图 12-5　绘制螺纹小径圆

（2）从该起点→@0,18→@15,0→@0,−2→@11,0→0,21.5→@12,0→@0,−11→@1,0→@0,−1.5→@5,0→@0,−4.5→@4,0→将光标移动到中心线端点，此时出现一条虚线，如图 12-7 所示。

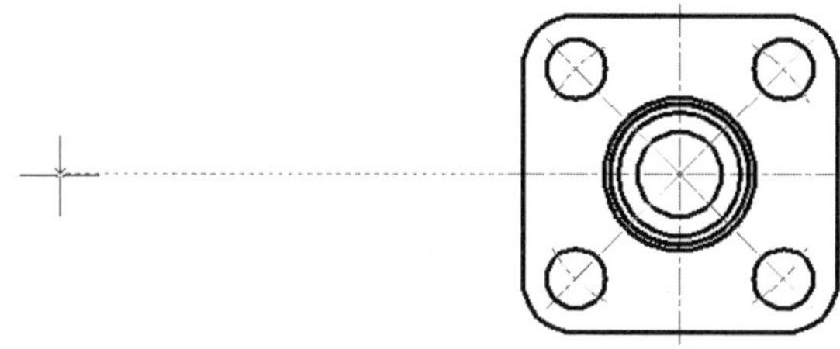

图 12-6　确定起点

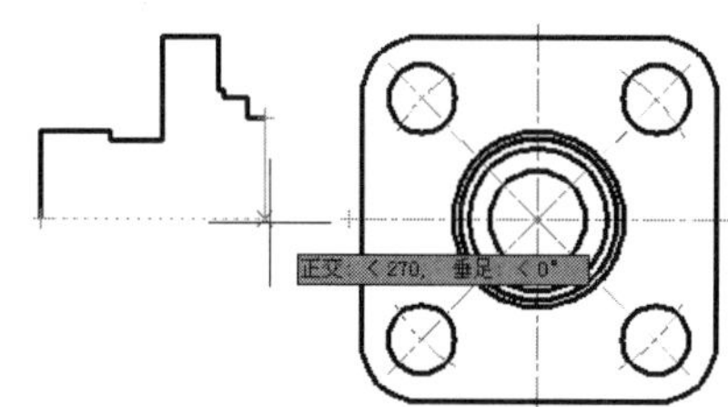

图 12-7　确定终点

（3）向左移动光标到两条虚线的交点处单击，结果如图 12-8 所示。

（4）绘制阀盖主视图中心线。将“中心线”图层设置为当前图层，单击“默认”选项卡下“绘图”面板中的“直线”按钮，利用“对象捕捉”工具栏中的“捕捉自”按钮，捕捉阀盖主视图左端点作为基点，指定偏移量为（@−5,0），在提示指定下一点时，重复利用“捕捉自”命令，捕捉阀盖主视图右端点作为基点，输入偏移量（@5,0）。

（5）绘制阀盖主视图内轮廓线。将“粗实线”图层设置为当前图层，单击“默认”选项卡下“绘图”面板中的“直线”按钮，捕捉左视图 Φ29 圆的上象限点，如图 12-9 所示，向左移动光标，此时出现一条虚线，捕捉主视图左边线上的最近点，单击。从该点→@5,0→捕捉与中心线的交点，绘制直线。

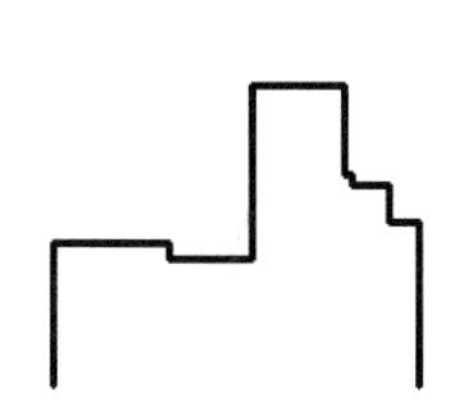

图 12-8　主视图外轮廓线

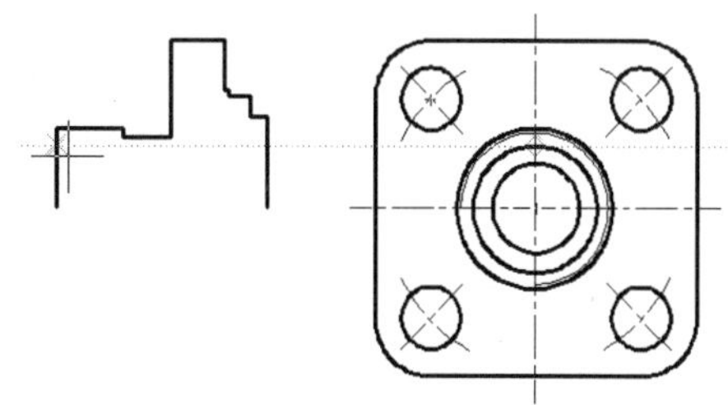

图 12-9　对象追踪确定起始点

采用同样的方法，捕捉左视图 Φ20 圆的上象限点，向左移动光标，此时出现一条虚线，捕捉刚刚绘制的直线上的最近点，单击，从该点→@36,0→@0,7.5→捕捉与阀盖右边线的交点，继续利用“直线”命令，绘制直线，结果如图 12-10 所示。

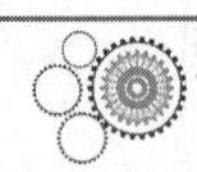

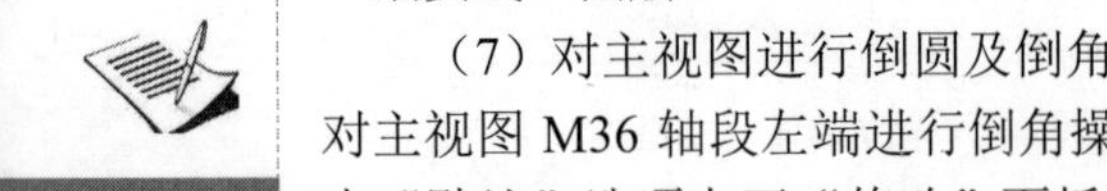

Note

（6）绘制主视图 M36 螺纹小径。单击“默认”选项卡下“修改”面板中的“偏移”按钮，选择阀盖主视图左端 M36 轴段上边线，将其向下偏移 1mm。选择偏移后的直线，将其所在图层修改为“细实线”图层。

（7）对主视图进行倒圆及倒角操作。单击“默认”选项卡下“修改”面板中的“倒角”按钮，对主视图 M36 轴段左端进行倒角操作，倒角距离为 1.5，并对 M36 螺纹小径的细实线进行修剪。单击“默认”选项卡下“修改”面板中的“圆角”按钮，对主视图进行倒圆操作，圆角半径分别为 2mm 和 5mm。结果如图 12-11 所示。

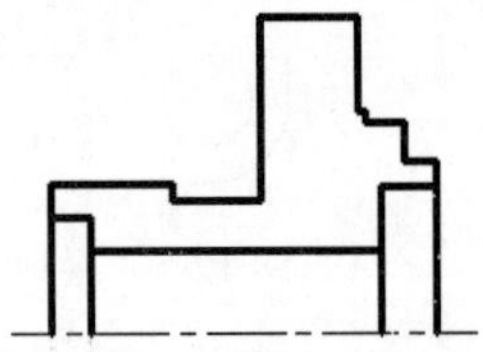

图 12-10　阀盖主视图内轮廓线

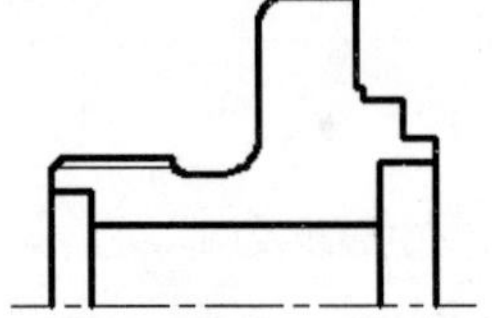

图 12-11　倒圆及倒角后的主视图

（8）完成阀盖主视图。

① 单击“默认”选项卡下“修改”面板中的“镜像”按钮，用窗口选择方式选择主视图的轮廓线，以主视图的中心线为对称轴，进行镜像操作。

② 填充图案。将“剖面线”图层设置为当前图层。单击“默认”选项卡下“绘图”面板中的“图案填充”按钮，系统打开“图案填充创建”选项卡，单击“选项”面板中的“图案填充设置”按钮，系统弹出如图 12-12 所示的“图案填充和渐变色”对话框。单击“样例”显示框里面的图案，打开“填充图案选项板”对话框，打开 ANSI 选项卡，选择其中的 ANSI31 图案样式，如图 12-13 所示。单击“确定”按钮，回到“图案填充和渐变色”对话框，单击按钮，系统切换到绘图区，系统默认包围鼠标指定点的封闭区域为选择填充区域，如图 12-14 所示。选择完后，按 Enter 键切换到“图案填充创建”选项卡，单击“关闭”按钮，绘制剖面线，如图 12-15 所示。阀盖视图的最终结果如图 12-1 所示。

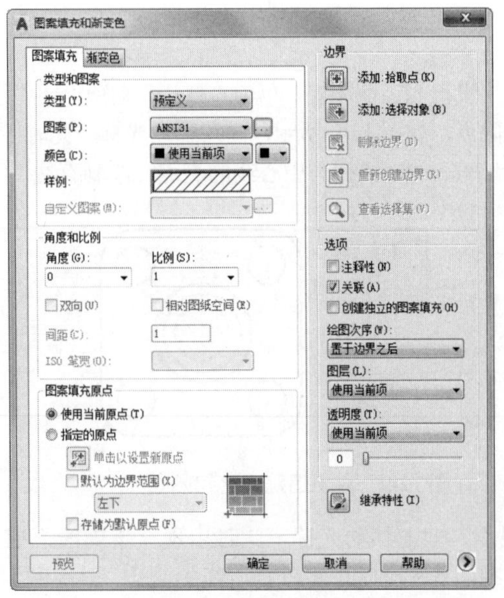

图 12-12　“图案填充和渐变色”对话框

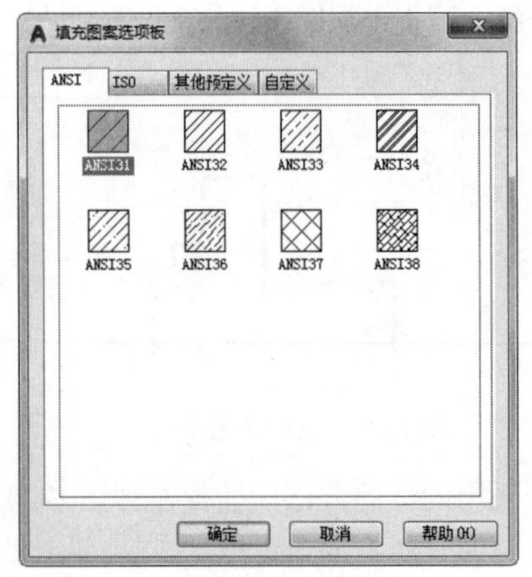

图 12-13　“填充图案选项板”对话框

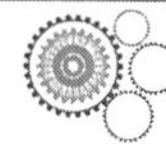

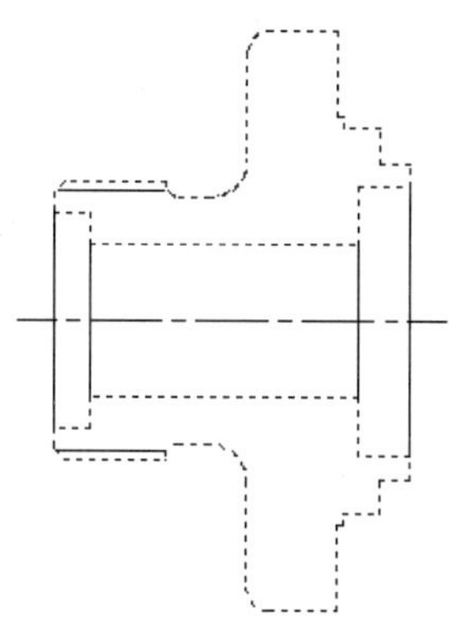

图 12-14　选取填充区域

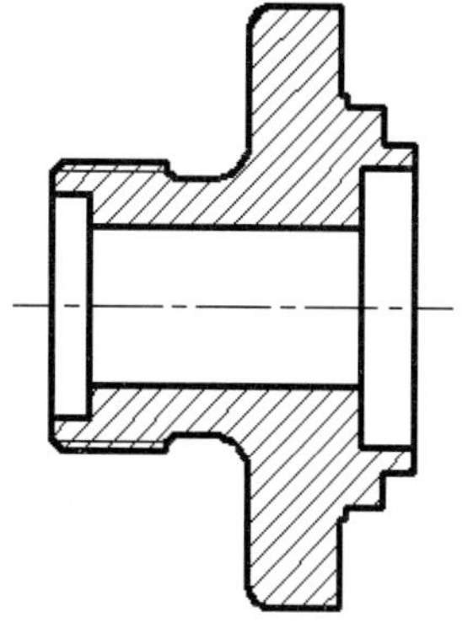

图 12-15　阀盖主视图

12.3.3　标注阀盖

操作步骤如下：

1．设置尺寸标注样式

（1）设置图层。将“标注层”图层设置为当前图层。

（2）新建文字样式。单击“默认”选项卡下“注释”面板中的“文字样式”按钮，打开“文字样式”对话框，新建文字样式“sz”，字体为“仿宋”，高度为“4”，其他为默认值。

（3）设置标注样式。单击“默认”选项卡下“注释”面板中的“标注样式”按钮，在打开的“标注样式管理器”对话框中单击“新建”按钮，创建新的标注样式“机械图样”，用于标注图样中的尺寸。

（4）单击“继续”按钮，打开“新建标注样式：机械制图”对话框，对其中的选项卡进行设置，如图 12-16 和图 12-17 所示。设置完成后，单击“确定”按钮。

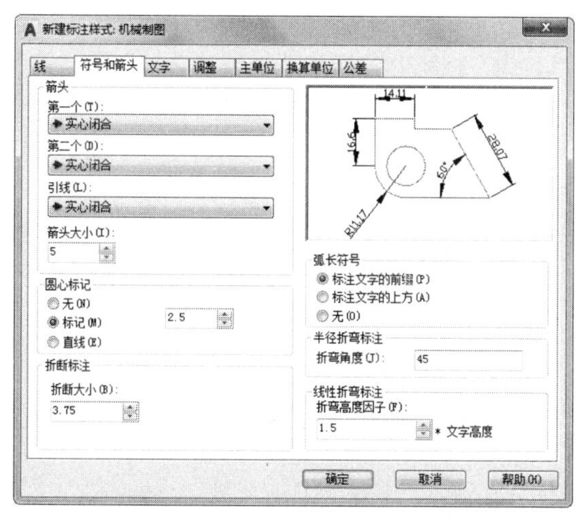

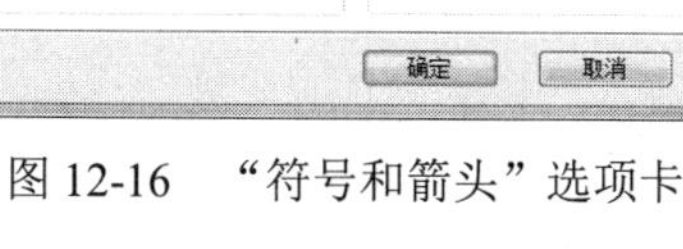

图 12-16　“符号和箭头”选项卡

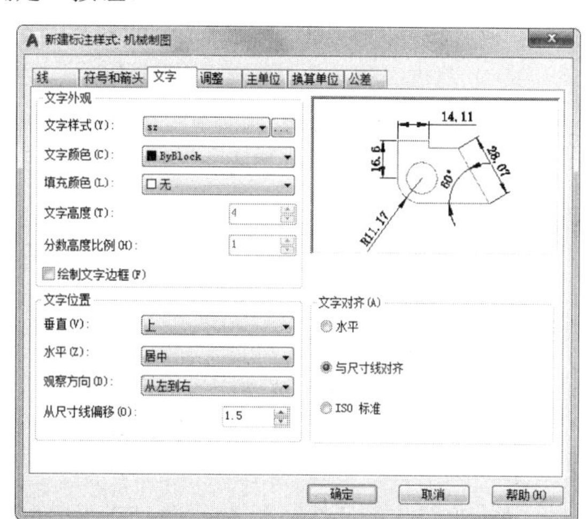

图 12-17　“文字”选项卡

（5）在“标注样式管理器”对话框中选择“机械图样”，单击“新建”按钮，分别设置半径、直径和角度标注样式。其中，直径和半径标注样式的“调整”选项卡设置如图 12-18 所示。

（6）角度标注样式的“文字”选项卡如图 12-19 所示。

Note

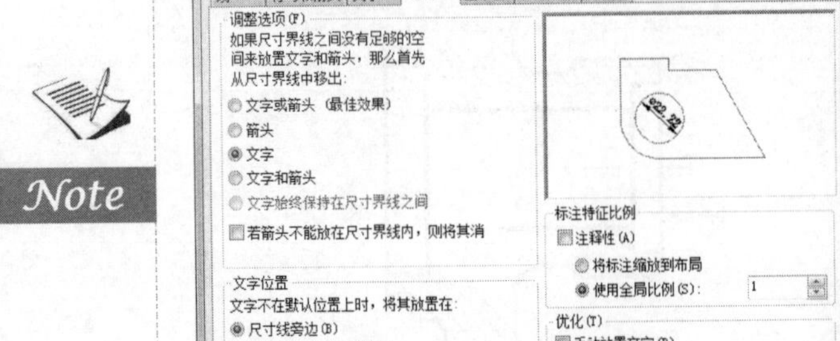

图 12-18　直径和半径标注样式的“调整”选项卡

图 12-19　角度标注样式的“文字”选项卡

（7）在“标注样式管理器”对话框中，选择“机械图样”标注样式，单击“置为当前”按钮，将其设置为当前标注样式。

2．标注阀盖主视图中的线性尺寸

（1）标注主视图竖直线性尺寸。单击“注释”选项卡下“标注”面板中的“线性”按钮，方法同前，从左至右依次标注阀盖主视图中的竖直线性尺寸“M36×2”“Φ29”“Φ20”“Φ32”“Φ35”“Φ41”“Φ50”及“Φ53”，结果如图 12-20 所示。

（2）标注主视图水平线性尺寸。单击“注释”选项卡下“标注”面板中的“线性”按钮，标注阀盖主视图上部的线性尺寸“44”；单击“注释“选项卡下“标注”面板中的“连续”按钮，标注连续尺寸“4”。

（3）单击“注释”选项卡下“标注”面板中的“线性”按钮，标注阀盖主视图中部的线性尺寸“7”；标注阀盖主视图下部左边的线性尺寸“5”。

（4）单击“注释”选项卡下“标注”面板中的“基线”按钮，标注基线尺寸“15”和“17”。

（5）单击“注释”选项卡下“标注”面板中的“线性”按钮，标注阀盖主视图下部右边的线性尺寸“5”和“6”。单击“注释”选项卡下“标注”面板中的“连续”按钮，标注连续尺寸“12”，结果如图 12-21 所示。

（6）标注尺寸偏差。单击“默认”选项卡下“注释”面板中的“标注样式”按钮，在打开的“标注样式管理器”对话框的样式列表框中选择“机械制图”，单击“替代”按钮。

（7）系统打开“替代当前样式”对话框，选择“主单位”选项卡，将“线性标注”选项组中的“精度”设置为 0.000；选择“公差”选项卡，在“公差格式”选项组的“方式”下拉列表框中选择“极限偏差”选项，设置“上偏差”为 0，“下偏差”为 0.039，“高度比例”为 0.7，设置完成后单击“确定”按钮。

（8）单击“默认”选项卡下“标注”面板中的“更新”按钮，选择主视图上部的线性尺寸“44”，即可为该尺寸添加尺寸偏差。

（9）采用同样的方法，分别为主视图中的线性尺寸“4”“7”及“5”标注尺寸偏差，结果如图 12-22 所示。

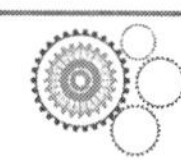

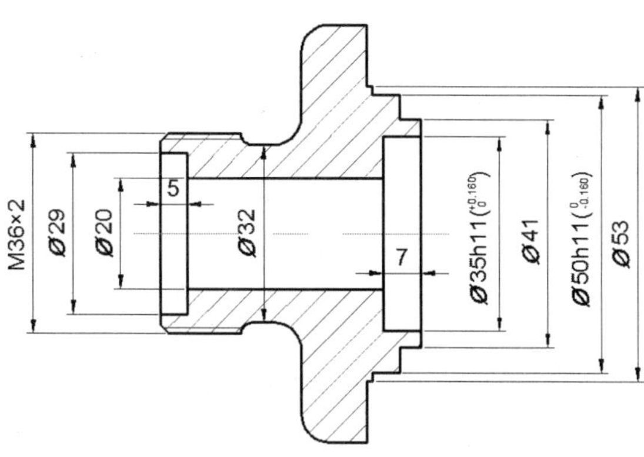

图 12-20　标注主视图竖直线性尺寸

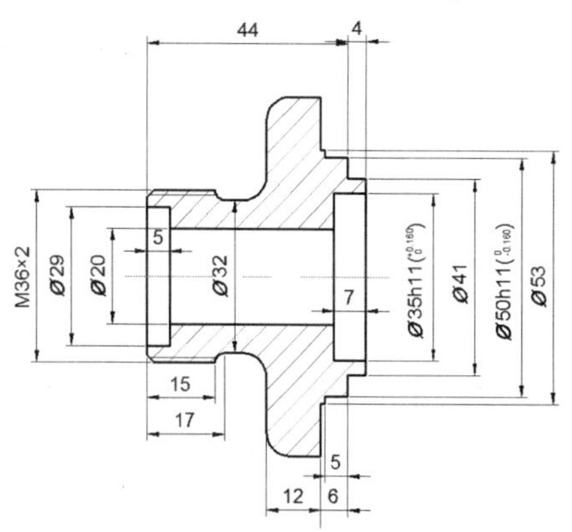

图 12-21　标注主视图水平线性尺寸

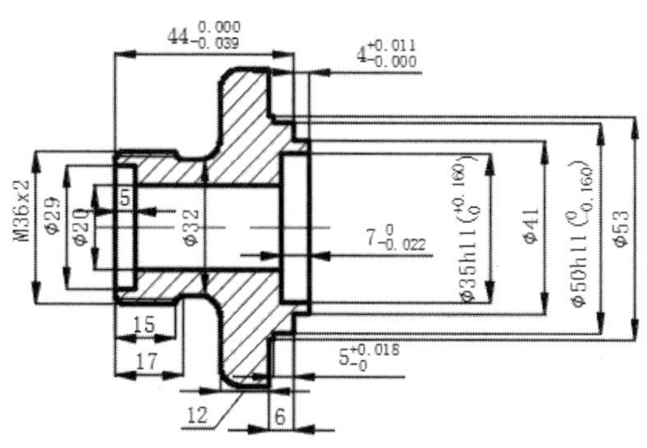

图 12-22　标注尺寸偏差

3．标注阀盖主视图中的倒角及圆角半径

（1）利用 QLEADER 命令，标注主视图中的倒角尺寸“*C*1.5”。在命令行中输入该命令后，继续输入“S”命令，按 Enter 键。系统打开“引线设置“对话框，如图 12-23 和图 12-24 所示设置各个选项卡，设置完成后单击“确定”按钮。命令行继续提示如下：

指定第一个引线点或[设置(S)] <设置>:（捕捉阀盖主视图左端倒角线上端点）
指定下一点:（向右上拖动鼠标，在适当位置处单击）
指定下一点:（向右上拖动鼠标，在适当位置处单击）

图 12-23　“注释”选项卡

图 12-24　“引线和箭头”选项卡

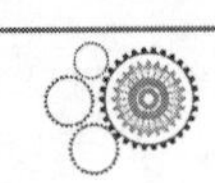

Note

然后利用“多行文字”命令，在刚绘制的横线上输入“C1.5”。

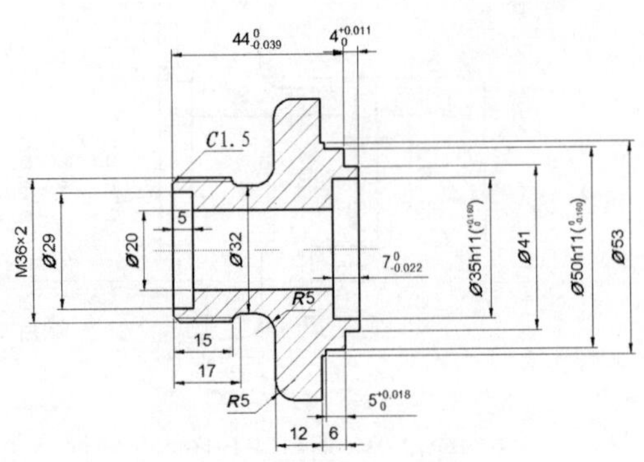

图 12-25　标注尺寸偏差

（2）单击“注释”选项卡下“标注”面板中的“半径”按钮，标注主视图中的半径尺寸“R5”。结果如图 12-25 所示。

4．标注阀盖左视图中的尺寸

（1）单击“注释”选项卡下“标注”面板中的“线性”按钮，标注阀盖左视图中的线性尺寸“75”。

（2）单击“注释”选项卡下“标注”面板中的“直径”按钮，标注阀盖左视图中的直径尺寸“Φ70”及“4× Φ14”。在标注尺寸“4× Φ14”时，需要输入标注文字“4×%%C14”。

（3）单击“注释”选项卡下“标注”面板中的“半径”按钮，标注左视图中的半径尺寸“R12.5”。

（4）单击“注释”选项卡下“标注”面板中的“角度”按钮，标注左视图中的角度尺寸“45°”。

方法同前，单击“默认”选项卡下“注释”面板中的“文字样式”按钮，新建文字样式“hz”，用于添加汉字，该标注样式的“字体名”为“仿宋”，“宽度因子”为“0.7”。

（5）在命令行中输入“TEXT”命令，设置当前文字样式为“hz”，在尺寸“4- Φ14”的引线下部输入文字“通孔”，结果如图 12-26 所示。

注意

如果文字位置角度不合适，可以利用“旋转”和“平移”命令对文字进行角度编辑。

5．标注阀盖主视图中的表面粗糙度

在这里，可以绘制如图 12-27 所示的图块，也可以直接借用前面绘制好的粗糙度图块。

（1）单击“插入”选项卡下“块定义”面板中的“写块”按钮，打开“写块”对话框，如图 12-28 所示。单击“拾取点”按钮，拾取粗糙度符号最下端点为基点，单击“选择对象”按钮，选择所绘制的粗糙度符号，在“文件名”文本框中输入图块名为粗糙度，单击“确定”按钮。

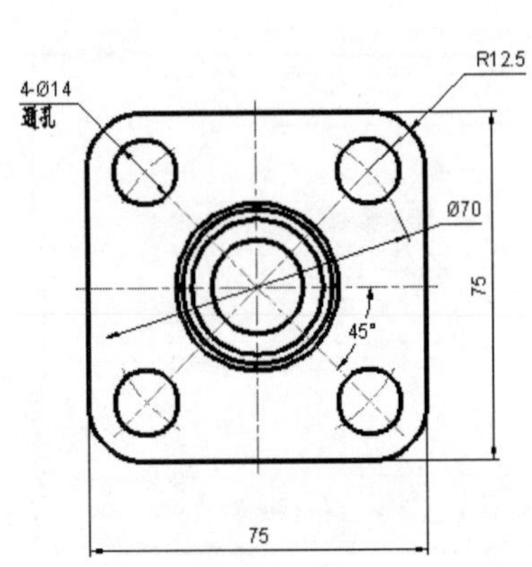

图 12-26　标注左视图中的尺寸

Ra 12.5

图 12-27　粗糙度符号

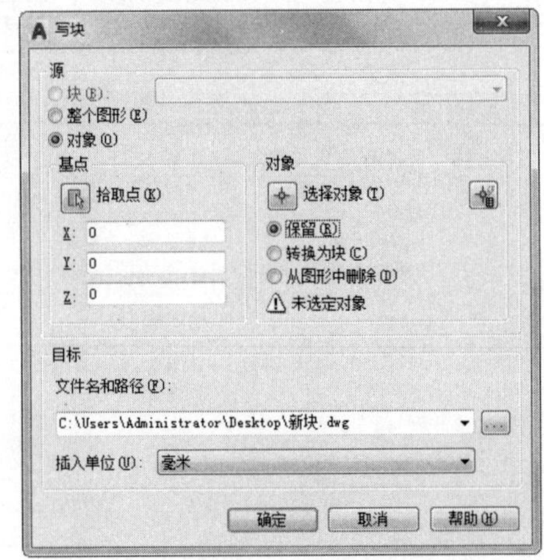

图 12-28　“写块”对话框

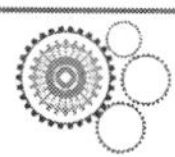

（2）将“细实线”图层设置为当前图层。将制作的图块插入图形中的适当位置。单击“插入”选项卡下“块”面板中的“插入”按钮，打开“插入”对话框，如图 12-29 所示，单击“浏览”按钮，选择打开需要的粗糙度图块，选中“插入点”选项组中的“在屏幕上指定”复选框；在“旋转”选项组的“角度”文本框中输入角度旋转值，单击“确定”按钮。在绘图区的图形上指定一个点作为插入点。

（3）采用同样的方法，单击“插入”选项卡下“块”面板中的“插入”按钮，插入其他粗糙度图块，设置均同前。

结果如图 12-30 所示。

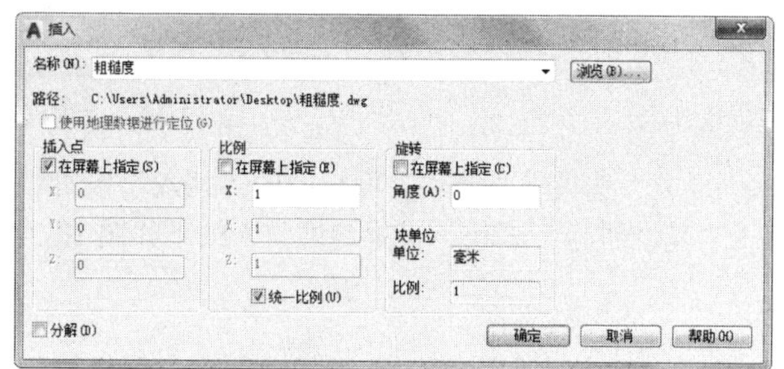

图 12-29 “插入”对话框

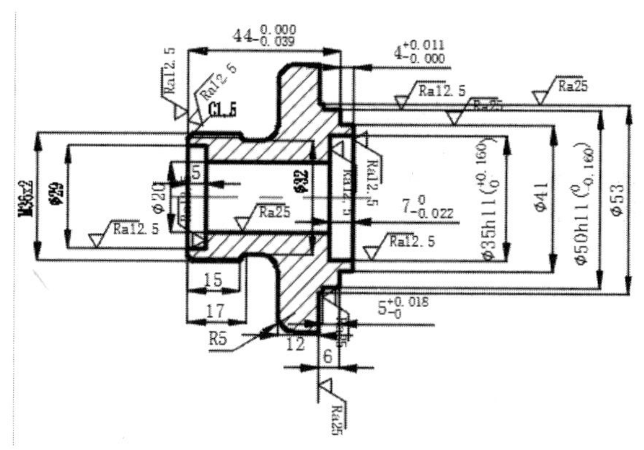

图 12-30 标注主视图中的表面粗糙度

提示

粗糙度图块的绘制和标注位置一定要按照最新的机械制图国家标准来执行。

6．标注阀盖主视图中的形位公差

（1）利用快速引线命令，标注形位公差。在命令行中输入“QLEADER”命令，继续输入“S”命令，按 Enter 键。系统打开“引线设置”对话框，如图 12-31 和图 12-32 所示设置各个选项卡，设置完成后单击“确定”按钮。捕捉阀盖主视图尺寸“44”右端尺寸延伸线上的最近点，在适当位置处单击，打开“形位公差”对话框，如图 12-33 所示，对其进行相关设置，然后单击“确定”按钮。

Note

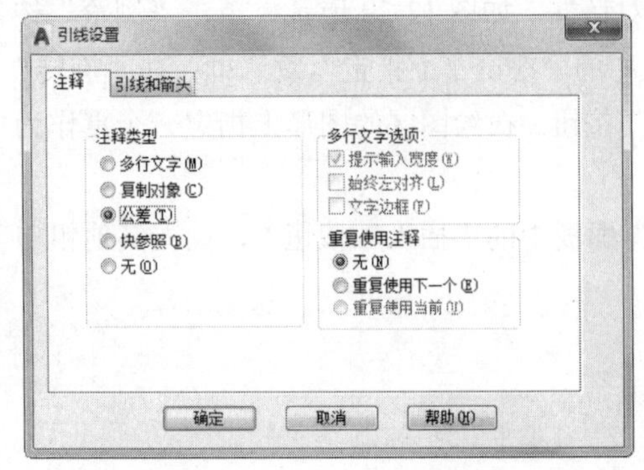

图 12-31 “注释”选项卡

图 12-32 “引线和箭头”选项卡

（2）方法同前，单击“插入”选项卡下“块”面板中的“插入”按钮，在尺寸“Φ35”下端尺寸延伸线下的适当位置插入“基准符号”图块，设置均同前，结果如图 12-34 所示。最终的标注结果如图 12-1 所示。

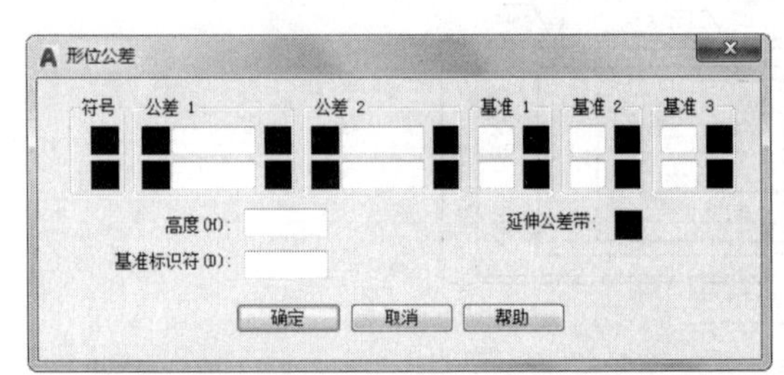

图 12-33 “形位公差”对话框

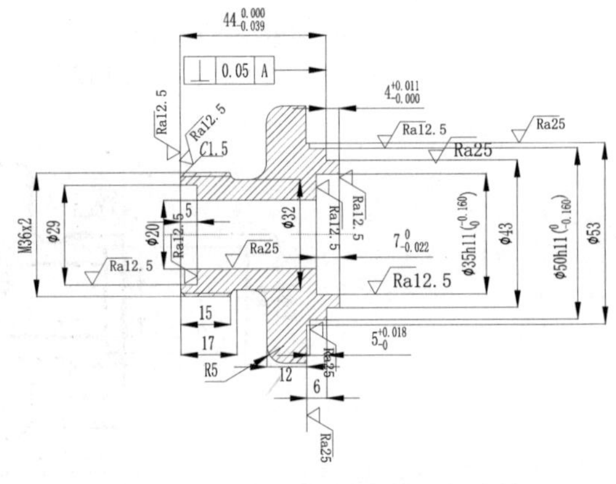

图 12-34 标注主视图中的形位公差

7. 标注文字

将“文字”图层设置为当前图层，单击“注释”选项卡下“文字”面板中的“多行文字”按钮A，指定插入位置后，系统打开“文字编辑器”选项卡，如图 12-35 所示。在下面的编辑框中输入文字，如技术要求等。

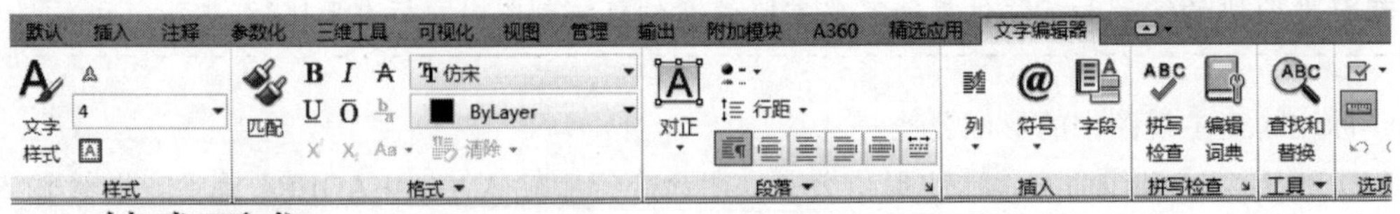

技术要求
1.铸件应经时效处理，消除内应力。
2.未注铸造圆角为R1～R3。

图 12-35 多行文字编辑器

用同样方法标注标题栏，最终结果如图 12-1 所示。

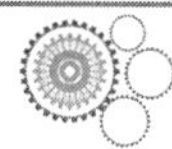

视频讲解

12.4 阀体设计

阀体（如图 12-36 所示）的绘制过程是复杂二维图形制作中比较典型的实例，在本例中对绘制异形图形做了初步叙述，主要是利用绘制圆弧线，以及利用修剪、圆角等命令来实现。

首先绘制中心线和辅助线，作为定位线，并且作为绘制其他视图的辅助线，然后绘制主视图和俯视图以及左视图。

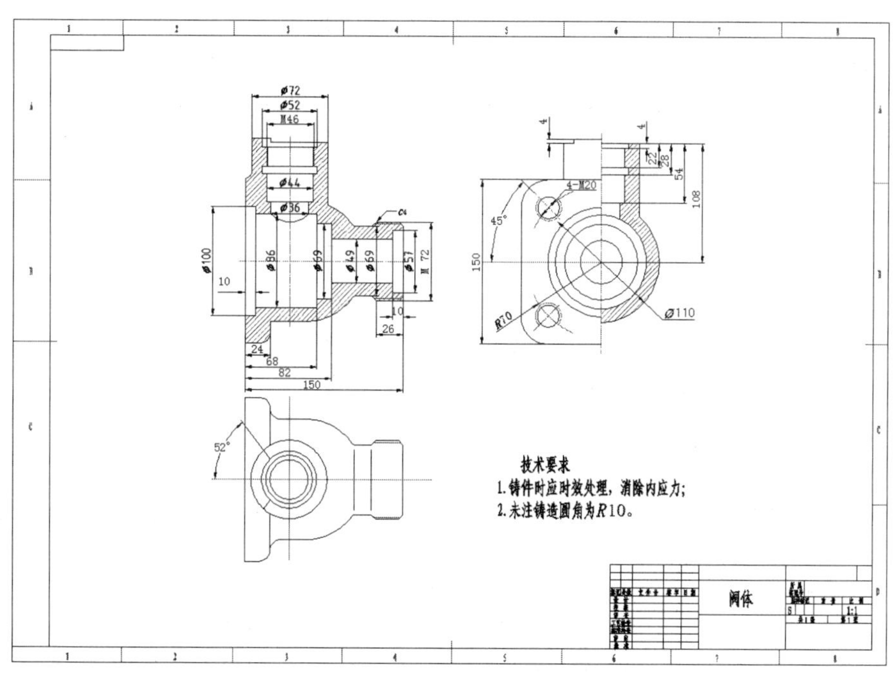

图 12-36 阀体零件图

12.4.1 绘制球阀阀体

操作步骤如下：

1. 打开样板图

单击快速访问工具栏中的“新建”按钮，打开“选择样板”对话框，用户可以在该对话框中选择需要的样板图。本例选择 A2-1 样板图。

2. 绘制中心线和辅助线

（1）切换图层。将“中心线”图层设置为当前图层。

（2）绘制中心线。单击“默认”选项卡下“绘图”面板中的“直线”按钮，在绘图平面适当位置绘制两条互相垂直的直线，长度大约分别为 500mm 和 700mm。

（3）单击“默认”选项卡下“修改”面板中的“偏移”按钮，将水平中心线向下偏移 200mm，将竖直中心线向右偏移 400mm。

（4）单击“默认”选项卡下“绘图”面板中的“直线”按钮，指定偏移后中心线右下交点为起点，下一点坐标为（@300<139）。

Note

（5）将绘制的斜线向右下方移动到适当位置，使其仍然经过右下方的中心线交点，结果如图 12-37 所示。

3．绘制主视图

（1）绘制基本轮廓线。单击“默认”选项卡下“修改”面板中的“偏移”按钮，将上面中心线向下偏移 75mm，将左边中心线向左偏移 42mm，然后选择偏移形成的两条中心线，如图 12-38 所示。在“默认”选项卡下“图层”面板的“图层”下拉列表框中选择“粗实线”图层，如图 12-39 所示，则这两条中心线转换成粗实线，同时将其所在图层也转换成“粗实线”图层，如图 12-40 所示。

（2）单击“默认”选项卡下“修改”面板中的“修剪”按钮，将转换的两条粗实线修剪成如图 12-41 所示的图形。

（3）偏移与修剪图线。单击“默认”选项卡下“修改”面板中的“偏移”按钮，分别将刚修剪的竖直线向右偏移 10、24、55、67、82、124、140 和 150；将水平线分别向上偏移 20、25、32、39、40.8、43、46.7 和 55，结果如图 12-42 所示，然后单击“默认”选项卡下“修改”面板中的“修剪”按钮，修剪成如图 12-43 所示的图形。

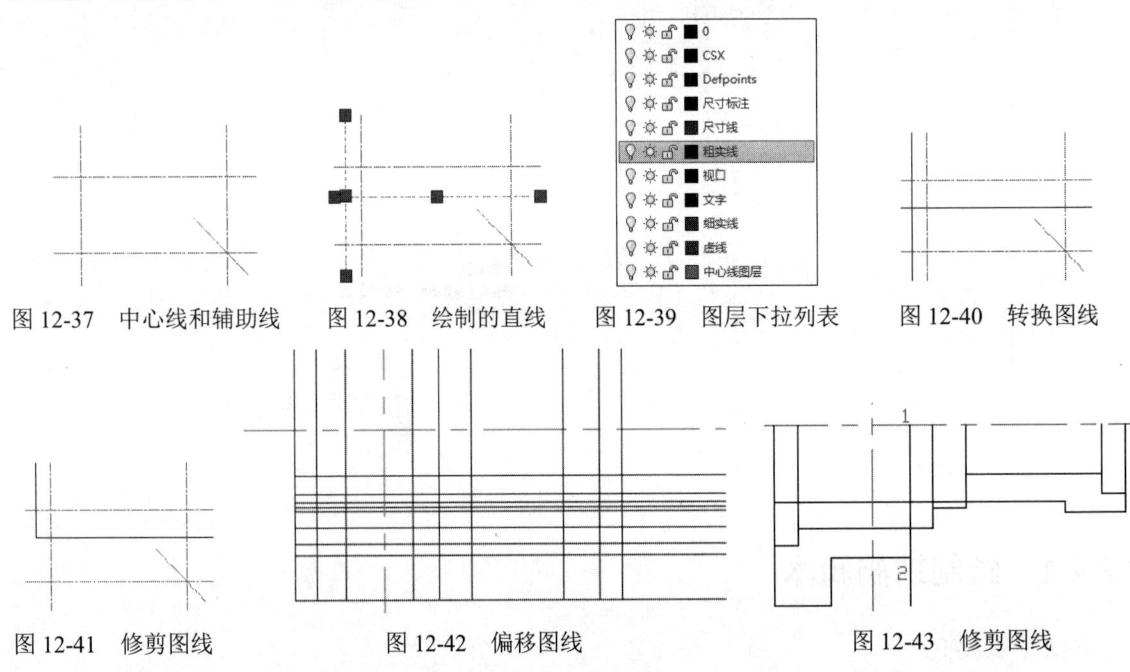

图 12-37　中心线和辅助线　　图 12-38　绘制的直线　　图 12-39　图层下拉列表　　图 12-40　转换图线

图 12-41　修剪图线　　图 12-42　偏移图线　　图 12-43　修剪图线

（4）绘制圆弧。单击“默认”选项卡下“绘图”面板中的“圆弧”按钮，以图 12-44 中点 1 为圆心，以点 2 为起点绘制圆弧，圆弧端点为适当位置，如图 12-44 所示。

（5）单击“默认”选项卡下“修改”面板中的“删除”按钮，删除多余的直线。单击“默认”选项卡下“修改”面板中的“修剪”按钮，修剪圆弧以及与它相交的直线，结果如图 12-45 所示。

（6）倒角。单击“默认”选项卡下“修改”面板中的“倒角”按钮，对右下边的直角进行倒角，倒角距离为 4，采用的修剪模式为“修剪”。使用相同的方法，对从右边数第二个直角倒斜角，距离为 4。

（7）单击“默认”选项卡下“修改”面板中的“圆角”按钮，对下部的直角进行圆角处理，圆角半径为 10。重复“圆角”命令，对修剪的圆弧直线相交处倒圆角，圆角半径为 3，结果如图 12-46 所示。

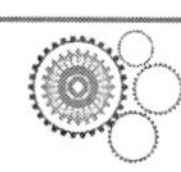

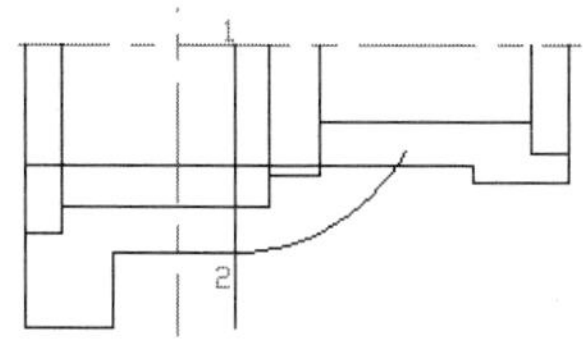

图 12-44　绘制圆弧

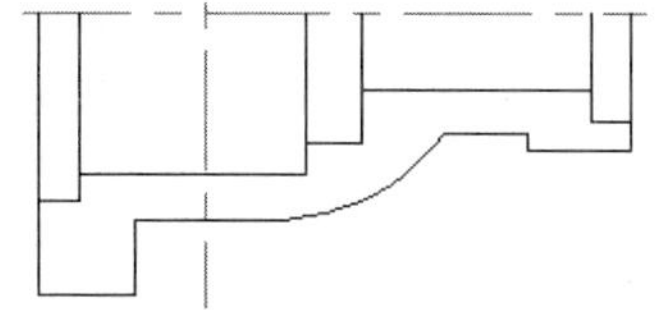

图 12-45　修剪圆弧

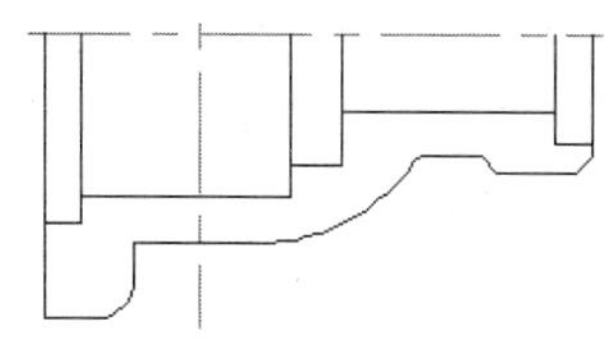

图 12-46　倒圆角

（8）绘制螺纹牙底。单击“默认”选项卡下“修改”面板中的“偏移”按钮，将右下边水平线向上偏移 2，然后单击“默认”选项卡下“修改”面板中的“延伸”按钮，将偏移的直线进行延伸处理，最后将延伸后的线转换到“细实线”图层，如图 12-47 所示。

（9）镜像处理。单击“默认”选项卡下“修改”面板中的“镜像”按钮，以图 12-48 中亮显对象为对象，以水平中心线为轴镜像，结果如图 12-49 所示。

（10）偏移修剪图线。单击“默认”选项卡下“修改”面板中的“偏移”按钮，将竖直中心线向左右分别偏移 15、22、26 和 36；将水平中心线向上分别偏移 54、80、86、104、108 和 112，将偏移后的直线放置在“粗实线”图层，结果如图 12-50 所示。

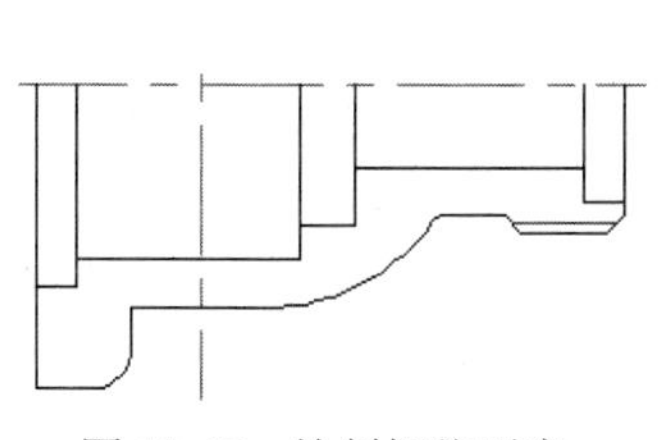

图 12-47　绘制螺纹牙底

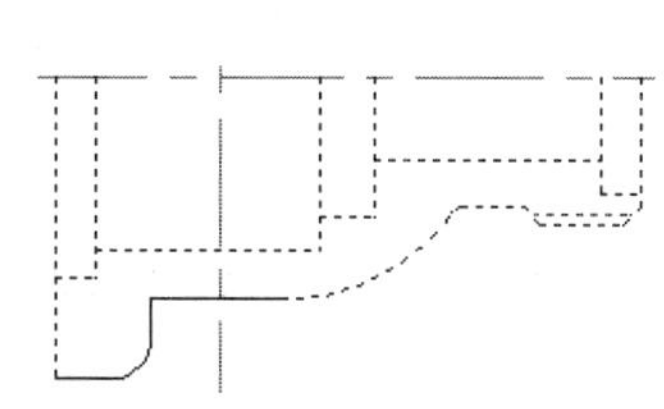

图 12-48　选择对象

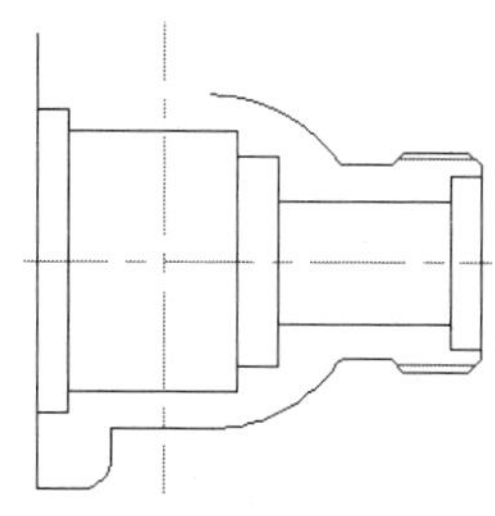

图 12-49　镜像

（11）单击“默认”选项卡下“修改”面板中的“修剪”按钮，对偏移的图线进行修剪，结果如图 12-51 所示。

（12）绘制圆弧。首先单击“默认”选项卡下“绘图”面板中的“直线”按钮，以点 3 为起点，绘制适当长度的水平线。再将水平线与竖直直线进行半径为 6 的圆角。

（13）绘制圆弧。单击“默认”选项卡下“绘图”面板中的“圆弧”按钮，圆弧起点和端点分别为点 4 和点 5，在竖直中心线选择一点作为第二点，结果如图 12-52 所示。

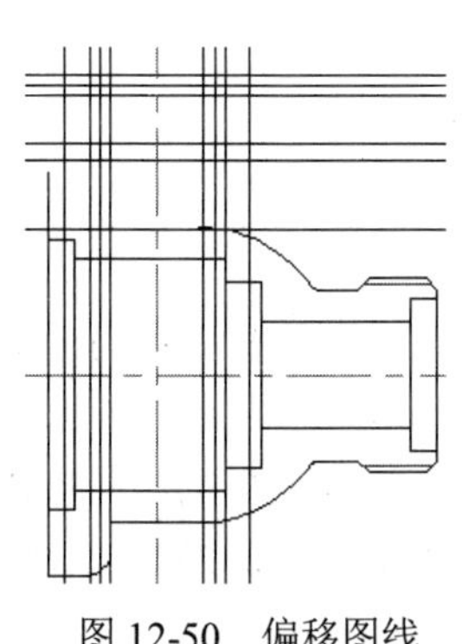

图 12-50　偏移图线

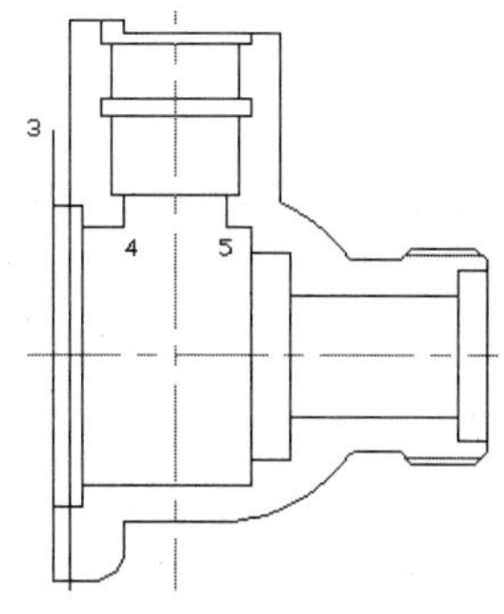

图 12-51　修剪处理

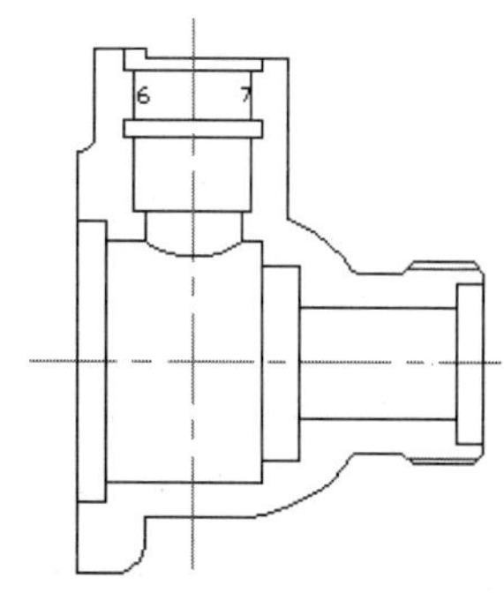

图 12-52　绘制圆弧

（14）绘制螺纹牙底。单击“默认”选项卡下“修改”面板中的“偏移”按钮，将图 12-52 中 6、7 两条线各向外偏移 1，然后将其转换到“细实线”图层，结果如图 12-53 所示。

（15）图案填充。将图层转换到“细实线”图层，单击“默认”选项卡下“绘图”面板中的“图

案填充”按钮，弹出“图案填充创建”选项卡，单击“选项”面板中的“图案填充设置”按钮，打开“图案填充和渐变色”对话框，进行如图 12-54 所示的设置，选择填充区域分别进行填充，如图 12-55 所示。

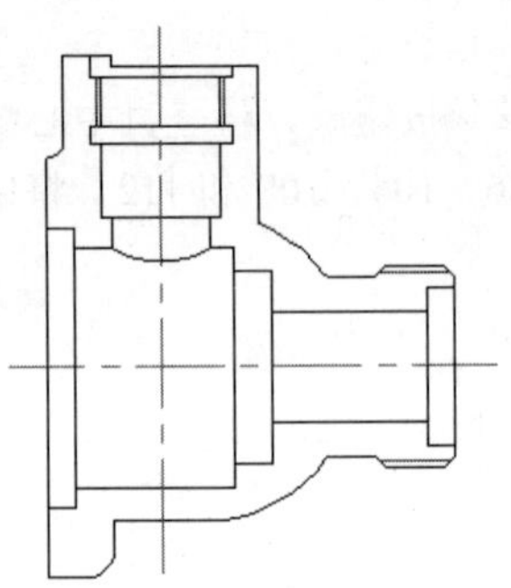
图 12-53　绘制螺纹牙底

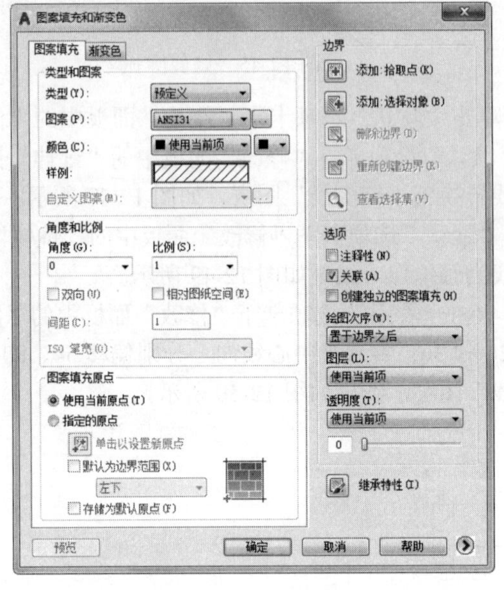

图 12-54　“图案填充和渐变色”对话框

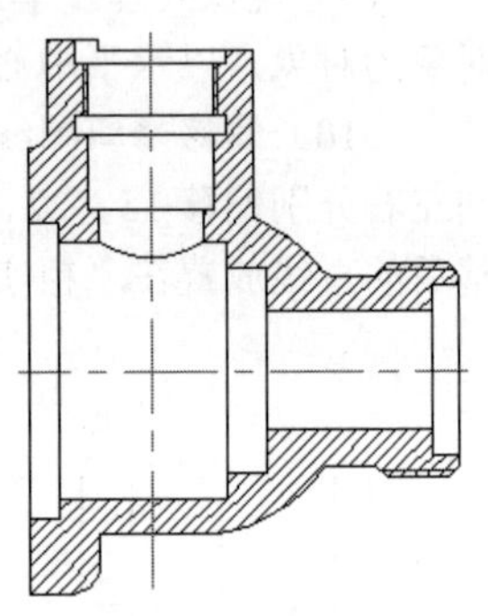
图 12-55　图案填充

4．绘制俯视图

（1）单击“默认”选项卡下“修改”面板中的“复制”按钮，将图 12-56 所示主视图中的亮显对象复制到俯视图，结果如图 12-57 所示。

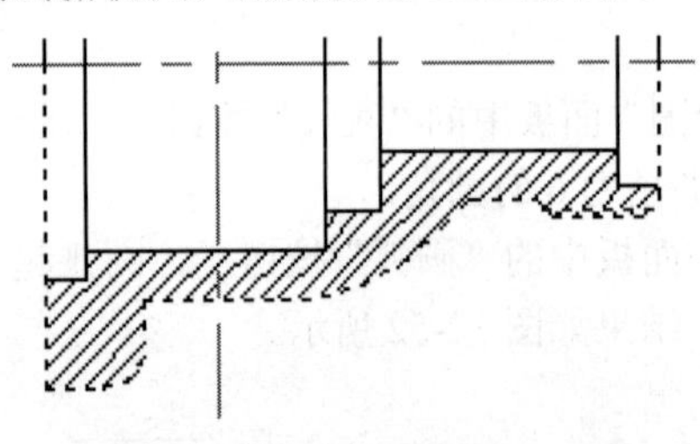
图 12-56　选择对象

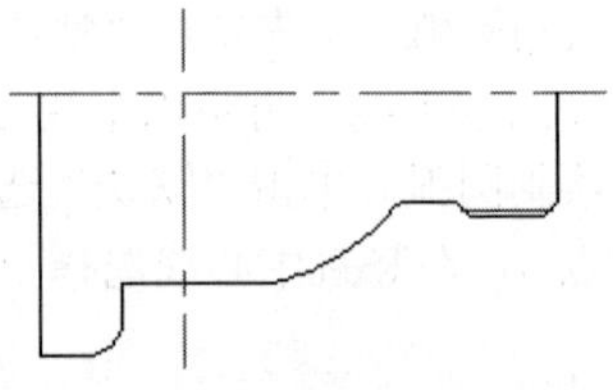
图 12-57　复制结果

（2）绘制辅助线。将图层转换到“粗实线”图层，单击“默认”选项卡下“绘图”面板中的“直线”按钮，捕捉主视图上相关点，向下绘制竖直辅助线，如图 12-58 所示。

（3）绘制轮廓线。单击“默认”选项卡下“绘图”面板中的“圆”按钮，按辅助线与水平中心线交点指定位置点，以左下边中心线交点为圆心，以这些交点为圆弧上一点绘制 4 个同心圆。

（4）单击“默认”选项卡下“绘图”面板中的“直线”按钮，以左边第 4 条辅助线与从外往里第 2 个圆的交点为起点绘制直线。在下一点或“放弃（U）”的命令行中输入“@50<232°”命令，如图 12-59 所示。

（5）整理图线。单击“默认”选项卡下“修改”面板中的“修剪”按钮，以最外面圆为界修剪刚绘制的斜线，以水平中心线为界修剪最右边辅助线，然后单击“默认”选项卡下“修改”面板中的“删除”按钮，删除其余辅助线，并用“直线”命令补画倒角线，结果如图 12-60 所示。

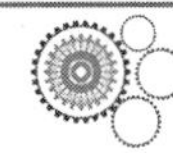

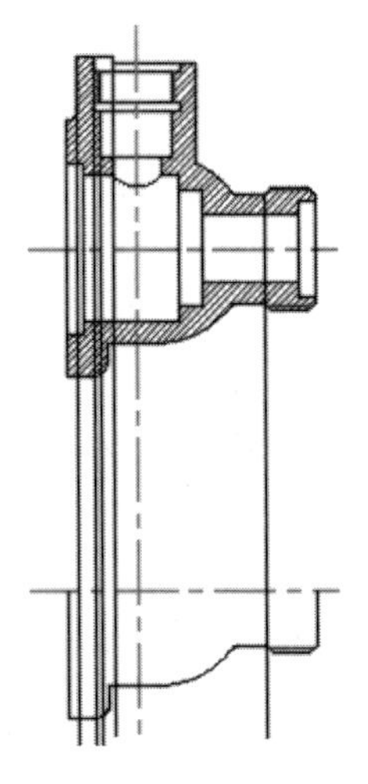

图 12-58 绘制辅助线

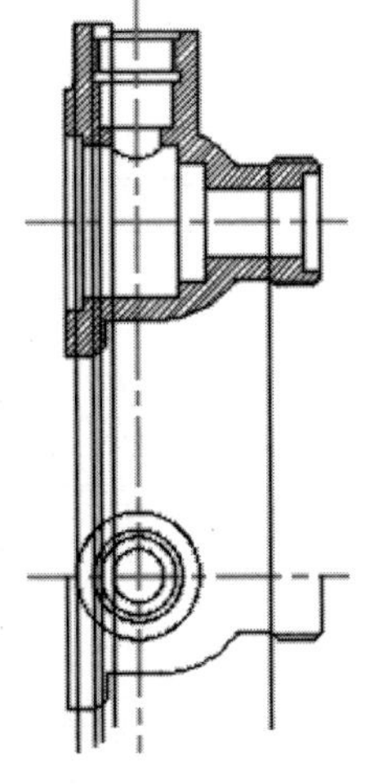

图 12-59 绘制轮廓线

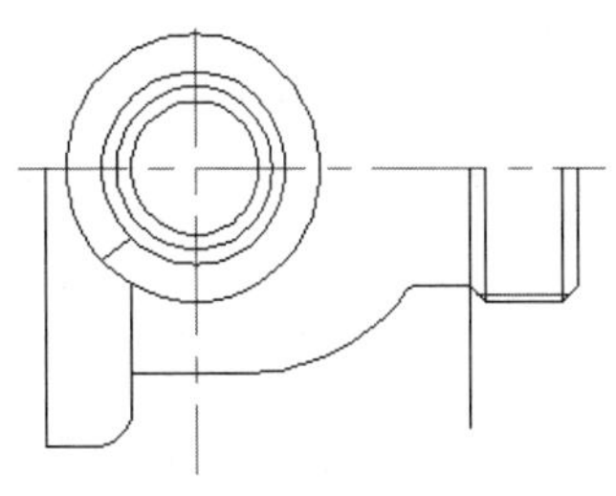

图 12-60 修剪与删除

（6）单击“默认”选项卡下“修改”面板中的“圆角”按钮，对俯视图同心圆正下方的直角以 10mm 为半径倒圆角。

（7）单击“默认”选项卡下“修改”面板中的“打断”按钮，将刚修剪的最右边辅助线打断，结果如图 12-61 所示。

（8）单击“默认”选项卡下“修改”面板中的“延伸”按钮，以刚倒圆角的圆弧为界，将圆角形成的断开直线延伸。

（9）单击“默认”选项卡下“修改”面板中的“复制”按钮，将刚打断的辅助线向左边适当位置平行复制，结果如图 12-62 所示。

（10）单击“默认”选项卡下“修改”面板中的“镜像”按钮，以水平中心线为轴，将水平中心线以下所有对象镜像，最终的俯视图如图 12-63 所示。

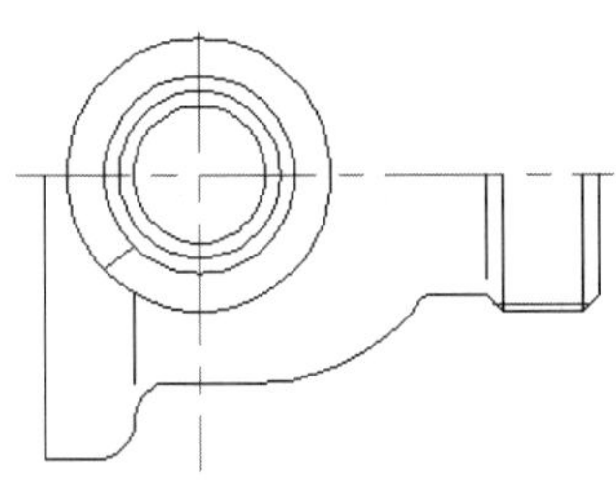

图 12-61 圆角与打断

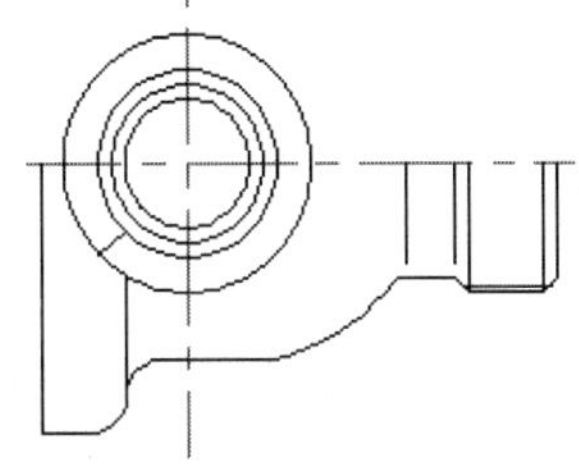

图 12-62 延伸与复制

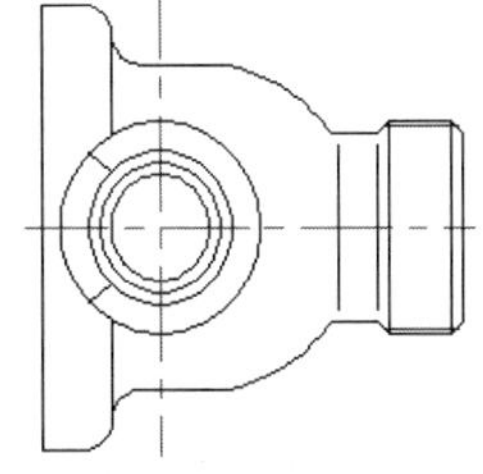

图 12-63 镜像

5．绘制左视图

（1）单击“默认”选项卡下“绘图”面板中的“直线”按钮，捕捉主视图与左视图上相关点，绘制如图 12-64 所示的水平与竖直辅助线。

（2）绘制初步轮廓线。单击“默认”选项卡下“绘图”面板中的“圆”按钮，按水平辅助线与左视图中心线指定的交点为圆弧上的一点，以中心线交点为圆心绘制 5 个同心圆，并初步修剪和删除辅助线，如图 12-65 所示。进一步修剪辅助线，如图 12-66 所示。

Note

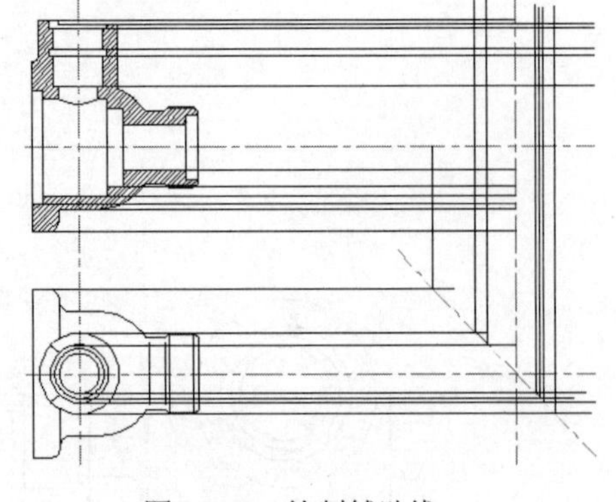
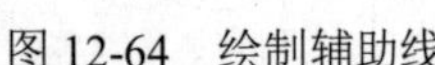
图 12-64　绘制辅助线

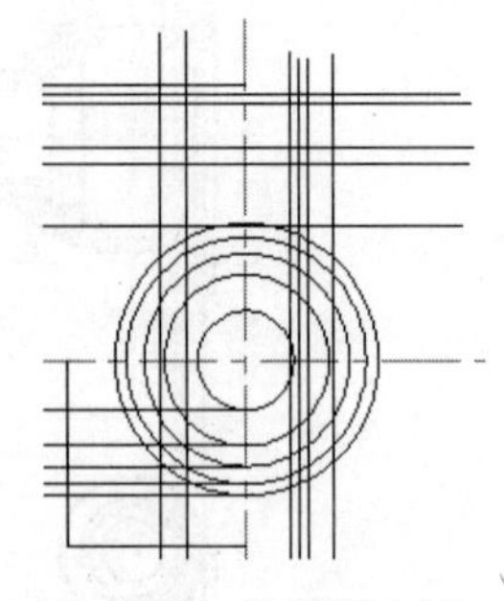
图 12-65　绘制同心圆

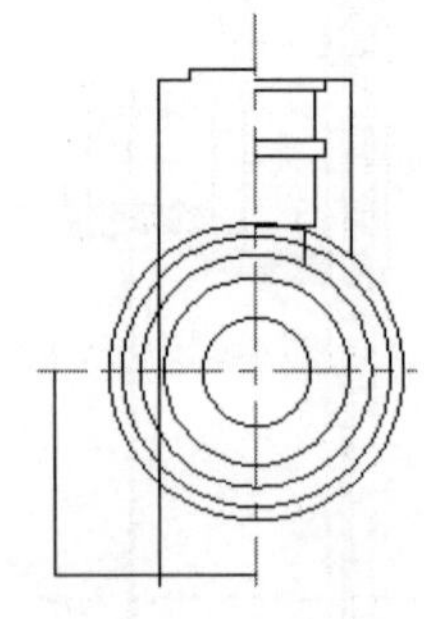
图 12-66　修剪图线

（3）绘制孔板。单击“默认”选项卡下“修改”面板中的“圆角”按钮，对图 12-66 左下角直角倒圆角，半径为 25mm。下一步将“中心线”图层设置为当前图层，重复“圆”命令，以垂直中心线交点为圆心绘制半径为 70mm 的圆，然后单击“默认”选项卡下“绘图”面板中的“直线”按钮，以垂直中心线交点为起点，向左下方绘制 45°斜线。将“粗实线”图层设置为当前图层，重复“圆”命令，以中心线圆与斜中心线交点为圆心，绘制半径为 10mm 的圆，再将“细实线”图层设置为当前图层，重复“圆”命令，以中心线圆与斜中心线交点为圆心，绘制半径为 12mm 的圆，如图 12-67 所示。

（4）单击“默认”选项卡下“修改”面板中的“打断”按钮，修剪同心圆的外圆与其中心线圆及斜线。

（5）单击“默认”选项卡下“修改”面板中的“镜像”按钮，以水平中心线为轴，对前面绘制的对象镜像处理，结果如图 12-68 所示。

（6）修剪图线。单击“默认”选项卡下“修改”面板中的“修剪”按钮，选择相应边界，修剪左边辅助线与 5 个同心圆中最外边的两个同心圆，结果如图 12-69 所示。

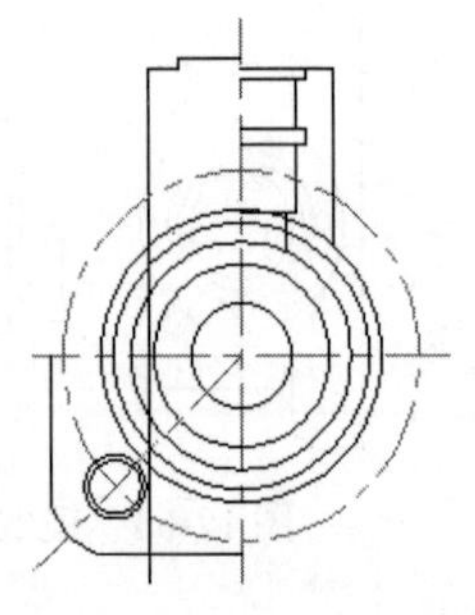
图 12-67　圆角与同心圆

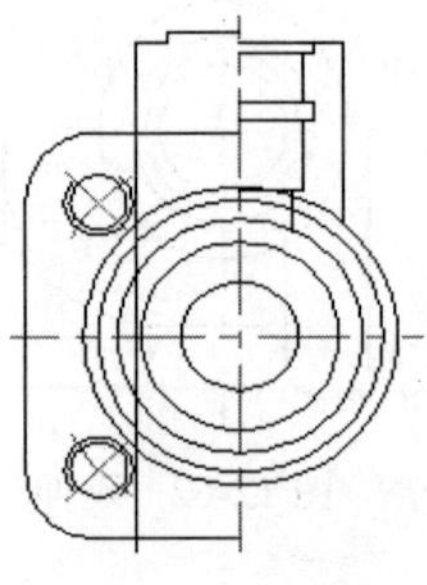
图 12-68　镜像

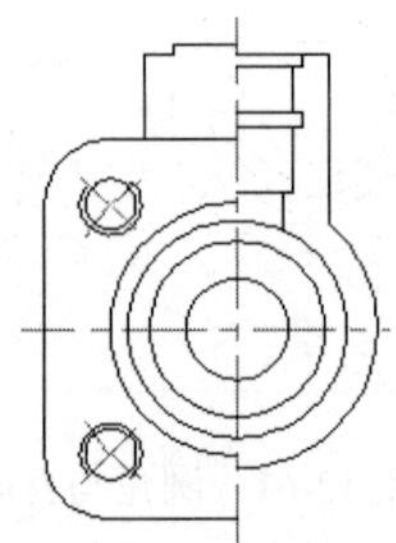
图 12-69　修剪图线

（7）图案填充。单击“默认”选项卡下“绘图”面板中的“图案填充”按钮，参照主视图绘制方法，对左视图进行填充，结果如图 12-70 所示。

（8）细化图形。删除剩下的辅助线，单击“默认”选项卡下“修改”面板中的“打断”按钮，修剪过长的中心线，最终绘制的阀体三视图如图 12-71 所示。

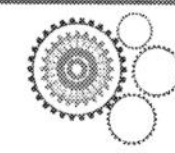

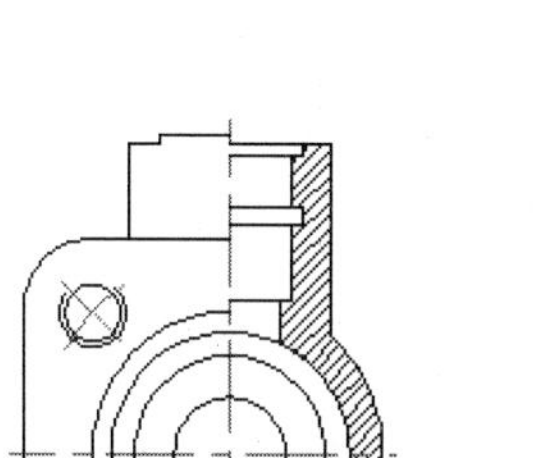

图 12-70　图案填充

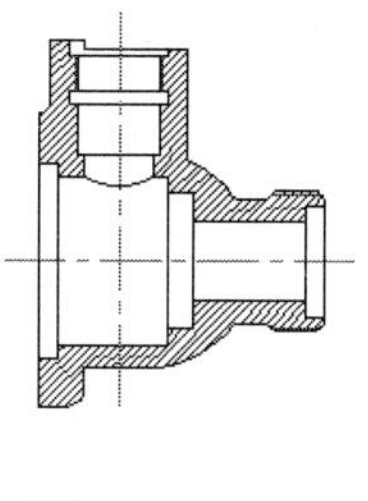

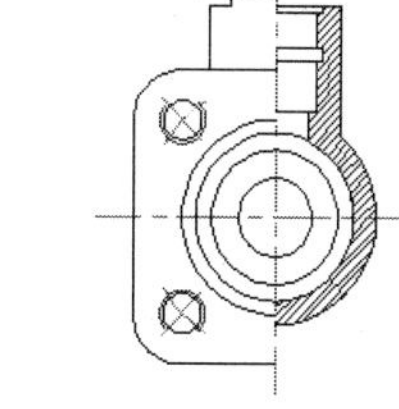

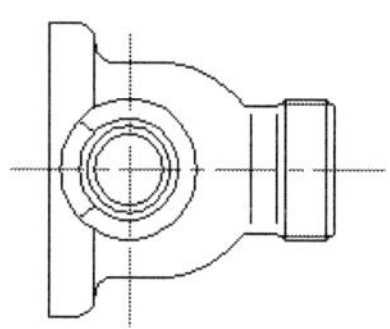

图 12-71　阀体三视图

12.4.2　标注球阀阀体

操作步骤如下：

1．设置尺寸样式

单击“默认”选项卡下“注释”面板中的“标注样式”按钮，打开“标注样式管理器”对话框，如图 12-72 所示。单击“修改”按钮，打开“修改标注样式：Standard”对话框，分别对“符号和箭头”以及“文字”选项卡进行如图 12-73 和图 12-74 所示的设置，关闭对话框。

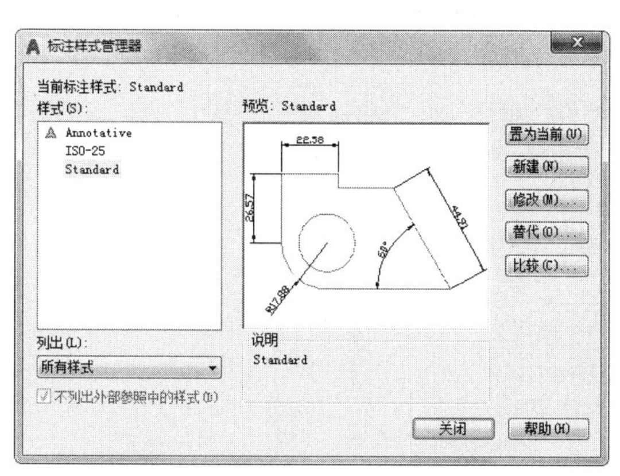

图 12-72　“标注样式管理器”对话框

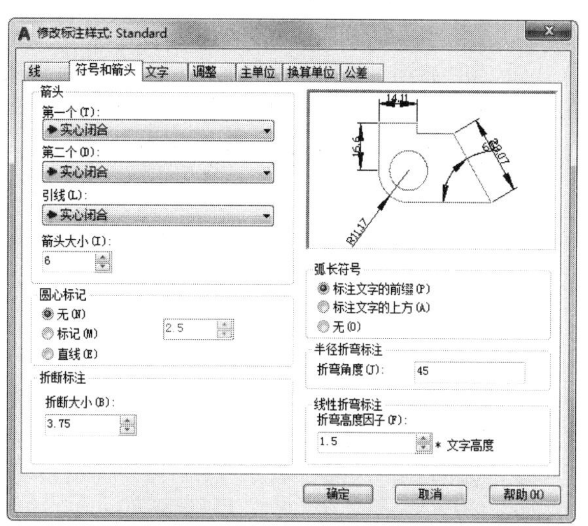

图 12-73　“符号和箭头”选项卡

2．标注主视图尺寸

（1）将“尺寸标注”图层设置为当前图层。单击“注释”选项卡下“标注”面板中的“线性”按钮。选择要标注的线性尺寸的第一个点和第二个点，在命令行提示下输入“T”，按 Enter 键输入标注文字“%%C”，用鼠标选择要标注尺寸的位置。

同理，标注线性尺寸 *Φ*52、M46、*Φ*72、*Φ*44、*Φ*30、*Φ*100、*Φ*86、*Φ*68、*Φ*40、*Φ*64、*Φ*57、M72、10、24、67、82、150、26 和 10。

（2）在命令行中输入“QLEADER”命令，标注倒角尺寸 *C*4。标注后的图形如图 12-75 所示。

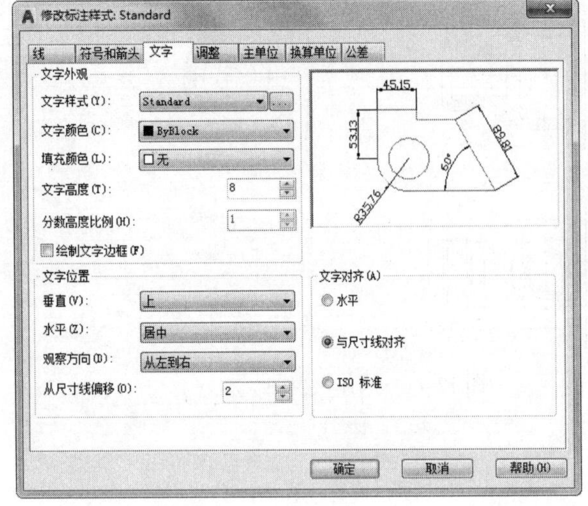

图 12-74 “文字”选项卡

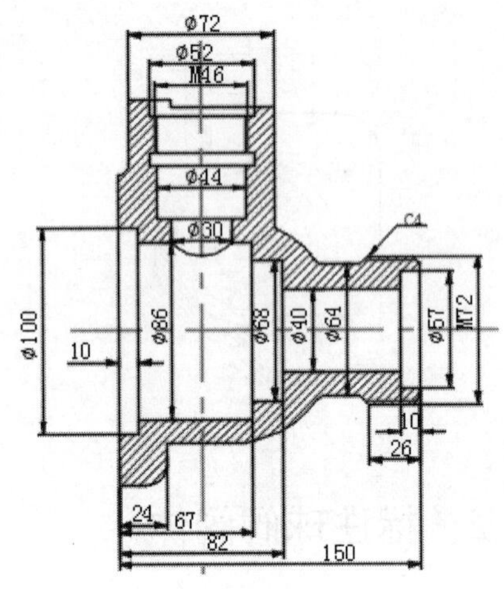

图 12-75 标注主视图

3．标注左视图

（1）按上面的方法标注线性尺寸 150、4、4、22、28、54 和 108。

（2）单击“默认”选项卡下“注释”面板中的“标注样式”按钮，打开“标注样式管理器”对话框，单击“新建”按钮，系统打开“创建新标注样式”对话框，在“用于”下拉列表框中选择“直径标注”选项，如图 12-76 所示。

单击“继续”按钮，系统打开“新建标注样式”对话框，在“文字”选项卡的“文字对齐”选项组中选中“水平”单选按钮，如图 12-77 所示。在“调整”选项卡的“调整选项”选项组中选中“文字”单选按钮，单击“确定”按钮退出。

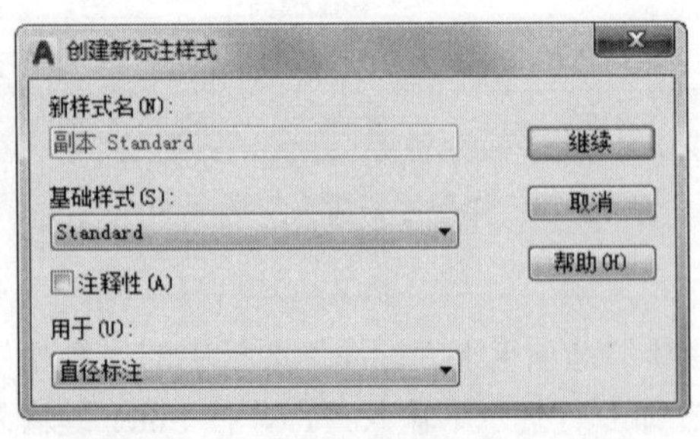

图 12-76 “创建新标注样式”对话框

图 12-77 “新建标注样式：Standard：直径”对话框

（3）单击“注释”选项卡下“标注”面板中的“直径”按钮，标注“4×M20”和“Φ110”。

（4）用于标注半径的标注样式的设置与上面用于直径标注的标注样式一样，标注半径尺寸 R70。

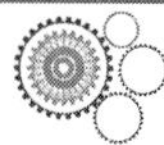

（5）用于标注半径的标注样式的设置与上面用于直径标注的标注样式一样，标注角度尺寸 45°，结果如图 12-78 所示。

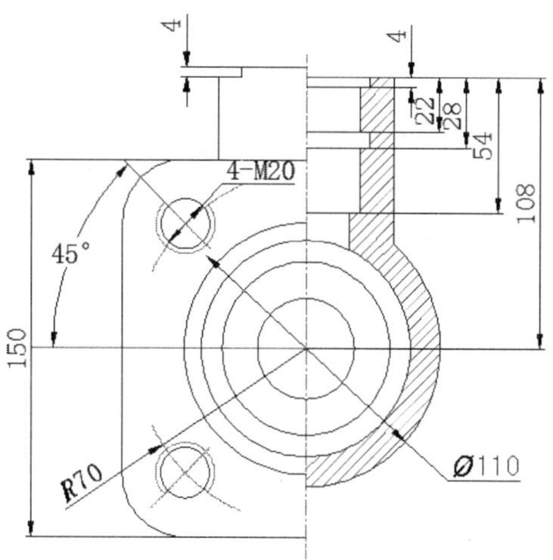

图 12-78　标注左视图

4．标注俯视图

接上面角度标注，在俯视图上标注角度 52°，结果如图 12-79 所示。

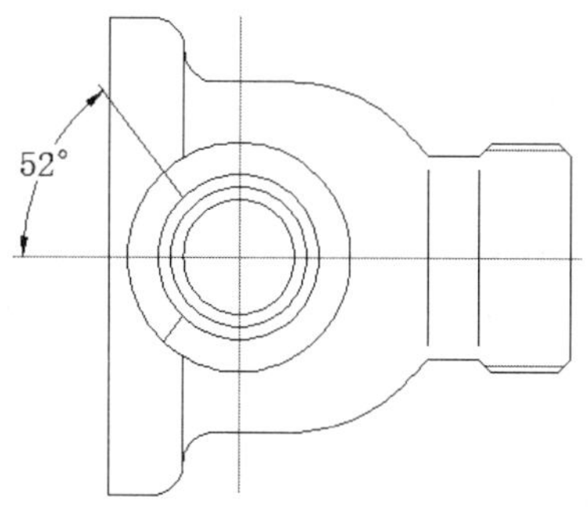

图 12-79　标注俯视图

5．插入“技术要求”文本

（1）切换图层。将“文字”图层设置为当前图层。

（2）填写技术要求。单击“注释”选项卡下“文字”面板中的“多行文字”按钮A，此时打开如图 12-80 所示的“文字编辑器”选项卡。按照图示进行设置，并在其中输入相应的文字，然后单击“确定”按钮，结果如图 12-81 所示。

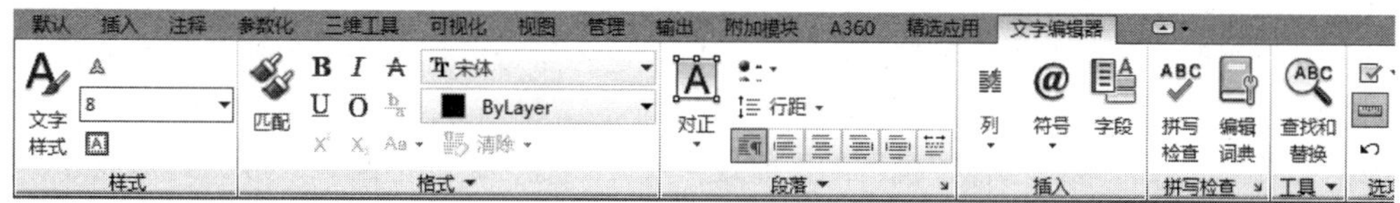

技术要求:

1．铸件时应时效处理，消除内应力;

2．未注铸造圆角为 R10。

图 12-80　“文字编辑器”选项卡

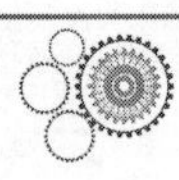

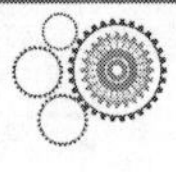

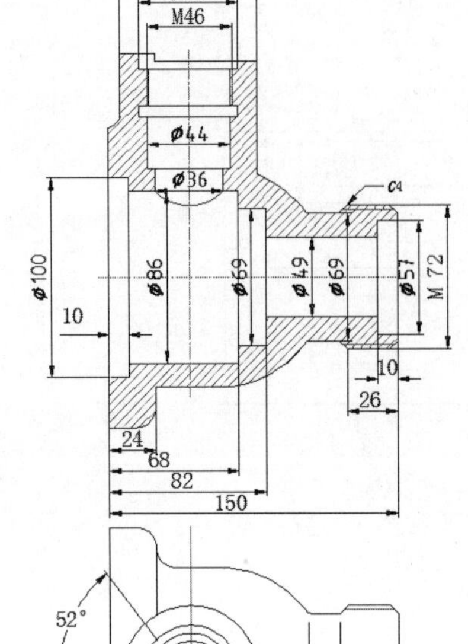

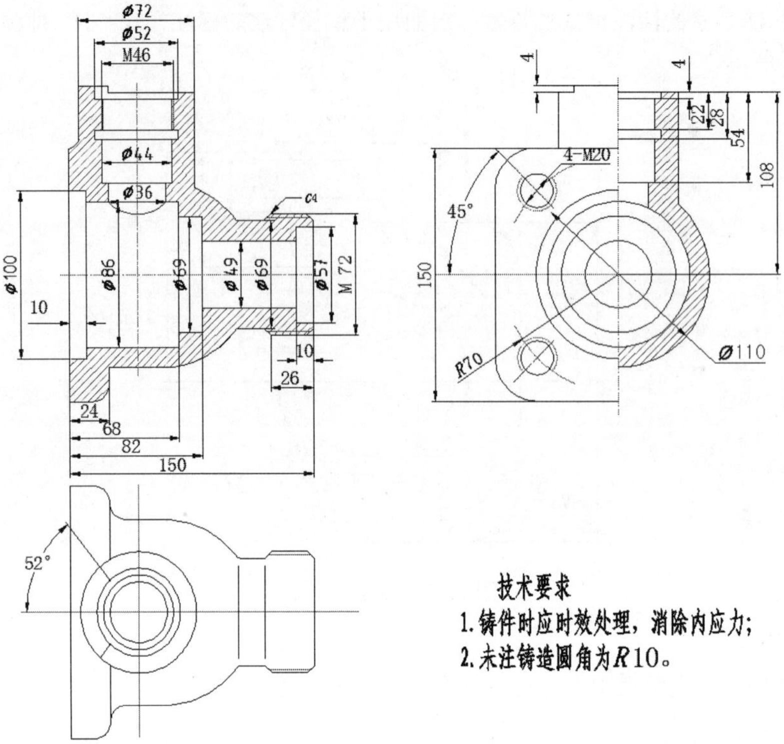

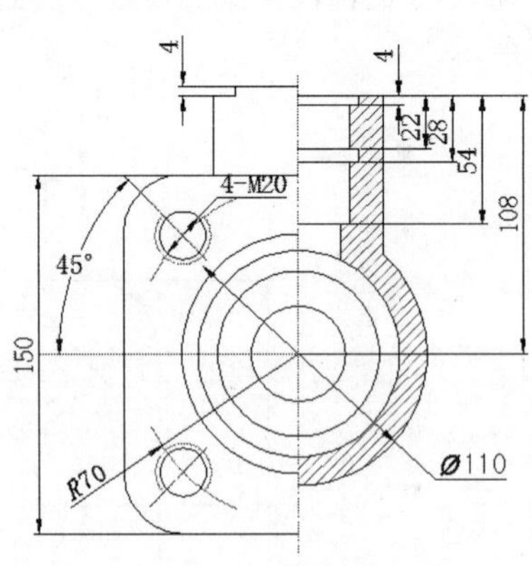

52°

技术要求

1.铸件时应时效处理，消除内应力；

2.未注铸造圆角为R10。

图 12-81　插入“技术要求”文本

6．填写标题栏

（1）切换图层。将“0”图层设置为当前图层。

（2）填写标题栏。单击“注释”选项卡下“文字”面板中的“多行文字”按钮A，填写标题，结果如图 12-36 所示。

7．保存文件

单击快速访问工具栏中的“保存”按钮，保存文件。

12.5　装配图简介

12.5.1　装配图的内容

如图 12-82 所示，一幅完整的装配图应包括下列内容。

（1）一组视图：装配图由一组视图组成，用以表达各组成零件的相互位置和装配关系，部件或机器的工作原理和结构特点。

（2）必要的尺寸：包括部件或机器的性能规格尺寸、零件之间的配合尺寸、外形尺寸、部件或机器的安装尺寸和其他重要尺寸等。

（3）技术要求：说明部件或机器的装配、安装、检验和运转的技术要求，一般用文字写出。

（4）零部件序号、明细栏和标题栏：在装配图中，应对每个不同的零部件编写序号，并在明细栏中依次填写序号、名称、件数、材料和备注等内容。标题栏与零件图中的标题栏相同。

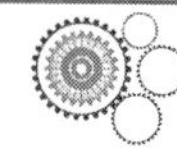

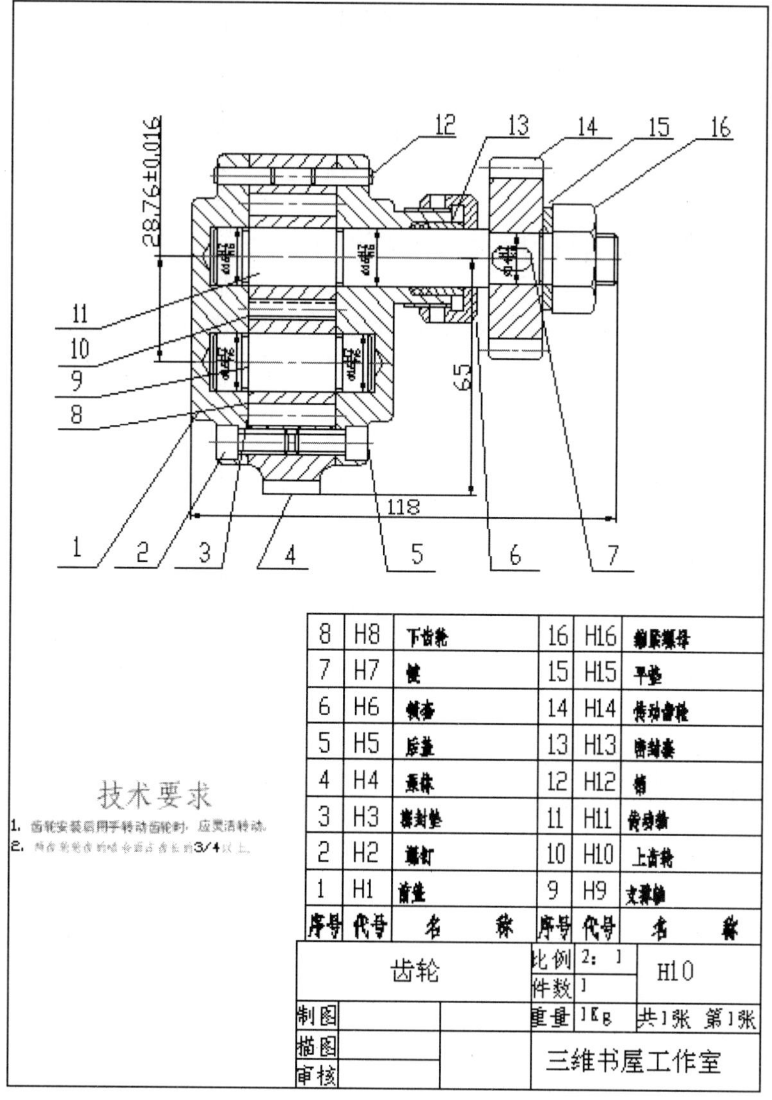

图 12-82　装配图

12.5.2　装配图的特殊表达方法

1．沿结合面剖切或拆卸画法

在装配图中，为了表达部件或机器的内部结构，可以采用沿结合面剖切画法，即假想沿某些零件的结合面剖切，此时，在零件的结合面上不画剖面线，而被剖切的零件一般都应画出剖面线。

在装配图中，为了表达被遮挡部分的装配关系或其他零件，可以采用拆卸画法，即假想拆去一个或几个零件，只画出所要表达部分的视图。

2．假想画法

为了表示运动零件的极限位置，或者与该部件有装配关系，但又不属于该部件的其他相邻零件（或部件），可以用双点画线画出其轮廓。

3．夸大画法

对于薄片零件、细丝弹簧、微小间隙等，若按它们的实际尺寸在装配图中很难画出或难以明显表示时，均可不按比例而采用夸大画法绘制。

4．简化画法

在装配图中，零件的工艺结构，如圆角、倒角、退刀槽等可不画出。对于若干相同的零件组，如螺栓连接等，可详细地画出一组或几组，其余只需用点画线表示其装配位置即可。

Note

12.5.3 装配图中零、部件序号的编写

为了便于读图，便于图样管理，以及做好生产准备工作，装配图中所有零、部件都必须编写序号，且同一装配图中相同零、部件只编写一个序号，并将其填写在标题栏上方的明细栏中。

1．装配图中序号编写的常见形式

装配图中序号的编写方法有以下 3 种，如图 12-83 所示。

在所指的零、部件的可见轮廓内画一圆点，然后从圆点开始画指引线（细实线），在指引线的末端画一水平线或圆（均为细实线），在水平线上或圆内注写序号，序号的字高应比尺寸数字大两号，如图 12-83（a）所示。

在指引线的末端也可以不画水平线或圆，直接注写序号，序号的字高应比尺寸数字大两号，如图 12-83（b）所示。

对于很薄的零件或涂黑的剖面，可用箭头代替圆点，箭头指向该部分的轮廓，如图 12-83（c）所示。

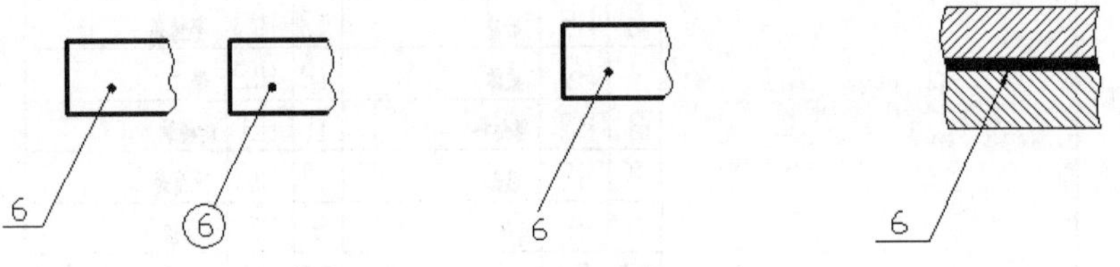

（a）序号在指引线上或圆内　（b）序号在指引线附近　（c）箭头代替圆点

图 12-83　序号的编写形式

2．编写序号的注意事项

指引线相互不能相交，不能与剖面线平行，必要时可以将指引线画成折线，但是只允许曲折一次，如图 12-84 所示。

序号应按照水平或垂直方向顺时针（或逆时针）方向顺次排列整齐，并尽可能均匀分布；一组紧固件以及装配关系清楚的零件组，可采用公共指引线，如图 12-85 所示。

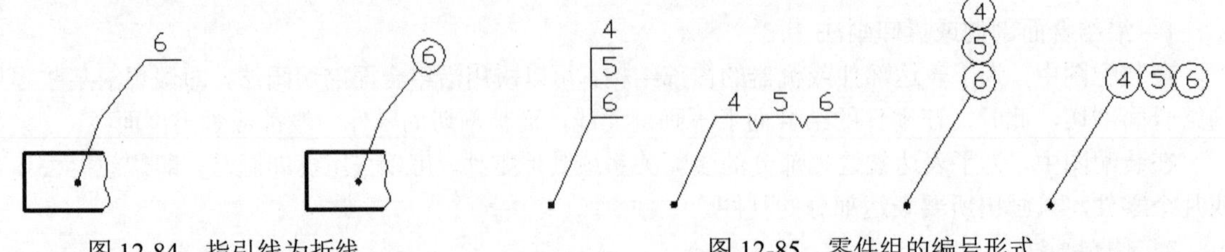

图 12-84　指引线为折线　　图 12-85　零件组的编号形式

装配图中的标准化组件（如滚动轴承、电动机等）可看作一个整体，只编写一个序号；部件中的标准件可以与非标准件同样地编写序号，也可以不编写序号，而将标准件的数量与规格直接用指引线标明在图中。

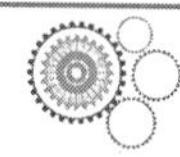

12.6 装配图的一般绘制过程与方法

下面简要讲述装配图绘制的一般过程与具体方法。

12.6.1 装配图的一般绘制过程

装配图的绘制过程与零件图比较相似，但又具有自身的特点，下面简单介绍装配图的一般绘制过程。

（1）在绘制装配图之前，同样需要根据图纸幅面大小和版式的不同，分别建立符合机械制图国家标准的若干机械图样模板。模板中包括图纸幅面、图层、使用文字的一般样式、尺寸标注的一般样式等，这样在绘制装配图时，就可以直接调用建立好的模板进行绘图，而且有利于提高工作效率。

（2）使用绘制装配图的方法绘制完成装配图。

（3）对装配图进行尺寸标注。

（4）编写零部件序号。用快速引线标注命令 QLEADER 绘制编写序号的指引线及注写序号。

（5）绘制明细栏（也可以将明细栏的单元格创建为图块，用到时插入即可），填写标题栏及明细栏，注写技术要求。

（6）保存图形文件。

12.6.2 装配图的绘制方法

利用 AutoCAD 绘制装配图可以采用以下几种方法：零件图块插入法、图形文件插入法、根据零件图直接绘制及利用设计中心拼画装配图等。

1．零件图块插入法

零件图块插入法，即将组成部件或机器的各个零件的图形先创建为图块，然后按零件间的相对位置关系，将零件图块逐个插入，拼画成装配图的一种方法。

2．图形文件插入法

由于在 AutoCAD 2018 中，图形文件可以用插入块命令 INSERT，在不同的图形中直接插入，因此，可以用直接插入零件图形文件的方法来拼画装配图，该方法与零件图块插入法极其相似，不同的是，此时插入基点为零件图形的左下角坐标（0,0），这样在拼画装配图时，就无法准确地确定零件图形在装配图中的位置。因此，为了使图形插入时能准确地放到需要的位置，在绘制完零件图形后，应首先用定义基点命令 BASE 设置插入基点，然后保存文件，这样在用插入块命令 INSERT 将该图形文件插入时，就以定义的基点为插入点进行插入，从而完成装配图的拼画。

3．直接绘制

对于一些比较简单的装配图，可以直接利用 AutoCAD 的二维绘图及编辑命令，按照装配图的画图步骤将其绘制出来。在绘制过程中，还要用到对象捕捉及正交等绘图辅助工具帮助我们进行精确绘图，并用对象追踪来保证视图之间的投影关系。

4．利用设计中心拼画装配图

在 AutoCAD 设计中心中，可以直接插入其他图形中定义的图块，但是一次只能插入一个图块。图块被插入图形后，如果原来的图块被修改，则插入图形中的图块也随之改变。

12.7 球阀装配平面图

Note

视频讲解

球阀装配图由阀体、阀盖、密封圈、阀芯、压紧套、阀杆和扳手等零件图组成，如图 12-86 所示。

装配图是零部件加工和装配过程中重要的技术文件。在设计过程中要用到剖视以及放大等表达方式，还要标注装配尺寸，绘制和填写明细表等。因此，通过球阀装配图的绘制，可以提高我们的综合设计能力。将零件图的视图进行修改，制作成块，然后将这些块插入装配图中，制作块的步骤本节不再介绍，用户可以参考相应的介绍。

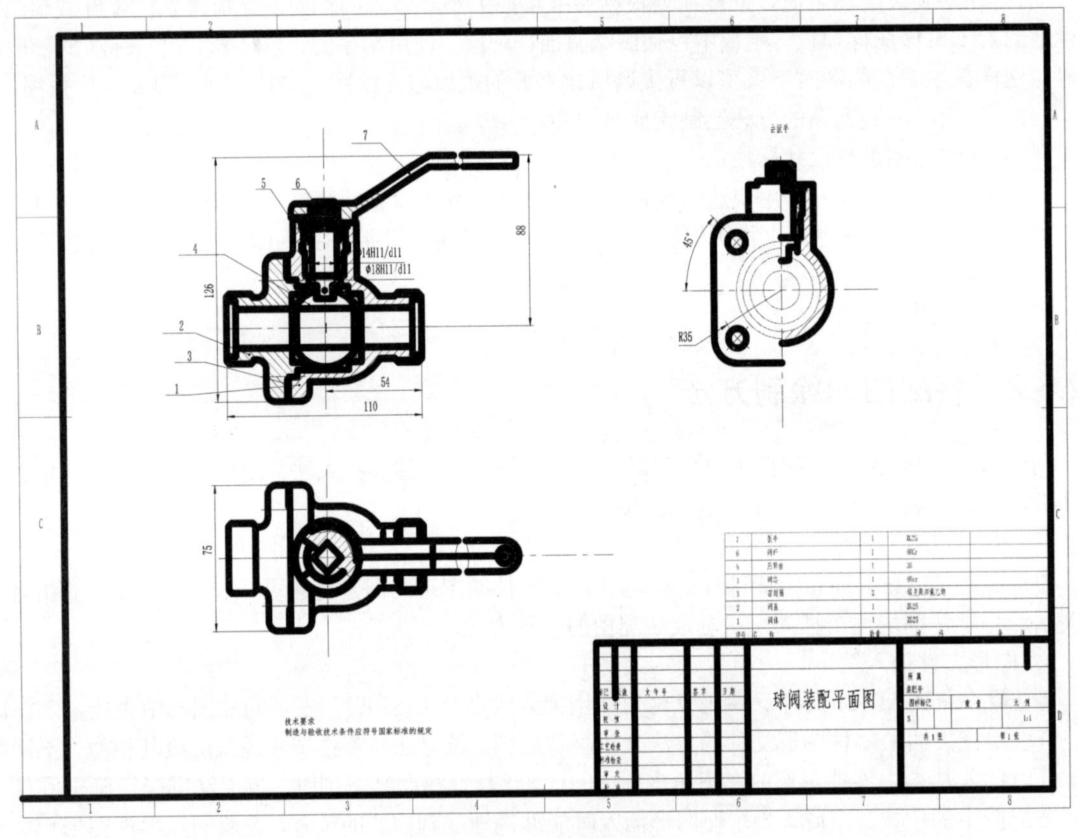

图 12-86　球阀装配图

12.7.1 配置绘图环境

操作步骤如下：

（1）新建文件。单击快速访问工具栏中的“新建”按钮，打开“选择样板”对话框，选择 A2-2 样板图文件作为模板，模板如图 12-87 所示，将新文件命名为“球阀装配图.dwg”并保存。

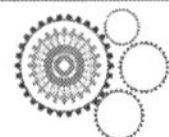

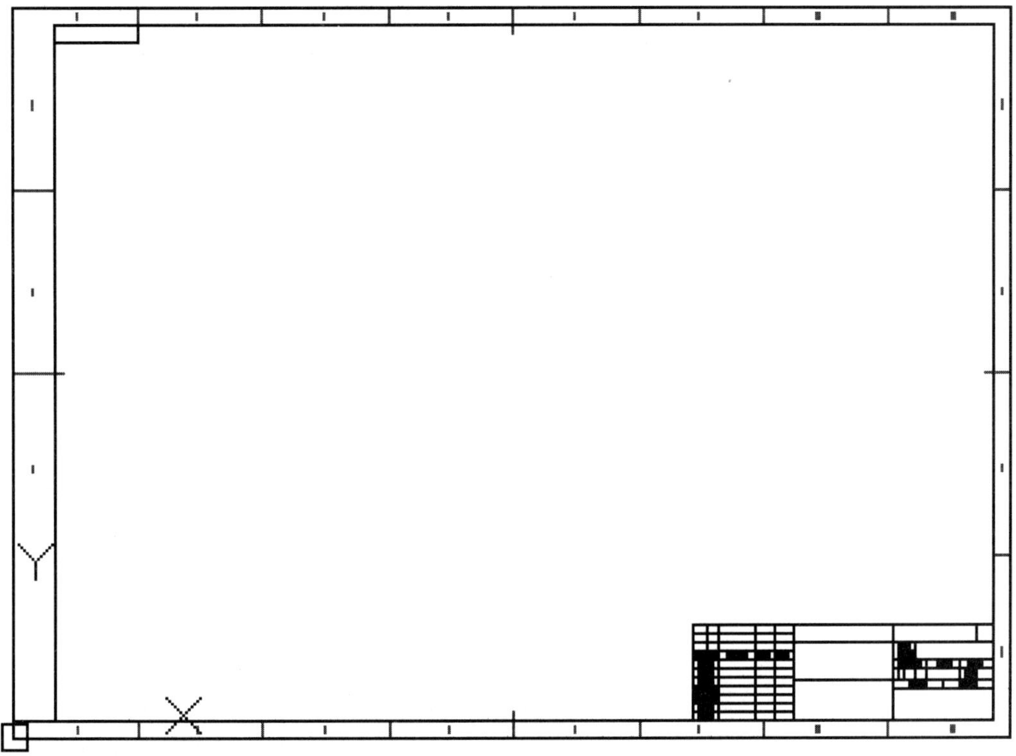

图 12-87　球阀装配平面图模板

（2）新建图层。单击“默认”选项卡下“图层”面板中的“图层特性”按钮，新建并设置每一个图层，如图 12-88 所示。

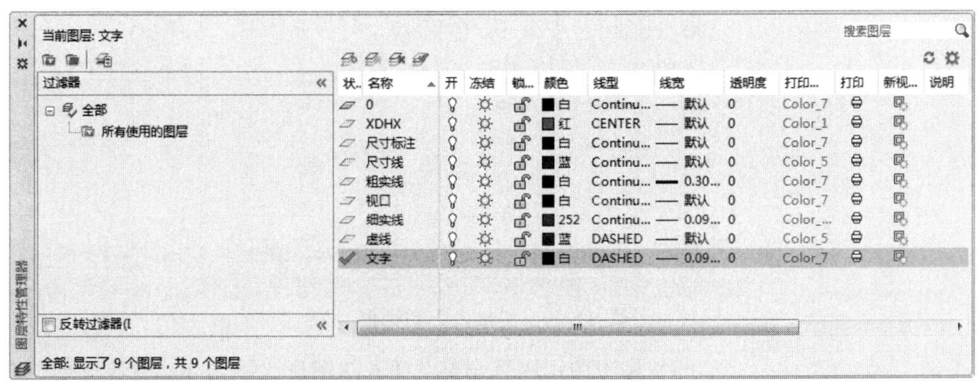

图 12-88　“图层特性管理器”选项板

12.7.2　组装装配图

球阀装配平面图主要由阀体、阀盖、密封圈、阀芯、压紧套、阀杆和扳手等零件图组成。在绘制零件图时，用户可以为了装配的需要，将零件的主视图以及其他视图分别定义成图块，但是在定义的图块中不包括零件的尺寸标注和定位中心线，块的基点应选择在与其零件有装配关系或定位关系的关键点上。

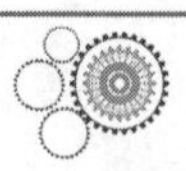

Note

操作步骤如下：

（1）插入阀体平面图。单击“视图”选项卡下“选项板”面板中的“设计中心”按钮，打开“设计中心”选项板，如图 12-89 所示。在 AutoCAD 设计中心中有“文件夹”“打开的图形”和“历史记录”3 个选项卡，用户可以根据需要选择相应的选项卡。

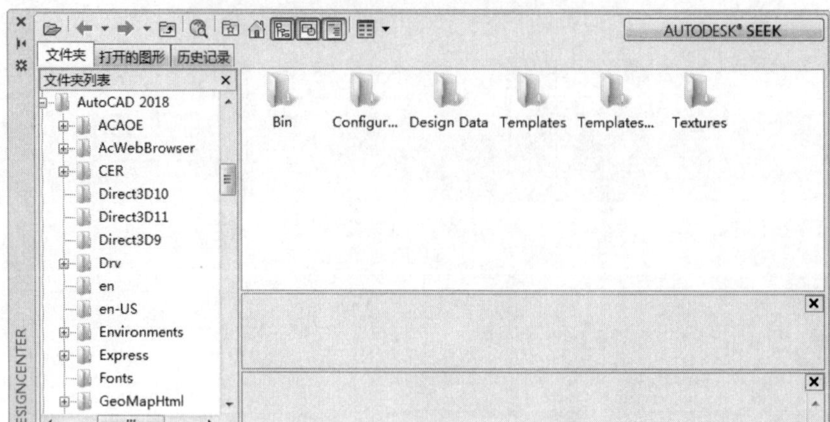

图 12-89　“设计中心”选项板

（2）选择“文件夹”选项卡，则计算机中所有的文件都会显示在其中，找到要插入的阀体零件图文件双击，然后双击该文件中的“块”选项，则图形中所有的块都会显示在右边的图框中，如图 12-89 所示，在其中选择“阀体主视图”块双击，系统打开“插入”对话框，如图 12-90 所示。

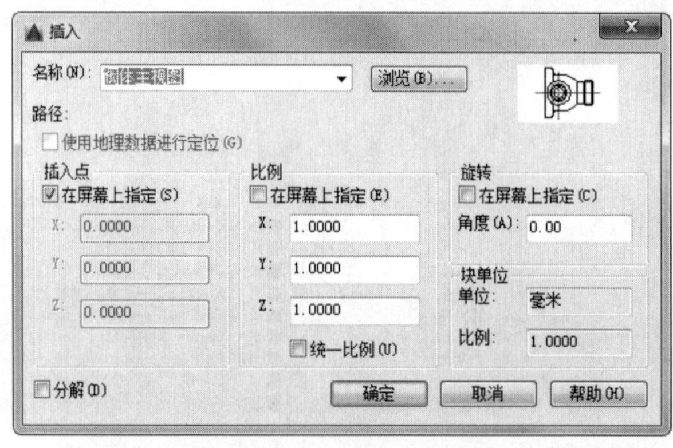

图 12-90　“插入”对话框

（3）按照图示进行设置，插入的图形比例为 1，旋转角度为 0°，然后单击“确定”按钮，则此时命令行会提示“指定插入点或[比例(S)/X/Y/Z/旋转(R)/预览比例(PS)/PX/PY/PZ/预览旋转(PR)]:”。

（4）在命令行输入（100,200），将“阀体主视图”图块插入到球阀装配图中，且插入后轴右端中心线处的坐标为（100,200），结果如图 12-91 所示。

（5）继续插入“阀体俯视图”图块。插入的图形比例为 1，旋转角度为 0°，插入点坐标为（100,100）；继续插入“阀体左视图”图块，插入的图形比例为 1，旋转角度为 0°，插入点坐标为（300,200），结果如图 12-92 所示。

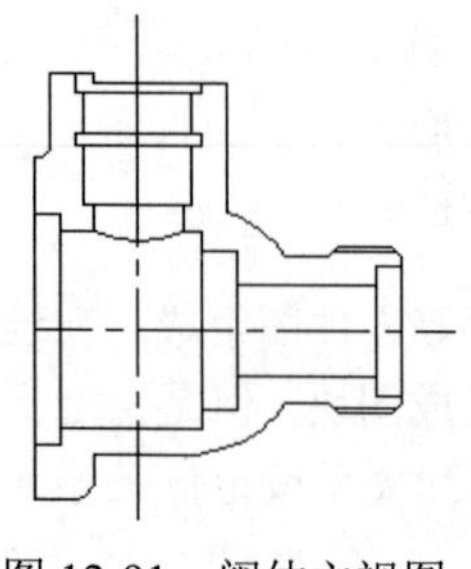

图 12-91　阀体主视图

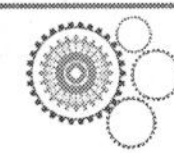

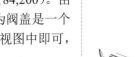

（6）继续插入“阀盖主视图”图块。比例为 1，旋转角度为 0°，插入点坐标为（84,200）。由于阀盖的外形轮廓与阀体左视图的外形轮廓相同，故“阀盖左视图”块不需要插入。因为阀盖是一个对称结构，其主视图与俯视图相同，所以把“阀盖主视图”图块插入“阀体装配图”的俯视图中即可，结果如图 12-93 所示。

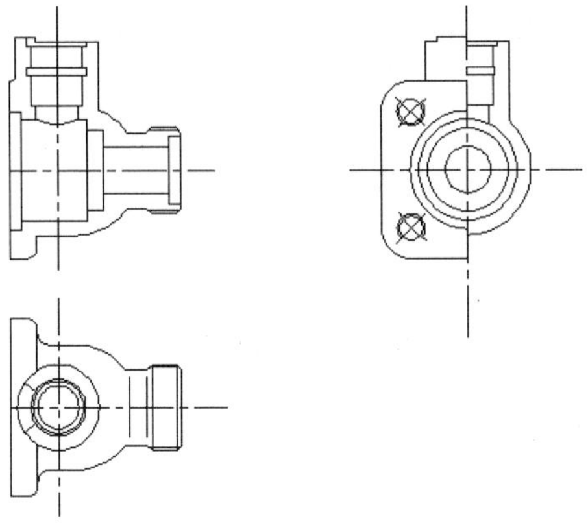

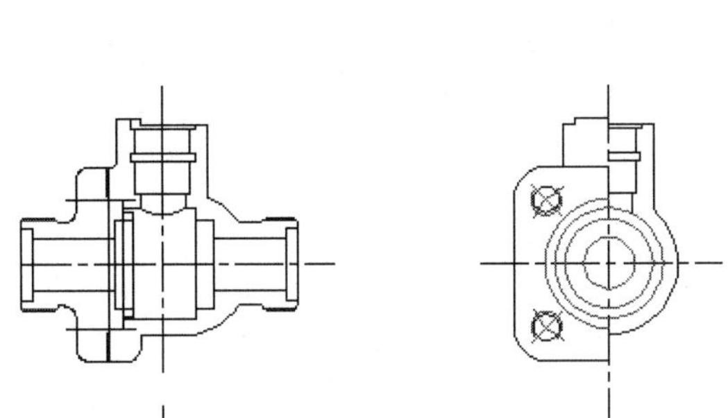

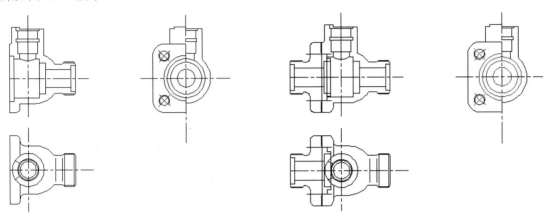

图 12-92　阀体三视图

图 12-93　插入阀盖

（7）将俯视图中的阀盖俯视图分解并修改，结果如图 12-94 所示。

（8）继续插入“密封圈主视图”图块，设置比例为 1，旋转角度为 90°，插入点坐标为（120,200）。由于该装配图中有两个密封圈，因此再插入一个，插入的图形比例为 1，旋转角度为-90°，插入点坐标为（77,200），结果如图 12-95 所示。

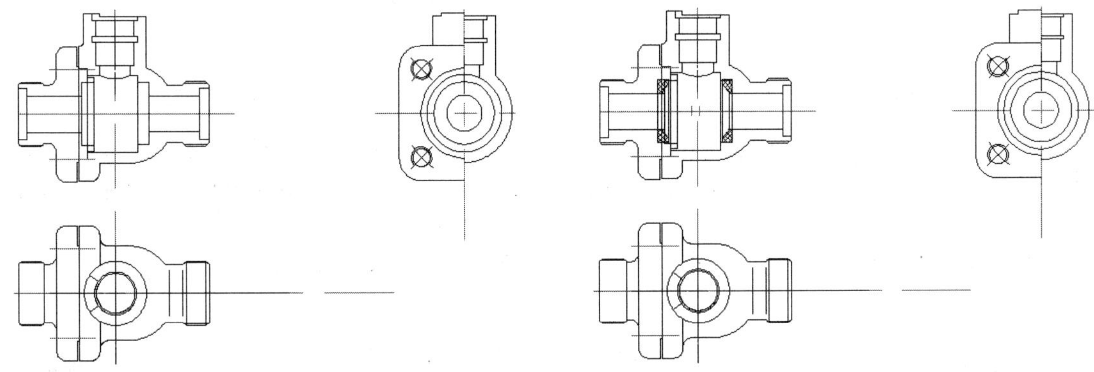

图 12-94　修改阀盖俯视图

图 12-95　插入密封圈主视图

（9）继续插入“阀芯主视图”图块，设置比例为 1，旋转角度为 0°，插入点坐标为（100,200），结果如图 12-96 所示。

（10）继续插入“阀杆主视图”图块，设置比例为 1，旋转角度为-90°，插入点坐标为（100,227）；插入阀杆俯视图图块的图形比例为 1，旋转角度为 0°，插入点坐标为（100,100）；阀杆左视图图块与主视图相同，所以插入“阀杆主视图”图块的左视图，图形比例为 1，旋转角度为-90°，插入点坐标为（300,227），并对左视图图块进行分解删除，结果如图 12-97 所示。

（11）继续插入“压紧套主视图”图块，设置比例为 1，旋转角度为 0°，插入点坐标为（100,235）；由于压紧套左视图与主视图相同，故可在阀体左视图中继续插入压紧套主视图图块，插入的图形比例为 1，旋转角度为 0°，插入点坐标为（300,235），结果如图 12-98 示。

Note

（12）把主视图和左视图中的压紧套图块分解并修改，结果如图 12-99 所示。

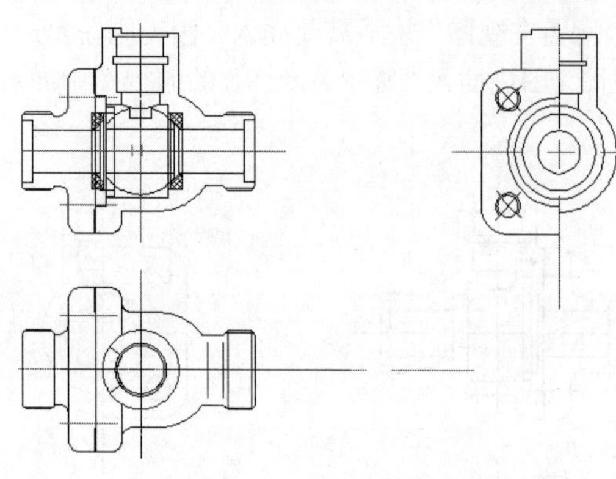

图 12-96　插入阀芯主视图

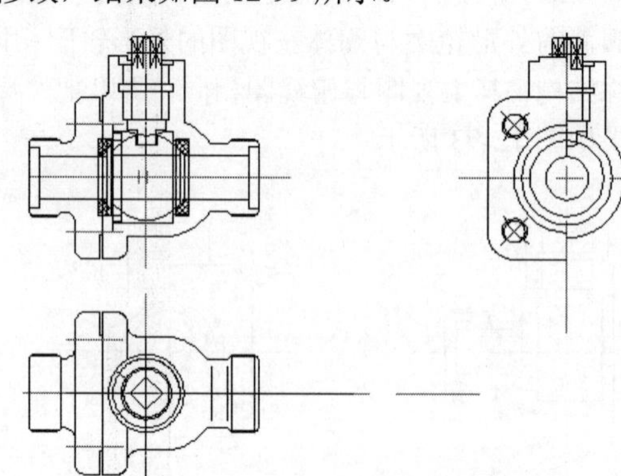

图 12-97　插入阀杆

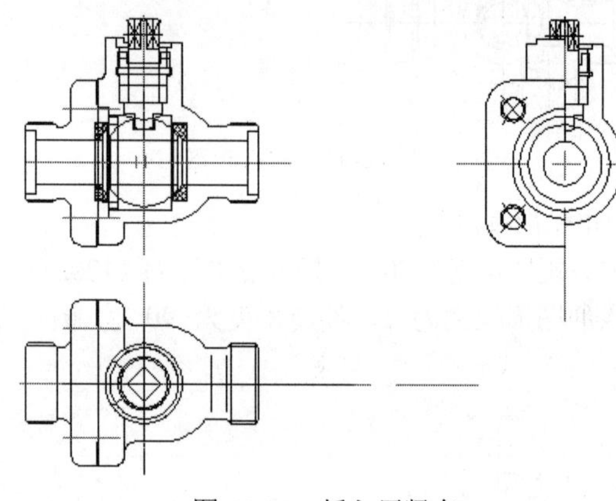

图 12-98　插入压紧套

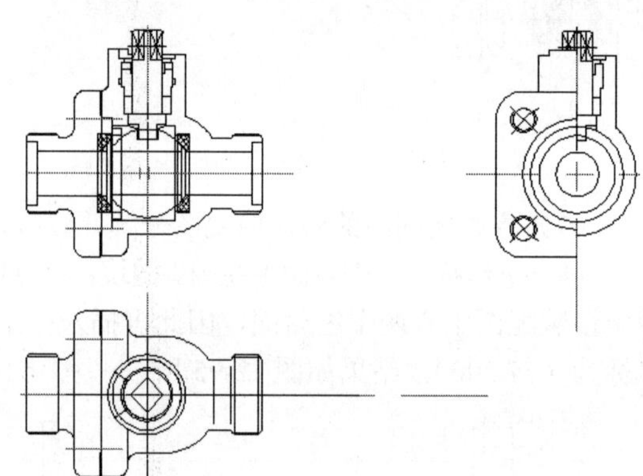

图 12-99　修改视图后的图形

（13）继续插入“扳手主视图”图块，设置比例为 1，旋转角度为 0°，插入点坐标为（100,254）；插入扳手俯视图图块的图形比例为 1，旋转角度为 0°，插入点坐标为（100,100），结果如图 12-100 所示。

（14）把主视图和俯视图中的扳手图块分解并修改，结果如图 12-101 所示。

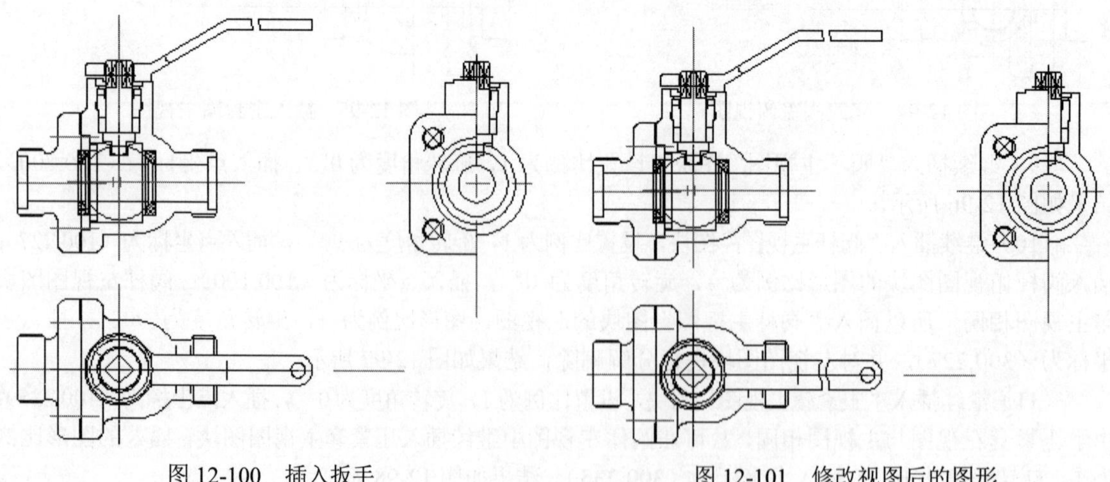

图 12-100　插入扳手　　　　图 12-101　修改视图后的图形

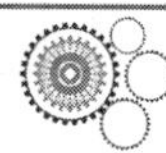

12.7.3 填充剖面线

操作步骤如下：

（1）修改视图。综合运用各种命令，将图 12-101 所示的图形进行修改并绘制填充剖面线的边界线，结果如图 12-102 所示。

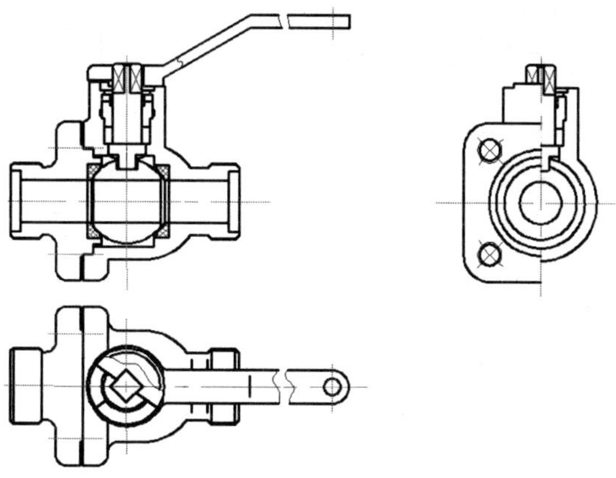

图 12-102 修改并绘制填充边界线

（2）绘制剖面线。利用“图案填充”命令，选择需要的剖面线样式，进行剖面线的填充。

（3）如果对填充后的效果不满意，可以双击图形中的剖面线，打开“图案填充编辑”对话框进行二次编辑。

（4）重复“图案填充”命令，对视图中需要填充的区域进行填充。

（5）利用“修剪”命令修剪多余线段，结果如图 12-103 所示。

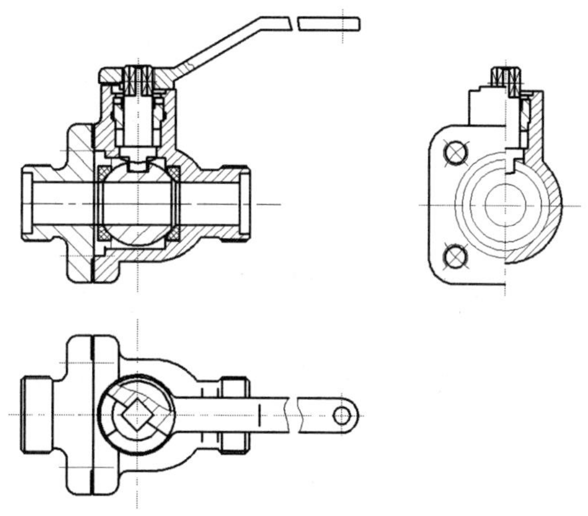

图 12-103 填充后的图形

12.7.4 标注球阀装配平面图

操作步骤如下：

（1）标注尺寸。在装配图中，不需要将每个零件的尺寸全部标注出来，需要标注的尺寸有规格

尺寸、装配尺寸、外形尺寸、安装尺寸以及其他重要尺寸。在本例中，只需标注一些装配尺寸，而且都为线性标注，比较简单，所以此处不再赘述。如图 12-104 所示为标注尺寸后的装配图。

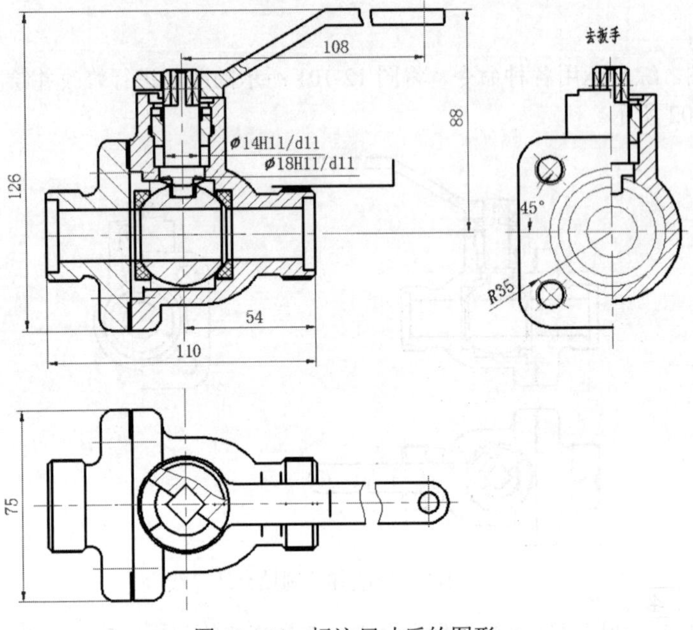

图 12-104 标注尺寸后的图形

（2）标注零件序号。标注零件序号采用引线标注方式（QLEADER 命令），在标注引线时，为了保证引线中的文字在同一水平线上，可以在合适的位置绘制一条辅助线。

（3）利用“多行文字”命令 A，在左视图上方标注“去扳手”3 个字，表示左视图上省略了扳手零件部分轮廓线。

（4）标注完成后，将绘图区所有的图形移动到图框中合适的位置，如图 12-105 所示为标注后的装配图。

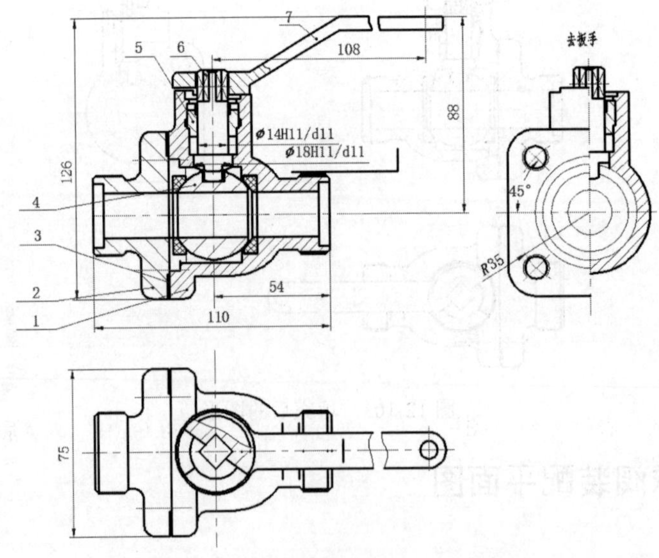

图 12-105 标注零件序号后的装配图

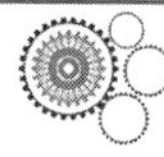

12.7.5 绘制和填写明细表

操作步骤如下：

（1）绘制表格线。单击“默认”选项卡下“绘图”面板中的“矩形”按钮，绘制矩形{（40,10），（220,17）}；单击“默认”选项卡下“修改”面板中的“分解”按钮，分解刚绘制的矩形；单击“默认”选项卡下“修改”面板中的“偏移”按钮将左边的竖直直线进行偏移，如图 12-106 所示。

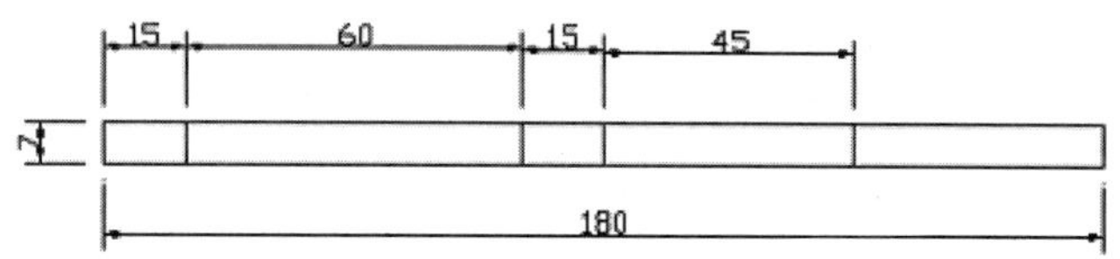

图 12-106 明细表格线

（2）设置文字标注格式。单击“默认”选项卡下“注释”面板中的“文字样式”按钮，新建“明细表”文字样式，文字高度设置为 3，将其设置为当前使用的文字样式。

（3）填写明细表标题栏。单击“默认”选项卡下“注释”面板中的“多行文字”按钮，依次填写明细表标题栏中各项，结果如图 12-107 所示。

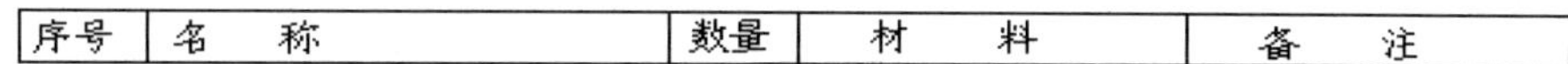

图 12-107 填写明细表标题栏

（4）创建明细表标题栏图块。单击“默认”选项卡下“块”面板中的“创建”按钮，打开“块定义”对话框，创建“明细表标题栏”图块，如图 12-108 所示。

图 12-108 “块定义”对话框

（5）保存“明细表标题栏”图块。在命令行中输入“WBLOCK”命令后按 Enter 键，打开“写块”对话框，在“源”选项组中选中“块”单选按钮，从其下拉列表框中选择“明细表标题栏”图块选项，在“目标”选项组中选择文件名和路径，如图 12-109 所示，完成图块的保存。

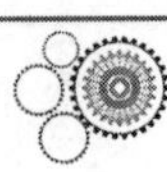

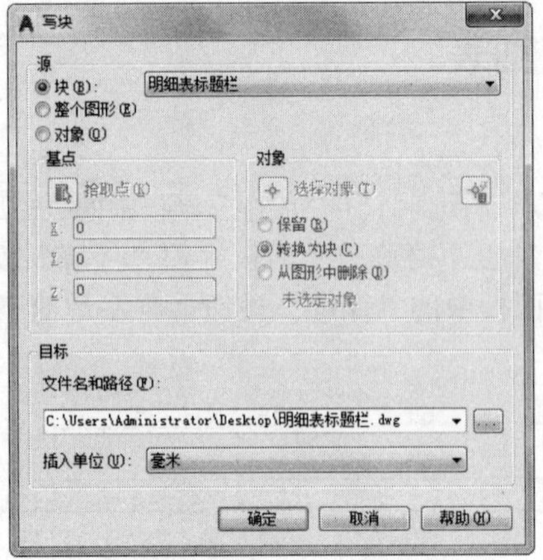

图 12-109 “写块”对话框

（6）绘制内容栏表格。复制明细表标题栏图块并对其进行分解、删除，绘制其内容栏表格，如图 12-110 所示。

（7）创建明细表内容栏。选择菜单栏中的“绘图/块/创建”命令，打开“块定义”对话框，创建“明细表内容栏”图块，基点选择为表格右下角点。

（8）保存“明细表内容栏”图块。在命令行中输入“WBLOCK”命令后按 Enter 键，打开“写块”对话框，在“源”选项组中选中“块”单选按钮，从其下拉列表框中选择“明细表内容栏”图块选项，在“目标”选项组中选择文件名和路径，完成图块的保存。

（9）打开“属性定义”对话框。选择菜单栏中的“绘图/块/定义属性”命令，或在命令行中输入“ATIDEF”命令后按 Enter 键，打开“属性定义”对话框，如图 12-111 所示。

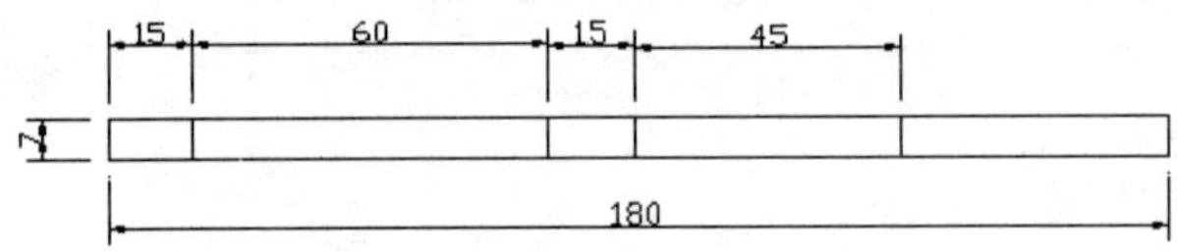

图 12-110 绘制明细表内容栏表格

图 12-111 “属性定义”对话框

（10）定义“序号”属性。在“属性”选项组的“标记”文本框中输入“N”，在“提示”文本框中输入“输入序号”，在“插入点”选项组中选中“在屏幕上指定”复选框，选择在明细表内容栏的第一栏中插入，单击“确定”按钮，完成“序号”属性的定义。

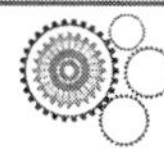

（11）定义其他 4 个属性。采用同样的方法，打开“属性定义”对话框，依次定义明细表内容栏的后 4 个属性：① 标记“NAME”，提示“输入名称:”；② 标记 Q，提示“输入数量:”；③ 标记“MATERAL”，提示“输入材料:”；④ 标记“NOTE”，提示“输入备注:”。插入点均选中“在屏幕上指定”复选框。

定义好 5 个文字属性的明细表内容栏，如图 12-112 所示。

N	NAME	Q	MATERAL	NOTE

图 12-112　定义 5 个文字属性

（12）创建并保存带文字属性的图块。选择菜单栏中的“绘图/块/创建”命令，打开“块定义”对话框，选择明细表内容栏以及 5 个文字属性，创建“明细表内容栏”图块，基点选择为表格右下角点。利用“WBLOCK”命令，打开“写块”对话框，保存“明细表内容栏”图块，结果如图 12-113 所示。

12.7.6　填写技术要求

将“文字”图层设置为当前图层，利用“多行文字”命令填写技术要求。

7	扳手	1	ZG25	
6	阀杆	1	40Cr	
5	压紧套	1	35	
4	阀芯	1	40cr	
3	密封圈	2	填充聚四氟乙烯	
2	阀盖	1	ZG25	
1	阀体	1	ZG25	
序号	名　称	数量	材　料	备　注

图 12-113　装配图明细表

12.7.7　填写标题栏

将“文字”图层设置为当前图层，单击“默认”选项卡下“注释”面板中的“多行文字”按钮A，填写标题栏中相应的内容，结果如图 12-114 所示。

<table>
<tr><td rowspan="3">球阀装配平面图</td><td>所 属
装配号</td><td colspan="4"></td></tr>
<tr><td>图样标记</td><td></td><td></td><td>重　量</td><td>比　例</td></tr>
<tr><td>S</td><td></td><td></td><td></td><td>1:1</td></tr>
</table>

图 12-114　填写标题栏结果

12.8　实 战 演 练

【实战演练 1】绘制滑动轴承零件图。

如图 12-115～图 12-118 所示。

Note

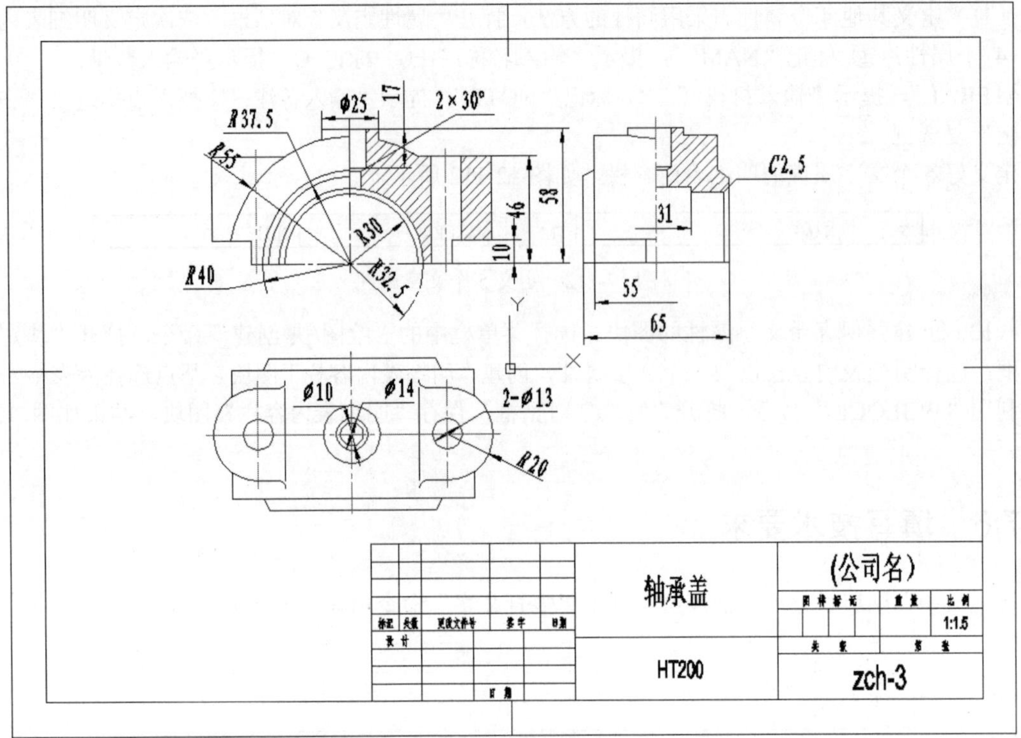

图 12-115　滑动轴承的上盖

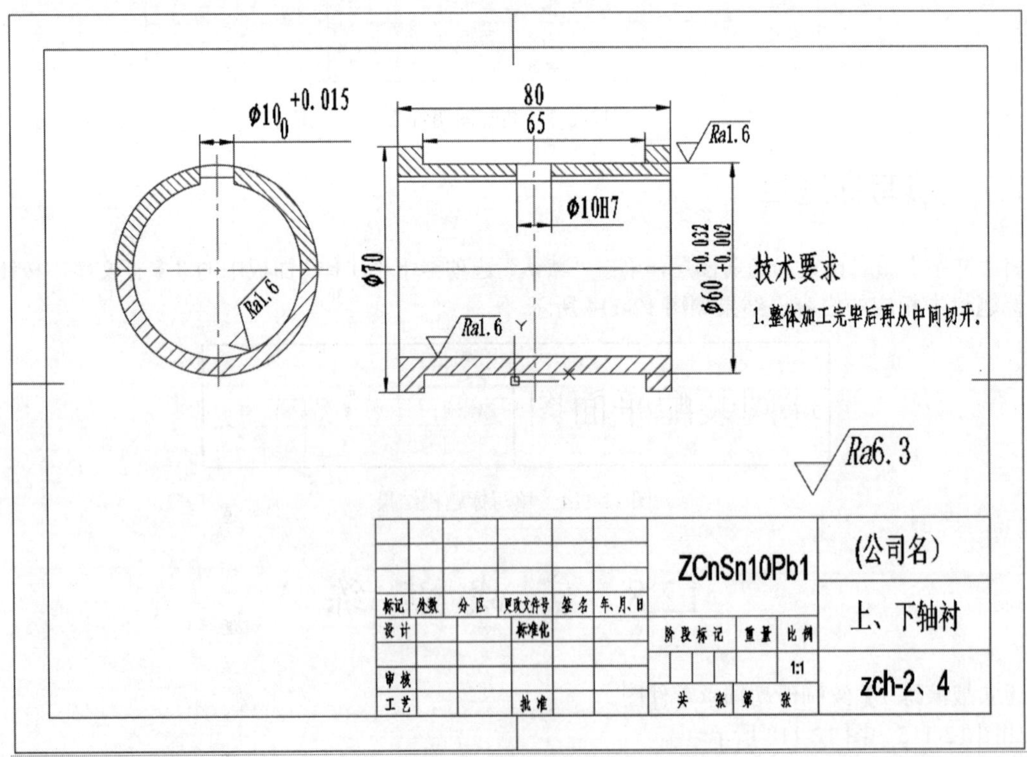

图 12-116　滑动轴承的上、下轴衬

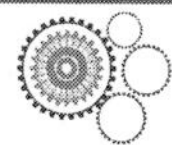

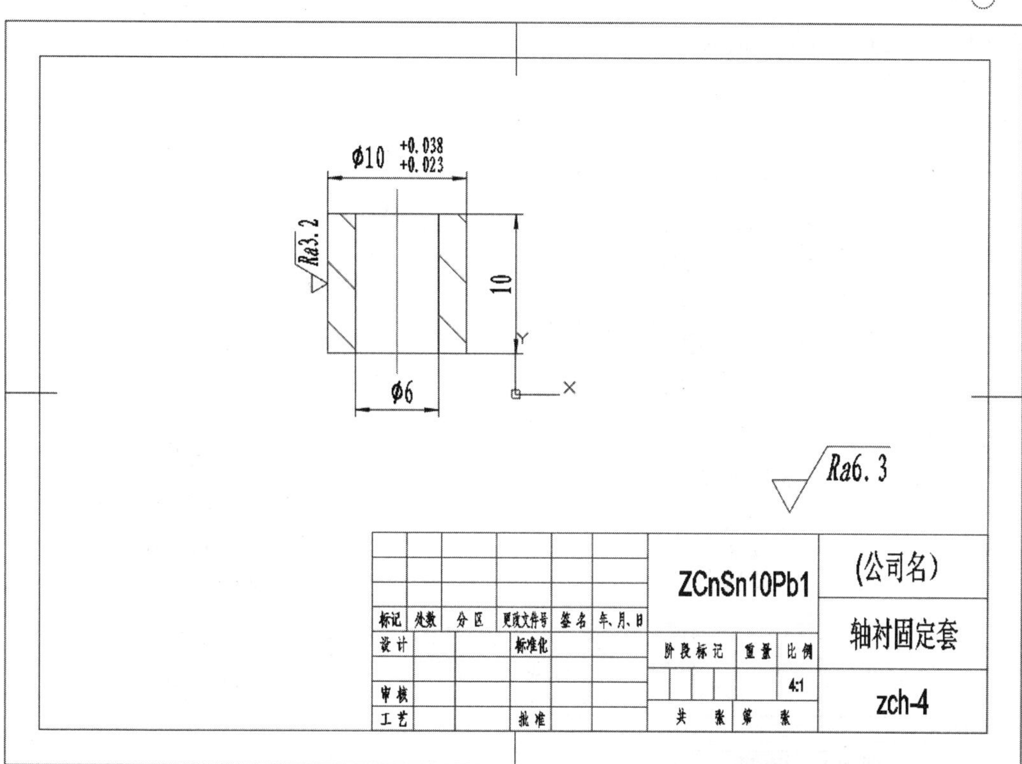

图 12-117 滑动轴承的轴衬固定套

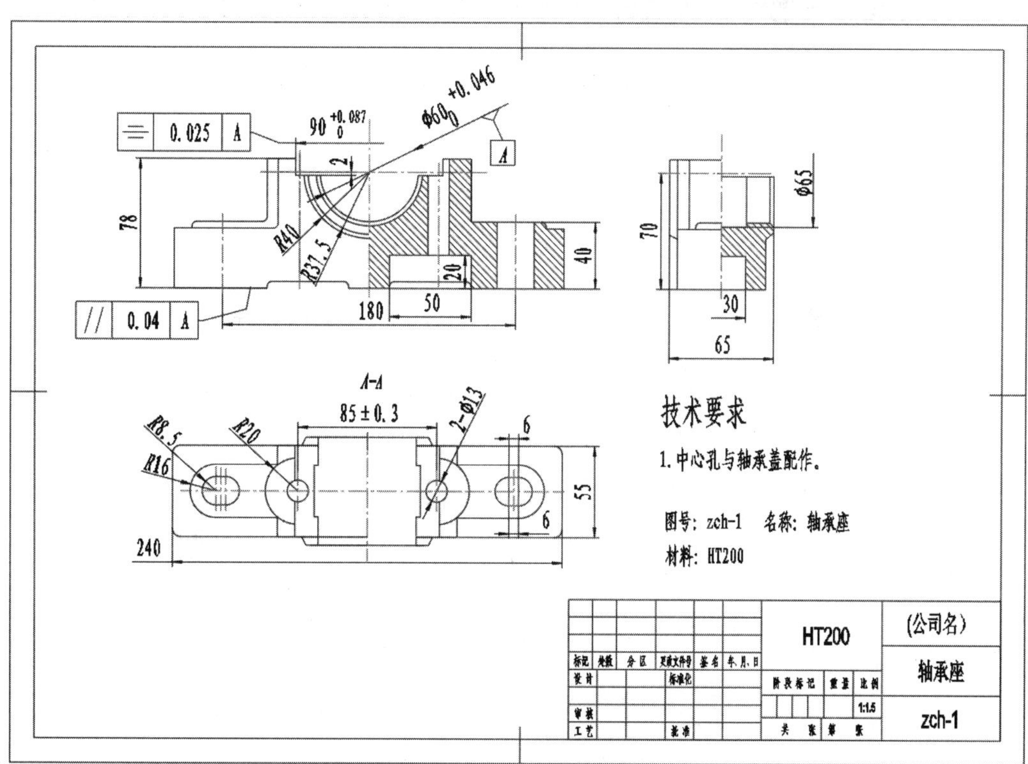

图 12-118 滑动轴承的轴承座

Note

【实战演练 2】绘制滑动轴承的装配图。

如图 12-119 所示。

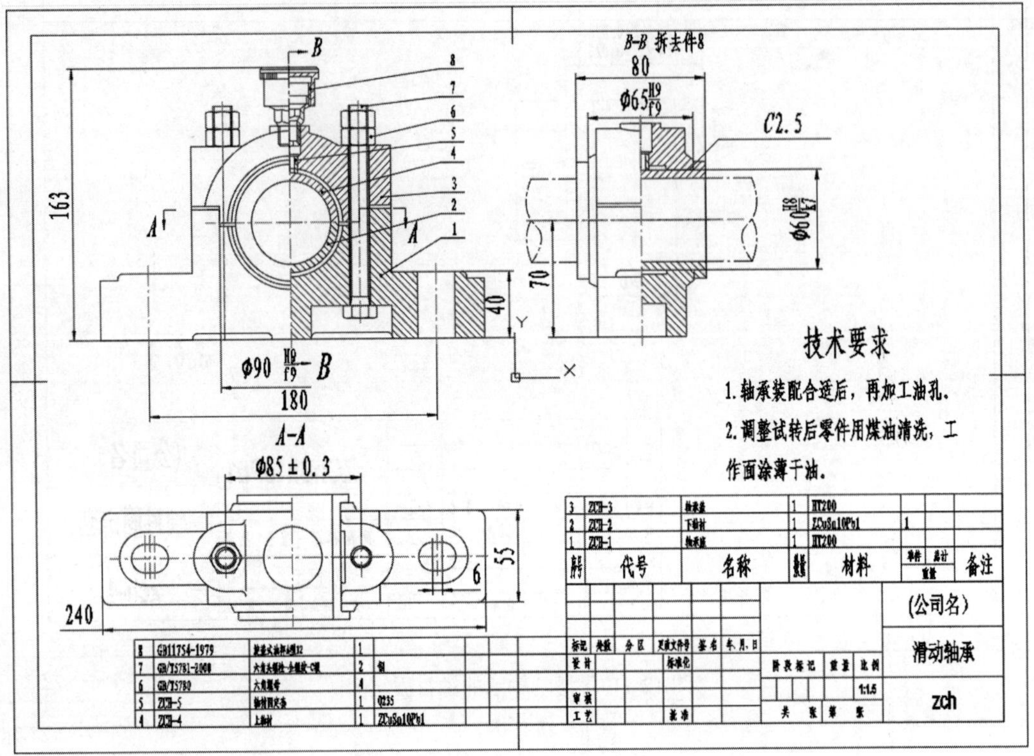

图 12-119　滑动轴承装配图

▶▶第 3 篇

典型机械零件三维造型篇

- 三维图形基础知识
- 螺纹类零件三维设计
- 盘盖类零件三维设计
- 轴系零件三维设计
- 叉架类零件三维设计
- 箱体类零件三维设计
- 球阀三维造型设计

第13章

三维图形基础知识

本章学习要点和目标任务：

- ☑ 三维坐标系统
- ☑ 观察模式
- ☑ 绘制三维网格曲面
- ☑ 绘制基本三维网格
- ☑ 显示形式
- ☑ 渲染实体
- ☑ 绘制基本三维实体
- ☑ 布尔运算
- ☑ 特征操作
- ☑ 编辑三维图形
- ☑ 编辑实体

AutoCAD 2018 不仅具有强大的二维绘图功能，它还具有完成复杂图形的绘制与编辑的功能。三维绘图的好处不言自明，既利于看到真实、直观的效果，也可以方便地通过投影转换为二维图形，本章将主要讲述怎样利用 AutoCAD 2018 进行三维绘图。

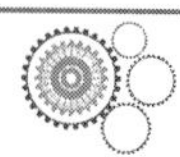

13.1　三维坐标系统

AutoCAD 使用的是笛卡儿坐标系。AutoCAD 使用的直角坐标系有两种类型，一种是绘制二维图形时常用的坐标系，即世界坐标系（WCS），由系统默认提供。世界坐标系又称为通用坐标系或绝对坐标系。对于二维绘图来说，世界坐标系足以满足要求。为了方便创建三维模型，AutoCAD 2018 允许用户根据自己的需要设定坐标系，即另一种坐标系——用户坐标系（UCS）。合理地创建 UCS，用户可以方便地创建三维模型。

13.1.1　创建坐标系

新建 UCS 命令的调用方法主要有以下 4 种：

☑　在命令行中输入“UCS”命令。

☑　选择菜单栏中的“工具/新建 UCS”命令。

☑　单击 UCS 工具栏中的 UCS 按钮⟀。

☑　单击“视图”选项卡下“视口工具”面板中的“UCS 图标”按钮。

执行上述命令后，根据系统提示指定 UCS 的原点或选择其他选项。命令行提示中各选项的含义如下。

☑　指定 UCS 的原点：使用一点、两点或三点定义一个新的 UCS。如果指定单个点 1，当前 UCS 的原点将会移动，而不会更改 X、Y 和 Z 轴的方向。选择该选项，在命令行提示下继续指定 X 轴通过的点 2 或直接按 Enter 键，接受原坐标系 X 轴为新坐标系的 X 轴。在命令行提示下继续指定 XY 平面通过的点 3，以确定 Y 轴或直接按 Enter 键，接受原坐标系 XY 平面为新坐标系的 XY 平面，根据右手法则，相应地 Z 轴也同时确定，示意图如图 13-1 所示。

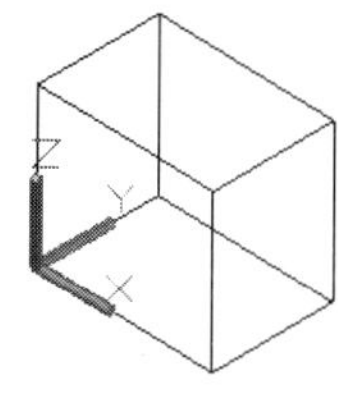

（a）原坐标系

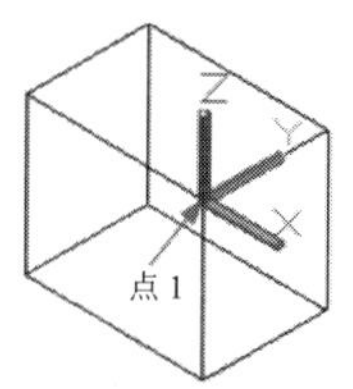

（b）指定一点

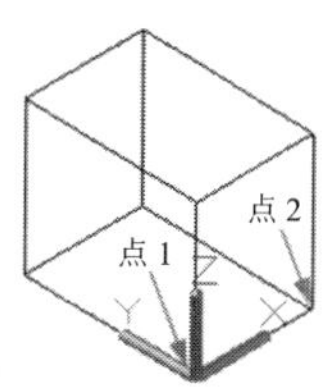

（c）指定两点

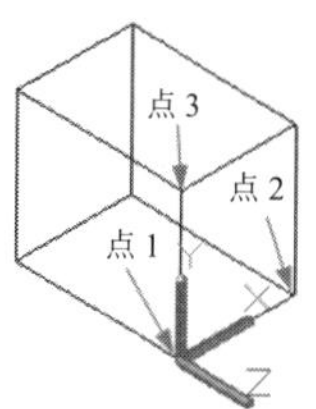

（d）指定三点

图 13-1　指定原点

☑　面(F)：将 UCS 与三维实体的选定面对齐。要选择一个面，请在此面的边界内或面的边上单击，被选中的面将亮显，UCS 的 X 轴将与找到的第一个面上最近的边对齐。选择该选项，在命令行提示选择面后，按 Enter 键，结果如图 13-2 所示。如果选择“下一个”选项，系统将 UCS 定位于邻接的面或选定边的后向面。

☑　对象(OB)：根据选定三维对象定义新的坐标系，如图 13-3 所示。新建 UCS 的拉伸方向（Z 轴正方向）与选定对象的拉伸方向相同。选择该选项，在命令行提示下选择对象，对于大多数对象，新 UCS 的原点位于离选定对象最近的顶点处，并且 X 轴与一条边对齐或相切。对于平面对象，UCS 的 XY 平面与该对象所在的平面对齐。对于复杂对象，将重新定位原点，但是轴的当前方向保持不变。

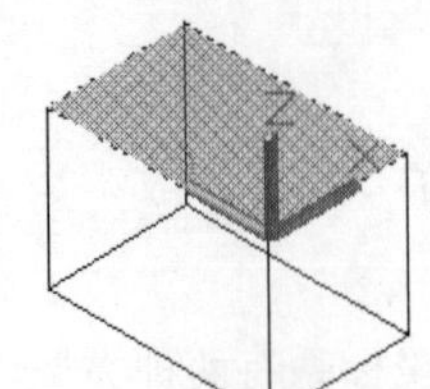

图 13-2　选择面确定坐标系

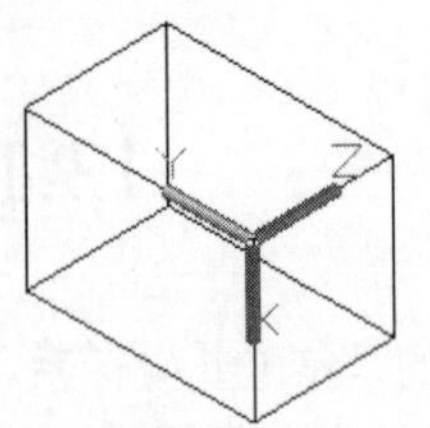

图 13-3　选择对象确定坐标系

Note

- ☑ 视图(V)：以垂直于观察方向（平行于屏幕）的平面为 XY 平面，创建新的坐标系。UCS 原点保持不变。
- ☑ 世界(W)：将当前用户坐标系设置为世界坐标系。WCS 是所有用户坐标系的基准，不能被重新定义。

提示

该选项不能用于下列对象：三维多段线、三维网格和构造线。

- ☑ X、Y、Z：绕指定轴旋转当前 UCS。
- ☑ Z 轴(ZA)：利用指定的 Z 轴正半轴定义 UCS。

13.1.2　动态坐标系

打开动态坐标系的具体操作方法是单击状态栏中的"将 UCS 捕捉到活动实体平面-关"按钮，使按钮处于明亮状态。可以使用动态 UCS 在三维实体的平整面上创建对象，而无须手动更改 UCS 方向。在执行命令的过程中，当将光标移动到面上方时，动态 UCS 会临时将 UCS 的 XY 平面与三维实体的平整面对齐，如图 13-4 所示。

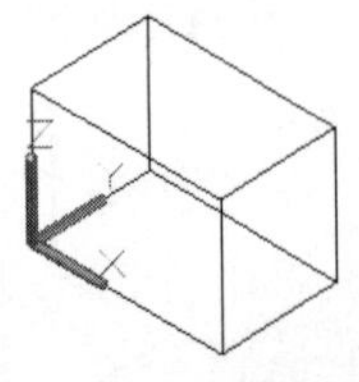

（a）原坐标系

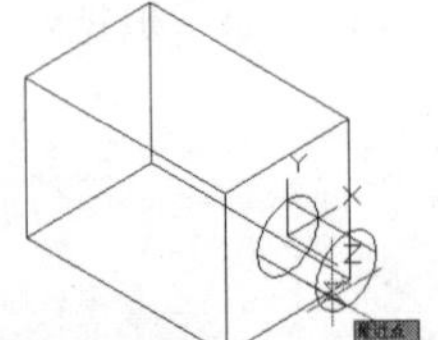

（b）绘制圆柱体时的动态坐标系

图 13-4　动态 UCS

动态 UCS 激活后，指定的点和绘图工具（如极轴追踪和栅格）都将与动态 UCS 建立的临时 UCS 相关联。

13.2　观　察　模　式

AutoCAD 2018 大大增强了图形的观察功能，增强了动态观察功能和相机、漫游和飞行以及运动路径动画的功能。

13.2.1　动态观察

AutoCAD 2018 提供了具有交互控制功能的三维动态观测器，用户利用三维动态观测器可以实时

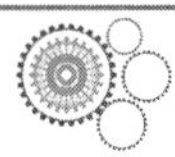

地控制和改变当前视口中创建的三维视图，以得到期望的效果。动态观察分为 3 类，分别是受约束的动态观察、自由动态观察和连续动态观察，具体介绍如下。

1．受约束的动态观察

受约束的动态观察命令的调用方法主要有以下 5 种：

☑ 在命令行中输入“3DORBIT（或 3DO）”命令。

☑ 选择菜单栏中的“视图/动态观察/受约束的动态观察”命令。

☑ 启用交互式三维视图后，在视口中右击，打开快捷菜单，如图 13-5 所示，选择“其他导航模式/受约束的动态观察”命令。

☑ 单击“动态观察”工具栏中的“受约束的动态观察”按钮或“三维导航”工具栏中的“受约束的动态观察”按钮，如图 13-6 所示。

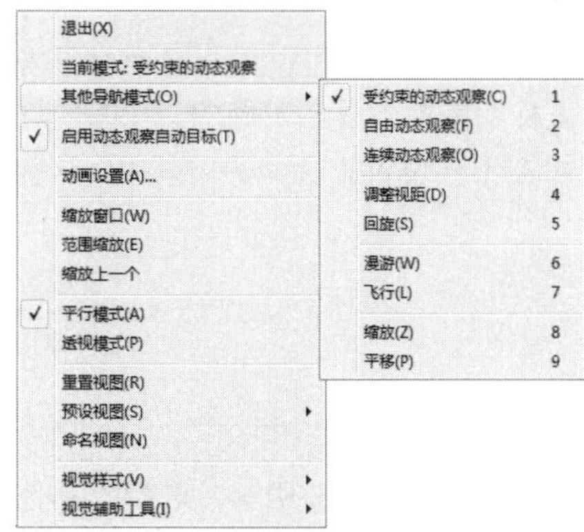

图 13-5　快捷菜单

图 13-6　“动态观察”和“三维导航”工具栏

☑ 单击“视图”选项卡下“导航”面板中的“动态观察”按钮。

执行上述操作后，视图的目标将保持静止，而视点将围绕目标移动。但从用户的视点看起来就像三维模型正在随着光标的移动而旋转，用户可以以此方式指定模型的任意视图。

系统显示三维动态观察光标图标。如果水平拖动鼠标，相机将平行于世界坐标系（WCS）的 XY 平面移动。如果垂直拖动鼠标，相机将沿 Z 轴移动，如图 13-7 所示。

（a）原始图形

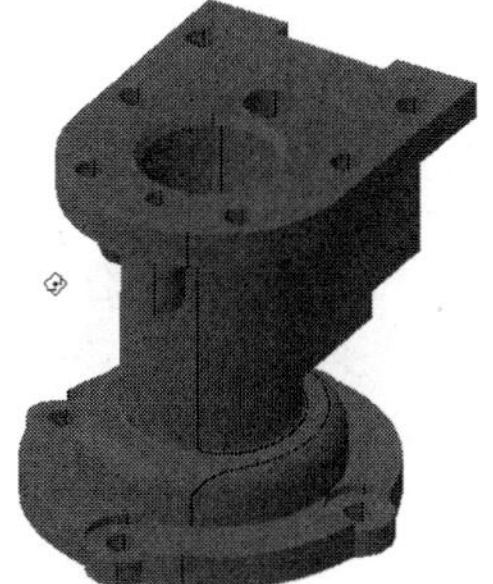

（b）拖动鼠标

图 13-7　受约束的三维动态观察

提示

3DORBIT 命令处于激活状态时，无法编辑对象。

Note

2．自由动态观察

自由动态观察命令的调用方法主要有以下 5 种：

☑ 在命令行中输入“3DFORBIT”命令。

☑ 选择菜单栏中的“视图/动态观察/自由动态观察”命令。

☑ 启用交互式三维视图后，在视口中右击，打开快捷菜单，如图 13-5 所示，选择“其他导航模式/自由动态观察”命令。

☑ 单击“动态观察”工具栏中的“自由动态观察”按钮或“三维导航”工具栏中的“自由动态观察”按钮。

☑ 单击“视图”选项卡下“导航”面板中的“自由动态观察”按钮。

执行上述操作后，在当前视口出现一个绿色的大圆，在大圆上有 4 个绿色的小圆，如图 13-8 所示，此时通过拖动鼠标即可对视图进行旋转观察。

在三维动态观测器中，查看目标的点被固定，用户可以利用鼠标控制相机位置绕观察对象得到动态的观测效果。当光标在绿色大圆的不同位置进行拖动时，光标的表现形式是不同的，视图的旋转方向也不同。视图的旋转由光标的表现形式和其位置决定，光标在不同位置有⊙、⊙、⌽、⌽几种表现形式，可分别对对象进行不同形式的旋转。

3．连续动态观察

连续动态观察命令的调用方法主要有以下 5 种：

☑ 在命令行中输入“3DCORBIT”命令。

☑ 选择菜单栏中的“视图/动态观察/连续动态观察”命令。

☑ 启用交互式三维视图后，在视口中右击，打开快捷菜单，如图 13-5 所示，选择“其他导航模式/连续动态观察”命令。

☑ 单击“动态观察”工具栏中的“连续动态观察”按钮或“三维导航”工具栏中的“连续动态观察”按钮。

☑ 单击“视图”选项卡下“导航”面板中的“连续动态观察”按钮。

执行上述操作后，绘图区出现动态观察图标，按住鼠标左键拖动，图形按鼠标拖动的方向旋转，旋转速度为鼠标拖动的速度，如图 13-9 所示。

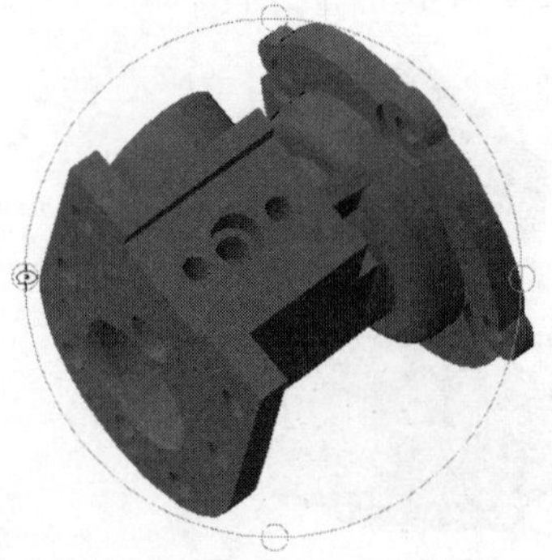

图 13-8　自由动态观察

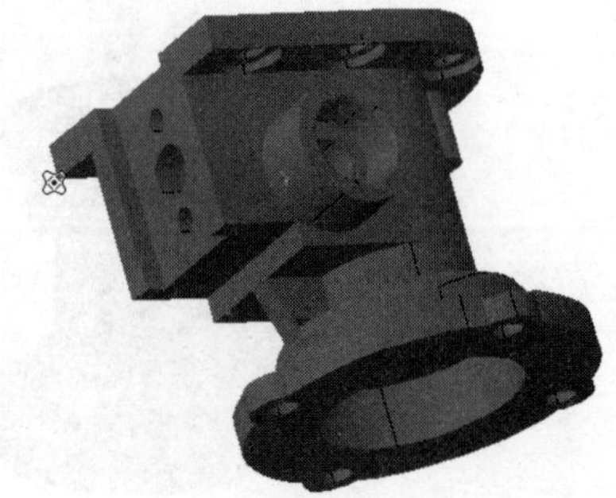

图 13-9　连续动态观察

提示

如果设置了相对于当前 UCS 的平面视图，就可以在当前视图用绘制二维图形的方法在三维对象的相应面上绘制图形。

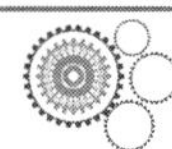

13.2.2　视图控制器

使用视图控制器功能可以方便地转换方向视图。

☑　在命令行中输入“NAVVCUBE”命令。

上述命令控制视图控制器的打开与关闭，当打开该功能时，绘图区的右上角自动显示视图控制器，如图 13-10 所示。

单击控制器的显示面或指示箭头，界面图形就自动转换到相应的方向视图。如图 13-11 所示为单击控制器“前”面后，系统转换到前视图的情形。单击控制器上的按钮，系统回到西南等轴测视图。

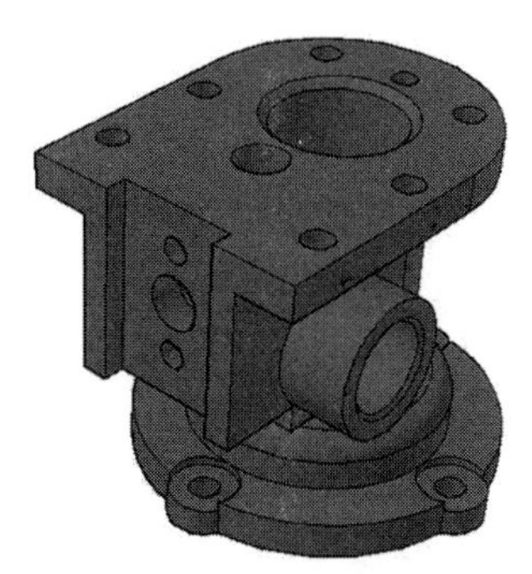

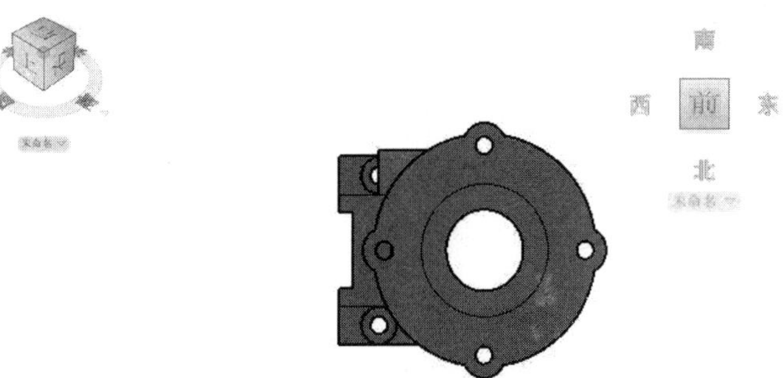

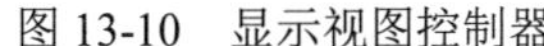

图 13-10　显示视图控制器　　　　图 13-11　单击控制器“前”面后的视图

13.3　绘制三维网格曲面

从 AutoCAD 2010 版本开始，新增加了可以平滑化、锐化、分割和优化默认的网格对象类型——三维网格曲面。通过保持最大平滑度、面和栅格层，有助于确保不会创建由于过密而难以有效修改的网格，但相对而言，它可能会降低程序的性能。

13.3.1　直纹网格曲面

直纹网格命令的调用方法主要有以下 3 种：

☑　在命令行中输入“RULESURF”命令。

☑　选择菜单栏中的“绘图/建模/网格/直纹网格”命令。

☑　单击“三维工具”选项卡“建模”面板中的“直纹曲面”按钮。

执行上述命令后，根据系统提示拾取草图曲线，生成直纹网格面。

下面生成一个简单的直纹曲面。首先单击“视图”选项卡下“视图”面板中的“西南等轴测”按钮，将视图转换为西南等轴测，然后绘制如图 13-12（a）所示的两个圆作为草图，执行直纹曲面命令 RULESURF，分别选择绘制的两个圆作为第一条和第二条定义曲线，最后生成的直纹曲面如图 13-12（b）所示。

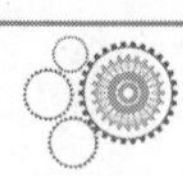
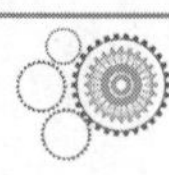

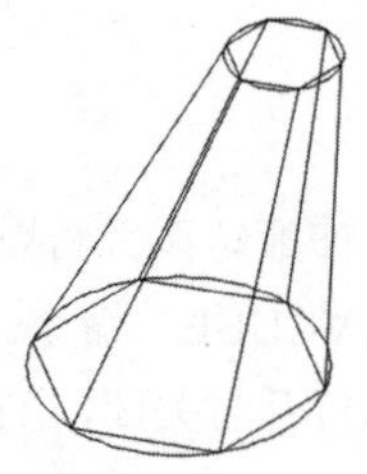

（a）作为草图的圆图　　（b）生成的直纹曲面

图 13-12　绘制直纹曲面

13.3.2　平移网格曲面

平移网格命令的调用方法主要有以下 3 种：

☑　在命令行中输入“TABSURF”命令。

☑　选择菜单栏中的“绘图/建模/网格/平移网格”命令。

☑　单击“三维工具”选项卡下“建模”面板中的“平移曲面”按钮。

执行上述命令后，根据系统提示选择一个已经存在的轮廓曲线和方向线。执行该命令时，命令行提示中各选项的含义如下。

☑　轮廓曲线：可以是直线、圆弧、圆、椭圆、二维或三维多段线。AutoCAD 默认从轮廓曲线上离选定点最近的点开始绘制曲面。

☑　方向矢量：指出形状的拉伸方向和长度。在多段线或直线上选定的端点决定拉伸的方向。

选择图 13-13（a）中六边形为轮廓曲线对象，以该图中所绘制的直线为方向矢量绘制图形，平移后的曲面图形如图 13-13（b）所示。

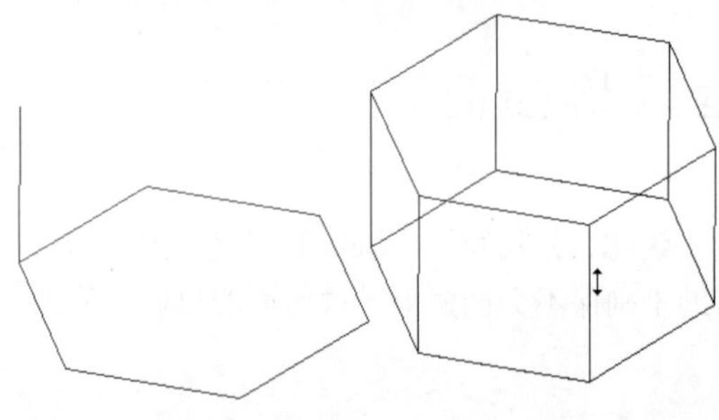

（a）六边形和方向线　　（b）平移后的曲面

图 13-13　平移曲面

13.3.3　边界网格曲面

边界网格命令的调用方法主要有以下 3 种：

☑　在命令行中输入“EDGESURF”命令。

☑　选择菜单栏中的“绘图/建模/网格/边界网格”命令。

☑　单击“三维工具”选项卡下“建模“面板中的“边界曲面”按钮。

执行上述命令后，根据系统提示选择第一条边界线、第二条边界线、第三条边界线、第四条边界线。执行该命令时，命令行提示中各选项的含义如下：

系统变量 SURFTAB1 和 SURFTAB2 分别控制 M、N 方向的网格分段数。可通过在命令行输入“SURFTAB1”改变 M 方向的默认值，在命令行输入“SURFTAB2”改变 N 方向的默认值。

下面生成一个简单的边界曲面。首先选择菜单栏中的“视图/三维视图/西南等轴测”命令，将视图转换为西南等轴测，绘制 4 条首尾相连的边界，如图 13-14（a）所示。在绘制边界的过程中，为了方便绘制，可以首先绘制一个基本三维表面中的立方体作为辅助立体，在它上面绘制边界，然后再将其删除。执行边界曲面命令 EDGESURF，分别选择绘制的 4 条边界，则得到如图 13-14（b）所示的边界曲面。

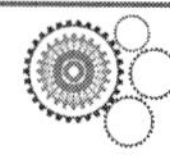

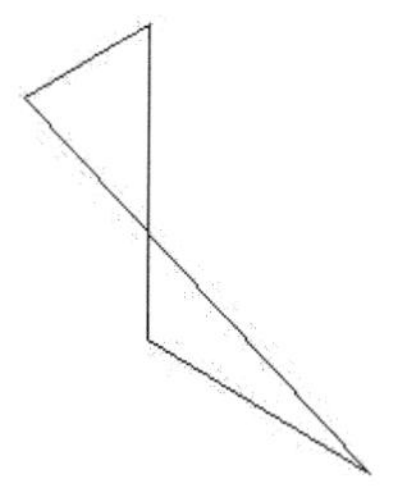

（a）边界曲线

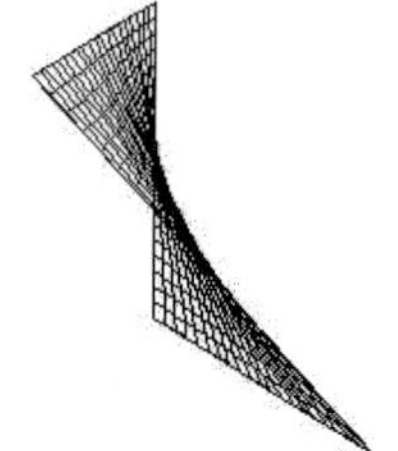

（b）生成的边界曲面

图 13-14 边界曲面

13.3.4 旋转网格曲面

旋转网格命令的调用方法主要有以下 3 种：

☑ 在命令行中输入“REVSURF”命令。

☑ 选择菜单栏中的“绘图/建模/网格/旋转网格”命令。

☑ 单击“三维工具”选项卡下“建模“面板中的“旋转”按钮。

执行上述命令后，根据系统提示选择已绘制好的直线、圆弧、圆或二维、三维多段线。在命令行提示下选择已绘制好用作旋转轴的直线或是开放的二维、三维多段线，指定起点角度和包含角。执行该命令时，命令行提示中各选项的含义如下。

☑ 起点角度：如果设置为非零值，平面将从生成路径曲线位置的某个偏移处开始旋转。

☑ 包含角：用来指定绕旋转轴旋转的角度。

☑ 系统变量 SURFTAB1 和 SURFTAB2：用来控制生成网格的密度。SURFTAB1 指定在旋转方向上绘制的网格线数目；SURFTAB2 指定绘制的网格线数目进行等分。

如图 13-15 所示为利用 REVSURF 命令绘制的花瓶。

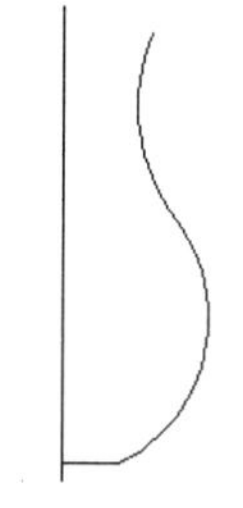

（a）轴线和回转轮廓线

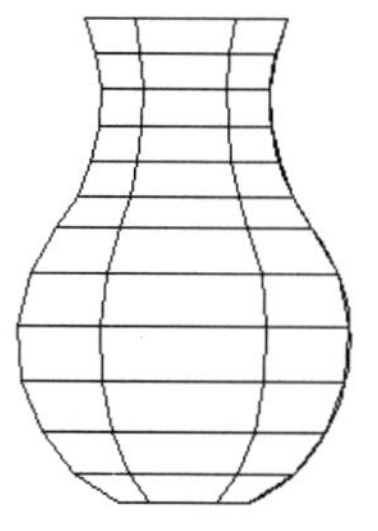

（b）回转面

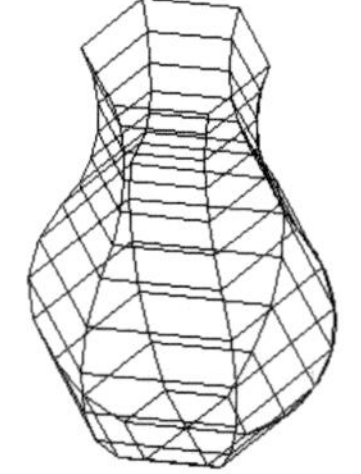

（c）调整视角

图 13-15 绘制花瓶

13.4 绘制基本三维网格

三维基本图元与三维基本形体表面类似，有长方体表面、圆柱体表面、棱锥面、楔体表面、球面、圆锥面和圆环面等。

13.4.1 绘制网格长方体

网格长方体命令的调用方法主要有以下 4 种：

☑ 在命令行中输入“MESH”命令。

☑ 选择菜单栏中的“绘图/建模/网格/图元/长方体”命令。

☑ 单击“平滑网格图元”工具栏中的“网络长方体”按钮。

☑ 单击“三维工具”选项卡“建模”面板中的“网格长方体”按钮。

执行上述命令后，在命令行提示下给出长方体的两个角点和长方体的高度。执行该命令时，命令行提示中各选项的含义如下。

☑ 指定第一角点/角点：设置网格长方体的第一个角点。

☑ 中心：设置网格长方体的中心。

☑ 立方体：将长方体的所有边设置为长度相等。

☑ 宽度：设置网格长方体沿 Y 轴的宽度。

☑ 高度：设置网格长方体沿 Z 轴的高度。

☑ 两点（高度）：基于两点之间的距离设置高度。

13.4.2 绘制网格圆锥体

网格圆锥体命令的调用方法主要有以下 4 种：

☑ 在命令行中输入“MESH”命令。

☑ 选择菜单栏中的“绘图/建模/网格/图元/圆锥体”命令。

☑ 单击“平滑网格图元”工具栏中的“网络圆锥体”按钮。

☑ 单击“三维工具”选项卡“建模”面板中的“网络圆锥体”按钮。

执行上述命令后，根据命令行提示输入“CONE”选项，在命令行提示下指定底面的中心点或选择其他选项，在命令行提示“指定底面半径或<直径(D)>:”后输入半径或直径，之后输入高度或选择其他选项。执行该命令时，命令行提示中各选项的含义如下。

☑ 指定底面的中心点：设置网格圆锥体底面的中心点。

☑ 三点(3P)：通过指定三点设置网格圆锥体的位置、大小和平面。

☑ 两点（直径）：根据两点定义网格圆锥体的底面直径。

☑ 切点、切点、半径：定义具有指定半径且半径与两个对象相切的网格圆锥体的底面。

☑ 椭圆：指定网格圆锥体的椭圆底面。

☑ 指定底面半径：设置网格圆锥体底面的半径。

☑ 指定直径：设置圆锥体的底面直径。

☑ 指定高度：设置网格圆锥体沿与底面所在平面垂直的轴的高度。

☑ 两点（高度）：通过指定两点之间的距离定义网格圆锥体的高度。

☑ 指定轴端点：设置圆锥体顶点的位置，或者圆锥体平截面顶面的中心位置。轴端点的方向可以为三维空间中的任意位置。

☑ 指定顶面半径：指定创建圆锥体平截面时圆锥体的顶面半径。

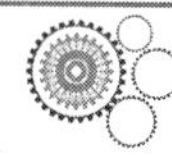

13.5 显示形式

在 AutoCAD 中，三维实体有多种显示形式，包括二维线框、三维线框、三维消隐、真实、概念和消隐显示等。

13.5.1 消隐

消隐是指按视觉的真实情况，消除那些被挡住部分的图线。消隐命令的调用方法主要有以下 4 种：

☑ 在命令行中输入“HIDE”或“HI”命令。

☑ 选择菜单栏中的“视图/消隐”命令。

☑ 单击“渲染”工具栏中的“消隐”按钮。

☑ 单击“视图”选项卡下“视觉样式”面板中的“消隐”按钮。

执行上述操作后，系统将被其他对象挡住的图线隐藏起来，以增强三维视觉效果，效果如图 13-16 所示。

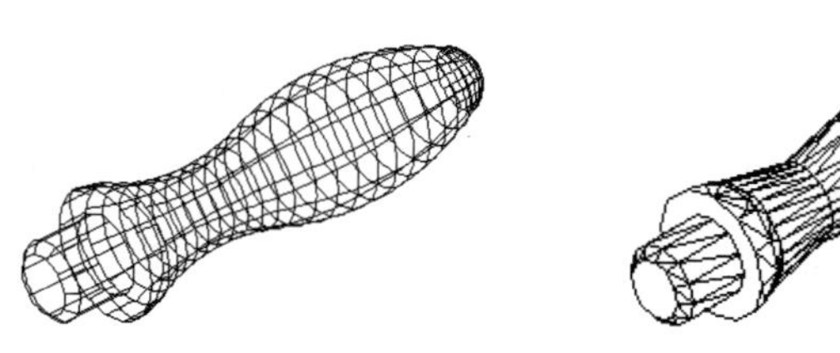

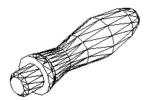

（a）消隐前　　（b）消隐后

图 13-16　消隐效果图

13.5.2 视觉样式

视觉样式命令的调用方法主要有以下 4 种：

☑ 在命令行中输入“VSCURRENT”命令。

☑ 选择菜单栏中的“视图/视觉样式”命令。

☑ 在“视觉样式”工具栏中单击相应的按钮。

☑ 选择“视图”选项卡中的“视觉样式”命令。

执行上述命令后，根据系统提示输入选项。此时，命令行提示中各选项的含义如下。

☑ 二维线框(2)：用直线和曲线表示对象的边界。光栅和 OLE 对象、线型和线宽都是可见的。即使将 COMPASS 系统变量的值设置为 1，它也不会出现在二维线框视图中。如图 13-17 所示为 UCS 坐标和手柄二维线框图。

☑ 线框(W)：显示对象时利用直线和曲线表示边界。显示一个已着色的三维 UCS 图标，光栅和 OLE 对象、线型及线宽不可见，可将 COMPASS 系统变量设置为 1 来查看坐标球，将显示应用到对象的材质颜色。如图 14-18 所示为 UCS 坐标和手柄的三维线框图。

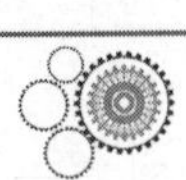

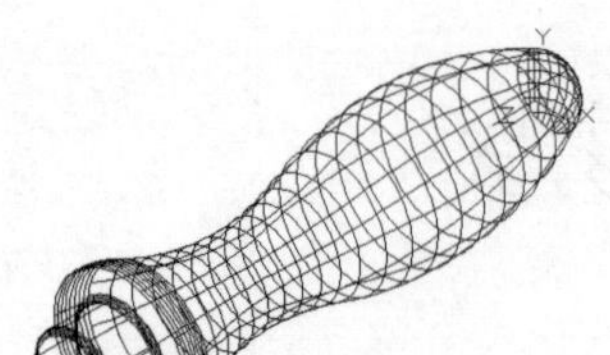

图 13-17　UCS 坐标和手柄的二维线框图

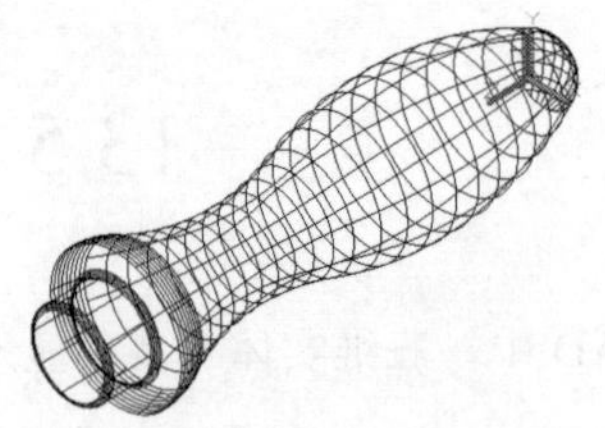

图 13-18　UCS 坐标和手柄的三维线框图

Note

☑ 消隐(H)：显示用三维线框表示的对象并隐藏表示后向面的直线。如图 13-19 所示为 UCS 坐标和手柄的消隐图。

☑ 真实(R)：着色多边形平面间的对象，并使对象的边平滑化。如果已为对象附着材质，将显示已附着到对象材质。如图 13-20 所示为 UCS 坐标和手柄的真实图。

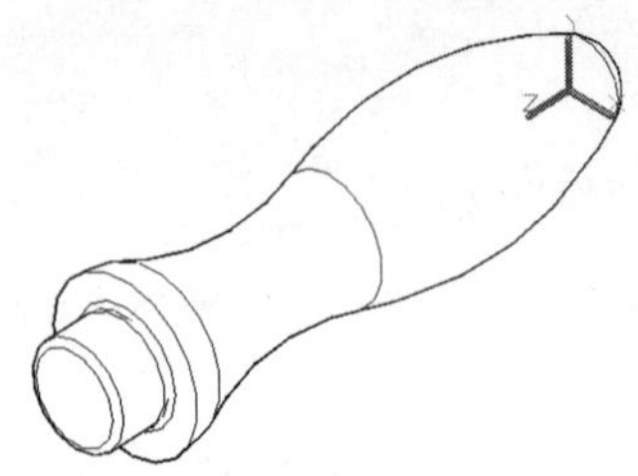

图 13-19　UCS 坐标和手柄的消隐图

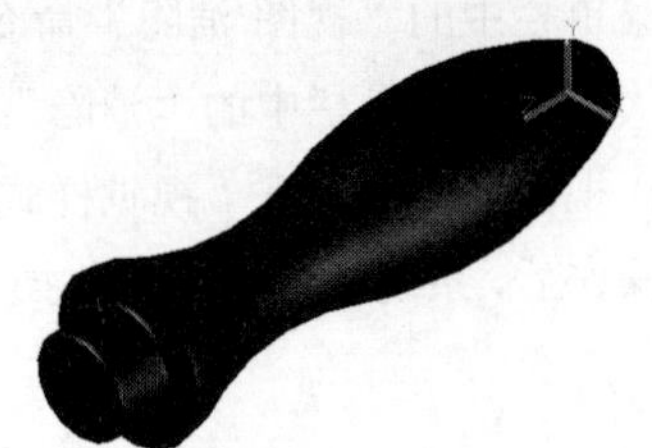

图 13-20　UCS 坐标和手柄的真实图

☑ 概念(C)：着色多边形平面间的对象，并使对象的边平滑化。着色使用冷色和暖色之间的过渡，结果缺乏真实感，但是可以更方便地查看模型的细节。如图 13-21 所示为 UCS 坐标和手柄的概念图。

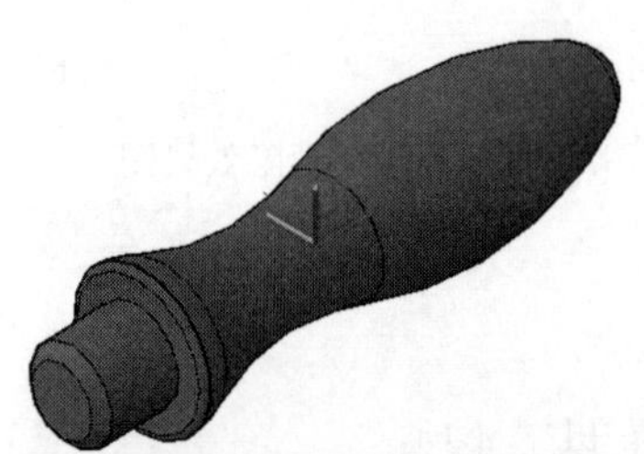

图 13-21　UCS 坐标和手柄的概念图

☑ 其他(O)：选择该选项，在命令行提示“输入视觉样式名称[?]:”后，可以输入当前图形中的视觉样式名称或输入“?”，以显示名称列表并重复该提示。

13.5.3　视觉样式管理器

视觉样式管理器命令的调用方法主要有以下 4 种：

☑ 在命令行中输入“VISUALSTYLES”命令。

☑ 选择菜单栏中的“视图/视觉样式/视觉样式管理器”或“工具/选项板/视觉样式”命令。

☑ 单击“视觉样式”工具栏中的“管理视觉样式”按钮。

☑ 单击“视图”选项卡“视觉样式”面板中的“视觉样式管理器”按钮。

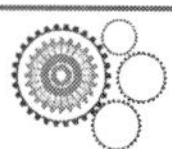

执行上述操作后，系统打开“视觉样式管理器”选项板，可以对视觉样式的各参数进行设置，如图 13-22 所示。如图 13-23 所示为按图 13-22 所示进行设置的概念图显示结果。

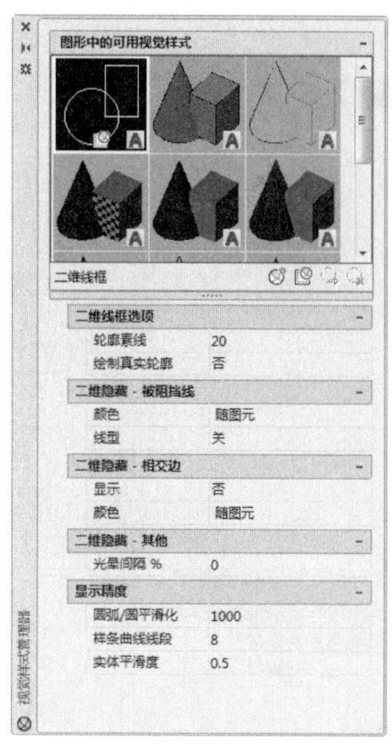

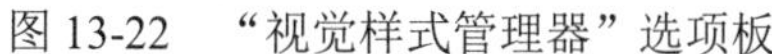

图 13-22　“视觉样式管理器”选项板

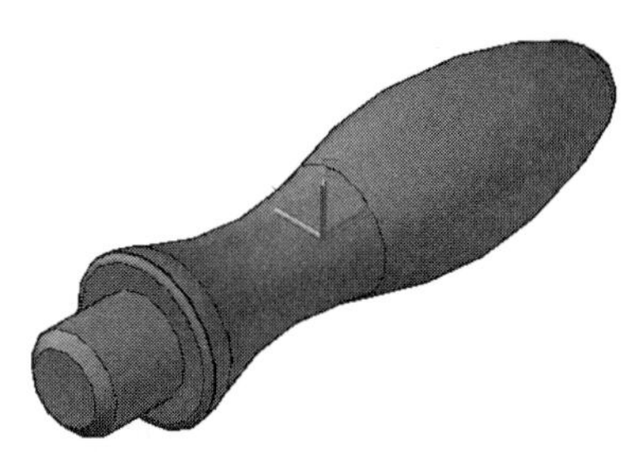

图 13-23　概念图显示结果

13.6 渲 染 实 体

渲染是对三维图形对象加上颜色和材质因素，或者灯光、背景、场景等因素的操作，能够更真实地表达图形的外观和纹理。渲染是输出图形前的关键步骤，尤其是在效果图的设计中。

13.6.1 贴图

贴图的功能是在实体附着带纹理的材质后，调整实体或面上纹理贴图的方向。当材质被映射后，调整材质以适应对象的形状，将合适的材质贴图类型应用到对象中，可以使之更加适合于对象。

贴图命令的调用方法主要有以下 3 种：

☑ 在命令行中输入“MATERIALMAP”命令。

☑ 选择菜单栏中的“视图/渲染/贴图”命令，如图 13-24 所示。

☑ 单击“渲染”工具栏中的贴图按钮，如图 13-25 所示，或者单击“贴图”工具栏中的贴图按钮，如图 13-26 所示。

执行上述命令后，根据系统提示选择选项，各选项的含义如下。

☑ 长方体(B)：将图像映射到类似长方体的实体上。该图像将在对象的每个面上重复使用。

☑ 平面(P)：将图像映射到对象上，就像将其从幻灯片投影器投影到二维曲面上一样，图像不会失真，但是会被缩放以适应对象。该贴图最常用于面。

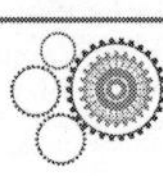

Note

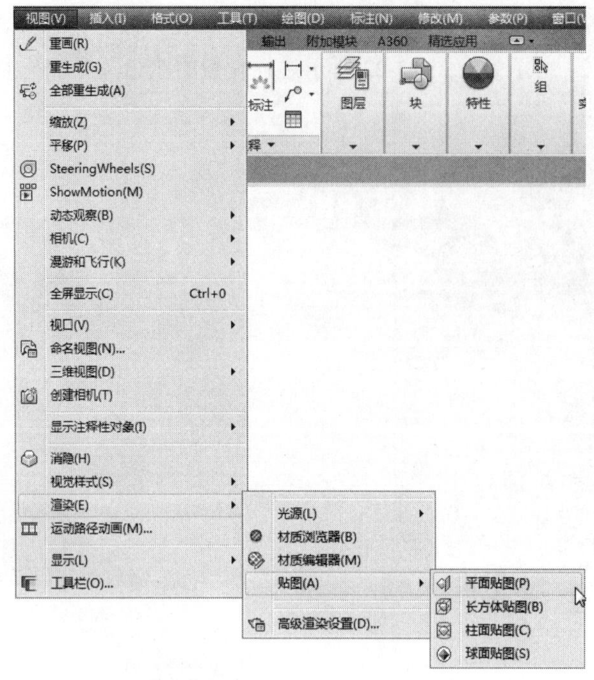

图 13-24 “贴图”子菜单

图 13-25 “渲染”工具栏

图 13-26 “贴图”工具栏

- ☑ 球面(S)：在水平和垂直两个方向上同时使图像弯曲。纹理贴图的顶边在球体的“北极”压缩为一个点；同样，底边在“南极”压缩为一个点。
- ☑ 柱面(C)：将图像映射到圆柱形对象上，水平边将一起弯曲，但顶边和底边不会弯曲。图像的高度将沿圆柱体的轴进行缩放。
- ☑ 复制贴图至(Y)：将贴图从原始对象或面应用到选定对象。
- ☑ 重置贴图(R)：将 UV 坐标重置为贴图的默认坐标。

如图 13-27 所示为球面贴图实例。

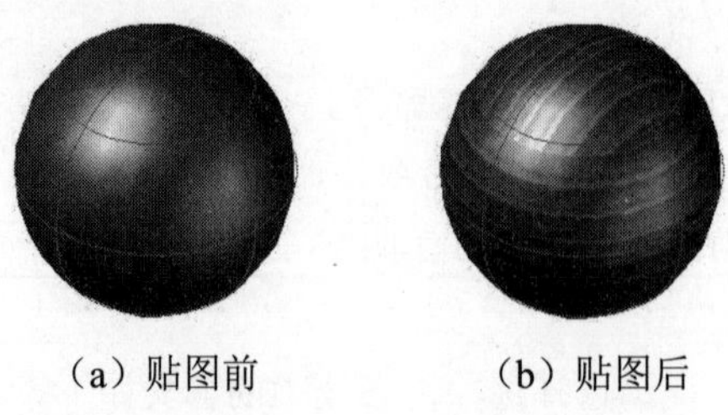

（a）贴图前　　（b）贴图后

图 13-27 球面贴图

1．附着材质

AutoCAD 2018 附着材质的方式与以前版本有很大的不同，AutoCAD 2018 将常用的材质都集成到工具选项板中。材质浏览器命令的调用方法主要有以下 4 种：

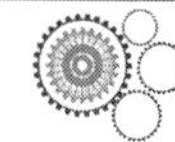

☑ 在命令行中输入“MATBROWSEROPEN”命令。

☑ 选择菜单栏中的“视图/渲染/材质浏览器”命令。

☑ 单击“渲染”工具栏中的“材质浏览器”按钮。

☑ 单击“视图”选项卡下“选项板”面板中的“材质浏览器”按钮。

执行上述命令后，打开“材质浏览器”选项板，如图13-28所示。选择需要的材质类型，直接拖动到对象上，如图13-29所示，这样材质就附着了。当将视觉样式转换成“真实”时，显示出附着材质后的图形，如图13-30所示。

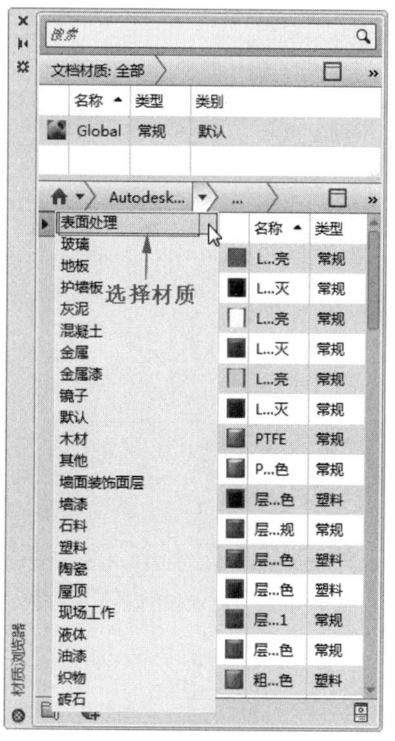

图13-28　“材质浏览器”选项板

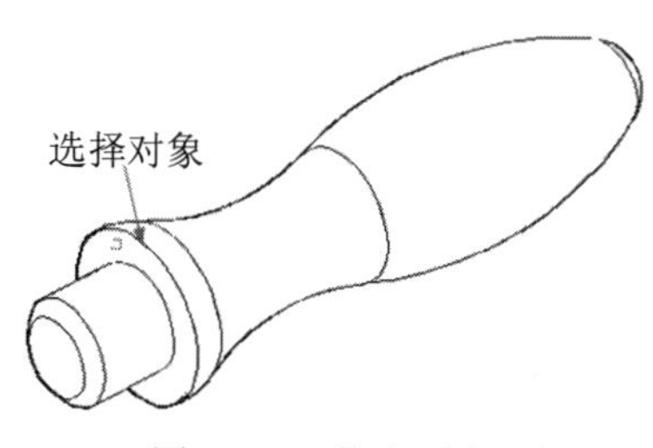

图13-29　指定对象

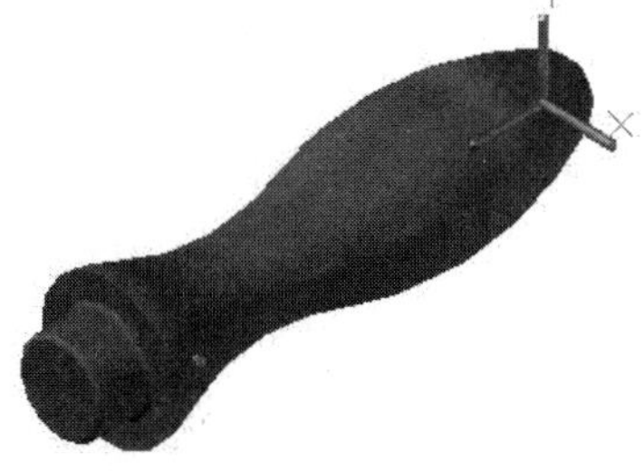

图13-30　附着材质后

2．设置材质

材质编辑器命令的调用方法主要有以下4种：

☑ 在命令行中输入“MATEDITOROPEN”命令。

☑ 选择菜单栏中的“视图/渲染/材质编辑器”命令。

☑ 单击“渲染”工具栏中的“材质编辑器”按钮。

☑ 单击“视图”选项卡下“选项板”面板中的“材质编辑器”按钮。

执行上述操作后，系统打开如图 13-31 所示的“材质编辑器”选项板。通过该选项板，可以对材质的有关参数进行设置。

Note

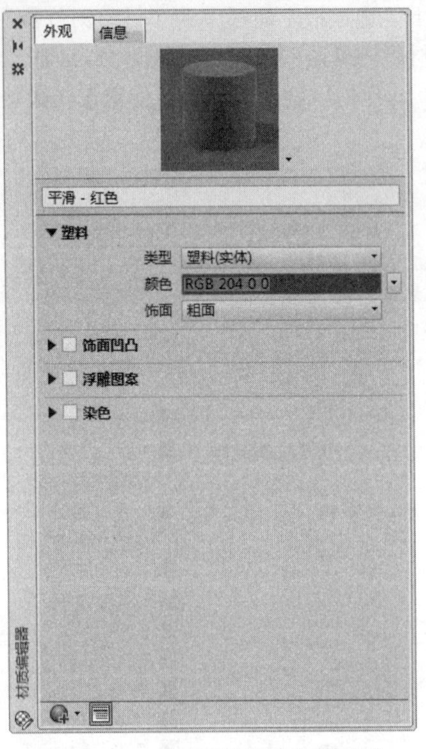

图 13-31　“材质编辑器”选项板

13.6.2　渲染

1．高级渲染设置

高级渲染设置命令的调用方法主要有以下 4 种：

☑ 在命令行中输入“RPREF”或“RPR”命令。

☑ 选择菜单栏中的“视图/渲染/高级渲染设置”命令。

☑ 单击“渲染”工具栏中的“高级渲染设置”按钮。

☑ 单击“视图”选项卡下“选项板”面板中的“高级渲染设置”按钮。

执行上述操作后，系统打开如图 13-32 所示的“渲染预设管理器”选项板。通过该选项板，可以对渲染的有关参数进行设置。

2．渲染

渲染命令的调用方法主要有以下 4 种：

☑ 在命令行中输入“RENDER”或“RR”命令。

☑ 选择菜单栏中的“视图/渲染/渲染”命令。

☑ 单击“渲染”工具栏中的“渲染”按钮。

☑ 单击“可视化”选项卡下“渲染”面板中的“渲染到尺寸”按钮。

执行上述操作后，系统打开如图 13-33 所示的“渲染”对话框，显示渲染结果和相关参数。

Note

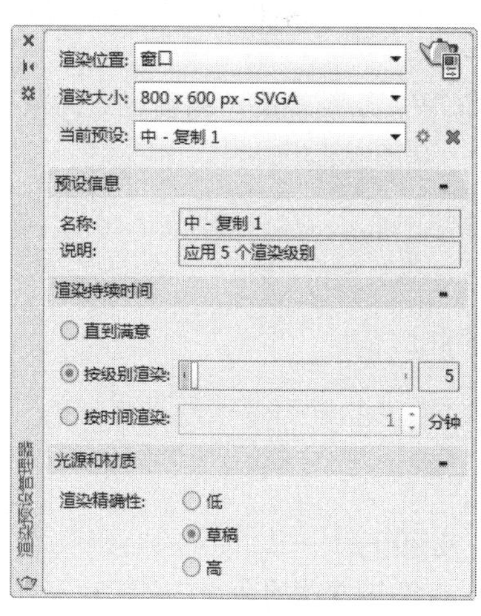

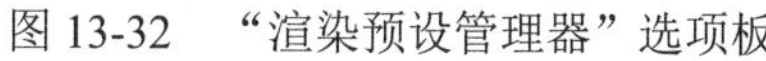

图 13-32　“渲染预设管理器”选项板

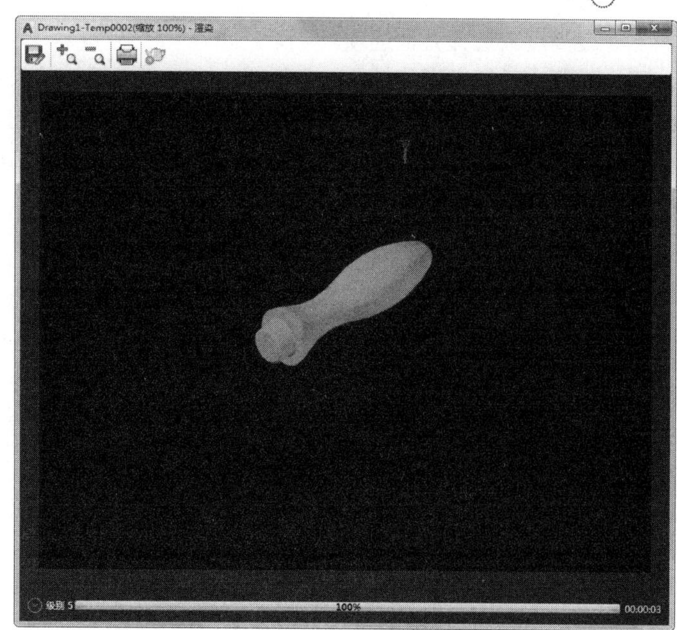

图 13-33　“渲染”对话框

提示

在 AutoCAD 2018 中，渲染代替了传统的建筑、机械和工程图形使用水彩、有色蜡笔和油墨等生成最终演示的渲染效果图。渲染图形的过程一般分为以下 4 步：

（1）准备渲染模型。包括遵从正确的绘图技术，删除消隐面，创建光滑的着色网格和设置视图的分辨率。

（2）创建和放置光源以及创建阴影。

（3）定义材质并建立材质与可见表面间的联系。

（4）进行渲染。包括检验渲染对象的准备、照明和颜色的中间步骤。

13.7　绘制基本三维实体

本节主要介绍各种基本三维实体的绘制方法。

13.7.1　螺旋

螺旋命令的调用方法主要有以下 4 种：

☑　在命令行中输入“HELIX”命令。

☑　选择菜单栏中的“绘图/螺旋”命令。

☑　单击“建模”工具栏中的“螺旋”按钮。

☑　单击“默认”选项卡下“绘图”面板中的“螺旋”按钮。

执行上述命令后，根据系统提示指定底面的中心点，输入底面半径或直径，输入顶面半径或直径，并指定螺旋高度或选择其他选项。

☑ 轴端点：指定螺旋轴的端点位置。它定义了螺旋的长度和方向。

☑ 圈数：指定螺旋的圈（旋转）数。螺旋的圈数不能超过 500。

☑ 圈高：指定螺旋内一个完整圈的高度。当指定圈高值时，螺旋中的圈数将相应地自动更新。如果已指定螺旋的圈数，则不能输入圈高的值。

☑ 扭曲：指定是以顺时针方向（CW）还是以逆时针方向（CCW）绘制螺旋。螺旋扭曲的默认值是逆时针。

13.7.2 长方体

长方体是最简单的实体单元。长方体命令的调用方法主要有以下 4 种：

☑ 在命令行中输入“BOX”命令。

☑ 选择菜单栏中的“绘图/建模/长方体”命令。

☑ 单击“建模”工具栏中的“长方体”按钮。

☑ 单击“三维工具”选项卡下“建模”面板中的“长方体”按钮。

执行上述命令后，根据系统提示指定第一点或按 Enter 键表示原点是长方体的角点，或者输入“C”表示中心点。此时，命令行提示中各选项的含义如下。

☑ 指定第一个角点：用于确定长方体的一个顶点位置。选择该选项后，命令行提示中各选项的含义如下。

- 角点：用于指定长方体的其他角点。输入另一角点的数值，即可确定该长方体。如果输入的是正值，则沿着当前 UCS 的 X、Y 和 Z 轴的正向绘制长度。如果输入的是负值，则沿着 X、Y 和 Z 轴的负向绘制长度。如图 13-34 所示为利用角点命令创建的长方体。
- 立方体(C)：用于创建一个长、宽、高相等的长方体。如图 13-35 所示为利用立方体命令创建的长方体。

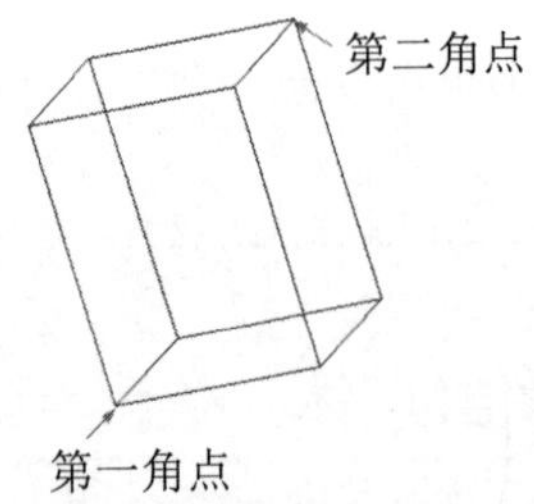

图 13-34　利用角点命令创建的长方体

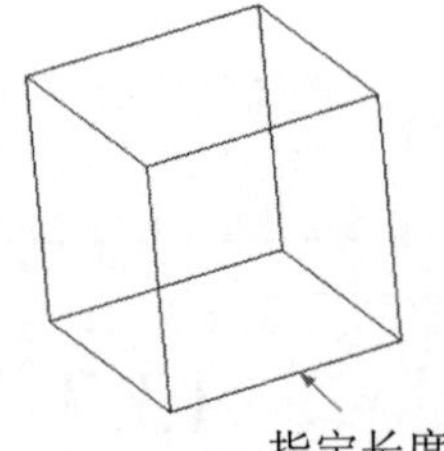

图 13-35　利用立方体命令创建的长方体

- 长度(L)：按要求输入长、宽、高的值。如图 13-36 所示为利用长、宽和高命令创建的长方体。

☑ 中心点：利用指定的中心点创建长方体。如图 13-37 所示为利用中心点命令创建的长方体。

> **提示**
>
> 如果在创建长方体时选择“立方体”或“长度”选项，则还可以在单击以指定长度时指定长方体在 XY 平面中的旋转角度；如果选择“中心点”选项，则可以利用指定中心点来创建长方体。

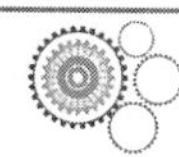

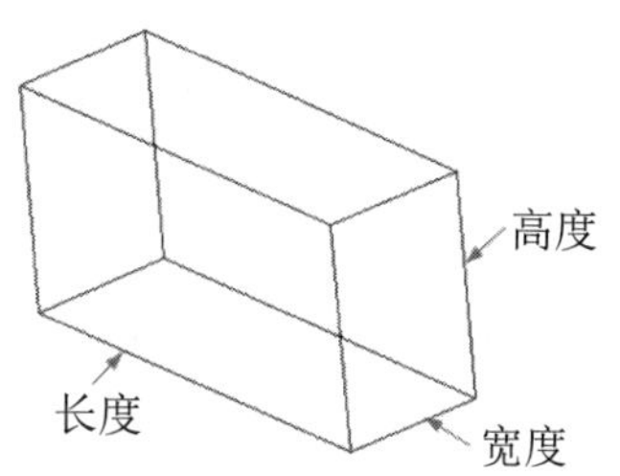

图 13-36　利用长、宽和高命令创建的长方体

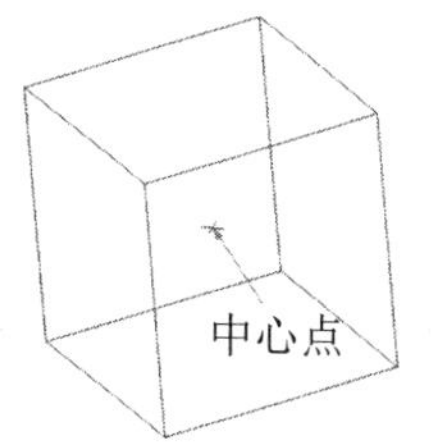

图 13-37　利用中心点命令创建的长方体

13.7.3　圆柱体

圆柱体也是一种简单的实体单元。圆柱体命令的调用方法主要有以下 4 种：

☑　在命令行中输入“CYLINDER”或“CYL”命令。

☑　选择菜单栏中的“绘图/建模/圆柱体”命令。

☑　单击“建模”工具栏中的“圆柱体”按钮。

☑　单击“三维工具”选项卡下“建模”面板中的“圆柱体”按钮。

执行上述命令后，根据系统提示指定底面的中心点或选择其他选项。此时，命令行提示中各选项的含义如下。

☑　中心点：先输入底面圆心的坐标，然后指定底面的半径和高度，此选项为系统的默认选项。AutoCAD 按指定的高度创建圆柱体，且圆柱体的中心线与当前坐标系的 Z 轴平行，如图 13-38 所示。也可以指定另一个端面的圆心来指定高度，AutoCAD 根据圆柱体两个端面的中心位置来创建圆柱体，该圆柱体的中心线就是两个端面的连线，如图 13-39 所示。

☑　椭圆(E)：创建椭圆柱体。椭圆端面的绘制方法与平面椭圆一样，创建的椭圆柱体如图 13-40 所示。

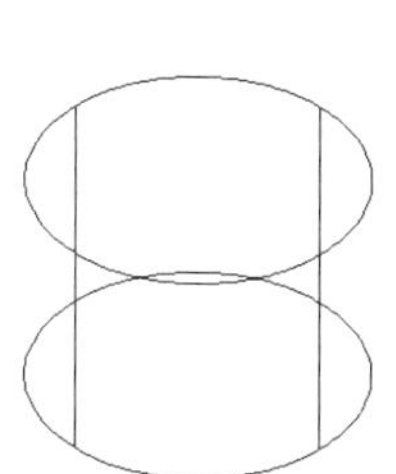

图 13-38　按指定高度创建圆柱体

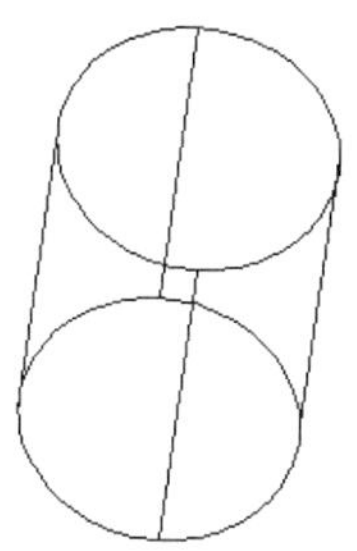

图 13-39　指定圆柱体另一个端面的中心位置

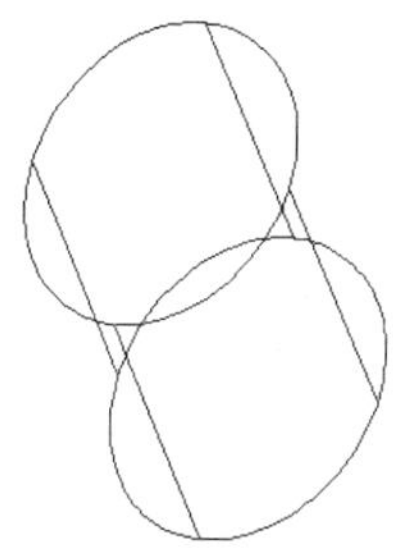

图 13-40　椭圆柱体

其他的基本建模，如楔体、圆锥体、球体、圆环体等的创建方法与长方体和圆柱体类似，不再赘述。

提示

建模模型具有边和面，还有在其表面内由计算机确定的质量。建模模型是最容易使用的三维模型，它的信息最完整，不会产生歧义。与线框模型和曲面模型相比，建模模型的信息最完整、创建方式最直接，所以，在 AutoCAD 三维绘图中建模模型应用最为广泛。

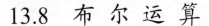

13.8 布尔运算

Note

布尔运算在数学的集合运算中得到广泛应用，AutoCAD 也将该运算应用到实体的创建过程中。用户可以对三维实体对象进行下列布尔运算：并集、交集、差集。

13.8.1 并集

并集命令的调用方法主要有以下 4 种：

☑ 在命令行中输入“UNION”命令。

☑ 选择菜单栏中的“修改/实体编辑/并集”命令。

☑ 单击“建模”工具栏中的“并集”按钮。

☑ 单击“三维工具”选项卡下“实体编辑”面板中的“并集”按钮。

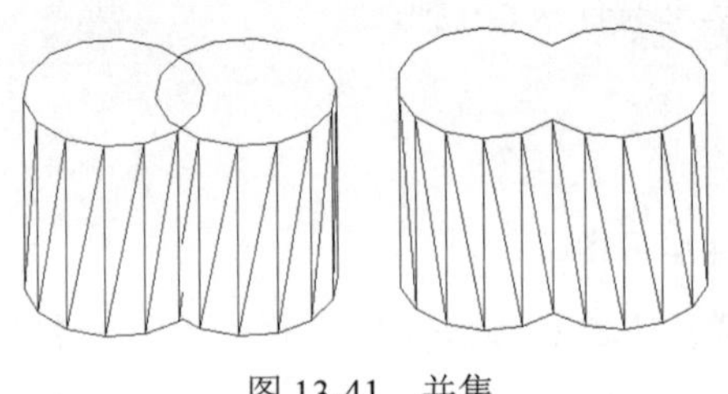

图 13-41 并集

执行上述命令后，拾取绘制好的要执行并集的所有对象，按 Enter 键后，所有已经选择的对象合并成一个整体。如图 13-41 所示为圆柱和长方体并集后的图形。

13.8.2 交集

交集命令的调用方法主要有以下 4 种：

☑ 在命令行中输入“INTERSECT”命令。

☑ 选择菜单栏中的“修改/实体编辑/交集”命令。

☑ 单击“建模”工具栏中的“交集”按钮。

☑ 单击“三维工具”选项卡下“实体编辑”面板中的“交集”按钮。

执行上述命令后，根据系统提示拾取需要创建交集的对象，按 Enter 键后，视口中的图形即是多个对象的公共部分。如图 13-42 所示为圆柱和长方体交集后的图形。

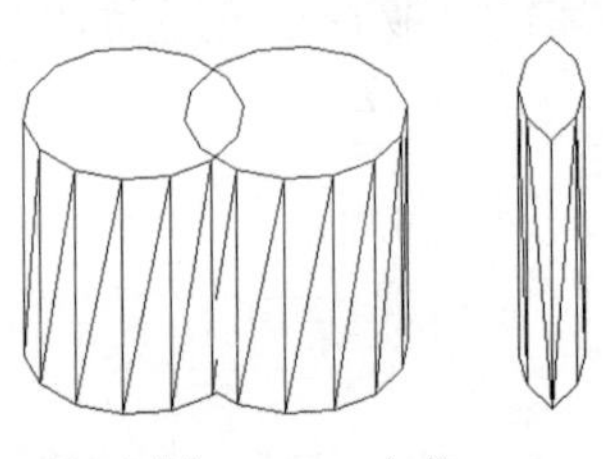

图 13-42 交集

13.8.3 差集

差集命令的调用方法主要有以下 4 种：

☑ 在命令行中输入“SUBTRACT”命令。

☑ 选择菜单栏中的“修改/实体编辑/差集”命令。

☑ 单击“建模”工具栏中的“差集”按钮。

☑ 单击“三维工具”选项卡下“实体编辑”面板中的“差集”按钮。

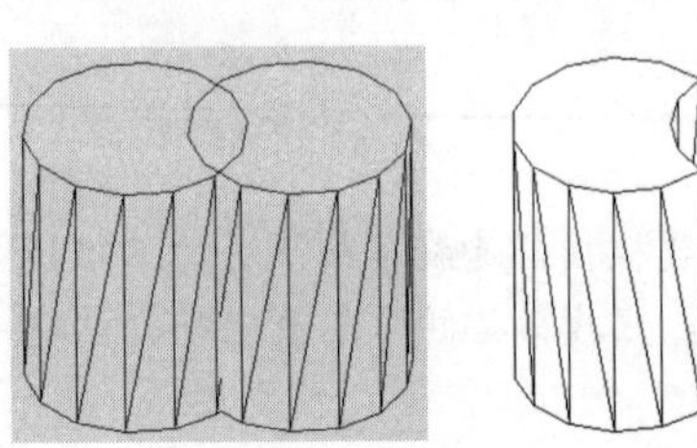

图 13-43 差集运算

执行上述命令后，根据系统提示选择被减的对象，按 Enter 键，再选择要减去的对象。按 Enter 键后，得到的则是求差后的实体。如图 13-43 所示为圆柱体和长方体执行差集运算后的结果。

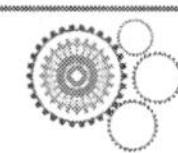

13.9　特 征 操 作

特征操作主要用于使用二维或三维曲线创建三维实体或曲面。

13.9.1　拉伸

拉伸是指在平面图形的基础上沿一定路径生成三维实体。拉伸命令的调用方法主要有以下 4 种：

☑　在命令行中输入“EXTRUDE”或“EXT”命令。

☑　选择菜单栏中的“绘图/建模/拉伸”命令。

☑　单击“建模”工具栏中的“拉伸”按钮。

☑　单击“三维工具”选项卡下“建模”面板中的“拉伸”按钮。

执行上述命令后，根据系统提示选择绘制好的二维对象，按 Enter 键结束选择后指定拉伸的高度或选择其他选项。此时，命令行提示中各选项的含义如下。

☑　拉伸高度：按指定的高度拉伸出三维建模对象。输入高度值后，根据实际需要，指定拉伸的倾斜角度。如果指定的角度为 0，AutoCAD 则把二维对象按指定的高度拉伸成柱体；如果输入角度值，拉伸后建模截面沿拉伸方向按此角度变化，成为一个棱台或圆台体。如图 13-44 所示为不同角度拉伸圆的结果。

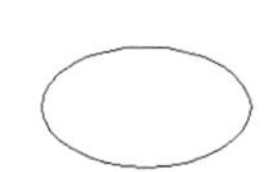

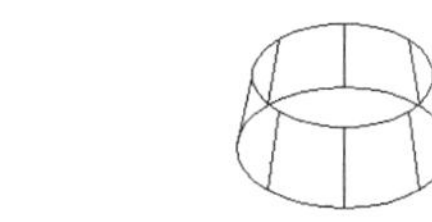

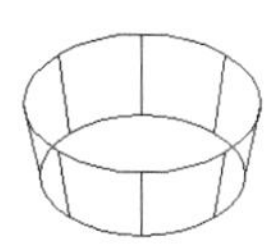

（a）拉伸前　（b）拉伸锥角为 0°　（c）拉伸锥角为 10°　（d）拉伸锥角为-10°

图 13-44　拉伸圆

☑　路径(P)：以现有的图形对象作为拉伸创建三维建模对象。如图 13-45 所示为沿圆弧曲线路径拉伸圆的结果。

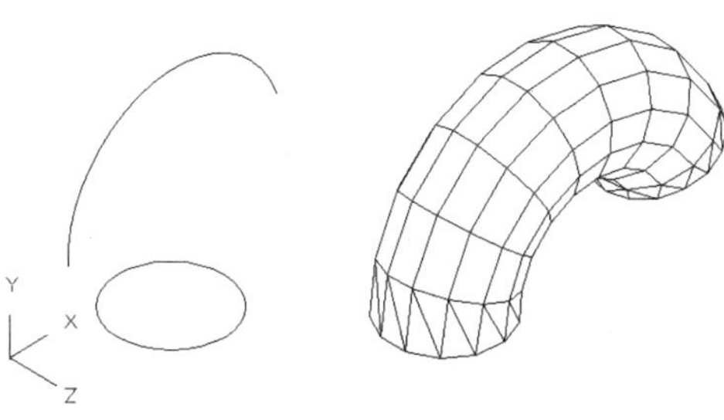

（a）拉伸前　（b）拉伸后

图 13-45　沿圆弧曲线路径拉伸圆

> **提示**
>
> 可以使用创建圆柱体的“轴端点”命令确定圆柱体的高度和方向。轴端点是圆柱体顶面的中心点，轴端点可以位于三维空间的任意位置。

☑ 方向：可以指定两个点以设定拉伸的长度和方向。

☑ 倾斜角：在定义要求成一定倾斜角的零件方面，倾斜拉伸非常有用，如铸造车间用来制造金属产品的铸模。

☑ 表达式：输入数学表达式可以约束拉伸的高度。

Note

提示

拉伸对象和拉伸路径必须是不在同一个平面上的两个对象，这里需要转换坐标平面。有的读者经常发现无法拉伸对象，很可能就是因为拉伸对象和拉伸路径在同一个平面上。

13.9.2 旋转

旋转是指一个平面图形围绕某个轴转过一定角度形成的实体。拉伸命令的调用方法主要有以下4种：

☑ 在命令行中输入“REVOLVE”或“REV”命令。

☑ 选择菜单栏中的“绘图/建模/旋转”命令。

☑ 单击“建模”工具栏中的“旋转”按钮。

☑ 单击“三维工具”选项卡下“建模”面板中的“旋转”按钮。

执行上述命令后，根据系统提示选择绘制好的二维对象，按Enter键结束选择后指定旋转轴的起点或选择其他选项。此时，命令行提示中各选项的含义如下。

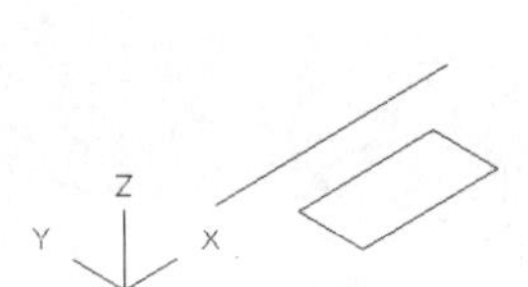

（a）旋转界面　　（b）旋转后的建模

图13-46　旋转体

☑ 指定旋转轴的起点：通过两个点来定义旋转轴，AutoCAD将按指定的角度和旋转轴旋转二维对象。

☑ 对象(O)：选择已经绘制好的直线或用多段线命令绘制的直线段作为旋转轴线。

☑ X(Y)轴：将二维对象绕当前坐标系（UCS）的X（Y）轴旋转。如图13-46所示为矩形平面绕X轴旋转的结果。

13.9.3 扫掠

扫掠是指某平面轮廓沿着某个指定的路径扫描过的轨迹形成的三维实体。与拉伸不同的是，拉伸是以拉伸对象为主体，以拉伸实体从拉伸对象所在的平面位置为基准开始生成。扫掠是以路径为主体，即扫掠实体是由路径所在的位置开始生成，并且路径可以是空间曲线。拉伸命令的调用方法主要有以下4种：

☑ 在命令行中输入“SWEEP”命令。

☑ 选择菜单栏中的“绘图/建模/扫掠”命令。

☑ 单击“建模”工具栏中的“扫掠”按钮。

☑ 单击“三维工具”选项卡下“建模”面板中的“扫掠”按钮。

执行上述命令后，根据系统提示选择要扫掠的对象，如图13-47（a）中的圆。在命令行提示下选择扫掠路径或其他选项，如图13-47（a）中螺旋线扫掠的结果如图13-47（b）所示。此时，命令行提示中各选项的含义如下。

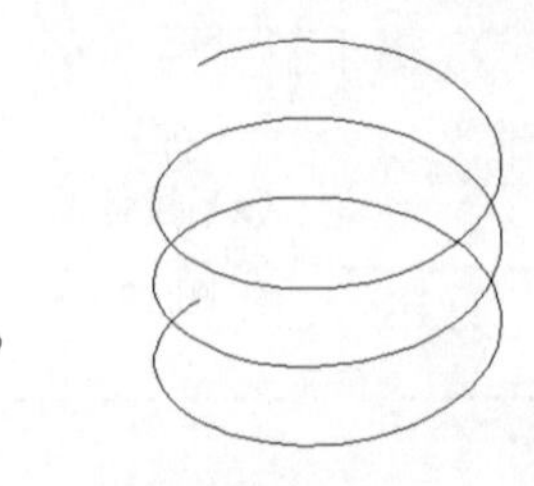

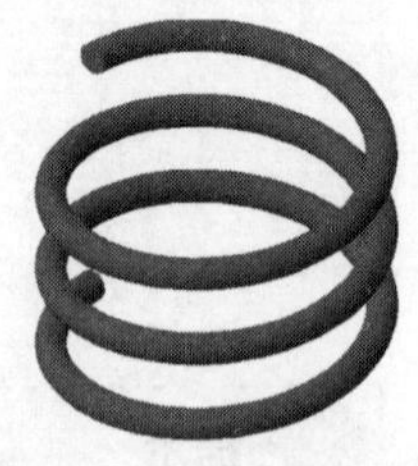

（a）对象和路径　　（b）结果

图13-47　扫掠

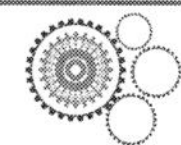

☑　对齐(A)：指定是否对齐轮廓以使其作为扫掠路径切向的法向，默认情况下，轮廓是对齐的。选择该选项，在命令行提示“扫掠前对齐垂直于路径的扫掠对象 [是(Y)/否(N)] <是>: ”后输入“N”，指定轮廓无须对齐；按 Enter 键，指定轮廓将对齐。

提示

使用扫掠命令，可以通过沿开放或闭合的二维或三维路径扫掠开放或闭合的平面曲线（轮廓）来创建建模或曲面。扫掠命令用于沿指定路径以指定轮廓的形状（扫掠对象）创建建模或曲面。可以扫掠多个对象，但是这些对象必须在同一平面内。如果沿一条路径扫掠闭合的曲线，则生成建模。

☑　基点(B)：指定要扫掠对象的基点。如果指定的点不在选定对象所在的平面上，则该点将被投影到该平面上。

☑　比例(S)：指定比例因子以进行扫掠操作。从扫掠路径的开始到结束，比例因子将统一应用到扫掠的对象上。选择该选项，在命令行提示“输入比例因子或[参照(R)]<1.0000>:”后指定比例因子，输入“R”，调用参照选项；按 Enter 键，选择默认值。其中，“参照(R)”选项表示通过拾取点或输入值来根据参照的长度缩放选定的对象。

☑　扭曲(T)：设置正被扫掠对象的扭曲角度。扭曲角度指定沿扫掠路径全部长度的旋转量。选择该选项，在命令行提示“输入扭曲角度或允许非平面扫掠路径倾斜[倾斜(B)]<n>:”后指定小于 360°的角度值，输入“B”，打开倾斜；按 Enter 键，选择默认角度值。其中，“倾斜(B)”选项指定被扫掠的曲线是否沿三维扫掠路径（三维多线段、三维样条曲线或螺旋线）自然倾斜（旋转）。如图 13-48 所示为扭曲扫掠示意图。

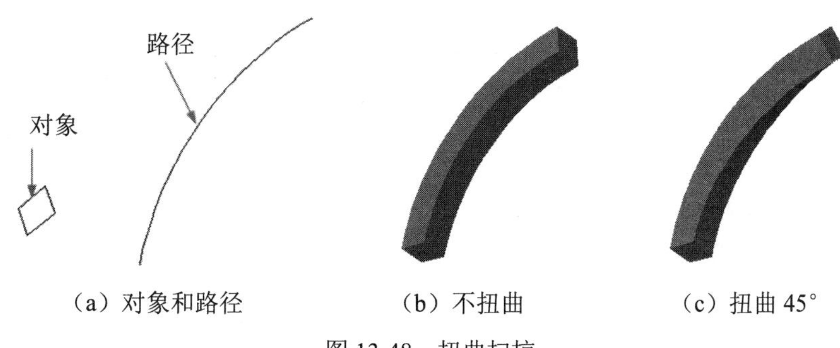

（a）对象和路径　　（b）不扭曲　　（c）扭曲 45°

图 13-48　扭曲扫掠

13.9.4　放样

放样是指按指定的导向线生成实体，使实体的某几个截面形状刚好是指定的平面图形形状。放样命令的调用方法主要有以下 4 种：

☑　在命令行中输入“LOFT”命令。

☑　选择菜单栏中的“绘图/建模/放样”命令。

☑　单击“建模”工具栏中的“放样”按钮。

☑　单击“三维工具”选项卡下“建模”面板中的“放样”按钮。

执行上述命令后，根据系统提示输入“MO”，按 Enter 键后输入“SO”，在命令行提示下依次选择如图 13-49 所示的 3 个截面后按 Enter 键。执行此命令时，命令行提示中各选项的含义如下。

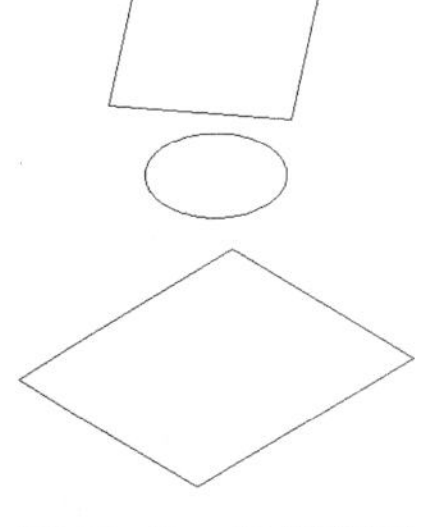

图 13-49　选择截面

☑　仅横截面(C)：在不使用导向或路径的情况下，创建放样对象。

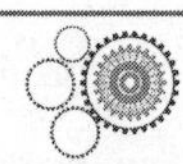

☑ 导向(G)：指定控制放样建模或曲面形状的导向曲线。导向曲线是直线或曲线，可通过将其他线框信息添加至对象来进一步定义建模或曲面的形状，如图 13-50 所示。选择该选项，在命令行提示下选择放样建模或曲面的导向曲线，然后按 Enter 键。

Note

提示

每条导向曲线必须满足以下条件才能正常工作：

（1）与每个横截面相交。

（2）从第一个横截面开始。

（3）到最后一个横截面结束。

可以为放样曲面或建模选择任意数量的导向曲线。

☑ 路径(P)：指定放样建模或曲面的单一路径，如图 13-51 所示。选择该选项，在命令行提示下指定放样建模或曲面的单一路径。

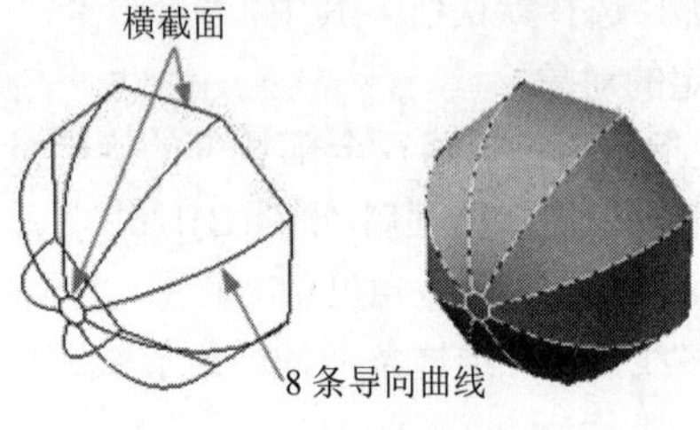

图 13-50　导向放样

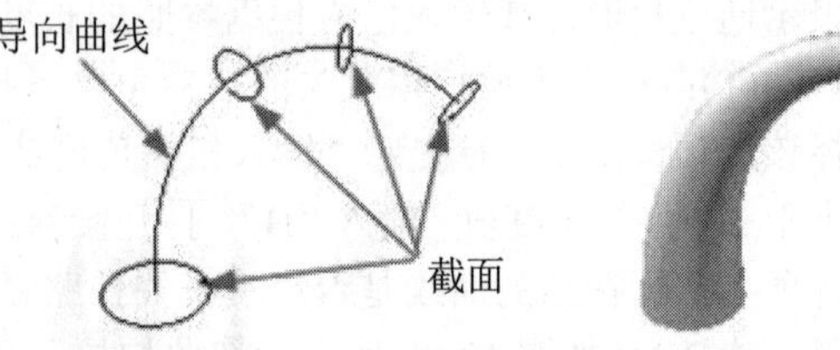

图 13-51　路径放样

☑ 设置(S)：选择该选项，系统弹出“放样设置”对话框，如图 13-52 所示。其中有 4 个单选按钮，如图 13-53（a）所示为选中“直纹”单选按钮的放样结果示意图，图 13-53（b）所示为选中“平滑拟合”单选按钮的放样结果示意图，图 13-53（c）所示为选中“法线指向”单选按钮并选择“所有横截面”选项的放样结果示意图，图 13-53（d）所示为选中“拔模斜度”单选按钮并设置“起点角度”为 45°、“起点幅值”为 10、“端点角度”为 60°、“端点幅值”为 10 的放样结果示意图。

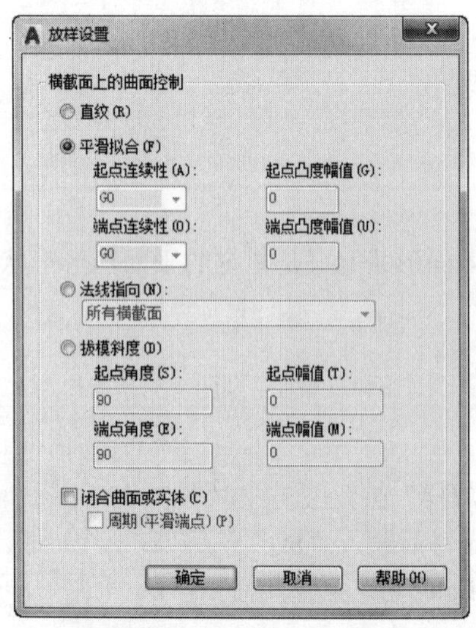

图 13-52　“放样设置”对话框

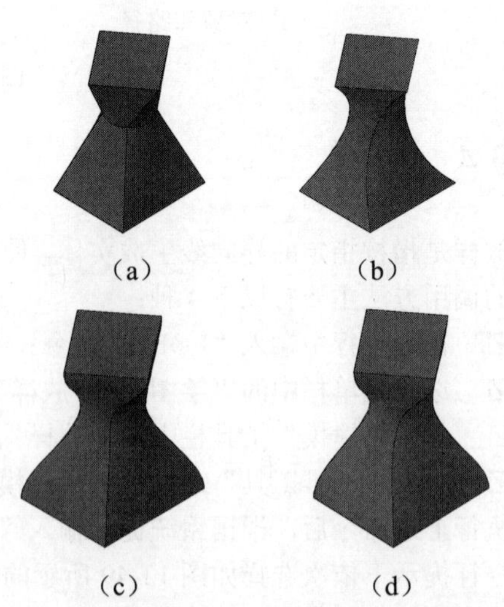

图 13-53　放样示意图

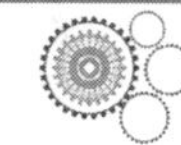

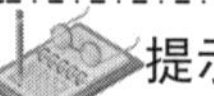

提示

路径曲线必须与横截面的所有平面相交。

13.9.5 拖曳

拖曳实际上是一种三维实体对象的夹点编辑，通过拖动三维实体上的夹持点来改变三维实体的形状。拖曳命令的调用方法主要有以下 3 种：

☑ 在命令行中输入“PRESSPULL”命令。

☑ 单击“建模”工具栏中的“按住并拖动”按钮。

☑ 单击“三维工具”选项卡下“实体编辑”面板中的“按住并拖动”按钮。

执行上述命令后，根据系统提示单击有限区域以进行按住或拖动操作。选择有限区域后，按住鼠标左键并拖动，相应的区域就会进行拉伸变形。如图 13-54 所示为选择圆台上表面，按住并拖动的结果。

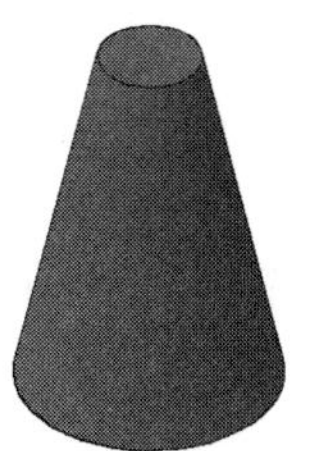
（a）圆台

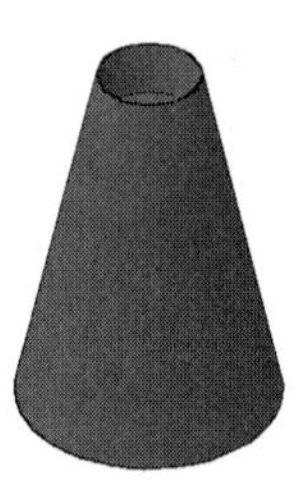
（b）向下拖动

（c）向上拖动

图 13-54 按住并拖动

13.9.6 实战——油标尺

油标尺零件由一系列同轴的圆柱体组成，从下到上分为标尺、连接螺纹、密封环和油标尺帽 4 个部分。绘制过程中，可以首先绘制一组同心的二维圆，调用拉伸命令绘制出相应的圆柱体；调用圆环体和球体命令，细化油标尺，最终完成立体图绘制。绘制的油标尺如图 13-55 所示：

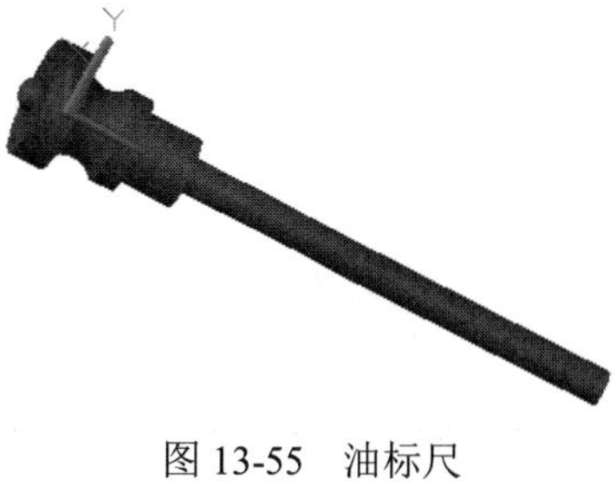

图 13-55 油标尺

操作步骤如下：

（1）建立新文件。打开 AutoCAD 2018 应用程序，以“无样板打开－公制（M）”方式建立新文件；将新文件命名为“油标尺立体图.dwg”并保存。

（2）绘制同心圆。单击“默认”选项卡下“绘图”面板中的“圆”按钮，圆心点为（0,0），半径依次为 3mm、6mm、8mm 和 10mm，结果如图 13-56（a）所示。

（3）拉伸实体。单击“三维工具”选项卡下“建模”面板中的“拉伸”按钮，对 4 个圆进行拉伸操作：$R3\times100$，$R6\times22$，$R8\times12$，$R10\times-6$；拉伸角度均为 0°。

单击“视图”选项卡下“视图”面板中的“西南等轴测”按钮，拉伸结果如图 13-56（b）所示。

（4）绘制圆环体。单击“三维工具”选项卡下“建模”面板中的“圆环体”按钮，绘制圆环，圆环体中心坐标为（0,0,4），半径为 11，圆管半径为 5，如图 13-57 所示。

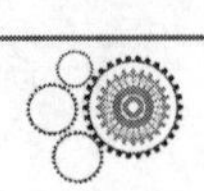
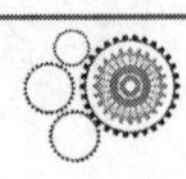

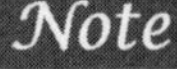

Note

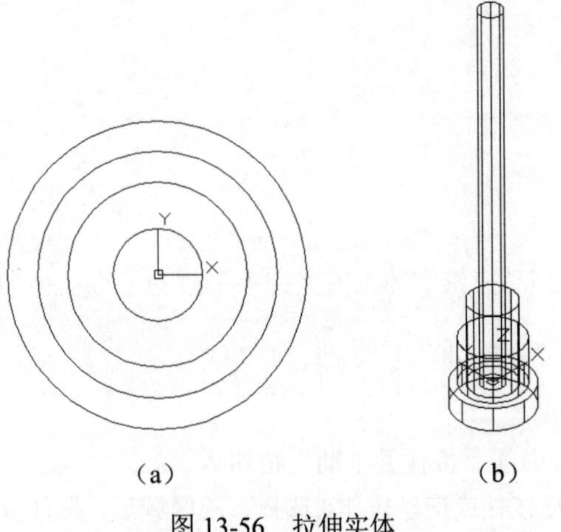

图 13-56　拉伸实体

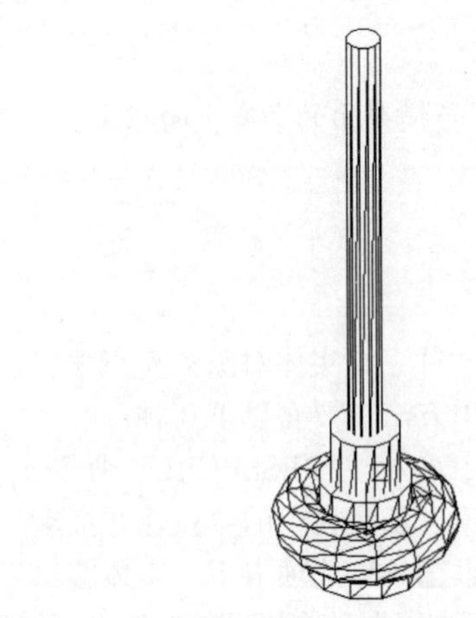

图 13-57　绘制圆环体

（5）布尔运算求差集。单击“三维工具”选项卡下“实体编辑”面板中的“差集”按钮，从 $R8\times12$mm 的圆柱体中减去圆环体，消隐结果如图 13-58 所示。

（6）绘制球体。单击“三维工具”选项卡下“建模”面板中的“球体”按钮，绘制球体，球心坐标为（0,0,−6），球体半径为 3，结果如图 13-59 所示。

（7）布尔运算求并集。单击“三维工具”选项卡下“实体编辑”面板中的“并集”按钮，将图 13-59 中的所有实体合并为一个实体，结果如图 13-60 所示。

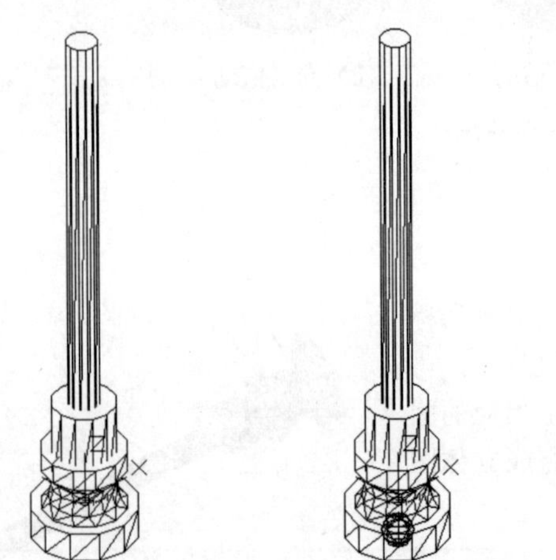

图 13-58　布尔运算求差集　　图 13-59　绘制球体

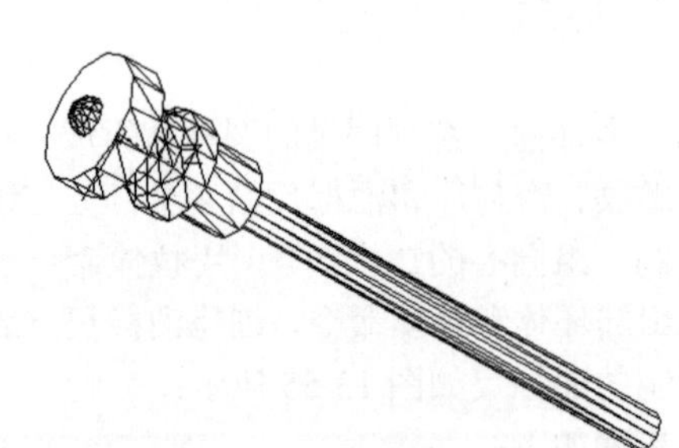

图 13-60　布尔运算求并集

（8）单击“视图”选项卡下“选项板”面板中的“材质浏览器”按钮，打开“材质浏览器”选项板，选择合适的材质并将其赋予油标尺。单击“视图”选项卡下“视觉样式”面板中的“真实面样式”按钮，结果如图 13-55 所示。

13.10　编辑三维图形

本节主要介绍各种三维编辑命令。

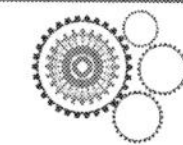

13.10.1 三维旋转

三维旋转命令的调用方法主要有以下 3 种：

☑ 在命令行中输入“3DROTATE”命令。

☑ 选择菜单栏中的“修改/三维操作/三维旋转”命令。

☑ 单击“建模”工具栏中的“三维旋转”按钮。

执行上述命令后，根据系统提示选择对象，指定基点，拾取旋转轴，指定角的起点和端点。

如图 13-61 所示为一个棱锥表面绕某一轴顺时针旋转 30° 的情形。

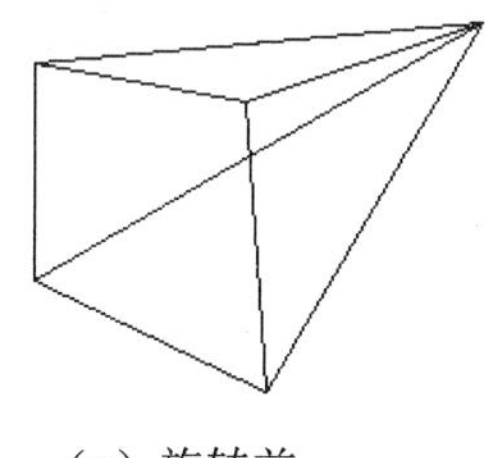

（a）旋转前

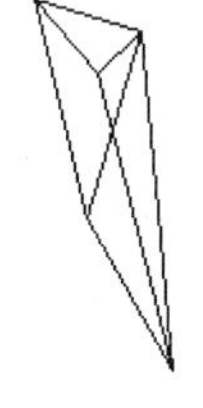

（b）旋转后

图 13-61 三维旋转

13.10.2 三维镜像

三维镜像命令的调用方法主要有以下两种：

☑ 在命令行中输入“MIRROR3D”命令。

☑ 选择菜单栏中的“修改/三维操作/三维镜像”命令。

执行上述命令后，根据系统提示选择要镜像的对象后按 Enter 键。在命令行提示下在镜像平面上指定 3 点。执行该命令时，命令行提示中各选项的含义如下。

☑ 点：输入镜像平面上点的坐标。该选项通过 3 个点确定镜像平面，是系统的默认选项。

☑ 最近的：相对于最后定义的镜像平面对选定的对象进行镜像处理。

☑ Z 轴(Z)：利用指定的平面作为镜像平面。

☑ 在镜像平面上指定点：输入镜像平面上一点的坐标。

☑ 在镜像平面的 Z 轴（法向）上指定点：输入与镜像平面垂直的任意一条直线上任意一点的坐标，根据需要确定是否删除源对象。

☑ 视图(V)：指定一个平行于当前视图的平面作为镜像平面。

☑ XY（YZ、ZX）平面：指定一个平行于当前坐标系的 XY（YZ、ZX）平面作为镜像平面。

13.10.3 三维阵列

三维阵列命令的调用方法主要有以下两种：

☑ 在命令行中输入“3DARRAY”命令。

☑ 选择菜单栏中的“修改/三维操作/三维阵列”命令。

执行上述命令后，根据系统提示选择要阵列的对象，并选择阵列类型。此时，命令行提示中各选项的含义如下。

☑ 矩形(R)：对图形进行矩形阵列复制，是系统的默认选项。选择该选项后，在命令行提示下输入行数、列数、层数、行间距、列间距、层间距。

☑ 环形(P)：对图形进行环形阵列复制。选择该选项后，在命令行提示下输入阵列的数目、阵列的圆心角，确定阵列上的每一个图形是否根据旋转轴线的位置进行旋转，指定阵列的中心点及旋转轴线上另一点的坐标。

Note

如图 13-62 所示为 3 层 3 行 3 列间距分别为 300 的圆柱的矩形阵列。如图 13-63 所示为圆柱的环形阵列。

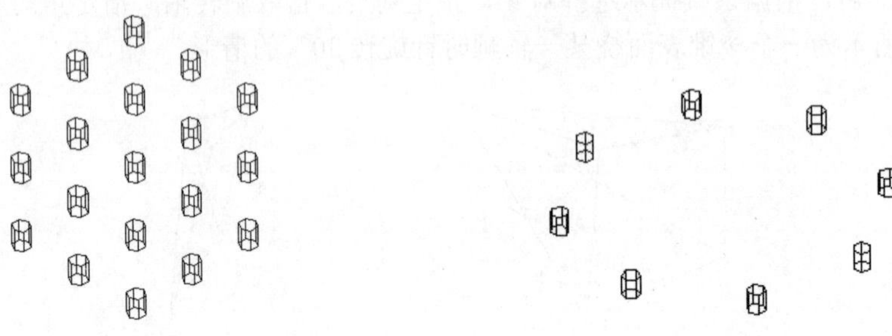

图 13-62　三维图形的矩形阵列　　　图 13-63　三维图形的环形阵列

13.10.4　实战——圆柱滚子轴承

视频讲解

本实例制作的圆柱滚子轴承如图 13-64 所示。本实例的主要思路是：创建轴承的内圈、外圈及滚动体，并用阵列命令对滚动体进行环形阵列操作后，用并集命令完成立体创建。

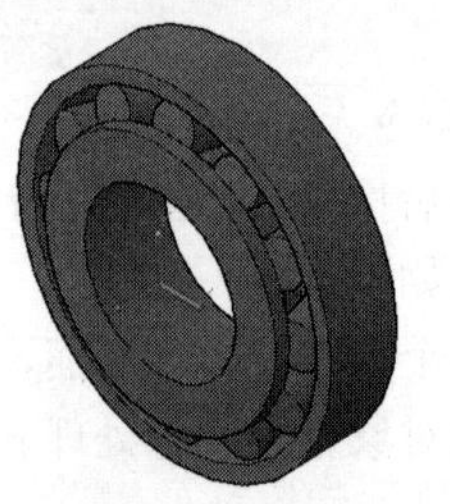

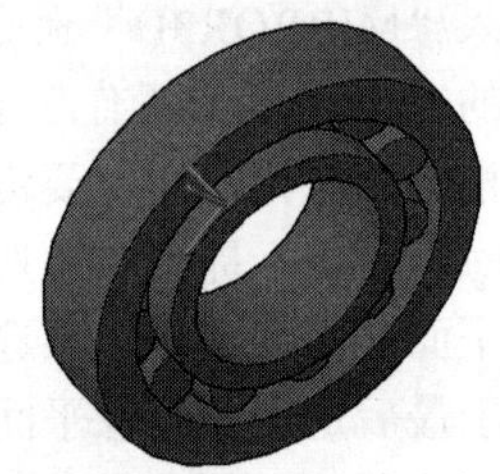

图 13-64　圆柱滚子轴承概念图形

操作步骤如下：

（1）启动系统。启动 AutoCAD 2018，使用默认设置画图。

（2）设置线框密度。在命令行中输入“ISOLINES”命令，在命令行提示下输入新值 10。

（3）绘制直线。单击“默认”选项卡下“绘图”面板中的“直线”按钮，绘制坐标为（0,17.5）、（0,26.57）、（3,26.57）、（2.3,23.5）、（11.55,21）、（11.84,22）、（18.5,22）、（18.5,17.5）和 C 的闭合曲线，如图 13-65 所示。

（4）绘制直线。单击“默认”选项卡下“绘图”面板中的“直线”按钮，绘制坐标为（3.5,32.7）、（3.5,36）、（18.5,36）、（18.5,28.75）和 C 的闭合曲线，如图 13-66 所示。

（5）延伸直线。

① 单击“默认”选项卡下“修改”面板中的“延伸”按钮，将直线 1 和直线 2 延伸至 3。

② 单击“默认”选项卡下“绘图”面板中的“直线”按钮，打开“对象捕捉”功能，捕捉延伸后的两直线中点，绘制矩形上端直线。

③ 单击“默认”选项卡下“修改”面板中的“修剪”按钮，将多余的线段修剪，结果如图 13-67 所示。

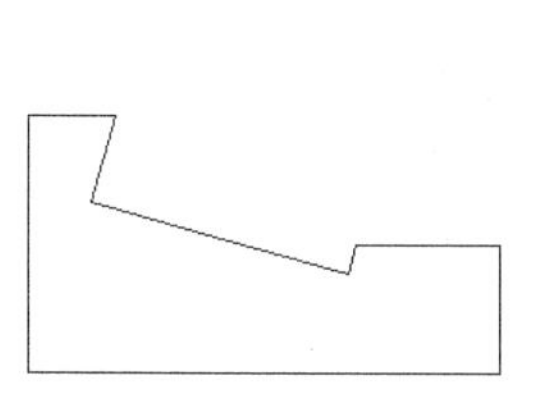

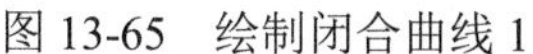

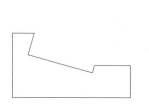

图 13-65　绘制闭合曲线 1

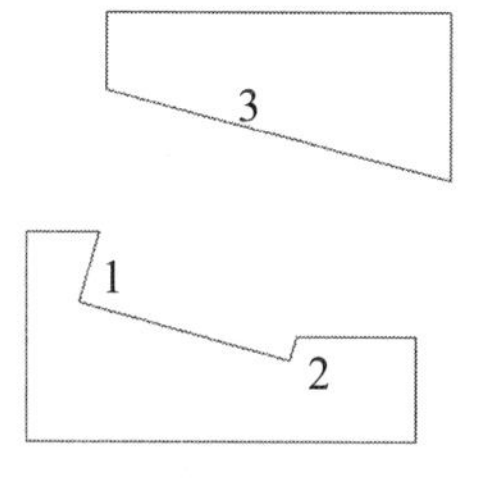

图 13-66　绘制闭合曲线 2

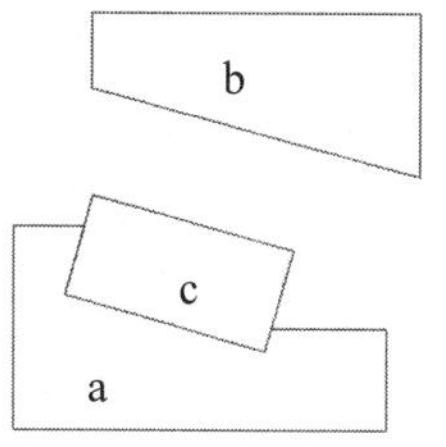

图 13-67　绘制二维图形

（6）创建面域。

① 单击“默认”选项卡下“绘图”面板中的“直线”按钮，将闭合图形 a、c 重合部分线段重新绘制。

② 单击“默认”选项卡下“绘图”面板中的“面域”按钮，分别将 3 个平面图形创建为 3 个面域 a、b、c。

（7）旋转面域，创建轴承内外圈。单击“三维工具”选项卡下“建模”面板中的“旋转”按钮，将面域 a、b 绕 X 轴旋转 360°，结果如图 13-68 所示。

（8）绘制直线。单击“默认”选项卡下“绘图”面板中的“直线”按钮，绘制面域 c 的最上端如图 13-69 中所示的直线。

（9）旋转轴承内外圈。单击“三维工具”选项卡下“建模”面板中的“旋转”按钮，将面域 c 绕第（8）步绘制的直线旋转 360°，结果如图 13-70 所示。

（10）切换到左视图。单击“视图”选项卡下“视图”面板中的“左视图”按钮，转换为平面视图，如图 13-71 所示。

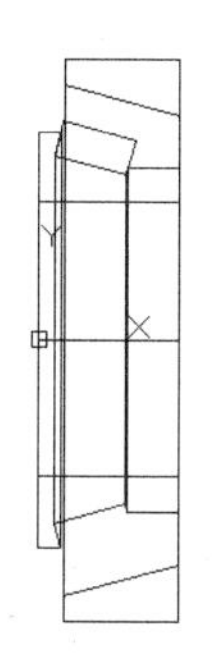

图 13-68　旋转面域

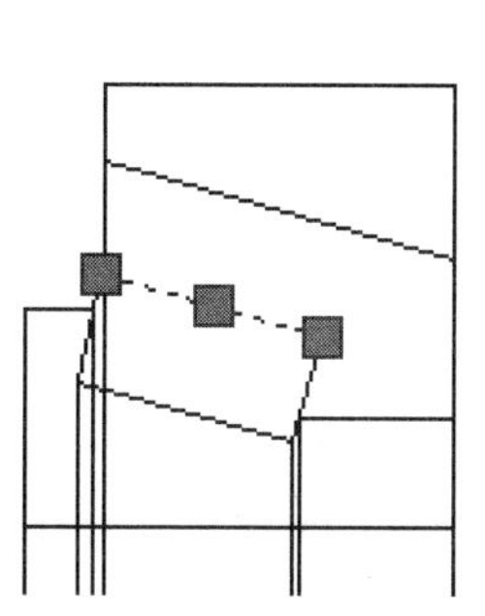

图 13-69　绘制直线

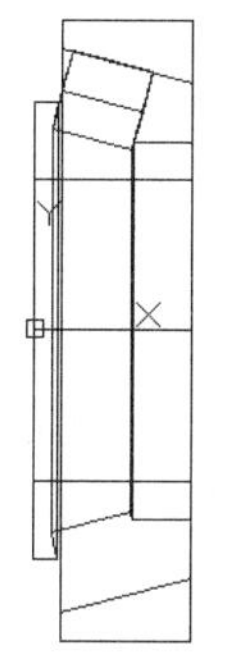

图 13-70　旋转滚动体

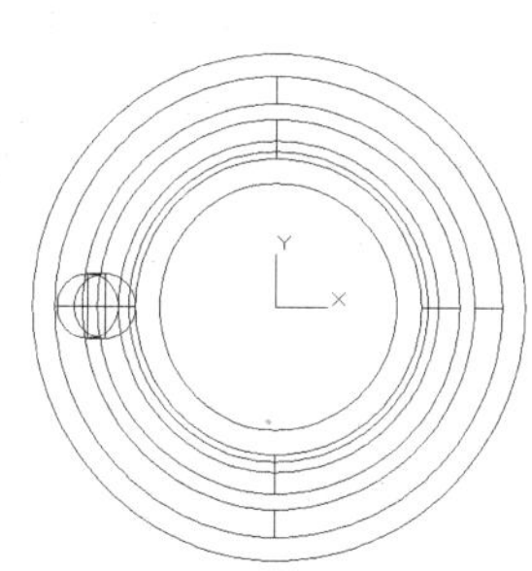

图 13-71　左视图滚动体

（11）阵列滚动体。单击“建模”工具栏中的“三维阵列”按钮，将绘制的一个滚子绕 Z 轴环形阵列 12 个，以（0,0,0）和（0,0,1）为阵列中心轴上的两个点创建环形阵列，结果如图 13-72 所示。

（12）切换视图。单击“视图”选项卡下“视图”面板中的“西南等轴测”按钮，转换到三维视图。

（13）并集运算。单击“三维工具”选项卡下“实体编辑”面板中的“并集”按钮，将阵列后的滚动体与轴承的内外圈进行并集运算。

（14）消隐实体。单击“视图”选项卡下“视觉样式”面板中的“隐藏”按钮，进行消隐处理后的图形如图 13-73 所示。

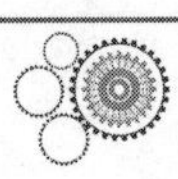
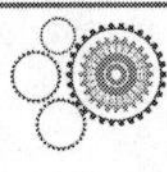

图 13-72　阵列滚动体

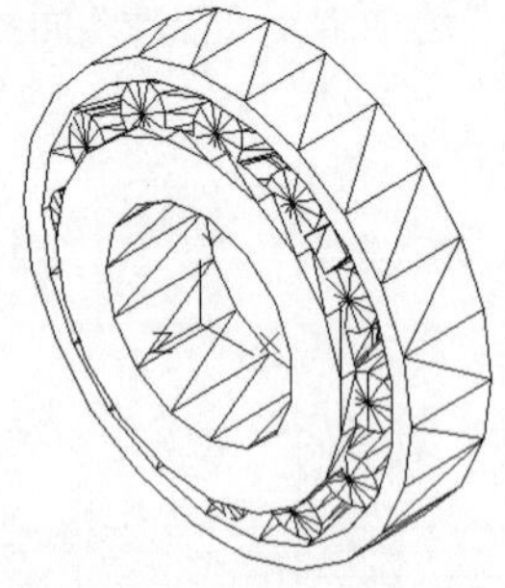

图 13-73　消隐后的轴承

（15）模型显示。单击“视图”选项卡下“视觉样式”面板中的“概念”按钮，显示实体概念图，如图 13-64 所示。

13.10.5　三维移动

三维移动命令的调用方法主要有以下 3 种：

☑　在命令行中输入“3DMOVE”命令。

☑　选择菜单栏中的“修改/三维操作/三维移动”命令。

☑　单击“建模”工具栏中的“三维移动”按钮。

执行上述命令后，根据系统提示选择对象，指定基点，指定第二点。

其操作方法与二维移动命令类似，如图 13-74 所示为将滚珠从轴承中移出的情形。

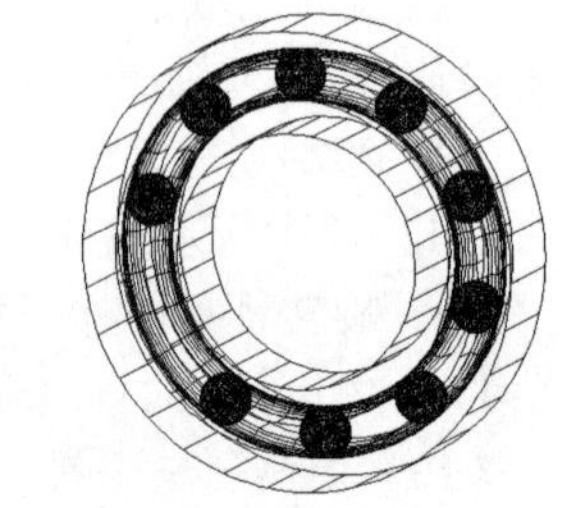

图 13-74　三维移动

13.10.6　剖切断面

剖切命令的调用方法主要有以下 3 种：

☑　在命令行中输入“SLICE”或“SL”命令。

☑　选择菜单栏中的“修改/三维操作/剖切”命令。

☑　单击“三维工具”选项卡下“实体编辑”面板中的“剖切”按钮。

执行上述命令后，根据系统提示选择要剖切的对象后按 Enter 键，在命令行提示下指定切面的起点和第二个点，在所需的侧面上指定点或选择其他选项。执行此命令时，命令行提示中各选项的含义如下。

☑　对象(O)：将所选对象的所在平面作为剖切面。

☑　Z 轴(Z)：通过平面指定一点与在平面的 Z 轴（法线）上指定另一点来定义剖切平面。

☑　视图(V)：以平行于当前视图的平面作为剖切面。

☑　XY 平面(XY)/YZ 平面(YZ)/ZX 平面(ZX)：将剖切平面与当前用户坐标系（UCS）的 XY 平面/YZ 平面/ZX 平面对齐。

☑　三点(3)：根据空间的 3 个点确定的平面作为剖切面。确定剖切面后，系统会提示保留一侧或两侧。如图 13-75 所示为断面图形。

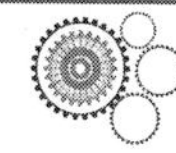

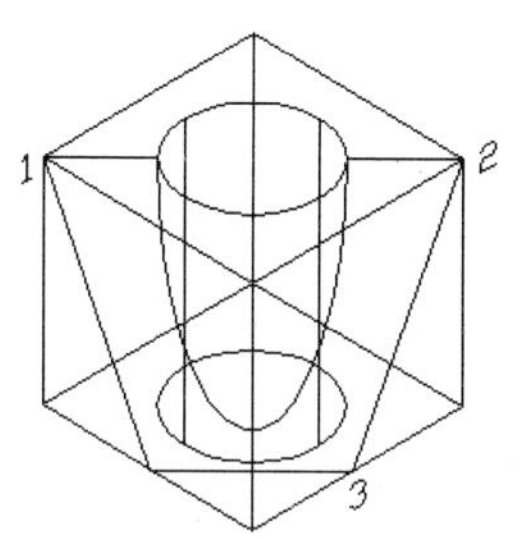

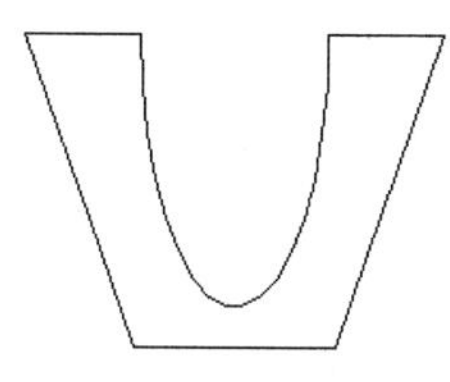

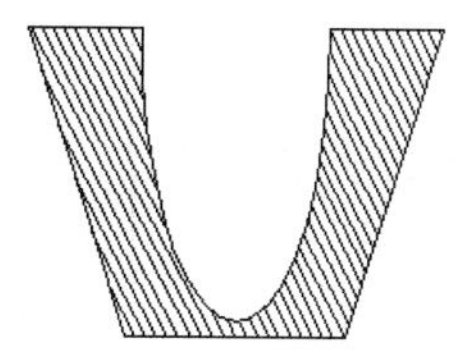

（a）剖切平面与断面　　（b）移出的断面图形　　（c）填充剖面线的断面图形

图 13-75　实体的断面

13.10.7　倒角

三维造型绘制中的倒角与二维绘制中的倒角命令相同，但执行方法略有差别，读者注意体会。倒角命令的调用方法主要有以下 4 种：

☑ 在命令行中输入“CHAMFER”或“CHA”命令。

☑ 选择菜单栏中的“修改/倒角”命令。

☑ 单击“修改”工具栏中的“倒角”按钮。

☑ 单击“三维工具”选项卡下“实体编辑”面板中的“倒角边”按钮。

执行上述命令后，根据系统提示拾取要倒角的两条直线。此时，命令行提示中各选项的含义如下。

☑ 选择第一条直线：选择建模的一条边，此选项为系统的默认选项。选择某一条边以后，与此边相邻的两个面中的一个面的边框就变成虚线。选择建模上要倒直角的边后，按照提示要求选择基面，默认选项是当前，即以虚线表示的面作为基面。如果选择“下一个(N)”选项，则以与所选边相邻的另一个面作为基面。选择好基面后，输入基面上的倒角距离和与基面相邻的另外一个面上的倒角距离。此时，命令行提示中各选项的含义如下。

　➢ 选择边或[环(L)]:选择边：确定需要进行倒角的边，此项为系统的默认选项。选择基面的某一边后，按 Enter 键对选择好的边进行倒直角，也可以继续选择其他需要倒直角的边。

　➢ 选择环：对基面上所有的边都进行倒直角。

☑ 其他选项：与二维斜角类似，此处不再赘述。

如图 13-76 所示为对长方体倒角的结果。

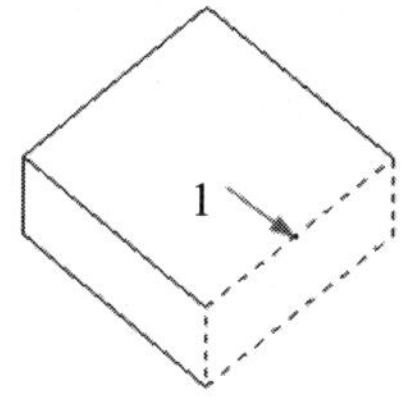

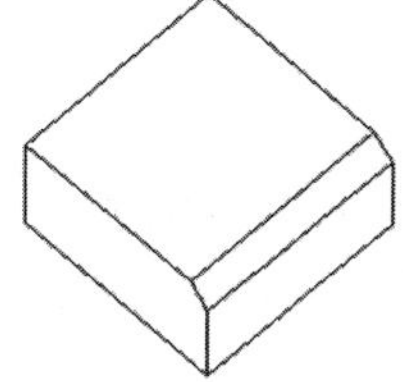

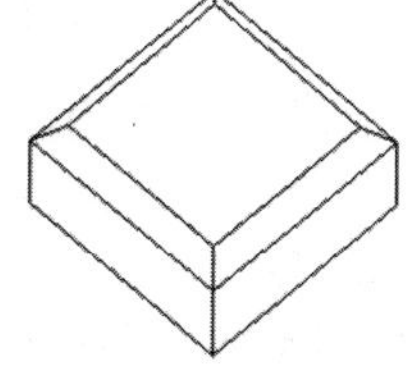

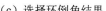

（a）选择倒角边“1”　　（b）选择边倒角结果　　（c）选择环倒角结果

图 13-76　对建模棱边倒角

13.10.8 圆角

三维造型绘制中的圆角与二维绘制中的圆角命令相同，但执行方法略有差别，读者注意体会。圆角命令的调用方法主要有以下 4 种：

☑ 在命令行中输入“FILLET”或“F”命令。

☑ 选择菜单栏中的“修改/圆角”命令。

☑ 单击“修改”工具栏中的“圆角”按钮。

☑ 单击“默认”选项卡下“修改”面板中的“圆角”按钮。

执行上述命令后，根据系统提示选择建模上的一条边，在命令行提示下输入圆角半径，在命令行继续提示下选择边或其他选项。此时，命令行提示中各选项的含义如下。

☑ 链(C)：表示与此边相邻的边都被选中，并进行倒圆角的操作。如图 13-77 所示为对长方体倒圆角的结果。

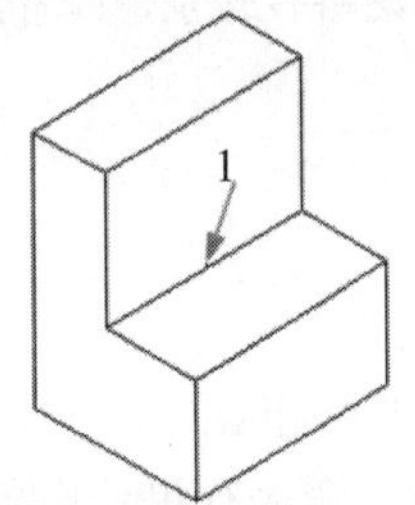

（a）选择倒圆角边“1”

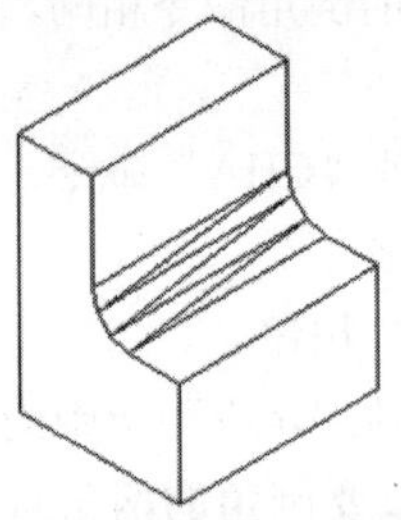

（b）边倒圆角结果

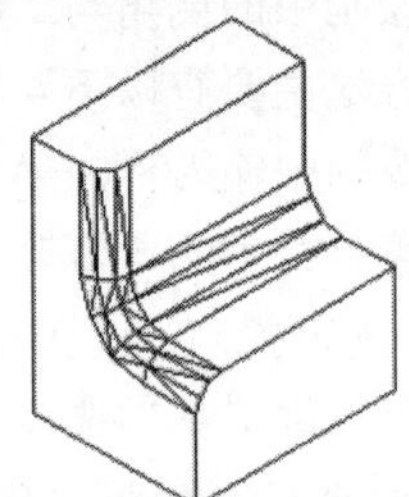

（c）链倒圆角结果

图 13-77 对建模棱边倒圆角

视频讲解

13.10.9 实战——平键

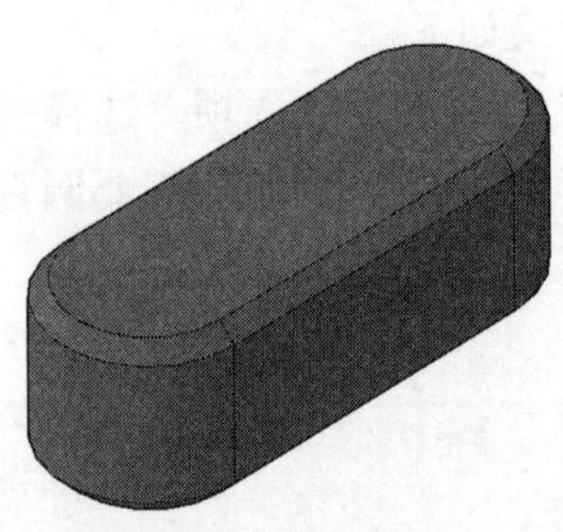

图 13-78 平键立体图

本实例主要利用拉伸、倒角命令，绘制如图 13-78 所示的平键立体图。

操作步骤如下：

（1）建立新文件。打开 AutoCAD 2018 应用程序，以“无样板打开一公制（M）”方式建立新文件；将新文件命名为“平键立体图.dwg”并保存。

（2）绘制轮廓线。单击“默认”选项卡下“绘图”面板中的“矩形”按钮，指定矩形的两个角点{（0,0），（32,12）}，如图 13-79（a）所示。

（3）创建圆角。

① 单击“默认”选项卡下“修改”面板中的“圆角”按钮。

② 在命令行提示“选择第一个对象或[放弃(U)/多段线(P)/半径(R)/修剪(T)/多个(M)]:”后输入“R”。

③ 在命令行提示“指定圆角半径<0.0000>:”后输入“6”。

④ 在命令行提示“选择第一个对象或[放弃(U)/多段线(P)/半径(R)/修剪(T)/多个(M)]:”后输入“M”。

⑤ 在命令行提示“选择第一个对象或[放弃(U)/多段线(P)/半径(R)/修剪(T)/多个(M)]:”后拾取第一条边。

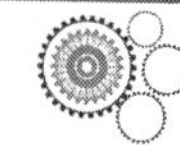

Note

⑥ 在命令行提示“选择第二个对象，或按住 Shift 键选择对象以应用角点或[半径(R)]:”后拾取第二条边。

⑦ 同理，创建其他 3 个圆角，结果如图 13-79（b）所示。

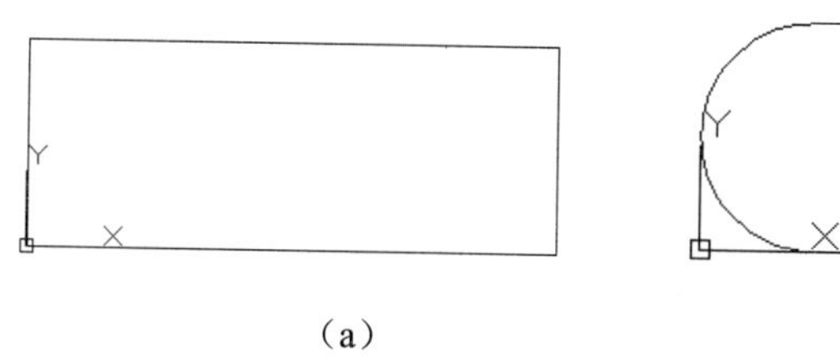

（a）

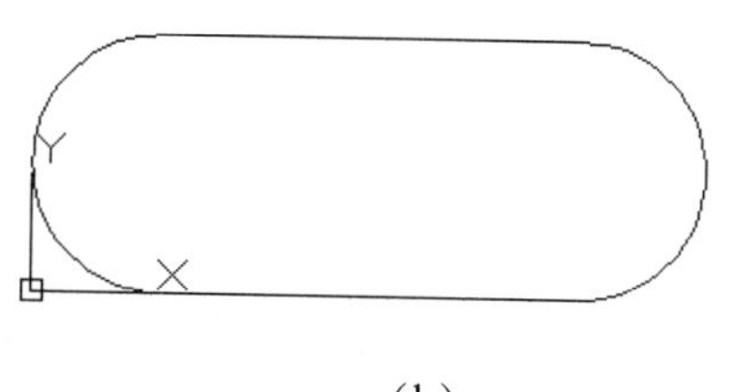

（b）

图 13-79　绘制轮廓线

（4）拉伸实体。

① 单击“三维工具”选项卡下“建模”面板中的“拉伸”按钮，选择第（3）步倒完圆角的矩形，拉伸高度为 10。

② 在命令行提示“选择要拉伸的对象或[模式(MO)]:”后拾取圆角后的矩形。

③ 在命令行提示“指定拉伸的高度或[方向(D)/路径(P)/倾斜角(T)/表达式(E)] <906.7156>:”后输入“10”，结果如图 13-80（a）所示。

（5）单击“视图”选项卡下“视图”面板中的“西南等轴测”按钮，拉伸后的效果立即可见，如图 13-80（b）所示。

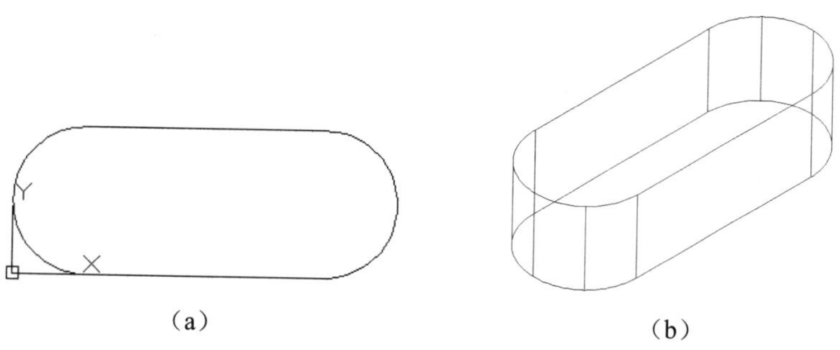

（a）　　（b）

图 13-80　拉伸实体

（6）实体倒直角。

① 单击“默认”选项卡下“修改”面板中的“倒角”按钮。

② 在命令行提示“选择第一条直线或[多段线(P)/距离(D)/角度(A)/修剪(T)/方式(M)/多个(U)]:”后选择边 1，如图 13-81（a）所示。绘图窗口用虚线显示侧面，如图 13-81（b）所示。

③ 在命令行提示“输入曲面选择选项[下一个(N)/当前(OK)] <当前>:”后输入“N”，绘图窗口用虚线显示上表面，如图 13-82（a）所示。

④ 在命令行提示“输入曲面选择选项[下一个(N)/当前(OK)] <当前(OK)>:”后按 Enter 键。

⑤ 在命令行提示“指定基面的倒角距离:”后输入“1.0”。

⑥ 在命令行提示“指定其他曲面的倒角距离<1.0000>:”后按 Enter 键。

⑦ 在命令行提示“选择边或[环(L)]:”后输入“L”，上表面的环边、两条直线和两段圆弧呈虚线显示，如图 13-82（a）所示。

⑧ 在命令行提示“选择边或[环(L)]:”后按 Enter 键，实体棱边倒角的结果如图 13-82（b）所示。

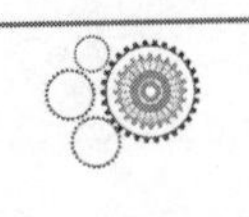
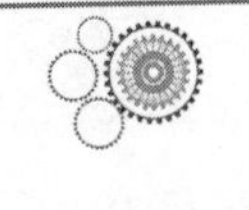

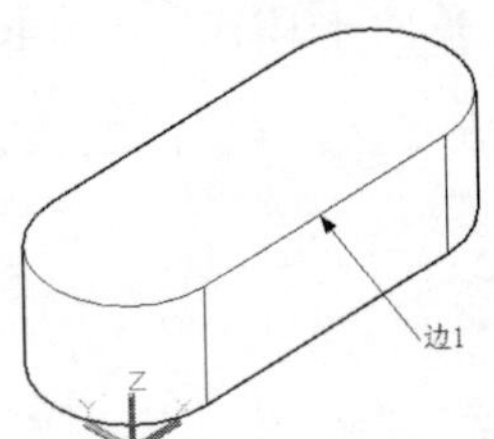

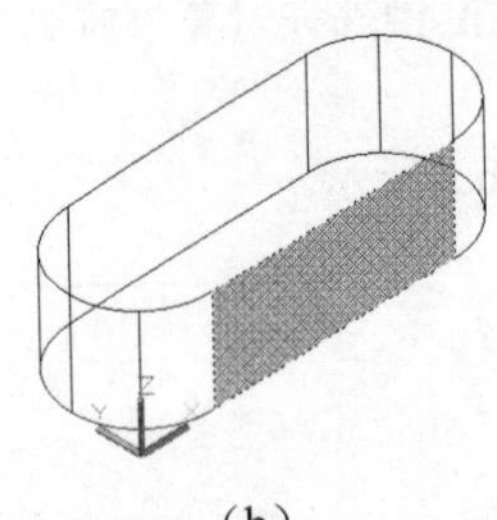

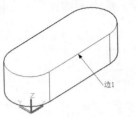

（a） （b）

图 13-81 选择倒角基面

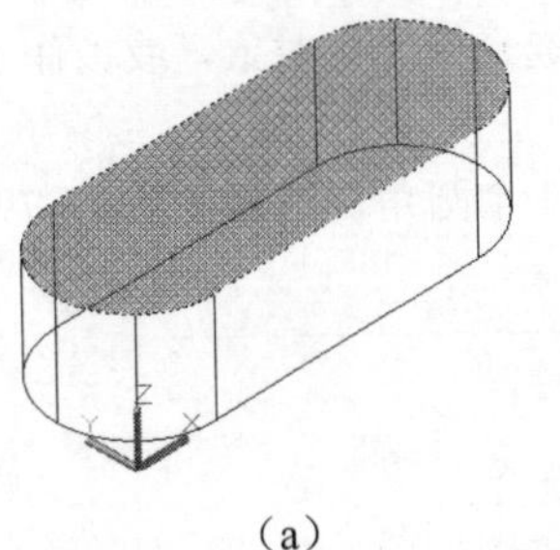
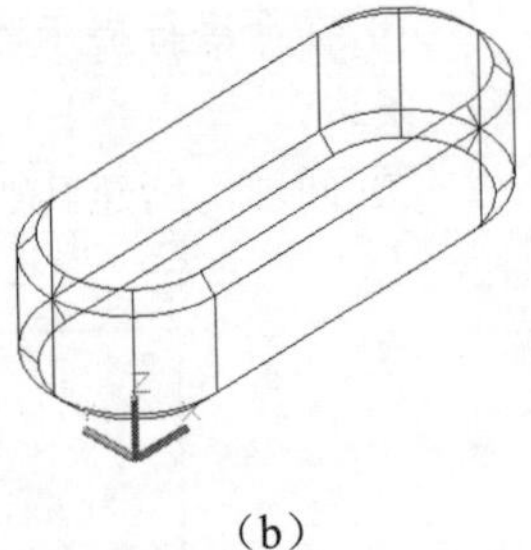

（a） （b）

图 13-82 实体倒直角

提示

所谓“倒角的基面”是指构成选择边的两个平面之一，输入“O”命令或按 Enter 键可以使用当前亮显的面作为基面，也可以选择“下一个(N)”选项来选择另外一个表面作为基面。如果基面的边框已经倒角，如平键的侧面，这时系统不会执行倒直角（或倒圆角）命令。

（7）平键底面倒直角。与上述方法相同，单击“默认”选项卡下“修改”面板中的“倒角”按钮，对平键底面进行倒直角操作。至此，简单的平键实体绘制完毕，实体概念图如图 13-78 所示。

13.11 编辑实体

利用实体编辑功能编辑三维实体对象的面和边。

13.11.1 拉伸面

拉伸面命令的调用方法主要有以下 4 种：

☑ 在命令行中输入“SOLIDEDIT”命令。
☑ 选择菜单栏中的“修改/实体编辑/拉伸面”命令。
☑ 单击“实体编辑”工具栏中的“拉伸面”按钮。
☑ 单击“三维工具”选项卡下“实体编辑”面板中的“拉伸面”按钮。

执行上述命令后，根据系统提示输入选项 face，在命令行提示下选择要进行的操作后，选择要进行拉伸的面并指定拉伸高度或选择其他选项。执行该命令时，命令行提示中各选项的含义如下。

☑ 指定拉伸高度：按指定的高度值来拉伸面。指定拉伸的倾斜角度后，完成拉伸操作。
☑ 路径(P)：沿指定的路径曲线拉伸面。如图 13-83 所示为拉伸长方体顶面和侧面的结果。

13.11.2 移动面

移动面命令的调用方法主要有以下 4 种：

☑ 在命令行中输入“SOLIDEDIT”命令。
☑ 选择菜单栏中的“修改/实体编辑/移动面”命令。
☑ 单击“实体编辑”工具栏中的“移动面”按钮。
☑ 单击“三维工具”选项卡下“实体编辑”面板中的“移动面”按钮。

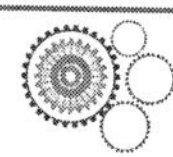

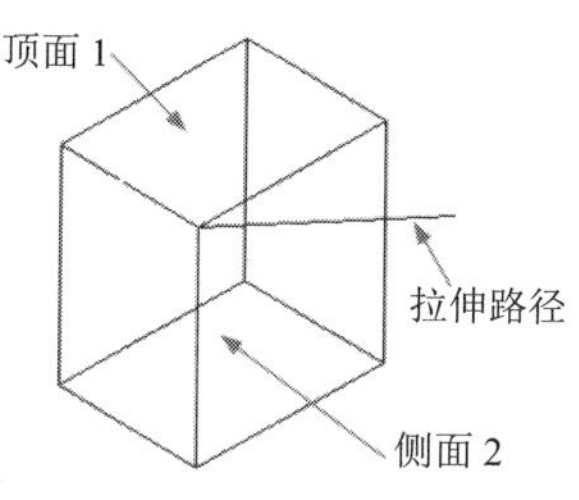

（a）拉伸前的长方体

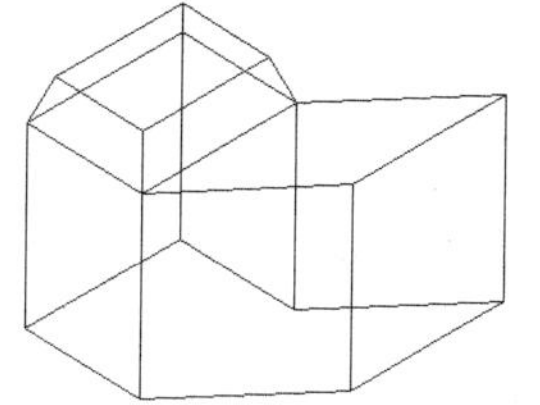

（b）拉伸后的三维实体

图 13-83　拉伸长方体

执行上述命令后，根据系统提示选择要进行移动的面、基点或位移及位移的第二点。各选项的含义在前面介绍的命令中都有涉及，如有问题，请查询相关命令（拉伸面、移动等）。如图 13-84 所示为移动三维实体的结果。

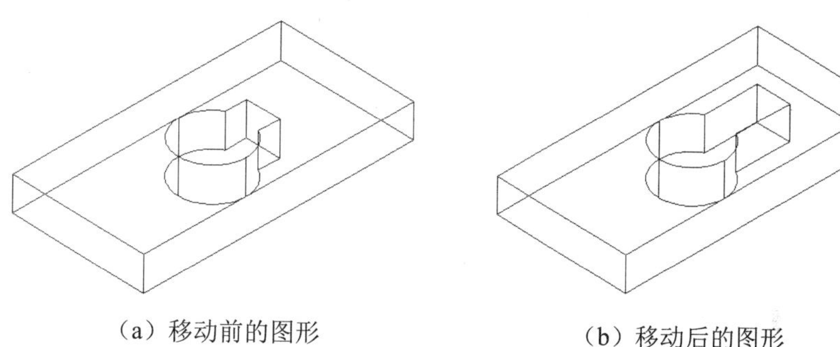

（a）移动前的图形　　（b）移动后的图形

图 13-84　移动三维实体

13.11.3　偏移面

偏移面命令的调用方法主要有以下 4 种：

☑　在命令行中输入“SOLIDEDIT”命令。

☑　选择菜单栏中的“修改/实体编辑/偏移面”命令。

☑　单击“实体编辑”工具栏中的“偏移面”按钮。

☑　单击“三维工具”选项卡下“实体编辑”面板中的“偏移面”按钮。

执行上述命令后，根据系统提示选择要进行偏移的面，输入要偏移的距离值。

如图 13-85 所示为通过偏移命令改变哑铃手柄大小的结果。

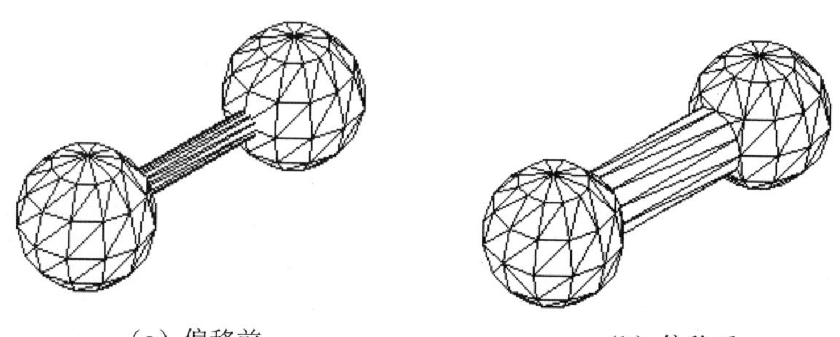

（a）偏移前　　（b）偏移后

图 13-85　偏移对象

13.11.4 抽壳

Note

抽壳命令的调用方法主要有以下 4 种：

☑ 在命令行中输入“SOLIDEDIT”命令。

☑ 选择菜单栏中的“修改/实体编辑/抽壳”命令。

☑ 单击“实体编辑”工具栏中的“抽壳”按钮。

☑ 单击“三维工具”选项卡下“实体编辑”面板中的“抽壳”按钮。

执行上述命令后，根据系统提示选择三维实体，选择开口面，指定壳体的厚度值。如图 13-86 所示为利用抽壳命令创建的花盆。

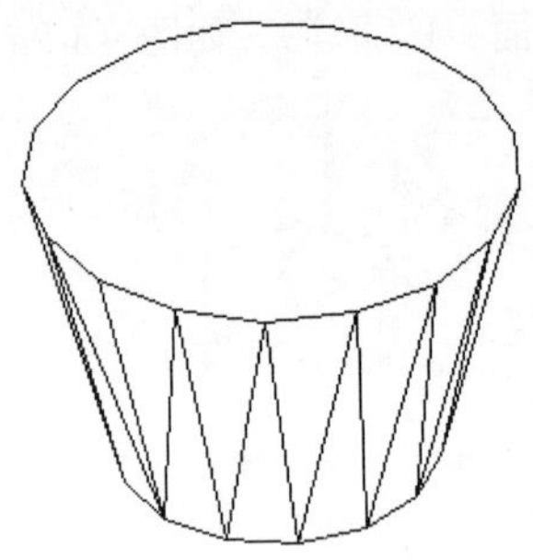
（a）创建初步轮廓

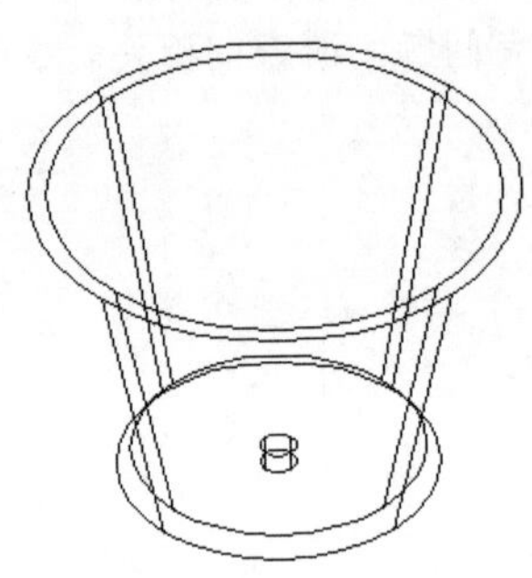
（b）完成创建

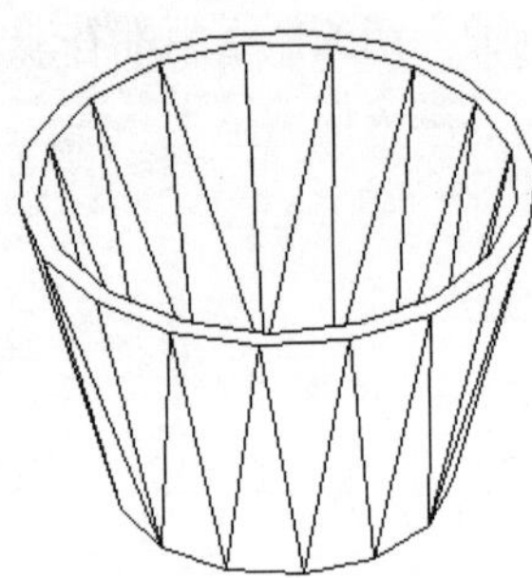
（c）消隐结果

图 13-86 花盆

> 提示
>
> 抽壳是用指定的厚度创建一个空的薄层。可以为所有面指定一个固定的薄层厚度，通过选择面可以将这些面排除在壳外。一个三维实体只能有一个壳，通过将现有面偏移出其原位置来创建新的面。

“编辑实体”命令的其他选项功能与上面几项类似，这里不再赘述。

视频讲解

13.11.5 实战——泵盖

本实例绘制的泵盖如图 13-87 所示。

操作步骤如下：

1．绘制大致外部轮廓

（1）建立新文件。打开 AutoCAD 2018 应用程序，以“无样板打开一公制（M）”方式建立新文件。

（2）单击“视图”选项卡下“视图”面板中的“西南等轴测”按钮，将当前视图方向设置为西南等轴测视图。

（3）单击“三维工具”选项卡下“建模”面板中的“长方体”按钮，以（0,0,0）为角点，创建长为36、宽为80、高为12 的长方体。

（4）单击“三维工具”选项卡下“建模”面板中的“圆柱体”按钮，分别以（0,40,0）和（36,40,0）为底面中心点，创建半径

图 13-87 泵盖

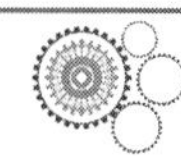

为 $R40$、高为 12 的圆柱体，结果如图 13-88 所示。

（5）单击“三维工具”选项卡下“实体编辑”面板中的“并集”按钮，将第（3）步绘制的长方体以及第（4）步绘制的两个圆柱体进行并集运算，结果如图 13-89 所示。

（6）复制边。

① 单击“三维工具”选项卡下“实体编辑”面板中的“复制边”按钮。

② 在命令行提示“选择边或[放弃(U)/删除(R)]:”后依次选择并集后实体底面边线。

③ 在命令行提示“指定基点或位移:”后输入（0,0,0）。

④ 在命令行提示“指定位移的第二点:”后输入（0,0,0），结果如图 13-90 所示。

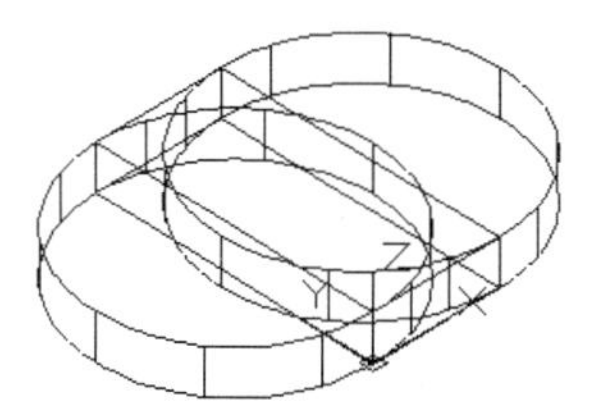

图 13-88　创建圆柱体后的图形

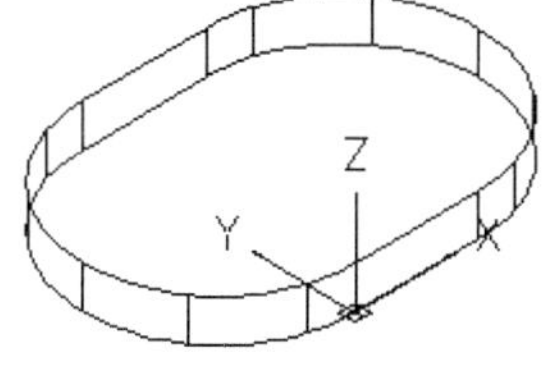

图 13-89　并集后的图形

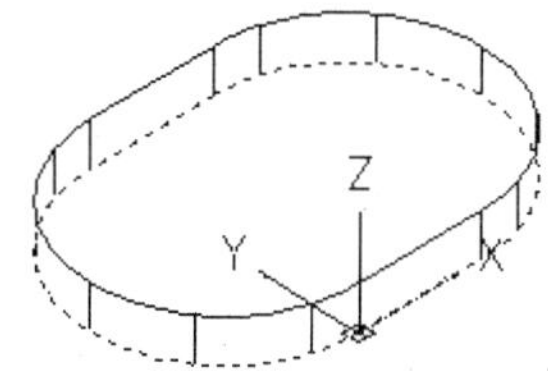

图 13-90　选取复制的边

（7）编辑多段线。

① 单击“默认”选项卡下“修改”面板中的“编辑多段线”按钮。

② 在命令行提示“选择多段线或[多条(M)]:”后用鼠标选择复制底边后的任意一个线段。

③ 在命令行提示“选定的对象不是多段线，是否将其转换为多段线? <Y>”后按 Enter 键。

④ 在命令行提示“输入选项[闭合(C)/合并(J)/宽度(W)/编辑顶点(E)/拟合(F)/样条曲线(S)/非曲线化(D)/线型生成(L)/反转(R)/放弃(U)]:”后输入“J”。

⑤ 在命令行提示“选择对象:”后用鼠标依次选择复制底边的 4 条线段。

（8）单击“默认”选项卡下“修改”面板中的“偏移”按钮，将合并后的多段线向内偏移 22，结果如图 13-91 所示。

（9）单击“三维工具”选项卡下“建模”面板中的“拉伸”按钮，将第（8）步偏移的图形向上拉伸 24。

（10）单击“三维工具”选项卡下“建模”面板中的“圆柱体”按钮，以点（0,40,0）为中心点，创建半径为 $R18$、高为 36 的圆柱。

（11）单击“默认”选项卡下“修改”面板中的“偏移”按钮，将复制的边线向内偏移 11。

（12）单击“三维工具”选项卡下“实体编辑”面板中的“并集”按钮，将绘制的所有实体进行并集运算，结果如图 13-92 所示。

2．对图形进行详细处理

（1）单击“视图”选项卡下“视图”面板中的“俯视”按钮，将当前视图方向设置为俯视图。

（2）单击“三维工具”选项卡下“建模”面板中的“圆柱体”按钮，捕捉偏移形成的辅助线左边圆弧的象限点为中心点，创建半径为 $R4$、高为 6 的圆柱，结果如图 13-93 所示。

（3）单击“视图”选项卡下“视图”面板中的“西南等轴测”按钮，将当前视图方向设置为西南等轴测视图。

（4）单击“三维工具”选项卡下“建模”面板中的“圆柱体”按钮，捕捉 $R4$ 圆柱顶面圆心为中心点，创建半径为 $R7$、高为 6 的圆柱。

（5）单击“三维工具”选项卡下“实体编辑”面板中的“并集”按钮，将创建的 $R4$ 与 $R7$ 圆柱体进行并集运算。

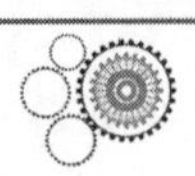
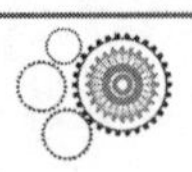

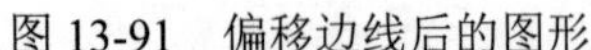

图 13-91　偏移边线后的图形

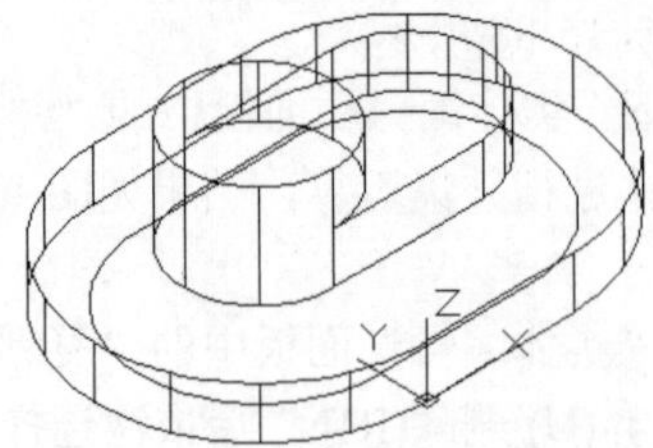

图 13-92　并集后的图形

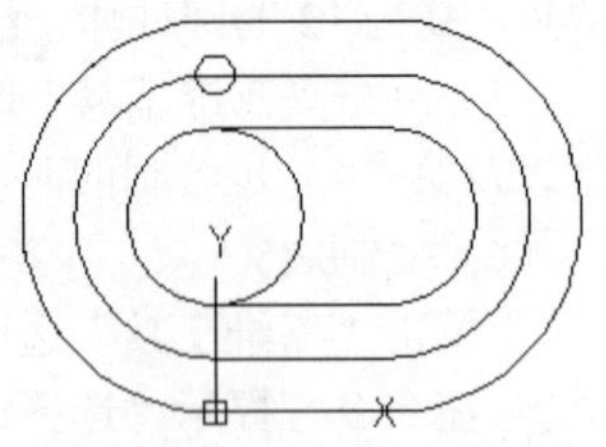

图 13-93　绘制圆柱后的图形

（6）单击“默认”选项卡下“修改”面板中的“复制”按钮，用鼠标选择并集后的圆柱体。在对象捕捉模式下用鼠标选择圆柱体的底面圆心作为基点，在对象捕捉模式下用鼠标选择圆弧的象限点作为第二点，结果如图 13-94 所示。

（7）单击“三维工具”选项卡下“实体编辑”面板中的“差集”按钮，将并集的圆柱体从并集的实体中减去。

（8）单击“默认”选项卡下“修改”面板中的“删除”按钮，用鼠标选择复制及偏移的边线。

（9）在命令行中输入“UCS”命令，将坐标原点移动到 $R18$ 圆柱体顶面中心点。设置用户坐标系。

（10）单击“三维工具”选项卡下“建模”面板中的“圆柱体”按钮，以坐标原点为圆心，创建直径为 $\Phi17$、高为-60 的圆柱体；以（0,0,-20）为圆心，创建直径为 $\Phi25$、高为-7 的圆柱；以实体右边 $R18$ 柱面顶部圆心为中心点，创建直径为 $\Phi17$、高为-24 的圆柱，结果如图 13-95 所示。

（11）单击“三维工具”选项卡下“实体编辑”面板中的“差集”按钮，将实体与绘制的圆柱体进行差集运算。

（12）单击“可视化”选项卡下“视觉样式”面板中的“隐藏”按钮，对实体进行消隐。消隐处理后的图形如图 13-96 所示。

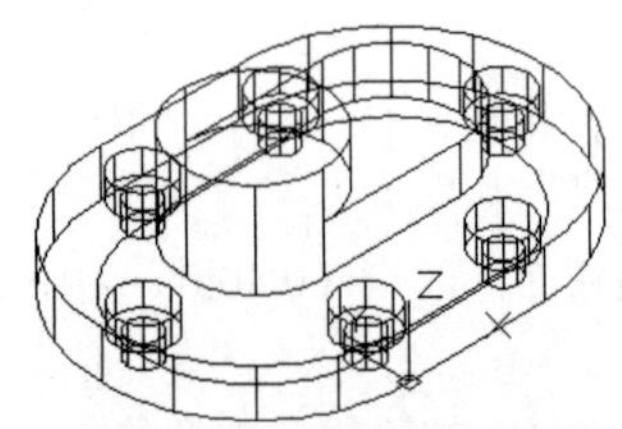

图 13-94　复制圆柱体后的图形

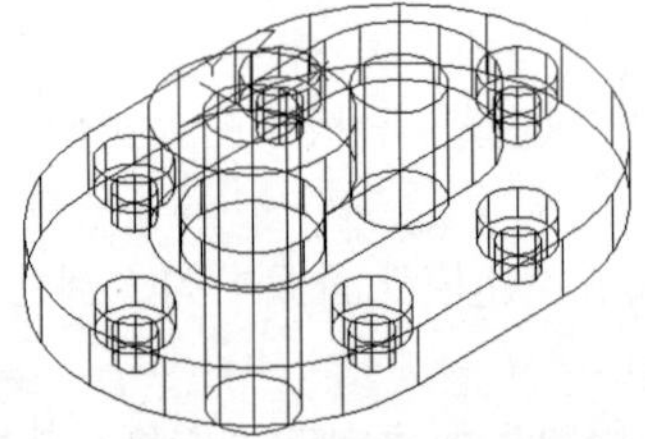

图 13-95　绘制圆柱体后的图形

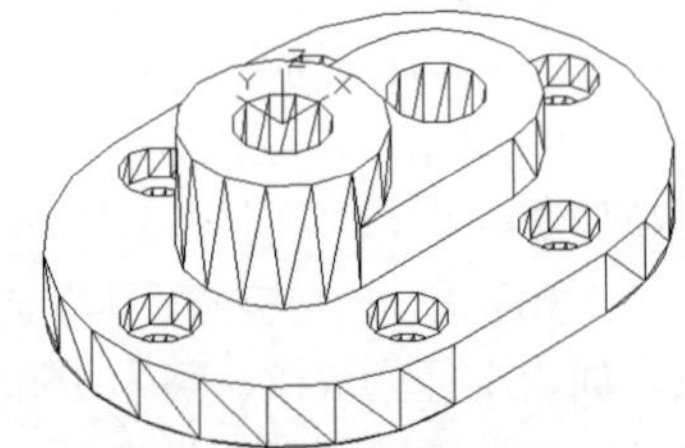

图 13-96　差集后的图形

（13）单击“默认”选项卡下“修改”面板中的“圆角”按钮，用鼠标选择要圆角的对象，设置圆角半径为 4，结果如图 13-97 所示。

（14）单击“默认”选项卡下“修改”面板中的“倒角”按钮，用鼠标选择要倒角的直线，设置倒角距离为 2，结果如图 13-98 所示。

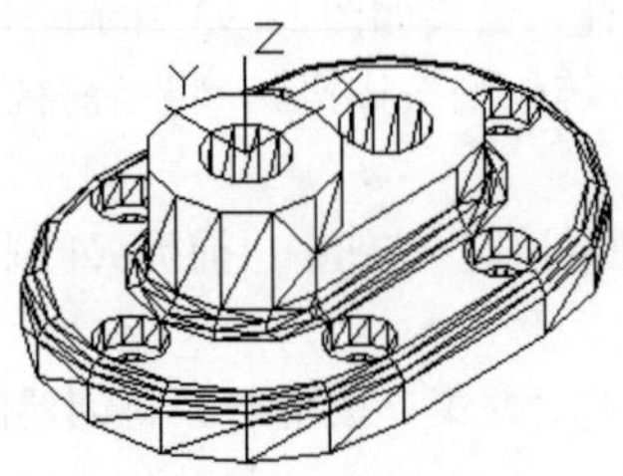

图 13-97　倒圆角结果

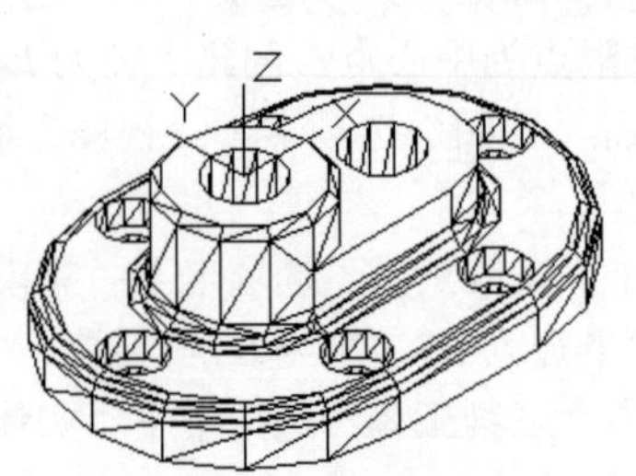

图 13-98　倒角后的图形

（15）选择菜单栏中的“视图/显示/UCS 图标/开”命令，关闭坐标系。

（16）单击“可视化”选项卡下“视觉样式”面板中的“概念”按钮，效果如图 13-87 所示。

13.12　实战演练

通过前面的学习，读者对本章知识也有了大体的了解，本节通过几个操作练习使读者进一步掌握本章知识要点。

【实战演练 1】创建如图 13-99 所示的支架。

1. 目的要求

三维图形具有形象逼真的优点，但是三维图形的创建比较复杂，需要读者掌握的知识比较多。本实例要求读者熟悉三维模型创建的步骤，掌握三维模型的创建技巧。

2. 操作提示

（1）创建长方体、圆柱体、差集和圆角。

（2）创建拉伸实体和圆柱体。

（3）并集、差集处理。

【实战演练 2】创建如图 13-100 所示的六角螺母。

图 13-99　支架

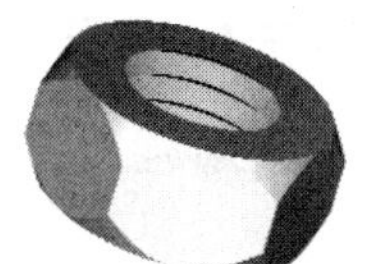

图 13-100　六角螺母

1. 目的要求

六角螺母是最常见的机械零件。本实例创建的六角螺母需要用到的三维命令也比较多。通过本实例的练习，可以使读者进一步熟悉三维绘图的技能。

2. 操作提示

（1）绘制圆锥和正六边形。

（2）对正六边形进行拉伸处理。

（3）将圆锥和拉伸后的正六边形进行交集处理。

（4）对实体进行剖切处理。

（5）拉伸底面，镜像实体，并集处理。

（6）创建螺纹，差集处理。

第14章

螺纹类零件三维设计

本章学习要点和目标任务：

☑ 螺栓三维设计

☑ 螺母三维设计

螺栓与螺母是机械设计中常用的螺纹类零部件，本章将介绍它们的三维设计方法。本章中的螺栓与螺母设计是笔者在实际工程中设计的，通过本章的学习，希望读者可以掌握三维螺栓与螺母的设计方法和步骤。

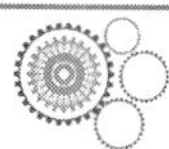

Note

14.1 螺栓三维设计

本节以绘制非标准件空心螺栓为例，说明绘制螺栓三维立体图的方法和步骤。螺栓是机械设计的常用零件，它在机械装配过程中起着举足轻重的作用。图 14-1 是空心螺栓的三维立体图。此螺栓是第 4 章所绘螺栓零件图的立体图形。

在绘制过程中用到的主要绘图命令有螺旋、圆柱体、圆锥体、六边形等，编辑命令有扫掠、布尔运算、移动、拉伸、圆角等，颜色处理命令有着色面、渲染等，视点命令有三维视图、动态观察器、消隐等。

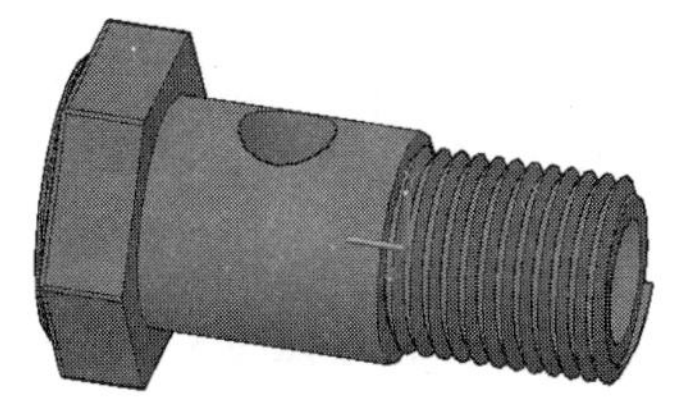

图 14-1 螺栓三维立体图

14.1.1 绘制螺纹

操作步骤如下：

（1）设置视图方向。单击“视图”选项卡下“视图”面板中的“东南等轴测”按钮，将当前视图设置为东南等轴测视图。

（2）改变坐标系。在命令行中输入“UCS”命令，将当前坐标系绕 Y 轴旋转 90°。

（3）绘制螺旋线。

① 单击“默认”选项卡下“绘图”面板中的“螺旋”按钮。

② 在命令行提示“指定底面的中心点:”后输入“0,0,0”。

③ 在命令行提示“指定底面半径或[直径(D)] <1.0000>:”后输入“6.7”。

④ 在命令行提示“指定顶面半径或[直径(D)] <6.7000>:”后输入“6.7”。

⑤ 在命令行提示“指定螺旋高度或[轴端点(A)/圈数(T)/圈高(H)/扭曲(W)] <1.0000>:”后输入“T”。

⑥ 在命令行提示“输入圈数<3.0000>:”后输入“12”。

⑦ 在命令行提示“指定螺旋高度或[轴端点(A)/圈数(T)/圈高(H)/扭曲(W)] <1.0000>:”后输入“18”，结果如图 14-2 所示。

（4）绘制截面三角形。单击“默认”选项卡下“绘图”面板中的“直线”按钮，绘制尺寸如图 14-3 所示的截面三角形，结果如图 14-4 所示。

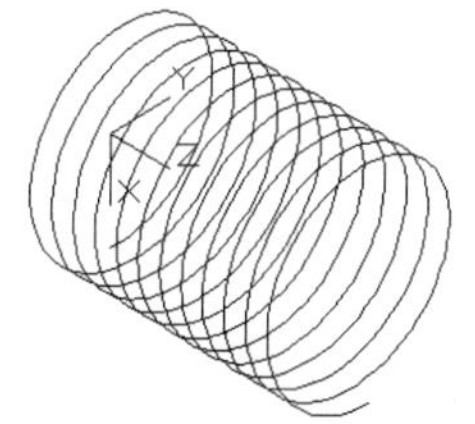

图 14-2 螺纹轮廓线

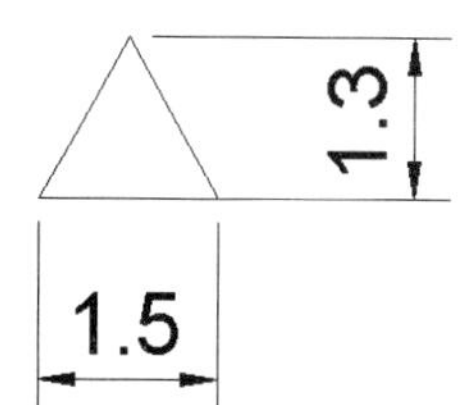

图 14-3 截面三角形尺寸图

（5）创建面域。单击“默认”选项卡下“绘图”面板中的“面域”按钮，对第（4）步绘制的三角形进行面域创建。

（6）改变坐标系。在命令行中输入“UCS”命令，将当前坐标系绕 Y 轴旋转−90°。

（7）创建螺纹。单击“三维工具”选项卡下“建模”面板中的“扫掠”按钮，根据系统提示旋转扫掠对象和扫掠路径，生成螺纹。单击“可视化”选项卡下“视觉样式”面板中的“隐藏”按钮，

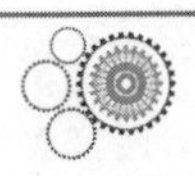

Note

结果如图 14-5 所示。

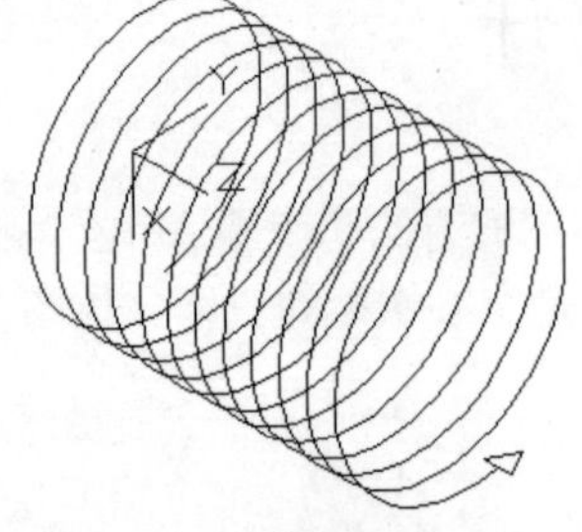

图 14-4　绘制截面三角形

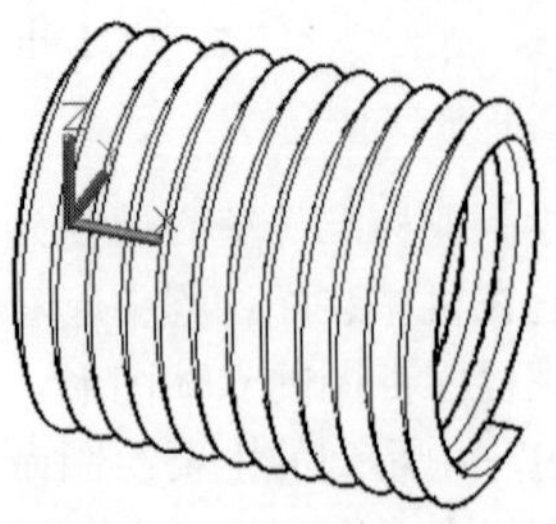

图 14-5　创建螺纹

14.1.2　绘制柱体

操作步骤如下：

（1）绘制圆柱体。单击“三维工具”选项卡下“建模”面板中的“圆柱体”按钮。以（0,0,0）为中心点绘制半径为 9、轴端点为（@-20,0,0）的圆柱体。同理，以（18,0,0）为圆心，绘制半径为 6.7、轴端点为（@-18,0,0）的圆柱体，结果如图 14-6 所示。

（2）合并圆柱体与螺纹。单击“三维工具”选项卡下“实体编辑”面板中的“并集”按钮，合并圆柱体和螺纹。

（3）绘制竖向圆柱体。单击“三维工具”选项卡下“建模”面板中的“圆柱体”按钮，以（-10,0,25）为圆心，创建半径为 4、轴端点为（@0,0,-50）的圆柱体，结果如图 14-7 所示。

（4）绘制中心圆柱体。单击“三维工具”选项卡下“建模”面板中的“圆柱体”按钮，以（20,0,0）为圆心，创建半径为 5、轴端点为（@-36,0,0）的圆柱体。显示结果如图 14-8 所示。

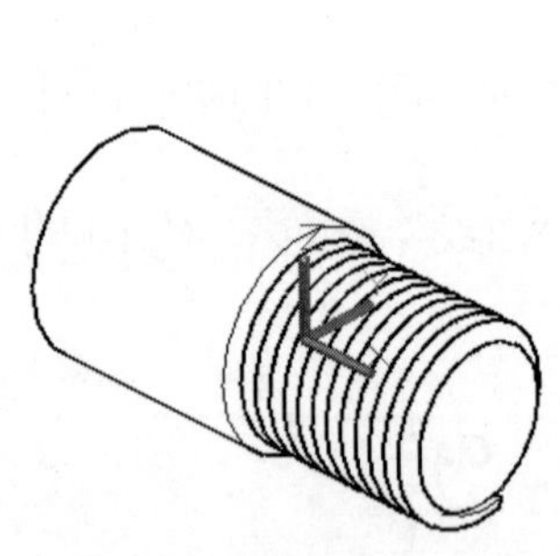

图 14-6　创建圆柱体

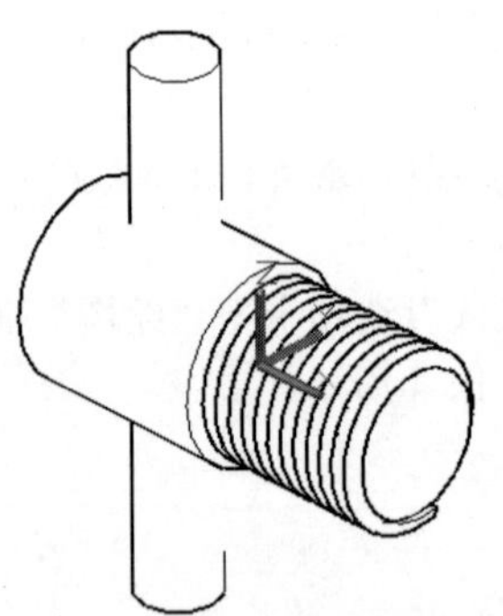

图 14-7　创建竖向圆柱体

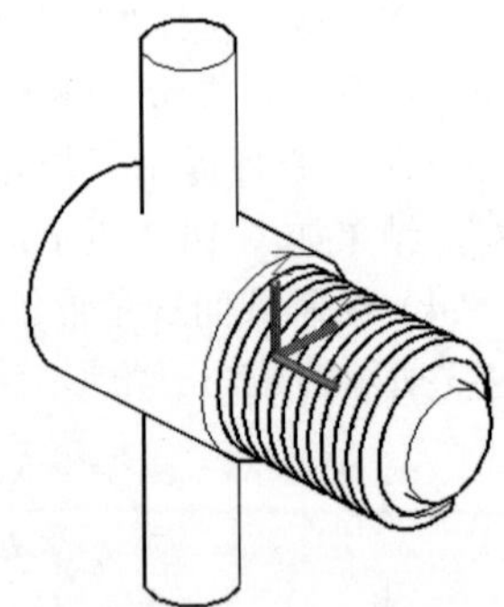

图 14-8　绘制中心圆柱体

（5）绘制圆锥体（为中心孔内顶端作准备）。单击“三维工具”选项卡下“建模”面板中的“圆锥体”按钮，以（-16,0,0）为底面中心点，绘制底面半径为 5、轴端点为（@-2,0,0）的圆锥体。线框显示结果如图 14-9 所示。

（6）差集运算。单击“三维工具”选项卡下“实体编辑”面板中的“差集”按钮。选择实体主体后右击，再选择前面绘制的竖向圆柱、中心圆柱和圆锥，采用“概念视觉样式”后的显示结果如图 14-10 所示。

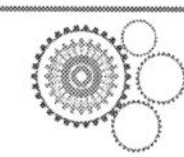

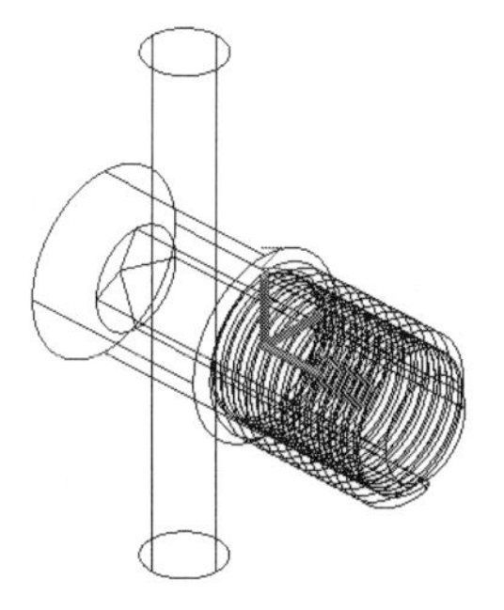

图 14-9　绘制圆锥体

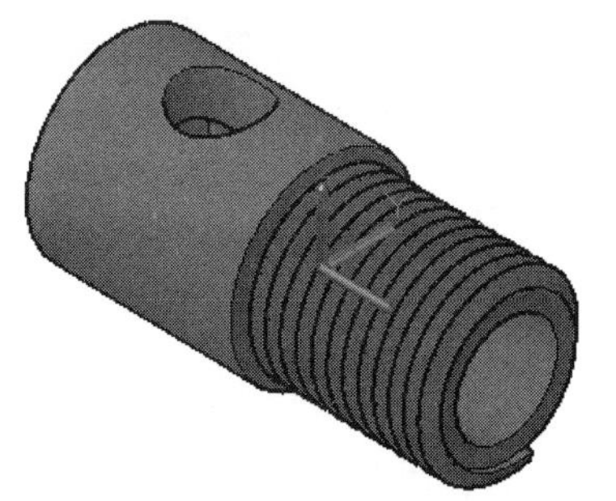

图 14-10　求差集后的实体

14.1.3　绘制柱头

操作步骤如下：

（1）绘制圆柱体。单击“三维工具”选项卡下“建模”面板中的“圆柱体”按钮，以（−20,0,0）为圆心，创建半径为 11.2、轴端点为（@−8,0,0）的圆柱体，结果如图 14-11 所示。

（2）设置视图方向。单击“视图”选项卡下“视图”面板中的“左视”按钮，将当前视图设置为左视方向。采用线框显示结果如图 14-12 所示。

（3）绘制正六边形（柱头的外轮廓线）。单击“默认”选项卡下“绘图”面板中的“多边形”按钮，绘制中心点为（0,0,20）、内接圆半径为 13.85 的正六边形。东南等轴测的结果如图 14-13 所示。

图 14-11　绘制圆柱体

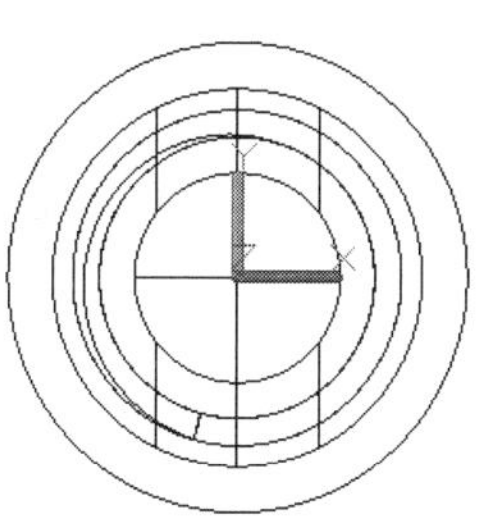

图 14-12　左视图

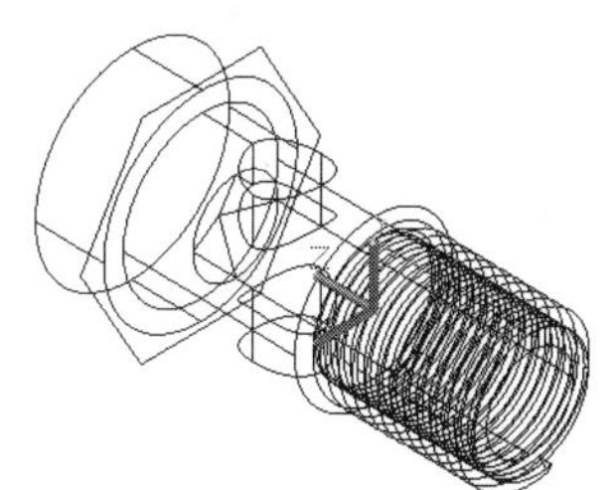

图 14-13　东南等轴测后的六边形

（4）设置视图方向。单击“视图”选项卡下“视图”面板中的“东南等轴测”按钮，将当前视图设置为东南等轴测方向。

（5）创建拉伸实体。单击“三维工具”选项卡下“建模”面板中的“拉伸”按钮，选择绘制的六边形，拉伸高度设置为 7，采用“概念视觉样式”后的结果如图 14-14 所示。

（6）对柱头进行圆角处理。单击“三维工具”选项卡下“实体编辑”面板中的“圆角边”按钮，设置圆角半径为 0.5，分别选择图 14-14 中的边 1、边 2 和边 3。西南等轴测结果如图 14-15 所示。

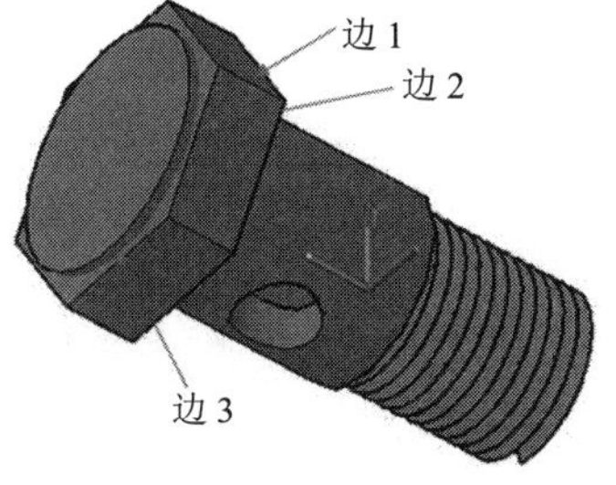

图 14-14　拉伸六边形

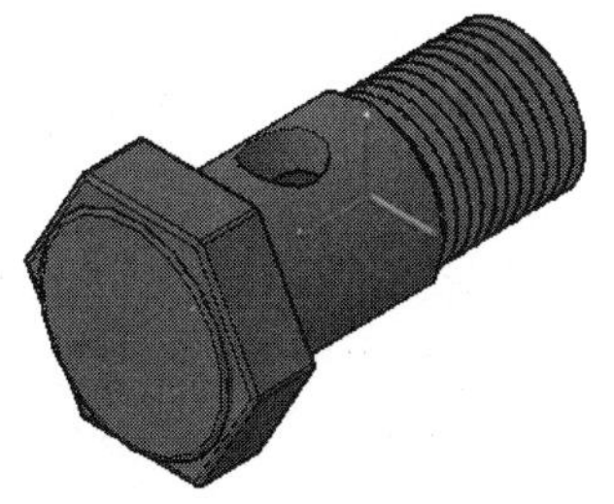

图 14-15　倒圆角

（7）合并螺栓。单击“三维工具”选项卡下“实体编辑”面板中的“并集”按钮，合并上面绘制的全部实体。

Note

14.1.4　渲染

操作步骤如下：

（1）赋予材质。

① 单击“视图”选项卡下“选项板”面板中的“材质浏览器”按钮，弹出“材质浏览器”选项板。

② 在选项板中选择合适的材质，如图 14-16 所示，并将其赋予螺栓零件，关闭选项板。

（2）渲染实体。单击“可视化”选项卡下“视觉样式”面板中的“概念”按钮和“真实”按钮，完成实体渲染，渲染后的结果分别如图 14-17 和图 14-18 所示。

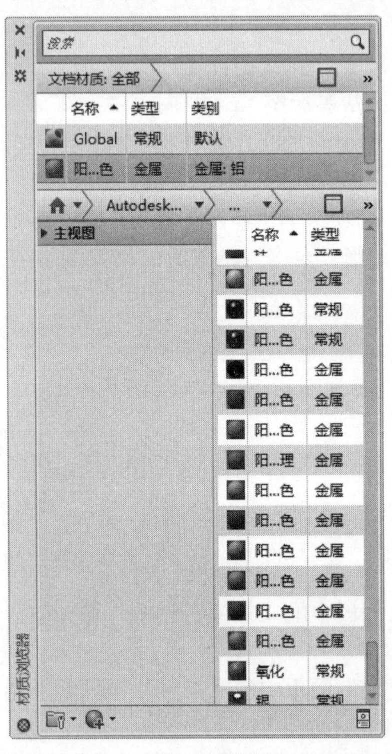

图 14-16　“材质浏览器”选项板

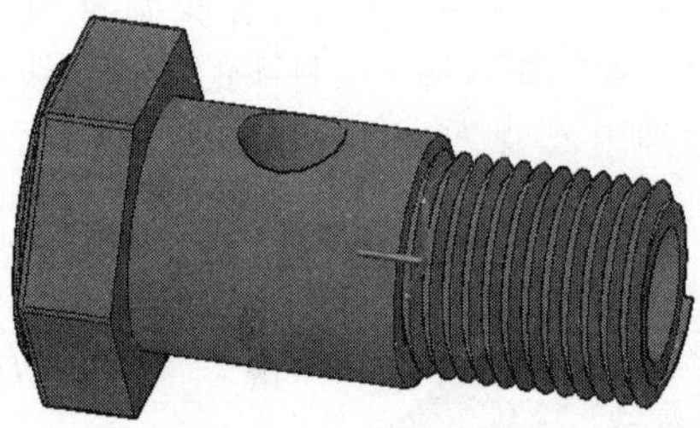

图 14-17　概念后的螺栓

图 14-18　真实后的螺栓

视频讲解

14.2　螺母三维设计

本节以绘制非标准件螺母为例，介绍绘制螺母三维立体图的方法和步骤，图 14-19 是绘制的螺母三维立体图。绘制过程中用到的绘图命令有圆柱体、长方体、螺旋等；编辑命令有扫掠、布尔运算等；颜色处理命令有着色面、渲染等；视图命令有三维视图、消隐等。

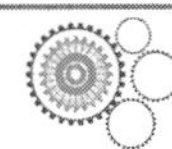

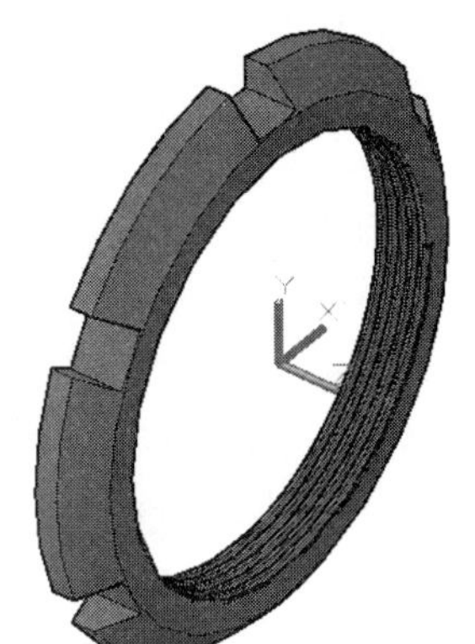

图 14-19　螺母三维立体图

14.2.1　绘制外轮廓

操作步骤如下：

（1）设置视图方向。单击“视图”选项卡下“视图”面板中的“西南等轴测”按钮，将当前视图设置为西南等轴测方向。

（2）绘制圆柱体。单击“三维工具”选项卡下“建模”面板中的“圆柱体”按钮，以（0,0,0）为圆心，创建直径为 100、轴端点为（0,10,0）的圆柱体，消隐后的结果如图 14-20 所示。

（3）绘制长方体。单击“三维工具”选项卡下“建模”面板中的“长方体”按钮，分别以（0,0,0）和（5,15,20）为角点创建长方体，结果如图 14-21 所示。

（4）镜像长方体。选择菜单栏中的“修改/三维操作/三维镜像”命令，选择长方体，输入镜像平面上 3 点（0,0,0）、（0,15,0）和（0,15,20），创建镜像长方体。

（5）合并两个长方体。单击“三维工具”选项卡下“实体编辑”面板中的“并集”按钮，合并两个长方体，结果如图 14-22 所示。

（6）移动合并后的长方体。单击“默认”选项卡下“修改”面板中的“移动”按钮，将长方体从坐标原点移动到坐标点（@0,0,44）处，结果如图 14-23 所示。

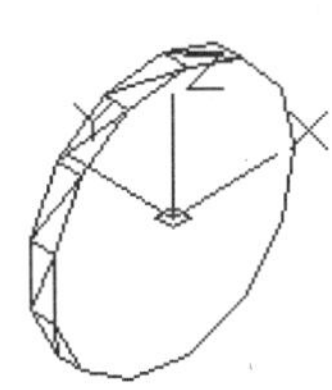
图 14-20　绘制圆柱体

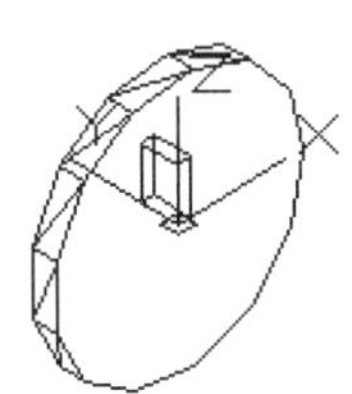
图 14-21　绘制长方体

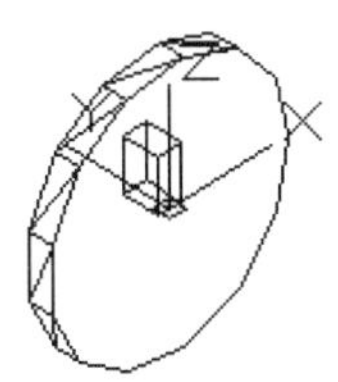
图 14-22　合并镜像后的长方体

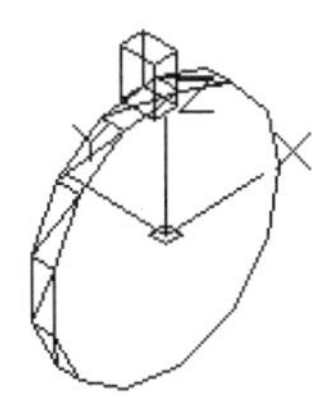
图 14-23　移动长方体

（7）阵列长方体。

① 单击“建模”工具栏中的“三维阵列”按钮。

② 在命令行提示“选择对象:”后选择图 14-23 中的长方体。

③ 在命令行提示“输入阵列类型[矩形(R)/环形(P)] <矩形>:”后输入“P”。

④ 在命令行提示“输入阵列中的项目数目:”后输入“6”。

⑤ 在命令行提示“指定要填充的角度(+=逆时针, -=顺时针) <360>:”后按 Enter 键。

⑥ 在命令行提示“旋转阵列对象？[是(Y)/否(N)] <Y>:”后按 Enter 键。

⑦ 在命令行提示“指定阵列的中心点:”后输入“0,0,0”。

⑧ 在命令行提示“指定旋转轴上的第二点:”后输入“0,1,0”，结果如图 14-24 所示。

（8）差集运算，将三维阵列所得实体从螺母主体中减去。单击“三维工具”选项卡下“实体编辑”面板中的“差集”按钮，将圆柱体和 6 个长方体进行差集运算，结果如图 14-25 所示。

Note

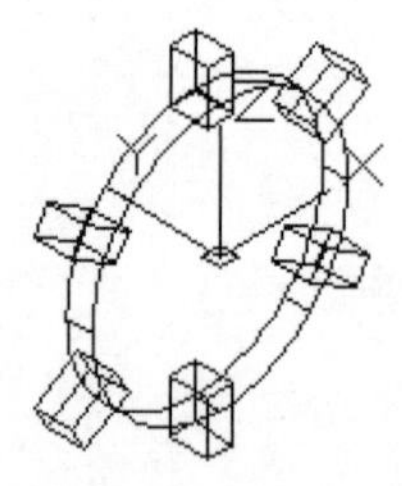

图 14-24　三维阵列

（9）对螺母主体进行倒角。

① 单击“默认”选项卡下“修改”面板中的“倒角”按钮。

② 在命令行提示“选择第一条直线或[放弃(U)/多段线(P)/距离(D)/角度(A)/修剪(T)/方式(E)/多个(M)]:”后输入“A”。

③ 在命令行提示“指定第一条直线的倒角长度<0.0000>:”后输入“6”。

④ 在命令行提示“指定第一条直线的倒角角度<0>:”后输入“30”。

⑤ 在命令行提示“选择第一条直线或[放弃(U)/多段线(P)/距离(D)/角度(A)/修剪(T)/方式(E)/多个(M)]:”后选择主体右端面的任意一条边。

⑥ 在命令行提示“输入曲面选择选项[下一个(N)/当前(OK)] <当前>:”后按 Enter 键。

⑦ 在命令行提示“指定基面的倒角距离:”后输入“6”。

⑧ 在命令行提示“指定其他曲面的倒角距离<6.0000>:”后按 Enter 键。

⑨ 在命令行提示“选择边或[环(L)]:”后依次选择右端面的圆弧棱边，结果如图 14-26 所示。

（10）单击“三维工具”选项卡下“建模”面板中的“圆柱体”按钮，以（0,0,0）为圆心绘制半径为 38.5、轴端点为（@0,10,0）的圆柱体。

（11）单击“三维工具”选项卡下“实体编辑”面板中的“差集”按钮，将螺母外轮廓与圆柱体进行差集运算。消隐后的结果如图 14-27 所示。

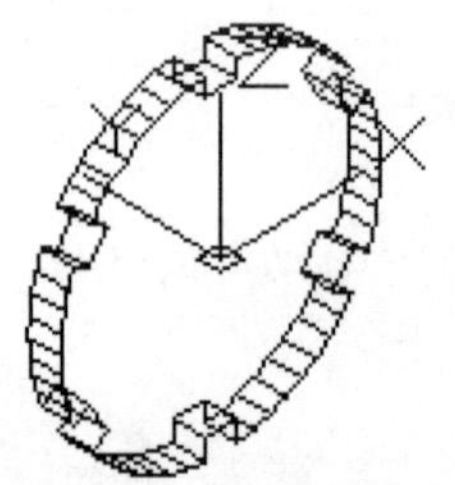

图 14-25　求差集后所得实体

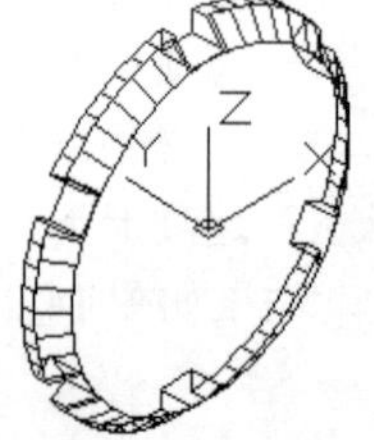

图 14-26　倒圆角所得实体

图 14-27　消隐后的图形

14.2.2　生成内螺纹

操作步骤如下：

（1）单击“默认”选项卡下“图层”面板中的“图层特性”按钮，打开“图层特性管理器”选项板，创建新图层：图层 1。

（2）将创建的螺母外轮廓放置在图层 1 中，并关闭图层 1。

（3）改变坐标系。在命令行中输入“UCS”命令，将当前坐标系绕 X 轴旋转 90°。

（4）创建螺旋线。单击“默认”选项卡下“绘图”面板中的“螺旋”按钮，以（0,0,0）为底面中心点创建底面和顶面半径均为 38、圈数为 6、高度为-12 的螺旋线，结果如图 14-28 所示。

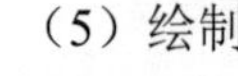

（5）绘制截面三角形。单击“默认”选项卡下“绘图”面板中的“直线”按钮，绘制截面三

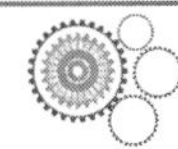

角形，其尺寸如图 14-29 所示，结果如图 14-30 所示。

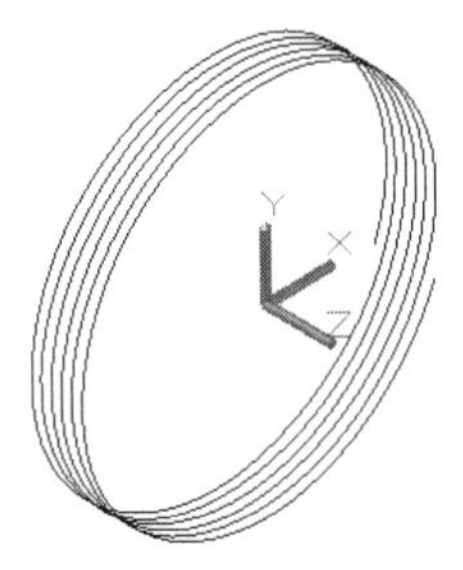

图 14-28　绘制螺旋线

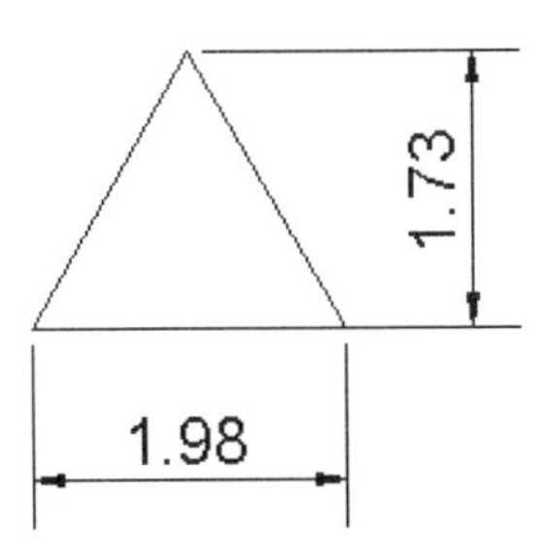

图 14-29　截面三角形尺寸

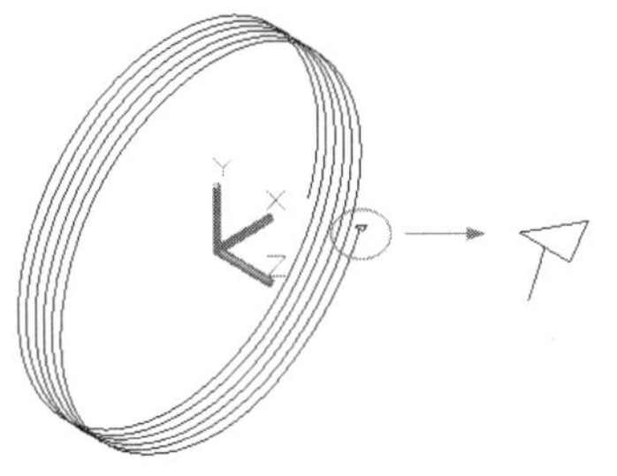

图 14-30　绘制截面三角形

（6）创建面域。单击“默认”选项卡下“绘图”面板中的“面域”按钮，将第（5）步创建的三角形进行面域。

（7）改变坐标系。在命令行中输入“UCS”命令，将当前坐标系设置为世界坐标系。

（8）创建螺纹。单击“三维工具”选项卡下“建模”面板中的“扫掠”按钮，在系统提示下选择扫掠对象为面域三角形，扫掠路径为螺旋线，创建扫掠实体。采用“概念视觉样式”后的显示结果如图 14-31 所示。

（9）打开关闭的图层 1，如图 14-32 所示。

（10）差集运算。单击“三维工具”选项卡下“实体编辑”面板中的“差集”按钮，将螺母主体与合并所得的实体进行差集运算，结果如图 14-33 所示。

图 14-31　创建扫掠实体

图 14-32　打开图层 1

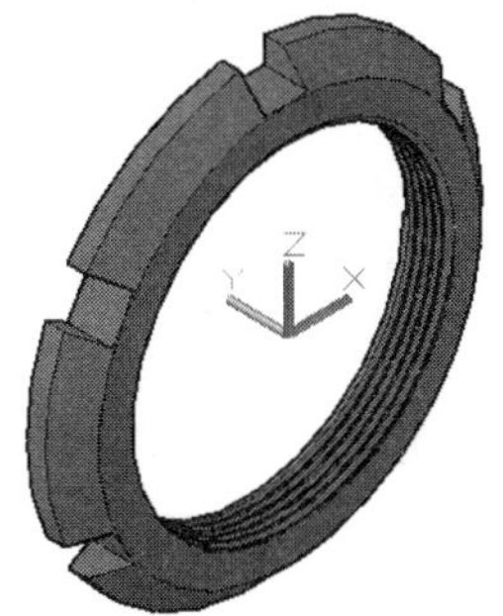

图 14-33　差集运算

14.2.3　渲染

操作步骤如下：

（1）赋予材质。

① 单击“视图”选项卡下“选项板”面板中的“材质浏览器”按钮，弹出“材质浏览器”选项板。

② 选择合适的材质，如图 14-34 所示，并将其赋予螺栓零件，关闭选项板。

（2）渲染实体。单击“可视化”选项卡下“视觉样式”面板中的“真实”按钮，完成材质设置，渲染后的结果如图 14-35 所示。

（3）概念显示。单击“可视化”选项卡下“视觉样式”面板中的“概念”按钮，显示结果如图 14-36 所示。

Note

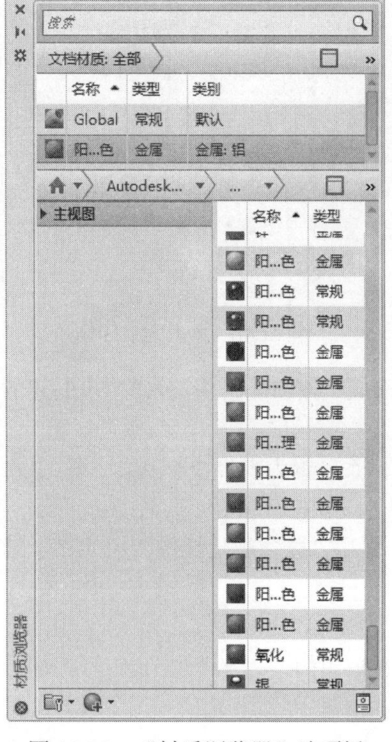

图 14-34 “材质浏览器”选项板

图 14-35 渲染后的螺栓

图 14-36 概念显示结果

14.3 实 战 演 练

【实战演练 1】花键三维设计。

如图 14-37 所示，适当选取尺寸。

【实战演练 2】手柄三维设计。

如图 14-38 所示，适当选取尺寸。

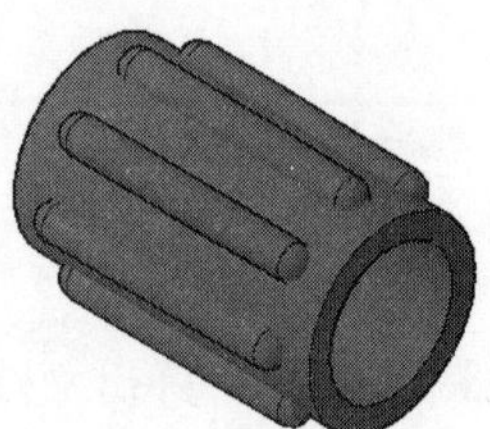

图 14-37 花键立体图

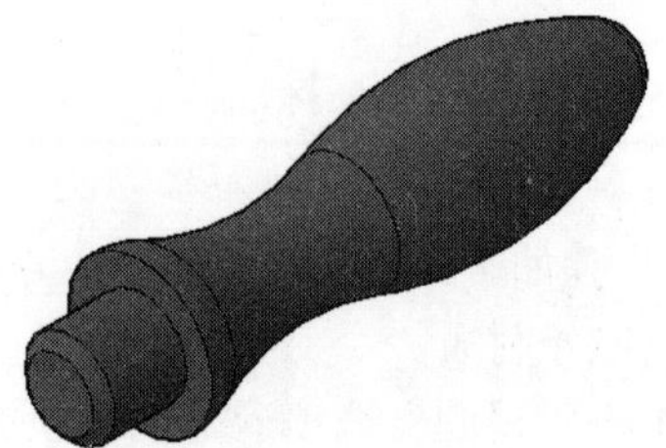

图 14-38 手柄立体图

第15章 盘盖类零件三维设计

本章学习要点和目标任务：

☑ 连接盘三维设计

☑ 端盖三维设计

连接盘和端盖是机械设计中常用的零部件，它们的结构通常比较复杂，因而绘制三维立体图要求用户有比较高的机械设计方面的功底。本章将详细介绍它们的三维绘制方法，希望通过本章的学习，读者可以掌握三维连接盘和端盖的绘制方法和步骤。

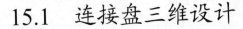

视频讲解

15.1 连接盘三维设计

图 15-1 连接盘

本节以绘制连接盘为例，说明绘制连接盘三维立体图的方法和步骤。连接盘在机械中的主要作用是连接机械部件，因而它在机械设计过程中起着重要的作用，图 15-1 是连接盘的三维立体图。

绘制过程中用到的主要绘图命令有圆柱体、圆、直线等；编辑命令有布尔运算、移动、阵列、拉伸、修剪、倒角、圆角等；颜色处理命令有着色面、渲染等；视图命令有三维视图、消隐等。

15.1.1 绘制轮廓

操作步骤如下：

（1）设置视图方向。单击“视图”选项卡下“视图”面板中的“西南等轴测”按钮，将当前视图设置为西南等轴测方向。

（2）绘制圆柱体（连接盘大端）。单击“三维工具”选项卡下“建模”面板中的“圆柱体”按钮，以（0,0,0）为圆心，创建直径为 180、轴端点为（@0,20,0）的圆柱，结果如图 15-2 所示。

（3）绘制圆柱体（连接盘小端）。单击“三维工具”选项卡下“建模”面板中的“圆柱体”按钮，以坐标原点为圆心，创建直径为 95、轴端点为（@0,84,0）的圆柱，结果如图 15-3 所示。

（4）为了更好地观察实体，使用 HIDE 命令对图形进行消隐，结果如图 15-4 所示。

（5）合并圆柱体。单击“三维工具”选项卡下“实体编辑”面板中的“并集”按钮，将大圆柱体与小圆柱体进行并集运算，消隐后的结果如图 15-5 所示。

图 15-2 绘制大圆柱体

图 15-3 绘制小圆柱体

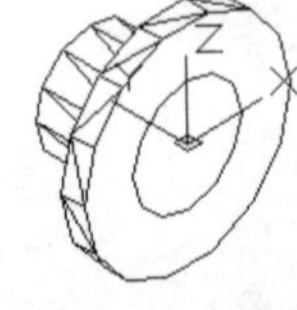

图 15-4 合并前消隐图

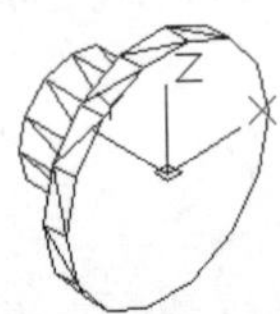

图 15-5 合并后消隐图

（6）绘制圆柱体（连接盘凸台）。单击“三维工具”选项卡下“建模”面板中的“圆柱体”按钮，以坐标原点为圆心，创建直径为 110、轴端点为（@0,-3,0）的圆柱，消隐后的结果如图 15-6 所示。

（7）合并圆柱体。单击“三维工具”选项卡下“实体编辑”面板中的“并集”按钮，将第（5）步所得的实体与第（6）步绘制的圆柱体进行并集运算。

（8）绘制圆柱体（为右端空孔作准备）。单击“三维工具”选项卡下“建模”面板中的“圆柱体”按钮，以（0,-3,0）为圆心，创建直径为 100、轴端点为（@0,11.5,0）的圆柱，消隐后的结果如图 15-7 所示。

（9）差集运算。单击“三维工具”选项卡下“实体编辑”面板中的“差集”按钮，将合并体与第（8）步绘制的圆柱体进行差集运算，消隐后的结果如图 15-8 所示。

（10）绘制圆柱体（为 6 个凹槽作准备）。单击“三维工具”选项卡下“建模”面板中的“圆柱体”按钮，以（0,2,40）为圆心，创建半径为 12.5、轴端点为（@0,2.7,0）的圆柱，消隐后的结果如图 15-9 所示。

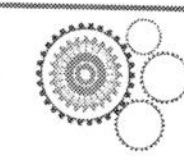

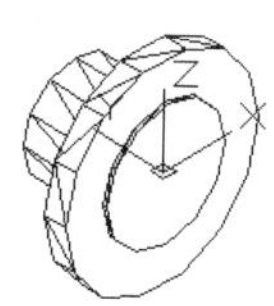

图 15-6 绘制凸台

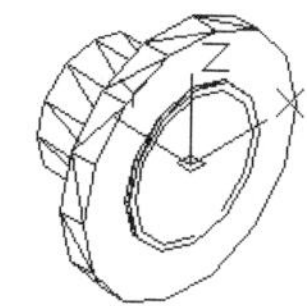

图 15-7 绘制圆柱体

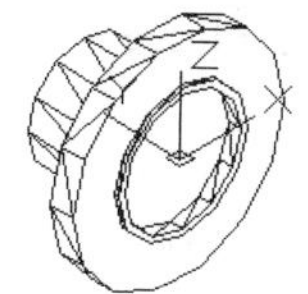

图 15-8 求差集后的实体

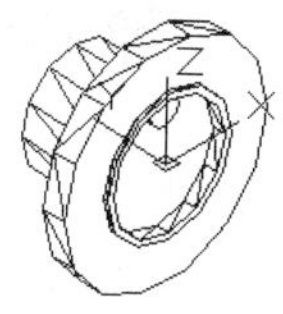

图 15-9 绘制小圆柱体

（11）创建三维阵列。

① 选择菜单栏中的“修改/三维操作/三维阵列”命令。

② 在命令行提示“选择对象:”后选择第（10）步中的小圆柱体。

③ 在命令行提示“输入阵列类型[矩形(R)/环形(P)] <矩形>:”后输入“P”。

④ 在命令行提示“输入阵列中的项目数目:”后输入“6”。

⑤ 在命令行提示“指定要填充的角度(+=逆时针, -=顺时针) <360>:”后按 Enter 键。

⑥ 在命令行提示“旋转阵列对象？[是(Y)/否(N)] <Y>:”后输入“N”。

⑦ 在命令行提示“指定阵列的中心点:”后输入“0,0,0”。

⑧ 在命令行提示“指定旋转轴上的第二点:”后输入“0,2,0”。消隐后的结果如图 15-10 所示。

（12）差集运算。单击“三维工具”选项卡下“实体编辑”面板中的“差集”按钮，将连接盘主体与阵列所得的 6 个圆柱体进行差集运算，结果如图 15-11 所示。图 15-12 是它的消隐图，这两个图在观察图形方面各有优势，可方便用户更好地观察图形。

（13）绘制圆柱体（为连接盘左端空孔作准备）。单击“三维工具”选项卡下“建模”面板中的“圆柱体”按钮，以（0,66.5,0）为圆心，创建半径为 40、轴端点为（@0,17.5,0）的圆柱，结果如图 15-13 所示。

图 15-10 阵列后的图形

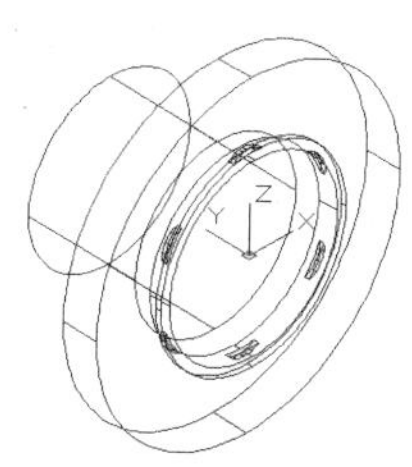

图 15-11 差集运算

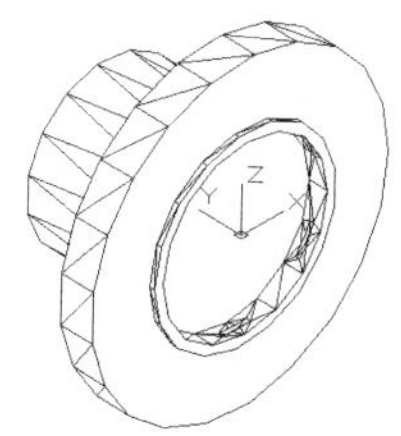

图 15-12 消隐图

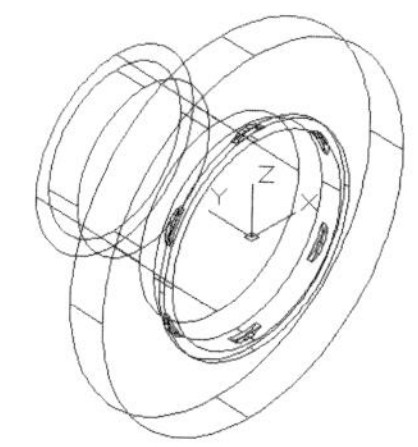

图 15-13 绘制左端圆柱体

（14）设置视图方向。单击“视图”选项卡下“视图”面板中的“东北等轴测”按钮，将当前视图设置为东北等轴测方向，消隐后的结果如图 15-14 所示。

（15）差集运算。单击“三维工具”选项卡下“实体编辑”面板中的“差集”按钮，将连接盘主体与第（13）步中的圆柱体进行差集运算。

消隐后的结果如图 15-15 所示。至此连接盘的轮廓绘制完毕，图 15-16 是它的东南等轴测视图。

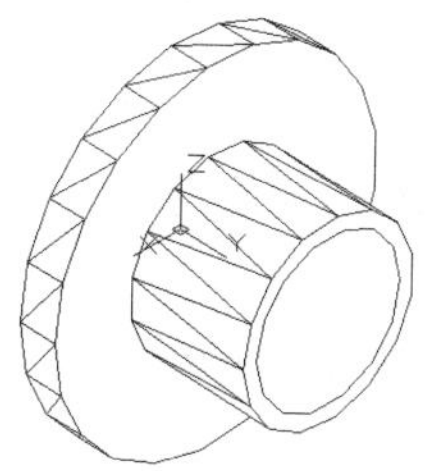

图 15-14 东北等轴测视图

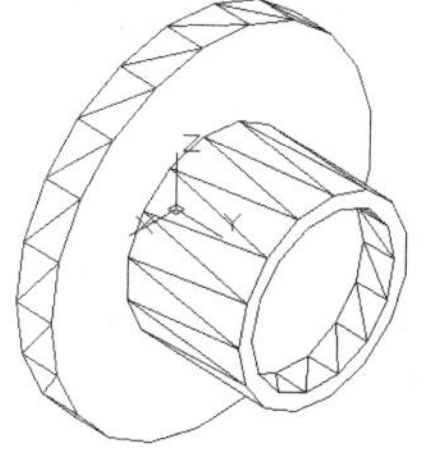

图 15-15 求差集后的图形

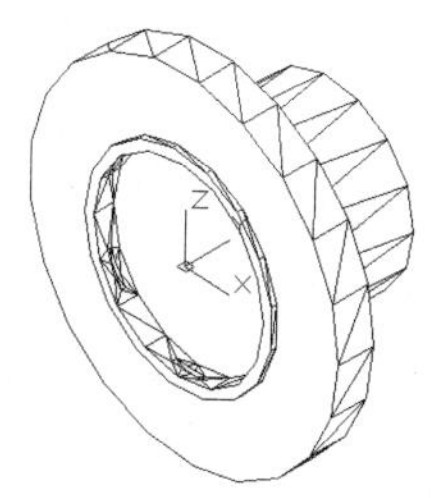

图 15-16 东南等轴测视图

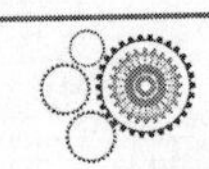

15.1.2 绘制内齿和生成孔系

操作步骤如下：

（1）设置视图方向。单击“视图”选项卡下“视图”面板中的“前视”按钮，将当前视图设置为前视方向，结果如图 15-17 所示。

（2）绘制圆。单击“默认”选项卡下“绘图”面板中的“圆”按钮，以坐标原点为圆心，分别绘制直径为 76.5、72 和 69.45 的同心圆，结果如图 15-18 所示。

（3）绘制直线。单击“默认”选项卡下“绘图”面板中的“直线”按钮，坐标点为{（0,0），（@38.25,0）}；重复“直线”命令，坐标点为{（0,0），（@38.25<3.25），（@10<176.75）}；重复“直线”命令，坐标点为{（0,0），（@38.25<-3.25），（@10<183.25）}，结果如图 15-19 所示。图 15-20 是所绘制的 3 条直线的局部放大图。

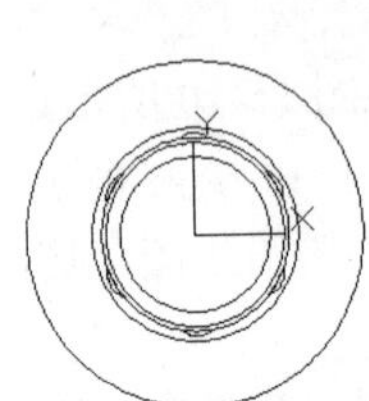

图 15-17 前视图

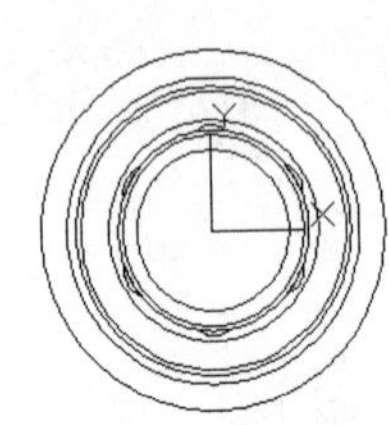

图 15-18 绘制 3 个圆

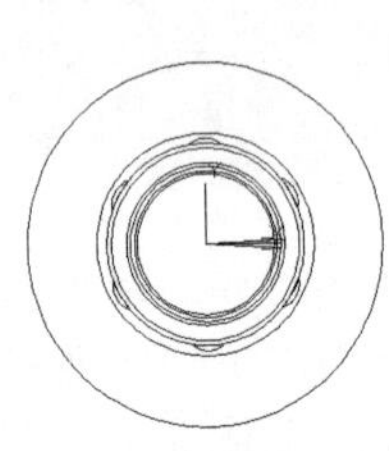

图 15-19 绘制 3 条直线

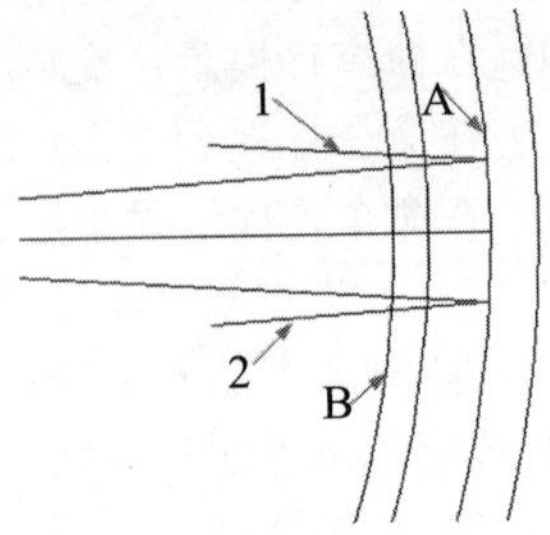

图 15-20 3 条直线的局部放大图

（4）修剪齿廓。单击“默认”选项卡下“修改”面板中的“修剪”按钮，以图 15-20 中的直线 1、直线 2 为剪切边，对图 15-20 中圆弧 A、圆弧 B 进行修剪，结果如图 15-21 所示。重复“修剪”命令，以图 15-21 中的圆 C 为剪切边，对图 15-21 中的直线 1、直线 2 进行修剪，结果如图 15-22 所示。

（5）删除多余线段。单击“默认”选项卡下“修改”面板中的“删除”按钮，删除图 15-22 中的直线 1、直线 2、直线 3 和圆弧 4，结果如图 15-23 所示。图 15-24 是齿廓的局部放大图。

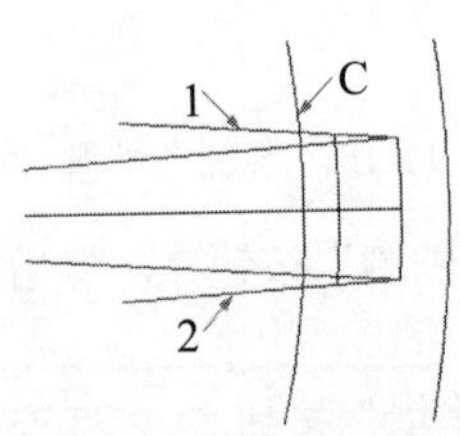

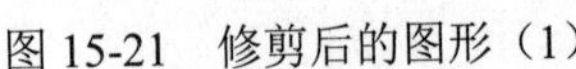

图 15-21 修剪后的图形（1）

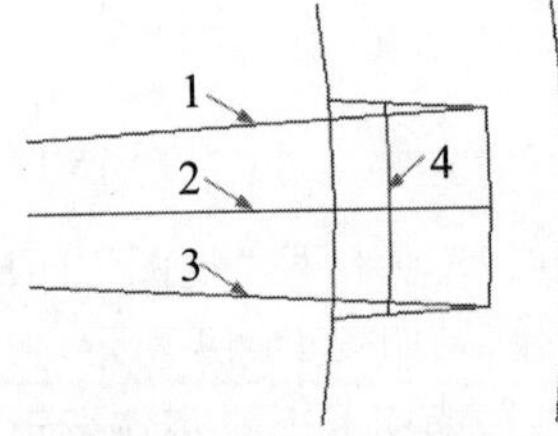

图 15-22 修剪后的图形（2）

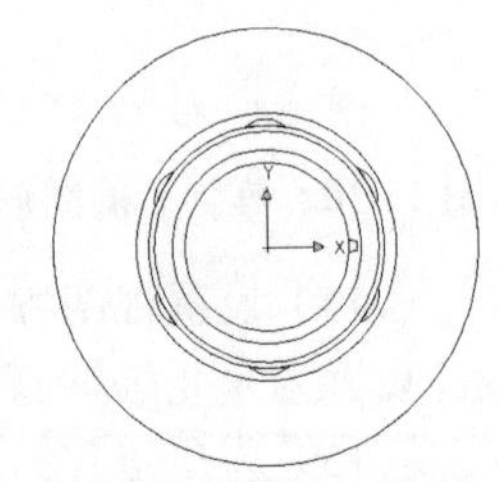

图 15-23 前视全图

（6）对齿顶进行圆角处理。单击“默认”选项卡下“修改”面板中的“圆角”按钮，圆角半径为 1，处理后的图形如图 15-25 所示。图 15-26 是倒圆角后的齿廓的局部放大图。

（7）阵列齿廓。单击“默认”选项卡下“修改”面板中的“环形阵列”按钮，选择图 15-26 中所示的圆角后的齿廓曲线。以（0,0）为阵列中心点，设置阵列项目数为 24，其他为默认值。结果如图 15-27 所示。

（8）修剪对象。单击“默认”选项卡下“修改”面板中的“修剪”按钮，对齿廓进行修剪，修剪后的图形如图 15-28 所示。

（9）用编辑多段线命令（PEDIT）将上面修剪后的多条线段编辑成一条多段线。

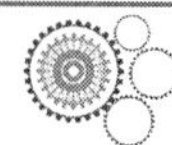

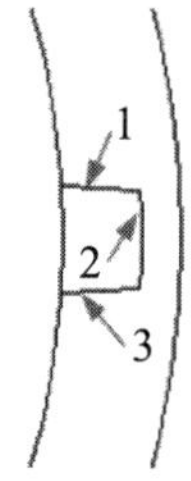

图 15-24　齿廓的局部放大图

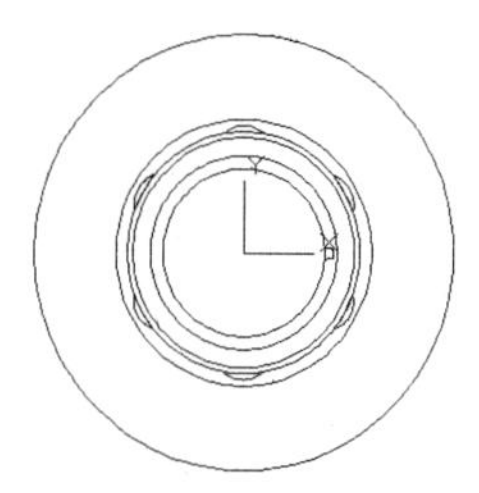

图 15-25　倒圆角后的图形

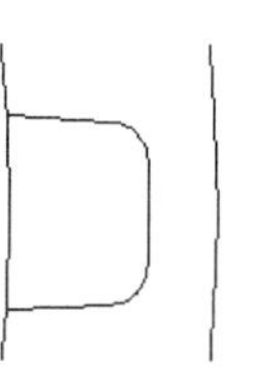

图 15-26　齿廓放大图

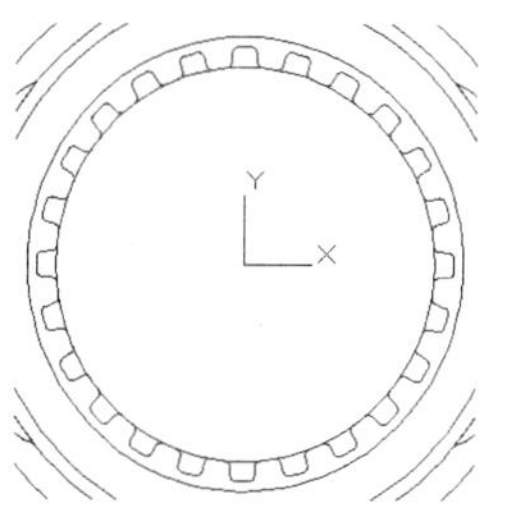

图 15-27　阵列后的图形

① 单击“默认”选项卡下“修改”面板中的“编辑多段线”按钮。

② 在命令行提示“选择多段线或[多条(M)]:”后输入“M”。

③ 在命令行提示“选择对象:”后用矩形框拾取所有齿廓曲线。

④ 在命令行提示“是否将直线、圆弧和样条曲线转换为多段线？[是(Y)/否(N)]? <Y>”后按 Enter 键。

⑤ 在命令行提示“输入选项[闭合(C)/打开(O)/合并(J)/宽度(W)/拟合(F)/样条曲线(S)/非曲线化(D)/线型生成(L)/反转(R)/放弃(U)]:”后输入“J”，连续按两次 Enter 键，结果如图 15-29 所示。为了突出显示多段线，将其用虚线表示。

（10）设置视图方向。单击“视图”选项卡下“视图”面板中的“西南等轴测”按钮，将当前视图设置为西南等轴测方向，消隐后的结果如图 15-30 所示。

（11）拉伸多段线。单击“三维工具”选项卡下“建模”面板中的“拉伸”按钮，选择合并后的多段线，设置拉伸高度为-70，结果如图 15-31 所示。

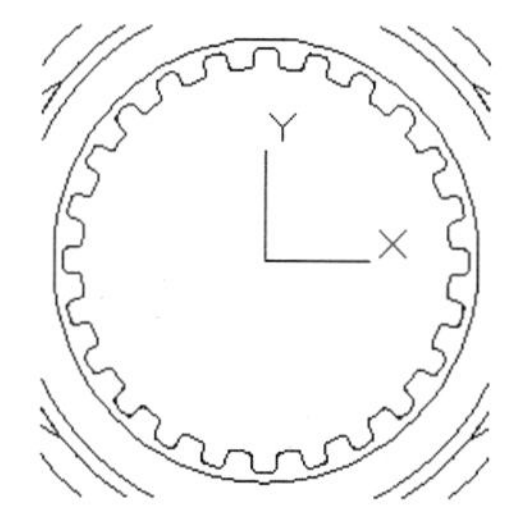

图 15-28　修剪后的图形

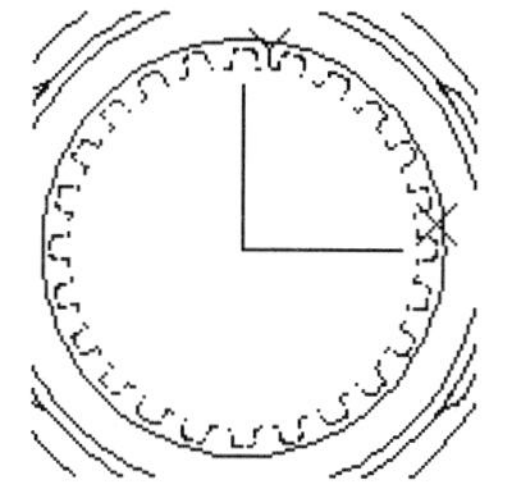

图 15-29　合成多段线

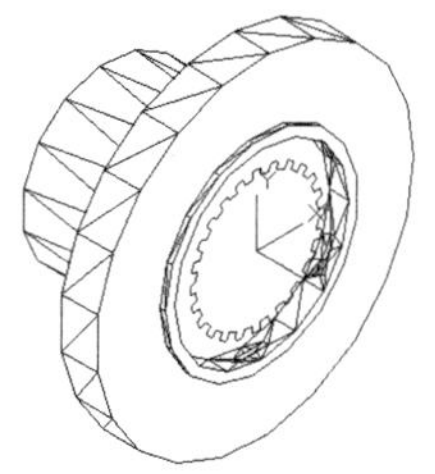

图 15-30　西南等轴测视图

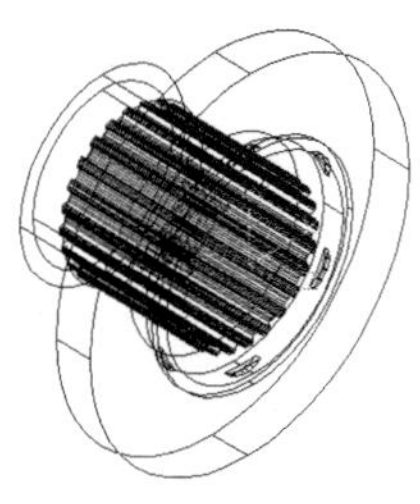

图 15-31　拉伸后的实体

（12）差集运算（为了得到连接盘的内齿）。单击“三维工具”选项卡下“实体编辑”面板中的“差集”按钮，将连接盘主体和拉伸所得的实体进行差集运算，消隐后的结果如图 15-32 所示。

（13）绘制圆柱体（为生成孔系作准备）。单击“三维工具”选项卡下“建模”面板中的“圆柱体”按钮，以（0,77.75,0）为圆心，创建直径为 16、高度为-25 的圆柱，消隐后的结果如图 15-33 所示。

（14）阵列圆柱体。单击“默认”选项卡下“修改”面板中的“环形阵列”按钮，选择第（13）步创建的圆柱体。以（0,0）为阵列中心点，设置阵列项目数为 6，其他为默认值，结果如图 15-34 所示。

（15）差集运算（生成孔系）。单击“三维工具”选项卡下“实体编辑”面板中的“差集”按钮，将连接盘主体与阵列所得的 6 个圆柱体进行差集运算，消隐后的结果如图 15-35 所示。

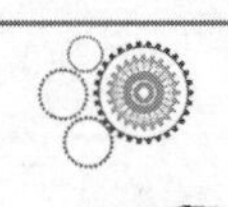

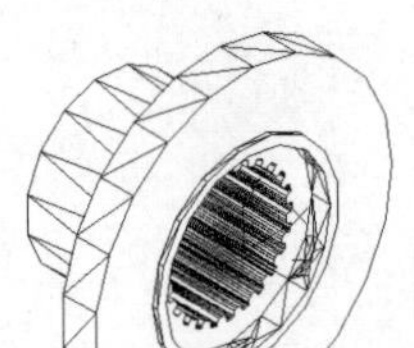

图 15-32　求差集后的实体

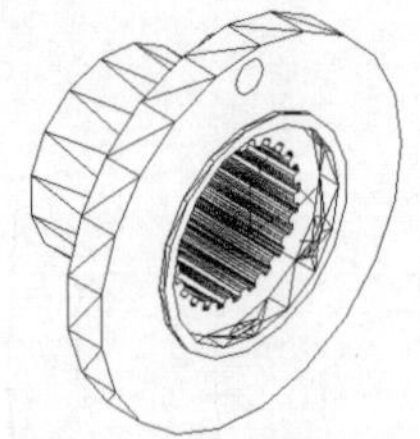

图 15-33　绘制圆柱体

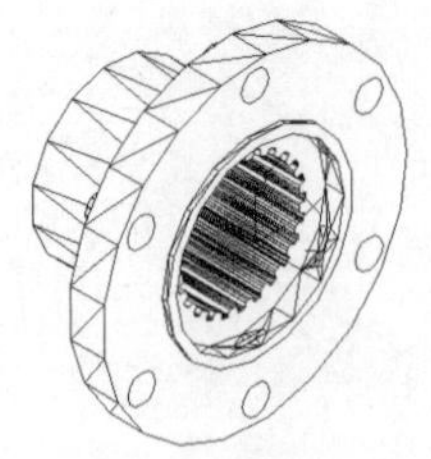

图 15-34　阵列圆柱体

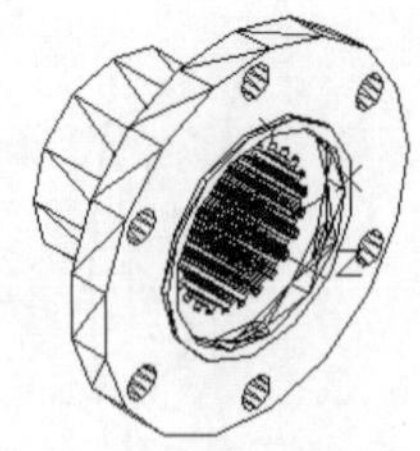

图 15-35　生成孔系的连接盘

15.1.3　生成倒角特征

操作步骤如下：

（1）倒角处理。单击“默认”选项卡下“修改”面板中的“倒角”按钮，设置倒角距离为 3，选择图 15-36 中的棱边 1 进行 45°倒角，结果如图 15-37 所示。重复“倒角”命令，对图 15-36 中棱边 2、棱边 3 进行倒角处理，倒角距离为 1，棱边 4 的倒角距离为 0.5，结果如图 15-37 所示。

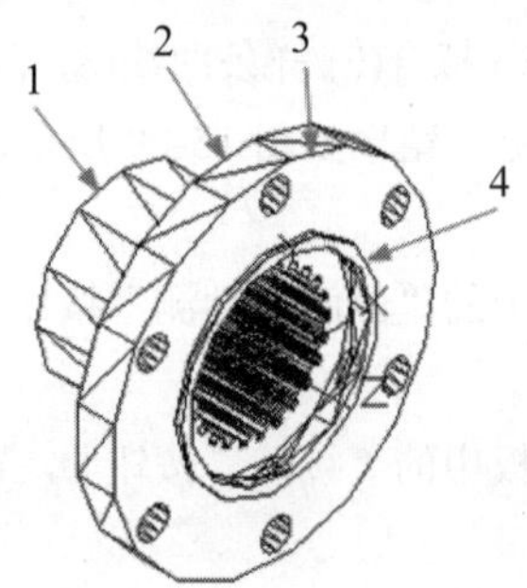

图 15-36　西南等轴测视图

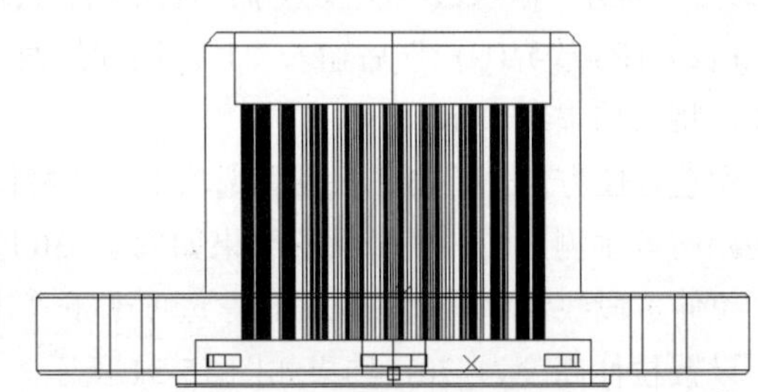

图 15-37　倒角后的图形

（2）设置视图方向。单击“视图”选项卡下“视图”面板中的“东北等轴测”按钮，将当前视图设置为东北等轴测方向，结果如图 15-38 所示。

（3）倒圆角。单击“默认”选项卡下“修改”面板中的“圆角”按钮，对图 15-38 中的棱边 5 进行圆角处理，圆角半径为 10。

重复“圆角”命令，对图 15-38 中的棱边 6 进行圆角处理，圆角半径为 1，结果如图 15-39 所示。

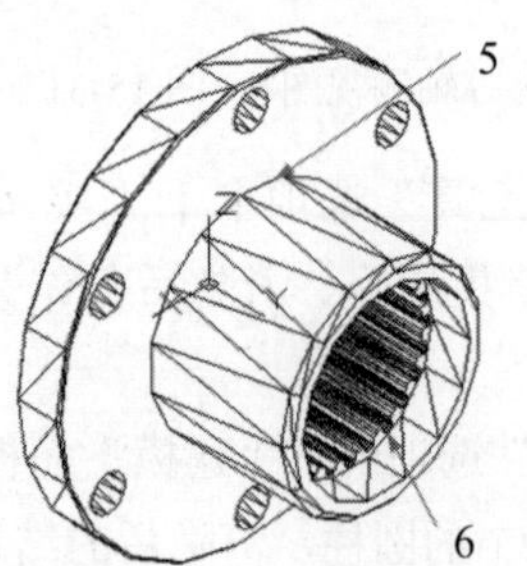

图 15-38　东北等轴测视图

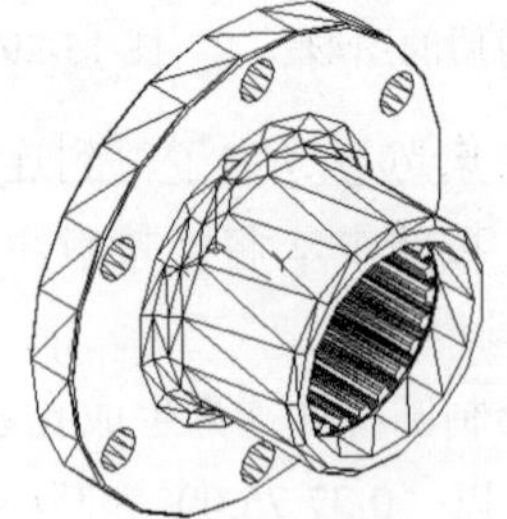

图 15-39　倒圆角后的实体

15.1.4　渲染

操作步骤如下：

（1）赋予材质。

① 单击“视图”选项卡下“选项板”面板中的“材质浏览器”按钮，弹出“材质浏览器”

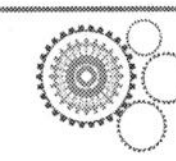

选项板。

② 选择合适的材质，如图 15-40 所示，并将其赋予连接盘零件，关闭选项板。

（2）渲染实体。单击“可视化”选项卡下“视觉样式”面板中的“真实”按钮，完成材质设置，渲染后的结果如图 15-41 所示。

（3）概念显示。单击“可视化”选项卡下“视觉样式”面板中的“概念”按钮，东北等轴测结果如图 15-42 所示。

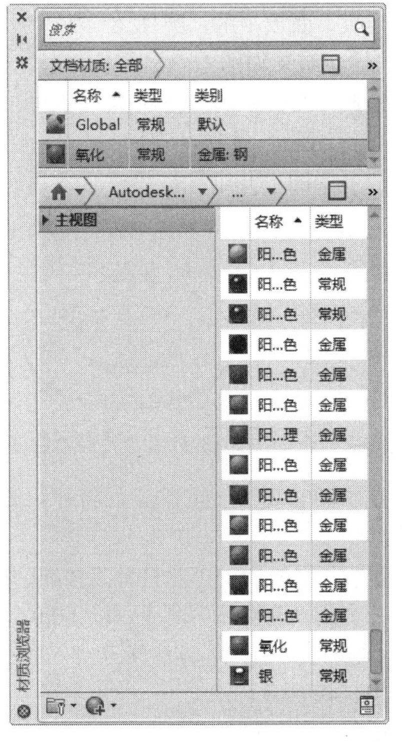

图 15-40　“材质浏览器”选项板

图 15-41　渲染后的实体

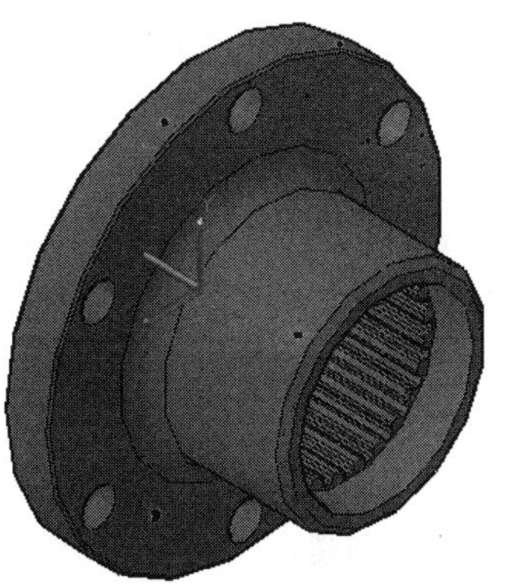

图 15-42　东北等轴测视图

15.2　端盖三维设计

视频讲解

本节以绘制端盖为例，说明绘制端盖三维立体图的方法和步骤。图 15-43 是端盖的三维立体图。绘制过程中用到的主要绘图命令有圆柱体，编辑命令有布尔运算、三维阵列、三维镜像等，视图命令有三维视图、动态观察和消隐等。

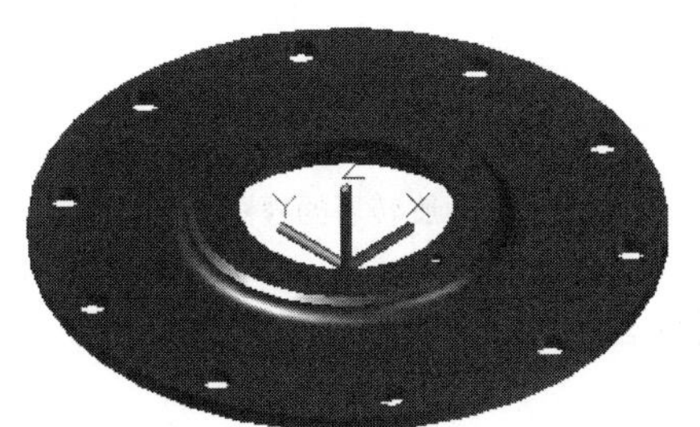

图 15-43　端盖立体图

15.2.1 绘制轮廓

操作步骤如下：

（1）设置视图方向。单击“视图”选项卡下“视图”面板中的“西南等轴测”按钮，将当前视图设置为西南等轴测方向。

（2）绘制圆柱体。单击“三维工具”选项卡下“建模”面板中的“圆柱体”按钮，以坐标原点为圆心，创建半径为70、轴端点为（@0,0,11）的圆柱体，结果如图15-44所示。

（3）绘制圆柱体（端盖大端）。单击“三维工具”选项卡下“建模”面板中的“圆柱体”按钮，以（0,0,11）为圆心，创建半径为100、轴端点为（@0,0,5）的圆柱体，结果如图15-45所示。

（4）绘制圆柱体（端盖凸台）。单击“三维工具”选项卡下“建模”面板中的“圆柱体”按钮，以（0,0,16）为圆心，创建半径为50、轴端点为（@0,0,7）的圆柱体，结果如图15-46所示。

（5）合并圆柱体。单击“三维工具”选项卡下“实体编辑”面板中的“并集”按钮，对所有圆柱体进行并集处理，消隐后的结果如图15-47所示。

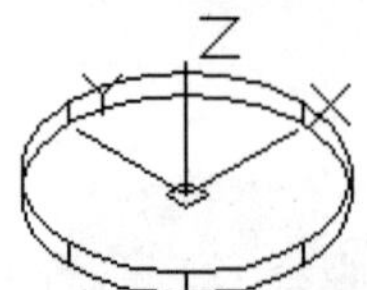

图15-44 绘制小圆柱体

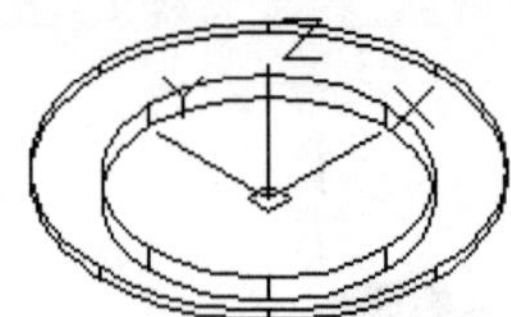

图15-45 绘制大圆柱体

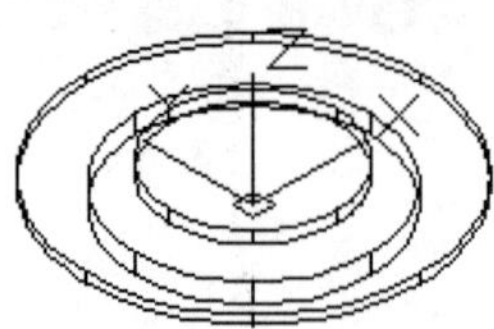

图15-46 绘制端盖凸台

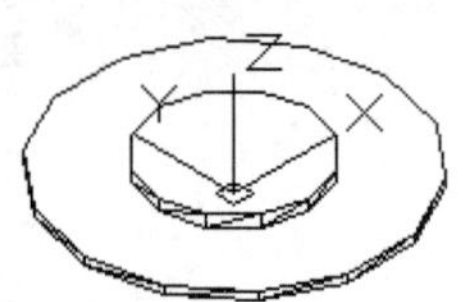

图15-47 合并后消隐图

（6）旋转视图。单击“视图”选项卡下“导航”面板中的“自由动态观察”按钮，将视图旋转到如图15-48所示的位置，并进行消隐处理。

（7）绘制圆柱体（绘制空孔）。单击“三维工具”选项卡下“建模”面板中的“圆柱体”按钮，以（0,0,0）为圆心，创建半径为65、轴端点为（@0,0,5）的圆柱体；重复“圆柱体”命令，以（0,0,5）为圆心，创建半径为45、轴端点为（@0,0,15.5）的圆柱体；重复“圆柱体”命令，以（0,0,20.5）为圆心，创建直径为67、轴端点为（@0,0,2.5）的圆柱体，结果如图15-49所示。

（8）差集运算。单击“三维工具”选项卡下“实体编辑”面板中的“差集”按钮，将合并体与第（7）步绘制的圆柱体进行差集运算，消隐后的结果如图15-50所示。

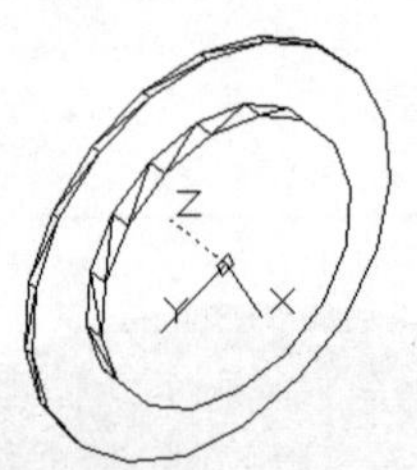

图15-48 旋转后的视图

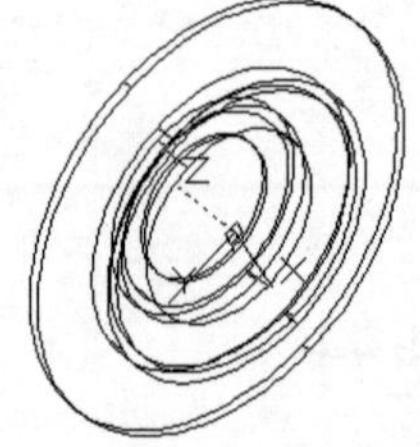

图15-49 绘制圆柱体

图15-50 求差集后的实体

15.2.2 绘制孔系

操作步骤如下：

（1）绘制圆柱体（绘制直径为11的孔）。单击“三维工具”选项卡下“建模”面板中的“圆柱体”按钮，以（0,89,0）为圆心，创建半径为5.5、轴端点为（@0,0,23）的圆柱，消隐后的结果如图15-51所示。

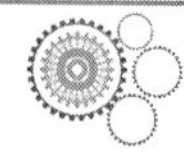

（2）阵列圆柱体。

① 单击“默认”选项卡下“修改”面板中的“环形阵列”按钮。

② 在命令行提示“指定阵列的中心点或[基点(B)/旋转轴(A)]:”后输入“0,0,0”。

③ 在命令行提示“选择夹点以编辑阵列或[关联(AS)/基点(B)/项目(I)/项目间角度(A)/填充角度(F)/行(ROW)/层(L)/旋转项目(ROT)/退出(X)] <退出>:”后输入“I”。

④ 在命令行提示“输入阵列中的项目数或[表达式(E)] <6>:”后输入“10”，按 Enter 键完成阵列。消隐后的结果如图 15-52 所示。

（3）创建小孔。单击“三维工具”选项卡下“实体编辑”面板中的“差集”按钮，将大实体与阵列后的圆柱体进行差集运算，消隐后的实体如图 15-53 所示。

（4）绘制圆柱体（绘制直径为 5 的小孔）。单击“三维工具”选项卡下“建模”面板中的“圆柱体”按钮，以（0,39.5,0）为圆心，创建半径为 2.5、轴端点为（@0,0,23）的圆柱体，如图 15-54 所示。

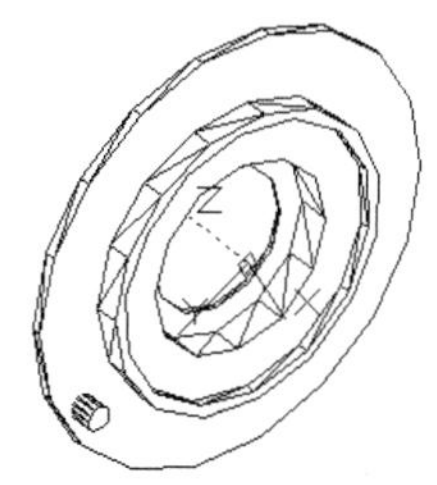

图 15-51　绘制圆柱体

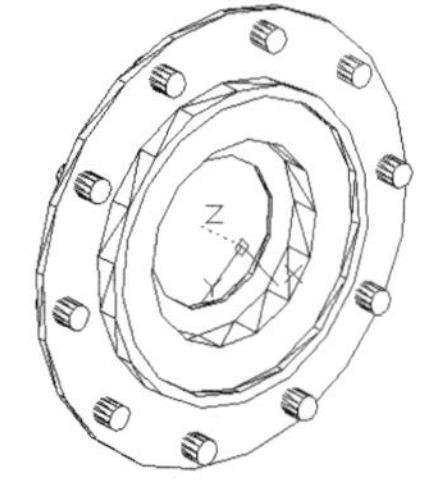

图 15-52　阵列圆柱体

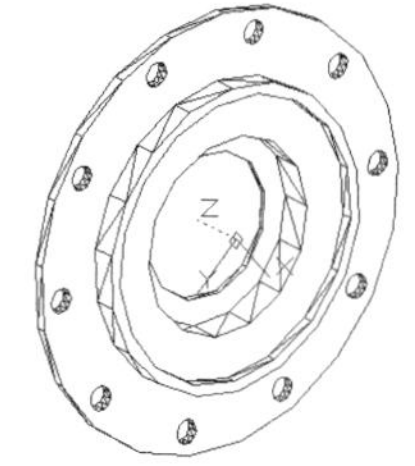

图 15-53　差集后的实体

（5）镜像圆柱体。选择菜单栏中的“修改/三维操作/三维镜像”命令。

① 在命令行提示“选择对象:”后选择第（4）步绘制的圆柱体。

② 在命令行提示“指定镜像平面(三点)的第一个点或[对象(O)/最近的(L)/Z 轴(Z)/视图(V)/XY 平面(XY)/YZ 平面(YZ)/ZX 平面(ZX)/三点(3)] <三点>:”后输入“ZX”。

③ 在命令行提示“指定 ZX 平面上的点<0,0,0>:”后按 Enter 键。

④ 在命令行提示“是否删除源对象？[是(Y)/否(N)] <否>:”后按 Enter 键，结果如图 15-55 所示。

（6）创建小孔。单击“三维工具”选项卡下“实体编辑”面板中的“差集”按钮，将大实体与圆柱体进行差集运算，消隐后的实体如图 15-56 所示。

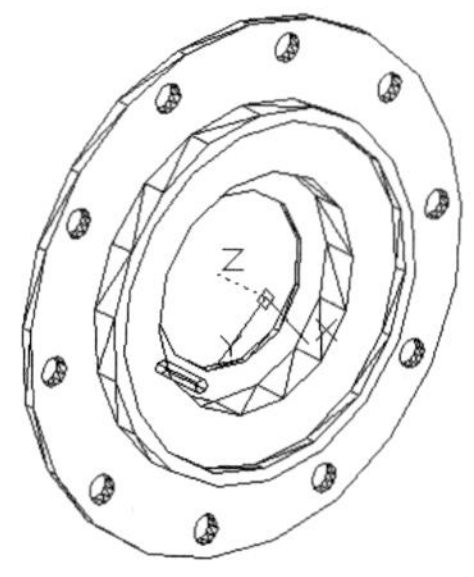

图 15-54　绘制圆柱体

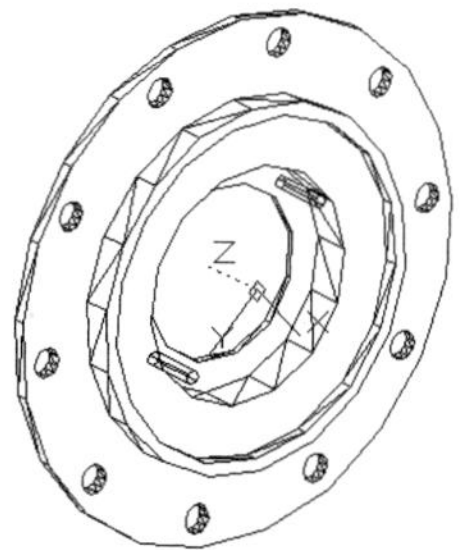

图 15-55　镜像圆柱体

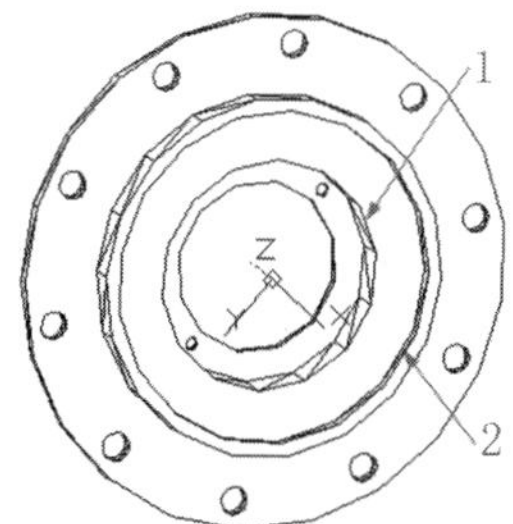

图 15-56　差集后的实体

15.2.3　倒角和圆角处理

操作步骤如下：

（1）圆角处理。单击“默认”选项卡下“修改”面板中的“圆角”按钮，对图 15-56 中的边

Note

线 2 进行圆角处理，圆角半径为 1，消隐后的实体如图 15-57 所示。

（2）倒角处理。单击“默认”选项卡下“修改”面板中的“倒角”按钮，对图 15-56 中的边线 1 进行倒角处理，倒角距离为 1，消隐后的实体如图 15-58 所示。

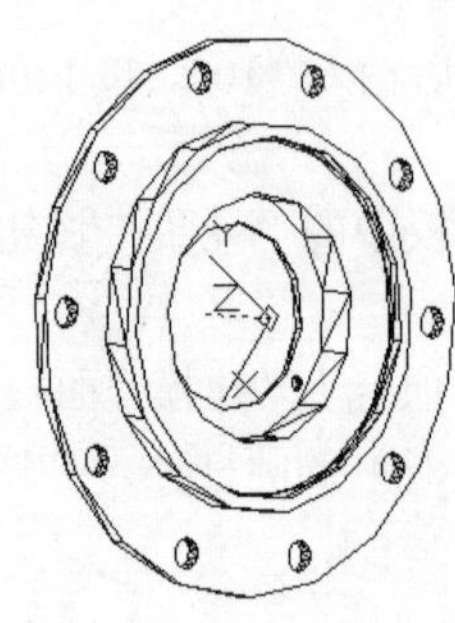
图 15-57　倒圆角处理

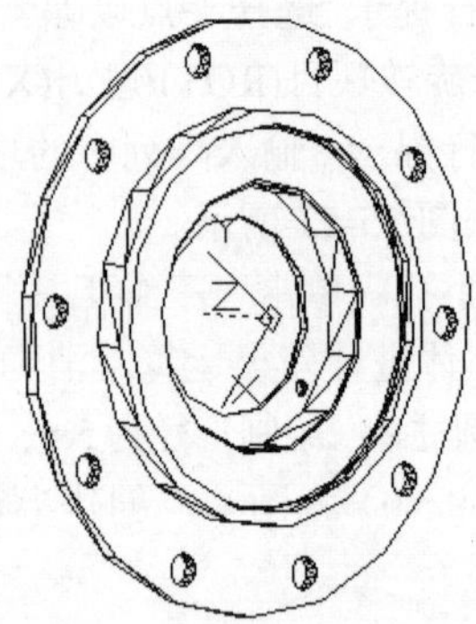
图 15-58　倒角处理

（3）旋转视图。单击“视图”选项卡下“导航”面板中的“自由动态观察”按钮，将视图旋转到如图 15-59 所示的位置，并进行消隐处理。

（4）倒圆角和倒角处理。单击“默认”选项卡下“修改”面板中的“圆角”按钮，对图 15-59 所示的边线 3 进行倒圆角处理，圆角半径为 5。单击“默认”选项卡下“修改”面板中的“倒角”按钮，对图 15-59 所示的边线 4 进行倒角处理，倒角距离为 2，消隐后的结果如图 15-60 所示。

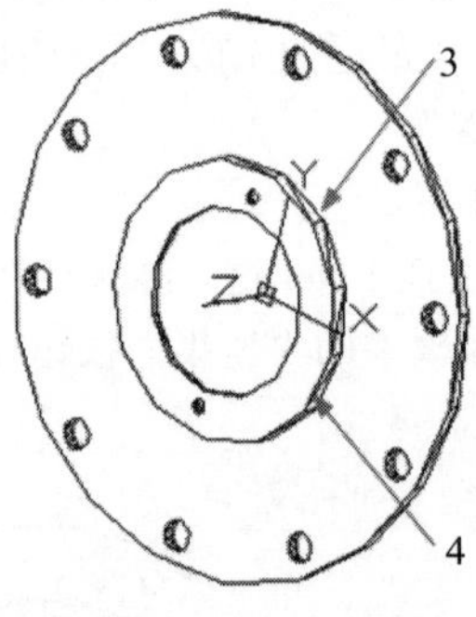

图 15-59　旋转视图

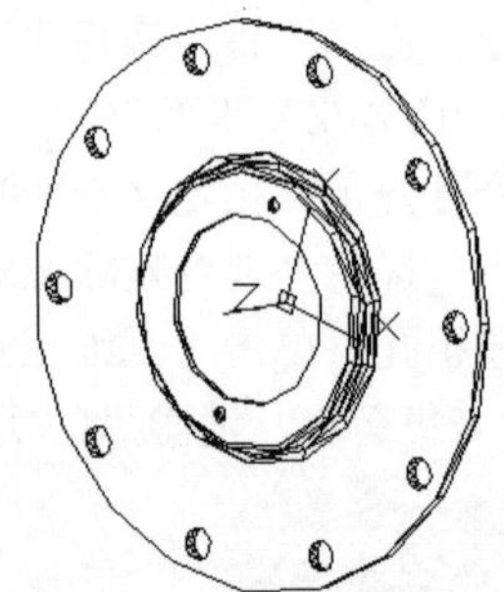
图 15-60　倒圆角和倒角处理

15.2.4　渲染

操作步骤如下：

（1）赋予材质。

① 单击“视图”选项卡下“选项板”面板中的“材质浏览器”按钮，弹出“材质浏览器”选项板。

② 选择合适的材质，如图 15-61 所示，并将其赋予端盖零件，关闭选项板。

（2）渲染实体。单击“可视化”选项卡下“视觉样式”面板中的“真实”按钮，完成材质设置，结果如图 15-62 所示。

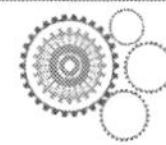

（3）概念显示。单击“可视化”选项卡下“视觉样式”面板中的“概念”按钮，旋转后的结果如图 15-63 所示。

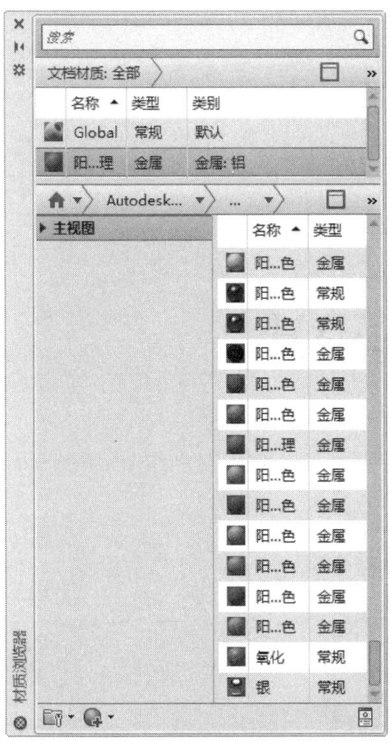

图 15-61　“材质浏览器”选项板

图 15-62　渲染后的实体

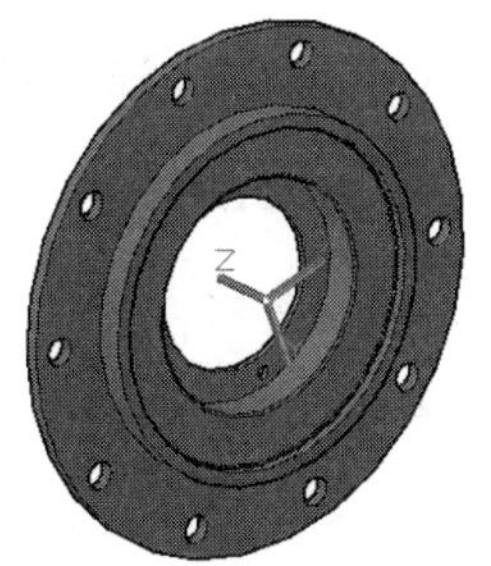

图 15-63　概念后的实体

15.3　实战演练

【实战演练 1】法兰盘三维设计。

如图 15-64 所示，适当选取尺寸。

【实战演练 2】弯管三维设计。

如图 15-65 所示，适当选取尺寸。

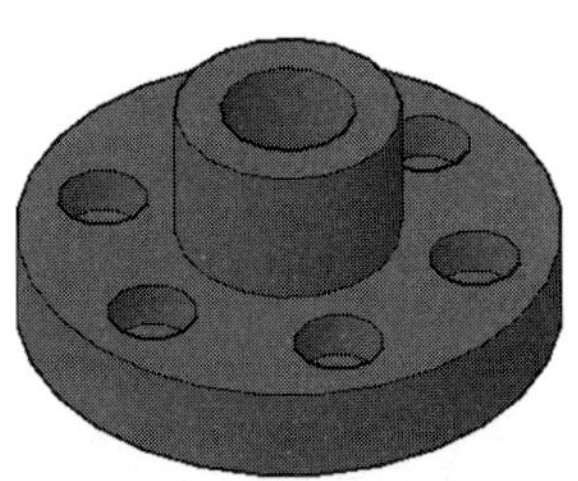

图 15-64　法兰盘

图 15-65　弯管

第16章

轴系零件三维设计

本章学习要点和目标任务：

☑ 轴承座三维设计

☑ 轴承三维设计

☑ 锥齿轮轴三维设计

☑ 齿轮三维设计

轴系零件是机械设计中常用的配套零件。本章将详细介绍它们的三维设计方法，通过本章的学习，希望读者可以掌握设计三维轴系零件的基本步骤和技巧。

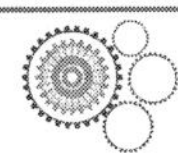

视频讲解

16.1　轴承座三维设计

本节以绘制轴承座为例，说明绘制轴承座三维立体图的方法和步骤。顾名思义，轴承座是固定轴承的。如图 16-1 所示是轴承座的三维立体图。

绘制过程中用到的主要绘图命令有圆柱体、长方体等；编辑命令有布尔运算、移动、旋转、三维镜像、三维阵列、三维旋转、倒角、圆角等；颜色处理命令有着色面、渲染等；视图命令有三维视图、消隐等。

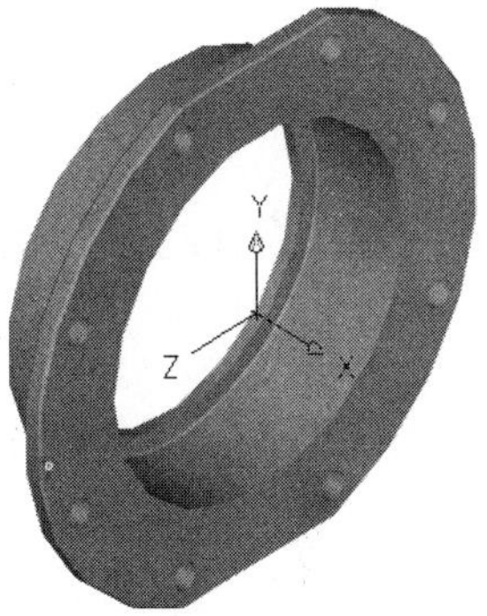

图 16-1　轴承座

16.1.1　绘制轮廓

操作步骤如下：

（1）设置视图方向。单击“视图”选项卡下“视图”面板中的“西南等轴测”按钮，将当前视图设置为西南等轴测方向。

（2）绘制圆柱体（轴承座大端）。单击“三维工具”选项卡下“建模”面板中的“圆柱体”按钮，以（0,0,0）为圆心，创建直径为 215、高度为 8 的圆柱体。

（3）绘制圆柱体（轴承座小端）。单击“三维工具”选项卡下“建模”面板中的“圆柱体”按钮，以（0,0,0）为圆心，创建直径为 155、高度为 45.5 的圆柱体，消隐后的结果如图 16-2 所示。

（4）合并圆柱体。单击“三维工具”选项卡下“实体编辑”面板中的“并集”按钮，将第（2）步绘制的圆柱体与第（3）步绘制的圆柱体进行并集运算，消隐后的结果如图 16-3 所示。

（5）圆角处理。单击“默认”选项卡下“修改”面板中的“圆角”按钮，对图 16-3 中的交线 1 进行圆角处理，圆角半径为 0.5。

（6）绘制长方体。单击“三维工具”选项卡下“建模”面板中的“长方体”按钮，分别输入两个角点坐标（0,0,0）和（@60,20,30），结果如图 16-4 所示。

（7）三维镜像长方体。

① 选择菜单栏中的“修改/三维操作/三维镜像”命令。

② 在命令行提示“选择对象:”后选择第（6）步绘制的长方体。

③ 在命令行提示“指定镜像平面(三点)的第一点或[对象(O)/最近的(L)/Z 轴(Z)/视图(V)/XY 平面(XY)/YZ 平面(YZ)/ZX 平面(ZX)/三点(3)] <三点>:”后输入“0,0,0”。

④ 在命令行提示“在镜像平面上指定第二点:”后输入“0,0,30”。

⑤ 在命令行提示“在镜像平面上指定第三点:”后输入“0,20,0”。

⑥ 在命令行提示“是否删除源对象？[是(Y)/否(N)] <否>:”后按 Enter 键。

（8）合并长方体，单击“三维工具”选项卡下“实体编辑”面板中的“并集”按钮，将两个长方体进行并集运算，结果如图 16-5 所示。

（9）移动长方体。单击“默认”选项卡下“修改”面板中的“移动”按钮，选择长方体，由点（0,0,0）移动到点（0,101,0），结果如图 16-6 所示。

（10）三维阵列长方体。

① 将当前视图设置为俯视图。

Note

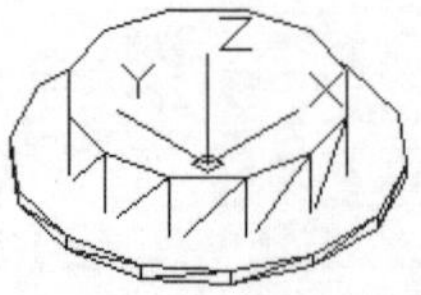

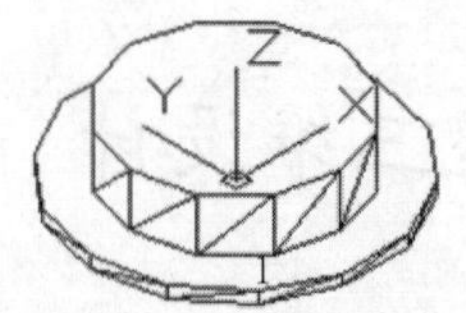
图 16-2 合并前消隐图

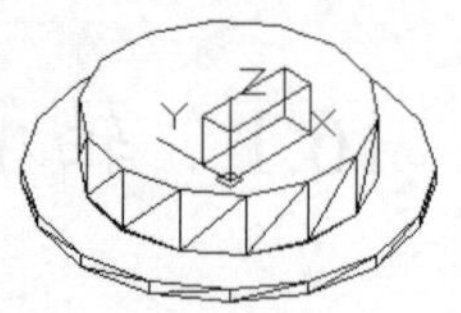
图 16-3 合并后消隐图

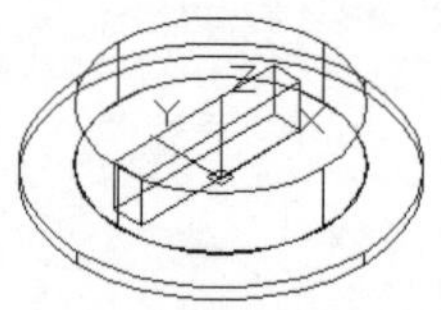
图 16-4 绘制长方体

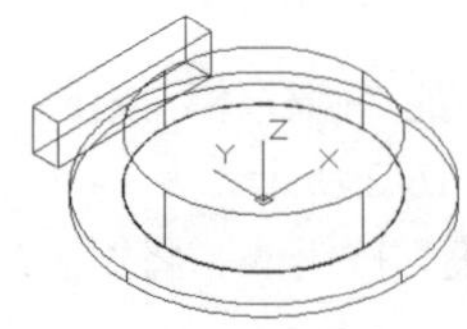
图 16-5 合并长方体

②选择菜单栏中的“修改/三维操作/三维阵列”命令。

③ 在命令行提示“选择对象:”后选择第（9）步中的长方体。

④ 在命令行提示“输入阵列类型[矩形(R)/环形(P)] <矩形>:”后输入“P”。

⑤ 在命令行提示“输入阵列中的项目数目:”后输入“2”。

⑥ 在命令行提示“指定要填充的角度(+=逆时针, -=顺时针)<360>:”后按 Enter 键。

⑦ 在命令行提示“旋转阵列对象？[是(Y)/否(N)] <Y>:”后按 Enter 键。

⑧ 在命令行提示“指定阵列的中心点:”后输入“0,0,0”。

⑨ 在命令行提示“指定旋转轴上的第二点:”后输入“0,0,10”。西南等轴测结果如图 16-7 所示。

（11）差集运算。单击“三维工具”选项卡下“实体编辑”面板中的“差集”按钮，将轴承座主体与第（10）步中的两个长方体进行差集运算，消隐后的结果如图 16-8 所示。

（12）倒角处理。单击“默认”选项卡下“修改”面板中的“倒角”按钮，对图 16-8 中的边 1 和边 2 进行倒角处理，倒角距离为 1，结果如图 16-9 所示。

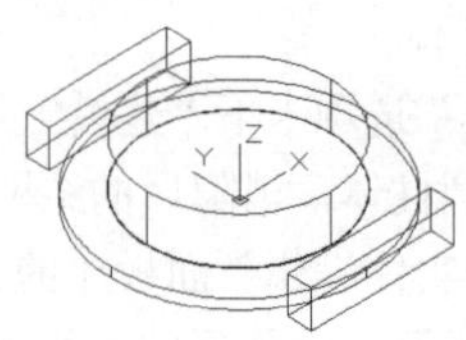
图 16-6 移动长方体

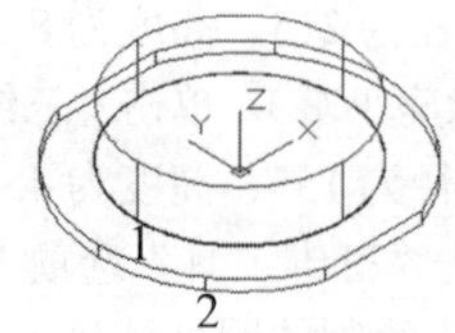
图 16-7 三维阵列长方体

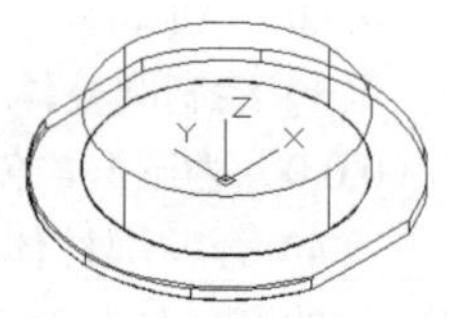
图 16-8 求差集后的实体

图 16-9 倒角后的实体

16.1.2 生成内部特征

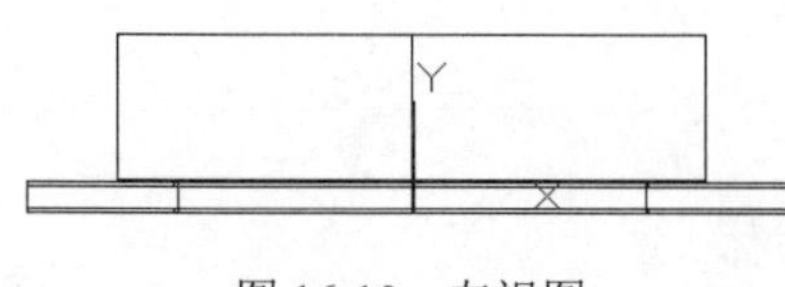
图 16-10 左视图

操作步骤如下：

（1）设置视图方向。单击“视图”选项卡下“视图”面板中的“左视”按钮，将当前视图设置为左视方向，结果如图 16-10 所示。

（2）旋转图形。单击“默认”选项卡下“修改”面板中的“旋转”按钮，以原点坐标为基点，将图 16-10 中的全部实体旋转 90°。

（3）设置视图方向。单击“视图”选项卡“视图“面板中的“西南等轴测”按钮，将当前视图设置为西南等轴测方向，消隐后窗口图形如图 16-11 所示。

（4）绘制圆柱体。单击“三维工具”选项卡下“建模”面板中的“圆柱体”按钮，以（25,0,0）为圆心，创建直径为 126、轴端点为（-100,0,0）的圆柱体，消隐后的结果如图 16-12 所示。

（5）差集运算。单击“三维工具”选项卡下“实体编辑”面板中的“差集”按钮，将轴承座主体与第（4）步绘制的圆柱体进行差集运算，消隐后的结果如图 16-13 所示。

（6）绘制圆柱体。单击“三维工具”选项卡下“建模”面板中的“圆柱体”按钮，以（0,0,0）为圆心，创建直径为 142、轴端点为（-40.5,0,0）的圆柱体，消隐后的结果如图 16-14 所示。

（7）差集运算。单击“三维工具”选项卡下“实体编辑”面板中的“差集”按钮，将轴承座

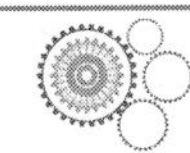

主体与第（6）步绘制的圆柱体进行差集运算，消隐后的结果如图 16-15 所示。

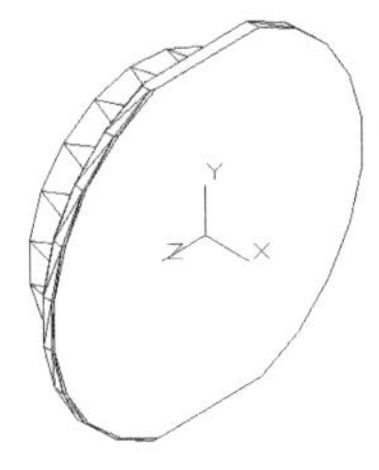

图 16-11 西南等轴测视图

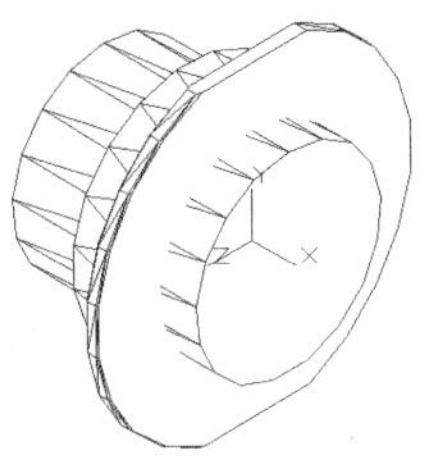

图 16-12 绘制圆柱体

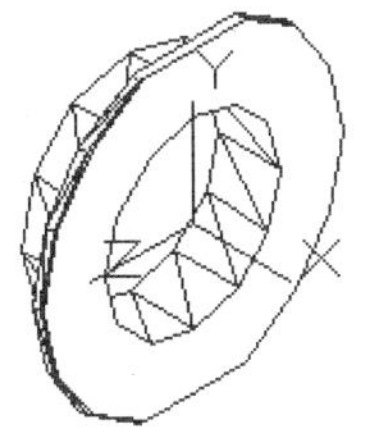

图 16-13 求差集后的实体

（8）圆角处理。单击“默认”选项卡下“修改”面板中的“圆角”按钮，对图 16-15 中的边 1 进行圆角处理，圆角半径为 1，消隐后的结果如图 16-16 所示。

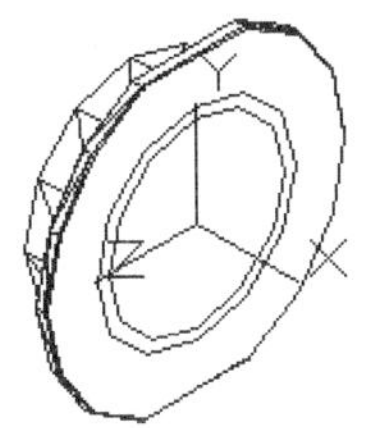

图 16-14 绘制圆柱体

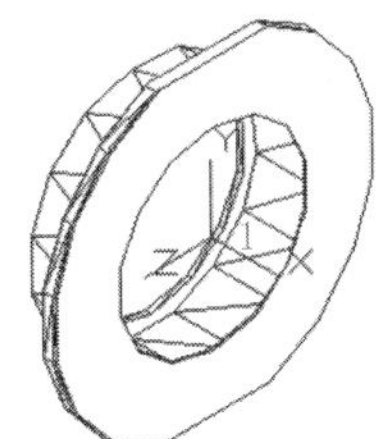

图 16-15 求差集后的实体

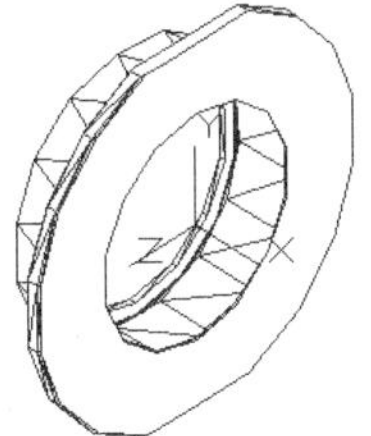

图 16-16 倒圆角

16.1.3 生成孔系

操作步骤如下：

（1）绘制圆柱体。单击“三维工具”选项卡下“建模”面板中的“圆柱体”按钮，以（5,0,0）为圆心，创建直径为 11、轴端点为（-15,0,0）的圆柱体，消隐后的结果如图 16-17 所示。

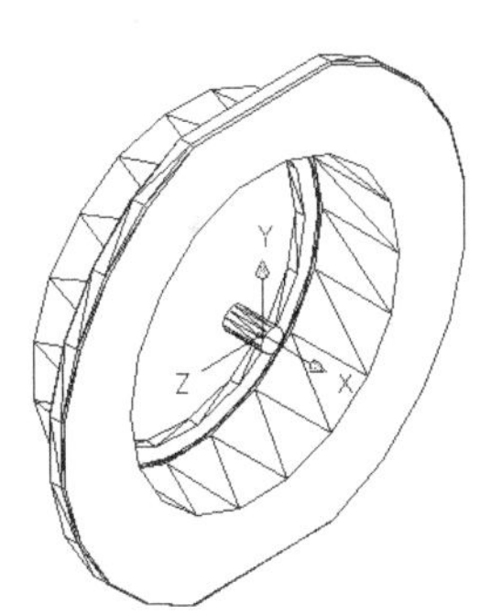

图 16-17 绘制圆柱体

（2）移动圆柱体。单击“默认”选项卡下“修改”面板中的“移动”按钮，选择第（1）步创建的圆柱体，将其由点（0,0,0）移动到点（0,0,-95），消隐后的结果如图 16-18 所示。

（3）三维旋转圆柱体。选择菜单栏中的“修改/三维操作/三维旋转”命令，选择圆柱体将其以点（0,0,0）为基点，绕 Y 轴旋转 22.5°。消隐后的结果如图 16-19 所示。

（4）改变视图方向。单击“视图”选项卡下“视图”面板中的“前视”按钮，将当前视图设置为前视图方向。

（5）三维阵列圆柱体。

① 将当前视图设置为前视图。选择菜单栏中的“修改/三维操作/三维阵列”命令。

② 在命令行提示“选择对象:”后选择第（3）步中的圆柱体。

③ 在命令行提示“输入阵列类型[矩形(R)/环形(P)] <矩形>:”后输入“P”。

④ 在命令行提示“输入阵列中的项目数目:”后输入“8”。

⑤ 在命令行提示“指定要填充的角度(+=逆时针, -=顺时针) <360>:”后按 Enter 键。

⑥ 在命令行提示“旋转阵列对象？[是(Y)/否(N)] <Y>:”后按 Enter 键。

⑦ 在命令行提示“指定阵列的中心点:”后输入“0,0,0”。

⑧ 在命令行提示“指定旋转轴上的第二点:”后输入“0,0,1”，西南等轴测消隐后的结果如图 16-20

Note

所示。

（6）差集运算。单击“三维工具”选项卡下“实体编辑”面板中的“差集”按钮，将轴承座主体与第（5）步中的 8 个圆柱体进行差集运算，消隐后的结果如图 16-21 所示。

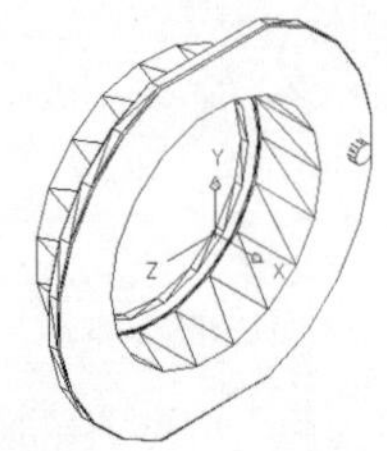
图 16-18　移动圆柱体

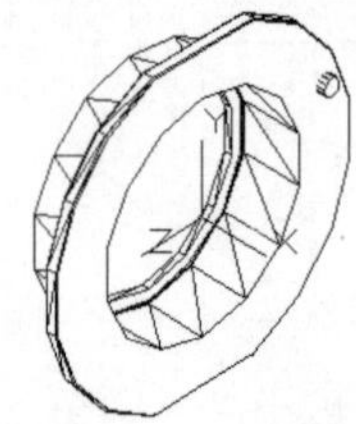
图 16-19　三维旋转

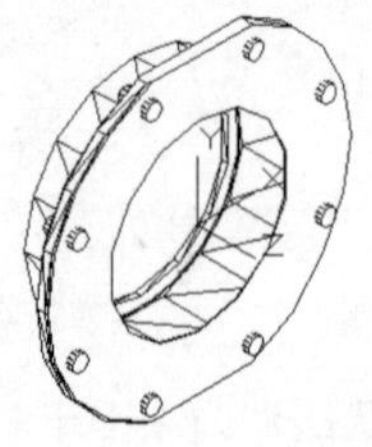
图 16-20　三维阵列

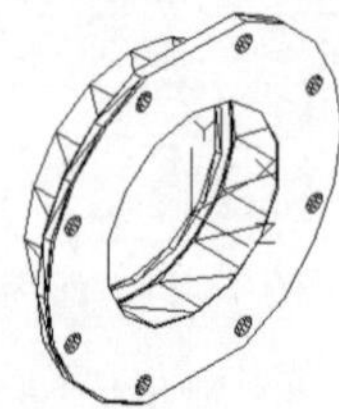
图 16-21　求差集生成孔系

16.1.4　渲染

操作步骤如下：

（1）赋予材质。

①单击“视图”选项卡下“选项板”面板中的“材质浏览器”按钮，弹出“材质浏览器”选项板。

②选择合适的材质，如图 16-22 所示，并将其赋予轴承座零件，关闭选项板。

（2）渲染实体。单击“可视化”选项卡下“视觉样式”面板中的“真实”按钮，完成材质设置，结果如图 16-23 所示。

（3）概念显示。单击“可视化”选项卡下“视觉样式”面板中的“概念”按钮，东南等轴测后的结果如图 16-24 所示。

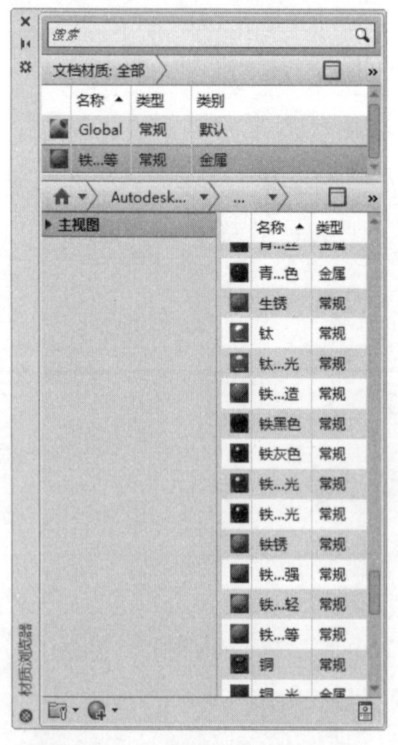

图 16-22　“材质浏览器”选项板

图 16-23　渲染后的实体

图 16-24　东南等轴测的实体

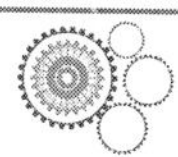

视频讲解

Note

16.2　轴承三维设计

本节以绘制滚动轴承中的 6216 深沟球轴承（GB/T 276—94）为例，说明绘制轴承三维立体图的方法和步骤。如图 16-25 所示为轴承的三维立体图。

绘制过程中用到的主要绘图命令有圆柱体、圆环体、球体等；编辑命令有布尔运算、移动、三维阵列、圆角、旋转等；颜色处理命令有着色面、渲染等；视图命令有三维视图、消隐、三维动态观察器等。

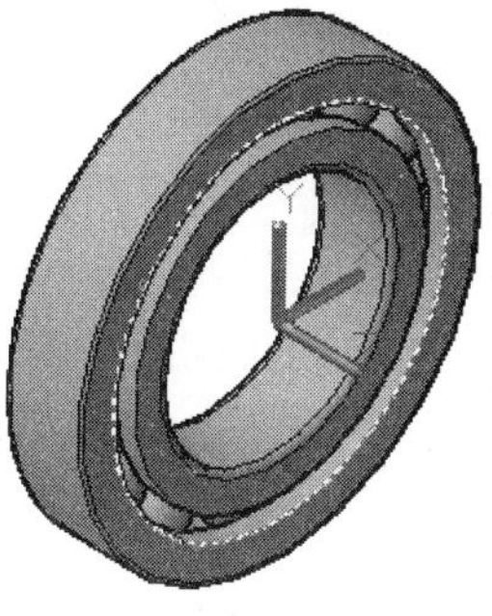

图 16-25　轴承

16.2.1　绘制外圈

操作步骤如下：

（1）设置视图方向。单击“视图”选项卡下“视图”面板中的“西南等轴测”按钮，将当前视图设置为西南等轴测方向。

（2）绘制圆柱体。单击“三维工具”选项卡下“建模”面板中的“圆柱体”按钮，以（0,0,0）为圆心，创建直径为 140、高度为 26 的圆柱体。

（3）绘制圆柱体。单击“三维工具”选项卡下“建模”面板中的“圆柱体”按钮，以（0,0,0）为圆心，创建直径为 117.5、高度为 26 的圆柱体，消隐后的结果如图 16-26 所示。

（4）差集运算。单击“三维工具”选项卡下“实体编辑”面板中的“差集”按钮，将两圆柱体进行差集运算，消隐后的结果如图 16-27 所示。

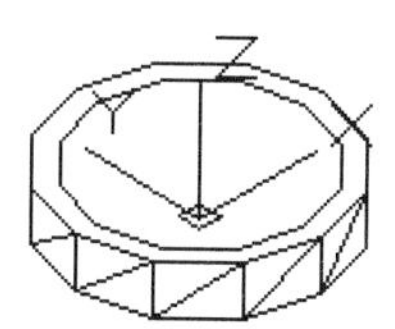

图 16-26　绘制圆柱体

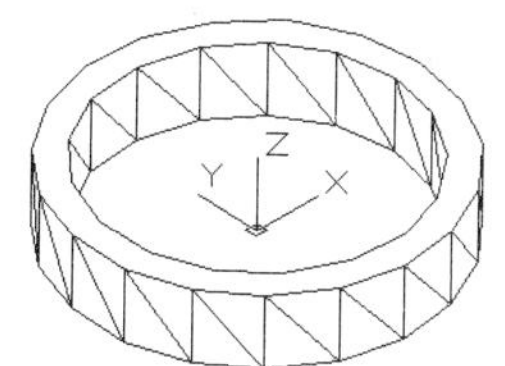

图 16-27　求差集后的图形

（5）绘制圆环体。单击“三维工具”选项卡下“建模”面板中的“圆环体”按钮，以点（0,0,13）为中心点，绘制圆环体直径为 110、圆管直径为 15 的圆环体。消隐后的结果如图 16-28 所示。

（6）差集运算。单击“三维工具”选项卡下“实体编辑”面板中的“差集”按钮，将第（4）步所得的实体与第（5）步绘制的圆环体进行差集运算，消隐后的结果如图 16-29 所示。

（7）圆角处理。单击“默认”选项卡下“修改”面板中的“圆角”按钮，对图 16-29 中的边 1、边 2 进行圆角处理，圆角半径为 2，消隐后的图形如图 16-30 所示。

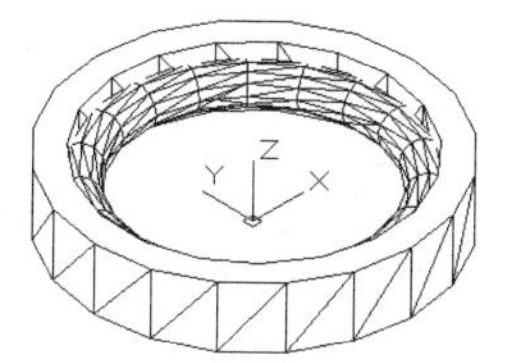

图 16-28　绘制圆环体

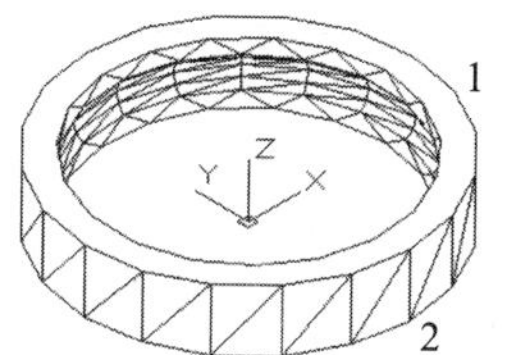

图 16-29　求差集后的图形

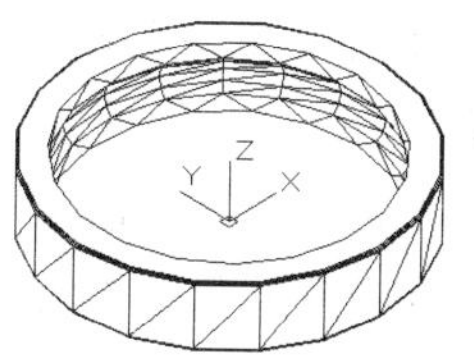

图 16-30　倒圆角

16.2.2 绘制内圈

操作步骤如下：

（1）绘制圆柱体。单击“三维工具”选项卡下“建模”面板中的“圆柱体”按钮，以（0,0,0）为圆心，创建直径为102.5、高度为26的圆柱体。

（2）绘制圆柱体。单击“三维工具”选项卡下“建模”面板中的“圆柱体”按钮，以（0,0,0）为圆心，创建直径为80、高度为26的圆柱体，消隐后的结果如图16-31所示。

（3）差集运算。单击“三维工具”选项卡下“实体编辑”面板中的“差集”按钮，将两圆柱体进行差集运算，消隐后的结果如图16-32所示。

（4）绘制圆环体。单击“三维工具”选项卡下“建模”面板中的“圆环体”按钮，以点（0,0,13）为中心点，绘制圆环体直径为110、圆管直径为15的圆环体。

（5）差集运算。单击“三维工具”选项卡下“实体编辑”面板中的“差集”按钮，将第（3）步所得的实体与第（4）步绘制的圆环体进行差集运算，消隐后的结果如图16-33所示。

（6）圆角处理。单击“默认”选项卡下“修改”面板中的“圆角”按钮，对图16-33中的边1、边2进行圆角处理，圆角半径为2，消隐后的图形如图16-34所示。

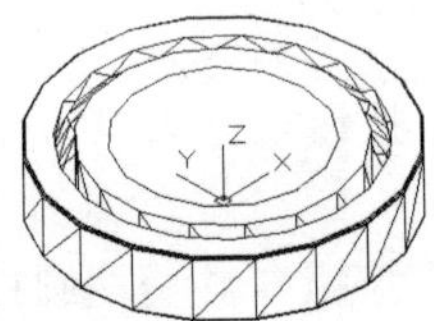

图16-31　绘制圆柱

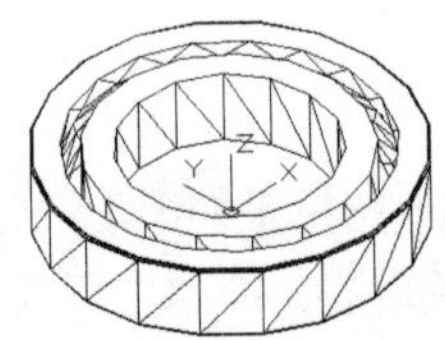

图16-32　求差集后的图形

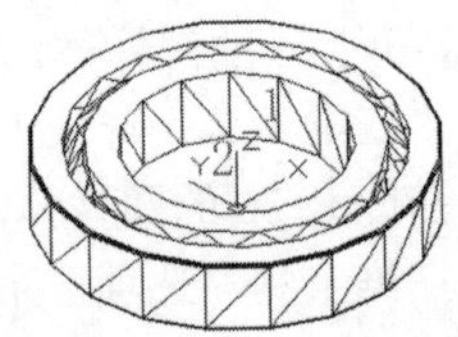

图16-33　求差集后的图形

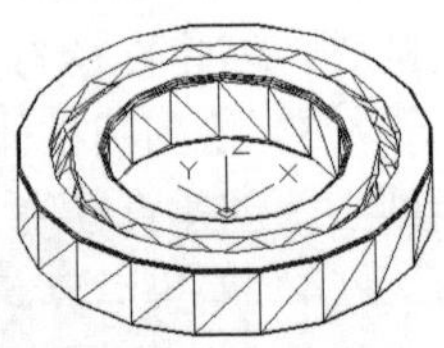

图16-34　倒圆角

16.2.3 绘制滚珠

操作步骤如下：

（1）绘制球体。单击“三维工具”选项卡下“建模”面板中的“球体”按钮，以点（0,0,13）为中心点，绘制直径为15的圆球体。消隐后的结果如图16-35所示。

（2）移动球体。单击“默认”选项卡下“修改”面板中的“移动”按钮，将第（1）步绘制的球体，由点（0,0,13）移动到点（@55,0,0）。

（3）改变视图方向。单击“视图”选项卡下“视图”面板中的“左视图”按钮，将当前视图设置为左视方向，此时窗口中的图形如图16-36所示。

（4）旋转实体。单击“默认”选项卡下“修改”面板中的“旋转”按钮，以原点为基点，将图16-36中的全部实体旋转90°。

（5）改变视图方向。单击“视图”选项卡下“视图”面板中的“前视”按钮，将当前视图设置为前视图方向。

（6）阵列球体。选择菜单栏中的“修改/三维操作/三维阵列”命令，选择移动后的球体，设置阵列类型为P，阵列数目为15，填充角度为360°，阵列中心点为(0,0,0)，旋转轴上第二点坐标为(0,0,1)。西南等轴测消隐后的结果如图16-37所示。

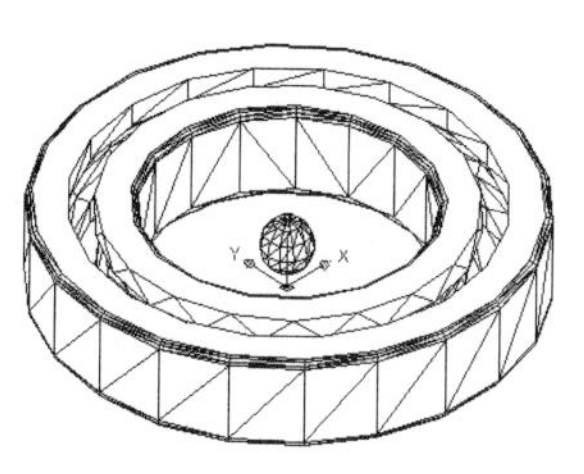
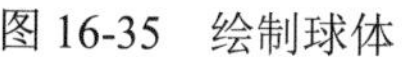

图 16-35　绘制球体

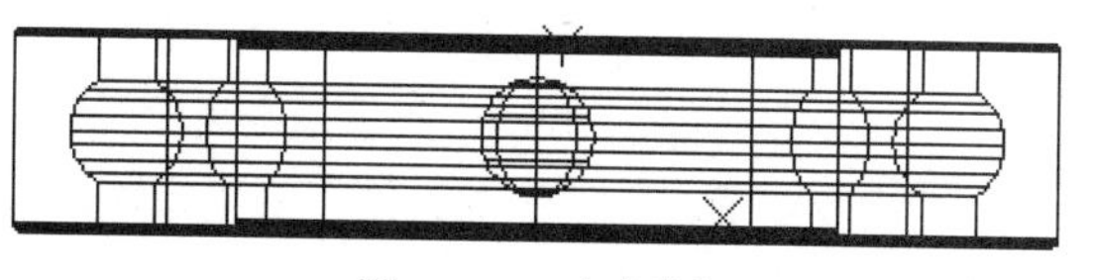

图 16-36　左视图

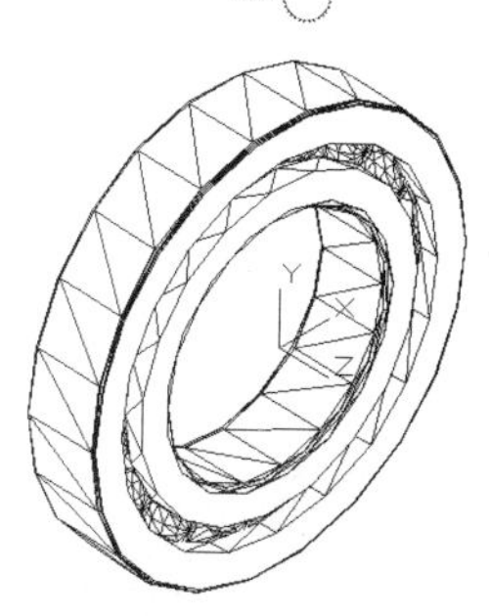

图 16-37　阵列后的图形

16.2.4　渲染

操作步骤如下：

（1）赋予材质。

① 单击“视图”选项卡下“选项板”面板中的“材质浏览器”按钮，弹出“材质浏览器”选项板。

② 选择合适的材质，如图 16-38 所示，并将其赋予轴承内外圈，关闭选项板。

（2）渲染实体。单击“可视化”选项卡下“视觉样式”面板中的“真实”按钮，完成材质设置，结果如图 16-39 所示。

（3）概念显示。单击“可视化”选项卡下“视觉样式”面板中的“概念”按钮，结果如图 16-40 所示。

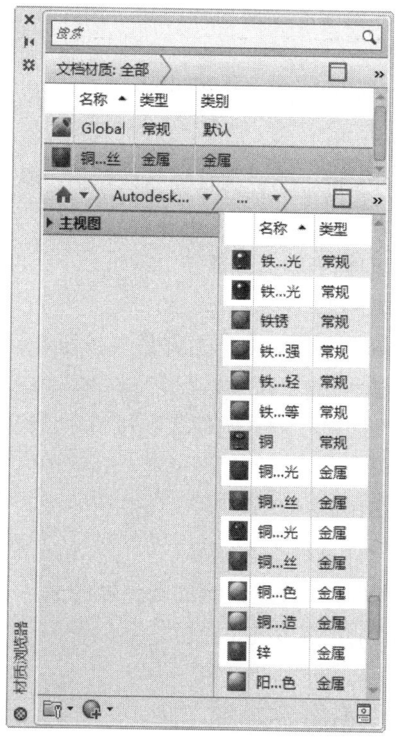

图 16-38　“材质浏览器”选项板

图 16-39　渲染后的实体

图 16-40　概念后的实体

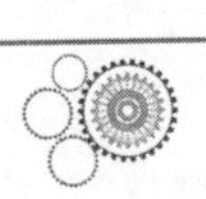

视频讲解

Note

16.3 锥齿轮轴三维设计

图 16-41 锥齿轮轴

本节以绘制锥齿轮轴为例，说明绘制锥齿轮轴三维立体图的方法和步骤。如图 16-41 所示是锥齿轮轴的三维立体图，锥齿轮轴的结构比较复杂，为了绘图方便，将整体轴分为 4 个部分来绘制，第 1 部分是轴的左端部分；第 2 部分是与齿轮配合的部分；第 3 部分是锥齿轮部分；第 4 部分是内螺纹部分，这 4 个部分分别保存在不同的文件夹中，文件名分别为 Z1.dwg、Z2.dwg、Z3.dwg 和 Z4.dwg。各部分绘制完毕后，再通过布尔运算将它们组成整体，保存在“锥齿轮轴三维设计.dwg”文件中。在绘制立体图的过程中，将轴如此划分，纯粹是为了绘图方便，与加工工艺无关。

绘制过程中用到的主要绘图命令有圆柱体、长方体、圆、直线、螺旋等；编辑命令有布尔运算、倾斜面、移动、三维阵列、三维镜像、删除、旋转、拉伸、修剪、圆角、编辑多段线、复制、粘贴、剖切等；颜色处理命令有着色面渲染等；视图命令有三维视图、消隐等。

16.3.1 绘制轴的左端

操作步骤如下：

（1）设置视图方向。单击“视图”选项卡下“视图”面板中的“西南等轴测”按钮，将当前视图设置为西南等轴测方向。

（2）绘制圆柱体。单击“三维工具”选项卡下“建模”面板中的“圆柱体”按钮，以（0,0,0）为圆心，创建直径为 80、高度为 5 的圆柱体。

（3）绘制圆柱体。单击“三维工具”选项卡下“建模”面板中的“圆柱体”按钮，以（0,0,5）为圆心，创建直径为 76.5、高度为 2.7 的圆柱体。

（4）绘制圆柱体。单击“三维工具”选项卡下“建模”面板中的“圆柱体”按钮，以（0,0,7.7）为圆心，创建直径为 80、高度为 25.8 的圆柱体，结果如图 16-42 所示。

（5）合并圆柱体。单击“三维工具”选项卡下“实体编辑”面板中的“并集”按钮，将创建的 3 个圆柱体进行并集处理，消隐后的结果如图 16-43 所示。

（6）绘制圆柱体。单击“三维工具”选项卡下“建模”面板中的“圆柱体”按钮，以（0,0,0）为圆心，创建直径为 60、高度为 4 的圆柱体。

（7）倾斜面。

① 单击“三维工具”选项卡下“实体编辑”面板中的“倾斜面”按钮。

② 在命令行提示“选择面或[放弃(U)/删除(R)]:”后选择第（6）步绘制的圆柱体的面。

③ 在命令行提示“选择面或[放弃(U)/删除(R)/全部(ALL)]:”后按 Enter 键。

④ 在命令行提示“指定基点:”后输入“0,0,4”。

⑤ 在命令行提示“指定沿倾斜轴的另一个点:”后输入“0,0,0”。

⑥ 在命令行提示“指定倾斜角度:”后输入“-30”，结果如图 16-44 所示。

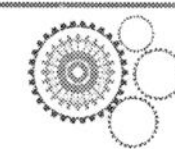

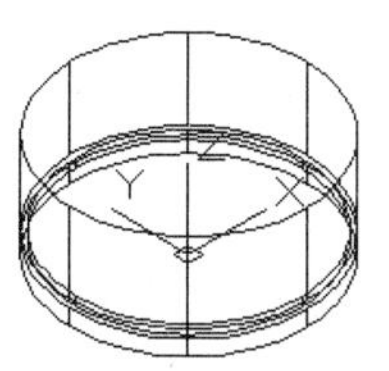

图 16-42　绘制圆柱体

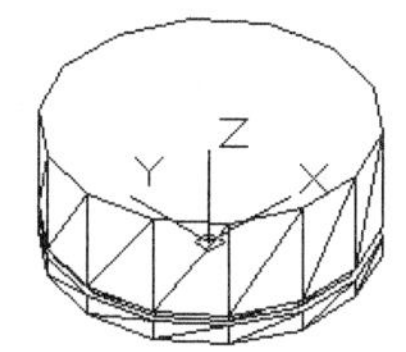

图 16-43　合并后的消隐图

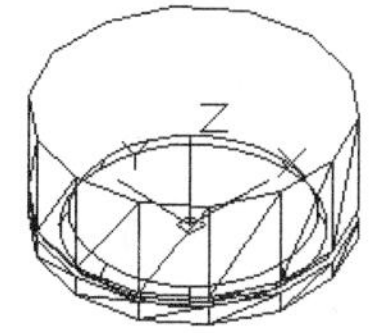

图 16-44　倾斜面

（8）绘制圆柱体。单击“三维工具”选项卡下“建模”面板中的“圆柱体”按钮，以（0,0,4）为圆心，创建直径为 60、高度为 24 的圆柱体，结果如图 16-45 所示。

（9）绘制圆柱体。单击“三维工具”选项卡下“建模”面板中的“圆柱体”按钮，以（0,0,28）为圆心，创建直径为 60、高度为 5.5 的圆柱体，结果如图 16-46 所示。

（10）倾斜面。单击“三维工具”选项卡下“实体编辑”面板中的“倾斜面”按钮。选择第（9）步绘制的圆柱体的圆柱面，指定基点为（0,0,28），指定沿倾斜轴的另一个点为（0,0,33.5），设置倾斜角度为 58，结果如图 16-47 所示。

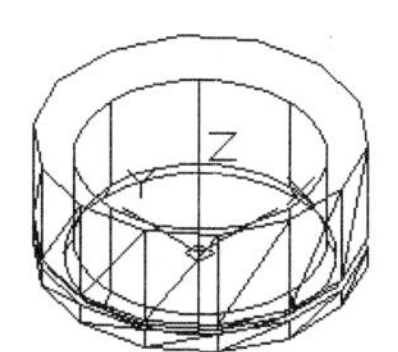

图 16-45　绘制圆柱体

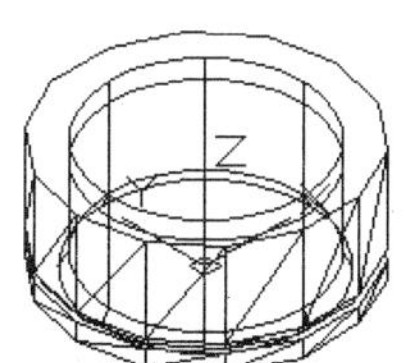

图 16-46　绘制圆柱体

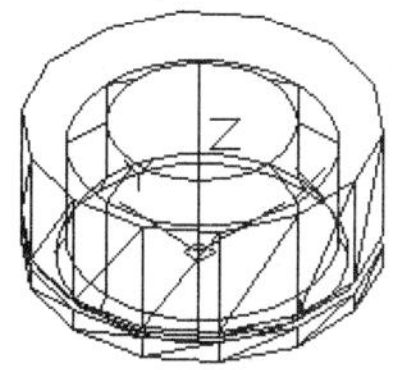

图 16-47　倾斜面

（11）差集运算。单击“三维工具”选项卡下“实体编辑”面板中的“差集”按钮，将轴的主体与 3 个圆柱体（包括倾斜面后的圆柱体）进行差集运算，消隐后的结果如图 16-48 所示。

（12）设置视图方向。为了更清楚地观察，单击“视图”选项卡下“视图”面板中的“左视图”按钮，将当前视图设置为左视方向，此时图形如图 16-49 所示。

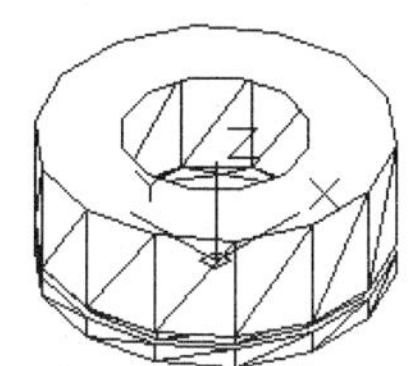

图 16-48　求差集后的实体

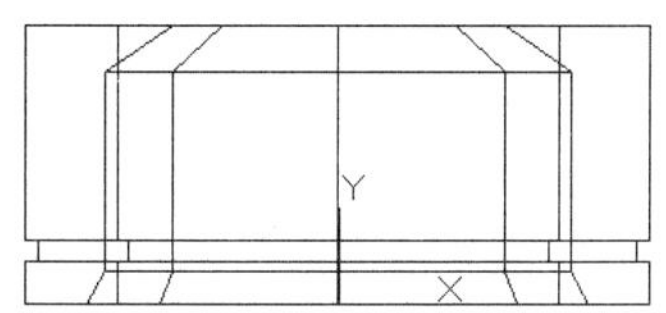

图 16-49　左视图

（13）保存文件。将上面绘制的实体保存到 Z1.dwg 文件中。

16.3.2　绘制与齿轮配合的部分

操作步骤如下：

（1）设置视图方向。新建文件，单击“视图”选项卡下“视图”面板中的“西南等轴测”按钮，将当前视图设置为西南等轴测方向。

（2）绘制圆柱体。单击“三维工具”选项卡下“建模”面板中的“圆柱体”按钮，以（0,0,0）为圆心，创建直径为 89.5、高度为 59 的圆柱体。

（3）绘制长方体。单击“三维工具”选项卡下“建模”面板中的“长方体”按钮，以原点为起点，绘制长度为7.825、宽度为4、高度为59的长方体，结果如图16-50所示。

（4）三维镜像长方体。选择菜单栏中的“修改/三维操作/三维镜像”命令，选择第（3）步绘制的长方体，设置镜像平面上3点分别为（0,0,0）、（0,0,59）和（7.825,0,0）。

（5）合并长方体。单击“三维工具”选项卡下“实体编辑”面板中的“并集”按钮，将两个长方体进行并集运算。

（6）移动长方体。单击“默认”选项卡下“修改”面板中的“移动”按钮，选择长方体，将其由点（0,0,0）移动到点（40,0,0）。消隐后的结果如图16-51所示。

（7）三维阵列长方体。单击“建模”工具栏中的“三维阵列”按钮，选择第（6）步中的长方体，设置阵列类型为环形，数目为16，阵列中心点为（0,0,0），旋转轴上第二点为（0,0,1）。消隐后的结果如图16-52所示。

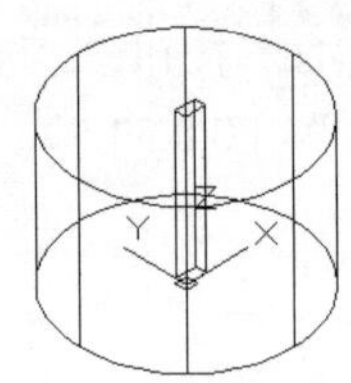

图16-50　绘制长方体

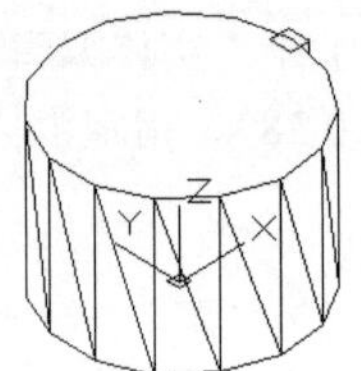

图16-51　移动长方体

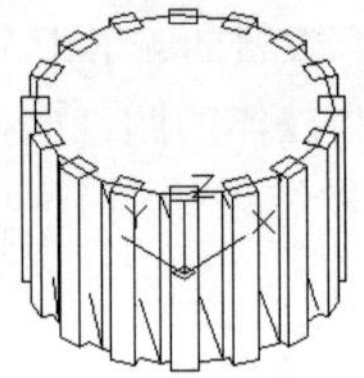

图16-52　三维阵列长方体

（8）合并长方体和圆柱体。单击“三维工具”选项卡下“实体编辑”面板中的“并集”按钮，将圆柱体与16个长方体进行并集运算，消隐后的结果如图16-53所示。

（9）绘制圆柱体。单击“三维工具”选项卡下“建模”面板中的“圆柱体”按钮，以（0,0,0）为圆心，创建直径为42.4、高度为59的圆柱体，结果如图16-54所示。

（10）求差集。单击“三维工具”选项卡下“实体编辑”面板中的“差集”按钮，将轴的主体与第（9）步绘制的圆柱体进行差集运算，消隐后的结果如图16-55所示。

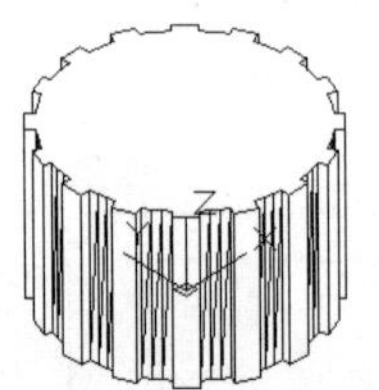

图16-53　合并后的实体

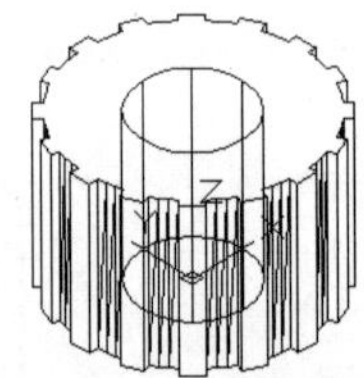

图16-54　绘制圆柱体

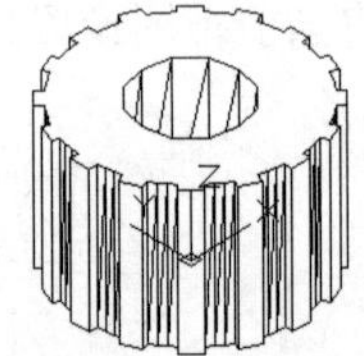

图16-55　求差集后的实体

（11）保存文件。将上面绘制的实体保存到Z2.dwg文件中。

16.3.3　绘制锥齿轮部分

操作步骤如下：

（1）设置视图方向。新建文件，单击“视图”选项卡下“视图”面板中的“俯视图”按钮，将俯视图方向设置为当前视图方向。

（2）绘制圆。单击“默认”选项卡下“绘图”面板中的“圆”按钮，以原点为圆心，绘制直径分别为76.5、72、69.45的圆，结果如图16-56所示。

（3）绘制直线。单击“默认”选项卡下“绘图”面板中的“直线”按钮，以坐标点{（0,0），（@38.25, 0）}绘制直线。重复“直线”命令，以坐标点{（0,0），（@38.25<3.25），（@10<176.75）}

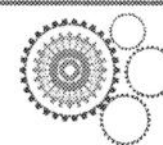

绘制直线；重复“直线”命令，以坐标点{（0,0），（@38.25<-3.25），（@10<183.25）}绘制直线，结果如图 16-57 所示。图 16-58 是所绘制的 3 条直线的局部放大图。

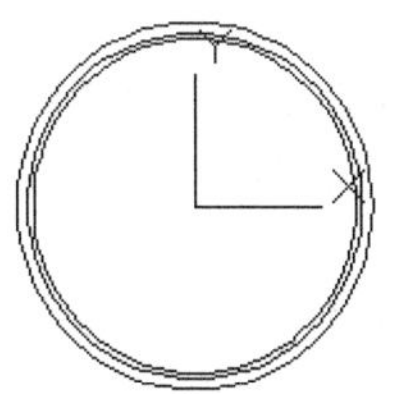

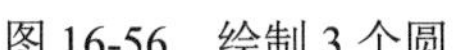

图 16-56　绘制 3 个圆

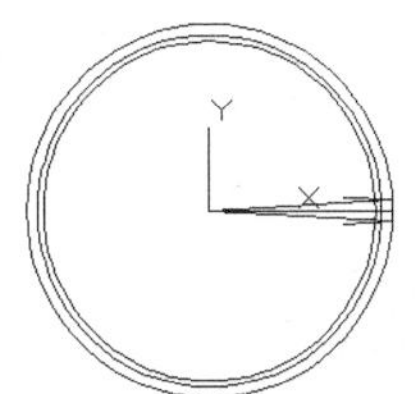

图 16-57　绘制 3 条直线

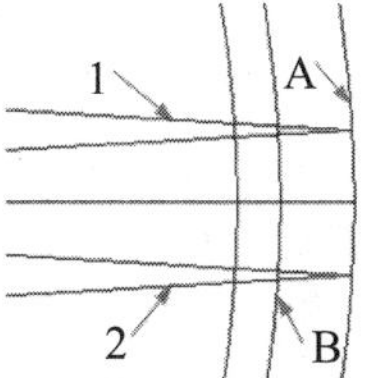

图 16-58　3 条直线的局部放大图

（4）修剪齿廓。单击“默认”选项卡下“修改”面板中的“修剪”按钮，在图 16-58 中以直线 1、直线 2 为剪切边，对圆弧 A、圆弧 B 进行修剪，结果如图 16-59 所示。重复“修剪”命令，以图 16-59 中的圆弧 C 为剪切边，对图 16-59 中的直线 1、直线 2 进行修剪，结果如图 16-60 所示。

（5）删除多余线段。单击“默认”选项卡“修改”面板中的“删除”按钮，删除图 16-60 中的直线 1、直线 2、直线 3 和圆弧 4，结果如图 16-61 所示。如图 16-62 所示是齿廓的局部放大图。

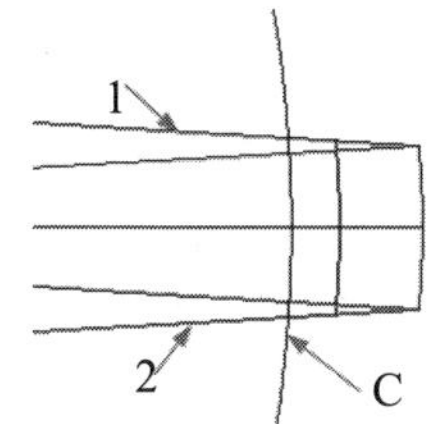

图 16-59　修剪后的图形

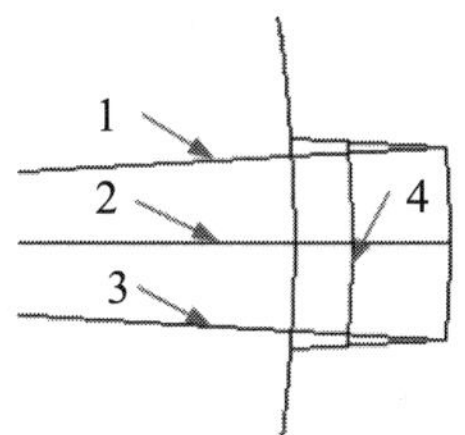

图 16-60　修剪后的图形

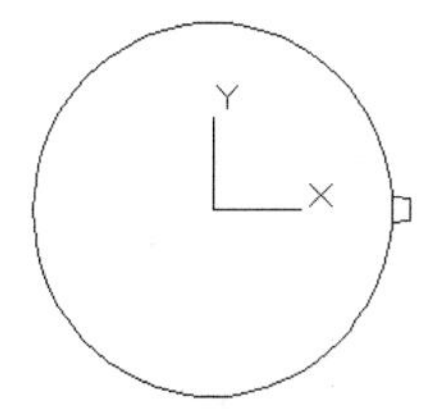

图 16-61　全图

（6）对齿根进行圆角处理。单击“默认”选项卡下“修改”面板中的“圆角”按钮，对图 16-62 中的边 1 和圆弧 2 进行圆角处理，圆角半径为 1。对图 16-62 中的边 3 和圆弧 4 也进行圆角处理，圆角半径为 1，如图 16-63 所示。

（7）阵列齿廓。单击“默认”选项卡下“修改”面板中的“环形阵列”按钮，选择图 16-63 所示的曲线 1～曲线 5。指定阵列中心点为（0,0），设置阵列数目为 24，结果如图 16-64 所示。

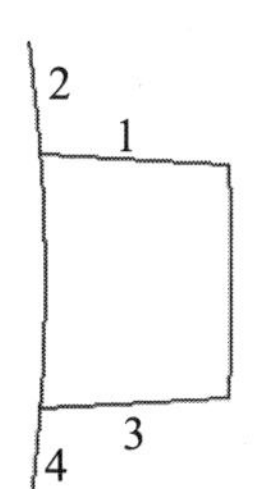

图 16-62　齿廓放大图

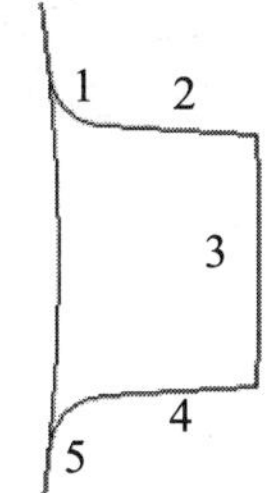

图 16-63　倒圆角的图形

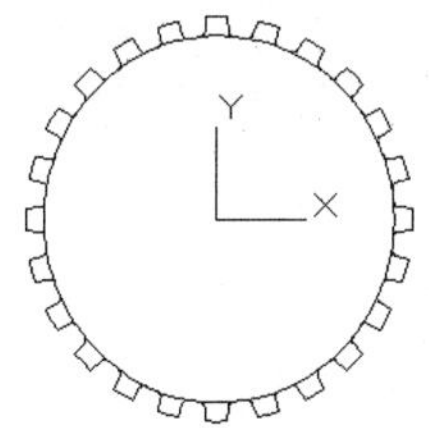

图 16-64　阵列后的图形

（8）修剪对象。单击“默认”选项卡下“修改”面板中的“修剪”按钮，对齿廓进行修剪，修剪后的最终图形如图 16-65 所示。图中的方块表示每个小线段是独立的。

（9）用编辑多段线命令（PEDIT）将上面修剪后的多条线段编辑成一条多段线。

① 在命令行中输入“PEDIT”命令。

② 在命令行提示“选择多段线或[多条(M)]:”后输入“M”。

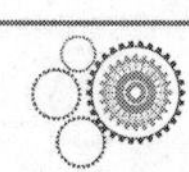
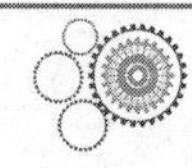

③ 在命令行提示“选择对象:”后用矩形框拾取所有齿廓曲线。

④ 在命令行提示“是否将直线、圆弧和样条曲线转换为多段线？[是(Y)/否(N)]? <Y>”后按Enter键。

Note

⑤ 在命令行提示“输入选项[闭合(C)/打开(O)/合并(J)/宽度(W)/拟合(F)/样条曲线(S)/非曲线化(D)/线型生成(L)/反转(R)/放弃(U)]:”后输入“J”。为了突出显示编辑后的多段线的整体性，将其用虚线表示，如图16-66所示。

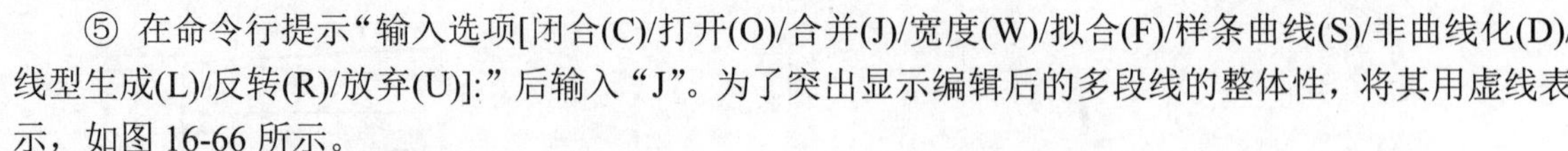

（10）设置视图方向。单击“视图”选项卡下“视图”面板中的“西南等轴测”按钮，将当前视图设置为西南等轴测方向，结果如图16-67所示。

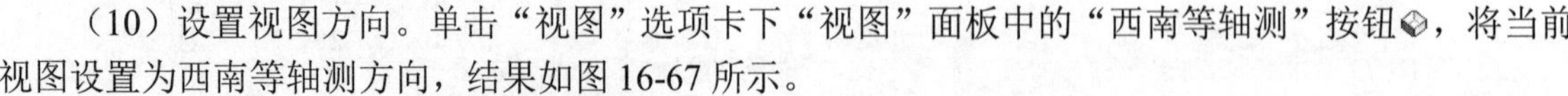

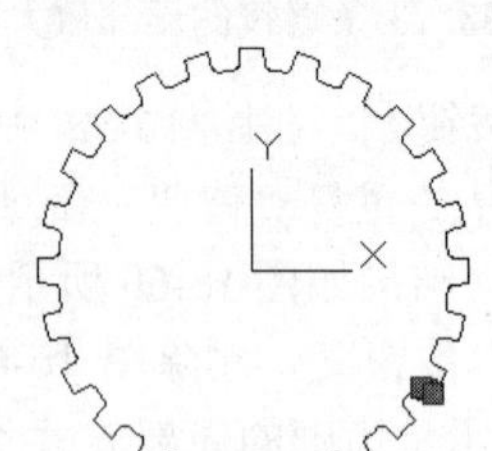

图16-65　修剪后的图形

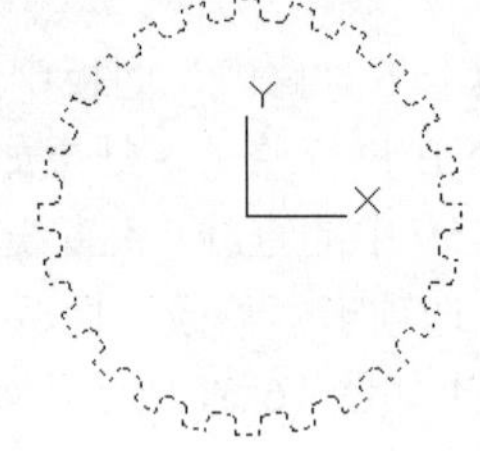

图16-66　合成多段线

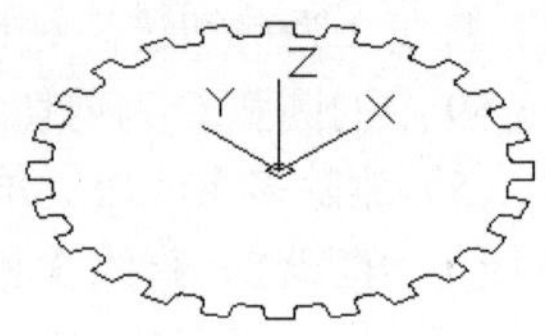

图16-67　西南等轴测视图

（11）拉伸多段线。单击“三维工具”选项卡下“建模”面板中的“拉伸”按钮，将多段线拉伸高度设为80，消隐后的结果如图16-68所示。

（12）移动拉伸后的实体。单击“默认”选项卡下“修改”面板中的“移动”按钮，选择拉伸后的实体，将其由点（0,0,0）移动到点（0,0,20.5）。

（13）绘制圆柱体。单击“三维工具”选项卡下“建模”面板中的“圆柱体”按钮，以（0,0,0）为圆心，创建直径为80、高度为41.5的圆柱体，消隐后的结果如图16-69所示。

（14）绘制圆环体。单击“三维工具”选项卡下“建模”面板中的“圆环体”按钮，指定中心点为（0,0,41.5），绘制半径为74.725、圆管半径为40的圆环体。消隐后的结果如图16-70所示。

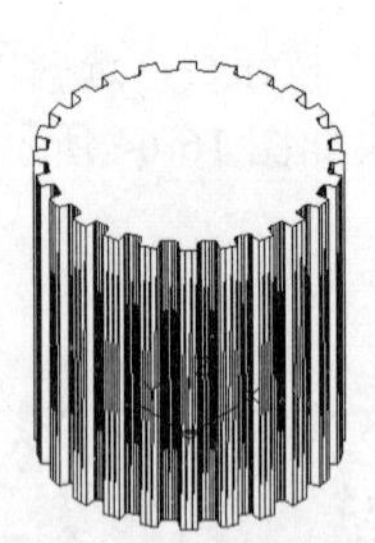

图16-68　拉伸后的实体

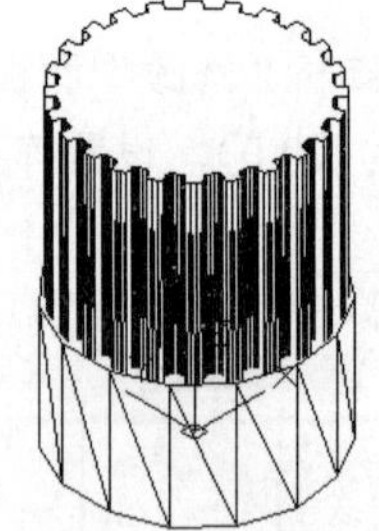

图16-69　绘制圆柱体

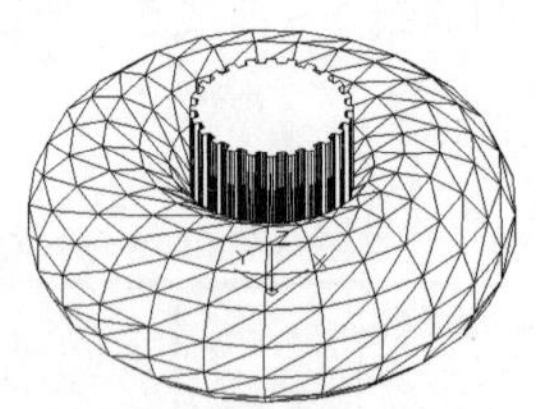

图16-70　绘制圆环体

（15）差集运算。单击“三维工具”选项卡下“实体编辑”面板中的“差集”按钮，将拉伸实体与圆环体进行差集运算。

（16）并集运算。单击“三维工具”选项卡下“实体编辑”面板中的“并集”按钮，将视图中的全部实体进行并集运算，消隐后的结果如图16-71所示。

（17）绘制圆柱体。单击“三维工具”选项卡下“建模”面板中的“圆柱体”按钮，以（0,0,0）为圆心，创建直径为42.4、高度为120的圆柱体，消隐后的结果如图16-72所示。

（18）差集运算。单击“三维工具”选项卡下“实体编辑”面板中的“差集”按钮，将第（16）步的实体与第（17）步绘制的圆柱体进行差集运算，消隐后的结果如图16-73所示。

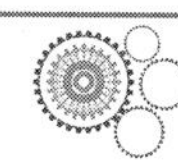

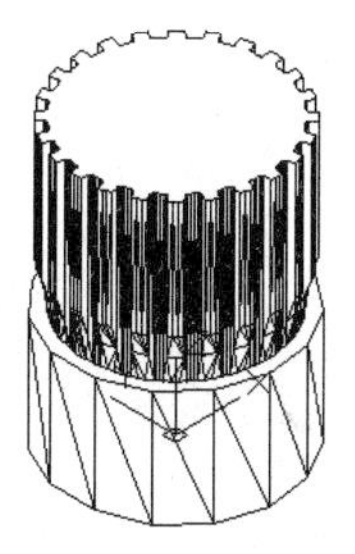

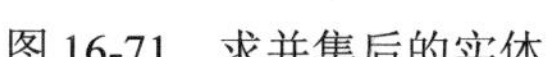

图 16-71　求并集后的实体

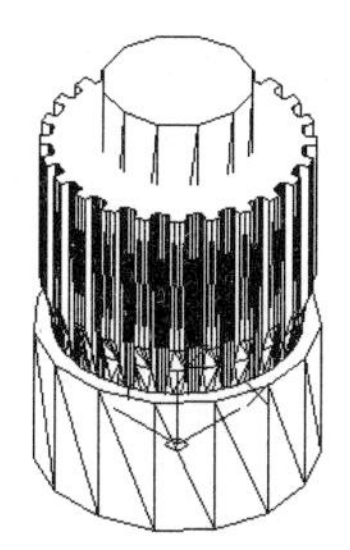

图 16-72　绘制圆柱体

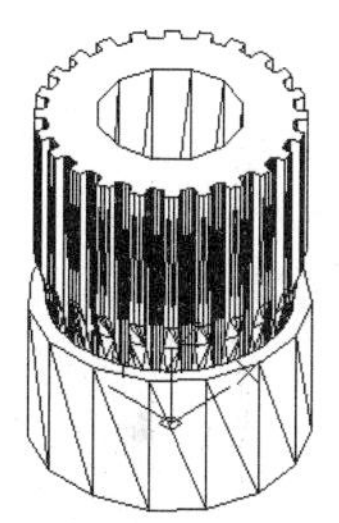

图 16-73　求差集后的实体

（19）保存文件。将上面绘制的实体保存到 Z3.dwg 文件中。

16.3.4　绘制螺纹部分

操作步骤如下：

（1）设置视图方向。新建文件，单击“视图”选项卡下“视图”面板中的“西南等轴测”按钮，将当前视图设置为西南等轴测方向。

（2）改变坐标系。在命令行中输入“UCS”命令，将当前坐标系绕 X 轴旋转 90°。

（3）创建螺旋线。单击“默认”选项卡下“绘图”面板中的“螺旋”按钮，以（0,0,0）为底面中心点创建底面和顶面半径均为 20.77、圈数为 16、高度为-32 的螺旋线，结果如图 16-74 所示。

（4）绘制截面三角形。单击“默认”选项卡下“绘图”面板中的“直线”按钮，绘制截面三角形，其尺寸如图 16-75 所示，结果如图 16-76 所示。

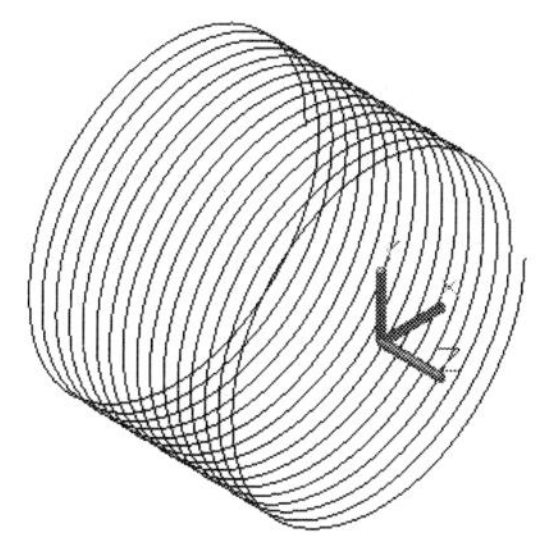

图 16-74　绘制螺旋线

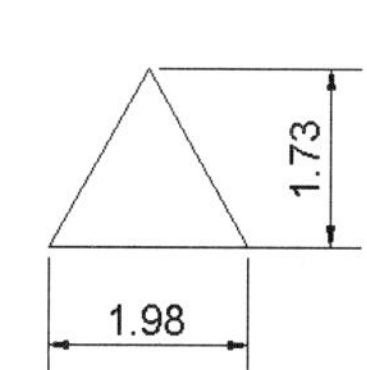

图 16-75　截面三角形尺寸

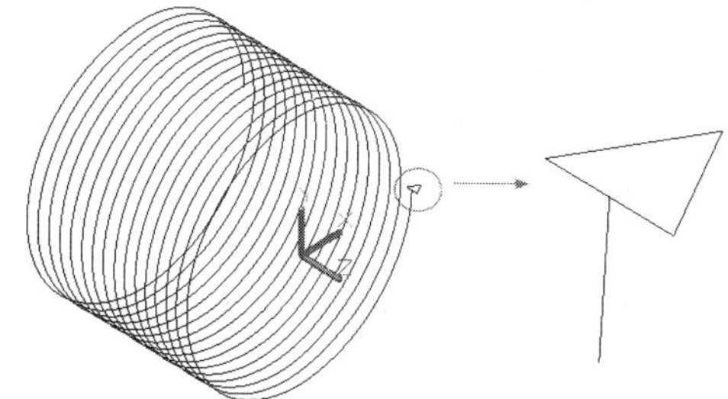

图 16-76　绘制截面三角形

（5）创建面域。单击“默认”选项卡下“绘图”面板中的“面域”按钮，将第（4）步创建的三角形进行面域创建。

（6）创建螺纹。单击“三维工具”选项卡下“建模”面板中的“扫掠”按钮，在系统提示下选择扫掠对象为面域三角形，扫掠路径为螺旋线，创建扫掠实体。消隐后的结果如图 16-77 所示。

（7）改变坐标系。在命令行中输入“UCS”命令，将当前坐标系设置为世界坐标系。

（8）绘制圆柱体。单击“三维工具”选项卡下“建模”面板中的“圆柱体”按钮，以（0,0,0）为圆心，创建直径为 46.5、轴端点为（0,-5,0）的圆柱体，消隐后的结果如图 16-78 所示。

（9）圆角处理。单击“默认”选项卡下“修改”面板中的“圆角”按钮，对图 16-78 中圆柱体的边 1 进行圆角处理，圆角半径为 2。消隐后的结果如图 16-79 所示。

（10）绘制圆柱体。单击“三维工具”选项卡下“建模”面板中的“圆柱体”按钮，以（0,-5,0）为圆心，创建直径为 46.5、轴端点为（0,-9,0）的圆柱体，消隐后的结果如图 16-80 所示。

（11）倾斜面。单击“三维工具”选项卡下“实体编辑”面板中的“倾斜面”按钮，选择第（10）

Note

步绘制的圆柱体的圆柱面，指定基点为（0,-5,0），指定沿倾斜轴的另一个点为（0,-9,0），设定倾斜角度为-30°。消隐后的结果如图 16-81 所示。

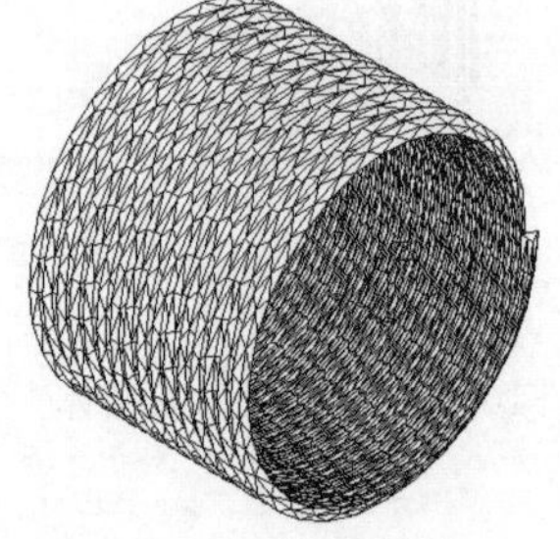
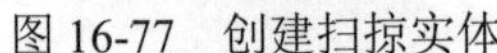

图 16-77 创建扫掠实体

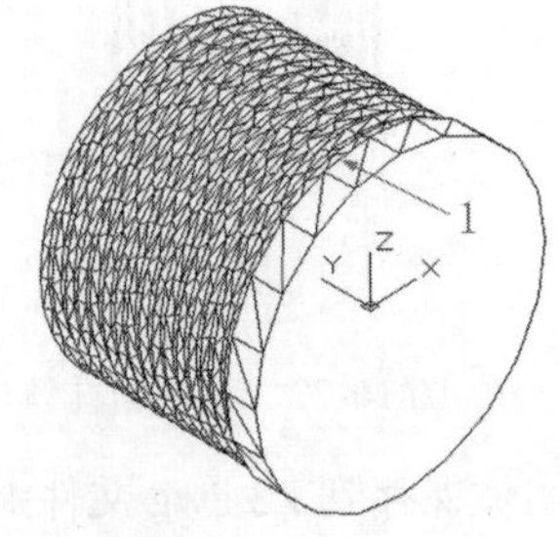

图 16-78 绘制圆柱体

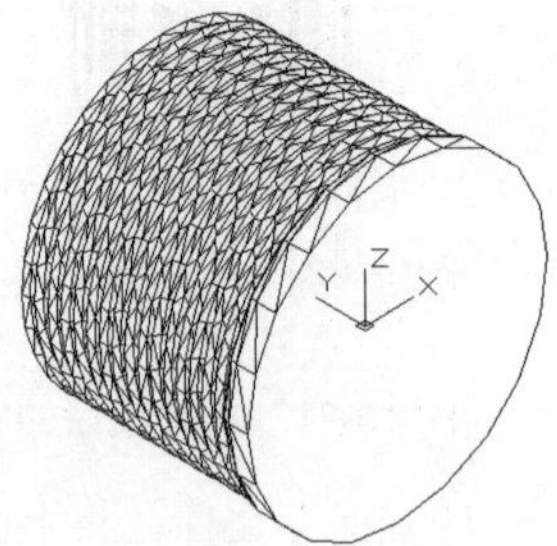

图 16-79 创建圆角

（12）绘制圆柱体。单击“三维工具”选项卡下“建模”面板中的“圆柱体”按钮，以（0,-9,0）为圆心，创建直径为 51.12，轴端点为（0,-10,0）的圆柱，消隐后的结果如图 16-82 所示。

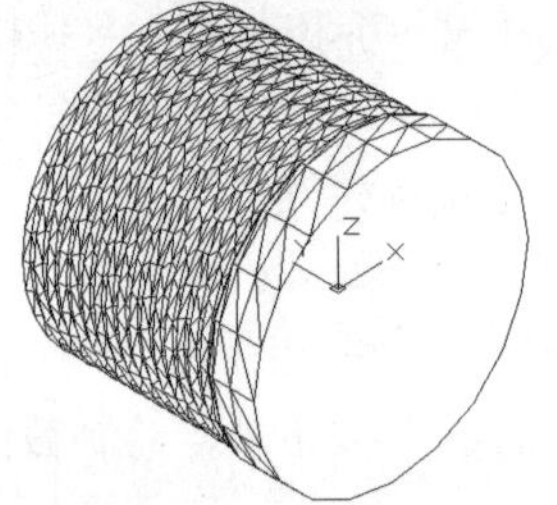

图 16-80 绘制圆柱体

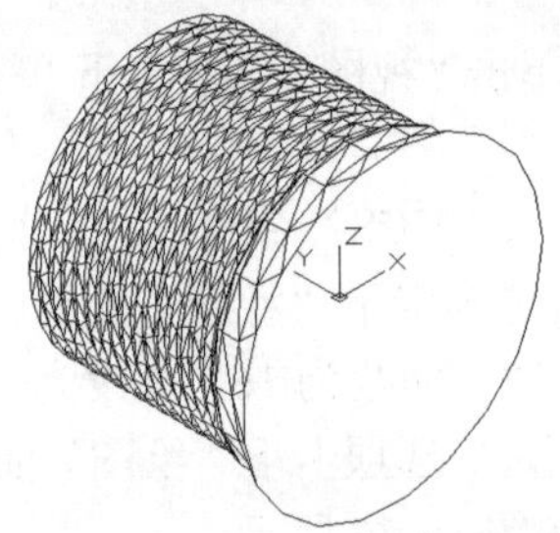

图 16-81 倾斜面

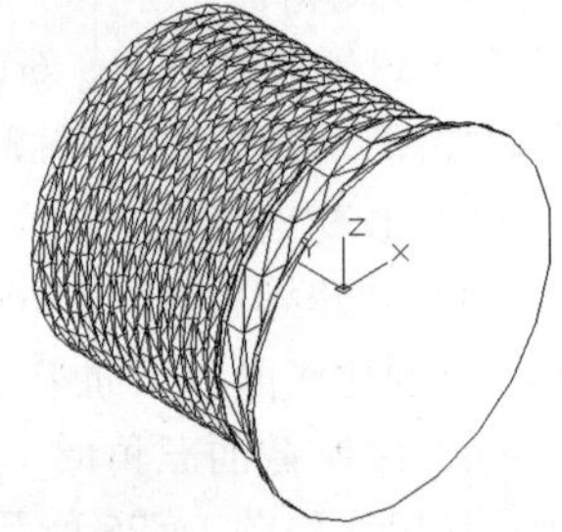

图 16-82 绘制圆柱体

（13）倾斜面。单击“三维工具”选项卡下“实体编辑”面板中的“倾斜面”按钮，选择第（12）步绘制的圆柱体，指定基点为(0,-9,0)，指定沿倾斜轴的另一个点为(0,-10,0)，设定倾斜角度为-45°。

（14）合并实体。单击“三维工具”选项卡下“实体编辑”面板中的“并集”按钮，将绘图区的全部实体进行并集运算，消隐后的结果如图 16-83 所示。

（15）设置视图方向。单击“视图”选项卡下“视图”面板中的“左视”按钮，将当前视图设置为左视方向，如图 16-84 所示。

（16）旋转图形。单击“默认”选项卡下“修改”面板中的“旋转”按钮，以原点为基点，将图 16-83 旋转 90°。

（17）设置视图方向。单击“视图”选项卡下“视图”面板中的“西南等轴测”按钮，将当前视图设置为西南等轴测方向。消隐后的窗口图形如图 16-85 所示。

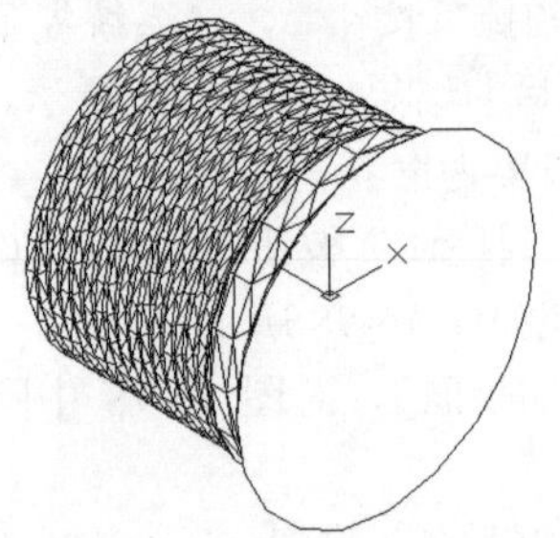

图 16-83 合并后的消隐图

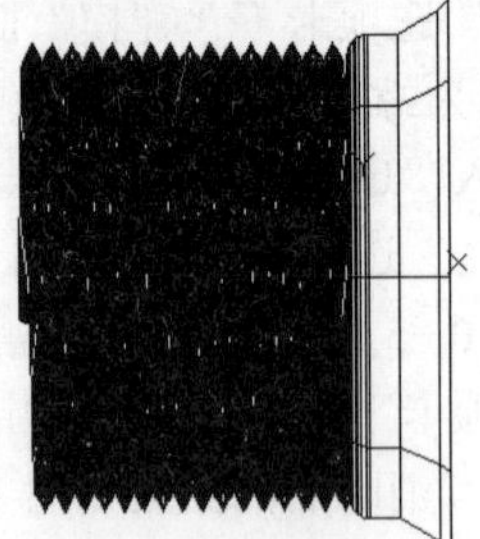

图 16-84 左视图

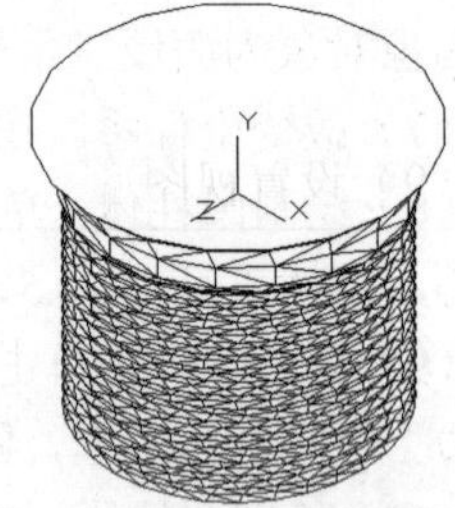

图 16-85 西南等轴测视图

（18）保存文件。将上面绘制的实体保存到 Z4.dwg 文件中。

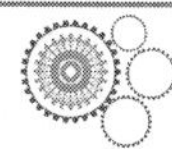

16.3.5　合成锥齿轮轴

操作步骤如下。

（1）打开文件。单击快速访问工具栏中的“打开”按钮，打开“打开文件”对话框，依次打开文件 Z1.dwg、Z2.dwg、Z3.dwg 和 Z4.dwg。

（2）设置视图方向。将 4 个文件中的视图均设置为左视图。单击“视图”选项卡下“视图”面板中的“左视”按钮，将当前视图设置为左视方向，如图 16-86 所示。

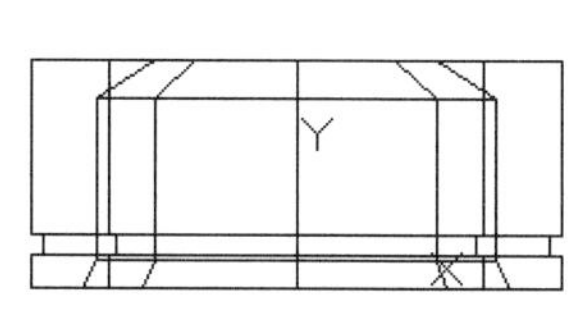

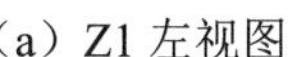

（a）Z1 左视图

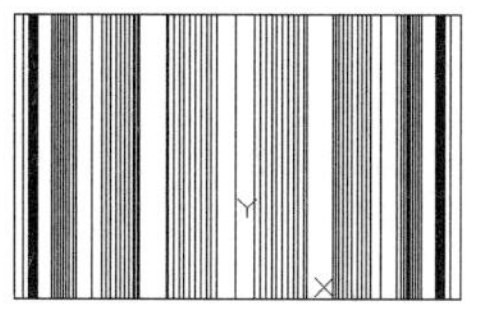

（b）Z2 左视图

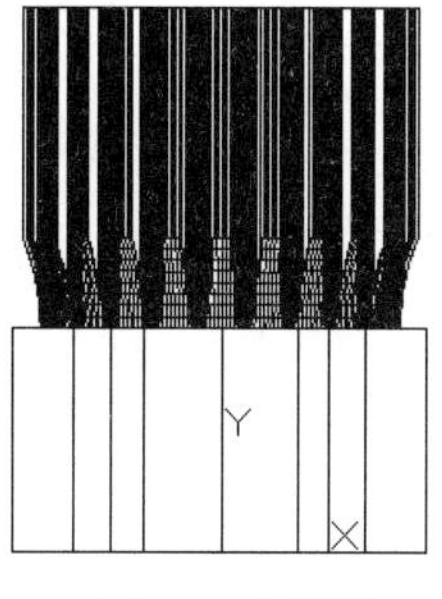

（c）Z3 左视图

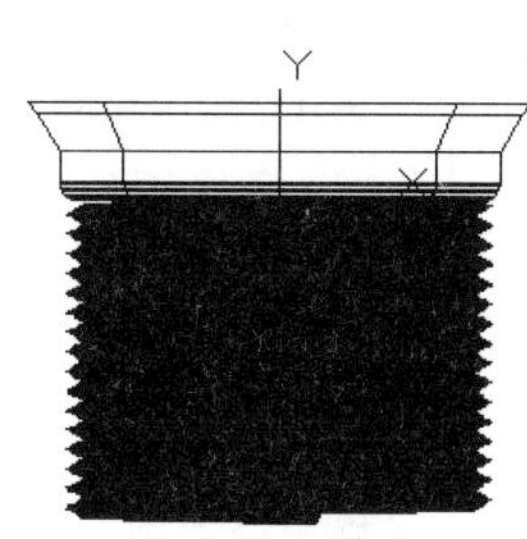

（d）Z4 左视图

图 16-86　左视图

（3）复制和粘贴实体。利用 Ctrl+C 快捷键，复制 Z2.dwg 中的全部实体，再利用 Ctrl+V 快捷键，将它粘贴到 Z1.dwg 中。将要粘贴的实体放置在任意位置。

（4）移动实体。单击“默认”选项卡下“修改”面板中的“移动”按钮，将第（3）步粘贴的实体以要移动实体的下端面圆心为基点移动到 Z1.dwg 实体中的上端面圆心处，此时窗口图形如图 16-87 所示。

（5）复制和粘贴实体。同理，复制 Z3.dwg 中的全部实体，将它粘贴到 Z1.dwg 中。将要粘贴的实体放置在任意位置。

（6）移动实体。单击“默认”选项卡下“修改”面板中的“移动”按钮，将第（5）步粘贴的实体以要移动实体的下端面圆心为基点移动到图 16-87 中实体的上端面圆心，此时窗口图形如图 16-88 所示。

（7）复制和粘贴实体。同理，复制 Z4.dwg 中的全部实体，将它粘贴到 Z1.dwg 中。将要粘贴的实体放置在任意位置。

（8）移动实体。单击“默认”选项卡下“修改”面板中的“移动”按钮，将第（7）步粘贴的实体以要移动实体的上端面圆心为基点移动到图 16-88 中实体的上端面圆心处。此时窗口图形如图 16-89 所示。

（9）设置视图方向。单击“视图”选项卡下“视图”面板中的“西南等轴测”按钮，将当前视图设置为西南等轴测方向。消隐后窗口图形如图 16-90 所示。

（10）差集运算。单击“三维工具”选项卡下“实体编辑”面板中的“差集”按钮，将图 16-89 中的 Z3 实体与 Z4 实体进行差集运算。

（11）合并实体。单击“三维工具”选项卡下“实体编辑”面板中的“并集”按钮，将绘图区的全部实体进行并集运算，消隐后的结果如图 16-91 所示。

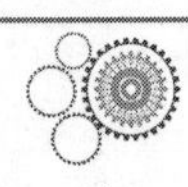

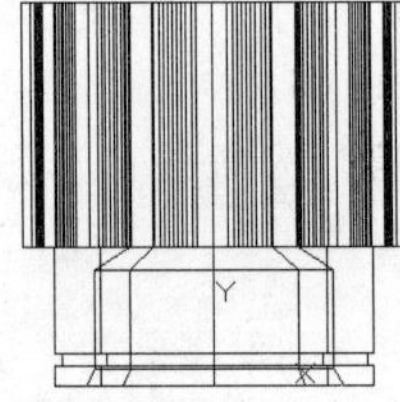

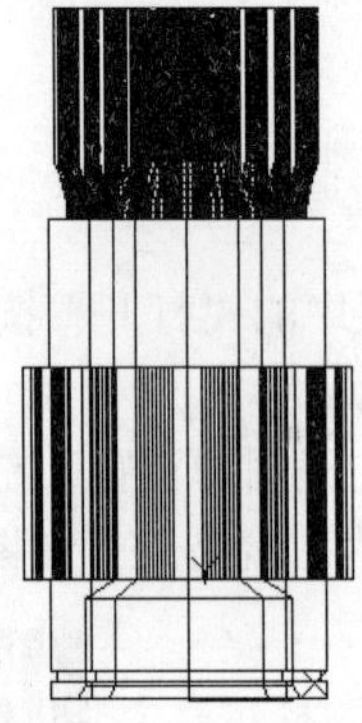

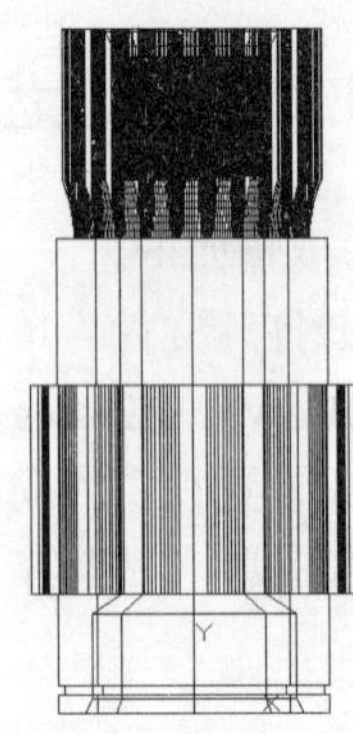

图 16-87　Z1 和 Z2　　图 16-88　Z1、Z2 和 Z3　　图 16-89　Z1、Z2、Z3 和 Z4

（12）设置视图方向。为了旋转图形、改变视图方向，单击“视图”选项卡“视图”面板中的“左视”按钮，将当前视图设置为左视方向。

（13）旋转图形。单击“默认”选项卡下“修改”面板中的“旋转”按钮，以原点为基点，将全部图形旋转-90°。

（14）设置视图方向。单击“视图”选项卡下“视图”面板中的“西南等轴测”按钮，将当前视图设置为西南等轴测方向，采用“三维隐藏视觉样式”后的结果如图 16-92 所示。

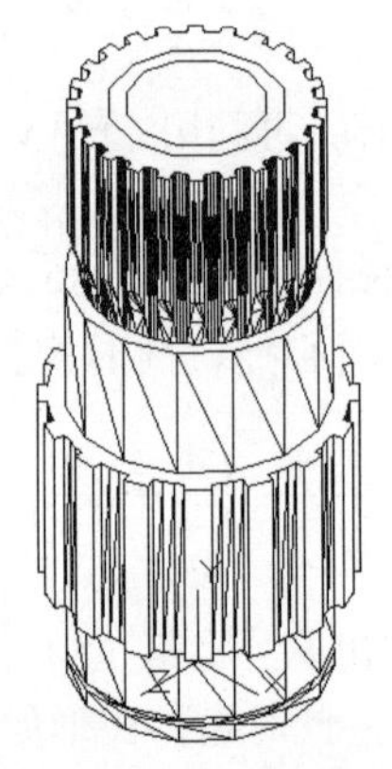

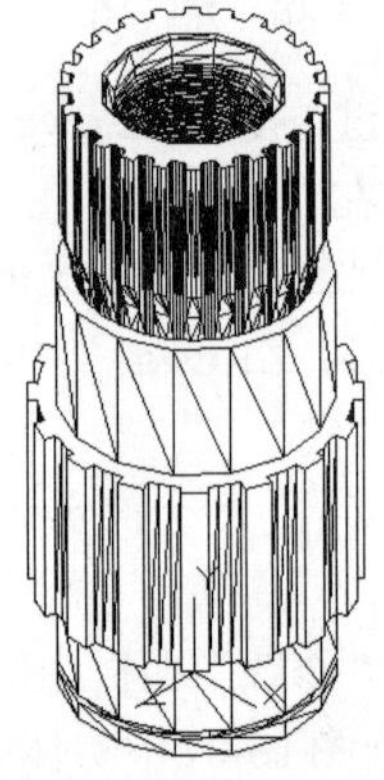

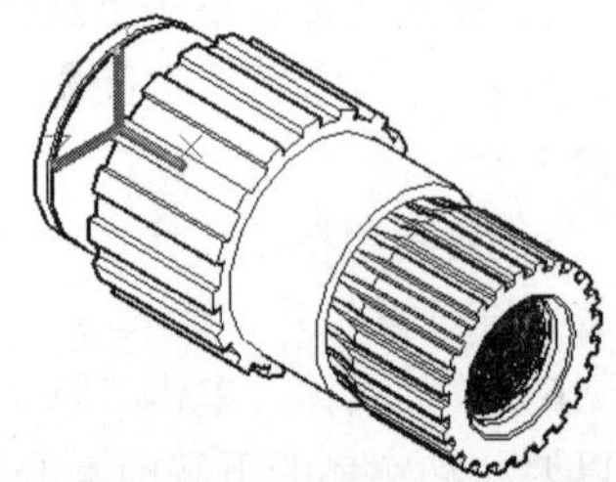

图 16-90　西南等轴测视图　　图 16-91　合并后的实体　　图 16-92　旋转后的西南等轴测视图

（15）保存图形。选择“文件/另存为”命令，将图形另存为“锥齿轮轴三维设计”。

16.3.6　渲染

操作步骤如下：

（1）赋予材质。

① 单击“视图”选项卡下“选项板”面板中的“材质浏览器”按钮，弹出“材质浏览器”选项板。

② 选择合适的材质，如图 16-93 所示，并将其赋予锥齿轮轴零件，关闭选项板。

（2）渲染实体。单击“可视化”选项卡下“视觉样式”面板中的“真实”按钮，完成材质设置，结果如图 16-94 所示。

（3）概念显示。单击“可视化”选项卡下“视觉”面板中的“概念”按钮，东北等轴测显示

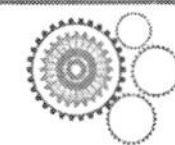

结果如图 16-95 所示。

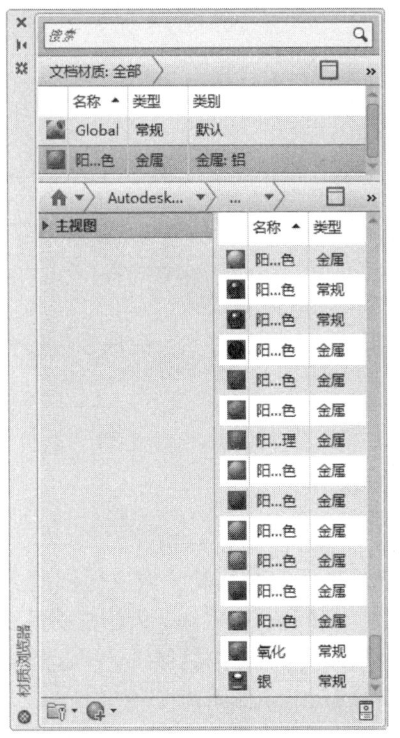

图 16-93　“材质浏览器”选项板

图 16-94　渲染后的实体

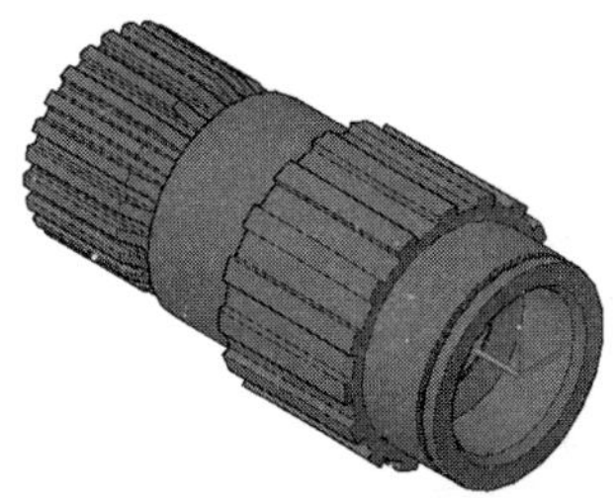

图 16-95　东北等轴测视图

（4）保存图形。单击快速访问工具栏中的“保存”按钮，对图形进行保存。

16.3.7　剖切

操作步骤如下：

（1）剖切实体。

① 在命令行中输入“SLICE”命令。

② 在命令行提示“选择要剖切的对象:”后选择图 16-95 中的实体。

③ 在命令行提示“指定切面的起点或[平面对象(O)/曲面(S)/Z 轴(Z)/视图(V)/XY(XY)/YZ(YZ)/ZX(ZX)/三点(3)] <三点>:”后输入“XY”。

④ 在命令行提示“指定 XY 平面上的点<0,0,0>:”后按 Enter 键。

⑤ 在命令行提示“在所需的侧面上指定点或[保留两个侧面(B)] <保留两个侧面>:”后输入“B”。

⑥ 重复剖切命令。

⑦ 在命令行提示“选择要剖切的对象:”后选择第⑤步剖切所得的左侧实体。

⑧ 在命令行提示“指定切面的起点或[平面对象(O)/曲面(S)/Z 轴(Z)/视图(V)/XY(XY)/YZ(YZ)/ZX(ZX)/三点(3)] <三点>:”后输入“ZX”。

⑨ 在命令行提示“指 XY 平面上的点<0,0,0>:”后按 Enter 键。

⑩ 在命令行提示“在所需的侧面上指定点或[保留两个侧面(B)] <保留两个侧面>:”后用鼠标拾取 ZX 平面下侧任意一点。

（2）合并实体。单击“三维工具”选项卡下“实体编辑”面板中的“并集”按钮，将绘图区

Note

的全部实体进行并集运算，消隐后的结果如图 16-96 所示。

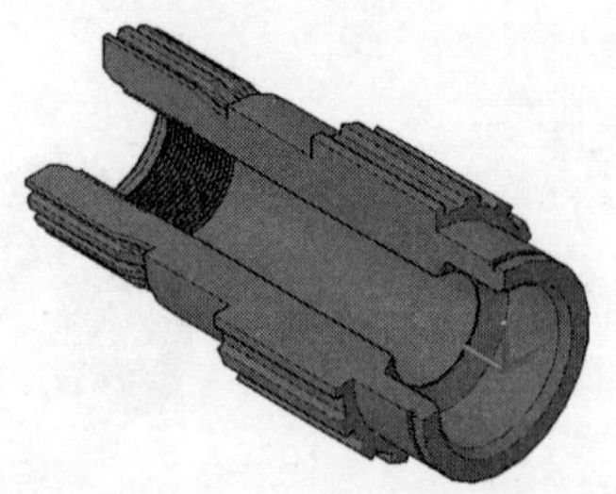

图 16-96　剖切后的实体

（3）保存文件。将上面的实体保存到“锥齿轮轴三维设计.dwg”文件中，完成锥齿轮轴的三维立体图的绘制。

视频讲解

16.4　齿轮三维设计

图 16-97　齿轮

本节以绘制齿轮为例，说明绘制齿轮三维立体图的方法和步骤。齿轮在机械中是传递动力和运动的零件，齿轮传动可以完成减速、增速、变向、换向等动作，因而它在机械设计中起着重要的作用。如图 16-97 所示是齿轮的三维立体图。

绘制过程中用到的主要绘图命令有圆、直线、圆柱体、长方体等；编辑命令有布尔运算、移动、镜像、删除、阵列、三维阵列、三维镜像、旋转、拉伸、修剪、倒角、圆角、编辑多段线、倾斜面等；颜色处理命令有着色面、渲染等；视图命令有三维视图、消隐等。

16.4.1　绘制齿廓

操作步骤如下：

（1）设置视图方向。视图方向采用的是新建文件后，AutoCAD 系统默认的视图方向。

（2）绘制圆。单击“默认”选项卡下“绘图”面板中的“圆”按钮，以原点为圆心，绘制直径分别为 358.89、323.36 的同心圆，结果如图 16-98 所示。

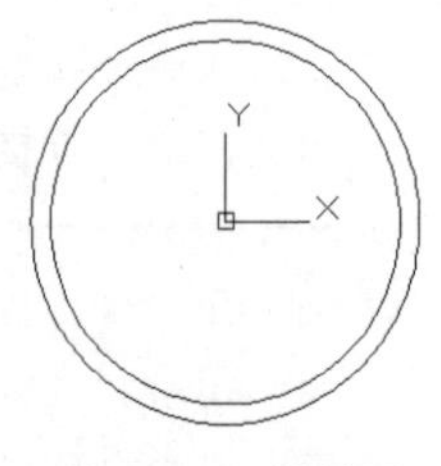

图 16-98　绘制圆

（3）绘制圆弧。

① 单击“默认”选项卡下“绘图”面板中的“圆弧”按钮。

② 在命令行提示“指定圆弧的起点或[圆心(C)]:”后输入“−4,17.72”。

③ 在命令行提示“指定圆弧的第二个点或[圆心(C)/端点(E)]:”后输入“E”。

④ 在命令行提示“指定圆弧的端点:”后输入“−8,0”。

⑤ 在命令行提示“指定圆弧的圆心或[角度(A)/方向(D)/半径(R)]:”后输入“R”。

⑥ 在命令行提示“指定圆弧的半径:”后输入“30”。结果如图 16-99 所示。

（4）镜像圆弧。单击“默认”选项卡下“修改”面板中的“镜像”按钮。选择图 16-99 中的圆弧，指定镜像线的第一点（0,0）和第二点（0,10），结果如图 16-100 所示。

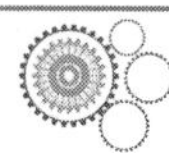

（5）移动圆弧。单击“默认”选项卡下“修改”面板中的“移动”按钮，以原点为基点，将圆弧移动到小圆象限点处，结果如图 16-101 所示。

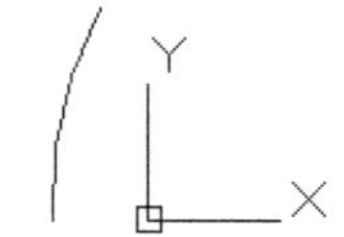

图 16-99　绘制圆弧

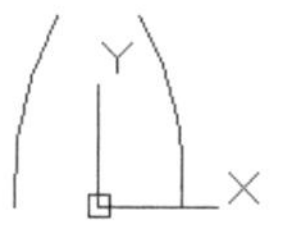

图 16-100　镜像圆弧

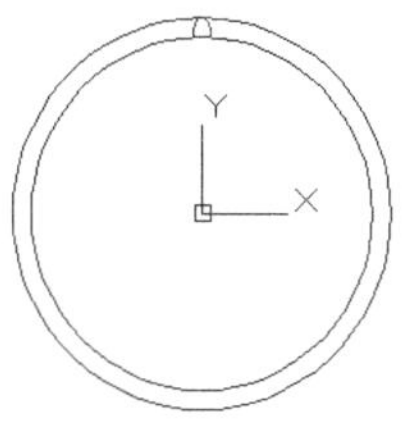

图 16-101　移动圆弧

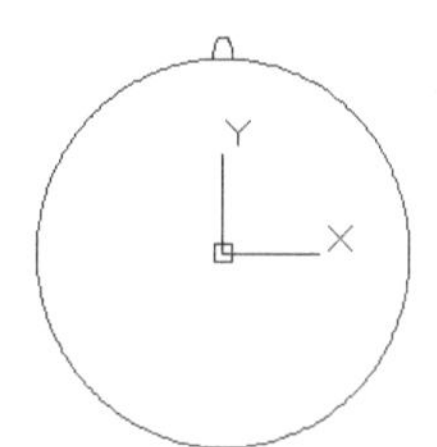

图 16-102　全图

（6）圆角处理。单击“默认”选项卡下“修改”面板中的“圆角”按钮，采用不修剪模式对圆弧和小圆进行圆角处理，圆角半径为 2。

（7）修剪齿廓。单击“默认”选项卡下“修改”面板中的“延伸”按钮，以大圆为边界对圆弧进行延伸。单击“默认”选项卡下“修改”面板中的“修剪”按钮，修剪相关图线，结果如图 16-102 所示。图 16-103 所示是齿廓的局部放大图。

（8）阵列齿廓。单击“默认”选项卡下“修改”面板中的“环形阵列”按钮，选择图 16-103 中的齿廓线，以原点为阵列中心点，设置阵列数目为 42，结果如图 16-104 所示。

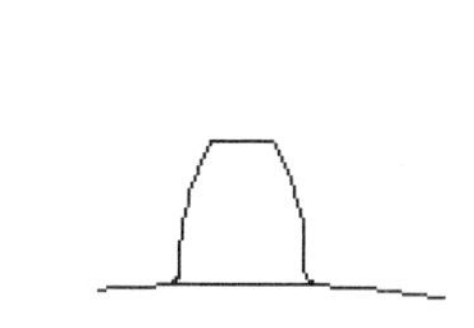

图 16-103　齿廓的局部放大图

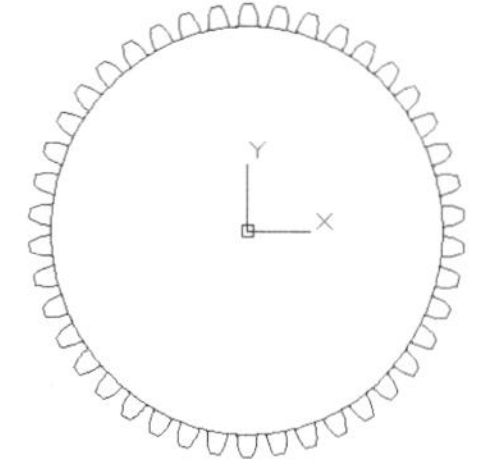

图 16-104　阵列齿廓

（9）修剪。单击“默认”选项卡下“修改”面板中的“修剪”按钮，对齿廓进行修剪，修剪后的最终图形如图 16-105 所示。

（10）用编辑多段线命令（PEDIT）将上面修剪后的多条线段编辑成一条多段线。

① 在命令行中输入“PEDIT”命令。

② 在命令行提示“选择多段线或[多条(M)]:”后输入“M”。

③ 在命令行提示“选择对象:”后用矩形框拾取所有齿廓曲线。

④ 在命令行提示“是否将直线、圆弧和样条曲线转换为多段线？[是(Y)/否(N)]? <Y>”后按 Enter 键。

⑤ 在命令行提示“输入选项[闭合(C)/打开(O)/合并(J)/宽度(W)/拟合(F)/样条曲线(S)/非曲线化(D)/线型生成(L)/反转(R)/放弃(U)]:”后输入“J”。为了突出显示编辑后的多段线的整体性，将其用虚线表示，如图 16-106 所示。

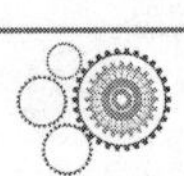
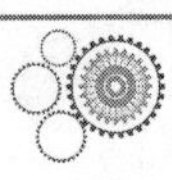

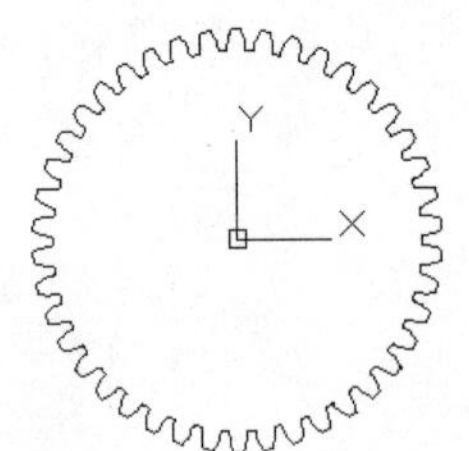

图 16-105　修剪后的图形

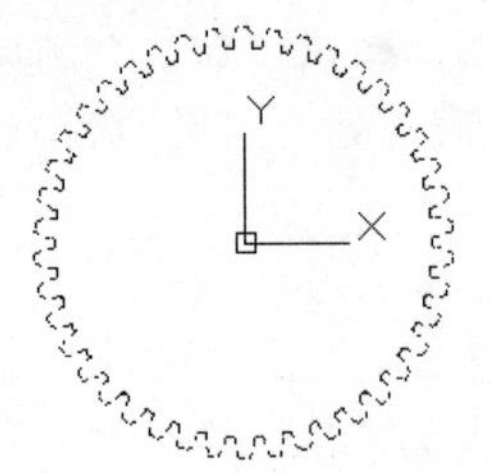

图 16-106　多段线编辑图形

Note

16.4.2　拉伸齿轮

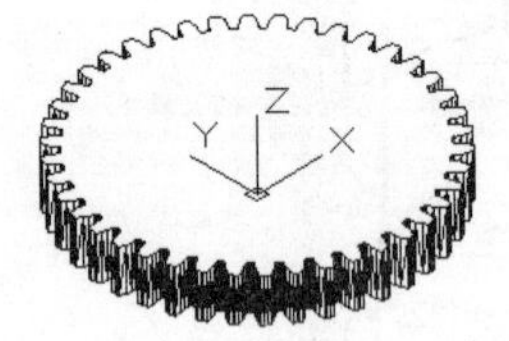

图 16-107　拉伸后的齿轮

操作步骤如下：

（1）设置视图方向。单击“视图”选项卡下“视图”面板中的“西南等轴测”按钮，将当前视图设置为西南等轴测方向。

（2）拉伸多段线。单击“三维工具”选项卡下“建模”面板中的“拉伸”按钮，将多段线拉伸高度设为48，消隐后的结果如图 16-107 所示。

16.4.3　绘制轮毂和轴孔

操作步骤如下：

1．绘制轮毂

（1）设置视图方向。单击“视图”选项卡下“视图”面板中的“西南等轴测”按钮，将当前视图设置为西南等轴测方向。

（2）绘制圆柱体。单击“三维工具”选项卡下“建模”面板中的“圆柱体”按钮，以（0,0,48）为圆心，创建直径为 298、高度为 17 的圆柱体，消隐后的结果如图 16-108 所示。

（3）对圆柱体进行倒角。单击“默认”选项卡下“修改”面板中的“圆角”按钮，对圆柱体的上边缘进行圆角处理，圆角半径为 5，消隐后的结果如图 16-109 所示。

（4）移动圆柱体。单击“默认”选项卡下“修改”面板中的“移动”按钮，选择圆柱体，将其由点（0,0,48）移动到点（0,0,0），结果如图 16-110 所示。

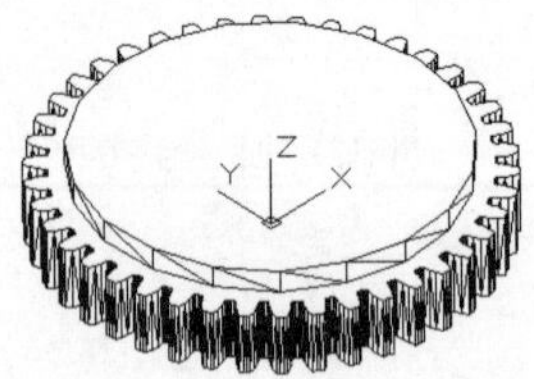

图 16-108　绘制圆柱体

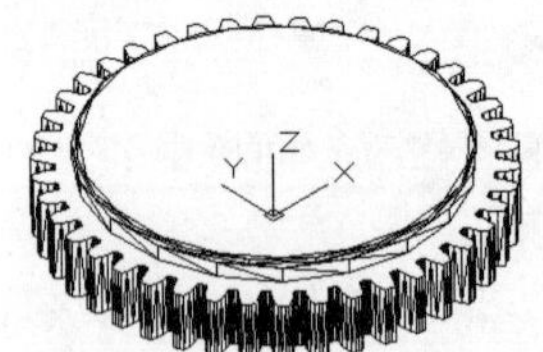

图 16-109　倒圆角

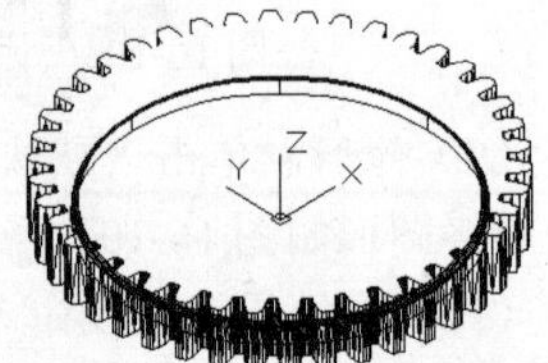

图 16-110　移动圆柱体

（5）三维镜像圆柱体。选择菜单栏中的“修改/三维操作/三维镜像”命令，选择圆柱体，设置镜像平面上 3 点分别为（0,0,24）、（1,0,24）和（0,1,24），结果如图 16-111 所示。

（6）差集运算。单击“三维工具”选项卡下“实体编辑”面板中的“差集”按钮，将齿轮主体与两个圆柱体进行差集运算，消隐后的结果如图 16-112 所示。

（7）绘制圆柱体。单击“三维工具”选项卡下“建模”面板中的“圆柱体”按钮，以（0,108,0）为圆心，创建直径为 60、高度为 60 的圆柱体，消隐后的结果如图 16-113 所示。

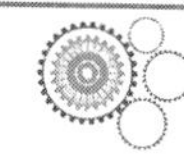

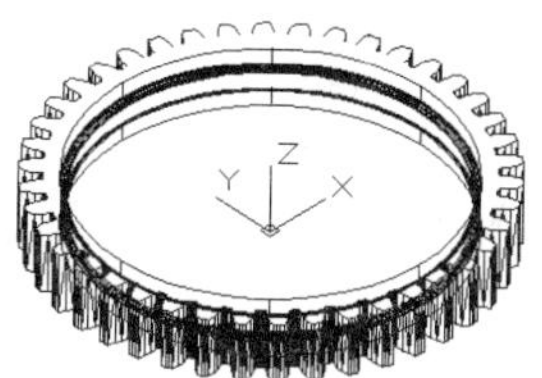

图 16-111　三维镜像圆柱体

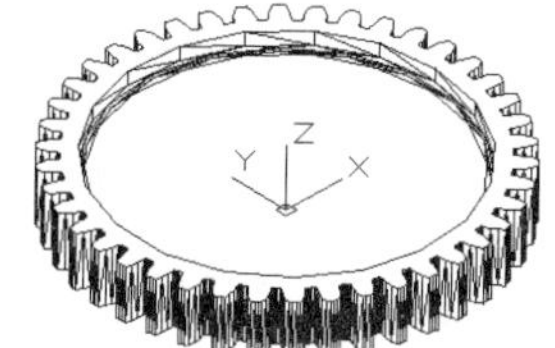

图 16-112　求差集所得实体

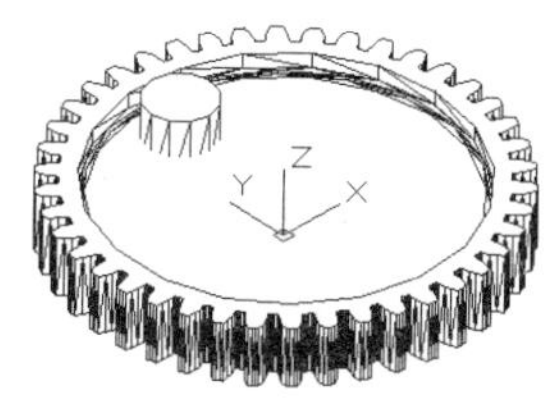

图 16-113　绘制圆柱体

（8）三维阵列圆柱体。单击“建模”工具栏中的“三维阵列”按钮，选择第（7）步绘制的圆柱体，设置阵列类型为 P，阵列数目为 8，设置阵列中心点为（0,0,0），旋转轴的第二点为（0,0,48），消隐后的结果如图 16-114 所示。

（9）差集运算。单击“三维工具”选项卡下“实体编辑”面板中的“差集”按钮，将齿轮主体与 8 个圆柱体进行差集运算，消隐后的结果如图 16-115 所示。

2．绘制轴孔

（1）绘制圆柱体。单击“三维工具”选项卡下“建模”面板中的“圆柱体”按钮，以（0,0,31）为圆心，创建直径为 108、高度为 31 的圆柱体，消隐后的结果如图 16-116 所示。

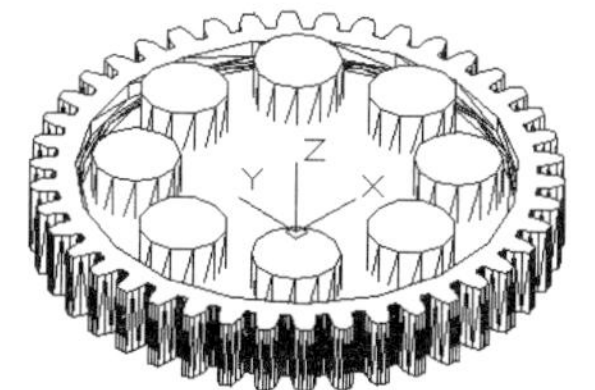

图 16-114　阵列圆柱体

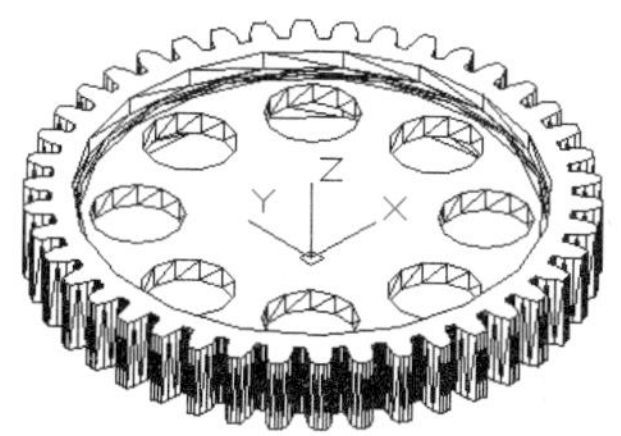

图 16-115　差集所得实体

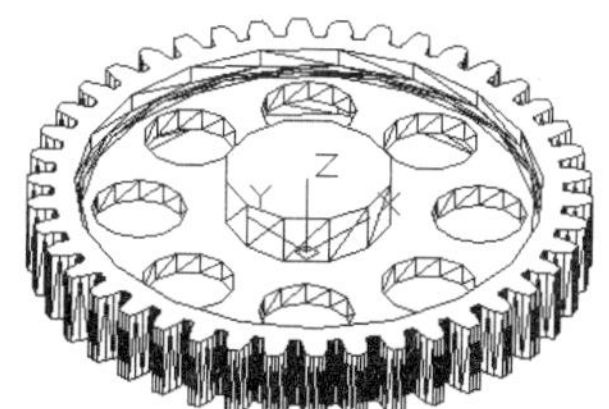

图 16-116　绘制圆柱体

（2）倾斜面。单击“三维工具”选项卡下“实体编辑”面板中的“倾斜面”按钮，选择第（1）步绘制的圆柱体的圆柱面，指定基点为（0,0,62），指定沿倾斜轴的另一个点为（0,0,31），指定倾斜角度为-5°，消隐后的结果如图 16-117 所示。

（3）合并实体。单击“三维工具”选项卡下“实体编辑”面板中的“并集”按钮，将齿轮主体与倾斜面后的圆柱体进行并集处理。

（4）圆角处理。单击“默认”选项卡下“修改”面板中的“圆角”按钮，对圆柱体和齿轮主体的交线进行圆角处理，圆角半径为 5，消隐后的结果如图 16-118 所示。

（5）设置视图方向。单击“视图”选项卡下“视图”面板中的“左视”按钮，将当前视图设置为左视方向，此时窗口图形如图 16-119 所示。

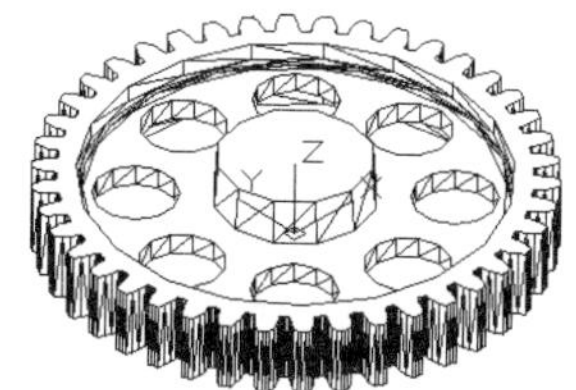

图 16-117　倾斜面

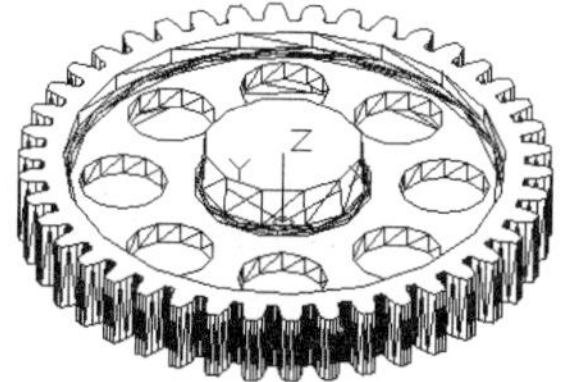

图 16-118　倒圆角后的实体

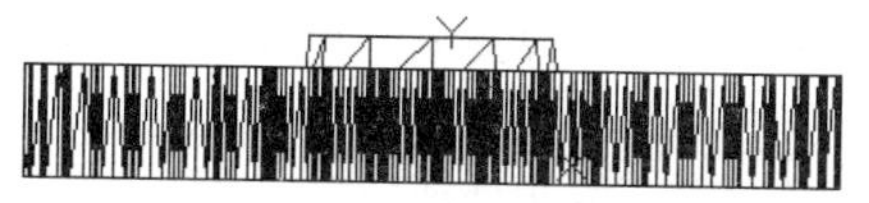

图 16-119　左视图

（6）旋转图形。单击“默认”选项卡下“修改”面板中的“旋转”按钮，以原点为基点，将图 16-119 中的全部图形旋转 90°。

（7）设置视图方向。单击“视图”选项卡下“视图”面板中的“西南等轴测”按钮，将当前视图设置为西南等轴测方向，消隐后的窗口图形如图 16-120 所示。

Note

（8）绘制圆柱体。单击“三维工具”选项卡下“建模”面板中的“圆柱体”按钮，以（-17,0,0）为圆心，创建直径为 108、轴端点为（-6,0,0）的圆柱体，消隐后的结果如图 16-121 所示。

（9）倾斜面。单击“三维工具”选项卡下“实体编辑”面板中的“倾斜面”按钮，选择第（8）步绘制的圆柱体，指定基点为（-6,0,0），指定沿倾斜轴的另一个点为（-17,0,0），指定倾斜角度为-18°。消隐后的结果如图 16-122 所示。

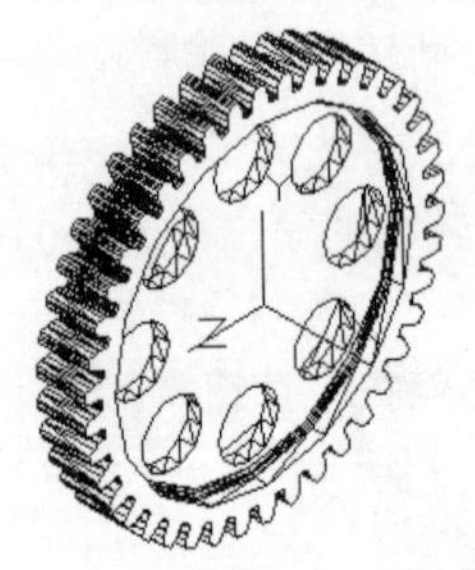
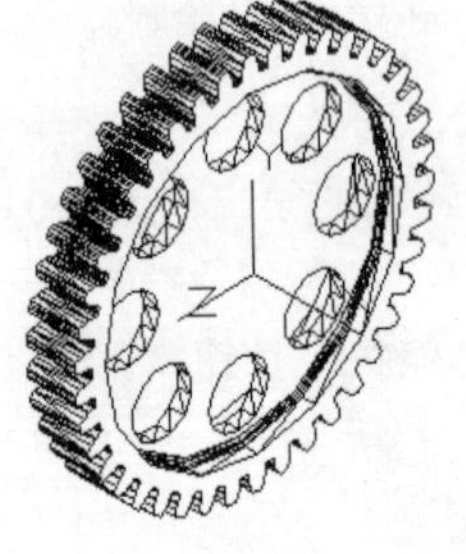

图 16-120　西南等轴测视图

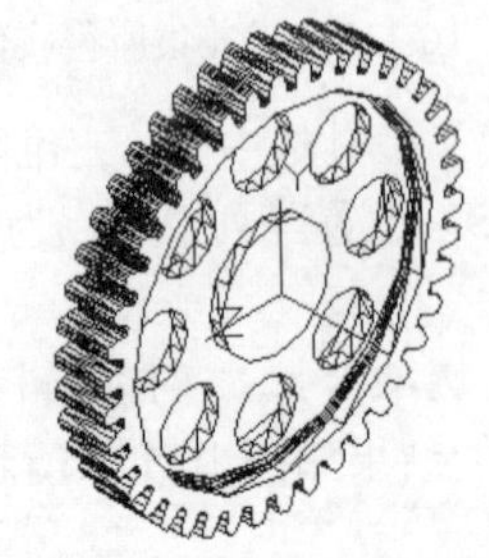

图 16-121　绘制圆柱体

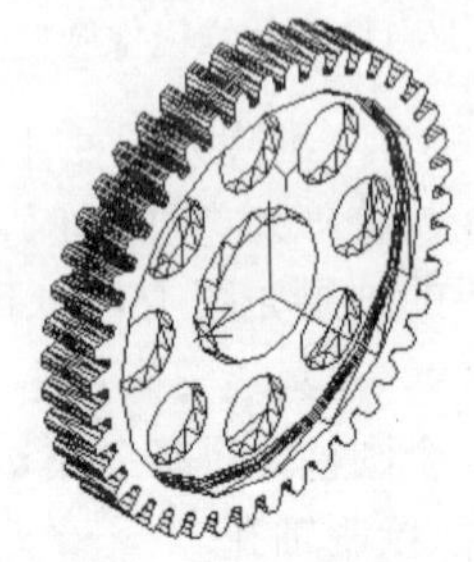

图 16-122　倾斜面

（10）合并实体。单击“三维工具”选项卡下“实体编辑”面板中的“并集”按钮，将齿轮主体和倾斜面后的圆柱体进行并集处理。

（11）圆角处理。单击“默认”选项卡下“修改”面板中的“圆角”按钮，对圆柱体和齿轮主体的交线进行圆角处理，圆角半径为 5，消隐后的结果如图 16-123 所示。

（12）绘制圆柱体。单击“三维工具”选项卡下“建模”面板中的“圆柱体”按钮，以（0,0,0）为圆心，创建直径为 89.5、轴端点为（@-100,0,0）的圆柱体。

（13）差集运算。单击“三维工具”选项卡下“实体编辑”面板中的“差集”按钮，将齿轮主体与圆柱体进行差集运算，消隐后的结果如图 16-124 所示。

（14）绘制长方体。单击“三维工具”选项卡下“建模”面板中的“长方体”按钮，以坐标点（25,0,0）为角点，绘制长度为-150、宽度为-7.825、高度为-4 的长方体，结果如图 16-125 所示。

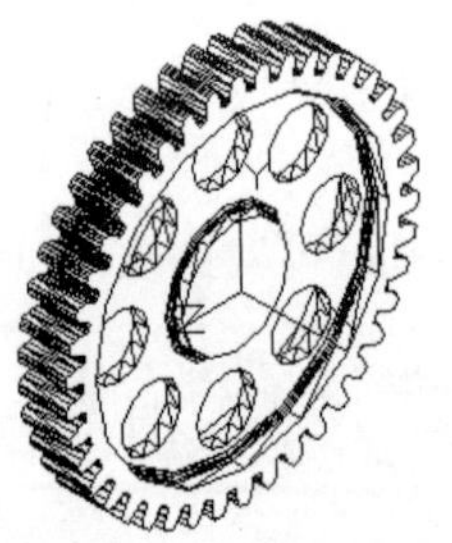
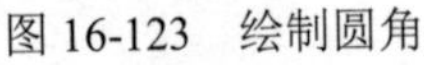

图 16-123　绘制圆角

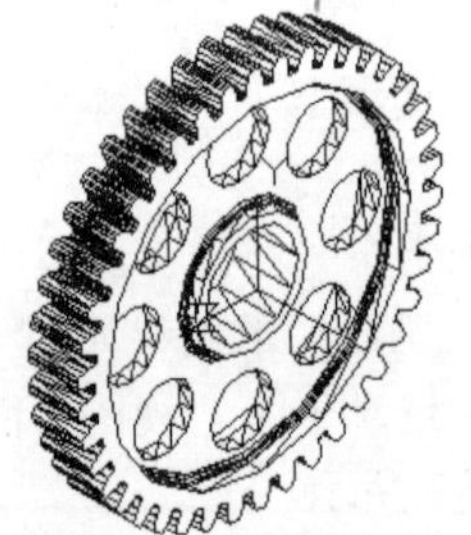

图 16-124　差集后的实体

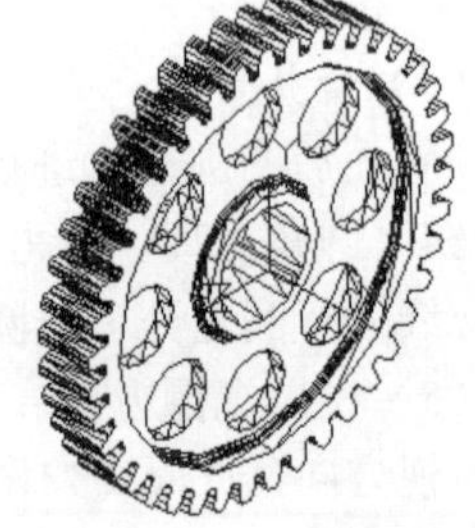

图 16-125　绘制长方体

（15）三维镜像长方体。选择菜单栏中的“修改/三维操作/三维镜像”命令，选择第（14）步绘制的长方体，设置镜像平面上 3 点分别为（25,0,0）、（0,0,0）和（0,1,0）。

（16）合并长方体。单击“三维工具”选项卡下“实体编辑”面板中的“并集”按钮，将两个长方体进行并集处理。

（17）移动长方体。单击“默认”选项卡下“修改”面板中的“移动”按钮，选择长方体，将其由点（0,40,0）移动到点（0,0,0），结果如图 16-126 所示。

（18）三维阵列长方体。将当前视图设置为前视图。单击“建模”工具栏中的“三维阵列”按钮，选择第（17）步中的长方体，设置阵列类型为“环形”，阵列数目为 16，指定阵列的中心点为（0,0,0），指定旋转轴上的第二点为（0,0,100）。西南等轴测消隐后的结果如图 16-127 所示。

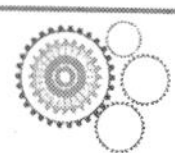

（19）差集运算。单击“三维工具”选项卡下“实体编辑”面板中的“差集”按钮，将齿轮主体与阵列后的 16 个长方体进行差集运算，消隐后的结果如图 16-128 所示。

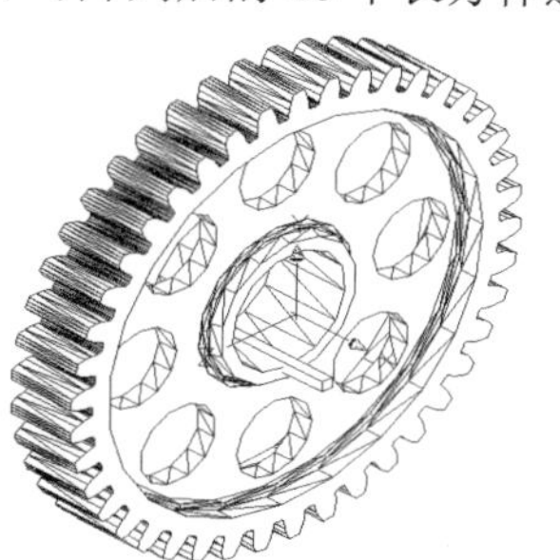

图 16-126　移动长方体

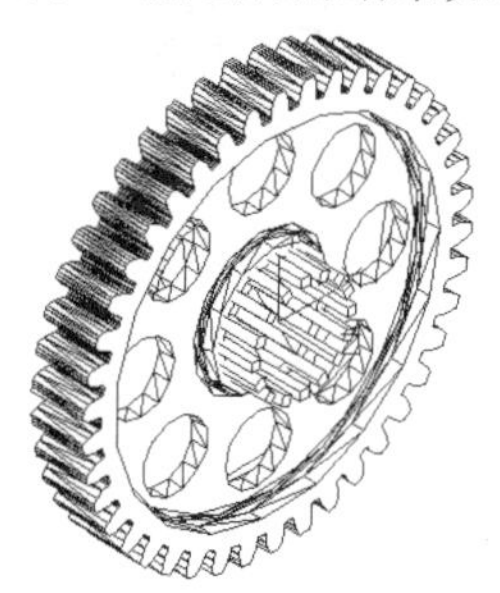

图 16-127　三维阵列长方体

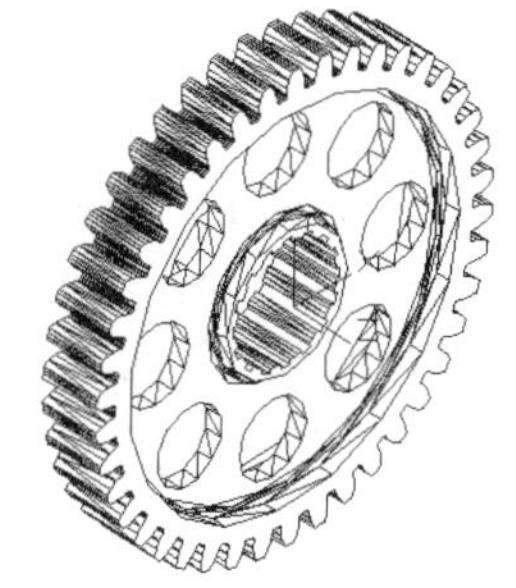

图 16-128　求差集后的实体

16.4.4　渲染

操作步骤如下：

（1）赋予材质。

① 单击“视图”选项卡下“选项板”面板中的“材质浏览器”按钮，弹出“材质浏览器”选项板。

② 选择合适的材质，如图 16-129 所示，并将其赋予齿轮零件，然后关闭选项板。

（2）渲染实体。单击“可视化”选项卡下“视觉样式”面板中的“真实”按钮，完成材质设置，结果如图 16-130 所示。

（3）概念显示。单击“可视化”选项卡下“视觉样式”面板中的“概念”按钮，东北等轴测显示结果如图 16-131 所示。

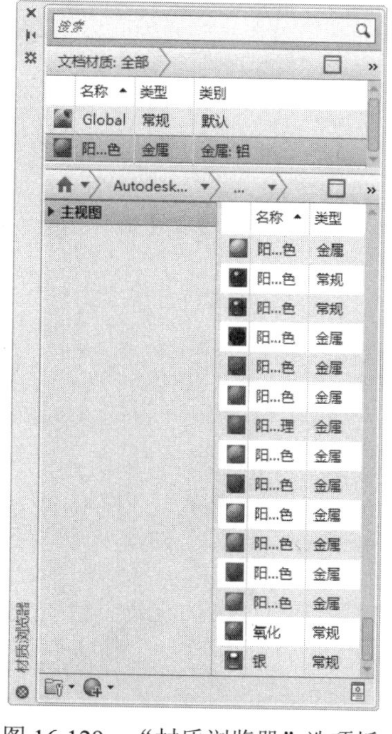

图 16-129　“材质浏览器”选项板

图 16-130　渲染后的实体

图 16-131　东北等轴测视图

（4）保存图形。单击快速访问工具栏中的“保存”按钮，对图形进行保存。

16.5 实战演练

Note

【实战演练 1】圆柱斜齿轮三维设计。

如图 16-132 所示，适当选取尺寸。

【实战演练 2】涡轮三维设计。

如图 16-133 所示，适当选取尺寸。

图 16-132 圆柱斜齿轮

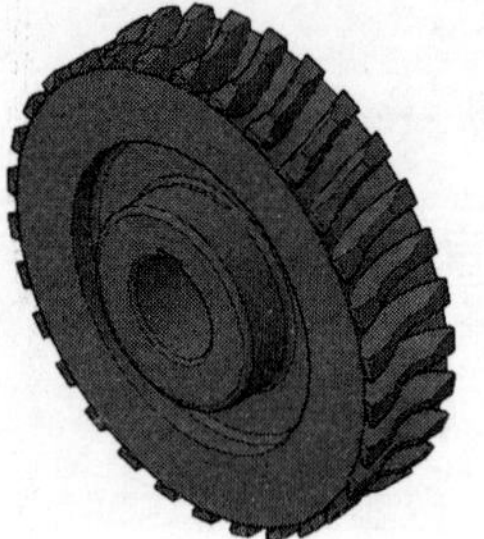

图 16-133 涡轮

第17章

叉架类零件三维设计

本章学习要点和目标任务：

☑ 泵体三维设计

☑ 拨叉三维设计

叉架类零件是机械设计中常用的零部件，它们的结构通常比较复杂，因而绘制其三维立体图要求用户有比较高的机械设计方面的功底。本章将详细介绍叉架类零件的三维设计方法，希望通过本章的学习，读者可以掌握三维设计的方法和步骤。

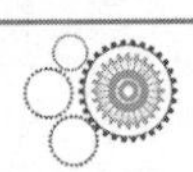

视频讲解

Note

17.1 泵体三维设计

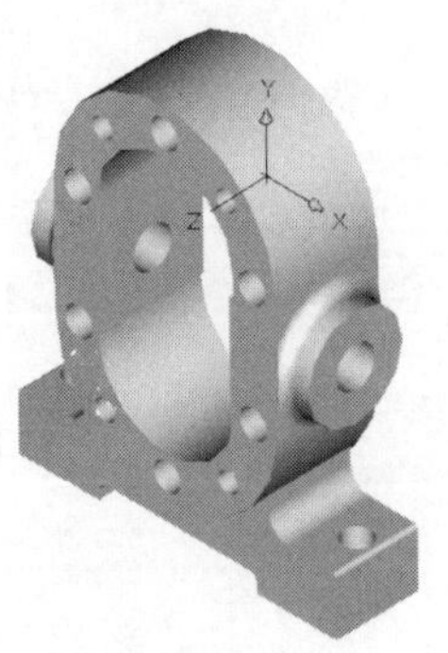

图 17-1 泵体

泵体（如图 17-1 所示）由泵体腔部和支座两部分组成，上面还有定位孔、连接孔以及进出油口。依次绘制泵体的腔部和支座，通过并集命令，将其合并为一个整体，然后再绘制上面的定位孔和连接孔。在本例中，泵体的腔部通过绘制多段线，然后拉伸而成，最后运用差集处理。支座的绘制也是通过绘制多段线然后拉伸而成。对于绘制定位孔、连接孔和进出油口，本例在所需要的位置绘制圆柱体，通过差集命令来形成。

17.1.1 配置绘图环境

操作步骤如下：

1．启动系统

启动 AutoCAD 2018，使用默认命令设置绘图环境。

2．建立新文件

单击快速访问工具栏中的“新建”按钮，打开“选择样板”对话框，单击“打开”按钮右侧的下拉按钮，以“无样板打开－公制（M）”方式建立新文件，将新文件命名为“泵体.dwg”并保存。

3．设置线框密度

利用 ISOLINES 命令设置对象上每个曲面的轮廓线数目。设置新值为 10，有效值的范围为 0～2047，该设置保存在图形中。

4．设置视图方向

单击“视图”选项卡下“视图”面板中的“前视”按钮，将当前视图方向设置为前视图方向。

17.1.2 绘制泵体

操作步骤如下：

1．绘制泵体腔部

（1）绘制多段线。

① 单击“默认”选项卡下“绘图”面板中的“多段线”按钮。

② 在命令行提示“指定起点:”后输入“-28, -28.76”。

③ 在命令行提示“指定下一个点或[圆弧(A)/半宽(H)/长度(L)/放弃(U)/宽度(W)]:”后输入“@0,28.76”。

④ 在命令行提示“指定下一点或[圆弧(A)/闭合(C)/半宽(H)/长度(L)/放弃(U)/宽度(W)]:”后输入“A”。

⑤ 在命令行提示“指定圆弧的端点或[角度(A)/圆心(CE)/闭合(CL)/方向(D)/半宽(H)/直线(L)/半径(R)/第二个点(S)/放弃(U)/宽度(W)]:”后输入“A”。

⑥ 在命令行提示“指定包含角:”后输入“-180”。

⑦ 在命令行提示“指定圆弧的端点或[圆心(CE)/半径(R)]:”后输入“@56,0”。

⑧ 在命令行提示“指定圆弧的端点或[角度(A)/圆心(CE)/闭合(CL)/方向(D)/半宽(H)/直线(L)/半径(R)/第二个点(S)/放弃(U)/宽度(W)]:”后输入“L”。

⑨ 在命令行提示“指定下一点或[圆弧(A)/闭合(C)/半宽(H)/长度(L)/放弃(U)/宽度(W)]:”后输入“@0, -28.76”。

⑩ 在命令行提示“指定下一点或[圆弧(A)/闭合(C)/半宽(H)/长度(L)/放弃(U)/宽度(W)]:”后输入“A”。

⑪ 在命令行提示“指定圆弧的端点或[角度(A)/圆心(CE)/闭合(CL)/方向(D)/半宽(H)/直线(L)/半径(R)/第二个点(S)/放弃(U)/宽度(W)]:”后输入“A”。

⑫ 在命令行提示“指定包含角:”后输入“-180”。

⑬ 在命令行提示“指定圆弧的端点或[圆心(CE)/半径(R)]:”后输入“@-56,0”。

⑭ 在命令行提示“指定圆弧的端点或[角度(A)/圆心(CE)/闭合(CL)/方向(D)/半宽(H)/直线(L)/半径(R)/第二个点(S)/放弃(U)/宽度(W)]:”后输入“CL”，按 Enter 键，结果如图 17-2 所示。

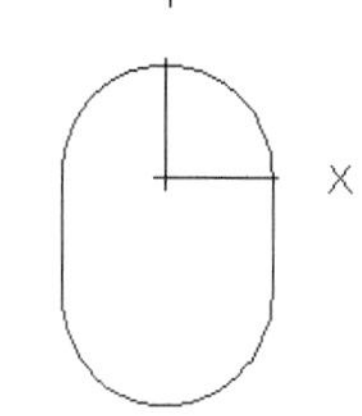

图 17-2　绘制多段线

（2）设置视图方向。单击“视图”选项卡下“视图”面板中的“西南等轴测”按钮，将当前视图设置为西南等轴测方向。

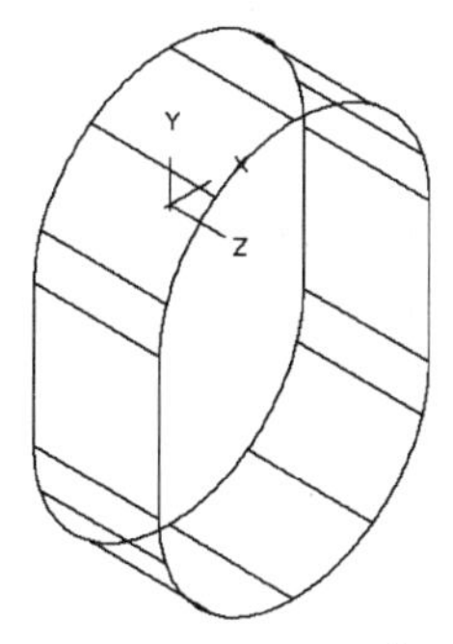

图 17-3　拉伸后的图形

（3）拉伸多段线。单击“三维工具”选项卡下“建模”面板中的“拉伸”按钮，将绘制的多段线拉伸高度设为 26，结果如图 17-3 所示。

（4）设置视图方向。单击“视图”选项卡下“视图”面板中的“前视”按钮，将当前视图设置为前视方向。

（5）绘制多段线。

① 单击“默认”选项卡下“绘图”面板中的“多段线”按钮。

② 在命令行提示“指定起点:”后输入“-16.25, -28.76”。

③ 在命令行提示“指定下一个点或[圆弧(A)/半宽(H)/长度(L)/放弃(U)/宽度(W)]:”后输入“@0,24”。

④ 在命令行提示“指定下一点或[圆弧(A)/闭合(C)/半宽(H)/长度(L)/放弃(U)/宽度(W)]:”后输入“@-1,0”。

⑤ 在命令行提示“指定下一点或[圆弧(A)/闭合(C)/半宽(H)/长度(L)/放弃(U)/宽度(W)]:”后输入“@0,4.76”。

⑥ 在命令行提示“指定下一点或[圆弧(A)/闭合(C)/半宽(H)/长度(L)/放弃(U)/宽度(W)]:”后输入“A”。

⑦ 在命令行提示“指定圆弧的端点或[角度(A)/圆心(CE)/闭合(CL)/方向(D)/半宽(H)/直线(L)/半径(R)/第二个点(S)/放弃(U)/宽度(W)]:”后输入“A”。

⑧ 在命令行提示“指定包含角:”后输入“-180”。

⑨ 在命令行提示“指定圆弧的端点或[圆心(CE)/半径(R)]:”后输入“@34.5,0”。

⑩ 在命令行提示“指定圆弧的端点或[角度(A)/圆心(CE)/闭合(CL)/方向(D)/半宽(H)/直线(L)/半径(R)/第二个点(S)/放弃(U)/宽度(W)]:”后输入“L”。

⑪ 在命令行提示“指定下一点或[圆弧(A)/闭合(C)/半宽(H)/长度(L)/放弃(U)/宽度(W)]:”后输入“@0,-4.76”。

⑫ 在命令行提示“指定下一点或[圆弧(A)/闭合(C)/半宽(H)/长度(L)/放弃(U)/宽度(W)]:”后输入“@-1,0”。

⑬ 在命令行提示“指定下一点或[圆弧(A)/闭合(C)/半宽(H)/长度(L)/放弃(U)/宽度(W)]:”后输入“@0, -24”。

⑭ 在命令行提示“指定下一点或[圆弧(A)/闭合(C)/半宽(H)/长度(L)/放弃(U)/宽度(W)]:”后输入“@1,0”。

⑮ 在命令行提示“指定下一点或[圆弧(A)/闭合(C)/半宽(H)/长度(L)/放弃(U)/宽度(W)]:”后输入“A”。

⑯ 在命令行提示“指定圆弧的端点或[角度(A)/圆心(CE)/闭合(CL)/方向(D)/半宽(H)/直线(L)/半径(R)/第二个点(S)/放弃(U)/宽度(W)]:”后输入“A”。

⑰ 在命令行提示“指定包含角:”后输入“-180”。

⑱ 在命令行提示“指定圆弧的端点或[圆心(CE)/半径(R)]:”后输入“@-34.5,0”。

⑲ 在命令行提示“指定圆弧的端点或[角度(A)/圆心(CE)/闭合(CL)/方向(D)/半宽(H)/直线(L)/半径(R)/第二个点(S)/放弃(U)/宽度(W)]:”后输入“L”。

⑳ 在命令行提示“指定下一点或[圆弧(A)/闭合(C)/半宽(H)/长度(L)/放弃(U)/宽度(W)]:”后输入“@1,0”，结果如图 17-4 所示。

（6）设置视图方向。单击“视图”选项卡下“视图”面板中的“西南等轴测”按钮，将当前视图设置为西南等轴测方向。

（7）拉伸多段线。单击“三维工具”选项卡下“建模”面板中的“拉伸”按钮，将绘制的多段线拉伸高度设为 26，结果如图 17-5 所示。

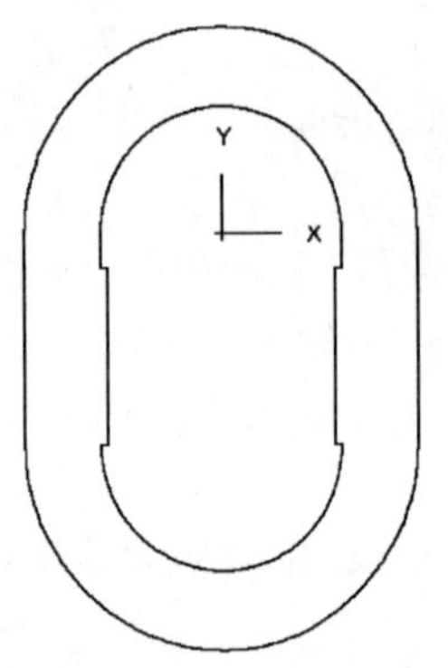

图 17-4　绘制多段线后的图形

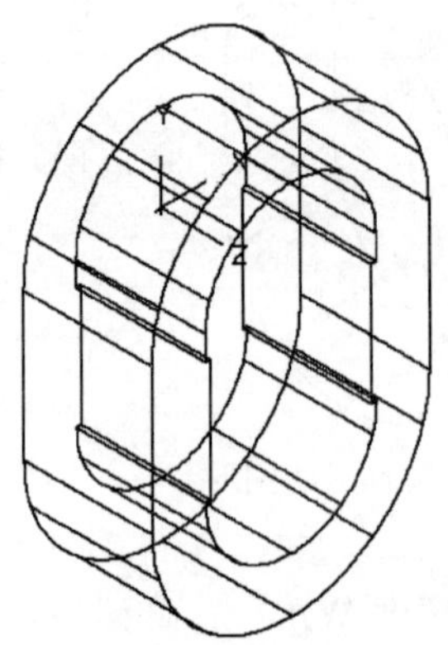
图 17-5　拉伸后的图形

提示

在绘制泵体腔部的过程中，使用了先绘制多段线然后拉伸图形的方法，这是因为该腔部的形状比较复杂，如果图形比较简单，则可以直接绘制实体。

（8）差集运算。单击“三维工具”选项卡下“实体编辑”面板中的“差集”按钮，分别将绘制的外部拉伸面和内部拉伸面进行差集处理。消隐后的结果如图 17-6 所示。

（9）绘制圆柱体。单击“三维工具”选项卡下“建模”面板中的“圆柱体”按钮，以（-28,-16.76,13）为圆心，创建半径为 12、轴端点为（@-7,0,0）的圆柱体。重复“圆柱体”命令，以（28,-16.76,13）为圆心，创建半径为 12、轴端点为（@7,0,0）的圆柱体，结果如图 17-7 所示。

（10）并集运算。单击“三维工具”选项卡下“实体编辑”面板中的“并集”按钮，将视图中所有的图形合并。

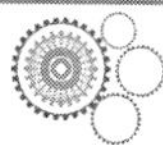

（11）圆角处理。单击“默认”选项卡下“修改”面板中的“圆角”按钮，分别对图 17-8 中的边 1、边 2 进行圆角处理，圆角半径为 3，结果如图 17-8 所示。

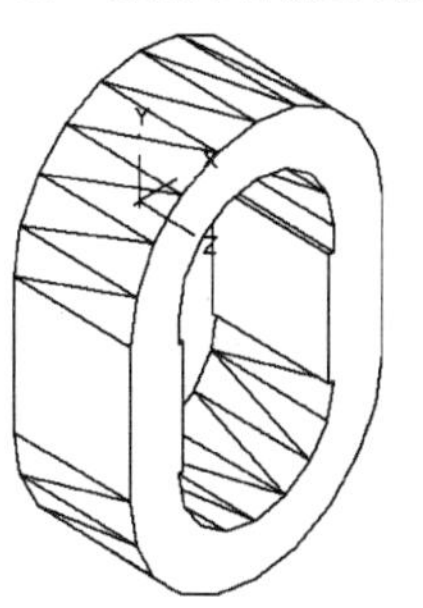

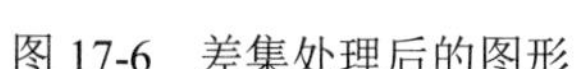

图 17-6　差集处理后的图形

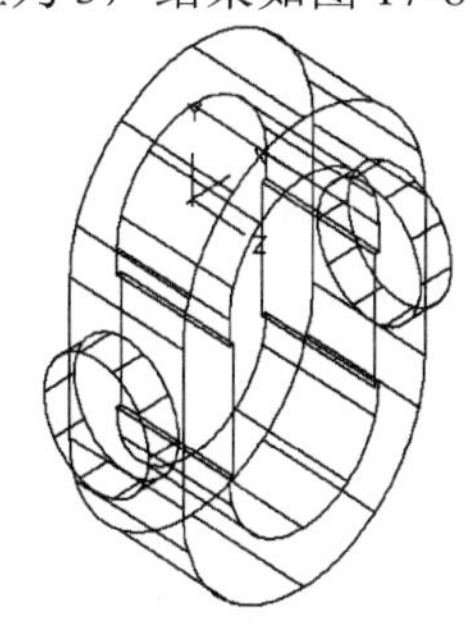

图 17-7　绘制圆柱体后的图形

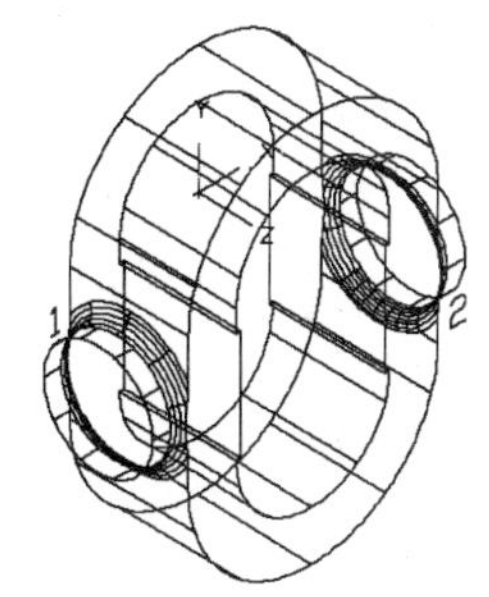

图 17-8　倒圆角后的图形

2．绘制泵体的支座

（1）绘制长方体。单击“三维工具”选项卡下“建模”面板中的“长方体”按钮，分别绘制角点为{（-40,-67,2.6），（@80,14,20.8）}和{（-23,-53,2.6），（@46,10,20.8）}的长方体，结果如图 17-9 所示。

提示

在绘制立体图形时，要注意输入坐标值的技巧，如上一长方体的输入值（@46,10,20.8），其实与 Y 轴的相对坐标小于 10，而且不为整数，但是为了绘图方便，我们可以取一个简单的数字，多余的部分在并集处理后消失。需要注意的是，这种绘图方式不能应用在平面绘图中，因为平面图形不能做并集处理。

（2）并集运算。单击“三维工具”选项卡下“实体编辑”面板中的“并集”按钮，将视图中所有的图形合并。消隐后的结果如图 17-10 所示。

（3）圆角处理。单击“默认”选项卡下“修改”面板中的“圆角”按钮，对图 17-10 中的边 3、边 4 进行圆角处理，圆角半径为 5。对图 17-10 中的边 5、边 6 进行圆角处理，圆角半径为 1，结果如图 17-11 所示。

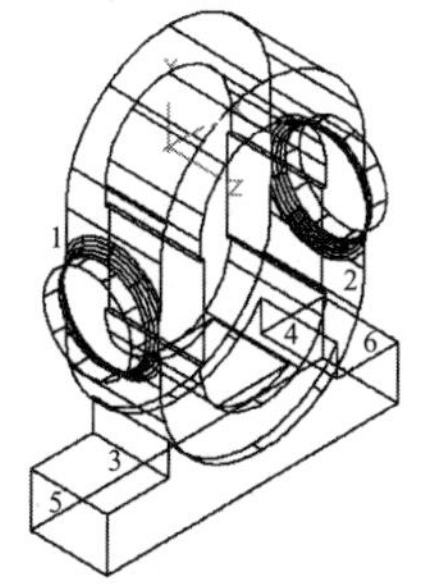

图 17-9　绘制长方体后的图形

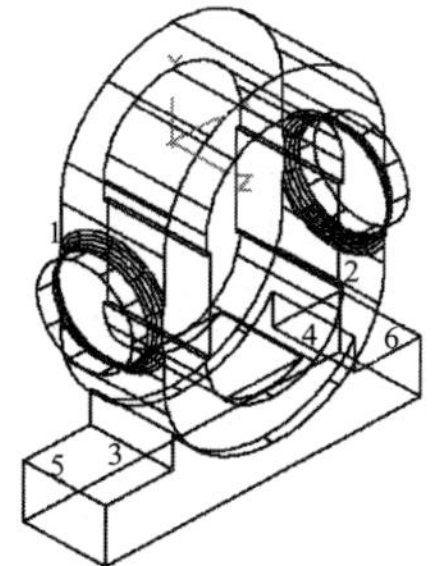

图 17-10　并集处理后的图形

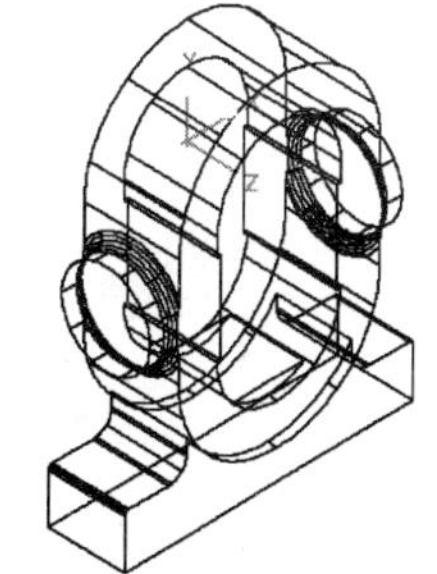

图 17-11　倒圆角后的图形

（4）绘制多段线。

① 将当前视图设置为前视图。单击“默认”选项卡下“绘图”面板中的“多段线”按钮。

② 在命令行提示“指定起点:”后输入“-17.25,-28.76”。

③ 在命令行提示“指定下一个点或[圆弧(A)/半宽(H)/长度(L)/放弃(U)/宽度(W)]:”后输入“@34.5,0”。

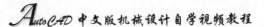

④ 在命令行提示“指定下一点或[圆弧(A)/闭合(C)/半宽(H)/长度(L)/放弃(U)/宽度(W)]:”后输入“A”。

⑤ 在命令行提示“指定圆弧的端点或[角度(A)/圆心(CE)/闭合(CL)/方向(D)/半宽(H)/直线(L)/半径(R)/第二个点(S)/放弃(U)/宽度(W)]:”后输入“A”。

⑥ 在命令行提示“指定包含角:”后输入“-180”。

⑦ 在命令行提示“指定圆弧的端点或[圆心(CE)/半径(R)]:”后输入“@-34.5,0”，结果如图 17-12 所示。

（5）设置视图方向。单击“视图”选项卡下“视图”面板中的“西南等轴测”按钮，将当前视图设置为西南等轴测方向。

（6）拉伸多段线。单击“三维工具”选项卡下“建模”面板中的“拉伸”按钮，将绘制的多段线拉伸高度设为 26，消隐后的结果如图 17-13 所示。

（7）差集处理。单击“三维工具”选项卡下“实体编辑”面板中的“差集”按钮，分别将选择绘制的支座和第（6）步绘制的拉伸面进行差集运算，消隐后的结果如图 17-14 所示。

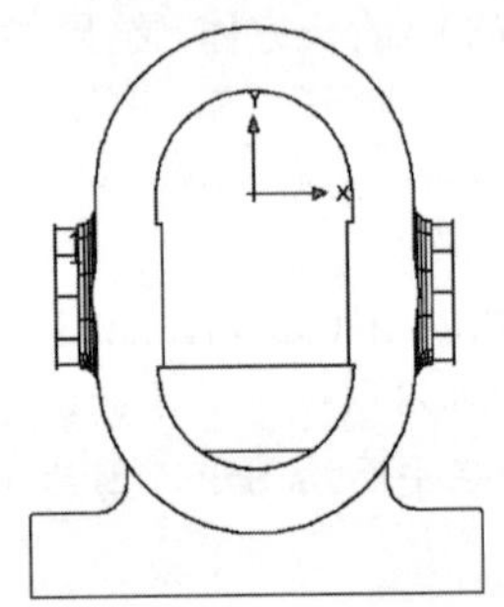

图 17-12　绘制多段线后的图形

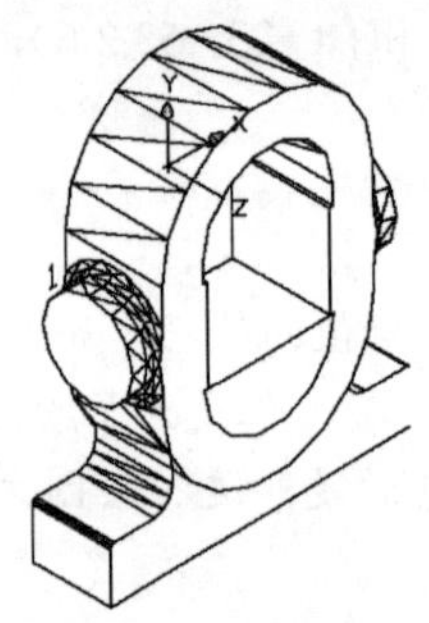

图 17-13　拉伸后的图形

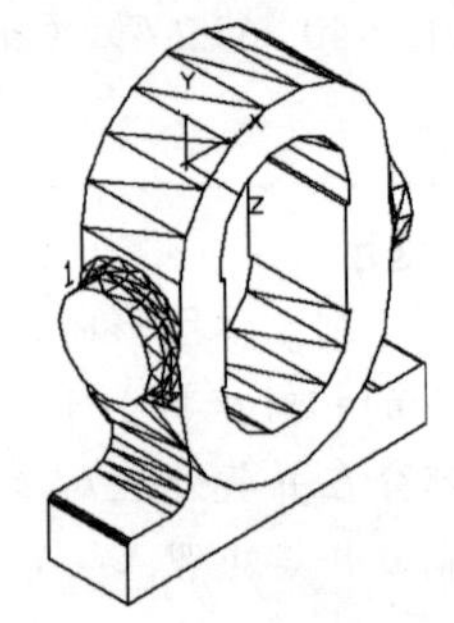

图 17-14　差集处理后的图形

（8）绘制长方体。单击“三维工具”选项卡下“建模”面板中的“长方体”按钮，分别绘制角点为{（-20,-67,2.6），（@40,4,20.8）}的长方体，结果如图 17-15 所示。

（9）差集处理。单击“三维工具”选项卡下“实体编辑”面板中的“差集”按钮，将绘制长方体前的图形与绘制的长方体进行差集运算，结果如图 17-16 所示。

（10）圆角处理。单击“默认”选项卡下“修改”面板中的“圆角”按钮，对图中的边 1、边 2 进行圆角处理，圆角半径为 2，消隐后的结果如图 17-17 所示。

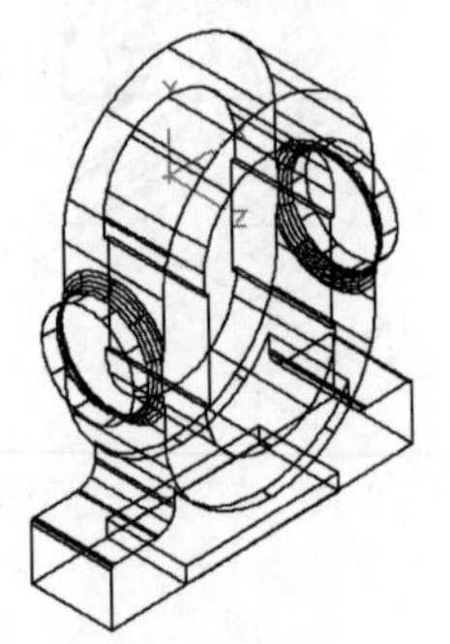

图 17-15　绘制长方体后的图形

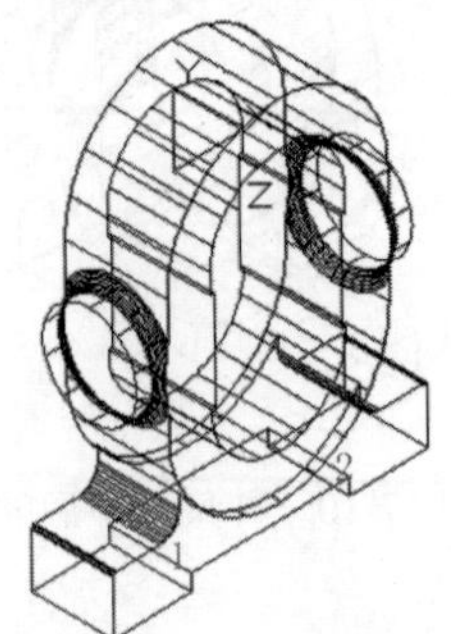

图 17-16　差集处理后

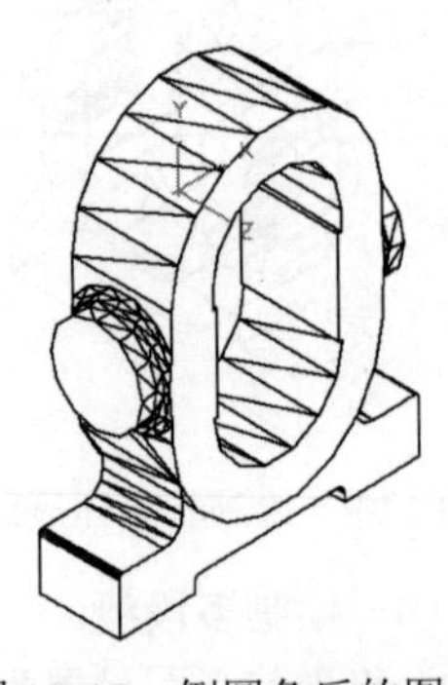

图 17-17　倒圆角后的图形

3．绘制连接孔

（1）设置视图方向。单击“视图”选项卡下“视图”面板中的“前视”按钮，将当前视图设

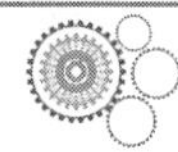

置为主视方向。

（2）绘制圆。单击“默认”选项卡下“绘图”面板中的“圆”按钮，以（−22,0）为圆心绘制半径为 3.5 的圆。

（3）复制圆。单击“默认”选项卡下“修改”面板中的“复制”按钮，选择第（2）步绘制的圆，以点（−22,0）为基点，分别将其移至以下各点（@0,−28.76）、（0,−50.76）、（22,−28.76）、（22,0）、（0,22），结果如图 17-18 所示。

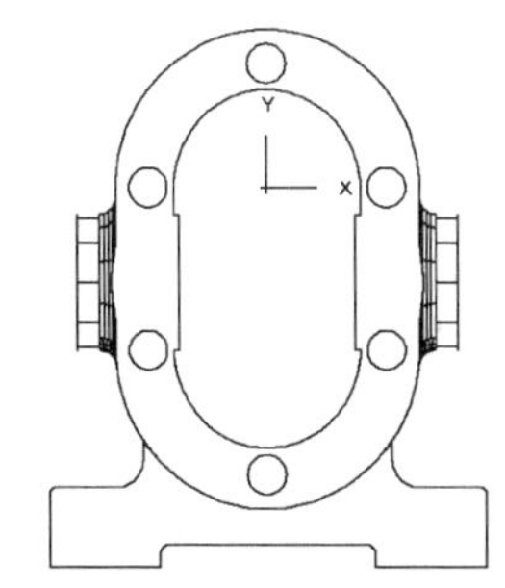

图 17-18　复制圆后的图形

（4）设置视图方向。单击“视图”选项卡下“视图”面板中的“西南等轴测”按钮，将当前视图设置为西南等轴测方向。

（5）拉伸圆。单击“三维工具”选项卡下“建模”面板中的“拉伸”按钮，将复制后的 6 个圆形拉伸高度设为 26，消隐后的结果如图 17-19 所示。

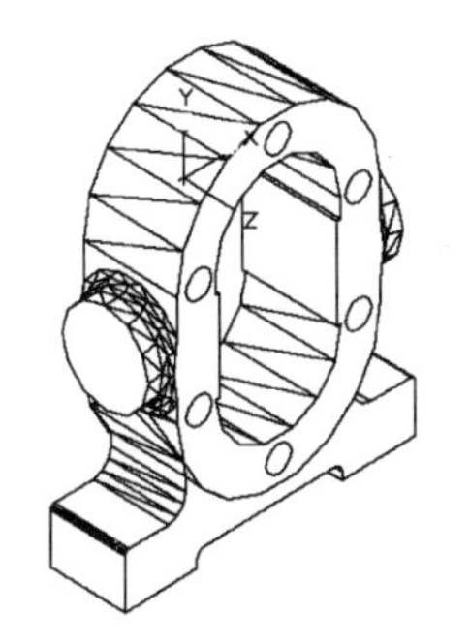

图 17-19　拉伸圆后的图形

（6）差集运算。单击“三维工具”选项卡下“实体编辑”面板中的“差集”按钮，分别将绘制的左端盖与拉伸后的 6 个圆柱体进行差集运算，消隐后的结果如图 17-20 所示。

（7）绘制圆柱体。单击“三维工具”选项卡下“建模”面板中的“圆柱体”按钮，以（−35,−67,13）为圆心，创建半径为 3.5、轴端点为（@0,14,0）的圆柱体。重复“圆柱体”命令，以（35,−67,13）为圆心，创建半径为 3.5、轴端点为（@0,14,0）的圆柱体，消隐后的结果如图 17-21 所示。

（8）差集运算。单击“三维工具”选项卡下“实体编辑”面板中的“差集”按钮，将绘制圆柱体前的图形与两个圆柱体进行差集运算，消隐后的结果如图 17-22 所示。

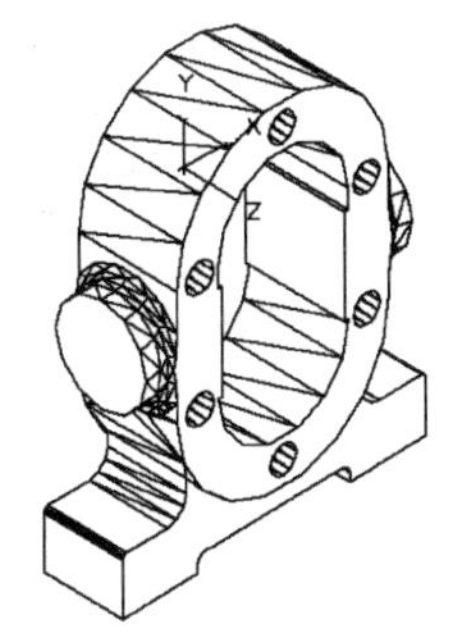

图 17-20　差集处理后的图形

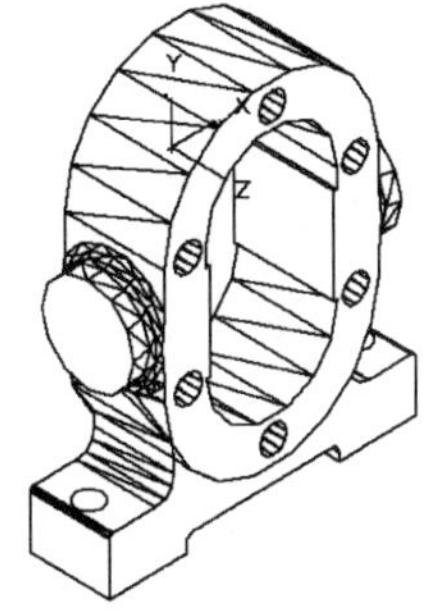

图 17-21　绘制圆柱体后的图形

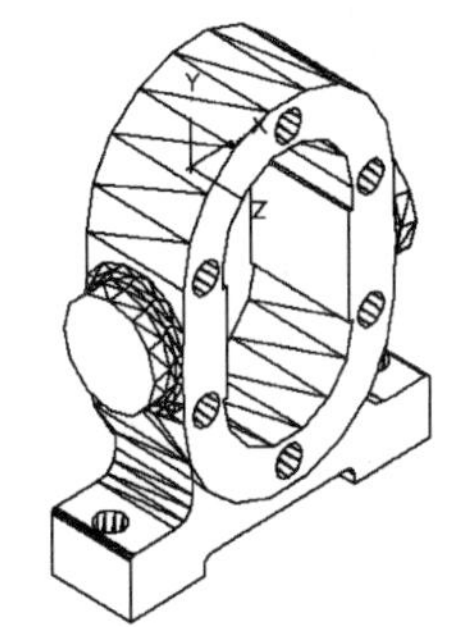

图 17-22　差集处理后的图形

4．绘制定位孔

（1）设置视图方向。单击“视图”选项卡下“视图”面板中的“前视”按钮，将当前视图设置为前视方向，结果如图 17-23 所示。

（2）绘制圆。单击“默认”选项卡下“绘图”面板中的“圆”按钮，以原点为圆心，绘制半径为 2.5 的圆。

（3）复制圆。单击“默认”选项卡下“修改”面板中的“复制”按钮，以点（0,0）为基点，将其复制到点（@22<45）、（@22<135）和（@0,−28.76）。重复“复制”命令，选择图 17-24 中的圆 4，以（0,−28.76）为基点复制到点（@22<−45）和（@22<−135），结果如图 17-24 所示。

Note

（4）删除圆。单击“默认”选项卡下“修改”面板中的“删除”按钮，删除图 17-24 中的圆 1 和圆 4，结果如图 17-25 所示。

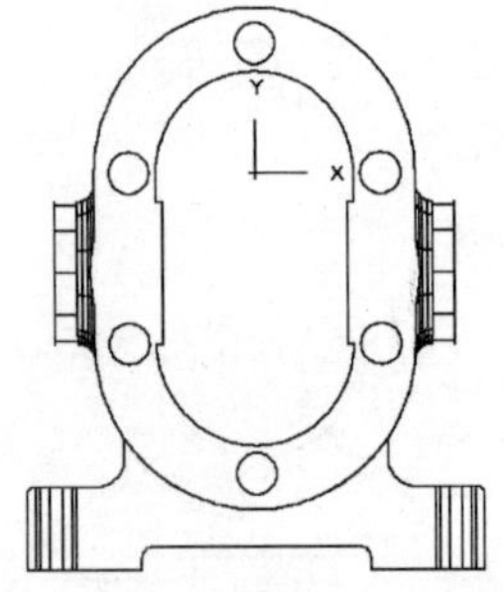

图 17-23　俯视方向的图形

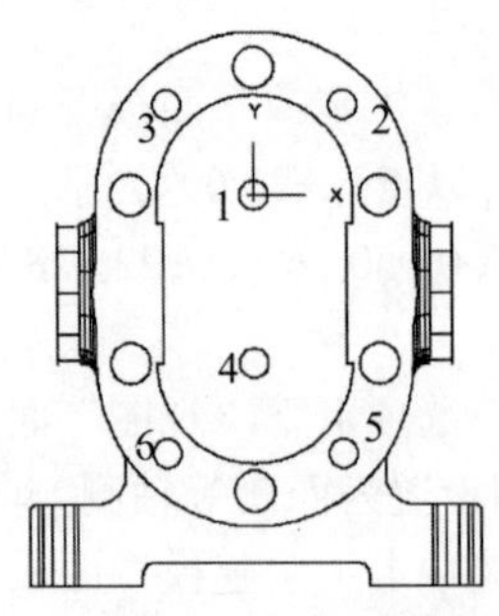

图 17-24　复制圆后的图形

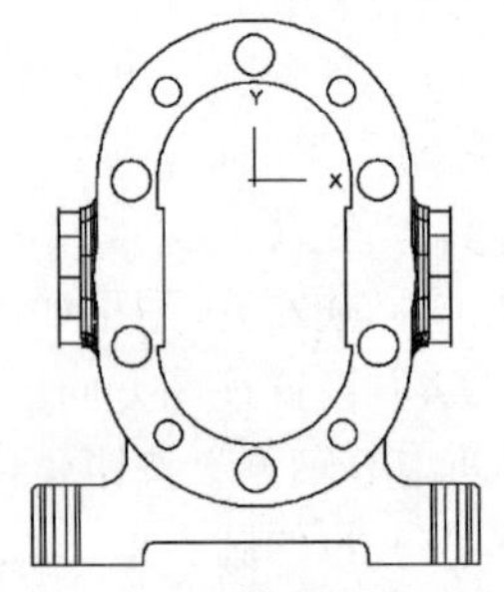

图 17-25　删除圆后的图形

（5）设置视图方向。单击“视图”选项卡下“视图”面板中的“西南等轴测”按钮，将当前视图设置为西南等轴测方向。

（6）拉伸圆。单击“三维工具”选项卡下“建模”面板中的“拉伸”按钮，将绘制的 4 个圆进行拉伸，拉伸高度为 26，消隐后的结果如图 17-26 所示。

（7）差集运算。单击“三维工具”选项卡下“实体编辑”面板中的“差集”按钮，将拉伸圆前的图形与拉伸后的圆柱体进行差集运算，消隐后的结果如图 17-27 所示。

5．绘制进出油口

（1）绘制圆柱体。单击“三维工具”选项卡下“建模”面板中的“圆柱体”按钮，以（-35,-16.76,13）为圆心，创建半径为 5、轴端点为（@35,0,0）的圆柱体。重复“圆柱体”命令，以（0,-16.76,13）为圆心，创建半径为 5、轴端点为（@35,0,0）的圆柱体，消隐后的结果如图 17-28 所示。

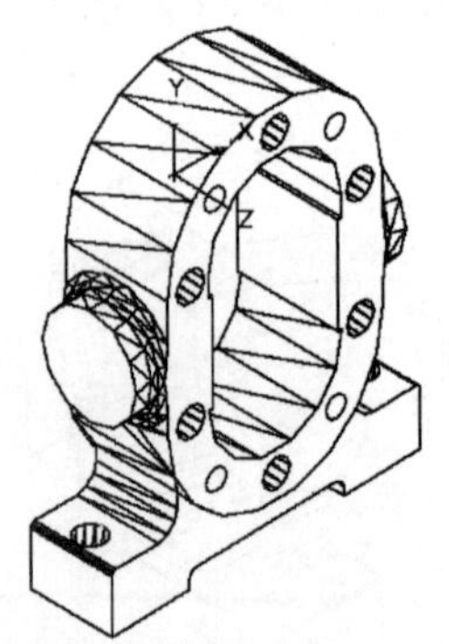
图 17-26　拉伸圆后的图形

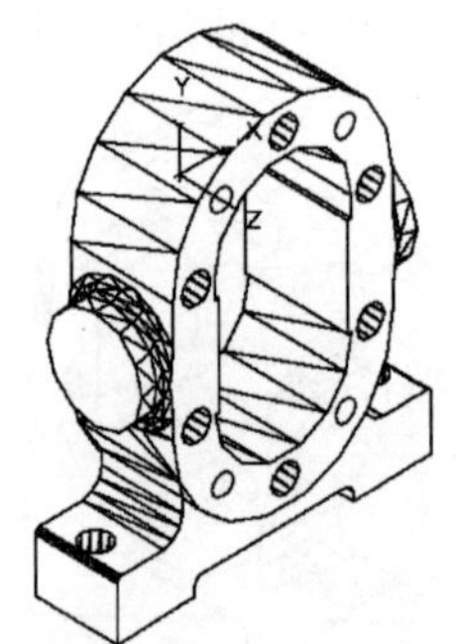
图 17-27　差集处理后的图形

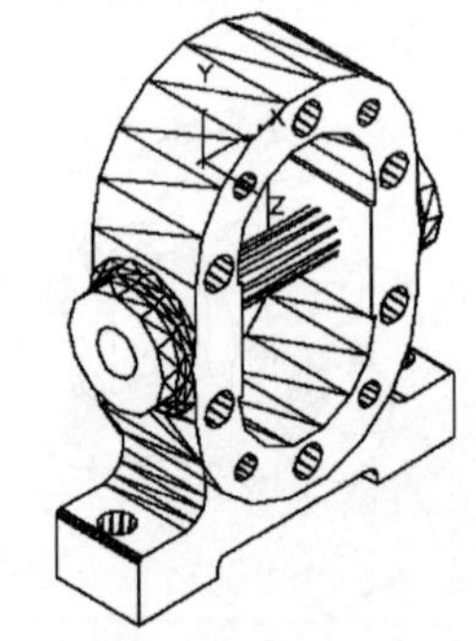
图 17-28　绘制圆柱体后的图形

提示

由于进出油口大小不同，因此需要先绘制两个圆柱体，然后使用差集处理命令来完成出油口的绘制。

（2）差集运算。单击“三维工具”选项卡下“实体编辑”面板中的“差集”按钮，将绘制圆柱体前的图形与绘制的圆柱体进行差集运算，消隐后的结果如图 17-29 所示。

（3）设置视图方向。单击“视图”选项卡下“视图”面板中的“东南等轴测”按钮，将当前视图设置为东南等轴测方向，消隐后的结果如图 17-30 所示。

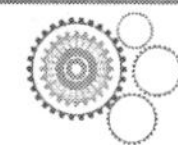

（4）着色视图。单击“可视化”选项卡下“视觉样式”面板中的“概念”按钮，着色后的视图如图 17-31 所示。

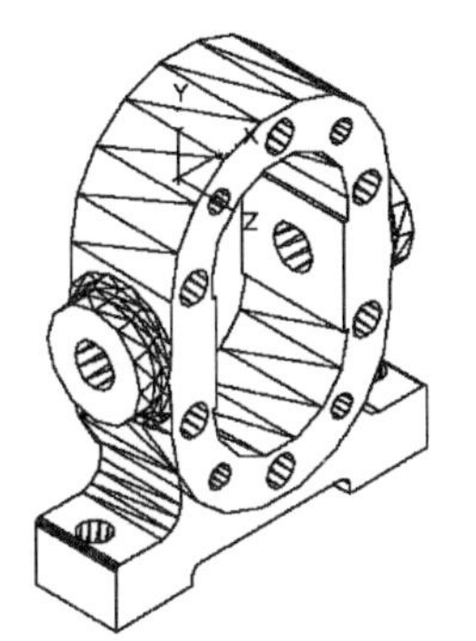

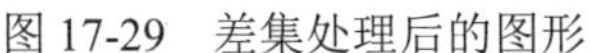

图 17-29　差集处理后的图形

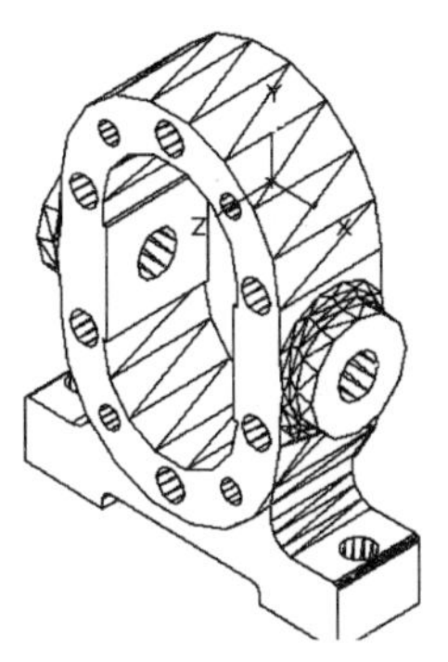

图 17-30　东南等轴测视图

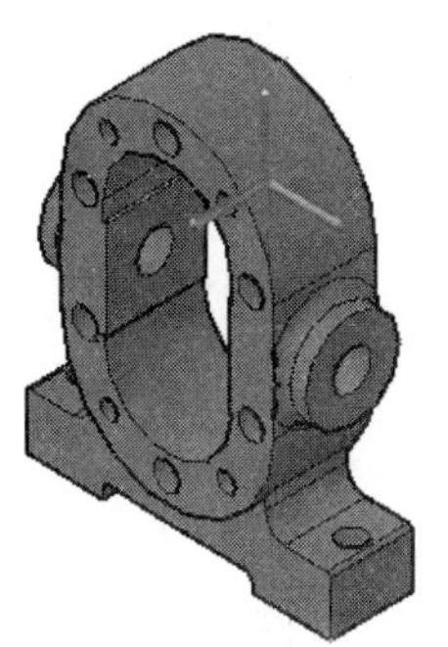

图 17-31　着色后的图形

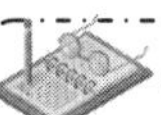

提示

在 AutoCAD 中还可以通过“视图/渲染”菜单来设置视图的颜色，可以满足用户彩色输出的需要，增加视觉效果。

Note

视频讲解

17.2　拨叉三维设计

依次绘制拨叉基体和腔部，然后绘制肋板，剖切实体，完成拨叉的绘制。在本例中，拨叉通过绘制面域，然后拉伸而成，肋板通过绘制多段线拉伸而成，结果如图 17-32 所示。

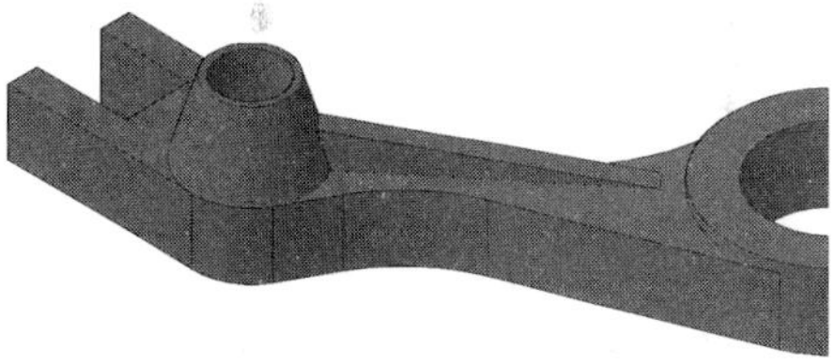

图 17-32　拨叉

17.2.1　配置绘图环境

操作步骤如下：

1．启动系统

启动 AutoCAD 2018，使用默认设置绘图环境。

2．建立新文件

单击快速访问工具栏中的“新建”按钮，打开“选择样板”对话框，单击“打开”按钮右侧的下拉按钮，以“无样板打开－公制（M）”方式建立新文件，将新文件命名为“拨叉.dwg”并保存。

3．设置线框密度

利用 ISOLINES 命令，设置对象上每个曲面的轮廓线数目。设置新值为 10，有效值的范围为 0～2047，该设置保存在图形中。

4．设置视图方向

单击“视图”选项卡下“视图”面板中的“俯视”按钮，将当前视图方向设置为俯视图方向。

17.2.2 绘制拨叉

操作步骤如下：

1．绘制拨叉主体

（1）绘制圆。单击“默认”选项卡下“绘图”面板中的“圆”按钮，以（0,0）为圆心，绘制半径为 19 的圆。重复“圆”命令，以（87,-103）为圆心，绘制半径为 34 的圆；重复“圆”命令，以（-20.5,-70）为圆心，绘制半径为 52 的圆；重复“圆”命令，以（87,-16）为圆心，绘制半径为 53 的圆，结果如图 17-33 所示。

（2）绘制直线。单击“默认”选项卡下“绘图”面板中的“直线”按钮，绘制切线，结果如图 17-34 所示。

（3）修剪图形。单击“默认”选项卡下“修改”面板中的“修剪”按钮，修剪多余的线段，如图 17-35 所示。

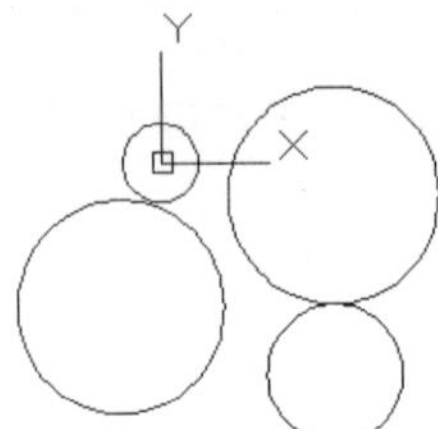

图 17-33 绘制圆

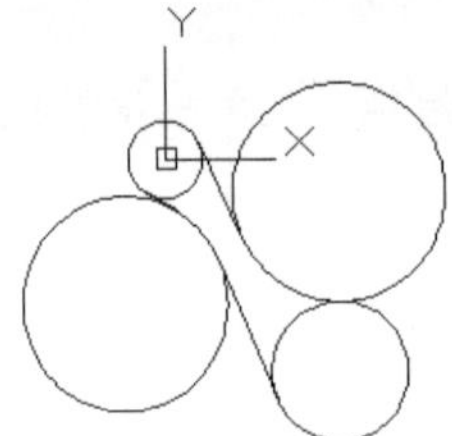

图 17-34 绘制直线

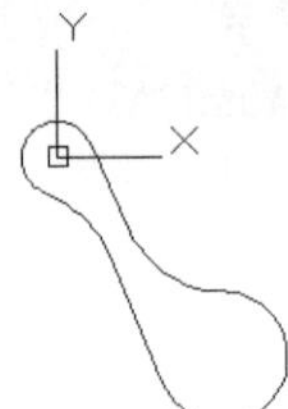

图 17-35 修剪多余线段

（4）创建面域。单击“默认”选项卡下“绘图”面板中的“面域”按钮，在命令行提示下选择第（3）步创建的图形。

（5）设置视图方向。单击“视图”选项卡下“视图”面板中的“西南等轴测”按钮，将当前视图设置为西南等轴测方向。

（6）拉伸多段线。单击“三维工具”选项卡下“建模”面板中的“拉伸”按钮，将创建的面域拉伸高度设为 20，结果如图 17-36 所示。

（7）绘制圆锥体。单击“三维工具”选项卡下“建模”面板中的“圆锥体”按钮，以底面的中心点为（0,0,20），绘制底面半径为 19、顶面半径为 12、高度为（@0,0,22）的圆锥体，结果如图 17-37 所示。

2．绘制拨叉孔

（1）绘制圆柱体。单击“三维工具”选项卡下“建模”面板中的“圆柱体”按钮，以（87,-103,20）为圆心，创建半径为 34、轴端点为（@0,0,3）的圆柱体。重复“圆柱体”命令，以（0,0,0）为圆心，创建半径为 10、轴端点为（@0,0,42）的圆柱体；重复“圆柱体”命令，以（87,-103,0）为圆心，创建半径为 22、轴端点为（@0,0,23）的圆柱体，结果如图 17-38 所示。

（2）并集运算。单击“三维工具”选项卡下“实体编辑”面板中的“并集”按钮，将图 17-38 中的圆锥体 1、圆柱体 2 和拉伸体进行合并。

（3）差集运算。单击“三维工具”选项卡下“实体编辑”面板中的“差集”按钮，将合并后的实体与圆柱体 4 进行差集运算，消隐后的结果如图 17-39 所示。

（4）绘制长方体。单击“三维工具”选项卡下“建模”面板中的“长方体”按钮，以角点坐标{（-19,0,0），（@38,58,20）}和{（-10,30,0），（@20,28,20）}绘制长方体，结果如图 17-40 所示。

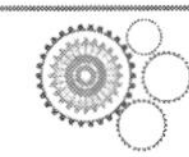

Note

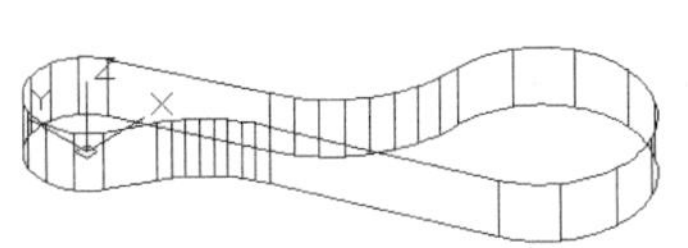

图 17-36　拉伸后的图形

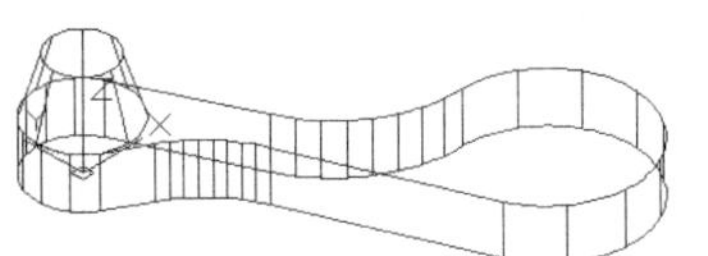

图 17-37　差集处理后的图形

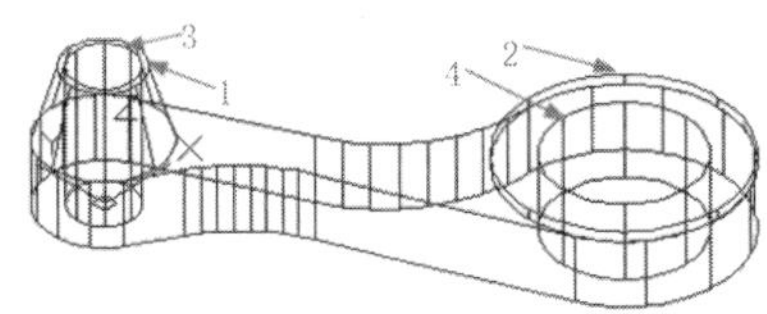

图 17-38　绘制圆柱体后的图形

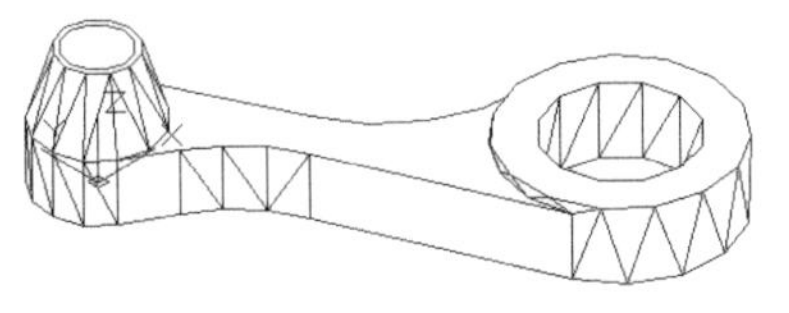

图 17-39　差集后的实体

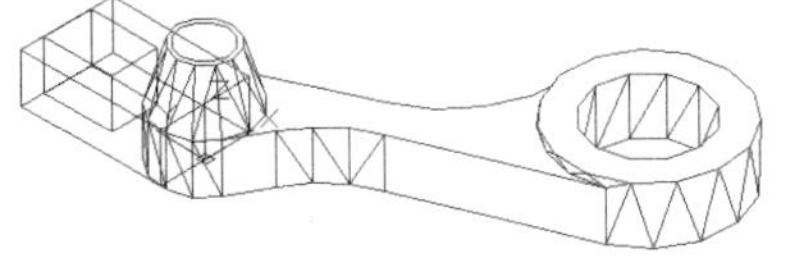

图 17-40　绘制长方体

（5）并集运算。单击“三维工具”选项卡下“实体编辑”面板中的“并集”按钮，将视图中大长方体与实体进行合并。

（6）差集运算。单击“三维工具”选项卡下“实体编辑”面板中的“差集”按钮，将合并后的实体与小长方体和图 17-38 中的小圆柱体 3 进行差集运算，消隐后的结果如图 17-41 所示。

3．绘制筋

（1）旋转坐标系。在命令行中输入“UCS”命令，将坐标系绕 Z 轴旋转-50°；重复 UCS 命令，将坐标系绕 X 轴旋转 90°，如图 17-42 所示。

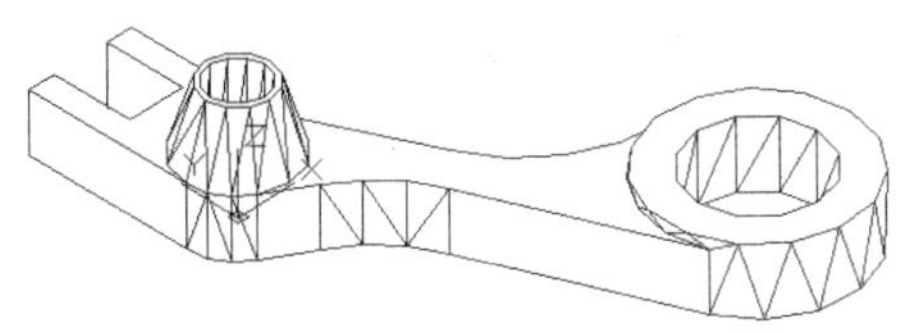

图 17-41　差集后的实体

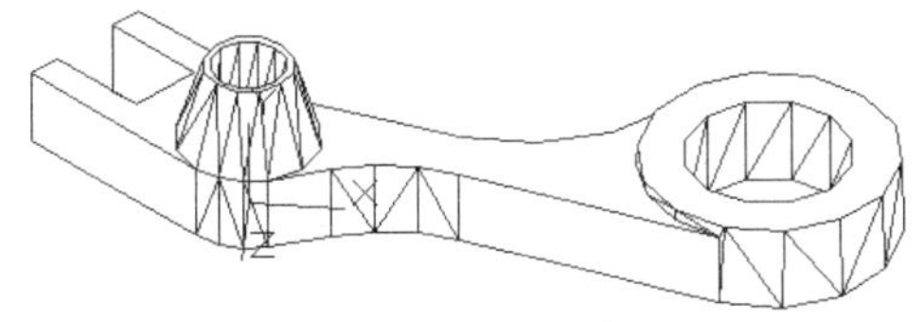

图 17-42　旋转坐标系

（2）切换视图。选择菜单栏中的“视图/三维视图/平面视图/当前 UCS”命令，将视图切换到当前坐标系。

（3）绘制多段线。

① 单击“默认”选项卡下“绘图”面板中的“多段线”按钮。

② 在命令行提示“指定起点:”后输入“95,20”。

③ 在命令行提示“指定下一个点或[圆弧(A)/半宽(H)/长度(L)/放弃(U)/宽度(W)]:”后输入“15.5,20”。

④ 在命令行提示“指定下一点或[圆弧(A)/闭合(C)/半宽(H)/长度(L)/放弃(U)/宽度(W)]:”后输入“15.5,30.6”。

⑤ 在命令行提示“指定下一点或[圆弧(A)/闭合(C)/半宽(H)/长度(L)/放弃(U)/宽度(W)]:”后输入“C”，结果如图 17-43 所示。

（4）切换视图方向。单击“视图”选项卡下“视图”面板中的“西南等轴测”按钮，将当前视图设置为西南等轴测方向。

（5）拉伸多段线。单击“三维工具”选项卡下“建模”面板中的“拉伸”按钮，将多段线进行拉伸处理，拉伸高度为 3，消隐后的结果如图 17-44 所示。

（6）镜像处理。选择菜单栏中的“修改/三维操作/三维镜像”命令，将拉伸体以 XY 平面为镜像平面进行镜像，如图 17-45 所示。

Note

（7）合并实体。单击“三维工具”选项卡下“实体编辑”面板中的“并集”按钮，将视图中的实体和拉伸体进行合并，消隐后的结果如图 17-46 所示。

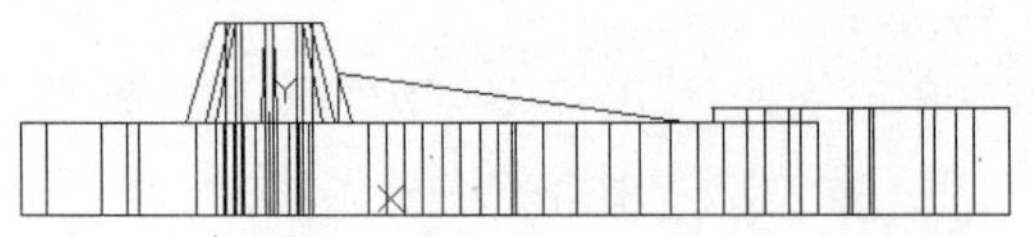

图 17-43　绘制多段线

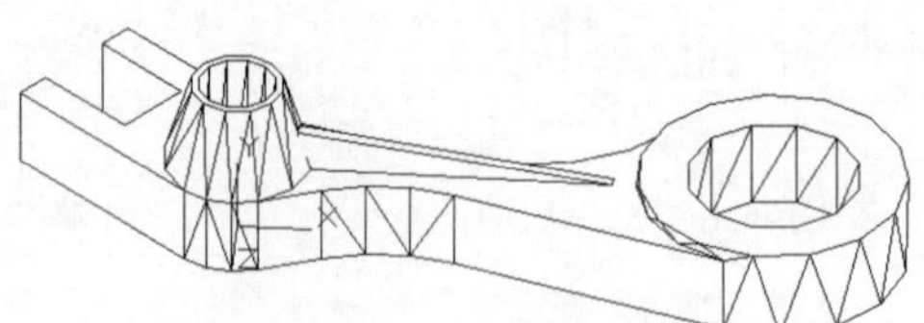

图 17-44　拉伸多段线

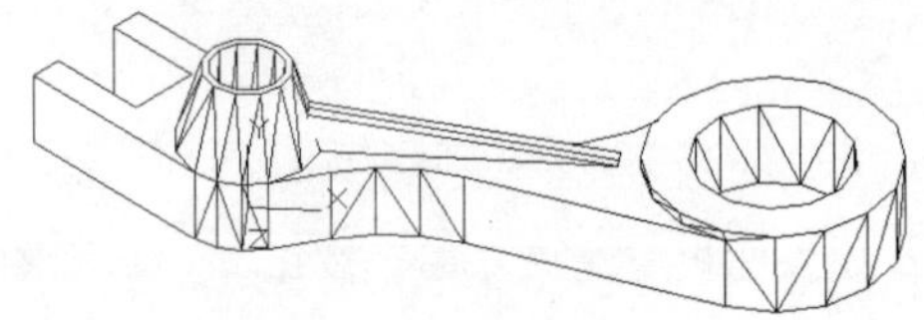

图 17-45　镜像拉伸体

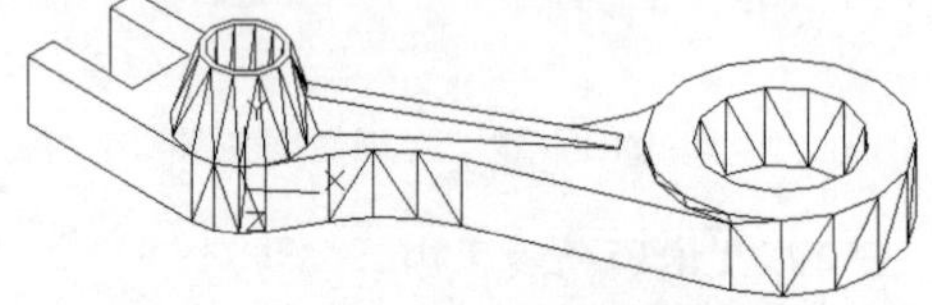

图 17-46　合并实体

4．剖切实体

（1）切换坐标系。在命令行中输入“UCS”命令，将坐标系切换到世界坐标系。

（2）移动坐标系。在命令行中输入“UCS”命令，将坐标系移动到坐标点（87,-103,0）。

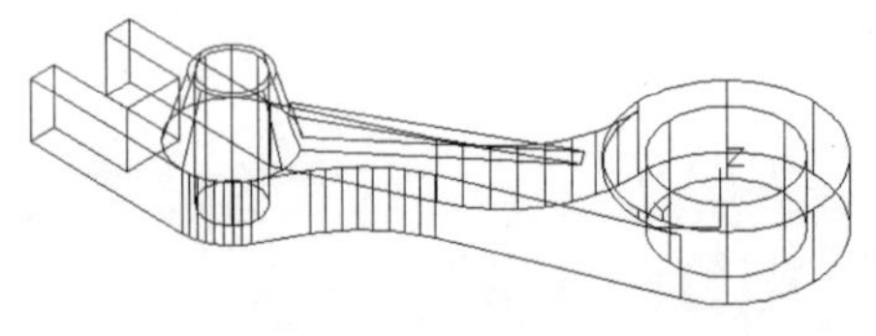

图 17-47　移动坐标系

（3）旋转坐标系。在命令行中输入“UCS”命令，将坐标系绕 Z 轴旋转 45°。

（4）移动坐标系。在命令行中输入“UCS”命令，将坐标系移动到坐标点（0,2,0），如图 17-47 所示。

（5）剖切实体。单击“三维工具”选项卡下“实体编辑”面板中的“剖切”按钮，对实体进行剖切。

① 在命令行提示“选择要剖切的对象:”后在视图中拾取实体。

② 在命令行提示“指定切面的起点或[平面对象(O)/曲面(S)/Z 轴(Z)/视图(V)/XY(XY)/YZ(YZ)/ZX(ZX)/三点(3)] <三点>:”后输入“ZX”。

③ 在命令行提示“指定 ZX 平面上的点 <0,0,0>:”后按 Enter 键。

④ 在命令行提示“在所需的侧面上指定点或[保留两个侧面(B)] <保留两个侧面>:”后使用鼠标单击左边实体，消隐后的结果如图 17-48 所示。

（6）设置视图方向。单击“视图”选项卡下“视图”面板中的“俯视图”按钮，将当前视图方向设置为俯视图方向，如图 17-49 所示。

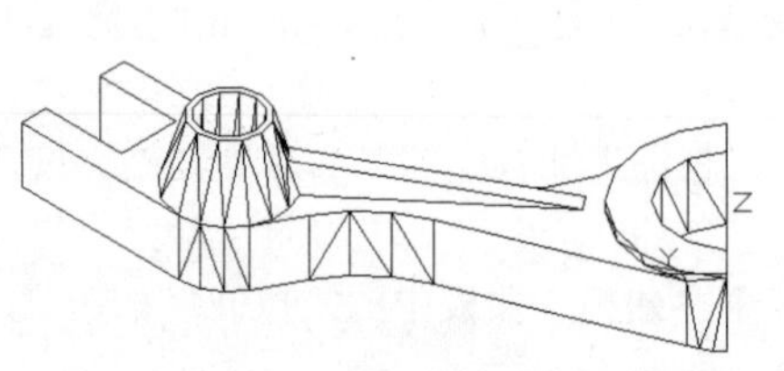

图 17-48　剖切实体

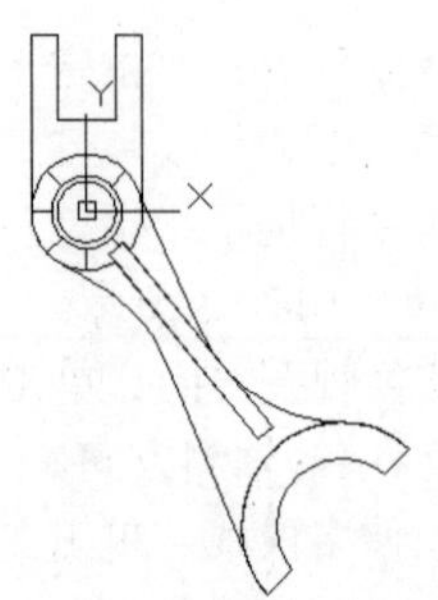

图 17-49　剖切实体俯视图

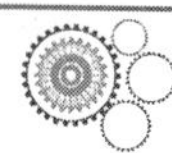

17.3 实战演练

【实战演练 1】泵盖三维设计。

如图 17-50 所示，适当选取尺寸。

【实战演练 2】端盖三维设计。

如图 17-51 所示，适当选取尺寸。

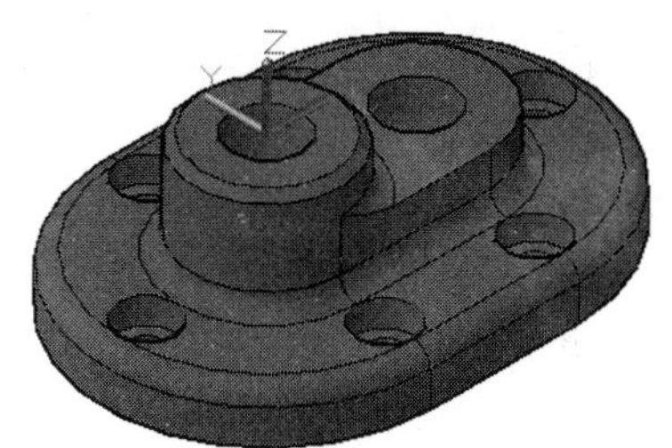

图 17-50 泵盖

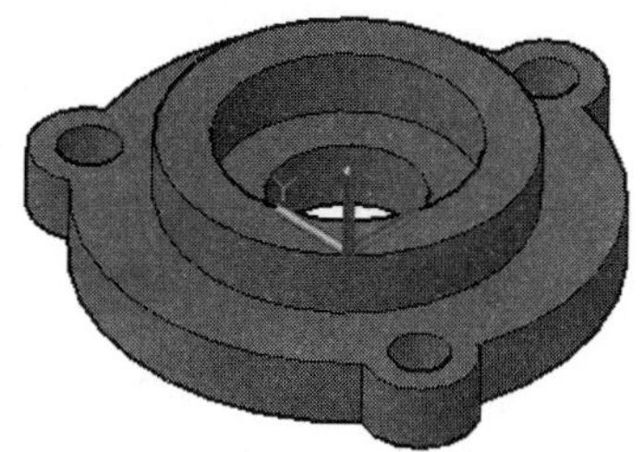

图 17-51 端盖

第18章

箱体类零件三维设计

本章学习要点和目标任务：

☑ 减速器箱体三维设计

☑ 减速器箱盖三维设计

减速器的三维设计过程是三维图形制作中比较经典的实例。绘图环境的设置、多种三维实体绘制命令、用户坐标系的建立及剖切实体等都得到了充分使用，是系统使用 AutoCAD 2018 三维设计功能的综合实例。

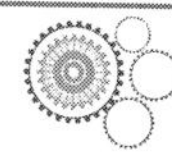

18.1　减速器箱体三维设计

绘制的减速器箱体如图 18-1 所示。首先绘制减速器箱体的主体部分，从底向上依次绘制减速器箱体底板、中间膛体和顶板，绘制箱体的轴承通孔、螺栓筋板和侧面肋板，调用布尔运算完成箱体主体设计和绘制；然后绘制箱体底板和顶板上的螺纹、销等孔系；再绘制箱体上的耳片实体和油标尺插孔实体，对实体进行渲染，得到最终的箱体三维立体图。

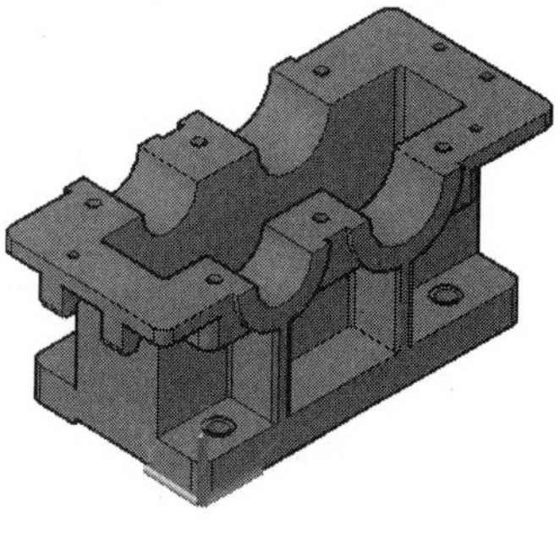

图 18-1　减速器箱体

18.1.1　绘制箱体主体

操作步骤如下：

（1）建立新文件。打开 AutoCAD 2018 应用程序，以“无样板打开一公制（M）”方式建立新文件，将新文件命名为“减速器箱体立体图.dwg”后进行保存。

（2）设置自动保存时间。选择菜单栏中的“工具/选项”命令，或者在命令行中输入“OPTION”命令后按 Enter 键，或者在绘图窗口中单击鼠标右键，在弹出的快捷菜单中选择“选项”命令，打开“选项”对话框，在其中选择“打开和保存”选项卡，在“文件安全措施”选项组中更改“保存间隔分钟数”，设定为 10 分钟自动保存一次。

（3）将当前视图方向设置为西南等轴测视图。

（4）单击“三维工具”选项卡下“建模”面板中的“长方体”按钮，绘制底板、中间膛体和顶面，采用角点和长宽高模式绘制 3 个长方体。

① 以（0,0,0）为角点，长度为 310，宽度为 170，高度为 30。

② 以（0,45,30）为角点，长度为 310，宽度为 80，高度为 110。

③ 以（-35,5,140）为角点，长度为 380，宽度为 160，高度为 12。

结果如图 18-2 所示。

提示

绘制三维实体造型时，如果使用视图的切换功能，如使用“俯视图”“东南等轴测视图”等，视图的切换也可能导致空间三维坐标系的暂时旋转，即使用户没有执行 UCS 命令。长方体的长、宽、高分别对应 X、Y、Z 方向的长度，坐标系的不同会导致长方体的形状不同。因此，若采用角点和长宽高模式绘制长方体，一定要注意观察当前所提示的坐标系。

（5）单击“三维工具”选项卡下“建模”面板中的“圆柱体”按钮，绘制轴承支座，采用指定两个底面圆心点和底面半径的模式，绘制两个圆柱体：

① 以（77,0,152）为底面中心点，半径为 45，轴端点为（77,170,152）。

② 以（197,0,152）为底面中心点，半径为 53.5，轴端点为（197,170,152）。

如图 18-3 所示。

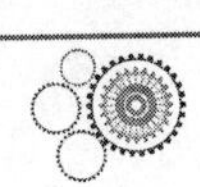
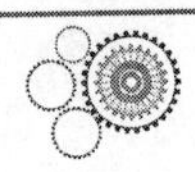

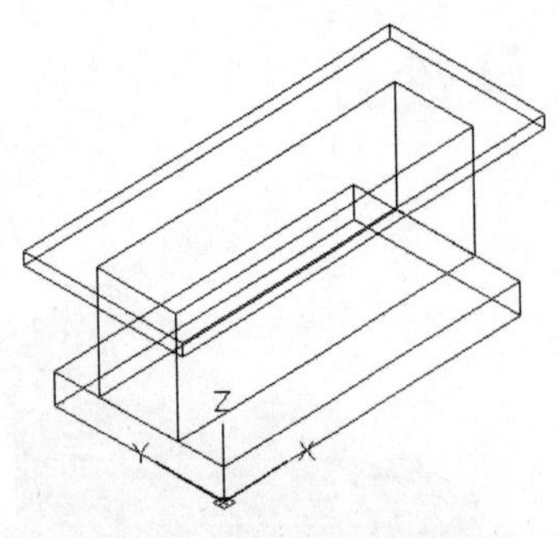

图 18-2　绘制底板、中间膛体和顶面

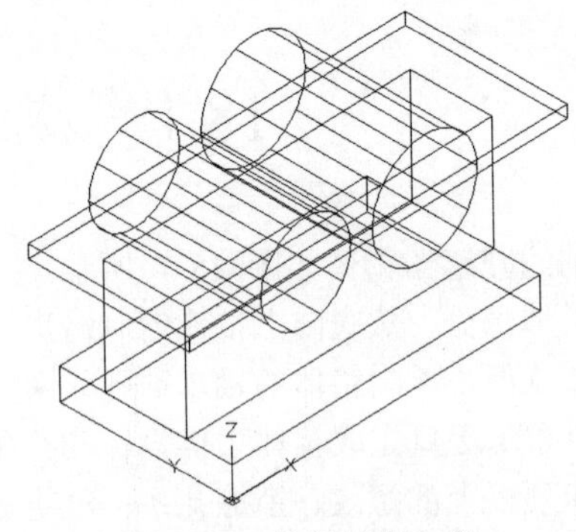

图 18-3　绘制轴承支座

（6）单击“三维工具”选项卡下“建模”面板中的“长方体”按钮，绘制螺栓筋板，采用角点和长宽高模式绘制长方体，角点为（10,5,114），长度为 264，宽度为 160，高度为 38，结果如图 18-4 所示。

（7）重复使用“长方体”命令，绘制肋板，采用角点和长宽高模式绘制两个长方体：

① 以（70,0,30）为角点，长度为 14，宽度为 160，高度为 80。

② 以（190,0,30）为角点，长度为 14，宽度为 160，高度为 80。

（8）单击“三维工具”选项卡下“实体编辑”面板中的“并集”按钮，将现有的所有实体合并使之成为一个三维实体，结果如图 18-5 所示。

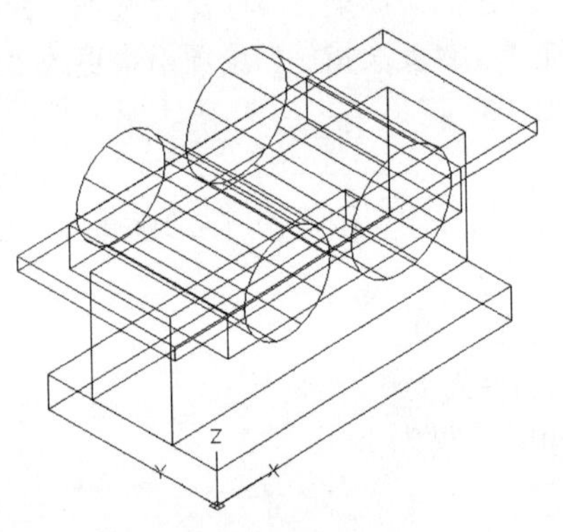

图 18-4　绘制螺栓筋板

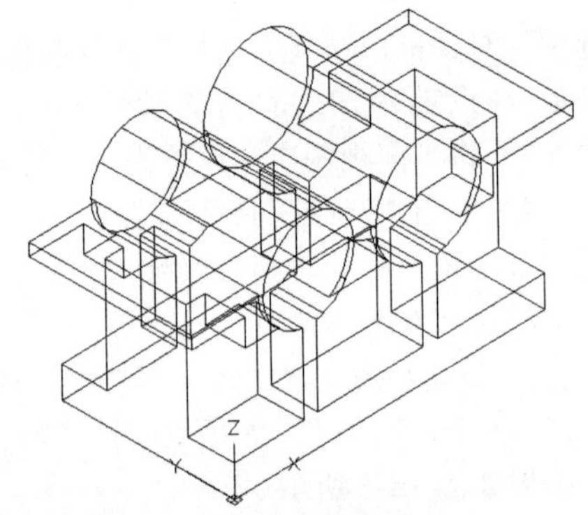

图 18-5　布尔运算求并集

（9）单击“三维工具”选项卡下“建模”面板中的“长方体”按钮，采用角点和长宽高模式绘制长方体，角点为（8,47.5,20），长度为 294，宽度为 65，高度为 152，如图 18-6 所示。

（10）单击“三维工具”选项卡下“建模”面板中的“圆柱体”按钮，采用指定两个底面圆心点和底面半径的模式绘制两个圆柱体：

① 以（77,0,152）为底面中心点，半径为 27.5，轴端点为（77,170,152）的圆柱体。

② 以（197,0,152）为底面中心点，半径为 36，轴端点为（197,170,152）的圆柱体，如图 18-7 所示。

（11）单击“三维工具”选项卡下“实体编辑”面板中的“差集”按钮，从箱体主体中减去膛体长方体和两个轴承通孔，消隐后如图 18-8 所示。

（12）单击“三维工具”选项卡下“实体编辑”面板中的“剖切”按钮，从箱体主体中剖切掉顶面上多余的实体，沿由点（0,0,152）、（100,0,152）、（0,100,152）组成的平面将图形剖切开，保留箱体下方。消隐后的结果如图 18-9 所示。

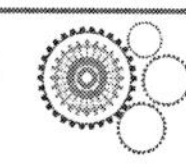

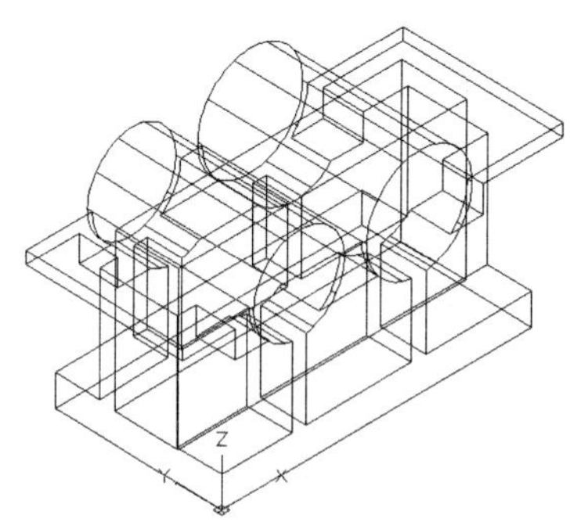

图 18-6　绘制膛体

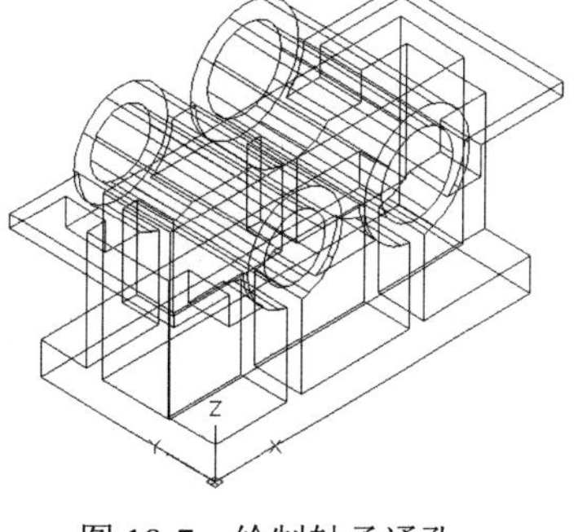

图 18-7　绘制轴承通孔

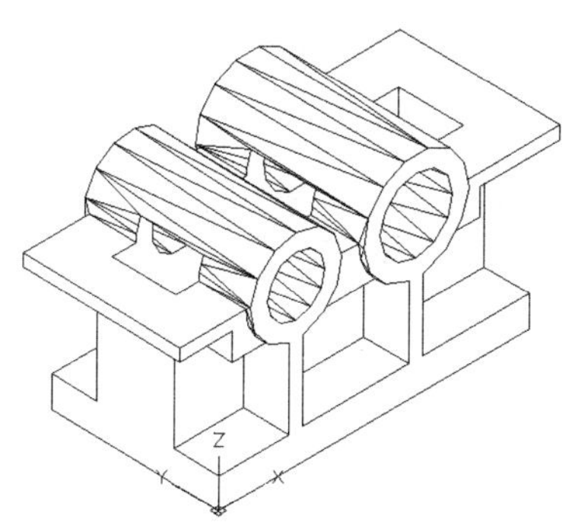

图 18-8　布尔运算求差集

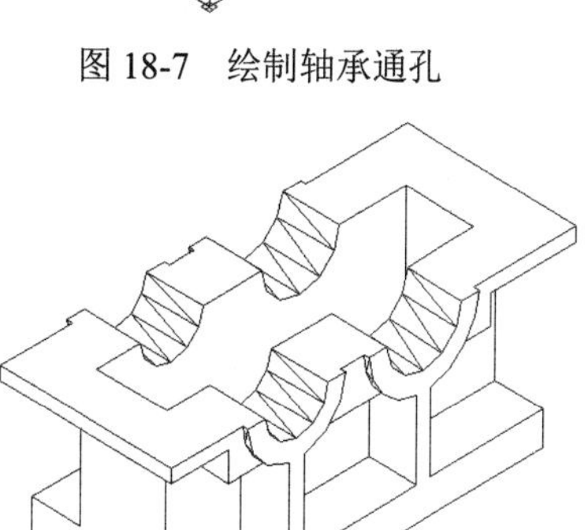

图 18-9　剖切实体图

18.1.2　绘制箱体孔系

操作步骤如下：

（1）单击“三维工具”选项卡下“建模”面板中的“圆柱体”按钮，采用指定底面圆心点、底面半径和圆柱高度的模式，中心点为（40,25,0），半径为 8.5，高度为 40，绘制底座沉孔。

（2）用同样方法绘制另一圆柱体，底面圆心为(40,25,28.4)，半径为 12，高度为 10，如图 18-10 所示。

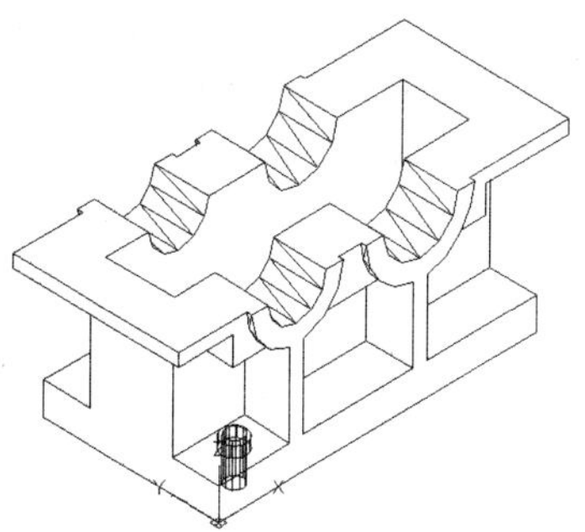

图 18-10　绘制底座沉孔

（3）单击“建模”工具栏中的“三维阵列”按钮，将第（2）步绘制的两个圆柱体进行矩形阵列，行数为 2 行，列数为 2 列，行间距为 120，列间距为 221。矩形阵列结果如图 18-11 所示。

（4）单击“三维工具”选项卡下“建模”面板中的“圆柱体”按钮，采用指定底面圆心点、底面半径和圆柱高度的模式，绘制两个圆柱体：

① 底面中心点为（34.5,25,100），半径为 5.5，高度为 80。

② 底面中心点为（34.5,25,110），半径为 9，高度为 5。

结果如图 18-12 所示。

（5）单击“建模”工具栏中的“三维阵列”按钮，将第（4）步绘制的两个圆柱体进行矩形阵列，行数为 2 行，列数为 2 列，行间距为 120，列间距为 103，矩形阵列结果如图 18-13 所示。

（6）选择菜单栏中的“修改/三维操作/三维镜像”命令，将第（5）步创建的中间 4 个圆柱体进行镜像处理，镜像的平面为由点（197,0,152）、（197,100,152）、（197,50,50）组成的平面。三维镜像结果如图 18-14 所示。

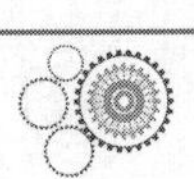
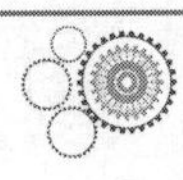

Note

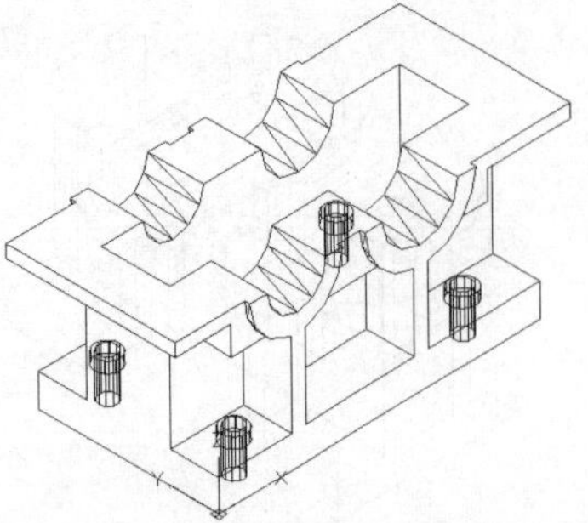

图 18-11　矩形阵列图形

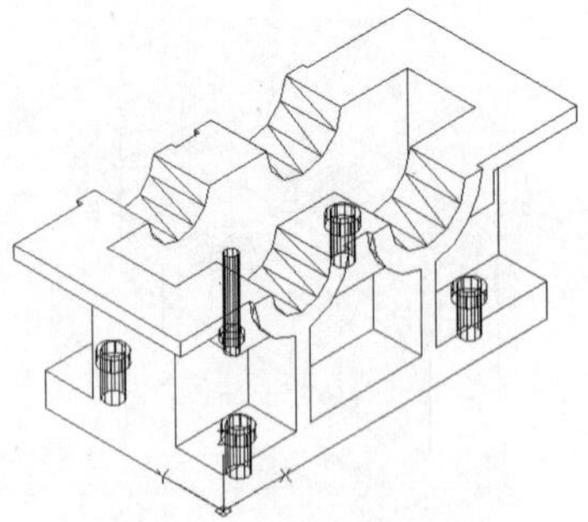

图 18-12　绘制螺栓通孔

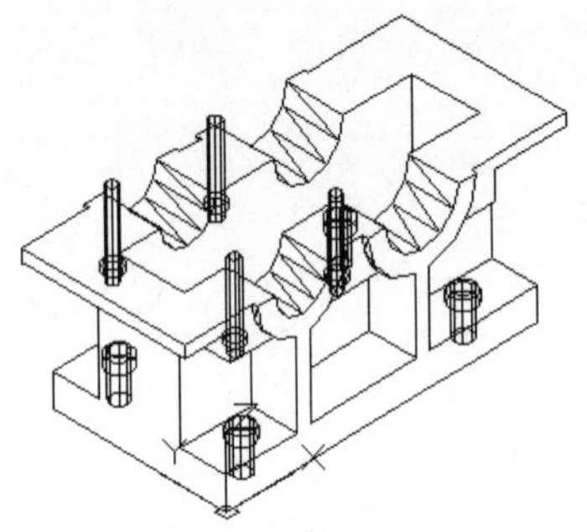

图 18-13　矩形阵列图形

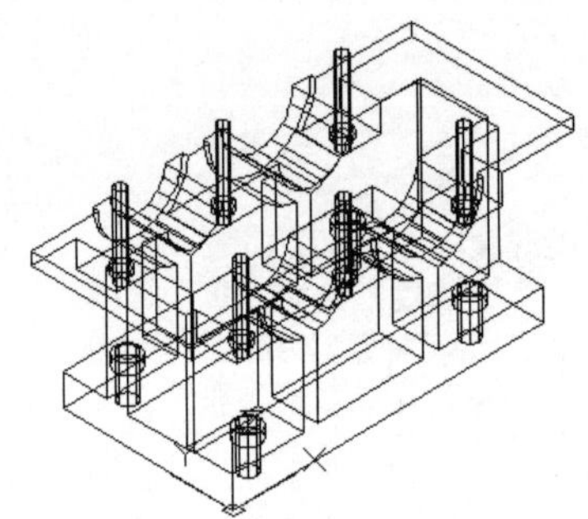

图 18-14　三维镜像图形

（7）单击“三维工具”选项卡下“建模”面板中的“圆柱体”按钮，采用指定底面圆心点、底面半径和圆柱高度的模式，绘制两个圆柱体：

① 底面中心点为（335,62,120），半径为 4.5，高度为 40。

② 底面中心点为（335,62,130），半径为 7.5，高度为 11。

结果如图 18-15 所示。

（8）选择菜单栏中的“修改/三维操作/三维镜像”命令，镜像对象为刚绘制的两个圆柱体，镜像平面上 3 点是{(0,85,0),(100,85,0),(0,85,100)}，切换到东南等轴测视图，三维镜像结果如图 18-16 所示。

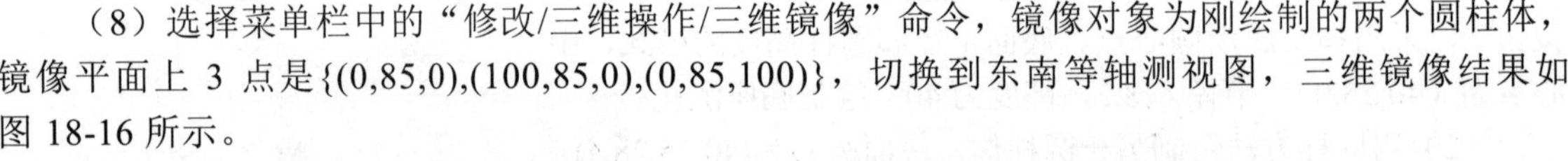

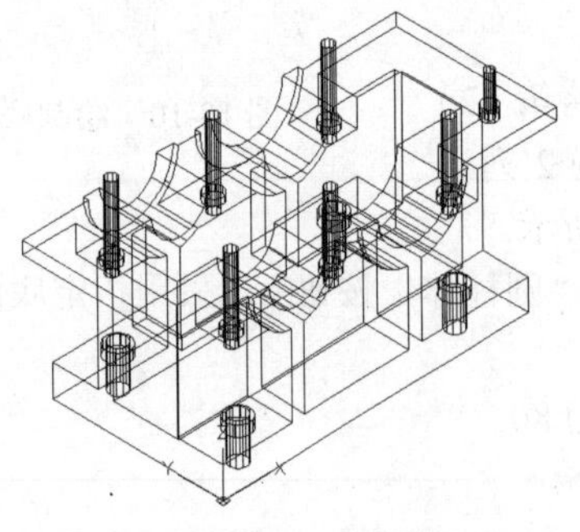

图 18-15　绘制螺栓通孔

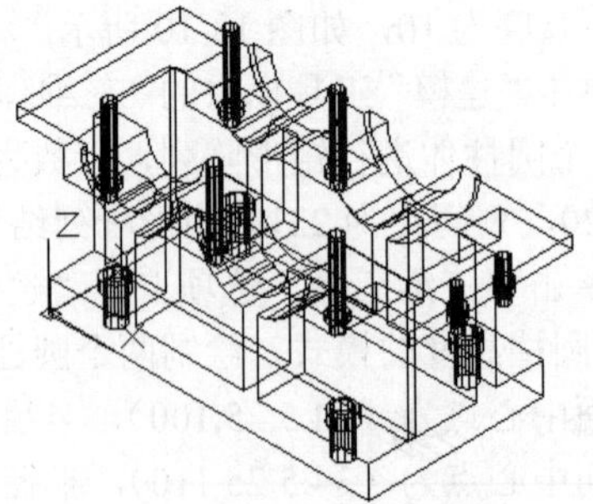

图 18-16　三维镜像图形

（9）单击“三维工具”选项卡下“建模”面板中的“圆柱体”按钮，采用指定底面圆心点、底面半径和圆柱高度的模式，底面中心点为（288,25,130），半径为 4，高度为 30，绘制销孔。

（10）用同样方法绘制另一圆柱体，底面圆心点为（-17,112,130），底面半径为 4，圆柱高度为 30。结果如图 18-17 所示，左侧图显示处于箱体右侧顶面的销孔，右侧图显示处于箱体左侧顶面的销孔。

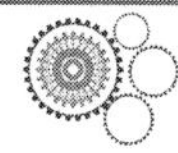

（11）单击“三维工具”选项卡下“实体编辑”面板中的“差集”按钮，从箱体主体中减去所有圆柱体，形成箱体孔系，如图 18-18 所示。

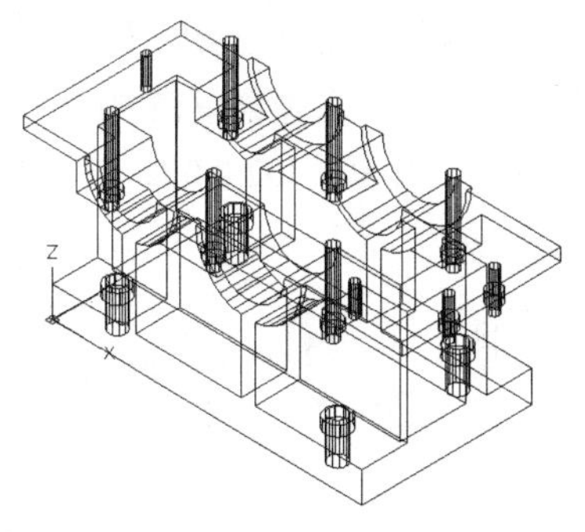

图 18-17　绘制销孔

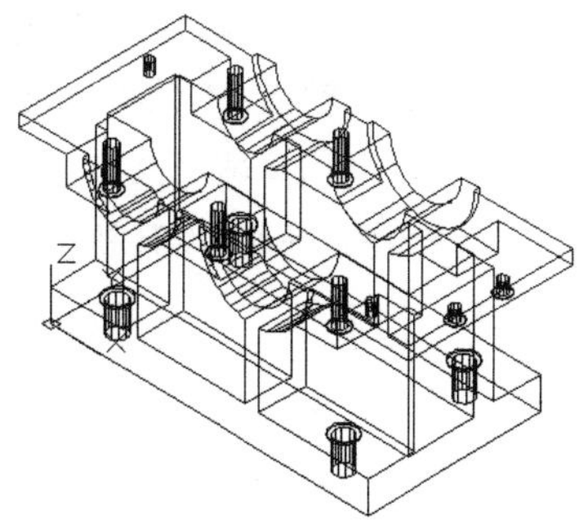

图 18-18　绘制箱体孔系

18.1.3　绘制箱体其他部件

操作步骤如下：

（1）单击“三维工具”选项卡下“建模”面板中的“长方体”按钮，采用角点和长宽高模式绘制两个长方体：

① 以（-35,75,113）为角点，长度为 35，宽度为 20，高度为 27。

② 以（310,75,113）为角点，长度为 35，宽度为 20，高度为 27。

（2）单击“三维工具”选项卡下“建模”面板中的“圆柱体”按钮，采用指定两个底面圆心点和底面半径的模式绘制两个圆柱体：

① 以（-11,45,113）为底面圆心，半径为 11，轴端点为（-11,125,113）。

② 以（321,45,113）为底面圆心，半径为 11，轴端点为（321,125,113）。

结果如图 18-19 所示。

（3）单击“三维工具”选项卡下“实体编辑”面板中的“差集”按钮，从左右 2 个长方体中减去圆柱体，形成左右耳片。

（4）单击“三维工具”选项卡下“实体编辑”面板中的“并集”按钮，将现有的左右耳片与箱体主体合并使之成为一个三维实体，如图 18-20 所示。

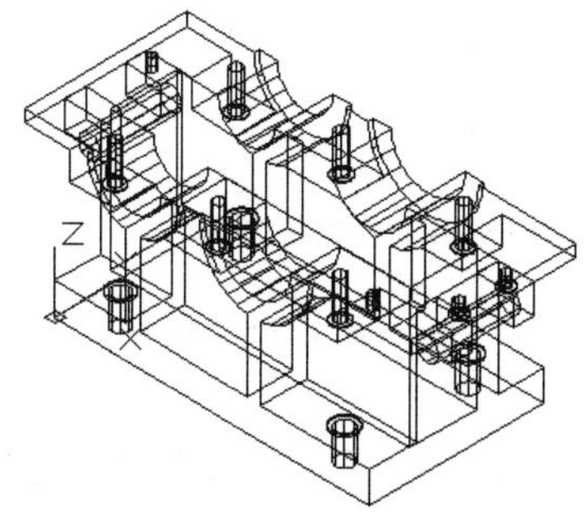

图 18-19　绘制长方体和圆柱体

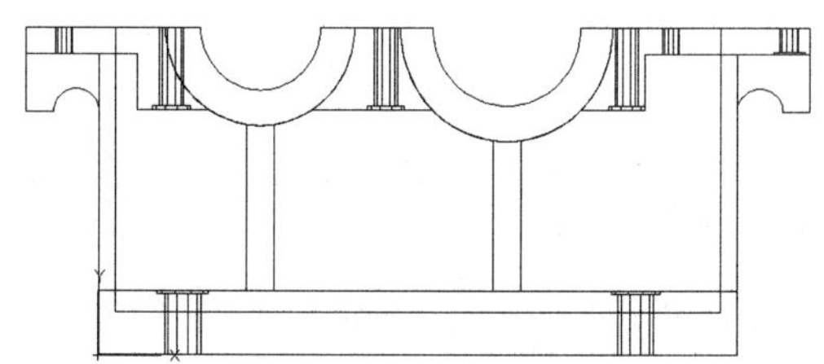

图 18-20　绘制耳片

（5）在命令行中输入“UCS”命令，将当前坐标系绕 X 轴旋转 90°。

（6）单击“三维工具”选项卡下“建模”面板中的“圆柱体”按钮，采用指定两个底面圆心

Note

点和底面半径的模式绘制两个圆柱体：

① 以（320,85,-85）为圆心，半径为 14，轴端点为（@-50<45）。

② 以（320,85,-85）为圆心，半径为 8，轴端点为（@-50<45）。前视图显示如图 18-21 所示。

（7）在命令行中输入“UCS”命令，将坐标系恢复到世界坐标系。选择菜单栏中的“修改/三维操作/剖切”命令，剖切掉两个圆柱体左侧实体，剖切平面上的 3 点为（302,0,0）、（302,0,100）和（302,100,0），保留两个圆柱体右侧，剖切结果如图 18-22 所示。

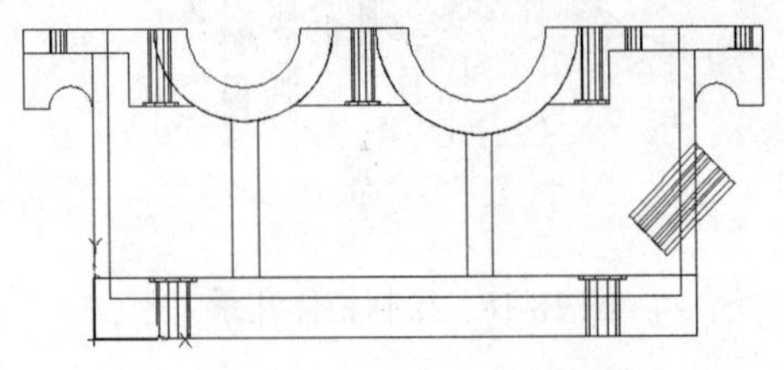

图 18-21　绘制圆柱体

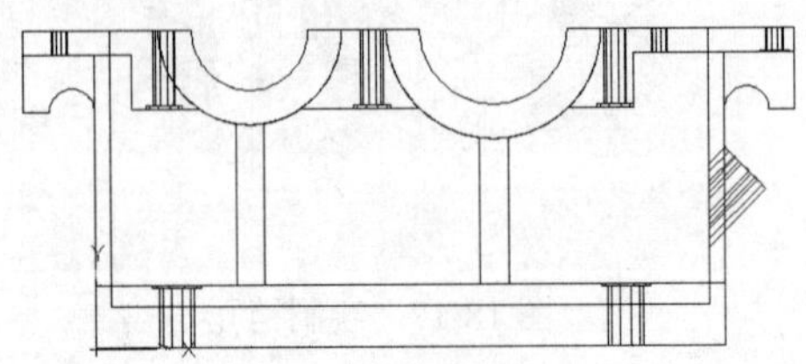

图 18-22　剖切圆柱体

（8）单击“三维工具”选项卡下“实体编辑”面板中的“并集”按钮，将箱体和大圆柱体合并为一个整体。

（9）单击“三维工具”选项卡下“实体编辑”面板中的“差集”按钮，从箱体中减去小圆柱体，形成油标尺插孔，东南等轴测消隐后的结果如图 18-23 所示。

（10）在命令行中输入“UCS”命令，将坐标系返回世界坐标系。单击“三维工具”选项卡下“建模”面板中的“圆柱体”按钮，采用指定两个底面圆心点和底面半径的模式绘制圆柱体：以（302,85,24）为底面圆心，半径为 7，轴端点为（330,85,24）。

（11）单击“建模”工具栏中的“长方体”按钮，采用角点和长宽高模式绘制长方体，角点为（310,72.5,13），长度为 4，宽度为 23，高度为 23，如图 18-24 所示。

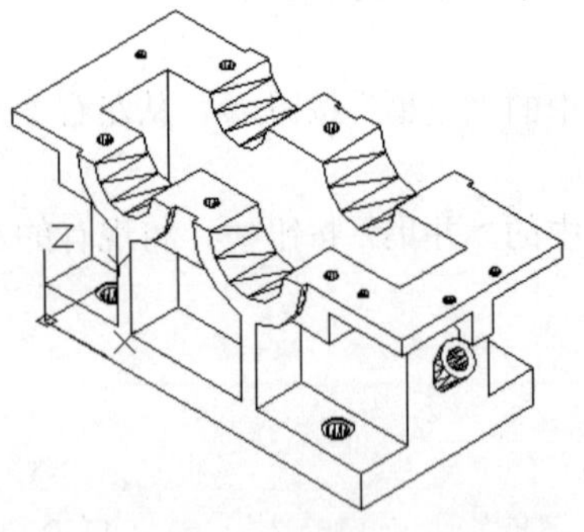

图 18-23　绘制油标尺插孔

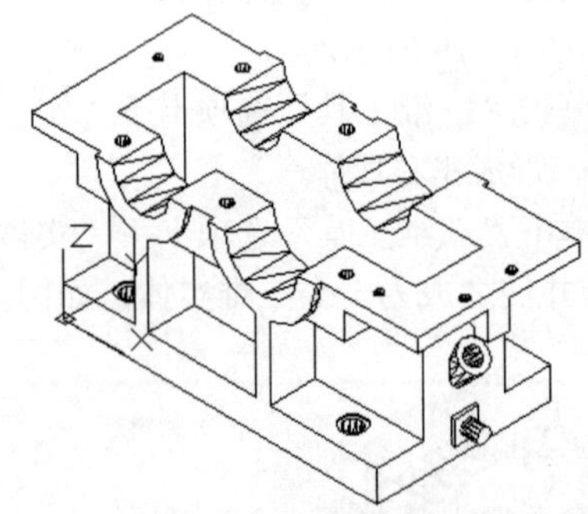

图 18-24　绘制长方体

（12）单击“三维工具”选项卡下“实体编辑”面板中的“并集”按钮，将箱体和长方体合并为一个整体。

（13）单击“三维工具”选项卡下“实体编辑”面板中的“差集”按钮，从箱体中减去圆柱体，消隐后如图 18-25 所示。

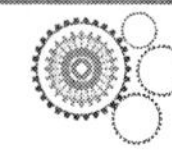

18.1.4　细化箱体

操作步骤如下：

（1）单击“默认”选项卡下“修改”面板中的“圆角”按钮，对箱体底板、中间膛体和顶板的各自 4 个直角外沿倒圆角，圆角半径为 10。

（2）使用同样方法，对箱体膛体 4 个直角内沿倒圆角，圆角半径为 5。

（3）使用同样方法，对箱体前后肋板的各直角边沿倒圆角，圆角半径为 3。

（4）使用同样方法，对箱体左右两个耳片直角边沿倒圆角，圆角半径为 5。

（5）使用同样方法，对箱体顶板下方的螺栓筋板的直角边沿倒圆角，圆角半径为 10，结果如图 18-26 所示。

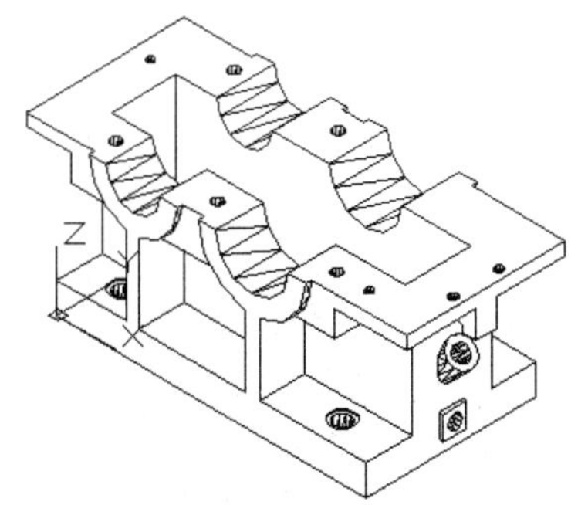

图 18-25　绘制放油孔

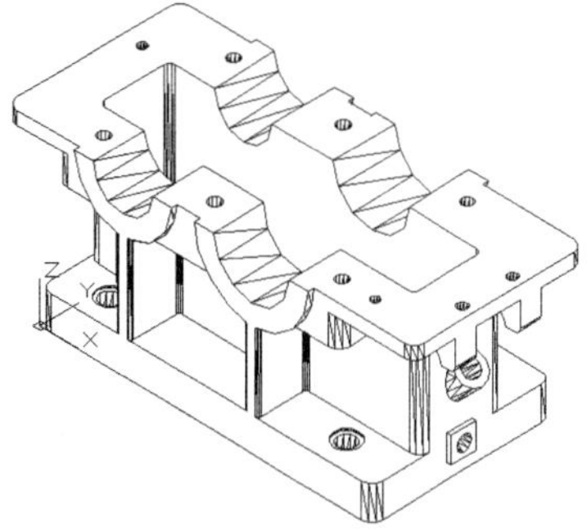

图 18-26　箱体倒角

（6）单击“三维工具”选项卡下“建模”面板中的“长方体”按钮，采用角点和长宽高模式绘制长方体，角点为（0,43,0），长度为 310，宽度为 84，高度为 5，绘制底板凹槽。

（7）单击“三维工具”选项卡下“实体编辑”面板中的“差集”按钮，从箱体中减去长方体。

（8）单击“默认”选项卡下“修改”面板中的“圆角”按钮，对凹槽的直角内沿倒圆角，圆角半径为 5mm，如图 18-27 所示。

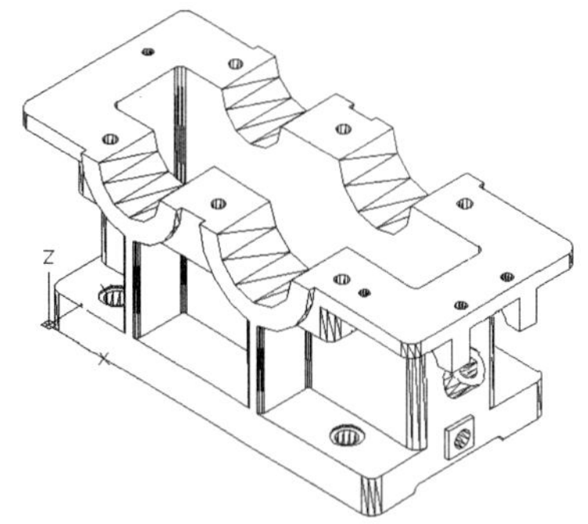

图 18-27　绘制底板凹槽

18.1.5　渲染视图

操作步骤如下：

（1）赋予材质。

① 单击“视图”选项卡下“选项板”面板中的“材质浏览器”按钮，弹出“材质浏览器”选项板。

② 选择合适的材质，如图 18-28 所示，并将其赋予减速器箱体零件，关闭选项板。

（2）渲染实体。单击“视图”选项卡下“选项板”面板中的“高级渲染设置”按钮，选择适

Note

当的材质对图形进行渲染，结果如图 18-29 所示。

（3）概念显示。单击“可视化”选项卡下“视觉样式”面板中的“概念”按钮，西南等轴测结果如图 18-30 所示。

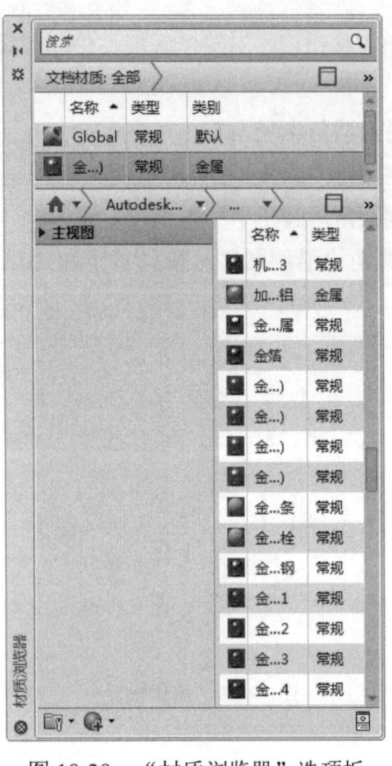

图 18-28　“材质浏览器”选项板

图 18-29　渲染实体

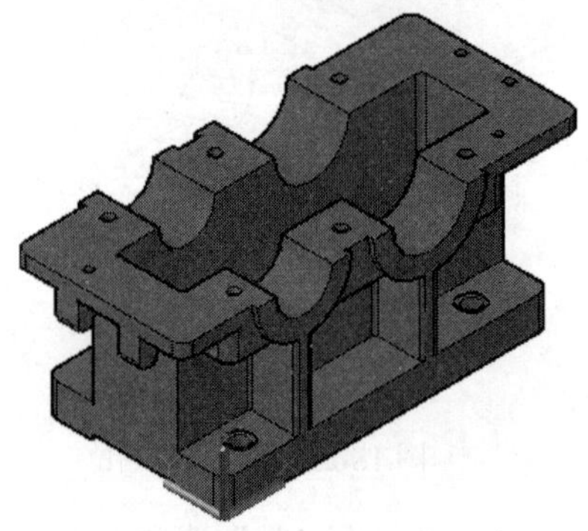

图 18-30　概念显示结果

视频讲解

18.2　减速器箱盖三维设计

减速器箱盖的绘制过程与箱体相似，均为箱体类三维图形绘制，从绘图环境的设置、多种三维实体绘制命令、用户坐标系的建立到剖切实体都得到了充分使用，是系统使用 AutoCAD 2018 三维绘图功能的综合实例。首先绘制减速器箱盖的主体部分，绘制箱盖的轴承通孔、筋板和侧面肋板，调用布尔运算完成箱体主体设计和绘制，然后绘制箱盖底板上的螺纹、销等孔系，最后对实体进行渲染，得到最终的箱体三维立体图，如图 18-31 所示。

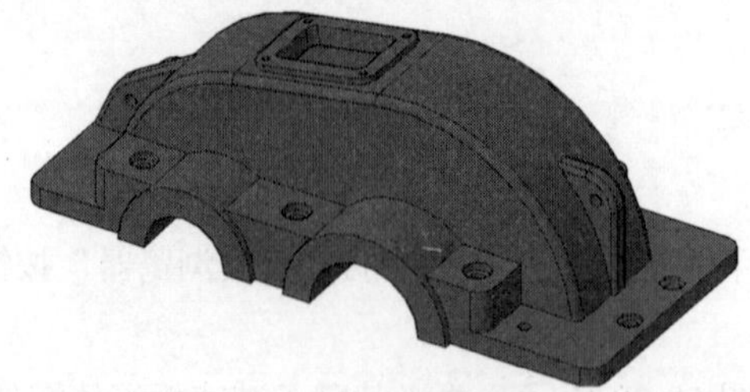

图 18-31　箱盖立体图

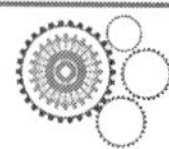

18.2.1 绘制箱盖主体

操作步骤如下：

（1）将当前视图方向设置为西南等轴测视图。

（2）在命令行中输入“UCS”命令，将坐标系绕 Y 轴旋转 90°。然后单击“默认”选项卡下“绘图”面板中的“直线”按钮，以坐标{（0,-116），（0,197）}绘制一条直线。单击“默认”选项卡下“绘图”面板中的“圆弧”按钮，分别以（0,0）为圆心、以（0,-116）为一端点绘制-120°的圆弧和以（0,98）为圆心、以（0,197）为一端点绘制 120°的圆弧，再单击“默认”选项卡下“绘图”面板中的“直线”按钮，绘制两圆弧的切线，结果如图 18-32 所示。

（3）单击“默认”选项卡下“修改”面板中的“修剪”按钮，对图形进行修剪，然后将多余的线段删除，结果如图 18-33 所示。

（4）单击“默认”选项卡下“修改”面板中的“编辑多段线”按钮，将两段圆弧和两段直线合并为一条多段线，满足“拉伸实体”命令的要求。

（5）单击“三维工具”选项卡下“建模”面板中的“拉伸”按钮，将第（4）步绘制的多段线拉伸 40.5mm，如图 18-34 所示。

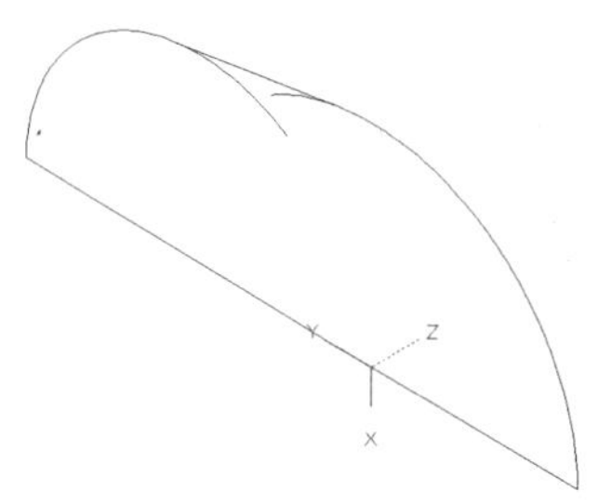

图 18-32 绘制草图

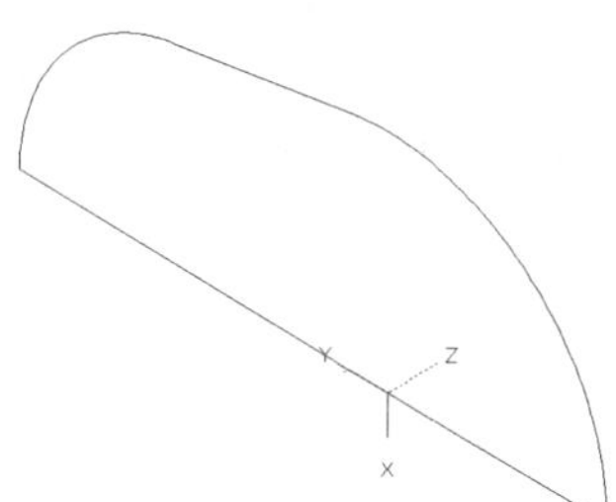

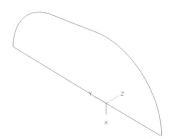

图 18-33 修剪完成后

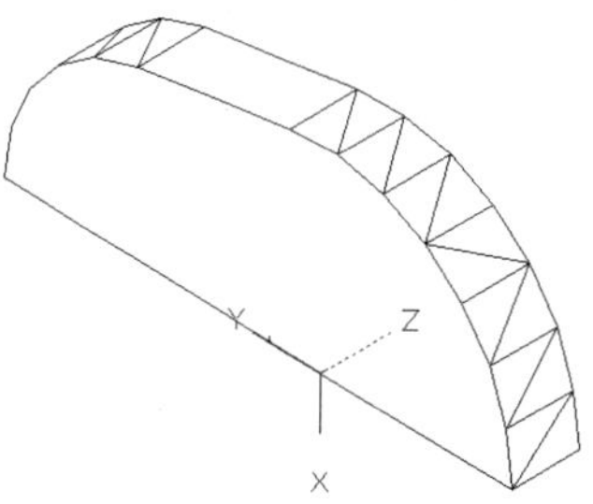

图 18-34 拉伸后的图形

（6）单击“默认”选项卡下“绘图”面板中的“直线”按钮，依次连接坐标（0,-150）、（0,230）、（-12,230）、（-12,187）、（-38,187）、（-38,-77）、（-12,-77）、（-12,-150）和（0,-150）绘制箱盖拉伸的轮廓，结果如图 18-35 所示。

（7）单击“默认”选项卡下“修改”面板中的“编辑多段线”按钮，将直线合并为一条多段线，满足“拉伸实体”命令的要求。

（8）单击“三维工具”选项卡下“建模”面板中的“拉伸”按钮，将第（7）步绘制的多段线拉伸 80，如图 18-36 所示。

（9）单击“三维工具”选项卡下“建模”面板中的“圆柱体”按钮，采用指定两个底面圆心点和底面半径的模式，绘制两个圆柱体：

① 以（0,120,0）为底面中心点，半径为 45，高度为 85。

② 以（0,0,0）为底面中心点，半径为 53.5，高度为 85。

结果如图 18-37 所示。

（10）绘制吊耳。

① 将当前视图设置为左视图。单击“默认”选项卡下“绘图”面板中的“圆”按钮，以点（-192,23）为圆心、R30 为半径绘制圆，再以点（98,65）为圆心、R20 为半径绘制圆。

Note

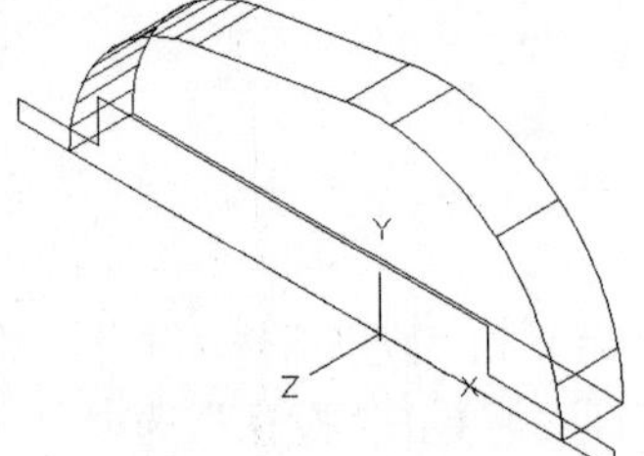

图 18-35　绘制草图

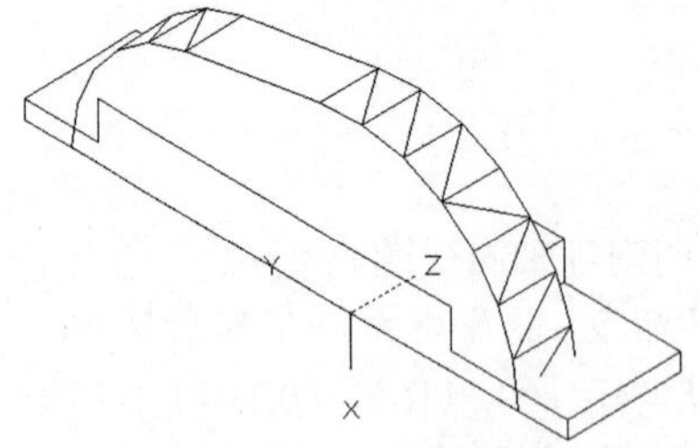

图 18-36　拉伸后的图形

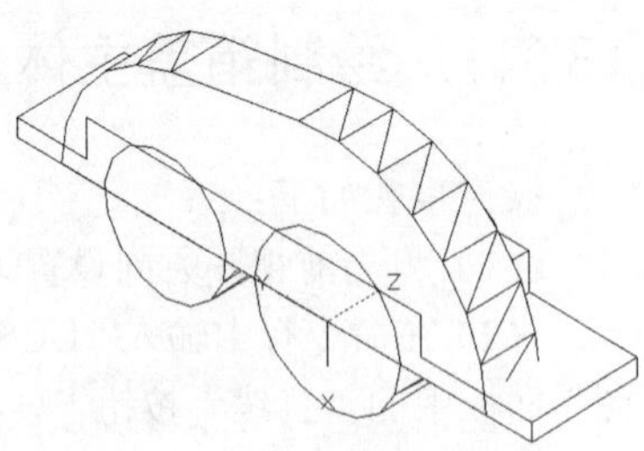

图 18-37　绘制圆柱体

② 单击“默认”选项卡下“绘图”面板中的“直线”按钮，分别绘制两圆的切线和连接线。

③ 单击“默认”选项卡下“修改”面板中的“修剪”按钮，对圆进行修剪，结果如图 18-38 所示。

④ 单击“默认”选项卡下“修改”面板中的“编辑多段线”按钮，分别将两侧的直线和圆弧合并为两条多段线，满足“拉伸实体”命令的要求。

⑤ 将当前视图设置为西南等轴测。单击“三维工具”选项卡下“建模”面板中的“拉伸”按钮，对两个吊耳的轮廓线进行拉伸，高度为-6，如图 18-39 所示。

⑥ 单击“三维工具”选项卡下“实体编辑”面板中的“并集”按钮，将所有实体进行并集，结果如图 18-40 所示。

⑦ 改变坐标系。在命令行中输入“UCS”命令，使坐标系绕 Z 轴旋转-90°，再绕 X 轴旋转 180°。

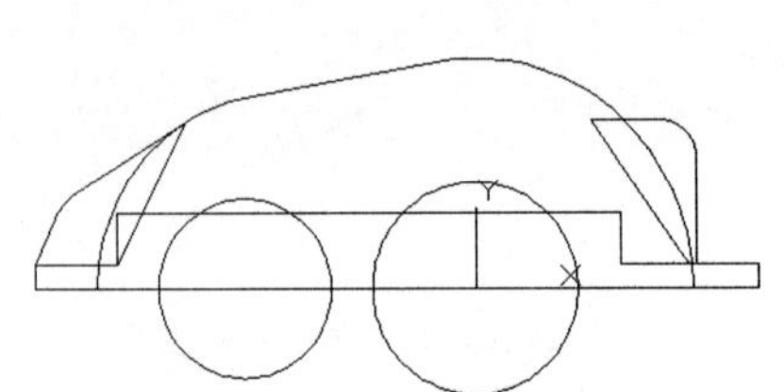

图 18-38　绘制吊耳轮廓线

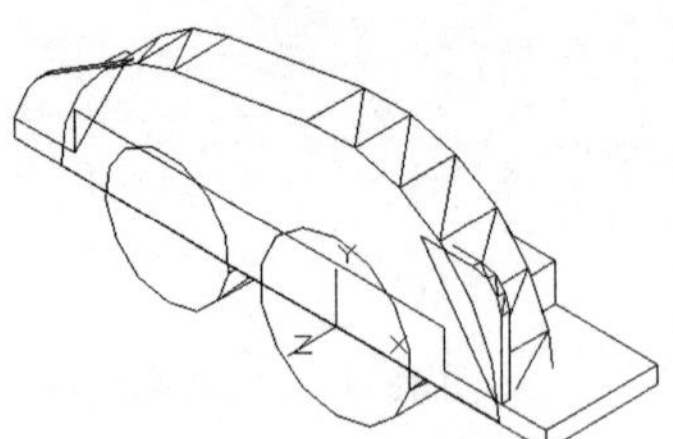

图 18-39　绘制吊耳

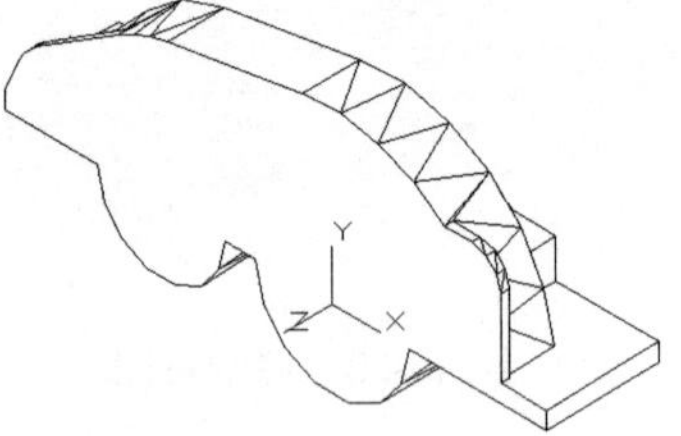

图 18-40　布尔运算求并集

18.2.2　绘制剖切部分

操作步骤如下：

（1）单击“默认”选项卡下“绘图”面板中的“直线”按钮，以坐标（0,-108）、（0,189）绘制一条直线。单击“默认”选项卡下“绘图”面板中的“圆弧”按钮，分别以（0,0）为圆心，（0,-108）为一端点绘制-120°的圆弧和以（0,98）为圆心、（0,189）为一端点绘制 120°的圆弧，再单击“默认”选项卡下“绘图”面板中的“直线”按钮，绘制两圆弧的切线，结果如图 18-41 所示。

（2）单击“修改”工具栏中的“修剪”按钮，对图形进行修剪，然后将多余的线段删除，结果如图 18-42 所示。

（3）单击“默认”选项卡下“修改”面板中的“编辑多段线”按钮，将两段圆弧和两段直线合并为一条多段线，满足“拉伸实体”命令的要求。

（4）单击“三维工具”选项卡下“建模”面板中的“拉伸”按钮，将第（3）步绘制的多段线拉伸 32.5mm，如图 18-43 所示。

（5）单击“三维工具”选项卡下“建模”面板中的“圆柱体”按钮，采用指定两个底面圆心

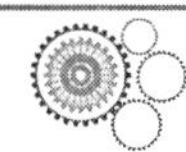

点和底面半径的模式绘制两个圆柱体：

① 以（0,120,0）为底面中心点，半径为 27.5，高度为 85。

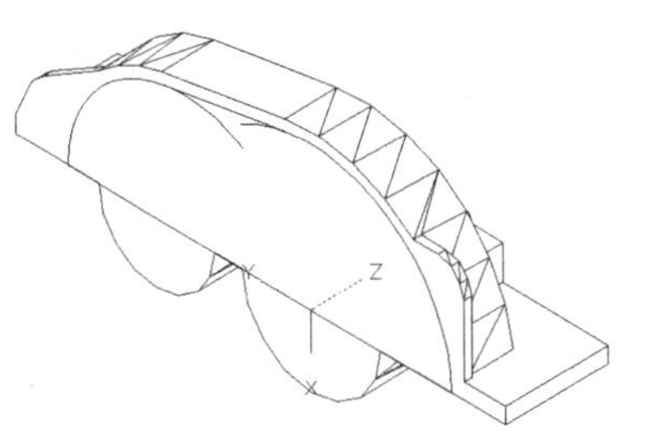

图 18-41　绘制草图

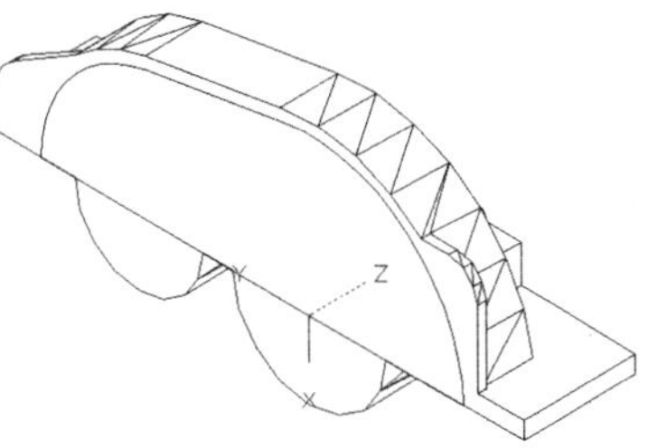

图 18-42　修剪完成后

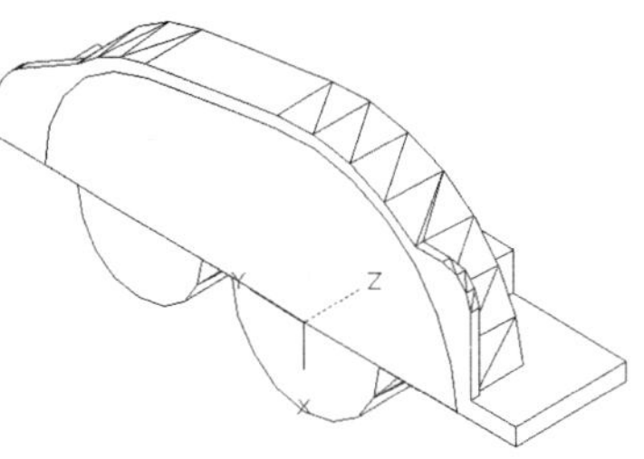

图 18-43　拉伸后的图形

② 以（0,0,0）为底面中心点，半径为 36，高度为 85。

结果如图 18-44 所示。

（6）单击“三维工具”选项卡下“实体编辑”面板中的“差集”按钮，从箱盖主体中减去剖切部分和两个轴承通孔，消隐后的结果如图 18-45 所示。

（7）单击“三维工具”选项卡下“实体编辑”面板中的“剖切”按钮，从箱体主体中剖切掉顶面上多余的实体，沿 YZ 平面将图形剖切开，保留箱盖上方，结果如图 18-46 所示。

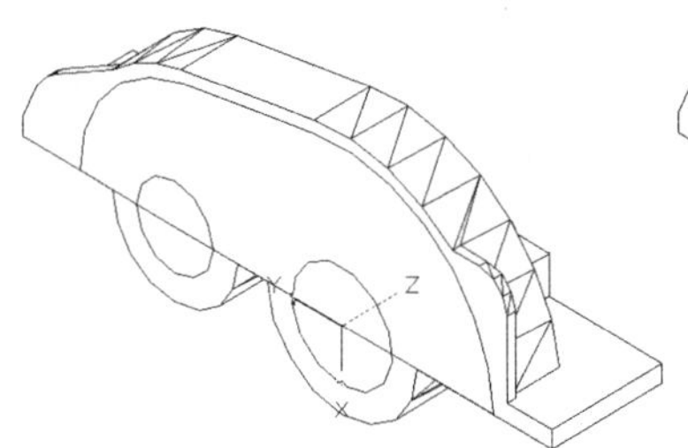

图 18-44　绘制轴承通孔

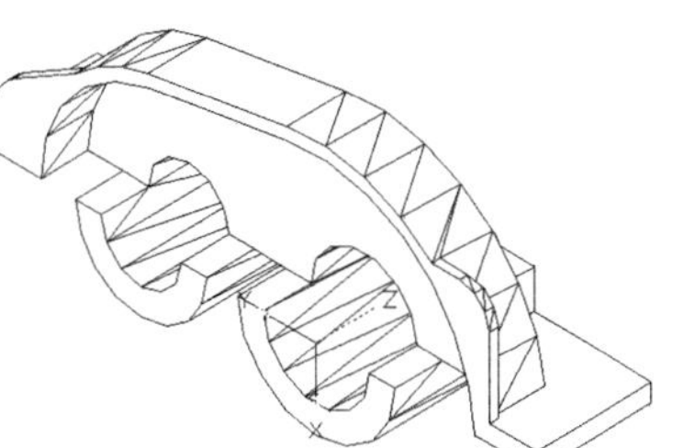

图 18-45　布尔运算求差集

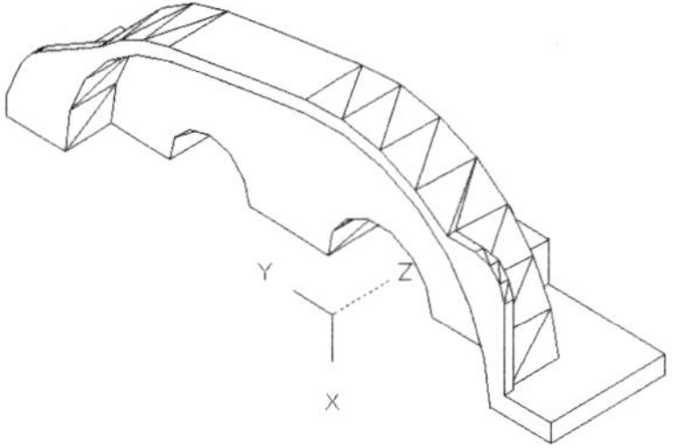

图 18-46　剖切实体图

（8）选择菜单栏中的“修改/三维操作/三维镜像”命令，将第（7）步创建的箱盖部分进行镜像处理，镜像的平面为由 XY 组成的平面。消隐后的结果如图 18-47 所示。

（9）单击“三维工具”选项卡下“实体编辑”面板中的“并集”按钮，将两个实体合并使之成为一个三维实体，结果如图 18-48 所示。

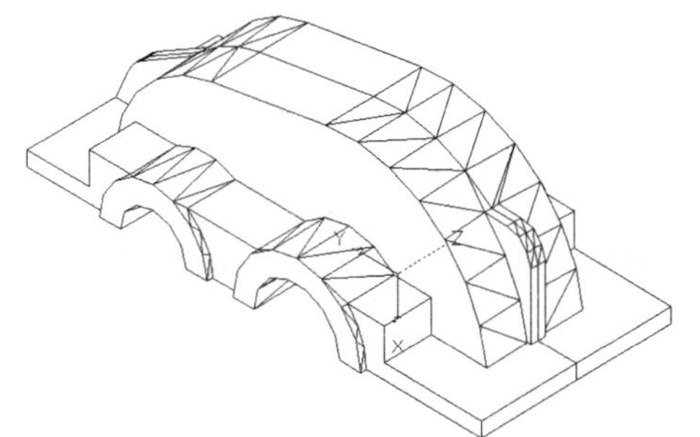

图 18-47　镜像处理后的图形

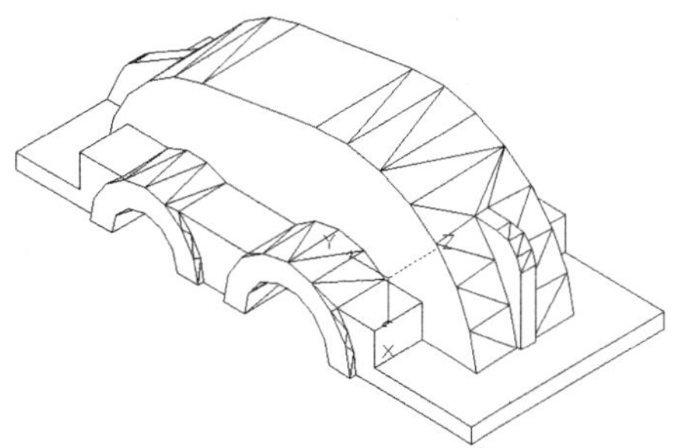

图 18-48　布尔运算求并集

18.2.3 绘制箱盖孔系

操作步骤如下：

（1）选择“视图”选项卡下“坐标”面板中的“UCS，世界”命令，将坐标系恢复到世界坐标系。单击“三维工具”选项卡下“建模”面板中的“圆柱体”按钮，采用指定底面圆心点、底面半径和圆柱高度的模式，绘制两个圆柱体：

① 底面中心点为（-60,-59.5,48），半径为5.5，高度为-80。

② 底面中心点为（-60,-59.5,38），半径为9，高度为-5。

结果如图18-49所示。

（2）选择菜单栏中的“修改/三维操作/三维镜像”命令，将第（1）步创建的两个圆柱体进行镜像处理，镜像的平面为YZ平面。三维镜像结果如图18-50所示。

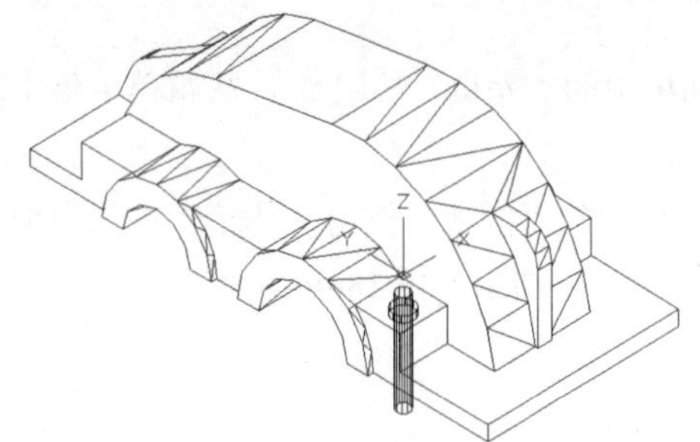

图18-49　绘制螺栓通孔

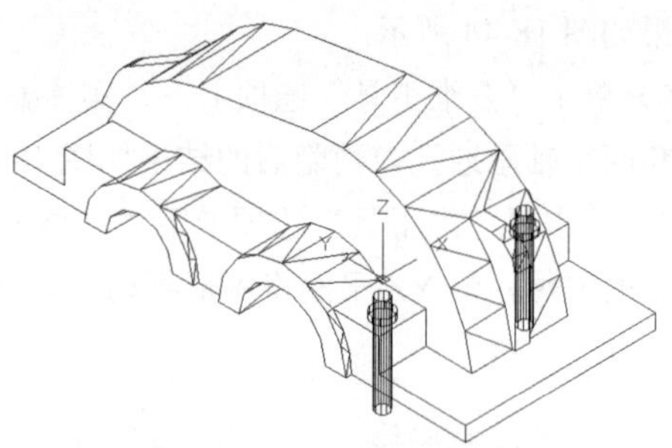

图18-50　第一次三维镜像图形

（3）使用同样方法，将第（1）和第（2）步创建的4个圆柱体进行镜像处理，镜像的平面为ZX平面。三维镜像结果如图18-51所示。

（4）选择菜单栏中的“修改/三维操作/三维阵列”命令，将第（3）步绘制的中间的4个圆柱体阵列2行、1列、1层、行间距为103，矩形阵列后结果如图18-52所示。

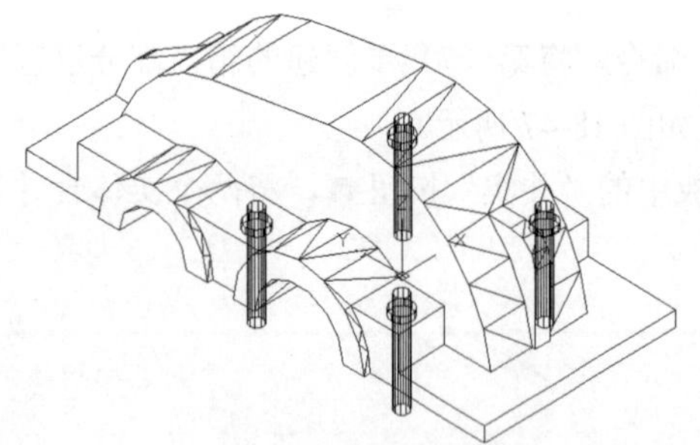

图18-51　三维镜像图形

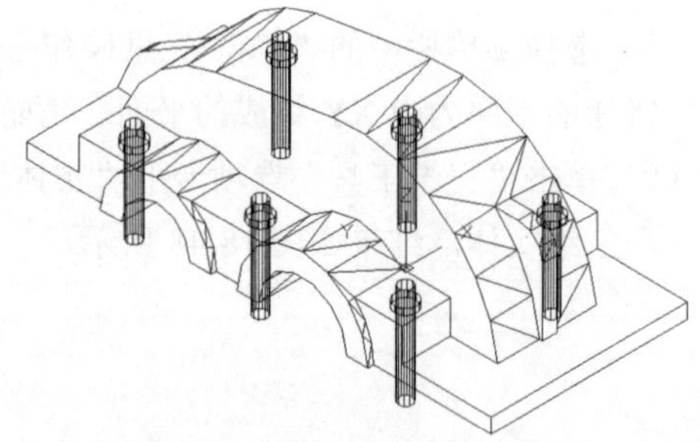

图18-52　矩形阵列图形

（5）单击“三维工具”选项卡下“建模”面板中的“圆柱体”按钮，采用指定底面圆心点、底面半径和圆柱高度的模式，底面中心点为（-23,-138,22），半径为4.5，高度为-40。

（6）使用同样方法，采用指定底面圆心点、底面半径和圆柱高度的模式，底面中心点为（-23,-138,12），半径为7.5，高度为-2，如图18-53所示。

（7）选择菜单栏中的“修改/三维操作/三维镜像”命令，镜像对象为刚绘制的两个圆柱体，镜像平面为YZ面，三维镜像结果如图18-54所示。

（8）单击“三维工具”选项卡下“建模”面板中的“圆柱体”按钮，采用指定底面圆心点、底

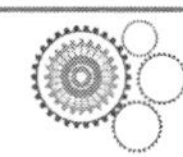

面半径和圆柱高度的模式，底面中心点为（-60,-91,22），半径为 4，高度为-30，绘制销孔。

（9）使用同样方法绘制另一圆柱体，底面圆心点为（27, 214, 22），底面半径为 4，圆柱高度为-30。结果如图 18-55 所示，左侧图显示处于箱体右侧顶面的销孔，右侧图显示处于箱体左侧顶面的销孔。

（10）单击“三维工具”选项卡下“实体编辑”面板中的“差集”按钮，从箱体主体中减去所有圆柱体，形成箱体孔系，如图 18-56 所示。

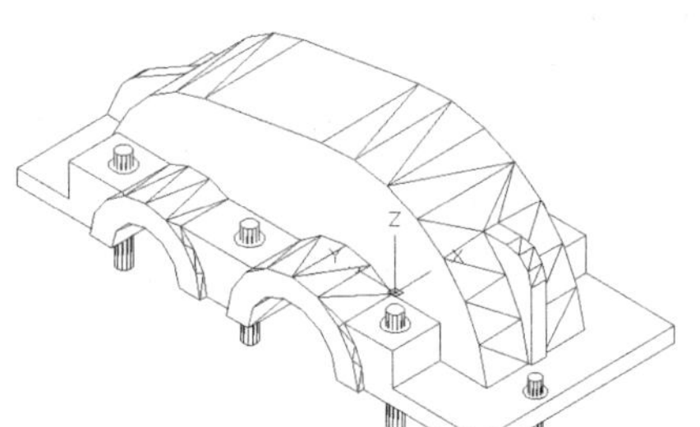

图 18-53　绘制螺栓通孔

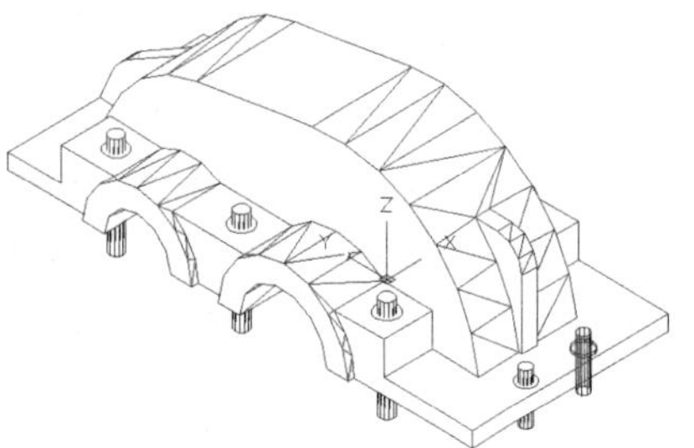

图 18-54　三维镜像图形

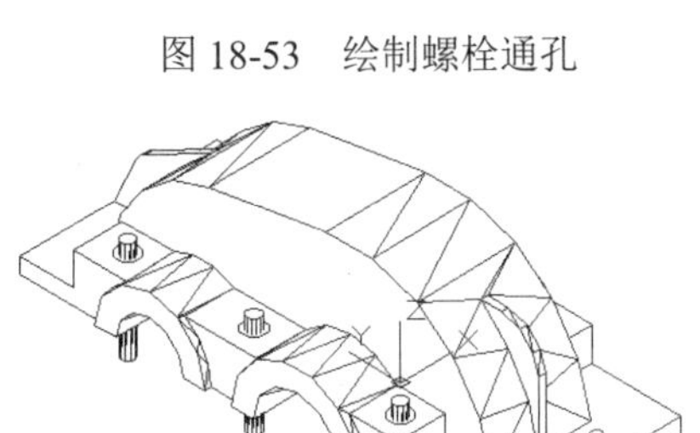

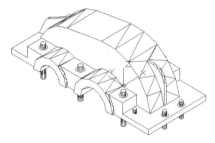

图 18-55　绘制销孔

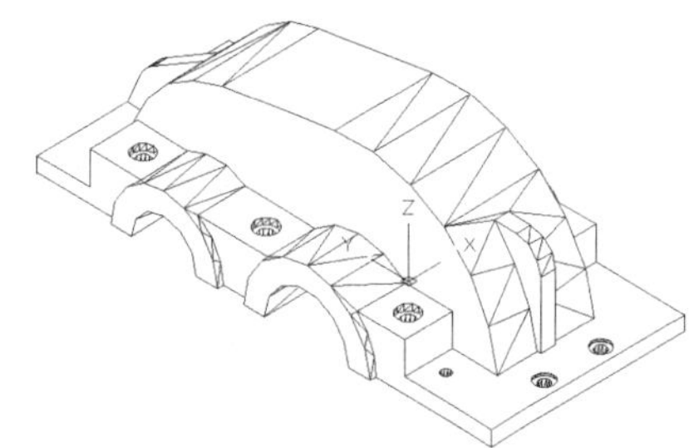

图 18-56　绘制箱体孔系

18.2.4　绘制箱体其他部件

操作步骤如下：

（1）在命令行中输入“UCS”命令，将坐标系绕 Y 轴旋转 90°。单击“三维工具”选项卡下“建模”面板中的“圆柱体”按钮，采用指定两个底面圆心点和底面半径的模式绘制两个圆柱体：

① 以（-35,205,20）为底面圆心，半径为 4，圆柱高度为-40。

② 以（-70,-105,20）为底面圆心，半径为 4，圆柱高度为-40。

结果如图 18-57 所示。

（2）单击“三维工具”选项卡下“实体编辑”面板中的“差集”按钮，从箱盖减去两个圆柱体，形成左右耳孔，结果如图 18-58 所示。

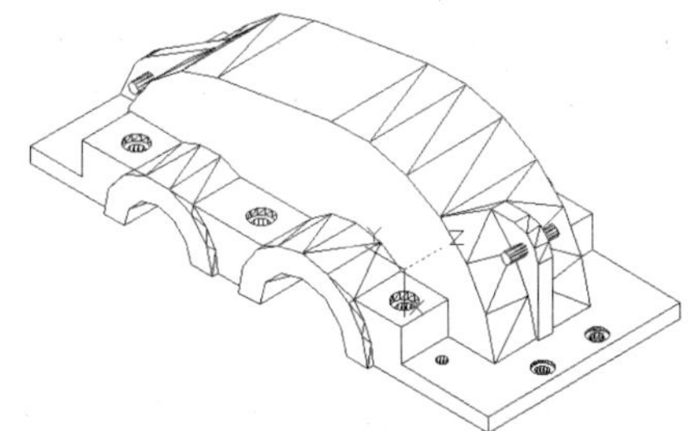

图 18-57　绘制圆柱体

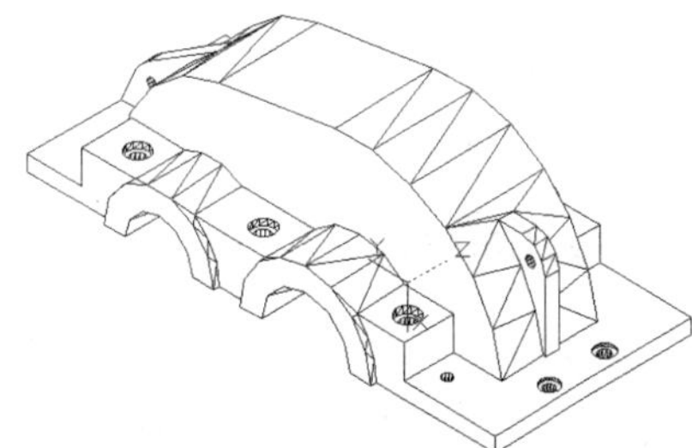

图 18-58　绘制耳孔

18.2.5 绘制视孔

操作步骤如下：

（1）绘制长方体。在命令行中输入“UCS”命令，首先将坐标系恢复为世界坐标系。再将坐标系绕 X 轴旋转-10°。单击“建模”工具栏中的“长方体”按钮，以（-30,10,110）为一角点，创建长为 60、宽为 80、高为 10 的长方体。

（2）布尔运算求并集。单击“三维工具”选项卡下“实体编辑”面板中的“并集”按钮，将两个实体合并使之成为一个三维实体，结果如图 18-59 所示。

（3）绘制孔。单击“三维工具”选项卡下“建模”面板中的“长方体”按钮，以（-20,20,100）为一角点，创建长为 40、宽为 60、高为 30 的长方体。

（4）布尔运算求差集。单击“三维工具”选项卡下“实体编辑”面板中的“差集”按钮，从箱盖减去长方体，形成视孔，如图 18-60 所示。

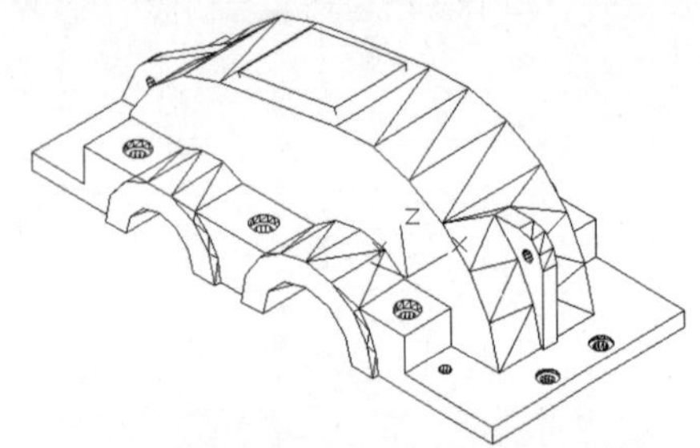

图 18-59 布尔运算求并集

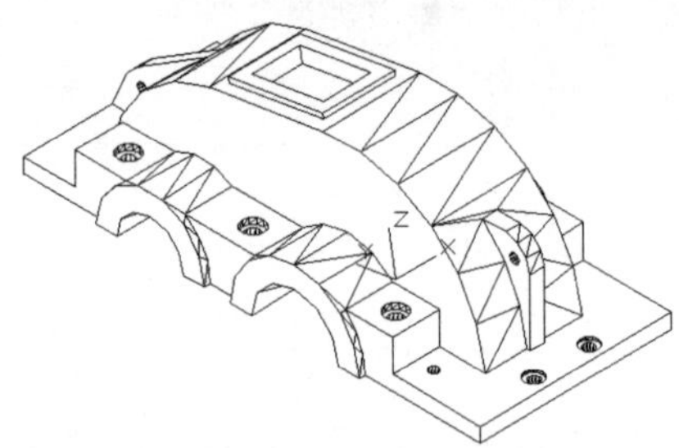

图 18-60 绘制视孔

（5）绘制圆柱体。单击“三维工具”选项卡下“建模”面板中的“圆柱体”按钮，采用指定 4 个底面圆心点和底面半径的模式绘制 4 个圆柱体：

① 以（-23,17,90）为底面圆心，半径为 2.5，圆柱高度为 50。

② 以（-23,83,90）为底面圆心，半径为 2.5，圆柱高度为 50。

③ 以（23,17,90）为底面圆心，半径为 2.5，圆柱高度为 50。

④ 以（23,83,90）为底面圆心，半径为 2.5，圆柱高度为 50。

（6）布尔运算求差集。单击“三维工具”选项卡下“实体编辑”面板中的“差集”按钮，从箱盖减去 4 个圆柱体，形成安装孔，如图 18-61 所示。利用 UCS 命令将坐标系恢复到世界坐标系。

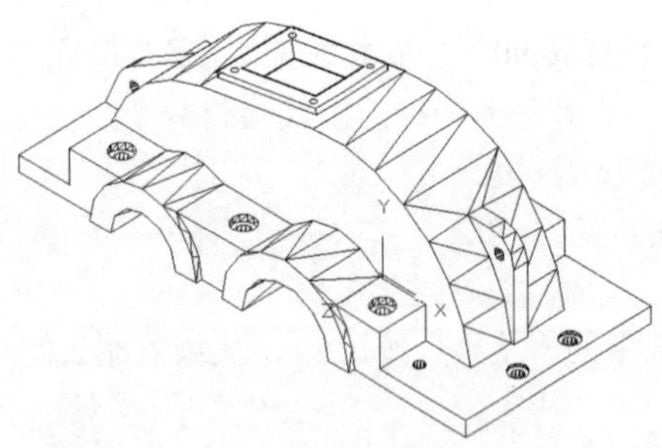

图 18-61 绘制安装孔

18.2.6 细化箱盖

操作步骤如下：

（1）箱盖外侧倒圆角。单击“默认”选项卡下“修改”面板中的“圆角”按钮，对箱盖底板、螺栓筋板和视孔外部的各自 4 个直角外沿倒圆角，圆角半径为 10。

（2）耳片倒圆角。单击“默认”选项卡下“修改”面板中的“圆角”按钮，对箱盖左右两个

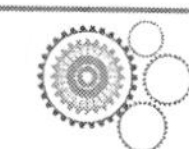

耳片直角边沿倒圆角，圆角半径为 5。

（3）视孔内部圆角。单击“默认”选项卡下“修改”面板中的“圆角”按钮，对箱盖顶板上方的内孔板的直角边沿倒圆角，圆角半径为 5。

（4）膛体内壁倒圆角。单击“默认”选项卡下“修改”面板中的“圆角”按钮，对箱盖膛体 4 个直角内沿倒圆角，圆角半径为 5，结果如图 18-62 所示。

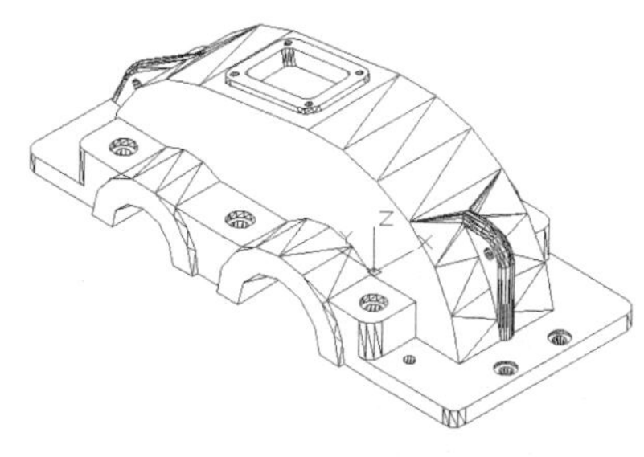

图 18-62　箱体倒角

18.2.7　渲染视图

操作步骤如下：

（1）赋予材质。

① 单击“视图”选项卡下“选项板”面板中的“材质浏览器”按钮，弹出“材质浏览器”选项板。

② 选择合适的材质，如图 18-63 所示，并将其赋予减速器箱体零件，关闭选项板。

（2）渲染实体。单击“可视化”选项卡下“渲染”面板中的“渲染到尺寸”按钮，选择适当的材质对图形进行渲染，渲染后的结果如图 18-64 所示。

（3）概念显示。单击“可视化”选项卡下“视觉样式”面板中的“概念”按钮，西南等轴测结果如图 18-65 所示。

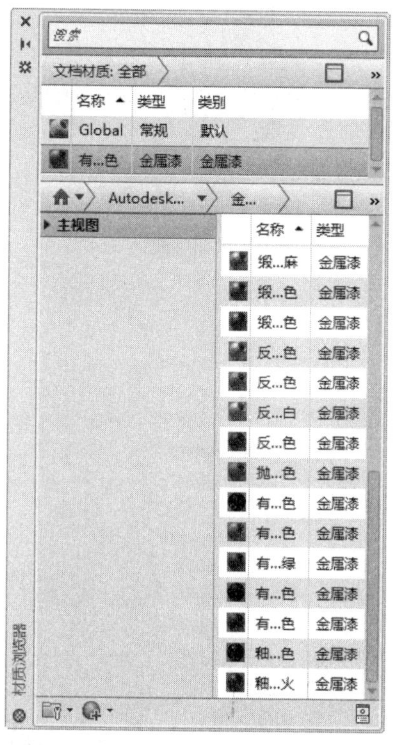

图 18-63　“材质浏览器”选项板

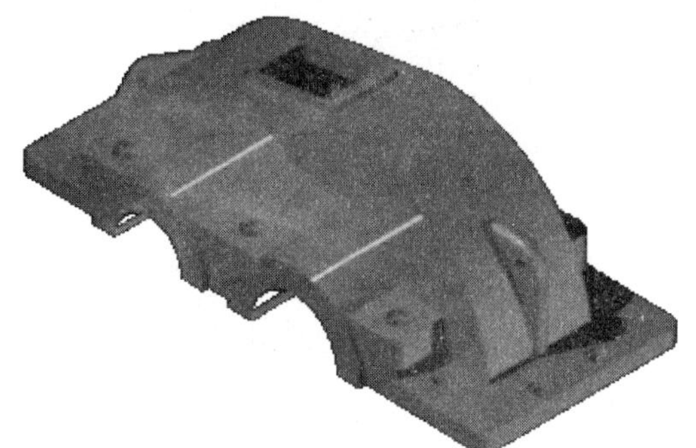

图 18-64　渲染后的实体

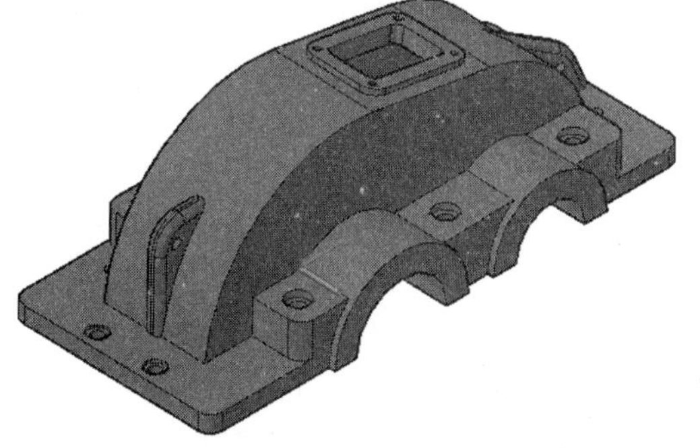

图 18-65　概念显示结果

18.3 实战演练

Note

【实战演练 1】壳体三维设计。

如图 18-66 所示，适当选取尺寸。

1．目的要求

三维图形具有形象逼真的优点，但是三维图形的创建比较复杂，读者需要掌握的知识比较多。本例要求读者熟悉三维模型创建的步骤，掌握三维模型的创建技巧。

2．操作提示

（1）利用圆柱体、长方体和差集命令创建壳体底座。

（2）利用圆柱体、长方体和并集命令创建壳体上部。

（3）利用圆柱体、长方体、并集以及二维命令创建壳体顶板。

（4）利用圆柱体和差集命令创建壳体孔。

（5）利用多段线、拉伸和三维镜像命令创建壳体肋板。

【实战演练 2】手压阀阀体三维设计。

如图 18-67 所示，适当选取尺寸。

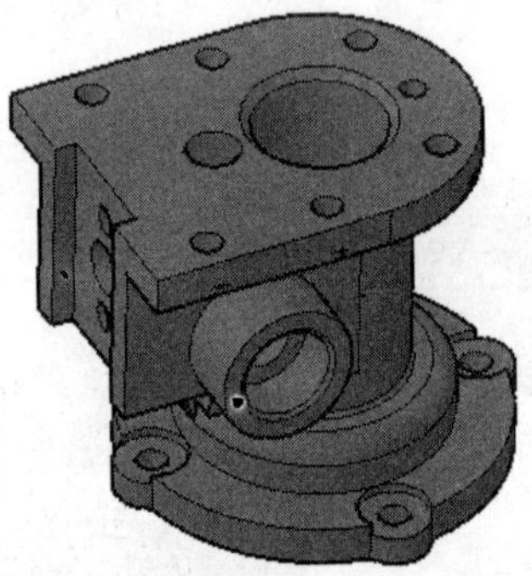

图 18-66　壳体

图 18-67　手压阀阀体

第 19 章

球阀三维造型设计

本章学习要点和目标任务：

☑ 标准件三维设计

☑ 非标准件三维设计

☑ 阀体与阀盖三维设计

☑ 球阀装配三维设计

球阀是工程中经常用到的机械装置，它由双头螺柱、螺母、密封圈、扳手、阀杆、阀芯、压紧套、阀体和阀盖等组成。本章主要介绍球阀装配立体图各个零件的三维设计。

阀体与阀盖的三维设计过程比较复杂，希望读者按照介绍的方法和步骤完成绘制。

19.1 标准件三维设计

本节介绍球阀中几个标准件的绘制方法，这些零件的绘制在前面没有讲过，或者讲述方法不相同，通过本节，主要学习一些基本三维绘制与编辑命令的使用方法。

Note

视频讲解

19.1.1 双头螺柱三维设计

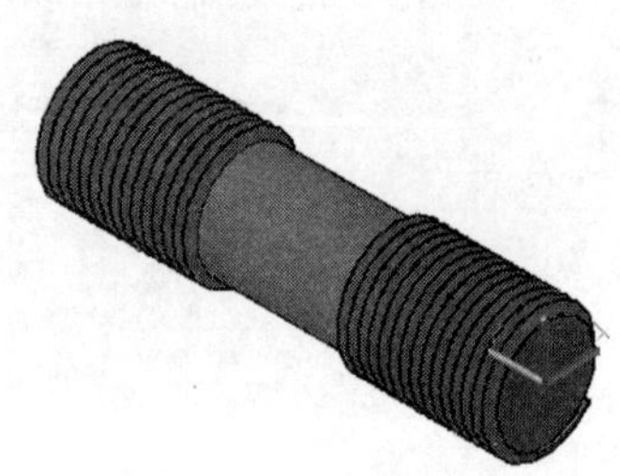

图 19-1 双头螺柱立体图

本例绘制的双头螺柱的型号为 AM12×30（GB 898—1988），其表示为公称直径 d=12mm，长度 L=30mm，性能等级为 4.8 级，不经表面处理，A 型的双头螺柱如图 19-1 所示。首先绘制单个螺纹，然后使用阵列命令阵列所有的螺纹，再绘制中间的连接圆柱体，最后绘制另一端的螺纹。

操作步骤如下：

1. 建立新文件

启动 AutoCAD 2018，使用默认设置绘图环境。单击快速访问工具栏中的“新建”按钮，打开“选择样板”对话框，单击“打开”按钮右侧的下拉按钮，以“无样板打开一公制（M）”方式建立新文件，将新文件命名为“双头螺柱三维设计.dwg”并保存。

2. 设置线框密度

在命令行中输入“ISOLINES”命令，更改设定值为 10。

3. 设置视图方向

（1）单击“视图”选项卡下“视图”面板中的“西南等轴测”按钮，将当前视图方向设置为西南等轴测视图。

（2）改变坐标系。在命令行中输入“UCS”命令，将当前坐标系绕 X 轴旋转 90°。

（3）绘制螺旋线。

① 单击“默认”选项卡下“绘图”面板中的“螺旋”按钮。

② 在命令行提示“指定底面的中心点:”后输入“0,0,0”。

③ 在命令行提示“指定底面半径或[直径(D)] <1.0000>:”后输入“5”。

④ 在命令行提示“指定顶面半径或[直径(D)] <6.7000>:”后输入“5”。

⑤ 在命令行提示“指定螺旋高度或[轴端点(A)/圈数(T)/圈高(H)/扭曲(W)] <1.0000>:”后输入“T”。

⑥ 在命令行提示“输入圈数<3.0000>:”后输入“15”。

⑦ 在命令行提示“指定螺旋高度或[轴端点(A)/圈数(T)/圈高(H)/扭曲(W)]<1.0000>:”后输入“-15”，结果如图 19-2 所示。

（4）绘制截面三角形。单击“默认”选项卡“绘图”面板中的“直线”按钮，绘制尺寸如图 19-3 所示的截面三角形，结果如图 19-4 所示。

（5）创建面域。单击“默认”选项卡下“绘图”面板中的“面域”按钮，对第（4）步绘制的三角形进行面域创建。

（6）创建螺纹。单击“三维工具”选项卡下“建模”面板中的“扫掠”按钮，根据系统提示

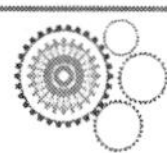

旋转扫掠对象和扫掠路径，生成螺纹。单击“可视化”选项卡下“视觉样式”面板中的“隐藏”按钮，结果如图 19-5 所示。

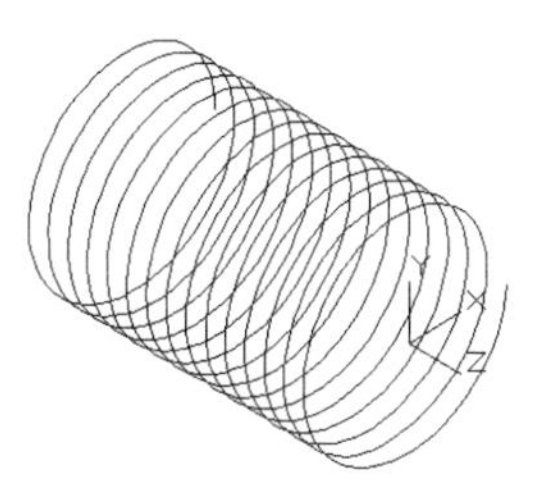

图 19-2 螺纹轮廓线

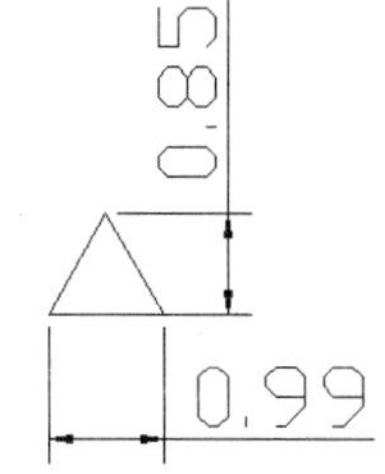

图 19-3 截面三角形尺寸图

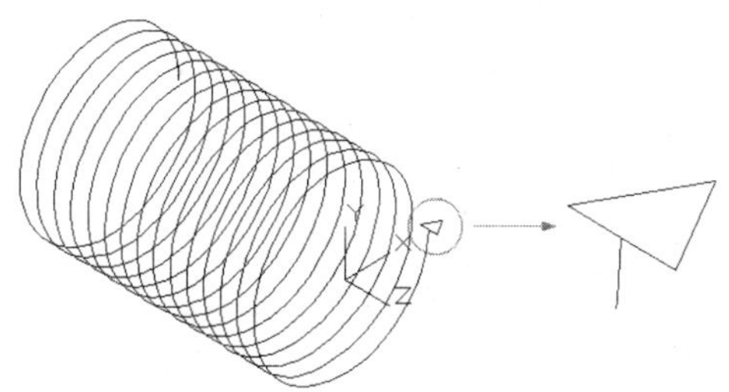

图 19-4 绘制截面三角形

4．绘制中间柱体

（1）改变坐标系。在命令行中输入“UCS”命令，将当前坐标系绕 X 轴旋转-90°。

（2）单击“三维工具”选项卡下“建模”面板中的“圆柱体”按钮，绘制底面中心点为（0,0,0）、半径为 5、轴端点为（@0,44,0）的圆柱体，消隐后的结果如图 19-6 所示。

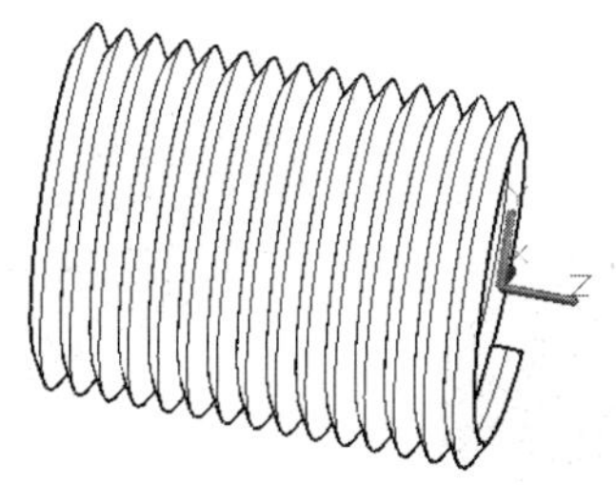

图 19-5 创建螺纹

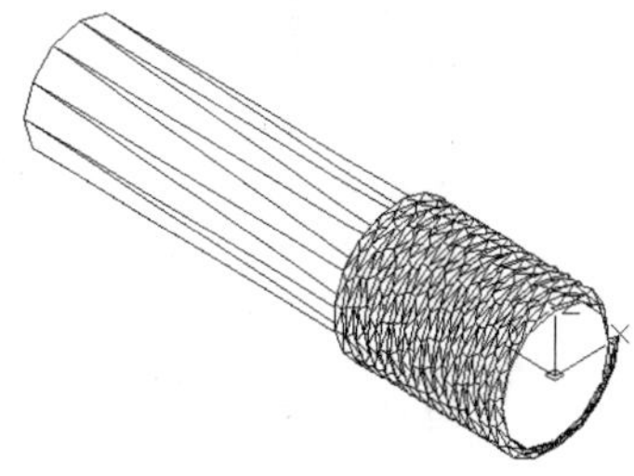

图 19-6 绘制圆柱体后的图形

5．绘制另一端螺纹

（1）复制螺纹。单击“默认”选项卡下“修改”面板中的“复制”按钮，将最下面的一个螺纹从原点复制到（0,29,0），结果如图 19-7 所示。

（2）并集运算。单击“三维工具”选项卡下“实体编辑”面板中的“并集”按钮，将所绘制的图形做并集运算，消隐后的结果如图 19-8 所示。

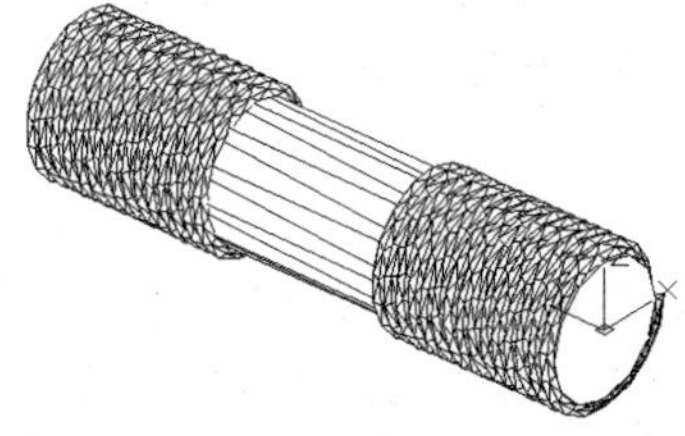

图 19-7 复制螺纹后的图形

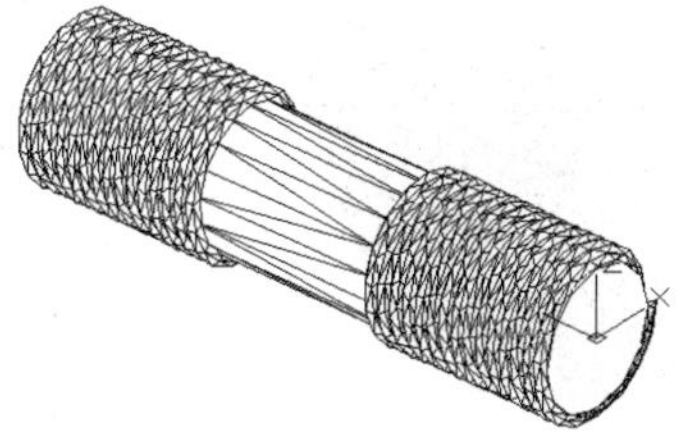

图 19-8 并集后的图形

6．渲染视图

（1）赋予材质。

① 单击“视图”选项卡下“选项板”面板中的“材质浏览器”按钮，弹出“材质浏览器”选项板。

② 选择合适的材质，如图 19-9 所示，并将其赋予减速器箱体零件，关闭选项板。

（2）渲染实体。单击“可视化”选项卡下“视觉样式”面板中的“真实”按钮，完成材质设

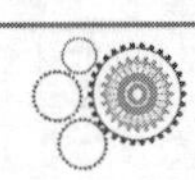

置，渲染后的结果如图 19-10 所示。

（3）概念显示。单击“可视化”选项卡下“视觉样式”面板中的“概念”按钮，西南等轴测视图中的结果如图 19-11 所示。

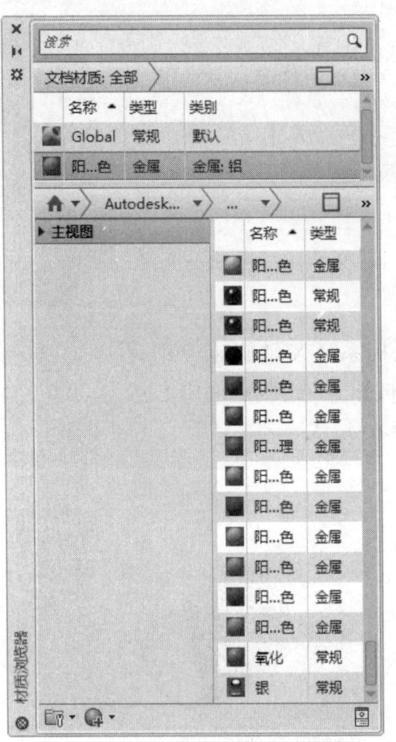

图 19-9 “材质浏览器”选项板

图 19-10 渲染后的实体

图 19-11 概念显示结果

视频讲解

19.1.2 螺母三维设计

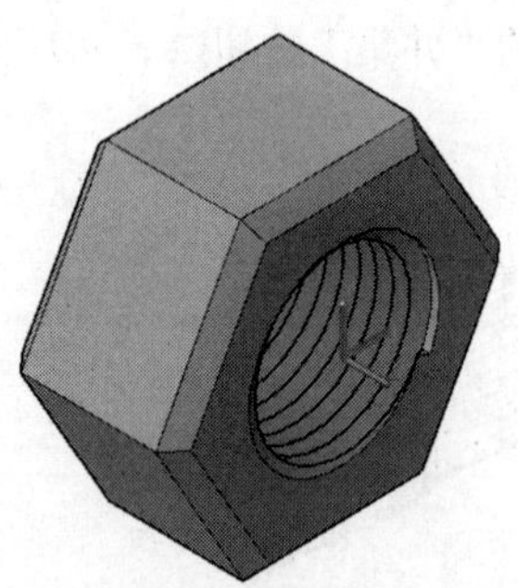

图 19-12 螺母立体图

本例绘制的螺母型号为 M10（GB 6170—2000），其表示为公称直径 D=10mm、性能等级为 10 级、不经表面处理的六角螺母。首先绘制单个螺纹，然后使用阵列命令阵列所用的螺纹，再绘制外形轮廓，最后做差集处理，如图 19-12 所示。

操作步骤如下：

1. 建立新文件

启动 AutoCAD 2018，使用默认设置绘图环境。单击快速访问工具栏中的“新建”按钮，打开“选择样板”对话框，单击“打开”按钮右侧的下拉按钮，以“无样板打开－公制（M）”方式建立新文件，将新文件命名为“螺母三维设计.dwg”并保存。

2. 设置线框密度

利用 ISOLINES 命令，更改设定值为 10。

3. 设置视图方向

（1）单击“视图”选项卡下“视图”面板中的“西南等轴测”按钮，将当前视图方向设置为西南等轴测视图。

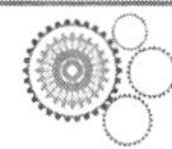

（2）改变坐标系。在命令行中输入“UCS”命令，将当前坐标系绕 X 轴旋转 90°。

（3）绘制螺旋线。

① 单击“默认”选项卡下“绘图”面板中的“螺旋”按钮。

② 在命令行提示“指定底面的中心点:”后输入“0,0,0”。

③ 在命令行提示“指定底面半径或[直径(D)] <1.0000>:”后输入“5.85”。

④ 在命令行提示“指定顶面半径或[直径(D)] <6.7000>:”后输入“5.85”。

⑤ 在命令行提示“指定螺旋高度或[轴端点(A)/圈数(T)/圈高(H)/扭曲(W)] <1.0000>:”后输入“T”。

⑥ 在命令行提示“输入圈数<3.0000>:”后输入“10”。

⑦ 在命令行提示“指定螺旋高度或[轴端点(A)/圈数(T)/圈高(H)/扭曲(W)] <1.0000>:”后输入“-10”，结果如图 19-13 所示。

（4）绘制截面三角形。单击“默认”选项卡下“绘图”面板中的“直线”按钮，绘制尺寸如图 19-14 所示的截面三角形，结果如图 19-15 所示。

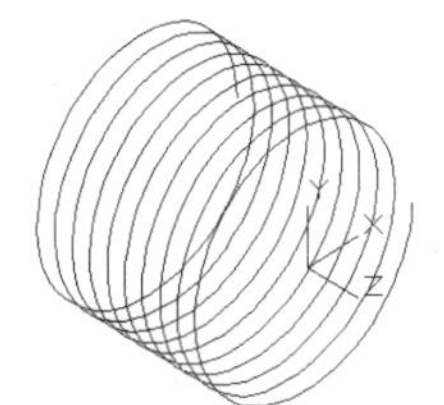

图 19-13　螺纹轮廓线

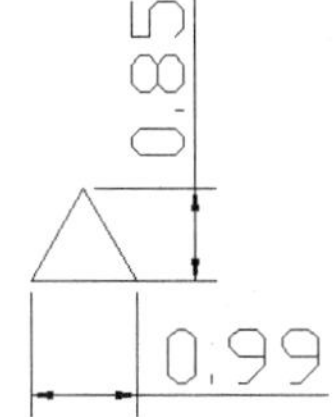

图 19-14　截面三角形尺寸图

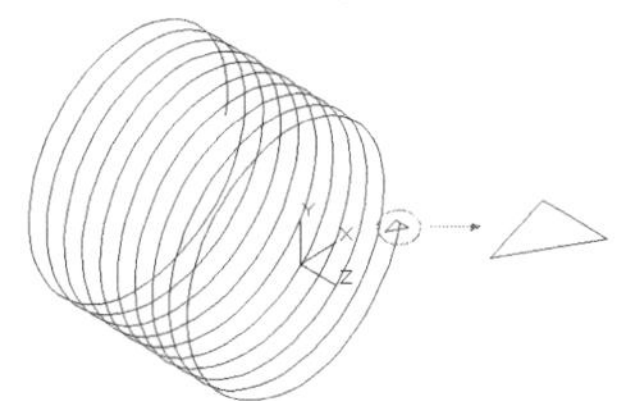

图 19-15　绘制截面三角形

（5）创建面域。单击“默认”选项卡下“绘图”面板中的“面域”按钮，对第（4）步绘制的三角形进行面域创建。

（6）创建螺纹。单击“三维工具”选项卡下“建模”面板中的“扫掠”按钮，根据系统提示旋转扫掠对象和扫掠路径，生成螺纹。单击“可视化”选项卡下“视觉样式”面板中的“隐藏”按钮，结果如图 19-16 所示。

（7）创建圆柱体。单击“三维工具”选项卡下“建模”面板中的“圆柱体”按钮，以（0,0,0）为圆心绘制半径为 5.8、高度为-12 的圆柱体，结果如图 19-17 所示。

4．绘制外形轮廓。

（1）单击“视图”选项卡下“视图”面板中的“前视”按钮，设置视图方向为前视图方向。

（2）绘制六边形。单击“默认”选项卡下“绘图”面板中的“多边形”按钮，设置边数为 6，正多边形的中心点为（0,0），绘制外切圆半径为 9 的正六边形，结果如图 19-18 所示。

（3）设置视图方向。单击“视图”选项卡下“视图”面板中的“西南等轴测”按钮，将当前视图方向设置为西南等轴测视图，结果如图 19-19 所示。

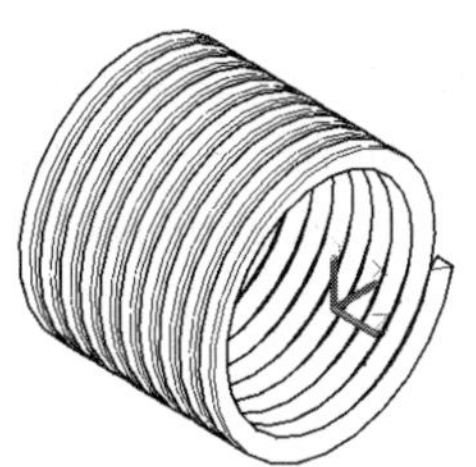

图 19-16　创建螺纹

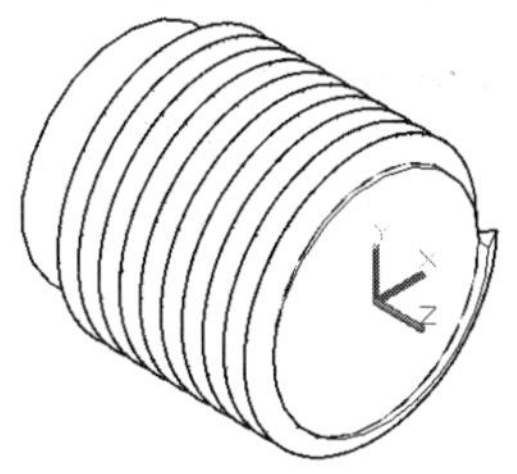

图 19-17　绘制圆柱体

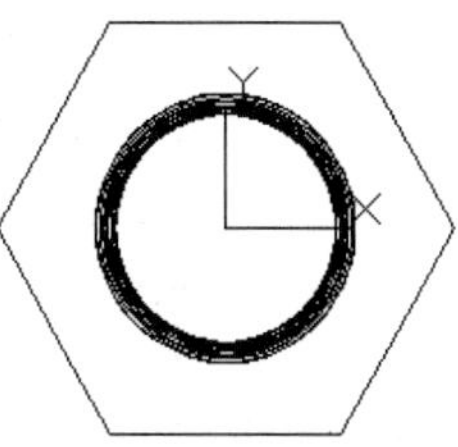

图 19-18　主视图图形

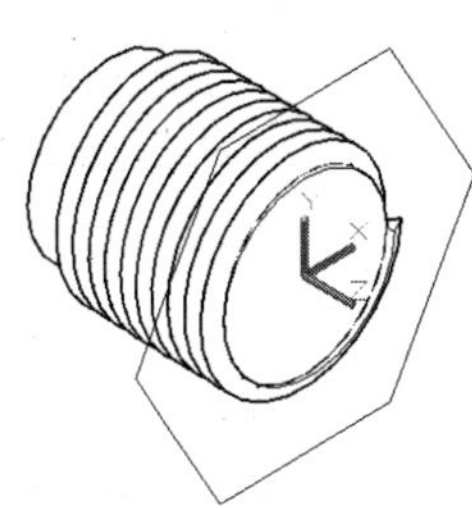

图 19-19　西南等轴测视图

（4）拉伸正多边形。单击“三维工具”选项卡下“建模”面板中的“拉伸”按钮，将正六边形拉伸为正六边体，拉伸高度为-10。

（5）单击“三维工具”选项卡下“建模”面板中的“圆柱体”按钮，分别以点（0,0,0）和点（0,0,-10）为圆心绘制半径为8、高度分别为5和-5的圆柱体，结果如图19-20所示。

Note

（6）差集运算。单击“三维工具”选项卡下“实体编辑”面板中的“差集”按钮，将拉伸后的正多边形和半径为5.8的圆柱体进行差集运算；单击“三维工具”选项卡下“实体编辑”面板中的“并集”按钮，将差集后的实体与螺纹进行并集；单击“三维工具”选项卡下“实体编辑”面板中的“差集”按钮，将并集后的结果与两个半径为 8 的圆柱体进行差集，消隐后的结果如图 19-21 所示。

（7）倒角处理。单击“三维工具”选项卡下“实体编辑”面板中的“倒角边”按钮，将正六面体的上下两个面相应的边倒角，倒角距离是1。重复“倒角”命令，把正六边体上下两面的各边依次倒角，消隐后的结果如图19-22所示。

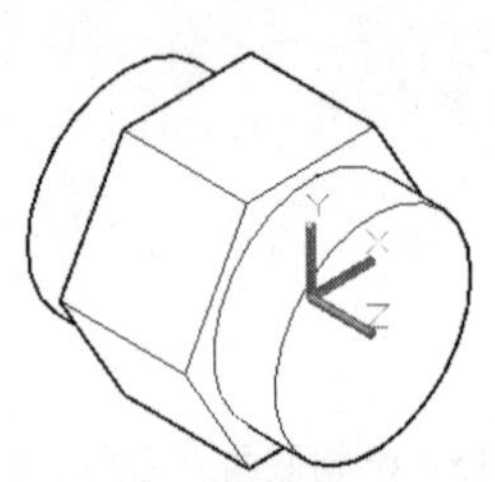

图 19-20　拉伸后的图形

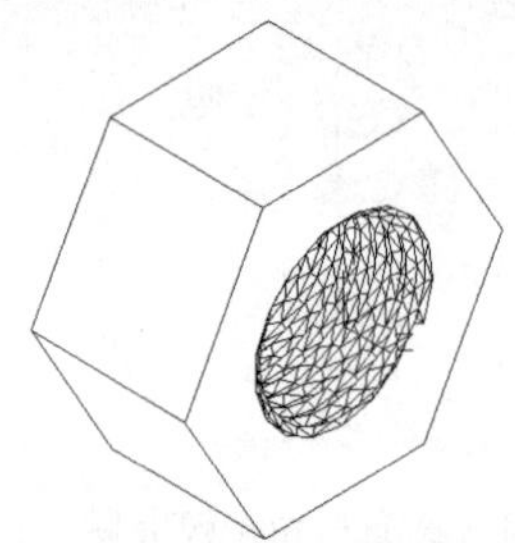

图 19-21　差集后的图形

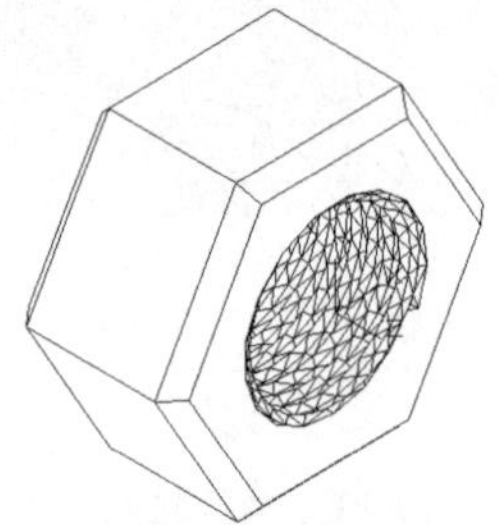

图 19-22　倒角后的图形

5. 着色视图

单击“三维工具”选项卡下“实体编辑”面板中的“着色面”按钮，利用着色命令对相应的面进行着色，着色后的结果如图19-12所示。

视频讲解

19.1.3　密封圈三维设计

图 19-23　密封圈立体图

本例绘制的密封圈主要是对阀芯起密封作用，在实际应用中，其材料一般为填充聚四氟乙烯。首先绘制圆柱体作为外形轮廓，然后绘制一圆柱体和一球体进行差集处理，得出该密封圈，如图19-23所示。

操作步骤如下：

1. 建立新文件

启动 AutoCAD 2018，使用默认设置绘图环境。单击快速访问工具栏中的“新建”按钮，打开“选择样板”对话框，单击“打开”按钮右侧的下拉按钮，以“无样板打开－公制（M）”方式建立新文件，将新文件命名为“密封圈三维设计.dwg”并保存。

2. 设置线框密度

利用 ISOLINES 命令，更改设定值为10。

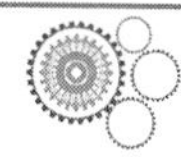

3．设置视图方向

单击“视图”选项卡下“视图”面板中的“西南等轴测”按钮，将当前视图方向设置为西南等轴测视图。

4．绘制外形轮廓

单击“三维工具”选项卡下“建模”面板中的“圆柱体”按钮，绘制底面中心点在原点、直径为 35、高度为 6 的圆柱体，结果如图 19-24 所示。

5．绘制内部轮廓

（1）单击“三维工具”选项卡下“建模”面板中的“圆柱体”按钮，绘制底面中心点在原点、直径为 20、高度为 2 的圆柱体，结果如图 19-25 所示。

（2）绘制球体。单击“三维工具”选项卡下“建模”面板中的“球体”按钮，绘制密封圈的内部轮廓，球心为（0,0,19），半径为 20，结果如图 19-26 所示。

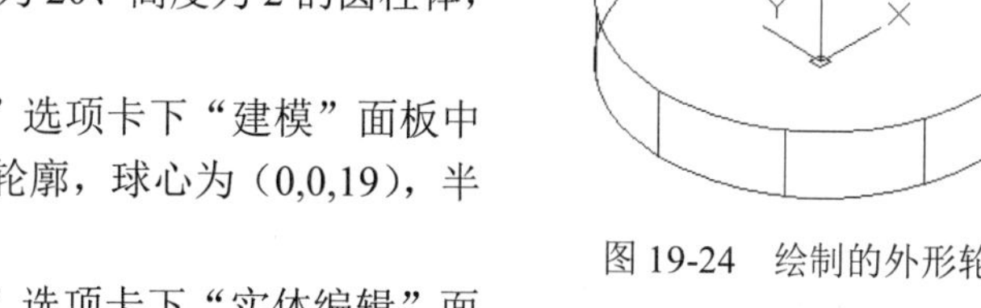

图 19-24　绘制的外形轮廓

（3）差集运算。单击“三维工具”选项卡下“实体编辑”面板中的“差集”按钮，将圆柱体和小圆柱体及球体进行差集运算，结果如图 19-27 所示。

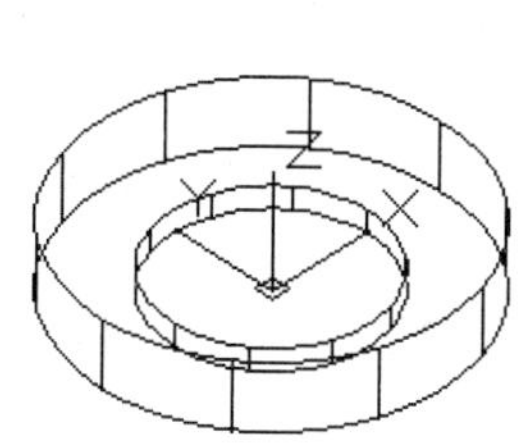

图 19-25　绘制圆柱体后的图形

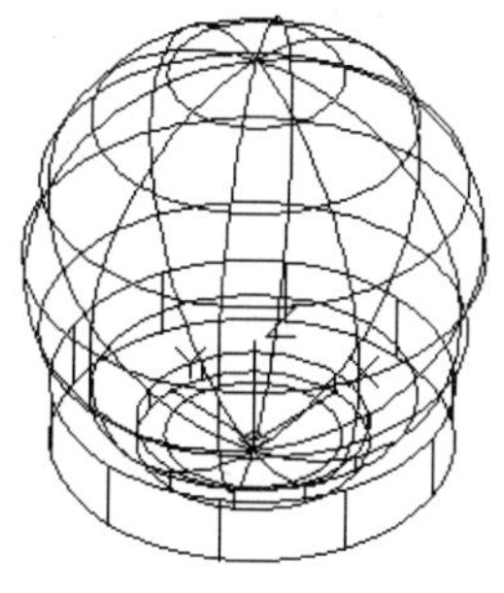

图 19-26　绘制的外形轮廓

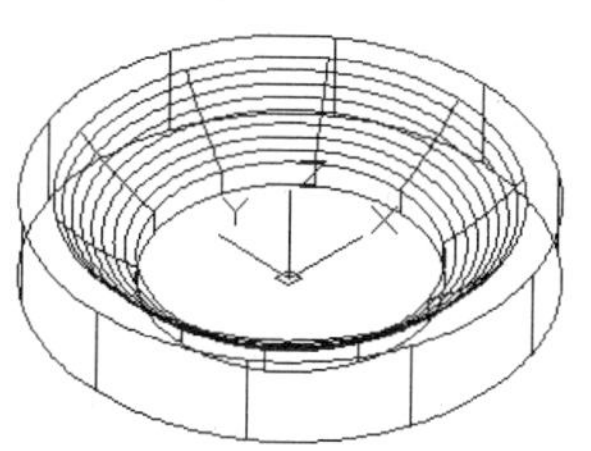

图 19-27　差集处理后的图形

6．着色视图

单击“三维工具”选项卡下“实体编辑”面板中的“着色面”按钮，利用着色命令，对相应的面进行着色，概念效果图如图 19-23 所示。

19.2　非标准件三维设计

本节将介绍组成球阀的几个零件的绘制方法，通过这些实例，读者可以进一步熟悉各种三维绘制与编辑命令。

19.2.1　扳手三维设计

本例绘制的扳手和阀杆相连，在球阀中通过它对阀杆施力，将端部的方孔套和阀杆相连。首先绘制端部，然后绘制手柄，最后通过并集实现整个实体，如图 19-28 所示。

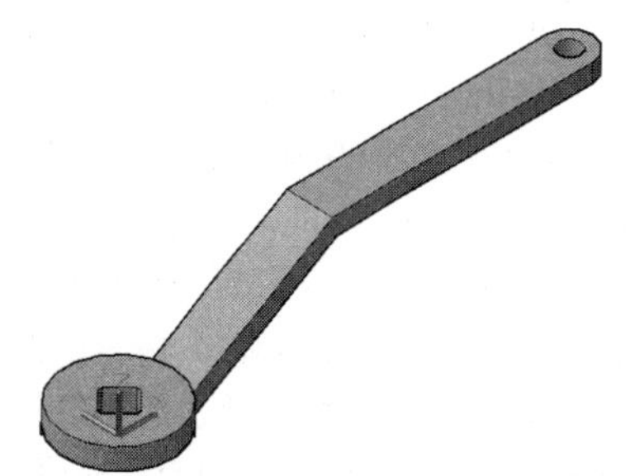

图 19-28　扳手立体图

Note

操作步骤如下：

1．建立新文件

启动 AutoCAD 2018，使用默认设置绘图环境。单击快速访问工具栏中的“新建”按钮，打开“选择样板”对话框，单击“打开”按钮右侧的下拉按钮，以“无样板打开－公制（M）”方式建立新文件，将新文件命名为“扳手三维设计.dwg”并保存。

2．设置线框密度

利用 ISOLINES 命令，更改设定值为 10。

3．设置视图方向

单击“视图”选项卡下“视图”面板中的“西南等轴测”按钮，将当前视图方向设置为西南等轴测视图。

4．绘制端部

（1）绘制圆柱体。单击“三维工具”选项卡下“建模”面板中的“圆柱体”按钮，绘制底面中心点位于原点、半径为 19、高度为 10 的圆柱体。

（2）复制圆柱体底边。单击“三维工具”选项卡下“实体编辑”面板中的“复制边”按钮，选择圆柱体的底边，将圆柱体的底边在原位置进行复制。

（3）绘制辅助线。单击“默认”选项卡下“绘图”面板中的“构造线”按钮，绘制一条过原点的与 X 轴成 135°的辅助线，结果如图 19-29 所示。

（4）修剪对象。单击“默认”选项卡下“修改”面板中的“修剪”按钮，修剪辅助线内侧的圆柱体底边的部分，以及辅助线在圆柱底边外侧的部分。

（5）创建面域。单击“默认”选项卡下“绘图”面板中的“面域”按钮，将修剪后的图形创建为面域，结果如图 19-30 所示。

（6）拉伸面域。单击“三维工具”选项卡下“建模”面板中的“拉伸”按钮，将第（5）步创建的面域拉伸，拉伸距离为 3。

（7）差集运算。单击“三维工具”选项卡下“实体编辑”面板中的“差集”按钮，将圆柱体与创建的面域拉伸体进行差集运算，结果如图 19-31 所示。

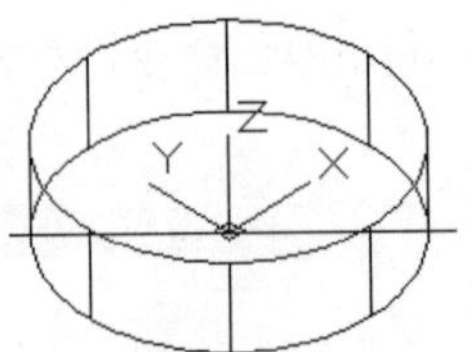

图 19-29　绘制辅助线后的图形

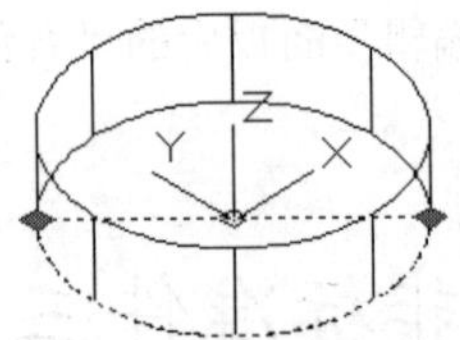

图 19-30　创建的面域

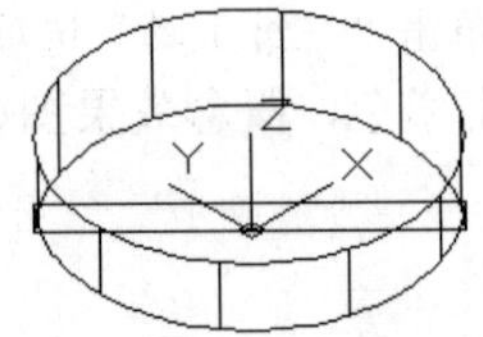

图 19-31　差集后的图形

（8）绘制圆柱体。单击“三维工具”选项卡下“建模”面板中的“圆柱体”按钮，绘制以坐标原点（0,0,0）为圆心、直径为 14、高为 10 的圆柱体。

（9）绘制长方体。单击“三维工具”选项卡下“建模”面板中的“长方体”按钮，以（0,0,5）为中心点绘制长为 11、宽度为 11、高度为 10 的长方体。

（10）将当前视图改为俯视图。单击“默认”选项卡下“修改”面板中的“旋转”按钮，将第（9）步绘制的长方体旋转 45°。俯视图结果如图 19-32 所示。

（11）交集运算。单击“三维工具”选项卡下“实体编辑”面板中的“交集”按钮，将第（8）步和第（9）步绘制的圆柱体和长方体进行交集运算。

（12）差集运算。单击“三维工具”选项卡下“实体编辑”面板中的“差集”按钮，将绘制

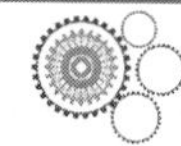

的圆柱体外形轮廓和交集后的图形进行差集运算，结果如图 19-33 所示。

5．绘制手柄

（1）将当前视图设置为俯视图方向，结果如图 19-34 所示。

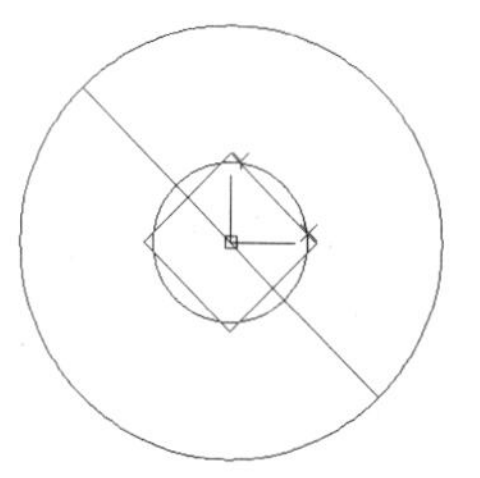

图 19-32　绘制长方体后的俯视图

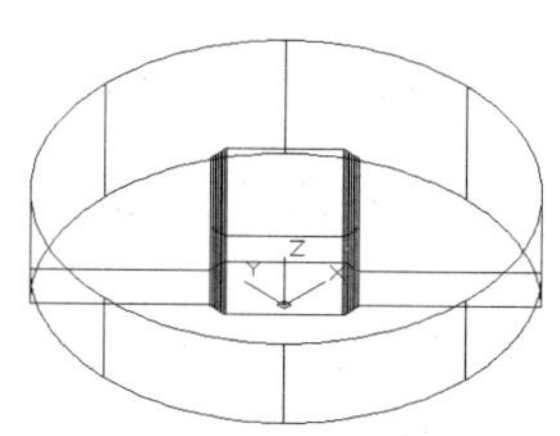

图 19-33　差集后的图形

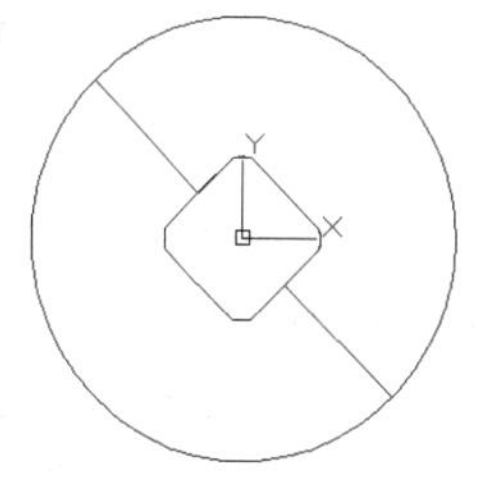

图 19-34　俯视图方向的图形

（2）绘制直线。单击“默认”选项卡下“绘图”面板中的“直线”按钮，绘制一条线段，作为辅助线，直线的起点为（0,−8），终点为（@20,0）。单击“默认”选项卡下“绘图”面板中的“圆”按钮，以原点为圆心，绘制半径为 19 的圆，结果如图 19-35 所示。

（3）绘制矩形。单击“默认”选项卡下“绘图”面板中的“矩形”按钮，在图 19-36 的点 1 及点（@60,16）之间绘制一个矩形，结果如图 19-36 所示。

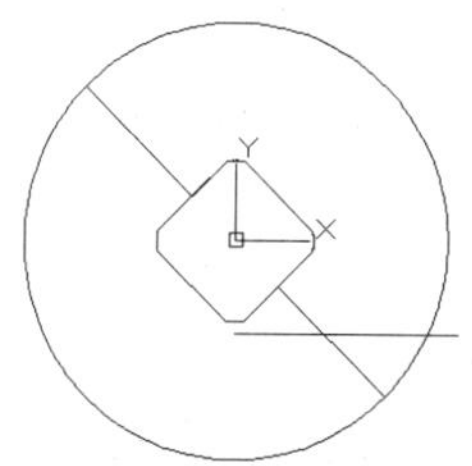

图 19-35　绘制直线后的图形

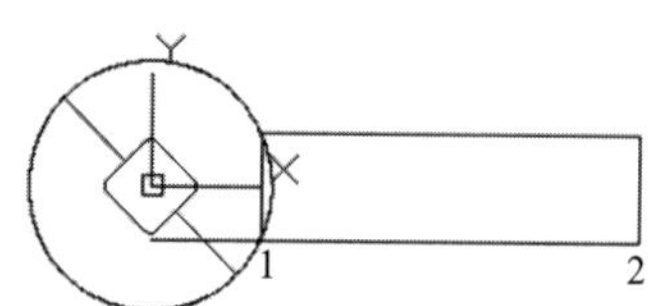

图 19-36　绘制矩形后的图形

（4）绘制矩形。单击“默认”选项卡下“绘图”面板中的“矩形”按钮，在图 19-36 的点 2 及点（@100,16）之间绘制一个矩形，结果如图 19-37 所示。

（5）删除辅助线。单击“默认”选项卡下“修改”面板中的“删除”按钮，删除辅助线和辅助圆。

（6）分解图形。单击“默认”选项卡下“修改”面板中的“分解”按钮，将右边绘制的矩形分解。

（7）圆角处理。单击“默认”选项卡下“修改”面板中的“圆角”按钮，将右边矩形的两边进行圆角处理，半径为 8mm。

（8）创建面域。单击“默认”选项卡下“绘图”面板中的“面域”按钮，将左、右两个矩形创建为面域，结果如图 19-38 所示。

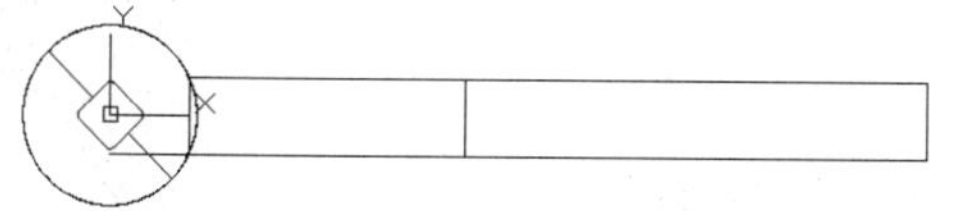

图 19-37　绘制矩形后的图形

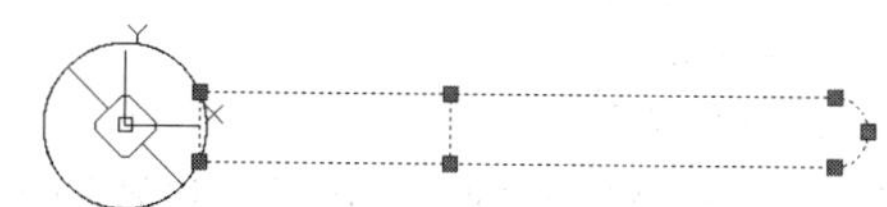

图 19-38　创建面域后的图形

（9）拉伸面域。单击“三维工具”选项卡下“建模”面板中的“拉伸”按钮，分别将两个面域拉伸 6mm。

（10）设置视图方向。将当前视图设置为前视图方向，结果如图 19-39 所示。

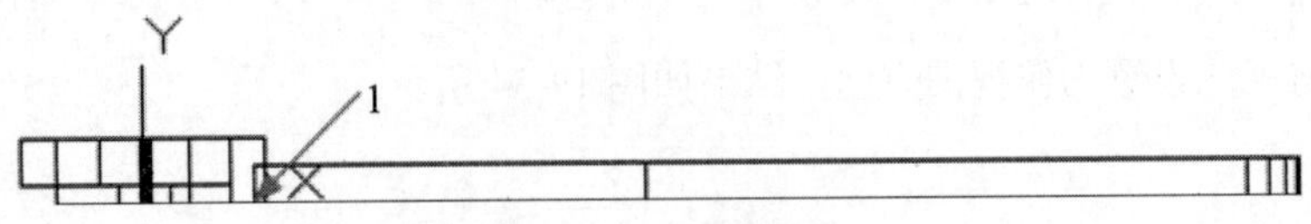

图 19-39　主视图的图形

Note

（11）三维旋转。单击“建模”工具栏中的“三维旋转”按钮，将图中矩形绕点 1 旋转 30°，结果如图 19-40 所示。

（12）移动矩形。单击“默认”选项卡下“修改”面板中的“移动”按钮，将右边的矩形从图 19-40 中的点 2 移动到点 3，结果如图 19-41 所示。

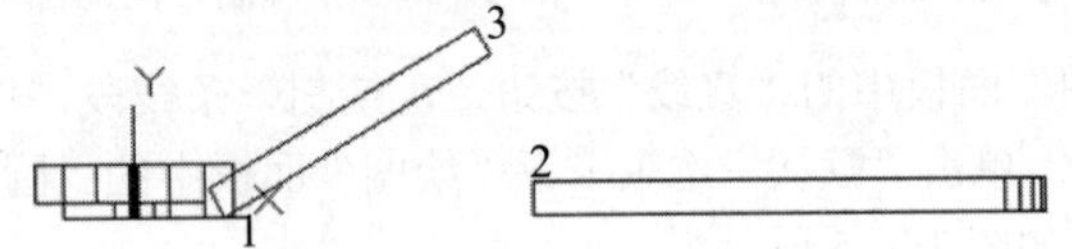

图 19-40　三维旋转后的图形

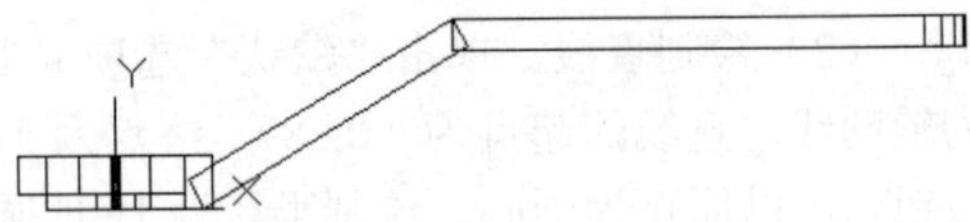

图 19-41　移动矩形后的图形

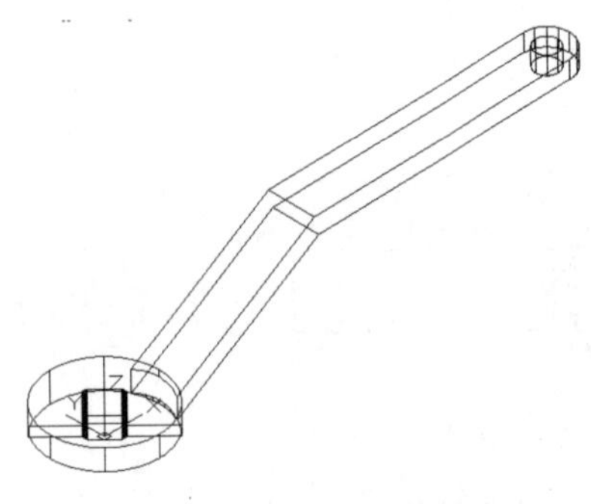

图 19-42　差集处理后的图形

（13）并集运算。单击“三维工具”选项卡下“实体编辑”面板中的“并集”按钮，将视图中的所有图形进行并集运算。

（14）设置视图方向。将当前视图设置为西南等轴测方向。

（15）绘制圆柱体。单击“三维工具”选项卡下“建模”面板中的“圆柱体”按钮，以右端圆弧圆心为中心点，绘制直径为 8、高度为 6 的圆柱体。

（16）差集运算。单击“三维工具”选项卡下“实体编辑”面板中的“差集”按钮，将实体与圆柱体进行差集运算，结果如图 19-42 所示。

6．着色视图

单击“三维工具”选项卡下“实体编辑”面板中的“着色面”按钮，利用着色命令对相应的面进行着色，概念效果图如图 19-28 所示。

视频讲解

19.2.2　阀杆三维设计

本例绘制的阀杆是阀杆和阀芯之间的连接件，其对阀芯作用，用来开关球阀。首先绘制一系列圆柱体，然后绘制一球体，对其进行剖切处理，绘制出阀芯的上端部分，阀芯的下端通过绘制一长方体和最下面的圆柱体进行交集获得，最后对整个视图进行并集处理，得到阀芯实体，如图 19-43 所示。

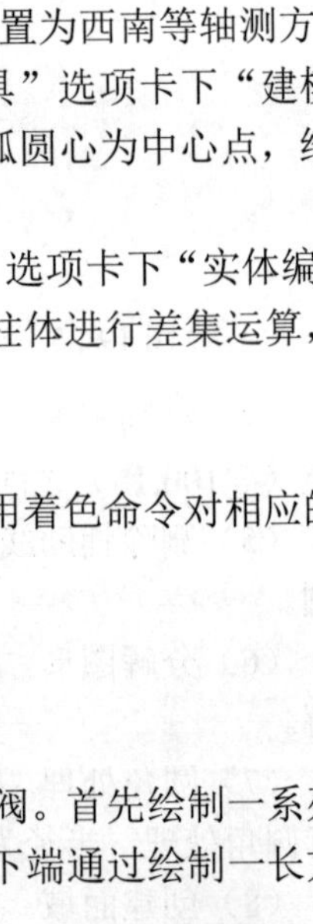

操作步骤如下：

1．建立新文件

启动 AutoCAD 2018，使用默认设置绘图环境。单击快速访问工具栏中的“新建”按钮，打开“选择样板”对话框，单击“打开”按钮右侧的下拉按钮，以“无样板打开一公制（M）”方式建立新文件，将新文件命名为“阀杆三维设计.dwg”并保存。

图 19-43　阀杆立体图

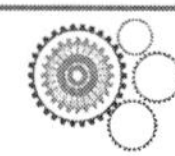

2．设置线框密度

利用 ISOLINES 命令更改设定值为 10。

3．设置视图方向

将当前视图方向设置为西南等轴测视图。

4．绘制视图

（1）绘制圆柱体。单击“三维工具”选项卡下“建模”面板中的“圆柱体”按钮，绘制以原点为圆心、半径为 7、高度为 14 的圆柱体，绘制以（0,0,14）点为圆心、半径为 7、高度为 24 的圆柱体，绘制以（0,0,38）为圆心、半径为 9、高度为 5 的圆柱体，绘制以（0,0,43）为圆心、半径为 9、高度为 5 的圆柱体，结果如图 19-44 所示。

（2）绘制球体。单击“三维工具”选项卡下“建模”面板中的“球体”按钮，绘制以（0,0,30）为球心、半径为 20 的球体，结果如图 19-45 所示。

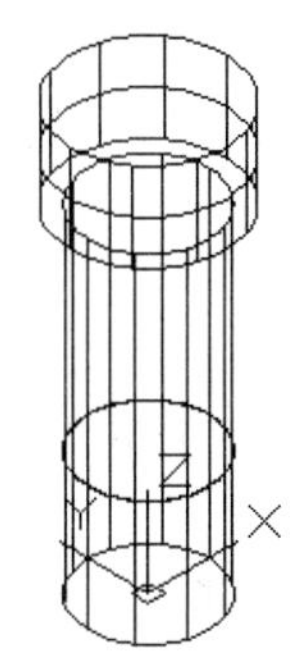

图 19-44　绘制圆柱体后的图形

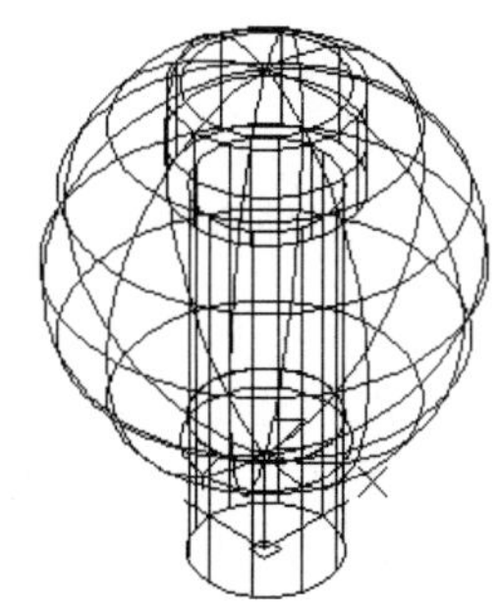

图 19-45　绘制球体后的图形

（3）剖切图形。

① 单击“三维工具”选项卡下“实体编辑”面板中的“剖切”按钮。

② 在命令行提示“选择要剖切的对象:”后选择第（2）步绘制的球体和最上面的圆柱体。

③ 在命令行提示“指定切面的起点或[平面对象(O)/曲面(S)/Z 轴(Z)/视图(V)/XY/YZ/ZX/三点(3)] <三点>:”后输入“ZX”。

④ 在命令行提示“指定 ZX 平面上的点<0,0,0>:”后输入“0,4.25”。

⑤ 在命令行提示“在所需的侧面上指定点或[保留两个侧面(B)] <保留两个侧面>:”后输入“0,4”。

⑥ 重复“剖切”命令。

⑦ 在命令行提示“选择要剖切的对象:”后选择第（2）步绘制的球体和最上面的圆柱体。

⑧ 在命令行提示“指定切面的起点或[平面对象(O)/曲面(S)/Z 轴(Z)/视图(V)/XY/YZ/ZX/三点(3)] <三点>:”后输入“ZX”。

⑨ 在命令行提示“指定 ZX 平面上的点<0,0,0>:”后输入“0,−4.25”。

⑩ 在命令行提示“在所需的侧面上指定点或[保留两个侧面(B)] <保留两个侧面>:”后输入“0,−4”，结果如图 19-46 所示。

⑪ 重复“剖切”命令。

⑫ 在命令行提示“选择要剖切的对象:”后选择剖切后的球体。

⑬ 在命令行提示“指定切面的起点或[平面对象(O)/曲面(S)/Z 轴(Z)/视图(V)/XY/YZ/ZX/三点(3)] <三点>:”后输入“XY”。

⑭ 在命令行提示“指定 XY 平面上的点<0,0,0>:”后输入“0,0,48”。

⑮ 在命令行提示“在所需的侧面上指定点或[保留两个侧面(B)]<保留两个侧面>:”后输入“0,0,52”，结果如图 19-47 所示。

Note

（4）倒角处理。单击“默认”选项卡下“修改”面板中的“倒角”按钮，对最下端半径为 7 圆柱体的下边进行倒角操作，设置倒角的两条边的距离为 2mm，结果如图 19-48 所示。

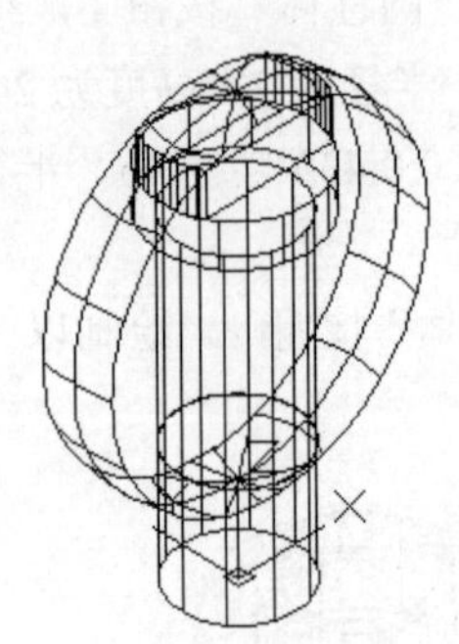
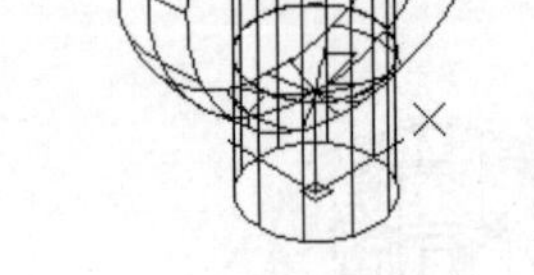

图 19-46 绘制圆柱体后的图形

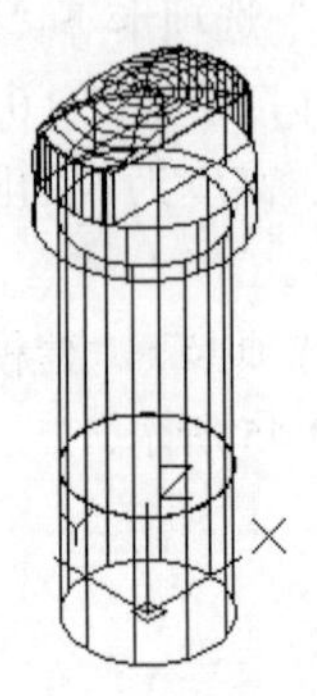
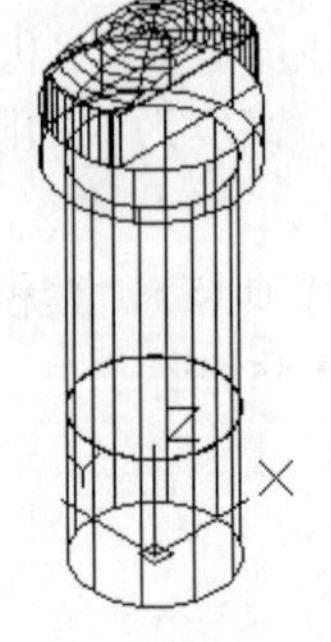

图 19-47 绘制球体后的图形

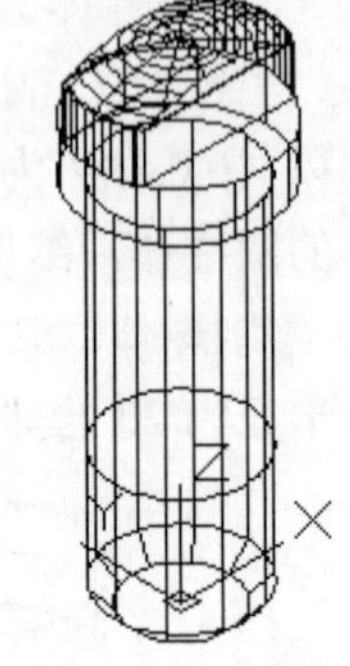

图 19-48 倒角后的图形

（5）绘制长方体。单击“三维工具”选项卡下“建模”面板中的“长方体”按钮，绘制以坐标原点为中心、长度和宽度为 11、高度为 14 的长方体；单击“默认”选项卡下“修改”面板中的“移动”按钮，将长方体底面中心点移至原点，结果如图 19-49 所示。

（6）旋转。单击“建模”工具栏中的“三维旋转”按钮，将第（5）步绘制的长方体，以 Z 轴为旋转轴，以坐标原点为旋转轴上的点，将长方体旋转 45°，结果如图 19-50 所示。

（7）交集运算。单击“三维工具”选项卡下“实体编辑”面板中的“交集”按钮，将最下面的圆柱体和旋转后的长方体进行交集运算，结果如图 19-51 所示。

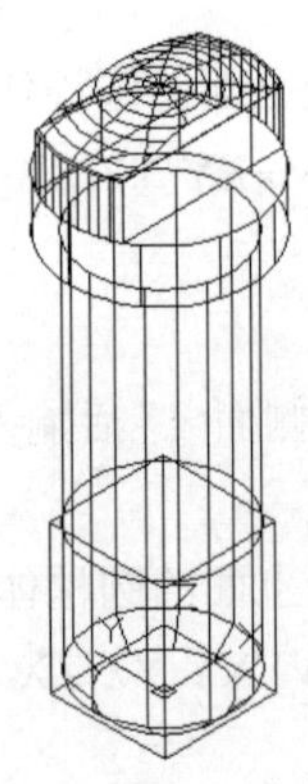
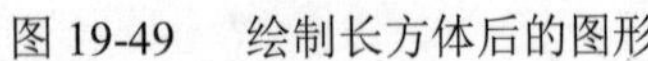

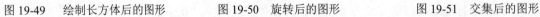

图 19-49 绘制长方体后的图形

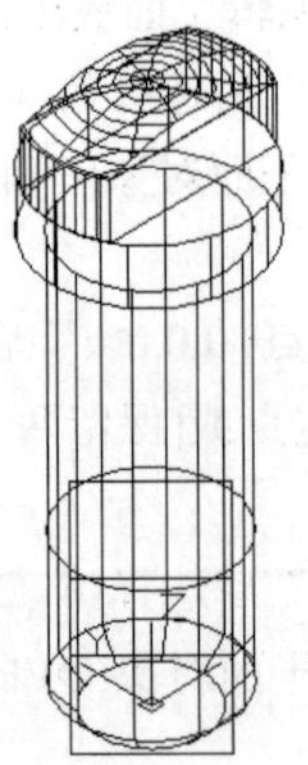

图 19-50 旋转后的图形

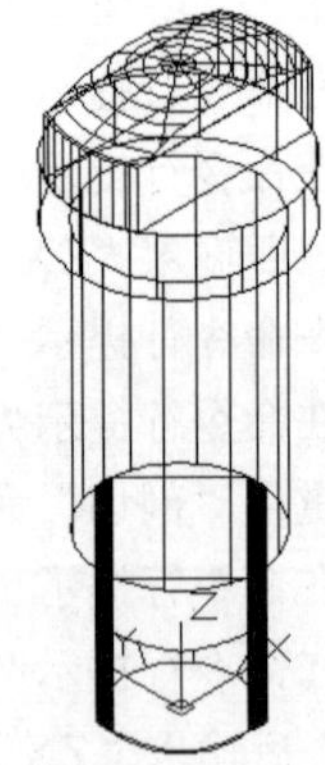

图 19-51 交集后的图形

（8）并集处理。单击“三维工具”选项卡下“实体编辑”面板中的“并集”按钮，将视图中所用的图形合并为一个实体。

（9）设置视图方向。将视图调整到合适的位置。

5．着色视图

单击“三维工具”选项卡下“实体编辑”面板中的“着色面”按钮，利用着色命令，对相应的面进行着色，概念后的视图如图 19-43 所示。

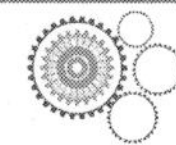

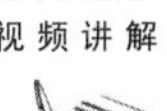

19.2.3　阀芯三维设计

本例绘制的阀芯，主要起开关球阀的作用。首先绘制球体作为外形轮廓，然后绘制圆柱体，对圆柱体进行镜像处理，最后进行差集处理，得出该阀芯三维设计，如图 19-52 所示。

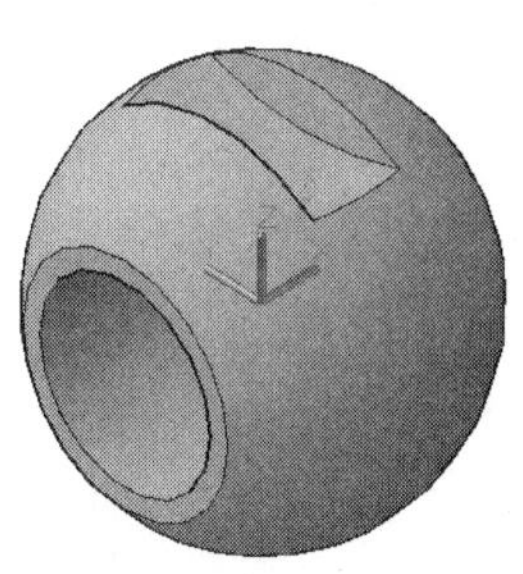

图 19-52　阀芯立体图

操作步骤如下：

1．建立新文件

启动 AutoCAD 2018，使用默认设置绘图环境。单击快速访问工具栏中的“新建”按钮，打开“选择样板”对话框，单击“打开”按钮右侧的下拉按钮，以“无样板打开一公制（M）”方式建立新文件，将新文件命名为“阀芯三维设计.dwg”并保存。

2．设置线框密度

利用 ISOLINES 命令，更改设定值为 10。

3．设置视图方向

将当前视图方向设置为西南等轴测视图。

4．绘制视图

（1）绘制球体。单击“三维工具”选项卡下“建模”面板中的“球体”按钮，绘制球心在原点、半径为 20 的球，结果如图 19-53 所示。

（2）剖切球体。单击“三维工具”选项卡下“实体编辑”面板中的“剖切”按钮，将第（1）步绘制的球体沿过点（−16,0,0）的 YZ 轴方向进行剖切处理；同理，将剖切过的球体沿过点（16,0,0）的 YZ 轴方向进行剖切处理，结果如图 19-54 所示。

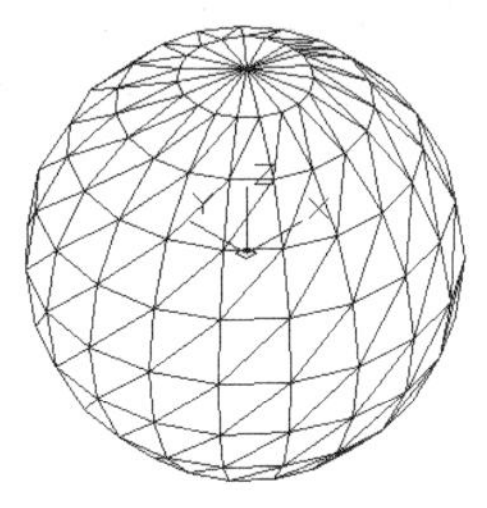

图 19-53　绘制的球体

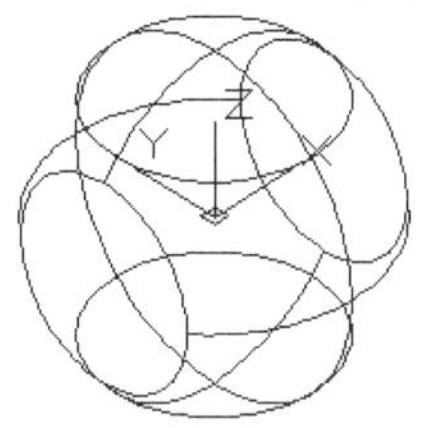

图 19-54　剖切后的图形

（3）绘制圆柱体。单击“三维工具”选项卡下“建模”面板中的“圆柱体”按钮，分别绘制两个圆柱体。一个是底面中心点为原点，半径为 10，轴端点是（16,0,0）；另一个是底面中心点为（0,0,48），半径为 34，轴端点是（−5,0,48），结果如图 19-55 所示。

（4）三维镜像。选择菜单栏中的“修改/三维操作/三维镜像”命令，将第（3）步绘制的两个圆柱体沿过原点的 YZ 平面进行镜像操作，结果如图 19-56 所示。

（5）差集运算。单击“三维工具”选项卡下“实体编辑”面板中的“差集”按钮，将球体和 4 个圆柱体进行差集运算，消隐后的结果如图 19-57 所示。

Note

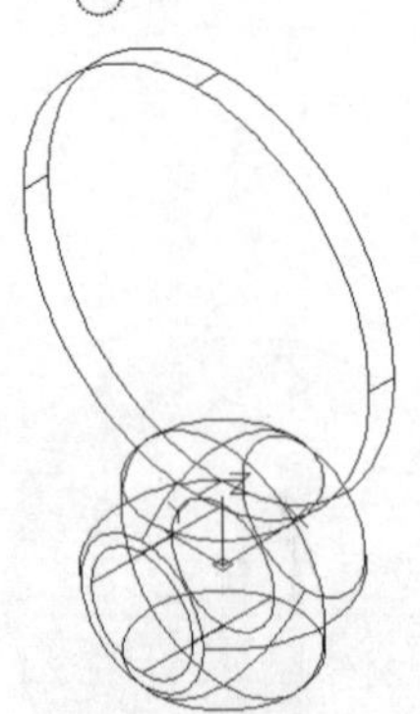

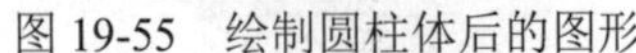

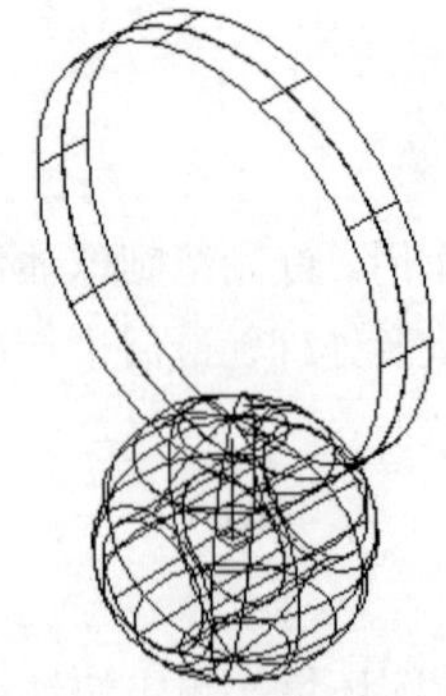

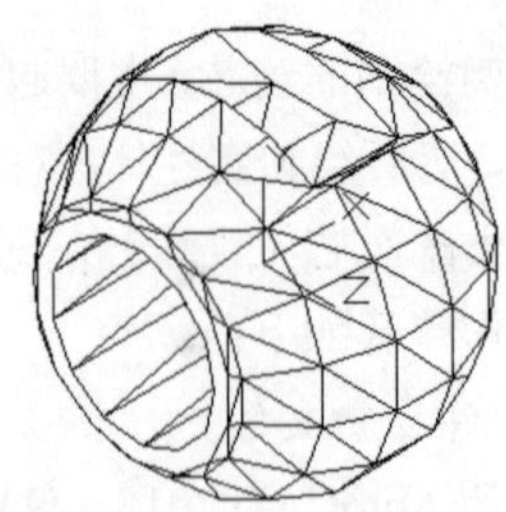

图 19-55　绘制圆柱体后的图形　　图 19-56　三维镜像后的图形　　图 19-57　差集后的图形

5．着色视图

单击“三维工具”选项卡下“实体编辑”面板中的“着色面”按钮，利用着色命令，对相应的面进行着色，概念效果图如图 19-52 所示。

视频讲解

19.2.4　压紧套三维设计

本例绘制的压紧套，其和阀体相连，在球阀中通过它对阀体施力，将端部的方孔套和阀体相连。首先绘制端部，然后绘制手柄，最后通过并集实现整个实体，如图 19-58 所示。

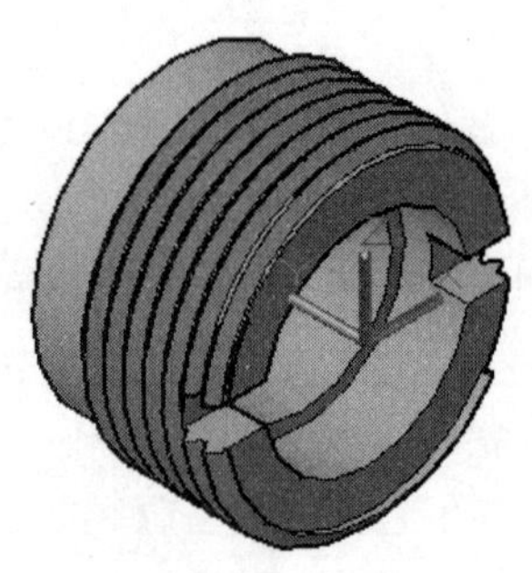

图 19-58　压紧套

操作步骤如下：

1．建立新文件

启动 AutoCAD 2018，使用默认设置绘图环境。单击快速访问工具栏中的“新建”按钮，打开“选择样板”对话框，单击“打开”按钮右侧的下拉按钮，以“无样板打开－公制（M）”方式建立新文件，将新文件命名为“压紧套三维设计.dwg”并保存。

2．设置线框密度

利用 ISOLINES 命令，更改设定值为 10。

3．设置视图方向

将当前视图方向设置为西南等轴测视图。

4．绘制螺纹

（1）改变坐标系。在命令行中输入“UCS”命令，将当前坐标系绕 X 轴旋转 90°。

（2）绘制螺旋线。

① 单击“默认”选项卡下“绘图”面板中的“螺旋”按钮。

② 在命令行提示“指定底面的中心点:”后输入“0,0,0”。

③ 在命令行提示“指定底面半径或[直径(D)] <1.0000>:”后输入“11”。

④ 在命令行提示“指定顶面半径或[直径(D)] <6.7000>:”后输入“11”。

⑤ 在命令行提示“指定螺旋高度或[轴端点(A)/圈数(T)/圈高(H)/扭曲(W)] <1.0000>:”后输入“T”。

⑥ 在命令行提示“输入圈数<3.0000>:”后输入“7”。

⑦ 在命令行提示“指定螺旋高度或[轴端点(A)/圈数(T)/圈高(H)/扭曲(W)] <1.0000>:”后输入“-10.5”，结果如图 19-59 所示。

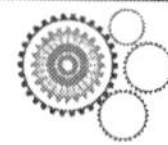

（3）绘制截面三角形。单击“默认”选项卡下“绘图”面板中的“直线”按钮，绘制尺寸如图 19-60 所示的截面三角形，结果如图 19-61 所示。

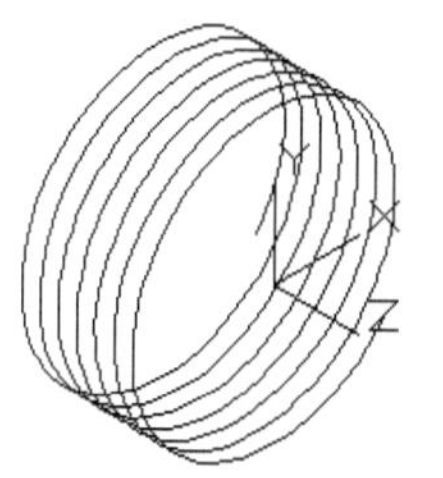

图 19-59　螺纹轮廓线

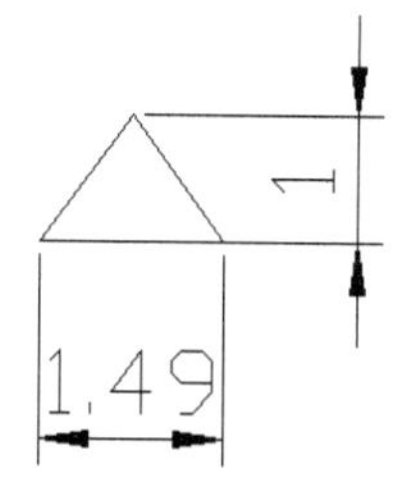

图 19-60　截面三角形尺寸图

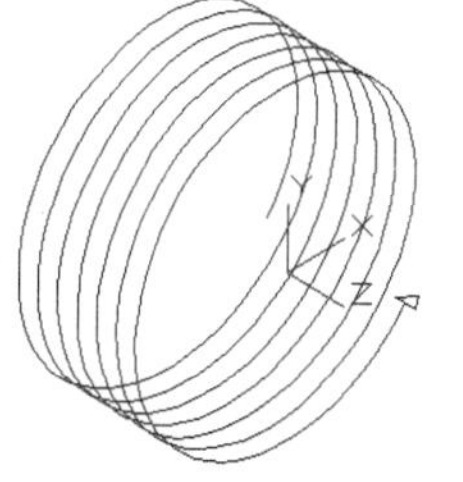

图 19-61　绘制截面三角形

（4）创建面域。单击“默认”选项卡下“绘图”面板中的“面域”按钮，对第（3）步绘制的三角形进行面域创建。

（5）创建螺纹。单击“三维工具”选项卡下“建模”面板中的“扫掠”按钮，根据系统提示旋转扫掠对象和扫掠路径，生成螺纹。单击“可视化”选项卡下“视觉样式”面板中的“隐藏”按钮，结果如图 19-62 所示。

5．绘制其他图形

（1）改变坐标系。在命令行中输入“UCS”命令，将当前坐标系绕 X 轴旋转-90°。

（2）绘制圆柱体。单击“三维工具”选项卡下“建模”面板中的“圆柱体”按钮，绘制一端的圆柱体：底面中心点为（0,0,0），半径为 11.2，轴端点为（0,10.5,0）。

（3）并集运算。单击“三维工具”选项卡下“实体编辑”面板中的“并集”按钮，将视图中所有的图形进行并集运算。

（4）绘制圆柱体。单击“三维工具”选项卡下“建模”面板中的“圆柱体”按钮，绘制一端的圆柱体：底面中心点为（0,0,0），半径为 11，轴端点为（0,14.5,0）。

（5）并集运算。单击“三维工具”选项卡下“实体编辑”面板中的“并集”按钮，将视图中所有的图形进行并集运算，消隐后的结果如图 19-63 所示。

（6）绘制长方体。单击“三维工具”选项卡下“建模”面板中的“长方体”按钮，在角点（-15,-2,-1.5）和（@30,5,3）之间绘制一个长方体，为另一端的松紧刀口作准备，消隐后的结果如图 19-64 所示。

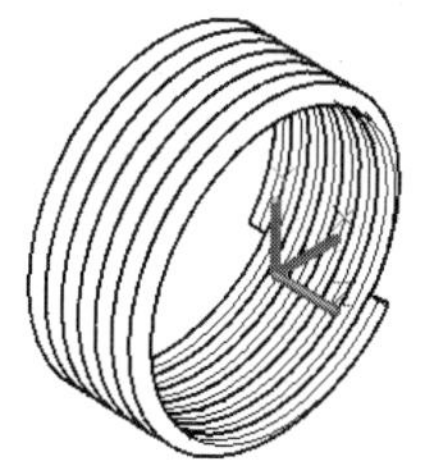

图 19-62　创建螺纹

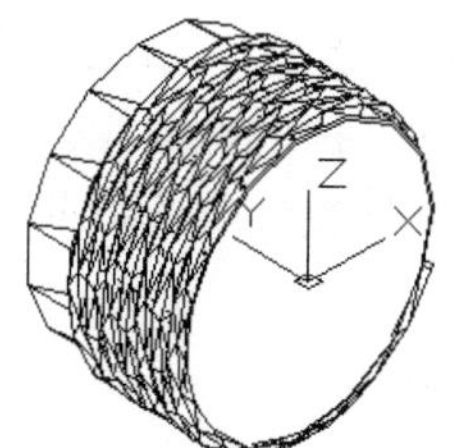

图 19-63　并集处理后的图形

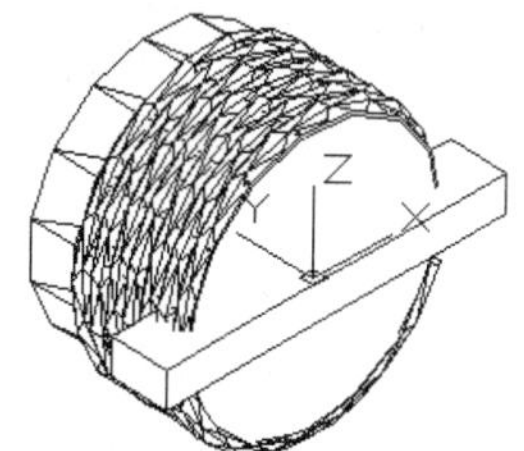

图 19-64　绘制长方体后的图形

（7）差集运算。单击“三维工具”选项卡下“实体编辑”面板中的“差集”按钮，将并集后的图形与长方体进行差集运算，消隐后的结果如图 19-65 所示。

（8）绘制圆柱体。单击“三维工具”选项卡下“建模”面板中的“圆柱体”按钮，绘制两个圆柱体。一个以底面中心点为圆心，半径为 8，轴端点为（0,5,0）；另一个以底面中心点（0,14.5,0）为圆心，半径为 7，轴端点为（0,-10,0）。

Note

（9）差集运算。单击“三维工具”选项卡下“实体编辑”面板中的“差集”按钮，将并集后的图形与第（8）步绘制的两个圆柱体进行差集运算，消隐后的结果如图19-66所示。

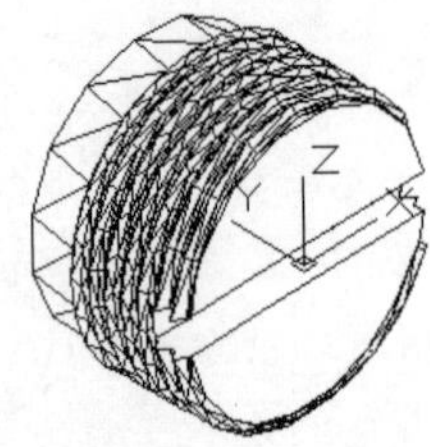

图19-65　差集处理后的图形1

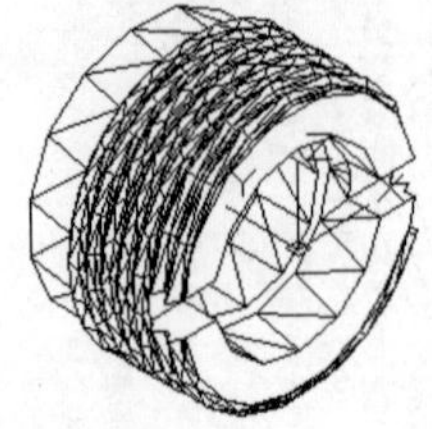
图19-66　差集处理后的图形2

6．着色视图

单击“三维工具”选项卡下“实体编辑”面板中的“着色面”按钮，利用着色命令，对相应的面进行着色，概念后的效果如图19-58所示。

19.3　阀体与阀盖三维设计

阀体与阀盖是球阀零件中两个最复杂的零件，通过本节的学习，读者可以掌握复杂零件的绘制技巧。

视频讲解

19.3.1　阀体三维设计

图19-67　阀体立体图

本例绘制的阀体是球阀的箱体，阀杆和阀盖装配在其中。首先绘制一长方体，作为阀体的左端部，然后绘制圆柱体和球体，作为阀体的腔体，接着绘制阀体的右端部再绘制阀体的上部，最后绘制左端部的连接螺纹，如图19-67所示。

操作步骤如下：

1．建立新文件

启动AutoCAD 2018，使用默认设置绘图环境。单击“快速访问”工具栏中的“新建”按钮，打开“选择样板”对话框，单击“打开”按钮右侧的下拉按钮，以“无样板打开—公制（M）”方式建立新文件，将新文件命名为“阀体三维设计.dwg”并保存。

2．设置线框密度

利用ISOLINES命令，更改设定值为10。

3．设置视图方向

将当前视图方向设置为西南等轴测视图。

4．绘制主体视图

（1）创建新的坐标系。在命令行中输入“UCS”命令，将当前坐标系绕X轴旋转90°。

（2）绘制长方体。单击“三维工具”选项卡下“建模”面板中的“长方体”按钮，以原点为中心点，绘制长为75、宽为75、高度为12的长方体，结果如图19-68所示。

（3）圆角处理。单击“默认”选项卡下“修改”面板中的“圆角”按钮，对第（2）步绘制的

长方体的 4 个竖直边进行圆角处理，圆角的半径为 12.5mm，结果如图 19-69 所示。

（4）绘制圆柱体。单击“三维工具”选项卡下“建模”面板中的“圆柱体”按钮，绘制以（0,0,6）为底面圆心、直径为 55、高度为 17 的圆柱体，结果如图 19-70 所示。

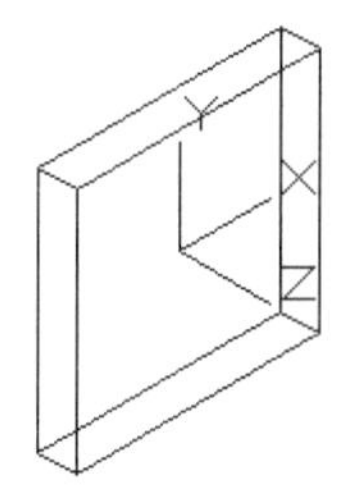

图 19-68　绘制长方体后的图形

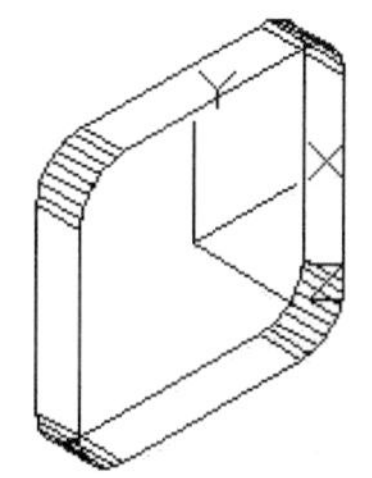

图 19-69　圆角处理后的图形

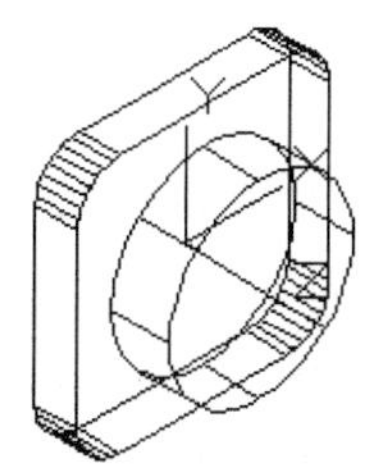

图 19-70　绘制圆柱体后的图形

（5）绘制球体。单击“三维工具”选项卡下“建模”面板中的“球体”按钮，绘制以（0,0,23）为球心、直径为 55 的球体，消隐后的结果如图 19-71 所示。

（6）绘制圆柱体。单击“三维工具”选项卡下“建模”面板中的“圆柱体”按钮，绘制以（0,0,69）为底面圆心的两个圆柱体。一个半径为 18，高度为-15；另一个半径为 16，高度为-34。

（7）并集运算。单击“三维工具”选项卡下“实体编辑”面板中的“并集”按钮，将视图中所有的图形合并为一个实体，消隐后的结果如图 19-72 所示。

（8）绘制圆柱体。单击“三维工具”选项卡下“建模”面板中的“圆柱体”按钮，绘制从左到右的内部圆柱体。

① 底面中心点为（0,0,-6），半径为 25，高度为 5。

② 底面中心点为（0,0,-1），半径为 21.5，高度为 29。

③ 底面中心点为（0,0,28），半径为 17.5，高度为 7。

④ 底面中心点为（0,0,35），半径为 10，高度为 29。

⑤ 底面中心点为（0,0,64），半径为 14.25，高度为 5。

（9）创建新的坐标系。创建新的坐标系统，坐标原点为（0,56,15）。

（10）绘制圆柱体。单击“三维工具”选项卡下“建模”面板中的“圆柱体”按钮，绘制上端的圆柱体：以原点为底面圆心，半径为 18，轴端点为（0,-50,0）。

（11）绘制圆柱体。单击“三维工具”选项卡下“建模”面板中的“圆柱体”按钮，绘制上端内部圆柱体。

① 以原点为圆心，半径为 13，轴端点为（0,-4,0）。

② 以（0,-4,0）为圆心，半径为 12，轴端点为（@0,-9,0）。

③ 以（0,-13,0）为圆心，半径为 12.15，轴端点为（@0,-3,0）。

④ 以（0,-16,0）为圆心，半径为 11，轴端点为（@0,-13,0）。

⑤ 以（0,-29,0）为圆心，半径为 9，轴端点为（@0,-27,0）。

（12）布尔运算。单击“三维工具”选项卡下“实体编辑”面板中的“并集”按钮，将并集后的图形与第（10）步绘制的圆柱体进行并集运算。单击“三维工具”选项卡下“实体编辑”面板中的“差集”按钮，将并集后的图形进行差集运算，从并集后的图形中减去第（8）步绘制的 5 个圆柱体和第（11）步绘制的 5 个圆柱体，消隐后的结果如图 19-73 所示。

（13）改变坐标系，利用 UCS 命令，将当前坐标系绕 X 轴旋转-90°。

（14）绘制圆。单击“默认”选项卡下“绘图”面板中的“圆”按钮，绘制以原点为圆心、半径为 13 和以原点为圆心、半径为 18 的两个圆。

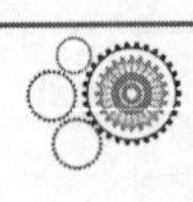

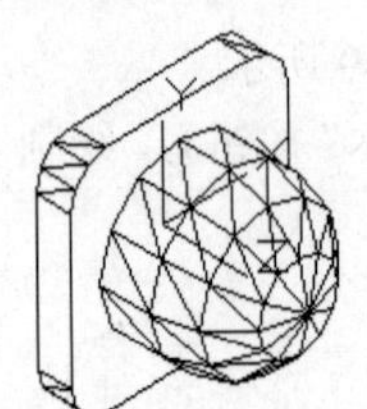

图 19-71　绘制球体后的图形

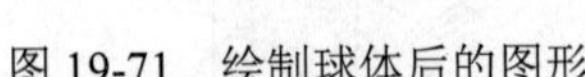

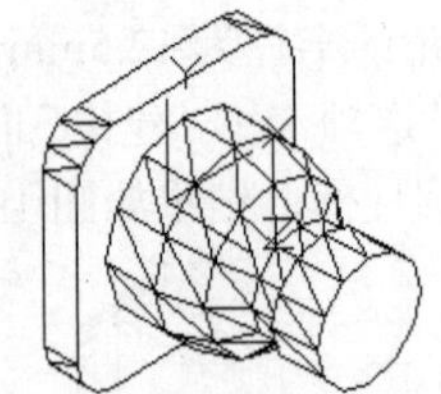

图 19-72　并集后的图形

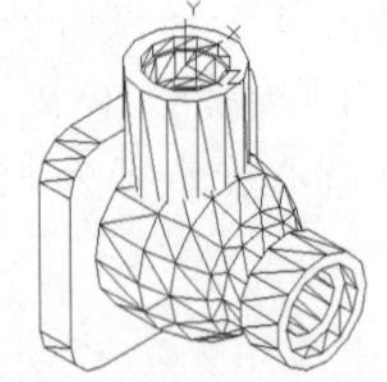

图 19-73　差集后的结果

（15）绘制直线。单击“默认”选项卡下“绘图”面板中的“直线”按钮，从原点绘制长度为 18、角度为 45° 的直线和长度为 18、角度为 135° 的直线，消隐后的结果如图 19-74 所示。

（16）修剪图形。单击“默认”选项卡下“修改”面板中的“修剪”按钮，将第（14）步和（15）步绘制的两个圆和两条直线进行修剪，修剪后的图形如图 19-75 所示。

（17）面域处理。单击“默认”选项卡下“绘图”面板中的“面域”按钮，将第（16）步修剪后的图形创建为面域。

（18）拉伸面域。单击“三维工具”选项卡下“建模”面板中的“拉伸”按钮，将第（17）步创建的面域拉伸为实体，拉伸高度为-2，结果如图 19-76 所示。

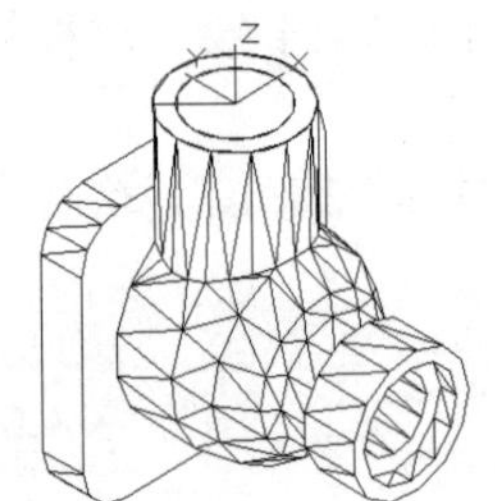

图 19-74　绘制直线后的图形

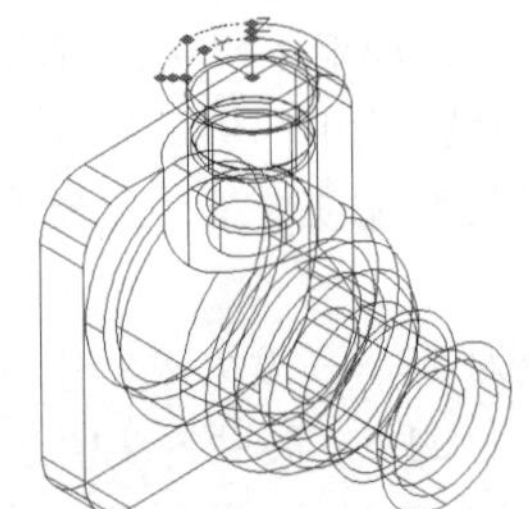

图 19-75　修剪后的图形

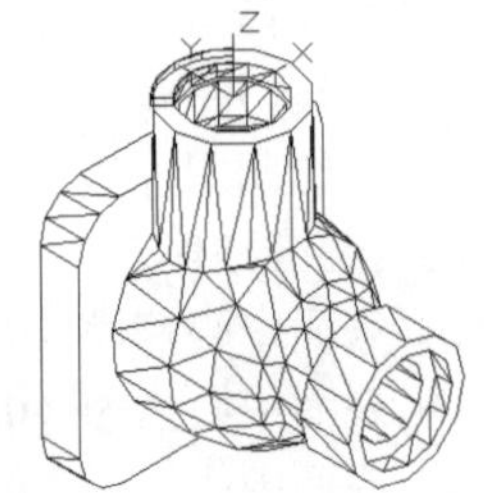

图 19-76　拉伸面域后的图形

（19）差集运算。单击“三维工具”选项卡下“实体编辑”面板中的“差集”按钮，将实体与拉伸后的实体进行差集运算，消隐后的结果如图 19-77 所示。

5．绘制右端螺纹

（1）改变坐标系。在命令行中输入“UCS”命令，将坐标原点移动到右端，并将其绕 X 轴旋转 90°，结果如图 19-78 所示。

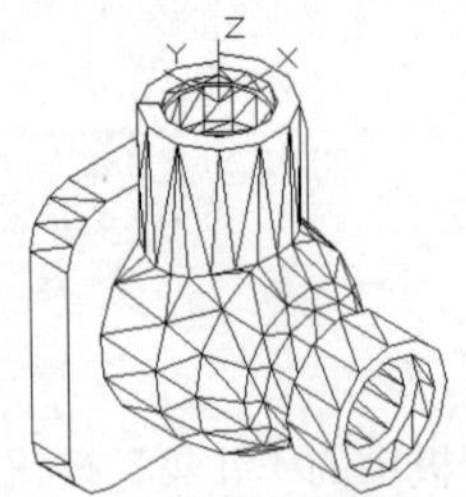

图 19-77　差集处理后的图形

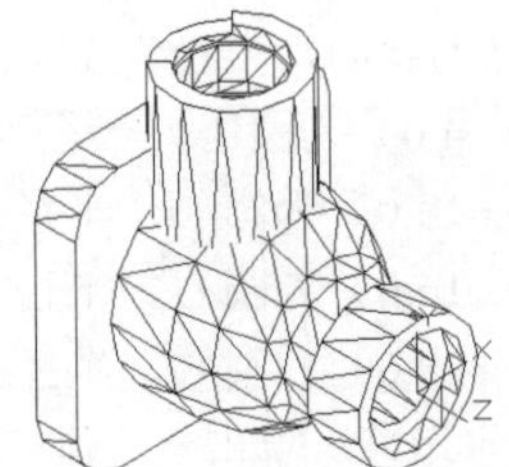

图 19-78　改变坐标系

（2）创建图层。单击“默认”选项卡下“图层”面板中的“图层特性”按钮，在弹出的“图层特性管理器”选项板中创建新图层 1，将创建的实体放置在图层 1 中并关闭该层。

（3）绘制螺旋线。

① 单击“默认”选项卡下“绘图”面板中的“螺旋”按钮。

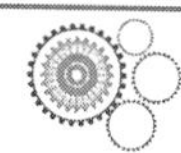

Note

② 在命令行提示“指定底面的中心点:”后输入“0,0,0”。

③ 在命令行提示“指定底面半径或[直径(D)] <1.0000>:”后输入“17.9”。

④ 在命令行提示“指定顶面半径或[直径(D)] <6.7000>:”后输入“17.9”。

⑤ 在命令行提示“指定螺旋高度或[轴端点(A)/圈数(T)/圈高(H)/扭曲(W)] <1.0000>:”后输入“T”。

⑥ 在命令行提示“输入圈数<3.0000>:”后输入“10”。

⑦ 在命令行提示“指定螺旋高度或[轴端点(A)/圈数(T)/圈高(H)/扭曲(W)] <1.0000>:”后输入“-15”，结果如图19-79所示。

（4）绘制截面三角形。单击“默认”选项卡下“绘图”面板中的“直线”按钮，绘制尺寸如图19-80所示的截面三角形，结果如图19-81所示。

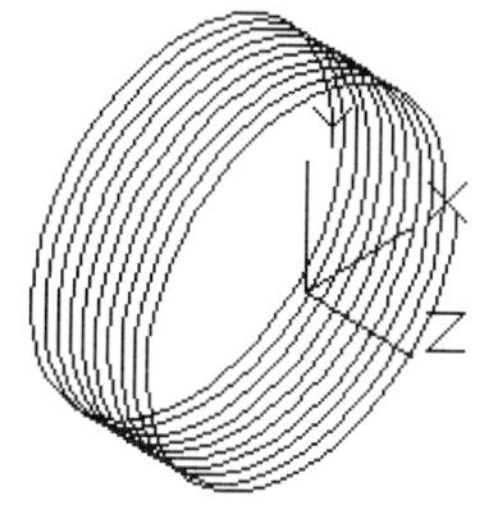

图19-79　螺纹轮廓线

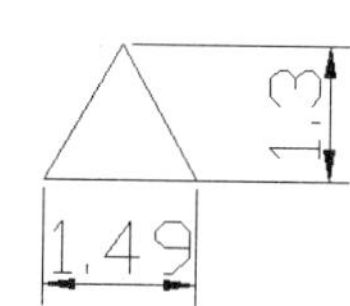

图19-80　截面三角形尺寸图

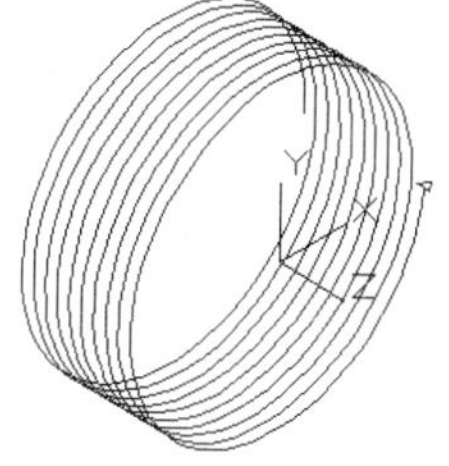

图19-81　绘制截面三角形

（5）创建面域。单击“默认”选项卡下“绘图”面板中的“面域”按钮，对第（4）步绘制的三角形进行面域创建。

（6）创建螺纹。单击“三维工具”选项卡下“建模”面板中的“扫掠”按钮，根据系统提示旋转扫掠对象和扫掠路径，生成螺纹。单击“可视化”选项卡下“视觉样式”面板中的“隐藏”按钮，结果如图19-82所示。

（7）打开关闭的图层1。

（8）并集运算。单击“三维工具”选项卡下“实体编辑”面板中的“并集”按钮，将视图中的所有图形合并为一个实体，消隐后的结果如图19-83所示。

图19-82　创建螺纹

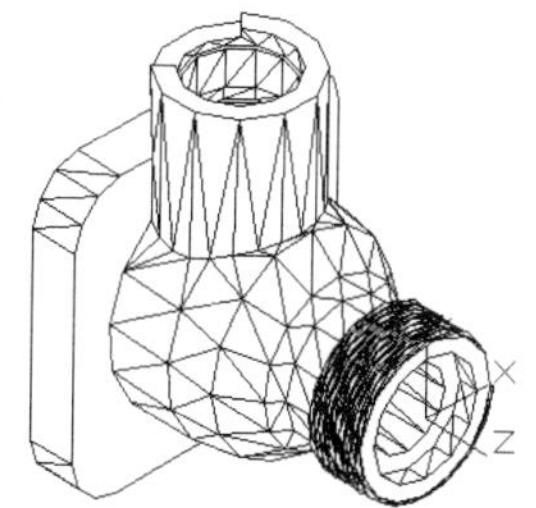

图19-83　并集后的图形

6．绘制左边端部的连接螺纹孔

（1）绘制螺旋线。

① 单击“默认”选项卡下“绘图”面板中的“螺旋”按钮。

② 在命令行提示“指定底面的中心点:”后输入“100,100,100”。

③ 在命令行提示“指定底面半径或[直径(D)] <1.0000>:”后输入“5”。

④ 在命令行提示“指定顶面半径或[直径(D)] <6.7000>:”后输入“5”。

⑤ 在命令行提示“指定螺旋高度或[轴端点(A)/圈数(T)/圈高(H)/扭曲(W)] <1.0000>:”后输入“T”。

⑥ 在命令行提示“输入圈数<3.0000>:”后输入“12”。

⑦ 在命令行提示“指定螺旋高度或[轴端点(A)/圈数(T)/圈高(H)/扭曲(W)] <1.0000>:”后输入“-12”，结果如图 19-84 所示。

（2）绘制截面三角形。单击“默认”选项卡下“绘图”面板中的“直线”按钮，绘制尺寸如图 19-85 所示的截面三角形，结果如图 19-86 所示。

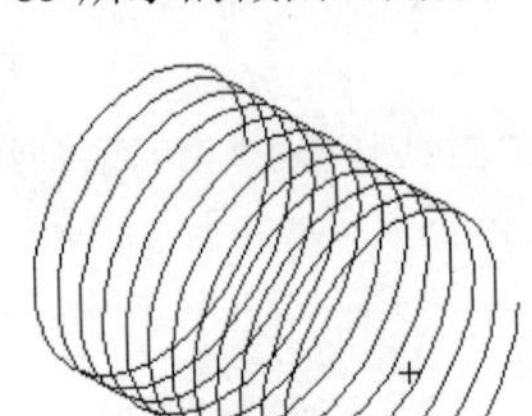

图 19-84 螺纹轮廓线

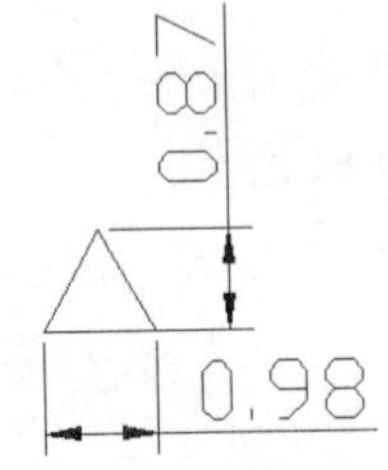

图 19-85 截面三角形尺寸图

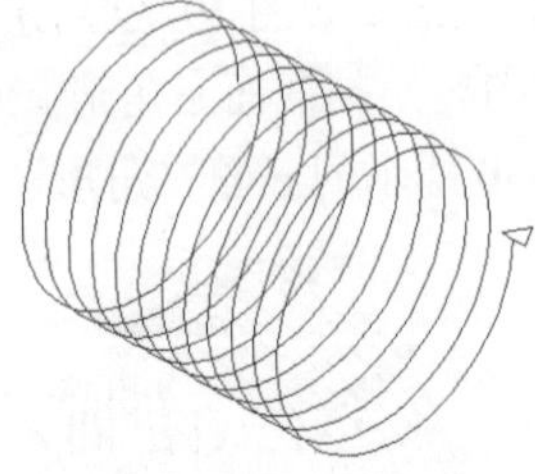
图 19-86 绘制截面三角形

（3）创建面域。单击“默认”选项卡下“绘图”面板中的“面域”按钮，对第（2）步绘制的三角形进行面域创建。

（4）创建螺纹。单击“三维工具”选项卡下“建模”面板中的“扫掠”按钮，根据系统提示旋转扫掠对象和扫掠路径，生成螺纹。单击“可视化”选项卡下“视觉样式”面板中的“隐藏”按钮，结果如图 19-87 所示。

（5）绘制螺纹内部圆柱体。单击“三维工具”选项卡下“建模”面板中的“圆柱体”按钮，以（100,100,100）为圆心创建半径为 5、高度为-12 的圆柱体，结果如图 19-88 所示。

（6）并集运算。单击“三维工具”选项卡下“实体编辑”面板中的“并集”按钮，将第（5）步创建的圆柱体与螺纹合并为一个实体，消隐后的结果如图 19-89 所示。

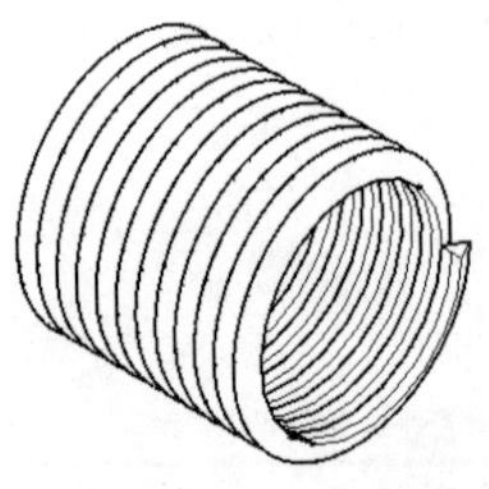
图 19-87 创建螺纹

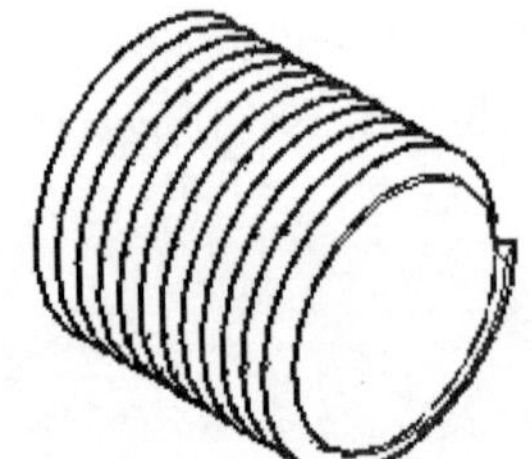
图 19-88 创建圆柱体

图 19-89 并集处理后的图形

（7）复制对象。单击“默认”选项卡下“修改”面板中的“复制”按钮，将第（6）步并集后的螺纹从点（100,100,100）分别复制到（-25,25,-63）、（-25,-25,-63）、（25,25,-63）和（25,-25,-63），并删除源对象，结果如图 19-90 所示。

（8）差集运算。单击“三维工具”选项卡下“实体编辑”面板中的“差集”按钮，将实体与复制后的 4 个螺纹进行差集运算，消隐后的结果如图 19-91 所示。

7．着色实体

单击“三维工具”选项卡下“实体编辑”面板中的“着色面”按钮，对实体进行着色，概念后的结果如图 19-67 所示。

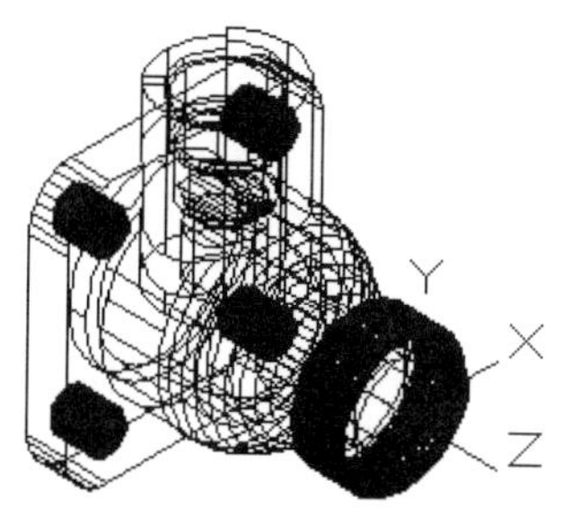

图 19-90 复制对象后的图形

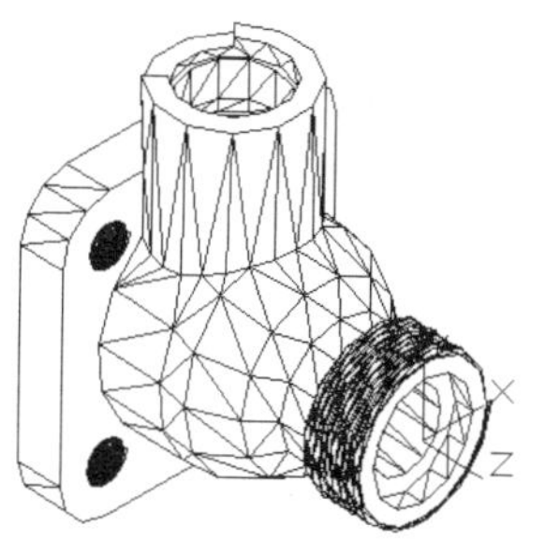

图 19-91 差集处理后的图形

19.3.2 阀盖三维设计

视频讲解

本例绘制的阀盖主要起开关球阀的作用。首先绘制阀盖左端的螺纹，然后依次绘制其他外形轮廓，再绘制阀盖的内部轮廓，进行差集处理，最后绘制连接螺纹孔，完成阀盖三维设计，如图 19-92 所示。

图 19-92 阀盖立体图

操作步骤如下：

1．建立新文件

启动 AutoCAD 2018，使用默认设置绘图环境。单击快速访问工具栏中的“新建”按钮，打开“选择样板”对话框，单击“打开”按钮右侧的下拉按钮，以“无样板打开一公制（M）”方式建立新文件，将新文件命名为“阀盖三维设计.dwg”并保存。

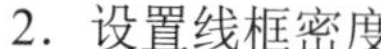

2．设置线框密度

在命令行中输入“ISOLINES”命令，更改设定值为 10。

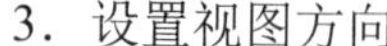

3．设置视图方向

将当前视图方向设置为西南等轴测视图。

4．绘制外部轮廓

（1）改变坐标系。在命令行中输入“UCS”命令，将坐标系绕 X 轴旋转 90°。

（2）绘制螺旋线。

① 单击“默认”选项卡下“绘图”面板中的“螺旋”按钮。

② 在命令行提示“指定底面的中心点:”后输入“0,0,0”。

③ 在命令行提示“指定底面半径或[直径(D)] <1.0000>:”后输入“17”。

④ 在命令行提示“指定顶面半径或[直径(D)] <6.7000>:”后输入“17”。

⑤ 在命令行提示“指定螺旋高度或[轴端点(A)/圈数(T)/圈高(H)/扭曲(W)] <1.0000>:”后输入“T”。

⑥ 在命令行提示“输入圈数<3.0000>:”后输入“8”。

⑦ 在命令行提示“指定螺旋高度或[轴端点(A)/圈数(T)/圈高(H)/扭曲(W)] <1.0000>:”后输入“16”，结果如图 19-93 所示。

（3）绘制截面三角形。单击“默认”选项卡下“绘图”面板中的“直线”按钮，绘制尺寸如图 19-94 所示的截面三角形，结果如图 19-95 所示。

（4）创建面域。单击“默认”选项卡下“绘图”面板中的“面域”按钮，对第（3）步绘制的三角形进行面域创建。

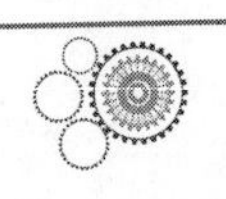
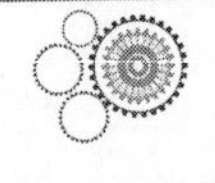

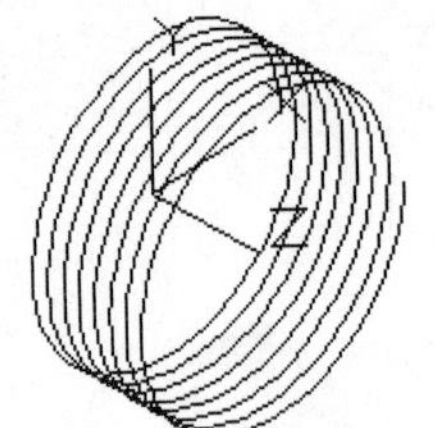

图 19-93　螺纹轮廓线

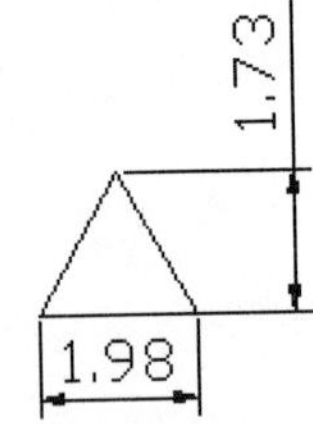

图 19-94　截面三角形尺寸图

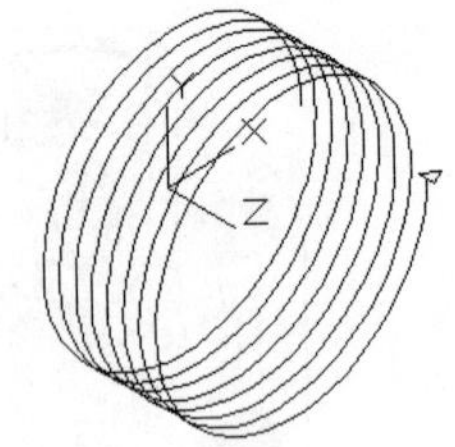

图 19-95　绘制截面三角形

（5）创建螺纹。单击“三维工具”选项卡下“建模”面板中的“扫掠”按钮，根据系统提示旋转扫掠对象和扫掠路径，生成螺纹，消隐后的结果如图 19-96 所示。

（6）改变坐标系。在命令行中输入“UCS”命令，将当前坐标系统 X 轴旋转-90°。

（7）绘制圆柱体。单击“三维工具”选项卡下“建模”面板中的“圆柱体”按钮，绘制以点（0,0,0）为底面圆心、半径为 17、轴端点为（@0,−16,0）的圆柱体，消隐后的结果如图 19-97 所示。

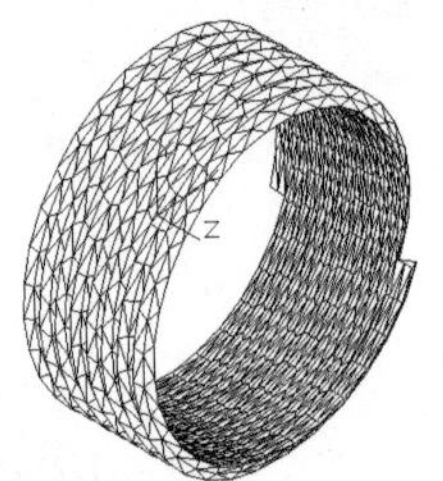

图 19-96　创建螺纹

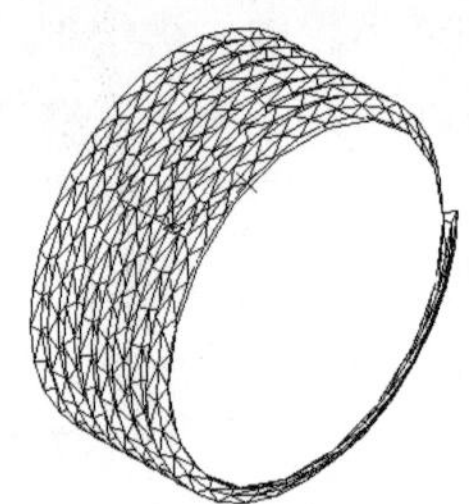

图 19-97　绘制圆柱体后的图形

（8）绘制长方体。单击“三维工具”选项卡下“建模”面板中的“长方体”按钮，绘制以点（0,−32,0）为中心点、长度为 75、宽度为 12、高度为 75 的长方体，结果如图 19-98 所示。

（9）圆角处理。单击“默认”选项卡下“修改”面板中的“圆角”按钮，对第（8）步绘制的长方体的 4 个竖直边进行圆角处理，圆角的半径为 12.5mm，结果如图 19-99 所示。

（10）绘制圆柱体。单击“三维工具”选项卡下“建模”面板中的“圆柱体”按钮，绘制一系列圆柱体。

① 底面中心点为（0,−16,0），半径为 14，顶圆中心点为（0,−26,0）。

② 底面中心点为（0,−38,0），半径为 26.5，顶圆中心点为（@0,−1,0）。

③ 底面中心点为（0,−39,0），半径为 25，顶圆中心点为（@0,−5,0）。

④ 底面中心点为（0,−44,0），半径为 20.5，顶圆中心点为（@0,−4,0）。

（11）并集运算。单击“三维工具”选项卡下“实体编辑”面板中的“并集”按钮，将视图中所有的图形合并为一个实体，消隐后的结果如图 19-100 所示。

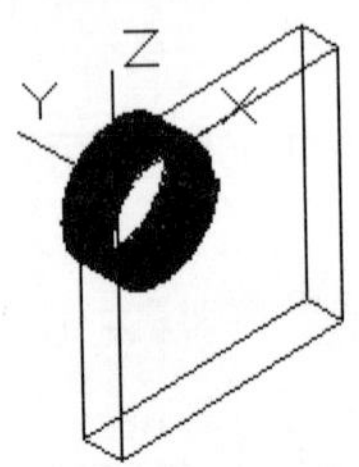

图 19-98　绘制长方体后的图形

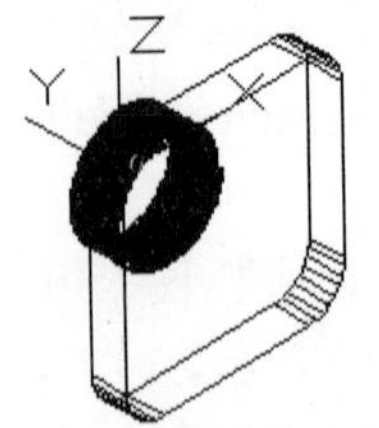

图 19-99　圆角处理后的图形

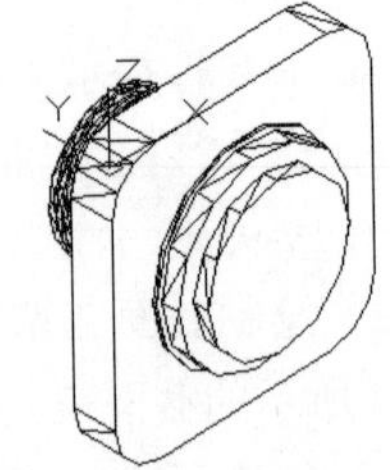

图 19-100　绘制圆柱体后的图形

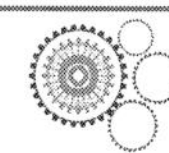

5．绘制内部轮廓

（1）绘制圆柱体。单击“三维工具”选项卡下“建模”面板中的“圆柱体”按钮，绘制内部一系列圆柱体。

① 底面中心点为（0,0,0），半径为 14.25，顶圆中心点为（@0,-5,0）。

② 底面中心点为（0,-5,0），半径为 10，顶圆中心点为（@0,-36,0）。

③ 底面中心点为（0,-41,0），半径为 17.5，顶圆中心点为（@0,-7,0）。

（2）差集运算。单击“三维工具”选项卡下“实体编辑”面板中的“差集”按钮，将实体和第（1）步绘制的 3 个圆柱体进行差集运算，消隐后的结果如图 19-101 所示。

6．绘制连接螺纹孔

（1）在 20.3.1 节中已经提到螺纹孔的绘制，本节将不作详细介绍，只针对本图做相应调整。

（2）利用 UCS 命令，将坐标系统绕 X 轴旋转 90°。单击“默认”选项卡下“绘图”面板中的“螺旋”按钮，以点（100,100,100）为中心点，绘制半径为 5、圈数为 12、高度为-12 的螺旋线。绘制边长为 0.98、高度为 0.85 的三角形。单击“三维工具”选项卡下“建模”面板中的“扫掠”按钮，创建螺纹。单击“三维工具”选项卡下“建模”面板中的“圆柱体”按钮，以（100,100,100）为圆心，创建半径为 5、高度为-12 的圆柱体。将两者进行并集。单击“默认”选项卡下“修改”面板中的“复制”按钮，将这段螺纹从点（100,100,100）分别复制到点（25,25,38）、（-25,-25,38）、（25,-25,38）、（-25,25,38），将初始的螺纹删除后，与实体进行差集运算，消隐后的结果如图 19-102 所示。

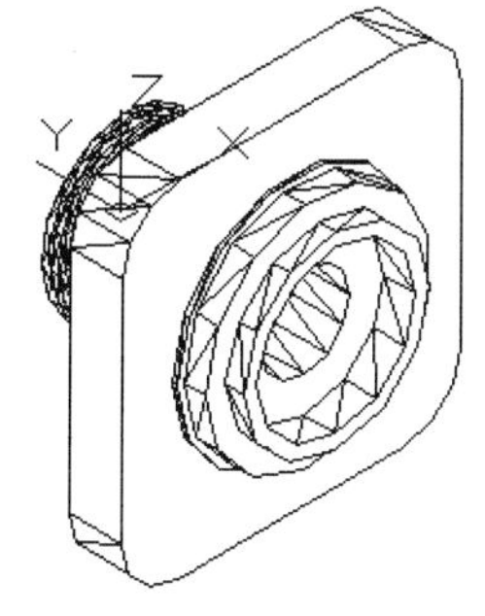

图 19-101　差集后的图形

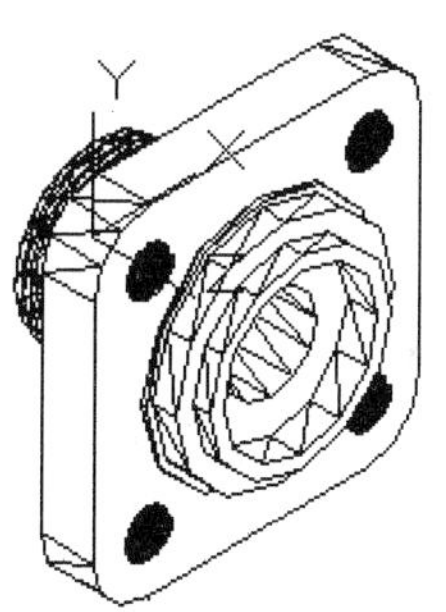

图 19-102　差集处理后的图形

7．着色实体

单击“三维工具”选项卡下“实体编辑”面板中的“着色面”按钮，对实体进行着色，概念显示后的结果如图 19-92 所示。

19.4　球阀装配三维设计

本节绘制的球阀装配三维设计，由双头螺柱、螺母、密封圈、扳手、阀杆、阀芯、压紧套、阀体和阀盖等三维设计组成。首先打开基准零件图，将其变为平面视图，然后打开要装配的零件，将其变为平面视图，将要装配的零件图复制粘贴到基准零件视图中，再通过确定合适的点，将要装配的零件图装配到基准零件图，并进行干涉检查，最后通过着色及变换视图方向将装配图设置为合理的位置和颜色，然后渲染处理，如图 19-103 所示。

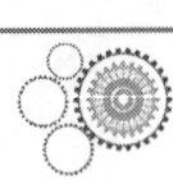

图 19-103　球阀装配图

19.4.1　配置绘图环境

操作步骤如下：

1．建立新文件

启动 AutoCAD 2018，使用默认设置绘图环境。单击快速访问工具栏中的“新建”按钮，打开“选择样板”对话框，单击“打开”按钮右侧的下拉按钮，以“无样板打开－公制（M)”方式建立新文件，将新文件命名为“球阀装配三维设计.dwg”并保存。

2．设置图形界限

设置线框密度，更改设定值为 10。

3．设置视图方向

将当前视图方向设置为左视图。

视频讲解

19.4.2　球阀装配图三维设计

图 19-104　打开阀体零件

装配图一般按实际装配顺序逐个装配。

操作步骤如下：

1．装配阀体三维设计

（1）打开阀体零件。单击快速访问工具栏中的“打开”按钮，打开“阀体三维设计.dwg”文件，如图 19-104 所示。

（2）设置视图方向。将当前视图方向设置为左视图方向。

（3）复制阀体零件。单击“默认”选项卡下“剪贴板”面板中的“复制剪裁”按钮，将“阀体三维设计”图形复制到“球阀装配三维设计”中。指定的插入点为“0,0”，结果如图 19-105 所示。

2．装配阀盖零件

（1）打开阀盖零件。单击快速访问工具栏中的“打开”按钮，打开“阀盖三维设计.dwg”文件，如图 19-106 所示。

（2）设置视图方向。将当前视图方向设置为左视图方向，如图 19-107 所示。

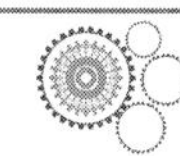

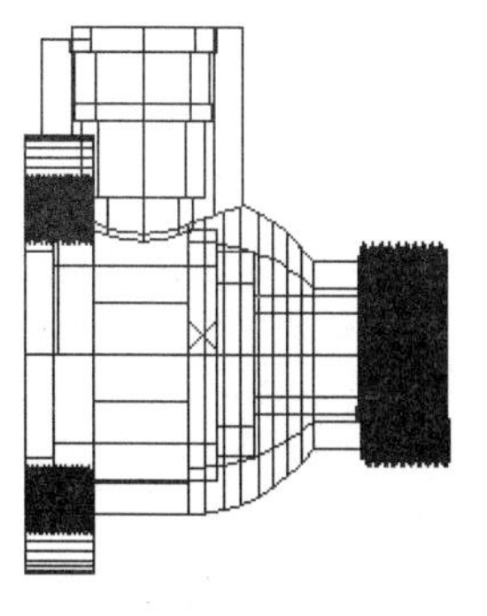

图 19-105　装入阀体后的图形

图 19-106　阀盖三维设计

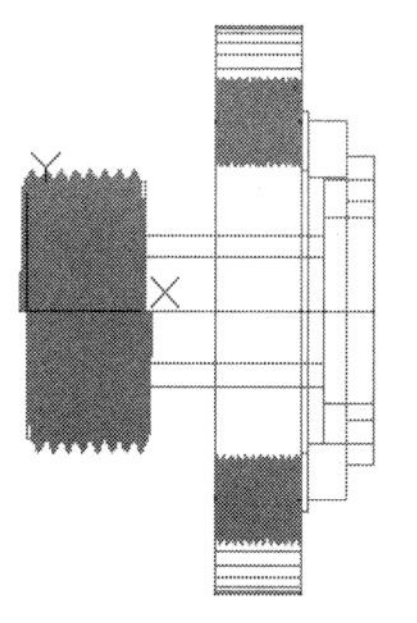

图 19-107　左视图的图形

（3）复制阀盖零件。单击“默认”选项卡下“剪贴板”面板中的“复制剪裁”按钮，将“阀体三维设计”图形复制到“球阀装配三维设计”中。将插入点指定在合适的位置，如图 19-108 所示。

（4）移动阀盖零件。单击“默认”选项卡下“修改”面板中的“移动”按钮，将“阀盖三维设计”从图 19-108 中的点 1 移动到图 19-108 中的点 2，如图 19-109 所示。

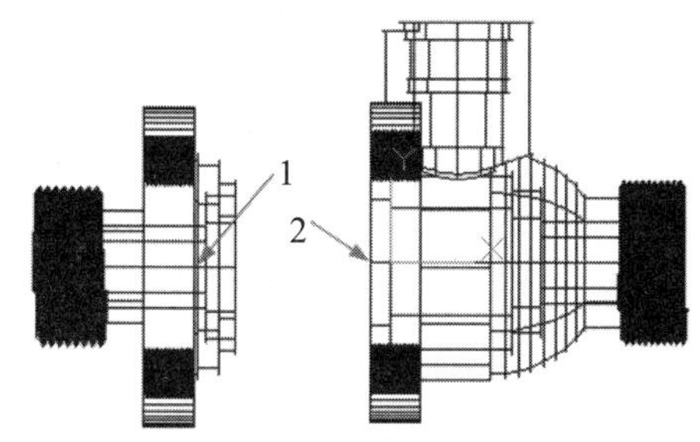

图 19-108　阀盖三维设计

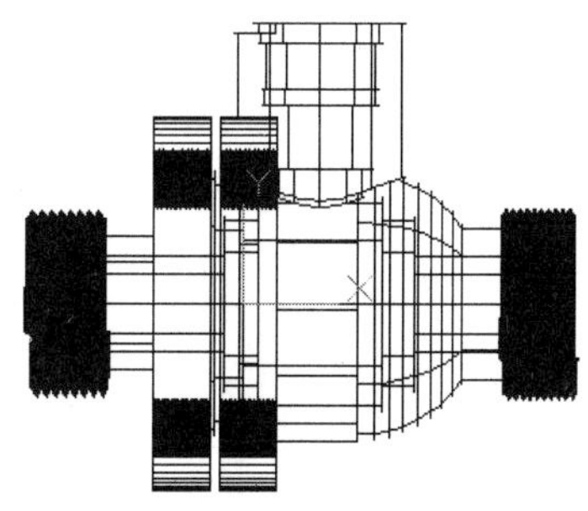

图 19-109　装入阀盖后的图形

（5）干涉检查。单击“三维工具”选项卡下“实体编辑”面板中的“干涉检查”按钮，对“阀体三维设计”和“阀盖三维设计”进行干涉检查。

① 在命令行提示“选择第一组对象或[嵌套选择(N)/设置(S)]:”时选择阀体三维设计。

② 在命令行提示“选择第一组对象或[嵌套选择(N)/设置(S)]:”时按 Enter 键。

③ 在命令行提示“选择第二组对象或[嵌套选择(N)/检查第一组(K)] <检查>:”时选择阀盖三维设计。

④ 在命令行提示“选择第二组对象或[嵌套选择(N)/检查第一组(K)] <检查>:”时按 Enter 键，系统打开“干涉检查”对话框，如图 19-110 所示。该对话框显示检查结果，如果存在干涉，则装配图上会亮显干涉区域，这时就要检查装配是否到位，调整相应的装配位置，直到不发生干涉为止。图 19-111 为装配后的西北等轴测方向的着色视图。

3．装配密封圈三维设计

（1）打开密封圈三维设计。单击快速访问工具栏中的“打开”按钮，打开“密封圈三维设计.dwg”文件，如图 19-112 所示。

（2）设置视图方向。将当前视图方向设置为左视图方向，如图 19-113 所示。

（3）三维旋转视图。单击“建模”工具栏中的“三维旋转”按钮，将“密封圈三维设计”沿 Z 轴上的原点旋转 90°，如图 19-114 所示。

（4）复制密封圈零件。单击“默认”选项卡下“剪贴板”面板中的“复制剪裁”按钮，将“阀体三维设计”图形复制两次到“球阀装配三维设计”中，将插入点指定在合适的位置，如图 19-115 所示。

Note

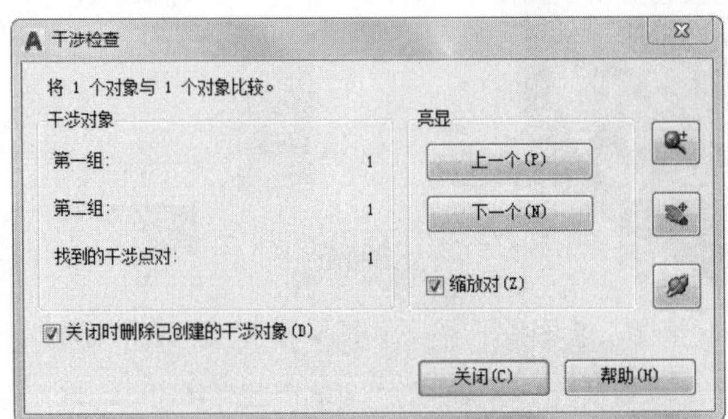

图 19-110 “干涉检查”对话框

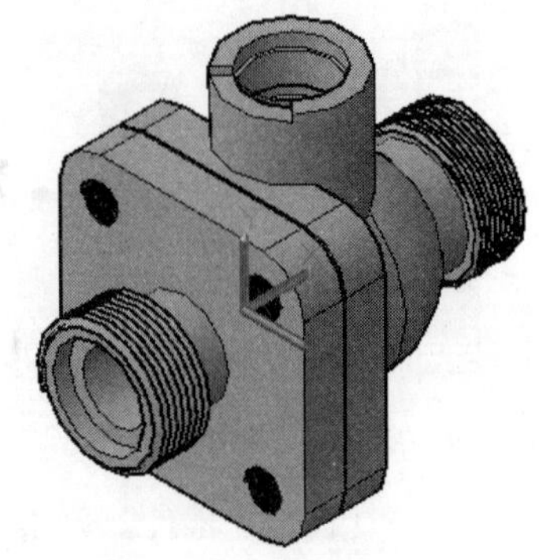

图 19-111 阀盖三维设计

图 19-112 密封圈三维设计

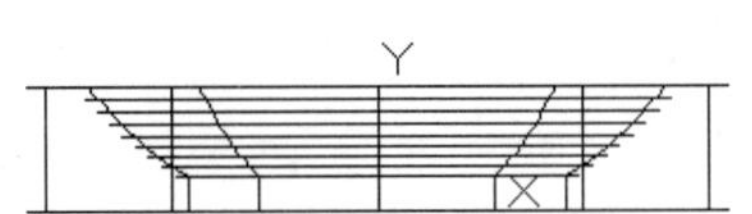

图 19-113 左视图方向图形

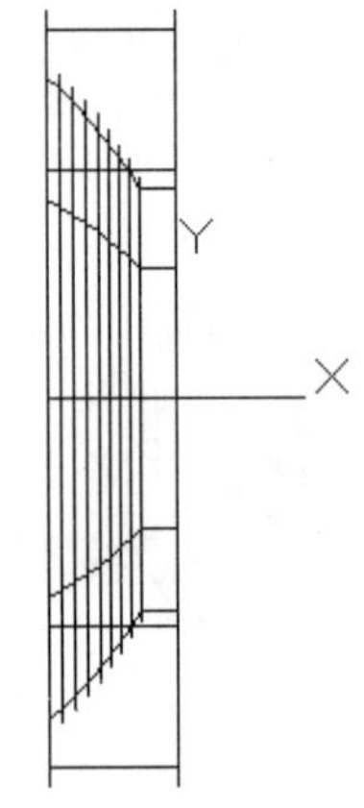

图 19-114 三维旋转的图形

（5）三维旋转对象。单击“建模”工具栏中的“三维旋转”按钮，将左边的“密封圈三维设计”绕原点旋转 180°，结果如图 19-116 所示。

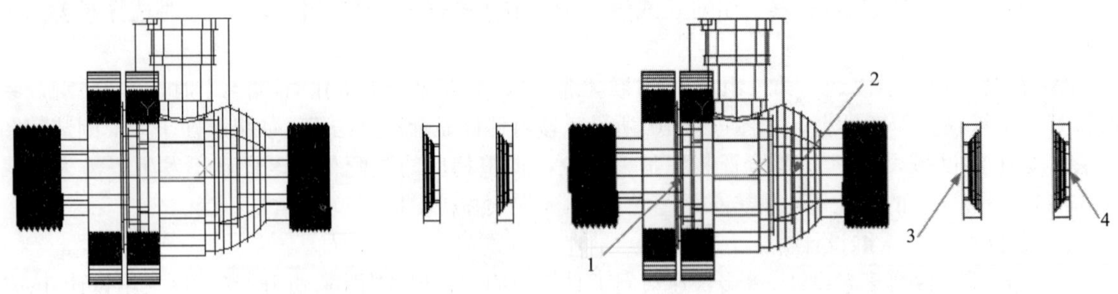

图 19-115 插入密封圈后的图形　　图 19-116 旋转密封圈后的图形

（6）移动密封圈零件。单击“默认”选项卡下“修改”面板中的“移动”按钮，将左边的“密封圈三维设计”从图 19-116 中的点 3 移动到图 19-116 中的点 1，将右边的“密封圈三维设计”从图中的点 4 移动到图 19-116 中的点 2，如图 19-117 所示。

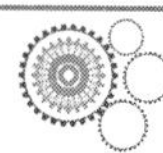

（7）干涉检查。利用干涉命令（INTERFERE）对阀体和两个密封圈进行干涉检查，如果发生干涉，则检查装配是否到位，调整相应的装配位置，直到不发生干涉为止。图 19-118 为西南等轴测方向消隐后的装配图。

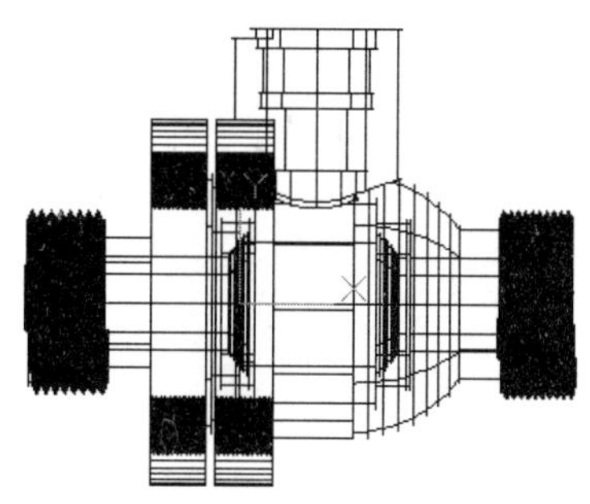

图 19-117　移动密封圈后的图形

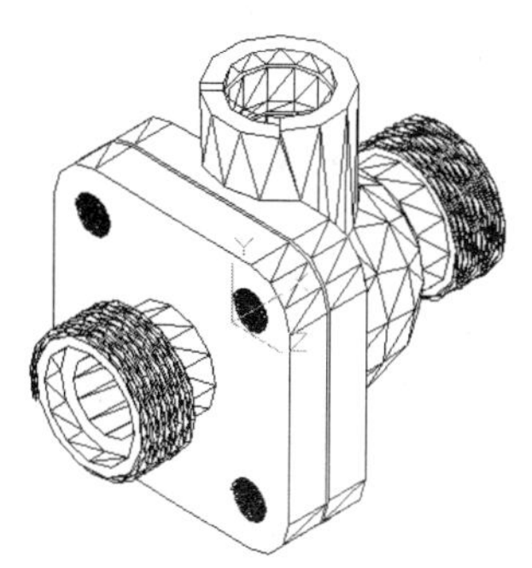

图 19-118　西南等轴测视图

4．装配阀芯三维设计

（1）打开阀芯零件。单击快速访问工具栏中的“打开”按钮，打开“阀芯三维设计.dwg”文件，如图 19-119 所示。

（2）设置视图方向。将当前视图方向设置为前视图方向，结果如图 19-120 所示。

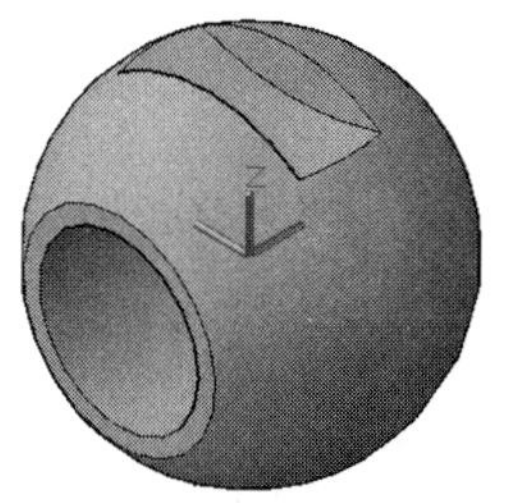

图 19-119　阀芯三维设计

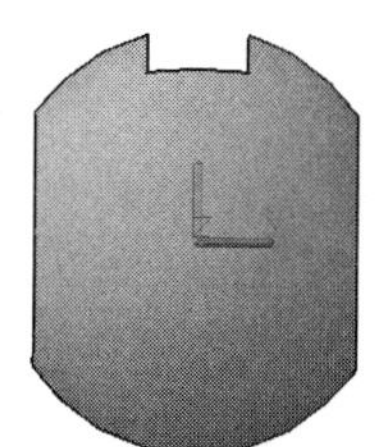

图 19-120　主视图的图形

（3）复制阀芯零件。单击“默认”选项卡下“剪贴板”面板中的“复制剪裁”按钮，将“阀芯三维设计”图形复制到“球阀装配三维设计”中。将插入点指定在合适的位置，结果如图 19-121 所示。

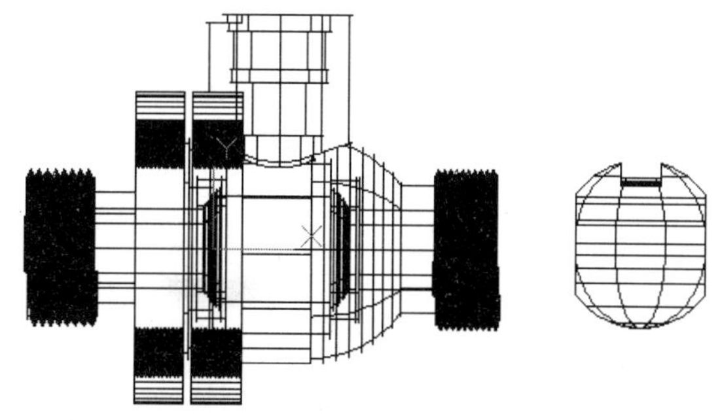

图 19-121　插入阀芯后的图形

（4）移动阀芯三维设计。单击“默认”选项卡下“修改”面板中的“移动”按钮，将“阀芯三维设计”以阀芯的圆心为基点移动到图 19-121 中密封圈的圆心，结果如图 19-122 所示。

（5）干涉检查。利用干涉命令（INTERFERE）对“阀芯三维设计”和左右两个“密封圈三维设

Note

计”进行干涉检查，如果发生干涉，则检查装配是否到位，调整相应的装配位置，直到不发生干涉为止。图 19-123 为装配后的西北等轴测方向的着色视图。

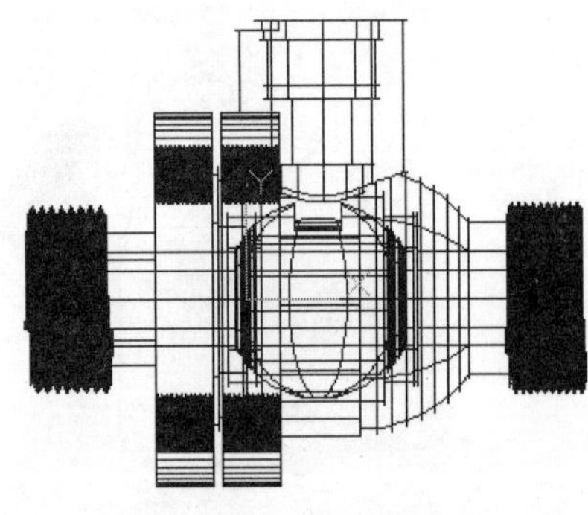
图 19-122　装入阀芯后的图形

图 19-123　西北等轴测着色视图

5．装配压紧套三维设计

（1）打开压紧套零件。单击快速访问工具栏中的“打开”按钮，打开“压紧套三维设计.dwg”文件，如图 19-124 所示。

（2）设置视图方向。将当前视图方向设置为左视图方向，结果如图 19-125 所示。

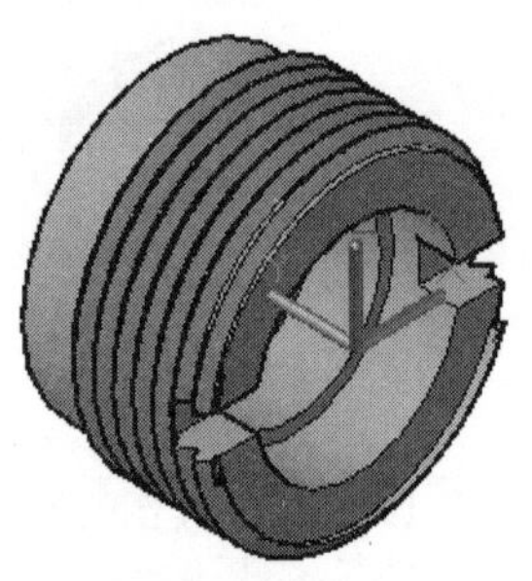
图 19-124　压紧套三维设计

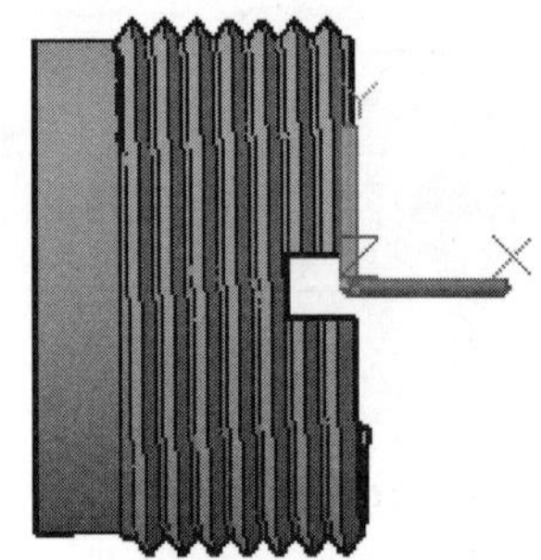
图 19-125　左视图方向图形

（3）三维旋转视图。单击“建模”工具栏中的“三维旋转”按钮，将“压紧套三维设计”绕原点旋转 90°，如图 19-126 所示。

（4）复制压紧套零件。单击“默认”选项卡下“剪贴板”面板中的“复制剪裁”按钮，将“压紧套三维设计”图形复制到“球阀装配三维设计”中，结果如图 19-127 所示。

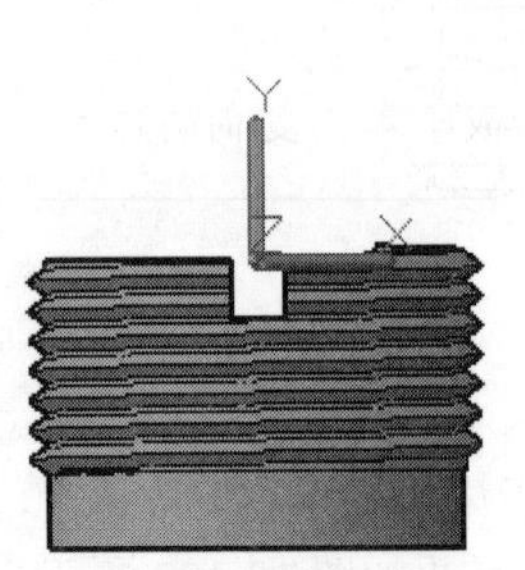
图 19-126　旋转后的图形

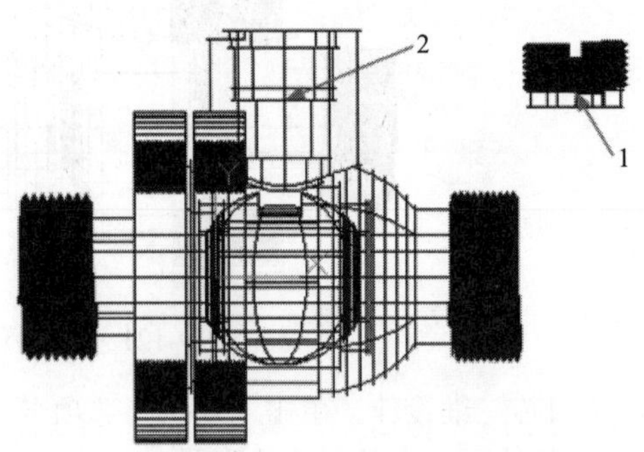

图 19-127　插入压紧套后的图形

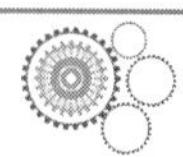

（5）移动压紧套三维设计。单击“默认”选项卡下“修改”面板中的“移动”按钮，将“压紧套三维设计”从图 19-127 中的点 1 移动到图 19-127 中的点 2 处，如图 19-128 所示。

（6）干涉检查。利用干涉命令（INTERFERE）对“压紧套三维设计”和“阀体三维设计”进行干涉检查，如果发生干涉，则检查装配是否到位，调整相应的装配位置，直到不发生干涉为止。图 19-129 为西北等轴测方向的装配图。

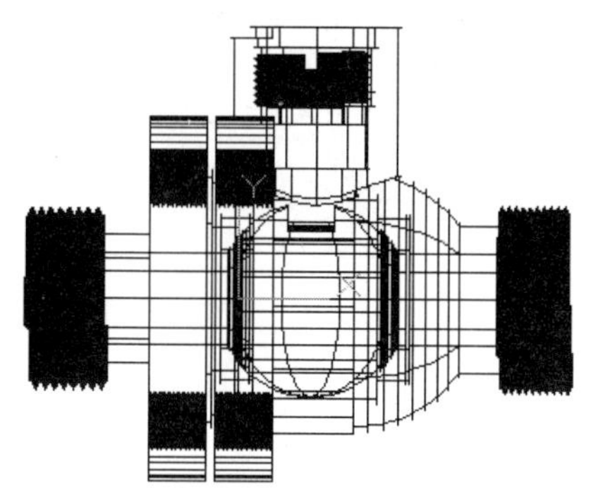

图 19-128　装入压紧套后的图形

图 19-129　西北等轴测视图

6．装配阀杆三维设计

（1）打开阀杆零件。单击快速访问工具栏中的“打开”按钮，打开“阀杆三维设计.dwg”文件，如图 19-130 所示。

（2）设置视图方向。将当前视图方向设置为左视图方向，如图 19-131 所示。

（3）三维旋转视图。单击“建模”工具栏中的“三维旋转”按钮，将“阀杆三维设计”绕原点逆时针旋转 180°，如图 19-132 所示。

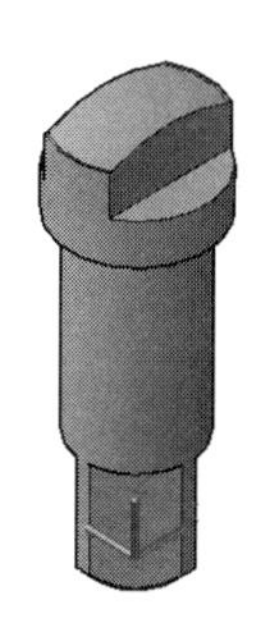

图 19-130　阀杆三维设计

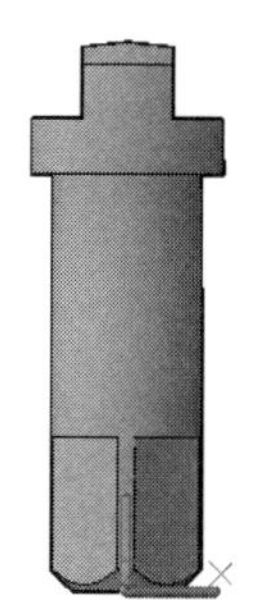

图 19-131　主视图

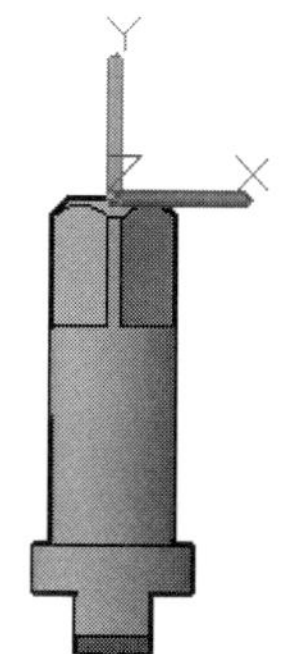

图 19-132　旋转后的图形

（4）复制阀杆三维设计。单击“默认”选项卡下“剪贴板”面板中的“复制剪裁”按钮，将“阀杆三维设计”图形复制到“球阀装配三维设计”中。将插入点指定在合适的位置，如图 19-133 所示。

（5）移动阀杆三维设计。单击“默认”选项卡下“修改”面板中的“移动”按钮，将“阀杆三维设计”从图 19-133 中的点 2 移动到图 19-133 中的点 1 处，结果如图 19-134 所示。

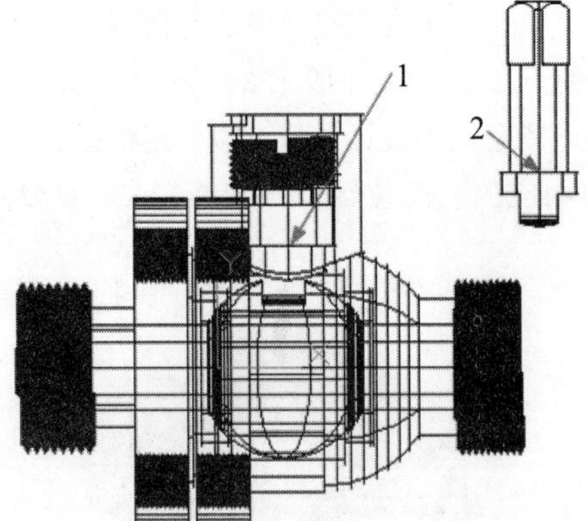

图 19-133　插入阀杆后的图形

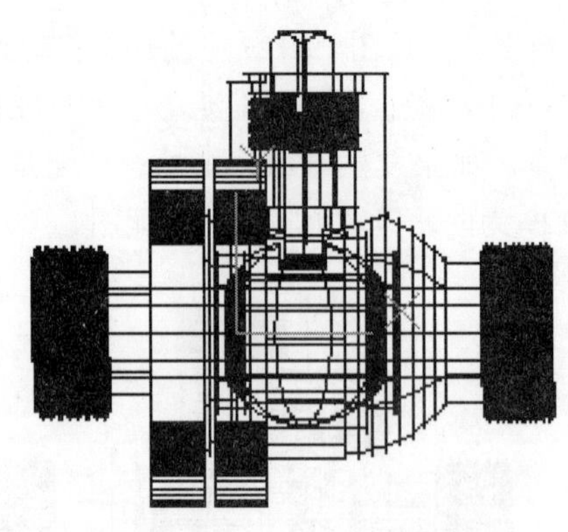

图 19-134　装配后的图形

（6）干涉检查。利用干涉命令（INTERFERE）对“阀杆三维设计”和“阀芯三维设计”进行干涉检查，如果发生干涉，则检查装配是否到位，调整相应的装配位置，直到不发生干涉为止。图 19-135 为装配后的西北等轴测方向的着色视图。

7．装配扳手零件

（1）打开扳手零件。单击快速访问工具栏中的“打开”按钮，打开“扳手三维设计.dwg”文件，如图 19-136 所示。

（2）设置视图方向。将当前视图方向设置为前视图方向，如图 19-137 所示。

（3）复制扳手零件。单击“默认”选项卡下“剪贴板”面板中的“复制剪裁”按钮，将“扳手三维设计”图形复制到“球阀装配三维设计”中，如图 19-138 所示。

（4）移动扳手零件。单击“默认”选项卡下“修改”面板中的“移动”按钮，将“扳手三维设计”从图 19-138 中扳手左上部的圆心移动到图 19-138 中阀杆上部的圆心位置，如图 19-139 所示。

图 19-135　西北等轴测视图

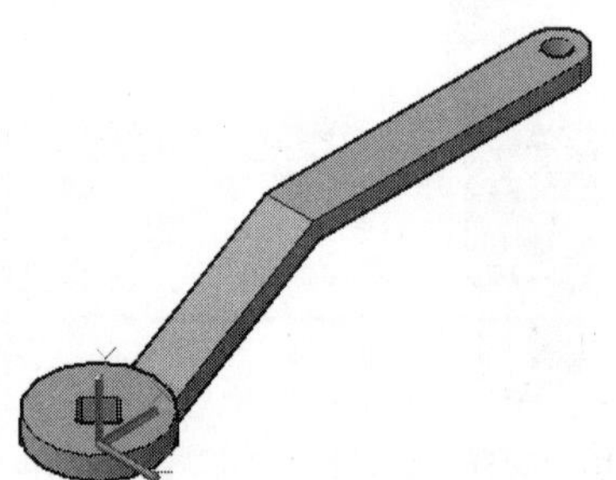

图 19-136　扳手三维设计

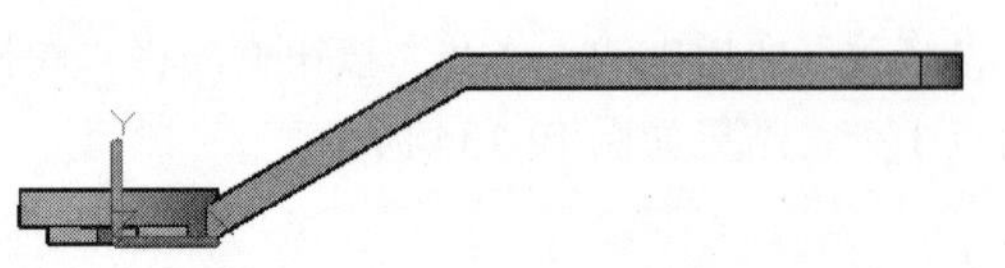

图 19-137　主视图方向图形

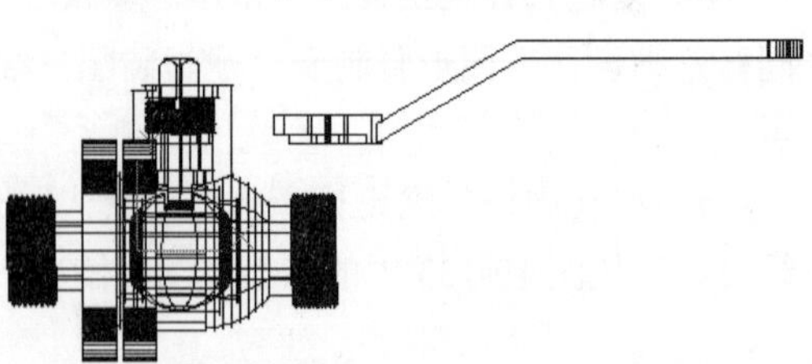

图 19-138　插入扳手后的图形

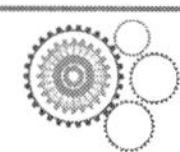

（5）干涉检查。利用干涉命令（INTERFERE）对“扳手三维设计”和“阀杆三维设计”进行干涉检查，如果发生干涉，则检查装配是否到位，调整相应的装配位置，直到不发生干涉为止。图 19-140 为西北等轴测方向着色后的装配图。

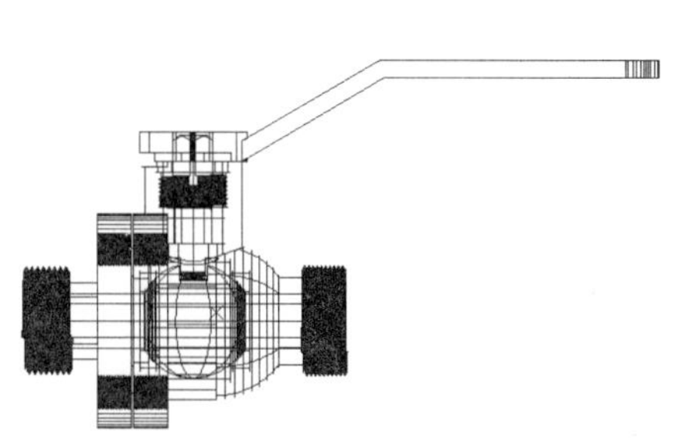

图 19-139　装入扳手后的图形

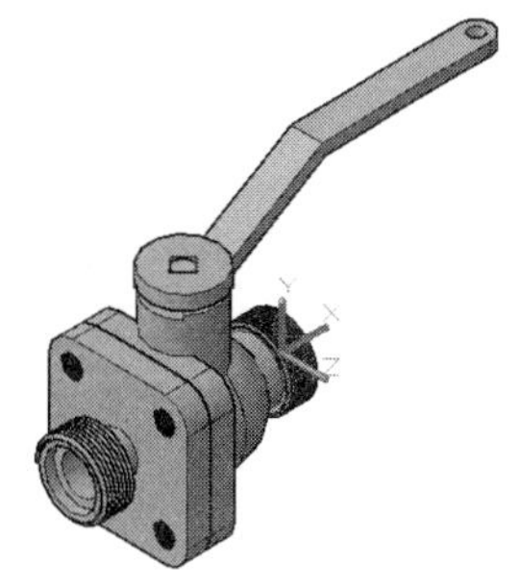

图 19-140　西北等轴测图形

8．装配双头螺柱三维设计

（1）打开双头螺柱三维设计。单击快速访问工具栏中的“打开”按钮，打开“双头螺柱三维设计.dwg”。如图 19-141 所示为着色后的双头螺柱三维设计。

（2）设置视图方向。将当前视图方向设置为左视图方向，结果如图 19-142 所示。

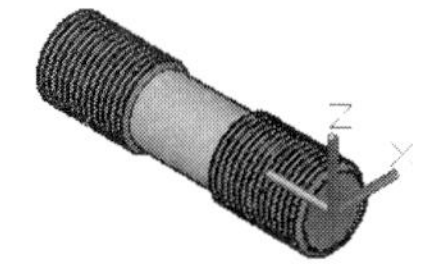

图 19-141　双头螺柱三维设计

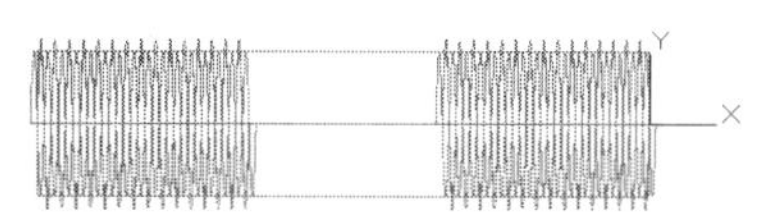

图 19-142　左视图的图形

（3）复制双头螺柱三维设计。单击“默认”选项卡下“剪贴板”面板中的“复制剪裁”按钮，将“双头螺柱三维设计”图形复制到“球阀装配三维设计”中。将插入点指定在合适的位置，结果如图 19-143 所示。

（4）移动双头螺柱三维设计。单击“默认”选项卡下“修改”面板中的“移动”按钮，将“双头螺柱三维设计”从图 19-143 中的圆心点 2 移动到图 19-143 中的圆心点 1 处，并将移动后的双头螺柱再向左移动适当距离，结果如图 19-144 所示。

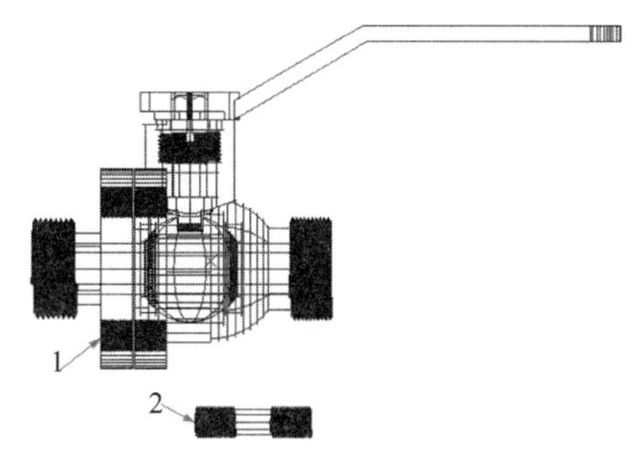

图 19-143　插入双头螺柱后的图形

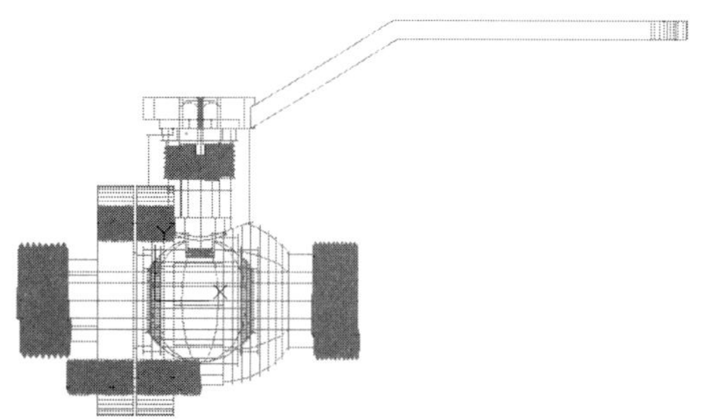

图 19-144　装入双头螺柱后的图形

（5）干涉检查。利用干涉命令（INTERFERE）对“双头螺柱三维设计”和“阀盖三维设计”以及“阀芯三维设计”进行干涉检查，如果发生干涉，则检查装配是否到位，调整相应的装配位置，直到不发生干涉为止。图 19-145 为装配后的西北等轴测方向的渲染视图。

Note

9．装配螺母三维设计

（1）打开螺母三维设计。单击快速访问工具栏中的“打开”按钮，打开“螺母三维设计.dwg”。如图 19-146 所示为着色后的螺母三维设计。

（2）设置视图方向。将当前视图方向设置为左视图方向，如图 19-147 所示。

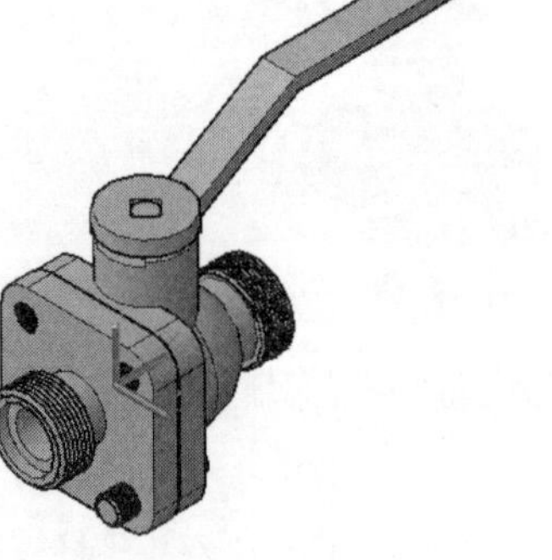
图 19-145　西北等轴测视图

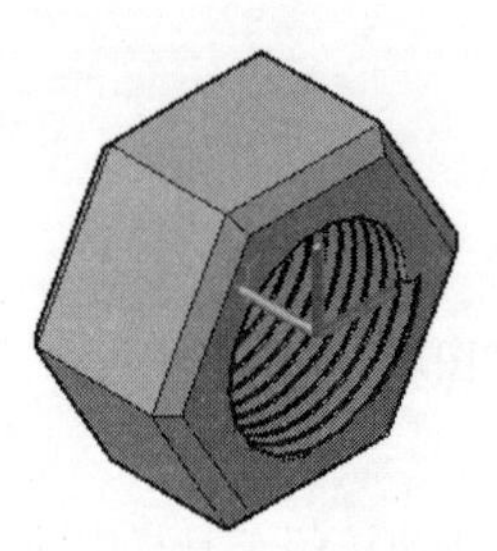
图 19-146　螺母三维设计

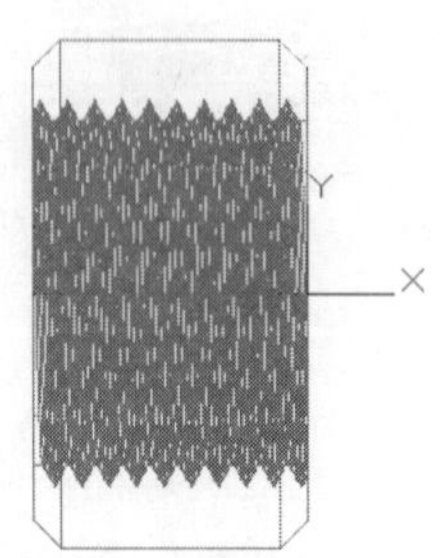

图 19-147　左视图

（3）复制螺母三维设计。单击“默认”选项卡下“剪贴板”面板中的“复制剪裁”按钮，将“螺母三维设计”图形复制到“球阀装配三维设计”中，结果如图 19-148 所示。

（4）移动螺母三维设计。单击“默认”选项卡下“修改”面板中的“移动”按钮，将“螺母三维设计”从图 19-148 中的点 2 移动到图 19-148 中的点 1 处，结果如图 19-149 所示。

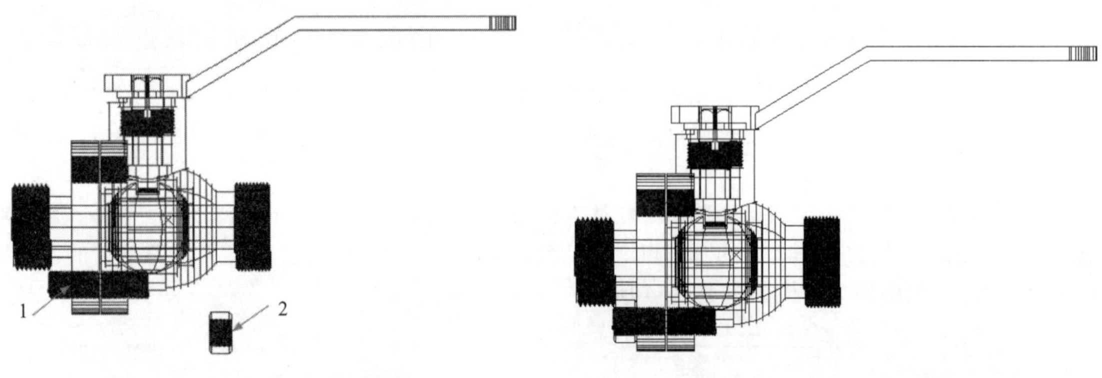

图 19-148　插入螺母后的图形

图 19-149　装入螺母后的图形

（5）干涉检查。利用干涉命令（INTERFERE）对“螺母三维设计”和“双头螺柱三维设计”进行干涉检查，如果发生干涉，则检查装配是否到位，调整相应的装配位置，直到不发生干涉为止。图 19-150 为西北等轴测方向的装配图。

（6）设置视图方向。将当前视图方向设置为后视图方向，结果如图 19-151 所示。

（7）三维阵列双头螺柱和螺母三维设计。单击“建模”工具栏中的“三维阵列”按钮，将“双头螺柱三维设计”和“螺母三维设计”进行三维阵列操作，阵列 2 行、2 列、行间距为 50、列间距为 −50，如图 19-152 所示。

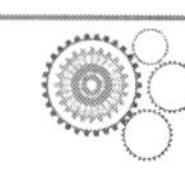

图 19-150　西北等轴测图形

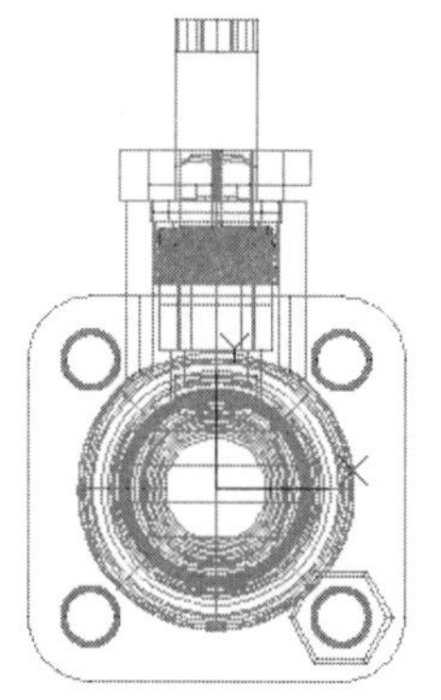

图 19-151　后视图方向图形

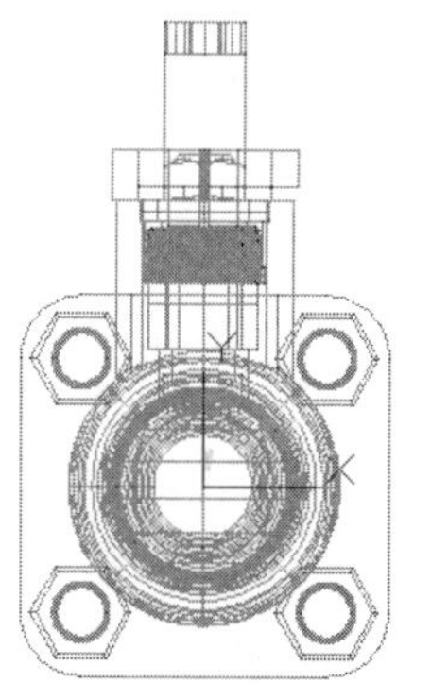

图 19-152　三维阵列后的图形

（8）设置视图方向。将视图设置为西北等轴测方向，着色后的结果如图 19-103 所示。

19.4.3　剖切球阀装配三维设计

剖切图是一种特殊视图，既可以表达外部形状，也可以表达内部结构。

19.4.4　1/2 剖视图

操作步骤如下：

（1）打开球阀装配三维设计。单击快速访问工具栏中的“打开”按钮，打开“球阀装配三维设计.dwg”文件，如图 19-153 所示，将其另存为“二分之一剖视图”。

（2）单击“三维工具”选项卡下“实体编辑”面板中的“剖切”按钮，对球阀装配三维设计进行 1/2 剖切处理。

选择阀盖、阀体、左边的密封圈、右边的密封圈和阀芯后按 Enter 键，输入剖切平面 YZ，并指定 YZ 平面上的点（0,0,0），在所需的侧面上指定点（-1,0,0）。

（3）删除对象。单击“默认”选项卡下“修改”面板中的“删除”按钮，将 YZ 平面右侧的两个“双头螺柱三维设计”和两个“螺母三维设计”删除，着色后的结果如图 19-154 所示。

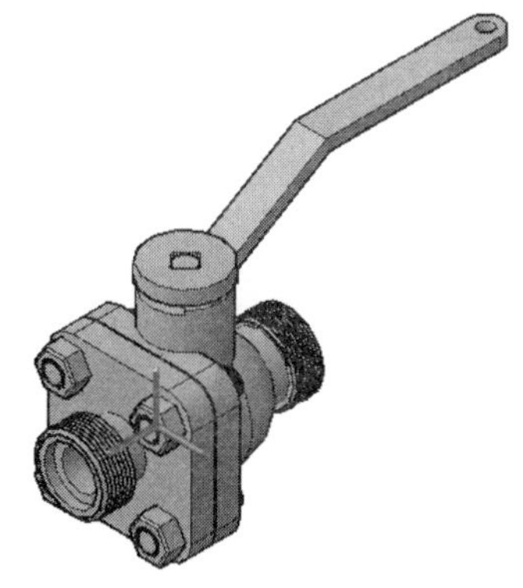

图 19-153　西北等轴测视图

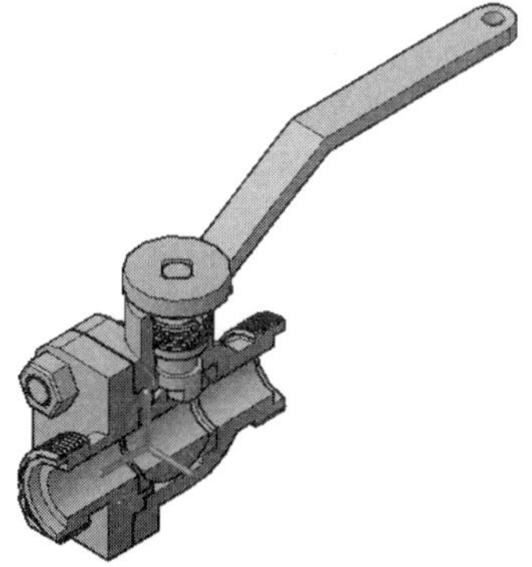

图 19-154　1/2 剖切视图

视频讲解

Note

19.4.5 1/4 剖视图

图 19-155 1/4 剖视图

操作步骤如下：

（1）打开球阀装配三维设计。单击快速访问工具栏中的“打开”按钮，打开“球阀装配三维设计.dwg”文件，如图 19-153 所示，将其另存为“四分之一剖视图”。

（2）利用“剖切”命令（SLICE），对球阀装配三维设计进行 1/4 剖切处理。将阀盖、阀体、左边的密封圈和阀芯三维设计沿 YZ 平面上的原点处进行剖切，保留两侧。重复“剖切”命令，选择阀盖、阀体、左边的密封圈和阀芯三维设计沿 XY 平面上的（0,0,-15）剖切，保留两侧。

（3）删除对象。单击“默认”选项卡下“修改”面板中的“删除”按钮，将视图中相应的图形删除，渲染后的结果如图 19-155 所示。

19.5 实战演练

【实战演练 1】将第 13 章实战演练中的零件图绘制成三维图形。

【实战演练 2】将第 13 章实战演练中的装配图绘制成三维图形。

CAD/CAM/CAE自学视频教程

丛书简介

●《CAD/CAM/CAE自学视频教程》是一套面向自学者的CAD行业应用入门类丛书，从之前出版的《CAD/CAM/CAE技术视频大讲堂》演变而来。

●为满足不同读者的需求，丛书细分为标准版、机械、建筑、室内装潢、家具、电气等不同设计方向，读者可以根据需要进行精准选择。图书在编写时，尽可能通过“中小实例+行业案例”的形式讲述，力求“好学”“实用”。

●配套资源中包含实例的视频讲解、实例素材和源文件、应用技巧大全、疑难问题汇总、典型练习题、常用图块集、全套工程图纸案例（源文件+视频讲解）、4部速查手册（快捷命令、快捷键、工具按钮、制图手册）等，可以使读者学得更快、制图效率更高。

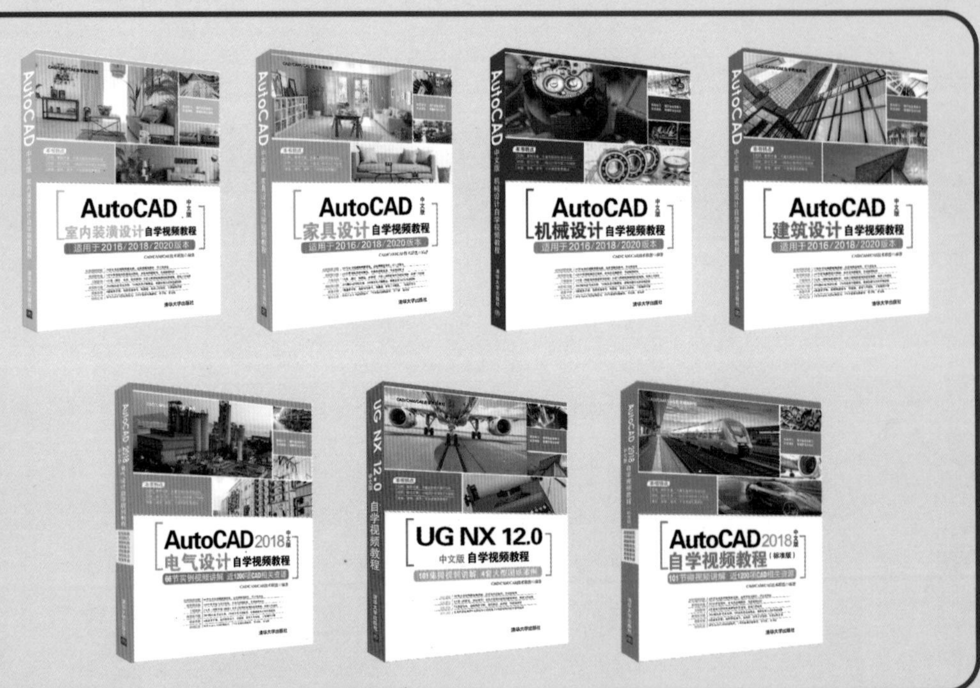

文泉云盘
防盗码

ISBN 978-7-302-52327-7
9 787302 523277

定价：79.80元